KB078876

과년도 출제문제 중심

금속재료산업기사 필기&실기

최병도 편저

머리말

금속재료는 모든 산업 분야에 있어서 가장 큰 비중을 차지하고 있으며, 산업기술을 발전시키는 데 크게 기여해 왔다. 특히 산업기술의 발전에 따라 새로운 특성과 경제성이 있는 금속재료의 개발로 그 이용이 다양하게 확대되고 있다.

이 책은 이러한 기술적 흐름에 맞추어 금속재료산업기사 자격시험을 준비하는 수험생들에게 훌륭한 지침서가 될 수 있도록 다음 사항에 중점을 두어 구성하였다.

첫째, 한국산업인력공단의 출제기준에 따라 금속재료, 금속조직, 금속열처리, 재료시험 등 과목별 핵심 이론을 이해하기 쉽도록 일목요연하게 정리하였다.

둘째, 2013년 이후부터 지금까지 출제된 과년도 이론과 실기 문제들을 철저히 분석하여 예상문제로 수록하였으며, 각 문제마다 상세한 해설로 이해를 도왔다.

셋째, 부록으로 기존에 출제되었던 이론과 실기 문제들을 자세한 해설과 함께 수록하여 줌으로써 출제 경향을 파악함은 물론, 전체 내용을 복습할 수 있게 구성하였다.

한국산업인력공단의 출제 방식이 문제 은행 방식이므로 이 책을 완독(玩讀)하면 충분히 합격할 수 있도록 하였다. 이 책이 금속재료를 공부하는 모든 이에게 올바른 지침서가 되기를 바라며, 전문지식과 응용력을 키워 우리나라 금속 분야 발전에 크게 이바지하기를 기대한다.

끝으로, 이 책을 출판하는데 도움을 주신 도서출판 **일진사** 직원 여러분께 진심으로 감사드린다.

저자 씀

금속재료산업기사 출제기준(필기)

필기 과목명	출제 문제수	주요항목	세부항목
금속재료	20	1. 금속재료 총론	1. 금속의 특성과 결정 구조 등
		2. 금속재료의 성질	1. 금속재료의 성질 2. 금속의 소성변형과 가공
		3. 철강재료	1. 철강재료의 개요 2. 순철과 탄소강 3. 합금강
		4. 비철금속재료	1. 구리와 그 합금 및 경금속과 그 합금 2. 니켈, 코발트, 고용융점 금속과 그 합금 3. 아연, 납, 주석, 저용융점 금속과 그 합금 4. 귀금속 및 희토류 금속
		5. 신소재 및 그 밖의 합금	1. 구조용 재료 및 기능성 재료 2. 신에너지 재료
금속조직	20	1. 고체의 결정구조	1. 금속의 특성 2. 금속의 결정구조 3. 금속의 결정결합 4. 금속의 응고
		2. 상변화와 상태도	1. 상변화 및 평형 상태도 2. 고용체 3. 합금의 변태 및 조직변화
		3. 금속의 강화기구	1. 회복과 재결정 2. 확산 3. 강화기구
금속열처리	20	1. 열처리의 개요	1. 강의 열처리 기초 2. 합금원소의 영향 3. 항온변태 4. 연속냉각변태
		2. 열처리 설비	1. 열처리로와 설비 2. 냉각장치와 냉각제
		3. 특수 열처리	1. 특수 열처리의 종류와 방법 2. 표면경화 열처리
		4. 강 및 주철 열처리	1. 강의 열처리
		5. 비철금속 열처리 및 새로운 열처리	1. 비철금속 열처리
		6. 열처리 결함 및 대책	1. 새로운 열처리 방법 2. 결함의 원인과 대책
재료시험	20	1. 기계적 시험법	1. 경도, 충격시험 2. 인장, 압축, 전단시험 3. 굽힘, 비틀림, 피로, 마모시험 4. 특수재료시험
		2. 조직검사	1. 금속 조직시험
		3. 비파괴 시험법	1. 비파괴 시험
		4. 안전관리	1. 안전관리 2. 환경관리

차 례

제 1 편 금속재료

제2편 금속조직

제3편 금속열처리

부록

제 1 편
금속재료

제 1 장 금속재료의 총론

1-1 금속 및 합금의 개념

(1) 금속

인류가 사용하였던 최초의 금속은 청동이며, 주기율표상에 있는 원소들 중에 68종이 금속 원소에 속한다. 금속의 공통적 특성은 다음과 같다.

① 상온에서 고체이며 결정체이다(단, Hg는 제외).

② 열과 전기의 양도체이다.

③ 비중이 크고 금속적 광택을 갖는다.

④ 소성변형성이 있어 가공하기 쉽다.

⑤ 이온화하면 양(+)이온이 된다.

위의 성질을 구비한 것을 금속, 불완전하게 구비한 것을 준금속, 전혀 구비하지 않은 것을 비금속이라 한다. 금속을 비중에 따라 분류하면 물보다 가벼운 Li(0.53)으로부터 최대 Ir(22.5)까지 있으며, 편의상 비중 5 이하는 경금속, 그보다 무거운 것은 중금속이라 한다. 경금속에는 Al, Mg, Ti, Be 등이 있고 Fe, Ni, Cu, Cr, W, Pt 등은 중금속이다.

(2) 합금

① 순금속이란 100%의 순도를 가지는 금속 원소를 말하나 실제로는 존재하지 않는다.

② 순수한 단체 금속을 제외한 모든 금속적 물질을 합금이라 한다.

③ 합금의 제조 방법에는 금속과 금속, 금속과 비금속을 용융 상태에서 융합시키거나 압축, 소결, 침탄처리와 같이 고체 상태에서 확산을 이용하여 만드는 방법 등이 있다.

④ 제조된 합금은 성분 원소의 수에 따라 2원 합금, 3원 합금, 4원 합금, 다원 합금 등으로 분류된다.

(3) 공업상 금속재료의 분류

① 철 및 강 : 순철, 탄소강, 특수강, 주철, 합금철

② 구리 및 구리합금 : 황동, 청동, 특수 청동 등

③ 경합금 : Al 합금, Mg 합금, Ti 합금 등

④ 기타 합금 : Pb-Sn 합금, 베어링 합금, 납땜용 합금, 저용융점 합금 등

⑤ 원자로용 합금 및 신금속 : 우라늄(U), 토륨(Th), 하프늄(Hf), 베릴륨(Be), 지르코늄(Zr), 규소(Si) 등

단원 예상문제

1. 금속의 공통적인 특성을 설명한 것으로 틀린 것은?

① 상온에서 고체이며 결정체이다.

② 열과 전기의 부도체이다.

③ 비중이 크고 금속적 광택을 갖는다.

④ 소성변형성이 있어 가공하기 쉽다.

해설 금속은 열과 전기의 양도체이다.

2. 순금속이 합금보다 우수한 성질은?

① 주조성 ② 전기전도성

③ 강도 및 경도 ④ 열처리성

해설 순금속은 합금보다 전기전도성이 우수하다.

3. 다음 중 순금속이 합금에 비하여 떨어지는 성질은?

① 소성변형성

② 전기전도도

③ 강도, 경도

④ 열전도도

해설 합금은 순금속보다 강도, 경도가 높다.

4. 합금이 순금속보다 좋은 성질은?

① 연신율 ② 열처리성

③ 가단성 ④ 열전도성

해설 합금은 순금속에 비해 열처리성이 우수하다.

5. 합금에 대한 설명 중 틀린 것은?

① 금속과 비금속을 용융 상태에서 융합시킨 것이다.
② 분말 재료를 압축 소결한 것이다.
③ 합금은 균질 조직을 갖는다.
④ 합금은 융점이 순금속보다 낮다.

해설 합금은 불균질 조직으로 나타나고, 순금속은 균질 조직으로 나타난다.

6. 다음은 금속을 분류한 것이다. 틀린 것은?

① 철과 철합금 : 순철, 강, 주철
② 비철합금 : 구리, 알루미늄, 니켈
③ 귀금속 : 금, 백금, 로듐, 망간
④ 신소재 : 형상기억합금, 제진합금

해설 귀금속 : 금, 은, 백금, 로듐, 팔라듐, 오스뮴, 이리듐

7. 다음 중 순금속이 아닌 것은?

① 구리 ② 알루미늄
③ 강 ④ 니켈

해설 강은 Fe와 C의 2원 합금이다.

정답 1. ② 2. ② 3. ③ 4. ② 5. ③ 6. ③ 7. ③

1-2 금속재료의 성질

(1) 물리적 성질

① 색(color) : 금속의 탈색 순서는 Sn > Ni > Al > Mn > Fe > Cu > Zn > Pt > Ag > Au 이다.

② 비중(specific gravity)

(가) 비중은 4℃의 순수한 물을 기준으로 몇 배 무거우냐, 가벼우냐 하는 수치로 표시된다.

(나) 일반적으로 단조, 압연, 인발 등으로 가공된 금속은 주조 상태보다 비중이 크며 상온가공한 금속을 가열한 후 급랭시킨 것이 서랭시킨 것보다 비중이 작다.

③ 용융 및 응고점(melting point and solidification point) : 금속 중에 융점이 가장 높은 금속은 텅스텐(3410℃), 융점이 가장 낮은 금속은 수은(-38.8℃)이다.

주요 금속의 물리적 성질

금속	원소 기호	비중	융점 (℃)	융해 잠열 (cal/g)	선팽창 계수 (20℃) $\times 10^{-6}$	비열 (20℃) (kcal/g/deg)	열전도율 (20℃) (kcal/cm · s · deg)	전기 비저항 (20℃) (μΩcm)	비등점 (℃)
은	Ag	10.49	960.8	25	19.68	0.0559	1.0	1.59	2210
알루미늄	Al	2.699	660	94.5	23.6	0.215	0.53	2.65	2450
금	Au	19.32	1063	16.1	14.2	0.0312	0.71	2.35	2970
비스무트	Bi	9.80	271.3	12.5	13.3	0.0294	0.02	106.8	1560
카드뮴	Cd	8.65	320.9	13.2	29.8	0.055	0.22	6.83	765
코발트	Co	8.85	1495±1	58.4	13.8	0.099	0.165	6.24	2900
크롬	Cr	7.19	1875	96	6.2	0.11	0.16	12.9	2665
구리	Cu	8.96	1083	50.6	16.5	0.092	0.941	1.67	2595
철	Fe	7.87	1538±3	65.5	11.76	0.11	0.18	9.71	3000±150
게르마늄	Ge	5.323	937.4	106	5.75	0.073	0.14	46	2830
마그네슘	Mg	1.74	650	88±2	27.1	0.245	0.367	4.45	1170±10
망간	Mn	7.43	1245	63.7	22	0.115	-	185	2150
몰리브덴	Mo	1.22	2610	69.8	4.9	0.066	0.34	5.2	5560
니켈	Ni	8.902	1453	73.8	13.3	0.105	0.22	6.84	2730
납	Pb	11.36	327.4	6.3	29.3	0.0309	0.083	20.64	1725
백금	Pt	21.45	1769	26.9	8.9	0.0314	0.165	10.6	4530
안티몬	Sb	6.62	650.5	38.3	8.5~10.8	0.049	0.045	39.0	1380
주석	Sn	7.298	231.9	14.5	23	0.054	0.15	11	1170
티탄	Ti	4.507	1668±10	104	8.41	0.124	0.041	42	3260
바나듐	V	6.1	1900±25	-	8.3	0.119	0.074	24.8~26.0	3400
텅스텐	W	19.3	3410	44	4.6	0.033	0.397	5.6	5930
아연	Zn	7.133	419.5	24.1	39.7	0.0915	0.27	5.92	906

④ 용융잠열(latent heat of melting) : 알루미늄을 가열하여 용융점 660℃의 고체를 같은 온도의 액체로 변화시키기 위해 상당한 열을 가해야 하는데, 이때 필요한 열량을 용융잠열 또는 응고잠열이라 한다.

⑤ 비점(boiling point)과 비열(specific heat) : 아연을 가열하여 419.5℃에 이르면 용융하고 그 이상 가열하면 906℃에서 비등하여 기체로 된다. 물이 100℃에서 비등하여 수증기로 되는 것과 같이 액체로부터 기체로 변하는 온도를 비점, 1g의 물질을 1℃ 높이는 데 필요한 열량을 비열이라 한다.

(2) 금속의 전도적 성질

① 금속의 비전도도(specific conductivity) : 일반적으로 금속은 전기를 잘 전도하며 전기저항이 작다. 순금속은 합금에 비하여 전기저항이 작아 전기전도도가 좋다. 금속은 Ag>Cu>Au>Al의 순서대로 전기를 잘 전도한다.

② 열전도도(heat conductivity) : 일반적으로 열의 이동은 고온에서 얻은 전자의 에너지가 온도의 강하에 따라 저온 쪽으로 이동함으로써 이루어지며 물체 내의 분자로부터 열에너지의 이동을 열전도라 한다.

순금속의 열전도율 및 고유저항과 도전율비

순금속		20℃에서의 열전도율 (cal/cm^2 · s · ℃)	고유저항(ρ) (Ωmm^2/m)	은을 100으로 했을 때의 도전율비(%)
Ag	은	1.0	0.0165	100
Cu	구리	0.94	0.0178	92.8
Au	금	0.71	0.023	71.8
Al	알루미늄	0.53	0.029	57
Zn	아연	0.27	0.063	26.2
Ni	니켈	0.22	0.1±0.01	16.7
Fe	철	0.18	0.1	16.5
Pt	백금	0.17	0.1	16.5
Sn	주석	0.16	0.12	13.8
Pb	납	0.083	0.208	7.94
Hg	수은	0.0201	0.958	1.74

(3) 기계적 성질

① 강도

㈎ 강도는 외력에 대한 단위 면적당의 저항력이다.

㈏ 인장강도, 굴곡강도, 전단강도, 압축강도, 비틀림 강도 등이 있다.

② 경도

㈎ 물체의 표면을 다른 물체로 눌렀을 때 그 물체의 변형에 대한 저항력의 크기이다.

㈏ 경도는 인장강도에 비례한다.

③ 인성

㈎ 충격에 대한 단위 면적당의 저항력이다.

㈏ 끈기가 있고 질긴 성질, 연신율이 큰 재료가 충격 저항도 크다.

④ 메짐성 : 인성에 반대되는 성질, 즉 잘 부서지고 혹은 잘 깨지는 성질이다.

⑤ 피로 : 파괴하중보다 작은 하중에서도 하중이 반복되면 피로되어 파괴된다.

⑥ 크리프 한도 : 금속재료를 고온에서 오랜 시간 외력을 걸어 놓으면 시간의 경과에 따라서 서서히 그 변형이 증가하는 현상이다.

⑦ 연성 : 재료에 힘을 가하여 소성변형을 일으키게 하여 선상으로 늘릴 수 있는 성질이다.

⑧ 전성 : 해머링 또는 압연에 의해서 재료에 금이 생기지 않고 얇은 판으로 넓게 펼 수 있는 성질이다.

⑨ 가단성 : 재료의 단련하기 쉬운 성질, 즉 단조, 압연, 인발 등에 의하여 변형시킬 수 있는 성질이다.

⑩ 주조성 : 금속 주조의 난이성을 나타내는 성질(유동성, 점성, 수축성)이다.

⑪ 연신율 : 재료에 하중을 가하면 늘어나는데, 이때 원래의 길이와 늘어난 길이의 비를 말한다.

⑫ 항복점 : 탄성한계 이상의 하중을 가하면 하중과 연신율은 비례하지 않으며 하중을 증가시키지 않아도 시험편이 늘어나는 현상이다.

(4) 금속의 화학적 변화

① 산화와 환원 : 어느 물질이 산소와 화합하는 과정이 산화이며 산화물에서 산소를 빼앗기는 과정을 환원이라고 한다.

㈎ 산화 : $Zn+O \rightarrow ZnO$

㈏ 환원 : $ZnO+C \rightarrow Zn+CO$

금속의 산화 정도

Cs > Rb > Li > K > Na > Ba > Sr > Ca > Mg > Al > Mn > Zn > Mo > Cr > W > Fe > Cd > Co > Ni > Sn > Pb > H > Sb > Bi > As > Cu > Hg > Ag > Pd > Pt > Au > Ir > Rh > Os

② 부식 : 금속이 주위의 분위기와 반응하여 다른 화합물로 변하거나 침식되는 현상을 말하며 공식(pitting), 입계 부식(intergranular corrosion), 탈아연 부식(dezincification), 고온 탈아연(dezincing), 응력 부식(stress corrosion), 침식 부식(erosion corrosion) 등이 있다.

단원 예상문제

1. 다음 금속 중 융점이 가장 낮은 것은?

① Ti ② Fe ③ Ni ④ Al

해설 Ti : 1688℃, Fe : 1539℃, Ni : 1453℃, Al : 660℃

2. 다음 금속 중 용융점이 가장 높은 금속은?

① Mg ② Ni ③ Mo ④ Cu

해설 Mg : 650℃, Ni : 1453℃, Mo : 2610℃, ④ Cu : 1083℃

3. 다음 금속 중 용융점이 가장 낮은 금속은?

① 철 ② 코발트
③ 카드뮴 ④ 알루미늄

해설 Fe : 1539℃, Co : 1495℃, Cd : 320℃, Al : 660℃

4. 다음 금속 중 용융점이 가장 높은 금속은?

① Fe ② W ③ Hg ④ Cu

해설 Fe : 1539℃, W : 3410℃, Hg : −38.8℃, Cu : 1083℃

5. 다음 금속 중 고융점 금속으로만 이루어진 것은?

① W, Mo ② Cr, Cu
③ Fe, Ta ④ Pt, Au

해설 고융점 금속 : W(3410℃), Mo(2610℃), Cr(1875℃), Ta(3269℃), Au(1063℃)

6. 저용점 금속의 융점에 대한 기준은?

① Hg : −38.8℃　② Sn : 231.9℃
③ Pb : 337.4℃　④ Al : 660℃

해설 저용점 금속은 Sn의 융점(231.9℃)보다 낮은 금속을 말한다.

7. 상온에서 액체인 수은이 고체로 되는 온도는 몇 ℃인가?

① −18.87℃　② −28.87℃
③ −38.8℃　④ −48.87℃

해설 Hg의 어는점은 −38.8℃이다.

8. 다음 중 응고 시 팽창하는 금속은?

① Bi　② Sn　③ Al　④ Pb

해설 금속 중에 응고할 때 팽창하는 금속은 Bi, Sb이다.

9. 다음 중 물리적 성질이 아닌 것은?

① 비중　② 비열　③ 연신율　④ 융점

해설
- 물리적 성질 : 비중, 비열, 융점
- 기계적 성질 : 강도, 경도, 충격, 피로, 연신율
- 화학적 성질 : 부식

10. 금속의 색깔을 탈색하는 힘이 제일 작은 금속은?

① Fe　② Cu　③ Pt　④ Au

해설 금속의 탈색 순서 : Sn > Ni > Al > Mg > Fe > Cu > Zn > Pt > Ag > Au

11. 금속의 용융온도에서 액체로 변화시키기 위한 열량을 무엇이라 하는가?

① 용융잠열　② 비열
③ 응고열　④ 열전도도

해설 용융잠열은 고체를 액체로 변화시키기 위해 필요로 하는 열량을 말한다.

12. 융해 숨은 열(melting latent heat)이 가장 큰 금속은?

① Al　② Sn
③ Zn　④ Ni

해설 어떤 금속 1g을 융해시키는 데 필요한 열량을 융해잠열이라 한다.
Al : 94.5cal/g, Sn : 14.5cal/g, Zn : 24.09cal/g, Ni : 74cal/g

13. 단결정 응고에 대한 설명 중 틀린 것은?

① 응고잠열은 금속이 응고할 때 흡수하는 열에너지이다.
② 과랭은 응고점 이하의 온도로 되어도 미처 응고하지 못한다.
③ 순금속의 용융점에서의 자유도는 0이다.
④ 응고점에서는 액체와 고체가 공존한다.

해설 응고잠열은 금속이 응고할 때 방출하는 열에너지이다.

14. 그림과 같은 순구리의 냉각곡선에서 응고잠열을 방출하기 시작하는 곳은?

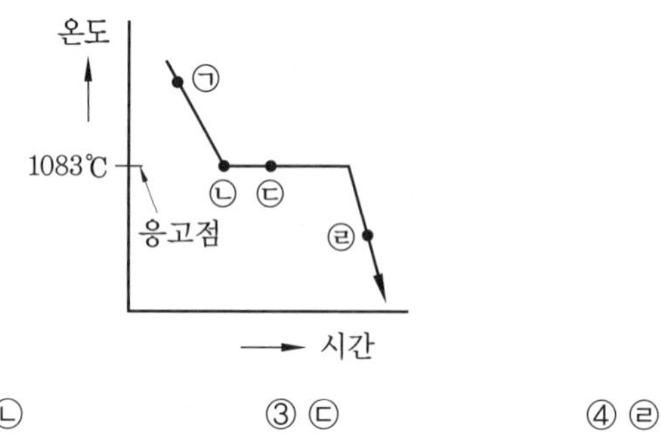

① ㉠　② ㉡　③ ㉢　④ ㉣

해설 용융 상태의 금속이 응고점에서 응고잠열을 방출하기 시작한다.

15. 비중에 대한 설명 중 틀린 것은?

① 비중은 14℃의 소금물을 기준으로 표시한다.
② 체적이 동일해도 제품에 따라 중량이 다르고 경중이 있다.
③ 제품의 무게를 제품과 같은 체적의 물 무게로 나눈 값을 말한다.
④ 비중은 4℃의 순수한 물을 기준으로 표시한다.

해설 비중의 표시는 4℃의 순수한 물을 기준으로 하고, 제품의 무게를 제품과 같은 체적의 물 무게로 나눈 값을 말한다.

16. 경금속과 중금속의 비중한계는 얼마를 기준으로 하는가?

① 3　② 4
③ 5　④ 6

해설 경금속 : 5 이하, 중금속 : 5 이상

17. 다음 금속 중 비중이 가장 큰 금속은?

① Li　② Ir
③ Al　④ Fe

해설 Li : 0.53, Ir : 22.5, Al : 2.74, Fe : 7.87

18. 금속재료의 성질 중 비중에 관한 일반적인 설명으로 틀린 것은?

① 비중은 4℃의 순수한 물의 무게를 기준으로 무게의 비를 수치로 표시한다.
② 인장강도를 비중으로 나눈 값이 비강도이다.
③ 단조, 압연, 인발 등으로 가공된 금속이 주조 상태보다 비중이 크다.
④ 상온가공한 금속을 가열한 후 서랭시킨 것이 급랭시킨 것보다 비중이 작다.

해설 상온가공한 금속을 가열한 후 급랭시킨 것이 서랭시킨 것보다 비중이 작다.

19. 다음 금속 중 비중이 가장 가벼운 금속은?

① Li ② Mg ③ Ti ④ Ir

해설 Li : 0.53, Mg : 1.74, Ti : 4.5, Ir : 22.5

20. Mg의 비중은?

① 7.8 ② 2.6 ③ 7.9 ④ 1.7

21. 다음 중 중금속이 아닌 것은?

① Fe ② Ni ③ Cr ④ Ti

해설 Fe : 7.87, Ni : 8.9, Cr : 7.19, Ti : 4.5

22. 같은 금속에서 비중이 가장 작아지는 가공 방법은?

① 단조 ② 주조 ③ 압연 ④ 인발

해설 인발>단조>압연>주조

23. 두 금속의 비중 차이가 가장 큰 것은?

① Ni–W ② Ti–Fe ③ Li–Ir ④ Al–Mg

해설 ① Ni : 8.85, W : 19.26
② Ti : 4.54, Fe : 7.85
③ Li : 0.53, Ir : 22.5
④ Al : 2.8, Mg : 1.743

24. 금속재료의 전기전도도를 증가시키는 요인은?

① 온도 상승에 의해
② 풀림에 의해
③ 결함 존재에 의해
④ 조성비가 50:50인 합금 제조에 의해

해설 풀림을 하면 결정립이 조대해지고, 균일한 결정격자 때문에 전기전도도가 증가한다.

25. 전기전도율이 가장 좋은 금속은?

① Au ② Ag
③ Cu ④ Al

해설 전기전도율 순서 : Ag>Cu>Au>Al

26. 전기전도율에 관한 설명 중 틀린 것은?

① 순수한 금속일수록 전도율이 좋다.
② 합금이 순금속보다 전도율이 좋다.
③ 열전도율이 좋은 금속은 전기전도율도 좋다.
④ 전도율이 가장 큰 금속은 Ag이다.

해설 합금은 순금속보다 전기전도율이 나쁘다.

27. 다음 중 금속의 열 및 전기전도도가 좋은 가장 큰 이유는?

① 금속은 대부분 상온에서 결정으로 되어 있다.
② 자유전자가 이동할 수 있기 때문이다.
③ 변태점을 갖고 있기 때문이다.
④ 비금속 재료에 비하여 중량이 크기 때문이다.

해설 금속은 자유전자의 이동에 의해 열 및 전기전도도가 크다.

28. 전기 및 열전도도가 우수한 순서대로 나열된 것은?

① Au>Cu>Ag>Fe>Al
② Cu>Ag>Au>Al>Fe
③ Ag>Cu>Au>Al>Fe
④ Ag>Au>Cu>Fe>Al

29. 압연 작업에 의해 얇은 판으로 넓게 펴질 수 있는 성질은?

① 인성 ② 연성
③ 전성 ④ 취성

해설 전성 : 넓게 펴지는 성질

30. 연성이 큰 순서대로 나열된 것은?

① Au, Ag, Al, Cu ② Au, Ag, Cu, Al
③ Cu, Ag, Au, Al ④ Al, Au, Ag, Cu

해설 연성이 큰 순서 : Au>Ag>Al>Cu>Pt>Pb>Zn>Fe

31. 금속선을 뽑을 때 길이 방향으로 늘어나는 성질은?

① 인성 ② 전성
③ 취성 ④ 연성

해설 연성 : 길이 방향으로 늘어나는 성질

32. 충격에 저항하는 성질은?

① 인성 ② 전성
③ 취성 ④ 연성

해설 인성 : 충격에 저항하는 성질

33. 단조, 압연, 인발 등에 의해 변형시킬 수 있는 성질은?

① 주조성 ② 소성
③ 연성 ④ 인성

해설 소성 : 외력에 의해 영구변형되는 성질

34. 산화가 가장 크게 일어나는 금속은?

① Mg ② Cu
③ Fe ④ Al

해설 Mg은 다른 금속에 비하여 산화가 잘 된다.

35. 산소와 친화력이 큰 순서로 배열된 것은?

① Al>Mn>Fe>Ni ② Mn>Ni>Fe>Al
③ Fe>Mn>Al>Ni ④ Ni>Fe>Mn>Al

36. 어떤 금속의 길이가 10℃에서 10mm인 봉을 15℃로 올렸을 때 10.0013mm로 팽창했다면 이 금속의 선팽창계수는?

① 23×10^{-6} ② 23.9×10^{-6}
③ 26×10^{-6} ④ 29.9×10^{-6}

해설 $\alpha=\dfrac{l_2-l_1}{l_1(T_2-T_1)}=\dfrac{\Delta l}{l_1\Delta T}=\dfrac{10.0013-10}{10(15-10)}=26\times10^{-6}$

정답 1. ④ 2. ③ 3. ③ 4. ② 5. ① 6. ② 7. ③ 8. ① 9. ③ 10. ④ 11. ① 12. ①
13. ① 14. ② 15. ① 16. ③ 17. ④ 18. ② 19. ① 20. ④ 21. ④ 22. ② 23. ③ 24. ②
25. ② 26. ② 27. ② 28. ③ 29. ③ 30. ① 31. ④ 32. ① 33. ② 34. ① 35. ① 36. ③

1-3 금속의 변태

물이 기체, 액체, 고체로 변하는 것과 같이 금속 및 합금은 용융점에서 고체 상태가 융체로 변하고 응고 후에도 온도에 따라 변하는 경우가 있다. 이와 같은 변화를 변태(transformation)라 한다.

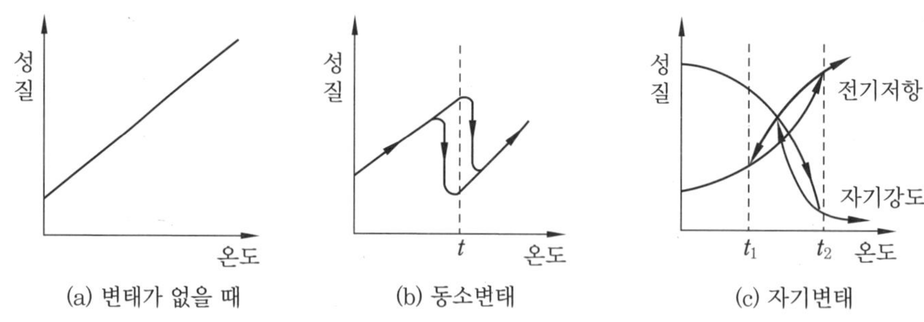

(a) 변태가 없을 때 (b) 동소변태 (c) 자기변태

변태의 성질과 온도와의 관계

(1) 동소변태

① 고체 상태에서의 원자 배열의 변화를 갖는다.
② 고체 상태에서 서로 다른 공간 격자 구조를 갖는다.
③ 일정 온도에서 불연속적인 성질 변화를 일으킨다.

(2) 자기변태

① 넓은 온도 구간에서 연속적으로 변한다.
② 원자의 배열, 격자의 배열 변화는 없고 자성 변화만을 가져오는 변태이다.
③ 순철의 자기변태는 768℃에서 급격히 자기의 강도가 감소되는 변태로 A_2변태라고 한다.
④ Fe, Co, Ni은 자기변태에서 강자성체 금속이다.
⑤ 금속의 자기변태 온도 : Fe(768℃), Ni(358℃), Co(1160℃)

(3) 변태점 측정법

① 열분석법(thermal analysis)
② 시차열분석법(differential thermal analysis)
③ 비열법(specific heat analysis)
④ 전기저항법(electric resistance analysis)
⑤ 열팽창법(thermal expansion analysis)

⑥ 자기분석법(magnetic analysis)

⑦ X-선 분석법(X-ray analysis)

대표적인 열전대의 종류와 사용 온도

<table>
<tr><th rowspan="2">종류</th><th colspan="2">조성</th><th rowspan="2">지름
(mm)</th><th colspan="2">사용온도(℃)</th></tr>
<tr><th>+</th><th>−</th><th>연속</th><th>과열</th></tr>
<tr><td rowspan="2">백금 − 백금로듐</td><td>백금 87%
로듐 12%</td><td>순백금</td><td>0.5</td><td>1400</td><td>1600</td></tr>
<tr><td>백금 90%
로듐 10%</td><td>순백금</td><td>0.5</td><td>1400</td><td>1600</td></tr>
<tr><td rowspan="5">크로멜 − 알루멜</td><td rowspan="5">니켈 90%
크롬 10%</td><td rowspan="5">니켈 94%
알루미늄 3%
실리콘 1%
망간 2%</td><td>0.65</td><td>700</td><td>900</td></tr>
<tr><td>1.0</td><td>750</td><td>950</td></tr>
<tr><td>1.6</td><td>850</td><td>1050</td></tr>
<tr><td>2.3</td><td>900</td><td>1100</td></tr>
<tr><td>3.2</td><td>1000</td><td>1200</td></tr>
<tr><td rowspan="2">철 − 콘스탄탄</td><td rowspan="2">순철</td><td rowspan="2">구리 55%
니켈 45%</td><td>2.3</td><td rowspan="2">600</td><td rowspan="2">900</td></tr>
<tr><td>3.2</td></tr>
<tr><td>구리 − 콘스탄탄</td><td>순구리</td><td>구리 55%
니켈 45%</td><td>약 0.3~0.5</td><td>300</td><td>600</td></tr>
</table>

단원 예상문제

1. 금속 및 합금이 용융 상태로부터 고체로 변하고, 응고 후에도 온도에 따라 상이 변하는 현상을 무엇이라 하는가?

① 변태 ② 확산 ③ 시효 ④ 석출

해설 물이 기체, 액체, 고체로 상이 변하는 것을 변태(transformation)라고 한다.

2. 다음 중 금속의 변태점 측정법으로 틀린 것은?

① 열분석법 ② 비열법 ③ 전기저항법 ④ 초음파탐상법

해설 변태점 측정법에는 열분석법, 비열법, 전기저항법, 열팽창법, 자기분석법, X선 분석법 등이 있다.

3. 다음 중 금속의 변태점 측정 방법이 아닌 것은?

① 시차 열분석법 ② 전기저항법 ③ 자기분석법 ④ 라우에법

해설 라우에법은 단결정에 백색 X선을 통과하여 결정의 대칭성을 밝히는 방법이다.

4. 다음 금속 중 온도의 변화에 따라 동소변태와 자기변태를 모두 갖는 것은?

① Ni ② Co ③ Sn ④ Al

해설 Co는 동소변태와 자기변태를 모두 갖는다.

5. 자기변태를 설명한 것은?

① 원자 배열의 변화가 생긴다.
② 성질 변화가 넓은 온도 구간에 걸쳐 연속적으로 변한다.
③ 격자의 배열 변화를 일으킨다.
④ 상의 변화를 일으킨다.

해설 자기변태는 원자의 배열이나 격자의 배열 없이 자성의 변화만을 가져오는 변태로서 넓은 온도 구간에서 연속적으로 변한다.

6. 다음 금속 중 자기변태점을 갖지 않는 금속은?

① Cu ② Fe ③ Co ④ Ni

해설 자기변태점을 갖는 금속은 Fe, Ni, Co이다.

7. 다음 중 자기변태가 존재하지 않는 것은?

① Ni ② Co ③ Al_2O_3 ④ Fe_3C

해설 자기변태 금속 : Ni, Co, Fe

8. Ni의 자기변태 온도는 약 몇 ℃인가?

① 210℃ ② 358℃ ③ 768℃ ④ 1160℃

해설 Fe_3C : 210℃, Ni : 358℃, Fe : 768℃, Co : 1160℃

9. 자기변태 온도가 가장 높은 것은?

① Fe ② Ni ③ Co ④ Fe_3O_4

해설 Fe : 768℃, Ni : 358℃, Co : 1160℃

10. 다음 중 동소변태에 대한 설명으로 틀린 것은?

① 일정한 온도에서 나타난다.
② 급격히 자기강도가 감소한다.
③ 원자의 배열이 변화한다.
④ 넓은 온도 범위에서 연속적으로 나타난다.

해설 동소변태는 일정 온도에서 비연속적인 성질 변화를 일으킨다.

11. 다음 중 동소변태에 대한 설명으로 틀린 것은?

① 결정격자가 변화된다.

② 3가 또는 4가의 천이 금속에 많다.

③ 원자의 배열은 변하지 않는다.

④ 순철은 동소변태를 한다.

해설 동소변태 온도에서는 원자의 배열이 변화한다.

12. 다음 금속 중에서 동소변태를 일으키지 않는 금속은?

① Zr ② Ti

③ Sn ④ Ni

해설 동소변태를 일으키지 않는 금속 : Fe, Ni, Co

13. 다음 중 자성체의 자화강도가 급격히 감소되는 온도를 무엇이라 하는가?

① 퀴리점 ② 변태점

③ 항복점 ④ 자성점

해설 순철은 768℃에서 자화강도가 급격히 감소되는 퀴리점을 갖고 있다.

14. 금속의 동소 또는 자기변태점에서 일어나는 현상이 아닌 것은?

① 자기적 성질이 변한다.

② 결정 구조가 변한다.

③ 격자 상수가 변한다.

④ 함유하고 있는 원소량과 무게가 변한다.

해설 • 자기변태 : 자기적 성질 변화
• 동소변태 : 결정 구조 변화, 격자 상수 변화

15. 금속의 상변태와 관련된 내용이 잘못된 것은?

① 온도가 높아짐에 따라 고체가 액체 또는 기체로 변하는 것은 대부분의 금속 원소에서 볼 수 있는 상태변화이다.

② 순철에서는 약 912℃ 및 1394℃에서 동소변태가 일어난다.

③ 자기변태는 상의 변화가 아닌 에너지적 변화이다.

④ 자기변태에서는 일정한 온도 범위 안에서 급격하고 비연속적인 변화가 일어난다.

해설 자기변태에서는 성질 변화가 넓은 온도 구간에 걸쳐 연속적으로 일어난다.

정답 1. ① 2. ④ 3. ④ 4. ② 5. ② 6. ① 7. ③ 8. ② 9. ③ 10. ④ 11. ③ 12. ④ 13. ① 14. ④ 15. ④

1-4 금속의 응고 및 결정구조

용융 상태로부터 응고가 끝난 그대로의 금속조직(주방조직)을 1차 조직, 열처리에 의해 새로운 결정 조직으로 변화시킨 조직을 2차 조직이라 한다.

(1) 응고와 과랭 현상

① 냉각곡선

㈎ 금속을 용융 상태로부터 냉각시킬 때 그 온도와 시간의 관계를 나타낸 곡선을 냉각곡선이라 한다.

㈏ 냉각곡선 중에 수평선은 용융금속과 고체 금속이 공존하기 때문에 상률적으로 보면 2상이 공존하여 자유도 $F=0$이다. 즉, $F=C-P+1$에서 C는 성분수, P는 상수로서 1성분계에서 2상이 공존할 경우 불변계를 형성한다.

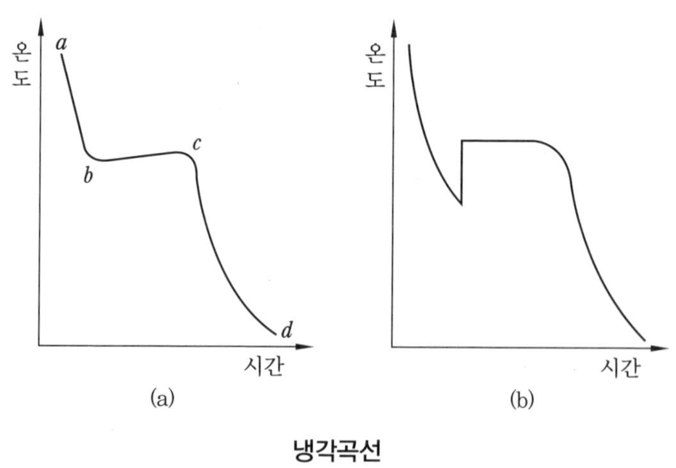

냉각곡선

② 결정의 형성 과정

㈎ 용융금속이 냉각될 때 응고점 이하로 내려가면 용융금속 중의 소수 원자가 규칙적인 배열을 이루어 매우 작은 핵을 만든다.

㈏ 핵은 성장하여 나뭇가지 모양의 수지상 결정을 만든다.

㈐ 결정입자가 형성되어 결정경계를 만들어 물체를 만든다.

㈑ 결정입계 부분에는 고용되지 않은 불순물이 모이기 쉽다.

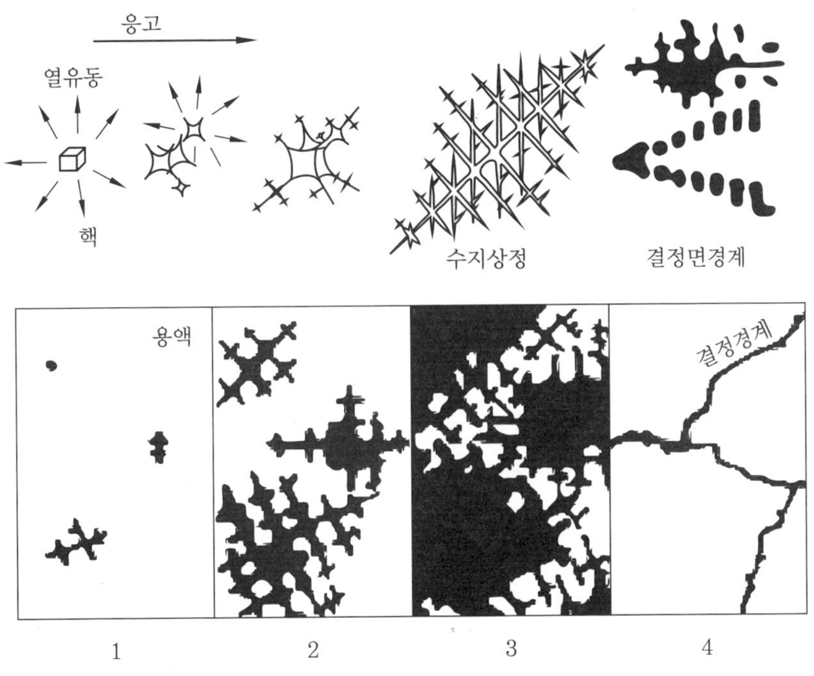

결정의 성장 과정(핵 발생→핵의 성장→결정경계 형성)

③ 결정립의 대소 : 용융금속의 단위체적 중에 생성한 결정핵의 수, 즉 핵 발생 속도를 N, 결정 성장 속도를 G로 나타내어 결정립의 크기 S와의 관계를 보면 $S=f\frac{G}{N}$로 나타낸다. 즉, 결정립의 대소는 결정 성장 속도 G에 비례하고 핵 발생 속도 N에 반비례한다. G와 N의 관계는 다음과 같다.

(가) G가 N보다 빨리 증대할 때는 소수의 핵이 성장해서 응고가 끝나기 때문에 결정립이 큰 것을 얻게 된다.

(나) N의 증대가 G보다 현저할 때는 핵의 수가 많기 때문에 미세한 결정으로 된다.

(다) G와 N이 교차하는 경우 조대한 결정립과 미세한 결정립의 2가지 구역으로 나타난다.

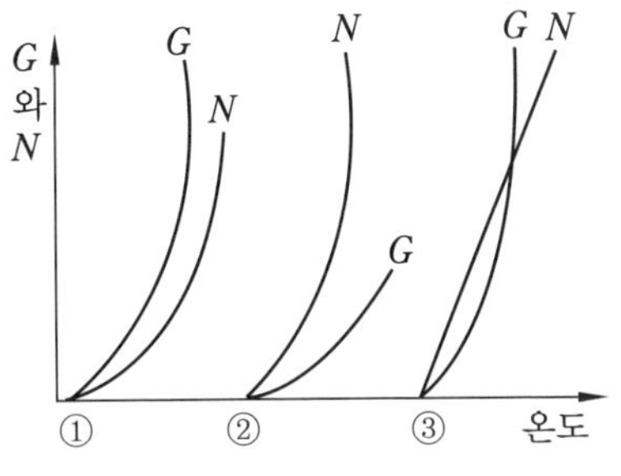

온도와 G, N의 관계

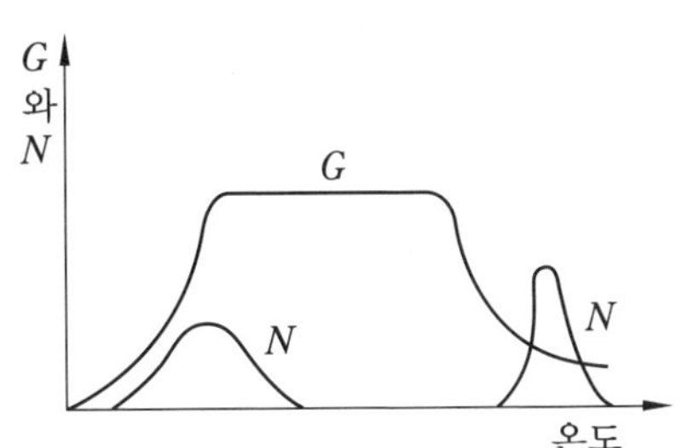

과랭도에 따른 G와 N의 관계

④ 과랭 현상 및 접종

㈎ 금속의 응고는 응고점 이하의 온도로 되어도 미처 응고하지 못한 과랭(super cooling, under cooling)현상이 나타난다.

㈏ 결정의 핵이 발생하면 금속의 결정은 급속히 성장하므로 과랭도가 너무 큰 금속의 경우에는 융체에 진동을 주거나 작은 금속편을 핵의 종자가 되도록 첨가하여 결정핵의 생성을 촉진시킨다. 이것을 접종(inoculation)이라고 한다.

㈐ Sb는 과랭이 심하며 Al, Cu 등 약간 과랭하여 유리와 같은 비정질인 것은 일종의 과랭 액체로 생각할 수 있다.

단원 예상문제

1. 용융 상태로부터 응고가 끝난 조직을 무슨 조직이라 하는가?

① 1차 조직 ② 2차 조직 ③ 3차 조직 ④ 4차 조직

해설 주조 조직을 1차 조직이라 하고 열처리에 의해 변화된 조직을 2차 조직이라 한다.

2. 주방조직으로 1차 조직에 속하는 것은?

① 베이나이트 조직 ② 마텐자이트 조직
③ 소르바이트 조직 ④ 수지상 조직

3. 금속을 용융 상태로부터 냉각시킬 때 그 온도와 시간의 관계를 나타낸 곡선을 무엇이라 하는가?

① 냉각곡선 ② 가열곡선 ③ 승온곡선 ④ 등온곡선

4. 금속의 응고에 대한 설명 중 틀린 것은?

① 응고 온도가 되면 원자들이 규칙적인 배열을 형성하여 결정체를 만든다.
② 냉각속도가 빠르면 결정입자가 미세하게 된다.
③ 쇳물을 금속 주형에 주입하면 주형에 접촉되는 부분이 제일 늦게 응고한다.
④ 응고가 나중에 되는 부분에는 불순물이 모이기 쉽다.

해설 용융금속은 주형 벽면에서부터 응고하기 시작하여 주형 내부로 응고가 진행된다.

5. 실제 용융금속을 냉각시키면 열역학적 평형융점보다 낮은 온도에서 응고되는 현상을 무엇이라 하는가?

① 과랭 현상 ② 과열 현상
③ 핵 생성 현상 ④ 결정립 성장 현상

6. 금속의 응고 과정에 대한 설명으로 틀린 것은?

① 순금속이 응고하면 결정립들은 안쪽에서 바깥쪽으로 성장한다.
② 용융금속이 응고하면 용기의 벽 쪽에서부터 내부로 칠층, 주상정, 입상정으로 성장한다.
③ 용융금속 중에서 용기의 벽에 접촉되어 있던 금속이 급속히 냉각되어 응고 이하의 온도로 심하게 과랭된다.
④ 용융금속 속에 있는 열은 용기의 벽을 통하여 외부로 계속 방출되므로 용기의 용융금속의 온도는 용기 벽에서 가장 낮고 내부로 들어갈수록 높아진다.

해설 순금속이 응고하면 결정립들은 바깥쪽에서 안쪽으로 성장한다.

7. 금속의 응고 과정을 설명한 것으로 틀린 것은?

① 냉각속도가 느리면 형성되는 핵의 수가 적고 결정립의 크기도 작아진다.
② 냉각속도가 빠르면 형성되는 핵의 수가 많고 결정립의 크기도 작아진다.
③ 결정립의 성장속도가 빠르면 핵의 수가 적고 결정립의 크기도 커진다.
④ 결정립의 성장속도가 느리면 핵의 수가 많고 결정립의 크기도 작아진다.

해설 냉각속도가 느리면 형성되는 핵의 수가 적고 결정립의 크기도 커진다.

8. 금속의 응고에 대한 설명 중 틀린 것은?

① 과냉각의 정도가 클수록 핵의 크기는 작다.
② 과냉각의 정도가 클수록 핵의 수는 증가한다.
③ 과냉각의 정도가 작을수록 결정립의 크기는 작다.
④ 과냉각의 정도가 작을수록 결정립의 수는 감소한다.

해설 과냉각의 정도가 클수록 핵의 크기는 작고, 결정립의 수가 증가한다.

9. 다음 중 금속의 응고 과정의 순서로 맞는 것은?

① 결정핵 생성→결정립 성장→수지상정→결정경계
② 결정핵 생성→결정립 성장→결정경계→수지상정
③ 결정핵 생성→수지상정→결정경계→결정립 성장
④ 결정핵 생성→수지상정→결정립 성장→결정경계

해설 금속의 응고 순서 : 결정핵 생성→수지상정→결정립 성장→결정경계

10. 용융금속이 응고 성장할 때 불순물이 가장 많이 모이는 곳은?

① 결정입내 ② 결정입계
③ 결정입내의 중심부 ④ 결정입계와 입내

해설 용융금속이 응고하면서 불순물은 나중에 결정입계에 모인다.

11. 결정입자의 성장 속도를 G라 하고, 냉각속도를 V_m이라 할 때 입상 결정입자가 생기는 조건은?

① $G < V_m$

② $G > V_m$

③ $G \leq V_m$

④ $G \geq V_m$

해설 주상 결정입자($G \geq V_m$), 입상 결정입자($G < V_m$)

12. 금속의 핵 발생 속도와 결정 성장 속도에 관한 그림이다. 가장 미세한 결정은 어느 것인가?

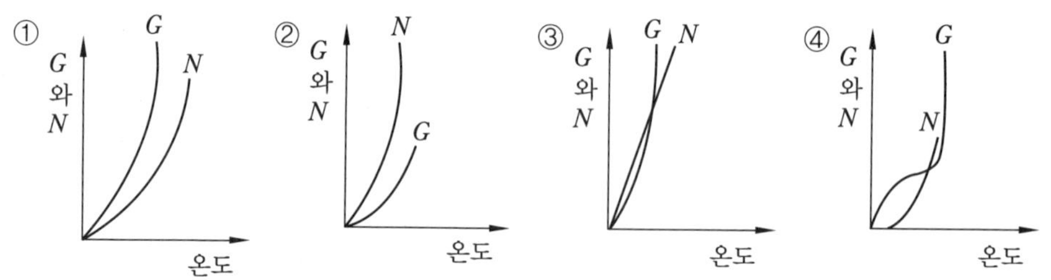

해설 G보다 N이 크면 미세한 결정립을 갖는다.

13. 결정립의 대소 관계에서 핵 발생 속도를 N이라 하고 결정립이 성장하는 속도를 G라 할 때 결정립의 관계를 바르게 나타낸 것은?

① G가 N보다 클수록 결정립의 수는 많다.

② G가 N보다 작을수록 결정립의 수는 많다.

③ G가 N보다 클수록 결정립의 크기는 작다.

④ G가 N보다 작을수록 결정립의 크기는 크다.

해설 결정립 성장 속도(G)가 클수록 핵 발생 속도(N)는 감소되어 핵의 수는 적고, 결정립의 크기는 커진다.

14. 다음 중 결정립 형성에 대한 설명으로 틀린 것은? (단, G는 결장 성장 속도, N은 핵 발생 속도, f는 상수이다.)

① 결정립의 대소는 $\dfrac{f \cdot G}{N}$로 표현된다.

② 금속은 순도가 높을수록 결정립의 크기가 작은 경향이 있다.

③ G가 N보다 빨리 증대할 경우 결정립이 큰 것을 얻는다.

④ N이 G보다 빨리 증대할 경우 결정립이 미세한 것을 얻을 수 있다.

해설 금속은 순도가 높을수록 결정립의 크기가 크다.

15. 금속이 응고할 때 실제 응고점 이하의 온도에서 응고하지 않고 용융 상태로 남아있는 상태를 무엇이라 하는가?

① 과랭 ② 급랭 ③ 서랭 ④ 공랭

해설 과랭 현상은 냉각할 때 융체의 내부에 적당한 고체의 핵이 존재하지 않아서 결정의 석출이 곤란하게 되기 때문이다.

16. 금속의 과랭 현상을 완화시키는 방법으로 적합하지 않은 것은?

① 응고 진동을 준다. ② 냉각속도를 빠르게 한다.
③ 작은 금속 시편을 첨가한다. ④ 접종 처리한다.

해설 과랭 현상은 응고 진동을 주거나 금속 시편을 첨가(접종 처리)하여 결정핵의 생성을 촉진시켜 완화한다.

17. 융체가 응고점 이하가 되어도 응고되지 않는 것을 과랭도라 한다. 과랭도가 가장 큰 금속은?

① 니켈 ② 텅스텐 ③ 안티몬 ④ 구리

해설 안티몬(sb)이 과랭도가 가장 크다.

18. 과랭도가 큰 금속의 경우 융체에 진동을 주거나 작은 금속핀을 첨가함으로써 응고를 촉진시키는 방법은?

① 시효 ② 접종 ③ 확산 ④ 회복

해설 접종제로 Fe-Si, Fe-Ca 등이 있다.

19. 금속이 응고할 때 결정핵의 생성을 촉진시키기 위하여 금속분말을 용탕에 첨가하는 처리를 무엇이라 하는가?

① 접종 처리 ② 용체화 처리 ③ 균질화 처리 ④ 구상화 처리

해설 접종(inoculation) 처리는 결정핵의 생성과 조직의 미세화를 촉진시키기 위하여 작은 금속편을 첨가하는 것이다.

정답 1. ① 2. ④ 3. ① 4. ③ 5. ① 6. ① 7. ① 8. ③ 9. ④ 10. ② 11. ① 12. ② 13. ② 14. ② 15. ① 16. ② 17. ③ 18. ② 19. ①

(2) 응고 후의 조직

① 수지상 조직 : 응고 도중 죽 모양의 고액공존 영역에서 고상은 나무와 같이 줄기와 가지로 되어 있고, 줄기와 가지가 각각 성장, 굵어지면서 중간의 액체 부분을 고체로 바꾸어 가는 현상을 수지상정(dendrite)이라 한다.

② 주상정

㈎ 수지상정 표면으로부터 연속해서 내부를 향하여 성장하여 가는 경우에는 최종적으로 기둥과 같은 가늘고 긴 결정이 잘 정렬한다. 이것을 주상정(columnar grain)이라 한다.

㈏ 주형이 직각으로 되어 있는 부분에는 인접부의 주상정이 충돌하여 경계가 생겨서 약선(weak line)이 생기므로 주형의 모서리는 라운딩을 한다.

③ 등축정 : 수지상정이 흩어져서 액체 중에 떠다니고 이것이 각자 성장해 가는 경우는 완성된 후에 보면 짧은 형태의 결정이 각각의 방향을 향하여 있는데, 이것을 등축정(equiaxed grain)이라 한다.

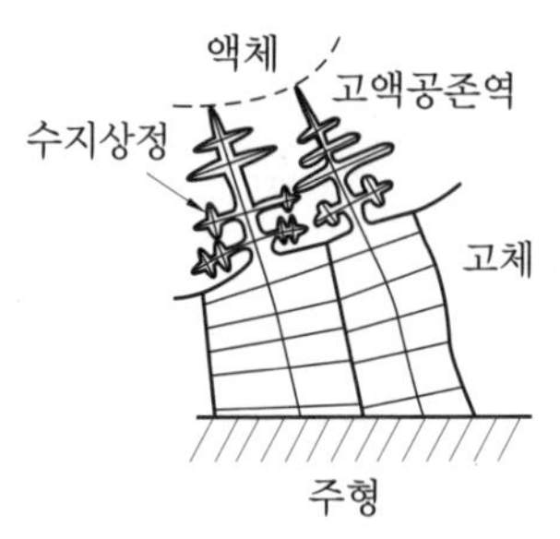

고액공존 영역과 수지상정

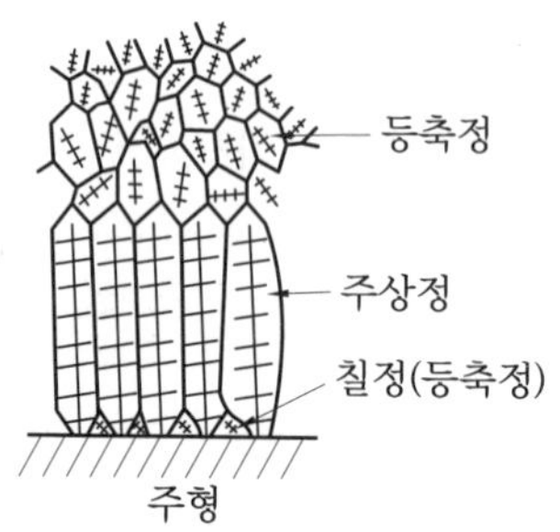

주상정과 등축정

단원 예상문제

1. 수지상 조직에 대한 설명 중 옳지 않은 것은?

① 응고를 완료한 순금속의 경우에 아주 잘 볼 수 있다.
② 주괴의 수축공 표면에서 볼 수 있다.
③ 고상의 성장 방향에 평행하게 생긴 가지 결정이다.
④ 입방정계 수지상 결정의 축은 [100]이라고 한다.

해설 수지상 조직은 주괴의 내부 조직이다.

2. 응고 속도가 빠른 주형 벽면에서 나타나는 조직은?

① 주상정 ② 수지상정 ③ 칠정 ④ 등축정

해설 급랭되는 부분에 많은 핵이 생겨 칠정을 형성한다.

3. 용융금속을 주형 등에 넣어 응고시키면 응고가 다른 표면에 수직으로 가늘고 긴 기둥과 같은 조직이 생긴다. 이런 조직을 무슨 조직이라 하는가?

① 주상정 ② 주방조직 ③ 수지상정 ④ 칠조직

해설 주상정(columnar grain)은 주형의 중심을 향한 가늘고 긴 기둥 모양의 결정이다.

4. 금속의 응고 과정에서 형성된 결정핵(seed crystal)을 중심으로 핵의 성장이 나뭇가지(dendrite)와 같이 성장하는 결정을 무엇이라 하는가?

① 칠정 ② 주상정
③ 수지상정 ④ 등축정

해설 금속이 응고할 때 결정핵이 성장하여 나뭇가지와 같은 수지상정으로 결정립을 만들어 결정체가 된다.

5. 금속이 응고하면서 나타나는 조직이 아닌 것은?

① 주상정 ② 수지상정 ③ 수축공 ④ 등축정

해설 수축공은 응고 과정에서 생기는 결함이다.

6. 용융금속을 금형에 주입했을 때 가장 먼저 냉각되는 곳은?

① 금형 내부의 아랫쪽 중앙 부분 ② 금형 내부의 윗쪽 중앙 부분
③ 주형의 중앙 부분 ④ 금형에 접촉된 부분

해설 금형에 제일 먼저 접촉하는 곳부터 응고하기 시작한다.

정답 1. ② 2. ③ 3. ① 4. ③ 5. ③ 6. ④

(3) 금속의 결정 구조

① 금속의 결정

(가) 금속의 결정립 : 금속재료의 파단면은 무수히 많은 입자로 구성되어 있는 것을 알 수 있다. 이 작은 입자를 금속의 결정립(grain)이라 한다.

(나) 금속의 결정경계 : 금속은 무수히 많은 결정립이 무질서한 상태로 집합되어 있는 다결정체이다. 이 결정립의 경계를 결정경계(grain boundary)라 한다.

(다) 결정격자 : 결정립 내에는 원자가 규칙적으로 배열되어 있다. 이것을 결정격자(crystal lattice) 또는 공간격자라 한다.

(라) 단위포

㉠ 공간격자 중에서 소수의 원자를 택하여 그 중심을 연결해서 간단한 기하학적 형태를 만들어 격자 내의 원자군을 대표할 수 있는데, 이것을 단위격자 또는 단위포(unit cell)라고 부르며 축간의 각을 축각(axial angle)이라 한다.

㉡ 단위포의 크기는 $1\text{Å} = 10^{-8}$cm이다.

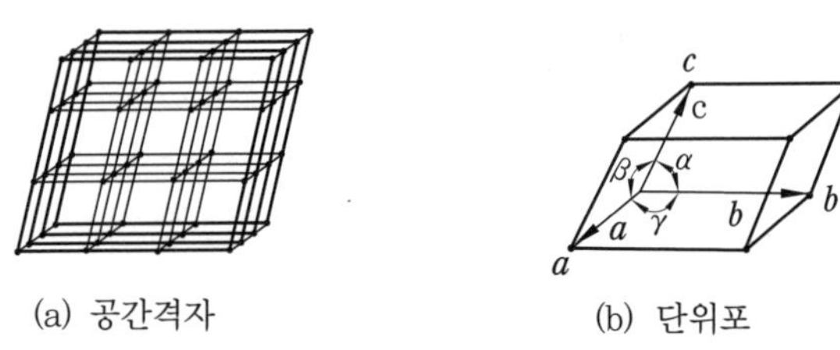

(a) 공간격자 (b) 단위포

공간격자와 단위포

② 금속의 결정계와 결정격자

㈎ 결정계는 7정계로 나누고 이것은 다시 14결정격자형으로 세분되는데, 이것을 브라베(bravais) 격자라 한다.

㈏ 순금속 및 합금(금속간 화합물은 제외)은 비교적 간단한 단위 결정격자로 되어 있다.

㈐ 특수한 원소(In, Sn, Te, Ti, Bi)를 제외한 대부분이 체심입방격자(BCC : Body Centered Cubic lattice), 면심입방격자(FCC : Face Centered Cubic lattice), 조밀육방격자(HCP : Hexagonal Close Packed lattice–Close Packed Hexagonal lattice)가 있다.

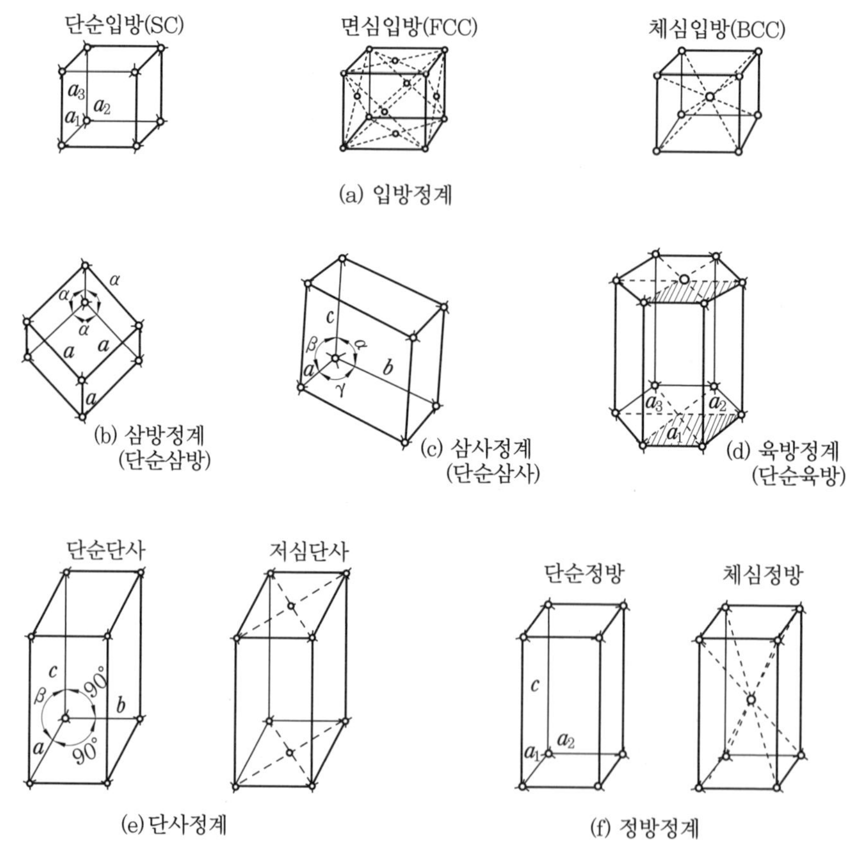

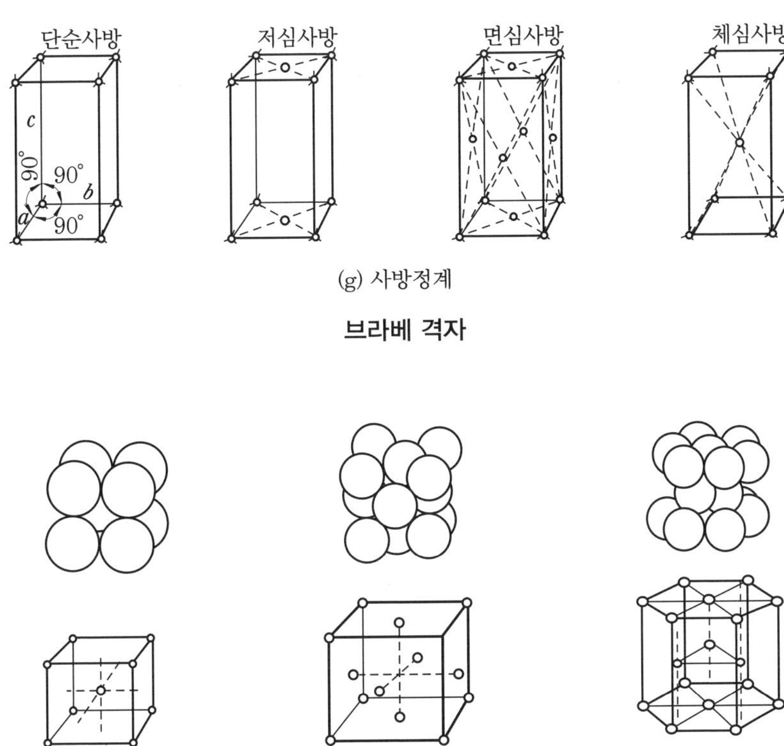

(g) 사방정계

브라베 격자

(a) 체심입방격자 (b) 면심입방격자 (c) 조밀육방격자

주요 금속의 결정격자

주요 금속의 격자상수

면심입방격자(FCC)		체심입방격자(BCC)		조밀육방격자(HCP)		
금속	a	금속	a	금속	a	e
Ag	4.08	Ba	5.01	Be	2.27	3.59
Al	4.04	$\alpha-$Cr	2.88	Cd	2.97	5.61
Au	4.07	$\alpha-$Fe	2.86	$\alpha-$Co	2.51	4.10
Ca	5.56	K	5.32	$\alpha-$Ce	2.51	4.10
Cu	3.16	Li	3.50	$\beta-$Cr	2.72	4.42
$\gamma-$Fe	3.63	Mo	3.14	Mg	3.22	5.10
Ni	3.52	Na	4.28	Os	3.72	4.31
Pb	4.94	Nb	3.30	$\alpha-$Tl	3.47	5.52
Pt	3.92	Ta	3.30	Zn	2.66	4.96
Rh	3.82	W	3.16	$\alpha-$Ti	2.92	4.67
Th	5.07	V	3.03	Zr	3.22	5.20

㈑ 브래그 법칙(Bragg's law)

X-선은 금속의 결정구조나 격자상수, 결정면, 결정면의 방향을 결정한다.

$$n\lambda = 2d \sin\theta$$

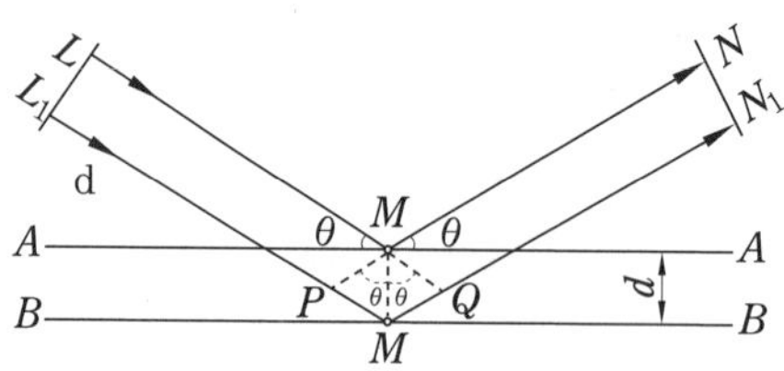

결정면에 의한 X선 회절

㈒ 결정면 및 방향 표시법

㉠ 결정의 좌표축을 x, y, z로 잡고 a, b, c의 3축을 각각 원자간 거리 배수만큼 끊었을 때 3축상에서 각각 몇 개의 원자 간격이 생기는가를 보면 $(x, y, z)=(2, 3, 1)$ 원자축 간격의 배수임을 알 수 있다.

㉡ 이의 역수(1/2, 1/3, 1/1)를 취하여 정수비로 고치면 (326)이 되어 결정면의 위치를 표시한다. 이것을 밀러지수(Miller's indices)라 하고 결정면 및 방향을 표시한다.

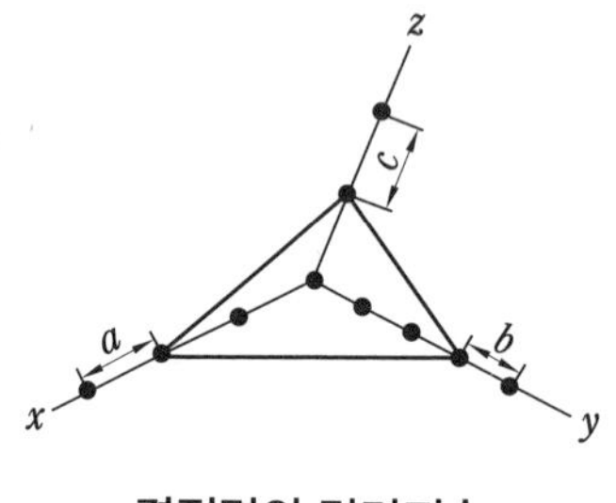

결정면의 밀러지수

단원 예상문제

1. 금속의 결정격자에서 공간격자는 무엇으로 구성되어 있는가?

① 원자 ② 단위포 ③ 분자 ④ 결정핵

해설 금속의 결정격자는 원자들이 모여 공간격자를 이루는 단위포로 구성되어 있다.

2. 금속의 공간격자를 이루는 최소 단위인 단위포에 대한 1Å의 크기는?

① 10^{-1}cm ② 10^{-3}cm ③ 10^{-6}cm ④ 10^{-8}cm

해설 단위포의 크기는 $1\text{Å} = 10^{-8}$cm이다.

3. 금속에서 결정의 최소 단위를 무엇이라 하는가?

① 연신율 ② 단결정
③ 단위격자 ④ 결정입계

4. 어떤 물질을 구성하고 있는 원자가 규칙적으로 배열되어 있을 때, 이것을 무엇이라 하는가?

① 결정핵 ② 결정체
③ 결정성장 ④ 결정경계

해설 원자가 규칙적으로 배열되어 형성된 것을 결정체라 한다.

5. 결정격자를 14결정격자로 세분한 격자모형은?

① 브라베 ② 베가이드
③ 브래그 ④ 밀러

해설 브라베는 결정격자를 14결정격자로 세분하였다.

6. 브라베 격자의 입방정계를 나타낸 것은 어느 것인가?

① $a=b=c,\ \alpha=\beta=\gamma$ ② $a\neq b=c,\ \alpha=\beta=\gamma$
③ $a=b\neq c,\ \alpha\neq\beta=\gamma$ ④ $a=b=c,\ \alpha=\beta\neq\gamma$

해설 입방정계 : $a=b=c,\ \alpha=\beta=\gamma=90^\circ$

7. 정방정계의 축 길이와 사이각을 옳게 나타낸 것은?

① $a=b=c,\ \alpha=\beta=\gamma=90^\circ$
② $a=b\neq c,\ \alpha=\beta=\gamma=90^\circ$
③ $a\neq b\neq c,\ \alpha=\beta=\gamma=90^\circ$
④ $a=b\neq c,\ \alpha=\beta=90^\circ,\ \gamma=120^\circ$

해설
- 입방정계 : $a=b=c,\ \alpha=\beta=\gamma=90^\circ$
- 정방정계 : $a=b\neq c,\ \alpha=\beta=\gamma=90^\circ$
- 사방정계 : $a\neq b\neq c,\ \alpha=\beta=\gamma=90^\circ$
- 육방정계 : $a=b\neq c,\ \alpha=\beta=90^\circ,\ \gamma=120^\circ$

8. 체심입방격자의 축의 길이 및 축각으로 맞는 것은?

① $a=b=c,\ \alpha=\beta=\gamma$ ② $a\neq b=c,\ \alpha=\beta=\gamma$
③ $a=b\neq c,\ \alpha\neq\beta=\gamma$ ④ $a=b=c,\ \alpha=\beta\neq\gamma$

해설 체심입방격자 : $a=b=c,\ \alpha=\beta=\gamma=90^\circ$

9. 금속의 결정에서 주로 나타나지 않는 결정은?

① 면심입방격자 ② 체심입방격자
③ 조밀육방격자 ④ 단순정방격자

해설 금속의 주요 결정 : 면심입방격자, 체심입방격자, 조밀육방격자

10. 결정격자에서 BCC는?

① 체심입방격자 ② 면심입방격자
③ 조밀육방격자 ④ 비결정체

해설 체심입방격자는 BCC(Body Centered Cubic lattice), 면심입방격자는 FCC(Face Centered Cubic lattice)이다.

11. 실용 금속의 결정격자가 아닌 것은?

① 체심입방격자 ② 능방격자
③ 면심입방격자 ④ 조밀육방격자

해설 실용 금속의 결정격자에는 체심입방격자, 면심입방격자, 조밀육방격자가 있다.

12. 상온에서 조밀육방격자(HCP)의 구조를 갖는 금속은?

① 은 ② 구리 ③ 몰리브덴 ④ 아연

해설 조밀육방격자 : Be, Mg, Cd, Zn

13. 상온에서 구리의 결정격자 형태는?

① FCC ② BCC ③ HCP ④ CPH

해설 면심입방격자 : Cu, Ag, Au, Pt, Al, Ni

14. 상온에서 체심입방격자들로만 이루어진 금속은?

① W, Ni, Au, Mg ② Cr, Zn, Bi, Cu
③ Fe, Cr, Mo, W ④ Mo, Cu, Ag, Pb

해설 체심입방격자 : Fe(α-Fe), Cr, Mo, W

15. 상온에서 체심입방격자로만 된 것은?

① Ag, Al, Au ② Cu, Fe, Ba ③ Mo, Fe, Li ④ Be, Cd, Mg

해설
- 체심입방 : Mo, Fe, Li
- 면심입방 : Ag, Al, Au
- 조밀육방 : Be, Cd, Mg

16. 금속 원소에 대한 격자간 거리와 구조를 결정하기 위한 결정격자 측정법에 이용되는 시험은?

① 자력 측정 시험 ② 커핑 시험 ③ X선 회절 시험 ④ 에릭센 시험

해설 X선 회절에 의한 산란 X선의 진행 방향과 강도는 결정을 구성하는 원자와 그 배열에 관한 성질을 반영한다.

17. X-Ray로 결정구조를 측정할 수 있는 방법은?

① 탐만법 ② 깁스법 ③ 브래그법 ④ 후크법

해설 브래그법에 의해 X선으로 결정구조를 측정한다.

18. 다음 중 Bragg의 X-ray의 회절식으로 맞는 것은?

① $2n = n\lambda \sin\theta$ ② $\sin\theta = 2n\lambda$ ③ $n\lambda = 2d\sin\theta$ ④ $\theta = 2\sin\lambda$

해설 브래그 법칙(Bragg's law)을 나타내는 식은 $n\lambda = 2d\sin\theta$이다.

19. X-ray 회절법을 사용하는 용도로 적합한 것은?

① 개재물의 탐상 ② 압축 변형의 측정
③ 주물의 결함 탐상 ④ 결정격자 구조의 측정

해설 X-ray 회절법은 금속 원소에 대한 격자간 거리와 구조를 결정하기 위한 결정격자 측정법이다.

20. X-ray 회절법에서 X-ray 입사각이 30°일 때 이 금속의 면간 거리는? (단, 회절상수 n은 1, 파장 λ는 10^{-5}cm이다.)

① 10^{-5}cm ② $\frac{1}{2} \times 10^{-5}$cm
③ $\frac{\sqrt{3}}{2} \times 10^{-5}$cm ④ 2×10^{-5}cm

해설 $d_{hkl} = \frac{n\lambda}{2\sin\theta} = \frac{1 \times 10^{-5}}{2 \times \sin 30^\circ} = 10^{-5}\,\text{cm}$

21. FCC 결정구조를 갖는 구리 금속의 단위격자의 격자상수가 0.361 nm일 때 면간거리 d_{210}은 얼마인가?

① 0.16 nm ② 0.18 nm ③ 1.10 nm ④ 1.20 nm

해설 $d_{hkl} = \frac{1}{\sqrt{h^2+k^2+l^2}} \times a$

$$d_{210} = \frac{1}{\sqrt{2^2+1^2+0}} \times 0.361 = 0.16\,\text{nm}$$

22. 축 길이가 $a=b=c$이고, 축각이 $\alpha=\beta=\gamma=90°$인 것은 어떤 결정계인가?

① 입방정계 ② 육방정계 ③ 정방정계 ④ 사방정계

해설 입방정계에는 단순, 체심, 면심입방정계가 있다.

23. 결정계 중 Hexagonal은?

① $a=b=c$, $\alpha=\beta=\gamma=90°$
② $a\neq b\neq c$, $\alpha=\beta=\gamma=90°$
③ $a\neq b\neq c$, $\alpha\neq\beta=\gamma=90°$
④ $a=b\neq c$, $\alpha=\beta=90°$, $\gamma=120°$

해설 조밀육방격자(Hexagonal) : $a=b\neq c$, $\alpha=\beta=90°$, $\gamma=120°$

24. 금속의 결정구조를 설명할 때 결정면을 표시하는 방법으로 적합한 것은?

① 형상지수 ② 밀러지수 ③ 밀도지수 ④ 평가지수

해설 밀러지수는 결정면을 나타내는 지수로서 x, y, z의 3축으로 나타낸다.

25. 오른쪽 그림에서 빗금친 면의 밀러지수는?

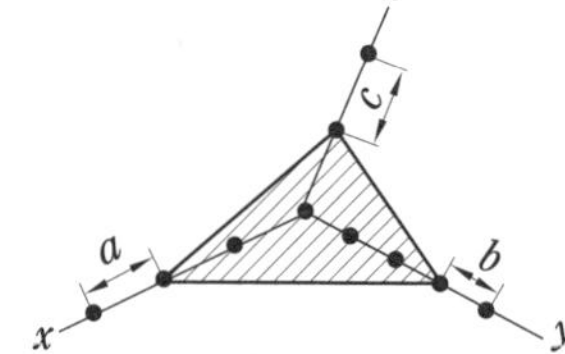

① (263)
② (236)
③ (326)
④ (231)

해설 $(x, y, z)=(2, 3, 1)$ 이의 역수(1/2, 1/3, 1/1)를 정수비로 고치면 밀러지수는 (326)이다.

26. 조밀육방격자에서 [2110] 방향과 [1120] 방향의 사이각은?

① 30° ② 60° ③ 120° ④ 180°

해설 [2110] 방향과 [1120] 방향 사이각은 120°의 각을 이룬다.

27. 20℃에서 격자상수가 가장 작은 것은?

① Al ② Pt ③ Ag ④ Cu

해설 Al : 4.04, Pt : 3.92, Ag : 4.08, Cu : 3.16

28. 조밀육방 금속에서 축비의 값이 가장 큰 것은?

① Be ② Ti ③ Zn ④ Mg

해설 Zn(1.856) > Mg(1.624) > Ti(1.587) > Be(1.568)

정답 1. ② 2. ④ 3. ③ 4. ② 5. ① 6. ① 7. ② 8. ① 9. ④ 10. ① 11. ② 12. ④ 13. ① 14. ③ 15. ③ 16. ③ 17. ③ 18. ③ 19. ④ 20. ① 21. ① 22. ① 23. ④ 24. ② 25. ③ 26. ③ 27. ④ 28. ③

1-5 평형 상태도

(1) 1성분계의 상평형과 상률

① 모든 물질은 주어진 온도, 압력, 내부 구조(금속에서는 결정구조), 성분 등의 변화에 따라 그 상태가 변한다.

② 주어진 조건에서 어떤 상태의 물질이 존재하는지를 알기 쉽게 표시해 놓은 도표를 상태도라 한다.

③ 금속의 상변화는 고온에서 안정한 상이 저온에서 안정한 상보다 다량의 열에너지가 작용한다.

④ 열의 변화는 항상 냉각에서 방출하고, 가열에서 흡수한다.

⑤ 동일한 상태의 가열과 냉각을 할 때 상에 변화가 생기면 온도의 상승 및 강하 속도에 지체가 생긴다.

⑥ 물질에 있어서 상에 변화가 생기면 성질에 관련된 변화가 병행한다.

⑦ 금속 및 합금의 시료를 가열 또는 냉각하여 시간과 온도의 관계를 조사하는 방법을 열분석법이라 한다.

⑧ 1성분계의 상평형

㈎ 상태도에서 순물질(단일)에 대한 상태도를 1성분계 상태도라 한다.

㈏ 1성분계로 알려진 물의 상태도에서 Ⅰ(기체), Ⅱ(액체), Ⅲ(고체)로 존재하는 온도는 0.0075℃, 압력은 수은주 4.58mmHg에서 3중점이라 한다.

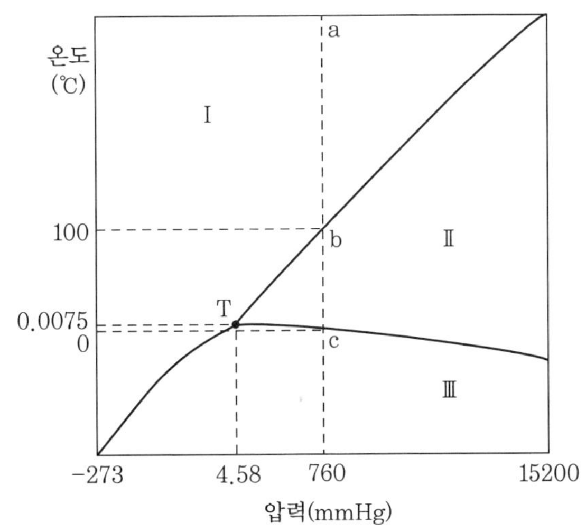

물의 상태도

⑨ 상률

㈎ 물과 얼음의 평형상태에서 자유도를 계산하면 P(물, 얼음), $C=1(H_2O)$이므로 자유도 $F=1+2-2=1$이 된다. 3중점 상태에서의 자유도는 P(물, 얼음, 수증기), $C=1(H_2O)$이므로 $F=1+2-3=0$이 된다.

㈏ 금속은 대개 대기압 하에서 모든 반응이 일어나므로 압력을 고정시키면 변수가 1개 감소되어 자유도 $F=C-P+1$이 된다. 여기서 $F=0, 1, 2$에 따라 불변계, 1변계, 2변계라 한다.

단원 예상문제

1. 다음 중 금속의 상(相)변화에 관련된 설명으로 틀린 것은?

① 고온에서 안정한 상이 저온에서 안정한 상보다 다량의 열에너지가 작용한다.
② 열의 변화는 항상 냉각에서 흡수하고, 가열에서 방출한다.
③ 동일한 상태의 가열과 냉각을 할 때 상에 변화가 생기면 온도의 상승 및 강하 속도에 지체가 생긴다.
④ 물질에 있어서 상에 변화가 생기면 성질에 관련된 변화가 병행한다.

해설 열은 냉각에서 방출하고, 가열에서 흡수한다.

2. 오른쪽의 열분석 곡선에서 수평길이에 영향을 주는 것이 아닌 것은?

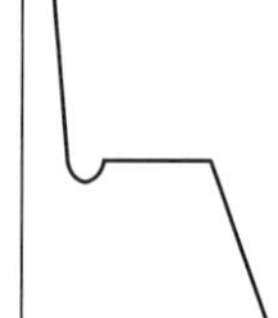

① 금속 시편의 성분
② 금속 시편의 온도
③ 금속 시편의 비중
④ 금속 시편의 열량

해설 융점을 표시하는 선으로 성분, 온도, 열량에 영향을 받는다.

3. 열분석 시험에서 열분석을 할 수 있는 3가지 방법에 해당되지 않는 것은?

① 냉각곡선을 측정하는 방법
② 시차곡선을 측정하는 방법
③ 응력곡선을 측정하는 방법
④ 비열곡선을 측정하는 방법

해설 열분석 시험은 냉각곡선, 시차곡선, 비열곡선을 측정한다.

정답 1. ② 2. ③ 3. ③

(2) 농도 표시법

① 농도

㈎ 1개의 계에서 성분 서로 간의 관계량, 또는 그 비율을 농도라 하고 %로 나타낸다.

㈏ 합금에서 함유량의 비율은 일반적으로 중량 농도로 표시하고 이론적인 계산을 할 때는 원자 수의 비율로 표시하는 원자 밀도로 나타낸다.

② 2성분계의 농도 표시법

㈎ X, Y 직각축의 평면 위에 A, B는 농도 x, y의 점으로서 A와 B를 합하면 농도는 100%로 된다.

$$\frac{\mathrm{AP}}{\mathrm{BP}} = \frac{y}{x}$$

㈏ 2원 합금의 모든 상태는 온도-농도 선도에 표시되며, 지렛대 관계(lever relation)를 통해 중량 백분율(%)로 나타낸다.

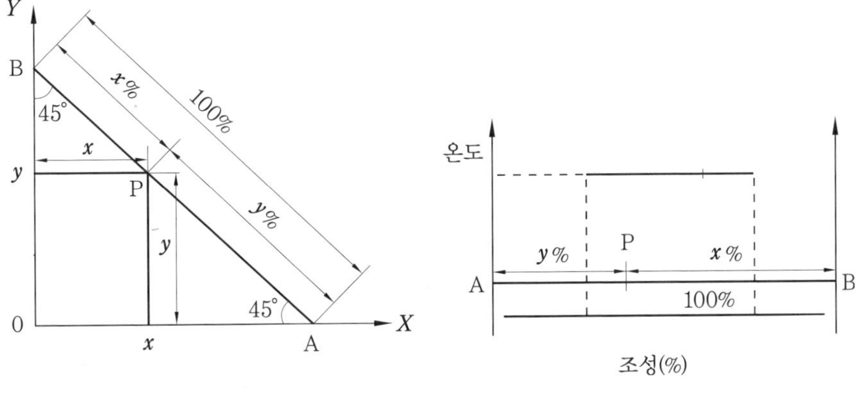

2성분 농도 표시법

③ 3성분계의 농도 표시법

㈎ 깁스(Gibbs)의 3성분 농도 표시법

㉠ 정삼각형의 한 변의 길이를 100%로 나타내는 방법이다.

㉡ 그림 (a)와 같이 높이 Ah가 100%가 되도록 정삼각형을 그리며, P점에서 각 변에 수직선을 그으면 각 변의 길이가 각 성분의 조성%가 된다.

Pa′=A%, Pb′=B%, Pc′=C%

㈏ 루즈붐(Roozeboom)의 3성분 농도 표시법

㉠ 정삼각형의 한 변의 길이가 100%를 나타낸다.

㉡ 그림 (b)와 같이 정삼각형의 각 변에 P에서 평행선을 그은 직선이 삼각형의 각 변을 끊는 길이가 각 성분의 조성 100%를 나타낸다.

Pa″=A%, Pb″=B%, Pc″=C%

Pa″+Pb″+Pc″=AB+BC+CA=100%

㉢ 깁스 방법보다 루즈붐의 방법이 더 많이 이용된다.

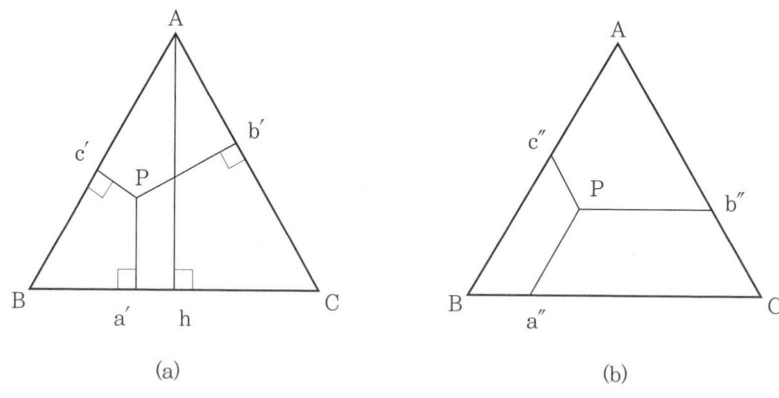

3성분 농도 표시법

단원 예상문제

1. 다음 Gibbs의 상률에 대한 설명으로 틀린 것은? (단, n : 성분의 수 F : 자유도 P : 상의 수)

① Gibbs의 상률은 $F=n+2-P$ 이다.

② Gibbs의 성분은 2원소에만 적용된다.

③ 순금속일 경우 상률에 적용되는 n의 수는 항상 1이다.

④ 금속의 상태도에서 자유도의 수는 가변수이다.

해설 Gibbs의 성분은 성분 수에 관계없이 적용된다.

2. 다음 중 금속 및 합금의 상률 표시 방법 중 옳은 것은?

① $F=C+1-P$

② $F=C+2-P$

③ $F=C-1+P$

④ $F=C-2+P$

해설 금속 및 합금의 상률 표시 : $F=C+1-P$

3. 자유도를 나타내는 변수에 속하지 않는 것은?

① 온도 ② 비중 ③ 조성 ④ 압력

해설 자유도의 변수 : 온도, 조성, 압력

4. 비금속물질에 대한 1성분계의 상태도와 관계없는 것은?

① 성분 ② 온도 ③ 압력 ④ 시간

해설 비금속물질의 상태도는 성분, 온도, 압력에 의해 변한다.

5. 오른쪽 그림에서 "수증기" 구역에서의 상률은 얼마인가?

① $F=1$

② $F=2$

③ $F=3$

④ $F=0$

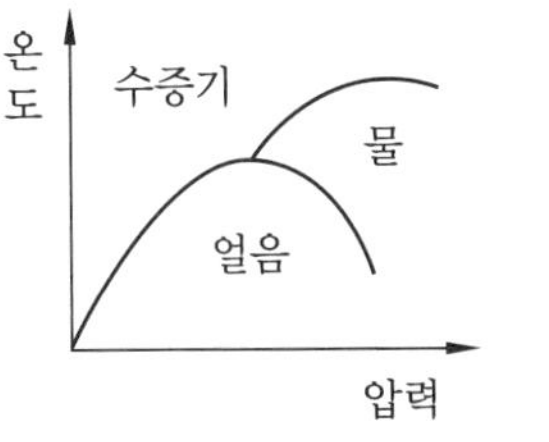

해설 비금속인 물이므로 $F=C+2-P=1+2-1=2$

정답 1. ② 2. ① 3. ② 4. ④ 5. ②

(3) 합금의 평형 상태

두 가지 이상의 금속 또는 금속과 비금속 원소가 합쳐져 금속적인 성질이 나타날 때를 합금이라 한다.

① 합금의 특성

(가) 용융 온도가 낮아진다.

(나) 경도가 높아진다.

(다) 전기 전도율과 열전도율이 저하된다.

② 고용체

(가) 침입형 고용체

㉠ 용질의 원자가 용매 금속의 결정격자 속으로 침입해 들어가는 것이다.

㉡ 침입형 원소 : C, N, B, O, H

(나) 치환형 고용체

㉠ 용질 원자가 일부의 용매 원자와 위치를 치환하는 것이다.

㉡ Cu-Au계에는 면심입방격자를 가지는 Cu_3Au, CuAu, $CuAu_3$

㉢ 치환형의 고용체 영역을 형성하는 인자

- 용질과 용매 원자의 지름 차가 용매 원자 지름의 15% 이내이어야 한다.
- 결정격자형이 동일하여야 한다.
- 용질 원자와 용매 원자의 전기저항의 차가 작아야 한다.
- 원자가 효과로서 용질의 원자가가 용매의 것보다 커야 한다.

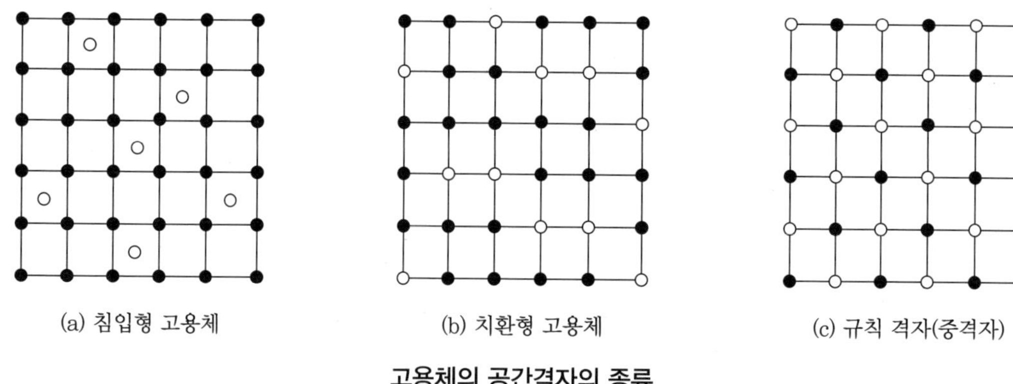

(a) 침입형 고용체 (b) 치환형 고용체 (c) 규칙 격자(중격자)

고용체의 공간격자의 종류

㈐ 금속간 화합물

㉠ 금속과 금속 사이의 친화력이 클 때, 2종 이상의 금속 원소가 간단한 원자비로 결합되어 성분 금속과는 다른 성질을 가지는 독립된 화합물이다.(Fe_3C의 Fe와 C의 원자비(%)는 3Fe=75%, C=25%)

㉡ Fe_3C, Cu_4Sn, Cu_2Sn, Mg_2Si, $MgZn_2$ 등이다.

㉢ 특징

- 구성 성분 금속의 특성이 완전히 소멸된다.
- 경도가 높고 높은 용융점을 가지고 있다.
- 일반 화합물에 비하여 결합력이 약하다.
- 메지고 굳기 때문에 공구 재료로 사용된다.

㈑ 전율가용 고용체(continuous solid solution)

㉠ 고용체를 만드는 용매와 용질 원자 간에 있어서의 모든 비율, 즉 전 농도에 걸쳐 고용체를 만드는 경우

㉡ 모든 비율로서 고용체를 만들기 위해서는 A, B 두 성분이 같은 형의 결정격자를 가지고 있어야 한다.

㉢ 성분 원자의 지름 차이가 작아야 한다.

㉣ 성분 원자의 결합력이 크지 않아야 한다.

㉤ 상태도에서 용액과 접해 있는 선을 액상선(liquidus), 고용체에 접해 있는 선을 고상선(solidus)이라 한다.

㉥ 합금에는 Ag-Au, Cu-Ni, Bi-Sb 등이 있다.

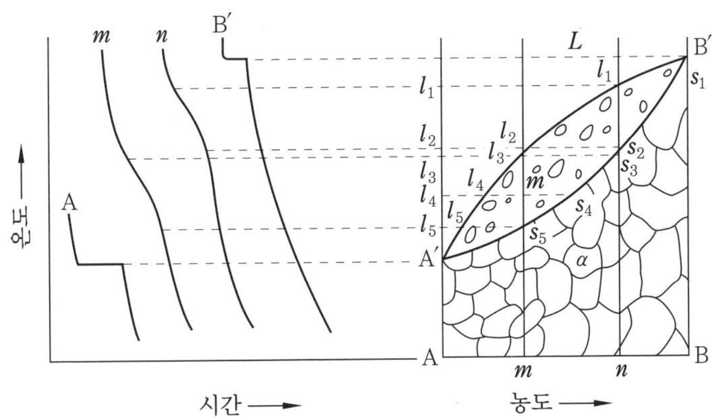

전율가용 고용체의 상태도

(마) 한율가용 고용체

㉠ A 금속의 격자점을 B 금속의 원자가 점유하는 치환형 고용체에서는 그 금속의 원자 지름의 차이에 따라서 격자의 변형이 생긴다.

㉡ A 금속의 격자점을 B 금속의 원자가 점유하여 전부 B 원자와 치환할 때에는 전율가용 고용체가 된다.

㉢ 원자 지름의 차가 15% 이상이 되면 변형이 크므로 전율가용 고용체가 되지 못하고 A 금속의 격자가 존속할 수 없는 한계에 도달한다.

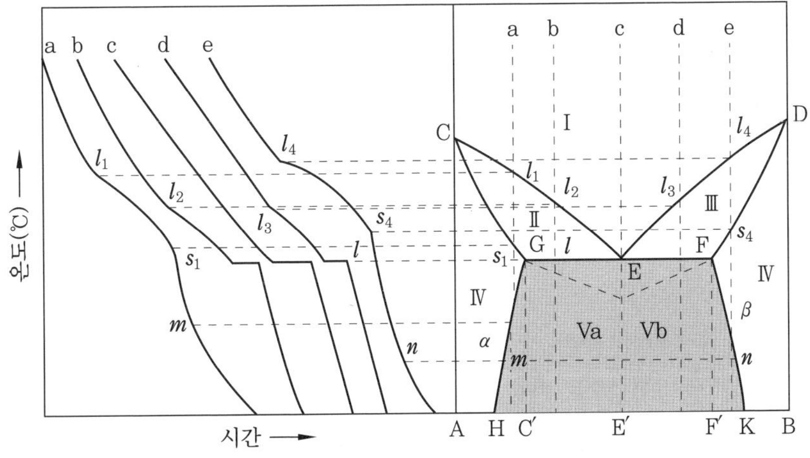

한율가용 고용체의 상태도

③ 공정(eutectic)

(가) 2개 성분의 금속이 용융된 상태에서는 균일한 용액으로 되나 응고 후에는 성분 금속이 각각 결정이 되어 분리되며, 2개의 성분 금속이 고용체를 만들지 않고 기계적으로 혼합된 조직으로 된다.

㈏ 합금 m을 냉각시키면 온도 t_1, 즉 m_1에서 응고가 시작되며 금속 A의 초정이 정출되고, 온도 t_3가 되면 용액과 결정의 양적 관계는 다음과 같다.

결정 A : 용액 E′$=\overline{m_2E'} : \overline{m_2t'}$

㈐ 공정은 용액에서 두 종류의 고체 금속 A, B가 동시에 정출하여 응고가 된다.

용액 E→결정 A + 결정 B

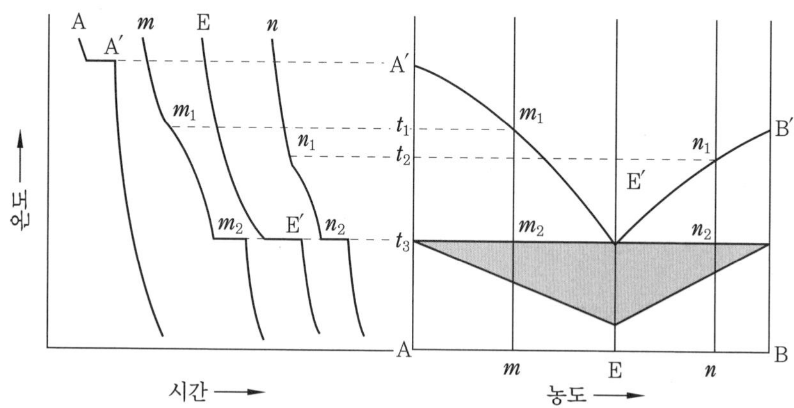

공정형 상태도와 냉각곡선

④ 공석(eutectoid)

㈎ 일정 온도에서 하나의 고용체로부터 두 종류의 고체가 일정한 비율로 동시에 석출되어 생긴 혼합물이다.

㈏ 공석 조직은 주로 층상이다.

㈐ 철강에서 펄라이트는 0.8% C일 때 723℃에서 오스테나이트로부터 페라이트와 시멘타이트가 동시에 석출되어 나온다.

γ 고용체→α 고용체+Fe_3C

⑤ 포정

합금을 용융 상태로부터 냉각하면 어떤 일정한 온도에서 정출된 고용체와 함께 이와 공존된 용액이 서로 반응을 일으켜 새로운 다른 고용체를 만드는 것을 포정 반응(peritectic reaction)이라 한다.

E(용액)+G(α 고용체)⇄F(β 고용체)

⑥ 편정

두 성분을 합금시킬 때 양 성분 간에 화합물을 형성하지 않고 용액 상태에서 균일한 상이 되지 못하고 분리되며, 고체에서 용해도가 없는 경우이다.

E(용액)⇄결정A+r(융액)

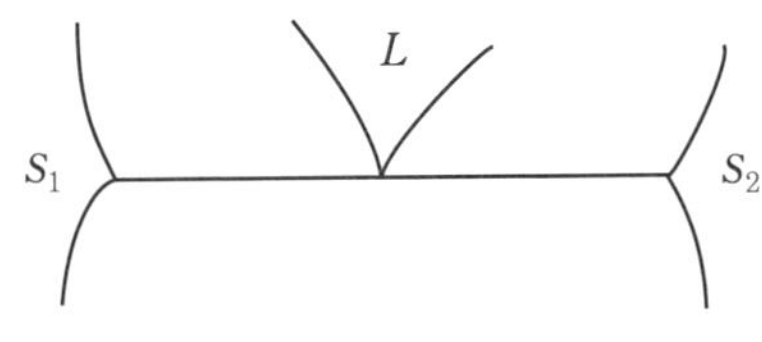

(a) 공정

공정=(융액)$_L$ ⇄ (고상)$_{S_1}$+(고상)$_{S_2}$

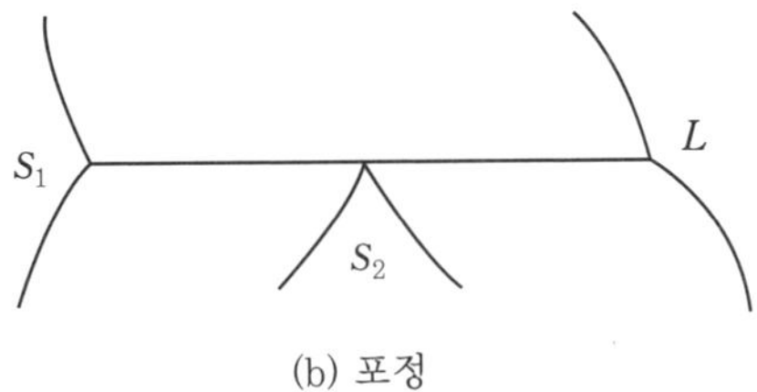

(b) 포정

포정=(융액)$_L$+(고상)$_{S_1}$ ⇄ (고상)$_{S_2}$

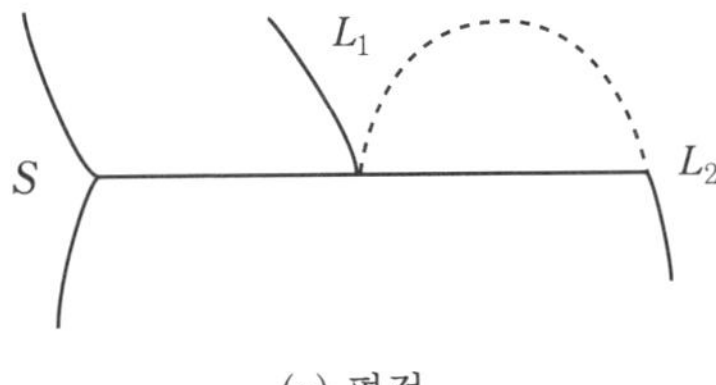

(c) 편정

편정=(융액)$_{L_1}$ ⇄ (융액)$_{L_2}$+(고상)$_S$

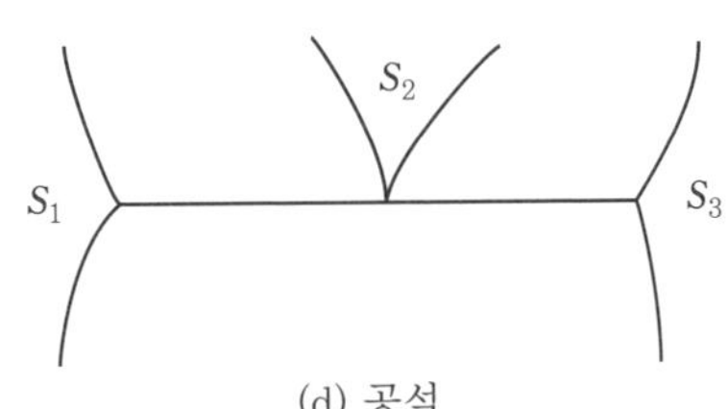

(d) 공석

공석=(고상)$_{S_2}$ ⇄ (고상)$_{S_1}$+(고상)$_{S_3}$

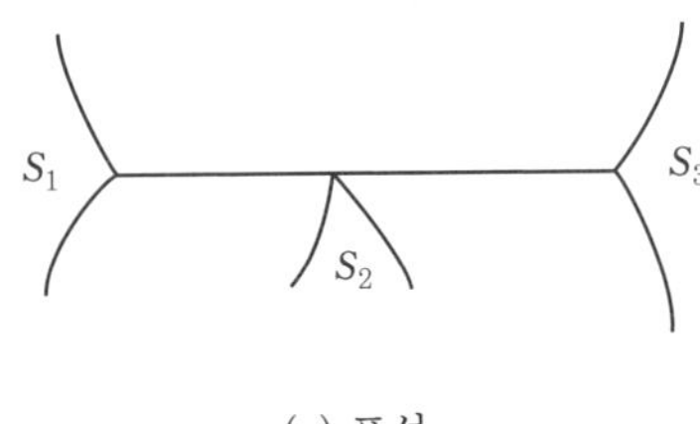

(e) 포석

포석=(고상)$_{S_1}$+(고상)$_{S_3}$ ⇄ (고상)$_{S_2}$

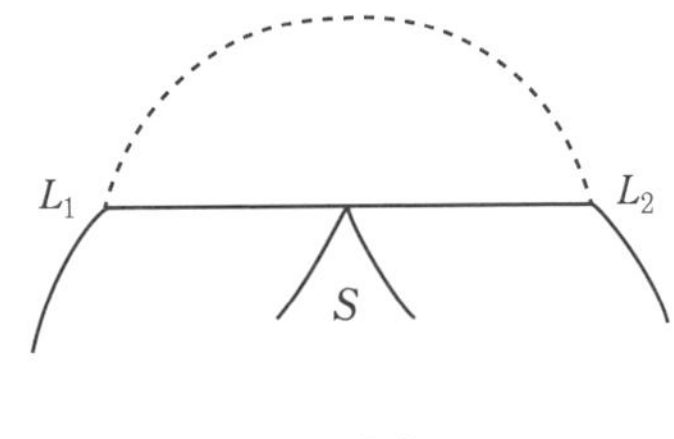

(f) 합성

합성=(액상)$_{L_1}$+(액상)$_{L_2}$ ⇄ (고상)$_S$

2성분계에서의 3상 항온 반응 상태도

단원 예상문제

1. 다음 중 합금(alloy)에 대한 설명으로 틀린 것은?

① 순수한 단체 금속만을 합금이라 한다.

② 제조 방법은 금속과 금속, 금속과 비금속을 용융 상태에서 융합하거나, 압축, 소결하는 방법 등이 있다.

③ 첨가 과정은 제조 과정 중에 자연적으로 혼입되는 경우와 어떤 유용한 성질을 부여하기 위해 첨가하는 경우가 있다.

④ 공업용 합금은 어떤 필요한 성질을 얻기 위해 한 금속에 다른 금속 또는 비금속을 첨가하여 얻은 금속적 성질을 가지는 물질을 말한다.

해설 합금은 2개 이상의 금속을 갖는다.

2. 두 금속을 합금하는 경우 나타나는 일반적인 성질로 옳은 것은?

① 밀도는 두 금속의 결정구조와 무관하다.
② 합금을 하면 인장강도는 증가한다.
③ 융점은 두 금속 중 고온의 금속보다 항상 높아진다.
④ 두 금속 원자의 크기 차가 클수록 치환형 고용체를 형성하기 쉽다.

해설 두 금속을 합금하는 경우 인장강도 증가, 융점 저하, 전기저항성 증가 현상이 나타난다.

3. 순금속에 일정한 양의 금속을 합금시키면 용융점은 어떻게 변하는가?

① 용융점은 올라간다. ② 용융점은 내려간다.
③ 용융점은 일정하다. ④ 모든 금속의 융점은 같다.

해설 합금은 융점이 내려간다.

4. 합금의 용융 응고 온도 범위를 옳게 설명한 것은?

① 합금은 일정한 온도에서 용융 응고한다.
② 합금의 융점은 순금속보다 높다.
③ 합금의 융점은 조성에 따라 달라진다.
④ 합금은 응고 온도 범위가 좁다.

해설 합금은 용융 응고를 완료할 때까지 조성에 따라 온도차가 달라진다.

5. 철에서 C, N, H, B의 원자가 이동하는 확산기구는?

① 격자간 원자 기구 ② 공격자점 기구 ③ 직접 교환 기구 ④ 링 기구

해설 격자간 원자기구는 결정격자의 중간 위치에 여분의 원자(C, N, H, B)가 끼어 들어간 상태이다.

6. 침입형 원소로 맞는 것은?

① B, O, C, H, N ② Cr, Mn, P, S
③ C, Si, Mn, P, S ④ W, Cr, V, Mn

해설 침입형 원소 : H, B, C, N, O

7. 고용체에 대한 설명 중 틀린 것은?

① 두 성분 금속이 모든 비율로 고용체를 만들 때를 전율 고용체라 한다.
② 원자 지름의 차가 작을 때는 침입형 고용체가 된다.
③ 오스테나이트 철의 면심입방격자 간격에 C가 침입한다.
④ C, N, H, B는 침입형 고용체로 용해되는 원소이다.

해설 원자 지름의 차가 작을 때는 치환형 고용체가 된다.

8. **넓은 범위의 치환형 고용체를 형성하기 위한 합금 원소의 구비 조건으로 틀린 것은?**

① 원자 크기가 15% 이내이어야 한다.
② 가전자가 같아야 한다.
③ 결정구조가 같아야 한다.
④ 상호 간에 이온 친화도의 차가 커야 한다.

해설 성분 금속 상호 간에 이온화 경향의 차가 작아야 한다.

9. **치환형 고용체 영역을 만드는 조건, 즉 Hume-Rothery 조건이라 할 수 없는 것은?**

① 두 원자의 원자가가 비슷할 것
② 두 원자의 지름 차이가 15% 이하일 것
③ 두 원자의 결정격자형이 동일하거나 유사할 것
④ 두 원자의 전기화학적 성질의 차가 작을 것

해설 두 원자의 원자가의 차이가 클 것

10. **용질 원자가 용매 원자의 결정격자 사이의 공간에 들어간 것을 무엇이라 하는가?**

① 침입형 고용체　　② 치환형 고용체
③ 금속간 화합물　　④ 공격자점

해설 침입형 고용체 : 용질 원자가 용매 원자 사이에 위치하는 고용체

11. **1차 고용체 생성을 좌우하는 Hume-Rothery 인자에 속하지 않는 것은?**

① 원자의 치수　　② 친화력　　③ 원자가　　④ 공공

해설 치환형 고용체 생성을 좌우하는 인자는 원자의 치수, 친화력, 원자가이다.

12. **두 금속의 치환형 고용체를 만들기 쉬운 조건이 아닌 것은?**

① 용질과 용매 원자의 지름차가 용매 원자 지름의 15% 이내이다.
② 두 금속이 서로 다른 종류의 결정격자를 가질수록 쉽다.
③ 결정격자형이 동일해야 한다.
④ 용질 원자와 용매 원자의 전기저항의 차가 작아야 한다.

해설 치환형 고용체는 두 금속의 결정격자형이 같거나 비슷한 범위에서 고용체를 만든다.

13. **침입형 고용체에서 불순물이 처음의 결정격자 안에 들어갈 때 어느 것이 가장 큰 영향을 주는가?**

① 원자 반지름　　② 원자 번호　　③ 가전자 수　　④ 결정격자형

해설 원자의 크기가 가장 큰 영향을 준다.

14. 치환형 고용체의 경우 동질 원자의 치환이 난잡하게 일어날 때 고용체의 격자정수의 값은 용질 원자의 농도에 비례한다는 것을 나타내는 법칙은 무엇인가?

① 샵의 법칙 ② 브래그의 법칙 ③ 미부스의 법칙 ④ 베가드의 법칙

해설 치환형 고용체의 경우 용질 원자와 용매 원자의 치환이 랜덤(random)하게 일어난다면 고용체의 격자상수 값은 용질 원자의 농도에 비례하게 되며, 이러한 관계를 베가드의 법칙(Vegard's law)이라 한다.

15. 니켈과 구리로 합금을 만들 경우 상온에서의 합금 상태는 무엇인가?

① 침입형 고용체 ② 치환형 전율 고용체
③ 프렌켈형 ④ 쇼트키형

해설 Ni-Cu 합금은 치환형 전율 고용체의 합금이다.

16. Ge-Si 합금의 전율 고용체를 이루는데 25wt Si(중량비) 액상+α상 구역에서 L(액상)=5, C(α상)=30인 경우 액상의 무게분율(F 액상)은?

① 0.2 ② 0.4 ③ 0.6 ④ 0.8

해설 액상의 무게분율 $=\frac{C(\alpha\text{상})-25\,\text{wt Si}}{C(\text{액상})}=\frac{30-25}{30-5}=0.2$

17. 2종의 고용 공정에 대한 상태도로 맞는 것은?

①
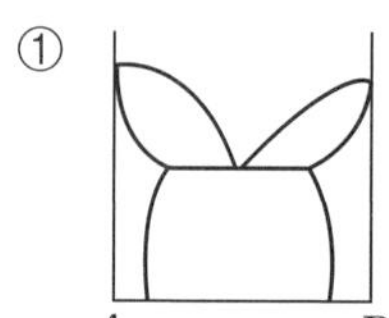

②
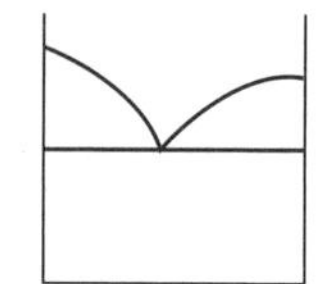

③
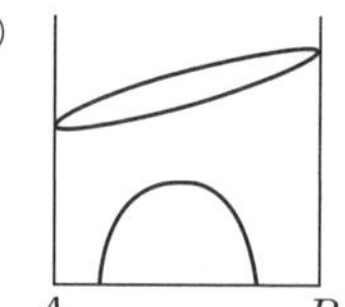

④
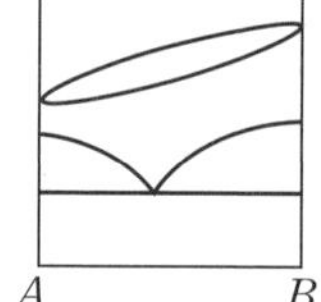

해설 AB의 합금 상태도에서 α와 β의 고용한도를 갖는다.

18. 오른쪽 그림을 봤을 때, 완전공정형은 어느 성분 합금의 열분석 곡선인가?

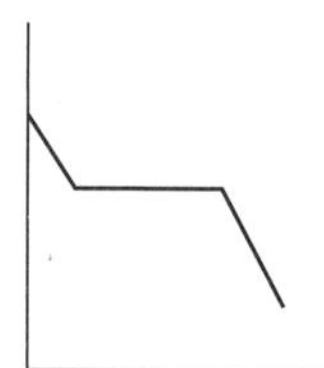

① 공석점을 표시하는 성분의 것이다.
② 포정점을 표시하는 성분의 것이다.
③ 공정점을 표시하는 성분의 것이다.
④ 공석선을 표시하는 성분의 것이다.

해설 완전공정형은 공정점을 표시하는 성분의 것이다.

19. γ(고상)$\rightleftarrows\alpha$(고상)$+\beta$(고상)의 반응을 무슨 반응이라 하는가?

① 공정반응 ② 공석반응 ③ 포정반응 ④ 포석반응

해설 공석반응 : γ(고상)$\rightleftarrows\alpha$(고상)$+\beta$(고상)

20. 용융 상태에서 고체가 나타날 때의 현상을 무엇이라 하는가?

① 석출 ② 정출 ③ 편석 ④ 결정경계

해설 정출 : 용융 상태에서 고체가 나타날 때의 현상

21. 금속이 응고한 후에 고체의 상에서 다른 고체의 상을 갖는 것을 무엇이라 하는가?

① 석출 ② 정출 ③ 편석 ④ 결정경계

해설 석출 : 고용체로부터 조직 성분이 다른 고체의 상으로 나타나는 것

22. 균일한 고용체의 결정 내부에 다른 성분의 결정이 분리되는 현상은?

① 시효 현상 ② 정출 현상
③ 용체화 처리 현상 ④ 석출 현상

해설 • 석출 현상 : 고용체에서 다른 성분의 결정이 고체로 나타나는 현상
• 정출 현상 : 용융액에서 두 개의 금속이 동시에 생기는 현상

23. Fe_3C의 금속간 화합물에서 Fe와 C의 원자비(%)는?

① 35 : 65 ② 50 : 50 ③ 60 : 40 ④ 75 : 25

해설 3Fe=75%, C=25%

24. 포정반응을 표시하는 것은?

① 용액⇄결정+결정 ② 용액+결정⇄결정
③ 용액⇄결정+용액 ④ 결정⇄결정+결정

해설 포정반응은 1401℃에서 용액+결정⇄결정이 나타난다.

25. 다음 중 포정반응(peritectic reaction)을 바르게 나타낸 것은? (단, L : 액상, α, β, γ : 고체 고용체)

① $L \rightarrow \alpha+\beta$ ② $L+\alpha \rightarrow \beta$ ③ $\alpha+\beta \rightarrow \gamma$ ④ $\gamma \rightarrow \alpha+\beta$

해설 포정반응 : (융액)L+(고상)α → (고상)β

26. 오른쪽 그림은 어떤 반응이 일어나는 상태도인가?

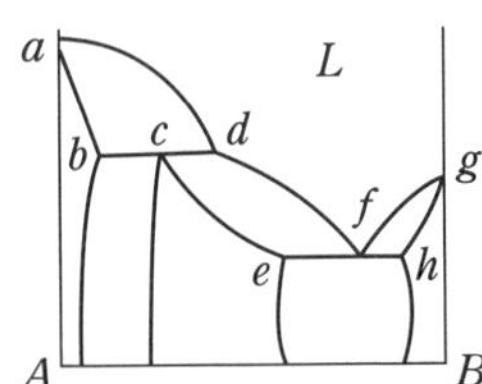

① 공정반응, 공석반응
② 포정반응, 공석반응
③ 포석반응, 편정반응
④ 포정반응, 공정반응

해설 포정반응, 공정반응이 일어난다.

27. β 고용체(R) ⇄ 액상(F) + α 고용체(G)의 반응식은?

① 공석반응 ② 포정반응 ③ 포석반응 ④ 재융반응

해설 포정반응 : β 고용체(R) ⇄ 액상(F) + α 고용체(G)

28. 다음 그림과 같은 상태도는 무슨 반응인가?

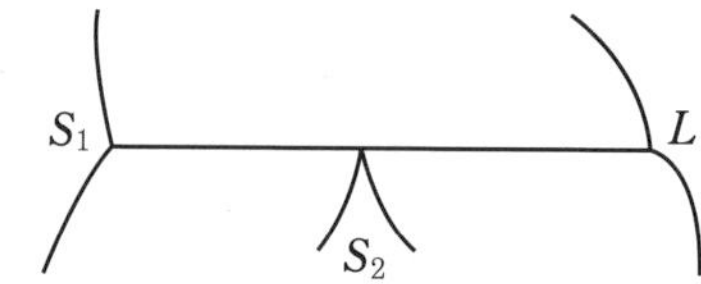

① 공석반응 ② 공정반응 ③ 포정반응 ④ 편정반응

해설 포정반응에 대한 상태도이다.

29. 다음의 상태도는 어떤 형인가?

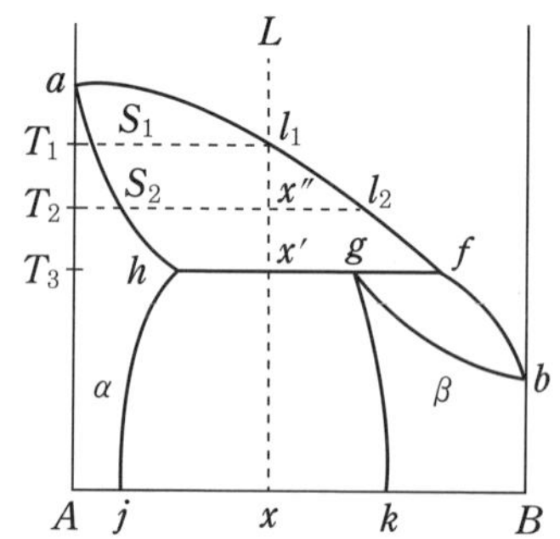

① 공석형 ② 공정형 ③ 포정형 ④ 편정형

해설 포정반응 : β 고용체(R) ⇄ 액상(F) + α 고용체(G)

30. 기본적 상태도에서 그림과 같은 형태의 상태도는?

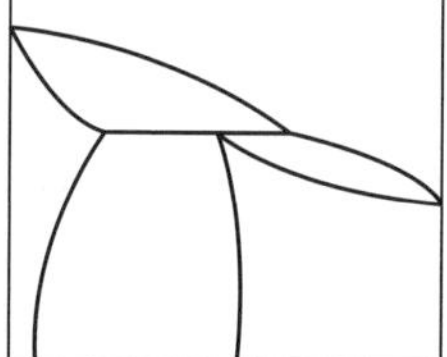

① 공정형
② 포정형
③ 고상분리형
④ 전율 고용체형

해설 포정형 상태도에서는 L(융액) + α(고상) ⇄ β(고상) 반응이 나타난다.

31. 편정형 합금 상태도에서 조성이 다른 두 융체가 공존하는 현상은?

① 공정 ② 공석 ③ 포정 ④ 공액

해설 편정형 상태도에서 두 융체가 공존하는 현상을 공액이라 한다.

32. 한 용액에서 고상과 또 다른 용액으로 변화가 일어나는 반응은?

① 공정반응 ② 공석반응 ③ 편정반응 ④ 편석반응

해설 편정반응 : (융액)$L_1 \rightleftarrows$(융액)L_2+(고상)S

33. 2성분계 합금에서 핵편석(coring) 현상이 가장 심한 반응계로 재석출형이라 부르는 것은?

① 포석반응 ② 포정반응 ③ 편정반응 ④ 공정반응

해설 포석반응은 고체(α)+고체(β)→고체(γ) 형태로 나타나는 재석출 반응이다.

34. 2성분계 편정반응식은?

① $L+S_1 \rightleftarrows S_2$
② $L_1+L_2 \rightleftarrows S$
③ $L_1 \rightleftarrows \alpha+L_2$
④ $L_1 \rightleftarrows L_2+S$

해설 편정반응 : $L_1 \rightleftarrows \alpha + L_2$

35. 다음 중 L(융액)$\rightleftarrows$A(고상)+L'(융액)의 반응은?

① 공정반응
② 공석반응
③ 편정반응
④ 전율 고용체반응

해설 편정반응 : 하나의 액체에서 고체와 다른 종류의 액체를 동시에 형성하는 반응으로 액체 A$\rightleftarrows$고체+액체 B이다.

36. 다음 그림과 같이 $L_1 \rightleftarrows L_2+S$로 나타나는 반응은 무엇인가? (단, L_1, L_2는 융액이며, S는 고상이다.)

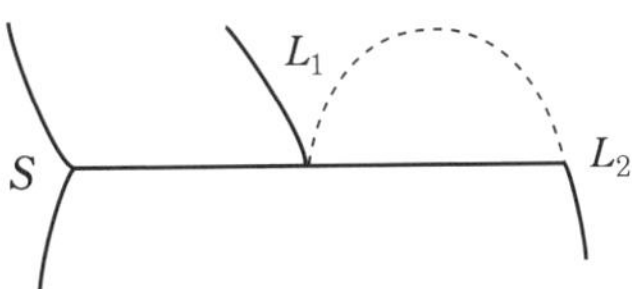

① 공정반응 ② 포정반응 ③ 편정반응 ④ 공석반응

37. 다음은 어떤 응고 과정의 반응인가?

β 고용체$\rightleftarrows$액상+α 고용체

① 재용반응 ② 편정반응 ③ 공석반응 ④ 공정반응

해설 재용반응 : 고상(β 고용체)$\rightleftarrows$액상(d)+고상(α 고용체)

38. 다음 중 한 종류의 액상에서 고상과 다른 종류의 융액을 동시에 생성하는 반응은?

① 공정반응　　② 포정반응　　③ 포석반응　　④ 편정반응

해설 편정반응 : L_1(융액)$\rightleftarrows L_2$(융액)$+S$(고상)

39. 다음 상태도 중 완전 용해되고 서로 용해도가 없는 상태도는?

① 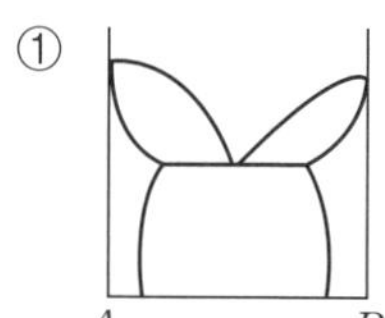

②
A　B

③ 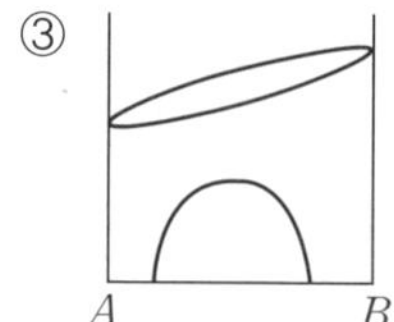

④ 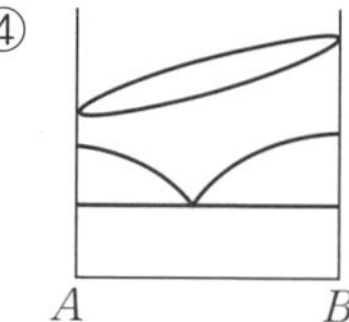

해설 ②는 용해도가 없는 공정형 고용체이다.

40. 다음의 상태도에서 재용반응을 일으키는 구간은?

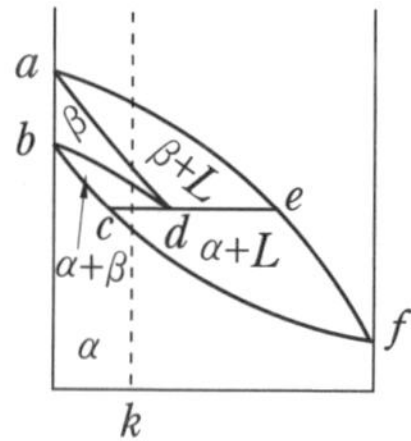

① ce 구간　　② de 구간　　③ cd 구간　　④ cf 구간

41. 다음 2원 합금 상태도의 반응식 중 합성반응은

① $L \rightleftarrows S_1+S_2$　　② $L+S_1 \rightleftarrows S_2$

③ $L_1+L_2 \rightleftarrows S$　　④ $L_1 \rightleftarrows L_2+S$

해설 합성반응 : $L_1+L_2 \rightleftarrows S$

42. 다음 철강재료의 조직 중 고용체는 무엇인가?

① 페라이트　　② 펄라이트

③ 시멘타이트　　④ 레데부라이트

해설 페라이트는 철강재료의 α 고용체이다.

정답 1. ① 2. ② 3. ② 4. ③ 5. ① 6. ① 7. ② 8. ④ 9. ① 10. ① 11. ④ 12. ② 13. ① 14. ④ 15. ② 16. ① 17. ① 18. ③ 19. ② 20. ② 21. ① 22. ④ 23. ④ 24. ② 25. ② 26. ④ 27. ② 28. ③ 29. ③ 30. ② 31. ④ 32. ③ 33. ① 34. ③ 35. ③ 36. ③ 37. ① 38. ④ 39. ② 40. ① 41. ③ 42. ①

제 2 장 금속의 탄성과 소성

2-1 다결정체의 탄성과 소성

(1) 응력-변형 곡선

금속재료의 강도를 알기 위한 인장시험에서 외력과 연신을 좌표축에 나타내면 그림과 같은 응력-변형선도가 얻어진다.

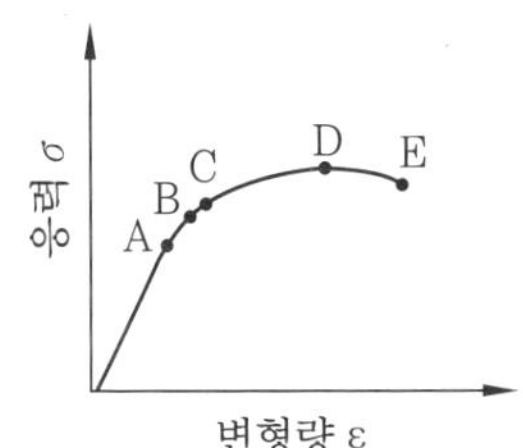

A : 비례한도
B : 탄성한도(훅의 법칙이 적용되는 한계)
C : 항복점(영구변형이 뚜렷하게 나타나기 시작하는 점)
D : 최대 하중점
E : 파단점

응력-변형 곡선

① 인장응력과 변형

㈎ 시험편의 단위 면적당 하중의 크기로 나타내고 연신율은 늘어난 길이에 대한 처음 길이의 백분율로 표시하며 변형(strain)이라 부른다.

㈏ 응력은 외력에 대하여 물체 내부에 생긴 저항의 힘이다.

시험편의 원단면적 : A_0, 표점거리 : l_0, 외력 : P, 변형 후의 길이 : l

응력 : $\sigma = \dfrac{P}{A_0}$, 변형량 : $\dfrac{l - l_0}{l_0}$

② 탄성변형(elastic deformation)

㈎ 탄성률 : 비례한도 내에서는 응력-변형곡선은 직선이고, 다음과 같은 관계가 성립된다.

$$\sigma = E\varepsilon,\ E = \frac{\sigma}{\varepsilon}$$

여기서 E는 탄성률(young's modulus)이며, 일반적으로 온도가 상승하면 금속에 따라 감소한다.

(나) 푸아송의 비

㉠ 탄성 구역에서의 변형은 세로 방향에 연신이 생기면 가로 방향에는 수축이 생긴다.

㉡ 각 방향의 치수 변화의 비는 그 재료의 고유한 값을 나타낸다. 이것을 푸아송의 비(poisson's ratio)라고 부르며, 다음과 같은 관계가 성립된다.

$$\nu = \frac{-\varepsilon'}{\varepsilon}$$

여기서 ε은 세로 방향의 변형량이고 ε'는 가로 방향의 변형량이며 한쪽이 +가 되면 다른 쪽은 −가 된다. 푸아송의 비는 금속의 경우 보통 0.2~0.4이다.

단원 예상문제

1. 다음 그림은 응력-변형선도를 나타낸 것이다. 최대 하중점은 어디인가?

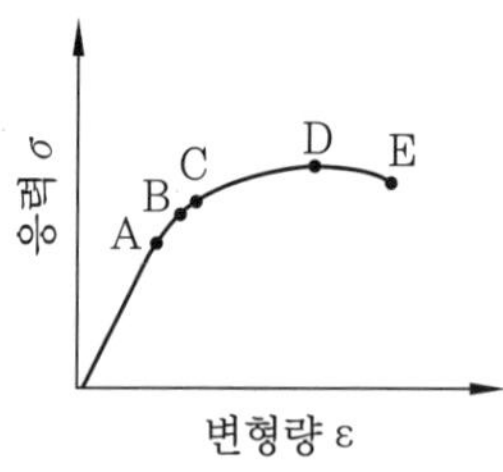

① A ② B
③ C ④ D

해설 A : 비례한도, B : 탄성한도, C : 항복점, D : 최대 하중점, E : 파단점

2. 응력-변형선도에서 탄성한계점까지의 변형은?

① 탄성 변형 ② 소성 변형
③ 슬립 변형 ④ twin 변형

해설 탄성한계 내에서 하중을 제거하면 연신율은 거의 0이 되어 원상태로 복귀한다.

3. 응력-변형선도가 이루는 면적이 클수록 증가하는 성질은?

① 인성 ② 연성
③ 취성 ④ 강성

해설 응력-변형선도의 면적이 크면 인성이 증가된다.

4. 연강을 인장시험한 후 얻은 응력-변형률 곡선이다. 하부 항복점 이후 변형을 계속하기 위해 응력이 증가하는 이유는?

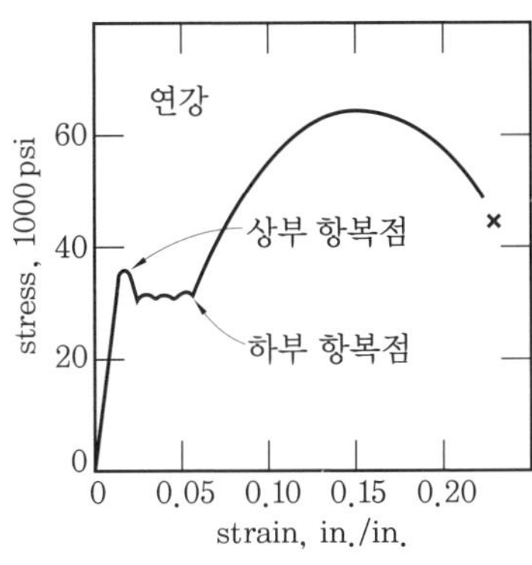

① 석출경화 ② 가공경화
③ 시효경화 ④ 고용강화

해설 가공경화란 소성변형에 의해 전위밀도가 증가하고, 이것이 전위운동을 방해하여 강도가 증가하는 현상이다.

5. 훅의 법칙이 적용되는 한계는?

① 비례한도 ② 탄성한도
③ 항복점 ④ 파단점

해설 탄성한계 내에서는 훅의 법칙 $E=\frac{\sigma}{\varepsilon}$이 성립한다.

6. 다음 중 탄성률을 나타내는 것은? (단 ε : 변형량, σ : 응력)

① $E=\frac{\sigma}{\varepsilon}$ ② $E=\sigma\cdot\varepsilon$
③ $E=\frac{\varepsilon}{\sigma}$ ④ $E=\sigma+\varepsilon$

해설 탄성률(young's modulus) : $E=\frac{\sigma}{\varepsilon}$

7. 다음은 인장시험에서 얻어지는 응력과 변형으로부터 영계수(영률 : Young's modulus) 또는 총탄성 계수를 구하는 식이다. 바르게 표현된 것은?

① 정수$(E)=\frac{(\text{하중/단면적})}{(\text{표점거리/연신율})}$ ② 정수$(E)=\frac{(\text{하중/단면적})}{(\text{연신율/표점거리})}$

③ 정수$(E)=\frac{(\text{단면적/하중})}{(\text{연신율/표점거리})}$ ④ 정수$(E)=\frac{(\text{단면적/하중})}{(\text{표점거리/연신율})}$

해설 E=(영률), $E=\frac{P/A_0}{\Delta L/L}$

8. 처음 길이가 50cm이었던 어떤 재료를 인장시험 후 측정하였더니 55cm가 되었다. 이 재료의 연신율은 얼마인가?

① 10% ② 20% ③ 30% ④ 40%

해설 연신율 $=\dfrac{L_1-L_0}{L_0}\times 100=\dfrac{55-50}{50}\times 100=10\%$

9. 표점거리 60mm, 지름 10mm인 봉재의 시편을 인장시험한 결과 최대하중 3925kg에서 절단되었고 절단 후 표점거리가 66mm이었다면 이때의 인장강도는? (단, 단위는 kg/mm^2이다.)

① 50 ② 55 ③ 60 ④ 65

해설 인장강도 $=\dfrac{P_{max}}{A_0}=\dfrac{3925}{5\times 5\times \pi}=50\,kg/mm^2$

10. $4mm^2$ 단면적을 갖는 재료에 500kg의 최대하중이 작용하였다면 이 재료의 인장강도는 얼마인가? (단, 단위는 kgf/mm^2이다.)

① 120 ② 125 ③ 130 ④ 135

해설 인장강도 $=\dfrac{P_{max}}{A_0}=\dfrac{500}{4}=125\,kgf/mm^2$

11. 어떤 재료의 단면적이 $50mm^2$이었던 것이 시험 후 측정하였더니 $48mm^2$으로 나타났다. 이 재료의 단면수축률은?

① 4% ② 8% ③ 12% ④ 14%

해설 단면수축률 $=\dfrac{50-48}{50}\times 100=4\%$

12. 탄성 구역에서의 변형에서 세로 방향에 연신이 생기면 가로 방향에 수축이 생기는데 이때 길이의 증가율과 단면의 감소율의 비를 무엇이라 하는가?

① 영률 ② 탄성률 ③ 탄성비 ④ 푸아송비

해설 푸아송비는 탄성한계 내에서 가로 변형과 세로 변형의 비를 말하며, 그 재료에 대하여 항상 일정하다.

13. 순수한 인장 또는 압축으로 생긴 길이 방향의 단위 스트레인으로 옆쪽 스트레인(lateral strain)을 나눈 값을 무엇이라 하는가?

① 횡탄성비 ② 푸아송비
③ 전탄성비 ④ 단면수축비

해설 푸아송비는 가로 방향의 변형을 길이 방향의 변형으로 나눈 값이다.

14. 탄성한계 내에서 가로 변형이 2, 세로 변형이 5일 경우 푸아송비는?

① 3.5 ② 2.5 ③ 1.5 ④ 0.4

해설 $\nu=\frac{-\varepsilon'}{\varepsilon}=\frac{2}{5}=0.4$

15. 물질의 영구변형이 일어나지 않는 한도 내에서 응력에 대한 변형률의 비를 무엇이라 하는가?

① 물질의 영률 ② 물질의 탄성 관계
③ 물질의 탄성매체 ④ 물질의 푸아송의 비

해설 물질의 영률은 응력과 변형률에 대한 비를 말한다.

정답 1. ④ 2. ① 3. ① 4. ② 5. ② 6. ① 7. ② 8. ① 9. ① 10. ② 11. ① 12. ④ 13. ② 14. ④ 15. ①

(2) 소성변형

① 외력에 대한 금속의 변형에는 탄성변형과 소성변형이 있으며 금속의 소성변형은 결정의 영구 변형이다.

② 다결정을 소성변형하면 각 결정입자 내부에 슬립선이 발생한다.

③ 금속재료의 결정입자가 미세할수록 재질이 굳고 단단하다는 것은 결정경계의 강도에 의한 것으로 총면적이 크기 때문이다.

(3) 소성가공에 의한 영향

① 가소성

㈎ 금속재료는 연성과 전성이 있으며 금속 자체의 가소성에 의하여 형상을 변화할 수 있는 성질이 있다.

㈏ 외력의 크기가 탄성한도 이상이 되면 외력을 제거하여도 재료는 원형으로 복귀하지 않고 영구변형이 잔류하게 된다. 이와 같이 응력이 잔류하는 변형을 소성변형이라 하고 소성변형하기 쉬운 성질을 가소성이라 한다.

㈐ 소성변형을 이용한 소성가공법에는 단조, 압연, 인발, 프레스 가공 등이 있다.

② 냉간가공

㈎ 냉간가공과 열간가공은 금속의 재결정온도를 기준으로 한다.

㈏ 냉간가공은 재료에 큰 변형은 없으나 가공공정과 연료비가 적게 들고 제품의 표면이 미려하다.

㈐ 제품의 치수 정도가 좋고, 가공경화에 의한 강도가 상승하며 가공공수가 적어 가공비가 적게 든다.

㈑ 냉간가공하면 내부응력, 즉 잔류응력이 생기고 균열로 이어질 수 있다.

㉠ 부분적 가열을 했을 때 : 화력에 의한 균열

㉡ 연한 부식성 용액에서 사용할 때 : 응력 부식 균열

㉢ 액상 금속과 접촉할 때

③ 가공도의 영향 : 가공도의 증가에 따라 결정입자의 응력이나 결정면의 슬립변형에 대한 저항력이 커지고 기계적 성질도 현저히 변화한다.

④ 가공경화 : 가공도가 증가하면 강도, 항복점 및 경도가 증가하며, 신율은 감소하는데 이러한 현상을 가공경화(work hardening)라 한다.

⑤ 바우싱거 효과 : 동일 방향의 소성변형에 대하여 전에 받던 방향과 정반대의 변형을 부여하면 탄성한도가 낮아지는데 이러한 현상을 바우싱거 효과(Bauschinger effect)라고 한다.

⑥ 회복 재결정 및 결정립 성장

㈎ 회복 : 가공경화에 의해 발생된 내부응력의 원자 배열 상태는 변하지 않고 감소하는 현상을 회복(recovery)이라 한다.

㈏ 재결정 : 회복이 일어난 후 계속 가열하면 임의의 온도에서 인장강도, 탄성한도는 급감하고 연신율은 급상승하는 현상이 일어나는데, 이 온도를 재결정 온도라고 한다.

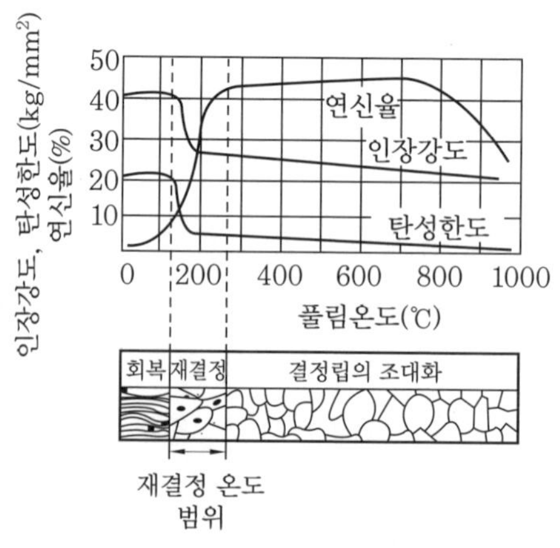

Cu의 재결정과 기계적 성질

금속의 재결정 온도

금속	재결정 온도(℃)	금속	재결정 온도(℃)
W	~1200	Pt	~450
Mo	~900	Cu	200~250
Ni	530~660	Au	~200
Fe	350~500	Zn	15~50

회복 단계가 지나면 내부응력이 제거되고 새로운 결정핵이 발생한다. 핵은 점차 성장하여 새로운 결정입자로 치환되어 가는 현상이 일어나는데 이러한 현상을 재결정(recrystallization)이라 한다.

㉠ 재결정 온도가 낮아지는 원인

- 순도가 높을수록
- 가공도가 클수록
- 가공시간이 길수록
- 가공 전의 결정입자가 미세할수록

㉡ 가공된 금속을 재가열할 때 성질 및 조직 변화의 순서, 즉 재결정 순서는 다음과 같다.

내부응력의 제거 → 연화 → 재결정 → 결정입자의 성장

⑦ 열간가공의 장점

㈎ 결정입자의 미세화

㈏ 방향성이 있는 주조 조직의 제거

㈐ 합금 원소의 확산으로 인한 재질의 균일화

㈑ 강괴 내부의 미세 균열 및 기공의 압착

㈒ 연신율, 단면수축률, 충격치 등 기계적 성질의 개선

⑧ 금속의 가공 시작 온도와 마무리 온도

㈎ 두랄루민 : 450~350℃

㈏ 연강 : 1200~900℃

㈐ 고탄소강 : 900~725℃

㈑ 모넬메탈 : 1150~1040℃

㈒ 아연 : 150~110℃

단원 예상문제

1. 금속판을 구부리면 변형이 영구적으로 남는 것을 무엇이라 하는가?

① 소성변형 ② 탄성변형 ③ 비례한도 ④ 인장강도

해설 소성변형 : 외부적인 힘을 가하면 변형이 영구적으로 남는 것

2. 금속의 소성변형 원리와 관계가 먼 것은?

① 재결정 ② 쌍정 ③ 전위 ④ 슬립

해설 재결정은 새로운 결정입자와 원래의 결정입자가 치환되어 가는 현상이다.

3. 금속의 소성가공 방법이 아닌 것은?

① 압연 ② 단조 ③ 주조 ④ 압출

해설 소성가공 : 압연, 단조, 압출, 인발

4. 소성가공의 효과를 설명한 것 중 옳은 것은?

① 가공경화가 발생한다.
② 편석과 개재물을 집중시킨다.
③ 결정입자가 조대화된다.
④ 기공(void), 다공성(porosity)을 증가시킨다.

해설 소성가공하면 가공경화가 발생하고 결정입자가 미세화되며, 기공, 다공성을 감소시킨다.

5. 금속을 소성가공할 때 가공도가 증가하면 일어나는 현상으로 옳은 것은?

① 연성이 증가한다.
② 밀도가 증가한다.
③ 항복강도가 증가한다.
④ 전기저항이 감소한다.

해설 가공도가 증가하면 강도, 항복점 및 경도가 증가한다.

6. 열간가공과 냉간가공의 기준이 되는 온도를 무엇이라 하는가?

① 변태 온도 ② 재결정 온도 ③ 공정 온도 ④ 공석 온도

해설 열간가공과 냉간가공의 기준 온도는 재료의 재결정 온도이다.

7. 금속재료를 재결정 온도 이상에서 가공하는 방법은?

① 냉간가공 ② 상온가공 ③ 열간가공 ④ 소성가공

해설 열간가공 : 재결정 온도 이상에서 가공하는 방법

8. 다음 중 열간가공에 대한 설명으로 틀린 것은?

① 고온가압된 재료는 연하고 소성이 크므로 가공하는 데 동력이 적게 든다.
② 가공도를 크게 할 수 있다.
③ 열간가공한 재료는 대체로 충격이나 피로에 강하다.
④ 열간가공으로 불순물이나 합금 원소의 편석을 완전히 균일화시킬 수 있다.

해설 열간가공한 재료는 대체로 충격이나 피로에 약하다.

9. 다음 중 열간가공의 특징으로 틀린 것은?

① 재질이 균일화된다.
② 기공의 생성을 촉진시킨다.
③ 강괴 내부의 미세 균열이 압착된다.
④ 방향성이 있는 주조 조직이 제거된다.

해설 열간가공의 특징

- 결정입자의 미세화
- 방향성이 있는 주조 조직의 제거
- 합금 원소의 확산으로 인한 재질의 균일화
- 강괴 내부의 미세 균열 및 기공의 압착
- 연신율, 단면수축률, 충격치 등 기계적 성질의 개선

10. 금속의 가공경화를 옳게 설명한 것은?

① 경도 및 인장강도가 증가하고, 연신율이 저하한다.
② 경도 및 인장강도가 저하하고, 연신율이 증가한다.
③ 점성이 크며 기계 가공성도 양호하다.
④ 탄성 및 연성이 저하하고, 연신율이 증가한다.

해설 강도, 항복점, 경도는 증가하며, 연신율은 감소한다.

11. 금속재료를 냉간가공 하였을 때 성질의 변화 중 틀린 것은?

① 경도는 증가한다.
② 인장강도는 증가한다.
③ 연신율은 증가한다.
④ 항복점이 높아진다.

해설 냉간가공에 의해 연신율이 감소한다.

12. 다음 중 냉간가공에 대한 설명으로 틀린 것은?

① 표면 상태가 미려하다.
② 제품의 정밀도가 우수하다.
③ 냉간가공을 심하게 하면 신율이 낮아져 제품에 균열이 생기면서 깨진다.
④ 금속을 낮은 온도에서 변형하여야 하므로 열간가공에 비하여 큰 힘이 필요하지 않다.

해설 냉간가공은 재결정 온도 이하의 온도에서 가공하므로 큰 힘이 필요하다.

13. 금속을 냉간가공하면 결정입자가 미세화되어 재료가 단단해진다. 이러한 현상을 무엇이라 하는가?

① 가공경화 ② 가공저항 ③ 조직의 경화 ④ 메짐

해설 재료를 가공하면 경화되는 성질을 가공경화라 한다.

14. 금속을 상온에서 압연이나 딥드로잉(deep drawing)과 같은 소성변형한 후 비교적 낮은 온도에서 가열하면 강도가 증가하고 연성이 감소하는 이러한 현상을 무엇이라고 하는가?

① 확산 현상 ② 변형 시효 현상 ③ 가공경화 현상 ④ 질량 효과 현상

15. 다음 금속 중 실온에서 가공경화가 잘 일어나지 않는 것은?

① Fe ② Pb ③ Cu ④ Al

해설 Pb는 다른 금속에 비하여 연하기 때문이다.

16. 가공경화에 미치는 불순물의 영향으로 틀린 것은?

① 불순물이 많을수록 경화의 정도가 심하다.
② 불순물이 많을수록 경도, 인장강도가 증가한다.
③ 불순물이 고용체 합금으로 존재하면 영향이 크다.
④ 불순물이 많을수록 연신율과 단면수축률이 감소한다.

해설 불순물이 많을수록 경도, 인장강도가 감소한다.

17. 탄소강이 실온보다 낮은 온도로 강하되었을 때 취약해지는 현상을 무엇이라 하는가?

① 인장강도 ② 탄소강의 메짐 ③ 경도 ④ 단면수축률

해설 탄소강의 메짐은 탄소강이 실온보다 낮은 온도로 강하되었을 때 인장강도, 경도, 탄성계수, 항복점, 피로한계 등이 증가하고 연신율, 단면수축률, 충격치 등이 감소하여 취약해지는 현상이다.

18. 냉간가공한 재료를 풀림처리 하였을 때 내부 조직의 변화를 순서대로 나타낸 것은?

① 재결정-회복-결정립 성장
② 회복-재결정-결정립 성장
③ 핵 성장-결정립 성장-응력 제거
④ 응력 제거-결정립 성장-핵 성장

해설 내부 조직의 변화 순서 : 내부응력 제거 – 연화 – 재결정 – 결정립 성장

19. 금속을 냉간가공 하였을 때 감소하는 성질은?

① 경도 ② 인장강도 ③ 비중 ④ 도전율

해설 경도, 단면수축률, 인장강도, 비중은 증가하나 전기전도도는 감소한다.

20. 금속의 냉간가공에 대한 설명으로 틀린 것은?

① 냉간가공 할수록 인장강도는 커진다.
② 냉간가공 할수록 연신율은 작아진다.
③ 냉간가공한 금속은 방향성을 가지지 않으며, 비섬유 조직으로 된다.
④ 냉간가공한 금속은 결정입자가 미세화되어 재료가 단단해진다.

해설 냉간가공한 금속은 방향성을 가지며, 섬유 조직으로 된다.

21. 금속의 재결정 온도를 낮게 하는 요인은?

① 결정립이 조대화 할수록
② 순도가 낮을수록
③ 가공시간이 길수록
④ 가공 정도를 작게 할수록

해설 재결정 온도는 순도가 높을수록, 가공도가 클수록, 입자가 미세할수록, 가공시간이 길수록 낮아진다.

22. 재결정 온도가 가장 낮은 금속 원소는?

① Al ② Fe ③ Zn ④ Cu

해설 Zn : 7~75℃, Al : 150~200℃, Cu : 200~230℃, Fe : 450℃

23. 니켈의 재결정 온도는?

① 약 300℃ ② 약 400℃ ③ 약 500℃ ④ 약 600℃

해설 Ni의 재결정 온도는 530~660℃이다.

24. 일반적으로 Fe의 재결정 온도는?

① 450℃ ② 600℃ ③ 800℃ ④ 1200℃

해설 Fe의 재결정 온도는 350~500℃이다.

25. 상온에서 재결정이 일어날 수 있는 금속은?

① Au ② Ni ③ Zn ④ Cu

해설 Zn의 재결정 온도는 7~75℃이다.

26. 냉간가공한 재료를 풀림하였을 때 내부응력이 급격하게 감소하는 단계는?

① 회복 단계 ② 재결정 단계
③ 결정립 성장 단계 ④ 2차 재결정 단계

해설 가공경화에 의해 발생된 내부응력이 감소하는 현상을 회복이라 한다.

27. 금속의 회복에 대하여 바르게 설명한 것은?

① 인장강도, 탄성한도가 급상승한다.
② 가공경화에 의해 발생된 내부응력이 감소하는 현상이다.
③ 연신율이 급상승하는 현상이다.
④ 새로운 결정핵이 발생하여 핵이 점차 성장하는 과정이다.

해설 가공경화에 의해 발생된 내부응력이 감소하는 현상을 회복이라 한다.

28. 풀림하였을 때 결정립 크기에 관계없이 가공경화 상태가 본래의 상태로 돌아가는 성질을 무엇이라고 하는가?

① 재결정 ② 회복 ③ 결정핵 성장 ④ 시효 완료

해설 회복 : 강의 가공경화 상태가 원상태로 돌아가는 과정

29. 금속의 재결정에 영향을 주는 요소로 틀린 것은?

① 상온가공도가 심할수록 재결정 온도는 저하한다.
② 가용성 불순물은 재결정 온도를 저하시킨다.
③ 풀림 온도를 낮게 하면 일정한 결정 형성을 위하여 풀림 시간이 연장되어야 한다.
④ 가용성 불순물은 재결정 온도를 높인다.

해설 가용성 불순물은 재결정 온도를 높인다.

30. 재료의 강도를 높여주는 방법이 아닌 것은?

① 냉간가공 ② 열간가공 ③ 합금 원소의 첨가 ④ 결정립의 미세화

해설 열간가공은 합금 원소의 확산으로 재질을 연하게 하고 균질화시킨다.

31. 어닐링 과정의 재결정에 대한 설명은?

① 전기전도도가 증가한다.
② 격자의 변형이 상당히 감소한다.
③ 경도, 강도가 감소하고 연성이 증가하며 가공경화 효과가 없어진다.
④ 입계면적의 감소에 의한 자유에너지 감소가 구동력이 된다.

해설 재결정 시 경도, 강도가 감소하고 연성이 증가하며 가공경화 효과가 없어진다.

32. 단조표준온도로 틀린 것은?

① 탄소강재 : 800℃ ② 구리 : 750℃
③ 알루미늄 : 700℃ ④ 6:4 황동 : 500℃

해설 알루미늄은 500℃이다.

33. 냉간가공한 금속의 연신율이 가장 최대일 때는?

① 회복 단계 ② 결정의 성장 단계
③ 재결정 단계 ④ 과열 단계

34. 금속을 냉간가공한 재료의 특징을 설명한 것 중 틀린 것은?

① 전위밀도가 증가하여 강도가 커지며, 경화도는 FCC보다 BCC에서 크다.
② 적층 결함 에너지가 낮은 오스테나이트에서는 적층 결함이 생기기 쉬우므로 경화가 높아진다.
③ 냉간가공으로 생긴 잔류응력은 회복 및 재결정으로 감소하고, 450℃ 이상의 가열로 급속히 감소한다.
④ 청열취성 온도 구간에서의 온간가공은 전위밀도의 현저한 증가를 일으켜 강도가 상승한다.

해설 경화도는 FCC가 BCC보다 가공량이 많아 크다.

35. 어느 방향으로 소성변형을 가한 재료에 역방향의 하중을 가하면 전과 같은 하중을 가한 경우보다 소성변형에 대한 저항이 감소하는 것을 무엇이라 하는가?

① 바우싱거 효과 ② 크리프 효과
③ 재결정 효과 ④ 푸아송 효과

해설 바우싱거 효과(Bauschinger effect)는 동일 방향의 소성변형에 대하여 전에 받던 방향과 정반대의 변형을 부여하면 탄성한도가 낮아지는 현상을 말한다.

36. 단조가공된 재료의 성질은 어떠한가?

① 강하고 여리다. ② 강하고 질기다.
③ 약하고 무르다. ④ 강하고 연하다.

해설 단조가공된 재료는 가공경화에 의해 강하고 질기다.

정답 1. ① 2. ① 3. ③ 4. ① 5. ③ 6. ② 7. ③ 8. ③ 9. ② 10. ① 11. ③ 12. ④
13. ① 14. ③ 15. ② 16. ② 17. ② 18. ② 19. ④ 20. ③ 21. ③ 22. ③ 23. ④ 24. ①
25. ③ 26. ① 27. ② 28. ② 29. ② 30. ② 31. ③ 32. ③ 33. ② 34. ① 35. ① 36. ②

2-2 단결정의 탄성과 소성

(1) 슬립에 의한 변형

① 슬립면은 원자밀도가 가장 조밀한 면 또는 그것에 가장 가까운 면이고, 슬립 방향은 원자 간격이 가장 작은 방향이다. 그 이유는 가장 조밀한 면에서 가장 작은 방향으로 미끄러지는 것이 에너지가 최소로 들기 때문이다.

② 슬립계가 많은 FCC나 BCC 금속은 변형대가 나타나지만, HCP 금속에서는 Cd, Zn과 같은 6방계 금속을 슬립면에 수직으로 압축할 때 변형대가 발견되지 않고 킹크대(kink band)가 나타난다.

③ BCC 금속에서는 [110] 면에서 ⟨111⟩ 방향으로, FCC 금속에서는 [111] 면에서 ⟨110⟩ 방향으로 슬립되며 HCP 금속은 일반적으로 [0001] 면에서 $\langle 2\bar{1}\bar{1}0 \rangle$ 방향으로 슬립된다.

④ FCC 금속과 HCP 금속의 슬립면과 슬립 방향은 6개의 방향뿐이며 FCC 금속에서 슬립계는 12개가 있고, HCP 금속에서는 3개이다.

각종 금속의 슬립면과 슬립 방향

결정구조	금속	순도(%)	슬립면	슬립 방향	임계전단응력(g/mm^2)
BCC	Fe	99.96	{110}	⟨111⟩	2800
	Fe	99.96	{112}	⟨111⟩	2800
	Fe	99.96	{123}	⟨111⟩	2800
	Mo	99.96	{110}	⟨111⟩	5000
FCC	Ag	99.99	{111}	⟨110⟩	48
	Ag	99.97	{111}	⟨110⟩	73
	Ag	99.93	{111}	⟨110⟩	131
	Cu	99.999	{111}	⟨110⟩	65
	Cu	99.98	{111}	⟨110⟩	94
	Al	99.99	{111}	⟨110⟩	104
	Au	99.9	{111}	⟨110⟩	92
	Ni	99.8	{111}	⟨110⟩	580
HCP	Cd(c/a=1.886)	99.996	{0001}	$\langle 2\bar{1}\bar{1}0 \rangle$	58
	Zn(c/a=1.856)	99.999	{0001}	$\langle 2\bar{1}\bar{1}0 \rangle$	18
	Mg(c/a=1.623)	99.996	{0001}	$\langle 2\bar{1}\bar{1}0 \rangle$	77
	Ti(c/a=1.587)	99.99	{0001}	$\langle 2\bar{1}\bar{1}0 \rangle$	1400

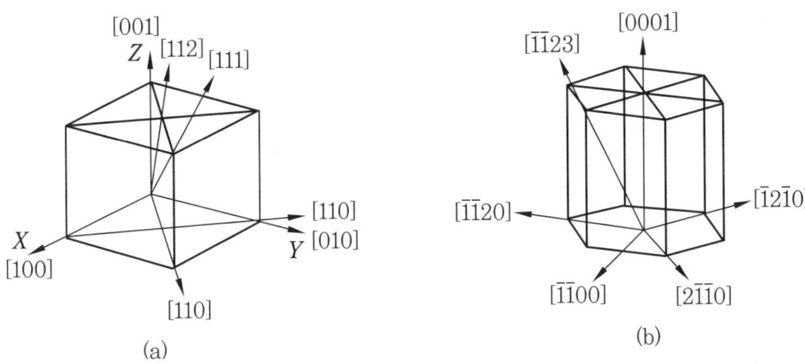

결정 방향 표시

(2) 쌍정에 의한 변형

① 쌍정이란 특정면을 경계로 하여 처음의 결정과 대칭적 관계에 있는 원자 배열을 갖는 결정으로 경계가 되는 면을 쌍정면(twinning plane)이라고 부른다.

② 쌍정 형성의 특징은 전단적인 이동에 의하여 형성되며, 전단이 일어나는 방향을 쌍정 방향이라고 한다.

③ 쌍정면은 지면에 수직이고 원자는 화살표 방향으로 쌍정면에 평행하게 이동하여 쌍정을 형성한다. 원자의 이동거리는 쌍정면에서의 거리에 비례하여 증가하지만, 한 원자의 최대 이동거리는 한 원자간 거리 이내이다.

④ 슬립계가 적고 소성변형하기 어려운 HCP의 금속에서 가장 많이 나타나며 BCC 금속에서도 충격적인 하중이나 저온에서 변형할 때 흔히 나타난다.

결정격자의 쌍정면과 쌍정 방향

결정	쌍정면	쌍정 방향
체심입방정(BCC)	[112]	⟨111⟩
면심입방정(FCC)	[111]	⟨112⟩
조밀육방정(HCP)	[$10\bar{1}2$]	⟨$10\bar{1}\bar{1}$⟩

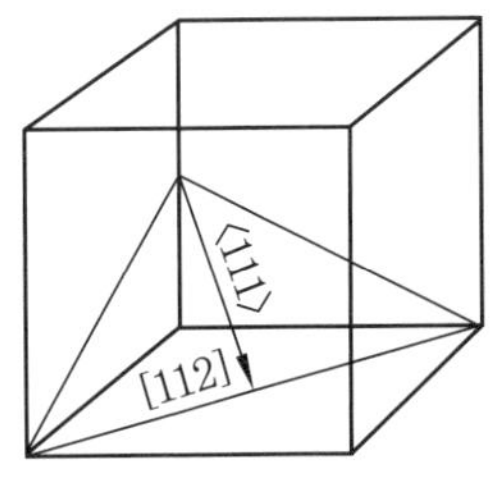

(a) BCC

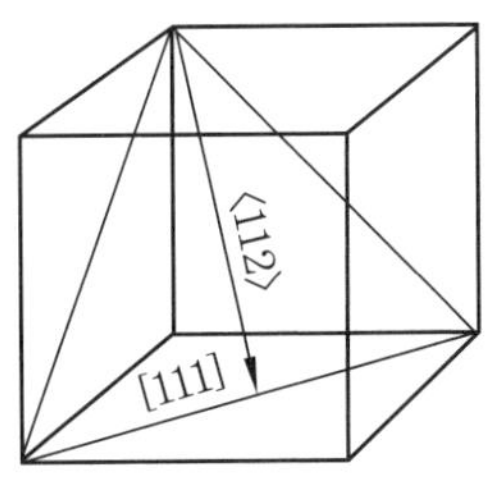

(b) FCC

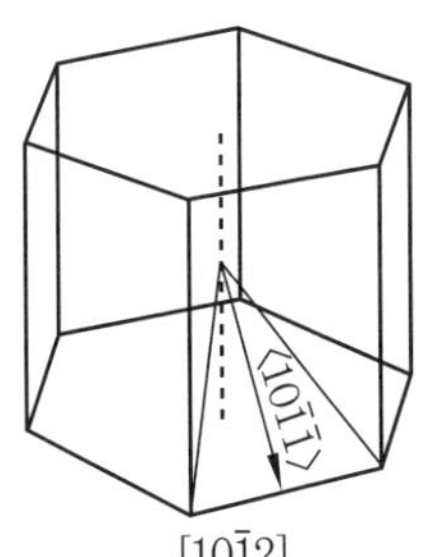

(c) HCP

쌍정면과 쌍정 방향

단원 예상문제

1. 금속의 결정격자 중 소성가공성이 양호한 결정격자는?

① FCC ② BCC ③ HCP ④ BCT

2. 다음 중 연성이나 전성이 가장 우수한 결정구조는?

① BCC ② BCT ③ FCC ④ HCP

해설 FCC 결정구조는 단위 격자의 원자밀도가 높아 연성, 전성이 우수하다.

3. 면심입방 쌍정면과 슬립 방향을 맞게 기술한 것은?

① [110], 〈101〉 ② [111], 〈110〉 ③ [110], 〈111〉 ④ [101], 〈110〉

해설 면심입방(FCC)의 쌍정면은 [111], 슬립 방향은 〈110〉이다.

4. 금속의 소성변형이 일어나는 원인과 관계가 깊은 것은?

① 비중 ② 비열 ③ 경도 ④ 슬립

해설 소성변형이 일어나는 주요 원인은 슬립(slip)이다.

5. 금속의 소성변형에 대한 설명 중 옳은 것은?

① 황동을 풀림하였을 때는 쌍정변형은 일어나지 않는다.
② 소성변형이 진행되면 슬립에 대한 저항이 점차 증가한다.
③ 주조품은 소성변형의 원리에 의한다.
④ 전위의 이동에 의하여 슬립은 일어나지 않는다.

해설 금속은 소성변형이 진행되면서 슬립에 대한 저항이 증가한다.

6. 금속의 소성변형을 일으키는 방법이 아닌 것은?

① 슬립변형 ② 쌍정변형 ③ 킹크변형 ④ 탄성변형

해설 탄성변형 : 재료에 하중이 가해지면 변형되지만, 하중을 제거하면 변형 전의 상태로 되돌아가는 변형

7. 쌍정 형성에 대한 설명으로 틀린 것은?

① 어닐링 쌍정은 HCP 구조에서만 나타난다.
② 쌍정 형성은 BCC 구조에서 발견된다.
③ 어닐링 쌍정은 FCC 구조에서 발견된다.
④ 쌍정 형성은 충격 하중이나 저온에서 가공 시 발견된다.

해설 쌍정 형성은 소성변형하기 어려운 HCP의 금속에서 가장 많이 나타나고, BCC 금속에서도 나타난다.

8. Cd, Zn과 같은 6방계 금속을 슬립면에 수직으로 압축할 때 생긴 변형 부분을 무엇이라 하는가?

① lattice rotation
② kink band
③ cross slip
④ wavy slip line

해설 Cd, Zn과 같은 HCP에서는 킹크대(kink band)가 나타난다.

9. 조밀육방정계 금속에서 볼 수 있는 특정적인 변형으로 슬립면에 수직으로 압축하였을 때 나타나는 것은?

① 쌍정대
② 킹크대
③ 전위대
④ 버거스대

해설 Cd, Zn과 같은 6방계 금속을 슬립면에 수직으로 압축할 때 생긴 변형 부분을 킹크대(kink band)라고 한다.

10. 다음 중 킹크변형(kinking)의 발생이 가장 쉬운 경우는?

① FCC 금속을 slip 면에 수직으로 압축할 때
② BCC 금속을 slip 면에 수직으로 압축할 때
③ HCP 금속을 slip 면에 수직으로 압축할 때
④ BCC 금속을 slip 면에 평행하게 압축할 때

해설 킹크변형(kinking)은 HCP 금속에서만 slip 면에 수직으로 압축할 때 나타난다.

11. 금속의 슬립(slip) 현상에 대한 설명 중 옳은 것은?

① 금속의 모든 방향으로 똑같이 쉽게 일어난다.
② 금속의 가로 방향보다 세로 방향으로 더 쉽게 일어난다.
③ 언제나 일정한 방향으로만 일어난다.
④ 원자밀도가 조밀한 결정면에서 더 쉽게 일어난다.

해설 슬립은 FCC 금속과 같이 원자밀도가 조밀한 면에서 더 쉽게 발생한다.

12. 미끄럼(slip) 변형에 대한 설명으로 틀린 것은?

① 소성변형이 증가되면 강도도 증가한다.
② slip 방향은 원자 간격이 가장 작은 방향이다.
③ slip 선은 변형이 진행됨에 따라 그 수가 적어진다.
④ 금속의 결정에 외력이 가하여지면 슬립 또는 쌍정을 일으켜 변형한다.

해설 slip 선은 변형이 진행됨에 따라 그 수가 많아진다.

13. 면심입방격자의 미끄럼계(slip system)는 어느 것인가?

① {111} 〈110〉 ② {101} 〈111〉
③ {112} 〈111〉 ④ {0001} 〈1120〉

해설 면심입방격자(FCC)의 미끄럼계 : 슬립면 {111} → 슬립 방향 〈110〉

14. 체심입방격자에서 슬립(slip)이 가장 쉽게 일어날 수 있는 면은?

① {100} ② {110} ③ {111} ④ {010}

해설 체심입방격자(BCC)의 슬립면은 {110}이다.

15. BCC 금속이 응고할 때 결정이 성장하는 우선 방향은?

① 〈100〉 ② 〈110〉 ③ 〈111〉 ④ 〈120〉

해설 BCC 금속 : 〈111〉 방향

16. 체심입방격자 결정구조를 갖는 Mo의 슬립면과 슬립 방향은?

① {0001}, $\{2\bar{1}\bar{1}0\}$ ② {111}, 〈110〉
③ {110}, 〈111〉 ④ {123}, 〈111〉

해설 체심입방격자 결정구조를 갖는 금속 Mo의 슬립면은 {110}, 슬립 방향은 〈110〉이다.

17. FCC 격자의 Slip 면과 방향은?

① {100}, 〈0001〉 ② {111}, 〈110〉
③ {111}, 〈001〉 ④ {101}, 〈112〉

18. 면심입방격자 결정구조를 갖는 Ag의 슬립면과 슬립 방향은?

① {0001}, 〈$2\bar{1}\bar{1}0$〉 ② {111}, 〈110〉
③ {110}, 〈111〉 ④ {123}, 〈111〉

해설 면심입방격자는 외부에서 힘을 가하면 슬립면은 원자밀도가 가장 높은 {111}면에서 생기고 슬립 방향은 원자 간격이 가장 작은 〈110〉 방향으로 나타난다.

19. FCC의 슬립계의 수는?

① 4개 ② 8개
③ 12개 ④ 16개

해설 면심입방격자(FCC)의 슬립계의 수는 12개이다.

20. 슬립면 위에서 슬립 방향으로 작용하는 전단응력을 나타내는 식은? (단, A : 단면적, F : 외력, θ : 슬립면의 법선과 인장축이 이루는 각, λ : S와 인장축이 이루는 각이다.)

① $Z=A/F\cos\theta\cdot\cos\lambda$
② $Z=I/F\,A\cos\theta\cdot\cos\lambda$
③ $Z=F/A\,A\sin\theta\cdot\sin\lambda$
④ $Z=F/A\,A\cos\theta\cdot\cos\lambda$

21. 그림에서 나타난 결정면과 방향에 대한 설명으로 맞는 것은?

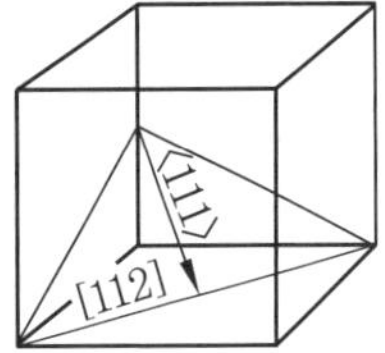

① BCC 결정의 쌍정면과 쌍정 방향
② FCC 결정의 쌍정면과 쌍정 방향
③ BCC 결정의 슬립면과 슬립 방향
④ FCC 결정의 슬립면과 슬립 방향

해설 BCC결정의 쌍정면과 쌍정 방향은 각각 [112], ⟨111⟩이다.

22. 면심입방격자(FCC)의 쌍정면과 방향은?

① [111], ⟨112⟩
② [112], ⟨111⟩
③ [112], ⟨112⟩
④ [111], ⟨111⟩

해설 면심입방격자(FCC)의 쌍정면과 쌍정 방향은 각각 [111], ⟨112⟩이다.

23. 금속의 소성변형에 관한 설명이 잘못된 것은?

① FCC 슬립계는 12개이다.
② 결정구조가 같으면 slip 면과 방향은 대개 같다.
③ 조직 개선은 소성변형의 목적이다.
④ 원자밀도가 최대인 면이 면간 거리가 멀어서 slip이 잘 일어난다.

해설 원자밀도가 최대인 면이 면간 거리가 가까워 slip이 잘 일어난다.

24. 다음의 입방격자에서 빗금친 면과 등가면이 아닌 것은?

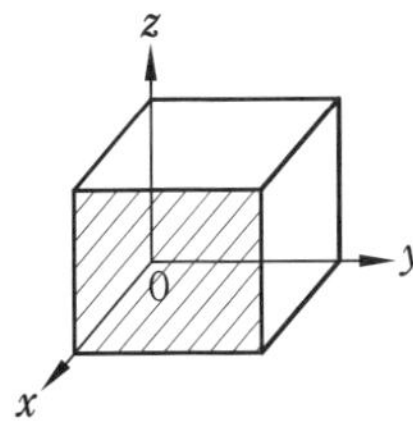

① (010)
② $(0\bar{1}0)$
③ $(00\bar{1})$
④ (110)

정답 1. ① 2. ③ 3. ② 4. ④ 5. ② 6. ④ 7. ① 8. ② 9. ② 10. ③ 11. ④ 12. ③ 13. ① 14. ② 15. ③ 16. ③ 17. ② 18. ② 19. ③ 20. ④ 21. ① 22. ① 23. ④ 24. ④

2-3 격자결함

(1) 격자결함의 종류

① 점결함 : 원자공공(vacancy), 격자간 원자(interstitial atom), 치환형 원자(substitutional atom)

② 선결함 : 전위(dislocation)

③ 면결함 : 적층결함(stacking fault), 결정립경계(grain boundary)

④ 체적결함 : 주조결함(수축공 및 기공)

(2) 전위

① 금속결정에 외력을 가하여 어떤 한 부분에 슬립을 발생시키면 차례로 계속 슬립이 진행되어 최종적으로는 다른 끝 부분에서 1원자간 거리의 이동을 초래한다.

② 1원자간 거리의 이동이 발생되기 전 중도 과정을 보면 슬립면 위와 아래에 원자면이 중단된 곳이 생기는데 이것을 전위라고 하며, 전위에는 칼날전위, 나사전위, 혼합전위가 있다.

③ 버거스 벡터(Burger's vector) : 전위의 이동에 따르는 방향과 크기를 표시하는 격자변위이다.

④ 코트렐 효과(Cottrell effect) : 칼날전위가 용질 원자의 분위기에 의해 안정 상태가 되어 움직이기 힘든 상태로, 이와 같이 용질 원자와 칼날전위의 상호작용을 코트렐 효과라 한다.

단원 예상문제

1. 선을 중심으로 하여 그 주위에 격자의 뒤틀림을 일으켜 격자가 1열 이동한 상태의 격자결함을 무엇이라고 하는가?

① 공격자점 ② 전위 ③ 격자간 원자 ④ 이상결함

해설 전위 : 금속결정에 외력을 가하여 어떤 한 부분에 슬립을 발생시키면 차례로 계속 슬립이 진행되어 최종적으로는 다른 끝 부분에서 1원자간 거리의 이동을 초래하는 것

2. 전위의 종류가 아닌 것은?

① 단일전위 ② 칼날전위 ③ 나사전위 ④ 혼합전위

해설 전위의 종류 : 칼날전위, 나사전위, 혼합전위

3. 용질 원자와 칼날전위의 상호작용을 무엇이라고 하는가?

① 코트렐(cottrell) 효과 ② 스피노달(spinodal) 효과
③ 혼입(mixed grain) 효과 ④ 슬립밴드(slip band) 효과

4. 금속의 소성변형을 가능하게 하는 전위는 어떤 결함인가?

① 선결함 ② 점결함 ③ 면결함 ④ 체적결함

해설 격자결함의 종류
- 점결함 : 원자공공, 격자간 원자, 치환형 원자
- 선결함 : 전위
- 면결함 : 적층결함, 결정립경계
- 체적결함 : 주조결함(수축공 및 기공)

5. 침입형 고용체의 결함으로 공격자점과 격자간 원자는 어떤 결함에 해당하는가?

① 면결함 ② 선결함 ③ 점결함 ④ 체적결함

해설 점결함에는 원자공공, 격자간 원자, 치환형 원자가 있다.

6. 격자결함 중 수축공이나 기공 등은 어느 결함에 해당되는가?

① 체적결함(volume defect) ② 선결함(line defect)
③ 계면결함(interfacial defect) ④ 적층결함(stacking fault)

7. 금속 내부에 생기는 공격자점(vacancy)은 어느 결함에 속하는가?

① 점결함 ② 선결함
③ 면결함 ④ 면결함과 선결함의 복합

해설 점결함 : 공격자점, 치환형 원자, 침입형 원자 등이 있다.

8. 다음 격자결함 중 선결함에 해당되는 것은 어느 것인가?

① 원자공공 ② 전위
③ 결정립경계 ④ 주조결함

해설 선결함으로 전위가 있다.

9. 다음 결함 중 선결함에 속하는 것은?

① vacancy ② dislocation ③ interstitial atom ④ stacking fault

해설 선결함 : 전위(dislocation)

10. 적층결함은 다음 중 어느 결함에 속하는가?

① 선결함 ② 점결함 ③ 면결함 ④ 체적결함

해설 면결함 : 적층결함(stacking), 결정립경계(grain boundary)

11. 금속재료의 격자결함 중 점결함에 속하지 않는 것은?

① 적층결함(stacking fault) ② 원자공공(vacancy)
③ 격자간 원자(interstitial atom) ④ 치환형 원자(substitutional atom)

해설 적층결함은 면결함에 속한다.

12. 결정에는 보통 여러 가지 결함이 있는데, 이들 중 재료에 가장 나쁜 영향을 주는 결함은?

① 점결함 ② 선결함 ③ 면결함 ④ 체적결함

해설 체적결함은 편석, 기포, 기공, 수축공 등으로 가장 해로운 결함이다.

13. 결정 중에 존재하는 점결함(point defect)이 아닌 것은?

① 원자공공 ② 격자간 원자
③ 전위 ④ 치환형 원자

해설 전위는 선결함이다.

14. 다음 그림에서 점선 부분으로 표시된 격자결함은 어떠한 경우인가?

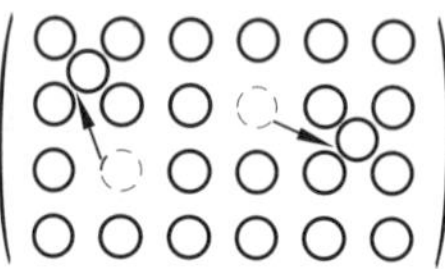

① 결정입계로 면결함이다.
② 기공으로 체적결함이다.
③ 전위로 선결함이다.
④ 원자공공으로 점결함이다.

해설 점결함의 형태로 프렌켈형이다.

정답 1. ② 2. ① 3. ① 4. ① 5. ③ 6. ① 7. ① 8. ② 9. ② 10. ③ 11. ① 12. ④ 13. ③ 14. ④

제 3 장 철강재료

3-1 철강재료의 개요

(1) 철강의 분류

① 철강

(가) 순철, 강, 주철로 대별할 수 있다.

(나) 철강은 탄소 함유량에 따라 분류된다.

탄소에 의한 철강의 분류

명칭	탄소 함유량(%)	표준 상태 Brinell 경도	주용도
순철 및 암코철	0.01~0.02	40~70	자동차외판, 기타 프레스 가공재
특별 극연강	0.08 이하	70~90	전선, 드럼권, 가스관, 대강
극연강	0.08~0.12	80~120	아연인판 및 선, 함석판, 리벳, 제정, 강관
연강	0.12~0.20	100~130	일반 구축용 보통강재, 기관판, 쇄강관
반연강	0.20~0.03	120~145	고력구축철재, 기관판, 못, 강관
반경강	0.30~0.40	140~170	차축, 산골, 볼트, 스프링, 기타 기계재료
경강	0.40~0.50	160~200	스프링, 가스펌프, 경가스 조, 외
최경강	0.50~0.80	180~235	윤괘조, 외륜, 침, 스프링, 나사
고탄소강	0.80~1.60	180~320	공구재료, 스프링, 게이지류
가단주철	2.0~2.5	100~150	소형주철품
고급주철	2.5~3.2	200~220	강력기계주물, 수도관
보통주철	3.2~3.5	150~180	수도관, 기타 일반주물

② 금속조직학적 분류

(가) 순철 : 0.0218%C 이하(상온에서는 0.008%C 이하)

(나) 강 : 0.0218~2.11%C

㉠ 아공석강(hypo-eutectoid steel) : 0.0218~0.8%C

㉡ 공석강(eutectoid steel) : 0.77%C

㉢ 과공석강(hyper eutectoid steel) : 0.77~2.11%C

(다) 주철 : 2.11~6.68%C

㉠ 아공정주철(hypo eutectic cast iron) : 2.11~4.3%C

㉡ 공정주철(eutectic cast iron) : 4.3%C

㉢ 과공정주철(hyper eutectic cast iron) : 4.3~6.68%C

단원 예상문제

1. 탄소 함유량이 가장 적은 것은?

① 암코철 ② 아공석강 ③ 과공석강 ④ 과공정주철

해설 탄소 함유량

- 암코철 : 0.01~0.02%C
- 아공석강 : 0.0218~0.8%C
- 과공석강 : 0.77~2.11%C
- 과공정주철 : 4.3~6.68%C

2. 탄소의 함량이 0.025% 이하의 순철의 종류가 아닌 것은?

① 목탄철 ② 전해철 ③ 암코철 ④ 카보닐철

해설 목탄철은 목탄을 연료로 한 용광로에서 만든 선철이며, 전해철, 암코철, 카보닐철은 순철에 해당된다.

3. 탄소함량 0.68~2.1%를 갖는 철은?

① 순철 ② 연철 ③ 주철 ④ 강철

해설 탄소함량 0.68~2.1%를 갖는 철을 과공석강 또는 강철이라고도 한다.

4. 탄소함량 0.0218~0.78%를 갖는 철은?

① 아공석강 ② 공석강 ③ 과공석강 ④ 과공정주철

해설 아공석강(hypo eutectoid steel)은 탄소함량 0.0218~0.78%를 갖는 철이다.

5. 0.6%C를 함유한 강은 어느 강에 해당되는가?

① 아공석강 ② 과공석강 ③ 공석강 ④ 극연강

해설 아공석강 : 0.02~0.8%C, 공석강 : 0.8%C, 과공석강 : 0.8~2.1%C

정답 1. ① 2. ① 3. ④ 4. ① 5. ①

(2) 철강의 제조 방법

① 철광석

(가) 철광석은 보통 40~60% 이상의 철을 함유하는 것을 필요 조건으로 하고 있다.

철광석의 종류와 주성분

광석명	주성분	Fe 성분(%)
적철광(赤鐵鑛, hematite)	Fe_2O_3	40~60
자철광(磁鐵鑛, magnetite)	Fe_3O_4	50~70
갈철광(褐鐵鑛, limonite)	$Fe_2O_3 \cdot 3H_2O$	20~60
능철광(菱鐵鑛, siderite)	Fe_2CO_3	30~40

(나) 철광석에 코크스와 용제인 석회석 또는 형석의 적당량을 코크스-광석-석회석의 순으로 용광로에 장입하여 용해하며, 용광로의 용량은 1일 생산량(ton/day)으로 나타낸다.

(다) 철광석은 용광로 내에서 환원된다($Fe_2O_3 \rightarrow Fe_3O_4 \rightarrow FeO \rightarrow Fe$).

② 제강법

(가) 전로 제강법 : 전로제강은 원료 용선 중에 공기를 불어넣어 함유된 불순물을 신속하게 산화 제거하는 방법으로 이때 발생되는 산화열을 이용하여 외부로부터 열을 공급하지 않고 정련한다는 것이 특징이다. 용광로 내에 사용하는 내화 재료의 종류에 따라 산성법과 염기성법으로 분류한다.

㉠ 산성법(Bessemer process) : Si, Mn, C의 순으로 이루어지며 P, S 등의 제거가 곤란하다.

㉡ 염기성법(Thomas process) : P, S 등의 제거가 쉽다.

(나) 평로 제강법 : 축열식 반사로를 사용하여 선철을 용해 정련하는 방법으로 시멘스 마틴법(Siemens-Martins process)이라고 한다.

(다) 전기로 제강법 : 일반 연료 대신 전기에너지를 열원으로 하는 저항식, 유도식, 아크식 전기로를 사용하여 제강하는 방법이다.

③ 강괴의 종류 및 특징

(가) 킬드강(killed steel)

㉠ 정련된 용강을 레이들 중에서 Fe-Mn, Fe-Si, Al 등으로 완전 탈산시킨 강으로 재질이 균일하고 기계적 성질 및 방향성이 좋아 합금강, 단조용강, 침탄강의 원재료로 사용된다.

㉡ 킬드강은 보통 탄소 함유량이 0.3% 이상이다.

(나) 세미킬드강(semi-killed steel)

㉠ 킬드강과 림드강의 중간 정도의 것으로 Fe-Mn, Fe-Si으로 탈산시킨 강이다.

㉡ 탄소 함유량이 0.15~0.3% 정도로 일반 구조용강, 강판, 원강의 재료로 사용된다.

(다) 림드강(rimmed steel)

㉠ 탈산 및 기타 가스 처리가 불충분한 상태, 즉 Fe-Mn으로 약간 탈산시킨 강괴로 불충분한 탈산으로 인한 용강이 비등작용이 일어나 응고 후 많은 기포가 발생되며 주형의 외벽으로 림(rim)을 형성하는 리밍액션 반응(rimming action)이 생긴다.

㉡ 보통 저탄소강(0.15%C 이하)의 구조용강재로 사용된다.

(라) 캡드강(capped steel) : 이 강괴는 림드강을 변형시킨 것이다. 용강을 주입한 후에 뚜껑을 씌어 용강의 비등을 억제시켜 림 부분을 얇게 하므로 내부의 편석이 적은 강괴이다.

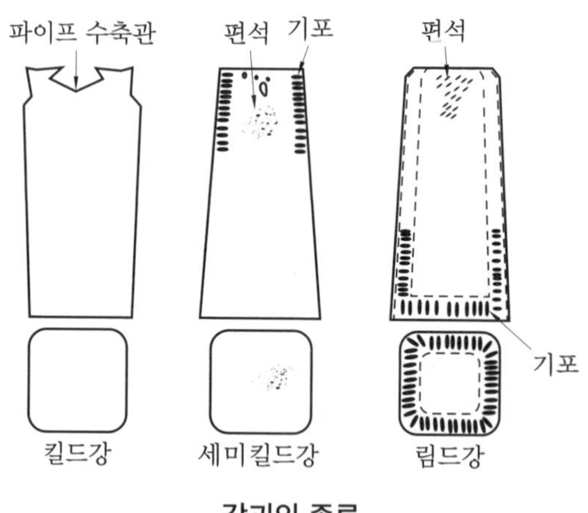

강괴의 종류

④ 강괴의 결함 : 수축관(shrinkage pipe), 수축공(shrinkage cavity), 기포(blow hole), 편석(segregative), 백점(white spots, flakes), 강괴 표면의 흠(scab) 등이 있으며, 백점의 원인은 수소로서 일종의 내부응력에 의한 균열이다.

⑤ 강편 : 빌렛, 슬래브, 시트바, 스켈프, 바, 대강 등

단원 예상문제

1. 철광석의 종류와 주요 성분을 옳게 연결한 것은?

① 적철광 – Fe_2O_3
② 자철광 – Fe_2CO_3
③ 갈철광 – Fe_3O_4
④ 능철광 – $Fe_2O_3 \cdot 3H_2O$

해설 적철광 : Fe_2O_3, 자철광 : Fe_3O_4, 갈철광 : $Fe_2O_3 \cdot 3H_2O$, 능철광 : Fe_2CO_3

2. 고온을 얻을 수 있고 온도 조절이 용이하며 합금원소를 정확하게 첨가할 수 있어 특수강의 제조에 사용되는 용해로는?

① 평로 ② 용선로 ③ 고로 ④ 전기로

해설 전기로는 합금원소 첨가가 용이하여 특수강 제조에 주로 활용된다.

3. 산화철의 환원 과정으로 옳은 것은?

① $Fe_2O_3 \rightarrow Fe_3O_4 \rightarrow FeO \rightarrow Fe$
② $Fe_3O_4 \rightarrow Fe_2O_3 \rightarrow FeO \rightarrow Fe$
③ $FeO \rightarrow Fe_3O_4 \rightarrow Fe_2O_3 \rightarrow Fe$
④ $Fe_3O_4 \rightarrow FeO \rightarrow Fe_2O_3 \rightarrow Fe$

해설 철광석은 용광로 내에서 CO 가스에 의해 환원된다.

4. 다음 [보기]는 제철 중에 일어나는 반응이다. 이에 대한 설명으로 옳은 것은?

| 보기 |

$$FeO + CO \rightarrow Fe + CO_2 \uparrow$$

① CO 가스에 의한 Fe의 간접 환원 반응이다.
② CO 가스에 의한 Fe의 직접 환원 반응이다.
③ 용광로의 로저에서 일어나는 반응이다.
④ 제철 중 약 15% 정도만 반응한다.

해설 철 속에 들어 있는 산소를 제거(간접 환원)하기 위하여 CO 가스를 투입한다.

5. 다음 중 강괴의 종류가 아닌 것은?

① 림드강 ② 킬드강 ③ 세미림드강 ④ 세미킬드강

해설 강괴에는 킬드강, 세미킬드강, 림드강, 캡드강이 있다.

6. 극연강의 소강편을 띠로서 길게 압연하여 코일로 감은 강판을 무엇이라 하는가?

① bloom ② billet ③ slab ④ hoop

해설 bloom : 정4각형의 단면 형재, billet : 직사각형 또는 원형의 단면 형재, slab : 후판, 중판의 압연용 재료

정답 1. ① 2. ④ 3. ① 4. ① 5. ③ 6. ④

3-2 순철과 탄소강

(1) 순철의 성질

① 순철의 순도와 불순물

(가) 순철의 불순물은 0.0013% 이하이며, 99.9%의 Fe를 함유하고 있다.

(나) 순철은 연한 철로서 HB60의 경도를 가지며, 항복점과 인장강도가 낮고 연신율, 단면수축률 및 충격값이 높다.

공업용 순철의 화학 조성(%)

순철의 종류	C	Si	Mn	P	S	O	H
암코(armco)철	0.015	0.010	0.020	0.010	0.020	0.150	−
전해철	0.008	0.007	0.002	0.006	0.003	−	0.080
카르보닐(carbonyl)철	0.020	0.010	−	tr	0.004	−	−
고순도철	0.001	0.003	−	0.0005	0.0026	0.0004	−

② 순철의 변태 : 순철은 1539℃에서 응고하여 상온까지 냉각하는 동안 A_4, A_3, A_2의 변태를 한다. 그중 A_4, A_3는 동소변태이고 A_2는 자기변태이다.

(가) A_4변태 : γ−Fe(FCC) $\underset{}{\overset{1400℃}{\rightleftarrows}}$ δ−Fe (BCC)

(나) A_3변태 : α−Fe(BCC) $\overset{910℃}{\rightleftarrows}$ γ−Fe (FCC)

(다) A_2변태 : α−Fe 강자성 $\overset{768℃}{\rightleftarrows}$ α−Fe 상자성

③ 순철의 조직과 성질

(가) 순철의 표준조직은 다각형입자로 된 상온에서 BCC인 α−Fe의 페라이트조직이다.

(나) 순철의 물리적 성질은 각 변태점에서 불연속적으로 변화한다.

(다) 점 A_3에서는 급격히 수축하고 점 A_4에서는 팽창하여 동소변태가 일어난다.

(라) α−Fe에 있어서 길이의 변화곡선과 점선으로 나타낸 δ−Fe의 곡선과 같이 α−Fe와 δ−Fe는 체심입방구조이다.

(마) A_2변태는 α−Fe의 자기변태이다.

(바) 순철은 냉각할 때에 점 A_2(768℃)를 경계로 상자성체로부터 강자성체로 변화하며 원자 배열의 변화는 없다.

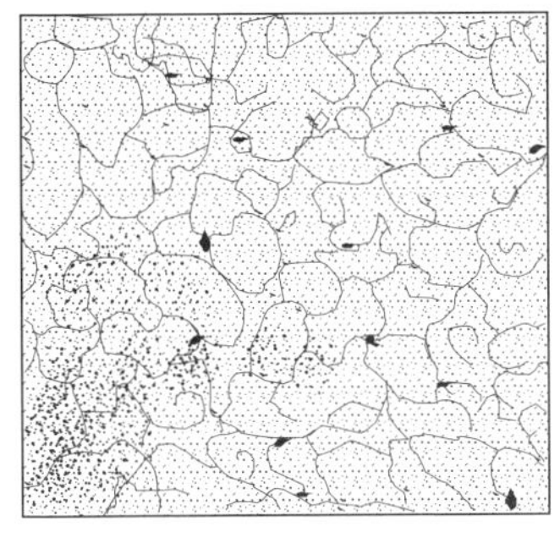

순철의 현미경 조직(×100)

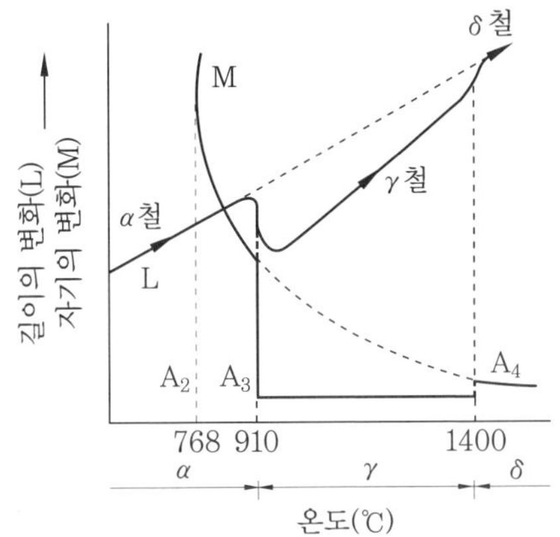

순철의 온도에 따른 길이와 자기의 변화

④ 순철의 용도 : 순철은 기계적 강도가 낮아 기계재료로는 부적당하나, 투자율이 높기 때문에 변압기, 발전기용의 박판으로 사용된다. 또한 카보닐 철분을 소결시켜 압분 철심으로 고주파 공업에 널리 사용되며 단접이 쉽고 용접성이 양호하다.

단원 예상문제

1. 순철의 변태에 대한 설명 중 틀린 것은?

① A_3 변태점과 A_4 변태점은 동소변태이다.
② 탄소 함유량이 증가하면 A_3 변태점은 낮아진다.
③ A_2 변태점을 시멘타이트의 변태선이라 한다.
④ A_1 변태선을 공석선이라 하며 약 768℃이다.

해설 A_2 변태점을 순철의 자기변태선이라 한다.

2. 자기변태에 대한 설명으로 옳은 것은?

① 원자 배열의 변화를 수반하는 변태이다.
② 자기의 강도가 변한다.
③ A_3 변태점이다.
④ A_4 변태점이다.

해설 자기변태는 넓은 온도 구간에서 연속적으로 변한다. 원자의 배열, 격자의 배열 변화는 없고 자성 변화만을 가져오는 변태이다. 순철의 자기변태는 768℃에서 급격하게 자기의 강도가 감소되는데 이 변태를 A_2변태라고 한다. Fe, Co, Ni은 자기변태에서 강자성체 금속이다.

3. 순철의 동소변태로 1400℃에서 γ-Fe ⇄ δ-Fe의 변태는?

① A_1　② A_2　③ A_3　④ A_4

4. 다음은 순철의 동소변태를 나타낸 것이다. ( ) 안에 들어갈 내용으로 옳은 것은? (단, ㉠은 온도, ㉡은 결정격자를 나타낸다.)

$$\alpha\text{-Fe} \underset{(㉡)}{\overset{(㉠)}{\rightleftarrows}} \gamma\text{-Fe} \overset{1400℃}{\rightleftarrows} \delta\text{-Fe}$$

① ㉠ 723℃, ㉡ 체심입방격자
② ㉠ 723℃, ㉡ 면심입방격자
③ ㉠ 910℃, ㉡ 체심입방격자
④ ㉠ 910℃, ㉡ 면심입방격자

해설 910℃에서 면심입방격자로 변태한다.

5. 순철에서 면심입방격자를 이루는 철은?

① α철
② β철
③ γ철
④ δ철

해설 A_3변태 : α-Fe(BCC) $\overset{910℃}{\rightleftarrows}$ γ-Fe(FCC)

6. 순철에서 910℃ 이하의 온도에서 나타나는 결정격자는?

① 면심입방격자
② 체심입방격자
③ 조밀육방격자
④ 단순정방격자

해설 α-Fe(BCC)

7. 순철의 변태에 의하여 나타나는 조직이 아닌 것은?

① α-Fe
② β-Fe
③ γ-Fe
④ δ-Fe

해설 순철의 변태에 의해 α-Fe, γ-Fe, δ-Fe 조직이 생성된다.

8. 용해한 순철을 천천히 냉각시킬 때의 원자 배열의 변화 순서는?

① $\alpha-\delta-\gamma$
② $\gamma-\delta-\alpha$
③ $\gamma-\alpha-\delta$
④ $\delta-\gamma-\alpha$

9. 순철의 가열 시 변태를 바르게 설명한 것은?

① A_2에서 강자성체가 상자성체로, A_3에서 BCC→FCC로 변한다.
② A_1에서 강자성체가 상자성체로, A_3에서 FCC→BCC로 변한다.
③ A_3에서 상자성체가 강자성체로, A_4에서 BCC→FCC로 변한다.
④ A_4에서 상자성체가 강자성체로, A_3에서 FCC→BCC로 변한다.

10. 순철의 가열 시 약 910℃ 부근에서 길이 변화는 어떻게 되는가?

① 계속 늘어난다.
② 계속 늘어나다가 갑자기 줄어든 후 다시 계속 늘어난다.
③ 계속 늘어나다가 갑자기 줄어든 후 다시 계속 줄어든다.
④ 계속 줄어들다가 갑자기 늘어난 후 다시 줄어든다.

해설 순철은 910℃ 부근에서 계속 늘어나다가 갑자기 줄어든 후 다시 계속 늘어난다.

11. 순철의 변태에서 A_3변태와 A_4변태에 대한 설명 중 틀린 것은?

① A_3 변태점은 약 910℃이다.
② A_4 변태점은 약 1400℃이다.
③ A_3, A_4변태는 순철의 동소변태이다.
④ 가열 시 A_3변태는 격자상수가 감소한다.

해설 순철의 A_3(910℃), A_4(1400℃) 변태는 동소변태로 원자의 배열이 변화한다.

12. 냉각 시의 A_3변태(Ar_3)를 설명한 것 중 옳은 것은?

① 탄소 함유량이 증가하면 A_3 변태온도는 저하한다.
② 순철에서는 δ상이 Y상으로 변태하는 온도이다.
③ HCP에서 FCC로의 격자 변화가 일어나는 변태이다.
④ 723~1495℃의 온도 범위에서 일어나는 변태이다.

해설 A_3변태는 910℃에서 일어나고, 탄소량이 증가하면 변태온도는 낮아진다.

13. 순철에서 일어나지 않는 변태는?

① A_1변태 ② A_2변태
③ A_3변태 ④ A_4변태

해설 순철의 변태 : A_2, A_3, A_4

정답 1. ③ 2. ② 3. ④ 4. ④ 5. ③ 6. ② 7. ② 8. ④ 9. ① 10. ② 11. ④ 12. ① 13. ①

(2) 탄소강의 성질

① 탄소강 중의 원소의 영향

㈎ 탄소(C)의 영향

㉠ 탄소강의 비중, 열팽창계수, 열전도도는 탄소량의 증가에 따라 감소되며 비열, 전기저항, 항자력은 탄소량의 증가에 따라 증가한다.

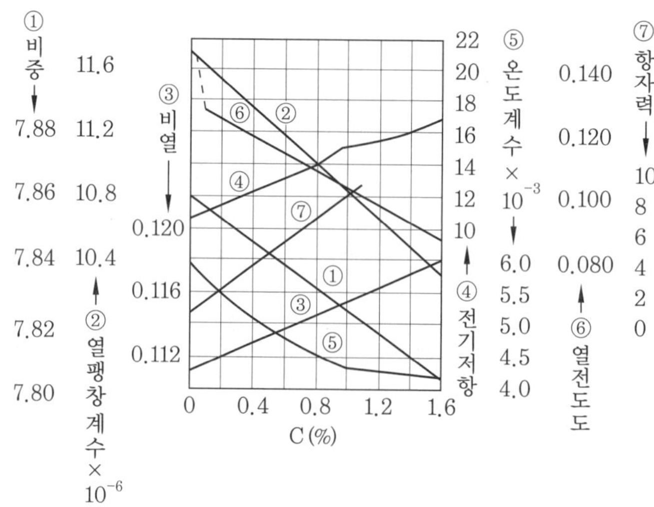

탄소량과 물리적 성질

㉡ 인장강도, 경도, 항복점 등은 탄소량이 증가함에 따라 증가한다.

㉢ 펄라이트 조직이 100%로 되는 공석강에서 인장강도가 최대로 되며 연신율, 단면수축률, 충격치 등은 탄소량과 같이 감소한다.

㉣ 인장강도는 200~300℃까지는 상승하여 최대가 되고, 연신율과 단면수축률은 온도 상승에 따라 감소하며 인장강도가 최대가 되는 점에서 최솟값을 나타내고 온도 상승에 따라 다시 점차 증가한다.

㉤ 충격치는 200~300℃에서 가장 취약하게 되는데, 이것을 청열취성(blue shortness) 또는 청열메짐이라고 한다.

ⓑ 충격치는 재질에 따른 어떤 한계온도, 즉 천이온도(transition temperature)에 도달하면 급격히 감소되어 −70℃ 부근에서 충격치가 0에 가깝게 되고 이로 인하여 취성이 생긴다. 이러한 현상을 강의 저온취성이라 한다.

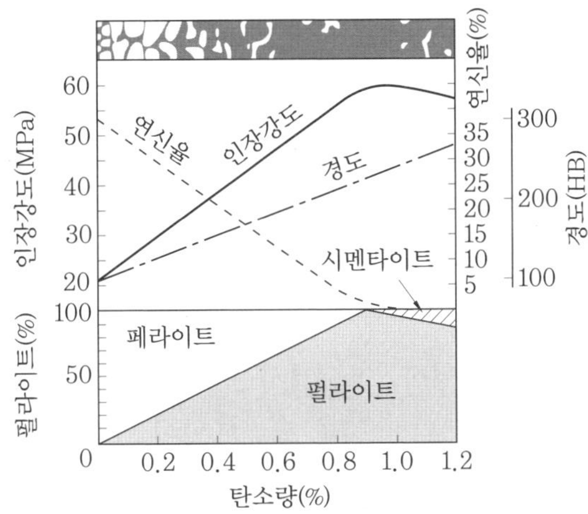

탄소강의 기계적 성질 및 현미경 조직의 설명도

㈏ 망간(Mn)의 영향

㉠ 제강 시에 탈산, 탈황제로 첨가되어 탄소강 중에 0.2~1.0% 함유되며 Mn의 일부는 강 중에 고용되고 나머지는 MnS, FeS로 결정입계에 혼재해 있다.

㉡ 강의 담금질 효과를 증대시켜 경화능이 커진다.

㉢ 강의 연신율을 감소시키지 않고 강도, 경도, 인성을 증대시킨다.

㉣ 고온에서 결정립 성장을 억제시킨다.

㉤ S의 해를 감소시켜 주조성을 좋게 한다.

㉥ 강의 점성을 증가시키고 고온가공성은 향상시키나 냉간가공성은 불리하다.

㈐ 규소(Si)의 영향

㉠ 선철과 탈산제로부터 잔류하게 되며 보통 탄소강 중에 0.1~0.35%를 함유한다.

㉡ 인장강도, 탄성한계, 경도를 상승시킨다.

㉢ 연신율과 충격값을 감소시킨다.

㉣ 결정립을 조대화시키고 가공성을 감소시킨다.

㉤ 용접성을 저하시킨다.

㈑ 인(P)의 영향

㉠ 원료선에 포함된 불순물로 함유되며 일부는 페라이트에 고용되고 나머지는 Fe_3P로 석출되어 존재하며 강 중에는 0.03% 이하가 요구되고 있다.

㉡ 결정립을 조대화시킨다.

㉢ 강도와 경도를 증가시키고 연신율은 감소시킨다.

㉣ 실온에서 충격치를 저하시켜 상온취성(cold shortness)의 원인이 된다.

㉤ Fe_3P는 MnS, MnO 등과 집합하여 대상 편석인 고스트선(ghost line)을 형성하여 강의 파괴 원인이 된다.

㈒ 황(S)의 영향

㉠ 강 중의 황은 MnS로 잔류하며, 망간의 양이 충분치 못하면 FeS로 남는다.

㉡ S의 함량이 0.02% 이하일지라도 강도, 연신율, 충격치를 감소시킨다.

㉢ FeS는 융점(1193℃)이 낮아 열간가공 시에 균열을 발생시키는 적열취성의 원인이 된다.

㉣ 공구강에서는 0.03% 이하, 연강에서는 0.05% 이하로 제한한다.

㉤ 강 중의 S 분포를 알기 위한 설퍼 프린트법이 있다.

② 탄소강의 용도 : 실용되고 있는 탄소강은 0.05~1.7%C이다.

㈎ 가공성만을 요구하는 경우 : 0.05~0.3%C

㈏ 가공성과 강인성을 동시에 요구하는 경우 : 0.3~0.45%C

㈐ 강인성과 내마모성을 동시에 요구하는 경우 : 0.45~0.65%C

㈑ 내마모성과 경도를 동시에 요구하는 경우 : 0.65~1.2%C

단원 예상문제

1. 탄소강의 상온 특성에 대한 설명 중 옳은 것은?

① 비중, 열전도도는 탄소량의 증가에 따라 증가한다.

② 탄소량의 증가에 따라 경도, 인장강도는 감소한다.

③ 탄성계수, 항복점은 온도가 상승하면 증가한다.

④ Fe_3C가 석출되면 경도는 증가하나 인장강도는 감소한다.

해설 Fe_3C의 증가에 따라 경도가 증가하고 인장강도는 감소한다.

2. 탄소강 중의 5원소를 바르게 설명한 것은?

① 탄소, 규소, 망간, 인, 유황

② 탄소, 규소, 망간, 인, 구리

③ 규소, 망간, 인, 유황, 구리

④ 탄소, 망간, 규소, 유황, 구리

해설 C, Si, Mn, P, S

3. 공석강에서 탄소량이 증가할수록 증가하는 성질은?

① 강도 ② 연신율 ③ 연성 ④ 충격치

해설 탄소량이 증가할수록 인장강도, 경도, 항복점은 증가한다.

4. 강에서 탄소함량이 증가함에 따라 감소하는 기계적 성질은?

① 인장강도 ② 연신율 ③ 경도 ④ 항복점

5. 강의 탄소함유량 증가에 따른 물리적 성질 중 감소하는 성질은?

① 전기저항 ② 항자력 ③ 비열 ④ 비중

해설 탄소량이 증가할수록 비중은 감소한다.

6. 탄소강에서 탄소량 증가에 따라 감소하는 것은?

① 비열 ② 강도 ③ 열전도도 ④ 전기저항

해설 탄소량 증가에 따라 비열, 강도, 전기저항 등은 증가한다.

7. 강의 물리적 성질을 설명한 것 중 옳지 않은 것은?

① 강의 내식성은 탄소가 증가할수록 감소한다.
② 열전도는 탄소량의 증가에 따라 감소한다.
③ 비열은 탄소량의 증가에 따라 증가한다.
④ 탄소강은 일반적으로 자성을 띠고 있지 않다.

해설 탄소강은 일반적으로 자성을 갖는 합금이다.

8. 강의 물리적 성질 중 탄소의 함유량이 증가함에 따라 증가하는 성질은?

① 비중 ② 전기저항 ③ 열전도도 ④ 열팽창계수

해설 탄소함량이 증가할수록 강은 전기저항, 비열, 항자력이 증가하고, 열전도율, 비중, 열팽창계수는 감소한다.

9. 강의 물리적 성질을 설명한 것으로 틀린 것은?

① 비중은 탄소량의 증가에 따라 감소한다.
② 열전도도는 탄소량의 증가에 따라 감소한다.
③ 전기저항은 탄소량의 증가에 따라 증가한다.
④ 탄소강은 일반적으로 자성을 띠고 있지 않다.

해설 탄소강은 일반적으로 자성을 갖는다.

10. 탄소에 대한 설명 중 틀린 것은?

① 전 탄소(TC)는 화합탄소와 유리탄소이다.
② 화합탄소는 단단하고 메짐이 있다.
③ 유리탄소는 연하고 약하며, 절삭이 쉽다.
④ 강 중에 함유된 탄소는 전부 유리탄소이다.

해설 강 중에 함유된 탄소는 화합탄소(Fe_3C)로 존재한다.

11. 탄소강에서 인장강도에 가장 큰 영향을 주는 원소는?

① C ② Si ③ Mn ④ P

해설 탄소량의 증가에 따라서 인장강도, 경도, 항복점이 상승한다.

12. 탄소강 내에 존재하는 탄소 이외의 원소가 기계적 성질에 미치는 영향으로서 틀린 것은?

① Cu는 극소량이 Fe 중에 고용되며 인장강도, 탄성한계를 높인다.
② P는 Fe의 일부와 결합하여 Fe_3P 화합물을 만들며, 입자의 조대화를 촉진한다.
③ Si는 선철 및 탈산제 중에서 들어가기 쉽고, 인장력과 경도를 낮추며 연신과 충격치를 증가시킨다.
④ S는 강 중에서 FeS로 입계에 망상으로 분포하여 고온에서 약하고 가공할 때에 파괴의 원인이 된다.

해설 Si는 선철과 탈산제로부터 잔류하게 되며 실온에서 강도와 경도를 증가시키고, 충격치를 감소시킨다.

13. 탄소강의 Si 첨가로 감소하는 것은?

① 경도 ② 충격값
③ 인장강도 ④ 탄성한계

해설 탄소강에 Si를 첨가하면 인장강도, 탄성한계, 경도를 증가시키고, 연신율과 충격값은 감소시킨다.

14. 탄소강에 함유된 규소의 영향을 틀리게 설명한 것은?

① 인장강도, 탄성한계, 경도를 높인다.
② 결정립의 크기를 감소시킨다.
③ 용접성을 저하시킨다.
④ 연신율과 충격치를 감소시킨다.

해설 Si 성분은 결정립을 조대화시킨다.

15. 탄소강에 함유된 망간의 영향으로 옳은 것은?

① 펄라이트가 미세해진다.
② 항복강도를 감소시킨다.
③ FeS의 형성을 증가시킨다.
④ 퀜칭 시 경화 깊이를 낮게 한다.

해설 Mn에 의해서 펄라이트가 미세해진다.

16. 탄소강 중의 망간의 영향을 설명한 것은?

① 강의 담금질 효과를 증대시켜 경화능이 커진다.
② 결정립을 조대화시키고 가공성을 감소시킨다.
③ 연신율과 충격값을 감소시킨다.
④ 융점이 낮아 다량 함유하면 강제 압연 시 균열의 원인이 되기도 한다.

해설 제강 시 탈산, 탈황제로 첨가되고, 강의 담금질 효과를 증대한다.

17. 탄소강 중 망간이 0.2~0.8% 정도 존재할 때 기계적 성질에 미치는 망간의 영향이 아닌 것은?

① 강의 점성을 증가시킨다.
② 열간가공성에 나쁜 영향을 준다.
③ 높은 온도에서 결정의 성장을 감소시킨다.
④ 담금질 효과를 증대하고 인성을 증가시킨다.

해설 Mn은 열간가공성을 증대시키고 냉간가공성을 나쁘게 한다.

18. 탄소강에 함유한 Mn의 영향이 아닌 것은?

① 점성 증가 ② 담금성 증가 ③ 고온가공 증가 ④ 결정립 조대화

해설 Mn은 결정립 성장을 억제시킨다.

19. 탄소강에서 적열취성을 방지하기 위하여 첨가하는 원소는?

① S ② Si ③ Mn ④ P

해설 S과 친화력이 큰 Mn을 첨가하여 MnS로 반응함으로써 유황을 제거한다.

20. 탄소강의 충격값이 가장 낮은 온도는?

① 100℃ ② 250℃ ③ 500℃ ④ 750℃

해설 탄소강은 200~300℃에서 충격치가 최솟값을 갖는다.

21. 청열취성(blue shortness)이 나타나는 탄소강의 온도는?

① 100~200℃ ② 200~300℃ ③ 300~400℃ ④ 400~500℃

해설 탄소강은 200~300℃에서 가장 취약하며, 이것을 청열취성이라 한다.

22. 탄소강 중의 인(P) 성분에 의해 일어나는 취성은?

① 청열취성 ② 상온취성 ③ 적열취성 ④ 입간취성

해설 청열취성 : C의 영향 상온취성 : P의 영향
적열취성 : S의 영향 입간취성 : 입계불순물의 영향

23. 탄소강에서 상온취성의 원인이 되는 원소는?

① 인(P) ② 규소(Si) ③ 아연(Zn) ④ 망간(Mn)

해설 인은 상온취성의 원인, 황은 적열취성의 원인이다.

24. 탄소강에 함유된 인의 영향을 잘못 설명한 것은?

① 결정립을 조대화시킨다.
② 강도, 경도는 증가하나 연신율은 감소한다.
③ 적열취성의 원인이 된다.
④ 용탕의 유동성을 좋게 한다.

해설 인은 상온취성의 원인이 된다.

25. 탄소강 중에 함유된 P의 영향을 잘못 설명한 것은?

① 결정립을 조대화시킨다.
② Fe_3P의 화합물을 생성하지 않게 한다.
③ 신율을 감소시키고, 충격치를 저하시킨다.
④ C의 양이 증가할수록 P의 해는 감소한다.

해설 강 중에 P의 양은 0.03% 이하로 제한하며, P는 Fe_3P의 화합물을 형성하여 결정입계에 석출된다.

26. 고스트 라인(ghost line)과 관계없는 것은?

① 강재의 파괴 원인이 된다.
② Fe_3C로서 결정입자 주위에 편석한다.
③ 수축의 원인이 된다.
④ Fe_3C나 개재물의 띠 모양으로 편석하는 상태를 말한다.

해설 고스트 라인은 Fe_3P로서 MnS, MnO 등과 집합하여 결정입자 주위에 편석한다.

27. 탄소강에서 강인성과 내마모성을 동시에 요구하는 탄소량의 범위는?

① 0.05~0.3%C
② 0.3~0.45%C
③ 0.45~0.65%C
④ 0.65~1.2%C

해설 탄소강의 용도
① 가공성만을 요구하는 경우 : 0.05~0.3%C
② 가공성과 강인성을 동시에 요구하는 경우 : 0.3~0.45%C
③ 강인성과 내마모성을 동시에 요구하는 경우 : 0.45~0.65%C
④ 내마모성과 경도를 동시에 요구하는 경우 : 0.65~1.2%C

28. 탄소강의 용도는 탄소 함유량에 따라 분류할 수 있다. 다음 중 잘못된 설명은?

① 0.05~0.3%C : 가공성만을 요구하는 경우
② 0.3~0.45%C : 가공성과 강인성을 동시에 요구하는 경우
③ 0.45~0.65%C : 강인성과 내마모성을 동시에 요구하는 경우
④ 0.65~1.2%C : 강인성과 경도를 동시에 요구하는 경우

해설 0.65~1.2%C는 내마모성과 경도를 동시에 요구하는 경우이다.

29. 인이나 황 등이 편석된 강괴를 압연할 때에 편석된 부분이 늘어나서 긴 띠 모양을 한 현상을 무엇이라 하는가?

① 라운딩
② 고스트 라인
③ 칠
④ 결정경계

해설 인과 황의 편석에 의해 형성되는 고스트 라인은 강의 파괴 원인이 된다.

30. 천이온도에 대한 설명 중 틀린 것은?

① 고온인성을 나타내는 온도
② 성질이 급변하는 온도
③ 저온취성을 나타내는 온도
④ 충격값이 급변하는 온도

해설 천이온도 : 일반적으로 성질이 급변하는 온도로서 충격값이 급변하며 저온취성을 나타내는 온도

31. 금속재료의 연성 천이온도를 옳게 설명한 것은?

① 연성에서 취성의 천이는 넓은 범위에서 일어난다.
② 천이는 체심입방계 금속에서 많이 나타난다.
③ 금속재료의 충격치는 온도와 관계없다.
④ FCC와 HCP를 갖는 금속은 반드시 천이가 일어난다.

해설 천이는 체심입방계 금속에서 많이 나타난다.

32. 다음 [보기]는 탄소강에 함유되는 어떤 원소의 영향을 나타낸 것이다. 다음의 내용과 일치하는 원소는?

| 보기 |
- 철과 화합물을 형성하여 적열취성의 원인이 된다.
- 함량이 0.02% 이하일지라도 강도, 신율, 충격치 등을 감소시키는 원소이다.

① Mn ② Si ③ P ④ S

해설 S은 적열취성의 원인이 된다.

33. 적열취성(red shortness)의 원인이 되는 원소는?

① Ni ② Cr ③ Mn ④ S

해설 강 중에 Mn의 양이 적으면 재질이 여린 FeS로 되어 강재를 여리게 한다.

34. 탄소강에서 황(S)으로 인한 적열취성을 방지하기 위하여 첨가하는 원소는?

① C ② Mn ③ Si ④ Se

해설 탄소강에 함유된 황(S)은 적열취성의 원인으로 망간(Mn)을 첨가하여 방지한다.

35. 탄소강 중의 황 성분에 의해 일어나는 취성은?

① 청열취성 ② 상온취성
③ 고온취성 ④ 저온취성

36. Mn을 첨가하면 감소시킬 수 있는 취성은?

① 적열취성 ② 저온취성
③ 청열취성 ④ 뜨임취성

해설 Mn을 첨가하면 FeS+MnFe+MnS로 S을 제거하여 적열취성을 감소시킬 수 있다.

37. 탄소강에서 적열메짐을 방지하기 위하여 첨가하는 원소는?

① P ② Si
③ Ni ④ Mn

해설 탄소강에 함유된 황(S)은 적열메짐의 원인으로 망간(Mn)을 첨가하여 방지한다.

정답 1. ④ 2. ① 3. ① 4. ② 5. ④ 6. ③ 7. ④ 8. ② 9. ④ 10. ④ 11. ① 12. ③ 13. ② 14. ② 15. ① 16. ① 17. ② 18. ④ 19. ③ 20. ② 21. ② 22. ② 23. ① 24. ③ 25. ② 26. ② 27. ③ 28. ④ 29. ② 30. ① 31. ② 32. ④ 33. ④ 34. ② 35. ③ 36. ① 37. ④

(3) 탄소강의 평형 상태도 및 조직

① 2원 합금의 상태도

(가) 상률

㉠ 상태도상에서 상평형 관계를 설명해 주는 것이 상률(phase rule)이다. 자유도를 F, 성분 수를 C, 상의 수를 P라 하면 상률 공식은 다음과 같다.

$$F=C-P+2$$

㉡ 응축계인 금속은 대기압 하에서 변화되므로 자유도를 변화시킬 수 있는 인자인 온도, 압력, 농도 중 압력의 인자를 무시하여 다음과 같이 나타낸다.

$$F=C-P+1$$

㉢ 2성분계 합금에서 3상이 공존하면 자유도 $F=0$으로 불변계가 형성되고 2상이 공존하면 1변계, 단일상이 존재하면 2변계가 형성된다.

㉣ $F=0$으로 불변계는 포정반응(peritectic reation), 공정반응(eutectic reaction), 공석반응(eutectoid reaction)이 있다.

(나) 상의 양적 관계

㉠ 2성분계 합금의 상태도에서 각 구역에 존재하는 상의 양적인 관계는 천칭관계로 증명할 수 있다.

㉡ k 합금에 대해 t℃에서 정출한 고상의 양 M과 잔액량 L의 양적비가 $M/L=b/a$임을 증명하면 다음과 같다.

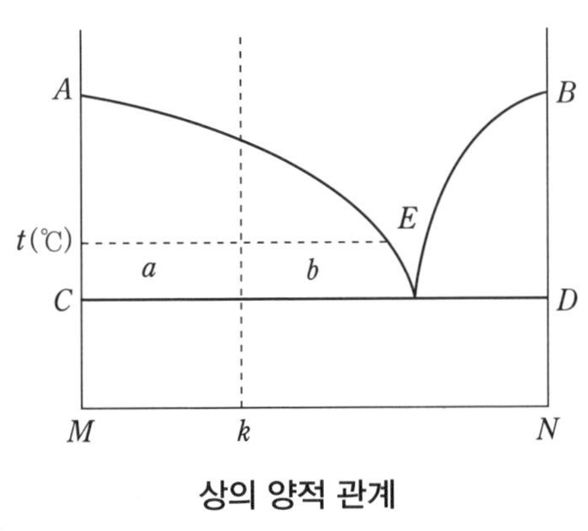

상의 양적 관계

$(a+b)\cdot L$: t℃에서의 잔액 중의 N의 중량

$a\cdot(M+L)$: k조성 합금 중의 N의 중량

따라서 $(a+b)\cdot L=a\cdot(M+L)$

$$\therefore \frac{(a+b)}{a}=\frac{(M+L)}{L}$$

$$\therefore \frac{M}{L}=\left\{\frac{(a+b)}{a}\right\}-1$$

$$\therefore \frac{M}{L}=\frac{b}{a}$$

② Fe-C 평형 상태도

㈎ 특징

㉠ 철-탄소계 평형 상태도에는 Fe-Fe_3C계와 철-흑연계의 두 종류가 있다.

㉡ 실선은 Fe-Fe_3C계, 점선은 철-흑연계의 평형 상태도이다.

㉢ 탄소강의 경우에는 C가 유리된 흑연으로 되지 않고 Fe과의 화합물인 시멘타이트(Fe_3C) 상태로 존재한다.

㉣ Fe_3C는 6.67%C를 포함하는 백색 침상의 금속간 화합물이며 경도가 높고 단단하다.

㉤ 순철에는 α철, γ철, δ철의 동소변태가 있고, C를 고용하는 α, γ, δ의 고용체가 있다.

㉥ α 고용체는 723℃에서 0.025%C를 고용한다.

㉦ γ 고용체는 1130℃에서 2.0%C를 고용한다.

㉧ δ 고용체는 1490℃에서 0.1%C를 고용한다.

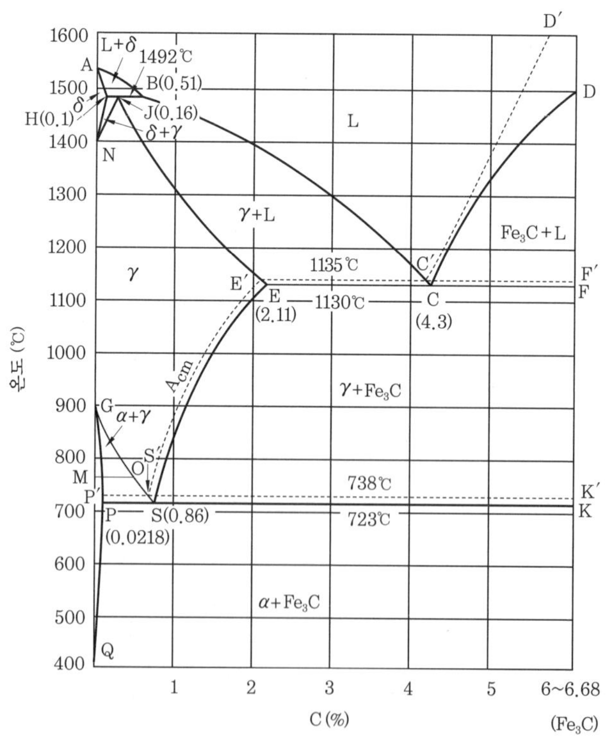

Fe-C 복평형 상태도

㉧ Fe−C 평형 상태도에서 각 점과 선은 의미를 갖는다.

- A : 순철의 용융(응고)점(1539℃)
- AB : δ−Fe의 액상선(초정선)은 탄소 조성이 증가함에 따라 정출온도는 강하한다.
- AH : δ−Fe의 고상선 … δ−Fe의 정출 완료 온도 표시
- BC : γ−Fe의 액상선(초정선) … L→γ−Fe
- JE : γ−Fe의 고상선 … γ−Fe의 정출 완료 온도 표시
- HJB : 포정선(peritectic line) … 0.1~0.5%C, 1492℃, 3상 공존(F=0)

  포정반응 : $(L)_B+(\delta-Fe)_H \rightleftarrows (\gamma-Fe)_J$
- N : 순철의 A_4 변태점(1400℃) … 동소변태

  $$(\delta-Fe)_N \underset{Ac_4}{\overset{Ar_4}{\rightleftarrows}} (\gamma-Fe)_N$$
- NH : Ar_4 변태 개시선
- NJ : Ar_4 변태 완료선 … C% 증가함에 따라 A_4점 상승
- E : γ−Fe의 탄소 최대 용해 한도점(2.11%C)
- C : 공정점(eutectic point) … 4.3%C, 1130℃, 3상 공존(F=0)

  공정반응 : $(L)_C \rightleftarrows (\gamma-Fe)_E+(Fe_3C)_F$
- ECF : 공정선(eutectic line) … 2.11~6.68% C, 1130℃
- ES : A_{cm} 변태선 … Fe_3C 초석선

  $\gamma-Fe \rightarrow Fe_3C$
- G : 순철의 A_3 변태점(910℃) … 동소변태

  $$(\gamma-Fe)_G \underset{Ac_3}{\overset{Ar_3}{\rightleftarrows}} (\alpha-Fe)_G$$
- GOS : Ar_3 변태선(변태 개시선)
- GP : Ar_3 변태 완료선 … C% 증가함에 따라 A_3점 강하
- M : 순철의 자기변태점(A_2점) … 768℃

  $$\text{상자성체} \underset{Ac_2}{\overset{Ar_2}{\rightleftarrows}} \text{강자성체}$$
- MO : A_2 변태선 … 탄소강
- S : 공석점(eutectoid point) … A_1 변태점, 0.86%C, 723℃, 펄라이트 생성

  공석반응 : $$(\gamma-Fe)_S \underset{Ac_1}{\overset{Ar_1}{\rightleftarrows}} (\alpha-Fe)_P+(Fe_3C)_K$$

- P : α−Fe의 탄소 최대 용해 한도점(0.0218%C)
- PSK : 공석선(eutectoid line) … A_1 변태선, 0.0218~6.68%C, 723℃
- PQ : α−Fe의 탄소 용해 한도선 … 상온에서 0.008%C

㉢ Fe−C 평형 상태도에서 나타난 조직의 명칭과 결정구조는 다음과 같다.

Fe−C 평형 상태도에서의 조직과 결정구조

기호	명칭	결정구조 및 내용
α	α−페라이트	BCC(체심입방격자)
γ	오스테나이트	FCC(면심입방격자)
δ	δ−페라이트	BCC(체심입방격자)
Fe_3C	시멘타이트 또는 탄화물	금속간 화합물
α+Fe_3C	펄라이트	α와 Fe_3C의 기계적 혼합
γ+Fe_3C	레데브라이트	γ와 Fe_3C의 기계적 혼합

(나) 탄소강의 조직

㉠ γ 고용체

- γ−Fe에 최대 2.0%까지 탄소가 고용되어 있는 고용체로서 오스테나이트라 한다.
- 결정구조는 면심입방격자이며, A_1 이상에서 안정한 조직으로 상자성체이고 인성이 크다.(HB155)

㉡ α 고용체

- α−Fe에 최대 0.025%C까지 고용되어 있는 고용체로서 페라이트(HB90)라 한다.
- 다각형의 결정입자로 나타나며, 흰색으로 보인다.
- 매우 연하고 전성과 연성이 크며 강자성체이다.

㉢ 시멘타이트

- 6.67%의 탄소를 함유한 철탄화물(Fe_3C)로서 단단하고(HB820) 취성이 크다.
- 1139℃로 가열하면 빠른 속도로 흑연을 분리시킨다.
- 시멘타이트는 오스테나이트의 결정입계나 그 벽면에 침상으로 나타나며, 사방정의 결정구조이다.
- 순수한 시멘타이트는 A_0변태의 자기변태점인 210℃ 이상에서는 상자성체이고 이 온도 이하에서는 강자성체이다.

㉣ 펄라이트

- 0.8%C의 γ 고용체가 723℃에서 분해하여 생긴 페라이트(α 고용체)와 시멘타이트의 공석점이다.
- 강의 공석변태인 A_1변태에서 기계적 혼합물인 펄라이트가 층상조직으로 나타난다.
- 강도와 경도가 높고(HB225) 어느 정도 연성도 있다.
- 펄라이트의 생성 과정은 다음과 같다.

  γ-Fe(austenite) 입계에 Fe_3C의 핵 발생 → Fe_3C의 핵 생성 → Fe_3C의 주위에 α-Fe 생성 → α-Fe이 생긴 입계에 Fe_3C 생성

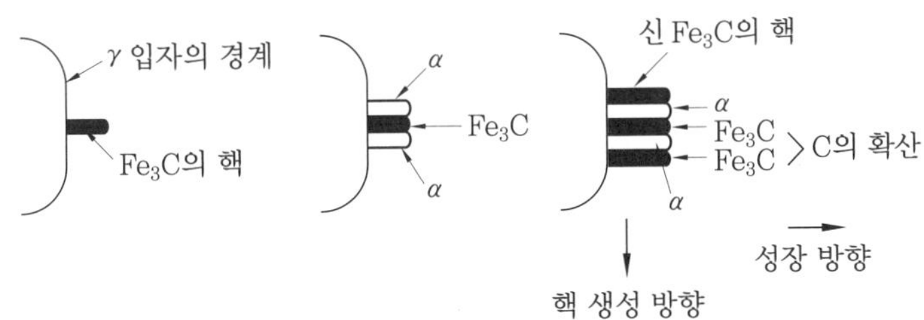

펄라이트의 생성 과정

(다) 탄소강의 조직량 계산 : 0.2% 탄소강의 표준상태에서 페라이트와 펄라이트의 조직량을 계산하면 다음과 같다.

$$\text{초석 페라이트}(\alpha\text{-Fe}) = \frac{0.86-0.2}{0.86-0.0218} \times 100 \fallingdotseq 79\% \text{(공석선 직하)}$$

펄라이트(P)+페라이트(F)=100%이므로

$P=100-79=21\%(\alpha+Fe_3C)$

또한 펄라이트 주위에 페라이트와 시멘타이트(C)의 양은

$$F_P = 21 \times \frac{6.68-0.86}{6.68-0.0218} = 18\% \text{(펄라이트 중의 } \alpha\text{-Fe)}$$

$C_P=21-18=3\%$(펄라이트 중의 Fe_3C)

그러므로 전체 페라이트의 양은 97%이며, Fe_3C는 3%이다.

(라) 탄소강의 기계적 성질 산출 : 표준상태에서 조직의 양을 알면 아공석강의 경우 표준상태에서의 기계적 성질을 다음과 같이 개략적으로 산출할 수 있다.

$$\text{인장강도}(\sigma_B)=\frac{(35\times F)+(80\times P)}{100}$$

$$\text{연신율}(\varepsilon)=\frac{(40\times F)+(10\times P)}{100}$$

$$\text{경도}(HB)=\frac{(80\times F)+(200\times P)}{100}$$

여기서, F : 페라이트%, P : 펄라이트%, $F+P$: 100%

표준 조직의 기계적 성질

성질 \ 조직	페라이트	펄라이트	Fe_3C
인장강도(kgf/mm²)	35	80	3.5 이하
연신율(%)	40	10	0
경도(HB)	80	200	600

단원 예상문제

1. Fe-C의 평형 상태도에서 탄소함량 0.86%일 때 723℃에서 나타나는 반응은?

① 공정점으로 $\gamma+Fe_3C$가 정출한다.
② 공정점으로 $\alpha+Fe_3C$가 정출한다.
③ 공석점으로 $\alpha+Fe_3C$가 석출한다.
④ 공석점으로 $\gamma+Fe_3C$가 석출한다.

해설 723℃의 공석점에서 $\alpha+Fe_3C$가 석출한다.

2. 철-탄소계 평형 상태도에서 공석변태가 일어나는 온도는?

① 1490℃ ② 1130℃ ③ 723℃ ④ 210℃

해설 A_1 변태점 723℃에서 공석반응이 일어난다.

3. 0.8%C의 공석강 변태점은?

① A_0 ② A_1 ③ A_2 ④ A_3

해설 A_1 변태점 : 0.8%C, 723℃

4. Fe−C 평형 상태도에서 자기변태에 해당하는 것은?

① A_1변태 ② A_2변태 ③ A_3변태 ④ A_4변태

해설 자기변태 : A_2변태
동소변태 : A_3변태, A_4변태

5. 다음에서 금속의 A_2변태에 대한 설명 중 옳은 것은?

① $\gamma-\delta$의 변태점 ② 순철의 자기변태점
③ α−Fe ⇄ β−Fe ④ γ 고용체의 자기변태점

6. 순철이 1539℃에서 응고하여 상온까지 냉각되는 동안에 일어나는 변태가 아닌 것은?

① A_5변태 ② A_4변태 ③ A_3변태 ④ A_2변태

해설 순철이 고온에서 상온으로 응고하면서 A_4(1400℃), A_3(910℃), A_2(768℃)변태가 일어난다.

7. Fe−C 평형 상태도에서 강의 A_1 변태점 온도는 약 몇 ℃인가?

① 723℃ ② 768℃ ③ 910℃ ④ 1400℃

해설 A_1 변태점 : 723℃, A_2 변태점 : 768℃, A_3 변태점 : 910℃, A_4 변태점 : 1400℃

8. δ에서 r철의 변태가 나타나는 변태점은?

① A_1 ② A_2 ③ A_3 ④ A_4

해설 순철의 A_4 변태점에서 δ철이 r철로 변태한다.

9. Fe−C의 평형 상태도에서 강과 주철을 구분하는 C의 함유량은 얼마인가?

① 0.86% ② 2.11% ③ 4.3% ④ 6.68%

해설 강 : 0.025~2.11%C, 주철 : 2.11~6.68%C

10. Fe−C 상태도의 A_{cm}선에 대한 설명 중 맞는 것은?

① γ 고용체로부터 시멘타이트의 석출이 개시되는 선이다.
② 탄소량은 0.77% 이하의 범위에 있다.
③ 탄소함량이 많을수록 변태온도는 낮아진다.
④ 가열 시에는 변태온도가 내려간다.

해설 A_{cm}선은 γ 고용체로부터 시멘타이트가 석출되어 나오는 선이다.

11. 철-탄소계 평형 상태도의 1130℃에서 나타나는 변태는?

① 포정선 ② 공정선
③ 공석선 ④ 자기변태선

해설 공정선(eutectic line)은 1130℃에서 2.11~6.68%C를 갖는다.

12. Fe-C의 평형 상태도에서 공정점은 탄소가 몇%인가?

① 0.86% ② 2.1%
③ 4.3% ④ 6.68%

13. 탄소가 가장 많이 함유되어 있는 조직은?

① 페라이트 ② 펄라이트
③ 오스테나이트 ④ 시멘타이트

해설 시멘타이트 : 6.68%C

14. 시멘타이트와 반침상의 펄라이트가 함께 나타나는 공정조직으로 매우 단단한 것은?

① 마텐자이트
② 페라이트
③ 레데브라이트
④ 스테다이트

해설 레데브라이트 : 시멘타이트와 반침상의 펄라이트

15. Fe-C의 평형 상태도에서 온도 1148℃일 때 γ-Fe+Fe_3C의 공정조직을 무엇이라 하는가?

① 펄라이트
② 레데브라이트
③ 시멘타이트
④ 페라이트

16. 순수한 시멘타이트는 210℃ 이상에서는 상자성체이고 이 온도 이하에서는 강자성체이다. 이 온도의 변태점은?

① A_0 ② A_1
③ A_2 ④ A_3

해설 순수한 시멘타이트는 A_0변태의 자기변태점인 210℃ 이상에서는 상자성체이고, 210℃ 이하에서는 강자성체이다.

17. 그림과 같이 t_1 온도에서 공정반응이 끝난 후에 20% B 합금의 초정 α량은 얼마인가?

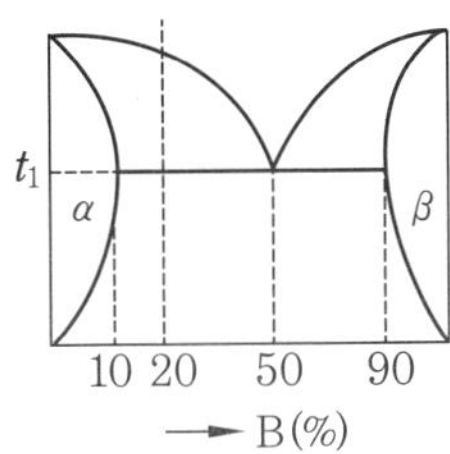

① 25%　② 38%　③ 50%　④ 75%

해설 B 합금 10%일 때 100%의 초정 α가 나타나며, B 합금이 50%일 때는 공정($\alpha+\beta$) 100%가 나타난다. 합금량 차이는 B 합금 50%일 때 40%, B 합금 20%일 때 10%이므로 초정 α량은 $100-\frac{10}{40}\times100=75\%$가 된다.

18. 다음은 2성분계에서 나타나는 3개의 상으로 된 불변반응을 나타낸 그림으로 반응식은 L_1(융액)$\rightleftarrows L_2$(융액)+S(고상)으로 표현된다. 이때의 반응으로 옳은 것은?

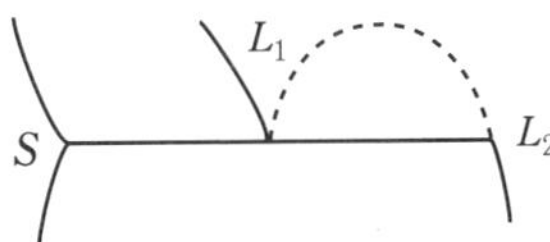

① 공정반응　② 포정반응
③ 편정반응　④ 공석반응

해설
- 공정반응 : L(융액)$\rightleftarrows S_1$(고상)$+S_2$(고상)
- 포정반응 : L(융액)$+\alpha$(고상)$\rightleftarrows\beta$(고상)
- 공석반응 : γ(고상)$\rightleftarrows\alpha$(고상)$+\beta$(고상)

19. 강의 조직 중 가장 경도가 큰 조직은?

① 시멘타이트　② 페라이트
③ 펄라이트　④ 소르바이트

해설 시멘타이트 : HB600, 펄라이트 : HB200, 페라이트 : HB80

20. cementite의 결정구조로 맞는 것은?

① 사방정　② 입방정
③ 정방정　④ 육방정

해설 시멘타이트의 결정구조는 사방정이다.

21. Fe−C의 평형 상태도에서 α 고용체가 탄소를 최대한으로 고용할 수 있는 온도와 탄소함량은?

① 723℃에서 0.0218% ② 723℃에서 0.21%
③ 768℃에서 0.0218% ④ 768℃에서 2.1%

해설 α−Fe의 탄소 최대 고용한도는 723℃에서 0.0218%이다.

22. α철 중에 상온에서 0.006%의 탄소를 고용한 조직은?

① 펄라이트 ② 페라이트
③ 레데브라이트 ④ 오스테나이트

해설 페라이트 : α철 중에 상온에서 0.006%의 탄소를 고용한 조직

23. Fe−C의 상태도에서 탄소를 가장 많이 고용할 수 있는 고용체는?

① α철 ② β철 ③ γ철 ④ δ철

해설 γ−Fe의 탄소 최대 고용한도는 2.11%로 가장 크다.

24. Ac_3점을 설명한 것으로 맞는 것은?

① 가열할 때의 페라이트가 오스테나이트로의 변태를 끝내는 온도
② 가열할 때의 펄라이트가 오스테나이트의 변태를 끝내는 온도
③ 냉각할 때의 오스테나이트가 페라이트로 변태를 끝내는 온도
④ 냉각할 때의 펄라이트가 오스테나이트로 변태를 끝내는 온도

해설 Ac_3점 : 가열할 때의 페라이트가 오스테나이트로 변태를 끝내는 온도

25. 0.2% 탄소를 함유한 강의 723℃ 선상에서(공석선 0.8%C) α의 양은 얼마인가?

① 약 18% ② 약 23%
③ 약 69% ④ 약 77%

해설 α의 양 : $\frac{0.8-0.2}{0.8-0.025}\times100=77\%$,
펄라이트의 양 : $100-77=23\%$

26. 탄소가 1.5% 들어 있는 강철의 표준 현미경 조직은?

① 펄라이트 ② 펄라이트+시멘타이트
③ 펄라이트+페라이트 ④ 펄라이트+마텐자이트

해설 0.86~2.1%C를 함유한 과공석강의 조직은 펄라이트+시멘타이트의 조직이다.

27. 과공석강의 표준 조직은 어떻게 나타나는가?

① 망상 페라이트에 펄라이트
② 시멘타이트
③ 펄라이트
④ 펄라이트에 망상 시멘타이트

해설 0.86~2.1%C의 과공석강 표준 조직은 A_{cm}선에서 펄라이트의 망상 시멘타트으로 조직이 나타난다.

28. 과공석강을 완전 풀림(full annealing)하여 얻을 수 있는 조직으로 옳은 것은?

① 시멘타이트+오스테나이트
② 오스테나이트+레데브라이트
③ 시멘타이트+층상 펄라이트
④ 페라이트+층상 펄라이트

29. 레데브라이트 조직은 어디서 정출하는 공정인가?

① α 고용체 ② γ 고용체
③ δ 고용체 ④ 융체

해설 융체에서 레데브라이트 조직인 $\gamma+Fe_3C$가 정출한다.

30. 탄소강에서 펄라이트의 층상조직은?

① 오스테나이트+시멘타이트
② 오스테나이트+페라이트
③ 페라이트+시멘타이트
④ 페라이트+레데브라이트

해설 펄라이트는 $\alpha+Fe_3C$의 혼합조직이다.

31. Fe-Fe_3C계 준안정 평형 상태도에서 $\gamma \rightleftarrows \alpha+Fe_3C$의 반응을 갖는 %C 범위는?

① 0.025~0.8% ② 0.025~2.0%
③ 0.025~4.3% ④ 0.025~6.67%

해설 펄라이트 조직을 갖는 탄소함량은 0.025~2.0%이다.

32. 철-탄소 평형 상태도에서 1492℃에서 나타나는 선은 무엇인가?

① 포정선 ② 공정선 ③ 공석선 ④ 정출시작선

33. Fe－C계 상태도에서 포정점에 해당되는 것은?

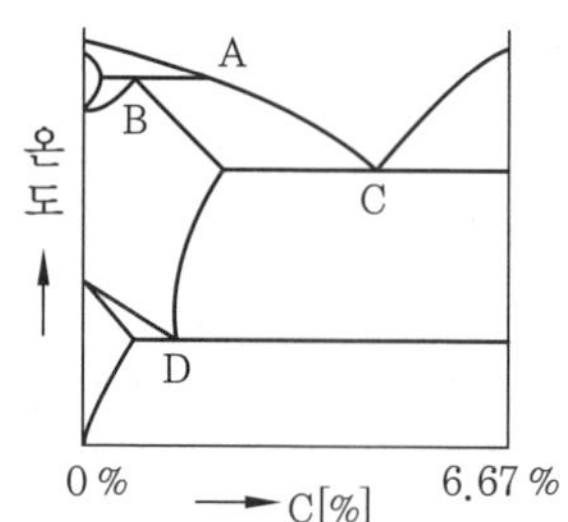

① A ② B ③ C ④ D

해설 포정점 B에서는 L(융액)+α(고상)$\rightleftarrows\beta$(고상)이 일어난다.

34. Fe－C의 평형 상태도에서 온도가 가장 낮은 점은?

① 공석점 ② 포정점 ③ 융점 ④ 공정점

해설 공석점 : 723℃, 공정점 : 1130℃, 포정점 : 1492℃, 융점 : 1539℃

35. 3%의 C를 갖는 주철의 냉각 과정 중 A_1선상에서 오스테나이트의 양은?

① 24.2% ② 44.2% ③ 52.2% ④ 63.2%

해설 $\frac{6.68-3}{6.68-0.86}\times100=63.2\%$

36. 강의 펄라이트 생성기구 중 제일 먼저 생기는 핵은 무엇인가?

① Fe_3C ② α－Fe ③ γ－Fe ④ α－Fe_3C

해설 γ－Fe에서 Fe_3C의 핵이 먼저 생긴다.

37. pearlite의 생성기구에 대한 설명 중 틀린 것은?

① γ의 입자경계에 Fe_3C의 핵 생성 ② 면심입방격자로 변태
③ Fe_3C 주위에 α가 생성 ④ 확산변태에 의해 생성

해설 γ의 면심입방격자에서 체심입방격자로 변태한다.

38. 강의 A_1변태에서 pearlite가 생성되는 과정이 틀린 것은?

① γ의 입자경계에 Fe_3C의 핵이 생긴다.
② Fe_3C의 핵이 성장한다.
③ Fe_3C의 주위에 α가 생긴다.
④ α입계에 탄소가 석출한다.

해설 α－Fe가 생긴 입계에 Fe_3C가 생성된다.

39. 오스테나이트에서 펄라이트로 변태할 때 가장 먼저 변태를 시작하는 곳은?

① 결정입내 ② 시편의 표면
③ 결정입계 ④ 편석

해설 펄라이트의 생성은 오스테나이트의 결정경계면에서 먼저 시작한다.

40. Fe-C의 평형 상태도에서 펄라이트 조직이 완전 100%가 될 때의 탄소량은?

① 0.0218% ② 0.86% ③ 2.1% ④ 4.3%

해설 탄소함유량 0.86%의 공석점에서 완전 펄라이트가 생성된다.

41. 공석점에 대한 설명 중 틀린 것은?

① 주로 층상의 조직을 이룬다.
② 723℃에서 α로부터 γ와 Fe_3C가 석출한다.
③ γ 고용체로부터 두 종류의 고체가 일정 비율로 석출한다.
④ 펄라이트 조직이 나타난다.

해설 γ 고용체로부터 $\alpha+Fe_3C$의 층상조직이 나타난다.

42. Fe-C의 평형 상태도에서 γ 고용체와 Fe_3C의 공정조직은?

① 페라이트 ② 베이나이트 ③ 펄라이트 ④ 레데브라이트

43. 강을 A_1 변태점 이상으로 가열하였을 때 면심입방격자를 갖는 조직은?

① 오스테나이트 ② 마텐자이트 ③ 펄라이트 ④ 베이나이트

해설 강의 오스테나이트 조직은 면심입방격자이다.

44. α철 중에 상온에서 0.0218% 이하의 탄소를 고용한 조직은?

① 펄라이트 ② 페라이트
③ 레데브라이트 ④ 오스테나이트

해설 탄소 0.0218% 이하를 고용한 조직을 페라이트 조직이라 한다.

45. 강의 조직 중 연신율이 가장 큰 조직은?

① 시멘타이트 ② 페라이트 ③ 펄라이트 ④ 소르바이트

해설 연신율

- 시멘타이트 : 0
- 페라이트 : 40%
- 펄라이트 : 10%

46. 탄소강의 조직에서 경도값(HB)이 가장 작은 것은?

① α 고용체 ② γ 고용체
③ 시멘타이트 ④ 펄라이트

해설 α-고용체의 경도값(HB)은 80이다.

47. 0.3%C를 함유한 강은 상온에서 초석 페라이트를 약 몇 % 함유하고 있는가? (단, 공석점의 탄소 고용량은 0.80%이다.)

① 45.5% ② 55.5%
③ 64.5% ④ 75.5%

해설 초석 페라이트(α)의 양 : $\frac{0.8-0.3}{0.8-0.025}\times 100=64.5\%$
펄라이트의 양 : $100-64.5=35.5\%$

48. 0.5% 탄소강의 표준상태에서 페라이트양이 20%, 펄라이트양이 80%로 현미경 조직에서 관찰되었다면 이때의 인장강도는 얼마인가?

① 32 ② 56
③ 71 ④ 81

해설 인장강도$=\frac{(35\times F)+(80\times P)}{100}=\frac{(35\times 20)+(80\times 80)}{100}=71$

49. 아공석강에서 탄소함유량 C에 의해 인장강도(kgf/mm^2)는 어떻게 추정되는가?

① $\sigma_B=10+50\times C$ ② $\sigma_B=20+100\times C$
③ $\sigma_B=30+150\times C$ ④ $\sigma_B=40+200\times C$

해설 인장강도$=\sigma_B=20+100\times C$

50. γ 고용체에서 나타나는 조직은?

① 페라이트 ② 펄라이트
③ 오스테나이트 ④ 시멘타이트

해설 α 고용체 : 페라이트, γ 고용체 : 오스테나이트

51. 탄소강의 조직 중 강도가 가장 낮은 조직은?

① 마텐자이트 ② 소르바이트
③ 페라이트 ④ 펄라이트

해설 마텐자이트 > 트루스타이트 > 소르바이트 > 펄라이트 > 오스테나이트 > 페라이트

52. 아공석강에서 펄라이트 양이 증가할 때 감소하는 성질은?

① 인장강도 ② 경도
③ 연신율 ④ 전기저항

해설 펄라이트 양이 증가함에 따라 연신율, 단면수축률, 충격치 등이 감소한다.

53. 다음 중 과공석강의 탄소함량은 약 몇 wt(%)인가?

① 0.001~0.8 ② 0.8~2.1
③ 2.1~4.3 ④ 4.3~6.67

해설 과공석강의 탄소함량은 0.8~2.1%이다.

54. cementite에 대한 설명 중 옳은 것은?

① 1154℃로 가열하면 흑연은 분리되지 않는다.
② 피크린산 나트륨으로 부식시키면 백색으로 착색이 된다.
③ 오스테나이트의 결정입계에서는 침상으로 나타나지 않는다.
④ 순수한 시멘타이트는 210℃ 이상에서 상자성체이다.

정답 1. ③ 2. ③ 3. ② 4. ② 5. ② 6. ① 7. ① 8. ④ 9. ② 10. ① 11. ② 12. ③
13. ④ 14. ③ 15. ② 16. ① 17. ④ 18. ③ 19. ① 20. ① 21. ① 22. ② 23. ③ 24. ①
25. ④ 26. ② 27. ④ 28. ③ 29. ④ 30. ③ 31. ② 32. ① 33. ② 34. ① 35. ④ 36. ①
37. ② 38. ④ 39. ③ 40. ② 41. ② 42. ④ 43. ① 44. ② 45. ② 46. ① 47. ③ 48. ③
49. ② 50. ③ 51. ③ 52. ③ 53. ② 54. ④

(4) 탄소강의 종류와 용도

① 구조용 탄소강

(가) 일반구조용 탄소강

㉠ 건축, 교량, 선박, 철도, 차량 등의 구조물에 쓰이는 판, 봉, 관, 형강 등 용도가 다양하다.

㉡ 일반구조용 탄소강 SS235는 0.25%C 이하를 함유하며 항복강도 235 N/mm^2, 인장강도 330~450 N/mm^{2}로 나타낸다.

㉢ 강판은 용도와 제조법에 따라 후판(6 mm 이상), 중판(3~6 mm), 박판(3 mm 이하)이 있다.

KS D 3503 일반구조용 압연강재

<table>
<tr><th>종류의 기호</th><th>적용</th></tr>
<tr><td>SS235</td><td>강판, 강대, 평강 및 봉강</td></tr>
<tr><td>SS275</td><td rowspan="2">강판, 강대, 형강, 평강 및 봉강</td></tr>
<tr><td>SS315</td></tr>
<tr><td>SS410</td><td rowspan="2">두께 40mm 이하의 강판, 강대, 형강, 평강 및 지름, 변 또는 맞변거리 40mm 이하의 봉강</td></tr>
<tr><td>SS450</td></tr>
<tr><td>SS550</td><td>두께 40mm 이하의 강판, 강대, 평강</td></tr>
</table>

주 : 봉강에는 코일 봉강을 포함한다.

KS D 3503 일반구조용 압연강의 화학 성분

<table>
<tr><th rowspan="2">종류의 기호</th><th colspan="5">화학 성분(%)</th></tr>
<tr><th>C</th><th>Si</th><th>Mn</th><th>P</th><th>S</th></tr>
<tr><td>SS235</td><td rowspan="2">0.25 이하</td><td rowspan="2">0.45 이하</td><td rowspan="2">1.40 이하</td><td rowspan="3">0.050 이하</td><td rowspan="3">0.050 이하</td></tr>
<tr><td>SS275</td></tr>
<tr><td>SS315</td><td>0.25 이하</td><td>0.45 이하</td><td>1.50 이하</td></tr>
<tr><td>SS410</td><td rowspan="3">0.25 이하</td><td rowspan="3">0.45 이하</td><td rowspan="2">1.60 이하</td><td rowspan="3">0.040 이하</td><td rowspan="3">0.040 이하</td></tr>
<tr><td>SS450</td></tr>
<tr><td>SS550</td><td>1.80 이하</td></tr>
</table>

(나) 기계구조용 탄소강

㉠ 기계구조용 탄소강은 일반구조용 강이 인장강도에 의해 분류되는 것에 반해 탄소함유량을 기준으로 SM10C, SM20C 등으로 분류한다.

㉡ SM9CK, SM15CK, SM21CK는 표면경화용(침탄용) 탄소강재이다.

㉢ 기계구조용 탄소강 중 약 0.2%C 이하의 강은 담금질 효과가 낮고 풀림처리하여 사용한다.

㉣ 강판 재료용 탄소강으로는 함석판, 양철판으로 사용되는 열간압연한 흑강판과 주로 자동차 차체용으로 사용되는 마강판이 있다. 마강판은 열간압연 후에 냉간압연시켜 표면이 미려하다.

기계구조용 탄소강의 화학 성분 및 열처리 온도

구분	기호	주요 화학 성분(%)		변태온도(℃)		열처리(℃)			
		C	Mn	Ac	Ar	불림(N)	풀림(A)	H 담금질	H 뜨임
0.05C ~0.15C	SM10C	0.08~0.13	0.30~0.60	720~880	850~780	900~950 공랭	약 900 노랭	–	–
	SM09CK	0.07~0.12	0.30~0.60	720~880	850~780	900~950 공랭	약 900 노랭	1차 880~920 유(수)랭 2차 750~800 수랭	150~200 공랭
0.10C ~0.20C	SM12C SM15C	0.10~0.15 0.13~0.18	0.30~0.60 0.30~0.60	720~880	845~770	880~930 공랭	약 880 노랭	–	–
	SM15CK	0.13~0.18	0.30~0.60	720~880	845~770	880~930 공랭	약 880 노랭	1차 870~920 유(수)랭 2차 750~800 수랭	150~200 공랭
0.15C ~0.25C	SM17C SM20C	0.15~0.20 0.18~0.23	0.30~0.60 0.30~0.60	720~845	815~730	870~920 공랭	약 860 노랭	–	–
	SM20CK	0.18~0.23	0.30~0.60	720~845	815~730	870~920 공랭	약 860 노랭	1차 870~920 유(수)랭 2차 750~800 수랭	150~200 공랭
0.20C ~0.30C	SM22C SM25C	0.20~0.25 0.22~0.28	0.30~0.60 0.30~0.60	720~840	780~730	860~910 공랭	약 850 노랭	–	–
0.25C ~0.35C	SM28C SM30C	0.25~0.31 0.27~0.33	0.60~0.90 0.60~0.90	720~815	780~720	850~900 공랭	약 840 노랭	850~900 수랭	550~650 급랭
0.30C ~0.40C	SM33C SM35C	0.30~0.36 0.32~0.38	0.60~0.90 0.60~0.90	720~800	770~710	840~890 공랭	약 830 노랭	840~890 수랭	550~650 급랭

0.35C ~0.45C	SM38C SM40C	0.35~ 0.41 0.37~ 0.43	0.60~ 0.90 0.60~ 0.90	720~ 790	760~ 700	830~ 880 공랭	약 820 노랭	830~880 수랭	550~ 650 급랭
0.40C ~0.50C	SM43C SM45C	0.40~ 0.46 0.42~ 0.48	0.60~ 0.90 0.60~ 0.90	720~ 780	750~ 680	820~ 870 공랭	약 810 노랭	820~870 수랭	550~ 650 급랭
0.45C ~0.55C	SM48C SM50C	0.45~ 0.51 0.47~ 0.53	0.60~ 0.90 0.60~ 0.90	720~ 770	740~ 680	810~ 860 공랭	약 800 노랭	810~860 수랭	550~ 650 급랭
0.50C ~0.60C	SM53C SM55C	0.50~ 0.56 0.52~ 0.58	0.60~ 0.90 0.60~ 0.90	720~ 765	815~ 720	800~ 850 공랭	약 790 노랭	800~850 수랭	550~ 650 급랭
0.55C ~0.65C	SM58C	0.55~ 0.61	0.60~ 0.90 0.60~ 0.90	720~ 760	815~ 720	800~ 850 공랭	약 790 노랭	800~850 수랭	550~ 650 급랭

② 선재용 탄소강

㈎ 선재용 강판은 연강선, 경강선, 피아노선재로 대별한다.

㈏ 연강선재는 0.06~0.25%C의 저탄소강으로서 못, 철선으로 사용한다.

㈐ 경강선재는 0.25~0.85%C의 고탄소강으로 와이어로프, 각종 스프링재로서 고탄성 및 피로특성을 요구하는 제품에 사용된다.

㈑ 피아노선재는 0.55~0.95%C의 소르바이트 조직인 강인한 탄소강이다. 이를 위해 보통 900℃로 가열한 후 400~500℃로 유지된 용융염욕 속에 담금질하는 패턴팅 처리를 하여 사용한다.

㈒ 스프링용으로 사용할 때는 200~360℃에서 저온풀림하는 블루잉(bluing)처리를 하여 탄성한도, 피로한도를 높여서 사용하는 것이 좋다.

③ 쾌삭강 : 피절삭성이 양호하여 고속절삭에 적합한 강으로 일반 탄소강보다 P, S의 함유량을 많게 하거나 Pb, Se, Zr 등을 첨가하여 제조한다.

(가) 황쾌삭강

㉠ 강에 S을 0.1~0.25% 정도 첨가한 것으로 S 때문에 생기는 취성저하를 경감하기 위하여 Mn을 0.4~1.5% 첨가하여 MnS로 하고 이것을 분산시켜 chip breaker 작용과 절삭성을 향상시킨다.

㉡ S 쾌삭강은 저탄소강보다 약 2배의 속도로 절삭할 수 있고 보통강보다 P을 약간 높게 하여 MnS와 P의 복합효과를 얻는 것도 있다.

(나) 연쾌삭강

㉠ Pb 쾌삭강은 탄소강보다 합금강에 0.1~0.3% 정도의 Pb을 첨가하여 쾌삭성을 좋게 한 것이다.

㉡ Pb는 Fe 중에 고용하지 않으므로 Pb 단체로서 존재하여 이것이 chip breaker의 역할을 함과 동시에 윤활제의 작용도 한다.

단원 예상문제

1. 박판의 기준은 어느 정도의 두께를 말하는가?

① 3mm 이상 ② 3mm 이하
③ 6mm 미만 ④ 6mm 이상

해설 강판은 용도와 제조법에 따라 후판(6mm 이상), 중판(3~6mm), 박판(3mm 이하)이 있다.

2. 다음 중 강의 항온변태를 이용한 것은?

① 패턴팅
② 포트풀림
③ 쇼트피닝
④ 세라다이징

해설 패턴팅(patenting) : 항온 열처리

3. 강선 제조 시에 사용되는 염욕 담금질법의 일종으로 소르바이트 조직이 얻어지는 열처리 방법은?

① 패턴팅
② 마퀜칭
③ 칼로라이징
④ 오스템퍼링

4. 상온으로 가공한 스프링강 또는 피아노선 등을 250~370℃로 가열하여 탄성한도나 피로한도를 높이는 처리는?

① 용체화 ② 구상화
③ 서브제로 ④ 블루잉

5. 쾌삭강에서 피절삭성을 좋게 하기 위해서 첨가하는 합금원소가 아닌 것은?

① Pb ② S
③ Cr ④ Se

해설 쾌삭성을 좋게 하기 위하여 P, S의 함유량을 많게 하거나 Pb, Se, Zr 등을 첨가하여 절삭성을 좋게 한다.

6. 다음 중 쾌삭강에 대한 설명으로 틀린 것은?

① Ca 쾌삭강은 제강 시에 Ca을 탈산제로 사용한다.
② 일반적인 쾌삭강은 공구 수명의 연장, 마무리면 정밀도에 기여한다.
③ S 쾌삭강은 Mn을 0.4~1.5% 첨가하여 MnS로 하고 이것을 분산시켜 피삭성을 증가시킨다.
④ Pb 쾌삭강에서는 Pb가 Fe 중에 고용되므로 chip breaker의 역할과 윤활제의 작용을 한다.

해설 Pb는 Fe 중에 고용되지 않으므로 chip breaker의 역할과 윤활제의 작용을 한다.

7. 다음 중 절삭성을 향상시키는 원소가 아닌 것은?

① 흑연 ② Pb
③ S ④ P

해설 쾌삭성을 좋게 하기 위하여 P, S의 함유량을 많게 하거나 Pb, Se, Zr 등을 첨가하여 절삭성을 좋게 한다.

정답 1. ② 2. ① 3. ① 4. ④ 5. ③ 6. ④ 7. ①

④ 스프링강

㈎ 스프링강은 급격한 진동을 완화하고 에너지를 축적하기 위하여 사용되므로 사용 도중 영구변형을 일으키지 않아야 한다.

㈏ 탄성한도가 높고 충격 및 피로에 대한 저항력이 커야 하므로 요구 경도가 최저 HB340 이상이며 소르바이트 조직으로 되어야 한다.

스프링강재의 종류 및 성분

KS 기호	화학 성분(%)						열처리(℃)	
	C	Si	Mn	P	S	Cr	담금질	뜨임
SPS1	0.75~ 0.88	–	0.80~ 0.90	0.04 이하	0.05 이하	–	830~860 유랭	450~ 500
SPS2	0.90~ 1.03	–	0.30~ 0.50	0.04 이하	0.05 이하	–	830~860 유랭	480~ 530
SPS3	0.55~ 0.65	1.50~ 1.80	0.70~ 1.00	0.035 이하	0.035 이하	–	830~860 유랭	490~ 540
SPS4	0.56~ 0.64	1.80~ 2.20	0.75~ 1.00	0.035 이하	0.040 이하	–	830~860 유랭	460~ 510
SPS5	0.56~ 0.64	0.20~ 0.30	0.75~ 1.00	0.04 이하	0.050 이하	0.70~ 0.90	830~860 유랭	460~ 520
SPS6	0.48~ 0.53	0.20~ 0.35	0.70~ 0.90	0.035 이하	0.040 이하	0.80~ 1.10	840~870 유랭	470~ 540
SPS7	0.55~ 0.65	0.15~ 0.35	0.70~ 1.00	0.035 이하	0.035 이하	0.70~ 1.00	830~860 유랭	460~ 520
SPS8	0.51~ 0.59	1.20~ 1.60	0.60~ 0.90	0.035 이하	0.035 이하	0.60~ 0.90	830~860 유랭	510~ 570
SPS9	0.56~ 0.64	0.15~ 0.35	0.70~ 1.00	0.035 이하	0.035 이하	0.70~ 0.90	830~860 유랭	510~ 570

단원 예상문제

1. 탄소 0.45~1.10% 범위의 스프링강(spring steel)을 830~860℃에서 유랭시키고 450~540℃에서 뜨임하여 얻어지는 조직은?

① 마텐자이트 ② 오스테나이트 ③ 소르바이트 ④ 페라이트

해설 스프링강은 급격한 진동을 완화하고 에너지를 촉진시키기 위하여 탄성한도가 높고 충격 및 피로에 대한 저항력이 커야 하므로 소르바이트 조직이 요구된다.

2. 코일 스프링용 강재(SPS9)의 열처리 온도에 대한 설명 중 맞는 것은?

① 담금질 온도는 1000℃ 정도로 한다. ② 뜨임 온도는 800℃ 정도로 한다.
③ 담금질 온도는 840℃ 정도로 한다. ④ 뜨임 온도는 300℃ 정도로 한다.

해설 담금질 온도는 830~860℃이고, 뜨임 온도는 510~570℃이다.

3. 스프링강의 주된 조직은?

① 마텐자이트 ② 소르바이트 ③ 오스테나이트 ④ 펄라이트

4. 구조용강의 조직을 소르바이트로 바꾸어 강인한 재질로 만들기 위해 가장 적합한 방법은?

① 150℃의 저온뜨임을 한다. ② A_3점 이상으로 가열한다.
③ 300℃에서 급랭시킨다. ④ 550℃의 고온에서 뜨임한다.

해설 550℃의 고온에서 뜨임하였을 때 소르바이트 조직으로 바뀐다.

정답 1. ③ 2. ③ 3. ② 4. ④

⑤ 탄소 공구강

탄소 공구강의 종류 및 풀림 온도

종류의 기호	C 양(%)	열처리(℃)			경도	
		풀림	담금질	뜨임	담금질한 후 뜨임(HRC)	풀림(HB)
STC1	1.30~1.50	750~780 서랭	750~820 수랭	150~200 공랭	63 이상	217 이하
STC2	1.15~1.25	750~780 서랭	760~820 수랭	150~200 공랭	63 이상	217 이하
STC3	1.00~1.10	750~780 서랭	760~820 수랭	150~200 공랭	63 이상	212 이하
STC4	0.90~1.00	740~760 서랭	760~820 수랭	150~200 공랭	61 이상	207 이하
STC5	0.80~0.90	730~760 서랭	760~820 수랭	150~200 공랭	59 이상	207 이하
STC6	0.70~0.80	730~760 서랭	760~820 수랭	150~200 공랭	57 이상	192 이하
STC7	0.60~0.70	730~760 서랭	760~820 수랭	150~200 공랭	56 이상	183 이하

㈎ 킬드강으로 제조된 양질의 고탄소강(0.60~1.50%)이 사용된다.
㈏ 탄소 공구강에는 줄강, 톱강, 다이스강 등으로 내마모성이 커야 한다.
㈐ 열처리는 과공석강의 오스테나이트 입계에 망상으로 생긴 탄화물(Fe_3C)을 Ac_1

점 이상으로 가열하여 구상화 풀림을 통하여 탄화물을 구상화시킨다.

㈑ 탄소공구강 및 일반 공구재료는 다음 구비 조건을 갖추어야 한다.

㉠ 상온 및 고온경도가 클 것

㉡ 내마모성이 클 것

㉢ 강인성 및 내충격성이 우수할 것

㉣ 가공 및 열처리성이 양호할 것

㉤ 가격이 저렴할 것

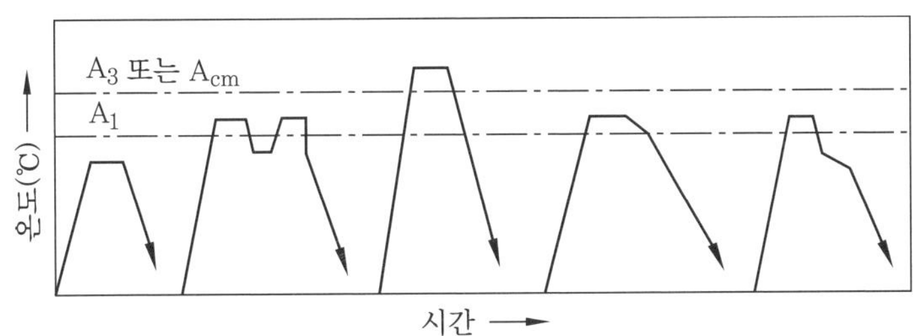

시멘타이트의 구상화 처리 방법

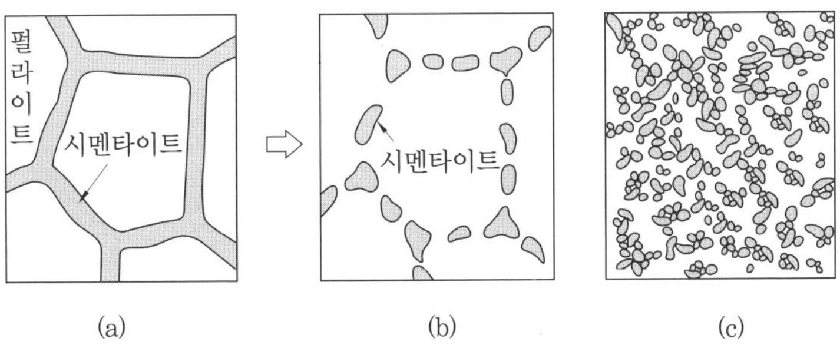

망상 시멘타이트(a) 구상화 과정(b)과 구상 시멘타이트 조직(c)

⑥ 주강

㈎ 주철로서는 강도가 부족한 부분, 구조용 재료, 철도차량, 선박, 토목, 광산 등 넓은 범위에서 사용된다.

㈏ 주강의 성분은 0.1~0.6%C로서 전기로에 의해서 제강된다.

㈐ 주강의 주입온도는 1530~1560℃이며 수축은 연강에서 2.4%, 경강에서 2.0%정도이다.

㈑ 주강은 냉각속도가 느리면 페라이트의 벽개면을 따라 석출된 침상의 비드만스태튼(widmanstatten) 조직이 되어 주강을 약하게 하기 때문에 조질처리한다.

단원 예상문제

1. 탄소 공구강의 구비 조건을 설명한 것으로 틀린 것은?

① 상온 및 고온강도가 클 것
② 내마멸성이 작을 것
③ 강인성이 우수할 것
④ 열처리성이 양호할 것

해설 탄소 공구강은 내마멸성이 커야 한다.

2. 탄소 공구강의 구비 조건으로 옳지 못한 것은?

① 내마멸성이 크고 고온강도가 작을 것
② 강인성이 클 것
③ 열처리가 용이할 것
④ 가공이 용이하고 가격이 쌀 것

해설 탄소 공구강의 구비 조건 : ②, ③, ④ 이외에
- 내마멸성이 크고 고온강도가 높아야 한다.
- 가열에 의한 경도 변화가 작아야 한다.
- 내산화성, 내식성이 커야 한다.

3. 공구용 강재를 구분하는 탄소량은 얼마인가?

① 약 0.2% ② 약 0.4% ③ 약 0.6% ④ 약 0.8%

해설 공구용 강재의 탄소량 : 약 0.6% 이상

4. 탄소 공구강의 표시 기호는?

① STS ② STC
③ SKH ④ SPS

해설 STS : 합금 공구강, STC : 탄소 공구강, SKH : 고속도강, SPS : 스프링강

5. 탄소강의 구분에서 SS35에 대한 설명 중 틀린 것은?

① SS35 : 일반구조용 탄소강
② 첫 번째 S : 강
③ 두 번째 S : 구조용
④ 35 : 탄소함유량

해설 첫 번째 S : 강(steel), 두 번째 S : 구조용(structure), 35 : 인장강도

정답 1. ② 2. ① 3. ③ 4. ② 5. ④

3-3 합금강

(1) 합금강의 분류와 첨가 원소의 영향

① 합금강의 분류

㈎ 합금강은 목적에 따라 강인성, 강도, 내열성, 내식성, 내산성, 열처리성, 고온 강도 등의 우수한 성질을 얻을 수 있다.

㈏ 합금강은 압연, 단조, 주조 등의 제조 공정을 거쳐 기계부품의 소재로 이용되며, 그 용도에 따라 구조용, 공구용, 내식·내열용, 특수용도용 합금강으로 분류한다.

합금강의 분류 및 용도

분류	종류	주된 용도
기계구조용 합금강	강인강	크랭크축, 기어, 축, 건설용
	고장력저합금강	기어, 축류
	표면경화용강	
공구합금강	연소공구강	절삭공구, 다이
	합금공구강	
	고속도공구강	
내식·내열강	스테인리스강	바이트, 식기, 화학공업장치, 내연기관 밸브, 터빈날개, 고온고압용기
	내열강	
특수용도용강	쾌삭강	볼트 너트, 기어, 축
	스프링강	각종 스프링류
	내마모용강	크로스레일, 파쇄기
	축수강	구름베어링의 궤도륜, 전동체, 전력기기, 자석
	영구자석	

② 합금원소의 영향 : 탄소강에 Ni, Cr, Mo, W, Al, Si, Mn 등의 원소를 한 가지 이상 첨가하여 특수한 성질을 부여한다.

㈎ 오스테나이트의 입자 조정

㈏ 변태속도의 변화

㈐ 소성가공성의 개량

㈑ 황 등의 해로운 원소 제거

㈒ 기계적, 물리적, 화학적 성질 개선

합금원소의 특성

개개 원소의 특성		여러 원소에 의한 공통특성	
원소	특성	원소	특성
Ni	인성 증가, 저온 충격 저항 저하	P, Si, Mo, Ni, Cr, W, Mn	페라이트 강화성
Cr	내식성, 내마모성 증가	V, Mo, Mn, Cr, Ni, W,Cu, Si	담금효과 침투성 향상
Mo	고온에 있어서 경도와 인장강도 증가	Al, V, Ti, Zr, Mo, Cr, Si, Mn	오스테나이트 결정입자의 성장 방지
Cu	공기 중 내산화성 증가	V, Mo, W, Cr, Si, Mn, Ni	뜨임저항성 향상
Si	전자기 특성, 내열성 우수	Ti, V, Cr, Mo, W	탄화물 생성성 향상
V, Ti, Zr	결정입자의 조절		

③ 합금원소의 효과

㈎ 질량효과

㉠ 담금질성을 개선시키는 원소는 B>Mn>Mo>P>Cr>Si>Ni>Cu 순으로 그 영향이 크고 원소의 첨가량이 증가할수록 질량효과가 감소한다.

㉡ 강의 이상임계직경은 화학적 조성과 오스테나이트의 결정입도에 의해서 결정된다.

㉢ 담금질성 시험은 조미니 엔드 퀜칭(jominy end quenching) 시험기로 하며, 경도는 로크웰 경도기로 측정한다.

㉣ Ti, V 등은 임계냉각속도를 상승시키고, Cu를 제외한 모든 원소는 상부 임계냉각속도를 저하시킨다.

㈏ 마텐자이트 변태점

㉠ Ms점은 오스테나이트의 조성에 따라 일정하며 냉각속도에는 영향을 받지 않는다.

㉡ 마텐자이트 변태는 온도 강하에만 의존하며 Mn>Cr>Ni>Mo 순으로 Ms점 강하 정도가 크다.

㈐ Ni 첨가의 효과

㉠ Ni은 C와의 친화력이 낮으며 오스테나이트 및 페라이트에 고용한다.

㉡ 구조용강에는 0.5~5%가 첨가되며 침탄용 재료로도 사용되고 저온취성이

없다.

ⓒ Ni이 첨가된 강은 풀림처리 시 펄라이트 조직이 미세화되어도 페라이트 조직이 강해진다.

ⓓ 철에 Ni을 첨가하면 A_3 변태점이 강하되어 오스테나이트 구역이 확대된다.

(라) Cr 첨가의 효과

㉠ 담금질성을 개선시키고 페라이트 조직을 강화하나 다량 첨가되면 인성이 감소한다.

㉡ 뜨임취성을 일으키기 쉽고 장시간 가열 시 결정입자가 조대해지므로 Al을 첨가하여 방지한다.

(마) Mn 첨가의 효과

㉠ B 다음으로 가장 담금질성을 향상시키는 원소로서 1% 이상 첨가하면 결정입자를 조대하게 하고 취성이 증가된다.

㉡ 탈산, 탈황 및 고용 강화 효과도 있다.

(바) Mo, Ti 등의 효과

㉠ Mo은 400℃ 정도까지는 고온강도를 개선시키며 인성도 향상시킨다.

㉡ P에 의한 저온취성도 방지한다.

㉢ Ti은 결정입자를 미세하게 한다.

(사) B, V 등의 효과

㉠ B는 경화능을 향상시킨다.

㉡ V은 조직을 미세화시켜 강화한다.

④ 특수강의 상태도

(가) 오스테나이트 구역 확대형 : Ni, Mn 등

(나) 오스테나이트 구역 축소형 : B, S, O, Zr, Ce

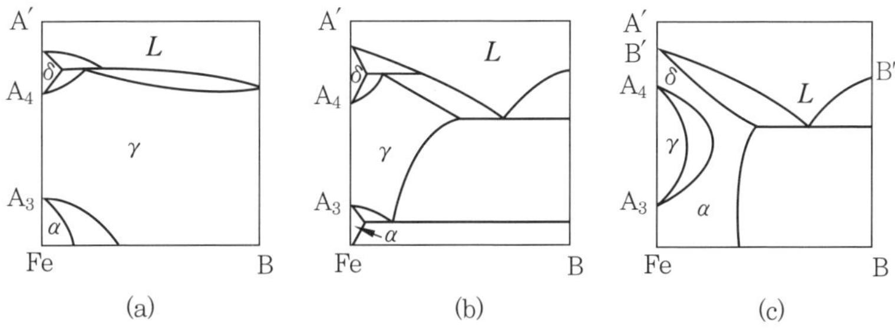

특수 원소 첨가에 의한 상태도 변화

단원 예상문제

1. 다음 중 특수강을 제조하는 목적이 아닌 것은?

① 경도 증대 ② 내식성, 내열성 증대
③ 취성, 전연성 증대 ④ 내마모성, 절삭성 증대

해설 특수강은 강도, 경도, 내식성, 내열성, 내마모성 등의 성질을 증대시키기 위해 제조한다.

2. 구조용 특수강의 필요한 성질과 가장 관계가 없는 것은?

① 충격치가 우수해야 한다.
② 전기저항이 우수해야 한다.
③ 단조성이 좋아야 한다.
④ 침식성이 좋아야 한다.

해설 인장강도, 탄성한도, 연신율, 충격치, 피로한도 등의 기계적 성질이 우수하고, 가공성, 내식성 등이 좋아야 한다.

3. 특수강 합금원소의 영향으로 잘못된 것은?

① Ni : 인성 증가 ② Cr : 내식성, 내마모성 증가
③ Mo : 뜨임취성 방지 ④ W : 전연성 증가

해설 W을 첨가하면 고온강도와 경도가 향상된다.

4. 특수강에 첨가되는 합금원소의 효과에 대한 설명으로 틀린 것은?

① B는 경화능을 향상시킨다.
② V은 조직을 미세화시켜 강화한다.
③ Cr은 담금질성을 개선시키고 페라이트 조직을 강화시키며, 뜨임취성을 일으키기 쉽다.
④ Mn은 담금질성을 감소시키는 원소이며 1% 이상 첨가하여 결정입자를 미세하게 하고 강을 강화시킨다.

해설 Mn은 담금질성을 증가시키는 원소로서 1% 이상 첨가하여 결정입자를 조대하게 하고 취성을 증가시킨다.

5. 특수강 중의 특수 원소의 역할이 아닌 것은?

① 기계적 성질 향상
② 변태속도의 조절
③ 탄소강 중 황의 증가
④ 오스테나이트의 입도 조절

해설 특수 원소는 강 중에 함유된 황 등의 해로운 원소를 제거하는 역할을 한다.

6. 탄소강에 니켈을 첨가했을 때의 영향 중 틀린 것은?

① 기지 조직(Fe)에 고용한다.
② 흑연화를 쉽게 한다.
③ 시멘타이트를 안정화시킨다.
④ Ni은 C와의 친화력이 낮다.

해설 Ni은 시멘타이트를 분해하는 원소이다.

7. 철에 어떤 성분을 첨가하면 A_3 변태점이 가장 많이 내려가는가?

① 탄소 ② 니켈
③ 크롬 ④ 구리

해설 A_3 변태점의 강하 원소에는 Ni, Mn이 있다.

8. 강의 자경성을 높여 주는 원소는?

① Ni ② Cr
③ Mo ④ Cu

해설 Cr은 경도를 높이고 담금질성을 좋게 하는 자경성 원소이다.

9. 특수강에 첨가되는 원소 중 함유량의 증가에 따라 내식성과 내열성이 커지며 자경성 이외의 탄화물을 만들기 쉽고 내마멸성이 좋은 성분은?

① Cr ② Cu
③ Co ④ S

해설 Cr을 첨가하면 자경성 이외에 Cr_4C_2, Cr_7C_2 등의 Cr 탄화물을 형성하여 내마모성과 내식, 내열성이 큰 성질을 갖게 된다.

10. 합금원소가 존재할 경우 가장 안정한 석출물은 합금 탄화물이다. 이때 탄화물을 잘 형성하는 합금원소는?

① Al ② Mn
③ Cr ④ Ni

해설 Cr, W, Mo과 같은 원소는 C 성분과 탄화물을 쉽게 형성한다.

11. 특수강에서 크롬의 작용 중 틀린 것은?

① 탄화물 형성 ② 메짐의 촉진
③ 내열성 증가 ④ 내식성 증가

해설 Cr은 탄화물 형성, 내열성 및 내식성을 증가시킨다.

12. 특수강의 상태도에서 austenite 구역을 확대시키는 원소는?

① Ni, Mn ② C, Cu ③ Cr, Mo ④ W, V

해설 Ni, Mn 등이 탄소강에 첨가되면 Fe-C 상태도의 A_3점을 강하하고, A_4점을 상승시킨다.

13. 합금강에서 오스테나이트 확대 원소가 아닌 것은?

① Ni ② Mn ③ Cu ④ Mo

해설 오스테나이트 구역 확대 원소 : Mn, Ni, Cu
오스테나이트 구역 축소 원소 : Cr, W, Mo

14. 강에 적당한 원소를 넣어 기계적 성질을 개선할 수 있고 특히 내식성과 내산성이 좋은 강의 3중 도금에 사용되는 원소는?

① C ② Ni ③ P ④ S

해설 Ni은 내식성과 내산성이 좋은 성분으로서 강의 3중 도금(Fe-Cu-Ni-Cr)에 사용되는 원소이다.

15. 결정립의 입자 조절과 내식성을 개선하기 위하여 첨가하는 원소는?

① Ni ② Al ③ Ti ④ Si

16. 특수강 중 금속이 미치는 영향에 대한 설명 중 옳지 않은 것은?

① Si : 전기적 성질을 개선한다.
② Cr : 내마멸성을 증가시킨다.
③ Mo : 뜨임메짐을 방지한다.
④ Ni : 탄화물을 만든다.

해설 Ni은 C와의 친화력이 낮아 오스테나이트 및 페라이트에 고용되는 원소이다.

17. 다음 원소 중 충격값의 천이온도를 낮게 함으로써 저온용 강재의 합금원소로 이용되는 것은?

① Cr ② Mo ③ Ni ④ Ti

18. 합금강의 뜨임취성(temper brittleness)을 방지하기 위하여 첨가하는 원소는?

① Mo ② Mg ③ Cr ④ Ni

해설 Mo을 첨가하여 뜨임취성을 방지한다.

정답 1. ③ 2. ④ 3. ④ 4. ④ 5. ③ 6. ③ 7. ② 8. ② 9. ① 10. ③ 11. ② 12. ①
13. ④ 14. ② 15. ③ 16. ④ 17. ③ 18. ①

(2) 합금강의 종류

① 구조용강

(가) 일반구조용강 및 고장력강

㉠ Ni강

- 저Ni펄라이트강 : 0.2 %C, 1.5~5 %Ni강은 침탄강으로 사용하며 0.25~0.35%C, 1.5~3%Ni강은 담금질하여 각종 기계부품으로 사용한다.
- 고Ni오스테나이트강 : 25~35%Ni강은 오스테나이트 조직이므로 강도와 탄성한계는 낮으나 압연성, 내식성 등이 좋고 충격치도 크므로 기관용 밸브, 스핀들, 보일러관 등에 쓰이고 비자석용강으로도 사용된다.

㉡ Cr강

- 경화층이 깊고 마텐자이트 조직을 안정화하며 자경성(self hardening)이 있어 공랭으로 쉽게 마텐자이트 조직이 된다.
- Cr_4C_2, Cr_7C_3 등의 탄화물이 형성되어 내마모성이 크고 오스테나이트의 성장을 저지하여 조직이 미세하고 강인하며 내식성, 내열성도 높다.
- Ni, Mn, Mo, V 등을 첨가하여 구조용으로 사용하고 W, V, Co 등을 첨가하여 공구강으로도 사용한다.

㉢ Ni-Cr강

- Ni은 페라이트를 강화하고 Cr은 탄화물을 석출하여 조직을 치밀하게 한다.
- 강인하고 점성이 크며 담금질성도 높다.
- 수지상 조직이 되기 쉽고 강괴가 냉각 중에 헤어 크랙(hair crack)을 발생시키며 뜨임취성이 생기므로 800~880℃에서 기름 담금질하고 550~650℃에서 뜨임한 후 수랭 또는 유랭한다.
- 뜨임취성은 560℃ 부근에서 Cr의 탄화물이 석출되고 Mo, V 등을 첨가하면 감소된다.

단원 예상문제

1. Ni-Cr강의 뜨임메짐은 몇 ℃에서 일어나는가?

① 200~300℃　② 350~450℃　③ 500~600℃　④ 700~800℃

2. 뜨임메짐(temper-brittleness)은 어느 강에서 많이 생기는가?

① Ni-Cr강　② Ni-Mo강　③ Cr-Mo강　④ Cr-W강

정답 1. ③　2. ①

㉣ Ni-Cr-Mo강

- Ni-Cr강에 1% 이하의 Mo을 첨가하면 기계적 성질 및 열처리 효과가 개선되며 질량효과를 감소시키고 뜨임 메짐성도 방지할 수 있다.
- Mo은 고온에서도 점성이 좋으므로 단조 및 압연이 쉽고, 스케일 분리가 잘 되므로 표면이 매끈하다.
- 820~870℃에서 공랭 또는 기름 중에서 담금질한 다음 580~680℃에서 뜨임을 한다.
- SNCM 1~26종으로 크랭크축, 터빈의 날개, 치차, 축, 강력 볼트, 핀, 롤러용 베어링 등에 사용된다.

㉤ Cr-Mo강

- Ni 대신 Cr강에 0.15~0.35%의 Mo을 첨가한 펄라이트 조직의 강으로 뜨임 취성이 없고 용접도 쉽다.
- 각종 축, 기어, 강력 볼트, 암(arm) 및 챔버 등에 사용된다.

㉥ Mn강

- Mn은 강도를 증가시키는데 가장 경제적인 원소이며 높은 강도와 용접성이 요구될 때에는 1.6~1.9% Mn의 Mn강이 널리 쓰인다.
- Mn은 탄소강에 자경성을 부여하여 많이 첨가하면 공기 중에서 냉각하여도 쉽게 마텐자이트 또는 오스테나이트 조직으로 된다.
- 저망간강
  - 듀콜(ducol)강은 펄라이트 조직으로서 Mn 1~2%이고 0.2~1%C 범위이다.
  - 인장강도가 45~88 kgf/mm^{2}이며 연신율은 13~34이고 건축, 토목, 교량재 등의 일반구조용으로 사용된다.
- 고망간강
  - 해드필드(hadfield)강은 오스테나이트 조직의 Mn강이다.
  - Mn 10~14%, 0.9~1.3%C이므로 경도가 높아 내마모용 재료로 쓰인다.
  - 이 강은 고온에서 취성이 생기므로 1000~1100℃에서 수중 담금질하는 수인법으로 인성을 부여한다.
  - 용도는 치차, 교차, 레일 등에 쓰이며 내마모성을 요구하고 전체가 취성이 없는 재료에 적합하다.
  - 매우 단단하므로 단조나 압연보다는 주조하여 만들어진다.

㉦ Cr-Mn-Si강

- 크로만실(chromansil)이라고도 하며 저렴한 구조용강으로 내력, 인장강도,

인성이 크고 굽힘, 프레스 가공, 나사, 리벳 작업 등이 쉽다.

- 고온단조, 용접, 열처리가 용이하므로 철도용, 단조용, 크랭크축, 차축 및 각종 자동차 부품 등에 널리 사용된다.

단원 예상문제

1. Mn 함량을 12% 정도 함유한 것으로 오스테나이트 조직이며, 인성이 높고 내마멸성도 높아 분쇄기나 로울에 쓰이는 강은 무엇인가?

① 듀콜강 ② 마레이징강 ③ 고속도강 ④ 해드필드강

해설 내마모성을 요구하는 강에 쓰이며, 고망간강 또는 해드필드강(hadfield steel)이라 한다.

2. 해드필드강(hadfield steel)이란?

① 고Mn강 ② 고Ni강 ③ 고Cr강 ④ 고Co강

해설 해드필드강(hadfield steel)은 Mn 양이 10~14% 함유된 고망간강이다.

3. 다음 중 수인법과 관계가 깊은 강은?

① 듀콜강 ② 해드필드강 ③ 스테인리스강 ④ 고속도강

해설 해드필드강은 고온에서 취성이 생기므로 1000~1100℃에서 수중 담금질하는 수인법으로 인성을 부여한다.

4. 다음의 특수강 중 Cr-Mn-Si의 성분으로 이루어진 금속은?

① 듀콜강 ② 크로만실 ③ 고속도 공구강 ④ 림드강

해설 크로만실(chromansil)은 저렴한 구조용강으로 고온단조, 용접, 열처리가 용이하므로 철도용, 단조용, 크랭크축 및 자동차 부품 등에 널리 사용된다.

정답 1. ④ 2. ① 3. ② 4. ②

(나) 표면경화용강

㉠ 침탄용강

- 저탄소 Ni강, Cr강, Ni-Cr강 21~22종, Ni-Cr-Mo강 21~24종 등이 사용된다.
- 침탄용강의 구비 조건은 다음과 같다.
  - 0.25% 이하의 탄소강일 것
  - 장시간 가열해도 결정립이 성장하지 않고 여리게 되지 않을 것
  - 경화층은 내마모성, 강인성을 가지며 경도가 높을 것

- 기공, 흠집, 석출물 등이 경화층에 없을 것
- 담금질 응력이 적고, 200℃ 이하의 저온에서 뜨임할 것

㉡ 질화용강

- Al, Cr, Mo, Ti, V 중 2종 이상의 성분을 함유한 재질이 사용되며 Si 0.2~0.3%, Mn 0.4~0.7%가 표준이다.
- 암모니아 가스 분위기에서 500~550℃로 가열하면 질화를 일으켜 표면이 경화된다.
- Al은 질화를 촉진하며, Cr과 Mo은 기계적 성질을 개선한다.

단원 예상문제

1. 질화강의 종류에 해당되는 강은?

① Mn-V-Si
② Mg-Si-Cr
③ Al-Cr-Mo
④ Co-Mo-Si

해설 Al은 질화층을 경화시키며, Cr, Mo, V은 강재 자체의 성질을 좋게 하는 역할을 한다.

정답 1. ③

(다) 공구용강

㉠ 합금 공구강

- 탄소 공구강의 단점을 보강하기 위하여 Cr, W, Mn, Ni, V 등을 첨가하여 경도, 절삭성, 단조, 주조성 등을 개선한 0.45%C 이상의 강으로 담금질 효과가 완전하다.
- Cr은 담금질 효과를 증대하고, W은 경도와 고온경도를 상승시키므로 내마모성이 증가한다.
- Ni은 인성을 부여하며 합금 공구강으로는 W-Cr강이 널리 사용된다.
- 칼날, 바이트, 커터, 드릴에는 절삭성, 정이나 펀치 등에는 내충격성, 게이지나 다이스 등에는 내마멸성과 불변형성이 필요하다.
- 공구는 상온 및 고온에서 경도가 크며, 가열에 의한 경도 변화는 작다. 인성과 마멸저항이 크고, 가공이 쉬우며, 열처리에 의한 변형이 작아야 한다.

단원 예상문제

1. 공구강의 특징으로 틀린 것은?

① 상온 및 고온강도가 클 것
② 경도와 내마멸성이 작을 것
③ 인성이 클 것
④ 내산화성, 내식성이 클 것

해설 공구강은 경도와 내마멸성이 커야 한다.

2. 한국산업표준(KS)의 재료 중 합금 공구강 강재로 분류되지 않는 강은?

① STD61
② STS3
③ STF6
④ STC105

해설 STC는 탄소 공구강이다.

정답 1. ② 2. ④

㉡ 고속도강

- 고속도강은 절삭 공구강의 일종으로서 500~600℃까지 가열해도 뜨임효과에 의해 연화되지 않고 고온에서도 경도의 감소가 적은 것이 특징이다.
- 18%W-4%Cr-1%V-0.8~0.9%C의 조성으로 된 18-4-1형 고속도 공구강과 6%W-5%Mo-4%Cr-2%V-0.8~0.9%C의 조성으로 된 6-5-4-2형이 널리 사용된다.
- 열처리는 1250℃에서 담금질하고, 550~600℃에서 뜨임처리하여 2차 경화시킨다.
- 석출 경화형 탄화물은 W_2C, W_4C_3, M_3C 등이며, Mo계 고속도강에서는 Mo_2C가 주체이다.
- W계 고속도강은 SKH2가 표준형이고 여기에 Co를 증가시켜 재질을 향상시킨다.
- Mo계는 가격이 싸고, 비중이 적으며, 인성이 큰 것이 W계보다 우수하다.
- V은 VC 탄화물을 형성하며, 결정립의 조대화를 저지하고 내마모성을 향상시킨다.
- Co는 오스테나이트 조직에 고용되어 담금질에 의해서 오스테나이트를 다량으로 잔류시키므로 경도가 감소한다.

단원 예상문제

1. 고속도강의 주성분은?

① 15%Cr－4%W－1%V ② 10%Mo－1%V
③ 10%Cr－4%W ④ 18%W－4%Cr－1%V

해설 고속도강의 대표 주성분은 18%W－4%Cr－1%V이다.

2. 18－4－1형 텅스텐계 고속도강에서 Cr의 함량은?

① 18% ② 4% ③ 1% ④ 0.4%

해설 18－4－1형 고속도강은 텅스텐(W) 18%, 크롬(Cr) 4%, 바나듐(V) 1%의 조성으로 되어 있다.

3. 다이스(dies)강보다 더 우수한 최고급 금형재료이나 고가이므로 소형물에 주로 사용하며 그 기호를 SKH로 사용하는 강은?

① 탄소공구강 ② 합금공구강
③ 고속도강 ④ 구상흑연주철

해설 탄소 공구강 : STC, 합금 공구강 : STS, 고속도강 : SKH, 구상흑연주철 : GCD

4. 고속도강의 뜨임처리 온도 범위로 적당한 것은?

① 100～200℃ ② 560～630℃
③ 700～850℃ ④ 900～950℃

해설 잔류 오스테나이트를 제거하기 위하여 560～630℃에서 템퍼링한다.

5. 고속도강에 대한 설명 중 틀린 것은?

① 500～600℃까지 가열해도 뜨임효과에 의해 연화되지 않는다.
② 1250℃에서 열처리하고, 550～600℃에서 뜨임처리하여 2차 경화시킨다.
③ Mo계 고속도강은 탈탄에 주의해야 한다.
④ 고속도강의 고온경도는 초경합금보다 높다.

해설 고속도강의 고온경도는 초경합금보다 낮다.

6. 절삭공구로 가장 많이 사용되는 강은?

① 연강 ② 저탄소강 ③ 고속도강 ④ 저탄소 구조용강

해설 고속도강은 500～600℃까지 가열해도 뜨임효과에 의해 연화되지 않고, 고온에서도 경도의 감소가 적기 때문에 절삭공구로 널리 쓰인다.

정답 1. ④ 2. ② 3. ③ 4. ② 5. ④ 6. ③

ⓒ 기타 공구강

- 다이스강
  - 냉간가공용 다이스강 : Cr강, W−Cr강, W−Cr−Mn강, Ni−Cr−Mo강
  - 열간가공용 다이스강 : 저W−Cr−V강, 중W−Cr−V강, 고W−Cr−V강, Cr−Mo−V강
- 주조경질합금
  - 40~55%Co−15~33%Cr−10~20%W−2~5%C, Fe<5% 이하의 주조합금이다.
  - 고온 저항이 크고 내마모성이 우수하여 각종 절삭공구 및 내마모, 내식, 내열용 부품재료로 사용되며 스텔라이트(stellite)라고도 한다.

단원 예상문제

1. 공구강으로 쓰이는 스텔라이트의 주성분이 아닌 것은?

① 코발트
② 알루미늄
③ 크롬
④ 텅스텐

해설 주조경질합금(stellite)의 주성분은 Co−Cr−W−C이다.

2. Co 40~55%, Cr 15~33%, W 10~20%, C 2~5%로 된 주조경질합금을 무엇이라 하는가?

① 고속도강 ② 스텔라이트
③ 합금공구강 ④ 다이스강

해설 스텔라이트는 Co를 주성분으로 한 Co+Cr+W+C계 합금이다.

3. 스텔라이트에 대한 설명으로 잘못된 것은?

① 주조경질합금이다.
② 고온 저항이 크고 내마모성이 우수하다.
③ 공구재로 사용한다.
④ 1000~1100℃에서 사용하여도 경도 감소가 없다.

해설 스텔라이트는 600℃까지의 온도 범위에서 경도 감소가 없기 때문에 사용할 수 있다.

정답 1. ② 2. ② 3. ④

(라) 특수용도강

㉠ 스테인리스강

- 강의 내식성은 Fe 합금 또는 Fe-Ni 합금에 함유된 Cr의 양에 의해서 좌우된다.
- Cr은 공기 중의 산소와 결합하여 Cr_2O_3의 산화피막으로 만들어진 부동태막이 부식을 방지한다. 이처럼 Cr이 함유된 강을 스테인리스강이라고 한다.
- 강의 부식을 방지하기 위하여 Fe에 적어도 12% 이상의 Cr을 함유하여야 한다.
- 페라이트계 스테인리스강
  - 12~17%의 Cr과 0.1% 이하의 C를 함유한 페라이트 조직이며 대표 강종은 STS400 계열이다.
  - 열처리에 의한 재질의 개선은 할 수 없으므로 기계적 성질은 낮다.
  - 유기산과 질산에는 침식하지 않으나 염산, 황산 등에는 침식된다.
  - BCC의 결정구조를 가진 강자성체이며, 오스테나이트계에 비하여 내산성이 낮다.
  - 성형성이 우수하여 가정용품, 자동차 부품 등에 20~25% 정도 사용된다.
- 마텐자이트계 스테인리스강
  - Cr 12~18%, C 0.1~1.0%, Ni 2.5% 이하의 강을 오스테나이트 구역에서 급랭함으로써 얻어진 마텐자이트 조직의 강으로서 STS400 계열이다.
  - 950~1020℃에서 담금질하여 마텐자이트 조직으로 하고 인성을 요구할 때는 550~650℃에서 뜨임하여 소르바이트 조직으로 한다.
  - 칼날, 베어링, 게이지 등 기계구조용 강으로서 내마모, 내식용 부품에 10~15% 정도 사용된다.
- 오스테나이트계 스테인리스강
  - Cr 18%, Ni 8%의 18-8 스테인리스강이 대표적이며 STS300 계열로서 내식성이 높고 비자성이다.
  - 내식성과 내충격성, 기계가공성이 우수하고 선팽창계수가 보통강의 1.5배, 열·전기전도도가 1/4 정도이다. 단점은 염산, 염소가스, 황산 등에 약하고 결정입계 부식이 발생하기 쉬운 점이다.
  - 입계 부식(예민화)의 방지법은 다음과 같다.

    ⓐ 고온으로 가열한 후 Cr 탄화물을 오스테나이트 조직 중에 용체화하여 급랭시킨다.

    ⓑ 탄소량을 감소시켜 Cr_4C 탄화물의 발생을 저지시킨다.

ⓒ Ti, V, Nb 등을 첨가하여 Cr_4C 대신 TiC, V_4C_3, NbC 등의 탄화물을 발생시켜 Cr의 탄화물을 감소시킨다.

– 화학공업용, 제지, 정유공업, 건축용, 차량용, 주방기구 등으로 60% 정도 사용된다.

• 석출경화형 스테인리스강

– 석출경화계(precipitation hardening) PH형 스테인리스강으로서 기지조직에 적당한 탄화물을 석출 분산시켜 재질을 강화한 STS300 계열 합금이다.

– 오스테나이트로부터 마텐자이트 변태 후 시효처리(420℃)하여 석출경화한 스테인리스강으로서 종류에는 17−4PH, 17−7PH, V_2B, PH15−7Mo, 17−10P, PH55, 마르에이징강 등이 있다.

• 듀플렉스(duplex) 스테인리스강

– 오스테나이트와 페라이트 성이 각각 50% 점유하는 이상조직을 갖는 STS300 계열 스테인리스강이다.

– 강도 및 내공식지수가 높아 내해수용 부품과 극심한 부식 환경 조건에 많이 사용된다.

단원 예상문제

1. 다음 중 스테인리스강에 대한 설명으로 틀린 것은?

① Cr계 스테인리스강에는 α 취성 등이 나타난다.
② 석출경화계의 대표적인 스테인리스강은 18% Cr−8% Ni이 있다.
③ 스테인리스강에는 페라이트계, 오스테나이트계, 마텐자이트계 등이 있다.
④ 오스테나이트 · 페라이트계의 2상을 가진 스테인리스강이 존재한다.

해설 18% Cr−8% Ni은 오스테나이트계 스테인리스강이다.

2. 스테인리스강에 대한 설명으로 옳은 것은?

① 18−8 스테인리스강은 페라이트계이다.
② 페라이트계 스테인리스강은 담금질하여 재질을 개선한다.
③ 석출경화계 스테인리스강은 PH계로 Al, Ti, Nb 등을 첨가하여 강도를 낮춘다.
④ 오스테나이트계 스테인리스강은 입계 부식과 응력 부식이 일어나기 쉽다.

해설 18−8 스테인리스강은 오스테나이트계이며, 페라이트계 스테인리스강은 담금질하여 재질을 개선할 수 없다. 석출경화계 스테인리스강은 PH계로 Al, Ti, Nb 등을 첨가하여 강도를 높인다.

3. 다음 스테인리스강에 관한 설명 중 옳은 것은?

① 탄소강과 저합금강보다 녹이 잘 슬고 얼룩이 심하다.
② 페라이트계 스테인리스강은 열처리에 의해 재질을 개선한다.
③ Cr의 함량이 12% 이하를 함유한 강을 스테인리스강이라 한다.
④ 스테인리스강은 Cr에 의해 부동태화하기 때문에 표면을 보호한다.

해설 Cr의 함량 12% 이상을 함유한 강을 스테인리스강이라 한다.

4. 스테인리스강에 대한 설명 중 틀린 것은?

① 강의 내식성은 Fe 합금 또는 Fe–Ni 합금에 함유하는 Si의 양에 따라 좌우된다.
② Cr은 Cr_2O_3라는 산화피막을 형성하여 내부를 부식으로부터 보호한다.
③ 스테인리스강은 페라이트계, 마텐자이트계, 오스테나이트계 및 석출경화형으로 나뉜다.
④ 오스테나이트계 스테인리스강은 질산염, 크롬산염 등의 부동태화제를 첨가하여 공식을 방지한다.

해설 강의 내식성은 Cr의 양에 따라 좌우된다.

5. 스테인리스강의 종류가 아닌 것은?

① 페라이트계 ② 마텐자이트계
③ 오스테나이트계 ④ 시멘타이트계

해설 스테인리스강의 조직적 분류 : 페라이트계, 마텐자이트계, 오스테나이트계

6. 내식성이 좋고 오스테나이트 조직을 갖는 스테인리스강은?

① 3% Cr 스테인리스강
② 35% Cr 스테인리스강
③ 18% Cr–8% Ni 스테인리스강
④ 석출경화형 스테인리스강

해설 18% Cr–8% Ni은 Cr과 Ni의 성분이 함유되어 내식성이 좋고, 비자성이며, 오스테나이트 조직을 갖는다.

7. 오스테나이트계 스테인리스강이란?

① 16Cr–2Ni강 ② 18Cr–8Ni강
③ 13Cr–0.2Al강 ④ 18Cr–0.5Mo강

해설 오스테나이트계 스테인리스강은 Cr 18%, Ni 8%의 18–8 스테인리스강이 대표적이다.

8. 스테인리스강의 예민화(sensitize) 현상을 방지하기 위한 방법이 아닌 것은?

① Cr 탄화물을 austenite 중에 용체화시켜 급랭시킨다.

② Cr 탄화물이 석출하지 않도록 저탄소로 한다.

③ Ti, Nb 등을 합금시켜 안정화시킨다.

④ 탄소량을 높여 Cr 탄화물이 결정입계에 많이 석출되도록 한다.

해설 예민화 현상(입계 부식)을 방지하기 위해서는 탄소량을 감소시켜 Cr_4C 탄화물의 발생을 저지시켜야 한다.

9. 용접한 오스테나이트 스테인리스강의 제품을 사용하였더니 얼마 후 용접부의 주위에 녹이 생겼다. 그 방지책으로 틀린 것은?

① 끓는물에 넣어서 시효처리를 한다. ② 용체화 열처리를 한다.

③ 탄소가 낮은 재료를 선택한다. ④ Ti, Nb 등이 첨가된 재료를 선택한다.

해설 부식 방지를 위해서는 안정화 열처리를 한다.

10. 오스테나이트형 스테인리스강에 대한 설명 중 옳은 것은?

① 니켈이 많은 것은 오스테나이트 조직이 아주 불안정하다.

② 내식성이 좋고 비자성이다.

③ 내충격성은 적으나 전기전도도가 아주 좋다.

④ 선팽창계수는 보통강보다 작다.

해설 오스테나이트계 스테인리스강은 Cr 18%, Ni 8%의 18-8 스테인리스강이 대표적이다. 내식성, 내충격성, 기계가공성이 우수하고, 선팽창계수가 보통강의 1.5배, 전기전도도가 1/4 정도이다.

11. 오스테나이트계 스테인리스강의 공식(pitting)을 방지하기 위한 대책이 아닌 것은?

① 할로겐 이온의 고농도를 피한다.

② 질산염, 크롬산염 등의 부동태화제를 가한다.

③ 액의 산화성을 감소시키거나 공기의 투입을 많게 한다.

④ 재료 중에 탄소를 적게 하거나 Ni, Cr, Mo 등을 많게 한다.

해설 공식 방지 대책

- 할로겐 이온의 고농도를 피한다.
- 액을 유동시켜서 균일한 산화성 용액으로 하고 산소 농담 전지의 형성을 피하거나 부식 생성물을 제거한다.
- 액의 산화성을 증가시키거나 반대로 공기를 차단하여 산소를 없앤다.
- 질산염, 크롬산염 등 부동태화제를 가한다.
- 재료 중에 C를 적게 하거나 Ni, Cr, Mo, Si, N 등을 많게 한다.

12. 오스테나이트 스테인리스강의 특징이 아닌 것은?

① 내산, 내식성이 13%Cr계보다 우수하다.
② 비자성체이며, 인성도 풍부하다.
③ 가공이 용이하나 용접성은 나쁘다.
④ 염산, 염소가스, 황산 등에 의해 입계 부식이 생기기 쉽다.

해설 오스테나이트 스테인리스강은 용접성이 우수하다.

13. 18-8 스테인리스강과 13 크롬강을 가장 쉽게 구분할 수 있는 방법은?

① 파괴 상태 여부로 구분한다.
② 화공약품에 의한 부식 정도로 판정한다.
③ 자성의 여부로 판별한다.
④ 색깔과 과열상태로 구분한다.

해설 자석을 이용하여 자성체(13 크롬강)와 비자성체(18-8 스테인리스강)로 구분할 수 있다.

14. 다음 중 석출경화형 스테인리스강이 아닌 강은?

① 17-4PH ② 17-7PH ③ V_2B ④ 18-8

해설 석출경화형 스테인리스강 : 온도 상승에 따라 강도는 저하되지 않고, 내식성을 갖는 PH(precipitation hardening)형 스테인리스강이 있다.
오스테나이트계 스테인리스강 : 18-8

15. 오스테나이트계 스테인리스강에서 나타나는 현상이 아닌 것은?

① 공식(pitting)
② 입계 부식(intergranular corrosion)
③ 고온취성(high temperature brittleness)
④ 응력 부식 균열(stress corrosion cracking)

해설 오스테나이트 스테인리스강은 염산, 염소가스, 황산 등에 약하고 결정입계 부식이 발생하기 쉽다.

16. 입간 부식이 가장 잘 일어나는 금속은?

① 고속도강
② 탄소강
③ 18-8 스테인리스강
④ 금형강

17. 입계 부식에 대한 설명으로 거리가 먼 것은?

① 금속 표면이 불균일해서 전위의 고지가 생겨 원인이 된다.
② 금속의 결정입계에 국부 전지가 구성되어 일어난다.
③ 부식은 주로 금속 내부에서 진행된다.
④ 금속 결정입계와 결정립의 전위가 달라 국부 전지에 의해서 일어난다.

해설 입계 부식은 결정입계의 전위차에 의해 발생하며 표면에서 진행한다.

18. 오스테나이트 스테인리스강의 입계 부식에 대한 방지 대책이 아닌 것은?

① 음극 방식을 한다.
② 고용화 열처리를 한다.
③ 탄소가 낮은 재료를 선택한다.
④ Ti, Nb 등이 첨가된 재료를 선택한다.

해설 응력 부식 균열을 방지할 때 음극 방식을 한다.

19. 18-8 스테인리스강의 용접 이음부의 입계 부식 방지에 가장 적합한 열처리는?

① 염욕 담금질 ② 용체화 처리 ③ 소성변형 뜨임 ④ 심랭 처리

해설 석출 탄화물을 1050℃로 가열하여 충분히 고용 및 확산할 수 있도록 용체화 처리하면 입계 부식을 방지할 수 있다.

20. 스테인리스강 부품의 용접부 응력 부식 균열(SCC)을 방지하기 위한 방법으로 틀린 것은?

① 사용 환경 중의 염화물 또는 알칼리를 제거한다.
② 외적 응력이 없도록 설계하고 용접 후 후열처리를 실시한다.
③ 압축력은 효과적이므로 쇼트피닝(shot peening)을 한다.
④ 용접부 및 열영향부에 잔류응력이 많이 남아 있게 한다.

해설 용접부 응력 부식 균열(SCC)은 잔류응력에 의해 발생하기 때문에 제거해야 한다.

21. 내 · 외적 응력이 작용하고 있는 강을 염화물이나 알칼리 용액 중에서 사용하면 국부적인 균열을 일으키고 결국은 파괴되는 현상인 응력 부식 균열을 일으키기 쉬운 스테인리스강은?

① 페라이트계 ② 석출경화형 ③ 마텐자이트계 ④ 오스테나이트계

해설 오스테나이트계 스테인리스강은 염산, 염소가스, 황산 등에 약하고 응력 부식 균열이 발생하기 쉽다.

정답 1. ② 2. ④ 3. ④ 4. ① 5. ④ 6. ③ 7. ② 8. ④ 9. ① 10. ② 11. ③ 12. ③ 13. ③ 14. ④ 15. ③ 16. ③ 17. ③ 18. ① 19. ② 20. ④ 21. ④

㉡ 내열강

• 내열강의 구비 조건

– 고온에서 O_2, H_2, N_2, SO_2 등에 침식되지 않고 탈탄, 질화되어도 변질되지 않도록 화학적으로 안정하다.

– 고온에서 기계적 성질이 우수하고 조직이 안정되어 온도 급변에도 내구성을 유지한다.

– 반복 응력에 대한 피로강도가 크며 냉간, 열간가공 및 용접, 단조 등이 쉽다.

• 서멧(cermet)

– 내열성이 있는 안정한 화합물과 금속의 조합에 의해서 고온도의 화학적 부식에 견디며 비중이 작으므로 고속 회전하는 기계 부품으로 사용할 때 원심력을 감소시킨다.

– 인코넬, 인칼로이, 레프렉토리, 디스칼로이 우디넷, 하스텔로이 등이 있다.

단원 예상문제

1. 세라믹과 금속 결합 재료인 것은?

① 인코넬 ② 서멧

③ 하스텔로이 ④ 인바

해설 서멧(cermet)은 ceramic metal의 약자이며, 내열성이 있는 안정한 화합물과 금속의 조합에 의해서 고온도의 화학적 부식에 견디는 내열합금이다.

2. 요업재료와 금속과의 소결 복합체로서 내산화성, 내식성이 좋고 고온강도 및 열전도율이 높은 재료는?

① 스텔라이트 ② 서멧

③ 해면강 ④ 다이아몬드

해설 서멧(cermet)은 내열성이 있는 요업재료와 금속을 소결한 복합체이다.

3. 산, 알칼리 등에 우수한 내식성으로 공업의 처리 장치에 사용되는 Ni-Cr 합금은?

① lautel ② hastelloy

③ perinvar ④ inconel

해설 하스텔로이 : Ni-Cr-Fe-Mo계 합금으로 내식용 합금이다.

정답 1. ② 2. ② 3. ②

ⓒ 불변강

- 인바(invar) : Ni 35~36%, C 0.1~0.3%, Mn 0.4%와 Fe의 합금으로 열팽창계수가 0.9×10^{-6}(20℃에서)이며 내식성도 크다. 이 강은 바이메탈, 시계 진자, 줄자, 계측기의 부품 등에 사용한다.
- 슈퍼인바(superinvar) : Ni 30.5~32.5%, Co 4~6%와 Fe 합금으로 열팽창계수는 0.1×10^{-6}(20℃에서)이다.
- 엘린바(elinvar) : Fe 52%, Ni 36%, Cr 12% 또는 Ni 10~16%, Cr 10~11%, Co 26~58%와 Fe의 합금이며 열팽창계수가 8×10^{-6}, 온도계수 1.2×10^{-6} 정도로 고급시계, 정밀저울 등의 스프링 및 정밀 기계 부품에 사용한다.
- 코엘린바(coelinvar) : Cr 10~11%, Co 26~58%, Ni 10~16%와 Fe의 합금이며 온도변화에 대한 탄성률의 변화가 극히 적고 공기 중이나 수중에서 부식되지 않는다. 이 강은 스프링, 태엽, 기상관측용 기구의 부품에 사용한다.
- 플래티나이트(platinite) : Ni 40~50%와 Fe의 합금으로 열팽창계수가 $5\sim9\times10^{-6}$이며 전구의 도입선으로 사용된다.

단원 예상문제

1. 다음 중 불변강의 종류에 해당되지 않는 것은?

① 인바 ② 엘린바 ③ 플래티나이트 ④ 슈퍼말로이

해설 슈퍼말로이(supermalloy)는 초투자율 합금이다.

2. 다음 중 불변강이 아닌 것은?

① 인코넬 ② 엘린바 ③ 슈퍼인바 ④ 인바

해설 인코넬은 내열강이다.

3. 다음 중 Ni-Fe 합금의 종류가 아닌 것은?

① 인바 ② 엘린바 ③ 플래티나이트 ④ 하스텔로이

해설 하스텔로이는 Ni-Cr-Fe-Mo계 합금이다.

4. Ni 35~36%, C 0.1~0.3%, Mn 0.4%와 Fe 합금으로 표준척, 시계추, 바이메탈 등에 사용되는 것은?

① 퍼멀로이 ② 콘스탄탄 ③ 플래티나이트 ④ 인바

5. Ni 46%-Fe의 합금으로 열팽창계수 및 내식성에 있어서 백금의 대용이 되며 전구 봉입선 등에 사용되는 것은?

① 문츠메탈(muntz metal)
② 모넬메탈(monel metal)
③ 콘스탄탄(constantan)
④ 플래티나이트(platinite)

6. 전자기 재료에 사용되고 있는 Ni-Fe계 실용 합금이 아닌 것은?

① 인바
② 엘린바
③ 두랄루민
④ 플래티나이트

해설 두랄루민은 Al-Cu-Mg-Si계 고강도 합금이다.

정답 1. ④ 2. ① 3. ④ 4. ④ 5. ④ 6. ③

㉣ 베어링강

- 베어링강은 높은 탄성한도와 피로한도가 요구되며 내마모, 내압성이 우수해야 한다.
- STB로 나타내며 0.9~1.6% Cr강이 주로 사용된다.

㉤ 자석강

- W 3~6%, C 0.5~0.7%강 및 Co 3~36%에 W, Ni, Cr 등이 함유된 강이 자석강으로 사용되고 있다.
- 소결제품인 알니코 자석(Ni 10~20%, Al 7~10%, Co 20~40%, Cu 3~5%, Ti 1%와 Fe 합금)은 MK강이라고 한다.
- 바이칼로이(Fe 38%, Co 52%, V 10% 합금) 및 쿠니페와 ESD 자석강 등도 있다.
- 초투자율 합금으로는 퍼멀로이(permalloy : Ni 78.5%와 Fe 합금), 슈퍼멀로이가 있다.
- 규소강판은 전기철심판 재료에 사용되며 발전기, 변압기의 철심 등에 사용한다.

단원 예상문제

1. 영구자석으로 널리 사용되는 합금은?

① 알니코 합금
② 규소강
③ 구리-베릴륨 합금
④ 철-망간 합금

해설 알니코 합금은 자석강으로서 MK강이라고도 한다.

2. 소결 금속 자석으로 MK강이라고도 불리는 알니코 자석강의 주성분은?

① Co, Cr, W
② Mo, Cr, W
③ Ni, Al, Co
④ Mn, Al, Ti

해설 MK자석강(알니코형)은 Fe+Ni+Al+적량(Co, Cr, W)의 조성을 갖는다.

3. 소결자기 재료의 자석용으로 사용되는 것은?

① 플래티나이트 ② 알니코 ③ 퍼멀로이 ④ 텅갈로이

해설 MK자석강(알니코형)이 많이 사용된다.

4. 소결자석용 합금이 아닌 것은?

① 알니코
② 바이칼로이
③ 쿠니페
④ 퍼멀로이

해설 퍼멀로이는 초투자율 합금이다.

5. 규소강판에 요구되는 특성을 설명한 것 중 옳은 것은?

① 철손이 적어야 한다.
② 자화에 의한 치수 변화가 많아야 한다.
③ 사용 중에 자기적 성질의 변화가 커야 한다.
④ 박판을 적층하여 사용할 때 층간저항이 낮아야 한다.

해설 규소강판은 철손, 자화에 의한 치수 변화 및 자기적 성질 변화가 작고, 층간저항이 커야 한다.

6. 다음 중 잔류자속밀도가 작으며 발전기, 전동기 등의 철심재료에 가장 적합한 강은 어느 것인가?

① 규소강(silicon steel)
② 자석강(magnetic steel)
③ 불변강(invariable steel)
④ 자경강(self hardening steel)

해설 규소강은 전기철심용 재료로 고자속 밀도를 요구하는 재료에 사용된다.

7. 특수용도용 합금강에서 일반적으로 전자기적 특성을 개선하는 원소는?

① Ni ② Mo ③ Si ④ Cr

해설 Si는 전자기적 특성을 개선하는 원소로 규소강에 이용된다.

정답 1. ① 2. ③ 3. ② 4. ④ 5. ① 6. ① 7. ③

3-4 주철

(1) 주철의 개요

① 실용주철의 일반적인 성분은 철 중에 C 2.5~4.5%, Si 0.5~3.0%, Mn 0.5~1.5%, P 0.05~1.0%, S 0.05~0.15%가 있다.

② 주철의 파면상은 회주철, 백주철 및 반주철이 있다.

③ 백주철은 경도 및 내마모성이 크므로 압연기의 롤러, 철도차륜, 브레이크, 파쇄기의 조 등에 사용된다.

④ 회주철은 흑연의 형상에 따라서 편상흑연, 공정상흑연 및 구상흑연주철 등으로 분류되며, 흑연의 분포에 따라 ASTM에서는 A, B, C, D, E형으로 구분한다.

⑤ 주철의 비중은 7.0~7.3, 용융점 1145~1350℃이며, 용선로(cupola)에서 용해하며, 능력은 시간당 용해량으로 표시한다.

(2) 주철의 조직

① 주철은 C 2.11~6.68%의 범위를 갖는다.

② 공정반응은 1153℃에서 L(용융체)$\rightleftarrows\gamma$−Fe+흑연으로 된다.

③ 탄소량에 따라 아공정주철(C 2.11~4.3%), 공정주철(C 4.3%), 과공정주철(C 4.3~6.68%)로 나눈다.

④ 다음 그림은 주철 중의 탄소와 규소의 함량에 따른 조직 분포를 나타낸 마우러(Maurer) 조직도이다.

㈎ I 구역은 펄라이트+Fe_3C 조직의 백주철로서 경도가 높은 주철이다.

㈏ II 구역은 펄라이트+흑연 조직의 강력한 회주철이다.

㈐ III 구역은 페라이트+흑연 조직의 연질 회주철이다.

㈑ II_a 구역은 I의 조직에 흑연이 첨가된 것으로서 경질의 반주철이다.

㈒ II_b 구역은 II의 조직에 페라이트가 나타난 것으로서 보통 회주철이다.

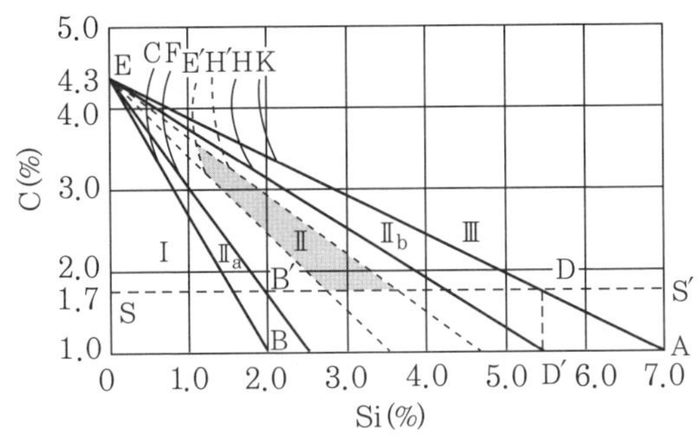

Ⅰ : 백주철

II_a : 반주철

Ⅱ : 회주철(흑연, pearlite)

II_b : 회주철(흑연, pearlite, ferrite)

Ⅲ : 회주철(흑연, ferrite)

마우러 조직도

(3) 주철의 성질

① 주철의 기계적 성질

(가) 주철의 인장강도는 C와 Si의 함량, 냉각속도, 용해 조건, 용탕처리 등에 의존하며 흑연의 형상, 분포 상태 등에 따라 좌우된다.

(나) 탄소포화도(Sc)=C%/4.23−0.312 Si%−0.275 P%이다.

(다) 회주철의 인장강도(10~25 kgf/mm^2), 구상흑연주철의 인장강도(50~70 kgf/mm^2)

② 주철의 화학 성분의 영향

(가) C의 영향

㉠ 탄소량은 보통 2.5~4.5% 함유하며, 주철 중의 탄소는 흑연과 화합탄소(Fe_3C)로 생성되며 전탄소는 흑연+화합탄소를 말한다.

㉡ C 3% 이하의 주철은 초정 오스테나이트 양이 많으므로 수지상정 조직 중에 흑연이 분포된 ASTM의 E형 흑연이 되기 쉽다.

㉢ 기지조직 중에 흑연을 함유하고 있으면 회주철이고, Fe_3C를 함유한 주철이 백주철이 된다.

(나) Si의 영향

㉠ 강력한 흑연화 촉진 원소이다.

㉡ 흑연이 많은 주철은 응고 시 체적이 팽창하는데, 흑연화 촉진 원소인 Si가 첨가된 주철은 응고 수축이 적어진다.

(다) Mn의 영향

㉠ 보통주철 중에 0.4~1.0% 정도 함유되며, 흑연화를 방해하여 백주철화를 촉진하는 원소이다.

㉡ S와 결합해서 MnS 화합물을 생성함으로써 S의 해를 감소시킨다.

㉢ 펄라이트 조직을 미세화하고 페라이트의 석출을 억제한다.

㈑ P의 영향

㉠ P는 페라이트 조직 중에 고용되나 대부분은 스테다이트(steadite : Fe-Fe_3C-Fe_3P의 3원 공정물)로 존재한다.

㉡ P는 백주철화의 촉진 원소로서 1% 이상 포함되면 레데브라이트 중에 조대한 침상, 판상의 시멘타이트를 생성시킨다.

㉢ 융점을 낮추어 주철의 유동성을 향상시키므로 미술용 주물에는 이용되나 시멘타이트의 생성이 많아지기 때문에 재질이 경하고 취화된다.

㈒ S의 영향 : 주철 중에 Mn이 소량일 때는 S이 Fe과 화합하여 FeS이 되고 오스테나이트의 정출을 방해하므로 백주철화를 촉진한다.

③ 주철의 가열에 의한 변화 : 주철을 고온으로 가열했다가 냉각하는 과정을 반복하면 부피는 더욱 팽창하게 되는데, 이러한 현상을 주철의 성장이라 한다.

㈎ 원인

㉠ 펄라이트 조직 중의 Fe_3C 분해에 따른 흑연화

㉡ 페라이트 조직 중의 Si의 산화

㉢ 흡수된 가스의 팽창에 따른 부피 증가

㉣ A_1변태의 반복 과정에서 오는 체적변화에 기인되는 미세한 균열의 발생 등

㈏ 주철의 성장을 방지하는 방법

㉠ 흑연의 미세화로 조직을 치밀하게 한다.

㉡ C 및 Si 양을 적게 하고 안정화 원소인 Ni 등을 첨가한다.

㉢ 탄화물 안정화 원소인 Cr, Mn, Mo, V 등을 첨가하여 펄라이트 중의 Fe_3C의 분해를 막는다.

㉣ 편상흑연을 구상흑연화시킨다.

(4) 주철의 종류와 특성

① 보통주철

㈎ 회주철을 대표하며, 화학 성분은 C 3.2~3.8%, Si 1.4~2.5%, Mn 0.4~1.0%, P 0.15~0.50%, S 0.06~0.13%이다.

㈏ 인장강도 98~196 MPa(10~20 kgf/mm^2) 정도이며, 주조가 쉽고 값이 저렴하여 주로 일반기계 부품, 수도관, 가정용품 등에 사용된다.

㈐ 조직은 주로 편상흑연과 페라이트로 되어 있고, 약간의 펄라이트를 함유하고 있다.

② 고급주철

㈎ 주철의 기지조직은 펄라이트이고 흑연을 미세화시킨 인장강도 30kgf/mm^2 이상의 주철이다. 고급주철의 제조법에는 란쯔법(lanz), 에멜법(emmel), 미하나이트법(meehanite), 코오살리법(corsalli) 등이 있다.

㈏ 미하나이트주철은 Ca-Si이나 Fe-Si 등의 접종제로 접종처리하여 응고와 함께 흑연화를 일으키는 방법으로 제조한 강인한 펄라이트주철이다.

③ 합금주철

㈎ 합금주철의 성분

㉠ Cu : 0.25~2.5% 첨가로 경도가 증가하고 내마모성과 내식성이 향상된다. 0.4~0.5% 정도 첨가되면 산성에 대한 내식성이 우수해진다.

㉡ Cr : 0.2~1.5% 첨가로 흑연화를 방지하고 탄화물을 안정시키며 펄라이트 조직을 미세화하여 경도가 증가하고 내열성과 내식성을 향상시킨다.

㉢ Ni : 흑연화를 촉진하며 0.1~1.0% 첨가로 미세한 조직이 되고 Si의 1/2~1/3 정도의 흑연화 능력이 있다.

㉣ Mo : 흑연화를 다소 방해하고 0.25~1.25% 첨가로 두꺼운 주물의 조직을 균일화한다. 흑연을 미세화하여 강도, 경도, 내마모성을 증가시킨다.

㉤ Ti : 강한 탈산제이고, 흑연화를 촉진시키나 다량 함유하면 역효과가 일어날 수 있다.

㉥ V : 강력한 흑연화 억제제이며, 0.1~0.5% 첨가로 조직을 치밀하게 하고 균일화한다.

㈏ 합금주철의 종류

㉠ 알루미늄주철

- Al 3~4% 정도 첨가될 때 흑연화 경향이 가장 크며 그 이상이 되면 흑연화가 저해되어 경하고 취약해진다.
- 고온 가열 시에 Al_2O_3 피막이 주물 표면에 형성되어 산화저항이 크고 가열, 냉각에 의한 성장도 감소하므로 내열주물로서도 사용한다.

㉡ 크롬주철

- 저크롬주철
  - 2% 이하의 Cr 첨가로 회주철의 기계적 성질, 내열, 내식 및 내마모성을 향상시킨다.
  - 회주철에서 크롬은 기지조직에 고용해서 페라이트의 석출을 막고 펄라이트를 미세화한다.

- 고크롬주철
  - 고크롬 함유 주철은 우수한 내산, 내식, 내열성을 가진다.
  - Cr 12~17% 첨가된 것은 내마모용 주철, Cr 20~28% 첨가된 것은 내마모 및 내식용 주철로도 사용한다.
  - Cr 30~35% 첨가된 주철은 내열, 내식용으로 사용한다.

ⓒ 몰리브덴주철

- Mo은 백선화를 크게 조장하지 않으며 오스테나이트의 변태속도를 늦추어서 기지조직을 개선시킨다.
- Mo의 함량이 많으면 주방상태에서도 베이나이트 조직이 나타나고 침상주철을 얻을 수 있다.

ⓓ 니켈주철

- 저Ni주철은 Ni 4% 이하의 펄라이트, 소르바이트, 베이나이트의 기지조직을 갖는다.
- Ni 4~8%의 마텐자이트 조직의 Ni-hard 내마모성 주철로서 열처리하지 않고 주물상태로 사용하며 Cr이 첨가된 백주철이다.
- Ni 14% 이상의 오스테나이트주철로서 규소를 첨가하여 내열성을 목적으로 한 Ni chrosilal주철, 또는 Cr, Cu 등을 첨가하여 내식성을 향상시킨 Ni resist주철 등이 있다.
- Ni은 흑연화를 조장하여 칠을 감소시키며 오스테나이트 구역을 확대한다.
- Ni은 흑연의 구상화에는 영향을 미치지 않고 강도를 향상시키므로 구상흑연주철에 첨가하면 좋다.

ⓔ 고규소주철

- Si를 14% 정도 함유한 내산주철로서 각종 산에 강하며 값이 저렴하나 절삭가공이 안되고 취성이 크다.
- 가열 상태에서는 강염산에 약하며 듀리론(duriron)주철이라고도 한다.

ⓕ 칠드주철

- 주조 시 주형에 냉금을 삽입하여 주물 표면을 급랭시켜 백선화하고 경도를 증가시킨 내마모성 주철이다.
- 내부는 인성이 있는 회주철로서 전체 주물은 취약하지 않다.
- 압연기의 롤러, 철도차륜, 볼밀의 볼 등에 적용된다.

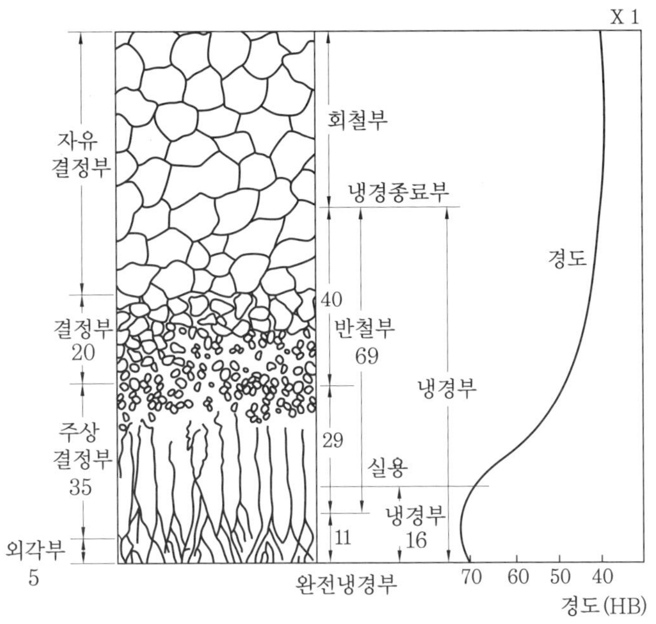

칠드조직과 경도

ⓢ 가단주철

• 흑심가단주철(BMC) : 백주철을 장시간 풀림 처리하여 시멘타이트를 분해시켜 흑연을 입상으로 만든 주철
  – 제1단 흑연화 : Fe_3C의 직접분해로 뜨임탄소와 오스테나이트로 분해
  – 제2단 흑연화 : 펄라이트 조직 중의 공석 Fe_3C의 분해로 뜨임탄소와 페라이트로 분해
• 펄라이트 가단주철(PMC) : 입상 및 층상의 펄라이트 조직의 주철로서 인장강도, 항복점, 내마모성을 향상시킨 주철
• 백심가단주철(WMC)
  – 백주철을 철광석, 밀, 스케일의 산화철과 함께 풀림 처리로에서 950~1000℃의 온도로 탈탄시킨 주철
  – 조직은 펄라이트가 많고 풀림 처리에 의해서 흑연이 혼합되므로 중심부에 유리 Fe_3C가 남고 희고 굳은 단면이 된다.
  – 표면은 탈탄하여 페라이트로 되어 연하며, 내부로 들어갈수록 강인한 조직이 된다.

◎ 구상흑연주철

• 보통주철에 Mg, Ca, Ce을 첨가하여 편상흑연을 구상화한 주철로서 불스 아이(Bull's eye) 조직이다.

- 주조성, 가공성 및 내마멸성이 우수하며 강도가 높고, 인성, 연성, 가공성 및 경화능 등이 강의 성질과 비슷하다.
- 기지조직은 시멘타이트형, 펄라이트형, 페라이트형 등의 조직이 있으며, 강도는 펄라이트형이 가장 강인하고, 페라이트형은 가장 연하다.

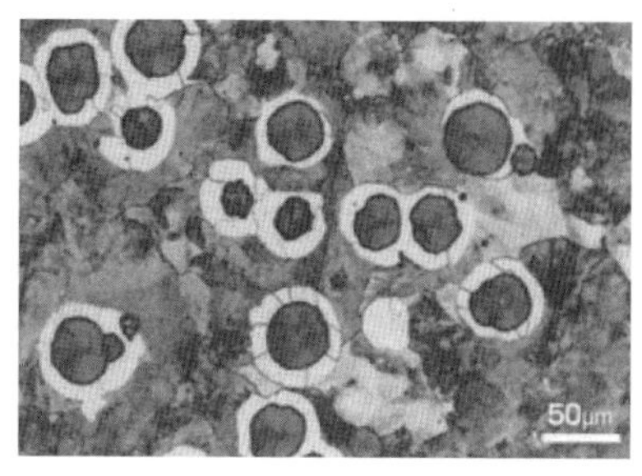

구상흑연주철 조직

- 인장강도는 40~73 kg/mm^2, 연신율은 5~20%의 주물을 얻을 수 있다.
- 페이딩(fading) 현상은 구상화 처리에서 용탕의 방치 시간이 길어지면 흑연의 구상화 효과가 없어져 편상흑연화되는 현상이다.

단원 예상문제

1. 다음 주철의 특성을 설명한 것 중 틀린 것은?

① 주조성이 우수하다.
② 인성이 매우 우수하다.
③ 진동을 흡수하는 특성이 있다.
④ 파면에 따라 회주철, 백주철, 반주철로 분류한다.

해설 철은 인성이 낮고 취성이 크다.

2. 주철에 대한 설명으로 틀린 것은?

① 강에 비해 융점이 낮고 유동성이 좋다.
② 탄소함량 약 2.0%를 기준으로 강과 주철을 구분한다.
③ 탄소당량(CE)은 탄소(C), 망간(Mn)의 %에 의해 산출된다.
④ 주철의 조직에 가장 큰 영향을 미치는 인자는 냉각속도와 화학 성분이다.

해설 탄소당량(CE) $= \text{TC}\% + \frac{1}{3}(\text{Si}\% + \text{P}\%)$

3. 주철의 일반적 특성을 설명한 것 중 틀린 것은?

① 가단주철은 고탄소주철에 해당된다.
② 구상흑연주철은 마그네슘을 회주철 용융금속에 첨가하여 만든다.
③ 회주철은 파면이 회색으로 주조성과 절삭성이 우수하여 주물용으로 사용된다.
④ 백주철은 C, Si분이 많고 Mn분이 적어 C가 흑연 상태로 유리되어 파면이 흰색이다.

해설 백주철은 Si분이 적고 Mn분이 많아 C가 화합탄소(Fe_3C)로 존재하므로 파면이 흰색이다.

4. 주철의 조직과 성질에 대한 설명으로 옳은 것은?

① 주철 중에 함유되는 탄소량은 보통 0.85~1.2% 정도이다.
② 유리탄소와 화합탄소의 합을 전탄소라 한다.
③ 흑연이 많을 경우 그 파단면이 회색을 띠면 백주철이다.
④ 회주철과 반주철이 혼합되어 있는 경우 파단면에 반점이 있는 백주철이 된다.

해설 전탄소는 유리탄소+화합탄소를 말한다.

5. 회주철의 특성이 아닌 것은?

① 인성이 아주 우수하다.
② 소성변형이 곤란하다.
③ 취성이 크고 강도가 비교적 낮다.
④ 주조성이 좋고 값이 싸다.

해설 회주철은 인성이 낮고 취성이 큰 합금이다.

6. 일반주철에서 잔류응력을 제거하기 위한 풀림 열처리 방법은?

① 430~600℃에서 수 시간 가열한 후 노랭한다.
② 700~760℃에서 가열한 후 서랭한다.
③ 780~850℃에서 가열한 후 유랭한다.
④ 1050~1200℃에서 가열한 후 유랭한다.

해설 430~600℃에서 5~30시간 가열한 후 노랭하면 주철에서 잔류응력을 제거할 수 있다.

7. 주철에서 여러 가지 원소의 영향에 대한 설명 중 틀린 것은?

① Si는 주철 중의 화합탄소를 증가시킨다.
② Mn은 탈황제로 작용하고 증가함에 따라 펄라이트는 미세해지고 페라이트는 감소한다.
③ S는 시멘타이트를 연장시키고 규소에 의한 흑연화 작용을 방해한다.
④ P는 용융점을 저하시키고 유동성이 좋아지나 탄소의 용해도가 저하한다.

해설 Si는 주철 중의 화합탄소를 분해시킨다.

8. 마우러 조직도(Maurer's diagram)는 무엇을 나타내는 것인가?

① C, Si의 양에 따른 주철의 조직관계
② C, S의 양에 따른 주철의 조직관계
③ C, P의 양에 따른 주철의 조직관계
④ C, Mn의 양에 따른 주철의 조직관계

9. 주철의 마우러 조직도에서 페라이트주철에 속하는 구역은?

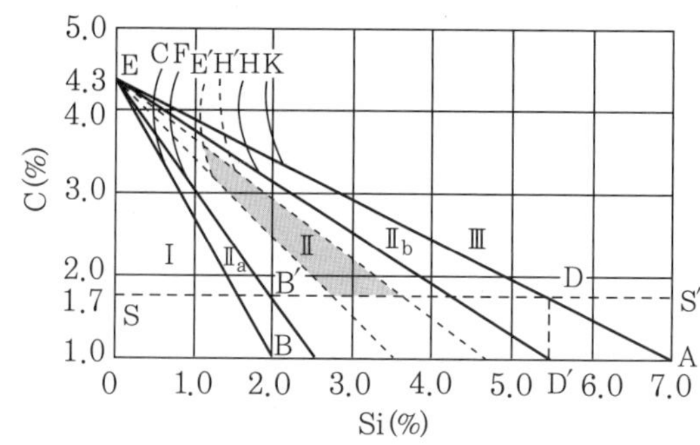

① Ⅰ　② Ⅱ　③ $Ⅱ_a$　④ Ⅲ

해설 마우러 조직도

Ⅰ : 백주철

$Ⅱ_a$: 반주철

Ⅱ : 회주철(흑연, 펄라이트)

$Ⅱ_b$: 회주철(흑연, 펄라이트, 페라이트)

Ⅲ : 회주철(흑연, 페라이트)

10. 오른쪽 그림은 주철조직 중 흑연의 형상을 나타낸 것이다. 이 형상을 무엇이라고 하는가?

① 편상흑연　② 공정상흑연

③ 괴상흑연　④ 장미상흑연

해설 둥근 모양의 공정상흑연이다.

11. 주조 시 주형에 냉금을 설치하여 주물 표면을 급랭시켜 백선화하고 경도를 증가시킨 내마모성 주철은?

① 보통주철　② 가단주철

③ 칠드주철　④ 구상흑연주철

해설 칠드주철의 외부는 경도를 증가시키고, 내부는 인성을 유지하는 것을 목적으로 한다.

12. 금속 주형에 주조하여 표면을 백선으로 하고 내부는 보통주철 조직으로 만든 주철은?

① 구상흑연주철　② 가단주철

③ 칠드주철　④ 보통주철

해설 칠드주철(chilled cast iron)의 표면 조직은 백선이고, 내부는 보통주철이다.

13. 가단주철을 제조할 때 원료로 사용되는 주철은?

① 회주철 ② 반주철
③ 구상흑연주철 ④ 백주철

14. 백주철을 미분상의 산화철로 둘러싸서 고온으로 장시간 탈탄시킨 주철을 무슨 주철이라 하는가?

① 펄라이트 가단주철 ② 백심가단주철
③ 흑심가단주철 ④ 노듀랄주철

해설 백심가단주철은 산화철의 분위기에서 고온으로 장시간 탈탄시켜 만든 주철이다.

15. 고급주철의 특징 중 옳지 않은 것은?

① 충격에 대한 저항이 크다.
② 항장력이 크다.
③ 조직이 치밀하다.
④ 인장강도(kgf/mm^2)가 20 이하이다.

해설 고급주철의 인장강도는 $20kgf/mm^2$ 이상이다.

16. 다음 원소 중 탄소와 화합해서 탄화물을 생성하는 원소가 아닌 것은?

① Ni ② Cr
③ W ④ Ti

해설 Ni은 고용원소이며, Cr, W, Ti는 각각 $Cr_{23}C_6$, WC, TiC로 탄화물을 만든다.

17. 백선화를 촉진시키는 요인으로 맞는 것은?

① 모래주형에 주입한다.
② Al, Cu 등의 금속을 첨가한다.
③ 칠(chill) 정도를 크게 한다.
④ 냉각 정도를 천천히 한다.

해설 칠이 클수록 백선화가 된다.

18. 보통주철에서 흑연화를 억제하고 망간이 적을 때 균열의 원인이 되는 원소는?

① C ② Si
③ S ④ P

해설 S는 흑연화 저해 원소이며, 균열의 원인이 된다.

19. 다음 금속 중 흑연화를 촉진하는 원소는?

① V ② Mo ③ Cr ④ Ni

해설 • 흑연화 촉진 원소 : Al, Si, Ni,
• 흑연화 저해 원소 : W, Mo, V, Cr

20. 탄소량 4.2%, Si 양 1.6%일 때 탄소포화도(Sc)는 얼마인가?

① 0.9 또는 1.0 ② 1.1 또는 1.19
③ 1.2 또는 1.5 ④ 1.5 또는 2.0

해설 탄소포화도(Sc) $= \dfrac{\text{전체 탄소량}}{4.3 - \dfrac{\text{Si}}{3.12}} = \dfrac{4.2}{4.3 - \dfrac{1.6}{3.12}} = 1.108$

21. 다음 중 주철에 함유된 Si의 영향으로 틀린 것은?

① 소지상(素地相)의 Si 농도가 강철보다 훨씬 높으므로 오스테나이트 온도가 강철보다 높아야 한다.
② Si 양의 증가에 따라 공정점, 공석점이 저온, 고탄소 쪽으로 이동한다.
③ 주철 중에 포함된 Si는 강력한 흑연화 작용이 있어 시멘타이트를 쉽게 흑연화한다.
④ Si는 오스테나이트 중에 탄소가 고용하는 것을 방해하는 작용이 강하다.

해설 Si 양의 증가에 따라 공정점, 공석점이 고온, 저탄소 쪽으로 이동한다.

22. 주입 작업 직전 주철용탕에 Mg, Ce, Ca 등의 원소를 첨가하여 제조한 주철은 어느 것인가?

① 펄라이트주철 ② 가단주철 ③ 구상흑연주철 ④ 오스테나이트주철

해설 구상흑연주철은 Mg, Ce, Ca 등을 첨가하여 제조한다.

23. 구상흑연주철을 만들 때 사용하는 접종제는?

① Si, Ca ② Cr, Ni
③ N, B ④ P, S

해설 구상흑연주철을 만들 때 사용하는 접종제는 Fe-Si, Ca-Si이다.

24. 마그네슘 및 페로실리콘을 접종해서 재질 개선을 도모한 주철은?

① 백심가단주철 ② 흑심가단주철
③ 구상흑연주철 ④ 가단화용주철

해설 구상흑연주철은 마그네슘 및 페로실리콘을 접종해서 만든 주철이다.

25. 구상흑연주철의 불스 아이(bull's eye) 조직의 흑연 주위의 조직은?

① 펄라이트 ② 시멘타이트 ③ 레데브라이트 ④ 페라이트

해설 불스 아이 조직의 흑연 주위는 페라이트이고, 기지는 펄라이트 조직이다.

26. 구상흑연주철의 바탕(matrix)조직에 따른 형태가 아닌 것은?

① 페라이트(ferrite)형 ② 펄라이트(pearlite)형
③ 오스테나이트(austenite)형 ④ 시멘타이트(cementite)형

해설 구상흑연주철의 형태를 바탕조직에 따라 분류하면 페라이트형, 펄라이트형, 시멘타이트형이 있다.

27. 구상화 처리에서 용탕의 방치 시간이 길어지면 흑연의 구상화 효과가 없어지는 현상을 무엇이라 하는가?

① 경년(secular) 현상 ② 전 탄소(total carbon) 현상
③ 페이딩(fading) 현상 ④ 전이(transition) 현상

해설 페이딩(fading) 현상은 구상화 처리에서 용탕의 방치 시간이 길어지면 흑연의 구상화 효과가 없어져 편상흑연화되는 현상이다.

28. 합금하지 않은 구상흑연주철의 응력 제거 온도의 범위는 약 몇 ℃ 정도인가?

① 450~500℃ ② 510~565℃ ③ 570~620℃ ④ 630~685℃

29. 구상흑연주철의 기지조직에 따른 형태가 아닌 것은?

① 페라이트(ferrite)형
② 펄라이트(pearlite)형
③ 오스테나이트(austenite)형
④ 페라이트(ferrite)+펄라이트(pearlite)형

해설 구상흑연주철의 형태를 기지조직에 따라 분류하면 페라이트형, 펄라이트형, 페라이트+펄라이트형이 있다.

30. 주철의 성장에 대한 방지책으로 틀린 것은?

① C, Si의 양을 증가시킨다.
② 흑연의 미세화로 조직을 치밀하게 한다.
③ Cr, Mn 등을 첨가하여 펄라이트의 분해를 막는다
④ 가열, 냉각 횟수를 줄인다.

해설 C, Si의 양을 적게 하고, 안정화 원소인 Ni을 첨가한다.

31. 주철의 성장 원인과 관계없는 것은?

① A_1변태의 반복 과정에서 오는 체적변화에 따른 미세한 균열 발생
② 펄라이트 조직 중의 시멘타이트 분해에 따른 흑연화
③ 페라이트 조직 중의 Si의 산화
④ 흑연과 기지조직의 동일한 열팽창계수

해설 흑연과 기지조직의 열팽창계수의 차이에 의해 성장 발생

32. 주철의 성장을 방지하는 방법 중 틀린 것은 어느 것인가?

① 흑연의 미세화
② 안정화 원소인 Ni 등을 첨가
③ 펄라이트 중의 Fe_3C 분해 촉진
④ 편상흑연의 구상화

해설 탄화물 안정화 원소인 Cr, Mn, Mo 등을 첨가하여 펄라이트 중의 Fe_3C의 분해를 막는다.

33. 주철의 성장을 방지하는 방법으로 잘못된 것은?

① 조직을 치밀하게 한다.
② Cr을 첨가하여 Fe_3C의 분해를 방지한다.
③ 산화하기 쉬운 Si를 적게 한다.
④ 가열과 냉각을 여러 번 반복한다.

해설 주철의 가열과 냉각의 횟수를 줄인다.

34. 주철이 성장하는 원인과 그 방지법에 대해 설명한 내용 중 틀린 것은?

① 펄라이트 조직 중의 Fe_3C 분해에 따른 흑연화 및 페라이트 조직 중의 Si의 산화로 성장한다.
② A_1변태의 반복(가열과 냉각) 과정 및 흡수된 가스의 팽창에 따른 부피 증가 등으로 성장한다.
③ 방지법으로 흑연의 조대화로 조직을 조대하게 하며, C 및 Si 양을 많게 한다.
④ 방지법으로 탄화물 안정화 원소인 Cr, Mn, Mo, V 등을 첨가하여 펄라이트 중의 Fe_3C 분해를 막는다.

해설 주철의 성장을 방지하기 위해서는 흑연을 미세화하고, C 및 Si의 양을 적게 한다.

35. 큐폴라에서 고온 용해한 용탕에 Ca-Si를 접종하여 만든 주철은?

① 구상흑연주철 ② 미하나이트주철 ③ 가단주철 ④ 백주철

해설 미하나이트주철은 Ca-Si를 접종하여 만든 주철로서 강인한 펄라이트주철이다.

36. 미하나이트주철에 대한 설명 중 틀린 것은?

① Ca-Si, Fe-Si 등의 접종제에 의해 만들어진 고급주철이다.
② 금형에 닿은 부분만 급랭하고 내부는 서랭하여 연하고 강인성을 갖게 한 주철이다.
③ 바탕조직은 pearlite로 흑연은 미세하게 분포되어 있다.
④ 내마모성이 요구되는 공작기계의 안내면과 강도를 요구하는 기관의 실린더로 쓰인다.

해설 금형에 닿은 부분만 급랭하고 내부는 서랭하여 연하고 강인성을 갖게 한 주철은 칠드주철이다.

37. 회주철의 성질 중 강과 비교하여 가장 뛰어난 성질은?

① 인장강도 ② 연신율 ③ 용접성 ④ 진동 흡수능

해설 주철은 진동 흡수능이 높다.

38. 주철의 조직에 가장 큰 영향을 주는 원소는 어느 것인가?

① C, Mn ② Si, Mn ③ Si, S ④ C, Si

해설 C, Si의 함량은 주철의 조직을 결정한다.

39. 주철에 함유된 P의 영향에 대한 설명으로 옳은 것은?

① 탄소의 용해도가 증가한다.
② 시멘타이트의 생성이 많아진다.
③ 용융점이 높아진다.
④ 유동성이 증가한다.

해설 주철에 P가 함유되면 유동성을 증가시킨다.

40. 고급주철의 제조 방법이 아닌 것은?

① 란쯔(lanz)법
② 에멜(emmel)법
③ 노듀럴(nodular)법
④ 미하나이트(meehanite)법

해설 노듀럴법은 구상흑연주철 제조 방법이다.

41. 탄소가 0.36%, 규소가 0.15% 함유된 주철의 탄소당량은?

① 0.41% ② 0.43%
③ 0.51% ④ 0.66%

해설 탄소당량(CE) $= TC\% + \frac{1}{3}(Si\% + P\%) = 0.41\%$

42. 다음 [보기]의 반응식과 같이 탈탄반응에 의하여 제조된 주철은?

| 보기 |

$O_2 + C \rightarrow CO_2$ 탈탄반응
$Fe_3C + CO_2 \rightarrow 3Fe + 2CO$

① 구상흑연주철 ② 백심가단주철
③ 흑심가단주철 ④ 합금주철

해설 백심가단주철은 백주철의 탈탄반응에 의해 제조된다.

43. 주철 중에 인(P)이 들어가서 내마모성을 향상시키는 조직의 형태는?

① 비드만스태튼(widmanstatten) 조직
② 덴드라이트(dendrite) 조직
③ 스테다이트(steadite) 조직
④ 베이나이트(bainite) 조직

해설 주철 중에 함유된 P는 스테다이트 조직으로 되어 내마모성을 향상시킨다.

44. Fe−Fe_3C−Fe_3P의 3원 공정물로 재질을 취약하게 하는 주철의 조직은?

① 칠 ② 스테다이트
③ 주상조직 ④ 비드만스태튼 조직

해설 P은 일부분이 페라이트 중에 고용되나, 대부분 스테다이트로 존재하며 다량 함유하면 취약해진다.

45. 스테다이트(steadite)란?

① α철−Fe_3C−Fe_3P의 공정 ② FeS−α철−Fe_3C의 공정
③ MnS−Fe_3P−Fe_3C의 공정 ④ FeO−β철−Fe_3P의 공정

해설 스테다이트는 α철−Fe_3C−Fe_3P의 3원 공정 합금이다.

46. 주철에 나타나는 스테다이트(steadite) 조직의 3원 공정물이 아닌 것은?

① Fe ② MgS ③ Fe_3P ④ Fe_3C

해설 스테다이트의 3원 공정물은 Fe, Fe_3P, Fe_3C이다.

정답 1. ② 2. ③ 3. ④ 4. ② 5. ① 6. ① 7. ① 8. ① 9. ④ 10. ② 11. ③ 12. ③
13. ④ 14. ② 15. ④ 16. ① 17. ③ 18. ③ 19. ④ 20. ② 21. ② 22. ③ 23. ① 24. ③
25. ④ 26. ③ 27. ③ 28. ② 29. ③ 30. ① 31. ④ 32. ③ 33. ④ 34. ③ 35. ② 36. ②
37. ④ 38. ④ 39. ④ 40. ③ 41. ① 42. ② 43. ③ 44. ② 45. ① 46. ②

제 4 장 비철금속재료

4-1 구리와 그 합금

(1) 구리와 그 합금

- 구리는 인류가 처음 사용한 금속이며, 전기전도율과 열전도율, 내식성이 우수하다.
- 가공성이 양호하고 인장강도도 크며, 용접성 및 접합성이 좋다.
- 전기재료, 기계부품, 건축재료, 장식품, 화폐 등에 사용된다.

① 구리의 성질

- Cu의 열전도율은 0.93 cal/cm²/cm/sec/℃으로서 금속 중에 Ag 다음으로 높으며, 비자성체로 전기전도율도 Ag 다음으로 높다.
- 면심입방격자로 전연성이 좋아 가공이 용이하다.
- 화학적 저항력이 커서 부식되지 않는다.
- 아름다운 광택과 귀금속적 성질이 우수하다.
- Zn, Sn, Ni, Ag 등과 용이하게 합금을 만든다.

(가) 물리적 성질 : 전기전도율을 해치는 불순물은 Ti, P, Fe, Si, As 등이다.

Cu의 물리적 성질

성질	수치	성질	수치
원자량	63.57	비열(20℃)	0.092 cal/g · ℃
결정구조	면심입방격자	선팽창계수	16.5×10^{-6}
밀도(20℃)	8.89 g/cm³	고유저항(20℃)	1.71 μΩ · cm
끓는점	2595℃	도전율	약 101% IACS
녹는점	1083℃	주조 수축률	4.05%

(나) 기계적 성질

㉠ 구리는 철과 같은 동소변태가 없고 재결정 온도는 약 200℃ 정도이다. 가열하면 연신율은 점점 감소되어 500~600℃에서 최저로 되고 그 온도 이상에서는 다시 연신율이 증가하므로 750~850℃의 범위에서 고온가공하면 좋다.

㉡ 구리는 상온가공이 쉽고 그 가공도에 따라 강도 및 경도가 증가한다.

㉢ 구리는 가공 정도에 따라 연질, 1/4 경질, 1/2 경질 등으로 구분되며 가공경화된 구리의 풀림은 450~600℃에서 30분~1시간 정도 실시한다.

Cu의 기계적 성질

성질	수치	성질	수치
인장강도	22~25 kgf/mm^2	피로한도	8.5 kgf/mm^2
연신율	49~60%	탄성계수	12200 kgf/mm^2
단면수축률	70~93%	브리넬 경도	35~40
아이조드 충격치	5.8 kg·-m	푸아송비	0.33±0.01

(다) 화학적 성질

㉠ 건조한 공기 중에는 산화하지 않으나 CO_2 또는 습기가 있으면 염기성 황산동 [$CuSO_4 \cdot Cu(OH)_2$]·염기성 탄산동[$CuCO_3 \cdot Cu(OH)_2$] 등의 구리 녹이 생긴다.

㉡ 염수(바닷물) 중에서의 부식률은 0.05 mm/년 정도이며, H_2를 함유한 환원성 분위기 중에서 구리를 가열하면 $Cu_2O+H_2 \rightarrow 2Cu+H_2O$로 반응하여 수증기의 팽창에 의해 수소취성이 발생한다.

② 구리의 제조

(가) 동광석에는 황동광($CuFeS_2$), 휘동광(Cu_2S), 적동광(Cu_2O) 등이 있으며 동광석의 품위는 Cu 10~15% 이상은 드물고 보통 2~4%의 것을 선광하여 품위를 20% 이상으로 하여 제련한다.

(나) 주괴를 만들 때 반사로를 사용하고, 적은 양은 도가니로, 전기로 등을 사용한다.

③ 구리의 종류

(가) 전기동(electrolytic copper) : 전기분해하여 음극에서 얻어지는 동으로 순도는 높으나 취약하여 가공이 곤란하다.

(나) 정련동(electrolytic tough pitch copper) : 강인동, 무산화동이라고 하며 용융정제하여 Cu 중에 O를 0.02~0.04% 정도 남긴 것으로 순도 99.92% 정도이다. 용해할 때 용광로 내의 분위기를 산화성으로 만들어 용융구리 중의 산소 농도를

증가시켜 수소함유량을 저하시킨 후 생목을 용동 중에 투입하는 폴링(poling)을 하여 탈산시킨 동이다. 전도성, 내식성, 전연성, 강도 등이 우수하여 판, 봉, 선 등의 전기공업용으로 사용한다.

㈐ 탈산동(deoxidized copper) : 용해 시에 흡수한 O를 P으로 탈산하여 산소를 0.01% 이하로 한 것으로 고온에서 수소취성이 없고 산소를 흡수하지 않으며 용접성이 좋아 가스관, 열교환관, 중유버너용관 등으로 사용한다.

㈑ 무산소동(OFHC : oxygen-free high conductivity copper) : O나 P, Zn, Si, K 등의 탈산제를 품지 않는 것으로 전기동을 진공 중 또는 무산화 분위기에서 정련 주조한 것이며 산소함유량은 0.001~0.002% 정도이다. 이것의 특성은 정련동과 탈산동의 장점을 갖춘 것이며 특히 전기전도도가 극히 좋고 가공성도 우수하다. 또한, 유리에 대한 봉착성 및 전연성이 좋으므로 진공관용 또는 기타 전자기기용으로 사용한다.

(2) 구리합금의 종류

① 황동(brass)

㈎ 황동의 상태도와 조직

㉠ 황동은 놋쇠라고도 하며, Cu+Zn의 합금이다.

㉡ 2원계 상태도는 황동형, 청동형, 공정형으로 분류하고 황동형에는 Zn의 함유량에 따라 α, β, γ, δ, ε, η의 6상이 있으나 실용되는 것은 α 및 $\alpha+\beta$의 2상이다.

㉢ α상은 Cu에 Zn이 고용된 상태로서 그 결정형은 FCC이고 전연성이 좋으며, β상은 BCC의 결정을 갖는다.

㉣ 7:3 황동의 상온 조직은 α상이다.

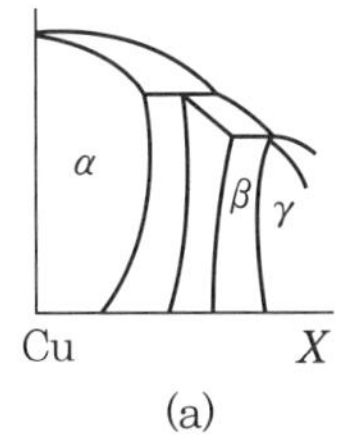

(a)

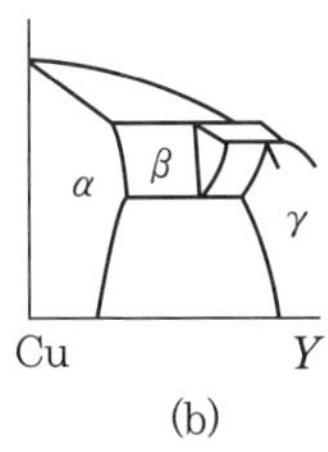

(b)

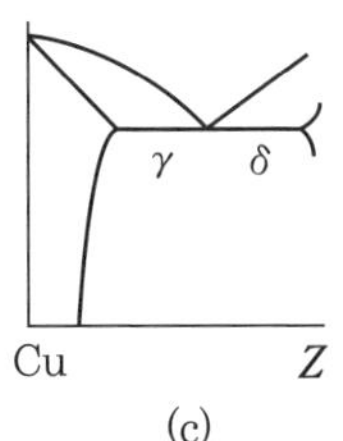

(c)

(a) 황동형 : Cu-Zn, Cu-Ti, Cu-Cd
(b) 청동형 : Cu-Sn, Cu-Si, Cu-Al, Cu-Be, Cu-In
(c) 공정형 : Cu-Ag, Cu-P

구리계의 2원합금 상태도

(나) 황동의 성질

㉠ 고온가공 : 6:4 황동은 적합하나 7:3 황동은 부적합하다.

㉡ 황동의 경년 변화(secular change) : 황동의 가공재를 상온에서 방치하거나 저온 풀림 경화시킨 스프링재가 사용 도중 시간의 경과에 따라 경도 등 여러 가지 성질이 악화되는 현상을 말한다.

㉢ 탈아연부식(dezincification) : 불순한 물 또는 부식성 물질이 녹아 있는 수용액의 작용에 의해 황동의 표면 또는 깊은 곳까지 탈아연 되는 현상을 말한다.

㉣ 자연균열(season cracking) : 응력 부식 균열로 잔류응력에 기인되는 현상이며 자연균열을 일으키기 쉬운 분위기는 암모니아, 산소, 탄산가스, 습기, 수은 및 그 화합물이 촉진제이고, 방지책은 도료 및 Zn 도금, 180~260℃에서 응력 제거 풀림 등으로 잔류응력을 제거하는 방법이 있다.

㉤ 고온탈아연(dezincing) : 고온에서 탈아연 되는 현상이며 표면이 깨끗할수록 심하다. 방지책은 황동 표면에 산화물 피막을 형성하는 방법이 있다.

(다) 황동의 종류 및 용도

㉠ 5~20% Zn 황동(tombac) : Zn을 소량 첨가한 것은 금색에 가까워 금박대용으로 사용하며 화폐, 메달 등에 사용되는 5% Zn 황동(gilding metal), 디프 드로잉용의 단동, 대표적인 10% Zn 황동(commercial brass), 15% Zn 황동(red brass), 20% Zn 황동(low brass) 등이 있다.

㉡ 25~35% Zn 황동 : 가공용 황동이 대표적이며 자동차용 방열기 부품, 탄피, 장식품으로 사용하는 7:3 황동(cartridage brass), 35% Zn 황동(yellow brass) 등이 있다.

㉢ 35~45% Zn 황동 : 6:4 황동(muntz metal)으로 $\alpha+\beta$ 황동이고 고온가공이 용이하며 복수기용판, 열간 단조품, 볼트와 너트, 대포 탄피 등에 사용한다.

㉣ 특수황동 : 황동에 다른 원소를 첨가하여 기계적 성질을 개선한 황동으로 Sn, Al, Fe, Mn, Ni, Pb 등을 첨가하여 합금원소 1양이 Zn의 x양에 해당할 때 이 x를 그 합금원소의 아연당량이라고 한다. 따라서 각종 합금원소를 첨가할 때 겉보기 Zn 함유량 B'를 구하는 식은 다음과 같다.

$$B' = \frac{B+(t \cdot q)}{A+B+(t \cdot q)} \times 100$$

여기서, A : 구리(%), B : 아연(%), t : 아연당량, q : 첨가 원소(%)

ⓜ 실용특수황동

- 7:3 황동에 1% Sn을 첨가한 애드미럴티황동(admiralty brass)이 있다.
- 용접봉 선박기계 부품으로 사용하는 네이벌황동(naval brass), 이것은 6:4 황동에 0.75% Sn을 첨가한 것이다.
- 쾌삭황동인 함연황동, 알브랙(albrac)이라고 하는 알루미늄황동, 규소황동 등이 있다.
- 고강도 황동으로는 6:4 황동에 8% Mn을 첨가한 망간청동, 1~2% Fe을 첨가한 델타메탈(delta metal) 등이 있다.

ⓑ 양백(nickel silver) : 기타 전기저항체, 밸브, 콕크, 광학기계 부품 등에 사용하는 7:3 황동에 10~20% Ni을 첨가한 양백 및 양은(nickel silver 또는 german silver)을 Ag 대용으로 쓰고 있다.

단원 예상문제

1. 인류가 처음 사용한 합금은?

① 고속도강 ② 청동 ③ 알루미늄합금 ④ 니켈합금

해설 인류가 최초로 사용한 합금은 청동합금이다.

2. 구리의 성질로 틀린 것은?

① 전연성이 크다. ② 경도가 높다.
③ 열전도율이 높다. ④ 전기전도율이 크다.

해설 구리는 경도가 낮다.

3. 구리에 대한 설명 중 적절하지 않은 것은?

① 융점이 철에 비해 높다. ② 열과 전기의 전도율이 높다.
③ 다른 금속에 비해 용해하기 쉽다. ④ 결정구조는 면심입방격자이다.

해설 구리의 융점은 철에 비해 낮다.(Fe 1539℃, Cu 1083℃)

4. 구리의 성질 중 틀린 것은?

① 고유의 색은 담적색이나 공기 중에서 표면이 산화되어 암적색이 된다.
② 자성체이며 전기전도율이 나쁘다.
③ 용융점은 약 1083℃이며 비중은 약 8.96이다.
④ 면심입방격자이며 열전도율이 크다.

해설 구리는 비자성체이며 전기전도율이 우수하다.

5. 구리합금에 대한 설명 중 틀린 것은?

① 황동은 Cu-Zn계 합금이다.
② 인청동은 탄성과 내마모성이 크다.
③ 문츠메탈(muntz metal)은 6:4 황동의 일종이다.
④ 네이벌황동은 7:3 황동에 Sn을 소량 첨가한 합금이다.

해설 네이벌황동은 6:4 황동에 Sn을 넣은 합금이다.

6. 동광석의 종류가 아닌 것은?

① 황동광 ② 휘동광 ③ 적동광 ④ 보크사이트

해설 보크사이트는 알루미늄의 원료광석이다.

7. 전기동을 용융정제할 때 용융금속 중에 생소나무 등을 투입하는 이유는?

① 탈산 ② 탈탄 ③ 탈황 ④ 탈인

해설 용탕 중에 흡수된 산소를 제거하기 위하여 생소나무 등을 넣어 조절한다.

8. 산소나 탈산제를 품지 않으며 유리에 대한 봉착성이 좋고 수소취성이 없는 시판동은?

① 전기동 ② 정련동
③ OFHC ④ 조동(blister copper)

해설 무산소동(OFHC) : 전기동을 진공 또는 무산화 분위기에서 정련 주조한 것으로 산소와 P, Sn, Si, K 등의 탈산제를 품지 않는다.

9. 구리의 도전율에 미치는 불순물 중 가장 해로운 원소는?

① Ti ② Fe ③ Mn ④ Ni

해설 Cu의 도전율에 미치는 불순물의 영향이 큰 순서대로 나열하면 Ti, P, Fe, Si, As이다.

10. 구리의 전도도를 가장 많이 해치는 원소는?

① Se, Te, S, Ag ② Pb, Bi
③ Fe, P, Si, As, Ti ④ Au, Zn, Pb, Pd

해설 구리의 전도도를 해치는 원소는 Ti, P, Fe, Si, As이다.

11. 구리를 환원성 분위기($Cu_2O+H_2 \rightarrow 2Cu+H_2O$)에서 가열할 때 미세 기포나 작은 균열이 발생하는 현상은?

① 고온취성 ② 풀림취성 ③ 수소취성 ④ 상온취성

해설 구리를 환원성 분위기에서 가열하면 수증기의 팽창에 의해 수소취성이 발생한다.

12. 구리의 화학적 성질에 관한 설명으로 옳지 못한 것은?

① CO_2가 있는 곳에서는 녹청인 $Cu_2(OH)_2CO_3$가 생긴다.
② 구리가 Cu_2O 상을 품었을 때 H_2 가스 중에서 기입하면 인성과 강도가 증가한다.
③ 구리는 질산이나 고온의 진한, 황산에는 침식된다.
④ 구리는 철강보다 내식성이 우수하고 암모늄염에는 침식당한다.

해설 Cu는 H_2를 함유한 환원성 분위기에서 가열하면 $Cu_2O+H_2 \rightarrow 2Cu+H_2O$로 반응하여 수소취성이 발생한다.

13. 황동의 합금 성분은?

① Cu+Zn ② Cu+Sn ③ Fe+Sn ④ Ni+Zn

14. 황동에 대한 설명으로 바른 것은?

① 구리와 아연의 합금으로 주조성과 가공성이 좋고 기계적 성질이 좋다.
② 구리와 주석의 합금으로 주조성과 가공성이 좋고 기계적 성질이 좋다.
③ 구리와 아연의 합금으로 주조성과 가공성은 좋으나 기계적 성질이 나쁘다.
④ 구리와 주석의 합금으로 주조성과 가공성은 좋으나 기계적 성질이 나쁘다.

15. 황동에 대한 설명 중 옳은 것은?

① 황동은 Cu–Sn계 합금이다.
② 네이벌황동(naval brass)은 7:3 황동에 Sn을 소량 첨가한 합금이다.
③ 인청동은 탄성과 내식성 및 내마모성이 좋다.
④ 문츠메탈(muntz metal)은 7:3 황동의 일종이다.

16. 황동의 성질을 잘못 설명한 것은?

① 황동은 자성이 있으므로 각종 기계재료에 사용된다.
② 바닷물에서 탈아연 현상이 일어난다.
③ 관, 봉 등에 자연균열이 가끔 일어난다.
④ 6:4 황동은 1000℃를 넘으면 아연이 비등하는 경우가 있다.

해설 황동은 자성이 없는 비자성체이다.

17. 황동의 평형 상태도상에서 6개의 상 중 α상의 결정형은?

① 체심입방격자 ② 면심입방격자
③ 조밀육방격자 ④ 정방격자

해설 α상의 결정형은 FCC, β상의 결정형은 BCC이다.

18. 7:3 황동이란 무엇인가?

① 구리 70, 아연 30
② 구리 70, 니켈 30
③ 구리 30, 주석 70
④ 구리 70, 망간 30

해설 7:3 황동 : 70% Cu+30% Zn
6:4 황동 : 60% Cu+40% Zn

19. 황동의 상태도에서 Zn의 함유량에 따라 α, β, γ, δ, ε, η의 6상이 존재한다. 이들 조합 중 공업용으로 상용되는 두 가지의 상(phase)은?

① α, $\alpha+\beta$
② β, $\beta+\delta$
③ γ, $\gamma+\varepsilon$
④ ε, $\varepsilon+\eta$

해설 황동에 함유된 Zn은 최대 45% 이하에서 활동되는 합금으로 α, $\alpha+\beta$의 상만이 존재한다.

20. Cu-Zn계 평형 상태도에서 β상은 어느 반응의 결과로 생기는가?

① 편정반응
② 포정반응
③ 공정반응
④ 공석반응

해설 Cu-Zn, Cu-Ti, Cu-Cd와 같은 황동에서는 포정반응으로 생긴 β가 상온에까지 존재한다.

21. 황동의 평형 상태도에서 6개의 상 중 β상의 결정형은?

① 체심입방격자
② 면심입방격자
③ 조밀육방격자
④ 정방격자

해설 β상은 체심입방격자(BCC)의 결정을 갖는다.

22. 7:3 황동의 상온 조직은?

① α ② β ③ γ ④ ε

해설 38% Zn 이하의 합금은 상온에서 α상을 갖으며, 이보다 많은 양은 $\alpha+\beta$상이 된다.

23. 황동의 조직에 대한 설명으로 틀린 것은?

① 실용되는 것은 α 및 $\alpha+\beta$의 2개의 상이다.
② α-고용체는 연하고 연성이 크다.
③ β-고용체는 체심입방격자 조직의 결정을 갖는다.
④ γ-고용체는 가공성이 우수하다.

해설 γ-고용체는 취약하고 가공성이 좋지 않아 실용성이 낮다.

24. 7:3 황동에 대한 설명으로 틀린 것은?

① α 고용체이다.

② Zn 30%에서 연신율이 최대인 황동이다.

③ 상온 가공성이 양호하다.

④ 인장강도가 최대인 황동이다.

해설 인장강도가 최대인 Zn의 함량은 45%이다.

25. 600℃의 온도에서 6:4 황동(muntz metal)의 평형 상태도의 조직은?

① $\alpha+\beta$ ② $\beta+\gamma$ ③ β ④ α

해설 6:4 황동은 600℃의 온도에서 $\alpha+\beta$의 조직이 나타난다.

26. 황동의 자연균열 방지책이 아닌 것은?

① 도료 ② 아연도금

③ 저온 응력 풀림 ④ 산화물 피막 형성

해설 자연균열(season cracking)의 방지책으로 도료, Zn도금, 180~260℃에서 응력 제거 풀림을 한다.

27. 황동합금에서 탄성, 내마모성, 내식성을 향상시키고 유동성을 증가시키는 원소는?

① P ② Co ③ C ④ W

해설 황동주물에 P의 첨가는 탄성, 내마모성, 내식성, 유동성을 증가시킨다.

28. Cu-Zn계 합금 평형 상태도에서 아연 32.5%의 합금을 900℃에서 염빙수 중에 담금질하면 확산을 수반하지 않는 변태를 한다. 이때의 조직은?

① 마텐자이트 ② 펄라이트 ③ 오스테나이트 ④ 소르바이트

해설 마텐자이트 변태는 무확산변태이다.

29. 6:4 황동에 해당하는 금속은?

① 델타메탈 ② 톰백 ③ 레드브라스 ④ 단동

해설 델타메탈은 6:4 황동에 Fe 1%를 첨가한 합금이다.

30. 레드브라스(red brass)는 어느 동합금인가?

① Cu-5% Zn ② Cu-10% Zn ③ Cu-15% Zn ④ Cu-30% Zn

해설 레드브라스는 Cu-15% Zn 합금으로 내식성이 좋고, 건축용 잡화, 소켓 등에 사용된다.

31. 황동의 종류가 아닌 것은?

① 하스텔로이 ② 톰백
③ 문츠메탈 ④ 길딩메탈

해설 하스텔로이는 내열합금이다.

32. 다음 중 아연을 함유한 구리합금이 아닌 것은?

① 황동 ② 청동
③ 양은 ④ 델타메탈

해설 청동은 Cu-Sn계이다.

33. Cu 65%, Zn 30%의 황동에 Sn 5%를 첨가했을 때 겉보기 아연량을 계산한 것으로 옳은 것은? (단, Sn의 아연당량은 2.0이다.)

① 30.3% ② 33.3%
③ 38.1% ④ 40.1%

해설 $B' = \frac{B+(f \cdot q)}{A+B+(f \cdot q)} \times 100 = \frac{30+(2 \times 5)}{65+30+(2 \times 5)} \times 100 = 38.09\%$

34. 강력황동(high strength brass)에 대한 설명 중 관계없는 것은?

① 상온에서 $\alpha+\beta$ 조직이 대부분이다.
② 내식성이나 내해수성이 적고 강도가 낮은 것이 결점이다.
③ 6:4 황동에 Mn, Al 등을 넣은 합금이다.
④ 주물용이나 단조 내마모용 단조품으로 이용된다.

해설 강력황동은 고력황동이라고도 하며, 내식성이나 내해수성이 크고 강도가 높은 6:4 황동 주물이다.

35. 양백(nickel silver)의 주성분은?

① Cu-Ni-Fe ② Cu-Zn-Ni
③ Cu-Zn-Cr ④ Cu-Ni-Co

해설 양백 또는 양은이라고도 하며, Cu-Zn-Ni 합금이다.

36. 황동에 10~20% Ni을 첨가한 것으로 탄성 및 내식성이 좋으므로 탄성재료나 화학기계용 재료에 사용되는 것은?

① 양은 ② Y합금 ③ 텅갈로이 ④ 길딩메탈

해설 양은은 7:3 황동에 Ni을 10~20% 첨가한 합금으로 탄성 및 내식성이 우수하다.

37. 7:3 황동에 Fe 2%와 소량의 Sn, Al을 첨가한 합금은?

① 저먼실버(german silver) ② 문츠메탈(muntz metal)
③ 두라나메탈(durana metal) ④ 틴 브론즈(tin bronze)

해설 • 저먼실버 : 양은이라고도 하며, 7:3 황동에 Ni 10~20%를 첨가한 합금으로 양백, 백동, 니켈, 청동, 은 대용품으로 사용되며, 전기저항선, 스프링 재료, 바이메탈용으로 쓰인다.
• 두라나메탈 : 7:3 황동에 Fe 2%와 소량의 Sn, Al을 첨가한 합금으로 전기저항이 높고 내열성, 내식성이 우수하다.

38. 다음 중 양백(nickel silver)의 특징에 속하는 것은?

① 내식성이 없고 해수에서는 순 알루미늄의 1/3 정도밖에 내식성이 나타나지 않는다.
② 은과 같은 광택과 촉감이 있는 반면 부식 당하지 않으며 특히 전기저항으로도 쓰인다.
③ 용융점 이상에서 산소에 대한 친화력이 대단히 강하므로 공기 중에서 발화된다.
④ 철보다는 내식성이 크나 바닷물에는 약하다.

해설 양백은 양은이라고도 하며, 전기저항이 높고 내열, 내식성이 좋아 일반 전기저항체로 사용된다.

39. 장식, 식기, 악기용으로 사용되는 Ni 합금은?

① 양은 ② 바이메탈 ③ 모넬합금 ④ 인바

해설 양은은 Cu-Zn-Ni 합금으로서 장식, 식기, 악기용으로 사용되는 Ni 합금이다.

40. 콜슨(corson)합금은 구리와 니켈에 어떤 원소가 포함된 것인가?

① Si ② Mg ③ Mn ④ Zn

41. Cu-Ni 합금에 Si를 첨가한 석출경화성 합금으로 이용되는 것은?

① 콜슨합금 ② 델타메탈합금
③ 문츠메탈합금 ④ 브리타니아합금

해설 corson합금은 Cu-Ni-Si의 조성으로 강력하고 비교적 도전율이 좋으므로 강력 도전 재료로 이용된다.

42. 황동에 1% 내외의 Zn을 Sn으로 대치하여 내해수성을 향상시켜 선박의 복수기관에 쓰이는 특수황동의 명칭은?

① 델타메탈 ② 망간황동
③ 니켈황동 ④ 애드미럴티황동

해설 애드미럴티황동은 7:3 황동에 Sn을 1% 첨가한 합금이다.

43. 7:3 황동에 1% 내외의 Sn을 첨가하여 내해수성을 향상시켜 증발기, 열교환기 등에 사용되는 특수황동은?

① 델타메탈 ② 니켈황동 ③ 네이벌황동 ④ 애드미럴티황동

해설 • 델타메탈 : 6:4 황동에 Fe 1~2% 첨가, 강도, 내식성 우수
• 니켈황동(양은) : 7:3 황동에 Ni 10~20% 첨가, 주단조 가능
• 네이벌황동 : 6:4 황동에 Sn 0.75% 첨가, 내해수성이 강해 선박기계에 사용

44. 황동의 내식성을 개량하기 위하여 1% 전후의 주석을 첨가한 합금은?

① 콜슨합금 ② 아암즈청동 ③ 네이벌황동 ④ 켈밋

해설 네이벌황동은 주석을 첨가하여 내식성을 개선한 황동이다.

45. Sn 10%의 포금(gun metal)을 만들 때 주조성을 개선하기 위한 탈산제로 적당한 것은?

① Si ② Co ③ W ④ Zn

해설 Zn은 주조성을 개선한다.

46. free cutting brass의 올바른 뜻은?

① 인청동 ② 강인강 ③ 쾌삭황동 ④ 수인강

해설 납입황동에 쾌삭황동(free cutting brass)이 있다.

47. 황동의 자연균열 방지책이 아닌 것은?

① 도료를 바른다. ② 아연도금을 한다.
③ 응력 제거 풀림을 한다. ④ 산화물 피막을 형성시킨다.

해설 자연균열은 산소, 탄산가스, 습기가 있는 산화 분위기에서 많이 발생하므로 반드시 산화물 피막을 제거해야 한다.

48. 황동 가공재를 상온에서 방치하거나 저온 풀림 경화로 얻은 스프링재가 사용 중 시간의 경과에 따라 경도 등의 성질이 악화되는 현상을 무엇이라 하는가?

① 경년 변화 ② 자연균열 ③ 탈아연 현상 ④ 저온 풀림 경화

해설 경년 변화는 시간의 경과에 따라 경도 등 여러 가지 성질이 악화되는 현상이다.

정답 1. ② 2. ② 3. ① 4. ② 5. ④ 6. ④ 7. ① 8. ③ 9. ① 10. ③ 11. ③ 12. ②
13. ① 14. ① 15. ③ 16. ① 17. ② 18. ① 19. ① 20. ② 21. ① 22. ① 23. ④ 24. ④
25. ① 26. ④ 27. ① 28. ① 29. ② 30. ③ 31. ① 32. ② 33. ③ 34. ② 35. ② 36. ①
37. ③ 38. ② 39. ① 40. ① 41. ① 42. ④ 43. ③ 44. ③ 45. ④ 46. ③ 47. ④ 48. ①

② 청동(bronze)

- 청동은 Cu-Sn 합금을 말하며 주석청동이라 한다.
- 장신구, 무기, 불상, 종 등의 금속제품으로 오래전부터 실용되어 왔다.
- 내식성과 내마모성이 황동보다 좋으므로 10% 이내의 것을 각종 기계주물용, 미술 공예품으로 사용한다.

(가) 청동의 상태도와 조직

㉠ Cu에 Sn이 첨가되면 용융점이 급속하게 내려간다.

㉡ α 고용체의 Sn 최대 고용한도는 약 15.8%이며 주조 상태에서는 수지상 조직으로서 구리의 붉은색 또는 황적색을 띠고 전연성이 풍부하다.

㉢ β 고용체는 BCC격자를 이루며 고온에서 존재하는데, 이것을 담금질하여 상온에 나타나게 한 것은 붉은색을 띤 노랑색이며 강도는 α보다 크고 전연성은 떨어진다.

㉣ γ 고용체는 고온에서의 강도가 β보다 훨씬 큰 조직이고, δ 및 ε은 청색의 화합물로 $Cu_{31}Sn_8$ 및 Cu_3Sn이며 취약한 조직이다. 평형 상태도에서 β 고용체는 586℃에서 $\beta \rightleftarrows \alpha+\gamma$의 공석변태를 일으키고 γ 고용체는 다시 520℃에서 β와 같은 $\gamma \rightleftarrows \alpha+\delta$의 공석변태를 일으킨다.

(나) 주석청동의 종류 및 용도

㉠ 포금(gun metal)

- 애드미럴티 건 메탈(admiralty gun metal)이라고도 하며, 8~12% Sn에 1~2%의 Zn을 넣어 내해수성이 좋고 수압, 증기압에도 잘 견디므로 선박용 재료로 사용한다.
- 650~750℃에서 30분간 풀림 처리하면 균일한 α조직이 되어 연성이 증가한다.

㉡ 베어링용 청동

- 10~14% Sn을 첨가하여 경도가 크고 내마모성이 큰 베어링, 차축 등에 사용한다.
- 켈밋(kelmet) : 28~42% Pb, 2% 이하의 Ni, Ag, 0.8% 이하의 Fe, 1% 이하의 Sn을 함유한 Cu 합금을 켈밋이라고 하는데, 고속 회전용 베어링 등에 사용한다.
- 소결베어링 합금 : Cu 분말에 8~12% Sn 분말과 4~5%의 흑연 분말을 배합하여 압축 성형하고, 900℃의 온도에서 소결한 것으로 다공질이므로 20~40%의 기름을 흡수한 오일리스(oilless) 베어링이라고도 한다.

㉢ 화폐용 청동

- α청동은 단조성이 좋으므로 프레스 작업이 용이하고, 단단하고 강인하여 마멸, 부식에 잘 견디므로 주로 화폐, 상패 등에 사용한다.
- 3~8% Sn을 함유하는 단조청동의 일종이다. 주조 시 유동성 향상을 위하여 1% 정도의 Zn을 첨가하며, 조각성을 좋게하기 위해서는 1~3% Pb을 첨가한다.

㉣ 미술용 청동

- 동상이나 실내 장식 또는 건축물 등에 많이 사용하며 유동성을 좋게 하고 정밀주물을 제작하기 위하여 Zn을 비교적 많이 첨가하고 절삭성 향상을 위하여 Pb을 첨가한다.
- 이 합금은 80~90% Cu, 2~8% Sn, 1~12% Zn, 1~3% Pb이다.

(다) 특수청동의 종류

㉠ 인청동

- 인청동은 청동의 용해 주조 시에 탈산제로 사용하는 P의 첨가량이 많아 합금 중에 0.05~0.5% 정도 남게 하면 용탕의 유동성이 좋아지고 합금의 경도, 강도가 증가하며 내마모성, 탄성이 개선된다.
- 스프링용 인청동은 보통 7~9% Sn, 0.03~0.05% P를 함유한 청동이다.

㉡ 연청동 : 주석청동 중에 Pb을 3.0~26% 첨가한 것으로 그 조직 중에 Pb이 거의 고용되지 않고 입계에 존재하여 윤활성이 좋아지므로 베어링, 패킹재료 등에 사용한다.

㉢ 알루미늄청동

- Cu-12% Al 합금으로 황동, 청동에 비해 강도, 경도, 인성, 내마모성, 내피로성 등의 기계적 성질 및 내열, 내식성이 좋아 선박, 항공기, 자동차 등의 부품용으로 사용한다.
- 주조성, 가공성, 용접성이 떨어지며, 융합손실이 크다.
- Cu-Al 상태도에서 6.3% Al까지는 α 고용체를 만드나 그 이상으로 되면 565℃에서 $\beta \rightarrow \alpha + \delta$의 공석변태를 하여 서랭취성을 일으킨다.
- Mn은 서랭취성의 방지 원소로 Cu-Al 8~12%-Ni 0.5~2%-Fe 2~5%-Mn 0.5~2%의 암스브론즈, Cu-Al 7.5%-Mn 12%-Ni 2%-Fe 2.5%의 노브스톤 등이 있다.

㉣ 규소청동 : Cu에 탈탄을 목적으로 Si를 첨가한 청동으로 4.7% Si까지 상온에서 Cu 중에 고용되어 인장강도를 증가시키고 내식성, 내열성을 좋게 한다.

ⓜ 기타 특수청동

- 콜슨(corson)합금(Cu−Ni−Si), 양백(Cu−Ni−Zn) 등이 있다.
- 베릴륨청동(beryllium bronze) : Cu에 2~3% Be을 첨가한 시효경화성 합금이며 Cu 합금 중의 최고 강도를 가지고 피로한도, 내열성, 내식성이 우수하여 베어링, 고급 스프링 재료로 사용한다.

단원 예상문제

1. 청동(bronze)은 무엇의 합금인가?

① Cu−Zn ② Cu−Pb ③ Cu−Mn ④ Cu−Sn

2. 장신구, 무기, 불상, 범종 등의 재료로서 사용되어 왔으며 임진왜란 시 거북선 포신으로 사용된 금속은?

① 청동 ② 황동 ③ 양은 ④ 톰백

해설 주석청동은 황동보다 내식성과 내마모성이 좋아 오래전부터 사용되었다.

3. 청동은 다음 설명 중 어느 것에 속하는 금속인가?

① 구리와 아연의 합금으로 내식성과 내마모성이 우수하다.
② 구리와 아연의 합금으로 내식성은 우수하나 내마모성이 나쁘다.
③ 구리와 주석의 합금으로 내식성과 내마모성이 우수하다.
④ 구리와 주석의 합금으로 내식성은 우수하나 내마모성이 나쁘다.

해설 청동은 Cu+Sn 합금으로 내식성과 내마모성이 우수하다.

4. Cu−Sn의 평형 상태도 상에서 Sn의 최대 고용한도는 520℃에서 약 몇% 정도인가?

① 11.0 ② 13.5 ③ 15.8 ④ 24.6

해설 Cu−Sn α 고용체의 Sn 최대 고용한도는 15.8%이며 주조 상태에서 수지상 조직을 갖는다.

5. 청동합금에 탄성, 내마모성, 내식성을 향상시키고 유동성 증가를 위하여 첨가하는 원소로 가장 적합한 것은?

① Pb ② Mn
③ Zn ④ P

해설 청동합금에 P을 0.05~0.5% 정도 남게 하면 탄성, 내마모성, 내식성이 좋아지고, 유동성이 좋아진다.

6. **청동의 탈산 작용과 더불어 용탕의 유동성 개선 및 강도, 경도, 내마모성, 탄성을 향상 시키는 원소로 옳은 것은?**

① Al ② Si ③ P ④ Pb

해설 인청동이라고 하며, 고탄성을 요구하는 판, 선 등을 가공재, 펌프부품, 기어, 선박부품, 화학기계용으로 사용된다.

7. **인청동의 특징이 아닌 것은?**

① 탄성이 낮다. ② 내마멸성이 크다.
③ 내식성이 크다. ④ 탄성피로가 작다.

해설 인청동은 0.05~0.5% 정도의 P을 남게 하여 경도, 강도 증가와 내식성, 내마모성, 탄성을 크게 한 합금이다.

8. **인청동의 특징을 설명한 것 중 틀린 것은?**

① 내식성 및 내마모성이 우수하다.
② 펌프부품, 기어 및 화학기계용 부품에 사용한다.
③ 주석청동 중에 보통 0.05~0.5%의 인을 함유한다.
④ 인은 극소량이 Cu 중에 고용되고, 나머지 Cu_3P 상은 연성을 높여주는 역할을 한다.

해설 P은 Cu 중에 극소량 고용되어 대부분 취약한 Cu_3P 상으로 존재한다.

9. **포금(gun metal)이란 무엇인가?**

① Fe+8~12% Sn+Pb ② Al+8~12% Zn+Sn
③ Pb+10~15% Zn+1% Al ④ Cu+8~12% Sn+1~2% Zn

해설 청동주물로서 포금(gun metal)은 애드미럴티 건 메탈이라고도 하며 8~12% Sn에 1~2%의 아연을 넣은 것으로 대포의 포신재료로 사용되었다.

10. **애드미럴티 건 메탈(admiralty gun metal)의 주석함량은 몇 %인가?**

① 1 ② 10 ③ 25 ④ 40

해설 애드미럴티 건 메탈은 8~12% Sn에 1~2%의 Zn을 넣은 합금이다.

11. **8~12%의 알루미늄을 함유한 구리합금으로서 황동 및 청동에 비하여 강도, 경도, 인성 및 내마모성 등이 우수하여 화학공업용 기계, 선박, 차량 등의 부품으로 이용되는 재료는?**

① 알루미늄황동 ② 알루미늄청동
③ 톰백 ④ 켈밋

해설 알루미늄청동은 황동이나 청동에 비해 내해수성이 좋고 강한 합금이다.

12. 탄성률이 높아 스프링 재료로 가장 많이 사용되는 합금은?

① Al청동 ② Mn청동 ③ Ni청동 ④ P청동

해설 스프링용 인청동은 7~9% Sn, 0.03~0.05% P의 합금이다.

13. 주석, 아연, 납을 각각 5%씩 함유시킨 구리합금을 무엇이라 하는가?

① 주석청동 ② 납청동 ③ 레드브라스 ④ 켈밋

해설 납청동 또는 연입청동이라고도 하며, 청동에 Zn, Pb을 넣은 청동합금이다.

14. 연청동에 대한 설명 중 틀린 것은?

① 주석청동 중에 Pb을 3.0~26% 첨가한 합금이다.
② 응고 범위가 넓어 역편석이 일어나기 쉽다.
③ 인성이 우수하나 베어링에 적합하지 않다.
④ 편정반응의 상태도를 갖는 합금이다.

해설 인성과 윤활성이 좋아 베어링용 합금에 적합하다.

15. 황동이나 청동에 비해 강도, 경도, 인성, 내마모성, 내피로성 등의 기계적 성질 및 내열, 내식성이 좋아 선박, 항공기, 자동차 등의 부품용으로 사용되며, Novostone이라고 불리는 특수청동은?

① 인청동(phosphor bronze) ② 연청동(lead bronze)
③ 알루미늄청동(aluminium bronze) ④ 규소청동(silicon bronze)

해설 Novostone의 알루미늄청동은 Cu에 Al을 2~15% 첨가한 합금이다.

16. 강도가 크고, 고온이나 저온의 유체에 잘 견디며 불순물을 제거하는 데 사용되는 금속 필터, 즉 다공성이 뛰어난 재질은 어떤 방법으로 제조된 것이 가장 좋은가?

① 소결 ② 기계가공 ③ 주조가공 ④ 용접가공

해설 오일리스 베어링 합금(다공질성 소결합금)은 Cu 분말에 8~12% Sn 분말과 4~5% 흑연 분말을 배합하여 압축 성형하고, 900℃의 온도에서 소결한 것으로 다공질성이다.

17. 분말야금에 의하여 제조된 소결베어링 합금으로 급유가 어려운 부분의 베어링으로 사용되며 마멸이 적은 합금은?

① 카드뮴계 베어링 합금 ② 알루미늄계 베어링 합금
③ 화이트메탈계 합금 ④ 오일리스 베어링 합금

해설 오일리스 베어링 합금(다공질성 소결합금)은 무게의 20~40%의 기름을 흡수시켜 Cu+Sn+흑연분말 중에서 700~750℃, H_2 기류로 소결(윤활유 4~5% 침투)시킨 것이다.

18. 동(Cu)계 함유 베어링(오일리스 베어링)의 주요 조성으로 옳은 것은?

① Cu–Ti–Ni ② Cu–Ta–Al ③ Cu–S–Cr ④ Cu–Sn–C

19. 동합금 중 서랭취성이 심한 합금은?

① 문츠메탈 ② Al청동 ③ Pb청동 ④ 인청동

해설 Al청동은 565℃에서 $\beta \rightarrow \alpha+\delta$의 공석변태를 하여 서랭취성을 일으킨다.

20. Al청동의 서랭취성은 어떤 변태에 의해 나타나는가?

① 공석변태 ② 공정반응 ③ 포석반응 ④ 편정반응

해설 서랭취성은 β상이 공석변태로 조대한 $\alpha+\delta$상이 되어 β 결정입계가 소실하고 마치 1개의 큰 결정입화를 일으켜 취화하는 현상이다.

21. 석출경화성 동합금은 어느 것인가?

① 알루미늄청동 ② 니켈합금 ③ 베릴륨청동 ④ 규소청동

해설 베릴륨청동은 Cu에 2~3%의 Be을 첨가한 석출경화성 합금이다.

정답 1. ④ 2. ① 3. ③ 4. ③ 5. ④ 6. ③ 7. ① 8. ④ 9. ④ 10. ② 11. ② 12. ④ 13. ② 14. ③ 15. ③ 16. ① 17. ④ 18. ④ 19. ② 20. ① 21. ③

4-2 경금속과 그 합금

(1) 알루미늄과 그 합금

① 알루미늄의 특징

(가) 비중은 2.7로서 가벼우며 용융점이 660℃로 낮고, 면심입방구조이다.

(나) 전연성이 우수한 전기, 열의 양도체이며 내식성이 좋은 금속이다.

(다) 알루미늄의 광석은 보크사이트이다.

(라) 선, 박, 관 등은 자동차, 항공기, 가정용기, 화학공업용 용기 등에 사용되고, 분말은 산화방지도료, 화약 제조 등에 사용된다.

② 알루미늄의 성질

(가) 전기전도도는 Cu의 약 65% 정도이며, 전기전도도를 해치는 원소는 Ti, Mn, Zn, Cu, Si, Fe 등의 순서이다.

(나) 화학적 성질은 표면에 생기는 산화피막의 보호 작용 때문에 내식성이 좋다.

(다) 열간가공은 280~500℃가 적합하며, 냉간가공의 경우 가공률 70~80%까지는 중간풀림하지 않고 계속 가공할 수 있다.

㈑ 상온가공하면 경도와 인장강도는 증가하고 연신율은 감소한다.
㈒ 재결정 온도는 Al 순도에 따라 다르나 260℃ 부근이며, 공업적 풀림온도는 340~360℃이다.
㈓ 해수에 부식되기 쉬우며, 염산, 황산, 알칼리 등에도 잘 부식된다.

③ 알루미늄의 방식법
㈎ 양극산화피막 처리하여 방식성이 우수한 아름다운 피막이 얻어진다.
㈏ 수산법, 황산법, 크롬산법 등이 있다.

양극산화피막법

양극산화피막법의 종류	처리 방법
수산법	알루마이트법이라고도 하며 2% 수산용액에서 전해 처리하는 방법
황산법	알루미나이트법이라고도 하며 15~25% 황산액에서 피막을 형성하는 방법
크롬산법	3%의 산화크롬(Cr_2O_3) 수용액을 사용하며 전해액의 온도는 40℃ 정도 유지하여 처리하는 방법

(2) 알루미늄합금의 개요

알루미늄합금의 분류

주조용	가공용		
	내식용	고강도용	내열용
Al－Cu계 Al－Cu－Si계 Al－Si계 Al－Si－Mg계 Al－Mg계 Al－Cu－Ni계	Al－Mn계 Al－Mn－Mg계 Al－Mg계 Al－Mg－Si계	Al－Cu계 Al－Cu－Mg계 Al－Zn－Mg계	Al－Cu－Ni계 Al－Ni－Si계

① Al합금은 Al－Cu계, Al－Si계, Al－Cu－Mg계 등이 있으며 주조용과 가공용으로 분류하고 가공용 Al합금에는 내식, 고력, 내열용이 있다.
② Al합금의 대부분은 시효경화성이 있으며 용체화 처리와 뜨임에 의해 경화한다.
③ 과포화 고용체 α'를 오랜 시간 방치하면 $\alpha' \rightarrow \alpha + CuAl_2(\theta)$와 같이 석출하여 경화의 원인이 된다.
④ 과포화 고용체를 상온 또는 고온에서 유지함으로써 시간의 경과에 따라 합금의 성질이 변화하는 것을 시효라 한다. 자연시효와 100~200℃에서 하는 인공시효가 있다.

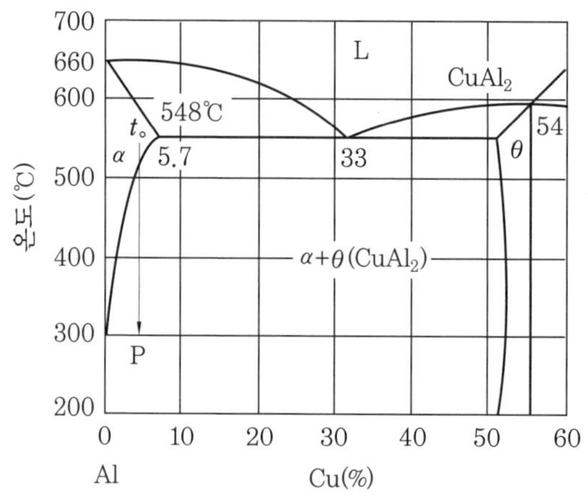

Al-Cu 상태도

(3) 주조용 알루미늄합금

① Al은 일반적으로 유동성이 좋지 않고 응고될 때 수축량이 크며, 핀홀이 생기기 쉽다.

② 용해 시 가열온도가 높으면 각종 가스 흡수량이 증가한다.

③ 탈가스 하는 방법은 다음과 같다.

- 불활성 가스를 용융금속에 불어넣는다.
- 쇳물을 한 번 급랭, 응고시킨 다음 다시 서서히 응고한다.
- 염화아연을 쇳물 무게에 대하여 0.2% 정도 첨가한다.
- 플루오르화 나트륨 등의 탈가스제를 첨가한다.
- 용융금속 중에 초음파 진동을 부여한다.

(가) Al-Cu계 합금

㉠ 담금질 시효에 의하여 강도가 증가하는 합금이다.

$$\alpha' \rightarrow \alpha + CuAl_2(\theta)$$

㉡ 내열성, 연신율, 절삭성이 좋으나 고온취성이 크고 수축에 의한 균열 등의 결점이 있다.

㉢ 실용합금으로는 내연기관의 부품인 4% Cu합금(알코아 195), 자동차 부품인 8% Cu합금(알코아 12), 자동차 피스톤, 방열기, 실린더 등으로 사용한다.

(나) Al-Cu-Si계 합금

㉠ 라우탈(lautal)이라 하며 3~8% Cu, 3~8% Si의 조성이며 Si에 의해 주조성을 개선하고 Cu에 의해 피삭성을 좋게 한 합금이다.

㉡ 주조 조직은 고용체의 초정을 2원 공정(α+Si) 및 3원 공정($\alpha+\theta$+Si)이 포위한 상태이며, Fe은 침상의 $FeAl_3$상이 된다.

(다) Al–Si계 합금

㉠ 단순히 공정형으로 공정점 부근의 성분은 실루민(silumin), 알팩스(alpax)라고 부른다.

㉡ 주조 조직에 나타나는 Si는 육각판상의 거친 결정으로 실용할 수가 없기 때문에 금속 나트륨, 불화알칼리, 가성소다, 알칼리염류 등을 접종시켜 조직을 미세화시키고 강도를 개선하는 개량처리를 한다.

㉢ 실루민에 Mg을 첨가하여 Mg_2Si상에 의한 시효성을 준 합금으로 γ–실루민(Al–9% Si–0.5% Mg)이 있다.

(라) 내열용 Al합금

㉠ 자동차, 항공기, 내연기관의 피스톤, 실린더 등으로 사용하며, 실용합금으로는 주로 피스톤으로 사용되는 Y합금(Al–4% Cu–2% Ni–1.5% Mg), 로우엑스(Lo–Ex)합금(Al–12~14% Si–1% Mg–2~2.5% Ni), 코비탈륨(cobitalium)합금 등이 있다.

㉡ Y합금은 3원 화합물인 $Al_5Cu_2Mg_2$에 의해 석출경화되며, 510~530℃에서 온수냉각 후 약 4일간 상온시효한다. 인공시효처리를 할 경우에는 100~150℃에서 실시한다.

(마) 다이캐스팅용 Al합금 : 알코아, 라우탈, 실루민, Y합금 등이 있으며 다이캐스팅용 합금으로 특히 요구되는 성질은 다음과 같다.

㉠ 유동성이 좋을 것

㉡ 열간취성이 적을 것

㉢ 응고 수축에 대한 용탕 보급성이 좋을 것

㉣ 금형에 대한 점착성이 좋지 않을 것

(4) 가공용 알루미늄합금

알루미늄합금의 계열별 분류

계열	분류	계열	분류
1000계열	Al 99.9% 이상	6000계열	Al–Mg–Si계 합금
2000계열	Al–Cu계 합금	7000계열	Al–Zn계 합금
3000계열	Al–Mn계 합금	8000계열	기타
4000계열	Al–Si계 합금	9000계열	예비
5000계열	Al–Mg계 합금		

① 내식성 Al합금

(가) Al에 첨가 원소를 넣어 내식성을 해치지 않고 강도를 개선하는 원소는 Mn, Mg, Si 등이고 Cr은 응력 부식을 방지하는 효과가 있다.

(나) 알코아(Al-1.2% Mn), 하이드로날륨(Al-6~10% Mg), 알드레이 등이 있다.

② 내열용 Al합금

(가) Y합금 : 4% Cu, 2% Ni, 1.5% Mg 등을 함유한 Al합금으로 고온에서 강한 것이 특징이며, 모래형 또는 금형 주물 및 단조용으로 사용되고, 내연기관용 피스톤, 공랭 실린더 헤드 등에 사용된다.

(나) 하이드미늄 : Cu와 Ni을 Y합금보다 적게 하고, Fe, Ti을 약간 함유한 Al합금이다.

(다) 로우엑스 합금 : 팽창률이 낮은 합금으로 0.8~0.9% Cu, 1.0% Mg, 1.0~2.5% Ni, 11~14% Si, 1.0% Fe 등을 함유하고 열팽창계수가 작으며, 내열, 내마멸성이 좋고, 피스톤용으로서 금형에서 주조한다.

③ 고강도 Al합금

(가) 두랄루민의 시효경화성 Al합금의 대표적인 것으로 Al-Cu-Mg계와 Al-Zn-Mg계로 분류된다. 단조용에 Al-Cu계, 내열용에 Al-Cu-Ni-Mg계도 있다.

(나) 두랄루민(duralumin)은 Al-4% Cu-0.5% Mg, Mn합금으로 500~510℃에서 용체화 처리 후 상온시효하여 기계적 성질을 개선시킨 합금이다. 이 합금은 비중이 약 2.79이므로 비강도가 연강의 약 3배나 된다.

(다) 초두랄루민(SD, super duralumin)은 2024합금으로 Al-4.5% Cu-1.5% Mg-0.6% Mn의 조성을 가지며 항공기 재료로 사용된다.

(라) 초초두랄루민(ESD, extra super duralumin)은 Al-1.5~2.5% Cu-7~9% Zn-1.2~1.8% Mg-0.3~0.5% Mn-0.1~0.4% Cr의 조성을 가지며 알코아 75S 등이 여기에 속하고 인장강도가 54 kgf/mm^2 이상의 두랄루민을 말한다.

고강도 알루미늄합금의 성분과 기계적 성질

합금명	표준 성분(%)						열처리 온도(℃)		
	Cu	Mn	Mg	Zn	Cr	Al	풀림	담금질	뜨임
17S(두랄루민)	4.0	0.5	0.5	-	-	나머지	415	505	
24S(초두랄루민)	4.5	0.6	1.5	-	-	나머지	415	495	190(8~10시간)
75S(초초두랄루민)	1.5	0.2	2.5	5.6	0.3	나머지	415	495	120(22~26시간)

단원 예상문제

1. 알루미늄의 특성에 대한 설명으로 옳은 것은?

① 알루미늄은 불순물의 함유량이 많을수록 내식성이 우수하다.
② 해수에 부식이 강하며 특히 염산, 황산, 알칼리 등에 부식되지 않는다.
③ 알루미늄의 방식법에는 수산법, 황산법, 크롬산법 등이 있다.
④ 대기 중에 산화 생성물인 알루미나는 불안정하기 때문에 산화를 방지해 주지 못한다.

해설 알루미늄은 불순물의 함량이 많을수록 내식성이 낮고, 해수와 염산, 황산, 알칼리 등에 잘 부식된다. 알루미나는 안정적인 산화물이다.

2. 알루미늄의 화학적 성질을 설명한 것 중 옳은 것은?

① 염화물 용액 중에서 내식성이 우수하다.
② 암모니아수 중에서는 빨리 부식된다.
③ 80% 이상의 질산에서는 침식되지 않고 잘 견딘다.
④ 산성 용액 중에서는 수소 이온 농도의 증가에 따라 부식이 감소한다.

해설 알루미늄은 염화물 용액 중에서 내식성이 나쁘고, 암모니아수 중에서는 잘 견딘다. 산성 용액 중에서는 수소 이온 농도의 증가에 따라 부식이 증가하고, 80% 이상의 질산에서는 잘 견딘다.

3. 가볍고 전연성이 우수한 전기, 열의 양도체이며, 내식성이 좋은 금속은?

① Ni ② Al ③ Cu ④ Cd

4. 알루미늄에 대한 설명이 틀린 것은?

① 내식성이 나쁘고 염산, 황산, 알칼리에 잘 견딘다.
② 가볍고 전연성이 우수한 전기, 열의 양도체이며 내식성이 좋은 금속이다.
③ 자동차, 항공기, 가정용기, 화학공업용 용기 등에 이용된다.
④ 산화피막의 보호작용 때문에 내식성이 좋다.

해설 내식성이 좋으나 염화물에 약하다.

5. Al–4% Cu–1.5% Mg–0.5% Mn의 조성을 가진 합금의 분류로 적합한 것은?

① 1000계 합금
② 2000계 합금
③ 3000계 합금
④ 4000계 합금

해설 1000계 합금(Al), 2000계 합금(Al–Cu계 합금), 3000계 합금(Al–Mn계 합금), 4000계 합금(Al–Si계 합금)

6. 다음은 Al–Cu계 합금의 평형 상태도이다. 용체화 처리 온도 구역은?

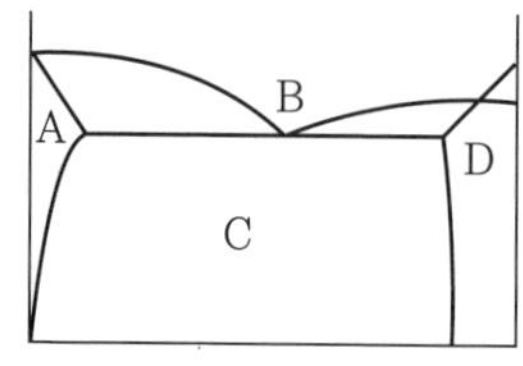

① A ② B ③ C ④ D

해설 α 고용체 중의 Cu 용해도는 공정온도인 548℃에서 5.7%로 최대가 되는 온도이다.

7. 다음 중 주물용 Al합금이 아닌 것은?

① Al–Cu ② Lautal ③ Alpax ④ Aldrey

해설 Al–Cu계 합금은 석출경화형 합금이다.

8. 주조용 알루미늄합금에 대한 설명 중 옳은 것은?

① 다이캐스팅은 소형주물에 아주 적합하다.
② 철강주물에 비하여 가볍다.
③ 셀 몰드 주조법에 적합하지 않다.
④ 자동차 부품에 사용되나 광택 또는 조명기구에는 적합하지 않다.

해설 철강주물에 비하여 가볍고, 자동차 부품 및 전기기기 등에 사용되고, 사형이나 셀 주조에서 많이 생산된다.

9. 알루미늄합금 중 압연 및 압출 등의 연신재보다 알루미늄합금 주물의 경우가 용체화 처리 시간이 5~10배 긴 이유로 옳은 것은?

① 연신재가 제품이 길고 크기 때문에
② 주물 제품의 장입 중량이 크기 때문에
③ 주물 제품의 표면이 거칠어 열 흡수가 빠르기 때문에
④ 주물 제품의 조직이 조대하고 석출상의 크기가 크며 편석이 심하기 때문에

10. 알루미늄합금의 탈가스 처리를 잘못 설명한 것은?

① 불연소 가스를 용융금속에 불어넣는다.
② 쇳물을 한 번 급랭, 응고시킨 다음 다시 서서히 응고한다.
③ 염화아연을 쇳물 무게에 대하여 0.2% 정도 첨가한다.
④ 플루오르화 나트륨 등의 탈가스제를 첨가한다.

해설 알루미늄합금의 탈가스 처리 : ②, ③, ④ 이외에
- 불활성 가스를 용융금속에 불어넣는다.
- 용융금속 중에 초음파 진동을 부여한다.

11. 실루민에서 조대한 규소결정을 미세화시키기 위해서 금속 Na, NaF_2 등을 가하는 처리는?

① 안정화 처리 ② 개량화 처리
③ 상온처리 ④ 인공시효

해설 Al-Si 합금에 조직의 미세화를 위해 금속 Na, NaF_2을 첨가하는 처리를 개량처리라 한다.

12. 실루민(silumin)합금의 주성분은?

① Cu-Sn ② Mg-Zn
③ Al-Si ④ Cu-Pb

해설 실루민합금은 Al-10~13% Si의 조성을 갖는다.

13. Al-Si계 합금에 대한 설명 중 옳은 것은?

① Si를 10~13% 함유한 합금이다.
② 공정점은 577℃에서 12.6%의 Si를 함유한다.
③ 시효경화형 합금으로 열처리에 의해 강도가 상승한다.
④ 주조성이 우수한 합금이다.

해설 Al-Si계 합금은 주조용 합금으로서 열처리에 의한 강도 상승을 기대할 수 없다.

14. 다음 중 Al-Si 합금에 대한 설명으로 옳은 것은?

① 개량처리를 하게 되면 조직이 조대화된다.
② γ-실루민은 Al-Si 합금에 Mg을 넣어 시효성을 부여한 합금이다.
③ 포정점 부근의 성분을 실루민이라 하며 실용으로 사용한다.
④ 실루민은 용융점이 높고 유동성이 좋지 않아 복잡한 사형 주물에는 사용할 수 없다.

해설 Al-Si 합금은 공정점 부근의 성분을 실루민, 알팩스라고 하며, 이 합금의 주조 조직에 나타나는 Si는 육각판상의 거친 결정이므로 실용할 수가 없다. 실루민은 개량처리하면 조직이 미세화되며, 용융점이 낮고 유동성이 좋아 사형 주물로 사용된다.

15. Al-Si계 합금에서 개량처리(modification)에 관한 설명 중 틀린 것은?

① 개량처리제로 알칼리염류를 첨가한다.
② 개량처리제로 금속 나트륨을 첨가한다.
③ Si 결정을 미세화시키기 위해 개량처리제를 첨가한다.
④ Al 결정을 미세화시키기 위해 개량처리제를 첨가한다.

해설 개량처리는 실루민에서 조대한 규소결정을 미세화시키기 위해 개량처리제로 금속 나트륨, 알칼리염류 등을 첨가하여 처리하는 방법이다.

16. 실루민의 주조 조직에 나타나는 규소는 육각판상의 거친 결정이므로 개량처리하여 조직을 미세화시켜야 한다. 이때 사용하는 접종제가 아닌 것은?

① 알루미늄 ② 불화알칼리
③ 수산화 나트륨 ④ 금속 나트륨

해설 실루민은 접종제로 불화알칼리, 수산화 나트륨, 금속 나트륨이 사용된다.

17. 다이캐스트용 알루미늄합금에서 특히 요구되는 성질을 설명한 것으로 틀린 것은?

① 유동성이 좋을 것
② 열간취성이 적을 것
③ 금형에 대한 점착성이 좋을 것
④ 응고 수축에 대한 용탕 보급성이 좋을 것

해설 금형에 대한 점착성이 적어야 한다.

18. Al-Cu-Mg-Ni 합금으로 내열성이 좋아 공랭 실린더 헤드, 피스톤 등에 주로 사용하는 합금은?

① 두랄루민 ② Y합금
③ 실루민 ④ 마그네슘

해설 Y합금은 4% Cu, 2% Ni, 1.5% Mg을 함유한 Al합금이다.

19. 석출강화를 시키기 위해 재료에 가장 먼저 해야 할 열처리는?

① 시효처리 ② 안정화 처리
③ 개량처리 ④ 용체화 처리

해설 용체화 처리 : 완전한 고용체가 되는 온도까지 가열하였다가 급랭하여 과포화 고용체를 만드는 방법

20. 재료를 담금질하여 과포화 고용체로 만들어 강도를 높이는 경화법은?

① 분산강화 ② 고용강화
③ 시효경화 ④ 고주파경화

21. Al합금을 용체화 처리한 후 일정 온도에서 가열하여 경도를 향상시키는 것을 무엇이라 하는가?

① 양극산화처리 ② 응력부식
③ 가공경화 ④ 인공시효

해설 인공시효 : Al합금의 경도를 높이기 위해 용체화 처리 후 가열하는 방법

22. 두랄루민을 용체화 처리하여 경화시키고자 할 때 냉각 방법으로 가장 적당한 것은?

① 공랭 ② 노랭
③ 수랭 ④ 염욕냉

해설 두랄루민을 용체화 처리 후에 수랭으로 급랭하면 원자들이 무확산변태로 θ상을 형성하지 못한다. 조직은 단상의 α 고용체로 되어 과포화 고용체를 만든다.

23. 두랄루민에 대한 설명으로 틀린 것은?

① 고강도 알루미늄합금이다.
② 고온가공에 내열 및 취성이 우수하다.
③ 주성분은 Al-Cu-Mg계가 있다.
④ 시효경화성 Al합금의 대표적인 합금이다.

해설 고강도 및 내열 · 내식성이 강한 합금이다.

24. 두랄루민의 성분으로 맞는 것은?

① 알루미늄-구리-마그네슘-망간
② 니켈-구리-마그네슘-망간
③ 망간-아연-구리-마그네슘
④ 칼슘-규소-마그네슘-망간

해설 두랄루민(Al-Cu-Mg-Mn)은 500~510℃에서 용체화 처리 후 상온시효하여 기계적 성질을 개선한 합금이다.

25. 조성이 Al-Cu-Mg-Mn이며, 고강도 Al합금에 해당되는 것은?

① 라우탈(lautal)
② 실루민(silumin)
③ 두랄루민(duralumin)
④ 하이드로날륨(hydronalium)

해설
- 라우탈 : Al-Cu-Si
- 실루민 : Al-Si
- 두랄루민 : Al-Cu-Mg-Mn
- 하이드로날륨 : Al-Mg

26. Al-Cu(3~8%)-Si(3~8%)계로 주조성이 개선되고 피삭성이 좋은 합금은?

① 실루민 ② 알드레이
③ 라우탈 ④ 하이드로날륨

27. 다음 중 고강도 가공용 알루미늄합금은?

① 라우탈 ② 실루민
③ 코비탈륨 ④ 두랄루민

해설 고강도 Al합금 : 두랄루민, 초두랄루민, 초초두랄루민

28. 알루미늄합금의 용체화 처리는 몇 ℃에서 하는가?

① 약 500℃ ② 약 600℃
③ 약 400℃ ④ 약 200℃

해설 알루미늄합금의 용체화 처리 온도 : 500~510℃

29. Al-Cu계 합금의 인공시효(artifical aging)는 어느 정도의 온도에서 일어나는가?

① 100~120℃ ② 150~180℃
③ 240~290℃ ④ 300~350℃

해설 Al-Cu계 합금의 인공시효처리 온도는 150~180℃로 5~10시간 처리한다.

30. 다음 금속 중 시효경화가 일어나는 것은?

① 황동 ② 청동
③ 두랄루민 ④ 화이트합금

해설 두랄루민은 Al-Cu계 합금으로서 시효경화합금이다.

31. 다음 중 합금 용해 시 G.P zone에 의해서 시효경화가 일어나는 대표적인 합금은?

① Al-Mg ② Cu-Zn
③ Cu-Sn ④ Ni-Cr

해설 시효처리 과정에서 G.P zone→$\beta'(Al_3Mg_2)$→$\beta(Al_3Mg_2)$로 석출되어 경화한다.

32. Al-Cu 합금에서 Al의 {100}면에 형성된 G.P zone은?

① SiO_2 ② Cu_2O ③ Al_2O_3 ④ $CuAl_2$

해설 $\alpha' \rightarrow \alpha + CuAl_2(\theta)$

33. 내열용 Al합금으로 자동차 피스톤에 사용되는 Al-Cu-Ni-Mg 합금은 무엇인가?

① Y합금 ② 실루민
③ 라우탈 ④ 알팩스

해설 내열용 Al합금에는 Y합금, Lo-Ex, 코비탈륨이 있으며 Y합금은 Al-Cu-Ni-Mg 합금이다.

34. 내식성 Al합금이 아닌 것은?

① Al–Mg계

② Al–Cu–Mg계

③ Al–Mn계

④ Al–Mg–Si 계

해설 • 내식성 Al합금 : Al–Mn계, Al–Mg계, Al–Mg–Si계
• 고강도 Al합금 : Al–Cu–Mg계

35. 로우엑스(Lo–Ex)에 대한 설명 중 틀린 것은?

① Al합금으로 피스톤용에 사용된다.

② 단조가공하여 제조된다.

③ Al–Si–Cu–Mg–Ni 합금이다.

④ 내열성이 우수하고 열팽창이 작다.

해설 로우엑스는 주조용 합금으로 주조 방법으로 제조한다.

정답 1. ③ 2. ③ 3. ② 4. ① 5. ② 6. ① 7. ① 8. ② 9. ④ 10. ① 11. ② 12. ③ 13. ③ 14. ② 15. ④ 16. ① 17. ③ 18. ② 19. ④ 20. ③ 21. ④ 22. ③ 23. ② 24. ① 25. ③ 26. ③ 27. ④ 28. ① 29. ② 30. ③ 31. ① 32. ④ 33. ① 34. ② 35. ②

4-3 니켈과 그 합금

(1) 니켈(Ni)의 특성

① Ni의 용융점은 1455℃, 비중은 8.9이며, FCC의 금속으로 353℃에서 자기변태를 한다. 지금은 대부분 전해니켈이나 구상의 몬드(mond)니켈이 사용된다.

② Ni은 백색으로 인성이 풍부한 금속이며 열간 및 냉간가공이 용이하다.

③ Ni은 대기 중에서 거의 부식되지 않으나, 아황산가스(SO_2)를 품는 공기에서는 심하게 부식된다.

(2) Ni합금의 종류

① Ni–Cu 합금 : 큐프로니켈(cupro nickel)은 10~30% Ni합금, 콘스탄탄(constantan)은 40~50% Ni합금, 어드밴스(advance)는 44% Ni합금, 모넬메탈(monel metal)은 60~70% Ni합금이다.

② Ni-Fe 합금

㈎ 인바

㉠ 열팽창계수가 상온 부근에서 매우 작아 길이 변화가 거의 없어 측정용 표준자, 전자 분야의 바이메탈 소자, VTR의 헤드 고정대 등에 사용한다.

㉡ 저온에서도 강도가 크고 열팽창계수가 작아 LPG의 저장용기로도 사용한다.

㉢ 면심입방격자인 하나의 상이므로 강도가 낮아 C, Cr 등을 첨가하여 강화한다.

㉣ 가공성을 증가시키기 위하여 소량의 Mn을 첨가하며, 첨가 원소 중 C는 경도를 증가시키나 시효성의 원인이 된다.

㉤ 36% Ni, 0.1~0.3% C, 0.4% Mn, 나머지 Fe을 함유한 합금으로 그 팽창계수가 매우 낮아(0.000008% C 정도) 내식성이 좋고 탄성한계가 422 MPa(43 kgf/mm^2), 인장강도 588 MPa(60 kgf/mm^2), 연신율 25~50% 정도, 경도(HB167) 정도를 나타낸다.

㉥ 슈퍼인바는 30~32% Ni, 4~6% Co 및 나머지 Fe을 함유한 합금으로 20℃에서 팽창계수가 0에 가깝다.

㈏ 엘린바

㉠ 온도에 따른 탄성률의 변화가 거의 없기 때문에 고급시계, 지진계, 압력계, 스프링 저울, 다이얼 게이지, 유량계, 계측기기 등에 널리 이용되고 있다.

㉡ 36% Ni, 12% Cr, 나머지 Fe을 함유한 합금으로 FCC 단상이고 강도가 낮으므로 C, W, Mo, Si, Ti, Al 등을 첨가시켜 강화시킨 합금이다.

㉢ 실용적인 합금으로 Fe-Ni-Ti계 엘린바가 있다.

㈐ 코엘린바

㉠ Co의 양을 많이 첨가하여 풀림 상태에서도 고탄성이 있고, 가공과 열처리를 하면 더욱 경화한다. Ni 양에 따라 탄성률이 조절되므로 많이 사용한다.

㉡ 합금 조성은 23% Ni, 28% Co, 10% Cr 나머지 Fe이다.

㈑ 플래티나이트

㉠ 44~47.5% Ni과 Fe 등을 함유한 합금이다.

㉡ 열팽창계수는 초자 및 백금 등에 가까우므로 전등의 봉입선에 이용된다.

㈒ 니켈로이

㉠ 50% Ni, 50% Fe 합금이다.

㉡ 초투자율, 포화자기, 전기저항이 크므로 저출력 변성기, 저주파 변성기 등의

자심으로 널리 사용되고 있다.

(바) 퍼멀로이

㉠ 70~90% Ni, 10~30% Fe을 함유한 합금이다.

㉡ 약한 자기장 내에서도 투자율이 높다.

③ 내식성 Ni합금

(가) Ni에 Cr, Mo, Cu 등을 첨가하여 내식성이 개선되어 가공성과 용접성을 겸비한 합금이다.

(나) 종류에는 하스텔로이, 인코넬, 니모닉, 일리움 등이 있다.

㉠ 하스텔로이 B-2

- 화학 조성은 Ni 28%, Mo 5%, Fe로 염산에 대한 내식성이 강하며, 가공성과 용접성을 겸비한 합금이다.
- 용접열 영향부의 입계에서 탄화물이 석출되어 입계 부식을 일으킨다.
- 하스텔로이 B-2는 Fe양을 2.0% 이하로 낮추고 C, Si의 함유량도 낮춤으로써 용접한 상태로 사용할 수 있는 개량 합금이다.

㉡ 하스텔로이 C-276

- 16~17% Cr을 첨가한 합금이다.
- 환원성, 산화성 환경에 대해서도 우수한 내식성을 가지고 있어 부식성이 강한 공장에 많이 이용되고 있다.

㉢ 하스텔로이 C-4 : 장시간 시효 후에는 높은 연성 및 우수한 내식성을 나타내며 고온에서 안정한 재료이다.

㉣ 인코넬600 : 72% Ni-14~17% Cr-6.0~10% Fe합금으로 고크롬이어서 내산화성이 좋고, 가공성, 기계적 성질이 좋으므로 원자력용 배관, 용기, 기기 등에 사용한다.

④ 내열성 Ni합금

(가) Ni-Cr계 합금에 Ti이나 Al 등의 첨가량을 증가시켜 강도를 높인 내열합금이다.

(나) 크로멜 A는 80% Ni-20% Cr합금이다.

(다) 알루멜(3.5% Al, 0.5% Fe, Ni 나머지)과 조합하여 열전쌍으로 사용된다.

(라) 전열재료로 이용되는 Ni-Cr선의 조성으로는 60% Ni, 26% Cr, Fe 나머지이며 Mn을 2% 정도 첨가한다.

단원 예상문제

1. 니켈과 그 합금에 관한 설명으로 틀린 것은?

① 니켈의 비중은 약 8.90이다.
② 니켈은 도금용 소재로 사용된다.
③ 니켈은 인성이 풍부한 금속이다.
④ 36% Ni-Fe 합금은 퍼멀로이(permalloy)로서 열팽창계수가 크다.

해설 78% Ni-Fe 합금은 퍼멀로이로서 열팽창계수가 작다.

2. 78% Ni의 조성을 가지는 Ni-Fe 합금에 대한 설명으로 옳은 것은?

① 낮은 투자율을 가진다.
② 퍼멀로이(permalloy)라 불린다.
③ 자장에 의한 응답성이 낮다.
④ 주로 공구강으로 사용된다.

해설 퍼멀로이는 Ni 70~90%인 Ni-Fe합금으로, 약한 자기장 내에서도 투자율이 높고, 자심 재료, 장하 코일에 사용된다.

3. 니켈에 대한 설명 중 틀린 것은?

① 내식성이 우수하다.
② 자기변태점은 600℃이다.
③ 비중은 약 8.90이다.
④ 용융점은 1455℃이다.

해설 자기변태점은 353℃이다.

4. Ni-Cr계 합금에 대한 설명으로 틀린 것은?

① 전기저항이 대단히 작다.
② 내식성이 크고 산화도가 작다.
③ Fe 및 Cu에 대한 열전 효과가 크다.
④ 내열성이 크고 고온에서 경도 및 강도의 저하가 작다.

해설 Ni-Cr계 합금은 전기저항이 대단히 크다.

5. 다음 중 니켈합금이 아닌 것은?

① 큐프로니켈 ② 콘스탄탄
③ 배빗메탈 ④ 모넬메탈

해설 배빗메탈은 Pb계와 Sn계 합금이다.

6. 다음 중 니켈합금이 아닌 것은?

① 인바 ② 엘린바
③ 포금 ④ 플래티나이트

해설 포금은 청동합금이다.

7. 인바(invar)에 대한 설명 중 옳은 것은?

① 강도가 크므로 롤러에 아주 적합하다.
② 열팽창계수가 0.9×10^{-6} 정도로 매우 작다.
③ 내식성은 좋으나 시계추, 바이메탈 등에는 사용이 어렵다.
④ 구리-니켈-주석이 주성분이며 탄성계수가 높다.

해설 인바(35~36% Ni, 0.1~0.3% C, 0.4% Mn, Fe)는 내식성이 크고, 바이메탈, 시계진자, 줄자, 계측기 등에 사용된다.

8. 인코넬, 일리움, 하스텔로이, 양은 등과 가장 관련이 깊은 원소는?

① 구리 ② 아연 ③ 니켈 ④ 알루미늄

해설 인코넬(Ni-Cr-Fe), 일리움(Ni-Cr-Mo-Cu), 하스텔로이(Ni합금), 양은(Cu-Zn-Ni)

9. 60~70%의 니켈합금으로 내식성, 내마모성이 우수하여 판, 봉, 선, 관, 주물 등으로 사용하는 합금은?

① 큐프로니켈(cupro nickel) ② 콘스탄탄(constantan)
③ 모넬메탈(monel metal) ④ 페로니켈(ferro nickel)

해설 큐프로니켈(10~30% Ni), 콘스탄탄(40~50% Ni), 모넬메탈(60~70% Ni), 페로니켈(18~23% Ni)

10. 제품과 사용되는 금속이 각각 옳게 짝지어진 것은?

① Zn-함석 ② Sn-양철
③ 청동-에밀레종 ④ 모넬메탈-열전대

해설 모넬메탈은 내식용 Ni합금으로 열전대, 화학 기계 등에 사용된다.

11. 니켈-크롬 합금으로서 고온 측정용 합금은?

① 우드메탈 ② 망가닌
③ 알루멜-크로멜 ④ 배빗메탈

해설 알루멜-크로멜은 1200℃까지 측정할 수 있는 측정용 합금이다.

12. 온도 조절용 바이메탈(bimetal)을 제조할 때 사용되는 재료는?

① 인바(invar)
② 엘린바(ellinvar)
③ 플래티나이트(platinite)
④ 듀멧(dumet)

해설 열팽창계수가 다른 두 종류의 7:3 황동과 인바를 사용하여 온도 조절을 한다.

13. 상온에서 열팽창계수가 매우 작아 표준자, 섀도 마스크, IC 기판 등에 사용하는 36% Ni-Fe 합금은?

① 인바(invar)
② 퍼멀로이(permalloy)
③ 니켈로이(nicalloy)
④ 하스텔로이(hastelloy)

해설 인바는 Ni 35~36%, C 0.1~0.3%, Mn 0.4%와 Fe의 합금으로 불변강이며 바이메탈, 시계진자, 줄자, 계측기의 부품 등에 사용된다.

14. 큐프로니켈의 Ni 함량은?

① 5~10%
② 10~30%
③ 40~50%
④ 60~70%

15. 인코넬의 주성분은?

① 니켈, 크롬, 철
② 니켈, 코발트, 알루미늄
③ 주석, 크롬, 철
④ 니켈, 알루미늄, 납

해설 인코넬(Ni-Cr-Fe)은 고온에서 크리프 강도가 크고, 급열, 급랭에 따른 열응력에 잘 견디는 성질을 가진다.

16. 니켈-구리의 실용합금이 아닌 것은?

① 백동
② 콘스탄탄
③ 모넬메탈
④ 엘린바

해설 인바, 슈퍼인바, 엘린바, 플래티나이트 등은 니켈-철 합금이다.

17. 니켈-구리 합금 중에서 Ni을 약 20% 정도 함유한 것으로 전 · 연성이 커서 도중에 열처리 없이 끝까지 냉간가공이 가능하며 내식성이 우수한 것은?

① 양백(nickel silver)
② 큐프로니켈(cupro-nickel)
③ 콘스탄탄(constantan)
④ 모넬메탈(monel metal)

해설 큐프로니켈은 전연성이 좋아 25mm에서 1mm까지 중간풀림 없이 압연할 수 있는 합금이다.

18. 니켈-크롬 합금 중 고온 측정용 합금은?

① 우드메탈(wood metal)
② 망가닌(manganin)
③ 알루멜-크로멜(alumel-chromel)
④ 배빗메탈(babbit metal)

해설 알루멜-크로멜은 열전쌍재료로서 800~1200℃까지 온도를 측정할 수 있는 합금이다.

19. 열기전력과 전기전압이 크고 저항의 온도계수가 작아 열전대와 저항선으로 사용되는 것이 아닌 것은?

① constantan ② chromel ③ Pt - Pt.Rh ④ hastalloy A

해설 hastalloy A 합금은 내식, 내열합금이다.

20. Ni합금 중 니크롬선의 조성은?

① Cr-Fe ② Al-Cr ③ Ni-Cr ④ Ni-Fe

21. 전열(電熱)합금의 특징에 대한 설명으로 틀린 것은?

① 재질이나 치수의 균일성이 좋을 것
② 열팽창계수가 작고, 고온강도가 클 것
③ 전기저항이 낮고, 저항의 온도계수가 클 것
④ 고온의 대기 중에서 산화에 견디고 사용온도가 높을 것

해설 전기저항이 높고, 저항의 온도계수가 작을 것

정답 1. ④ 2. ② 3. ② 4. ① 5. ③ 6. ③ 7. ② 8. ③ 9. ③ 10. ④ 11. ③ 12. ① 13. ① 14. ② 15. ① 16. ④ 17. ② 18. ③ 19. ④ 20. ③ 21. ③

4-4 마그네슘과 그 합금

(1) 마그네슘(Mg)의 특성

① Mg은 주로 마그네사이트($MgCO_3$)와 염화마그네슘($MgCl_2$) 또는 마그네시아(MgO) 등을 전해하여 얻는 전해법과 돌로마이트($MgCO_3 \cdot CaCO_3$)에 Fe-Si를 혼합하여 직접 환원으로 증유 Mg을 얻는 환원 방법이 있다.

② Mg에는 불순물로 Al, Cu, Fe, Mn, Ni, Si 등이 함유된다.

③ Mg은 비중 1.74로 실용 금속 중에서 가장 가볍고 비강도가 Al합금보다 우수하므로 항공기, 자동차 부품, 전자기기, 광학기계 등에 이용되며 구상흑연주철에 첨가재료로 사용된다.

④ Mg은 용해점 온도 이상에서는 O_2에 대한 친화력이 크므로 공기 중에서 가열, 용해하면 폭발, 발화하므로 주의가 필요하다.

⑤ 가공재료는 상온가공에 의한 경화속도가 크므로 가공하기 어렵고 300~400℃에서 압연 및 압출할 수 있다.

(2) Mg합금의 종류

① 주조용 Mg합금

㈎ 성질

㉠ Mg합금 주물은 비중에 비하여 강도는 Al합금 주물과 유사하다.

㉡ 열처리에 의하여 강도를 더욱 증가시킬 수 있고, 피삭성도 매우 우수하다.

㉢ 용해 및 주조할 때 산화되기 쉬우며, 해수 및 산에 대한 내식성이 매우 나쁘다.

㈏ 용해 시 주의사항

㉠ 고온에서 산화하기 쉽고, 연소하기 쉬우므로 산화 방지책이 필요하다.

㉡ 수소 가스를 흡수하기 쉬우므로 탈가스 처리를 하여야 한다.

㉢ 주물 조각을 사용할 때에는 모래 등 불순물을 잘 제거하여야 한다.

㉣ 주조 조직 미세화를 위하여 용탕온도를 적당히 조절하여야 한다.

㈐ 주조용 Mg합금의 종류 : 1종, 2종, 3종 및 5종은 Mg-Al계, 6종과 7종은 Mg-Zn계, 8종은 Mg-R · E(희토류계 합금)이다.

㉠ 다우메탈(dow metal) : Mg-Al계 합금에 소량의 Mn, Cu, Cd을 첨가한 합금으로 내연기관의 피스톤 등에 사용한다.

㉡ 일렉트론(electron) : Mg-Al계 합금에 Zn, Mn을 첨가한다.

㉢ 미쉬메탈(misch metal) : Mg 희토류계, Mg-Th계 합금이다.

② 가공용 Mg합금

㈎ 압연, 단조, 압출 등의 가공으로 막대, 형재, 판, 단조품, 관 등의 제품을 만들어 항공기, 자동차 등의 재료에 이용된다.

㈏ Mg-Mn계(MIA 합금), Mg-Al-Zn계(AZ31B, AZ61A, AZ80A), Mg-R · E계, Mg-Th계(HM21A, HM31A) 등이 있다.

단원 예상문제

1. 마그네슘의 특성을 설명한 것 중 틀린 것은?

① 비중은 약 1.7 정도이다.
② 내산성은 극히 나쁘나 내알칼리성은 강하다.
③ 해수에 매우 강하며, 용해 시 수소를 방출하지 않는다.
④ 주물로서 Mg합금은 Al합금보다 비강도가 우수하다.

해설 마그네슘은 해수에 매우 약하며, 용해 시 수소를 방출한다.

2. 마그네슘합금의 특징을 설명한 것 중 옳은 것은?

① 감쇠능이 주철보다 커서 소음 방지 구조재로서 우수하다.
② 주조용 합금에는 Mg-Mn 및 Mg-Al-Zn 등이 있다.
③ 가공용 합금으로 일렉트론이 있다.
④ 소성가공성이 높아 상온 변형이 쉽다.

해설 가공용 합금으로 Mg-Mn, Mg-Al-Zn, 주조용 합금으로 일렉트론이 있으며, 상온 변형에 강하다.

3. 다음 중 마그네슘(Mg)에 대한 설명으로 틀린 것은?

① 구상흑연주철의 첨가제로 사용된다.
② 절삭성이 양호하고 알칼리에 견딘다.
③ 소성가공성이 낮아 상온 변형이 곤란하다.
④ 내산성이 좋으며, 고온에서 발화하지 않는다.

해설 마그네슘은 고온에서 자연발화하는 금속이다.

4. 다음 중 마그네슘-알루미늄 합금에 대한 설명으로 옳은 것은?

① 기계적 성질과 내식성이 아주 우수하다.
② 650℃의 포정온도에서 고용한다.
③ 주조용으로 사용되며 열처리는 불가능하다.
④ $L \rightleftarrows \alpha+\beta$ 공정반응을 일으킨다.

해설 Mg-Al 합금은 주조용으로 사용되며 열처리는 불가능하다.

5. 다음 중 Mg-Al 합금에 해당되는 것은 어느 것인가?

① 일렉트론(electron) ② 엘린바(elinvar)
③ 퍼멀로이(permalloy) ④ 하스텔로이(hastelloy)

해설 일렉트론은 Mg에 Al과 Zn을 10% 이하로 함유시킨 합금이다.

6. **다우메탈에 대한 설명으로 틀린 것은?**

① 주조용 마그네슘합금이다.
② 합금의 주성분은 Mg–Al이다.
③ 베어링에 사용되는 대표적인 합금이다.
④ 결정립이 미세하고 크리프 저항이 큰 합금이다.

해설 다우메탈은 주조용 마그네슘합금으로 내연기관의 피스톤에 사용되는 대표적인 합금이다.

7. **일렉트론(electron) 합금의 주성분은?**

① Ti–Al–Si ② W–Ni–Cu ③ Ni–Cu–Zn ④ Mg–Al–Zn

8. **다음 중 가공용 마그네슘(Mg–Mn–Ca)합금은?**

① 하이드로날륨 ② 알민 ③ 알드리 ④ MIA

해설 전신재로 쓰이는 가공용 Mg합금에 MIA가 있다. 하이드로날륨, 알민, 알드리는 Al합금이다.

9. **주물용 마그네슘(Mg)합금을 용해할 때 주의해야 할 사항으로 가장 관계가 먼 것은?**

① 고온에서 취급할 때는 산화와 연소가 잘되므로 산화 방지책이 필요하다.
② 주조 조직의 미세화를 위하여 적절한 용탕온도를 유지해야 한다.
③ 용해 중 산화에 의해서 화재가 발생하므로 이를 방지하기 위하여 용해 시 모래를 첨가한다.
④ 수소 가스를 흡수하기 쉬우므로 탈가스 처리를 하여야 한다.

해설 주물 조각을 사용할 때에는 모래 등 불순물을 잘 제거하여야 한다.

정답 **1.** ③ **2.** ① **3.** ④ **4.** ③ **5.** ① **6.** ③ **7.** ④ **8.** ④ **9.** ③

4-5 티탄과 그 합금

(1) 티탄(Ti)의 특성

① 비중이 4.5로서 가벼우며, 용융점(1730℃)이 높고 열전도율이 낮다.
② 가볍고 강하며, 녹슬지 않는다.
③ Ti 금속은 약 97~98% TiO_2로 된 금홍석(rutile)으로부터 얻어지며, 금홍석 중의 산화티탄(TiO_2)은 먼저 화학적으로 순수한 염화티탄(TiO_4)으로 된다.
④ Ti은 용융점이 강보다 높고, 고온에서의 저항, 즉 크리프 강도가 크며, 내식성이 양호하고 내열성도 약 500℃에서는 스테인리스강보다 우수하다.

⑤ 약 882℃에서 저온형인 α-Ti(조밀육방)이 고온형인 β-Ti(체심입방)으로 동소변태한다.

⑥ 질산에는 강한 내식성이 있으나 황산, 염산에는 내식성이 좋지 않다.

(2) Ti합금의 제조법

① 크롤법(kroll) : 밀폐된 스테인리스강 용기에서 약 773~873℃로 염화티탄을 액상 Mg과 반응시키면 고온 반응의 최종 산물로 스펀지 상태와 Ti 상태의 염화마그네슘($MgCl_2$) 및 약간의 Mg이 나온다.

② 헌터법(hunter) : 염화티탄을 Mg 대신 Na으로 반응시켜 스펀지 상태의 Ti을 얻어서 진공 아크 용해로 Ti 주괴를 생산한다.

(3) Ti합금의 종류

① α형 Ti합금

㈎ 높은 온도(300~600℃)에서 강도와 내산화성이 가장 우수하며, 용접성도 Ti합금 중에서 가장 우수하다.

㈏ Al의 강화 효과가 뛰어나므로 실용 α합금은 Ti-Al 합금을 기본으로 하여 개발하였다.

② 준α형 Ti합금

㈎ α상 조직에 약간의 β상이 분산되게 함으로써 α형 Ti합금보다 내열성을 더욱 향상시킨 합금이다.

㈏ 상온에서 약간의 β상이 남도록 하기 위해서 1~2%의 β상 안정화 원소(Mo, V)를 첨가하여 $\alpha+\beta$형 Ti합금이 나타내는 고강도와 α형 Ti합금이 나타내는 우수한 고온 특성을 동시에 지닌 합금이다.

㈐ Ti 8%-Al 1%-Mo 1%-V 합금 및 Ti 6%-Al 2%-Sn 4%-Zr 2%-Mo 합금이 가장 널리 사용된다.

③ $\alpha+\beta$형 Ti합금

㈎ 상온에서 다량의 β상이 잔류할 수 있도록 하나 이상의 β상 안정화 원소를 첨가시켜 상온조직을 $\alpha+\beta$ 조직으로 만든 합금이다.

㈏ 열간가공성이 좋고, $\alpha+\beta$ 영역 또는 β 영역에서 용체화 처리 후 적당한 온도에서 시효처리하여 강도를 향상시킬 수 있다.

㈐ 가장 많이 사용되고 있는 것은 Ti 6%-Al 4%-V 합금이다.

④ β형 Ti합금

㈎ Ti에 충분한 양의 β상 안정화 합금원소를 첨가하면 담금질 또는 공랭하여도 상온에서 조직의 전부가 준안정상인 β상으로 된 조직을 얻을 수 있다.

㈏ β상 안정화 원소로는 Mo, V, Cr 및 Fe이 있으며 이들 외에도 Zn, Sn 및 Al이 첨가된다.

단원 예상문제

1. Ti의 특성 중 틀린 것은?

① 가볍다. ② 저융점 합금이다.
③ 열팽창계수가 작다. ④ 열전도율이 낮다.

해설 Ti의 특성
- 비중은 4.5로서 가볍고, 용융점은 1730℃로 높다.
- 열팽창계수는 9.0×10^{-6}(cm/cm/℃)이고, 열전도율은 0.036(cal/cm^2/cm/sec/℃)이다.

2. Ti합금의 설명과 관계없는 것은?

① 내식성이 우수하다. ② 고온강도가 높다.
③ 항공기 재료로 적당하다. ④ 강도/중량비의 값이 작다.

해설 Ti합금은 가벼우면서도 강도가 큰 합금이다.

3. 티타늄에 관한 설명 중 틀린 것은?

① 열 및 도전율이 낮다.
② 불순물에 의한 영향이 거의 없다.
③ 300℃ 근방의 온도 구역에서 강도의 저하가 명백히 나타난다.
④ 활성이 커서 고온 산화와 환원 제조 시에 취급이 곤란한 원인이 된다.

해설 티타늄은 불순물에 영향을 많이 받는 금속이다.

4. 비중이 4.5 정도로 가벼우며, 내식성 및 450℃까지의 고온에서 강도/중량비가 높아 항공기 엔진 주위의 기체 재료, 제트엔진의 압축기 부품 재료 등으로 사용되는 합금은?

① 아연합금 ② 니켈합금 ③ 망간합금 ④ 티타늄합금

5. 티타늄합금에 첨가하여 α, β성 전율가용 고용체를 형성하는 것은?

① Sn ② Cr ③ Nb ④ Zr

해설 α 안정형 합금(Al, Sn, O, N), β 공석형 합금(Mn, Cr, Fe, Ni), β 고용체형 합금(Mo, V, Nb, Ta, α, β는 Zr)

6. α상 Ti합금은 어느 것인가?

① Ti-Al계 합금 ② Ti-Mn계 합금
③ Ti-Fe계 합금 ④ Ti-Ni계 합금

해설 α상 Ti합금은 Ti-Al계 합금, β상 Ti합금은 Ti-Mn계 합금, Ti-Fe계 합금, Ti-Ni계 합금

7. 강력 Ti합금인 $\alpha+\beta$형의 적합한 합금 조성은?

① Ti 6%-Al 4%-V ② Ti 5%-Al 2.5%-Sn
③ Ti 8%-Al 1%-Mo 1%-V ④ Ti 13%-V 11%-Cr 3%-Al

8. 합금강에 첨가할 때 탄화물을 형성하여 결정립의 크기를 제어하고, 기계적 성질을 향상시키는 원소는?

① Pb ② Ti ③ Cu ④ S

해설 Ti을 합금강에 첨가하면 TiC과 같이 탄화물을 형성하여 결정립의 크기를 제어하고, 기계적 성질을 향상시켜 준다.

정답 1. ② 2. ④ 3. ② 4. ④ 5. ④ 6. ① 7. ① 8. ②

4-6 베어링용 합금

베어링용 합금으로는 Pb 또는 Sn을 주성분으로 하는 화이트메탈(white metal), Cu-Pb 합금, 주석청동, Al합금, 주철, 소결합금 등 여러 가지 합금이 있다. 베어링 합금의 필요한 조건은 축의 회전속도, 하중의 대소, 사용 장소 등에 따라 차이가 있다. 베어링 합금은 다음 조건을 갖추어야 한다.

- 하중에 견딜 수 있을 정도의 경도와 내압력을 가질 것
- 충분한 점성과 인성이 있을 것
- 주조성, 절삭성이 좋고 열전도율이 클 것
- 마찰계수가 작고 저항력이 클 것
- 내소착성이 크며, 내식성이 좋고 가격이 저렴할 것

(1) 화이트메탈

① 주석계 화이트메탈

㈎ 배빗메탈(babbit metal)이라고도 하며 Sn-Sb-Cu계 합금으로 Sb, Cu%가 높을수록 경도, 인장강도, 항압력이 증가한다.

(나) 불순물로는 Fe, Zn, Al, Bi, As 등이며 중 또는 고하중 고속회전용 베어링으로 이용된다.

② 납계 화이트메탈 : 이 합금은 Pb-Sb-Sn계 합금으로 Sb 15%, Sn 15% 조성이며, Sb가 많아지면 β상에 의한 취성이 나타난다. Sn%가 낮은 것은 As를 1% 이상 첨가하여 고온에서 기계적 성질을 향상시키면 100~150℃ 정도로 오래 가열하여도 연화를 억제할 수 있다.

(2) 구리계 베어링 합금

① 베어링에 사용되는 구리합금에는 대표적으로 70% Cu-30% Pb 합금인 켈밋(kelmet)이 있고 포금, 인청동, 연청동, Al청동 등도 있다.

② 켈밋 베어링 합금은 내소착성 시 좋고 화이트메탈보다도 내하중성이 크므로 고속고하중용 베어링으로 적합하여 자동차, 항공기 등의 주 베어링으로 사용한다.

(3) 카드뮴계, 아연계 합금

Cd은 고가이므로 크게 사용되지 않으나, 이 합금은 Cd에 Ni, Ag, Cu 등을 첨가하여 경화시킨 합금이며 피로강도가 화이트메탈보다 우수하다.

단원 예상문제

1. 베어링 합금이 갖추어야 할 조건으로 틀린 것은 어느 것인가?

① 충분한 점성과 인성이 클 것
② 마찰계수가 작은 것
③ 열전도율이 클 것
④ 저항력이 클 것

해설 베어링 합금은 충분한 점성과 인성을 필요로 하고 고온에서 정하중과 경하중에 견디는 경도와 내압력을 가져야 한다.

2. 다음 중 베어링용 합금이 갖추어야 할 조건으로 틀린 것은?

① 마찰계수가 클 것
② 소착에 대한 저항력이 클 것
③ 경도와 내압력이 클 것
④ 점성과 인성이 있을 것

해설 베어링용 합금은 마찰계수가 작고 저항력이 커야 한다.

3. 베어링 합금이 구비해야 할 조건이 아닌 것은?

① 주조성이 좋아야 한다.
② 피로강도가 높아야 한다.
③ 내부식성이 높아야 한다.
④ 소착에 대한 저항력이 작아야 한다.

해설 베어링 합금은 소착에 대한 저항력이 커야 한다.

4. 베어링용 합금으로 사용하는 배빗메탈의 주성분이 아닌 것은?

① Sn ② Sb ③ Cu ④ Zn

해설 배빗메탈 : Sn-Sb-Cu를 주성분으로 한다.

5. 배빗메탈(babbit metal)이라고 불리는 베어링 합금은?

① Pb계 화이트메탈이다.
② Sn계 화이트메탈이다.
③ Cu계 화이트메탈이다.
④ Cd계 화이트메탈이다.

해설 배빗메탈은 주석(Sn)계 화이트메탈이다.

6. 화이트메탈의 주성분이 아닌 것은?

① Sn ② Pb
③ Cu ④ Ni

해설 화이트메탈에는 Sn-Sb-Cu계 합금과 Pb-Sb-Sn계 합금이 있다.

7. 주석계 화이트메탈에 대한 설명으로 틀린 것은?

① Sn-Sb-Cu계 합금으로 Sb%, Cu%가 높을수록 경도, 인장강도, 항압력이 증가한다.
② 이 합금의 불순물로는 Fe, Zn, Al, Bi, As 등이 있다.
③ 마찰계수가 높아 저하중저속용으로 사용된다.
④ 이 합금은 가격을 낮추기 위하여 Pb을 30%까지 첨가하여 사용하기도 한다.

해설 주석계 화이트메탈은 마찰계수가 낮아 고하중고속용으로 사용된다.

8. 화이트메탈이라고도 불리는 베어링용 합금의 성분으로 조합되지 않은 것은?

① Zn-Al-Bi ② Sn-Sb-Cu
③ Pb-Sn-Sb ④ Sn-Sb-Cu-Pb

해설 화이트 베어링 합금에는 Sn-Sb-Cu, Pb-Sn-Sb, Sn-Sb-Cu-Pb이 있다.

9. 구리에 납 30~40%를 함유한 합금은?

① 켈밋
② 애드미럴티합금
③ 배빗메탈
④ 콜슨합금

해설 베어링에 사용되는 켈밋 합금은 30~40% Pb을 함유한 합금이다.

10. Cu-Pb계 베어링으로 화이트메탈보다 내하중성이 크므로 고속고하중용 베어링으로 적합한 것은?

① 켈밋(kelmet)
② 자마크(zamak)
③ 오일라이트(oillite)
④ 배빗메탈(babbit metal)

해설 켈밋은 Cu-Pb계, 배빗메탈은 Cu-Sn계 합금이다.

11. 내소착성과 고속고하중용으로 항공기 및 자동차의 주요 베어링으로 많이 사용되는 합금은?

① kelmet ② babbit metal
③ amilriction metal ④ oilless

해설 kelmet은 Cu-Pb 합금으로 항공기 및 자동차의 주요 베어링용으로 사용되는 합금이다.

12. 켈밋 합금은 주로 어느 곳에 많이 사용되는 합금인가?

① 필라멘트 ② 베어링
③ 도금조 ④ 전기저항 재료

해설 켈밋은 베어링용으로 사용되는 합금이다.

13. 베어링에 사용되는 동계 합금인 켈밋(kelmet)의 합금 조성으로 옳은 것은?

① Cu-Co ② Cu-Pb
③ Cu-Mg ④ Cu-Si

해설 켈밋은 Cu-Pb계 베어링 합금으로 내하중성이 크고 열전도율이 높은 고속고하중용 합금이다.

정답 1. ① 2. ① 3. ④ 4. ④ 5. ② 6. ④ 7. ③ 8. ① 9. ① 10. ① 11. ① 12. ② 13. ②

(4) 함유 베어링(oilless bearing)

① 소결 함유 베어링

(가) 일명 오일라이트(oilite)라고도 불리며 Cu계 합금과 Fe계 합금이 있다.

(나) Cu-Sn-C 합금이 가장 많이 사용된다. 이 합금의 제조는 5~100μm의 구리분말, 주석분말, 흑연분말을 혼합하고 윤활제를 첨가하여 가압 · 성형한 후, 환원 기류 중에서 400℃로 예비 소결한 다음 800℃로 소결하여 제조한다.

② 주철 함유 베어링 : 주철 주조품을 가열, 냉각 반복하면 그 치수가 증가함과 동시에 내부에 미세한 균열이 많이 발생하여 다공질이 된다. 또한, 조직은 흑연상이 크게 발달하여 기지는 전부 페라이트화하므로 주철을 함유시키면 좋은 베어링의 특성을 갖게 되고 내열성이 있어 고속고하중용 대형 베어링으로 사용된다.

단원 예상문제

1. Cu, Sn 흑연분말을 적정 혼합하여 소결에 의해 제조한 분말야금용 합금으로 급유가 곤란한 부분의 베어링으로 사용되는 재료는?

① 배빗메탈(babbit metal) ② 켈밋(kelmet)
③ 자마크(zamak) ④ 오일라이트(oilite)

해설 함유 베어링(Oilite)은 급유가 곤란하며, 큰 하중을 요하지 않는 부분에 사용된다.

2. 오일리스 베어링 합금의 적합한 조성은?

① Cu-Sn-C ② Cu-Pb-Al
③ Cu-Sn-Cr ④ Cu-Pb-Si

해설 오일리스 베어링 합금은 Cu-Sn-C이며 가장 많이 사용된다.

정답 1. ④ 2. ①

4-7 고용융점 및 저용융점 금속과 그 합금

(1) 고용융점 금속과 귀금속

① 고용융점 금속

(가) 텅스텐(W) : W은 회백색의 BCC 금속이며 비중 19.3, 용융점 3410℃이고 상온에서는 안정하나 고온에서는 O_2 또는 H_2O에 접하면 산화되고 분말탄소, CO_2, Co 등과 탄화물을 형성한다.

(나) 몰리브덴(Mo) : Mo은 은백색의 BCC 금속이며 비중 10.2, 용융점 2625℃이고 공기 중이나 알칼리 용액에는 침식하지 않고 염산, 질산에는 침식된다.

(다) 코발트(Co)

㉠ 자성체이며, 비중은 8.9, 용융점 1490℃, 실온에서는 조밀육방격자이나, 477℃ 이상에서는 동소변태를 일으켜 면심입방격자의 β상으로 된다.

㉡ Co는 동소변태(477℃)와 자기변태(1160℃)를 모두 갖는 원소이다.

㉢ 은백색을 띠며, 화학반응용 촉매로 사용하고, 자석재료, 내열합금, 주조경질합금, 공구 소결재 및 내마멸성 재료로 사용한다.

단원 예상문제

1. 코발트의 자기변태점은 약 몇 ℃인가?

① 368 ② 768 ③ 1160 ④ 1550

해설 Ni : 368℃, Fe : 768℃, Co : 1160℃

2. 다음 금속 중 온도에 따라 동소변태와 자기변태를 모두 갖는 것은?

① Ni ② Co ③ Sn ④ Al

해설 Co는 477℃에서 동소변태, 1160℃에서 자기변태를 갖는다.

정답 1. ③ 2. ②

② 귀금속

(가) 금(Au)

㉠ Au은 전연성이 매우 커서 10^{-6}cm 두께의 박판으로 가공할 수 있으며 왕수 이외에는 침식, 산화되지 않는 귀금속이다.

㉡ Au의 재결정 온도는 가공도에 따라 40~100℃이며 순금의 경도는 HB18, 인장강도 12kgf/mm^2, 연신율 68~73%이다.

㉢ Au의 순도를 나타내는 데에는 캐럿(carat, K)을 단위로 하고, 순금을 24캐럿으로 하여 24K로 나타낸다.

(나) 백금(Pt)

㉠ Pt은 회백색의 금속이며 내식성, 내열성, 고온 저항이 우수하고 면심입방체이며, 용융점은 1774℃이다.

㉡ 열전대로 사용되는 Pt-10~13% Rd이 있다.

(다) 은(Ag)

㉠ Ag은 은백색의 금속이며 전연성이 양호하므로 얇은 판, 가느다란 선으로 가공한다.

㉡ 전기전도율은 금속 중 가장 우수하며, 전자, 전기재료, 장식품 및 화폐 등으로 사용된다.

㉢ 진한 HCl, H_2SO_4, HNO_3 등에 부식된다.

㉣ 화폐용으로 7.5% Cu인 은화는 영국에서 스털링 실버(sterling silver), 미국에서는 10% Cu가 코인 실버(coin silver)의 이름으로 사용된다.

㉤ Ag-Pd 합금은 전율고용체를 만들며, 20~25% Pd, ~15% Au, ~15% Cu, ~1% Zn을 품는 것을 white gold라 하여 치과용 또는 장식용에 사용된다.

(라) 이리듐(Ir), 오스뮴(Os), 팔라듐(Pd)

㉠ Ir과 Pd은 FCC, Os은 HCP 금속이며 비중은 각각 22.4, 12.0, 22.5이고 융점은 각각 2454℃, 155℃, 2700℃이다.

㉡ 어느 금속이나 백색금속이며 순금속으로는 거의 사용되지 않는다.

③ 신금속

(가) 원자로용 1차 금속군 : 우라늄(U), 토륨(Th)

(나) 고융점 구조재료군 : 텅스텐(W), 레늄(Re), 탄탈(Ta), 몰리브덴(Mo), 니오븀(Nb), 하프늄(Hf), 바나듐(V), 지르코늄(Zr), 티타늄(Ti), 베릴륨(Be)

(다) 반도체군 : Ge, Si, In, Ga, Se, Te, As, Bi

(라) 알칼리 및 알칼리토류군 : Na, Li, Cs, Be, Mg, Ca

(마) 잡군 : 스칸듐(Sc), 이트륨 희토류, 란탄(La), 탈륨(Tl), 붕소(B), 카드뮴(Cd)

단원 예상문제

1. Au 및 Au합금에 대한 설명 중 옳은 것은?

① BCC 구조를 갖는다.
② 전연성은 Ag보다 나쁘다.
③ 비중은 약 19.3 정도이다.
④ 22K 합금은 Au 함유량이 75%이다.

해설 Au은 FCC 구조를 가지며, 전연성이 매우 크다. 22K 합금은 Au 함유량이 $\frac{22}{24}\times100$ =91.7%이다.

2. 전연성이 매우 커서 10^{-6}cm 두께의 박판으로 가공할 수 있으며 왕수(王水) 이외에는 침식, 산화되지 않는 귀금속은 어느 것인가?

① Ag ② Pt ③ Pd ④ Au

해설 금(Au)은 왕수 이외에는 침식, 산화되지 않는 귀금속이다.

3. 전연성이 매우 커서 약 10^{-6}cm 두께의 박판 또는 1g을 2000m 선으로 가공할 수 있는 것은?

① Au ② Sn ③ Ir ④ Os

4. 18K는 Au의 함유율이 몇%인가?

① 60% ② 75%
③ 85% ④ 95%

해설 $\frac{18}{24(\text{순금 } 100\%)} \times 100 = 75\%$

5. 22K(22 carat)는 순금의 함유량이 약 몇%인가?

① 25% ② 58.3%
③ 75% ④ 91.7%

해설 순금의 함유량이 100%일 때 24K이므로 $\frac{22}{24} \times 100 = 91.7\%$이다.

6. 스털링 실버(sterling silver)란?

① Ag–Hg–Sn 합금
② Ag–Pt 합금
③ Ag–Si–Zn 합금
④ Ag–Cu 합금

해설 Ag–7.5% Cu 합금은 스털링 실버로 영국의 화폐용으로 사용되는 합금이다.

7. 전율고용체를 만들며 치과용, 장식용으로 쓰이는 white gold에 해당되는 합금은?

① Ag–Pd–Au–Cu–Zn
② Ag–Ti–Sn–Cu–Zn
③ Pt–Cu–Pb–Sn–Co
④ Pt–Pb–Sn–Co–Au

해설 화이트 골드 : Ag–20~25% Pd–~15% Au–~15% Cu–~1% Zn

8. 원자로용 합금은 어느 것인가?

① Ge 및 Si ② W 및 Mo ③ Zr 및 Ta ④ U 및 Th

해설 전자공업용 재료(Ge, Si, W, Mo), 내식용 재료(Zr, Ta), 원자로용 재료(U, Th)

9. 내식성이 우수하여 화학장치 및 원자로용의 내식용 재료에 많이 사용하는 금속은?

① Ge 및 Si ② W 및 Mo ③ Zr 및 Ta ④ U 및 Th

해설 전자공업용 재료(Ge, Si, W, Mo), 내식용 재료(Zr, Ta), 원자로용 재료(U, Th)

10. 다음 금속 중 알칼리 및 알칼리토류군에 해당되는 것은?

① U, Th, Pu ② Ge, Si, In
③ W, V, Zr ④ Na, Li, Ca

해설 • 알칼리 : Li, Na, K
• 알칼리토류 : Be, Mg, Ca
• 반도체 : Ge, Si

정답 1. ③ 2. ④ 3. ① 4. ② 5. ④ 6. ④ 7. ① 8. ④ 9. ③ 10. ④

(2) 저용융점 금속과 그 합금

저용융점합금(fusible alloy)은 Sn(231℃)보다 낮은 융점을 가진 합금의 총칭이다.

① 아연과 그 합금

㈎ 아연(Zn)의 특성

㉠ Zn은 청백색의 HCP 금속이며, 비중 7.1, 용융점 419℃이고 0.008% 이상의 Fe이 있으면 경질의 $FeZn_7$상으로 인하여 인성이 나빠진다.

㉡ 용융아연도금, 건전지, 인쇄판 등의 Zn판, 다이캐스팅용 Zn, 황동 및 기타 합금용으로 사용된다.

㉢ Zn은 섬아연광(ZnS), 탄산아연광($ZnCO_3$) 등을 배소하여 나오는 산화아연을 환원, 증류하여 생산한다.

㈏ Zn합금의 종류

㉠ 다이캐스팅용 합금

- Zn에 Cu, Al 등을 첨가하여 내식성 및 가공성이 나빠지나 강도는 증가한다.
- Al을 4% 함유하는 합금을 미국에서는 자마크(Zamak), 영국에서는 마자크(Mazak), 일본에서는 ZAC, MAC 등으로 부른다.

- Zn 다이캐스팅 합금은 입간 부식을 일으키는데 유해한 불순물로 Pb, Sn, Cd 등이 있다.
- 순수한 Zn은 비교적 많은 Pb, Cd이 함유되어도 입간 부식을 일으키지 않으나 Al이 첨가되면 입간 부식을 일으키기 쉬우므로 Cu, Mg을 첨가하여 부식을 억제한다.
- Zn합금의 부식제는 염산 용액을 사용한다.

㉡ 가공용 합금

- Zn-Cu계, Zn-Cu-Mg계 및 Zn-Cu-Ti계 등이 있으며, Zn관 및 Zn동관으로 널리 사용된다.
- Zn-Cu-Ti 합금인 하이드로 티 메탈(hydro-T-metal)은 0.12% Ti, 0.5% Ca, Mn, Cr 등을 함유하며, Ti 첨가에 의하여 $TiZn_{15}$상이 미세하게 분산된 분산강화형 합금으로 강도와 고온 크리프 특성이 개선된다.

㉢ 금형용 합금

- Al 및 Cu 함량을 증가하여 강도, 경도를 크게 한다.
- 4% Al, 3% Cu, 소량의 Mg, 기타를 첨가한 것으로 KM 합금(영), kirksite(미), ZAS(일) 등이 유명하다.

② 주석과 그 합금

(가) Sn은 비중 7.3, 은백색의 연한 금속으로 용융점은 231℃의 저용점 금속이며 13℃에서 동소변태하고, 주석도금 등에 사용된다.

(나) 13℃ 이하의 Sn은 다이아몬드형(α-Sn) 구조로 회주석이라 하며, 13℃ 이상은 β-Sn으로 백주석이라 한다.

(다) Sn은 Pb 다음으로 연질 금속이다. 공기 중에서 거의 변색되지 않으며 백색을 띠고 독성이 없으므로 의약품, 식품 등의 포장용으로 이용된다.

(라) 합금으로는 청동(Cu-Sn), 땜납(Sn-Pb), 베어링 메탈(Sn-Sb-Cu) 등이 있다.

③ 납과 그 합금

(가) 납(Pb)의 특성

㉠ Pb은 비중 11.3, 용융점 327℃로 유연한 금속이며 방사선 투과도가 낮은 금속이다.

㉡ 땜납, 수도관 활자합금, 베어링 합금, 건축용으로 사용되며 상온에서 재결정되어 크리프가 용이하다. 크리프 저항을 높이려면 Ca, Sb, As 등을 첨가하면 효과적이다.

㉢ 실용합금으로는 케이블 피복용으로 Pb-As 합금이 있으며 땜납용으로 50 Pb-50 Sn합금, 활자합금용의 Pb-7% Sb-15% Sn 합금, 기타 Pb-Ca, Pb-Sb 합금 등이 있다.

(나) Pb합금의 종류

㉠ Pb-Sb 합금

- Pb은 252℃에서 11.2% Sb 과공정을 생성하며, 상온에서는 Pb에 Sb이 고용되지 않는다.
- Pb에 수 %의 Sb을 첨가한 것을 경납(hard lead)이라고 하며, 주물용(10% Sb), 케이블의 피복(1~3% Sb), 축전지판(4% Sb) 등의 경도를 요구하는 것에 사용된다.

㉡ 활자합금

- Pb을 주성분으로 Pb-Sn-Sb계 합금이다.
- Pb에 Sb을 첨가하면 수축이 감소되며, 경도를 증가시키고 용융점은 저하시킨다.
- Pb-Sb 합금은 메짐성이 있어 Sn을 첨가하면 개선된다. Cu를 소량 첨가하면 합금의 경도는 증가하고 주조성이 불량해진다.

단원 예상문제

1. 다음 중 약 250℃ 이하의 융점을 가지는 저용융점 합금으로 사용되는 것은?

① Sn ② Cu

③ Fe ④ Co

해설 저용융점 합금은 Sn(231℃)보다 낮은 융점을 가진 합금의 총칭으로 종류는 크게 Bi, Pb, Sn, Cd로 구분한다.

2. 전기 방식용 양극 재료, 도금용, 다이캐스팅용 등에 많이 사용되며 용융점이 약 419℃인 것은?

① Zn ② Be

③ Mg ④ Al

해설 Zn은 융점 419℃, 비중 7.1의 청색을 띤 백색 금속으로 도금 및 다이캐스팅용에 많이 사용된다.

3. 다이캐스팅용 아연합금의 가장 중요한 합금원소로서 합금의 강도, 경도를 증가시키고 유동성을 개선하는 것은?

① Pb ② Al
③ Sn ④ Cd

해설 다이캐스팅용 아연합금에서 Al은 강도, 경도, 유동성을 개선하고, Cu는 입간 부식을 억제하며, Li은 길이 변화에 큰 영향을 준다.

4. 아연합금 다이캐스팅 주물의 특성이 아닌 것은?

① 대량생산에 적합하다.
② 결정입자가 조대하고 강도가 작다.
③ 복잡하고 얇은 주물이 가능하다.
④ 치수가 정확하고 표면이 깨끗하다.

해설 결정입자가 미세하고 강도가 크다.

5. ZAMAK(Zn합금)에 반드시 미량의 Mg을 첨가하는 이유는?

① 내열성을 향상시키기 위해
② 입계 부식을 방지하기 위해
③ 기계적 성질을 향상시키기 위해
④ 시효현상을 방지하기 위해

해설 Zn합금에 Mg을 0.1% 첨가하면 입계 부식을 억제하여 균열 발생을 방지한다.

6. 아연합금의 부식제로 적당한 것은?

① 염산 용액 ② 피크랄 용액
③ 왕수 ④ 수산화칼슘

해설 염산용액 → 염산 5 cc+물 100 cc

7. 아연합금의 입간 부식을 촉진시키는 원소가 아닌 것은?

① Hg ② Pb ③ Sn ④ Cd

해설 유해 불순물로서 입간 부식을 일으키는 원소는 Pb, Sn, Cd 등이다.

8. Zn합금 중 다이캐스팅용 합금으로 맞는 것은?

① KM 합금 ② ZAMAK
③ ZAS ④ kirksite

해설 Zn합금 : 다이캐스팅용 합금(ZAMAK), 금형용 합금(KM 합금, ZAS, kirksite)

9. 다이캐스팅용으로 쓰이는 아연합금의 원소에 대한 설명으로 틀린 것은?

① Al은 유동성을 개선한다.
② Cu는 입간 부식을 억제한다.
③ Li은 길이 변화에 큰 영향을 준다.
④ Mg을 많이 첨가하면 복잡한 형상 주조에 좋다.

해설 Mg을 많이 첨가하면 용탕 속에 Mg이 산화물을 증가시키고, 유동성을 나쁘게 하므로 복잡한 형상 주조에는 적합하지 않다.

10. 아연 및 금형용 아연합금에 대한 설명으로 틀린 것은?

① 아연은 건조한 공기 중에서는 거의 산화되지 않는다.
② 아연은 대표적인 고용융점 금속이다.
③ 금형용 아연합금의 대표적인 것으로는 KM 합금, ZAS, kirksite 등이 있다.
④ 금형용 아연합금의 표준 성분은 Zn에 4% Al–3% Cu–0.03% Mg 등으로 구성되어 있다.

해설 Zn은 낮은 융점(419℃)을 갖는다.

11. 다음 중 각 금속에 대한 설명 중 틀린 것은?

① Zn의 융점은 906℃이다.
② Mg은 조밀육방격자이다.
③ Zn은 다이캐스팅용 합금으로 이용한다.
④ Mg의 비중은 1.740이다.

해설 Zn의 융점은 419℃이다.

12. 융점 419℃, 비중 7.1의 청색을 띤 백색 금속으로 도금 및 다이캐스팅용에 많이 사용되는 금속은?

① Sn ② Al ③ Zn ④ Ni

13. Sn(231℃)보다 낮은 융점을 가진 합금을 총칭하는 이름은?

① Sn합금 ② 비경질합금 ③ 저융점 합금 ④ 고융점 합금

해설 저융점 합금으로 Sn, Pb, Cd, Bi 등이 있으며, 전기퓨즈, 화재경보기, 저온땜납 등에 이용된다.

14. 땜납의 성분은?

① Cu+Sn ② Sn+Pb ③ Cu+Pb ④ Sb+Cu+Pb

해설 땜납의 성분은 약 300℃ 이하의 용해 온도를 갖는 Sn+Pb 합금이다.

15. 활자합금(Type metal)이란?

① Pb–Sb–Sn
② Pb–Zn–Sb
③ Pb–Sb–Zn
④ Pb–Sn–Zn

해설 활자합금은 Pb 7%+Sb 15%+Sn 합금이다.

16. 활자합금의 주된 원소는?

① 납–구리
② 납–안티몬
③ 납–이리듐
④ 납–알루미늄

해설 활자합금은 Pb+Sb+Sn 합금이다.

17. 활자합금에 대한 설명으로 틀린 것은?

① 용융점이 낮아야 한다.
② 용융점이 높아야 한다.
③ Pb+Sb+Sn 합금이 주로 사용된다.
④ 전연성과 내식성이 좋다.

해설 Pb+Sb+Sn 합금으로 용융점이 낮고 전연성과 내식성이 좋아야 한다.

18. 다음 합금 중 용융점이 제일 낮은 것은?

① 우드메탈(wood metal)
② 문츠메탈(muntz metal)
③ 톰백(tombac)
④ 양은(german silver)

해설 Bi–Pb–Sn–Cd계 합금인 우드메탈의 융점은 70℃이다.

정답 1. ① 2. ① 3. ② 4. ② 5. ② 6. ① 7. ① 8. ② 9. ④ 10. ② 11. ① 12. ③ 13. ③ 14. ② 15. ① 16. ② 17. ② 18. ①

4-8 분말합금의 종류와 특성

(1) 분말합금

- 금속분말 또는 합금분말을 형에 넣어서 가압 성형한 다음 용융온도 이하의 온도에서 소결하여 금속을 성형하는 기술인 분말야금법에 의해 만들어진다.
- 분말의 유동성은 조립이며, 입형이 구상이고 겉보기 밀도가 크면 유동성이 크다.

① 분말야금법의 특징

분말야금법의 특징

장점	단점
• 생산성, 실수율이 높아 단결정의 제조에 적합하다. • 최종 제품의 형상으로 가공할 수 있어 절삭가공을 생략할 수 있다. • 가공 정밀도가 높다. • 공공이 분산한 재료를 제조할 수 있다. • 고융점재료, 복합재료의 제조가 용이하다. • 용해법으로 생기는 편석, 결정립 조대화의 문제점이 적다.	• 제품의 크기에 제한이 있다. • 가공품의 형상에 제한이 있다. • 원료분말이 비교적 비싸다. • 공공이 있으면 강도가 낮다.

② 분말의 종류 : Fe, Ni, Mo, C 이외에 분말 고속도강, 분말합금강, 분말스테인리스, Al-Li-X 합금, 내열재료인 Al-8 Fe-3 · 4 Ce 합금, 내마모재료의 Al-고 Si-X 합금 등이 있다.

③ 성형법 : 소결단조법, 사출 성형법, 열간정수압 성형법(HIP), 분무 성형법 등이 있다.

(2) 초경합금

① 초경합금의 개요

㈎ 초경합금은 일반적으로 주기율표의 제4, 5, 6족 금속의 탄화물을 Fe, Ni, Co 등의 철족 결합 금속으로서 접합, 소결한 복합합금을 말한다.

㈏ 초경합금은 절삭용 공구나 금형 다이의 재료로 주로 쓰이며 비디아(widia), 미국의 카볼로이(carboloy), 일본의 텅갈로이(tangaloy) 등이 대표적인 제품이다.

㈐ 초경합금 제조는 WC분말에 TiC, TaC 및 Co분말 등을 첨가 혼합하여 소결한다.

㈑ WC-Co계 합금 외에 WC-TiC-Co계 및 WC-TiC-TaC-Co계 합금이 절삭공구류 제조에 많이 쓰이고 있다.

㈒ 피복 초경합금 : 1000℃ 이상에서 초경공구에 탄화티탄(TiC), 질화티탄(TiN), 알루미나(Al_2O_3) 등의 반응가스를 통과시켜 코팅하는 화학증착법(CVD)을 사용함으로써 초경절삭공구의 내마모성과 인성을 향상시킨 코팅인서트를 피복 초경합금이라 한다.

㈓ 초미립 초경합금 : 초미립 탄화텅스텐(WC)과 비교적 많은 Co를 배합하여 만든 새로운 합금이다.

② 초경합금의 특성

㈎ 강도가 높다(HRC80정도).

㈏ 고온경도 및 강도가 양호하여 고온에서 변형이 적다.

㈐ 내마모성과 압축강도가 높다.

㈑ 사용 목적, 용도에 따라 재질의 종류 및 형상이 다양하다.

(3) 소결기계 부품용 재료

① 재질은 철계, 철-탄소계, 철-구리계, 철-구리-탄소계의 분말합금이 주체가 되고 청동계 분말합금계가 있다.

② 배합된 재료를 환원 분위기에서 연속식 전기로에 넣고 소결한다.

③ 합금분말 제조→혼합→압축성형→예비 소결→재압축→본 소결의 공정 순서를 거쳐 제조된다.

④ 소결마찰 부품 재료 : 토목건축기계, 공작기계, 자동차 등의 클러치, 브레이크용 마찰재료로서 내마모성, 내열성이 클 것, 마찰계수가 크고 안정될 것, 열전도성, 내유성이 좋을 것, 가격이 저렴할 것 등이 요구된다.

(4) 소결전기 및 자기 재료

① 소결전기 재료

㈎ W, Mo 등을 사용한 전극 및 진공관용 전열선, 소결전기접점, 소결집전용 브러시 등이 있다.

㈏ 접촉저항, 고유저항이 작고, 비열 및 열전도율이 높은 반면 융착현상, 아크에 의한 질량 이동이 적으며, 열이나 충격에 잘 견디고 비중이 낮은 성질이 요구된다.

㈐ 복합 금속 접점재로서 내아크성이 강한 고융점 재료와 고전도재의 조합품인 Ag+W나 WC 또는 Mo합금 및 Cu+W나 WC 합금, Ag+Ni이나 CdO 또는 흑연과의 합금이다.

② 소결자기 재료

㈎ 소결금속자석(alnico) : Al과 Fe, Ni, Co 또는 Co 등의 모재합금 분말에 Fe, Ni, Co 분말을 배합하여 4~6t/cm^2으로 가압성형한 후 진공 또는 수소 분위기에서 1200~1400℃로 2~15시간 가열, 소결시키고 자화처리한 자석이다.

㈏ 산화물 자석(ferrite) : Co-Fe계 분말합금 자석으로서 Fe, Ni, Co, Cu, Mn, Zn, Cd 등으로 형성된 $MOFe_2O_3$를 가지는 산화물계 소결 자성체이다.

단원 예상문제

1. 분말야금법의 특징 중 틀린 것은?

① 제조 과정에서 융점까지 온도를 올려야 한다.
② 고융점재료, 복합재료의 제조가 용이하다.
③ 가공 정밀도가 높다.
④ 최종 제품의 형상으로 가공할 수 있어 절삭가공을 생략할 수 있다.

해설 제조 과정에서 융점 이하의 온도로 가열하여 소결한다.

2. 금속분말 제조 방법 중에서 기계적 제조 방법은 어느 것인가?

① 응축법 ② 열해리법 ③ 환원법 ④ 분쇄법

해설
- 기계적 제조 방법 : 분쇄법
- 물리적 제조 방법 : 응축법, 열해리법
- 화학적 제조 방법 : 환원법

3. 분말야금법의 특징을 설명한 것 중 옳은 것은?

① 가공 정밀도가 낮다.
② 고융점재료의 제조가 어렵다.
③ 편석, 결정립 조대화의 문제가 적다.
④ 실수율이 낮아 양산품 제조에 부적합하다.

해설 고융점재료(또는 합금이 곤란한 재료)로 사용 가능하며, 실수율이 높아 균질하고 순도가 높은 제품을 얻을 수 있다.

4. 분말야금법의 특징을 설명한 것으로 옳은 것은?

① 절삭공정은 생략할 수 없다.
② 다공질의 금속재료를 만들 수 있다.
③ 제조 과정에서 용융점까지 온도를 올려야 한다.
④ 필터나 함유 베어링 등에 적용할 수 없다.

해설 분말야금법은 다공질 금속재료 제조에 적합하다.

5. 유동성(flow)이 가장 좋은 분말의 형상은?

① 구형(spherical shape)이다.
② 불규칙형(irregular shape)이다.
③ 수지상정(dendritic shape)이다.
④ 분말 형상에 관계가 없다.

해설 원형에 가까울수록 잘 미끄러진다.

6. 분말의 유동성에 영향을 주지 않는 것은?

① 분말의 형상 ② 분말의 겉보기 밀도
③ 분말의 입도 ④ 분말의 소결성

7. 초경합금의 특성을 설명한 내용 중 잘못된 것은?

① 고온경도 및 강도가 양호하다.
② 고온에서 변형이 적다.
③ 내마모성과 압축강도가 낮다.
④ 사용 목적에 따라 재질의 종류 및 형상이 다양하다.

해설 초경합금은 내마모성과 압축강도가 우수하여 합금용 공구로 사용된다.

8. 초경합금의 특성을 설명한 것 중 틀린 것은?

① WC계 초경합금은 WC분말에 2~20%의 Ni분말을 혼합하여 수소(H_2) 기류 중에서 성형한다.
② 고온에서 안정하고 경도도 대단히 높아 절삭용 공구나 내열재료로서 사용되고 있다.
③ 소결합금 공구강은 WC, TaC, TiC 등의 초경탄화물로 구성되어 있다.
④ 내마모성과 압축강도가 대단히 우수하여 합금공구로 사용된다.

해설 WC계 초경합금은 WC분말에 TiC, TaC, Co분말을 혼합하여 수소(H_2) 기류 중에서 성형한다.

9. 초경합금 제조는 주성분인 WC분말에 다음 중 어떤 분말을 첨가하여 성형한 것인가?

① Fe ② Co ③ Ni ④ Al

해설 Co를 첨가하여 소결 제조한다.

10. 초경합금 중의 하나인 탄화텅스텐(WC)에 관한 설명으로 틀린 것은?

① 절삭공구로 사용된다.
② 매우 높은 고온강도를 갖는다.
③ 소결공정을 통하여 제조한다.
④ 열전도도는 고속도강보다 낮으나 절삭속도는 빠르다.

해설 탄화텅스텐(WC)계 초경합금의 열전도도는 고속도강보다 2~3배 높고 절삭속도가 빠르다.

11. 소결 초경합금으로 사용되는 것이 아닌 합금계는?

① WC–Co계 ② WC–TiC–Co계
③ Zn–Cr–W–C계 ④ WC–TiC–TaC–Co계

해설 소결 초경합금 : WC–Co계, WC–TiC–Co계, WC–TiC–TaC–Co계

12. 다음 중 초경탄화물이 아닌 것은?

① WC ② GC
③ TiC ④ TaC

해설 GC는 주철이다.

13. WC분말에 TiC, TaC 등을 Co분말의 결합제와 함께 혼합 후 진공 또는 수소 기류 중에서 소결한 재료로 절삭공구류 및 내마모 재료로 사용되는 것은?

① 초경합금 ② 세라믹
③ 고속도강 ④ 시효경화합금

해설 초경합금은 WC, TiC, TaC 등의 금속탄화물에 Co를 결합제로 하여 1400~1500℃의 수소 기류에서 소결하여 만든 합금이다.

14. 피복 초경합금의 코팅재가 아닌 것은?

① TiC ② Cr_2O_3
③ Al_2O_3 ④ TiN

해설 피복 초경합금은 1000℃ 이상에서 초경공구에 TiC, Al_2O_3, TiN 등을 코팅하여 내마모성과 인성을 향상시킨 합금이다.

15. 다음 중 초경합금으로서 초미립 탄화텅스텐과 비교적 많은 양의 코발트를 배합하여 만든 새로운 합금은?

① 피복 초경합금 ② 초미립 초경합금
③ 비자성 초경합금 ④ 일반 초경합금

해설 초미립 초경합금
- 기존 초경합금과 경도는 같으나 매우 높은 인성이 있다.
- 고속도강 절삭 영역에 가까운 분야에서 성능이 매우 우수하다.
- 작은 절삭 깊이, 적은 이송량, 저속절삭에서 고성능을 발휘한다.
- 자동선반, 정밀보링, 호브, 리머 등으로 사용한다.

16. 초미립 초경합금의 특징 중 틀린 것은?

① 기존 초경합금과 경도는 같으나 매우 높은 인성이 있다.
② 고속도강 절삭 영역에 가까운 분야에서 성능이 매우 우수하다.
③ 저속절삭보다 고속절삭에 유리하다.
④ 자동선반, 정밀보링, 리머, 엔드밀, 드릴용으로 사용한다.

해설 초미립 초경합금은 작은 절삭 깊이, 적은 이송량, 저속절삭에서 고성능을 발휘한다.

17. 다음 중 철계 소결품의 제조공정으로 맞는 것은?

① 원료분말 Fe, C→혼합→소결→압축성형→사이징
② 원료분말 Fe, C→혼합→압축성형→소결→사이징
③ 원료분말 Fe, C→혼합→압축성형→사이징→소결
④ 원료분말 Fe, C→혼합→사이징→압축성형→소결

18. 소결전기 재료로서 요구되는 구비 조건 중 틀린 것은?

① 접촉저항 및 고유저항이 커야 한다.
② 비열 및 열전도율이 높아야 한다.
③ 융착현상, 아크에 의한 질량 이동이 적어야 한다.
④ 열이나 충격에 견디고 비중이 작아야 한다.

해설 접촉저항 및 고유저항이 작아야 한다.

19. 소결마찰 부품 재료의 구비 조건으로 틀린 것은?

① 내마모성이 클 것
② 내열성이 낮을 것
③ 마찰계수가 클 것
④ 내유성이 좋을 것

해설 소결마찰 부품은 내열성이 높아야 한다.

20. 소결자기 재료에서 소결금속자석으로 사용되는 것은?

① 플래티나이트
② 알니코
③ 퍼멀로이
④ 텅갈로이

해설 소결금속자석으로 알니코형이 사용된다.

21. 소결합금으로 된 공구강은?

① 초경합금 ② 다이스강 ③ 스텔라이트 ④ 고속도강

해설 초경합금은 절삭공구에 쓰이며, 철분말을 압축성형하고 소결하여 만든다.

22. 소결금속자석으로 MK강이라고도 불리는 알니코 자석강의 주성분은?

① Co, Cr, W
② Mo, Cr, W
③ Ni, Al, Co
④ Mn, Al, Ti

해설 MK자석강(알니코형)의 주성분은 Al, Ni, Co이다.

정답 1. ① 2. ④ 3. ③ 4. ② 5. ① 6. ④ 7. ③ 8. ① 9. ② 10. ④ 11. ③ 12. ② 13. ① 14. ② 15. ② 16. ③ 17. ② 18. ① 19. ② 20. ② 21. ① 22. ③

제 5 장 신소재 및 그 밖의 합금

5-1 구조용 재료

(1) 구조용 금속간 화합물

① 금속간 화합물

㈎ 초전도체, 자성체 등의 기능재료로서 많이 사용되고 있으나 구조용 재료로서 항공기 기체에 쓰이는 두랄루민 등에 미세하게 분산시킨 석출물로서 고강도화의 역할을 하고 있다.

㈏ Ni_3Al을 60% 이상 함유시킨 Ni합금은 내열성의 향상에 기여하고 있다.

㈐ WC나 TiC는 연성이 좋은 Co로 접착하여 절삭공구로 쓰이는 초경합금으로 이용되고 있다.

㈑ Ni_3Al은 FCC의 구조를 갖고 온도 상승에 따라 강도가 커지는 특성이 있어 고온용 구조재로 이용되고 있다.

② 구조재로서의 특징

㈎ 금속간 화합물은 상온에서 취약하고 다결정에서는 인장을 변형할 수 없는 것이 많으나 Co_3Ti, Ni_3Mn 등은 인장변형이 가능하다.

㈏ 온도 상승에 따른 강도의 증가를 보이는 재료에는 Co_3Ti, Ni_3Al 외에도 TiAl, Ti_3Al, CuZn, CoZr 등이 있다.

㈐ NiAl 화합물은 Ni과 Al의 결합력이 강하여 내산화성이 우수하므로 화합물을 피복하여 내산화, 내부식성을 향상시킬 수 있다.

③ 금속간 화합물의 응용

㈎ 초내열합금의 강화상으로서의 이용 : 제트엔진, 가스터빈 등의 브레이드, 화학반응장치, 단결정 스프링

㈏ 원자로용 구조재 : Zr_3Al, $(Fe, Ni, Co)_3V$

㈐ 내열재료의 표면 피복 : NiAl, $MoSi_2$

㈃ 내마모재의 표면 피복 : B 화합물, 탄화물, 규화물, 질화물, 산화물

㈄ 기타 : 고융점금속 피복, 치과용 재료

(2) 극저온용 구조재료

① 특징

㈎ 극저온용 구조재란 초전도 이용 기술의 개발에 따른 액체 He 온도(4K) 근방에서 기기의 구성부재로서 사용되는 것을 말한다.

㈏ 금속재료로서는 STS304L, STS316L 등의 오스테나이트계 스테인리스강이 주로 쓰인다.

② 고강도 · 고인성 재료

㈎ ferrite계 재료

㉠ ferrite계 철합금의 대표는 Ni강이며 Ni을 13% 이상 함유하면 4K에서도 저온취성이 나타나지 않는다.

㉡ ferrite강은 극저온의 강도가 높고 9Ni강을 용접봉으로 쓰면 용접성도 좋으나 강자성체이므로 강자계 중에서 쓰일 때는 큰 전자력을 받는다.

㈏ 질소강화 Mn강

㉠ 오스테나이트계 스테인리스강의 강도를 향상시킬 목적으로 Mn 양을 높이고 N로 강화한 nitronic계 합금이 개발되었다.

㉡ N에 의한 강화는 극저온에서 현저하며, Mn은 오스테나이트상의 마텐자이트 변태에 따른 페라이트상의 출현을 억제하는 효과와 극저온에서의 비자성화에 효과가 있다.

㉢ 비자성 고Mn강에 내식성을 주기 위하여 Cr을 증가한 재료도 극저온 용기로 사용한다.

㈐ 석출강화 비자성강

㉠ 금속간 화합물 r−Ni 3(Ti, Al)에 의한 석출강화로 넓은 온도 범위에서 강도가 높고 열처리성이 있어 초전도 회전기의 로터, 핵융합로용 초전도 자석의 지지대 등에 사용한다.

㉡ 문제점 : Ni 농도가 높아서 극저온에서도 강자성체이다. 극저온에서 충격치가 낮다. 용접성이 낮아 융착금속이나 열영향부의 균열, 재가열 균열이 생긴다.

㉢ 해결책 : Mn을 첨가하고 미량 불순물을 감소시킨 Fe−Ni−Cr−M−Ti계가 있으며, Mo 이외의 미량원소를 감소시킨 합금은 열영향부나 융착금속부에도 균열이 생기지 않는다.

㈑ 신재료의 적용성

㉠ Ti합금은 α 단상의 Ti-5 Al-2.5 Sn과 $\alpha+\beta$ 2상의 Ti-6 Al-4 V 합금이 대표적이다.

㉡ Al합금과 Cu합금은 전기전도도가 좋아 초전도 도체의 안정화재, 보강재로 쓰이고 있다.

㉢ 산화물 분산강화물이나 탄성률이 높은 Al-Li 합금도 극저온용으로 쓰이고 있다.

단원 예상문제

1. 극저온용 구조재료로 사용되는 페라이트철 합금에 첨가되는 원소로서 인성이 큰 동시에 저온취성을 방지할 수 있는 합금원소는?

① Ni ② Co ③ W ④ Mn

해설 Ni강에 13% 이상의 Ni이 함유되면 -269℃에서도 저온취성이 나타나지 않는다.

정답 1. ①

(3) 복합재료

- 복합재료는 무기계, 금속계, 고분자계로 분류되며 이것들 중 2종 이상 조합하여 각 소재가 가지는 특성치를 합한 값 이상, 즉 상승효과를 얻기 위해 설계된 재료를 말한다.
- 복합재료는 GFRP(유리섬유강화 플라스틱), CFRP(카본섬유강화 플라스틱), FRM(섬유강화금속), ACM(탄소섬유, 보론섬유, 아라미드 섬유, 위스커)이 있다.

① 섬유강화금속

㈎ 섬유강화금속은 FRM(fiber reinforced metals), MMC(metal matrix composite)로 최고 사용온도 377~527℃, 비강성, 비강도가 큰 것을 목적으로 한다.

㈏ Al, Mg, Ti 등의 경금속을 기지로 한 저용융점계 섬유강화금속과 927℃ 이상의 고온에서 강도나 크리프 특성을 개선시키기 위해 Fe, Ni합금을 기지로 한 고용융점계 섬유강화초합금(FRS)이 있다.

㈐ 강화섬유는 모재금속과의 상호확산, 용매 반응 등을 억제하기 위하여 산화물, 탄화물, 질화물 등을 CVD법, 이온플레이팅법, 활성화반응 증착법 등으로 피복한다.

FRM용 강화섬유의 성질

섬유	인장강도 (kgf/mm^2)	탄성률 (10^3kgf/mm^2)	밀도(gf/cm^2)	지름(μm)	비고
보론	350	40	2.46	100, 140, 200	monofilament
SiC	315	43	3.16	100, 140	(단섬유)
C(PAN)	290~330	24~27	1.70~1.77	7~9	multifilament
C(피치)	210	39	2.02	5~10	(섬유속)
알루미나 (Al_2O_3)	260	25	3.20	9	multifilament (섬유속)

② 입자분산강화금속

㈎ 입자분산강화금속 PSM(particle dispersed strengthened metals)은 금속 중에 0.01~0.1μm 정도의 미립자를 수 % 정도 분산시켜 입자 자체가 아닌 모체의 변형저항을 높여 고온에서의 탄성률, 강도 및 크리프 특성을 개선시키기 위하여 개발된 재료이다.

㈏ 분산된 미립자는 기지 중에서 화학적으로 안정하고 용융점이 높으며, 고용하지 않는 화합물인 Al_2O_3, ThO_2 등이 이용되며, 기지로는 Al이나 내열재료인 Ni, Ni-Cr, Ni-Mo, Fe-Cr 등이 이용된다.

㈐ PSM의 제조 방법 : 기계적 혼합법, 표면산화법, 공침법, 내부산화법, 용융체포화법, 산화환원법, 용융금속의 atomization법, 열분해법, 분사분산법 등이 있다.

㈑ 실용재료로는 저온용 내열재료인 SAP(sinterered aluminium product), 고온용 내열재료인 TD Ni(thoria dispersion strengthened nikel)이 대표적이다.

㈒ SAP는 Al 기지 중에 Al_2O_3의 미세 입자를 분산시킨 복합재료이다.

㈓ SAP는 다른 Al합금에 비하여 350~550℃에서도 안정한 강도를 나타내기 때문에 디젤엔진의 피스톤 밴드나 제트엔진의 부품으로 사용되고 있다.

③ 입자강화금속

㈎ 서멧(cermet) 재료란 1~5μm 정도의 비금속 입자가 금속이나 합금의 기지 중에 분산되어 있는 재료를 말한다.

㈏ 비금속 성분은 20~80% 범위로 매우 광범위하다.

㈐ 서멧 재료는 탄화물계(WC-Co계, TiC-Ni계, Cr_2C_2-Ni계 등), 산화물계(Al_2O_3-Fe계, Al_2O_3-Cr계 등), 질화물계(TiN-Cr계 등), 붕화물계(ZrB_2, CrB, TiB_2 등), 규화물계($MoSi_2$, $TiSi_2$, $CrSi_2$ 등) 등 많은 종류가 있으며 공구용 재료, 내열재료, 내마멸용 재료 외에 원자로용 재료로 이용된다.

④ 클래드 재료

㈎ 2종 이상의 금속재료를 합리적으로 짝을 맞추어 각각의 소재가 가지는 특성을 복합적으로 얻을 수 있는 재료를 말한다.

㈏ Ni합금, 스테인리스강 등의 내식성 재료와 저탄소강을 서로 조합한 재료가 화학공업장치에 사용되고 있다.

㈐ 스테인리스강과 인바 등을 조합시켜 가정용 전기 기수 등의 온도 조절용 바이메탈로 사용된다.

㈑ 제조법은 압착법, 압연법, 확산 결합법, 단접법, 압출법 등이 있다.

단원 예상문제

1. 2종 이상의 무기계, 금속계 및 고분자계를 조합하여 각 소재가 가지는 특성치를 합한 값 이상의 상승효과를 얻기 위해 설계된 재료를 총칭하는 명칭은?

① 구조용 복합재료
② 특수강
③ 자성재료
④ 특성재료

해설 복합재료는 무기계, 금속계, 고분자계로 분류되며 이것들 중 2종 이상을 조합, 각 소재의 특성치의 상승효과를 얻기 위해 설계된 재료이다.

2. 다음 중 섬유강화한 플라스틱의 기호는?

① FRM ② FRP ③ FRS ④ MMC

해설 섬유강화플라스틱은 FRP(Fiber Reinforced Plastics)이다.

3. 다음 중 섬유강화금속은 어느 것인가?

① FRP ② FRM ③ FRS ④ MMC

해설 섬유강화금속은 FRM(Fiber Reinforced Metals)이다.

4. FRM용 강화섬유 중 인장강도가 가장 큰 것은?

① 알루미나 ② C(PAN) ③ C(피치) ④ 보론

해설 인장강도

- 알루미나 : 260 kgf/mm^2
- C(PAN) : 290~330 kgf/mm^2
- C(피치) : 210 kgf/mm^2
- 보론 : 350 kgf/mm^2

5. FRM용 섬유강화금속에 사용되는 섬유의 종류에 해당되지 않는 것은?

① B ② SiC
③ Cr_2O_3 ④ Al_2O_3

해설 FRM용 섬유강화금속의 섬유 종류에는 보론, SiC, C(PAN), C(피치), 알루미나 등이 있다.

6. 섬유강화금속에서 강화섬유로 사용되는 것이 아닌 것은?

① SiC ② C(PAN)
③ Fe ④ 보론

7. 금속 중에 0.01~0.1μm 정도의 미립자를 수 % 정도 분산시켜 입자 자체가 아닌 모체의 변형저항을 높여 고온에서의 탄성률, 강도 및 크리프 특성을 개선시키기 위해 개발된 재료는?

① FRM ② MMC
③ PSM ④ FRS

해설 입자분산강화금속 PSM(particle dispersed strengthened metals)은 미립자를 분산시켜 만든 복합재료이다.

8. 다음 신소재 합금 중 입자분산강화금속의 표기로 옳은 것은?

① PSM ② FRM
③ FRS ④ HSLA

해설
- 입자 분산 강화 금속 : PSM(particle dispersed strengthened metals)
- 섬유 강화 금속 : FRM(fiber reinforced metals)
- 섬유 강화 초합금 : FRS(fiber reinforced super alloy)
- 고강도 저합금강 : HSLA(high strength low alloy steel)

9. 강화섬유가 모재금속과의 상호확산, 용매반응 하는 것을 피하기 위하여 산화물, 탄화물, 질화물 등으로 피복하는 방법이 아닌 것은?

① CVD법 ② 이온플레이팅법
③ 활성화반응 증착법 ④ 공침법

해설 공침법은 입자분산강화금속(PSM)의 제조 방법이다.

정답 1. ① 2. ② 3. ② 4. ④ 5. ③ 6. ③ 7. ③ 8. ① 9. ④

(4) 자동차용 신소재

① 파인세라믹스

(가) 파인세라믹스란 미세한 입자로 제조된 유리, 시멘트, 도자기 등의 요업재료를 의미한다.

(나) 가볍고 내마모성, 내열성 및 내화학성이 우수하여 연료 효율 향상, 생산성 증대, 희귀 자원의 대체에 크게 기여할 수 있는 재료이다. 주요 제품은 절삭공구 터보차저의 회전자, 기계의 실부품, 자동차 밸브 등이다.

② HSLA합금 : 고강도 저합금강으로서 HSLA(high strength low alloy steel)는 자동차용 탄소강판의 대용 제품이다.

③ DP강 : 복합조직강(dual phase alloy)으로서 HSLA강의 결점을 보강하기 위해 개발되었고, 자동차의 경량화 재료로 활용된다.

단원 예상문제

1. 미세한 입자로 제조된 유리, 시멘트, 도자기 등의 요업재료와 자동차용 엔진재료로 가볍고 내마모성, 내열성 및 내화학성이 우수한 성질의 재료는?

① 파인세라믹스 ② HSLA합금 ③ DP강 ④ 두랄루민

해설 파인세라믹스는 미세한 입자로 제조된 유리, 시멘트, 도자기 등의 요업재료와 자동차용 엔진재료로 사용되는 재료이다.

2. 다음 중 자동차용 신소재가 아닌 것은?

① 파인세라믹스 ② MA87DMS ③ HSLA ④ DP강

해설 MA87DMS는 구조용 복합재료(입자분산강화금속)이다.

정답 1. ① 2. ②

(5) 항공기용 신소재

① 두랄루민 합금으로 2014, 2017합금 및 초두랄루민(SD) 2024합금, 초초두랄루민(ESD) 7075합금이 고강도 합금이다.

② 항공기 재료는 강도, 인성, 비강도 및 용접성, 열처리성 등이 우수해야 하며 응력 부식 균열이 발생하지 않아야 한다.

③ ESD의 응력 부식 균열의 방지법으로 과시효처리가 가장 효과적이다.

단원 예상문제

1. 항공기용 재료의 기호는?

① DP ② ILED ③ ESD ④ FRM

해설 항공기용 신소재에는 초초두랄루민(ESD)이 있다.

2. 다음 중 항공기용 신소재로서 가장 적당한 것은 어느 것인가?

① 초초두랄루민(ESD)
② 입자분산강화금속(PSM)
③ 섬유강화금속(FRM)
④ 복합조직강(DP강)

해설 초초두랄루민(ESD)은 Al-Zn-Mg계 고강도 합금으로 대표적인 항공기 재료로 사용된다.

정답 1. ③ 2. ①

5-2 기능재료

(1) 초내열합금

① 내열강의 고온(700℃ 이상) 특성의 향상을 도모하기 위해서 Ni, Cr, Co, Mo, W, 기타 합금원소의 첨가량을 증가시켜 내열강의 Fe 성분이 50% 이하로 감해진 합금 및 Ni, Co를 주성분으로 하는 고온 용도의 합금을 초내열합금(super-heat-resistant alloy)이라고 한다.

② Fe기, Ni기, Co기의 3종류 합금이 고온강도의 높은 결정을 생성하여 초내열성을 높인다.

③ 고온강도와 내식성이 있어 가스터빈, 제트엔진 등에 사용된다.

④ 제조 공정에 따라 단련재(wrought superalloy)와 주조재(cast superalloy)로 구분하며, Al, Ti, Ta, Nb 등의 석출강화 원소가 일정량 이상 첨가되면 주요 강화상인 Ni_3Al 구조의 γ'이 석출되어 고온강도를 향상시킨다.

(가) Fe기 초내열합금

㉠ Ni, Cr 함량이 많고, Mo 이외에 W, Nb, Ti을 첨가하여 탄화물 석출에 의한 석출경화를 이용한 Timken 16-25-6, ATA-2, 19-9DL 및 ATS 6등이 있다.

㉡ 석출경화형 합금인 discaloy, A-286, V-57에 15%의 Cr을 첨가하여 내식성 향상과 고용강화를 위해 Mo, W을 첨가한다.

(나) Ni기 초내열합금

㉠ Ni기 초내열합금은 기지(matrix)로 Ni을 사용하며 Cr, Co, Al, W, Ta, Mo, C, Re 등 10여 가지의 합금원소를 첨가하여 고온 기계적 특성과 내환경 특성을 최적화한 합금군을 말한다.

㉡ 고온 내식성과 내열성이 요구되는 많은 산업 분야에 적용되고 있지만, 가장 중요한 응용 분야는 항공기용 엔진과 발전용 가스터빈이다.

(다) Co기 초내열합금 : Co기 초합금은 고온 장치의 봉, 박판, 단조품 등으로 사용하는 S-816, V-36, L-605 등이 있고 제트엔진, 터빈블레이드, 강도와 내산화성으로 사용하는 주조재료인 Mar-M247, Vitallium(HS-21), X-40(HS-31), WI-52 등이 있다. 이들은 대부분 C(0.12~0.5%), Ni, Si, Cr, Mn, W, Nb 등으로 조성된 Co기 초내열합금이고 종래에 사용되고 있는 고온재료이다.

(2) 초소성합금

① 금속재료가 유리질처럼 늘어나는 특수한 현상을 초소성이라 한다.

② 초소성은 일정한 온도 영역과 변형속도의 영역에서만 나타나며 300~500% 이상의 연성을 가지게 된다.

③ 초소성재료는 초소성 영역에서 강도가 낮고 연성은 매우 크므로 작은 힘으로도 복잡한 형상으로 성형가공이 가능하며 온도가 저하되면 강도 등의 기계적 성질이 우수해져 실용할 수 있게 된다.

④ 초소성 재질은 결정입자가 극히 미세하며 외력을 받았을 때 슬립변형이 쉽게 일어난다.

⑤ 결정입자는 10μm 이하의 크기로서 등방성이며 초소성 온도 영역에서 결정입자의 크기를 미세하게 유지하기 위해 2차 상이 모상의 결정입계에 미세하게 분포된 공정 또는 공석조직을 나타낸다.

⑥ 소성변형 중의 결정입계에 응력집중을 극소화하기 위해서 2차 상의 강도 차이가 적고 결정입계의 유동성이 좋아야 하며 결정입계가 인장응력에 의해 쉽게 분리되지 않아야 한다.

⑦ 초소성 성형기술에는 blow forming, gatorizing 단조법, SPF/DB법 등이 개발되어 있다.

(가) 초소성을 얻기 위한 조직의 조건

㉠ 약 10^{-4}sec^{-1}의 변형속도로 초소성을 기대한다면 결정립의 크기는 수 μm이어야 한다. 즉, 미세립인 것이 필요하다.

㉡ 초소성 온도에서 변형 중에 미세조직을 유지하려면 모상의 결정성장을 억제하기 위해 제2상이 수%~50% 존재하는 것이 좋다.

㉢ 제2상의 강도는 원칙적으로 모상과 같은 정도인 것이 좋으며 만약 제2상이 단단하면 모상입계에서 공공이 생기기 쉽고, 입계슬립이나 전위밀도는 원자의 확산이동을 저지한다. 이때는 제2상을 미세하게 균일 분포시킴으로써 그 작용을 완화시킬 수 있다.

㉣ 모상의 입계는 고경각인 것이 좋다. 저경각은 입계슬립을 방해한다.

㉤ 입계슬립에서 응력집중은 3중점과 입계의 장애물에서 일어난다. 입계가 움직이기 쉬우면 입계 이동을 일으켜 응력집중을 완화시킬 수 있다.

㉥ 결정립의 모양은 등축이어야 한다. 왜냐하면 비록 횡단면에서는 미세조직이어도 길이 방향으로 입자가 늘어나 있으며 길이 방향에는 큰 입계슬립을 기대할 수 없기 때문이다.

㉦ 모상입계가 인장분리되기 쉬워서는 안 된다.

대표적인 초소성재료

종류	초소성합금
알루미늄계	supral 100, supral 220, 7475, PM64
티타늄계	Ti−6Al−4V, Ti−6Al−4V−X, Ti−5Al−2.5Sn
니켈계	IN−100, asteralloy, IN−744, INCO718
철강계	UHCS(Fe−1.2~2.1% C), Fe−2Mn−0.4C, Fe−4Ni
기타	Zn−Al, Cu−Al, Sn−PB, Bi−Sn, ZIRCALOY 2

단원 예상문제

1. 다음 중 기능성 재료가 아닌 것은?

① 형상기억합금 ② 초소성합금
③ 제진합금 ④ 초경합금

해설 초경합금은 분말합금재료이다.

2. 고기능성 박막재료의 제조법이 아닌 것은?

① PVD법 ② CVD법
③ 스퍼터링법 ④ 질화법

해설 고기능성 박막재료의 제조법 : PVD법, CVD법, 스퍼터링법

3. **다음 중 초소성 및 그 재료에 대한 설명으로 틀린 것은?**

① 결정립의 형상은 등축(等軸)이어야 한다.

② Al합금 중에는 supral 100이 초소성으로 많이 사용된다.

③ 초소성재료의 입계구조에서 모상입계는 저경각(低傾角)인 것이 좋다.

④ 초소성이란 어느 응력 하에서 파단에 이르기까지 수백 % 이상의 연신을 나타내는 현상이다.

해설 모상입계는 고경각(高傾角)인 것이 좋다.

4. **금속재료가 유리질처럼 늘어나는 특수한 현상을 가진 재료의 명칭은?**

① 초소성재료

② 초탄성재료

③ 형상기억합금

④ 수소저장합금

5. **초소성(SPF)재료에 대한 설명 중 틀린 것은?**

① 금속재료가 유리질처럼 늘어나며 300~500% 이상의 연성을 갖는다.

② 초소성은 일정한 온도 영역에서만 일어난다.

③ 초소성의 재질은 결정입자 크기가 클 때 잘 일어난다.

④ 니켈계 초합금의 항공기 부품 제조 시 이 성질을 이용하면 우수한 제품을 만들 수 있다.

해설 초소성재료는 초소성 온도 영역에서 결정입자의 크기를 미세하게 유지해야 한다.

6. **초소성재료를 얻기 위한 조직의 조건을 설명한 것 중 옳은 것은?**

① 모상입계는 저경각인 편이 좋다.

② 결정립의 모양은 비등방성이어야 한다.

③ 모상입계가 인장분리하기 쉬워야 한다.

④ 결정립의 크기는 수 μm 이하이어야 한다.

해설 초소성재료는 결정립을 미세하게 하여 슬립변형이 쉽게 일어나는 것이 좋다.

7. **초소성합금의 성질은?**

① 잘 늘어난다.

② 경도가 크다.

③ 취성이 크다.

④ 보자력이 크다.

해설 초소성은 금속재료가 유리질처럼 잘 늘어나는 성질이다.

8. 초소성재료는 일정 온도 영역과 변형속도에서 유리질처럼 300~500% 이상의 연성을 가지게 된다. 이러한 초소성을 얻기 위한 조직의 조건 중 옳지 못한 것은?

① 약 10^{-4}sec^{-1}의 변형속도로 초소성을 기대한다면 결정립의 크기는 수 μm이어야 한다.
② 초소성 온도에서 변형 중에 미세조직을 유지하려면 모상의 결정성장을 억제하기 위해 제2상이 수 %~50% 존재하는 것이 좋다.
③ 제2상의 강도는 원칙적으로 모상보다 높아야 한다.
④ 제2상이 단단하면 모상입계에서 공공이 생기기 쉽고, 입계슬립이나 전위밀도는 원자의 확산이동을 저지한다.

해설 제2상의 강도는 원칙적으로 모상과 같은 정도인 것이 좋다.

9. 초소성재료의 특징을 열거한 것 중 틀린 것은 어느 것인가?

① 초소성은 일정한 온도 영역과 변형속도의 영역에서만 나타난다.
② 300~500% 이상의 연성을 가질 수 없다.
③ 결정입자가 극히 미세하며 외력을 받았을 때 슬립변형이 쉽게 일어난다.
④ 결정입자는 10μm 이하의 크기로서 등방성이다.

해설 초소성재료는 300~500% 이상의 연성을 갖는다.

10. 철강계 초소성재료 중 C 0.8%를 함유하는 공석강의 경우 연신량이 가장 높게 나타나는 온도 구간으로 적합한 것은?

① 300~320℃ ② 700~720℃ ③ 900~920℃ ④ 1400~1420℃

해설 철강계 초소성재료 중 0.8%C 공석강은 704℃에서 100%의 연신을 나타낸다.

11. 초소성재료 중 알루미늄계 합금이 아닌 것은?

① INCO718 ② Supral 100 ③ PM64 ④ Supral 7475

해설 초소성재료의 알루미늄계 합금에는 Supral 100, Supral 220, 7475, PM64 등이 있다.

정답 1. ④ 2. ④ 3. ③ 4. ① 5. ③ 6. ④ 7. ① 8. ③ 9. ② 10. ② 11. ①

(3) 형상기억합금과 초탄성합금

① 형상기억효과란 처음에 주어진 특정 모양의 것을 인장하거나 소성변형된 것이 가열에 의하여 원래의 모양으로 돌아가는 현상을 말한다.
② 초탄성이란 형상기억효과와 같이 특정한 모양의 것을 인장하여 탄성한도를 넘어서 소성변형시킨 경우에도 하중을 제거하면 원상태로 돌아가는 현상을 말한다.

③ 형상기억효과나 초탄성 현상을 나타내는 합금은 Ni-Ti계, Cu-Al-Ni, Cu-Zn-Al 합금이 실용되고 있다.

형상기억 및 초탄성합금의 조성과 변태온도

합금계	조성	Ms(℃)	As(℃)	모상결정구조
Ti-Ni	Ti-50, Ni(at%)	60	78	B2
Cu-Al-Ni	Cu-14.5 Al-4.4 Ni(wt%)	-140	-109	DO3
Cu-Zn-Al	Cu-27.5 Zn-4.5 Al(wt%)	-105	-	B2

④ 형상기억합금은 변형응력을 가한 때에는 일반금속과 같으나 하중 제거 후 겉보기 소성변형이 남는다. 그러나 이들 변형은 합금을 Ar″ 변태온도 이상의 범위로 가열하면 변형 전의 상태로 되돌아간다. 또한 초탄성합금을 항복구역까지 변형한 후 하중을 제거하면 원상태로 되돌아간다.

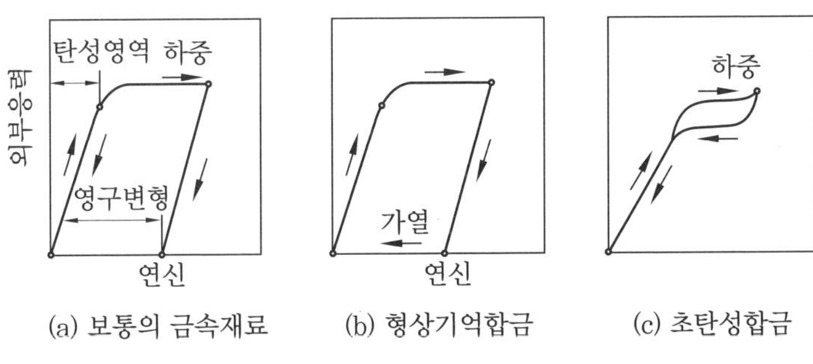

재료에 따른 응력-변형 곡선

단원 예상문제

1. 다음 중 형상기억합금에 대한 설명으로 틀린 것은?

① 형상기억효과는 일방향(one way)성의 기구이다.
② 실용합금에는 Ni-Ti계, Cu-Al-Ni, Cu-Zn-Al 합금 등이 있다.
③ 형상기억합금은 Ms점을 통과시키면 마텐자이트 상에서 오스테나이트 상이 된다.
④ 처음에 주어진 특정한 모양의 것(코일형)을 소성변형한 것이 가열에 의하여 원래의 상태로 돌아가는 현상이다.

해설 형상기억합금은 Ms점을 통과시키면 오스테나이트 상에서 마텐자이트 상이 된다.

2. 형상기억합금과 관련된 설명으로 틀린 것은?

① 외부의 응력에 의해 소성변형된 것이 특정 온도 이상으로 가열되면 원래의 상태로 회복되는 현상을 형상기억효과라 한다.
② 형상기억효과를 나타내는 합금을 형상기억합금이라 한다.
③ 형상기억효과에 의해서 회복할 수 있는 변형량은 일정한 한도가 있다.
④ Ti–Ni계 합금의 특징은 Ti과 Ni의 원자비를 1:1로 혼합한 금속간 화합물이지만, 소성가공이 불가능한 특성을 갖고 있다.

해설 Ti–Ni계 합금의 특징은 Ti과 Ni의 원자비를 1:1로 혼합한 금속간 화합물이지만, 소성가공이 가능한 특성을 갖고 있다.

3. 형상기억합금은 변형응력을 가할 때는 일반금속과 같이 소성변형이 발생한다. 이들 변형을 일정 온도 이상의 범위로 가열하면 변형 전의 상태로 돌아가는 특성을 가지고 있다. 이 재료에서는 어떤 변태가 발생하는가?

① 동소변태 ② 자기변태 ③ 펄라이트변태 ④ 마텐자이트변태

해설 형상기억합금의 원리는 마텐자이트변태이다.

4. 형상기억합금으로 가장 대표적인 합금은?

① Ti–Ni ② Ti–Cu ③ Fe–Al ④ Fe–Cu

해설 대표적인 형상기억합금에는 Ti–Ni계 합금이 있다.

5. 실용 형상기억합금이 아닌 것은?

① Al–Si계 ② Ti–Ni계 ③ Cu–Al–Ni계 ④ Cu–Zn–Al계

해설 실용 형상기억합금으로는 Ni–Ti계, Cu–Al–Ni계, Cu–Zn–Al계 세 종류가 있으며, Al–Si계는 알루미늄계 실루민합금이다.

6. 형상기억합금은 어떤 성질을 이용한 것인가?

① 전기 ② 자기 ③ 하중 ④ 온도

해설 형상기억합금은 가열에 의해 원래의 상태로 돌아가는 성질을 말한다.

7. 형상기억합금 제조에 이용되는 성질은?

① 냉간가공 ② 시효경화
③ 확산변태 ④ 마텐자이트변태

해설 형상기억합금은 오스테나이트에서 마텐자이트로 변태 시의 성질 변화를 이용하여 제조한다.

8. **형상기억합금은 금속의 어떤 성질을 이용한 것인가?**

① 탄성변형 ② 확산
③ 질량효과 ④ 마텐자이트변태

해설 형상기억합금은 마텐자이트의 정변태, 역변태의 원리를 이용한 것이다.

9. **형상기억합금에서 형상기억효과의 기구(mechanism)는?**

① 액상에서 전단응력이 구동력이 되어 결정배열이 바뀌는 확산에 의한 상변태
② 액상에서 전단응력이 구동력이 되어 결정배열이 균열을 일으키는 상변태
③ 고상에서 확산을 수반하여 주로 전단변형에 의하여 결정구조가 변하는 상변태
④ 고상에서 확산을 수반하지 않고 주로 전단변형에 의하여 결정구조가 변하는 상변태

해설 고상에서 무확산변태에 의해 전단변형으로 상변태한다.

10. **형상기억합금을 일정 온도 이상으로 가열했을 때 변형 전의 상태로 되돌아가는 변태 온도의 기준은?**

① Ar′ ② Ar″
③ A_1 ④ A_2

해설 합금을 Ar″ 변태온도 이상의 범위로 가열하면 변형 전의 상태로 되돌아간다.

11. **내식성, 내마모성, 내피로성 등이 좋은 형상기억합금은 어느 것인가?**

① Ni–Si ② Ti–Ni
③ Ti–Zn ④ Ni–Si

해설 Ti–Ni 합금 : 내식성, 내마모성, 내피로성 등은 우수하나 값이 비싸고, 제조하기 어렵다.

12. **의료용(치열 교정용)이나 안경테에 많이 쓰이는 재료는?**

① 방진합금 ② 세라믹스
③ 초탄성합금 ④ 자성유체합금

해설 초탄성합금은 의료용(치열 교정용)이나 안경테에 많이 쓰이는 재료이다.

13. **특정 모양의 재료를 인장하여 탄성한도를 넘어 소성변형시킨 경우에도 하중을 제거하면 원상태로 돌아가는 현상을 무엇이라 하는가?**

① 초탄성 ② 코트렐
③ 초취성 ④ 비정질

해설 초탄성은 탄성한도를 넘은 소성변형 상태에서 하중을 제거하면 원상태로 돌아가는 현상이다.

14. 다음 그림은 어떤 재료를 인장시험하여 항복구역까지 소성변형시킨 후 하중을 제거했을 때의 응력-변형 곡선을 나타낸 것이다. 이에 해당하는 재료로 옳은 것은?

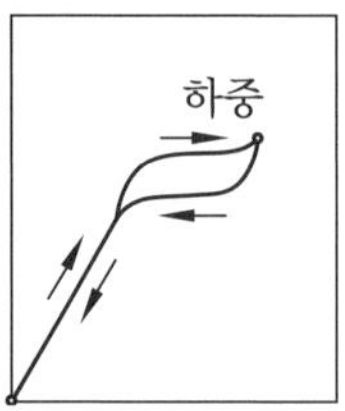

① 수소저장합금 ② 탄소공구강 ③ 초탄성합금 ④ 형상기억합금

해설 초탄성합금은 형상기억효과와 같이 탄성한도를 넘어서 소성변형시킨 경우에 하중을 제거하면 원형으로 돌아가는 합금이다.

정답 1. ③ 2. ④ 3. ④ 4. ① 5. ① 6. ④ 7. ④ 8. ④ 9. ④ 10. ② 11. ② 12. ③ 13. ① 14. ③

(4) 제진합금

① 제진재료는 도료나 판재의 형태로 기계 장치의 표면에 접착되어 그 진동을 제어하기 위하여 사용되는 재료이다.

② 공기압의 진동을 열에너지로 변환시켜 흡수하는 흡음재료와 공기압 진동의 전파를 차단하는 차음재료가 소음의 방지책으로 사용된다.

(가) 제진 기구

㉠ 고체 재료에 압축이나 인장응력이 가해지면 발열이나 흡열이 발생하게 되고 응력의 불균일이 발생하며, 온도 차이가 나타나서 열 이동이 발생하는 열탄성 효과

㉡ 용매원자의 결정격자 사이에 침입한 용질원자의 확산에 의한 원자 확산 효과

㉢ 불순물 원자에 의해서 결정의 결함들이 고착되어 일어나는 효과

㉣ 결정입계의 계면 이동 효과 등

(나) 제진합금의 종류

(가) Mg-Zr, Mn-Cu, Ti-Ni, Cu-Al-Ni, Al-Zn, Fe-Cr-Al 등이 있다.

(나) 고무, 플라스틱 재료는 감쇠능이 높아 60% 정도의 SDC 값을 나타낸다.

(다) 고감쇠능 구조용 재료로서 제진합금은 SDC가 10% 이상, 인장강도 294 MPa(30 kgf/mm^2) 이상의 것이 요구된다.

단원 예상문제

1. 제진재료나 제진합금에 대한 설명 중 틀린 것은?

① 제진 성능은 외부 마찰에 기인한다.
② 제진합금은 감쇠능을 겸비하여야 한다.
③ 대표적 합금으로는 Mg-Zr, Mn-Cu 등이 있다.
④ 제진이란 진동 발생 원인인 고체의 진동자를 감소시키는 것을 말한다.

해설 제진합금은 고무, 플라스틱 등을 이용하여 진동을 감쇠시키는 역할을 하며, 제진 성능은 내부 마찰에 기인한다.

정답 1. ①

(5) 나노재료

① 특징

(가) 나노기술은 나노(10^{-9}m) 크기의 수준에서의 물질이다.

(나) 나노구조재료는 결정립 구성상의 크기가 100 nm 이하인 재료이고 나노분말재료는 분말입자 크기가 100 nm 이하인 재료이다.

(다) 나노튜브는 튜브형이나 선형의 나노구조로 되어 있다.

② 나노구조재료 제조 방법

(가) ECAP(equal channel angular process) : 반복전단변형에 의한 내부 구조 미세화 (~100 nm)

(나) ARB(accumulated rolling bonding process) : 반복 롤링과 접합에 의한 나노층상 구조

(다) HPT(high pressure torsion press) : 초고압, 응력에 의한 나노 결정립화 공정

③ 나노분말재료 제조 방법

나노분말재료 제조 방법

구분	공정		특징
물리적	기상	• 증발+응축법	• 원료 물질→증기화→반응→응축 • 수 nm의 무응집 나노분말 제조 가능 • 대량생산(연속조업)의 문제점
	고상	• 기계적 합금화법 • 급랭응고법	• 나노 크기를 갖는 분자입자의 제조가 어려움

화학적	액상	• 침전법 • 분무법 • 수열법 • Sol-Gel	• 나노분말 제조 가능 • 입자 크기 제어가 용이 • 무응집나노분말 제조가 어려움 • 입자 형상이 불규칙
	기상	• CVC(IGC+CVD)	• 반응성 물질 → 증기화 → 분해/반응 → 응축 • 3~50nm의 무응집 나노분말의 대량합성에 효과적

(6) 자성재료

① 특징

㈎ 자기포화에서의 자기강도는 온도에 따라 변하는데 포화된 자화강도가 급격히 감소되는 온도를 큐리점이라 한다.

㈏ 경질자성재료와 연질자성재료로 구분한다.

㈐ 상자성체는 물질에 있어서 자석을 접근시키면 감응에 의해 먼 쪽에 같은 극을 만들며 가까운 쪽에는 다른 극을 형성하여 인력을 받는 성질이다.

㈑ 강자성체는 잔류자기가 크고 보자력도 커서 쉽게 자기를 소실하지 않는다.

㈒ 연철은 잔류자기는 작으나 보자력이 크다.

② 자성재료의 종류

자성재료의 종류

종류	재료명
경질자성재료(영구자석재료)	희토류-Co계 자석, 페라이트 자석, 알니코 자석, 자기기록 재료, 반경질 자석
연질자성재료(고투자율재료)	연질페라이트, 전극 연철, 규소강, 45퍼멀로이, Mo퍼멀로이

㈎ 경질자성재료 : 영구자석재료로 불리며, 알니코 자석, 페라이트 자석, 희토류 자석의 세 종류가 있다.

㉠ 알니코 자석 : Fe-Ni-Al-Co

㉡ 페라이트 자석 : 바륨(Ba) 페라이트계($BaO \cdot nFe_2O_3$)와 스트론튬(Sr) 페라이트계($SrO \cdot nFe_2O_3$)가 대표적이다.

㉢ 희토류 자석 : 희토류-Co계 자석은 영구자석으로 자기적 특성이 매우 우수하다.

㈏ 연질자성재료 : 각종 변압기에 널리 사용되는 Si 강판, 퍼멀로이(Ni-Fe계), 샌더스트(Fe-Al-Si계) 등이 있다.

단원 예상문제

1. 금속의 물리적 성질 중 자성에 관한 설명으로 옳지 못한 것은?

① 금속을 자석에 접근시킬 때 금속의 먼 쪽에 자석의 극과 반대의 극이 생기는 금속을 상자성체라 한다.

② 자기포화에서의 자기강도는 온도에 따라 변하는데 포화된 자화강도가 급격히 감소되는 온도를 큐리점이라 한다.

③ 연철은 잔류자기는 작으나 보자력이 크다.

④ 영구자석재료는 잔류자기와 보자력이 크며 쉽게 자기를 소실하지 않는 것이 좋다.

해설 상자성체 : 물질에 있어서 자석을 접근시키면 감응에 의해 먼 쪽에 같은 극을 만들며 가까운 쪽에는 다른 극을 형성하여 인력을 받는 성질

2. 다음 금속 중 강자성체에 속하는 금속은?

① Fe, Ni, Co

② Fe, Cu, Mn

③ Al, Cr, Ti

④ Au, Zn, Ag

해설
- 강자성체 : Fe, Ni, Co
- 상자성체 : Pt, Sn, Al, Mn

3. 자장강도와 자화의 강도가 서로 반대 방향인 반자성체에 속하는 금속은?

① Au　　② Fe　　③ Ni　　④ Co

해설
- 강자성체 : 자기장을 제거해도 자석의 성질이 남아 있는 물질(Fe, Ni, Co)
- 상자성체 : 자기장 안에 넣으면 자기장 방향으로 약하게 자화하고, 자기장이 제거되면 자화하지 않는 물질(Al, Sn, Pt, Ir)
- 반자성체 : 자석에 의해 자화의 방향이 강자성체와는 반대가 되어 자석에 의해 약하게 반발하는 물질(Au, Pb, Cu, Zn, Bi, C)

정답 1. ①　2. ①　3. ①

(7) 비정질합금

① 특징

㈎ 비정질(amorphous)이란 원자가 규칙적으로 배열되지 않은 상태를 말한다.

㈏ 비정질합금 조성은 TM−X로 표시되며, TM은 천이금속(Fe, Ni, Co 등)이나 귀금속 원소(Au, Pd)이고, X는 유리질 비금속 원소(B, Si, C, P 등)를 나타내는 것으로서 X를 원자 15~30% 함유하는 공정점 부근의 조성을 가진 특징이 있다.

㈐ 비정질합금은 고강도와 인성을 겸비한 기계적 특성이 우수하고 높은 내식성 및 전기저항성과 고투자율성, 초전도성이 있으며 브레이징 접합성도 좋다.

㈑ 실용적인 면에서 고분자 재료 콘크리트 등의 보강재나 타이어코드로서 응용되고 크롬과 인을 함유한 스테인리스계 비정질 재료는 기존 재료보다 내식성이 우수하여 면도날 제조 등에 적용하기도 한다.

㈒ 테프론 코팅에 견디는 열안정성이 높은 비정질 재료는 정확한 치수의 넓은 비정질 리본을 제조할 수 있으며 이것은 자기 투자율, 즉 연자성이 우수하므로 도난방지용 재료나 자기헤드 등에 이용을 시도하고 있다.

② 제조 방법 : 기체 상태에서 직접 고체 상태로 초급랭시키는 방법과 화학적으로 기체 상태를 고체 상태로 침적시키는 방법 및 레이저를 이용한 급랭 방법 등이 있다.

단원 예상문제

1. 비정질합금의 특징이 아닌 것은?

① 고강도와 인성
② 내식성과 전기저항성
③ 초탄성
④ 초전도성

해설 비정질합금은 고강도와 인성, 내식성과 전기저항성, 초전도성, 고투자율성이 우수하다.

2. 비정질합금에 대한 설명 중 틀린 것은?

① 강도와 인성이 작은 재료이다.
② 높은 내식성 및 전기저항성이 크다.
③ 고투자율성, 초전도성이 있다.
④ 브레이징 접합성도 좋다.

해설 비정질합금은 고강도와 인성을 겸비한 기계적 특성이 우수하고 높은 내식성 및 전기저항성과 고투자율성, 초전도성이 있으며 브레이징 접합성이 좋은 재료이다.

3. 비정질합금에 대한 설명으로 틀린 것은?

① 결정이방성이 없다.
② 가공경화가 심하여 경도를 상승시킨다.
③ 구조적으로 장거리의 규칙성이 없다.
④ 열에 약하며, 고온에서는 결정화하여 전혀 다른 재료가 된다.

해설 비정질합금은 강도가 높고 연성도 크나 가공경화는 일으키지 않는다.

4. **비정질합금의 일반적인 특성을 설명한 것 중 틀린 것은?**

① 구조적으로는 장거리의 규칙성이 없다.

② 불균질한 재료이고, 결정이방성이 있다.

③ 전기저항이 크고, 온도 의존성은 작다.

④ 강도가 높고 연성도 크나, 가공경화는 일으키지 않는다.

해설 비정질합금은 불규칙한 원자 배열로 결정이방성이 없다.

5. **비정질금속 재료에 대한 설명으로 옳은 것은?**

① 재료가 초급랭법으로 제조되므로 조성적, 구조적으로 불균일하다.

② 불규칙한 원자 배열로 인해 이방성과 특정한 슬립면이 있다.

③ 입계, 쌍정, 적층결함 등과 같은 국부적인 불균일 조직이 많다.

④ 유리나 고분자 물질과는 달리 단순한 원자 구조를 가진다.

해설 비정질금속은 불규칙한 원자 배열로 인해 결정과 같이 이방성과 특정한 슬립면이 없는 단순한 원자 구조이고, 입계, 쌍정, 적층결함 등과 같은 국부적인 불균일 조직, 즉 결정 결함이 존재하지 않으며 금속 결합 특유의 성질을 갖는다.

6. **고분자 재료 콘크리트 등의 보강재나 타이어코드로서 응용되고, 면도날 제조 등에 이용되는 재료는?**

① 비정질합금 ② 수소저장용 합금

③ 리드프레임 ④ 초탄성합금

해설 비정질합금은 고강도와 인성을 겸비한 합금으로서 콘크리트 등의 보강재나 면도날 제조에 이용되는 합금이다.

7. **비정질합금의 조성으로 표시되는 TM-X로서 TM 금속에 해당되지 않는 것은?**

① Fe ② Ni ③ Co ④ C

해설 비정질합금의 조성

- TM : 천이금속(Fe, Ni, Co), 귀금속 원소(Au, Pd),
- X : 유리질 비금속 원소(B, Si, C, P)

8. **비정질합금의 제조 방법이 아닌 것은?**

① 기체 상태를 고체 상태로 침적시키는 방법

② 직접 고체 상태로 초급랭시키는 방법

③ 대역정제법

④ 레이저를 이용한 급랭 방법

해설 대역정제법 : 반도체 재료의 정제법

9. 금속을 용융 상태에서 초고속 급랭에 의해 제조하는 재료로 결정이 되어 있지 않은 상태이며, 인장강도와 경도를 크게 개선시킨 합금은?

① 수소저장용 합금 ② 비정질합금 ③ 형상기억합금 ④ 섬유강화합금

해설 비정질합금은 초고속 급랭에 의해 불규칙 격자로 만들어 강도 및 경도를 높인 합금이다.

정답 1. ③ 2. ① 3. ② 4. ② 5. ④ 6. ① 7. ④ 8. ③ 9. ②

5-3 신에너지 재료

(1) 초전도합금

① 특징

(가) 금속에서는 일정 온도에서 갑자기 전기저항이 0이 되는 현상이 있다. 이를 초전도라 하며, 대부분 금속성 초전도체는 극저온에서 초전도 현상이 나타난다.

(나) 초전도 현상은 외부 자기장이 물질 안으로 침투하지 못하는 자기적 현상인 동시에 전기저항이 완전히 사라지는 전기적 현상이다.

② 초전도 재료의 종류

(가) 합금계 초전도 선재

㉠ Nb-Ti계 합금 선재가 가격이 싸며, 가공성 및 기계적 성질이 좋고 취급이 용이하다.

㉡ 제조공정은 전자 빔 또는 아크 용해를 거쳐 Nb-Ti 합금괴를 1000~1200℃에서 열간 단조 후 환봉으로 냉각가공한 다음에 Cu관을 덮어 씌운 복합체를 인발 또는 압축가공하여 선으로 만든다.

(나) 화합물계 초전도 선재

㉠ 합금계 초전도 재료에 비해서 Tc 및 Hc가 훨씬 높으며, 강자기장용으로 사용할 수 있다.

㉡ 복합가공법으로 Cu-Ga 합금 기지와 다수의 V 막대의 복합체를 만들고 이 복합체를 500℃ 부근에서 중간풀림을 하면서 압출가공, 인발가공을 통해 선재로 가공한다.

단원 예상문제

1. 초전도 재료에 대한 설명 중 틀린 것은?

① 초전도선은 전력의 소비 없이 대전류를 통하거나 코일을 만들어 강한 자계를 발생시킬 수 있다.

② 초전도 상태는 어떤 임계온도, 임계자계, 임계전류밀도보다 그 이상의 값을 가질 때만 일어난다.

③ 임의의 어떤 재료를 냉각시킬 때 어느 임계온도에서 전기저항이 0이 되는 재료를 말한다.

④ 대표적인 활용 사례로는 고압송전선, 핵융합용 전자석, 핵자기공명 단층 영상장치 등이 있다.

해설 초전도 상태는 어떤 임계온도, 임계자계, 임계전류밀도보다 그 이하의 값을 가질 때만 나타난다.

2. 초전도 현상과 초전도 재료에 대한 설명으로 틀린 것은?

① 일정 온도에서 전기저항이 0이 되는 것을 초전도라 한다.

② 대부분의 금속성 초전도체는 극고온에서 초전도 현상이 나타난다.

③ 화합물계 초전도 선재에는 Nb_3Sn 및 V_3Ga의 화합물 등이 있다.

④ 합금계 초전도 재료에는 Nb－Ti, Nb－Ti－Ta 등이 있다.

해설 대부분의 금속성 초전도체는 극저온에서 초전도 현상이 나타난다.

정답 1. ② 2. ②

(2) 수소저장용 합금

① 특징 : 수소저장용 합금은 수소 가스와 반응하여 금속수소화물이 되고 저장된 수소는 필요에 따라 금속수소화물에서 방출시켜 이용하고 수소가 방출되면 금속수소화물은 원래의 수소저장용 합금으로 되돌아간다.

② 기능과 용도

(가) 수소 저장성 : Fe－Ti계, Mg_2Ni계, 희토류계, 금속간 화합물($LaNi_5$) 등은 자동차 연료용, 연료전지의 발전용

(나) 수소 분리 및 정제 : 희토류계, $MnNi_{4.5}$, $Al_{0.5}$ 등은 순도 99.9999% 이상의 수소

(다) 열에너지의 저장 및 수송 : FeTi계, $LaNi_5$계, Mg_2Ni계 등은 heat pump, 태양장기 축열시스템, 냉온방용

(라) 저온 · 저압에서 수소 저장→고압수소 발생 : FeTi계, LaNi계 등은 정압축기, 케미컬 엔진(열에너지→기계에너지)용

(마) 촉매작용 : 암모니아 합성($LaNi_5$, $ThNi_5$ 등), 에틸렌의 수소화($LaNi_5$, $LaCo_5Ni$ 등)

(바) 금속의 미분말화 작용 : 금속(Ti, Zr, V, Ni, Ta 등) 미분말의 제조 이외에도 로봇의 액추에이터(actuator) 또는 센서 등에 이용

단원 예상문제

1. 수소저장합금에 대한 설명으로 틀린 것은?

① 수소저장합금의 수소 저장과 방출의 화학반응식은 수소저장합금+H_2⇄금속수소화물이다.

② 저온 · 저압에서 수소를 저장할 수 있다.

③ 합금 표면에서는 원자 상태이므로 화학반응을 한다.

④ 수소화물은 금속보다 밀도가 크므로 수소화물이 형성된 부분의 부피는 감소한다.

해설 수소화물은 금속보다 밀도가 작으므로 수소화물이 형성된 부분의 부피는 증가한다.

2. 수소저장용 합금에 대한 설명으로 틀린 것은?

① 수소를 흡수할 때 팽창하고, 방출할 때는 수축한다.

② 수소저장용 합금은 수소 가스와 반응하여 금속수소화물이 된다.

③ 수소가 방출된 금속수소화물은 원래의 수소저장용 합금으로 되돌아간다.

④ 수소로 인하여 전기저항이 완전히 0이 되는 합금을 말한다.

해설 전기저항이 완전히 0이 되는 합금은 초전도합금이다.

3. 수소저장용 합금의 기능이 아닌 것은?

① 열에너지 저장 및 수송 ② 수소의 분리 및 정제

③ 저온 · 저압에서의 수소 저장 ④ 수소가스의 액화와 분해

해설 수소저장용 합금의 기능 : 열에너지 저장 및 수송, 수소의 분리 및 정제, 저온 · 저압에서의 수소 저장, 촉매작용, 금속의 미분말화 작용

4. 수소저장합금에 대한 설명 중 틀린 것은?

① 저장된 수소는 필요에 따라 금속수소화물에서 방출시켜 이용한다.

② 수소가 빠져나가면 다시 원래의 수소저장용 합금의 성질을 갖지 않는다.

③ 합금의 종류는 Fe-Ti계, Ni-La계 등이 있다.

④ 수소저장용 합금에 흡수 저장되어 있는 수소는 H^+이다.

해설 수소가 빠져나가면 원래의 수소저장용 합금의 성질로 되돌아간다.

5. 수소저장합금에 대한 설명으로 틀린 것은?

① 무공해 연료이다.
② 수소 저장성이 좋은 것은 Fe–Ti계가 있다.
③ 수소의 흡수 방출 속도가 작아야 한다.
④ 활성화가 쉽고 수소 저장량이 많아야 한다.

해설 수소의 흡수 방출 속도가 커야 한다.

6. 다음 중 수소저장합금에 대한 설명으로 틀린 것은?

① 에틸렌을 수소화할 때 촉매로 쓸 수 있다.
② 저장된 수소를 이용할 때에는 금속수소화물에서 방출시킨다.
③ 수소가 방출되면 금속수소화물은 원래의 수소저장합금으로 되돌아간다.
④ 수소를 흡수할 때 수축하고, 열에 약하여 고온에서는 결정화하여 전혀 다른 재료가 되어 버린다.

해설 수소저장합금은 수소를 흡수할 때 팽창하고, 방출할 때는 수축하는 금속이다.

7. 다음 중 수소저장용 합금의 기능이 아닌 것은?

① 촉매작용　② 금속 미분말의 제조
③ 구조용 복합재료로 사용　④ 열에너지의 저장 및 수송

해설 수소저장용 합금은 촉매작용, 금속 미분말화 작용, 열에너지의 저장 및 수송, 수소 분리 및 정제, 저온 · 저압에서 수소 저장의 기능을 갖는다.

8. 수소저장용 합금은 수소 가스와 반응하여 금속수소화물이 저장되고 저장된 수소는 필요에 따라 금속수소화물에서 방출시켜 이용한다. 수소가 방출되면 금속수소화물은 원래의 수소저장용 합금으로 되돌아간다. 이러한 합금에 해당되지 않는 합금계는?

① Li–Sn계　② Mg–Ni계　③ Fe–Ti계　④ Fe–Ni계

해설 Li–Sn계는 리튬 2차 전지용 합금이다.

정답 **1.** ④ **2.** ④ **3.** ④ **4.** ② **5.** ③ **6.** ④ **7.** ③ **8.** ①

(3) 반도체 및 전자 금속재료

① 반도체 재료

(가) 반도체의 종류

㉠ 원소 반도체 : Ge, Si, Se, Te 등이 있다.

㉡ 반도체 재료의 응용 면에서의 분류 : 능동소자재료, 광전변환재료, 열전변환재료, 자전변환재료, 압전변환재료

- 능동소자재료 : 전자 회로를 구성하는 소자 중 입력 신호의 증폭 또는 발진 등을 작용할 수 있는 소자의 재료(Si)
- 광전변환재료 : 광전효과를 이용하여 변위를 전류의 변화로 변환하는 방식의 재료(ZnS)
- 열전변환재료 : 열에너지를 전기에너지로 바로 변환시켜주는 재료(SiC)
- 자전변환재료 : 자기적인 현상에 따라서 전기적인 양을 변화시켜 신호의 처리 등에 이용하는 부품, 홀 소자나 자기저항 효과 소자의 재료(InSb)
- 압전변환재료 : 전기, 전자 압전기 현상을 나타내는 결정을 이용하여 전기 진동을 기계적 진동 또는 그 반대로 변환하기 위하여 사용하는 재료($BaTiO_3$)

(나) 반도체 재료의 정제법

㉠ 플로팅존법(floating zone method) : 화학적으로 정제된 Si는 불순물의 농도가 높으므로 다시 물리적인 정제법으로 고순도의 반도체를 얻는데 이용하는 방법이다.

㉡ 대역정제법 : 불순물을 포함한 물질을 용융 상태에서 고화시킬 때 고상 속에 포함되는 불순물의 농도가 액상 속에 포함되는 불순물의 농도보다 낮게 배분되는 편석의 원리를 이용하여 불순물을 한쪽으로 모이게 하여 이 부분을 절단하면 순도가 높은 반도체 재료를 얻을 수 있다. 이것을 편석법이라고도 하는데, 재료의 손실이 크므로 이를 보완한 대역정제법을 쓴다.

② 리드프레임(lead frame) 재료

(가) 리드프레임 재료의 요구되는 성능

㉠ 재료의 치수 정밀도가 높고, 잔류응력이 작아야 한다.

㉡ 도금성이 좋아야 하고, 강도가 높아야 한다.

㉢ 고집적화에 따른 열방산이 잘 되어야 한다.

(나) 과거에는 리드프레임 재료로 Fe-42Ni, Sn-Cu 합금이 사용되어 왔으나 최근에는 신형의 Cu합금, 분산 강화형 Cu합금, 타 금속과의 복합재료 등이 실용화되고 있다.

③ 전극재료(전극재료의 선택 조건)

(가) 비저항이 작으며, 제조법이 쉬워야 한다.

(나) Al, SiO와 밀착성이 좋아야 한다.

(다) 산화 분위기에서 내식성이 커야 한다.

(라) 금속 규화물의 용융점이 웨이퍼 처리 온도보다 높아야 한다.

단원 예상문제

1. 반도체 재료에 대한 응용 면에서의 분류가 아닌 것은?

① 능동소자재료 ② 광전변환재료 ③ 열전변환재료 ④ 열처리변환재료

해설 반도체 재료 응용 분야 : 능동소자재료, 광전변환재료, 열전변환재료, 자전변환재료, 압전변환재료 등이 있다.

2. 반도체 재료의 종류 중에서 대표적인 반도체 원소에 해당되지 않는 것은?

① Ge ② Si ③ Ti ④ Se

해설 반도체는 저항률이 도체와 절연체의 중간에 있고, 전류 전달이 자유전자나 정공(hole)에 의해 이루어지는 물질로 실리콘, 게르마늄, 셀레늄 등이 이에 속한다.

3. 열전변환재료의 성분은?

① Si ② SiC ③ ZnS ④ InSb

해설 ① Si : 능동소자재료(다이오드)
③ ZnS : 광전변환재료(형광재료)
④ InSb : 자전재료

4. 빛을 받아서 기전력이 생기는 현상은?

① 광전 효과 ② 자전 효과 ③ 압전 효과 ④ 능동 효과

5. 반도체에 빛을 조사하면 흡수나 여기된 캐리어(전자)에 의해 도전율의 변화가 생기는 현상은?

① 광전 효과 ② 표피 효과 ③ 제베크 효과 ④ 흘피치 효과

해설
- 표피 효과 : 고주파 유도 가열 시 표면에 전류가 흘러 가열되는 효과
- 제베크 효과 : 온도차로 기전력이 생기는 효과
- 광전 효과 : 빛의 에너지를 전기에너지로 전환하는 효과

6. 화학적으로 정제된 실리콘이 불순물 농도가 높아 다시 물리적인 정제법으로 고순도의 반도체를 얻는 방법은 어느 것인가?

① 대역정제법 ② 플로팅존법 ③ 존 레벨링법 ④ 인상법

해설
- 대역정제법 : 불순물을 한쪽으로 모이게 해서 이 부분을 절단하여 순도가 높은 반도체 재료를 얻는다.
- 플로팅존법 : Ge과 같은 많은 반도체와 금속의 정제에 이용된다.
- 인상법 : Ge, Si와 같은 반도체 재료를 흑연 도가니에 넣고, 고주파 가열로 융점보다 약간 높은 온도에서 정제한다.

7. **고순도의 규소 반도체를 얻는 물리적 정제법은?**

① 플로팅존법 ② 존 레벨링법 ③ 브리지벤법 ④ 인상법

해설 Si는 불순물의 농도가 높아 다시 물리적인 정제법으로 고순도의 반도체를 얻는데, 이에는 플로팅존법(floating zone method)이 주로 이용된다.

8. **용융금속 표면에 종자결정을 접촉시켜 이를 서서히 회전시키면서 끌어 올릴 때 이 종자결정에 연결되어 연속적으로 성장시키는 단결정 성장 방법은?**

① 재결정법

② 용융대법

③ Czochralski법

④ Tammann−Bridgeman법

해설 초크랄스키(Czochralski)법은 Si의 잉곳을 제조할 때 연속적으로 단결정을 성장시키는 방법이다.

9. **다음 중 P형, N형 반도체에 대한 설명으로 틀린 것은?**

① N형 반도체에는 불순물로 As, Sb 등을 첨가한다.

② P형 반도체에 첨가하는 불순물을 억셉터라고 한다.

③ N형 반도체에 첨가하는 불순물을 도너라고 한다.

④ P형 반도체에는 불순물로 5가 원소를 첨가한다.

해설 P형 반도체에는 불순물로 3가 원소를 첨가한다.(B, Al 등)

10. **리드프레임 재료에 요구되는 성질이 아닌 것은?**

① 재료의 치수 정밀도가 높아야 한다.

② 잔류응력이 작고 도금성이 좋아야 한다.

③ 고집적화에 따른 열방산이 잘 되어야 한다.

④ 강도와 신율이 낮아야 한다.

해설 리드프레임 재료는 강도가 높아야 한다.

11. **리드프레임 금속이 갖추어야 할 재료의 특성이 아닌 것은?**

① IC로 변형되지 않는 리드

② Si와의 열팽창계수 차이가 적을 것

③ 고집적화에 의한 열방산이 적을 것

④ 재료의 치수 정밀도가 좋을 것

해설 리드프레임 재료는 고집적화에 의한 열방산이 잘 되어야 한다.

12. 반도체 소자의 틀로 사용되는 리드프레임(lead frame)이 갖추어야 할 성질이 아닌 것은?

① 열방출성이 낮을 것
② 도금과 납땜이 잘 될 것
③ Si와 열팽창 차가 적을 것
④ 펀치 가공 후에도 소재의 평탄도가 유지될 것

해설 리드프레임은 도금과 납땜이 잘 되고, 열방출도 잘 되어야 한다.

13. 리드프레임(lead frame) 재료로 요구되는 성능을 설명한 것 중 틀린 것은?

① 고집적화에 따라 열방산이 좋아야 한다.
② 보다 작고 엷게 하기 위하여 강도가 커야 한다.
③ 본딩(bonding)을 위한 우수한 도금성을 가져야 한다.
④ 재료의 치수 정밀도가 높고 잔류응력이 커야 한다.

해설 리드프레임 재료는 치수 정밀도가 높고 잔류응력이 작아야 하며, 도금성이 좋아야 한다. 또한, 고집적화에 따른 열방산이 잘 되어야 하며 강도가 높아야 한다.

14. 다음 중 고강도형 리드프레임 재료는?

① TEC–3　② KFC　③ KLF–1　④ CDA–725

해설 고강도형 재료(CDA–725), 고도전형 재료(TEC–3, KFC), 중강도 중도전형 재료(KLF–1)

15. 전기접점 재료가 갖추어야 할 특성이 아닌 것은?

① 좋은 내아크성 및 경도　② 좋은 전기 및 열전도
③ 물질 이동과 용착성이 클 것　④ 좋은 가공성

해설 전기접점 재료는 아크에 대한 질량이 작고 용착 현상이 작아야 한다.

16. 전기접점 부품의 구비 조건으로 틀린 것은?

① 접촉저항이 작아야 한다.　② 아크에 의한 질량 이동이 적어야 한다.
③ 열전도율이 작아야 한다.　④ 비열이 높아야 한다.

해설 전기접점 부품은 접촉저항, 고유저항이 작고, 비열 및 열전도율이 높은 반면 용착현상, 아크에 의한 질량이동이 적어야 한다. 또한, 열이나 충격에 잘 견디고 비중이 낮은 성질이 요구된다.

정답 1. ④ 2. ③ 3. ② 4. ① 5. ① 6. ② 7. ① 8. ③ 9. ④ 10. ④ 11. ③ 12. ① 13. ④ 14. ④ 15. ③ 16. ③

제 2 편

금속조직

제 1 장 고체의 결정구조

1-1 금속의 특성

(1) 금속의 특성

① 자연에 존재하는 92종의 원소 중에서 금속원소는 68종, 아금속원소 7종, 비금속원소 17종이다.

② 금속의 용융점이 가장 높은 것은 W(3410℃)이고, 가장 낮은 금속은 Hg(−38.8℃)이다.

③ 금속의 비중이 가장 작은 것은 물보다 가벼운 Li(0.53)이고, 가장 무거운 금속은 Ir(22.5)이다.

(2) 순금속과 합금의 금속적 특성

① 비중이 크고 광택을 가지고 있다.

② 상온에서 고체이며, 결정체이다(예외로 수은은 액체).

③ 열과 전기의 좋은 전도체이다.

④ 전성 및 연성이 풍부하다.

⑤ 빛에 대하여 불투명체이다.

(3) 원자의 결합 방법

① 분자결합(molecular bond) : Ar, Kr

② 금속결합(metallic bond) : Cu, Ag, Al

③ 이온결합(ionic bond) : KCl, MgO, LiF

④ 공유결합(covalent bond) : Ge, Si, C(다이아몬드) 등

(4) 금속의 이온화 경향

① 금속원자가 전자를 잃고 양이온으로 되려는 성질을 이온화 경향이라 한다.

② 황산구리($CuSO_4$) 수용액 속에 철편을 넣으면 철의 표면에 구리가 석출된다.

$Cu^{2+}+SO_4^{2-} \rightarrow Fe^{2+}+SO_4^{2-}+Cu$

③ 금속의 이온화 경향이 큰 금속부터 나열하면 다음과 같다.

K > Ca > Na > Mg > Al > Mn > Zn > Cr > Fe > Cd > Co > Ni > Mo > Sn > Pb > H > Ca > Ag > Pt > Au

④ 이온화 경향이 큰 금속은 환원력이 커서 산화되기 쉽고, 작은 금속은 환원력이 작아 산화되기 어렵다.

⑤ 수소를 기준으로 이온화 경향이 큰 금속은 습기가 있는 대기 중에서 부식되기 쉽고, 작은 금속은 부식되기 어렵다.

단원 예상문제

1. 공유결합성이 가장 강한 금속으로 4개의 인접원자를 가지는 것은?

① Mg, Be　② Ti, Co　③ Si, Ge　④ Na, K

해설 공유결합성이 강한 금속은 Ge, Si, C이다.

2. 다음 결합 중 반데르발스의 힘에 의한 결합은?

① 이온결합　② 공유결합　③ 분자결합　④ 금속결합

3. 고체를 구성하는 원자 결합 방법이 아닌 것은?

① 이온결합　② 금속결합　③ 공유결합　④ 수분결합

해설 원자의 결합 방법에는 이온결합, 공유결합, 금속결합이 있다.

4. 다음 결합 중에서 결합력이 가장 약한 것은?

① 공유결합　② 이온결합　③ 금속결합　④ 반데르발스 결합

해설 반데르발스 결합은 극성이 없는 분자 간에 일시적으로 극성이 발생하여 생기는 결합으로 결합력이 약하다.

5. 금속의 이온화 경향 순서를 바르게 나열한 것은?

① K > Ca > Na > Mg > Al　② K > Na > Ca > Mg > Al

③ Na > Ca > Zn > K > Mg　④ Ca > Na > Mg > Al > K

해설 K > Ca > Na > Mg > Al > Mn > Zn > Cr > Fe > Cd > Co > Ni > Sn

정답 1. ③　2. ③　3. ④　4. ④　5. ①

1-2 금속의 결정구조

(1) 금속의 결정

① 결정 : 공간에서 원자들이 규칙적으로 배열하고 있는 모형을 가진 고체라고 정의할 수 있다.

② 결정체를 이루고 있는 각 결정체를 결정입자(crystal grain), 결정입자의 경계를 결정입계(crystal grain boundary)라고 한다.

③ 단위포(單位胞 ; unit cell) : 격자에서는 최소의 기본 단위인 평행육면체를 단위격자(unit lattice) 또는 단위포라 하고, 축들의 길이 a, b, c 및 각도는 α, β, γ로 표시하며 이것을 단위포의 격자상수 또는 격자매개변수라고 한다.

단위포

④ 단위격자의 형상 : 7종의 결정계와 14종의 브라베 격자가 있다.

7종의 결정계와 14종의 브라베 격자

결정계	축장	축각	대칭성	결정 격자
입방정계 (cubic system)	$a=b=c$	$\alpha=\beta=\gamma=90°$	4회 대칭축-3	단순, 체심, 면심
육방정계 (hexagonal system)	$a=b\neq c$	$\alpha=\beta=90°$, $\gamma=120°$	6회 대칭축-1	단순
삼방정계 (trigonal system)	$a=b=c$	$\alpha=\beta=\gamma\neq 90°$	3회 대칭축-1	단순
정방정계 (tetragonal system)	$a=b\neq c$	$\alpha=\beta=\gamma=90°$	4회 대칭축-1	단순, 체심
사방정계 (orthorhombic system)	$a\neq b\neq c$	$\alpha=\beta=\gamma=90°$	2회 대칭축-3	단순, 체심, 저심, 면심
삼사정계 (triclinic system)	$a\neq b\neq c$	$\alpha\neq\beta\neq\gamma\neq 90°$	-	단순
단사정계 (monoclinic system)	$a\neq b\neq c$	$\alpha=\gamma=90°$, $\beta\neq 90°$	2회 대칭축-1	단순, 저심

단원 예상문제

1. 금속의 결정을 올바르게 설명한 것은?

① 분자 또는 원자가 규칙적으로 배열되어 있다.
② 반드시 결정입자가 커야 성질이 좋아진다.
③ 결정립의 크기는 $\frac{1}{100}$mm 정도의 집합으로 되어 있다.
④ 결정입자는 조대할수록 좋다.

2. 14개의 Bravais 격자에 포함되지 않는 것은?

① 저심격자 ② 체심격자 ③ 평면격자 ④ 면심격자

해설 평면격자는 없다.

3. Bravais 격자 모형에서 정방정계의 격자상수 a, b, c와 축각 α, β, γ를 옳게 나타낸 것은?

① $a=b=c$, $\alpha=\beta=\gamma=90°$ ② $a=b\neq c$, $\alpha=\beta=\gamma=90°$
③ $a\neq b\neq c$, $\alpha=\beta=\gamma=90°$ ④ $a\neq b\neq c$, $\alpha\neq\beta\neq\gamma\neq 90°$

4. 다음 중 단위격자에 대한 설명으로 틀린 것은?

① 입방정계 : $a=b=c$, $\alpha=\beta=\gamma=90°$ ② 정방정계 : $a=b\neq c$, $\alpha=\beta=\gamma=90°$
③ 사방정계 : $a\neq b\neq c$, $\alpha=\beta=\gamma=90°$ ④ 단사정계 : $a\neq b\neq c$, $\alpha\neq\beta\neq\gamma\neq 90°$

해설 단사정계는 $a\neq b\neq c$, $\alpha=\gamma=90°$, $\beta\neq 90°$이다.

5. 결정계 중 사방정계의 축장과 축각으로 옳은 것은?

① $a=b=c$, $\alpha=\beta=\gamma=90°$ ② $a\neq b\neq c$, $\alpha=\beta=\gamma=90°$
③ $a\neq b\neq c$, $\alpha\neq\beta\neq\gamma=90°$ ④ $a=b\neq c$, $\alpha=\beta=90°$, $\gamma=120°$

6. 오른쪽 그림에서 각축의 단위길이를 a, b, c라 하고 그 사이의 각도를 α, β, γ라 했을 때, 입방정계는 어떻게 나타나는가?

① $a=b=c$, $\alpha=\beta=\gamma=90°$
② $a=b\neq c$, $\alpha=\beta=\gamma=90°$
③ $a\neq b\neq c$, $\alpha=\beta=\gamma=90°$
④ $a=b=c$, $\alpha=\beta=90°$, $\gamma=120°$

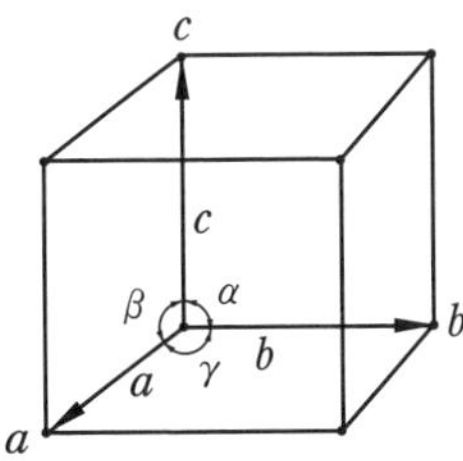

정답 1. ① 2. ③ 3. ② 4. ④ 5. ② 6. ①

(2) 금속 결정의 종류

① 체심입방격자(body centered cubic lattice : BCC)

㈎ 입방체의 각 꼭짓점과 입방체의 중심에 1개의 원자가 배열된 결정구조이다.

㈏ 단위격자에 속한 원자 수는 각 꼭짓점에 있는 원자가 그 주위에 있는 8개의 단위격자에 의해 $\frac{1}{8}$만 속하고, 입방체 중심에 있는 원자 1개를 포함하여 전체적으로 $\frac{1}{8}\times8+1=2$개의 원자가 있다.

② 면심입방격자(face centered cubic lattice : FCC)

㈎ 입방체의 각 꼭짓점과 각 면의 중심에 1개씩의 원자가 배열된 결정구조이다.

㈏ 단위격자에 속한 원자 수는 각 꼭짓점에 있는 원자가 그 주위에 있는 8개의 단위격자에 의해 $\frac{1}{8}$만 속하고, 각 면심의 원자가 $\frac{1}{2}$씩 속하므로 전체적으로 $\frac{1}{8}\times8+6\times\frac{1}{2}=4$개의 원자가 있다.

③ 조밀육방격자(hexagonal close packed lattice : HCP)

㈎ 육각기둥 상하면의 각 꼭짓점과 그 중심에 원자가 1개씩 있고, 육각기둥을 구성하는 6개의 삼각기둥 중 1개씩 띄워서 삼각기둥의 중심에 1개의 원자가 배열된 결정구조이다.

㈏ 육각기둥은 결과적으로 똑같은 사각기둥 3개가 모여 이루어진 것이므로 이 단위격자에 속하는 원자 수는 4개의 꼭짓점에는 $\frac{1}{6}$원자가, 다른 4개의 꼭짓점에는 $\frac{1}{12}$원자가 있고, 내부에 1개의 원자가 있으므로 전체적으로 $(\frac{1}{6}\times4)+(\frac{1}{12}\times4)+1=2$개의 원자가 있다.

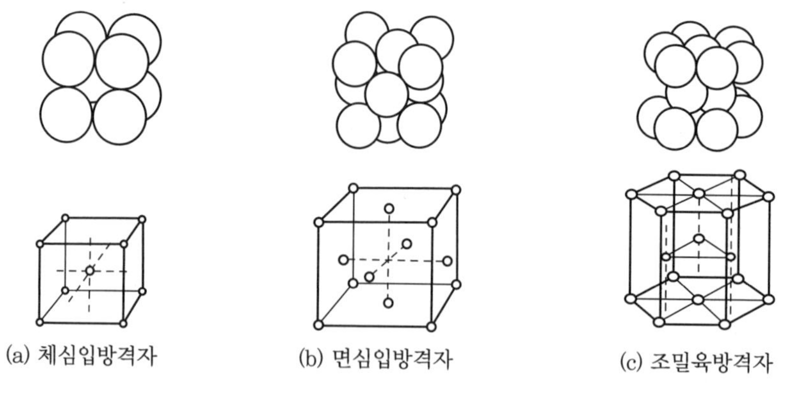

(a) 체심입방격자 (b) 면심입방격자 (c) 조밀육방격자

결정격자 모형

결정격자의 종류 및 성질

격자의 종류	해당 금속의 종류	일반적 성질
면심입방격자	Pt, Pb, Ir, Rh, γ–Fe, Ni, Cu, Al, Ag, Au	전연성이 크기 때문에 가공성이 좋다.
체심입방격자	α–Fe, W, Mo, Na, Ta, V, Nb, K, Li, Cr	면심입방격자보다는 전연성이 작으나, 금속 자체는 강하다.
조밀육방격자	Mg, Zn, Be, Cd, Ti, Te, Zr	취약하여 전연성이 작다.

단원 예상문제

1. 체심입방격자(BCC)의 단위격자에 속하는 원자의 수는?

① 1개 ② 2개 ③ 3개 ④ 4개

해설 각 꼭짓점에 있는 원자 8×1/8=1개, 입방체 중심에 있는 원자 1개로 전체 2개이다.

2. 면심입방격자(FCC)의 단위격자에 속하는 원자의 수는?

① 1개 ② 2개 ③ 3개 ④ 4개

해설 각 꼭짓점에 있는 원자 8×1/8=1개, 각 면심에 있는 원자 6×1/2=3개로 전체 4개이다.

3. 조밀육방격자(HCP)의 단위격자에 속하는 원자의 수는?

① 1개 ② 2개 ③ 3개 ④ 4개

해설 조밀육방격자는 체심입방격자를 기준으로 하기 때문에 각 꼭짓점에 있는 원자 8×1/8=1개, 내부 원자 1개로 전체 2개이다.

4. 다음 중 조밀육방격자에 해당하는 금속은?

① Mg, Zn, Zr ② Fe, Cu, Ti
③ Al, Au, Ag ④ W, Co, Mn

5. 면심입방격자(FCC)의 결정구조인 것은?

① Zn ② α철 ③ γ철 ④ δ철

6. 원자의 충진율이 74%이며 연성이 좋지 않은 특성의 결정구조를 갖는 금속은?

① Cr ② Mo ③ Zn ④ Au

해설 Zn은 조밀육방격자이고 74%의 원자의 충진율을 가지며, 연성이 나쁘다.

7. 결정구조에 대한 설명 중 틀린 것은 어느 것인가?

① 면심입방정에서 최근접원자는 12개가 있다.

② 조밀육방정의 원자 충진율은 약 74%이다.

③ 면심입방정에서 원자 밀도가 가장 조밀한 면은 (111) 원자면이다.

④ 면심입방정의 단위정에는 2개의 원자가 속해 있다.

해설 면심입방정의 단위정에는 4개의 원자가 속해 있다.

8. 그림과 같은 결정구조를 갖는 것은?

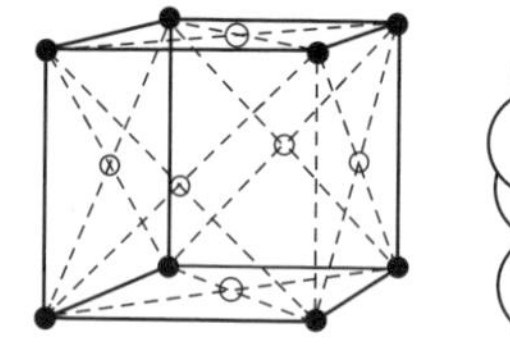

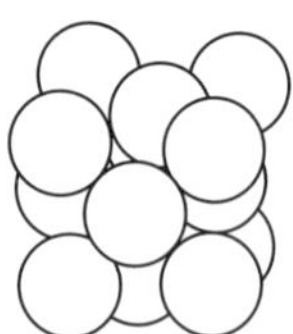

① 면심입방격자 ② 조밀육방격자

③ 체심입방격자 ④ 체심정방격자

9. Zn, Mg, Co, Be 등이 상온에서 갖는 결정구조는?

① HCP ② FCC

③ BCC ④ BCT

해설 Zn, Mg, Co, Be은 조밀육방격자(HCP) 구조이다.

정답 1. ② 2. ④ 3. ② 4. ① 5. ③ 6. ③ 7. ④ 8. ① 9. ①

(3) 금속의 결정면과 방향

① 결정의 표시법 : 입방체로 된 단위격자의 한 꼭짓점을 원점으로 하여 3차원의 좌표를 생각하고 그 격자상수를 단위로 하여 길이를 나타낸다.

② 원자의 위치 표시

(가) 모서리점의 원자(8개) : (0, 0, 0), (1, 0, 0), (0, 1, 0), (0, 0, 1), (1, 1, 0), (1, 0, 1), (0, 1, 1), (1, 1, 1)

(나) 체심점의 원자(1개) : $\left(\frac{1}{2}, \frac{1}{2}, \frac{1}{2}\right)$

(다) 면심점의 원자(6개) : $\left(\frac{1}{2}, \frac{1}{2}, 0\right)$, $\left(\frac{1}{2}, 0, \frac{1}{2}\right)$, $\left(0, \frac{1}{2}, \frac{1}{2}\right)$, $\left(1, \frac{1}{2}, \frac{1}{2}\right)$, $\left(\frac{1}{2}, 1, \frac{1}{2}\right)$, $\left(\frac{1}{2}, \frac{1}{2}, 1\right)$

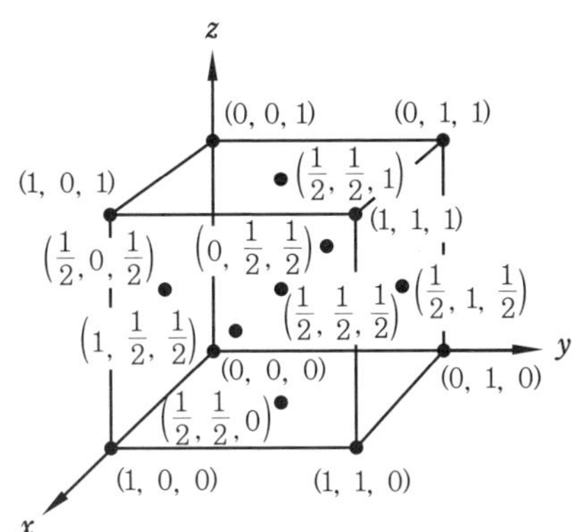

결정격자 내 각 점의 좌표

③ 결정면과 밀러지수

㈎ 밀러지수 : 면의 원점으로부터 결정축과 교차하는 점까지의 거리와 그 축의 단위 길이에 대한 비의 역수이다.

㈏ 결정면의 밀러지수는 면에 의해 교차되는 좌표축의 길이를 그 축의 단위 길이로 나눈 값의 역수의 최소 정수비로 나타내며 그 지수가 *h*, *k*, *l*이라면 (*hkl*)로 쓴다.

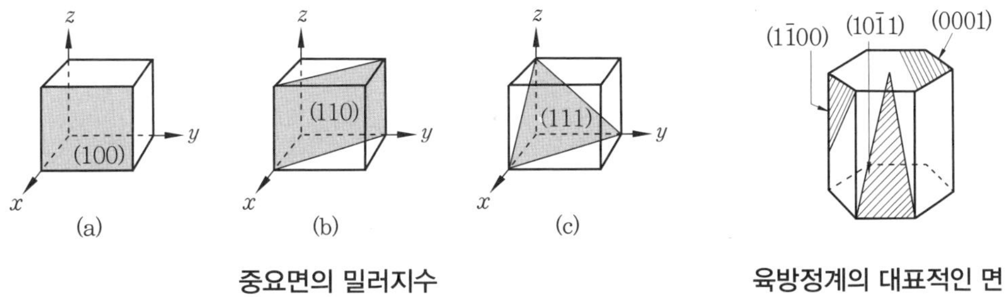

중요면의 밀러지수 **육방정계의 대표적인 면**

㈐ 육방정계의 대표적인 결정면 : 기저면(base plane)은 (0001), 각통면(prismatic plane)은 (1$\bar{1}$00), 각추면(pyramidal plane)은 (10$\bar{1}$1)이다.

(4) 결정방향

① 결정방향은 격자내의 임의의 직선방향을 그 선과 평형하게 단위포의 원점을 지나는 직선을 그어 그 직선상의 임의의 점에 좌표로 표시한다. 그 좌표를 *u*, *v*, *w* 라고 할 때 이 직선의 방향을 [*uvw*]로 한다.

② *u*, *v*, *w*의 수치는 가장 작은 정수들로 표시한 것이 보통이며, 예를 들어 $[1\frac{1}{2}\frac{1}{2}]$, [211] 및 [422]는 모두 같은 방향을 표시하지만, 보통 [211]로 표시한다. 부지수일 때는 수치 위에 바를 붙여서 [$\bar{u}vw$]로 나타내 준다.

⟨111⟩의 의미는 [111], [$\bar{1}$11], [1$\bar{1}$1], [11$\bar{1}$], [$\bar{1}\bar{1}$1], [1$\bar{1}\bar{1}$], [$\bar{1}\bar{1}\bar{1}$]이다.

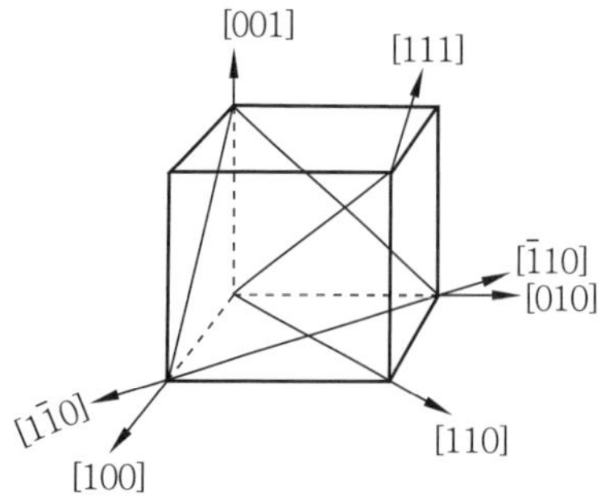

주요 방향의 밀러지수

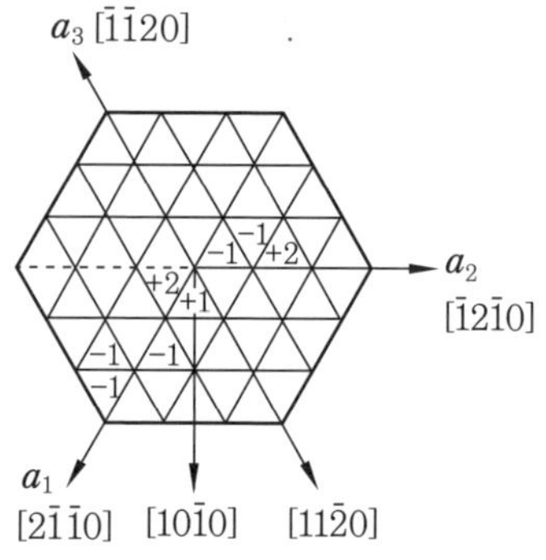

조밀육방격자의 결정방향

단원 예상문제

1. 그림과 같이 빗금친 면의 밀러지수는?

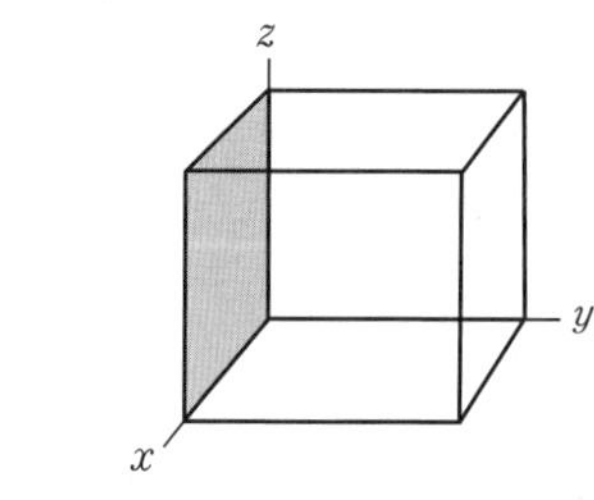

① (110) ② (101) ③ (011) ④ (211)

2. 그림에서 표시된 면의 밀러지수는?

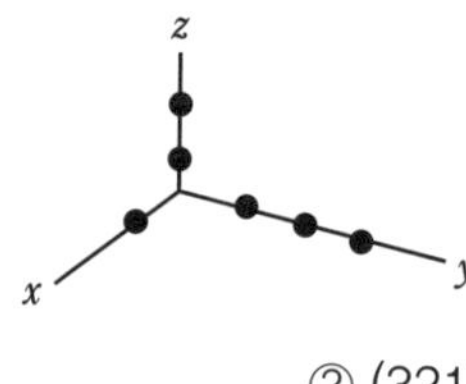

① (123) ② (321)
③ (623) ④ (642)

해설 $(x, y, z)=(1, 3, 2)$의 역수$(1/1, 1/3, 1/2)$를 정수비로 고치면 (623)이다.

3. 입방정계에서 x, y, z축의 절편의 길이가 3, 2, 1인 경우 이면의 밀러지수는?

① (321) ② (236)
③ (123) ④ (632)

해설 $(x, y, z)=(3, 2, 1)$의 역수$(1/3, 1/2, 1/1)$를 정수비로 고치면 (236)이다.

4. 다음 그림에 표시한 면지수는 무엇인가?

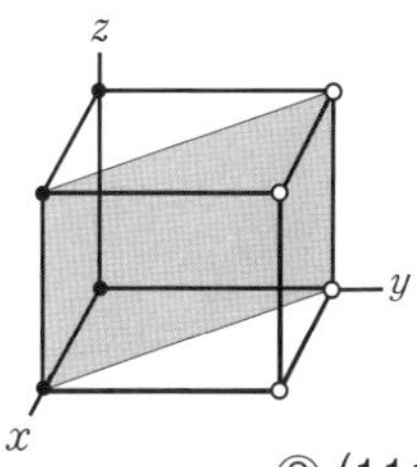

① (100) ② (110) ③ (111) ④ (123)

5. 다음 그림에서 빗금친 면의 밀러지수와 등가면의 수는?

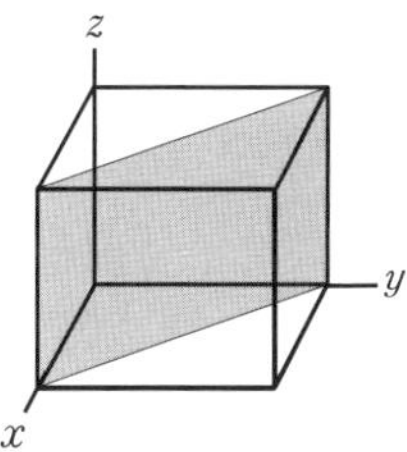

① (111), 6 ② (110), 6 ③ (111), 4 ④ (110), 4

해설 밀러지수 : (110), 등가면의 수 : 6

6. 다음 그림에서 A, B, C, D 면의 밀러지수는?

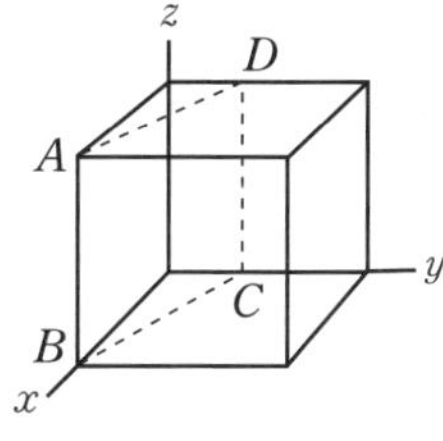

① (210) ② (100) ③ (111) ④ (110)

7. 다음 그림에서 ㉮의 방향지수로 맞는 것은?

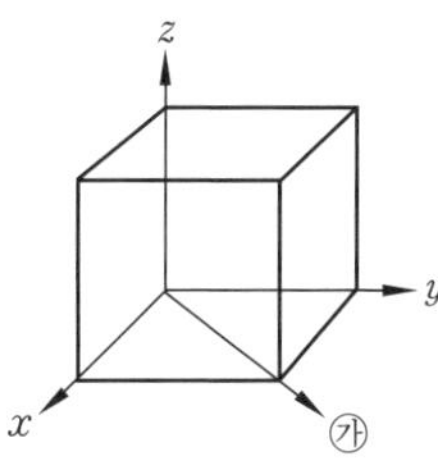

① [100] ② [110] ③ [111] ④ [$\bar{1}$00]

8. 다음 입방정계 그림에서 검정 삼각형의 결정면의 표시는?

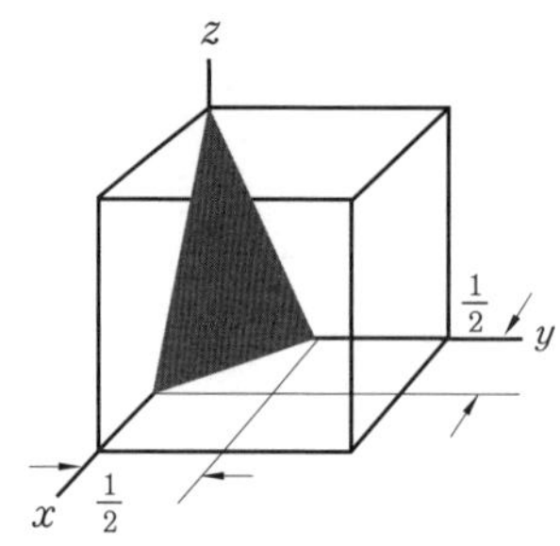

① (100) ② (102) ③ (110) ④ (221)

9. 입방정계에서 [100] 방향으로 나타날 수 있는 수는 몇 개인가?

① 2개 ② 4개 ③ 6개 ④ 8개

10. 입방정계에 속하는 금속이 응고할 때 결정이 성장하는 우선 방향은?

① [100] ② [110] ③ [111] ④ [123]

11. 구리결정에서 슬립이 가장 잘 일어나는 결정면은?

① {100} ② {110} ③ {111} ④ {211}

해설 FCC의 결정구조를 갖는 구리는 {111}의 슬립면을 갖는다.

12. BCC나 FCC 금속이 응고할 때 결정이 성장하는 우선 방향은?

① [100] ② [110] ③ [111] ④ [1010]

13. 체심입방격자(BCC) 금속의 슬립 방향으로 옳은 것은?

① [111] ② [110] ③ [010] ④ [211]

14. 체심입방격자와 면심입방격자의 슬립면은?

① 체심입방격자 : (110), 면심입방격자 : (111)
② 체심입방격자 : (111), 면심입방격자 : (110)
③ 체심입방격자 : (101), 면심입방격자 : (110)
④ 체심입방격자 : (110), 면심입방격자 : (101)

15. 다음 중 (111) 슬립면과 [110] 면의 slip system을 가지는 금속으로만 이루어진 것은 어느 것인가?

① Cu, Pd, Pt ② Sr, Al, Hf ③ Cr, Fe, Mo ④ Ni, Ag, Po

해설 Cu, Pd, Pt의 금속은 면심입방격자로서 (111) 슬립면과 [110] 면을 갖는다.

16. 금속의 육방정계에서 대표적인 면이 아닌 것은?

① 기저면(base plane) ② 각통면(prismatic plane)
③ 주조면(cast plane) ④ 각추면(pyramidal plane)

해설 금속의 육방정계의 대표적인 면에는 기저면 (0001), 각통면 $(1\bar{1}00)$, 각추면 $(10\bar{1}1)$이 있다.

정답 1. ② 2. ③ 3. ② 4. ② 5. ② 6. ① 7. ② 8. ④ 9. ③ 10. ① 11. ③ 12. ① 13. ① 14. ① 15. ① 16. ③

(5) 순금속의 결정구조

① 그림 (a)는 조밀육방격자, (b)는 면심입방격자가 되고 (c)는 조밀육방격자를 위에서 본 그림이다. 각 층의 원자 위치를 각각 ABC로 할 때 ......ABCABCABC...... 또는 CBACBACBA...로 쌓아 올리면 된다.

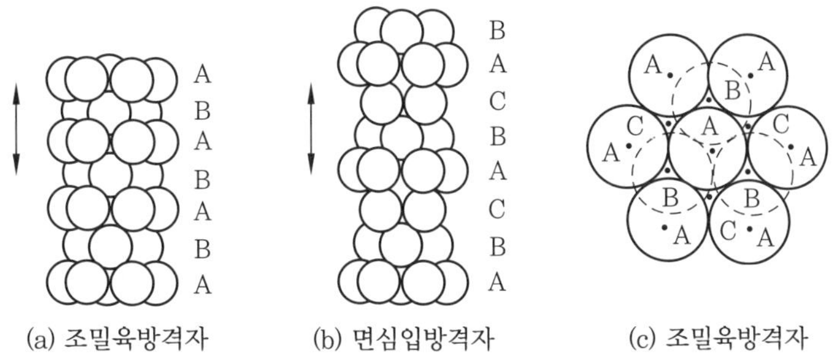

(a) 조밀육방격자 (b) 면심입방격자 (c) 조밀육방격자

원자를 조밀하게 쌓은 조밀육방격자

② 결정계의 대표적 주요 인자

- 최근접 원자 수 : 서로 접촉하고 있는 원자
- 최근접 원자간 거리 : 서로 접촉하고 있는 원자의 중심거리
- 배위수 : 원칙적으로는 1개의 원자 주위에 있는 최근접 원자 수를 말하나, 근소한 거리 차에 제2의 인접 원자가 있을 경우에는 그것을 포함한 원자 수를 말한다.
- 충진율 : 단위격자 내의 원자가 차지한 총 부피를 그 격자부피로 나눈 체적비의 백분율이다.

(가) 면심입방정

㉠ 면 대각선의 길이 $=\sqrt{2}\cdot a$

㉡ 최근접 원자간의 거리 $=\frac{1}{2}\times\sqrt{2}\cdot a=\frac{1}{\sqrt{2}}a$

㉢ 배위수(면심원자를 포함한 원자 수) : 인접격자의 면심원자 4개를 향하여 12개가 된다.

㉣ 격자 내의 원자 수(4개) : 격자점에 있는 원자 $=\frac{1}{8}\times 8$개 $=1$개

면심에 있는 원자 $=\frac{1}{2}\times 6$개 $=3$개

㉤ 원자반경 $=\frac{1}{\sqrt{2}}a$의 $\frac{1}{2}=\frac{1}{2}\times\frac{1}{\sqrt{2}}a=\frac{1}{2\sqrt{2}}a$

㉥ 격자 내의 원자 부피×원자 수 $=\frac{4}{3}\pi\left(\frac{1}{2}\cdot\frac{1}{\sqrt{2}}a\right)^3\times 4=\frac{\sqrt{2}}{6}\pi a^3$

㉦ 단위격자의 부피 $=a^3$

㉧ 격자 내 원자의 충진율 $=\dfrac{\frac{\sqrt{2}}{6}\pi a^3\times 100}{a^3}=74\%$

(나) 체심입방정

㉠ 입방체 대각선의 길이 $=\sqrt{3}\cdot a$

㉡ 최근접 원자간의 거리 $=\frac{\sqrt{3}}{2}a$

㉢ 배위수(체심에 있는 원자를 둘러싼 원자 수) $=8$

㉣ 격자 내의 원자 수(2개) : 격자점에 있는 원자 $=\frac{1}{8}\times 8$개 $=1$개

체심에 있는 원자 1개

㉤ 원자반경 : $\frac{\sqrt{3}}{2}a$의 $\frac{1}{2}=\frac{1}{2}\times\frac{\sqrt{3}}{2}a=\frac{\sqrt{3}}{4}a$

㉥ 격자 내의 원자 부피×원자 수 $=\frac{4}{3}\pi\left(\frac{1}{2}\cdot\frac{\sqrt{3}}{2}\cdot a\right)^3\times 2=\frac{\sqrt{3}}{8}\pi a^3$

㉦ 단위 격자의 부피 $=a^3$

㉧ 격자 내 원자의 충진율 $=\dfrac{\frac{\sqrt{3}}{8}\pi a^3\times 100}{a^3}\fallingdotseq 68\%$

(다) 조밀육방정

㉠ 최근접 원자간의 거리 : 바닥면 상에서 a측 방향에서는 a이고

c측 방향에서는 $\sqrt{\frac{a^3}{3}+\frac{c^2}{4}}$

㉡ 배위수(바닥면 중심에 있는 원자 주위의 원자 수) : 인접 격자 내의 꼭지면과 바닥면과의 중간에 있는 원자 3개를 포함하여 12개가 된다.

㉢ 충진율 : 육각기둥의 단위격자보다 4면에 3개를 겹쳐서 된 것과 같으므로 사각기둥을 최소 단위로 하여 계산하면 좋다.

즉, 사각기둥 내의 원자 수(2개) : 각 모서리의 원자=격자점에 있는 $\frac{1}{8}\times$8개=1개

내부에 있는 원자 1개

㉣ 사각기둥 내에서 차지한 부피×원자 수$=\frac{4}{3}\pi\left(\frac{a}{2}\right)^3\times 2=\frac{\pi}{3}a^3$

㉤ 사각기둥의 격자 부피$=2\times\frac{1}{2}a^2\sin 60^\circ\times c=\frac{\sqrt{3}}{2}a^2\times\sqrt{\frac{8}{3}}a=\sqrt{2}\,a^3$

㉥ 격자 내 원자의 충진율$=\dfrac{\frac{\pi}{3}a^3\times 100}{\sqrt{2}\,a^3}=\frac{\sqrt{2}}{6}\pi\times 100\fallingdotseq 74\%$

주요 금속의 결정구조와 그 특징

결정구조	주요 금속	귀속 원자 수	배위수	최근접 원자간 거리	충진율 (%)
FCC	Ag, Al, Au, Ca, Cu, Ni, Pb, Pt	4	12	$\frac{1}{\sqrt{2}}a$	74
BCC	Ba, Cr, Cs, Fe, K, Li, Mo, Nb, Ti, V, W	2	8	$\frac{\sqrt{3}}{2}a$	68
HCP	Na, Be, Cd, Co, Mg, Zn, Zr	2	12	a, $\sqrt{\frac{a^3}{3}+\frac{c^2}{4}}$	74

단원 예상문제

1. 순금속에서 볼 수 없는 결정격자는?

① FCC ② BCC ③ HCP ④ 능심 정방정

해설 순금속에 나타나는 결정격자는 FCC, BCC, HCP이다.

2. 체심입방격자, 면심입방격자, 조밀육방격자의 단위격자 내의 각각의 원자 수로 옳은 것은?

① 2, 4, 2 ② 2, 2, 4 ③ 4, 2, 2 ④ 2, 4, 4

3. 금속의 결정구조에서 체심입방격자의 배위수는 얼마인가?

① 6개 ② 8개 ③ 12개 ④ 24개

해설 체심입방격자(BCC) : 8개, 면심입방격자(FCC) : 12개, 조밀육방격자(HCP) : 12개

4. 체심입방격자 내 원자의 충진율은 얼마인가?

① 68% ② 78% ③ 88% ④ 98%

해설 $\dfrac{\frac{4}{3}\pi\left(\frac{1}{2}\cdot\frac{\sqrt{3}}{2}a\right)^3\times 2\times 100}{a^3}=68\%$

5. 면심입방격자 내 원자의 충진율은 얼마인가?

① 64% ② 74% ③ 84% ④ 94%

해설 $\dfrac{\frac{4}{3}\pi\left(\frac{1}{2}\cdot\frac{1}{\sqrt{2}}a\right)^3\times 4\times 100}{a^3}=74\%$

6. 조밀육방격자(HCP) 내 원자의 충진율은 약 몇 %인가?

① 42 ② 53 ③ 68 ④ 74

해설 $\dfrac{\frac{4}{3}\pi\left(\frac{a}{2}\right)^3\times 2\times 100}{\sqrt{2}a^3}=74\%$

7. 조밀육방격자에 대한 설명 중 틀린 것은 어느 것인가?

① 원자 충진율은 74%이다.

② 축비$\left(\dfrac{c}{a}\right)$는 약 1.63이다.

③ 원자 배위수는 12개이다.

④ Ag은 조밀육방격자이다.

해설 Ag은 면심입방격자이다.

8. 다음 중 BCC(A), FCC(B), HCP(C) 원자의 충진율은?

	A	B	C
①	68%	74%	68%
②	68%	68%	74%
③	74%	68%	74%
④	68%	74%	74%

9. 체심입방격자에서 격자상수를 a라 하면 원자의 반경은 얼마인가?

① $\dfrac{1}{\sqrt{2}}a$ ② $\dfrac{\sqrt{3}}{4}a$ ③ $\dfrac{1}{2\sqrt{2}}a$ ④ $\dfrac{1}{\sqrt{3}}a$

해설 원자반경 : $4R=\sqrt{3}a$ 이므로 $R=\dfrac{\sqrt{3}}{4}a$

10. 격자상수가 a인 체심입방격자에서 최근접 원자간 거리는?

① a　② $\frac{\sqrt{3}}{2}a$　③ $\frac{1}{\sqrt{2}}a$　④ $\sqrt{\frac{8}{3}}a$

해설 최근접 원자간 거리

- 체심입방격자 : $\frac{\sqrt{3}}{2}a$
- 면심입방격자 : $\frac{1}{\sqrt{2}}a$

11. 면심입방격자에서 격자상수를 a라 하면 원자의 반경은 얼마인가?

① $\frac{1}{\sqrt{2}}a$　② $\frac{\sqrt{2}}{4}a$　③ $\frac{1}{2\sqrt{3}}a$　④ $\frac{1}{\sqrt{3}}a$

해설 원자반경 : $4R=\sqrt{2}a$이므로 $R=\frac{\sqrt{2}}{4}a$

12. 면심입방정(FCC)의 격자상수를 a라 할 때 원자 반지름(r)과 격자상수(a)의 관계를 표시한 식으로 옳은 것은?

① $r=\frac{\sqrt{2}}{2}a$　② $r=\frac{\sqrt{3}}{2}a$　③ $r=\frac{\sqrt{2}}{4}a$　④ $r=\frac{\sqrt{3}}{4}a$

해설
- 체심입방격자 : $r=\frac{\sqrt{3}}{4}a$
- 면심입방격자 : $r=\frac{\sqrt{2}}{4}a$

13. 면심입방격자에 대한 설명 중 틀린 것은?

① 최근접 원자간 거리가 $\frac{\sqrt{2}}{4}a$이다.
② 면심입방격자의 적층 순서는 BACBAC... 순서이다.
③ 최인접 원자의 수는 12개이다.
④ 원자의 수는 4개이다.

해설 ① $4R=\sqrt{2}a$이므로 $R=\frac{\sqrt{2}}{4}a$로 원자반경을 나타낸다.

14. FCC 결정구조를 갖는 구리 금속의 단위격자의 격자상수가 0.361 nm일 때 면간 거리 d_{210}은 얼마인가?

① 0.16nm　② 0.18nm　③ 1.10nm　④ 1.20nm

해설 입방정계(a, b, c)일 경우

$$d_{hkl}=\frac{1}{\sqrt{h^2+k^2+l^2}}\times a$$

$$d_{210}=\frac{1}{\sqrt{2^2+1^2+0^2}}\times 0.361=0.16\text{nm}$$

15. 철의 원자량이 55.85g이고 격자상수 2.86×10^{-8}cm일 때 상온에서 철의 밀도는?

① 3.5 ② 5.7 ③ 7.9 ④ 9.1

해설 상온에서 Fe은 BCC 구조이므로 밀도 = $W \times 2/N(a \times 10^{-8}) = 7.9$이다.

16. 다음 중 잘못 설명한 것은?

① BCC의 충진율은 68%이다.
② Zn은 HCP이다.
③ FCC는 단위격자 내에 2개의 원자를 갖고 있다.
④ HCP의 축비(c/a)는 $\sqrt{\frac{8}{3}}$이다.

해설 FCC는 단위격자 내에 4개의 원자를 갖고 있다.

17. 결정구조에 대한 설명 중 틀린 것은?

① 체심입방격자의 배위수는 8개이다.
② 면심입방격자의 원자 수는 4개이다.
③ 면심입방격자의 배위수는 2개이다.
④ 조밀육방격자의 배위수는 12개이다.

해설 면심입방격자의 배위수는 12개이다.

18. 다음 그림과 같은 체심입방격자 구조의 고용체에서 A 원자 : B 원자의 비는? (단, ● : A 원자, ○ : B 원자이다.)

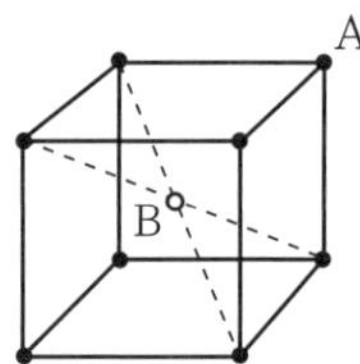

① A:B = 1:1 ② A:B = 2:1 ③ A:B = 4:1 ④ A:B = 8:1

19. 단위격자 내에 4개의 원자를 가지고 있는 금속 원소는?

① Al ② Ti ③ Mo ④ Cr

해설 Al은 면심입방격자로서 단위격자 내에 4개의 원자를 갖는다.

20. 면심입방격자의 특징이 아닌 것은?

① 전성과 연성이 나쁘고 Cr, Mo, α철 등이 있다.
② 원자의 배위수는 12가 된다.
③ 단위격자에 4개의 원자 수가 있다.
④ 원자의 충진율은 74%이다.

해설 면심입방격자는 전성과 연성이 좋고 Cu, Al, Ni 등이 속한다.

21. 결정격자 중에서 전연성 및 가공성이 우수한 결정격자는?

① 면심입방격자 ② 체심입방격자 ③ 조밀육방격자 ④ 체심정방격자

해설 면심입방격자는 원자의 충진율이 74%로 다른 격자보다 높아 전연성 및 가공성이 우수하다.

22. 조밀육방격자에 해당하지 않는 것은?

① 배위수는 12이다. ② 충진율은 약 74%이다.
③ 적층 순서가 ABCABCABC…이다. ④ Be, Zn, Mg 등이 이 격자에 속한다.

해설 조밀육방격자의 적층 순서는 ABABABAB…이다.

정답 1. ④ 2. ① 3. ② 4. ① 5. ② 6. ④ 7. ④ 8. ④ 9. ② 10. ② 11. ② 12. ③ 13. ① 14. ① 15. ③ 16. ③ 17. ③ 18. ① 19. ① 20. ① 21. ① 22. ③

(6) 금속의 변태

① 순철의 변태

(가) 순철에는 체심입방격자를 가진 α−철, δ−철, 면심입방격자를 가진 γ−철 등 세 가지의 동소체가 있다.

(나) A_2 변태는 α−철의 자기변태이다.

(다) A_3 변태는 동소변태이며, $\gamma \rightleftarrows \alpha$이다.

(라) A_4 변태는 동소변태이며, $\delta \rightleftarrows \gamma$이다.

(마) 가열 시는 Ac_3, Ac_4, 냉각 시는 Ar_3, Ar_4의 기호로 표시한다.

② 강의 변태

(가) γ−고용체 : 오스테나이트

(나) α−고용체 : 페라이트

(다) α−고용체 + Fe_3C(공석정) : 펄라이트

(라) γ−고용체 + Fe_3C(공정) : 레데브라이트

(마) Fe_3C : 시멘타이트

③ 탄소량에 따른 강의 분류

(가) 0.008~0.77%C의 강 : 아공석강

(나) 0.77%C의 강 : 공석강

(다) 0.77~2.11%C의 강 : 과공석강

(라) 2.11~4.3%C의 주철 : 아공정주철

(마) 4.3%C의 주철 : 공정주철

(바) 4.3~6.68%C의 주철 : 과공정주철

④ 각 변태선에 따른 강도

(가) 탄소를 전혀 함유하지 않은 순철은 비교적 강한 A_3 변태점의 탄소함유량이 증가함에 따라 점차 그 강도가 증가된다.

(나) A_2 변태점의 강도는 탄소함유량에 따라 큰 영향을 받지 않는다.

(다) 최초에는 강도가 큰 변태가 A_3, A_2 탄소의 함유량에 따라 급속히 약해져서 A_1 변태와 교차하는 공석점에서 없어진다.

(라) 최초에는 매우 미약한 A_1 변태는 탄소함유량의 증가에 따라 강도가 증가되며 0.77%C를 함유한 공석점에서 최대로 된다.

(마) 공석점 S에 있어서 극히 강한 A_3, A_2, A_1의 변태는 그 강도가 항상 크지만, 탄소함유량이 증가함에 따라 점차 그 강도는 감소한다.

(바) 공석점 부근에서 극히 미약한 A_{cm}은 탄소함유량에 따라 그 강도가 증가한다.

단원 예상문제

1. Fe–C계 상태도에서 강과 주철의 경계를 구분하는 탄소함유량은 약 몇 %인가?

① 0.8 ② 2.0
③ 4.3 ④ 6.6

해설 강은 탄소 2.0% 이하, 주철은 탄소 2.0% 이상이다.

2. 탄소강에서 나타나는 고용체의 종류가 아닌 것은?

① 페라이트(ferrite) ② 시멘타이트(cementite)
③ 오스테나이트(austenite) ④ 델타 페라이트(δ–ferrite)

해설 탄소강의 상태도에서 나타나는 고용체는 페라이트, 오스테나이트, 델타 페라이트이다.

3. 다음 중 순철의 변태와 관계가 없는 것은?

① A_1 변태 ② A_2 변태 ③ A_3 변태 ④ A_4 변태

해설 순철의 변태 : A_2, A_3, A_4

4. 강의 변태 중 결정구조의 변화를 동반하지 않는 변태는?

① A_1 ② A_2 ③ A_3 ④ A_4

해설 A_2변태는 자성변화이다.

5. Fe–C의 상변화 중 격자변태가 아닌 것은?

① A_1 변태 ② A_2 변태
③ A_3 변태 ④ A_4 변태

해설 A_2 변태는 격자변태가 아닌 자기변태이다.

6. Fe–C계 상태도에서 공석점의 탄소는 약 몇%인가?

① 0.025 ② 0.80
③ 2.1 ④ 4.3

7. A_2 변태에 대한 설명 중 맞는 것은?

① α 고용체가 자기변태로 변하는 것
② γ 고용체가 탄소를 최대로 고용하는 점
③ 오스테나이트에서 펄라이트가 생기는 변태
④ 시멘타이트의 자기변태에서 탄소량에 관계없이 210℃에서 일어나는 점

해설 A_2 변태는 α–철의 자기변태이다.

8. 순철의 동소변태에서 나타나는 조직이 아닌 것은?

① α–Fe ② θ–Fe
③ γ–Fe ④ δ–Fe

해설 Fe의 동소변태에서 나타나는 결정격자의 변화는 α–Fe⇄γ–Fe, γ–Fe⇄δ–Fe이다.

9. 순철의 동소변태로 1400℃에서 γ–Fe⇄δ–Fe의 변태는?

① A_1 변태 ② A_2 변태
③ A_3 변태 ④ A_4 변태

해설 A_4 변태는 동소변태이며, 1400℃에서 γ–Fe⇄δ–Fe의 변태를 말한다.

10. 순철의 응고 시 동소변태인 A_4 변태에 대한 결정격자 구조 변화를 표시한 것 중 옳은 것은?

① 면심입방격자→체심입방격자
② 체심입방격자→면심입방격자
③ 면심사방격자→체심사방격자
④ 체심사방격자→면심사방격자

정답 1. ② 2. ② 3. ① 4. ② 5. ② 6. ② 7. ① 8. ② 9. ④ 10. ②

1-3 금속의 결정 결합

(1) 금속의 결정 격자결합

① 점결함 : 원자공공(vacancy), 격자간 원자(interstitial atom), 치환형 원자(substitutional atom)

② 선결함 : 전위(dislocation)

③ 면결함 : 적층결함(stacking fault), 결정립경계(grain boundary)

④ 체적결함(volume defect) : 주조결함(수축공 및 기공)

(2) 점결함

① 원자공공(vacancy)

㈎ 원자공공은 결정의 격자점에 원자가 들어 있지 않은 것을 말하며 쇼트키(schottky defect) 결함이라고 한다.

㈏ 한 개의 원자가 비어 있는 것으로서 대단히 적은 결함을 나타낸다.

㈐ 원자의 확산, 열처리 변형 석출, 변태 등 금속의 여러 현상과 관계가 깊다.

② 격자간 원자(interstitial atom)

㈎ 원자공공과 반대로 결정격자의 격자점 중간 위치에 여분의 원자가 끼어들어간 상태이다.

㈏ 격자간 원자로 될 수 있는 원자는 금속원자보다 작은 O, N, C, B, H 등이다.

㈐ 격자간 원자에 의해 공공격자는 변형을 일으킨다.

③ 프렌켈 결함 : 결정격자 중 한 개의 원자가 격자 사이로 이동하여 그 격자 내에 격자간 원자와 원자공공이 한 쌍으로 된 결함이다.

④ 불순물 원자

㈎ 서로 다른 종류의 원자가 격자점의 원자와 치환되어 들어가거나 결정의 격자간에 들어갈 수 있다.

㈏ 이종의 원자 크기가 모체의 결정격자 원자의 크기와 비슷할 때에는 치환형이 되고, 작을 경우에는 침입형으로 들어가게 된다.

⑤ 크라우디온(crowdion)

㈎ 엄밀한 의미에서는 점결함이라 할 수 없으나 2개 또는 2개 이상의 원자공공이 집합된 것이나 원자공공과 불순물 원자와 조합을 이루는 복합된 점결함의 존재를 알칼리 금속에서 볼 수 있다.

(나) 알칼리 금속에서 가장 조밀한 방향에 한 개의 여분 원자가 들어 있는 것을 크라우디온이라 한다.

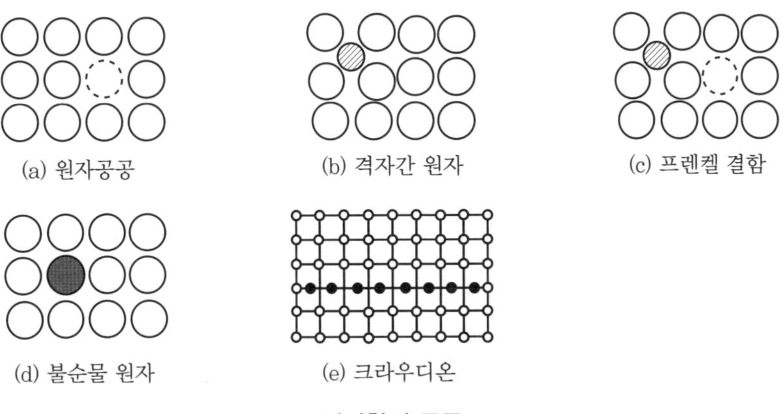

점결함의 종류

⑥ 점결함에 의한 격자변형

(가) 결함에 의한 격자변형 : 원자공공 주위의 변형, 격자간 원자 주위의 변형

(나) 결함에 의한 불순물 : 모결정보다 큰 불순물, 모결정보다 작은 불순물, 모결정과 비슷한 크기의 불순물

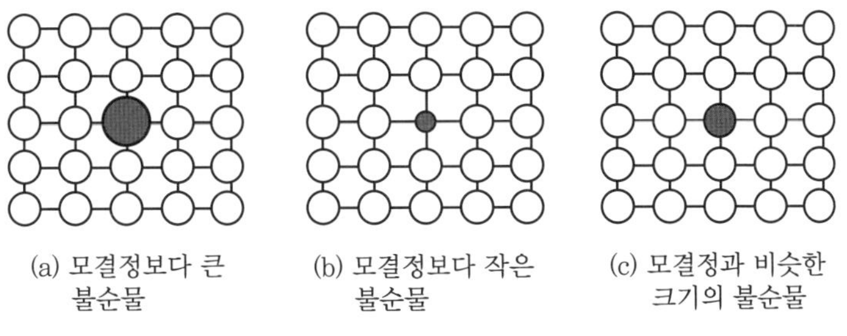

결함에 의한 불순물

단원 예상문제

1. 점결함 중 원자공공에 대한 설명으로 옳은 것은?

① 결정격자의 격자점 중간에 원자가 위치한 상태
② 결정격자의 격자점 중간에 원자가 위치하지 않은 상태
③ 결정격자의 격자점 중간에 여분의 원자가 위치한 상태
④ 서로 다른 종류의 원자가 격자점의 원자와 치환되어 들어간 상태

해설 원자공공은 격자점으로부터 원자가 하나 빠져나가 위치하지 않은 상태이다.

2. **격자결함의 종류에 속하지 않는 것은?**

① 점결함 ② 선결함 ③ 적층결함 ④ 확산

해설 격자결함의 종류 : 점결함, 선결함, 계면결함(결정입계와 적층결함), 체적결함

3. **격자결함에 대한 설명으로 틀린 것은?**

① 계면결함에는 기공, 수축공이 있다.
② 원자공공은 결정의 격자점에 원자가 들어 있지 않은 상태이다.
③ 결정격자 결함에는 점결함, 선결함, 계면결함, 체적결함이 있다.
④ 격자간 원자는 결정격자의 격자점 중간 위치에 여분의 원자가 끼어들어간 상태이다.

해설 계면결함에는 적층결함, 결정립경계가 있다.

4. **다음 중 점결함이 아닌 것은?**

① 격자간 원자 ② 칼날전위 ③ 원자공공 ④ 불순물 원자

해설 칼날전위는 선결함이다.

5. **점결함에 해당되지 않는 것은?**

① 전위 ② 쇼트키 결함 ③ 프렌켈 결함 ④ 침입형 원자

해설 전위는 선결함이다.

6. **침입형 고용체의 결함은?**

① 전위결함 ② 선결함 ③ 점결함 ④ 면결함

7. **금속 내부에 생기는 공격자점은 어느 결함에 속하는가?**

① 점결함 ② 선결함
③ 면결함 ④ 면결함과 선결함의 복합

해설 공격자점은 점결함에 의해 발생한다.

8. **원자공공, 격자간 원자, 치환형 원자를 포함하는 격자결함의 종류는 무엇인가?**

① 전위 ② 점결함 ③ 체적결함 ④ 계면결함

해설 격자결함의 종류

- 점결함 : 원자공공, 격자간 원자, 치환형 원자
- 선결함 : 전위
- 면결함 : 적층결함, 결정립경계
- 체적결함 : 주조결함(수축공 및 기공)

9. 격자결함 중 Frenkel 결함이란?

① 원자공공과 격자간 원자가 쌍으로 존재한 점결함이다.
② 격자점으로부터 원자가 하나 빠져버린 결함이다.
③ 공격자점이 2개 나란히 쌍을 이룬 결함이다.
④ 공격자점에 불순물이 침입된 결함이다.

10. 알칼리 금속에서 가장 조밀한 방향에 한 개의 여분 원자가 들어 있는 것을 무엇이라 하는가?

① 프렌켈 결함 ② 조그 ③ 킹크 ④ 크라우디온

해설 크라우디온 : 알칼리 금속에서 볼 수 있다.

정답 1. ② 2. ④ 3. ① 4. ② 5. ① 6. ③ 7. ① 8. ② 9. ① 10. ④

(3) 선결함

① 전위

(가) 선결함, 즉 전위는 1차적인 격자결함으로서 결정격자 내에서 선을 중심으로 하여 그 주위에 격자의 뒤틀림을 일으키는 결함을 말한다.

(나) 슬립면을 경계로 원자의 결함이 끊어지고 결정 중에 원자열이 여분으로 들어 있는 구조를 전위라 한다.

(다) 원자면이 한 장의 여분으로 들어간 상태이며 ⊥ 기호를 사용하고, 선상으로 결정 속을 지나는 부분을 전위선이라고 한다.

② 전위의 종류

(가) 칼날전위(인상전위, edge dislocation) : 절단면을 경계로 하여 AB선에 수직한 방향으로 원자가 변위를 일으키면 이때 생기는 결함을 칼날전위라 한다.

(나) 나사전위(screw dislocation) : 원자변위가 AB선에 평행으로 한 원자 간격만큼 이동하여 원자가 나선 혹은 나사 모양의 방위로 배열하면 나사전위가 생긴다.

(다) 혼합전위(mixed dislocation) : 원자변위를 일으키는 방향이 AB선에 대하여 평행도, 수직도 아닌 임의의 각도이면 칼날전위 성분과 나사전위 성분을 갖는 혼합된 전위선이 생기게 되는데, 이것을 혼합전위라 한다.

(라) 조그와 킹크(jog and kink)

㉠ 조그는 전위선을 슬립면 밖으로 하는 단락이고 킹크는 슬립면 위에서 움직이는 단락이다.

㉡ 킹크 부분 자체는 나사전위이고, 조그 부분은 칼날전위인데 이 조그 부분은 새로운 슬립면에 존재한다.

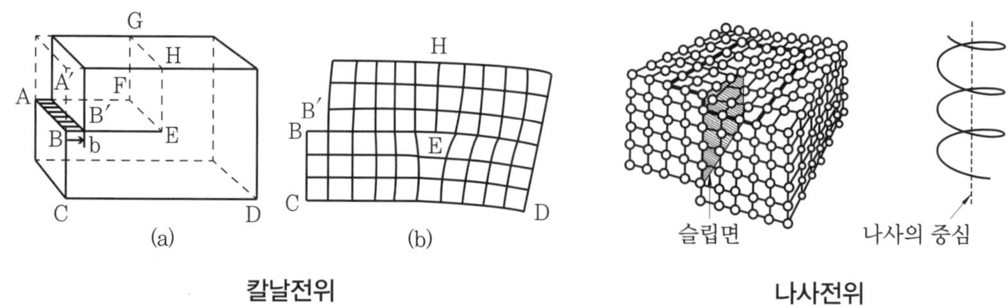

칼날전위 나사전위

③ 버거스 벡터

㈎ 버거스 벡터는 전위의 성질을 결정하는 요소로서 전위가 결정 속을 통과할 때의 크기를 표시한 것으로 금속의 결정형에 의해서 정해진다.

㈏ 버거스 벡터가 금속결정의 슬립이 일어나는 방향, 즉 원자의 최대 조밀 방향과 일치하고 그 크기가 격자상수와 같을 때 가장 안정하며 결정격자의 주기를 표시하고 기본격자 벡터와 전위의 벡터는 일치한다.

④ 전위의 상승운동과 증식

㈎ 전위의 상승운동 : 칼날전위가 슬립면에 수직한 방향으로 운동하기 위해서는 원자공공의 흡수 또는 방출에 의하여 잉여 반원자면의 상부 원자를 제거하거나 부가해야 한다. 칼날 전위선의 전체 길이에 걸쳐서 행해지면 전위선 전체가 한 원자 거리만큼 슬립면에 수직으로 운동한 것이 된다. 이와 같은 칼날전위의 운동을 상승운동이라 한다.

㈏ 전위의 증식 : 응력이 커지면 전위의 불안정으로 전위선이 구부러진다. 그러면 전위의 루프가 생성 및 확장되어 운동하면서 표면으로 사라진다고 하여 전위 증식의 원을 프랭크 리드(Frank-Read)가 제안하였다.

⑤ 전위와 용질원자 사이의 상호작용

㈎ 용질원자가 치환형으로 고용되어 있을 경우 : 금속결정의 소지의 원자보다 큰 용질원자가 치환적으로 고용되어 있을 경우 결정의 용매원자는 대칭적인 팽창력을 받는다. 즉, 큰 용질원자는 주위에 압축응력장이 생기고 작을 경우는 인장응력장이 생긴다.

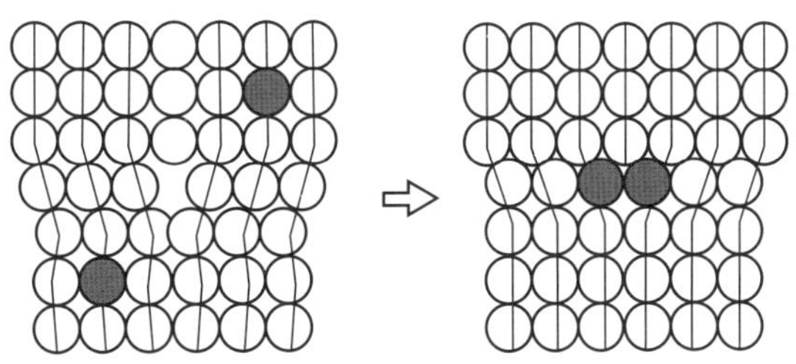

칼날전위의 코어에 모인 치환형 용질원자

(나) 용질원자가 침입형으로 고용되어 있을 경우 : 칼날전위는 용질원자의 분위기에 대하여 응력이 이완되어 안정 상태로 되는데 불순물 원자가 전위 주위에 모여 안정된 상태로 되는 분위기를 코트렐(cottrell) 분위기라고 하며, 용질원자와 칼날전위의 상호작용을 코트렐 효과라 한다.

(4) 면결함

- 면결함은 2차원이며 일반적으로 다른 결정 구조 또는 다른 결정 방향을 가진 재료의 두 영역을 분리하는 경계면이다.
- 면결함에는 외부 표면, 결정입계, 상계면, 쌍정립계, 적층결함 등이 있다.

① 외부 표면 : 결정 구조의 연속성이 종료되는 외부 표면에서 일어나는 결함으로 표면 에너지를 최소화하기 위해 가능하다면 표면적을 최소화하려고 한다.

② 결정입계

(가) 결정입계는 서로 다른 결정 방향을 갖는 결정 사이에 존재하는 경계면을 의미한다.

(나) 결정입계는 수 개의 원자 거리 폭을 가지며, 한 결정립의 결정 방향에서 이웃하는 결정립의 결정 방향으로 넘어갈 때 상당한 원자 불일치가 존재한다.

③ 상계면 : 다른 두 상이 접하는 경계면이다.

④ 쌍정립계

(가) 쌍정립계는 결정입계의 특별한 유형으로 두 격자가 정확한 대칭을 이루고 있는 결정립 사이의 계면을 말한다.

(나) 입계 한쪽 면의 원자는 반대편 원자와 거울면과 같은 대칭적인 위치에 존재한다.

⑤ 적층결함 : ABC/ABC와 같은 연속적인 적층에 있어서 AB/ABC와 같은 순서에 이상이 있는 경우이다.

단원 예상문제

1. 다음 중 전위에 대한 설명으로 옳은 것은?

① 전위의 상승운동은 온도에 무관하다.
② 전위결함에는 원자공공, 크라우디온(crowdion) 등이 있다.
③ 칼날 전위선은 버거스 벡터(Burgers vector)와 평행하다.
④ 전위의 존재로 인해 발생되는 에너지를 변형에너지(strain energy)라 한다.

해설 전위의 상승운동은 온도가 높을수록 활발하게 일어나고, 전위결함은 선결함이다. 칼날 전위선은 버거스 벡터와 수직이다.

2. 순수한 에지(edge) 전위선 근처의 원자에 작용하지 않는 변형은?

① 인장변형 ② 압축변형 ③ 뒤틀림변형 ④ 전단변형

해설 에지전위는 칼날전위 또는 인상전위라고 하며, 전위선 근처의 원자에 작용하는 변형으로는 인장, 압축, 전단변형이 있다.

3. 금속의 변형에 대한 설명으로 틀린 것은?

① 금속은 전위가 증식되면서 소성변형된다.
② 금속은 슬립이나 쌍정에 의해 소성변형된다.
③ 금속은 원자 전체가 동시에 이동하는 것이 아니라 전위에 의하여 조금씩 이동한다.
④ 동일한 슬립면에서 반대 부호의 전위가 만나면 두 개의 전위가 생성되고 불완전 결정으로 된다.

해설 동일한 슬립면에서 반대 부호의 전위가 만나면 전위가 소멸되어 완전한 결정 구조가 형성된다.

4. 전위는 어떤 결함에 속하는가?

① 면결함 ② 점결함 ③ 선결함 ④ 쌍정결함

5. 결정체의 결함을 크기에 따라 분류할 때 점결함에 해당되지 않는 것은?

① 전위 ② 격자간 원자 ③ 원자공공 ④ 불순물 원자

해설 전위는 선결함이다.

6. 다음 중 선결함의 종류로 맞는 것은?

① stacking fault ② vacancy
③ crowdion ④ dislocation

해설 전위(dislocation)는 선결함이다.

7. 다음 중 금속결정의 소성변형과 밀접한 관계로 선을 따라 결정 내에 존재하는 결함은?

① 전위 ② 원자공공

③ 크라우디온 ④ 적층결함

해설 전위(선결함), 원자공공(점결함), 크라우디온(점결함), 적층결함(면결함)

8. 결정 내의 슬립(slip)면 위에서 슬립한 부분과 슬립하지 않은 부분의 경계에 생기는 결함은?

① 킹크(kink)

② 쌍정(twin)

③ 공공(vacancy)

④ 전위(dislocation)

해설 전위는 슬립면과 슬립하지 않은 부분의 경계에서 나타나는 선결함이다.

9. 다음 중 쌍정에 관한 설명으로 틀린 것은?

① 기계적 쌍정은 BCC나 HCP 금속에서 급속으로 하중을 가하거나 낮은 온도에서 형성된다.

② 쌍정변형에서는 쌍정면 양쪽의 결정 방위가 서로 같다.

③ HCP 금속의 저면이 슬립하기 좋지 않은 방향으로 놓여 있을 때 쌍정변형이 일어나기 쉽다.

④ 인장시험 중에 쌍정이 생기면 응력-변형률 곡선에 톱니 모양이 나타난다.

해설 쌍정변형에서는 쌍정면 양쪽의 결정 방위가 변하고 슬립은 변하지 않는다.

10. 그림과 같은 원자 배열 형식은?

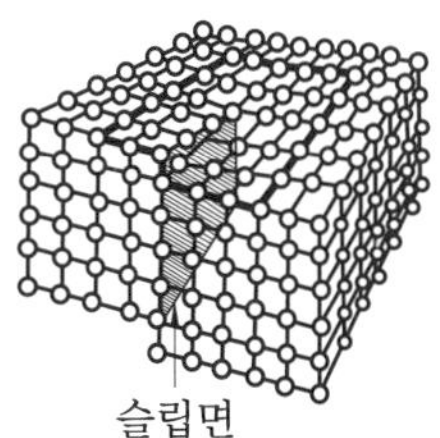

① 수직전위

② 나사전위

③ 전단전위

④ 원형전위

11. 다음 중 칼날전위에 대한 설명 중 맞는 것은?

① 슬립 방향과 전위선이 평행인 것

② 슬립 방향과 전위선이 수직인 것

③ 버거스 벡터의 크기가 한 원자간인 것

④ 버거스 벡터의 크기가 한 원자간보다 큰 것

해설 칼날전위는 슬립 방향과 전위선이 수직이며, 나사전위는 서로 평행한 관계를 갖는다.

12. 다음 중 전위에서 나타나는 버거스 벡터(Burgers vector : b)에 대한 설명으로 틀린 것은?

① b가 클수록 전위 주위의 변형량도 커진다.
② $b_2 < b_1^2 + b_2^2$일 때 전위는 분해한다.
③ b의 방향은 나사전위(screw dislocation)와 평행하다.
④ 결정격자가 변형할 때 전위의 에너지 크기는 b_2에 비례한다.

해설 $b_2 > b_1^2 + b_2^2$일 때 전위는 분해한다.

13. 다음 중 전위와 관계없는 것은?

① 조그 ② 프랭크-리드원
③ 프렌켈 ④ 클라이 모션

해설 프렌켈 결함 : 결정격자 중 한 개의 원자가 격자 사이로 이동하여 그 격자 내에 격자간 원자와 원자공공이 한 쌍으로 된 점결함이다.

14. 다음 중 전위에 대한 설명으로 틀린 것은?

① 칼날전위는 슬립 방향에 평행하게 움직인다.
② 나사전위는 슬립 방향에 평행하게 움직인다.
③ 순수한 나사전위에서는 전위선과 버거스 벡터가 평행이다.
④ 순수한 칼날전위에서는 전위선과 버거스 벡터가 수직이다.

해설 나사전위는 슬립 방향에 수직으로 움직인다.

15. 전위와 용질원자 사이의 상호작용으로 치환형 용질원자가 이동하여 나타난 다음 그림에 대한 설명으로 옳은 것은?

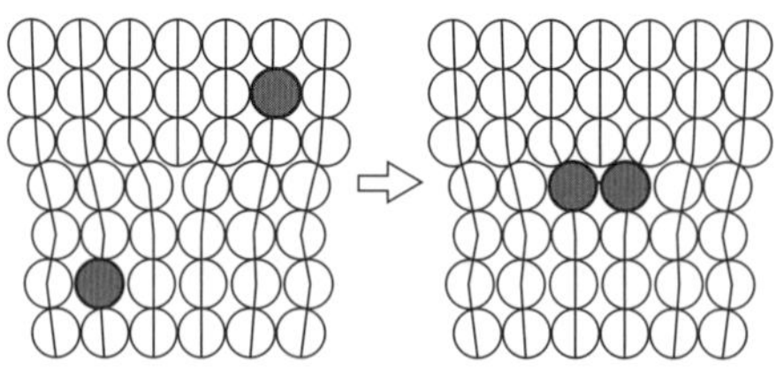

① 칼날전위의 코어에 모인 치환형 용질원자이다.
② 나사전위의 코어에 모인 치환형 용질원자이다.
③ 혼합전위의 코어에 모인 치환형 용질원자이다.
④ 이온전위의 코어에 모인 치환형 용질원자이다.

16. Cottrell 효과를 설명한 것은?

① 용질원자에 의해 인상전위가 안정화되는 효과
② 용질원자에 의해 인상전위가 활성화하여 이동하기 쉽게 되는 효과
③ 용질원자가 인상전위를 나사전위로 바꾸는 효과
④ 용질원자가 쌍정변형을 유발하는 효과

해설 인상전위가 용질원자의 분위기에 의해 안정 상태가 되는 효과, 즉 용질원자와 인상전위의 상호작용을 말한다.

17. 용질원자와 칼날전위의 상호작용을 무엇이라고 하는가?

① oxidation pinning ② cottrell effect
③ frank-read source ④ peierls stress

해설 칼날전위가 용질원자의 분위기에 의해 안정된 상태가 되어 움직이기 곤란한데, 이와 같은 용질원자와 칼날전위의 상호작용을 코트렐 효과(cottrell effect)라 한다.

18. 다음 중 전위의 증식과 관계 깊은 것은?

① 코트렐 효과 ② 프랭크-리드원 ③ 전위 상승 ④ 필-업

해설 전위의 증식은 프랭크-리드원(Franak-Read source)으로 알 수 있다.

19. 금속을 가공하면 변형에너지가 발생한다. 이 변형에너지가 집적되기 쉬운 곳이 아닌 것은?

① 공격자점 ② 크라우디온 ③ 전위 ④ 표면

해설 변형에너지가 집적되기 쉬운 곳은 공격자점, 크라우디온, 전위이다.

20. 결정입계에 의하여 크게 좌우되는 구조 민감성의 성질과 거리가 먼 것은?

① 연성 ② 피로강도 ③ 크리프 ④ 전기전도도

해설 결정입계는 연성, 피로강도, 크리프에 크게 영향을 미친다.

21. 면심입방격자의 적층 형식 ABCABCABC…가 ABCABABCABC…의 밑줄 친 부분과 같이 부분적 층이 조밀육방격자의 적층 형식과 같아진 것을 무엇이라 하는가?

① 조그 ② 적층변위 ③ 적층결합 ④ 원자공공대

해설 적층결합은 면심입방격자의 부분적 층이 조밀육방격자의 적층 형태로 된 결합이다.

정답 1. ④ 2. ③ 3. ④ 4. ③ 5. ① 6. ④ 7. ① 8. ④ 9. ② 10. ② 11. ② 12. ② 13. ③ 14. ② 15. ① 16. ① 17. ② 18. ② 19. ④ 20. ④ 21. ③

1-4 금속의 응고

(1) 금속의 가열과 냉각

① 용융 및 응고현상은 상의 변화이므로 반드시 각각 흡열과 발열이 생긴다.

② 금속의 냉각곡선에서 용융온도에 도달하면 응고가 시작되며 용융 과정에서 흡수한 열량과 똑같은 양의 잠열을 발산한다.

③ 실제의 경우 용융금속이 응고 이하의 온도로 되어도 미처 응고하지 못한 과랭 현상이 일어난다.

(2) 금속의 응고 기구

① 결정의 형성 과정

㈎ 용융금속이 냉각될 때 응고점 이하로 내려가면 용융금속 중의 소수 원자가 규칙적인 배열을 이루어 매우 작은 핵을 만든다.

㈏ 핵이 성장하면서 나뭇가지 모양으로 발달하여 결정입자를 만들고 계속 성장해서 결정입계를 형성한다.

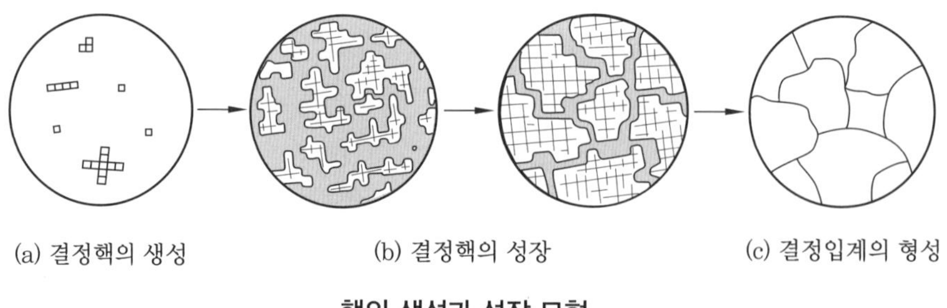

(a) 결정핵의 생성　　(b) 결정핵의 성장　　(c) 결정입계의 형성

핵의 생성과 성장 모형

② 응고 후의 조직

㈎ 금형에 주입한 쇳물은 금형에 접촉한 부분이 빨리 냉각되어 중심부는 서서히 냉각되므로 주상결정입자가 생긴다.

㈏ 주형이 직각으로 되어 있는 부분에는 인접부의 주상정이 충돌하여 경계가 생기고 불순물이 모여서 약선(weak line)이 생기므로 주형의 모서리는 라운딩을 한다.

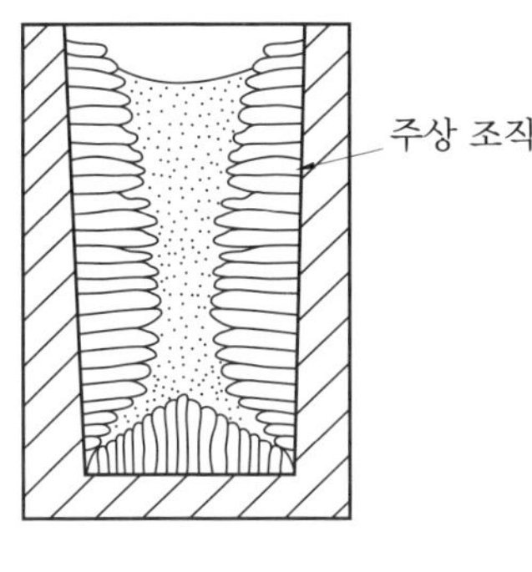

주상 결정 조직

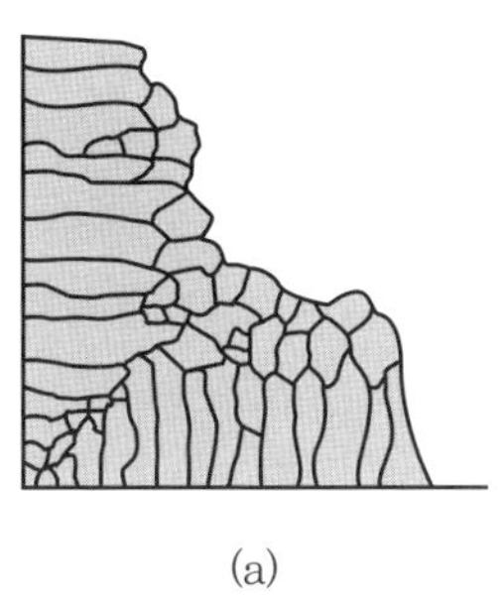
(a)

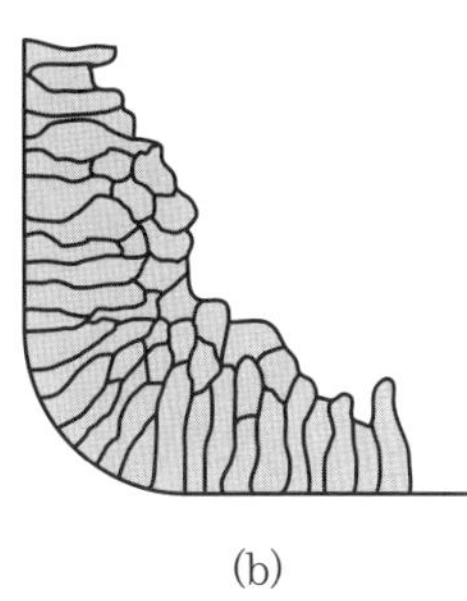
(b)

모서리의 영향

단원 예상문제

1. 용융금속을 냉각 응고시킬 때 어떠한 결정으로 응고하는가?

① 수지상 결정
② 암식상 결정
③ 구면상 결정
④ 편면상 결정

해설 1개의 결정핵이 발달하여 나뭇가지 모양을 이룬 것을 수지상정(dendrite)이라고 한다.

2. 용탕이 급속히 냉각될 때 열의 발산이 잘되는 방향에 따라서 우선적으로 조직이 성장하면서 나타나는 조직으로 주형의 벽면에 주로 나타나는 조직은?

① 공정 조직
② 초정 조직
③ 수지상 조직
④ coring 조직

3. 주상 결정입자 조직이 생성된 주물에서 불순물은 어느 곳으로 집중하는가?

① 결정입계에 집중한다.
② 결정의 모서리에 집중한다.
③ 결정의 중심부에 집중한다.
④ 결정 입자의 조직과는 관계없다.

해설 불순물은 결정입계에 모인다.

4. **금속의 조직이 성장하면 불순물은 어느 곳에 많이 모이는가?**

① 결정립 내
② 결정입계
③ 고용된다.
④ 없어진다.

해설 불순물은 셀의 벽, 즉 결정입계에 불균일하게 석출한다.

5. **결정립 내에 있는 원자에 비하여 결정입계에 있는 원자의 결합에너지 상태로 맞는 것은?**

① 결합에너지가 크므로 안정하다.
② 결합에너지가 크므로 불안정하다.
③ 결합에너지가 작으므로 안정하다.
④ 결합에너지가 작으므로 불안정하다.

해설 결정입계에 있는 원자의 결합에너지가 더 크므로 불안정하다.

6. **주형 작업 시 주형에 라운딩을 하는 이유와 관련있는 것은?**

① 수지상 결정
② 결정입계
③ 주상 조직
④ 재결정

해설 라운딩한 부분은 응고할 때 주상 조직으로 응고하여 각진 부분의 편석을 방지한다.

7. **용융금속이 주형의 표면에서 내부로 빨리 응고할 때 조직의 변화가 순서대로 옳게 나열된 것은?**

① chill층(미세한 등축정)→주상정→등축정
② 주상정→chill층(미세한 등축정)→등축정
③ 등축정→chill층(미세한 등축정)→주상정
④ 등축정→주상정→chill층(미세한 등축정)

정답 **1.** ① **2.** ③ **3.** ① **4.** ② **5.** ② **6.** ③ **7.** ①

제 2 장 상변화와 상태도

2-1 상변화 및 평형 상태도

(1) 상과 상률

① 상(phase)

㈎ 상은 어느 부분이나 균일하고 불연속적이며 경계된 부분으로 되어 있는 분자와 원자의 결합 상태인 것을 말한다.

㈏ 기체, 액체, 고체는 각각 하나의 상태이며, 기체의 상태는 몇 개의 물질이 존재해도 거의 균일하게 분산되어 있어 1상, 용액도 균일하면 1상, 고체 상태는 1성분이 1상이지만, 2개의 성분이 합해져서 고용체를 만들 때에도 1상이다.

㈐ 상과 성분 사이의 관계는 얼음, 물, 수증기가 공존하는 성분은 물 1성분이지만, 상은 고상, 액상, 기상인 3상이다.

② 계(system)

㈎ 외계와 독립하여 하나의 상태를 취할 수 있는 1개 또는 2개 이상의 집합체를 말한다.

㈏ 계에는 균일계(단상계)와 불균일계(다상계)가 있다.

③ 성분

㈎ 계를 구성하는 물질을 성분(component)이라 하고, 성분을 구성하는 물질의 양의 비를 조성(composition)이라고 한다.

㈏ 성분의 수에 따라서 그 계를 1성분계, 2성분계, 3성분계 등으로 구분한다.

㈐ 식염수의 경우 식염과 식염수 및 수증기의 3상이 되며, 성분은 물과 식염수로 2개의 성분이다.

④ 평형 상태

㈎ 어떤 물질계에 대하여 외부의 조건을 일정하게 유지하였을 때, 그 계의 상태가 시간과 같이 변화하지 않으면 그 상태를 평형 상태라 하며, 열역학적으로 보면 계의 자유에너지가 최소의 상태이다.

㈏ Gibb's에 의하면 어떤 계의 자유에너지는

$G=U+PV-TS$

여기서, U : 내부에너지, P : 압력, V : 체적, T : 절대온도, S : 엔트로피

$U+PV$는 엔탈피로 H로 표시하면, $H=U+PV$

$\therefore G=H-TS$

평형 상태에서 G가 최소이므로 $dG=0$이다.

⑤ Gibb's 상률

㈎ $F=n-P+2$(압력과 온도를 무시할 때)

㈏ $F=n-P+1$(압력 또는 온도가 변할 때)

(P : 상의 수, F : 자유도, n : 성분 수)

㈐ T점은 증기, 물, 얼음의 3상이 평형 공존하는 점이다. 상률에 의하면 $F=1-3+2=0$이며, 자유도 0은 변수가 없으므로 T 이외의 점에서는 3상이 공존할 수 없다.

㈑ 온도 또는 압력이 T점을 벗어나면 3상 중의 어느 상이 소실한다. 실험적으로 T점은 압력 4.58 mmHg, 온도 0.0075℃이며, 이점을 삼중점이라 한다.

㈒ 상률은 어떤 계에 있어서 몇 개의 상이 평형을 이룰 때 그 자유도를 결정하는 방법이고 양적 관계와는 무관하다. 물과 증기는 0.5기압 82℃에서 공존하고 또한 1기압 100℃와 2기압 120℃에서 공존한다.

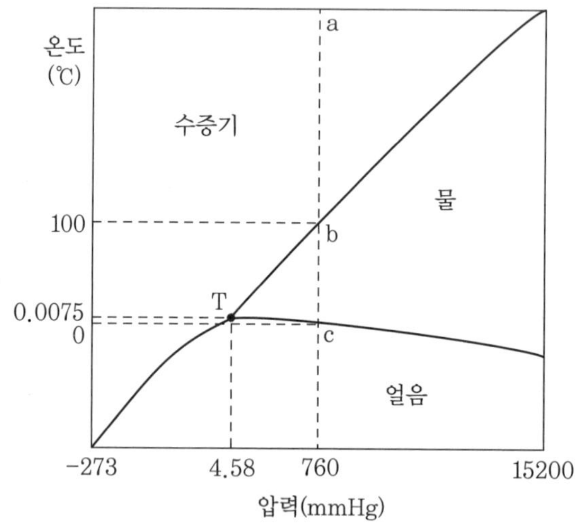

물의 상태도

단원 예상문제

1. 다상(phase)에 대한 설명으로 가장 옳은 것은?

① 하나의 계의 조성을 나타내는 물질
② 어느 부분이나 균일하고 불연속적이며 명확히 경계된 부분으로 되어 있는 분자와 원자의 집합 상태
③ 한 물질 또는 몇 개의 물질의 집합이 외부와 관계없이 독립해서 한 상태를 이루는 것
④ 한 물질에 다른 물질이 용해되어 균일한 물질로 된 것

2. 합금의 평형 상태에 외적 조건이 아닌 것은?

① 시간 ② 온도 ③ 압력 ④ 농도

해설 합금의 평형 상태의 외적 조건은 온도, 농도, 시간이다.

3. 순금속의 융점에 대한 자유도는?

① 0 ② 1 ③ 2 ④ 3

해설 융점에서의 상의 수는 액상과 고상의 2상, 성분은 순금속이므로 1, 농도는 일정, 변수는 온도뿐이므로 자유도가 0으로 되어 온도는 불변이다.

4. 순금속의 냉각곡선에서 정대구간(halting line)의 자유도(F)는?

① 0 ② 1 ③ 2 ④ 3

해설 $F=C-P+1=1-2+1=0$

정답 1. ② 2. ③ 3. ① 4. ①

(2) 2성분계 상태도

① 농도 표시법

㈎ 1개의 계(합금)에서 성분 서로 간의 관계량, 또는 그 비율을 농도라 하고 %로 나타내는 방식이다.

㈏ 지렛대 관계를 통하여 A 성분의 중량 페센트를 p, 원자 퍼센트를 x, 원자량을 a라 하고, B 성분의 중량 퍼센트를 q, 원자 퍼센트를 y, 원자량을 b라고 하면,

$$x=\frac{bp}{aq+bp}\times100,\ p=\frac{ax}{ax+by}\times100,\ y=\frac{aq}{aq+bp}\times100,\ q=\frac{by}{ax+by}\times100$$

이와 같은 식이 성립되므로 중량 퍼센트를 원자 퍼센트로 고치거나 원자 퍼센트를 중량 퍼센트로 나타낼 수 있다.

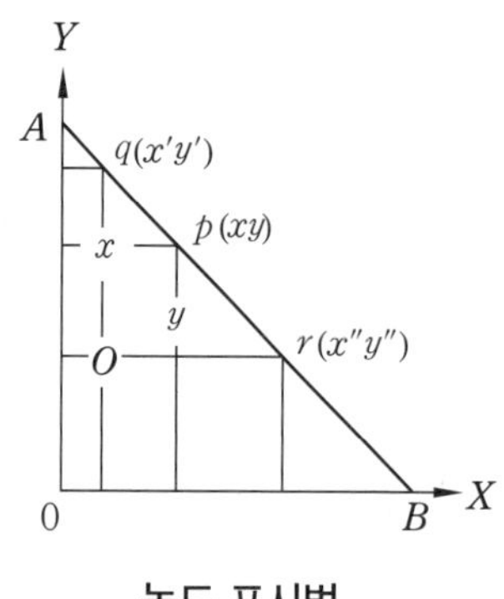

농도 표시법

두 성분의 저울대 관계

단원 예상문제

1. 평형 상태도에서 농도에 대한 설명으로 옳은 것은?

① 0.2% 응력
② 균일하고 비연속적인 경계
③ 1개의 계에서 성분 서로 간의 관계량
④ 증기압 곡선의 압력

2. 다음 그림에서 x_0 조성 합금이 t℃에 도달하였을 때, 고상과 액상의 양적 관계로 맞는 것은?

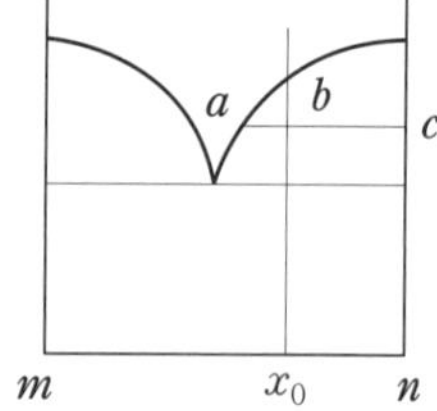

① 고상:액상 = ac:ab
② 고상:액상 = ab:bc
③ 고상:액상 = bc:ab
④ 고상:액상 = bc:ac

정답 1. ③ 2. ②

② 2원합금

㈎ 2원합금은 두 종류의 금속 또는 비금속이 혼합된 것으로 물리적, 기계적인 방법으로 금속을 구별하기 어려운 상태를 말하며 그 합금의 상태는 다음 세 가지의 경우가 있다.

㉠ 두 종류의 금속이 미세한 결정으로 결합된 상태
㉡ 원자 상태로 고용된 고용체 상태
㉢ 금속간 화합물을 형성한 상태 등

(나) 한 금속에 다른 금속을 용해하면 그 금속이 용매금속보다 경(硬)하거나 연(軟)하거나를 불문하고 용매금속의 경도와 강도를 증가시키며, 한 금속에 소량의 다른 금속을 첨가하여도 전기전도도와 열전도도가 크게 감소되고 일반적으로 융점도 떨어진다.

단원 예상문제

1. 2성분계를 이루고 있는 금속은?

① 알루미늄
② 니켈
③ 금
④ 강

해설 알루미늄, 니켈, 금은 1성분계의 순금속이다.

2. 2성분계 평형 상태도의 공통된 원칙 중 틀린 것은?

① 상태도에서 수평한 선은 자유도 0의 반응을 나타낸다.
② 하나의 영역에는 3개 이상의 상이 존재할 수 없다.
③ 하나의 수평한 선은 3개 영역의 경계선이 된다.
④ 하나의 수평한 선상에는 5개의 상이 공존한다.

해설 하나의 수평한 선상에는 3개의 상이 공존한다.

3. 2원합금의 상태로 맞지 않는 것은?

① 두 종류의 금속이 미세한 결정으로 결합된 상태
② 금속이 조대한 결정을 이루고 있는 상태
③ 원자 상태로 고용된 고용체 상태
④ 금속간 화합물을 형성한 상태

정답 **1.** ④ **2.** ④ **3.** ②

③ 단순한 합금 상태도

(가) 단순 공정형 상태도

㉠ 공정합금은 그 성분으로 된 모든 합금 중에서 응고점이 가장 낮은 합금이다.

㉡ Cd와 Bi가 액체 상태에서는 어떠한 비율로든지 융합할 수 있으나 고체 상태에서는 전혀 융합하지 않는다.

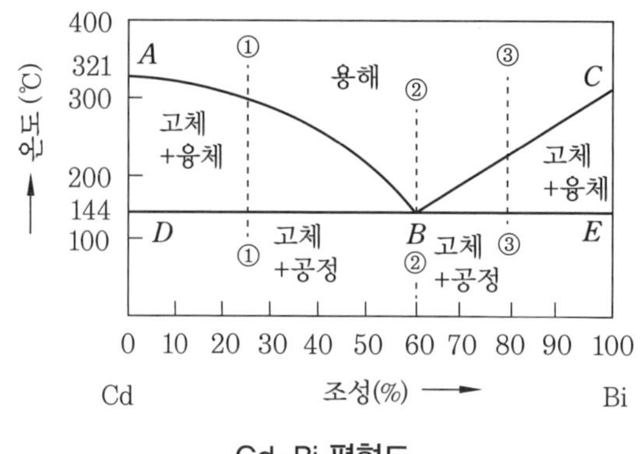

Cd-Bi 평형도

(나) 고용체형 상태도

㉠ 고용체

- 공정 평형 상태도에서 금속이 용융 상태에서는 서로 어떠한 비율로도 용해할 수 있으나 응고가 완료되면 전혀 용해되지 않는다.
- 고체 상태에서 용융 상태와 같이 한 금속이 다른 금속에 부분적으로 또는 완전히 용해할 수 있는 금속이 있다. 이러한 상태를 형성하는 것을 고용체라 한다.
- 고용체를 형성하는 용매와 용질금속이 같은 성분량일 때 경도 및 항복강도는 극대가 되며 연신율은 극소가 된다. 또한 전기저항의 증가도 최대가 된다.

㉡ 불규칙 치환형 고용체 : A 금속과 B 금속의 원자 반지름과 원자가에 차이가 없을 때는 결정격자 중에서 인접원자가 A-A 상태, B-B 상태, A-B 상태로 배열된다 하여도 내부에너지 변화는 거의 없으며, 특히 A 금속과 B 금속이 동일한 결정구조를 가질 때에는 어떠한 비율로도 합금을 만들어 불규칙 치환형 고용체를 형성한다. 어떠한 비율로든지 고용체를 만드는 합금을 전율고용체라고 한다.

㉢ 치환형 고용체 : 고용체에서 A 금속과 B 금속간에 결합력이 클 때는 결정격자 중 인접원자의 A-B 상태가 A-A 또는 B-B 상태로 배열하는 것보다 안정하게 된다. 이러한 경우를 규칙 치환형 고용체라고 하며 원자배열 격자를 규칙 격자형이라 한다.

(a) 불규칙 격자형

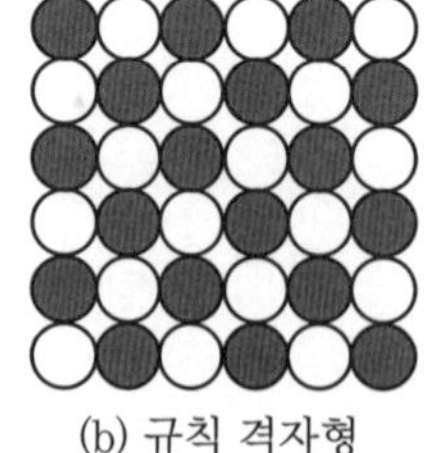
(b) 규칙 격자형

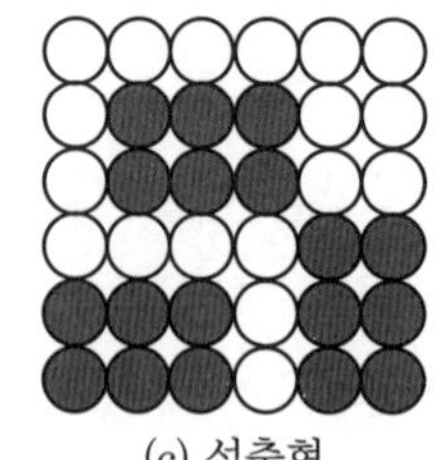
(c) 석출형

고용체의 형

㉣ 전율고용체

- 두 성분계에서 융체로부터 고용체로 응고할 때 A 금속과 B 금속이 융체에서 모든 비율로 융합할 때의 상태도는 간단하다.
- 온도가 내려감에 따라 고상의 양은 증가하지만, 액상의 상은 액상선 $L_2 \rightarrow L_3 \rightarrow L_4$에 따라 감소한다.
- 고상의 양은 $S_2 \rightarrow S_3 \rightarrow S_4$에 따라 증가하여 S_4에서 응고가 완료된다.
- 온도 t_4에서의 액상(L_4)과 고상(S_4)과의 양적 관계는 $L_4 : S_4 = M_4L_4 : M_4S_4$로 표시할 수 있다.

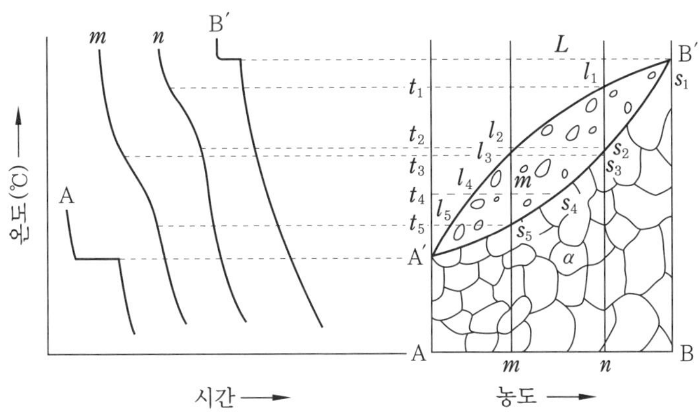

전율고용체 상태도

단원 예상문제

1. 다음 중 전율고용체 형태의 합금 상태도가 아닌 것은?

①
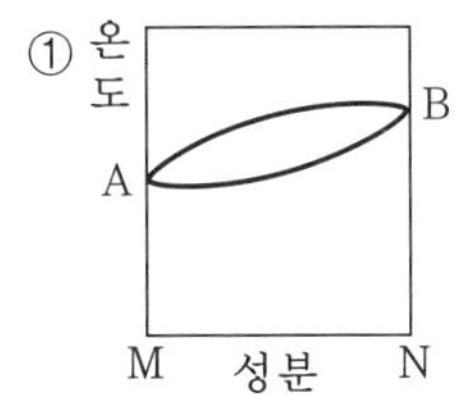

②
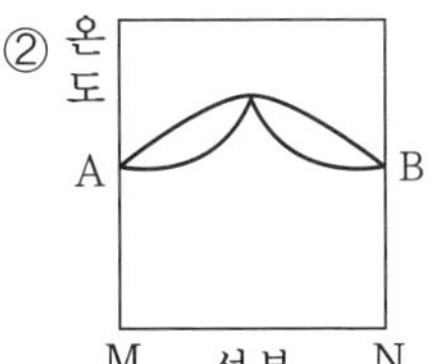

③
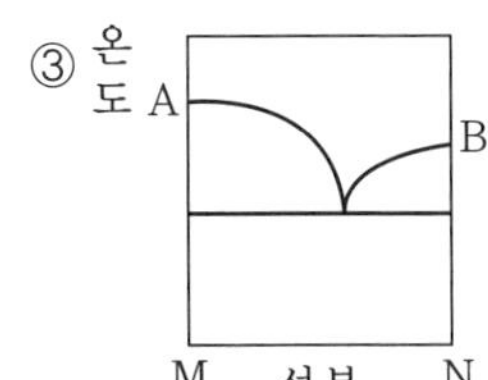

④
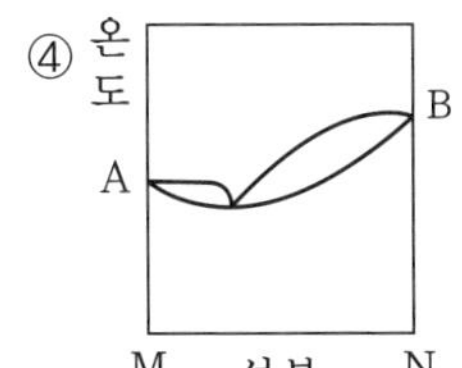

해설 ③은 한율가용고용체이다.

2. 치환형 고용체에 대한 설명으로 틀린 것은?

① 두 금속 사이에 원자 반지름이 15% 이상 차이가 나면 고용체를 거의 만들지 않는다.

② 원자 반지름의 차이가 작은 금속끼리는 고용도가 증가한다.

③ 결정구조가 다른 금속끼리는 고용도가 크다.

④ 고용도의 차이 때문에 합금의 성질이 크게 변화한다.

해설 치환형 고용체는 결정구조가 다른 금속끼리는 고용도가 작다.

3. 오른쪽 그림은 성분 금속 A와 B가 고용체를 형성할 때의 상태도이다. 그림에서 A′ C_3B′ 곡선을 무엇이라고 하는가?

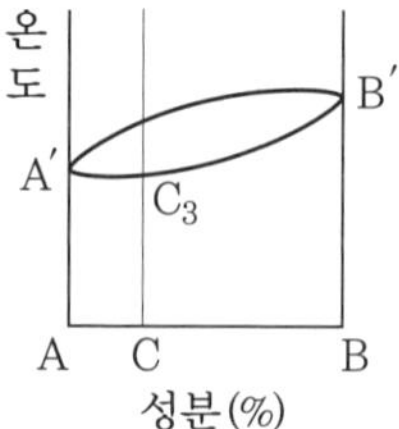

① 공정선

② 고상선

③ 액상선

④ 초정선

4. 오른쪽 그림의 b 조성 합금에서 온도 T일 때, 액체와 고체의 비는?

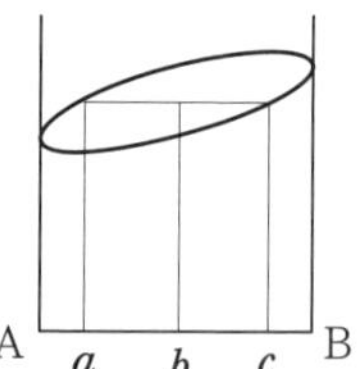

① 액상:고상 = $ac:ab$

② 액상:고상 = $ab:bc$

③ 액상:고상 = $bc:ab$

④ 액상:고상 = $bc:ac$

5. 오른쪽 그림과 같은 전율고용체에서 m 합금(A 70%, B 30%)이 온도 t에 도달했을 때 용액 대 고용체의 양적 비율은?

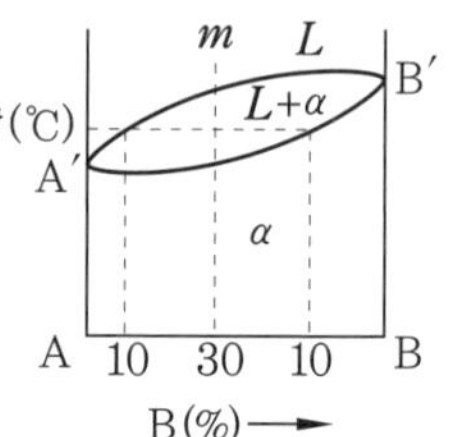

① 2:1

② 1:2

③ 7:3

④ 3:7

6. 그림에서 50% A 합금 400g 중 t_1 온도에서 L과 α의 양은 각각 얼마인가?

① L : 240g, α : 160g

② L : 200g, α : 200g

③ L : 160g, α : 240g

④ L : 50g, α : 350g

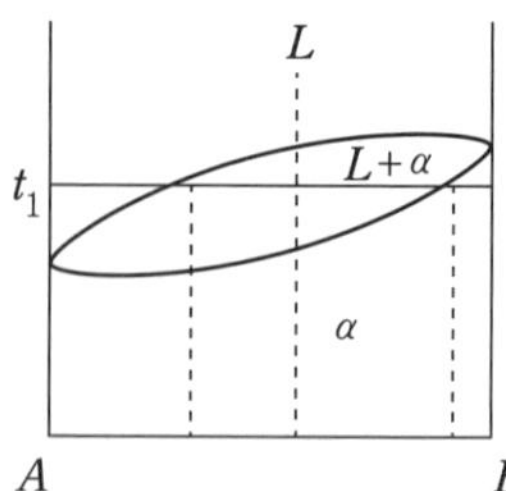

7. 전율고용체의 상태도를 갖는 합금의 경우 기계적 · 물리적 성질은 두 성분의 금속원자비가 얼마일 때 가장 변화가 큰가?

① 10:90 ② 20:80
③ 40:60 ④ 50:50

해설 두 성분의 금속원자가 최대 50:50의 비율일 때 성질의 변화가 가장 크다.

8. 다음 중 전율고용체형 상태도를 나타내는 합금은?

① Cu-Ni ② Ag-Si
③ Co-Cu ④ Pb-Zn

해설 전율고용체형 상태도를 나타내는 합금은 Cu-Ni, Cu-Au이다.

9. 전율고용체를 이루는 합금에서 전기저항이 가장 큰 것은 두 원자의 혼합비에서 어느 때인가? (단, M과 N 두 원자의 2원계)

① 30% M과 70% N
② 45% M과 55% N
③ 50% M과 50% N
④ 65% M과 35% N

해설 전기저항성이 큰 전율고용체는 볼록의 곡선이 되며 50% M과 50% N의 조성이다.

10. 2원합금 전율고용상태도 상에서 합금의 연신율을 나타내는 선은?

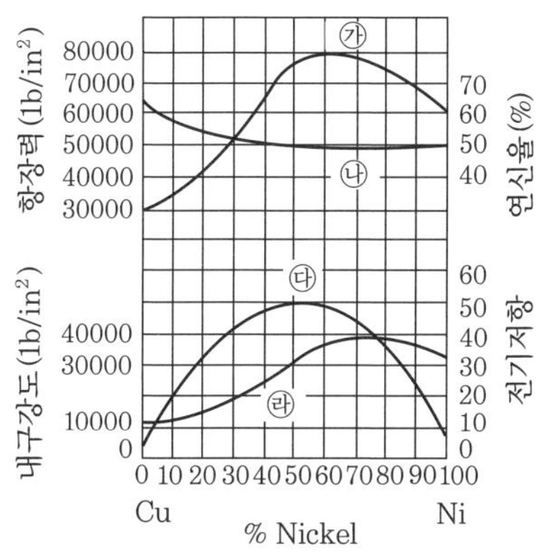

① ㉮ ② ㉯ ③ ㉰ ④ ㉱

해설 ㉮ 항장력, ㉯ 연신율, ㉰ 전기저항, ㉱ 내구강도

11. 금속이 완전고용체를 만들면 그 성분의 변화는 어떻게 되는가?

① 경도와 강도 감소, 연신 저하, 전기저항이 증가한다.
② 경도와 강도 증가, 연신 증가, 전기저항이 감소한다.
③ 경도와 강도 증가, 연신 저하, 전기저항이 증가한다.
④ 경도와 강도 감소, 연신 저하, 전기저항이 감소한다.

해설 완전고용체일 때 경도, 강도가 증가하면 연신율은 저하하되, 전기저항이 증가한다.

12. 완전고용체를 이루는 2원계 합금의 물리적 성질을 잘못 설명한 것은?

① 비열은 두 성분 금속의 농도비에 비례한다.
② 고용체 합금의 밀도는 두 성분 금속의 밀도에 반비례한다.
③ 혼합합금의 열팽창계수는 두 성분 금속의 농도와 직선적 관계가 있다.
④ 혼합합금의 전기전도도는 두 성분 금속의 농도와 직선적 관계가 있다.

해설 고용체 합금의 밀도는 두 성분 금속의 밀도에 비례한다.

정답 1. ③ 2. ③ 3. ② 4. ③ 5. ① 6. ① 7. ④ 8. ① 9. ③ 10. ② 11. ③ 12. ②

㉤ 부분 고용체형 상태도 : 2성분이 전율고용체를 만들지 않고 서로 어느 한도만 용해하여 M이 N을 품은 고용체와 N이 M을 품은 고용체가 서로 다른 상이 되는데 이것이 상성분이 되어서 공정을 만드는 상태도를 말한다.

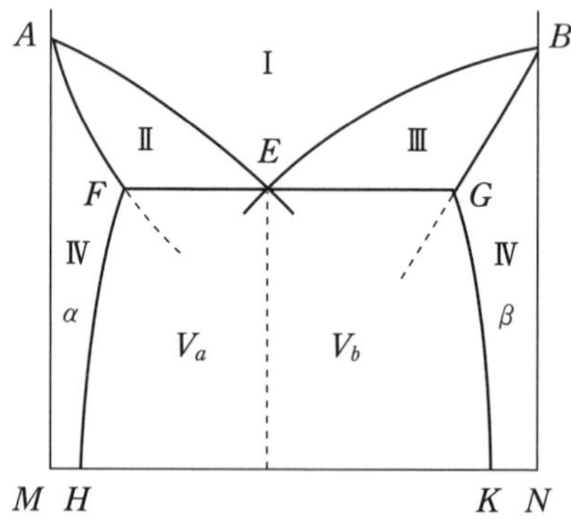

부분 고용체형 상태도

단원 예상문제

1. 다음 상태도에서 액상선은?

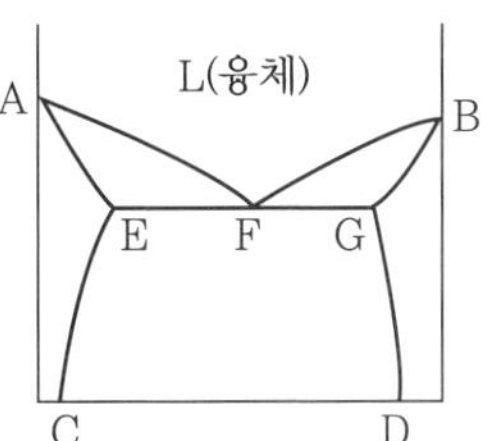

① DG선
② BF선
③ EC선
④ GF선

해설 DG선 : 고용체의 용해한도선, BF선 : 액상선
EC선 : 고용체의 용해한도선, GF선 : 공정반응 온도선

2. 다음 상태도(phase diagram) 중 온도 t℃에서 일어나는 GEF는? (단, I에서 VI까지는 구역표시이고 α, β : 고용체, L : 융체이다.)

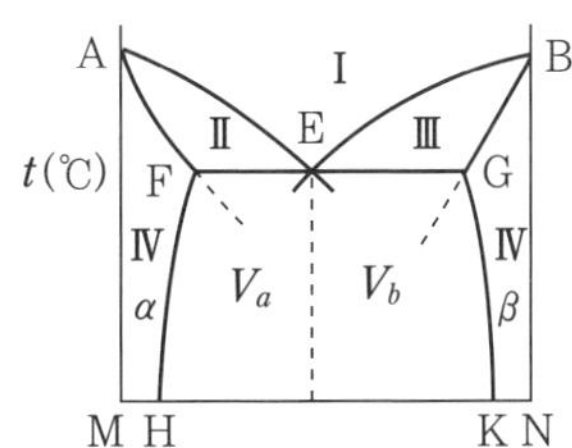

① 공정선
② 고상선
③ 초정선
④ 포정선

3. 다음 상태도에서 공정점은?

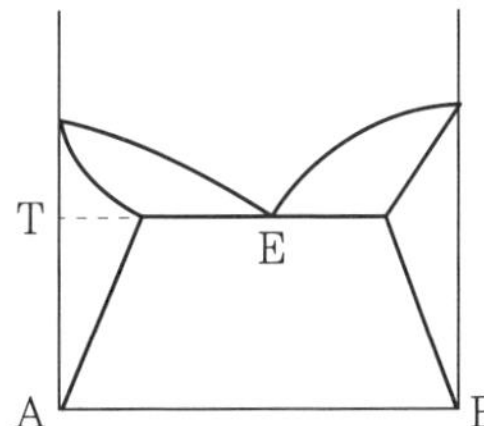

① A
② B
③ E
④ T

해설 공정형 상태도의 공정점은 E점이다.

4. 다음 상태도에서 초석선은?

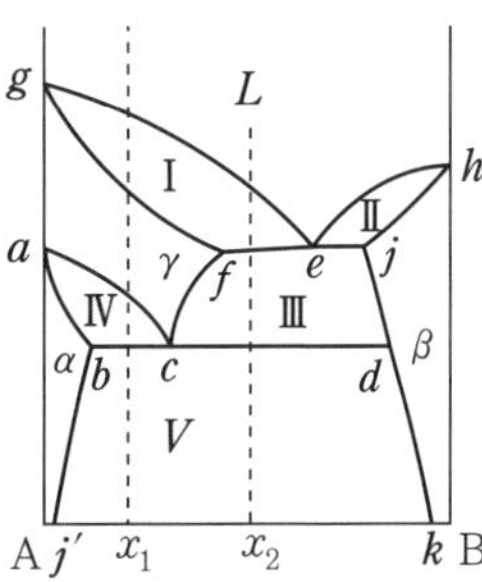

① ac
② bj
③ cf
④ fe

정답 1. ② 2. ① 3. ③ 4. ①

(다) 합금 상의 종류

㉠ 일반적으로 2종 이상의 금속을 용해할 때 각 성분은 서로 반응하여 용융 상태가 되고 그것을 냉각시켜 고용체와 금속간 화합물을 형성한다.

㉡ 완전히 응고된 합금에 나타나는 상(phase)은 순금속, 고용체(solid solution), 금속간 화합물(intermetallic compound)의 세 종류가 있다. 특히 고용체 중에서도 첨가 원소가 규칙적인 배열을 하는 것을 규칙격자(super lattice)라고 한다.

- 공정계
  - 두 금속으로부터 형성되는 융체가 응고할 때 두 개의 상으로 나타난다.
  - 두 개의 액상선의 최저 교점 E가 공정점이다.
  - 상태도에서 4개의 구역으로 액체 구역, M+액체 구역, N+액체 구역, M+N 구역이 있다.
  - 액상선에 따라 공정온도에 도달하면 M 금속의 결정과 N 금속의 결정이 E 점에서 공정반응이 나타난다.

공정용액(E)⇄M(결정)+N(결정)

  - 공정점에서 자유도는 2개의 성분(M, N), 3개의 상(M, N, 액체)이 공존할 때 상률에 의해 $F=2+1-3=0$이 되어 일정 온도에서만 일어나는 불변계가 된다.
  - 공정온도에 도달하면 E 조성의 액체 중에 A 결정의 고체와 공존하고 있을 때 액체와 A 결정의 상대량을 저울대 법칙에 의하여 다음과 같이 나타낸다.

액체 : A = FG : GE

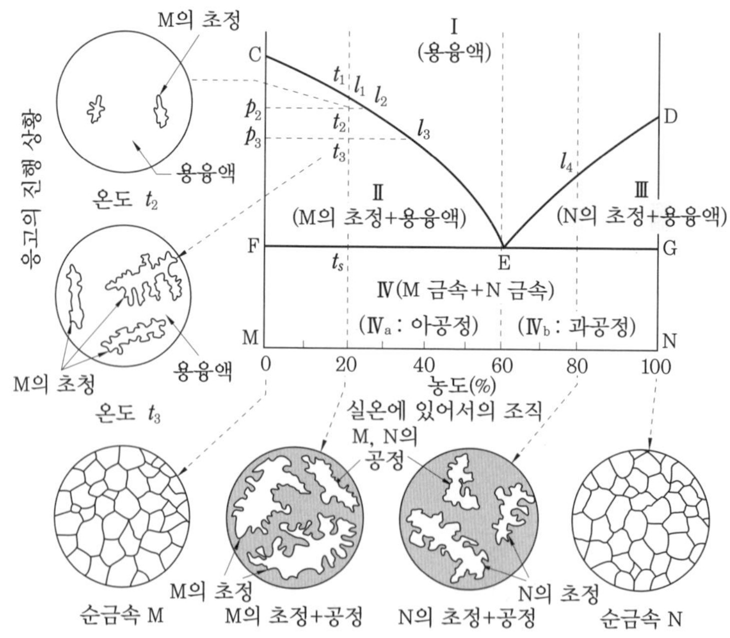

공정형 상태도

– x 조성이 20%이고, E 조성이 80%일 때 이 합금의 상온 조직 중 A 양과 공정 중의 A 양을 계산하면,

$$초정\ A\ 양(\%) = \frac{60}{80} \times 100 = 75\%$$

$$공정\ 중의\ A\ 양(\%) = 공정량 \times \frac{100-80}{100} = \left\{100 - \left(\frac{80-20}{80}\right) \times 100\right\} \times \frac{20}{100} = 5\%$$

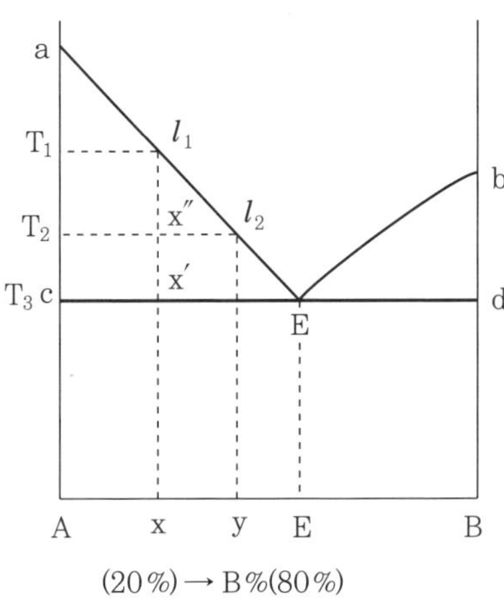

공정형 상태도

단원 예상문제

1. 다음 그림에서 k 합금에 대한 온도 t℃에서 정출한 고상의 양 M과 L의 양적비로서 맞는 것은?

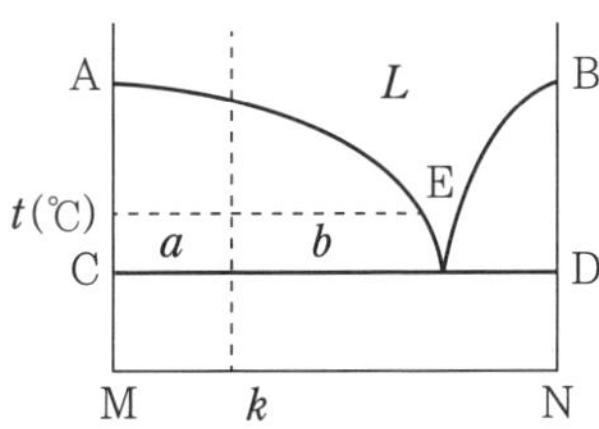

① $M/L=a+b$ ② $M/L=b/a$ ③ $M/L=b-a$ ④ $M/L=a/b$

해설 양적비 $(a+b) \cdot L$: t℃에서의 잔액 중의 N 중량

$a \cdot (M+L)$: k 조성합금 중의 N 중량

따라서 $(a+b) \cdot L = a \cdot (M+L)$

$$\frac{(a+b)}{a} = \frac{(M+L)}{L},\ \frac{M}{L} = \left\{\frac{(a+b)}{a}\right\} - 1$$

$$\frac{M}{L} = \frac{b}{a}$$

2. 다음의 상태도에서 ㉮ 농도의 합금을 용융 상태에서 온도 저하 시 상의 변화를 표시한 것이다. 옳은 것은?

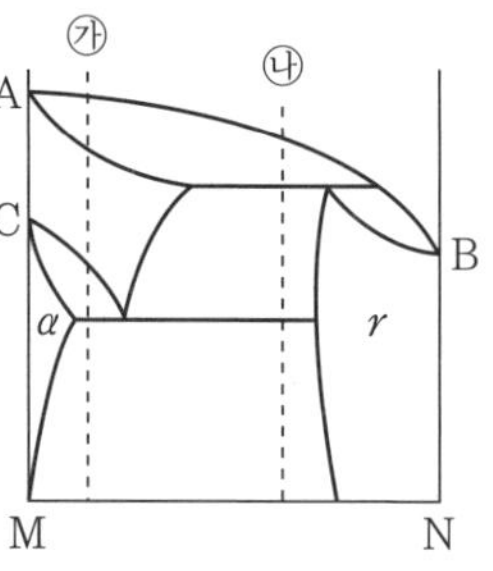

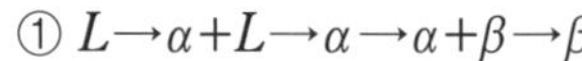
① $L \to \alpha + L \to \alpha \to \alpha + \beta \to \beta$
② $L \to \alpha + L \to \gamma \to \alpha + \beta \to \beta$
③ $L \to L + \beta \to \beta \to \alpha + \beta \to \alpha + \gamma$
④ $L \to L + \beta \to \beta \to \alpha + \beta \to \alpha$

해설 $L \to L + \beta \to \beta \to \alpha + \beta \to \alpha + \gamma$

3. 깁스의 상률에서 물의 자유도(F)를 구하는 관계식으로 옳은 것은? (단, C는 성분의 수, P는 상의 수이다.)

① $F = C - P + 2$
② $F = P - C + 2$
③ $F = C + P + 2$
④ $F = C - P - 2$

해설 물의 자유도는 $F = C - P + 2$로서 온도와 압력에 의해 자유도가 변하므로 2의 상수를 갖는다.

4. 2원 상태도의 공정점에서 자유도(F)는 얼마인가?

① 0 ② 1 ③ 2 ④ 3

해설 $F = C - P + 1 = 2 - 3 + 1 = 0$

5. $F = C - P + 1$의 상률 공식에서 P가 가지는 의미는?

① 자유도
② 대기압
③ 상의 수
④ 성분 수

해설 F : 자유도, C : 성분 수, P : 상의 수, 1 : 대기압

6. 압력의 영향이 없는 계(system)에서 성분 수가 2이며 상의 수가 2일 때 자유도(degree of freedom)는?

① 0 ② 1 ③ 2 ④ 3

해설 $F = C - P + 1 = 2 - 2 + 1 = 1$

7. 2성분계의 금속에서 2상이 공존할 때의 자유도는?

① 0 ② 1 ③ 2 ④ 3

해설 $F = 2 - 2 + 1$이므로 자유변수인 온도와 조성 중에서 하나만이 존재하게 되며, 온도와 조성이 동시에 나타날 수는 없다.

8. 압력이 일정한 Fe–C 상태도에서 공석 반응이 일어날 때 자유도는 얼마인가?

① 0 ② 1 ③ 2 ④ 3

해설 공석 반응은 1개의 고체(γ상)에서 2개의 고상(α와 Fe_3C)이 석출되는 반응으로 자유도는 $F=C-P+1=2-3+1=0$이다.

9. 압력이 일정할 때 깁스(Gibb's)의 상률(phase rule)을 이용하면 응축계에서 3성분계의 자유도가 0일 때는 상이 몇 개 공존할 때인가?

① 2 ② 3 ③ 4 ④ 5

해설 자유도(F) = 성분 수(C) − 상의 수(P) + 1에서 $C=3$, $F=0$일 때 $P=4$이다.

10. 3원계 상태도에서 공정점의 자유도는 얼마인가?

① 0 ② 1 ③ 2 ④ 3

해설 $F=C-P+1=3-4+1=0$

11. Fe–C 상태도에서 A 부분의 자유도는 얼마인가?

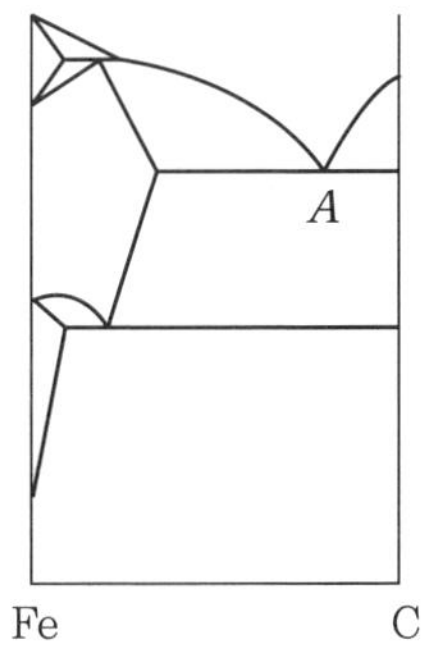

A

Fe C

① 0 ② 1 ③ 2 ④ 3

해설 공정점의 자유도는 $F=2-3+1=0$이다.

12. 대기압에서 공석강이 오스테나이트로부터 펄라이트로 변태를 완료하였다. 펄라이트 영역에서 자유도(F)는?

① 0 ② 1 ③ 2 ④ 3

해설 펄라이트 영역에서 α−고용체와 Fe_3C의 고상이 석출하므로 상의 수 P는 2, 철과 탄소이므로 성분 수 C는 2이다. 따라서 자유도 $F=C-P+1=2-2+1=1$이다.

13. Fe–C 평형 상태도에서 공정점의 자유도는?

① 0 ② 1 ③ 2 ④ 3

해설 $F=C-P+1=2-3+1=0$

14. 일정한 압력하에 있는 Fe-C 합금의 포정점이 일정한 온도와 조성에서 생기는 이유는?

① 상률의 자유도가 0이기 때문이다.
② 상률의 자유도가 1이기 때문이다.
③ 상률의 자유도가 2이기 때문이다.
④ 상률의 자유도가 ∞이기 때문이다.

해설 포정점의 자유도는 일정한 온도와 조성에서 불변 상태인 0이다.

15. Fe-C 상태도에서 상변태를 취급할 때 온도의 변화가 없는 3개의 불변점(invariant point)이 아닌 것은?

① 편정점(monotectic point)
② 포정점(peritectic point)
③ 공정점(eutectic point)
④ 공석점(eutectoid point)

해설 Fe-C 상태도에서 자유도가 0이 되는 3개의 불변점으로는 포정점, 공정점, 공석점이 있다.

16. A+B+C+D의 4원합금이 200℃에서 존재할 때, $\beta+\gamma$상 조직이 관찰된다면 이때 응축계의 자유도는?

① 0 ② 1 ③ 2 ④ 3

해설 $F=C-P+1=4-2+1=3$

정답 1. ② 2. ③ 3. ① 4. ① 5. ③ 6. ② 7. ② 8. ① 9. ③ 10. ① 11. ① 12. ② 13. ① 14. ① 15. ① 16. ④

• 금속간 화합물
  - 금속간 화합물은 대부분 단단하고 취성이 있으며 전성은 거의 없다.
  - A 금속이나 B 금속의 성질이 아닌 다른 결정구조를 갖는 중간상이며, 시멘타이트조직이다.
  - 중간상은 A_mB_n의 간단한 정수비를 갖는 화학식으로 된 화합물이며, 융점이 높다.
    탄화철(Fe_3C)의 금속간 화합물의 정수비=3Fe : 75%, C : 25%
  - Mg-Sn(Mg_2Sn), Mg-Zn($MgZn_2$), Ca-Mg(Ca_3Mg_4), Mg-Pb($PbMg_2$) 등이 있다.

– 두 개의 단순한 공정형 상태도는 금속을 결합하면 Mg_2Sn와 같은 금속간 화합물이 형성된다.

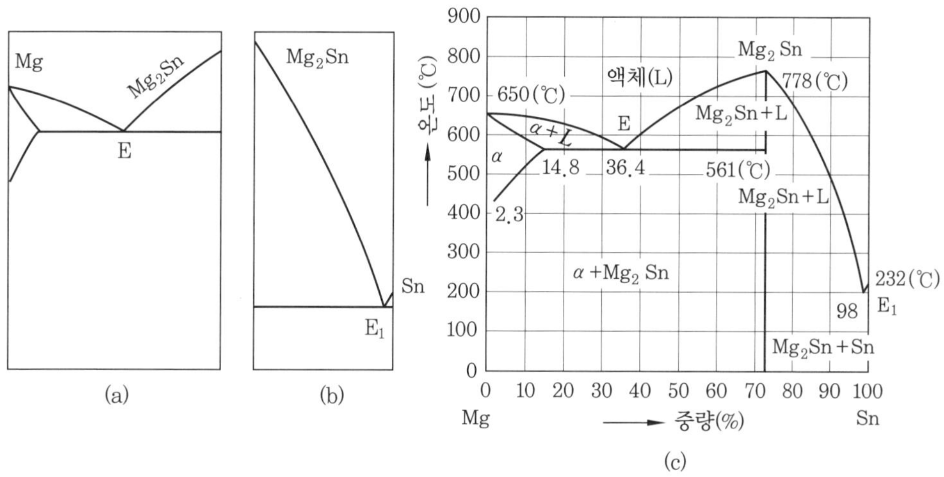

최고 개방형 화합물의 Mg–Sn 상태도

단원 예상문제

1. 각 성분의 특징이 없어지고 대단히 단단해지며 성분 금속보다 높은 용융점을 가지는 합금의 성분 금속으로 존재하는 것은?

① 고용체
② 공정
③ 금속간 화합물
④ 공석정

해설 금속간 화합물 : A 금속에 B 금속을 원자량의 정수비로 결합하여 서로 다른 성질의 결정구조로 높은 용융점을 갖는 화합물이다.

2. 원자 반경의 크기가 비슷한 원자가 서로 적당한 배열로 형성되어 완전히 새로운 격자를 형성하는 것은?

① 치환형 고용체 ② 금속간 화합물
③ 침입형 고용체 ④ 기계적 혼합물

3. 금속간 화합물의 조직은?

① cementite ② ledeburite
③ pearlite ④ ferrite

4. 탄화철(Fe_3C)의 금속간 화합물에 있어서 C의 원자비는 얼마인가?

① 50% ② 25% ③ 75% ④ 15%

해설 3Fe : 75%, C : 25%

5. 금속간 화합물의 특성이 아닌 것은?

① 공간격자의 구조가 간단하다. ② 취약하다.
③ 소성변형이 어렵다. ④ 경하고 전기저항이 크다.

해설 금속간 화합물은 공간격자의 구조가 복잡하다.

6. 금속간 화합물에 대한 설명으로 틀린 것은?

① 비교적 융점이 높다. ② 대부분 대단히 단단하고 질기다.
③ 전성이 거의 없다. ④ 충격에 약하다.

해설 금속간 화합물은 경도가 매우 높으며 취성이 있다.

7. 금속간 화합물의 특성으로 틀린 것은?

① 전기저항이 크다. ② 규칙, 불규칙 변태가 없다.
③ 소성변형이 용이하다. ④ 성분 금속의 특성을 소실한다.

해설 금속간 화합물은 일반적으로 복잡한 결정구조를 가지므로 소성변형이 어렵다.

8. 금속간 화합물에 대한 설명이 틀린 것은?

① A 금속에 B 금속을 원자량의 정수비로 결합한다.
② 융점이 높다.
③ 1차 고용체로 강도가 낮다.
④ A 금속이나 B 금속의 성질이 아닌 다른 결정구조를 갖는 중간상으로 나타난다.

해설 금속간 화합물은 강도가 높다.

9. 규칙격자와 금속간 화합물의 비교 중 틀린 것은?

① 규칙격자는 일반 고용체보다 강도, 경도가 크다.
② 규칙격자는 일반 고용체보다 전기저항이 크다.
③ 금속간 화합물은 일반 고용체보다 결합력이 약하다.
④ 금속간 화합물은 각 성분보다 높은 용융점을 갖는다.

해설 규칙격자는 일반 고용체보다 전기저항이 작다.

정답 1. ③ 2. ② 3. ① 4. ② 5. ① 6. ② 7. ③ 8. ③ 9. ②

(3) 3성분계와 다성분계 상태도

① 3원계의 상률

(가) 3원합금은 두 상 공존 상태를 유지시켜 놓고, 온도와 두 상 중 한 상의 농도를 변화시킬 수 있다.

(나) 3원합금에서는 균일 액상으로부터 한 고상이 정출하는 관계는 액상면으로 표시된다.

(다) 3원합금에서의 상률($F=C-P+1$)은 상의 수에 따라 자유도 값은 변화한다.

3원계의 상률 관계

상의 수 (P)	자유도 (F)	변화
1일 때	3	단 한 개의 상을 유지하고 3개의 변수 중 어느 것이나 독립적으로 변화시킬 수 있다.
2일 때	2	2원합금에서는 두 상 공존 시는 $F=2$이므로 두 상을 유지하면서 온도 또는 두 상의 농도 중 어느 한 농도만을 자유로이 변화시킬 수 있다.
3일 때	1	2원합금에서의 공정반응으로 액상과 두 고상의 3상이 일정한 온도 및 농도에서만 존재하므로 불변계이지만, 3원합금에서는 1변계가 되어 변수는 온도가 된다.
4일 때	0	불변계이다. 2원합금에서 $F=0$일 때는 2원 공정점을 의미하는데, 3원합금에서도 $F=0$인 경우는 3원 공정점을 의미한다. 공존하는 4상은 온도는 일정하고 불변이다.

② 3원합금의 농도 표시법

(가) 깁스(Gibb's)의 삼각법 : 정삼각형의 각 정점으로부터 대변에 평행으로 10 또는 100등분하고 삼각형 내의 어느 점의 농도를 알려면 그 점으로부터 대변에 내린 수선의 길이를 읽으면 된다.

(나) 루즈붐(Roozeboom)의 삼각법

㉠ 삼각형의 1변을 10 또는 100등분하여 표시한 것으로 정삼각형 내의 한 점 P로부터 각 변에 그은 직선의 한 변에 평행으로 된 것으로 P의 조성을 A(=a의 길이), B(=b의 길이), C(=c의 길이)로 표시한 것이다.

㉡ 즉, 각각의 성분의 농도는 A=a, B=b, C=c로서 각 변에 평행선을 그은 길이를 읽으면 된다.

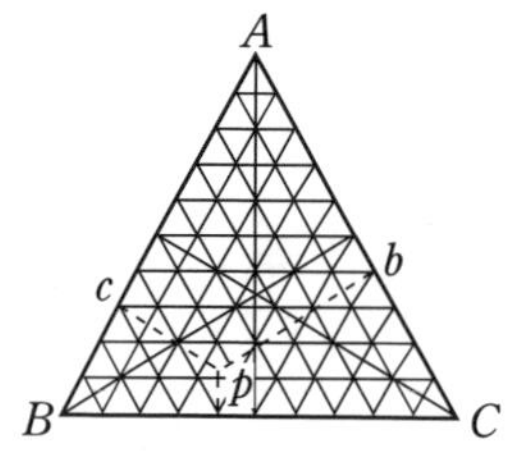

Gibb's의 삼각법

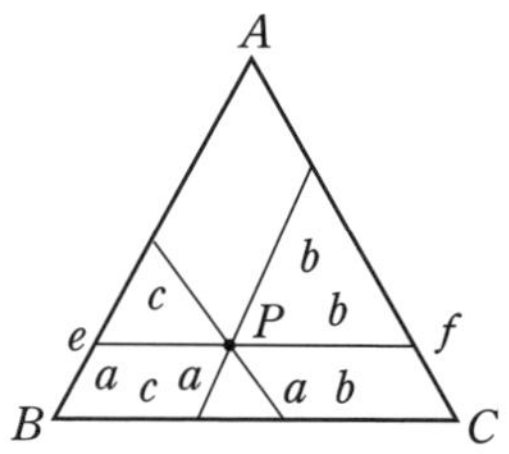

Roozeboom의 삼각법

단원 예상문제

1. 3원합금이란?

① 단일 성분으로 된 합금 ② 2성분으로 된 합금
③ 3성분으로 된 합금 ④ 다성분으로 된 합금

2. 일정 압력 하에서 깁스의 상률을 이용하면 응축계에서 3성분계의 자유도가 0일 때 몇 개의 상이 공존하는가?

① 2 ② 3 ③ 4 ④ 5

해설 자유도(F) = 성분 수(C) − 상의 수(P) + 1에서 $C=3$, $F=0$일 때 $P=4$이다.

3. 3원 상태도를 읽는 방법 중 정삼각형을 사용하고 그 높이를 10 또는 100으로 표시하여 각 성분의 양을 전체의 분수나 백분율로 표시하여 읽는 방법은?

① Roozeboom의 방법 ② Lever relation법
③ Cottrell 법 ④ Gibbs의 법

해설 Gibbs의 방법 : 삼각형 내의 점의 높이로 표시
Roozeboom의 방법 : 삼각형 변의 길이로 표시

4. 3성분계 농도 표시법으로 가장 많이 이용되는 방법은?

① 레버 관계법 ② 깁스의 방법
③ 루즈붐법 ④ 코트렐법

해설 깁스법도 결과는 동일하나 루즈붐법이 일반적으로 많이 쓰인다.

5. 다음 3성분계의 P 조성 합금 중에서 C 성분의 양은?

① $P-F$ ② $P-E$
③ $D-P$ ④ $B-E$

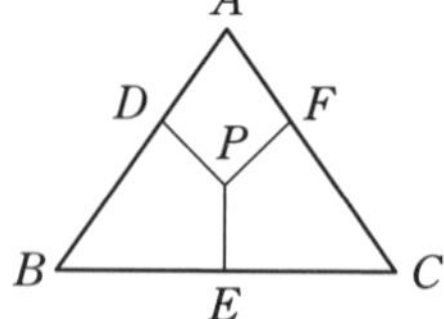

해설 깁스의 3성분계 농도 표시법이다.

6. 다음 3성분계 X 조성에서 C 성분의 양은?

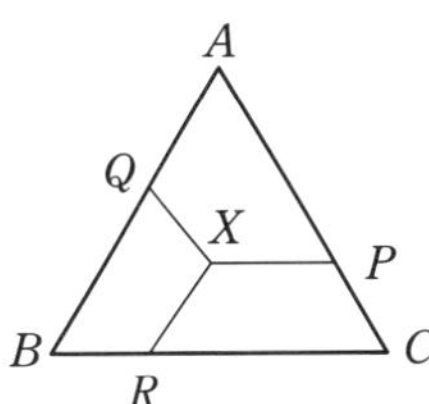

① AQ
② BR
③ PC
④ PX

해설 루즈붐의 3성분계 농도 표시법이다.

7. 깁스의 3성분 농도 표시에서 $X_a:X_b:X_c=3:5:2$일 때 X점의 농도는?

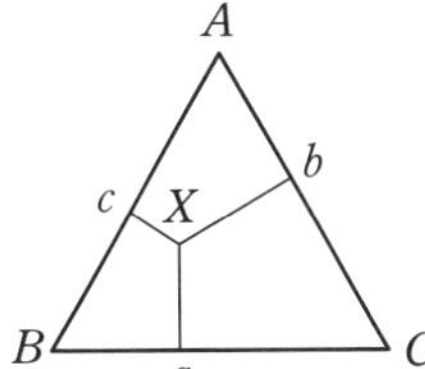

① A : 30%, B : 50%, C : 20%
② A : 20%, B : 50%, C : 30%
③ A : 50%, B : 30%, C : 20%
④ A : 50%, B : 20%, C : 30%

8. 다음 3원계 상태도에서 O 합금 중 S 합금의 양은?

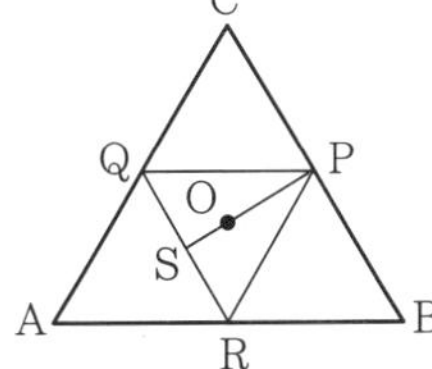

① $\frac{OS}{PS}\times 100$ ② $\frac{OP}{PS}\times 100$
③ $\frac{SR}{QS}\times 100$ ④ $\frac{QS}{SR}\times 100$

해설 삼각형 PQR 내에 두 개의 지렛대 POS, QSR을 생각하면, 합성 합금 O 중의 S 합금의 양은 다음과 같이 표시된다.

S 합금의 양 $=\frac{OP}{PS}\times 100$, Q 합금의 양 $=\frac{RS}{QR}\times\frac{OP}{PS}\times 100$

9. 그림과 같은 3원합금에서 x점의 농도는 각각 몇 %인가?

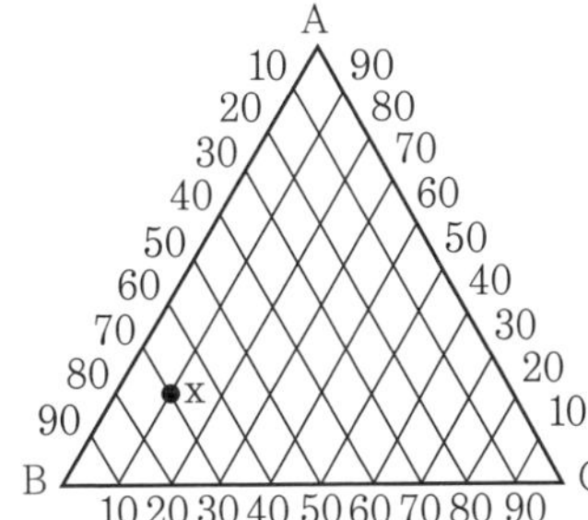

① A : 20%, B : 10%, C : 70%
② A : 20%, B : 70%, C : 10%
③ A : 10%, B : 10%, C : 80%
④ A : 10%, B : 80%, C : 20%

10. 오른쪽 그림과 같은 3원계 상태도에서 AP선으로 표시한 합금을 바르게 설명한 것은?

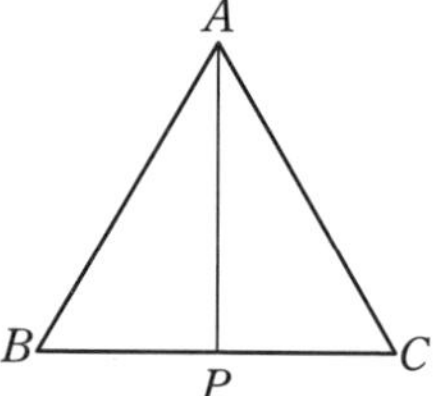

① A, B, C가 각각 변화하는 합금이다.
② B가 일정하고 C와 A의 양이 변화하는 합금이다.
③ B, C가 일정하고 A만 변화하는 합금이다.
④ A가 일정하고 B와 C가 변하는 합금이다.

11. 오른쪽 그림에서 p, q선으로 표시되는 합금은 어떠한가?

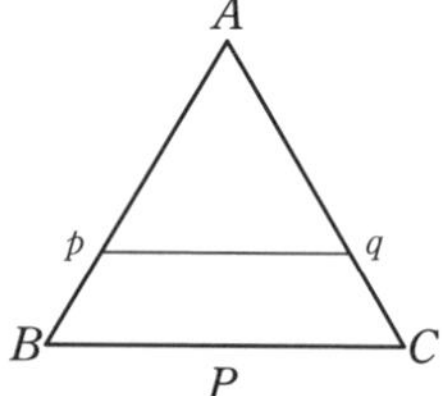

① A 조성이 일정하고 B, C 조성만 변하는 합금
② B, C 조성이 일정하고 A 조성만 변하는 합금
③ B 조성이 일정하고 A, C 조성만 변하는 합금
④ C, A 조성이 일정하고 A 조성만 변하는 합금

12. 오른쪽 그림에서 a, b선으로 표시되는 합금은 어떠한가?

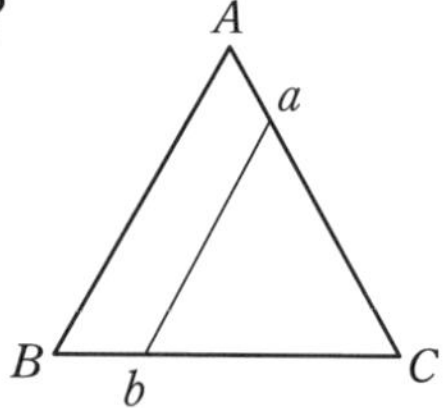

① A 조성이 일정하고 B, C 조성만 변하는 합금
② B, C 조성이 일정하고 A 조성만 변하는 합금
③ B 조성이 일정하고 A, C 조성만 변하는 합금
④ C 조성이 일정하고 A, B 조성만 변하는 합금

정답 1. ③ 2. ③ 3. ④ 4. ③ 5. ③ 6. ④ 7. ① 8. ② 9. ② 10. ③ 11. ① 12. ④

2-2 고용체

(1) 치환형 고용체(substitutional solid solution)

① 용매금속의 격자원자가 용질원자에 의해서 치환된 고용체이다.

② 용질원자가 용매원자의 위치를 불규칙, 규칙적으로 치환된 상태에서 용매금속의 격자는 변형을 일으킨다.

③ 금속 상호 간에 고용체를 만드는 경우에는 원자 크기의 차가 적으므로 치환형 고용체를 형성하게 된다. 이때 용질원자와 용매원자의 크기가 같지 않다.

④ Hume-Rothery의 이론에 따르면 아래와 같다.

㈎ 용질원자와 용매원자의 크기 차이가 15% 미만이면 고용체를 형성하려는 경향이 있다. 그러나 두 원자 크기의 차가 15%를 넘으면 고용도는 보통 1% 이하로 제한된다.

(나) 서로 강한 화학적 친화력이 없는 금속들은 고용체를 형성하려는 경향이 있지만, 전기음성도의 순서에서 서로 멀리 떨어져 있는 금속들은 금속간 화합물을 형성하려는 경향이 있다.

(다) 원자가가 작은 용매금속 중에 원자가가 큰 용질금속이 고용되는 경우의 고용도가 그 반대의 경우보다 크다.

(라) 전율고용체를 형성하기 위해서는 용질금속과 용매금속이 같은 결정구조를 가져야 한다.

⑤ 치환형 고용체의 경우 용질원자와 용매원자의 치환이 랜덤(random)하게 일어난다면 고용체의 격자 상수값은 용질원자의 농도에 비례하게 되며, 이러한 관계를 베가드의 법칙(Vegard's law)이라 한다.

(2) 침입형 고용체(interstitial solid solution)

① H, B, C, N, O 등과 같이 용질원자가 용매원자보다 작은 1Å 이하의 원자반경을 갖는 고용체이다.

② 용매금속의 격자원자 사이에 끼어들어 간 상태이며, 격자간 위치에 불규칙하게 침입한 것이다.

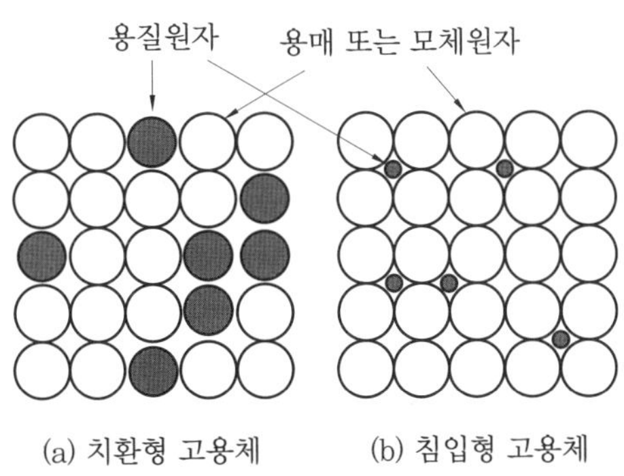

치환형 고용체와 침입형 고용체

(3) 규칙-불규칙 변태

① 규칙격자 및 불규칙격자의 생성

(가) 무질서 합금(random alloy) : 고용체에는 치환형과 침입형이 있는데 A, B 종류의 원자로 형성된 치환형은 A, B 각각의 원자가 격자점 위에 무질서하게 분포되어 있다. 이러한 고용체를 무질서 합금이라고 한다.

(나) 규칙격자 : 온도가 높을 경우는 원자의 열진동이 크기 때문에 원자는 무질서하게 배열되는 경향이 크며 온도가 떨어져 열진동이 작게 되면 A-B와 같이 다른

원자끼리 결합한 것이 에너지적으로 한정한 것 같은 고용체가 형성되나 사실은 AB가 서로 일정한 규칙배열을 한다. 이와 같이 배열된 고용체를 규칙격자라고 한다.

(다) 규칙-불규칙 변태 : 규칙격자가 생성되는 것은 열진동이 작은 임계온도 이하가 되어야 한다. 이 온도에서 불규칙상이 규칙상으로 변화하며 이 변태를 규칙-불규칙 변태라고 하며 이 변태점(T_c)을 큐리점 또는 감마점이라 한다.

(라) 협동 현상 : 규칙-불규칙 변태는 T_c에 가까운 비교적 고온 부분에서는 변태가 급격하게 일어나지만, 저온에서는 완만하게 일어난다. T_c에 접근함에 따라 일단 변화가 일어나기 시작하면 점점 급격하게 진행하는 것 같은 현상을 협동 현상이라 하며, 규칙-불규칙 변태는 이것의 일종이다.

② 규칙격자의 결정구조

(가) 체심입방격자형

㉠ AB형(FeAl형) : A 원자가 입방체의 8모퉁이를 차지하고, B 원자는 체심의 위치를 점유한 것으로 다음 그림과 같다(CuZn, FeAl, FeCo, NiZn, AgCd, AgZn).

㉡ A_3B형(Fe_3Al형)

A 원자 수 : 1/8의 것이 8개 $1/8 \times 8=1$
1/4의 것이 12개 $1/4 \times 12=3$
1/2의 것이 6개 $1/2 \times 6=3$
1의 것이 5개 $1 \times 5=5$
합계=12

B 원자 1의 것이 4개 $1 \times 4=4$

따라서 A_3B형으로 결합하게 된다.

이 형에 속한 것은 Fe_3Si, Fe_3Al 등으로 다음 그림과 같다.

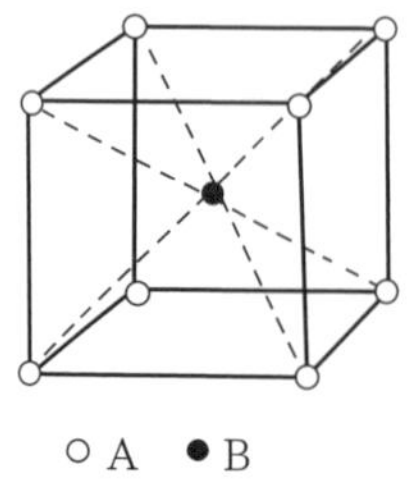

체심입방 AB형 규칙격자

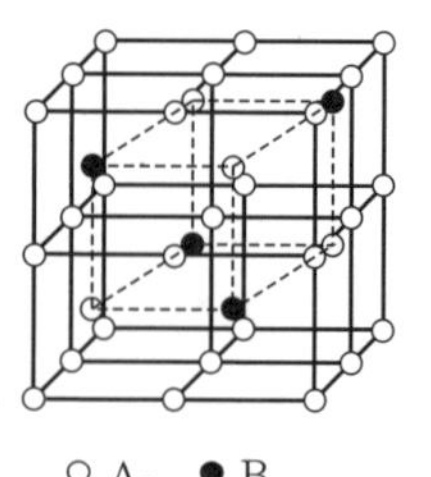

체심입방 A_3B형 규칙격자

(나) 면심입방격자형

㉠ AB형(CuAu형) : 다음 그림과 같이 A 원자가 면심입방의 위치 중에서 전후 좌우로 4개소를 점유하고, B 원자는 4개의 모서리 및 상하의 면심 위치를 점유한 것이다. 여기에 속한 합금은 CuAu, MnNi, CoPt, FePt, FePd, NiPt 등이다.

㉡ A_3B형(Cu_3Au형) : 다음 그림과 같이 A 원자가 면심의 위치를 점유하고, B 원자가 8개의 모서리를 점유한 것이다.

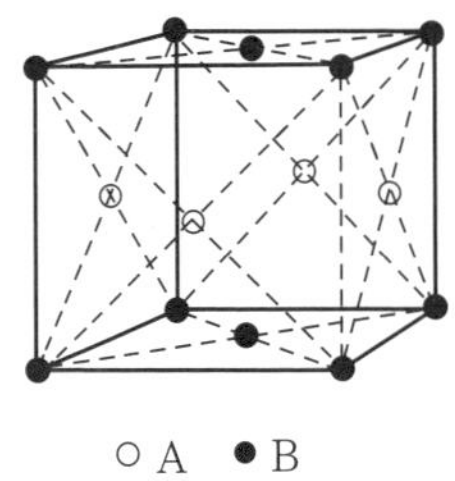

면심입방 AB형 규칙격자

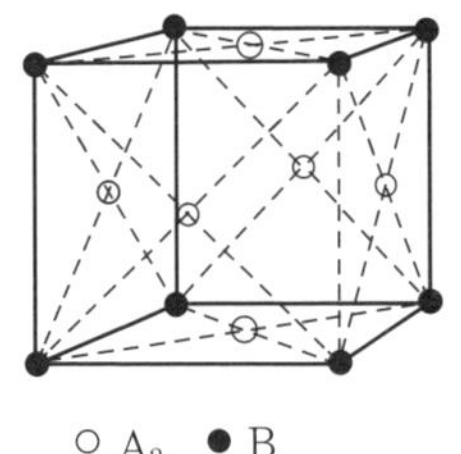

면심입방 A_3B형 규칙격자

(다) 조밀육방격자형

㉠ AB형(MgCd형) : 육방격자를 입체형으로 표시하면 이해하기 어려우므로 평면에 투영한 것이 다음 그림과 같다. A와 B의 원자 수는 같고 여기에 속하는 합금에는 MgCd가 있다.

㉡ A_3B형(Mg_3Cd형)

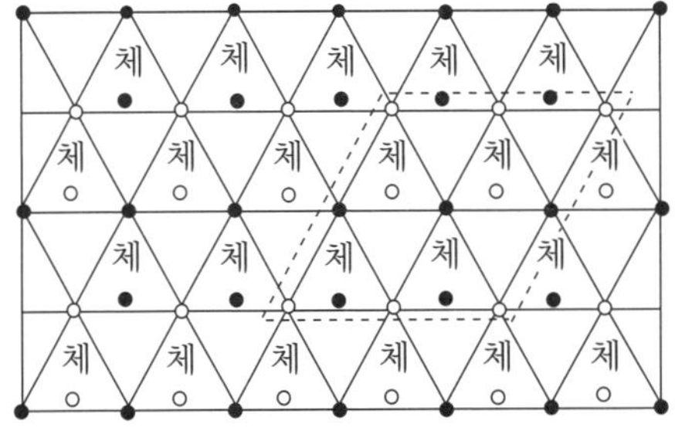

조밀육방 AB형 규칙격자

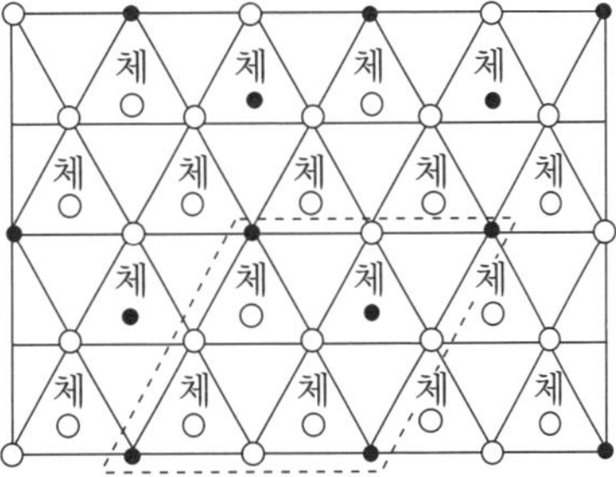

조밀육방 A_3B형 규칙격자

단원 예상문제

1. 침입형 고용체를 형성하는 원소가 아닌 것은?

① 탄소(C)

② 질소(N)

③ 붕소(B)

④ 규소(Si)

해설 침입형 원소는 C, N, B, H, O이다.

2. 어떠한 합금에서 규칙-불규칙 변태가 일어났는지를 조사할 때 가장 적당한 실험은?

① 투자율 검사

② 시차열 분석 검사

③ 전자현미경 조직 검사

④ X-선 회절 검사

해설 규칙격자에는 다수의 특유한 간섭선이 있고 불규칙 합금에 나타나는 회절선 외에 규칙 격자선이라고 부르는 다른 회절선이 나타나므로 X-선 회절 검사로 규칙-불규칙 변태를 알 수 있다.

3. 다음 중 규칙 고용체는 어느 합금인가?

① Cu-Au ② Al-Si ③ Fe-C ④ Pb-Sn

4. BCC의 결정격자 형태 중 AB형의 규칙격자를 이루는 것이 아닌 것은?

① CuZn ② FeAl ③ Fe_3Si ④ AgCd

해설 Fe_3Si는 체심입방격자형(BCC)으로서 A_3B형이다.

5. 다음 육방정계의 투영도는 어떠한 구조의 규칙격자인가?

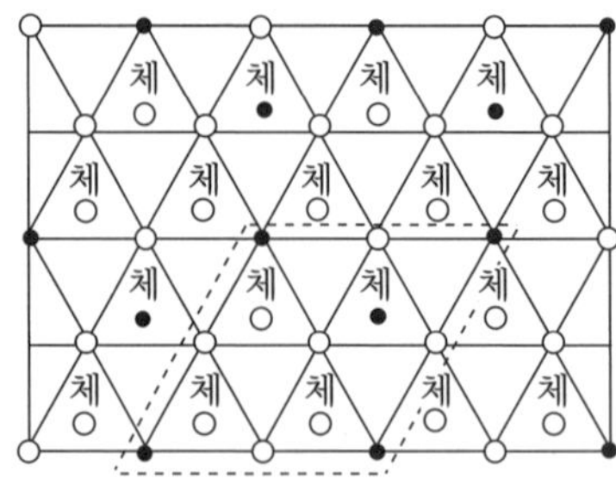

① A_3B ② A_2B ③ AB ④ AB_3

해설 A_6B_2, 즉 A_3B형으로 결합하고 있다.

6. A, B 양금속으로 된 합금의 경우 일반적인 규칙격자를 만드는 조성이 아닌 것은?

① AB형 ② A_2B형 ③ A_3B형 ④ AB_3형

7. 규칙-불규칙 변태를 하는 합금에 대한 설명 중 틀린 것은?

① 규칙격자가 생성되면 전기전도도가 커진다.
② 규칙격자가 생성되면 강도 및 경도가 증가한다.
③ 규칙상은 상자성체이나, 불규칙상은 강자성체이다.
④ 온도가 상승하면 새로운 원자 배열로 인하여 curie점(T_c) 부근에서 비열이 최대가 된 후 감소하여 정상으로 된다.

해설 규칙상은 강자성체, 불규칙상은 상자성체이다.

8. 규칙-불규칙 변태에서 전이온도(transition temperature)에 대한 설명으로 옳은 것은?

① 고온에서 불규칙 상태의 고용체를 서랭할 경우 규칙격자가 형성되기 시작하는 온도
② 철-탄소 합금에서 자성을 상실하기 시작하는 온도
③ 강을 급랭할 때 결정이 조대화하기 시작하는 온도
④ 저온에서 변태를 시작하는 온도

9. 다음 규칙-불규칙 변태에서 규칙격자가 생길 때의 성질 변화에 대한 설명으로 옳은 것은?

① 연성 감소 ② 경도 감소 ③ 강도 감소 ④ 전기전도도 감소

해설 규칙격자일 때 연성은 감소하고, 경도와 강도, 전기전도도는 증가한다.

10. 고온도에서 불규칙 상태의 고용체를 천천히 냉각하면 어느 온도에서 규칙격자가 형성되기 시작한다. 이때의 온도를 무엇이라 하는가?

① 재결정 온도 ② 전이온도
③ 냉간가공 온도 ④ 열간가공 온도

해설 전이온도는 고온도에서 불규칙 상태의 고용체를 천천히 냉각할 때 규칙격자가 형성되기 시작하는 온도이다.

11. 장범위 규칙도(degree of long order)가 1인 합금은?

① 완전 규칙 고용체이다. ② 완전 불규칙 고용체이다.
③ 불완전 규칙 고용체이다. ④ 불완전 불규칙 고용체이다.

해설 완전 규칙 고용체 : 1, 완전 불규칙 고용체 : 0

12. **치환형 고용체에서 원자의 규칙도와 온도의 관계를 옳게 설명한 것은?**

① 규칙도는 온도에 무관하다.
② 온도가 상승하면 규칙 상태로 된다.
③ 온도가 상승하면 불규칙 상태로 된다.
④ 온도가 상승하면 장범위 규칙도는 1이 된다.

해설 치환형 고용체는 온도가 상승하면 불규칙 상태로 변한다.

13. **니켈과 구리는 상온에서 FCC 격자구조를 가지며 원자 반지름이 각각 1.234Å와 1.275Å이다. 니켈과 구리로 합금을 만들 경우 상온에서의 상태는?**

① 금속간 화합물 ② 치환형 전율고용체
③ 이차형 한율고용체 ④ 침입형 전율고용체

해설 치환형 전율고용체 합금에는 Ni-Cu계, Ag-Au계, Cu-Au계 등이 있다.

정답 1. ④ 2. ④ 3. ① 4. ③ 5. ① 6. ② 7. ③ 8. ① 9. ① 10. ② 11. ① 12. ③ 13. ②

③ 규칙격자의 규칙도

㈎ 규칙격자 : 두 성분의 원자가 비율이 1:1, 1:2, 1:3과 같이 간단한 정수비를 유지하는 치환형 고용체에서는 두 성분 원자가 규칙적으로 결정 격자점을 차지하고 있다.

㈏ 규칙도(degree of order) : 규칙-불규칙 변태는 넓은 온도 범위에서 원자의 배열 바꿈이라고 볼 수 있다. 즉, 극히 저온에서는 완전히 규칙적인 배열을 하고 온도 상승과 함께 무질서한 배열을 하게 된다. 이와 같은 규칙격자의 규칙성의 정도를 규칙도라고 한다.

㉠ 장범위 규칙도(degree of long range order : S) : 길다란 원자거리를 통하여 보았을 때의 규칙성을 말한다.

- A, B 2개의 원자로부터 격자가 완전히 규칙적일 때 A 원자가 배열하는 격자를 α격자, B 원자가 배열하는 격자를 β격자라 하고, A, B의 원자 농도를 각각 x_A, x_B라 하면 $x_A+x_B=1$이다.
- α격자 상의 일점을 A, 원자가 차지하는 확률을 f_A, β격자 상의 일점을 B, 원자가 차지하는 확률을 f_B라고 하면, S 인자는 다음과 같이 표시한다.

$$S=\frac{f_A-x_A}{1-x_A}=\frac{f_B-x_B}{1-x_B}$$

• 격자가 완전히 규칙적이면 A 원자가 α격자점을 차지하는 확률은 1이고, B 원자가 β격자점을 차지하는 확률도 1이므로

$$S=\frac{1-x_A}{1-x_A}=\frac{1-x_B}{1-x_B}=1$$

즉, $S=1$로서 이것은 완전히 규칙격자이다.

• 격자가 불규칙이면 α격자점을 차지하는 A 원자의 확률 f_A는 A 원자의 농도 x_A와 같다. 곧 $f_A=x_A$이며 B 원자에 대하여도 동일하다.

$$S=\frac{f_A-x_A}{1-x_A}=\frac{f_B-x_B}{1-x_B}=0$$

즉, $S=0$으로 되어 완전히 무질서한 것을 의미한다. 이것을 브래그 윌리엄의 장범위 규칙도라 한다.

㉡ 단범위 규칙도(degree of short range order : σ) : 하나의 원자에 착안하였을 때 최인접 원자가 동종인가 이종인가의 규칙성, 즉 최인접 원자쌍의 개념을 표시한 것이다.

$$\sigma=1-\frac{f_A}{x_A}$$

단원 예상문제

1. 그림과 같은 규칙격자는 어느 형태에 속하는가? (단, A: ○, B: ●)

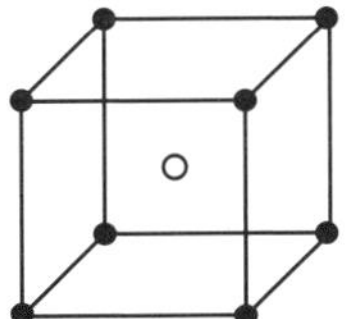

① AB
② A_2B
③ AB_2
④ AB_3

해설 체심입방 AB형 규칙격자이다.

2. 고체 금속에서 극히 저온인 경우 100% 규칙성을 나타낸다고 한다. 이때의 규칙도(degree of order)는?

① 0　　② $\frac{1}{2}$
③ 1　　④ ∞

해설 완전 규칙=1, 무질서 규칙=0

3. 장범위 규칙도 $S=\frac{f_A-x_A}{1-x_A}$에서 f_A에 대한 설명으로 옳은 것은? (단, α격자는 A 원자 배열, β격자는 B 원자 배열이다.)

① β격자상의 일점을 B 원자가 차지한 확률
② A 원자가 배열하는 격자의 확률
③ α격자상의 일점을 A 원자가 차지한 확률
④ B 원자가 차지하는 확률

4. Brag-William 장범위 규칙도에서 격자가 완전히 불규칙적일 때의 규칙도(S)는?

① $S=0$ ② $S=1/2$ ③ $S=1$ ④ $S=1/4$

해설 완전히 규칙적일 때의 규칙도는 $S=1$, 불규칙적일 때의 규칙도는 $S=0$이다.

5. 격자가 완전히 규칙적인 것을 나타내는 장범위 규칙도(R)의 표시로 옳은 것은?

① $R=0$ ② $R=1$ ③ $R=2$ ④ $R=3$

해설 장범위 규칙도가 1인 합금은 완전 규칙고용체임을 의미한다.

6. 용질원자가 전위와 상호작용할 때 단범위 장애물을 형성하며 저온에서만 유동 응력에 기여하는 작용은?

① 강성률 상호작용 ② 탄성적 상호작용
③ 전기적 상호작용 ④ 장범위 규칙도 상호작용

해설 전기적 상호작용은 단범위 장애물 형성과 함께 저온에서만 유동 응력에 기여하는 작용이다.

7. 50% Ag-Au 규칙격자에서 6.5개가 Ag, 5.5개가 Au의 단범위 규칙도는?

① −0.08 ② −0.2
③ −0.6 ④ −0.8

해설 Au 원자는 FCC이므로 최인접 원자의 총 수 N은 12이다. 이 중에서 6.5개가 Ag이고, 5.5개가 Au라면 $f_A=\frac{6.5}{12}=0.54$이므로 $\sigma=1-\frac{0.54}{0.5}=-0.08$이다. 단범위 규칙도는 −0.08이다.

정답 1. ① 2. ③ 3. ③ 4. ① 5. ② 6. ③ 7. ①

④ 역위상과 완화시간

(가) 역위상 : 역위상은 원자 배열의 상태를 말한다. 다음 그림에서 XY의 왼쪽과 오른쪽은 각각 완전한 규칙배열로 되어 있으나 XY를 경계로 하여 보면 배열이 전혀 반대로 되어 있다. 이 구역을 역위상 구역이라 한다.

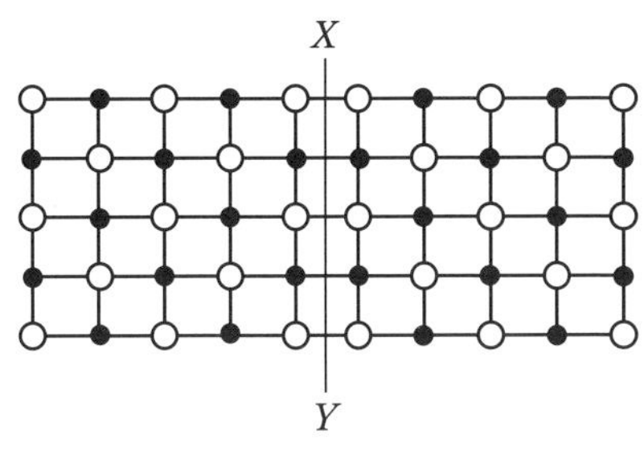

역위상 구역

(나) 완화 현상 : 규칙-불규칙 변태는 가열 혹은 냉각의 속도에 따라 크게 영향을 받고 이력현상을 표시한다. 합금이 일정한 평형 규칙도에 접근하는 속도는 원자의 위치를 교환하는 빈도에 지배되며 위치 교환에는 어떤 전위가 필요하며, 그 때문에 활성화 에너지를 필요로 한다. 이것은 고온도에서 변태속도가 빠르고 저온에서는 느림을 표시한다. 어떤 현상이 평형보다 어긋났을 때 이것이 점점 평형에 접근하는 것을 완화 현상(relaxation)이라 한다.

단원 예상문제

1. 원자 배열이 어느 축을 경계로 전혀 반대의 배열을 갖는 것은?

① 규칙-불규칙 변태　　② 고용체 합금
③ 역위상 구역　　④ 금속간 화합물

해설 역위상 : 원자 배열이 어느 축을 경계로 하여 전혀 반대의 배열을 하고 있다.

2. 원자 배열이 어느 축을 경계로 하여 규칙적으로 되어 있으나 서로 반대의 배열을 갖는 것을 무엇이라고 하는가?

① 완화 현상　　② 역위상　　③ 협동 현상　　④ 초격자

정답 **1.** ③ **2.** ②

⑤ 규칙-불규칙 변태의 성질

(가) 비열 : 규칙-불규칙 변태에 따라 비열은 특유한 변화를 일으킨다. 규칙-불규칙 변태가 일어나면 원자 배열의 위치 교환이 일어나기 때문에 큐리점 T_c 부근에서 비열이 크게 된다.

(나) 전기저항

㉠ 일반적으로 규칙-불규칙 변태는 전기저항에도 큰 영향을 미치며, 원자번호가 가까운 원자로 구성되어 있는 규칙격자에서는 이 변화가 작다.

㉡ 규칙도가 큰 합금은 비저항이 작고 불규칙이 됨에 따라 비저항은 크게 된다.

㉢ 큐리점에서 불연속이고 큐리점 이상에서는 일반 고용체의 비저항과 온도와의 관계는 연속한다.

㉣ CuAu와 같이 구성 원자번호 차가 큰 합금(Cu 29번, Au 79번) 등에서는 큐리점에 있어서의 전기저항의 변화가 크지만 Fe, Co와 같이 원자번호가 접근하고 있는 합금(Fe 26, Co 27)에서는 큐리점의 변화가 작고 거의 연속한 곡선으로 된다.

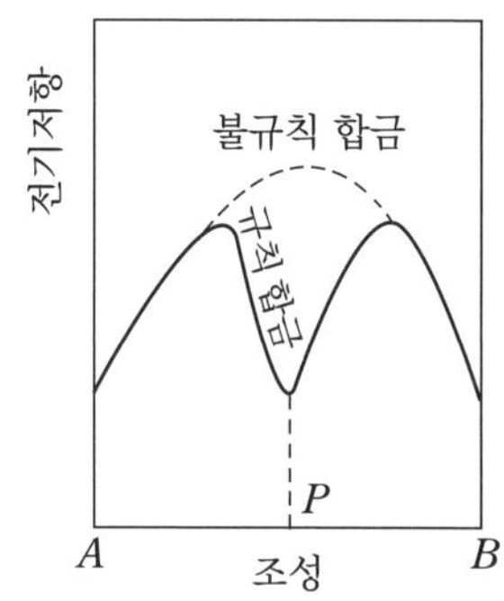

규칙격자에 의한 전기저항 변화

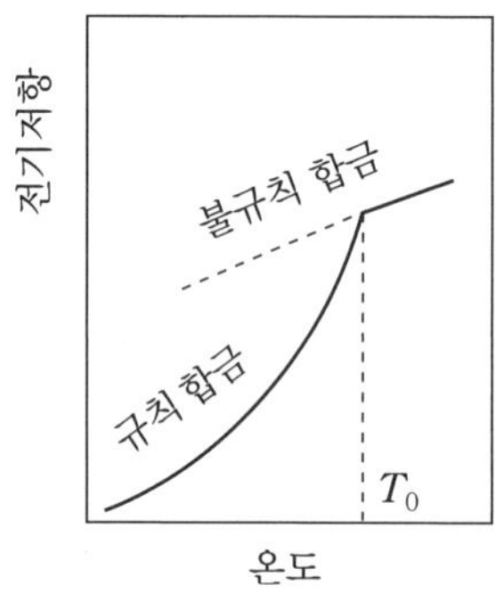

규칙격자가 있는 합금계의 전기저항

(다) 자성

㉠ 규칙-불규칙 변태는 합금의 자성에 큰 변화를 준다.

㉡ 예를 들면 Ni_3Mn의 규칙상은 강자성체이나 불규칙상은 상자성체이다.

㉢ NiFe를 기초로 한 합금인 퍼멀로이는 완전 불규칙 상태에서 높은 투자율이 얻어진다.

(라) 기계적 성질

㉠ 일반적으로 규칙화 진행과 함께 강도가 증가한다.

㉡ 규칙 합금을 소성가공하면 규칙도가 감소한다.

단원 예상문제

1. 불규칙 고용체에서 규칙화가 일어날 때의 현상은?

① 전기저항이 감소한다.

② 규칙 합금은 소성가공하면 규칙도가 증가한다.

③ 퍼멀로이는 완전 불규칙 상태에서는 투자율이 낮아진다.

④ 전기저항이 증가한다.

해설 규칙 고용체에서는 전기저항이 감소한다.

2. 불규칙 상태의 전기적 성질은?

① 불규칙이 큰 합금은 비저항이 작다. ② 전기저항이 커진다.
③ 온도가 높을수록 전기저항은 낮아진다. ④ 규칙 합금은 전기저항이 크다.

해설 불규칙 상태의 전기적 성질은 전기저항이 커진다.

3. 불규칙격자가 규칙격자로 변할 때의 성질 변화 중 전기전도가 증가하는 이유로 맞는 것은?

① 전도 전자의 산란이 적어지기 때문이다.
② 자유전자의 에너지가 감소하기 때문이다.
③ 자유전자의 수가 많아지기 때문이다.
④ 양이온과 음이온 사이의 coulomb력이 증가하기 때문이다.

4. 불규칙격자가 규칙격자로 변할 때의 성질 변화 중 전기전도도가 감소하는 이유로 맞는 것은?

① 전도 전자의 산란이 적어지기 때문이다.
② 원자 배열의 위치 교환이 일어나기 때문이다.
③ 일반적으로 규칙 합금의 전기저항은 불규칙 합금보다 크기 때문이다.
④ 규칙화 진행과 함께 탄성계수가 크게 되기 때문이다.

5. 다음 중 규칙–불규칙 변태와 무관한 것은?

① 자성 ② 전기전도도 ③ 금속간 화합물 ④ 기계적 성질

해설 금속간 화합물은 본래의 물질과는 전혀 성질이 다른 별개의 화합물로 규칙–불규칙 변태가 없다.

정답 1. ① 2. ② 3. ④ 4. ① 5. ③

2-3 합금의 변태 및 조직변화

(1) 변태이론

① 순철의 변태

㈎ 순철은 1539℃에서 응고하며 실온까지 냉각하는 동안 $A_4(\delta)$, $A_3(\gamma)$, $A_2(\alpha)$라고 하는 변태가 일어난다.

㈏ A_4 변태는 1400℃에서 일어나며 δ–Fe이 γ–Fe로, 즉 원자배열이 BCC에서 FCC로 변태한다.

㈐ A_3 변태는 γ–Fe이 α–Fe로, 즉 FCC에서 BCC로 변태하며 이것은 910℃에서 일어난다.

㈑ A_4와 A_3 변태는 원자배열 변화를 수반하는 변태이므로 이러한 변태를 동소변태라 하고 A_2 변태는 768℃에서 일어나는 변태이며, 이것은 원자배열의 변화는 없고 자기의 강도만 변화한다. 이 변태를 자기변태라 한다.

㈒ 순철의 조직은 탄소량 0.0218% 이하를 함유한 페라이트 조직이다.

㈓ 용액과 고용체가 증가하는 $\delta+L$에서는 성분의 종류(Fe, C) n=2이고, 상의 수 $P=2(\delta$, L)이므로 상률에 의한 자유도는 $F=2-2+1=1$이다.

㈔ 온도 1492℃에서 포정반응은 $n=2$(Fe, C), $P=3(L, \delta, \gamma)$이므로 자유도는 $F=2-3+1=0$이다.

순철의 변태

변태의 종류	변태의 내용	변태 온도(℃)		변태열(cal/g)
		가열 시	냉각 시	
A_4	$\delta \leftrightarrow \gamma$	Ac_4 1410	Ar_4 1401	1.94
A_3	$\gamma \leftrightarrow \alpha$	Ac_3 906	Ar_3 898	6.67
A_2	$\alpha \leftrightarrow \alpha$	Ac_2 768	Ar_2 768	6.58

순철의 동소체와 격자상수

동소체	격자상수(Å)	온도	격자배열
α	2.87	16℃	BCC
γ	3.63	1100℃	FCC
δ	2.93	1425℃	BCC

② 탄소강의 변태와 조직 성분

㈎ 탄소강의 변태

㉠ 탄소강의 변태는 탄소에 의하여 변화한다. 강의 열처리에 직접 관계되는 A_3, A_{cm}, A_1 변태점의 탄소량과 함께 변화한다.

㉡ A_{cm} 곡선은 오스테나이트 중의 Fe_3C의 용해도 곡선이고, A_1 수평선은 오스테나이트 $\underset{\gamma}{\overset{C}{\rightleftarrows}} \alpha+Fe_3C$, 즉 오스테나이트가 펄라이트로 변화하는 선이다.

㉢ 강 중에 있는 탄소는 Fe_3C의 형상으로 6.68%의 탄소를 함유한 백색의 침상 화합물이며 매우 딱딱하고 취약한 물질이다.

$$[12/(3\times56+12)]\times100=6.68\%$$

Fe 원자량 : 56, C 원자량 : 12

㉣ 공석온도 727℃에서 탄소의 용해량은 0.218%이고 상온에서는 거의 없다.

㉤ 오스테나이트는 Fe의 γ-상에 탄소가 고용한 고용체로서 그 결정형은 FCC로서 C 원자는 침입형으로 고용하고 있다.

㉥ 오스테나이트는 비교적 산에 약하고 부식되기 쉽다.

부식 순서 : 트루스타이트 < 오스테나이트 < 소르바이트 < 펄라이트 < 마텐자이트 < 페라이트

㉦ 경도 순서 : 마텐자이트(720) > 펄라이트(225) > 오스테나이트(155) > 페라이트(90)

㉧ 오스테나이트를 냉각할 경우 아공석강은 A_3선에 도달하면 먼저 페라이트를 석출한다.

㉨ 과공석강은 A_{cm}에 도달하면 Fe_3C를 석출한다.

단원 예상문제

1. 탄소강에서 페라이트 조직을 갖는 결정격자의 형태는?

① 체심입방격자 ② 면심입방격자 ③ 조밀육방격자 ④ 체심정방격자

해설 페라이트 조직은 상온에서 체심입방격자의 형태를 갖는다.

2. 순철은 어떤 조직으로 되어 있는가?

① 펄라이트 ② 페라이트 ③ 오스테나이트 ④ 시멘타이트

해설 순철은 탄소량이 적은 페라이트 조직으로 되어 있다.

3. 다음 중 순철의 동소체가 아닌 것은?

① α-Fe ② β-Fe ③ γ-Fe ④ δ-Fe

해설 순철의 동소체 : α-Fe, γ-Fe, δ-Fe

4. 현미경 조직으로서 돌 축대를 쌓아놓은 것 같은 흰 결정으로 강자성체를 나타내고 브리넬 경도가 약 90인 조직은?

① 마텐자이트 ② 페라이트 ③ 펄라이트 ④ 오스테나이트

해설 페라이트 조직은 강자성체이며 HB90이다.

5. 다음 중 탄소량이 가장 적은 조직은?

① cementite ② pearlite
③ ferrite ④ bainite

해설 ferrite는 C 0.0218% 이하로 가장 적다.

6. 강자성이며 전기전도도가 높고 담금질에 의하여 강화되지 않는 연성이 큰 조직은?

① 펄라이트
② 시멘타이트
③ 오스테나이트
④ 페라이트

7. 오른쪽 그림과 같이 전연성이 큰 동시에 상온에서 강자성이며 인장강도가 작고 담금질 열처리에 의해 경화되지 않는 조직은? (단, 그림의 조직은 950℃에서 불림 처리 후 3% 나이탈 용액으로 부식 처리한 것이다.)

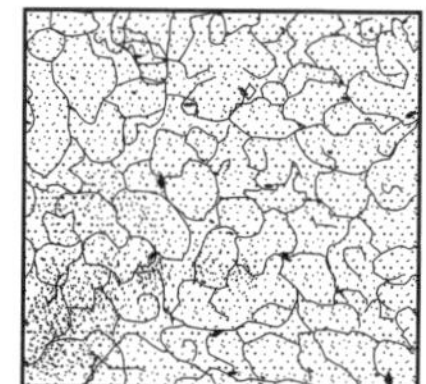

① 오스테나이트 ② 펄라이트
③ 시멘타이트 ④ 페라이트

해설 페라이트는 C 함량이 적기 때문에 담금질에 의해 경화되지 않는다.

8. 탄소강에서 $\gamma \rightleftarrows \alpha$로 되는 변태는?

① A_1 변태점 ② A_2 변태점
③ A_3 변태점 ④ A_4 변태점

해설 A_3 변태점 : $\gamma \rightleftarrows \alpha$

9. 다음은 순철의 동소변태를 나타낸 것이다. ( ) 안에 들어갈 내용으로 옳은 것은? (단, ㉠은 온도, ㉡은 결정격자를 나타낸다.)

$$\alpha\text{-Fe} \xrightleftharpoons{(㉠)} \gamma\text{-Fe} \xrightleftharpoons{1400℃\ (㉡)} \delta\text{-Fe}$$

① ㉠ : 723℃, ㉡ : 체심입방격자
② ㉠ : 723℃, ㉡ : 면심입방격자
③ ㉠ : 910℃, ㉡ : 체심입방격자
④ ㉠ : 910℃, ㉡ : 면심입방격자

10. Fe-C계 A_3 변태에 대한 설명 중 틀린 것은?

① A_3점은 탄소량의 증가와 함께 상승한다.
② 순철의 동소변태점이다.
③ γ 고용체 $\rightleftarrows \alpha$ 고용체로 된다.
④ 면심입방격자에서 체심입방격자로 된다.

해설 A_3점은 탄소량의 증가와 함께 감소한다.

11. 현미경 조직 관찰에서 페라이트 조직과 비슷하고 자성이 약하며 HB=150~200 정도의 조직은?

① 오스테나이트 ② 페라이트 ③ 레데브라이트 ④ 펄라이트

해설 오스테나이트 : 강의 고온조직으로 전연성이 풍부하며 HB=155 정도의 조직이다.

12. 탄소강의 오스테나이트상의 결정구조는?

① BCC ② BCT ③ FCC ④ HCP

13. 철에 탄소가 고용된 상태의 고온조직으로 특수강에서 급랭하면 볼 수 있는 조직은?

① 페라이트 ② 펄라이트
③ 베이나이트 ④ 오스테나이트

해설 오스테나이트 : 용체화 처리했을 때 상온에서 나타난 조직

14. 조직의 경도 순서를 바르게 나타낸 것은?

① 페라이트<펄라이트<마텐자이트<베이나이트
② 페라이트<펄라이트<베이나이트<마텐자이트
③ 페라이트<베이나이트<펄라이트<마텐자이트
④ 페라이트<마텐자이트<펄라이트<베이나이트

15. 다음 조직 중 강도와 경도가 가장 최대인 것은?

① 오스테나이트 ② 소르바이트 ③ 트루스타이트 ④ 마텐자이트

해설 경도 : 마텐자이트>트루스타이트>소르바이트>오스테나이트

16. 다음 조직 중 강도와 경도가 제일 큰 조직은?

① 트루스타이트 ② 오스테나이트
③ 페라이트 ④ 펄라이트

17. 탄소강의 조직에서 경도값(HB)이 가장 작은 것은?

① α 고용체 ② γ 고용체 ③ 시멘타이트 ④ 펄라이트

해설 α 고용체는 HB80이다.

18. 2성분계에서 융체(L)→고용체(A)+고용체(B)의 반응을 하는 것은?

① 포정반응 ② 공석반응
③ 공정반응 ④ 편정반응

해설
- 포정반응 : L(융액)+α(고상)$\rightleftarrows\beta$(고상)
- 공석반응 : γ(고상)$\rightleftarrows\alpha$(고상)+β(고상)
- 편정반응 : L_1(융액)$\rightleftarrows L_2$(융액)+S(고상)

정답 1. ① 2. ② 3. ② 4. ② 5. ③ 6. ④ 7. ④ 8. ③ 9. ③ 10. ① 11. ① 12. ③ 13. ④ 14. ② 15. ④ 16. ① 17. ① 18. ③

(2) 마텐자이트 변태

① 마텐자이트 변태의 특징

(가) 오스테나이트를 임계냉각속도 이상으로 급랭하면 단단하고 치밀한 조직의 마텐자이트가 얻어진다.

(나) 치밀한 조직은 판상 또는 렌즈(lens)상의 작은 결정으로 되고 원자의 확산 없이 오스테나이트에서 동소변태한 단일상이다.

(다) Ms와 Mf 사이의 온도 구간은 보통 200~300℃이다.

(라) 마텐자이트 변태의 일반적인 특징은 다음과 같다.

㉠ 마텐자이트는 고용체의 단일상이다.

㉡ 무확산변태이다.

㉢ 마텐자이트 변태하면 표면기복이 생긴다.

㉣ 협동적 원자 운동에 의한 변태이다.

㉤ 마텐자이트정 내에는 격자결함이 존재한다.

② 마텐자이트의 형태

(가) 마텐자이트 조직의 형태는 대나무잎 또는 침상 또는 lath상인 때가 많으며 이들 마텐자이트의 실체는 렌즈상 또는 판상이다.

(나) C 양이 0.3% 이하의 강은 체심입방(BCC)구조를 가지나 0.3% 이상의 강은 체심정방(BCT) 구조를 갖는다.

단원 예상문제

1. 탄소강에서 martensite 변태의 특징에 대한 설명으로 틀린 것은?

① 결정구조의 변화가 있고 성분 변화는 없다.
② 확산변태로 원자의 이동속도가 매우 빠르다.
③ 모상과 일정한 결정학적 방위 관계를 가지고 있다.
④ 많은 격자결함이 존재한다.

해설 martensite 변태는 무확산변태이다.

2. 탄소강의 마텐자이트(martensite) 변태에 대한 설명으로 틀린 것은?

① 변태를 하고 나면 표면에 기복이 생긴다.
② 마텐자이트 변태에서는 확산이 일어난다.
③ 협동적 원자 운동에 의한 변태이다.
④ 마텐자이트가 생성되기 시작하는 온도를 Ms, 끝나는 온도를 Mf라 한다.

해설 마텐자이트 변태는 무확산변태이다.

3. 마텐자이트(martensite) 변태의 특징이 아닌 것은?

① 무확산변태를 한다.
② 단상에서 단상으로 변태이다.
③ 응력을 가하면 Ms 이상에서도 변태된다.
④ 합금원소를 첨가하여도 Ms점의 변화 없이 변태한다.

해설 합금원소를 첨가하면 Ms점의 변화와 함께 변태한다.

4. 마텐자이트(martensite) 조직을 얻는 방법에 대한 설명으로 옳은 것은?

① 오스테나이트를 급랭한 후 심랭 처리를 한다.
② 오스테나이트를 정상적으로 평형냉각을 한다.
③ TTT 곡선 Nose 이하, Ms 이상에서 항온 유지시킨다.
④ TTT 곡선 Nose 이상에서 오스테나이트를 항온 유지시킨다.

해설 잔류 오스테나이트를 심랭 처리 하여 마텐자이트화한다.

5. 탄소강을 급랭하였을 때 생성된 마텐자이트 조직의 결정격자는?

① 단사입방격자(FCT)
② 체심정방격자(BCT)
③ 면심입방격자(FCC)
④ 조밀육방격자(HCP)

해설 마텐자이트 조직은 무확산변태에 의해 만들어지며 체심정방격자를 갖는다.

6. 다음 설명 중 옳지 못한 것은?

① 세립강은 조립강보다 마텐자이트화가 잘 안 된다.
② 임계냉각속도가 작을수록 마텐자이트화가 잘 된다.
③ Ar_1 변태와 Ar″ 변태는 연속적인 변태이다.
④ 강 중에 탄소 함유량이 많을수록 Ms점은 낮아진다.

해설 임계냉각속도가 클수록 마텐자이트화가 잘 된다.

7. 담금질 조직 중에서 냉각속도가 가장 빠를 때에 나타나는 조직은?

① 마텐자이트 ② 트루스타이트 ③ 소르바이트 ④ 펄라이트

해설 냉각속도가 빠를수록 마텐자이트 조직이 나타난다.

8. 마텐자이트(martensite)는 조직 변태에서 나타나는 결정 구조로 탄소량이 많아지면 고용된 탄소 원자 때문에 세로로 늘어난 격자 구조를 갖는다. 이를 무엇이라 하는가?

① HCP ② FCC ③ BCT ④ SCC

해설 마텐자이트 조직은 체심정방격자(BCT)로서 $a=b\neq c$의 결정 구조를 갖는다.

9. 강의 담금질 조직 중 마텐자이트의 결정격자는?

① 면심입방격자 ② 체심입방격자
③ 체심정방격자 ④ 조밀입방격자

10. 열처리 시 발생하는 체적 변화에 관한 설명으로 틀린 것은?

① 담금질하여 마텐자이트로 되면 팽창하는데, 강 중에 C%가 증가할수록 그 팽창량은 감소한다.
② 뜨임처리하면 일반적으로 수축하지만, 2차 경화를 나타내는 합금강에서는 팽창한다.
③ 서브제로(sub-zero) 처리하면 잔류 오스테나이트가 마텐자이트화되기 때문에 팽창한다.
④ 잔류 오스테나이트의 양이 많아지면 수축하지만, 많을수록 상온 방치 중에 시효변형의 원인이 된다.

해설 탄소량이 증가할수록 팽창량은 증가한다.

11. 강을 담금질했을 때 체적 변화가 가장 큰 조직은?

① 오스테나이트 ② 펄라이트
③ 트루스타이트 ④ 마텐자이트

해설 담금질 시 오스테나이트에서 마텐자이트로 변화할 때 체적 변화가 가장 크다.

12. 다음 중 β-마텐자이트의 격자구조는 무엇인가?

① 체심입방구조
② 면심입방구조
③ 조밀육방구조
④ 혼합구조

13. 마텐자이트 변태에 대해 잘못 설명한 것은?

① 온도 의존성
② 시간 의존성
③ 응력 의존성
④ 변태 비가역성

해설 마텐자이트 변태는 온도, 시간, 응력에 의존하여 변태한다.

14. 마텐자이트(martensite) 조직의 결정 형상에 속하지 않는 것은?

① 렌즈상(lens phase)
② 입상(granular phase)
③ 래스상(lath phase)
④ 박판상(thin plate phase)

해설 마텐자이트 조직의 결정에는 렌즈상, 래스상, 박판상이 있다.

15. 마텐자이트의 현미경 조직은 어떻게 나타나는가?

① 층상 조직
② 망상 조직
③ 입상 조직
④ 침상 조직

16. 강의 마텐자이트 변태를 바르게 설명한 것은?

① 변태량은 냉각 온도의 영향을 받는다.
② 전단변형에 의한 무확산 과정이다.
③ 변태량은 시간이 길수록 현저히 많아진다.
④ martensite 조직의 밀도는 austenite 조직의 밀도보다 작다.

17. 강의 마텐자이트 변태 개시점을 바르게 설명한 것은?

① 오스테나이트의 결정립이 조대할수록 Ms점은 강하한다.
② 오스테나이트의 결정립은 변화가 없고 S곡선의 코의 온도는 낮아진다.
③ 강의 오스테나이트 온도가 높으면 Ms점은 강하한다.
④ 재료에 응력이 작용하면 Ms점은 강하한다.

18. **마텐자이트 변태의 특징이 아닌 것은?**

① 변태할 때 조성의 변화가 생긴다.

② 무확산변태이다.

③ 마텐자이트의 변태는 냉각과 함께 진행된다.

④ 냉간 가공으로 Ms점은 상승한다.

해설 변태할 때 조성의 변화가 생기지 않는다.

19. **다음 조직 중에서 잔류응력이 가장 심한 조직은?**

① austenite ② martensite ③ pearlite ④ bainite

해설 martensite : 퀜칭에 의한 내부응력 증가

20. **다음 설명 중 틀린 것은?**

① martensite는 팽창된 조직이고 γ는 pearlite보다 수축되어 있는 상태이다.

② γ가 α로 변화하는 것은 팽창을 수반한다.

③ 고용탄소가 시멘타이트(Fe_3C)로 변화하는 것은 팽창을 수반한다.

④ γ는 비자성체이다.

해설 γ가 α로 변화하는 것은 수축을 수반한다.

21. **강은 담금질에 의해 페라이트 부분에 마텐자이트가 생성되지 않고 연점(soft point)이 된다는 것으로 관련 있는 것은 어느 것인가?**

① 이상 조직 ② 풀림 조직 ③ 균열 조직 ④ 저온 조직

해설 담금질에 의해 마텐자이트가 되지 않고 페라이트가 남아 있을 때를 이상 조직이라 한다.

정답 1. ② 2. ② 3. ④ 4. ① 5. ② 6. ② 7. ① 8. ③ 9. ③ 10. ① 11. ④ 12. ① 13. ④ 14. ② 15. ④ 16. ① 17. ③ 18. ① 19. ② 20. ② 21. ①

(3) 금속의 조직 변화

① 탄소강의 표준조직

㈎ 표준조직 : 강을 A_3선 또는 A_{cm}선 이상 40~50℃까지, 즉 γ 고용체 범위까지 가열하고 적당 시간 유지 후에 서랭하여 나타난 조직을 말한다.

㉠ 탄소 0.77% 이하의 아공석강에서는 초정으로서 δ 혹은 γ 고용체가 수지상 결정으로 정출하고 공석점에서 공석이 된다.

㉡ 탄소 0.77% 이상의 과공석강에서는 Fe_3C를 초정으로 정출하고 이것은 편상 결정을 형성한다.

㉢ 4.3%의 점에서는 γ와 Fe_3C 공정이 정출한 레데브라이트 조직이다.

㉣ 부식은 피크린산의 소다액 또는 질산 알코올 용액을 사용한다.

㉤ 페라이트는 극히 연하고 연성이 크며 인장강도는 비교적 작다. 상온에서는 강자성체이며 전기전도도가 높고 담금질에 의하여 경화하지 않는다.

㉥ Fe_3C은 매우 강하고 취약하며 연성은 거의 없다. 상온에서 강자성이며 담금질하여도 효과가 없다.

㉦ 인장강도 $= \dfrac{(35\times F)+(80\times P)}{100}$

여기서, F : 페라이트, P : 펄라이트%, $F+P$: 100

신율 $= \dfrac{(40\times F)+(10\times P)}{100}$

경도 $= \dfrac{(80\times F)+(200\times P)}{100}$

페라이트 $= \dfrac{0.77-C\%}{0.77}\times 100$

펄라이트 $= \dfrac{C\%}{0.77}\times 100$

표준조직의 기계적 성질

성질 \ 조직	페라이트	펄라이트	Fe_3C
인장강도(kgf/mm^2)	35	80	3.5 이하
신율(%)	40	10	0
경도(HB)	80	200	600

(나) 표준조직의 종류

㉠ 시멘타이트(Fe_3C) : 흰 바탕은 망상 시멘타이트, 흑색은 펄라이트이며 피크린산 나트륨 수용액에서 부식

㉡ 펄라이트 : 백색 부분은 페라이트, 흑색 및 층상은 펄라이트

㉢ 페라이트 : 백색 부분은 페라이트, 흑색줄은 결정입계

단원 예상문제

1. **금속의 파단면을 현미경으로 보면 작은 알갱이의 모양으로 보인다. 이 알갱이를 무엇이라 하는가?**

① 결정격자 ② 단위포 ③ 결정립 ④ 결정원자

해설 금속현미경으로 보면 결정립은 작은 알갱이로 보인다.

2. **시멘타이트를 페라이트와 구분하기 위하여 피크린산 나트륨 수용액에서 약 7분간 70~80℃의 온도로 부식시켰을 때 시멘타이트는 어떻게 나타나는가?**

① 희게 나타난다.
② 청색 혹은 적색으로 나타난다.
③ 분홍색으로 나타난다.
④ 갈색 또는 검은색으로 나타난다.

해설 시멘타이트 : 갈색, 페라이트 : 흰색

3. **표준조직이 된 강 중의 탄소량이 0.6~1.2% 정도에서는 cementite와 ferrite가 모두 망상이므로 착색하여 이들을 구별한다. 이때(피크린산, 가성소다, 물) 용액 속에 착색시키면 나타나는 색은?**

① cementite : 백색, ferrite : 백색
② cementite : 백색, ferrite : 흑색
③ cementite : 흑색, ferrite : 흑색
④ cementite : 흑색, ferrite : 백색

해설
- 시멘타이트(Fe_3C) : 흰 바탕은 망상 시멘타이트, 흑색은 펄라이트이며 피크린산 나트륨 수용액에서 부식이 일어난다.
- 페라이트 : 백색 부분은 페라이트, 흑색줄은 결정입계이다.

4. **어닐링한 탄소강을 금속현미경으로 관찰하였다. 페라이트와 펄라이트의 면적이 거의 동일할 때, 탄소량은 약 몇 %인가?**

① 0.6% ② 0.8% ③ 0.2% ④ 0.4%

해설 페라이트 양 $= \frac{0.4-0.0218}{0.86-0.0218} \times 100 = 45\%$

5. **탄소함량이 대략 0.4%가 되면 상온조직은?**

① 펄라이트가 제일 많고 다음이 페라이트, 시멘타이트의 순이다.
② 펄라이트보다 페라이트가 많다.
③ 페라이트보다 펄라이트가 많다.
④ 펄라이트와 페라이트는 거의 같은 비율의 분포이다.

해설 C 0.4%의 펄라이트와 페라이트 양은 거의 같은 비율이다.

6. 오스테나이트의 결정입계나 그 벽의 개면(開面)에 침상으로 나타나며 피크린산 나트륨 용액으로 부식되면 암갈색으로 착색되고 비중은 7.82인 탄소강의 조직 성분은?

① 펄라이트 ② 시멘타이트
③ 마텐자이트 ④ γ 고용체

해설 시멘타이트는 침상 조직이며 비중이 7.82이다.

7. 아공석강의 조직을 현미경으로 관찰할 때 입상으로 된 부분은?

① 시멘타이트 ② 초석 페라이트
③ 펄라이트 ④ 마텐자이트

해설 초석 페라이트는 입상 조직이다.

8. 공석강의 현미경 조직시험에 사용되는 부식제는?

① 염화 제2철 용액 ② 질산 용액
③ 수산화 나트륨 용액 ④ 질산 알코올 용액

9. 펄라이트를 수백 배 정도의 고배율 현미경으로 관찰하면 어떻게 보이겠는가?

① 겹쳐만 보인다. ② 층상으로 보인다.
③ 침상으로 보인다. ④ 다각형으로 보인다.

해설 펄라이트는 층상 조직이다.

10. C%가 0.6인 아공석 탄소강의 A_1 변태점 직상에서 초석 페라이트 양은? (단, 공석점의 C%는 0.8로 한다.)

① 75% ② 50% ③ 30% ④ 25%

해설 초석 페라이트$(\alpha-\text{Fe})=\dfrac{0.8-0.6}{0.8-0.0218}\times 100=25\%$

11. 0.2% 강의 표준상태에서(공석점 직하) 펄라이트의 양은 대략 얼마인가? (단, 공석점 에서 0.8%C, α 최대 탄소 용해 한도가 0.025%C일 때이다.)

① 10% ② 23% ③ 35% ④ 50%

해설 초석 페라이트$(\alpha-\text{Fe})=\dfrac{0.8-0.2}{0.8-0.025}\times 100=77\%$

펄라이트(P)+페라이트$(F)=100\%$이므로, $100-77=23\%$

정답 1. ③ 2. ④ 3. ① 4. ④ 5. ④ 6. ② 7. ② 8. ④ 9. ② 10. ④ 11. ②

② 강의 조직

(가) 1차 조직 : 용액으로부터 응고가 시작하면 C 0.036% 이하에서는 δ 고용체이고, C 0.036% 이상에서는 γ 고용체가 수지상으로 정출한다.

(나) 2차 조직 : α 또는 Fe_3C를 석출하여 펄라이트의 변화를 마친 조직, 즉 A_1점 직하의 조직을 2차 조직이라 한다.

(다) 3차 조직 : α 철은 A_1선에서 탄소를 0.0218%를 고용한다. 이것을 냉각하면 용해도가 감소하여 Fe_3C가 입계에 석출할 때를 3차 조직이라 한다.

③ 탄소강 및 주철 조직

(가) 탄소강 조직

㉠ 마텐자이트 : 가는 침상 또는 삼의 엽상

㉡ 트루스타이트 : 페라이트(α철)와 미세한 시멘타이트의 혼합물

㉢ 소르바이트 : 시멘타이트의 미세입자의 응집이 한 층 진행된 조직

㉣ 상부 베이나이트 : 흰 마텐자이트 바탕에 깃털 모양의 베이나이트와 일부 트루스타이트의 혼합

㉤ 하부 베이나이트 : 침상 부분이 하부 베이나이트이며 흰 부분은 마텐자이트와 잔류 오스테나이트

㉥ 구상 시멘타이트 : 흰색의 시멘타이트와 미세한 뜨임 마텐자이트의 바탕

㉦ 침탄 조직 : 탄소강의 침탄 부분은 표면이 백색이며 치밀한 조직

단원 예상문제

1. 트루스타이트에 대한 설명 중 맞는 것은?

① β철과 시멘타이트와의 기계적 혼합물
② γ철과 시멘타이트와의 기계적 혼합물
③ α철과 시멘타이트와의 기계적 혼합물
④ δ철과 시멘타이트와의 기계적 혼합물

2. 혼합물에 속하는 것은?

① 페라이트
② 오스테나이트
③ 시멘타이트
④ 트루스타이트

해설 트루스타이트는 α철과 Fe_3C의 기계적 혼합물이다.

3. 탄소강의 침탄 부분은 표면이 어떻게 보이는가?

① 회색이며 조대하게 보인다.
② 회색이며 치밀하게 보인다.
③ 백색이며 조대하게 보인다.
④ 백색이며 치밀하게 보인다.

해설 표면은 탄소량이 증가해서 백색이며 치밀하게 보인다.

4. 마텐자이트를 뜨임하면 350~400℃에서 페라이트와 미세한 시멘타이트와의 혼합물이 되는 조직은?

① 소르바이트 ② 펄라이트 ③ 트루스타이트 ④ 시멘타이트

해설 트루스타이트는 350~400℃에서 페라이트와 미세한 시멘타이트의 혼합물이 된다.

5. 아시큘러 모양의 우모상 조직은?

① 펄라이트 ② 소르바이트 ③ 마텐자이트 ④ 베이나이트

해설 아시큘러 모양의 우모상 조직은 베이나이트이다.

6. 베이나이트의 조직을 현미경으로 보면 어떤 조직인가?

① 섬유상 조직 ② 구상 조직 ③ 침상 조직 ④ 국화무늬상 조직

정답 1. ③ 2. ④ 3. ④ 4. ③ 5. ④ 6. ③

(나) 주철 조직

㉠ 백철 조직 : 흰 부분은 시멘타이트, 검은 부분은 오스테나이트에서 변화한 펄라이트

㉡ 회주철 : 검은 편상은 흑연, 소지는 펄라이트

㉢ 구상흑연주철 : 검은 구상은 흑연, 그 주위의 흰 부분의 페라이트, 기지는 펄라이트

㉣ 흑심가단주철 : 흰 부분은 페라이트, 검은 부분은 뜨임탄소

㉤ 백심가단주철 : 흰 부분은 페라이트, 검은 부분은 펄라이트, 흑점은 뜨임탄소

㉥ 고급주철 : 펄라이트 기지

(다) 주강 조직 : 흰 바탕은 페라이트, 검은 부분은 펄라이트

단원 예상문제

1. 고급주철의 기지 조직은 무엇인가?

① cementite ② martensite ③ pearlite ④ ferrite

해설 고급주철의 기지(matrix) 조직은 pearlite이다.

2. 주철에 함유되어 있는 뜨임탄소(temper carbon)는?

① 탄화물 ② 유리 시멘타이트 ③ 흑연 ④ 펄라이트

해설 뜨임탄소(temper carbon)는 흑연(graphite)이다.

정답 1. ③ 2. ③

④ 합금공구강 및 고속도강 조직도

(가) 합금공구강(STS3) 풀림조직 : 백색바탕은 페라이트, 백색입자는 탄화물

(나) 합금공구강(STS3) 담금, 뜨임조직 : 바탕 뜨임 마텐자이트, 백색입자는 탄화물

(다) 합금공구강(SKD6) 담금, 뜨임조직 : 마텐자이트 바탕 소립은 미용해된 복탄화물

(라) 고속도강(SKH2) 담금, 뜨임조직 : 바탕 뜨임 마텐자이트, 백색입자는 복탄화물

(마) 고속도강(SKH9) 탈탄조직 : 검은 부분은 트루스타이트, 망상으로 석출된 것은 복탄화물

⑤ 특수용강 조직

(가) 고장력강(SM50) 조직 : 흰 부분은 페라이트, 흑색은 미세 펄라이트

(나) 강인강(SNC3) 불림조직 : 흰 바탕은 페라이트, 흑색은 펄라이트

(다) 스테인리스강(SUS403) 담금질, 뜨임조직 : 바탕은 소르바이트, 흰 입상은 페라이트

(라) 스테인리스강(SUS420 J2) 담금질, 뜨임조직 : 마텐자이트

(마) 스테인리스강(SUS430) 풀림조직 : 바탕 페라이트, 미세립은 탄화물

(바) 스테인리스강(SUS304) 용체화 처리 : 쌍정을 함유한 오스테나이트, 흑점은 개재물

(사) 내열강(SUH310) 용체화 처리 : 오스테나이트 바탕에 입상 탄화물

(아) 스프링강(SUP6) 경화뜨임 : 소르바이트

(자) 고망간강(SCMn H1) 수인조직 : 오스테나이트

(차) 저망간강(듀콜강) : 펄라이트

(카) 규소강 풀림조직 : 페라이트

단원 예상문제

1. **Mn 함량을 12% 정도 함유한 것으로 오스테나이트 조직이며, 인성이 높고 내마멸성도 높아 분쇄기나 롤 등에 사용되는 강은?**

① 듀콜강 ② 고속도강 ③ 마레이징강 ④ 해드필드강

해설 해드필드강은 고망간강으로 기지가 오스테나이트 조직이며, 경도가 높아 기어, 레일 등의 내마모용 재료로 사용된다.

2. **해드필드강(hadfield : 고망간강)의 조직은?**

① 페라이트 ② 펄라이트 ③ 시멘타이트 ④ 오스테나이트

해설 해드필드강(hadfield : 고망간강)의 조직은 오스테나이트, 듀콜강(저망간강)의 조직은 펄라이트이다.

3. 고망간강의 일종인 해드필드강에 대한 설명으로 틀린 것은?

① 수인법을 이용한 강이다.
② 주요 조성은 0.9~1.4 C%, 10~15 Mn%이다.
③ 열전도성이 좋고, 열팽창계수가 작아 열변형을 일으키지 않는다.
④ 광석 · 암석의 파쇄기 등 심한 충격과 마모를 받는 부품에 이용된다.

해설 해드필드강은 열전도성이 나쁘고 열팽창계수가 커서 열변형을 일으키기 쉽다.

4. 해드필드강(hadfield steel)의 특징을 설명한 것 중 틀린 것은?

① 고마그네슘강이라 불린다.
② 내마멸성 및 내충격성이 우수하다.
③ 상온에서 오스테나이트 조직을 갖는다.
④ 단조나 압연보다는 주조하여 만들어진다.

해설 해드필드강은 고망간강이다.

5. 해드필드(hadfield)강은 기지가 오스테나이트 조직이며 경도가 높아 기어, 레일 등의 내마모용 재료로 사용된다. 이 강의 탄소와 망간의 함유량으로 옳은 것은?

① 탄소 : 0.35~0.55% C, 망간 : 1~2% Mn
② 탄소 : 0.9~1.3% C, 망간 : 1~2% Mn
③ 탄소 : 0.35~0.55% C, 망간 : 10~15% Mn
④ 탄소 : 0.9~1.3% C, 망간 : 10~15% Mn

해설 해드필드강은 0.9~1.3% C, 10~15% Mn인 고망간강이다.

6. 건축, 토목, 교량 등의 일반 구조용강으로 사용되는 듀콜강의 조직은?

① 페라이트 ② 펄라이트 ③ 시멘타이트 ④ 오스테나이트

해설 듀콜강은 저망간강(Mn 1~2%)으로 펄라이트 조직이다.

7. 스프링강이나 와이어로프 등의 열처리 조직은?

① martensite ② austenite ③ sorbite ④ troostite

해설 스프링이나 와이어로프 등에 사용되는 강인한 조직은 소르바이트 조직이다.

8. 스프링강은 급격한 진동을 완화하고 에너지를 축적하는 기계요소로 사용된다. 이처럼 탄성한도와 피로강도를 높이기 위해서는 어떤 조직이어야 하는가?

① 소르바이트 조직 ② 마텐자이트 조직 ③ 페라이트 조직 ④ 시멘타이트 조직

해설 스프링 강재의 탄성한도를 높이기 위해 소르바이트 조직을 요구한다.

정답 1. ④ 2. ④ 3. ③ 4. ① 5. ④ 6. ② 7. ③ 8. ①

⑥ 비철합금 조직

(가) 타프 피치동 : 다각형상의 쌍정결정 구상의 개재물은 납 및 비스므스이며 염화 제2철 용액에서 부식

(나) 황동 1종(7:3) : 균일한 다각형의 α상(쌍정)

(다) 특수알루미늄청동(2종) : 흰 부분은 초석 α상, 검은 부분은 $\alpha+\beta$ 공석상

(라) 인청동 3종 : 쌍정을 함유한 α상 조직

(마) 백동(cupro nickel) : 단일 α상의 다각형상 결정

(바) 황동주물 : 흰 부분은 초석 α상, 검은 부분은 β상

(사) 청동주물 : 바탕은 초정 α상, 백립은 δ상

(아) 알루미늄 풀림조직 : 농회색 결정은 Al의 α상, 검은 점은 불순물

(자) 아연합금 : 바탕은 아연측 고용체의 초정 α, 흑색은 $\alpha+\beta$이며 염산 용액(염산 5cc, 물 100cc)에서 부식

단원 예상문제

1. 구리, 황동, 청동 등의 조직을 관찰하기 위한 부식액은?

① 피크린산 용액 ② 염화 제2철 용액
③ 질산초산 용액 ④ 수산화 나트륨 용액

해설 ① 피크린산 용액–강재
② 염화 제2철 용액–구리합금
③ 질산초산 용액–강재
④ 수산화 나트륨 용액–알루미늄 합금

2. 6:4 황동의 공업용 합금의 조직은?

① $\alpha+\beta$ ② $\alpha+\delta$ ③ $\delta+\rho$ ④ $\gamma+\varepsilon$

3. 아연합금의 부식액으로 적당한 것은?

① 염산 용액 ② 피크린 용액
③ 황산 용액 ④ 수산화 칼륨 용액

해설 아연합금의 부식액은 염산 용액(염산 5cc, 물 100cc)이다.

정답 1. ② 2. ① 3. ①

제 3 장 금속의 강화기구

3-1 회복과 재결정

(1) 축척에너지

① 축척에너지의 역할

(가) 소성가공으로 금속이 변형할 때에는 상당량의 에너지가 소모된다. 이 에너지의 대부분은 열로 발산되나 적은 양은 금속 내부에 축척에너지로 남는다.

(나) 변형에너지의 증가에 따라서 축척에너지는 증가하고 금속 내에 축척된 전체 에너지량은 감소한다.

② 축척에너지의 크기에 영향을 주는 인자

(가) 합금원소 : 주어진 변형에서 불순물 원자를 첨가할수록 축척에너지의 양은 증가하고, 이 불순물 원자는 전위 이동을 방해하며 전위의 증식을 조장한다.

(나) 가공도 : 가공도가 클수록 변형이 복잡하고 내부 변형이 복잡할수록 축척에너지는 더욱 증가한다.

(다) 가공 온도 : 낮은 가공 온도에서의 변형은 축척에너지의 양을 증가시킨다.

(라) 결정입도 : 축척에너지의 양은 결정입도가 감소함에 따라 증가한다.

(2) 풀림 처리 시 축척에너지

① 축척에너지의 방출

(가) 냉간가공에 의해서 금속에는 많은 전위가 발생한다.

(나) 가공경화한 소성변형에 의해서 전위밀도가 증가하고 이것이 전위운동을 방해하여 강도가 증가하는 현상이다.

(다) 회복이란 가열함으로써 전위밀도의 감소와 전위 재배열에 의한 연화현상을 말한다. 냉간가공으로 내부에 남은 축척에너지는 온도가 상승하면서 방출된다.

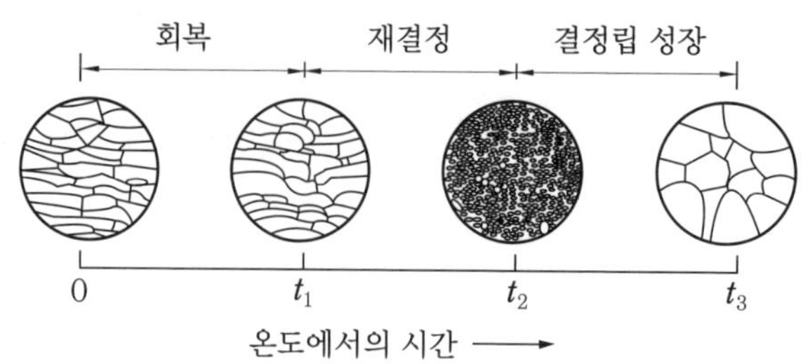

회복-재결정-결정립의 성장 순서의 개략도

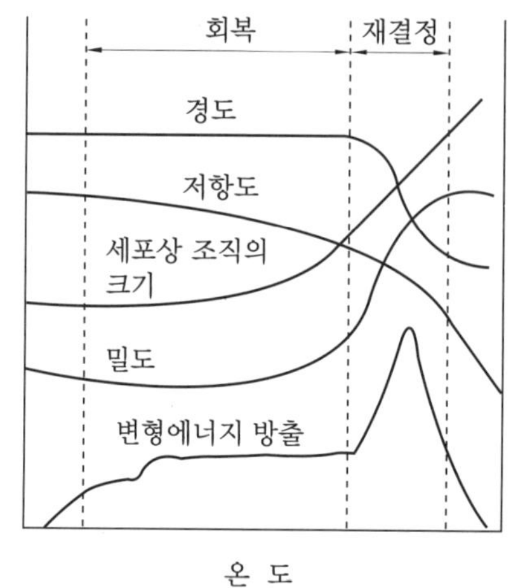

회복과 재결정 과정 중의 성질 변화

② 풀림 처리 시 일어나는 재료의 성질 변화

㈎ 강도와 경도 : 회복 시에는 경도와 강도가 약간의 변화가 있고 재결정 단계에서는 큰 감소 현상을 나타낸다.

㈏ 저항도 : 격자에서의 결함은 이동하는 전자에 대해 산란 위치의 역할을 하여 저항도를 증가시킨다.

㈐ 원자밀도 : 냉간가공된 금속의 밀도는 원자공공의 형성으로 감소된다.

㈑ 세포상 조직의 크기 : 회복 단계에서 약간 성장하나 재결정 과정의 바로 직전에는 상당한 양만큼 증가한다.

(3) 변형집합조직

① 심한 가공을 받은 다결정체는 각 개의 결정방위의 분포가 마음대로 되어 있지 않고 어떤 일정한 방향을 가지는데, 이와 같은 우선방위를 가지는 조직을 일반적으로 집합조직이라고 한다.

② 인발가공한 알루미늄선에서는 인발 축방향은 [111]로서 선의 내부에서는 대다수의 결정립이 [111] 방향으로 향하여 배열하고 있는 것을 의미한다. 이것을 우선결정방위 또는 우선방위라고 한다.
③ 냉간가공으로 생긴 집합조직을 변형집합조직 또는 집합조직이라고 한다.
④ 인발가공으로 철사 등에 생기는 1차원적인 집합조직을 특히 섬유조직이라고 한다.
⑤ 재결정으로 얻어진 집합조직을 재결정 집합조직이라 한다.

단원 예상문제

1. 금속을 냉간가공하면 결정입자가 미세화되어 재료가 단단해지는 현상은?

① 가공경화 ② 석출경화 ③ 시효경화 ④ 표면경화

해설 가공경화는 금속을 냉간가공할 때 결정입자가 미세화되어 재료가 단단해지고 항복점 및 경도가 증가하는 현상이다.

2. 냉간가공의 금속에서 축적에너지의 크기에 영향을 주는 인자가 아닌 것은?

① 가공도 ② 합금원소 ③ 가공시간 ④ 결정입도

해설 냉간가공 시 축적에너지의 크기에 영향을 주는 인자는 합금원소, 가공도, 가공 온도, 결정입도 등이다.

3. 변형을 받은 금속에서 축적에너지의 크기에 관한 설명으로 틀린 것은 어느 것인가?

① 내부 변형이 복잡할수록 축적에너지의 양은 증가한다.
② 축적에너지 양은 결정입도가 증가함에 따라 증가한다.
③ 낮은 가공 온도에서의 변형은 축적에너지 양을 증가시킨다.
④ 주어진 변형에서 불순물 원자를 첨가할수록 축적에너지 양은 증가한다.

해설 축적에너지 양은 결정입도가 증가함에 따라 감소한다.

4. 금속을 가공하면 변형에너지가 발생한다. 이 변형에너지가 집적되기 쉬운 곳이 아닌 것은?

① 기공
② 전위
③ 격자간 원자
④ 공격자점(공공)

해설 변형에너지는 주로 전위, 격자간 원자, 공격자점에 모인다.

정답 1. ① 2. ③ 3. ② 4. ①

(4) 회복

- 전위의 재배열과 소멸에 의해서 가공된 결정 내부의 변형에너지와 항복강도가 감소하는 현상을 결정의 회복(recovery)이라고 한다.
- 냉간가공으로 금속이 받는 성질의 변화는 풀림 처리에 의하여 가공 전의 상태로 돌아가려는 경향을 가지나 결정립의 모양이나 결정의 방향에 변화를 일으키지 않고 성질만이 변화하는 과정이다.

① 회복의 기구

㈎ 저온회복 : 같은 종류의 점결함이 형성, 점결함의 밀집 형성, 점결함의 전위 쪽으로의 이동, 원자공공과 격자간 원자의 결합, 전위의 슬립운동

㈏ 중온회복 : 상이한 전위의 합체소멸, 서브결정립의 성장, 전위의 엉킴 부분에서의 재배열

㈐ 고온회복 : 전위의 상승운동과 폴리고니제이션

② 폴리고니제이션(polygonization)

㈎ 심한 냉간가공을 받은 결정 내부에 수많은 전위가 존재하여 같은 부호의 전위가 동종의 슬립면 위에 있으면 슬립면이 만곡한다.

㈏ 만곡한 슬립면은 풀림에 의해 전위가 안정한 배열로 되면 슬립면에 수직으로 병렬하게 되어 전위 사이의 슬립면이 직선화하기 때문에 다각형상이 되는데, 이러한 현상을 폴리고니제이션이라 한다.

㈐ 전위가 안정한 배열로 되면 전위열의 양측에서 결정이 약간 경사한 소위 소경각입계를 형성하고, 그 양측의 결정은 1° 이하의 경사를 갖는다.

단원 예상문제

1. **냉간가공으로 금속이 받는 성질의 변화는 풀림 처리에 의하여 가공 전의 상태로 돌아가려는 경향을 가지나 결정립의 모양이나 결정의 방향에 변화를 일으키지 않고 물리적 및 기계적 성질만 변화하는 과정은?**

① 연화 ② 회복 ③ 재결정 ④ 결정립 성장

2. **전위의 재배열과 소멸에 의해 가공된 결정 내부의 변형에너지와 항복강도가 감소하는 현상을 무엇이라고 하는가?**

① 회복 ② 소성 ③ 재결정 ④ 가공경화

해설 회복은 가공경화에 의해 발생된 내부응력과 항복강도가 감소하는 현상이다.

3. 소성변형의 회복 단계에 관한 설명으로 틀린 것은?

① 전위의 재배열이 일어난다.
② Cell 벽의 폭이 감소한다.
③ 아결정립이 형성된다.
④ 점결함의 생성으로 인한 변형에너지가 증가한다.

해설 회복 단계에서는 변형에너지가 감소한다.

4. 회복 현상이 일어나는 이유는?

① 새로운 결정이 생기기 때문이다.
② 전위밀도가 감소하기 때문이다.
③ 새로운 전위가 생기기 때문이다.
④ 원자의 재결합이 일어나기 때문이다.

해설 회복은 전위의 재배열과 소멸에 의해서 가공된 결정 내부의 변형에너지와 항복강도가 감소하는 현상이다.

5. 냉간가공한 재료의 온도를 올리면 재결정 온도 이하에서도 회복 현상이 일어나는 이유는?

① 새로운 결정이 생기기 때문이다.
② 원자공공이 감소하고 전위의 재배열이 생기기 때문이다.
③ 새로운 원자공공과 전위가 생기기 때문이다.
④ 원자의 재결합이 일어나기 때문이다.

6. 소성가공한 금속을 가열할 때 회복 온도와 재결정 온도의 관계로 맞는 것은?

① 회복 온도가 재결정 온도보다 낮다.
② 회복 온도에서 새로운 재결정이 생성된다.
③ 회복 온도에서 결정립이 성장한다.
④ 회복 온도에서 조직의 변화가 생긴다.

7. 다음 중 polygonization과 관계가 없는 것은?

① Edge dislocation
② 전위의 배열
③ 아입계
④ jog

해설 조그(jog)란 전위선을 슬립면 밖으로 하는 단락이다.

8. 다음 중 다각형화(polygonization)와 관련이 없는 것은?

① 킹크(kink)
② 회복(recovery)
③ 서브 결정(sub-grain)
④ 칼날전위(edge dislocation)

9. 냉간가공 시 Slip면에 분산된 전위가 슬립면에 수직하게 배열되어 다각상을 이루는 현상을 무엇이라 하는가?

① recovery　② frank-read
③ polygonization　④ cottrell effect

10. 냉간가공한 금속을 풀림하면 전위의 재배열에 의해 결정의 다각형화(polygonization)가 이루어지는데 이와 관련이 가장 깊은 현상은?

① 쌍정　② 재결정
③ 회복　④ 결정립 성장

해설 가공경화란 소성변형에 의해 전위밀도가 증가하고, 이것이 전위운동을 방해하여 강도가 증가하는 현상이다. 이와 반대로 회복이란 가열함으로써 전위밀도의 감소와 전위 재배열에 의한 연화현상을 말한다.

11. 결정의 다각형화와 관계가 없는 것은?

① 인상전위　② 재결정
③ 슬립계　④ 회복

해설 결정의 다각형화는 인상전위, 슬립계, 회복과 관계가 있다.

정답 1. ② 2. ① 3. ④ 4. ② 5. ② 6. ① 7. ④ 8. ① 9. ③ 10. ③ 11. ②

(5) 재결정(recrystallization)

냉간가공으로 변형을 일으킨 금속을 가열하면 내부응력이 있는 구결정립의 내부에서 내부응력이 없는 새로운 결정핵이 생기고 성장하여 전체가 내부응력이 없는 새로운 신결정립으로 치환되어 가는 과정을 재결정이라고 한다.

① 핵 발생 기구

(가) 입계 이동

(나) 아결정립 성장

② 재결정 온도

(가) 냉간가공된 금속을 가열하면 일정한 온도에서 내부 변형이 없는 재결정이 생기는 온도를 재결정 온도라 한다.

(나) 재결정 온도만을 의미할 때는 1시간 풀림으로 100% 재결정하는 온도를 재결정 온도라 한다.

금속의 재결정 온도

금속	재결정 온도 (℃)	금속	재결정 온도 (℃)	금속	재결정 온도 (℃)	금속	재결정 온도 (℃)
Au	~200	Cu	200~230	W	~1200	Al	150~240
Ag	~200	Ni	530~660	Mo	~900	Mg	~150

③ 재결정에 미치는 요인

㈎ 초기 결정입도

㈏ 조성 또는 금속의 순도 : 순수한 금속은 대단히 낮은 온도에서 재결정이 일어난다.

㈐ 개재물의 영향 : 금속재료 내에서 개재물 수가 증가하면 일반적으로 알려진 것과는 달리 재결정 속도가 증가한다.

④ 재결정의 일반적인 법칙

㈎ 재결정을 일으키는 데 필요한 변형량에는 최소한계가 있다.

㈏ 변형량과 가공도가 작을수록 재결정을 일으키는 데 필요한 온도는 높아진다.

㈐ 재결정에 필요한 풀림 조건은 온도가 낮을수록 시간이 길어야 한다. 풀림 시간을 증가시키면 재결정 온도는 감소한다.

㈑ 재결정 후 최종 결정입도는 주로 변형 정도에 따라 달라지며 풀림 온도에 다소 의존한다. 결정립의 지름은 변형량이 클수록, 또는 풀림 온도가 낮을수록 작아진다.

㈒ 원래의 결정립이 클수록 재결정 온도를 얻는 데 필요한 냉간가공량은 증가한다.

㈓ 금속의 순도가 높아질수록 재결정 온도가 감소한다.

㈔ 가공온도가 증가하면 재결정 거동을 얻는 데 변형량이 증가한다

㈕ 재결정 종료 후에 가열을 계속하면 입자는 성장하고 결정입자의 지름은 증가한다.

⑤ 재결정의 성장

㈎ 결정립 성장 : 냉간가공으로 변형이 생긴 결정립이 재결정으로 변형이 없는 결정립으로 전부 치환된 후에도 풀림을 계속하면 결정립의 모양에 변화가 생기는 것을 결정립의 성장이라 한다.

㈏ 2차 재결정 : 풀림으로 재결정 및 결정립의 성장이 일어나는 금속을 더욱 고온으로 가열하면 소수의 결정립이 다른 결정립과 합해져서 대단히 크게 성장하는 현상이다. 2차 재결정이 일어나는 원인은 다음과 같다.

㉠ 1차 재결정이 끝난 상태에서 변수가 평균보다 훨씬 많은 소수의 결정립이 존재

㉡ 불순물 등으로 이동이 방해된 입계가 고온도의 풀림으로 이동

㉢ 1차 재결정 후 강한 집합조직을 갖는 금속에서는 이에 대립이 존재하면 그것의 급속한 성장

(다) 결정립 성장에 영향을 주는 요인

㉠ 새로운 미세결정은 서로 병합하여 처음에는 급속히 다음부터는 천천히 성장이 진행된다.

㉡ 온도를 상승시키면 풀림에 의하여 생긴 결정입도는 커진다.

㉢ 불용성 불순물은 결정성장을 방해한다.

㉣ 상온 가공도는 풀림에 있어서 그 결과로 오는 결정입도에 큰 영향을 준다.

단원 예상문제

1. 재결정에 대한 설명으로 옳은 것은?

① 핵 생성과 성장 과정에 의해 재결정이 이루어진다.
② 고순도의 금속일수록 재결정하기 어렵다.
③ 고순도의 금속은 고온 풀림으로만 재결정이 일어난다.
④ 가공 전의 결정립이 클수록 재결정 완료 후의 크기가 작아진다.

해설 재결정은 새로운 결정립의 핵 생성과 성장 과정에 의해 이루어진다.

2. 재결정에 대한 설명으로 틀린 것은?

① 내부에 새로운 결정립의 핵이 발생한다.
② 고순도의 금속일수록 재결정하기가 어렵다.
③ 가공 전의 결정립이 작을수록 재결정 완료 후의 결정립은 작다.
④ 석출물이나 이종원자가 존재하면 재결정의 진행이 방해된다.

해설 고순도의 금속일수록 재결정하기 쉽다.

3. 냉간가공으로 전위가 불규칙하게 배열된 것이 풀림에 의하여 규칙적으로 슬립면상에 배열되는 현상은?

① 전위 ② 재결정
③ 폴리고니제이션 ④ 쌍정

해설 재결정은 풀림에 의하여 규칙적으로 슬립면상에 배열되는 현상이다.

4. 냉간가공 등으로 변형된 결정 구조가 가열하면 내부 변형이 없는 새로운 결정립으로 치환되는 현상은?

① 시효 ② 회복 ③ 재결정 ④ 용체화 처리

해설 냉간가공으로 변형을 일으킨 금속을 가열하면 내부응력이 있는 구결정립의 내부에서 내부응력이 없는 새로운 결정핵이 생기고 성장하여 전체가 내부응력이 없는 새로운 신결정립으로 치환되어 가는 과정을 재결정이라고 한다.

5. 재결정(recrystallization) 및 재결정 온도에 대한 설명으로 옳은 것은?

① 가공 시간이 길수록 재결정 온도는 높아진다.
② 가공도가 클수록 재결정 온도는 높아진다.
③ 재결정은 합금보다 순금속에서 더 빠르게 일어난다.
④ 가공 전의 결정립이 미세할수록 재결정 완료 후의 결정립은 조대하게 크다.

해설 재결정 온도는 순도가 높을수록, 가공 시간이 길수록, 가공도가 클수록, 가공 전의 결정 입자가 미세할수록 낮아진다. 재결정은 합금보다 순금속에서 더 빠르게 일어난다.

6. 재결정에 대한 설명 중 틀린 것은?

① 전위밀도 감소
② 결정입계에서 발생
③ 가공경화 효과의 제거
④ 변태점 이상에서만 발생

해설 재결정은 결정입계에서 발생하며, 전위밀도가 감소하고, 가공경화에 의한 내부응력을 제거한다.

7. 재결정 거동에 영향을 주는 요인이 아닌 것은?

① 조성
② 풀림 시간
③ 초기 결정입도
④ 재결정 시작 후 회복의 양

해설 재결정 거동에 영향을 주는 요인은 조성, 풀림 시간, 초기 결정입도, 가공도이다.

8. 재결정 온도에 대한 설명 중 맞는 것은?

① 60분 내에 100% 재결정이 끝나는 온도
② 30분 내에 100% 재결정이 끝나는 온도
③ 60분 내에 50% 재결정이 끝나는 온도
④ 30분 내에 50% 재결정이 끝나는 온도

해설 1시간 풀림으로 100% 재결정하는 온도를 재결정 온도라 한다.

9. 재결정에서 가공 전의 결정립이 미세하다면 재결정 완료 후의 재결정 온도와 결정립은 어떻게 되는가?

① 재결정 온도는 높아지고, 결정입도는 커진다.
② 재결정 온도는 낮아지고, 결정입도는 작아진다.
③ 재결정 온도는 낮아지고, 결정입도는 커진다.
④ 재결정 온도는 높아지고, 결정입도는 작아진다.

10. 재결정된 금속의 입자 크기를 옳게 설명한 것은?

① 가공도가 작을수록 크다.
② 가열 시간이 길수록 작다.
③ 가열 온도가 높을수록 작다.
④ 가공 전 결정 입자가 크면 재결정 후 결정입도가 작다.

해설 재결정된 금속의 입자 크기는 가공도가 작을수록, 가열 시간이 길수록, 가열 온도가 높을수록 크다.

11. 다음 중 재결정을 좌우하는 인자 중 옳은 것은?

① 불용성 불순물은 결정 성장을 촉진한다.
② 가공 온도가 증가하면 재결정 거동을 얻는 데 변형량이 감소한다.
③ 재결정 후의 결정립의 크기는 변형량이 클수록, 어닐링 온도가 낮을수록 작아진다.
④ 풀림 시간을 증가시키면 재결정 온도는 증가한다.

12. 다음 중 재결정에 영향을 주는 변수가 아닌 것은?

① 규칙도　　② 온도
③ 변형량　　④ 초기 입자 크기

해설 재결정에 영향을 주는 요인은 온도, 변형량, 조성, 풀림 시간, 초기 결정입도, 가공도 등이다.

13. 재결정을 좌우하는 인자에 관한 설명으로 옳은 것은?

① 변형량이 증가함에 따라 재결정률은 감소한다.
② 변형량이 작을수록 재결정 온도는 낮아진다.
③ 순도가 높은 금속일수록 재결정 온도는 낮아진다.
④ 어닐링 온도 및 시간을 같이 하면 초기 입자의 지름이 클수록 재결정을 일으키는 데 필요한 변형량은 감소한다.

해설 고순도의 금속일수록 재결정하기 쉽고 저온의 소둔으로 재결정이 일어난다.

14. 다음 설명 중 틀린 것은?

① 냉간 가공도가 클수록 재결정 온도는 높다.
② 순도가 높을수록 재결정 온도는 높다.
③ 가열 시간이 길수록 재결정 온도는 낮다.
④ 초기 입자 크기가 클수록 재결정 온도는 높다.

해설 금속의 순도가 높을수록 재결정 온도는 낮다.

15. 일반적으로 가공한 재료를 고온으로 가열했을 때 나타나는 현상이 아닌 것은?

① 내부응력 제거 ② 결정입자의 성장
③ 재결정 ④ 경화

해설 재료를 고온 가열하면 연화 현상이 나타난다.

16. 냉간 가공된 탄소강을 장시간 풀림하였을 때 일어나는 변화 순서로 맞는 것은?

① 재결정→결정립 성장→회복
② 회복→재결정→결정립 성장
③ 결정립 성장→회복→재결정
④ 재결정→회복→결정립 성장

17. 금속의 결정입계를 강화시킬 수 있는 방법으로 틀린 것은?

① 불순물의 양을 줄여 준다.
② 고온에서 장시간 가열해준 다음 서랭시킨다.
③ 불순물은 결정입내 내부로 고용시킨다.
④ 조직을 미세화시켜 결정입계를 많게 해준다.

해설 고온에서 장시간 가열 후 서랭하면 결정이 조대화되어 취약해진다.

18. 인발가공으로 철사 등에 생기는 1차원적인 조직은?

① 섬유조직 ② 재결정 집합조직
③ 풀림 쌍정 조직 ④ 입방체 조직

해설 심한 가공을 받은 다결정체는 일정한 방향을 갖는 섬유상 조직을 갖는다.

19. 가공도가 작고 가공 온도가 높으면 결정립의 크기는 어떻게 되는가?

① 커진다. ② 작아진다.
③ 커졌다 작아진다. ④ 변함이 없다.

해설 가공도가 작고 가공 온도가 높으면 결정립의 크기는 커진다.

20. **가공도가 커질수록 재결정 온도와 결정입도는 어떻게 변하는가?**

① 재결정 온도는 낮아지고, 결정입도는 커진다.
② 재결정 온도는 낮아지고, 결정입도는 작아진다.
③ 재결정 온도는 높아지고, 결정입도는 커진다.
④ 재결정 온도는 높아지고, 결정입도는 작아진다.

해설 순도가 높을수록, 가공도가 클수록, 가공 전의 결정 입자가 미세할수록, 가공 시간이 길수록, 재결정 온도는 낮아진다.

21. **2차 재결정에 대한 설명으로 가장 관계가 먼 내용은?**

① 2차 재결정은 반드시 핵의 생성을 수반한다.
② 1차 재결정 후 강한 집합조직이 성장하기 쉬운 방위의 결정립이 존재할 때 2차 재결정이 생긴다.
③ 소수의 결정립이 다른 결정립과 합해져서 대단히 크게 성장하는 것을 2차 재결정이라 한다.
④ 불순물 등으로 이동이 방해된 입계가 고온도에서 쉽게 이동할 수 있을 때 2차 재결정이 생긴다.

해설 핵의 생성은 1차 재결정이고 결정립의 성장은 2차 재결정이다.

22. **풀림(annealing) 처리에 의해서 재결정 및 결정립 성장이 일어난 금속을 더욱 고온으로 가열하면 소수의 결정립이 다른 결정립과 합해져서 매우 크게 성장하는 현상은 무엇인가?**

① 풀림 쌍정　　② 정상결정 성장
③ 1차 재결정　　④ 2차 재결정

정답 1. ① 2. ② 3. ② 4. ③ 5. ③ 6. ④ 7. ④ 8. ① 9. ② 10. ① 11. ③ 12. ① 13. ③ 14. ② 15. ④ 16. ② 17. ② 18. ① 19. ① 20. ② 21. ① 22. ④

3-2 확산

(1) 확산의 개요

확산(diffusion)이란 어떤 물질이 들어갈 수 있는 공간 내에 균일하게 퍼지는 경향을 말하고, 이 현상은 주로 기체나 액체 또는 고체에서도 일어나는데 기체 상호 간의 확산이 가장 속도가 빠르다.

(2) 고체 내의 원자 확산

① 결정 내의 원자들은 열진동을 계속하고 있다. 결과적으로 결정구조에서 원자의 위치라고 하는 것은 원자의 시간적 평균위치를 말하는 것이다.

② 고체 상태의 금속도 고온이 되면 그 내부에서 원자의 이동이 끊임없이 진행되고 있는 것이다.

③ 원자가 위치를 바꾸는 데 필요한 에너지를 활성화 에너지(activation energy)라고 하며 Q로 표시하고, 단위는 cal/mole이다.

(3) 확산의 분류

물질 중에서 원자가 열적으로 활성화되어 이동하게 되는 현상을 확산이라 하는데, 이때 관여하는 원자 또는 이동하는 원자의 확산 경로에 따라서 분류한다.

① 관여하는 원자의 종류에 의한 분류

(가) 자기확산(self diffusion) : 단일 금속 내에서 동일 원자 사이에 일어나는 확산

(나) 불순물 확산(impurity diffusion) : 불순물 원자의 기지(matrix) 내에서 확산

(다) 상호확산(mutual diffusion) : 다른 종류 원자 A, B가 접촉면에서 서로 반대 방향으로 이루어지는 확산

(라) 반응확산(reaction diffusion) 혹은 다상확산(multiphase diffusion) : 이원 이상의 합금에서 복합적인 상호확산

② 이동하는 원자의 확산로에 의한 분류

(가) 격자확산 혹은 체적확산

(나) 표면확산

(다) 입계확산(grain boundary diffusion)

(라) 전위확산

(4) 자기확산과 상호확산

다른 두 종류의 금속 사이의 확산이나 다른 종류의 금속 대신에 같은 금속들을 접촉시켜 놓아도 금속 상호 간에서 확산이 일어난다. 이와 같은 순금속 중에 같은 종류의 원자가 확산하는 현상을 자기확산이라 하며, 다른 종류의 원자가 확산하는 현상을 상호확산이라고 한다.

(5) 입계확산과 표면확산

① 온도가 낮을 때는 입계의 확산과 입내의 확산의 차이가 크게 되나 온도가 높아지면 그 차가 작게 된다.

② 입계는 입내에 비하여 결정의 규칙성이 산란된 구조를 갖고 결합이 많아 확산이 일어나기 쉽다. 또한, 결정의 표면도 결함이 많은 곳이므로 확산이 대단히 빠르다. 이러한 확산을 표면확산, 입계확산, 격자확산이라 부른다.

③ 입내확산과 입계확산의 차가 별로 크지 않은 조건하에서 표면확산만을 구별하여 생각할 때는 전자를 합하여 체적확산이라 한다.

(6) 확산의 기구

① 용질원자가 치환형 확산을 할 경우

(가) 원자공공형 기구 : 모든 결정에 있어서 격자점 중의 어떤 위치는 비어 있는 원자공공을 vacancy라 한다. 원자공공에 인접해 있는 어떤 원자가 원자공공으로 이동해 나가는 원자는 원자공공형 기구에 의해서 확산된다.

(나) 격자간 원자형 기구 : 금속에서 침입형 원자로 결정 격자 내에 들어가는 용질원자는 모격자원자보다 훨씬 작으며, 그 용질원자는 침입형 기구로써 확산한다. 즉, 침입원자가 최인접 원자를 밀어서 침입 위치에 보내고 자기는 밀려난 원자가 점유하고 있던 격자점을 차지하게 되는 확산을 격자간 원자형 기구에 의한 확산이라고 한다.

(다) 간접 교환형 기구 : 4개의 원자가 동시에 링상으로 회전함으로써 위치가 변하는 것이다. FCC 결정구조에서 이런 위치에 있는 원자가 한 조가 되어 관계하고 있다고 생각하여서 간접 교환형 기구라고 한다.

(라) 직접 교환형 기구 : 가장 가까운 두 원자가 동시에 이동하여 위치를 교환하여 이동하는 것이다.

(마) 밀집이온형 기구 : 원자배열이 조밀한 방향으로 한 개의 잉여원자가 들어있는 것으로 그 때문에 그 열에 있는 원자가 밀려나서 부정합한 상태를 만들고 있는 경우로서 칼날전위와 비슷하며, 이 부정한 위치가 조금씩 밀리므로 원자가 확산하는 것이다.

② 용질원자가 작아서 침입형 확산을 할 경우

(가) 용질원자가 작으면 격자간에 침입할 수 있다.

(나) FCC 결정에서 용질원자의 이동은 점프하면서 이동한다.

(7) 커켄달 효과

커켄달(kirkendall) 실험 결과는 금속 A와 금속 B가 접촉하여 이루어지는 상호확산이 공공 기구에 의해 진행됨을 나타낸다.

단원 예상문제

1. 확산에 대해 바르게 설명한 것은?

① 고체 내의 확산 속도가 가장 빠르다.
② 한 점과 다른 점 사이의 농도 기울기
③ 물질 중에서 원자가 열적으로 활성화되어 이동하게 되는 현상
④ 원자공공, 격자간 원자, 불순물 원자가 존재하게 되어 결정격자가 일그러지는 현상

2. 용매 중에 용질이 녹아들어 있는 상태에서 국부적으로 농도 차이가 있을 경우 시간의 경과에 따라 농도의 균일화가 일어나는 현상은?

① 반사 ② 대류 ③ 확산 ④ 복사

3. 결정 내 원자들은 열진동을 계속하면서 고체 내에 원자 확산이 진행되고 있다. 다음 금속의 열진동에 대한 설명으로 틀린 것은?

① 원자의 열진동에서 진동수는 온도에 따라 거의 변하지 않으나 진폭은 변한다.
② 일반적으로 온도가 상승하면 공격자점이 존재하는 비율은 적어진다.
③ 공격자점이 많아지면 결정 내의 원자 열진동 진폭은 커진다.
④ 공격자점 주위의 열진동하고 있는 원자가 새로운 공격자점으로 계속 위치를 변화하며 확산이 진행된다.

해설 일반적으로 온도가 상승하면 공격자점이 존재하는 비율이 많아진다.

4. 다음 중 확산의 종류가 아닌 것은

① 자기확산 ② 불순물 확산 ③ 상호확산 ④ 농도확산

해설 확산의 종류에는 자기확산, 불순물 확산, 상호확산, 표면확산, 반응확산 등이 있다.

5. 순금속 중에 다른 종류의 원자가 확산하는 현상은?

① 자기확산 ② 입계확산 ③ 상호확산 ④ 표면확산

해설
• 입계확산 : 면결함의 하나인 결정입계에서의 단회로 확산
• 상호확산 : 다른 종류 원자 접촉에서 서로 반대 방향으로 이루어지는 확산
• 자기확산 : 단일 금속 내에서 동일 원자 사이에 일어나는 확산
• 불순물 확산 : 불순물 원자의 모재 내에서의 확산
• 표면확산 : 면결함의 하나인 표면에서의 단회로 확산

6. 순금속 중에서 같은 종류의 원자가 확산하는 현상을 어떤 확산이라 하는가?

① 상호확산 ② 입계확산 ③ 자기확산 ④ 표면확산

7. 확산을 관여하는 원자의 종류 또는 이동하는 원자의 확산로에 따라 분류할 때, 이동하는 원자의 확산로에 따른 분류에 해당되는 것은?

① 자기확산 ② 상호확산
③ 입계확산 ④ 반응확산

해설 확산을 이동하는 원자의 확산로에 따라 분류하면 격자확산 혹은 체적확산, 표면확산, 입계확산, 전위확산이 있다.

8. 물질 중에서 원자가 열적으로 활성화되어 이동하게 되는 현상을 확산이라 하는데, 이때 이동하는 원자의 확산 경로에 의한 분류에 속하는 것은?

① 격자확산 ② 자기확산
③ 상호확산 ④ 불순물 확산

해설 이동하는 원자의 확산로에 의한 분류 : 격자확산 혹은 체적확산, 표면확산, 입계확산, 전위확산

9. 다른 종류의 원자 A, B가 접촉면에서 서로 반대 방향으로 이루어지는 확산은?

① 반응확산 ② 전위확산
③ 자기확산 ④ 상호확산

해설
- 반응확산 : 이원 이상의 합금에서의 복합적인 상호확산
- 전위확산 : 선결함의 하나인 전위선상에서의 단회로 확산
- 자기확산 : 단일 금속 내에서 동일 원자 사이에 일어나는 확산

10. 금속의 합금에서 온도가 일정할 때 확산 속도가 가장 빠른 것은?

① 표면확산 ② 입계확산
③ 격자확산 ④ 입내확산

해설 확산 속도는 표면확산 > 입계확산 > 격자확산

11. 상호확산에 대하여 바르게 설명한 것은?

① 결정격자 내에서의 일반적인 각 종의 점결함에 의한 확산
② 선결함의 하나인 전위선상에서의 단회로 확산
③ 다른 종류 원자 A, B가 접촉면에서 서로 반대 방향으로 이루어지는 확산
④ 단일 금속 내에서 동일 원자 사이에 일어나는 확산

12. 순금속 내에서 동일 원자 사이에 일어나는 확산은?

① 자기확산 ② 상호확산
③ 입계확산 ④ 불순물 확산

해설 • 자기확산 : 단일 금속 내에서 동일 원자 사이에 일어나는 확산
• 상호확산 : 다른 종류 원자 A, B가 접촉면에서 서로 반대 방향으로 이루어지는 확산
• 입계확산 : 면결함의 하나인 결정입계에서의 단회로 확산
• 불순물 확산 : 불순물 원자의 바탕기지에서의 확산

13. 원자가 위치를 바꾸는 데 필요한 에너지를 무엇이라 하는가?

① 열에너지 ② 활성화 에너지 ③ 확산에너지 ④ 구동에너지

14. 원자 확산계수 D의 단위를 나타내는 것은?

① cm/in ② cm^2/in ③ cm/s ④ cm^2/s

15. 다음 중 확산의 제1법칙은?

① $J=Ddc/dx$ ② $J=-Ddc/dx$ ③ $J=\frac{1}{2}Ddc/dx$ ④ $J=-\frac{1}{2}Ddc/dx$

16. 금속에 있어서 Fick의 확산 제2법칙의 식은? (단, D는 확산계수이며, 농도 C를 시간 t와 장소 x의 함수로 생각하여 확산이 일어난다고 가정한다.)

① $\frac{\partial C}{\partial t}=D\frac{\partial^2 C}{\partial x^2}$ ② $\frac{\partial t}{\partial C}=-D\frac{\partial^2 C}{\partial x^2}$ ③ $\frac{\partial C}{\partial t}=3D\frac{\partial^2 C}{\partial^2 x}$ ④ $\frac{\partial t}{\partial C}=-3D\frac{\partial^2 C}{\partial^2 x}$

해설 Fick의 확산 제2법칙은 농도 기울기가 시간과 위치에 따라 변화한다는 법칙이다.

17. 다음 중 확산의 기구가 아닌 것은?

① 원자공공형 기구
② 침입형 기구
③ 격자간 원자형 기구
④ 직접 교환형 기구

해설 침입형 기구는 관련이 없다.

18. 다음 중 확산 기구에 해당되지 않는 것은?

① 링 기구 ② 공석 기구 ③ 공격자점 기구 ④ 직접 교환 기구

해설 확산 기구에는 공공에 의한 공격자점 기구, 3개 또는 4개 원자의 동시 이동에 의한 링 기구, 격자간 자리 바꿈에 의한 직접 교환 기구 등이 있다.

19. 커켄달(kirkendall) 실험 결과는 확산 현상이 어떤 기구에 의해 진행됨을 나타내는가?

① 체적결함 기구　② 적층결함 기구
③ 공공 기구　④ 결정립 경계 기구

해설 커켄달(kirkendall) 실험 결과는 금속 A와 금속 B가 접촉하여 이루어지는 상호확산이 공공 기구에 의해 진행됨을 나타낸다.

20. 4개의 원자가 동시에 링상으로 회전함으로써 위치가 변화되어 치환형 확산을 하는 확산 기구는?

① 간접 교환형 기구　② 격자간 원자형 기구
③ 원자공공형 기구　④ 직접 교환형 기구

해설 직접 교환형 기구는 가장 가까운 두 원자가 동시에 이동하여 위치를 교환하여 이동하는 것을 말한다.

정답 1. ③ 2. ③ 3. ② 4. ④ 5. ③ 6. ③ 7. ③ 8. ① 9. ④ 10. ① 11. ③ 12. ① 13. ② 14. ④ 15. ② 16. ① 17. ② 18. ② 19. ③ 20. ①

3-3 강화 기구

(1) 고용체 강화

① 고용체 강화의 개요

(가) 일반적으로 용매원자의 격자에 용질원자가 고용되면 순금속보다 강한 합금이 된다.

(나) 고용체가 형성되면 용질원자의 근처에 응력장이 형성되어 이동 전위의 응력장과 상호작용을 하여 전위의 이동이 방해되어 재료를 강화시키는 고용체 강화가 나타난다.

(다) Cu-Ni계 합금에서 치환형 원자인 Ni을 용매격자인 Cu 속에 첨가하면 순동보다 높은 강도를 나타낸다.

② 고용체 강화의 효과

(가) 용매원자와 용질원자 사이의 원자 크기 차이가 클수록 강화 효과는 커진다.

(나) 첨가되는 합금 원소량이 많을수록 강화 효과는 커진다.

③ 고용체 강화의 영향

(가) 고용체를 이루는 합금의 항복강도, 인장강도 및 경도는 순금속보다 크다.

(나) 합금의 연성은 순금속보다 낮다.
(다) 합금의 전기전도도는 순금속에 비해서 현저하게 떨어진다.
(라) 고온에서의 크립 저항성이 순금속보다는 고용체 강화된 합금에서 우수하다.

단원 예상문제

1. 고용체 강화에 대한 설명으로 옳은 것은?

① 용매원자와 용질원자 사이의 원자 크기의 차이가 작을수록 강화 효과는 커진다.
② 일반적으로 용매원자의 격자에 용질원자가 고용되면 순금속보다 강한 합금이 되는 것이 고용체 강화이다.
③ 용매원자에 의한 응력장과 이동 전위의 응력장이 상호작용하여 전위의 이동을 원활하게 하여 재료를 강화하는 방법이다.
④ Cu–Ni 합금에서 구리의 강도는 40% Ni이 첨가될 때까지 증가되는 반면 니켈은 60% Cu가 첨가될 때 고용체 강화가 된다.

해설 용매원자와 용질원자 사이의 원자 크기의 차이가 작을수록 강화 효과는 작아진다. Cu–Ni 합금에서 구리의 강도는 60% Ni이 첨가될 때까지 증가되는 반면 니켈은 40% Cu가 첨가될 때 고용체 강화가 된다.

2. 고용체 강화에 대한 설명으로 틀린 것은?

① 고용체 강화 합금은 고온 크리프 저항성이 순금속보다 우수하다.
② 황동은 고용체 강화에 의해 강도 및 연성이 감소한다.
③ 고용체 강화 합금은 순금속에 비해 전기전도도가 떨어진다.
④ 고용체 강화 합금의 항복강도, 인장강도가 순금속보다 크다.

해설 황동은 고용체 강화에 의해 강도 및 연성이 증가한다.

3. 고용체를 형성하면 순금속보다 강도가 커지는 이유는?

① 결정격자의 strain 때문에
② 비중이 증가하기 때문에
③ 전기저항이 증가하기 때문에
④ 미끄럼 강도가 저하하기 때문에

해설 용질원자와 용매원자의 크기가 같지 않아 스트레인이 발생하여 강도가 커진다.

4. 금속의 경화 중 저온과 고온에서 유용한 강화 수단은?

① 석출강화 ② 가공경화 ③ 고용체 강화 ④ 시효경화

해설 고용체 강화는 저온, 고온에서 금속의 강화 수단이다.

5. 다음의 금속 강화 방법 중 고온에서 효과가 가장 좋은 방법은?

① 급랭하여 강화시켰다.
② 압연가공하여 강화시켰다.
③ 고용체를 석출시켜 강화하였다.
④ 고용 원소를 고용시켜 강화하였다.

정답 1. ② 2. ② 3. ① 4. ③ 5. ④

(2) 석출강화

① 석출강화의 개요

(가) 석출강화는 열처리 과정을 통하여 과포화 고용체로부터 제2상을 석출시켜 강화시키는 현상을 말한다.

(나) 석출강화가 일어나기 위해서는 온도에 따른 고용도의 차이가 있어야 한다. 즉, 고온에서는 제2상이 고용되어야 하고 온도가 감소함에 따라 제2상의 고용도가 감소해야 한다.

(다) 최대의 강화 효과를 얻기 위해서는 제2상 입자간 거리를 가능한 한 짧게 해야 한다. 제2상의 입자직경이 작을수록 평균 입자간 거리가 짧아지므로 강화 효과가 크게 나타난다.

② 석출강화의 기본원칙

(가) 기지와 석출물이 합금에 미치는 영향

㉠ 기지상은 연성이 크고 석출물은 단단한 성질을 가져야 한다.
㉡ 석출물은 불연속적으로 존재해야만 하는 반면에 기지상은 연속적이어야 한다.
㉢ 석출물 입자의 크기가 미세하고 그 수가 많아야 한다.
㉣ 석출물 입자의 형상이 구형에 가까울수록 응력집중을 일으키지 않으므로 균열 발생 가능성이 적어진다.
㉤ 석출물의 부피분율이 클수록 강도는 커진다.

③ 석출강화 기구

(가) Al-4% Cu 합금에서 용체화 처리 후 급랭하여 과포화 고용체로 한 다음 시효처리하여 미세한 석출물에 의해 강화한다.

(나) 과포화된 고용체로부터 석출물이 연속적으로 발달한다.

과포화 고용체 → G.P zone → θ'' → θ' → $\theta(CuAl_2)$

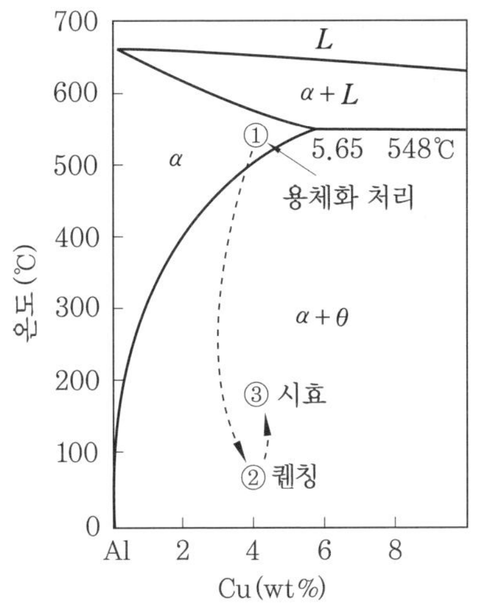

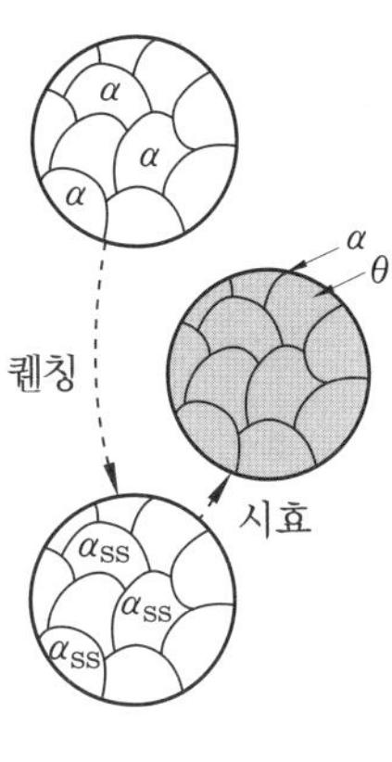

Al–Cu계 합금에서 시효강화 열처리의 3단계와 미세조직

단원 예상문제

1. G.P 집합체(Guinier–Preston aggregate)와 관계가 가장 깊은 경화는 어느 것인가?

① 전위경화 ② 고용경화
③ 가공경화 ④ 석출경화

해설 석출경화는 시효처리 과정에서 G.P zone→$\beta'(Al_3Mg_2)$→$\beta(Al_3Mg_2)$로 석출되어 경화한다.

2. 합금에서 석출경화를 이용할 수 있는 것은 어떤 종류의 상태도를 가질 때인가?

① 고용한도 곡선이 온도 강하에 따라 감소하는 형의 상태도
② 고용한도 곡선이 온도 강하에 따라 증가하는 형의 상태도
③ 고용한도 곡선이 없는 전율고용체를 갖는 상태도
④ 고용한도 곡선이 없는 공정형 상태도

해설 Al–Cu계 합금과 같이 α의 고용한도 곡선이 온도 강하에 따라 감소하는 형의 상태도

3. 석출경화를 얻을 수 있는 경우는?

① 단순공정형 상태도를 갖는 합금의 경우에서
② 전율가용 고용체형을 갖는 합금의 경우에서
③ 어떤 형의 상태도라도 모든 합금의 경우에서
④ 온도 강하에 따라 고용한도가 감소하는 형의 상태도를 갖는 합금의 경우에서

해설 석출경화는 온도 강하에 따라 고용한도가 감소하는 형(Al–Cu 합금계)의 상태도에서 주로 발생한다.

4. **석출경화의 기본원칙에 해당되지 않는 것은?**

① 석출물의 부피분율이 커야 한다.

② 석출물 입자의 형상이 구형에 가까워야 한다.

③ 석출물 입자의 크기가 미세하고 그 수가 많아야 한다.

④ 석출물은 연속적으로 존재해야만 하는 반면에 기지상은 불연속적이어야 한다.

해설 석출물은 불연속적으로 존재해야만 하는 반면에 기지상은 연속적이어야 한다.

5. **시효경화 현상이 현저하게 나타나는 금속은?**

① Ni ② Zn ③ Au ④ Al

해설 알루미늄합금은 시효경화가 나타나는 합금이다.

6. **Al－4% Cu 합금에서 석출강화 처리 방법이 아닌 것은?**

① 용체화 처리 ② 급랭처리 ③ 시효처리 ④ 심랭 처리

해설 시효강화 열처리 방법 : 용체화 처리(510～530℃에서 5～10시간) → 퀜칭(급랭) → 시효

7. **Al–4% Cu 합금의 열처리에 관한 설명으로 옳은 것은?**

① 500～550℃ 부근에서 1～2시간 유지한 후 서랭에 의하여 $CuAl_2$를 미세하게 석출경화시킨다.

② 담금질 효과가 없으므로 500℃ 부근에서 1～2시간 유지한 후 풀림 처리하여 내부응력을 제거한다.

③ 510～530℃에서 5～10시간 정도 가열한 후 급랭하고, 150～180℃에서 5～10시간 시효경화시킨다.

④ 500～550℃ 부근에서 1～2시간 유지한 후 급랭에 의하여 무확산변태 처리로 마텐자이트를 생성한다.

8. **G.P zone과 관계가 없는 것은?**

① 정합(coherent) ② martensite

③ θ'' ④ Al–Cu 합금

해설 Al–Cu 합금의 시효처리에 의해 정합석출물과 θ''석출물이 나타난다.

9. **시효처리는 어떤 현상을 이용한 금속 강화법인가?**

① 석출경화 ② 고용강화

③ 분산강화 ④ 규칙–불규칙 강화

해설 비철합금의 열처리는 용체화 처리 후 시효처리에 의한 석출경화이다.

10. **고용체 합금의 시효경화를 위한 조건으로 옳은 것은?**

① 석출물이 기지조직과 부정합 상태이어야 한다.
② 고용체의 용해한도가 온도 감소에 따라 급감해야 한다.
③ 급랭에 의해 제2상의 석출이 잘 이루어져야 한다.
④ 기지상은 연성이 아닌 강성이며 석출물은 연한 상이어야 한다.

해설 시효경화 시 석출물은 기지조직과 정합 상태이어야 하고, 기지상은 연성이며, 석출물은 강한 상이어야 한다.

11. **Al–4% Cu 석출강화형 합금에서 석출강화에 영향을 주는 상은?**

① α상 ② β상 ③ θ상 ④ γ상

해설 Al–4% Cu 석출강화형 합금에서 시효경화를 통해 석출되는 상은 θ상이다.

12. **석출강화에서 기지와 석출물의 특성을 설명한 것으로 틀린 것은?**

① 석출물은 침상보다는 구상이어야 한다.
② 석출물은 입자의 크기가 미세하고 수가 많아야 한다.
③ 기지상은 연성이 크고, 석출물은 단단한 성질을 가져야 한다.
④ 석출물은 연속적으로 존재해야만 하는 반면 기지상은 불연속적이어야 한다.

해설 석출물은 불연속적으로 존재해야만 하는 반면에 기지상은 연속적이어야 한다.

정답 1. ④ 2. ① 3. ④ 4. ④ 5. ④ 6. ④ 7. ③ 8. ② 9. ① 10. ② 11. ③ 12. ④

(3) 분산강화

제2상이 고용체로부터의 석출이 아닌 분말야금법이나 입자강화 복합재료에서처럼 제조과정 중에 산화물, 탄화물, 붕화물 및 질화물 등의 제2상을 인위적으로 첨가해서 강화시키는 현상을 말한다.

(4) 결정립 미세화 강화

① 결정입계 면적이 크거나 결정립 크기가 작아질수록 재료의 강도는 증가한다.
② 결정입계는 전위의 움직임을 방해하므로 재료를 강화시키는 역할을 하게 된다.
③ 재료의 항복강도와 결정립의 크기의 관계를 나타내는 식을 Hall–Petch 관계식이라 한다.

$$\sigma_y = \sigma_0 + kd^{-1/2}$$

여기서 σ_y : 재료의 항복강도, σ_0, k : 재료상수, d : 평균 결정립 지름

평균 결정립 지름과 재료의 항복강도는 반비례한다. 즉, 결정립의 지름이 작아지면 전위의 움직임을 방해하는 결정입계가 많아지므로 금속이 강화된다.

(5) 변형강화

가공에너지를 가해 금속을 변형시킬수록 전위는 서로 가까워지므로 전위밀도가 증가하여 움직임을 방해한다.

단원 예상문제

1. **결정입자를 작게 하면 인장강도는?**

① 증가한다. ② 감소한다.
③ 변화 없다. ④ 감소하다가 증가한다.

해설 결정입자가 미세할수록 인장강도는 증가한다.

2. **금속의 강화기구 중 결정립의 크기와 강도의 관계에 대한 설명으로 틀린 것은?**

① 결정립의 크기가 클수록 강도는 증가한다.
② 결정입계의 면적이 클수록 강도는 증가한다.
③ 재료의 항복강도와 결정립의 크기 관계를 Hall-Petch 식이라 한다.
④ 결정립이 미세할수록 항복강도뿐만 아니라 피로강도 및 인성이 증가한다.

해설 결정립의 크기가 클수록 강도는 감소한다.

3. **다음 설명 중 틀린 것은?**

① 온도가 낮을수록 취성파괴가 일어날 가능성이 크다.
② 일방향 인장응력 상태보다 삼방향 인장응력 상태에서 취성파괴가 일어날 가능성이 크다.
③ 변형속도가 클수록 취성파괴가 일어날 가능성이 크다.
④ 결정립이 미세할수록 취성파괴가 일어날 가능성이 크다.

해설 취성파괴는 결정립이 미세할수록 적게 나타난다.

4. **결정립 크기와 항복강도 간의 관계를 표현하는 것은?**

① Hume-Rothery 법칙 ② Hall-Petch 관계식
③ Peach-Koehler 관계식 ④ Zener-Hollomon 관계식

해설 Hall-Petch 식에 의하면 결정질 재료의 결정립의 크기가 작아질수록 재료의 강도는 증가한다.

정답 1. ① 2. ① 3. ④ 4. ②

제 3 편
금속열처리

제 1 장 열처리의 개요

1-1 열처리의 기초

(1) 열처리의 목적

① 경도 또는 인장력을 증가시키기 위한 목적(담금질 후, 보통 취약해지는 것을 막기 위해 템퍼링 처리)

② 조직을 연한 것으로 변화시키거나 또는 기계가공에 적당한 상태로 하기 위한 목적(어닐링, 탄화물의 구상화 처리)

③ 조직을 미세화하고 방향성을 적게 하며, 편석을 적게 하고 균일한 상태로 만들기 위한 목적(노멀라이징)

④ 냉간가공의 영향을 제거할 목적(중간어닐링, 변태점 이하의 온도로 가열함으로써 연화처리)

⑤ 매크로적 응력을 제거하고 미리 기계가공에 의한 제품의 비틀림의 발생 또는 사용 중의 파손이 발생하는 것을 방지할 목적(응력 제거 어닐링)

⑥ 산세 또는 전기도금에 의해 외부에서 강 중으로 확산하여 용해된 수소를 제거하여 수소에 의한 취화를 적게 하기 위한 목적(150~300℃로 가열)

⑦ 조직을 안정화시킬 목적(어닐링, 템퍼링, 심랭 처리와 템퍼링의 혼용)

⑧ 내식성을 개선할 목적(스테인리스강의 담금질)

⑨ 자성을 향상시키기 위한 목적(규소강판의 어닐링)

⑩ 표면을 경화시키기 위한 목적(고주파 담금질, 화염 담금질)

⑪ 강에 점성과 인성을 부여하기 위한 목적(고Mn강의 담금질)

(2) 가열과 냉각

① 가열 방법

가열 온도와 열처리

가열 온도	종류
A_1 변태점 상	어닐링(annealing), 노멀라이징(normalizing), 담금질(quenching)
A_1 변태점 하	저온 어닐링, 템퍼링(tempering), 시효

가열속도와 열처리

가열속도	종류
서서히	어닐링(annealing), 노멀라이징(normalizing), 담금질(quenching), 템퍼링(tempering)
빨리	어닐링(annealing), 담금질(quenching)

② 냉각 방법

(가) 열처리 온도 범위는 화색이 없어지는 온도(약 550℃)까지의 범위와 약 250℃ 이하의 온도 범위이다.

(나) 임계구역 : Ar′ 범위는 담금질 효과가 나타나든가 또는 나타나지 않든가의 운명을 결정하는 온도 범위이다. 이 구역을 빨리 냉각시키면 강은 경화되지만, 늦게 냉각되면 경화가 일어나지 않는다.

(다) 위험구역 : Ar″ 범위는 담금질 처리의 경우에만 필요한 온도 범위이며, 여기서 담금질 균열을 결정짓는 위험지대가 되고 이를 위험구역이라 한다.

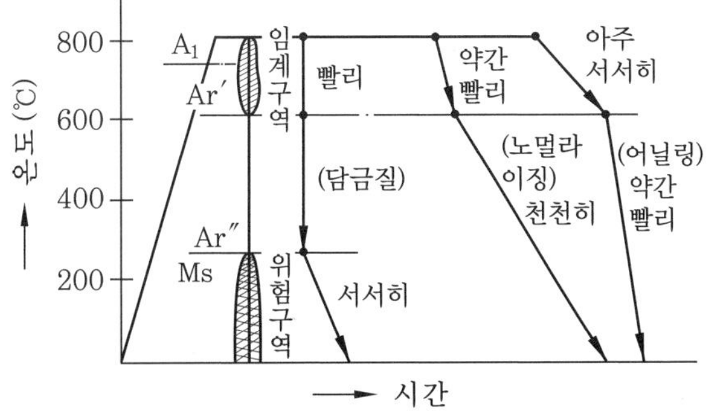

냉각 방법의 요령

냉각속도와 열처리

냉각속도	종류
서서히(노랭)	어닐링(annealing)
약간 빨리(공랭)	노멀라이징(normalizing)
빨리(수랭, 유랭)	담금질(quenching)

냉각 방법의 요령

열처리 방법	필요한 온도 범위	필요한 냉각속도
어닐링	550℃까지(Ar′)	극히 서서히
	그 이하의 온도	공랭으로도 가능
노멀라이징	550℃까지(Ar′)	방랭
	그 이하의 온도	서서히
담금질	550℃까지(Ar′)	빨리
	250℃ 이하(Ar″, Ms)	서서히
템퍼링	템퍼링 온도부터(템퍼링 연화)	급랭
	템퍼링 온도부터	서서히

③ 냉각 방법의 3형태

냉각 방법의 3형태

냉각 방법	열처리의 종류
연속 냉각	보통 어닐링, 보통 템퍼링, 보통 담금질
2단 냉각	2단 어닐링, 2단 템퍼링, 인상 담금질
항온 냉각	항온 어닐링, 항온 템퍼링, 오스템퍼링, 마템퍼링, 마퀜칭

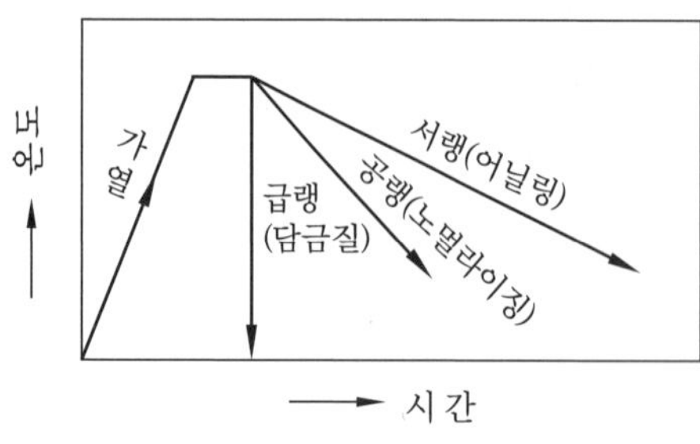

연속 냉각에 의한 열처리

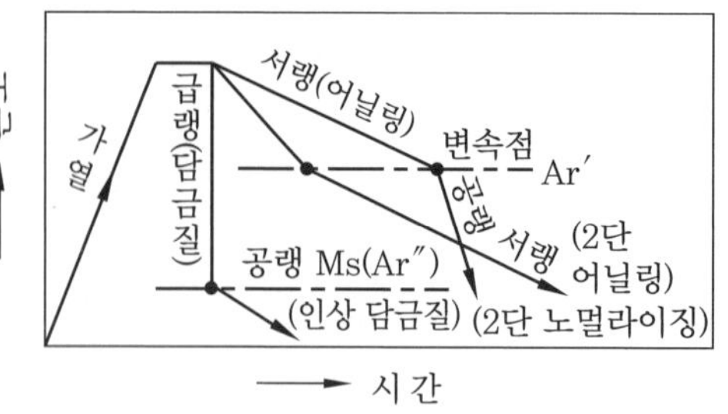

2단 냉각에 의한 열처리

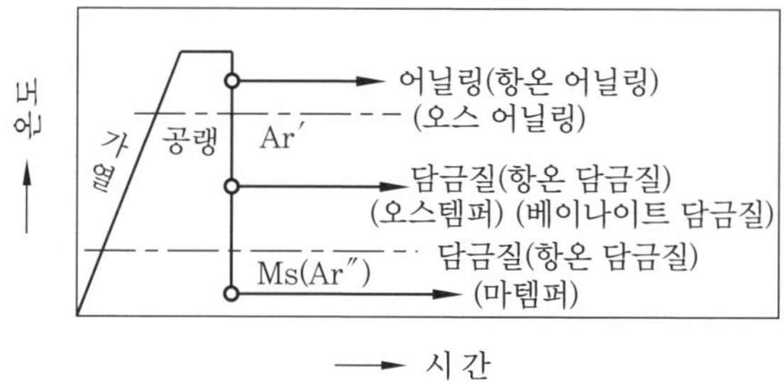

항온 냉각에 의한 열처리

단원 예상문제

1. 열처리를 하는 목적 중 틀린 것은?

① 조직을 안정화시키기 위하여
② 내식성을 개선하기 위하여
③ 조직을 조대화하고 방향성을 크게 하기 위하여
④ 경도 또는 인장력을 증가시키기 위하여

해설 ③ 조직을 미세화하고 방향성을 적게 하며, 편석을 적게 하고 균일한 상태로 만들기 위함이다.

2. 금속에 대한 열처리 목적이 아닌 것은?

① 조직을 안정화시키기 위하여
② 재료의 경도를 개선하기 위하여
③ 재료의 인성을 부여하기 위하여
④ 조직을 미세화하며 방향성을 많게 하고 편석이 큰 상태로 하기 위하여

3. 열처리의 방법과 그 목적으로 틀린 것은?

① 풀림–연화
② 노멀라이징–조대화
③ 담금질–경화
④ 뜨임–인성 부여

해설 노멀라이징은 조직을 미세화하고 방향성을 적게 하며, 편석을 적게 하고 균일한 상태로 만들기 위한 열처리이다.

4. 열처리 냉각 방법의 3가지 형태가 아닌 것은?

① 급속 냉각　② 연속 냉각　③ 2단 냉각　④ 항온 냉각

해설 냉각 방법의 3형태에는 연속 냉각, 2단 냉각, 항온 냉각이 있다.

5. 강을 열처리할 때 냉각 도중에 냉각속도를 바꾸는 냉각 방법으로 맞는 것은?

① 연속 냉각
② 계단 냉각
③ 항온 냉각
④ 열욕 냉각

6. 열처리 냉각 방법 중 2단 냉각에 해당되는 것은?

① 보통풀림
② 인상 담금질
③ 확산풀림
④ 완전풀림

해설 2단 냉각에는 인상 담금질(time quenching)이 있다.

정답 1. ③ 2. ④ 3. ② 4. ① 5. ① 6. ②

1-2 합금원소의 영향

(1) 펄라이트 변태와 합금원소

① Cr 첨가에 의한 펄라이트 변태

㈎ 탄소강에서는 A_3 또는 A_{cm}선 이상으로 가열하면 오스테나이트 단상으로 되지만, 합금원소가 첨가되면 A_3 또는 A_{cm}선의 온도가 변화한다.

㈏ Cr 양이 증가함에 따라 723℃, 0.8%C에 해당되던 A_1 변태점이 탄소량이 적고 고온인 쪽으로 이동하여 오스테나이트 단상 영역을 점점 좁아지게 한다. 따라서 오스테나이트화하기 위해서는 보다 높은 온도로 가열해야만 한다.

㈐ 0.8% C-18% W-4% Cr-1% V을 함유한 고속도강에서는 900℃ 정도로 가열 시 오스테나이트 중에 고용되는 탄소량은 불과 0.25% 정도이므로 담금질하면 마텐자이트 조직으로 변태시켜도 경화되지 못한다.

㈑ 1200~1300℃로 가열하면 0.55% 정도의 탄소가 오스테나이트 중으로 고용되므로 이것을 담금질하면 HRC65~67 정도의 경도를 얻는다.

㈒ Cr 양이 증가할수록 공석점의 탄소량이 감소한다. 즉, 탄소강에서의 공석점은 0.8% C인데, 12% Cr이 첨가되면 0.4%로 된다.

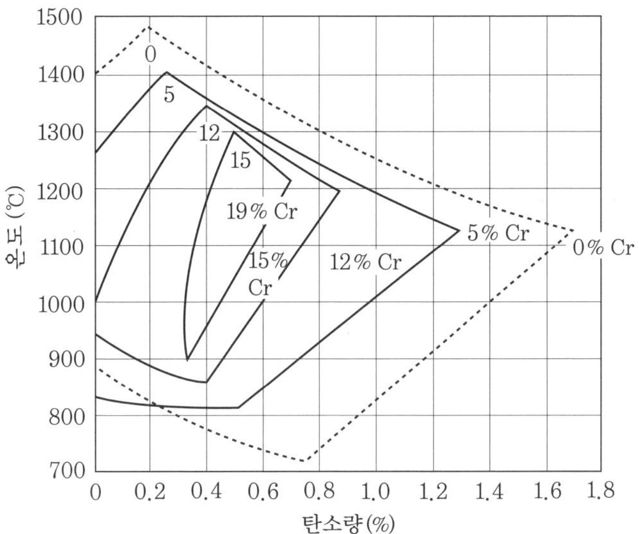

오스테나이트 영역에 미치는 Cr과 C의 효과

② Ni 첨가에 의한 펄라이트 변태

㈎ 오스테나이트 안정화 원소인 Ni은 펄라이트 변태를 지연시키기 때문에 펄라이트 변태 개시선이 오른쪽으로 이동하여 펄라이트 변태가 완료되는데 걸리는 시간이 길어진다.

㈏ Ni 첨가에 의해서 A_1 변태온도가 낮아진다.

㈐ 펄라이트 변태를 지연시키는 합금원소 첨가에 의해 담금질 시 두께가 두꺼운 강재를 완전한 마텐자이트 조직으로 경화할 수 있다.

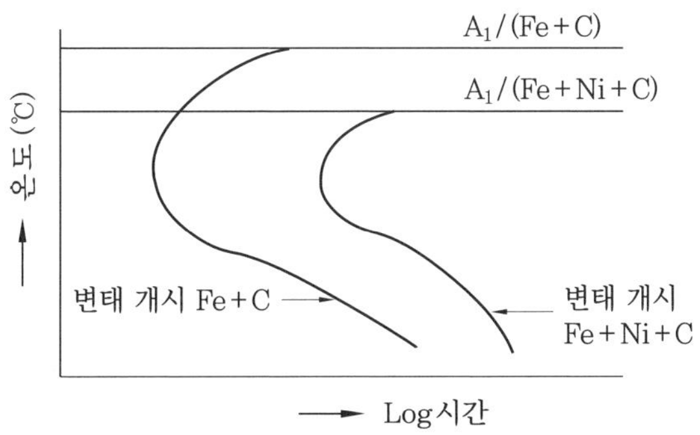

오스테나이트 안정제 Ni에 의한
변태 개시선의 이동

(2) 마텐자이트 변태와 합금원소

① 마텐자이트 변태는 오스테나이트 상태로부터 급랭할 때 Ms 온도에서 변태가 시작되고, 일반적으로 그 이하로 온도가 내려가면 변태량이 증가하다가 Mf 온도에 도달하면 변태가 종료된다.

② Ms와 Mf 사이의 온도 구간은 보통 200~300℃이다.

③ 오스테나이트 중의 C나 Ni 함유량이 증가하면 Ms점은 강하하므로 이들 원소량이 어느 정도 이상이 되면 상온에서 100% 마텐자이트가 된다.

④ Ms점에 가장 영향을 주는 원소는 C로서 0.1% 증가로 약 35℃ 정도 Ms점이 강하한다.

⑤ Mf점은 탄소량에 따라 Ms점 이상으로 현저하게 강하되어 0.6% 이상의 탄소를 함유하는 강에서는 상온에서 오스테나이트의 일부가 잔류하게 된다.

⑥ Co와 A_l만이 Ms점을 상승시키고 그 밖의 원소는 거의 모두 Ms점을 강하시킨다.

⑦ Cr은 1% 첨가당 20℃ 정도 Ms점을 강하시킨다.

$$Ms(℃) = 550 - 350 \times C\% - 40 \times Mn\% - 35 \times V\% - 20 \times Cr\% - 17 \times Ni\% - 10 \times Cu\% - 10 \times Mo\% - 10 \times W\% - 10 \times Si\% + 15 \times Co\%$$

⑧ Ms 강화 원소 : Mn, V, Cr, Ni

단원 예상문제

1. 변태온도를 낮추고 변태속도를 느리게 하는 원소는 어느 것인가?

① Ni　② Cr　③ Cu　④ Si

2. 강의 공석변태온도(eutectoid temperature)를 낮추는 원소들로 짝지어진 것은?

① Mo, Si　② Ni, Mo
③ Mn, Ni　④ Si, Mn

해설 Mn, Ni은 강의 공석변태온도를 강하시킨다.

3. 탄소강에서 마텐자이트 변태가 시작되는 온도(Ms)에 대한 설명으로 틀린 것은?

① 미세결정립은 Ms점이 낮다.
② 얇은 시료의 Ms점은 두꺼운 시료보다 높다.
③ Al, Ti, V, Co 등의 첨가 원소는 Ms점을 낮춘다.
④ 탄소강은 냉각속도가 빠르면 Ms점이 낮아진다.

해설 Al, Ti, V, Co 등의 첨가 원소는 Ms점을 높인다.

4. 철강에 극히 미량 첨가로 담금질성을 최대로 증가시키는 원소는?

① B ② Mn ③ Ni ④ W

해설 담금질성을 높이는 원소 : B, Mn, Cr, Mo

5. 강의 최고담금질 경도를 좌우하는 요소는?

① 강 중의 탄소 함유량
② 합금원소의 무게
③ 오스테나이트 결정입도
④ 강괴의 형상

해설 강의 담금질 경도를 크게 좌우하는 요소는 탄소 함유량이다.

정답 1. ① 2. ③ 3. ③ 4. ① 5. ①

1-3 강의 항온변태

(1) 항온변태 곡선

① 강을 오스테나이트 상태로부터 A_1 변태점 이하의 항온 중에 담금질한 그대로 유지했을 때 나타나는 변태를 항온변태라 한다.

② 보통 S 곡선과 C 곡선을 TTT(time temperature transformation) 곡선이라고도 한다.

③ C 곡선에서 abc 선의 왼쪽은 불안정한 오스테나이트이고 abc 선은 Ar_1 변태의 개시선이며, a′, b′, c′ 선이 그 완료선이다.

④ ab, a′b′ 선에서는 온도가 내려갈수록 보통 펄라이트, 소르바이트 및 트루스타이트조직이 나타난다. 즉, bb′ 선보다 높은 온도에서는 펄라이트가 생성되고 bb′ 선에서 cc′ 선까지의 온도 구간에서는 베이나이트 조직이 생성된다. 550℃(코 부분)에서 변태가 시작되어 급히 완료되는 부분이다.

⑤ 펄라이트는 두 상이 교대로 반복되는 층상 조직을 나타내고 베이나이트는 침상에 가까운 조직을 나타낸다.

⑥ 높은 온도에서 형성된 펄라이트는 거칠고, 낮은 온도에서 형성된 펄라이트는 미세하다.

⑦ 오스테나이트를 580℃ 연욕 중에 담금하면 1초 이내에 미세한 펄라이트로 변태하기 시작하여 4초 후에 완료된다.

⑧ 350~550℃ 범위의 온도에서 형성된 상부 베이나이트는 페라이트 주위에 시멘타이트가 석출되고, 250~350℃ 범위에서 형성된 하부 베이나이트는 페라이트 내에 시멘타이트가 석출된다.

⑨ 탄소 함유량이 많을수록 Ms 온도는 내려간다.

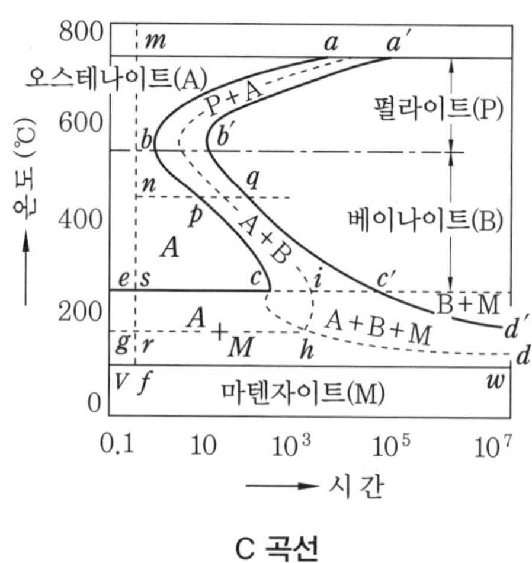

C 곡선

단원 예상문제

1. 다음 중 항온변태 곡선과 관계가 없는 곡선은?

① CCT 곡선 ② C 곡선
③ S 곡선 ④ TTT 곡선

2. 강의 항온변태에 대한 설명 중 틀린 것은?

① 항온변태곡선 코(nose) 온도 위에서 항온변태시키면 마텐자이트가 형성된다.
② 항온변태곡선을 TTT(time temperature transformation) 곡선이라고도 한다.
③ 항온변태곡선 코(nose) 아래의 온도에서 항온변태시키면 베이나이트가 형성된다.
④ 오스테나이트화한 후 A_1 변태온도 이하의 온도로 급랭시켜 시간이 지남에 따라 오스테나이트의 변태를 나타내는 곡선을 항온변태곡선이라 한다.

해설 항온변태곡선 코(nose) 온도 위에서 항온변태시키면 펄라이트가 생성된다.

3. 다음 중 항온변태와 관계없는 것은?

① S 곡선 ② CCT
③ nose ④ 베이나이트

해설 CCT : 연속 냉각 열처리, TTT : 항온 냉각 열처리

4. 강을 오스테나이트 상태로부터 A_1 변태점 이하의 일정한 온도 중에서 담금질한 그대로를 유지했을 때 나타나는 변태는?

① 자기변태 ② 항온변태
③ 지체변태 ④ 고온변태

5. 탄소강에 있어서 S 곡선의 코(nose)의 온도는?

① 약 550℃
② 약 850℃
③ 약 900℃
④ 약 250℃

해설 S 곡선의 코의 온도(Ar′)는 550℃이다.

6. 항온변태 곡선(S 곡선)에서 가장 빨리 변태 개시선에 도달하는 구역(이것을 잠복기라 한다.)은?

① 펄라이트 변태 구역 ② Ms 직선의 구역
③ 노우즈 구역 ④ Mf 구역

해설 550℃ 부근의 변태가 가장 빠른 곳을 nose(코)라 한다.

정답 1. ① 2. ① 3. ② 4. ② 5. ① 6. ③

(2) 펄라이트 변태

① 오스테나이트에서 냉각을 시작하여 평형도의 임계구역을 통과할 때 느린 속도로 냉각하면 오스테나이트가 변태되어 초석 페라이트 또는 시멘타이트와 펄라이트가 생성된다.

② 펄라이트가 생성될 때 두 가지 반응이 동시에 일어난다.

(가) 격자변태 : γ철로부터 α철로 변태하는 반응

(나) 확산변태 : 공석 조성의 오스테나이트로부터 시멘타이트(Fe_3C)가 분리하는 반응

③ 면심입방격자(FCC)를 가진 γ고용체가 체심입방격자(BCC)를 거쳐서 체심입방격자의 α고용체로 변화된다.

④ 확산변태는 탄소를 2.0%까지 고용할 수 있는 γ고용체인 오스테나이트가 최대 용해도가 0.025%인 페라이트로 변화하고, 나머지 탄소는 3개의 α철 원자와 결합하여 Fe_3C의 탄화물을 형성한다.

단원 예상문제

1. 오스테나이트에서 냉각을 시작하여 평형도의 임계구역을 통과할 때 느린 속도로 냉각되면 펄라이트가 생성된다. 이때의 반응으로 맞는 것은?

① 격자변태, 확산변태
② 격자변태, 무확산변태
③ 확산변태, 무확산변태
④ 공석변태, 연속변태

해설 펄라이트 생성의 두 가지 반응에는 격자변태, 확산변태가 있다.

2. 펄라이트 변태를 설명한 것 중 틀린 것은?

① Fe_3C를 핵으로 발생, 성장한다.
② 결정립의 크기가 크면 펄라이트 변태가 촉진된다.
③ 합금원소에 따라 펄라이트 변태온도는 증가 또는 감소한다.
④ 변태 초기에는 반드시 Fe_3C가 나타나나 후기에는 조성에 따라 특수 탄화물 등으로 변화한다.

해설 결정립의 크기가 크면 펄라이트 변태가 늦다.

정답 1. ① 2. ②

(3) 베이나이트 변태

① 공석강을 약 550℃ 이하의 온도에서 항온변태시키면 코 밑의 온도 구역에서 베이나이트가 형성된다.
② 베이나이트 형성은 오스테나이트 결정입계에서 페라이트 핵의 형성으로부터 나타나고 시멘타이트가 형성되어 페라이트와 시멘타이트가 같이 성장한다.
③ 상부 베이나이트는 우모상(새의 깃털 모양)의 형태, 하부 베이나이트는 침상 조직이며 상부 베이나이트보다는 취약한 반면, 300℃에서 형성된 하부 베이나이트는 비교적 인성이 있다.

단원 예상문제

1. 0.8%C 탄소강을 500℃에서 급랭시킨 후 장시간 항온 유지하면 어떤 조직이 되는가?

① 트루스타이트 ② 마텐자이트
③ 베이나이트 ④ 소르바이트

해설 베이나이트(bainite)는 500℃에서 항온 담금질 처리한 조직이다.

2. 베이나이트의 조직을 현미경적 특징으로 볼 때 어떤 조직인가?

① 섬유상 조직 ② 구상 조직
③ 침상 조직 ④ 국화무늬상 조직

해설 베이나이트 조직은 침상 형태의 조직을 갖는다.

3. 공석강을 약 850℃에서 오스테나이트화한 후 550℃ 이하의 온도로 항온변태시키면 나타나는 조직은?

① 페라이트 ② 스텔라이트
③ 베이나이트 ④ 레데브라이트

4. 공석강이 300℃ 부근의 등온변태에 의해 생성되는 조직으로 침상구조를 이루고 있는 것은?

① 레데브라이트
② 마텐자이트
③ 하부 베이나이트
④ 상부 베이나이트

해설 하부 베이나이트는 공석강이 300℃ 부근의 등온변태에 의해 생성되는 침상구조 조직이다.

5. 강에서 베이나이트(bainite)에 관한 설명으로 옳은 것은?

① 베이나이트는 오스테나이트와 시멘타이트의 혼합물이다.
② 고온에서 베이나이트는 침상 또는 래스(lath) 형태의 페라이트와 래스 사이에 석출되는 시멘타이트로 된다.
③ 약 350℃의 온도에서 베이나이트의 조직은 판상에서 래스 모양으로 변하고 탄화물의 분산은 조대해진다.
④ 상부 베이나이트와 하부 베이나이트는 서로 같은 방법으로 생성된다.

6. **베이나이트 변태에 대한 설명으로 틀린 것은?**

① 오스테나이트에 대해 모재와의 결정학적 관련성이 없다.
② 변태에 따른 용질원자의 분포는 페라이트를 핵으로 하고 무확산에 의해 지배되는 일종의 슬립변태이다.
③ 변태에 따른 용질원자의 분포는 C 원자만 이동하고 합금원소 원자는 모재에 남는다.
④ 조직 내에 포함되어 있는 탄화물은 변태온도 구역(고온)에서 Fe_3C, 저온 구역에서는 천이 탄화물이 존재한다.

해설 베이나이트 변태는 TTT 곡선의 nose 아래의 온도에서 항온변태시킨 것이다. 무확산 변태는 마텐자이트 변태에 해당된다.

7. **베이나이트 변태에 대한 설명으로 옳은 것은?**

① TTT 곡선의 nose 아래의 온도에서 항온변태시킨 것이다.
② TTT 곡선의 nose 부근 온도보다 높은 온도에서 항온변태시킨 것이다.
③ TTT 곡선의 Ms점보다 낮은 온도로 무확산변태를 시킨 것이다.
④ TTT 곡선의 Mf점보다 낮은 온도로 무확산변태를 시킨 것이다.

해설 TTT 곡선의 nose 위의 온도에서 변태시키면 펄라이트가 형성된다.

8. **강의 베이나이트(bainite) 변태에 대한 설명으로 틀린 것은?**

① 약 350℃ 이상에서 형성된 것을 상부 베이나이트라 한다.
② 베이나이트도 펄라이트와 마찬가지로 층상 구조를 이루고 있다.
③ 오스테나이트에서 베이나이트로의 변태에 의해 페라이트와 탄화물이 생성된다.
④ 변태에 따른 용질원자의 분포는 탄소 원자만 이동하고 합금원소 원자는 모재에 남는다.

해설 상부 베이나이트는 흰 마텐자이트 바탕에 깃털 모양의 베이나이트와 일부 트루스타이트가 혼합된 조직으로 350℃ 이상에서 나타나며 하부 베이나이트는 침상 조직으로 나타난다.

9. **강을 항온변태시켰을 때 나타나는 것으로 마텐자이트와 트루스타이트의 중간 조직은?**

① 베이나이트
② 페라이트
③ 오스테나이트
④ 시멘타이트

해설 베이나이트 조직은 마텐자이트와 트루스타이트의 중간 조직이다.

정답 1. ③ 2. ③ 3. ③ 4. ③ 5. ② 6. ② 7. ① 8. ② 9. ①

1-4 연속냉각변태

(1) 공석강의 연속냉각변태

① 서랭과 급랭

㈎ 강의 열처리에서 Fe-C 평형 상태도는 가열과 냉각을 통하여 C의 함량에 따라 변화하는 강의 조직 및 성질을 유용하게 이용하는 상태도이다.

㈏ 공석변태는 가열할 때보다는 냉각할 때 더 저온에서 일어난다. 이때의 변태를 각각 Ac_1 및 Ar_1이라 표시하며 이와 같은 현상이 가장 현저하게 나타나는 것이 A_1 변태로서 보통 순수한 탄소강의 Ar_1은 690~720℃, Ac_1은 A_1점의 온도보다 20~40℃ 정도 높은 온도에서 나타난다.

② 급랭으로 일어나는 지체 변태 : 임계구역 이상의 온도에서 여러 가지 속도로 담금질한 공석강의 냉각곡선에 나타난 정지점의 일반 성질이다.

㈎ 곡선 1은 공석강의 시편을 100℃의 물속에 넣었을 때 비교적 냉각속도가 늦고 Ar_1이 나타나며 펄라이트 조직이 된다.

㈏ 곡선 2는 80℃의 물속에 더욱 급랭시키면 Ar_1 변태가 내려가고 두 개의 정지점인 Ar′와 Ar″가 나타나며, 이때는 마텐자이트와 펄라이트 혼합조직이 나타난다.

㈐ 곡선 3은 20℃의 물속에 더욱 빨리 급랭하면 Ar′점은 완전 소멸되고 Ar″점만 나타나서 마텐자이트 조직을 생성한다. 그러므로 냉각속도가 증가하면 Ar′는 점차 강도가 감소하고, Ar″는 Ar′가 소멸할 때까지 증가되어 마침내 Ar″만 나타난다.

㈑ A_1 변태에서 오스테나이트→펄라이트(페라이트+Fe_3C), 이때 원자밀도가 큰 FCC에서 밀도가 작은 BCC로 변화되어 팽창한다.

㈒ Ar″ 변태는 면심입방격자의 γ 고용체로부터 체심정방격자의 α-마텐자이트를 거쳐서 체심입방격자의 β-마텐자이트로 변태하는 격자변태를 뜻한다.

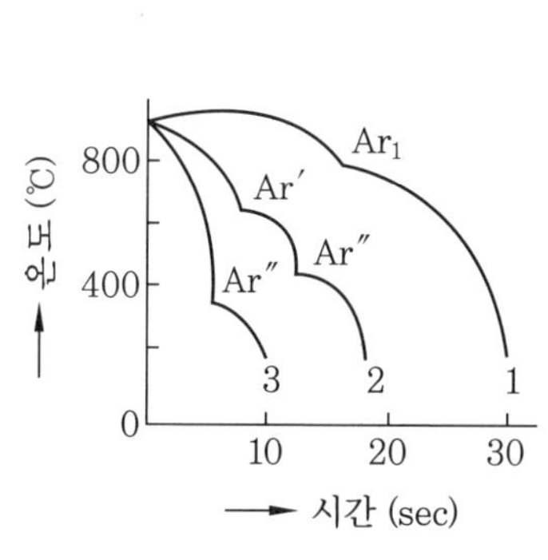

공석강의 열적변태

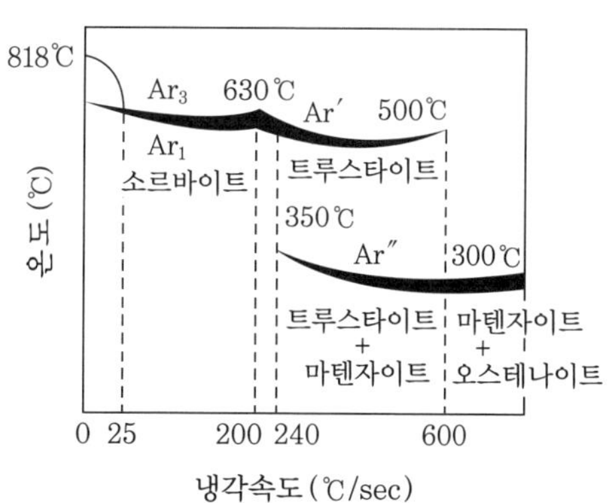

0.41% 탄소강의 분열변태

단원 예상문제

1. 강의 열처리에서 가장 유용하게 사용하는 상태도는?

① Fe-Si ② Fe-C ③ Fe-Mn ④ C-Mn

2. 연속냉각 열처리에서 냉각속도가 가장 느릴 때 나타나는 퀜칭 조직은?

① 마텐자이트 ② 트루스타이트
③ 소르바이트 ④ 펄라이트

3. 0.88% 탄소강을 580℃에서 연욕 중에 담금질하면 1초 이내에 어떤 조직으로 변화하기 시작하는가?

① 미세 펄라이트 ② 페라이트 ③ 베이나이트 ④ 마텐자이트

4. A_1 변태의 조직 변화가 맞는 것은?

① martensite→sorbite ② austenite→pearlite
③ ferrite→austenite ④ pearlite→cementite

5. 강의 냉각 시 일어나는 확산변태는?

① austenite→martensite ② γ-Fe→α-Fe
③ FCC→BCC ④ austenite→Fe_3C 분리

해설 확산변태 : 공석 조성의 오스테나이트로부터 Fe_3C가 분리하는 반응

6. 임계구역 이상의 온도에서 담금질하고 20℃ 수중에서 냉각시킨 공석강의 곡선 중 정지점(d)에서의 조직은?

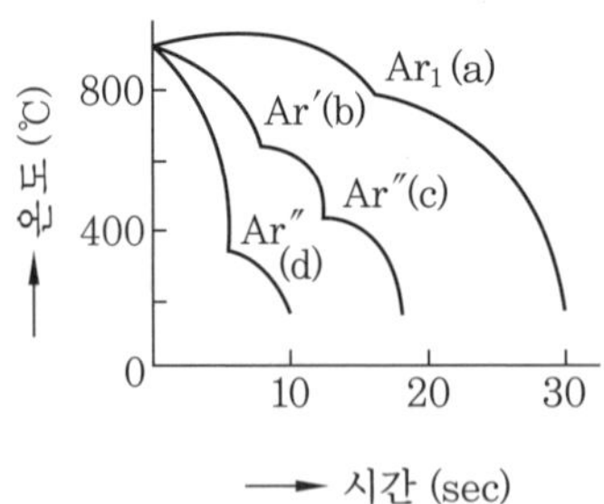

① 페라이트(ferrite) ② 펄라이트(pearlite)
③ 오스테나이트(austenite) ④ 마텐자이트(martensite)

정답 1. ② 2. ④ 3. ① 4. ② 5. ④ 6. ④

(2) 연속냉각변태도

강재를 담금질할 때의 현상을 TTT 곡선과 연결하여 생각하면 일정 속도로 연속냉각을 하게 되므로 S 곡선 관계에서도 약간의 차이가 생기며, 이 연속냉각변태를 CCT라 하고 그것을 표시하는 곡선을 CCT 곡선이라 한다.

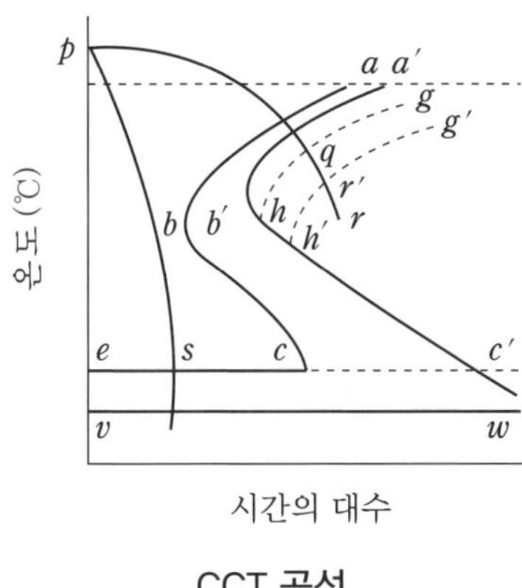

CCT 곡선

(3) 마텐자이트 변태

① 마텐자이트 변태의 특징

(가) 오스테나이트 상태로부터 급랭에 의해 탄소의 무확산변태로 α철 내에 고용 상태로 남는다.

(나) 탄소원자가 차지할 수 있는 격자 틈새의 크기는 γ철(0.51Å)에서보다는 α철(0.35Å)에서 더 작기 때문에 격자가 팽창한다.

(다) 응력이 크고 강도가 증가되어 경화된다.

(라) Ms와 Mf 사이의 온도 구간은 보통 200～300℃이다.

② 마텐자이트의 형태

(가) 마텐자이트 조직의 형태는 대나무잎 또는 침상 또는 lath상인 때가 많으며 이들 마텐자이트의 실체는 lens상 또는 판상이다.

(나) C 양이 0.3% 이하의 강은 체심입방(BCC) 구조를 가지나 0.3% 이상의 강은 체심정방(BCT) 구조를 갖는다.

(4) 잔류 오스테나이트

담금질한 강은 마텐자이트 중에 10～20% 정도의 잔류 오스테나이트가 존재하므로 담금질 경도가 저하되고 시효변형과 시효균열이 나타난다.

단원 예상문제

1. 오른쪽 그림에서 연속냉각 처리 시 공기 중에서 행하는 것은?

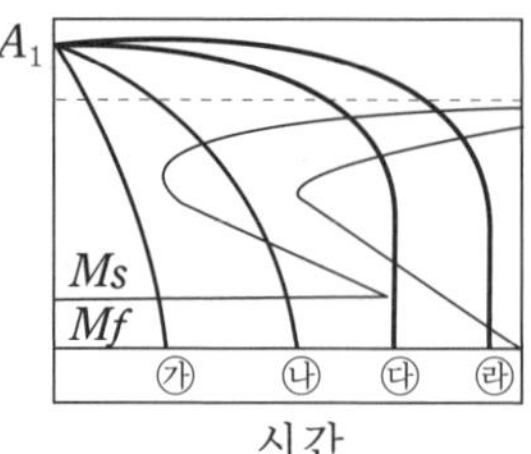

① ㉮
② ㉯
③ ㉰
④ ㉱

해설 ㉮ : 수랭, ㉯ : 유랭, ㉰ : 공랭, ㉱ : 노랭

2. 다음 그림은 0.41% 탄소강의 분열변태를 나타낸 것이다. 여기에서 하부 임계냉각속도는?

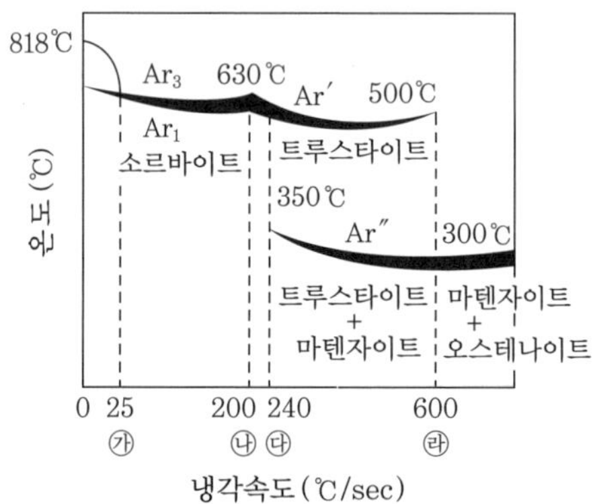

① ㉮ ② ㉯ ③ ㉰ ④ ㉱

해설 하부 임계냉각속도 : 담금질 시 냉각속도 240℃/sec에서 Ar′ 변태가 일어나지만, Ar″ 변태가 시작되는 냉각속도로서 트루스타이트와 마텐자이트가 생성된다.

3. 오른쪽 그림의 a의 냉각속도로 연속냉각시켰을 때 최종적으로 나타나는 현미경 조직은?

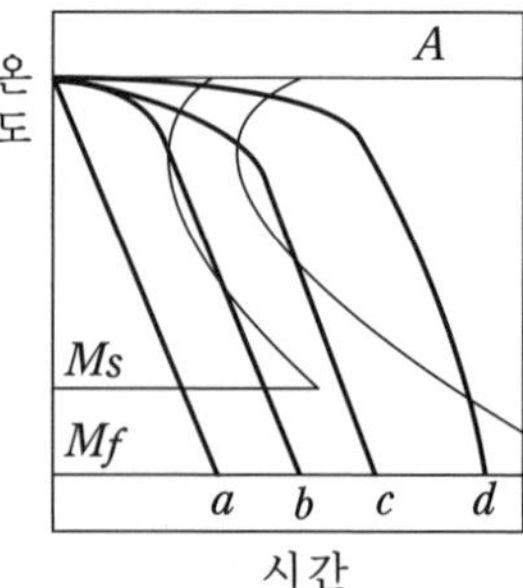

① 펄라이트
② 오스테나이트
③ 베이나이트
④ 마텐자이트

4. 다음 중 연속냉각변태에서 오스테나이트로부터 마텐자이트로 변화하는 변태는?

① Ar′ 변태 ② Ar_1 변태 ③ Ar″ 변태 ④ Ar_3 변태

5. Ar″ 변태에 관계되는 것은?

① 소르바이트 ② 베이나이트 ③ 마텐자이트 ④ 펄라이트

해설 Ar″ 변태온도에서 마텐자이트 조직이 생성된다.

6. Ar″ 변태란 무엇인가?

① austenite→martensite 변태 ② austenite→pearlite 변태
③ austenite→troostite 변태 ④ austenite→sorbite 변태

7. α철 중에 탄소를 과포화로 고용한 체심정방정의 고용체로 현미경 조직이 침상으로 나타나는 이 강을 수중 담금질할 때 얻어지는 조직은?

① 베이나이트 ② 마텐자이트 ③ 트루스타이트 ④ 소르바이트

해설 마텐자이트는 퀜칭 조직이다.

8. 다음 조직 중 흑색 침상 조직이며 체심입방정계인 것은?

① α-마텐자이트 ② β-마텐자이트
③ 상부 베이나이트 ④ 시멘타이트

9. 강의 퀜칭 조직으로 경도가 가장 큰 것은?

① 시멘타이트 ② 오스테나이트 ③ 마텐자이트 ④ 소르바이트

10. 강을 퀜칭할 때 가장 유의해야 할 점은?

① Ar′ 변태 구역은 급랭시키고 Ar″ 변태 구역은 서랭한다.
② Ar′ 변태 구역은 서랭시키고 Ar″ 변태 구역은 급랭한다.
③ Ar′ 및 Ar″ 변태 구역 모두 서랭시킨다.
④ Ar′ 및 Ar″ 변태 구역 모두 급랭시킨다.

11. 강의 마텐자이트가 경도가 큰 이유가 될 수 없는 것은?

① 결정의 미세화 ② 내부응력
③ Fe 격자의 강화 ④ 확산변태에 의한 시멘타이트 분리

해설 확산변태에 의해 시멘타이트가 분리되면 경도는 낮아진다.

12. 강을 담금질했을 때 체적 변화가 가장 큰 조직은?

① 오스테나이트 ② 펄라이트 ③ 트루스타이트 ④ 마텐자이트

13. 다음 그림의 담금질한 공석강 냉각곡선에 나타난 정지점의 조직명이 맞는 것은?

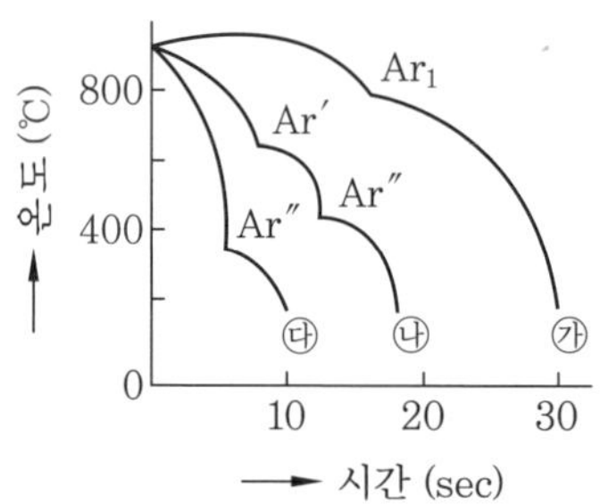

① ㉮ 펄라이트, ㉯ 마텐자이트, ㉰ 마텐자이트+펄라이트
② ㉮ 펄라이트, ㉯ 마텐자이트+펄라이트, ㉰ 마텐자이트
③ ㉮ 마텐자이트, ㉯ 마텐자이트+펄라이트, ㉰ 펄라이트
④ ㉮ 마텐자이트+펄라이트, ㉯ 마텐자이트, ㉰ 펄라이트

14. 담금질하여 마텐자이트 변태를 시켰을 때의 부피 변화는?

① 변화가 없다. ② 팽창한다.
③ 수축한다. ④ 팽창 및 수축한다.

해설 마텐자이트 변태와 동시에 팽창한다.

15. 담금질에 따른 용적의 변화가 가장 큰 조직은?

① 펄라이트 ② 베이나이트
③ 마텐자이트 ④ 오스테나이트

해설 마텐자이트는 급랭에 의해 나타나는 조직으로서 다른 조직에 비해 용적의 변화가 매우 크다.

16. 강을 담금질한 후 뜨임하여 발생한 β-마텐자이트의 결정격자는?

① 면심입방격자(FCC) ② 면심정방격자(FCT)
③ 체심정방격자(BCT) ④ 체심입방격자(BCC)

해설 β-마텐자이트 변태는 Ar″ 변태에서 면심입방격자의 γ 고용체로부터 체심정방격자의 α-마텐자이트를 거쳐 체심입방격자의 β-마텐자이트로 변태한다.

정답 1. ③ 2. ③ 3. ④ 4. ③ 5. ③ 6. ① 7. ② 8. ② 9. ③ 10. ① 11. ④ 12. ④ 13. ② 14. ② 15. ③ 16. ④

제 2 장 열처리 설비

2-1 열처리로와 설비

(1) 열처리로의 종류와 특징

① 열처리로의 종류

(가) 전기로

㉠ 일반적으로 전기저항 가열로를 의미한다.

㉡ 사용되는 고온강도 및 고온에서의 산화 저항성이 크고 용융점이 높으며, 가공이 용이한 조건을 갖추어야 한다.

㉢ 발열체는 사용온도가 비교적 높고, 가공이 쉬워 널리 사용된다.

㉣ 실리콘 발열체가 널리 사용되고 있다.

㉤ 불활성 분위기 또는 진공 중에서는 흑연 발열체가 많이 사용된다.

㉥ 전기저항 발열체, 팬, 열전대로 구성되며, 상형로(box type furnace), 대차로, 원통로, 회전 노상식 전기로, 회전 레토르트로식이 있다.

(나) 가스로

㉠ 프로판, 부탄, 천연가스, 도시가스 및 혼합가스를 연소시켜 가열하는 열처리로이다.

㉡ CO, H 등의 환원성가스, 질소, 아르곤 등의 불활성가스 등을 이용한 광휘열처리를 할 수 있다.

㉢ 직접가열로(오븐로), 간접가열로(머플로), 원통로, 라디안트 튜브로(복사관로) 등이 있다.

(다) 중유로 : 고압기류식 버너, 저압공기식 버너, 유압식 버너 등이 있다.

(라) 염욕로 : 내부 가열식 염욕로, 외부 가열식 염욕로 등이 있다.

(마) 분위기로

㉠ 배치로

- 다품종 소량 열처리에 적합하다.
- 노 내 온도 분포가 균일하다
- 피트로와 횡형로가 있다.

㉡ 연속로

- 소품종 대량생산에 적합하며, 자동화가 용이하다.
- 균일한 처리품의 성질을 얻을 수 있고, 인건비 절감에 적합하다.
- 푸셔로와 컨베이어로가 있다.

② 내화재

내화재의 종류

분류	주원료	내화물 명칭	주요 화학 성분
산성 내화물	점토질 규석질 반규석질	샤모트질 내화물 납석질 내화물 규석질 내화물 반규석질 내화물 규조토 내화물	$SiO_2+Al_2O_3$ $SiO_2+Al_2O_3$ SiO_2 $SiO_2(Al_2O_3)$
중성 내화물	알루미나질 크롬질 탄소질 탄화규소질	알루미나질 내화물 크롬질 내화물 탄소질 내화물 탄화규소질 내화물	$Al_2O_3(SiO_2)$ Cr_2O_3, Al_2O_3, MgO FeO C SiC
염기성 내화물	마그네시아질 크롬-마그네시아질 백운석질 석회질	마그네시아질 내화물 크롬-마그네시아질 내화물 백운석질 내화물 석회질 내화물	MgO $MgO+Al_2O_3$ $CaO \cdot MgO$ CaO

단원 예상문제

1. 열처리로(furnace)의 균일한 온도 분포 유지를 위한 설명으로 틀린 것은?

① 전열식은 연소식보다 열원 배치 및 제어가 쉽다.
② 가열 형식은 직접가열보다 간접가열이 효과적이다.
③ 로 내 가스의 흐름은 정지 상태보다 팬(fan) 교반이 유리하다.
④ 승온과 유지시간이 짧을수록 온도 분포를 균일하게 한다.

해설 승온과 유지시간이 길수록 온도 분포를 균일하게 한다.

2. 제품을 열처리 가열로에 장입하기 전에 확인하여야 할 사항이 아닌 것은?

① 열처리 요구 사항을 확인한다.
② 발주처의 회사 규모를 파악한다.
③ 소재의 재질 확인 및 검사를 한다.
④ 표면 탈탄, 크랙 유무 및 전 열처리 상태를 확인한다.

해설 열처리 전에 발주처의 요구 사항이나 소재의 재질, 결함 등의 유무 상태를 확인한다.

3. 전기로 구조재료와 관계없는 것은?

① 피열체의 종류 ② 팬 ③ 전열선 ④ 열전대

해설 전기로의 구조 : 전열선, 열전대, 팬, 내화물

4. 전기로에 사용되는 발열체 중 비금속 발열체는?

① 니크롬선 ② 칸탈선 ③ 백금선 ④ 흑연질

해설 비금속 발열체 : 흑연 발열체(섬유상, 봉상), 화합물 발열체(SiC, $MoSi_2$)

5. 금속의 발열체 중 사용온도가 가장 높은 것은?

① 칸탈 ② 니크롬 ③ 철크롬 ④ 몰리브덴

해설 몰리브덴이 가장 용융점이 높기 때문에 사용온도가 가장 높다.

6. 열처리로의 설비로서 적당하지 않은 것은?

① 전기로 ② 염욕로
③ 진공로 ④ 용광로

해설 용광로는 선철을 용해하는 용해로이다.

7. 다음 중 노를 구조에 따라 분류한 것은 어느 것인가?

① 가스로 ② 중유로
③ 전기로 ④ 배치로

해설 열처리로는 열원에 따라 가스로, 중유로, 전기로 등으로 분류하며, 구조에 따라 배치로, 연속로, 회전로 등으로 분류한다.

8. 열처리에 사용되는 가열장치에서 열원에 따른 분류가 아닌 것은?

① 전기로 ② 가스로
③ 중유로 ④ 염욕로

해설 염욕로는 용도에 따라 분류한 가열장치이다.

9. 구조에 따른 가열로의 분류가 아닌 것은?

① 원통로 ② 연속로 ③ 전기로 ④ 배치로

해설 열원에 따라 전기로, 가스로, 중유로 및 경유로로 분류한다.

10. 전기로 중 상부 또는 하부에 열풍 팬을 설치하여 온도 분포가 매우 좋으며 길이가 긴 부품의 담금질 및 가스침탄의 뜨임용으로 많이 사용되는 로는?

① 상형로 ② 원통로 ③ 대차로 ④ 회전 레토르트로

해설 원통로는 긴 샤프트, 가스침탄용의 피트로 등 뜨임용으로 널리 활용되는 로이다.

11. 가열장치 후 구조에 따라 여러 종류의 로가 있으나 볼트, 너트처럼 다량 소품종 생산에 적합한 로는?

① 상형로 ② 연속로 ③ 원통로 ④ 배치로

해설 볼트, 너트처럼 다량 소품종 생산은 연속로에서 열처리한다.

12. 연속적 작업이 곤란한 열처리로는?

① 푸셔로
② 콘베이어로
③ 피트로
④ 로상 진동형로

해설 피트로는 바닥보다 낮은 깊이에 설치되어 연속적 작업이 곤란하다.

13. 균일한 온도와 가열속도를 유지할 수 있는 열처리로의 필요 조건과 관계가 먼 것은?

① 과잉의 공기 및 열 손실 등을 방지하기 위해서 노의 문을 닫아야 한다.
② 버너에는 적당한 공기의 양과 압력 측정기가 설치되어야 한다.
③ 노의 크기와 버너의 수량 및 위치를 알맞게 선정하여야 한다.
④ 산화 및 환원을 할 수 있는 자동설비가 구비되어야 한다.

해설 산화 방지를 할 수 있는 자동설비가 구비되어야 한다.

14. 가스로의 특징으로 틀린 것은?

① 노 내 온도 조절이 용이하다.
② 각 부분의 온도를 균일하게 지속하기 쉽다.
③ 노의 구조가 간단하고 안정상 노즐은 한 개만 사용한다.
④ 점화가 간단하고 복사열이 작용하므로 효과적이다.

해설 노의 구조가 간단하고 안정상 노즐은 여러 개 사용한다.

15. 다음 도면은 푸셔(pusher)형 연속로의 일종이다. 어느 형식에 속하는가?

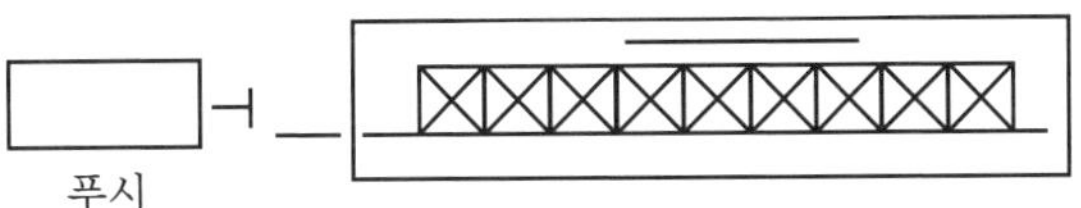

① 스키드 레일형 ② 롤러 하우스형 ③ 모노 레일형 ④ 대차형

16. 열처리로의 액체 연소장치의 특징으로 거리가 먼 것은?

① 발열량이 크고 완전연소도 비교적 용이하다.
② 고온도를 얻게 되어 연소율이 높다.
③ 운반 저장이 용이하다.
④ 자동화가 어렵고 역화폭발 안전장치가 필요하다.

해설 운반 저장이 어렵다.

17. 벨트를 사용하며 신속, 대량품을 처리하는 데 적합하도록 설계된 열처리로는?

① 터널형
② 피트형
③ 콘베이어형
④ 푸셔형

해설 콘베이어형은 대량생산에 적합하다.

18. 연속 열처리의 특징 중에서 틀린 것은?

① 대량생산에 적합하다.
② 열처리 부품 특성의 변화에 대하여 융통성이 많다.
③ 작업 능률이 좋고 품질 관리가 쉽다.
④ 가열, 냉각의 정도가 좋고 열효율이 높다.

해설 열처리 부품 특성의 변화에 대하여 융통성이 적다.

19. 열처리로의 구성재료 중 내화재료가 아닌 것은?

① 샤모트
② 고알루미나질
③ 카보런덤질
④ 규조토

해설 주요 내화재의 종류는 샤모트, 규석, 고알루미나질, 고크롬질이다.

20. 염기성 내화물로 맞는 것은?

① 크롬질 ② 탄소질
③ 규석질 ④ 마그네시아질

21. 가열로에 사용되는 중성 내화재의 성분은?

① SiO_2 ② MgO ③ Al_2O_3 ④ CaO

22. 원자가가 2가인 금속산화물을 주성분으로 하는 내화재로서 마그네시아(MgO)와 산화크롬(Cr_2O_3)을 주성분으로 하는 내화재는?

① 산성 내화재
② 염기성 내화재
③ 중성 내화재
④ 규석벽돌 내화재

해설 • 산성 내화재 : 규석질, 납석질 등
• 염기성 내화재 : 마그네시아, 산화크롬 등
• 중성 내화재 : 고알루미나, 탄소질 등

23. 열처리 설비 제작 시 로 내부에 사용되는 재료가 아닌 것은?

① 열선 ② 콘덴서 ③ 내화물 ④ 열전대

해설 열처리 설비 제작 시 열선, 내화물, 열전대가 필수 재료이다.

정답 1. ④ 2. ② 3. ① 4. ④ 5. ④ 6. ④ 7. ④ 8. ④ 9. ③ 10. ② 11. ② 12. ③ 13. ④ 14. ③ 15. ① 16. ③ 17. ③ 18. ② 19. ③ 20. ④ 21. ③ 22. ② 23. ②

(2) 측정 장치 및 제어 장치

① 측정 장치

(가) 온도계

㉠ 전기저항 온도계 : 금속의 전기저항은 온도가 1℃ 상승하면 0.3~0.6% 증가한다. 이것을 이용해서 금속의 전기저항을 측정하고 온도를 나타내는 계기를 전기저항 온도계라 한다.

㉡ 열전대 온도계 : 두 종류의 금속선 양단을 접합하고 양접합점에 온도차를 부여하면 기전력이 발생한다. 이 기전력을 열기전력이라 하며 두 가지 금속이 결합된 것을 열전대라 한다.

열전재료

재료	성분(%)	기호	상용한도		가열한도		기전력 (v/deg)
			시간 (hr)	온도 (℃)	시간 (hr)	온도 (℃)	
백금 로듐합금	Pt100 Pt87+Rh13	PR	75	1400	5	1600	6.4×10^{-6}
크로멜 알루멜	Ni90+Cr10 Ni94+Al2+Mn3+Si1	CA	1000	1000	25	1200	41×10^{-6}
철 크로멜	Fe100 Ni90+Cr10	IC	1000	600	25	800	53×10^{-6}
구리 콘스탄탄	Cu100 Cu60+Ni40	CC	1000	300	25	350	$30\sim50\times10^{-6}$

ⓒ 복사 온도계 : 측온하는 물체가 방출하는 적외선의 방사에너지를 이용한 온도계이다.

ⓔ 광전 온도계 : 물체로부터의 복사를 렌즈를 통해 모아서 광전관으로 받아 자동적으로 온도 측정이 가능하도록 한 것이다.

ⓜ 광고온계 : 흑체로부터의 복사선 가운데서 가시광선만을 이용하는 온도계이다.

ⓑ 팽창 온도계 : 봉상 온도계, 용솟음 관식 팽창 온도계, 바이메탈식 온도계 등이 있다.

단원 예상문제

1. 두 종류의 금속선 양단을 접합하고 양접합점에 온도차를 부여하면 열기전력이 발생한다. 이것을 이용한 온도계는?

① 전기저항 온도계
② 열전대 온도계
③ 복사 온도계
④ 팽창 온도계

해설
- 전기저항 온도계 : 온도가 1℃ 상승하면 금속의 전기저항이 0.3~0.6% 증가하는 현상을 이용하여 금속의 전기저항을 측정하고 온도를 나타내는 온도계
- 복사 온도계 : 측온하는 물체가 방출하는 적외선의 방사에너지를 이용한 온도계
- 팽창 온도계 : 봉상 온도계, 용솟음 관식 팽창 온도계, 바이메탈식 온도계 등

2. 열처리 온도 측정에 사용되는 열전대(thermo couple) 온도계에 대한 설명 중 틀린 것은?

① 열전대는 2종의 금속을 접합하고 짧은 절연관을 넣어 그 위에 보호관을 씌워 사용한다.
② 열전대에 쓰이는 재료로는 내열, 내식성이 뛰어나고 고온에서도 기계적 강도가 커야 한다.
③ 열전대에 쓰이는 재료로는 열기전력이 크고 안정성이 있으며 히스테리시스 차가 없어야 한다.
④ 보호관으로는 1000℃ 이하의 온도로 사용하는 비금속관(석영, 알루미나 소결관)과 1000℃ 이상의 온도에 사용되는 금속관(고크롬강, 니켈크롬강)이 있다.

해설 보호관으로는 1000℃ 이하의 온도로 사용하는 금속관(고크롬강, 니켈크롬강)과 1000℃ 이상의 온도에 사용되는 비금속관(석영, 알루미나 소결관)이 있다.

3. 열전대로 사용되는 재료의 구비 조건으로 틀린 것은?

① 내열, 내식성이 뛰어나야 한다.
② 고온에서 기계적 강도가 작아야 한다.
③ 제작이 쉽고 호환성이 있으며 가격이 싸야 한다.
④ 열기전력이 크고 안정성이 있으며 히스테리시스 차가 없어야 한다.

해설 열전대는 고온에서 사용되는 온도계로서 기계적 강도가 커야 한다.

4. 다음 열전대 중에서 가장 높은 온도를 측정할 수 있는 것은?

① 백금-백금+로듐 ② 철-콘스탄탄
③ 크로멜-알루멜 ④ 구리-콘스탄탄

해설
• 백금-백금+로듐 : 1400~1600℃
• 크로멜-알루멜 : 1000~1200℃
• 철-콘스탄탄 : 600~900℃
• 구리-콘스탄탄 : 300~600℃

5. 1400℃의 온도를 측정하려고 할 때 어떤 형태의 열전대가 적합한가?

① 철-콘스탄탄 ② 구리-콘스탄탄
③ 크로멜-알루멜 ④ 백금-백금+로듐

해설
• 백금-백금+로듐 : 1400~1600℃
• 크로멜-알루멜 : 1000~1200℃
• 철-콘스탄탄 : 600~900℃
• 구리-콘스탄탄 : 300~600℃

6. 저온뜨임용으로 300℃에서 사용하는 열전고온계로 적당한 것은?

① 구리-콘스탄탄 ② 크로멜-알루멜
③ 철-콘스탄탄 ④ 백금-백금+로듐

해설 구리-콘스탄탄의 측정온도는 300~600℃이다.

7. 구리-콘스탄탄으로 구성된 열전쌍 온도계는?

① PR ② CA ③ IC ④ CC

해설 PR : 백금-백금+로듐, CA : 크로멜-알루멜, IC : 철-콘스탄탄, CC : 동-콘스탄탄

8. 열전대의 재료가 아닌 것은?

① 크로멜-알루멜 ② 콘스탄탄
③ 백금-로듐 ④ 하스텔로이

해설 하스텔로이는 내열용 Ni 합금이다.

9. 열전대 합금재료가 아닌 것은?

① 구리-콘스탄탄 ② 크로멜-알루멜
③ 실루민-알팩스 ④ 백금-백금+로듐

해설 열전대용 합금으로는 구리-콘스탄탄, 크로멜-알루멜, 백금-백금+로듐, 철-콘스탄탄 등이 있다.

10. 열처리 작업의 온도 측정에 사용되는 온도계 중 물체로부터 복사선 가운데 가시광선만을 이용하는 온도계로 700℃ 이상에서 사용되며, 특히 1063℃ 이상에서는 측정이 대단히 정확한 온도계는?

① 복사 온도계 ② 광전 온도계
③ 팽창 온도계 ④ 광고온계

해설
- 복사 온도계 : 측온하는 물체가 방출하는 적외선의 방사에너지를 이용한 온도계이다.
- 광전 온도계 : 물체로부터의 복사를 렌즈를 통해 모아서 광전관으로 받아 자동적으로 온도 측정이 가능하도록 한 것이다.
- 팽창 온도계 : 봉상 온도계, 용솟음 관식 팽창 온도계, 바이메탈식 온도계 등이 있다.

11. 열전대의 기호와 가열 한계 온도가 바르게 짝지어진 것은?

① PR-350℃ ② CA-1200℃
③ IC-1800℃ ④ CC-1600℃

해설 PR-1600℃, CA-1200℃, IC-800℃, CC-350℃

12. 열처리로의 온도를 측정하는 것 중 가장 높은 온도를 측정하는 열전대는?

① PR 열전대 ② CA 열전대 ③ CC 열전대 ④ IC 열전대

13. 40~50% Ni-Cu 합금으로 전기저항이 크고 온도계수가 낮아 전기저항 재료로 쓰이며 열전대선으로도 사용되는 것은 어느 것인가?

① 문츠메탈(muntz metal) ② 모넬메탈(monel metal)
③ 콘스탄탄(constantan) ④ 플래티나이트(platinite)

해설 콘스탄탄은 40~50% Ni-Cu 합금으로 열전대용, 전기저항선에 사용된다.

14. PR용 열전쌍의 보상도선 (+)극의 조성은?

① 순수한 구리 ② 순수한 백금
③ Ni 0.5~1%, Cu 나머지 ④ Pt 90%, Rh 10%

해설 (+)극 : Pt 90%, Rh 10%, (-)극 : 순수한 백금

15. 열전대선으로서 가장 높은 온도를 측정하려고 할 때 사용되는 것은?

① Pt-Pt+Rh ② Cu-Constantan
③ Chromel-Alumel ④ Fe-Constantan

해설 Pt-Pt+Rh : 1400~1600℃

16. 백금과 로듐합금으로 되어 있는 열전대 온도계는?

① CA ② PR ③ IC ④ CC

17. 일반적인 열처리로에 사용하는 열전대 중 0~1000℃의 노 내 온도를 측정하는 데 가장 적합한 것은?

① CC ② IC ③ CA ④ PR

해설 열전쌍식 온도계 : CA(크로멜-알루멜)

18. 온도 측정에 범용적으로 상용되는 것으로 크로멜-알루멜의 열전대에 대한 기호는?

① R ② K ③ J ④ T

해설 K형 : 크로멜-알루멜, R형 : 백금-백금+로듐

19. 철-콘스탄탄의 열전대는 몇 도에서 사용되는 온도계인가?

① 300℃ 정도 ② 600℃ 정도 ③ 1000℃ 정도 ④ 1200℃ 정도

20. 저온뜨임용으로 300℃ 이하에서 사용하는 열전고온계로 적당한 것은?

① 구리–콘스탄탄
② 크로멜–알루멜
③ 철–콘스탄탄
④ 백금–백금+로듐

해설 구리–콘스탄탄의 측정온도는 300~600℃ 이하이다.

21. 가시광선을 이용한 온도계는?

① 열전 온도계
② 복사 온도계
③ 광고온계
④ 바이메탈식 온도계

해설
- 열전 온도계 : 열기전력에 의한 온도계
- 복사 온도계 : 적외선의 방사에너지를 이용한 온도계
- 광고온계 : 가시광선만을 이용한 온도계
- 팽창 온도계 : 바이메탈식 온도계

22. 측정계기 내에 있는 표준 필라멘트와 그 밝기를 비교하여 온도를 측정하는 고온계는?

① 레이저식 온도계 ② 광고온계
③ 열전쌍 고온계 ④ 침지식 고온계

해설 광고온계 : 비접촉식 온도계로 측정기의 휘도의 밝기와 물체의 밝기를 비교하여 측정하는 온도계이다.

23. 임의의 방사색을 흑체의 색과 비교하여 $E\lambda_1/E\lambda_2$를 측정하는 온도계는?

① 광고온계 ② 방사 온도계
③ 색 온도계 ④ 복사 온도계

해설 광고온계 : 흑체로부터의 복사선 가운데서 가시광선만을 이용하는 온도계이다.

24. 저항체의 재료로서 필요한 조건은?

① 고유저항이 작을 것
② 저항의 온도계수가 작을 것
③ 구리에 대한 열기전력이 클 것
④ 칩을 다량 함유할 것

해설 열기전력이 커야 한다.

25. 전기저항식 온도계에 관한 설명 중 틀린 것은?

① 1200℃ 이상의 고온 측정용에 적합하다.
② 측온 저항체에는 백금선, 니켈선, 구리선 등이 있다.
③ 금속의 전기저항은 1℃ 상승하면 약 0.3~0.6% 증가한다.
④ 온도 상승에 따라 금속의 전기저항이 증가하는 현상을 이용한 것이다.

해설 전기저항식 온도계는 700℃ 이하의 저온 측정용에 적합하다.

26. 복사 온도계에 대한 설명으로 틀린 것은?

① 물체의 복사능에 따라 보정하여 실제 온도를 측정한다.
② 온도계와 물체와의 거리가 일정해야 한다.
③ 온도계와 물체 사이에 수증기나 연기 등을 채워준다.
④ 렌즈나 반사경이 청결해야 한다.

해설 복사 온도계는 연기나 렌즈의 흐림에 주의해야 정확한 값을 구할 수 있다.

27. 다음 중 측정하고자 하는 물체가 방출하는 적외선의 방사에너지를 이용한 온도계는 어느 것인가?

① 열전쌍 온도계 ② 복사 온도계 ③ 정치 제어식 ④ 광전 온도계

해설 복사 온도계(방사 온도계) : 물체가 방출하는 적외선의 방사에너지를 이용한 온도계

28. 열처리용 온도계 중 팽창 온도계는 어느 것인가?

① 방사 온도계 ② 광전관 온도계 ③ 저항 온도계 ④ 봉상 온도계

해설 봉상 온도계는 온도에 비례하여 팽창하는 원리를 이용하는 것으로 수은 온도계 및 알코올 온도계가 있다.

정답 1. ② 2. ④ 3. ② 4. ① 5. ④ 6. ① 7. ④ 8. ④ 9. ③ 10. ④ 11. ② 12. ① 13. ③ 14. ④ 15. ① 16. ② 17. ③ 18. ② 19. ② 20. ① 21. ③ 22. ② 23. ① 24. ③ 25. ① 26. ③ 27. ② 28. ④

② 제어 장치

(가) 온 오프(on-off)식 온도 제어 장치 : 전원의 단속으로 온 오프를 제어하고, 전자 개폐기가 빈번히 작동하므로 접점이 빨리 마모된다.

(나) 비례 제어식 온도 제어 장치 : 온 오프의 시간비를 편차에 비례하도록 한 것이다. 전기로의 공급전력을 조절기의 신호가 온(on)일 때에 100%로 하여 오프일 때는 60~80%로 낮추는 방법이다.

(다) 정치 제어식 온도 제어 장치 : 단일 제어계에서는 대체로 온도의 검출에 시간의 지체가 크므로 양호한 온도 제어를 필요로 하는 경우에 정치 제어(또는 2차 제어라고 함)를 한다. 자동 온도 제어 장치는 온 오프 동작 또는 비례 동작에 의해 목표치의 편차 내에서 온도가 유지되고 가장 널리 이용되는 자동 온도 제어 방식이다.

(라) 프로그램 제어식 온도 제어 장치 : 예정된 승온, 유지, 강온 등을 자동적으로 행하는 것이 프로그램 제어이다. 이 방법은 열처리 작업에 의한 온도-시간 곡선에 상당하는 캠을 만들고 캠축에 고정한 캠의 주위를 따라서 프로그램용 지시를 작동시키는 것이다.

단원 예상문제

1. 자동 온도 제어 장치의 순서가 옳은 것은?

① 가열-비교-조작-검출
② 검출-비교-판단-조작
③ 냉각-판단-검출-비교
④ 측정-조작-검출-판단

2. 열처리로의 자동 온도 제어 장치가 아닌 것은?

① 프로그램 제어식 ② 온 오프식
③ 정치 제어식 ④ 열전대 제어식

해설 열전대 제어식은 온도 제어 장치가 아니다.

3. 열처리 온도 제어 방법 중 가장 정밀한 온도 제어가 가능한 방식은?

① 온 오프(on-off)식
② 비례 제어식(P 동작 제어)
③ 비례 적분 제어식(PI 동작 제어)
④ 비례 미적분 제어식(PID 동작 제어)

해설 비례 미적분 제어식은 on-off의 시간비를 편차에 비례하여 제어하는 방식으로 정밀한 온도 제어가 가능하다.

4. 열처리로의 온도 제어 방법 중 승온, 유지, 냉각 등을 자동적으로 실시하는 온도 제어 방식은?

① on-off식 ② 비례 제어식
③ 정치 제어식 ④ 프로그램 제어식

5. 온도-시간 곡선에 해당하는 캠(cam)을 이용하는 온도 제어 방식으로 최근 열처리 공정 자동화에 사용되는 제어 방식은?

① 온 오프(on-off)식 ② 비례 제어식
③ 정치 제어식 ④ 프로그램 제어식

해설 ① 온 오프식 : 전원의 단속으로 제어하는 식
② 비례 제어식 : 온 오프의 시간비를 편차에 비례하는 식
③ 정치 제어식 : 전기로의 전기회로를 2회 분할하여 그 한쪽을 단속시켜서 전력을 제어하는 방식
④ 프로그램 제어식 : 캠을 이용하는 온도 제어 방식

6. 전기로의 전기회로를 2회 분할하여 그 한쪽을 단속시키면서 온도를 제어하는 방식은?

① 온 오프식 ② 프로그램 제어식
③ 정치 제어식 ④ 비례 제어식

7. 전기로의 전력 공급을 조절기의 신호가 on일 때 100%로 하여 off일 때에는 60~80% 정도 낮추는 자동 온도 제어 장치는?

① on-off식 ② 비례 제어식
③ 정치 제어식 ④ 속도 제어식

해설 비례 제어식 온도 제어 장치 : 온 오프의 시간비를 편차에 비례하도록 한 것이다.

8. 열처리 온도 자동 제어 기기에 쓰이는 방법 중 연속 동작 조절기에 쓰이는 것이 아닌 것은?

① 비례 동작 ② 미분 동작
③ 적분 동작 ④ on-off 동작

해설 연속 조절 장치 : on-off 동작

정답 1. ② 2. ④ 3. ④ 4. ④ 5. ④ 6. ③ 7. ② 8. ④

(3) 열처리 전 · 후 처리에 사용되는 설비

① 열처리 전 · 후 처리

㈎ 표면을 잘 연마하고 청정해야 한다.

㈏ 스케일 및 산화피막의 제거, 표면의 연마 및 담금질 변형 수정이 필요하다.

② 설비

(가) 기계적 처리

㉠ 버프 연마 : 천 따위로 만든 가요성이 큰 버프류의 둘레에 연마제를 부착시켜 연마 처리하는 방법

㉡ 액체호닝 : 압축공기 $3 \sim 7\,kg/cm^2$으로 연마제와 가공액(물)의 혼합물을 노즐로 고속분사에 의해 다듬질하는 방법

㉢ 쇼트피닝 및 샌드블라스트 : 쇼트를 고속으로 공작물의 표면에 쏘아 때리는 가공법으로 연마 또는 녹 따위를 제거하는 방법

㉣ 배럴 다듬질 : 육각 또는 팔각형의 용기에 다량의 공작물, 연마제, 콤파운드를 넣어서 배럴 회전에 의해 표면을 다듬질하는 방법

㉤ 연삭 : 연삭숫돌에 의해서 다듬질면의 표면을 연마하는 방법

(나) 화학적 처리

㉠ 산 세척

- 공작물의 산화물이나 녹 등의 제거에 쓰인다.
- 산세척은 황산, 염산 등의 수용액 중에 물건을 담근 후 물로 씻는 방법이다.

㉡ 탈지

- 물건의 표면에 부착한 유지를 제거하는 처리이다.
- 탈지제에는 알칼리 탈지와 용제 탈지가 있다.

㉢ 트리클로로에틸렌 증기 세정 처리

- 분위기 열처리 전 · 후에 압도적으로 많이 쓰이고 있는 방법이다.
- 트리클로로에틸렌 증기는 청정하지만, 유독하므로 조의 밀폐를 항상 확인해야 한다.

(다) 전해 처리 : 전해 세정, 전해 연마

단원 예상문제

1. 열처리의 후 처리 공정에 필요 없는 것은?

① 스케일 제거
② 세정과 탈지
③ 변형 교정 및 수정
④ 열처리 방안 작성

해설 열처리 방안 작성은 선 처리 공정이다.

2. 열처리의 후 처리 공정에서 제품에 부착된 기름을 제거하는 탈지에 적합하지 않은 방법은?

① 산 세정 ② 전해 세정
③ 알칼리 세정 ④ 트리클로로에틸렌 증기 세정

해설 산 세정은 공작물의 산화물이나 녹 등의 제거에 쓰인다.

3. 금속조직시험 시료 연마에서 사포 또는 벨트 그라인더로 연마하며, 연마 도중 가열 또는 가공에 의한 시료에 변질이 일어나지 않도록 가장 먼저 연마하는 공정은?

① 거친 연마 ② 중간 연마
③ 미세 연마 ④ 전해 연마

해설 가공에 의한 시편의 변질을 방지하기 위하여 가장 먼저 연마하는 공정은 거친 연마이다.

4. 강구 대신 규사를 사용하여 열처리 제품이나 금속 가공면의 스케일을 제거하는 방법은 무엇인가?

① 샌드블라스트 ② 쇼트블라스트 ③ 쇼트피닝 ④ 액체호닝

5. 원심력이나 압축력에 의해 연마하는 연마기는?

① 버프 연마기 ② 배럴 연마기 ③ 벨트 연마기 ④ 분사 연마기

6. 열처리 전·후 처리에 사용되는 설비 중 육각 또는 팔각형의 용기에 다량의 공작물, 연마제, 콤파운드를 넣고 회전시켜 공작물의 표면을 연마시키는 방법은?

① 쇼트피닝(shot peening) ② 샌드블라스트(sand blast)
③ 배럴 연마(barrel finishing) ④ 버프 연마(buffing)

해설 배럴 연마 : 육각 또는 팔각형의 용기에서 연마 처리하는 방법

7. 피열 처리품의 흠집, 녹, 유지, 산회피막 등을 제거하는 열처리의 전·후 처리가 아닌 것은?

① 쇼트피닝 ② 버프 연마 ③ 산 세척 ④ 수증기 처리

해설 수증기 처리는 공구의 표면에 Fe_2O_3의 붉은 녹이 생기지 않도록 하는 예비 처리이다.

8. 고속으로 공작물의 표면에 강철 볼을 때려 표면을 연마하거나 표면에 붙어 있는 녹 따위를 제거하는 기계적 연마 방법은?

① 버프 연마 ② 액체호닝 ③ 쇼트피닝 ④ 배럴 연마

해설 쇼트피닝은 강철 볼을 이용한 연마 방법이다.

9. 열처리하는 제품의 전 · 후 처리 중 기계적 처리에 해당되지 않는 것은?

① 전해 연마(electrolytic polishing) ② 버프 연마(buffing)
③ 쇼트피닝(shot peening) ④ 액체호닝(liquid honing)

해설 • 화학적 처리 : 산 세척, 탈지
• 전해 처리 : 전해 연마, 전해 세정

10. 열처리에 의해 생긴 스케일이나 장시간 방치로 생긴 많은 녹을 제거하는 데 가장 좋은 방법은?

① 산 세척 ② 쇼트피닝 ③ 에칭 ④ 탈지

해설 산 세척 : 스케일이나 녹 제거 방법

11. 동 · 식물유가 붙은 유지를 제거하는 데 가장 좋은 것은?

① 전해 세정 ② 가솔린 ③ 알코올 ④ 걸레

해설 전해 세정 : 동 · 식물유가 붙은 유지분 제거에 적합

12. 가장 정교한 세척을 요하는 부품에 적당한 세척 방법은?

① 솔벤트 세척 ② 알칼리 세척
③ 산 세척 ④ 초음파 세척

13. 알칼리 탈지에서 구리 및 구리합금의 pH 범위는?

① 1~2 ② 3~4 ③ 7~8 ④ 10~12

14. 다음 설명 중 틀린 것은?

① 전극 세정은 음극 전해 세정과 양극 전해 세정으로 구분한다.
② 양극 전해 세정은 탈지할 물체를 음극에 매달고 세정한다.
③ 보통 음극 전해 세정 후 양극 전해 세정을 한다.
④ 탈지한 물체는 황산 또는 염산 속에서 중화시킨다.

해설 양극 전해 세정은 탈지할 물체를 양극에 매달고 세정한다.

15. 다음 중 표면장력이 가장 큰 것은?

① 물 ② 석유 ③ 수은 ④ 에틸 알코올

정답 1. ④ 2. ① 3. ① 4. ① 5. ② 6. ③ 7. ④ 8. ③ 9. ① 10. ① 11. ① 12. ④
13. ④ 14. ② 15. ③

2-2 냉각장치와 냉각제

(1) 냉각장치의 종류

냉각장치의 분류

냉각제에 따른 분류	공랭장치, 수랭장치, 유랭장치, 염욕(연욕)냉각장치
기구상으로부터의 분류	프로펠러 교반냉각장치, 분무냉각장치, 강제환류장치, 프레스 담금질 장치

(2) 강의 냉각 곡선

① 노랭 : Ac_1점 이상의 온도에 도달한 후 노 중 냉각을 시키면 700℃ 부근에서 Ar_1 변태가 일어나며 상온에서 펄라이트 조직이 나온다.

② 공랭 : Ar_1 변태가 650℃ 부근에서 생기며 소르바이트 조직이 나온다.

③ 유랭

(가) 유랭시키면 온도가 550℃ 부근에서 제1단계의 조직 변화가 생긴다. 오스테나이트가 α-Fe와 Fe_3C로 분해하여 과포화 상태의 시멘타이트가 입상으로 석출된 트루스타이트 조직으로 변화한다. 이 변화를 Ar' 변태라 한다.

(나) 200℃ 부근에서 제2단계의 조직 변화가 생긴다. 오스테나이트 입자 사이에 시멘타이트가 침상으로 석출되는 상태의 마텐자이트가 된다. 이 변화를 Ar'' 변태라 하며, 트루스타이트와 마텐자이트의 혼합조직이 된다.

④ 수랭 : 강을 Ac_1 변태점 이상의 오스테나이트 상태에서 물에 급랭시키면 200℃ 부근에서 마텐자이트가 된다.

⑤ 심랭 처리 냉각 방법

(가) 액체질소에 의한 방법(−196℃)

(나) 유기용제와 액체탄산(−78℃)

(다) 가스 압축 냉동기에 의한 방법(프레온 가스에 의한 다단압축 냉동기 사용)

(3) 냉각제의 냉각능

① 냉각곡선

(가) AB 구간에서 강의 표면은 냉각제에서 발생한 증기막이 형성되면서 이 막을 통해 냉각이 진행된다.

(나) BC 구간에서 증기막이 파괴되어 강의 표면에 기포가 생기면서 떨어져 나간다.

(다) CD 구간에서 대류현상이 나타나 급격하게 온도강하가 일어난다.

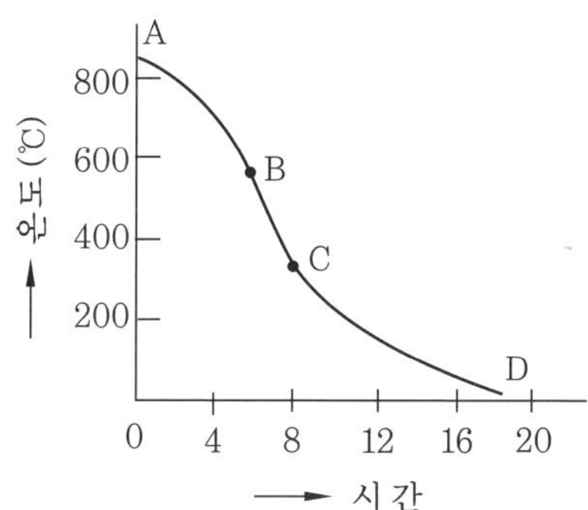

58℃의 정수에 있어서의 냉각곡선

② 냉각제

㈎ 물은 증발열이 크고 점성이 작기 때문에 기름의 2배 이상의 최고 냉각속도를 유지한다.

㈏ 광물유는 식물유에 비하여 최고 냉각속도가 느리고 온도도 낮다.

㈐ 물보다 기름, 비눗물, 공기 등의 순서로 냉각능이 작다.

㈑ 물은 수온이 30℃를 넘으면 냉각능이 급격히 저하되므로 30℃ 이하로 유지하고 충분한 교반이 필요하다.

㈒ 기름은 광유가 널리 이용되고 있고, 담금질유는 50~60℃에서 냉각능이 가장 크다.

㈓ 소금물은 5~10% 정도의 식염이나 염화칼슘을 물에 녹여 냉각제로 사용한다.

단원 예상문제

1. 냉각제에 따른 냉각장치의 종류가 아닌 것은?

① 수랭장치 ② 공랭장치
③ 염욕냉각장치 ④ 분무냉각장치

해설 기구상으로부터의 분류 : 분무냉각장치

2. 열처리 방법, 재질 및 형상에 따라서 냉각 방법이 달라지는데 작동 방법에 따른 냉각장치에 해당되지 않는 것은?

① 공랭장치 ② 분무냉각장치
③ 강제환류장치 ④ 프레스 냉각장치

해설 공랭장치는 냉각제에 따른 분류이다.

3. 초대형의 피열처리재를 표면만 경화시키기 위하여 사용하는 냉각장치는?

① 분사냉각장치
② 순환냉각장치
③ 강제공랭장치
④ 프레스 담금질 장치

해설 분사냉각장치는 초대형 피열처리재의 표면을 경화시키기 위한 냉각장치이다.

4. 열처리의 방법, 재질 및 형상에 따라 냉각 방법은 달라지며 냉각장치는 냉각제의 종류와 작동 방법에 따라 분류된다. 이러한 냉각장치에 해당되지 않는 것은?

① 헐셀 냉각장치
② 분무냉각장치
③ 프레스 냉각장치
④ 염욕냉각장치

해설 냉각장치에는 프레스 냉각장치, 염욕냉각장치, 분무냉각장치, 강제환류장치, 프로펠러 교반냉각장치, 유랭장치 등이 있다.

5. 담금질 부품을 −60～−150℃까지 심랭 처리할 때 쓰이는 냉각 방법이 아닌 것은?

① 액체질소에 의한 방법
② 유기용제와 액체탄산
③ 가스 압축 냉동기에 의한 방법
④ 산소−아세틸렌 가스에 의한 방법

해설 고탄소강을 담금질하면 잔류오스테나이트가 −60～−150℃에서 완전히 마텐자이트로 변하기 때문에 −196℃의 액체질소를 이용하여 심랭 처리를 해준다.

6. 열처리 과정에서 균일하게 냉각하기 위하여 물품을 분사 교반하기도 하는데 다음 중 냉각속도가 가장 빠른 것은?

① 물을 교반했을 때
② 기름을 분사했을 때
③ 소금물을 교반했을 때
④ 소금물을 분사했을 때

7. 냉각제로 기름을 사용할 때 기름의 사용 온도는?

① 4～8℃
② 10～20℃
③ 40～60℃
④ 90～100℃

8. 합금강의 냉각제(quenching media)는 기름을 사용한다. 이때 유량은 담금질 물질의 중량에 몇 배가 적당한가?

① 1~2배　　② 2~4배
③ 4~6배　　④ 6~10배

해설 제품 중량의 6~10배가 필요하다.

9. 냉각제의 관리에 대한 설명으로 잘못된 것은?

① 수랭용 물의 온도는 10~30℃가 좋다.
② 물은 가능한 한 신선한 물 또는 가스가 흡수된 것이 좋다.
③ 유랭용의 기름 온도는 60~80℃가 좋다.
④ 기름은 정기적으로 냉각능 및 노화도를 시험하는 것이 좋다.

해설 물에 흡수된 가스가 없어야 한다.

10. 열처리용 냉각제 관리 사항 중 일일 점검 사항이 아닌 것은?

① 담금질 통의 기름면
② 기름의 온도
③ 기름 필터에 가하는 압력
④ 기름의 냉각능

해설 일일 점검 : 기름의 온도, 필터 압력, 냉각능

11. 다음의 냉각 방법 중 냉각 성능이 가장 우수한 것은?

① 노랭　　② 공랭
③ 유랭　　④ 분사냉각

해설 냉각 성능을 비교하면 분사냉각>유랭>공랭>노랭이다.

12. 다음 중 가장 신속한 냉각을 할 수 있는 장치는?

① 물을 분사시키는 분사냉각장치
② 밑에서 물을 계속 보내는 순환냉각장치
③ 수랭로에 팬을 설치한 회전냉각장치
④ 흐르는 물의 유수식 냉각장치

해설 물을 분사시키는 분사냉각장치가 가장 빠르다.

정답 1. ④　2. ①　3. ①　4. ①　5. ④　6. ④　7. ③　8. ④　9. ②　10. ①　11. ④　12. ①

제 3 장 일반 열처리

3-1 불림

(1) 불림의 목적

① 목적

㈎ 강을 표준 상태로 하기 위한 열처리

㈏ 가공으로 인한 조직의 불균일 제거

㈐ 결정립을 미세화시켜 기계적 성질을 향상

② 조작

㈎ 가열 : A_3 또는 A_{cm}+50℃에서 가열 조작에 의하여 섬유상 조직은 소실되고, 과열 조직과 주조 조직이 개선된다.

㈏ 냉각 : 대기 중에 방랭하면 결정립이 미세해져 강인한 미세 펄라이트 조직이 된다.

(2) 불림(normalizing)의 방법

① 보통 노멀라이징 : 일정한 노멀라이징 온도에서 상온에 이르기까지 대기 중에 방랭한다.

② 2단 노멀라이징

㈎ 노멀라이징 온도로부터 화색이 없어지는 온도(약 550℃)까지 공랭한 후 피트 혹은 서랭 상태에서 상온까지 서랭한다.

㈏ 구조용강(C 0.3~0.5%)은 초석 페라이트가 펄라이트 조직이 되어 강인성이 향상된다. 또 대형의 고탄소강(C 0.6~0.9%)에서는 백점과 내부균열이 방지된다.

③ 등온 노멀라이징 : 등온변태곡선의 코의 온도에 상당한 550℃ 부근에서 등온변태시킨 후 상온까지 공랭한다.

④ 2중 노멀라이징

㈎ 처음 930℃로 가열 후 공랭하면 전 조직이 개선되어 저온 성분을 고용시키며 다음 820℃에서 공랭하면 펄라이트가 미세화된다.

㈏ 보통 차축재와 저온용 저탄소강의 강인화에 이용된다.

단원 예상문제

1. 강을 보통 Ac_3점 또는 A_{cm}선보다 40~60℃ 높은 온도로 가열한 오스테나이트 상태로부터 공기 중에서 냉각시키는 열처리 방법은?

① 풀림　　② 담금질
③ 뜨임　　④ 노멀라이징

해설 불림(normalizing)은 강을 공기 중에서 냉각시키는 열처리이다.

2. 냉간가공, 단조 등으로 인한 조직의 불균일 제거, 결정립 미세화, 물리적 · 기계적 성질의 표준화를 목적으로 대기 중에 냉각시키는 열처리는?

① 뜨임　　② 풀림
③ 담금질　　④ 노멀라이징

해설 불림(normalizing)의 목적은 조직의 표준화이다.

3. 열처리 방법에서 불림을 설명한 것으로 틀린 것은?

① 주조 또는 단조한 제품에 조대화한 조직을 미세하게 한다.
② 저탄소강의 기계가공성을 증가하여 가공면을 깨끗이 한다.
③ 조대한 페라이트 조직을 얻는다.
④ 내부응력을 해소하여 균일한 상태로 만든다.

해설 불림은 미세조직을 얻기 위한 열처리이다.

4. 노멀라이징의 목적이 아닌 것은?

① 이상조직을 해소시킨다.
② 조직을 미세화한다.
③ 기계적 성질을 표준화한다.
④ 시멘타이트를 구상화시킨다.

해설 불림(normalizing)의 목적은 조직의 균일화, 결정립의 미세화, 기계적 성질 향상, 조직의 표준화이다.

5. 아공석강을 노멀라이징(normalizing) 열처리하였을 경우 얻어지는 조직은?

① 페라이트+펄라이트
② 소르바이트+시멘타이트
③ 시멘타이트+베이나이트
④ 시멘타이트+오스테나이트

해설 노멀라이징은 강을 표준 상태로 하기 위한 열처리 조작으로, 공기 중에서 방랭하여 페라이트+펄라이트 조직을 얻는다.

6. C 1.2% 탄소강을 불림하였을 때 얻어지는 조직은?

① ferrite+pearlite

② ledeburite+pearlite

③ cementite+pearlite

④ austenite+pearlite

해설 C 1.2%의 과공석강에서 cementite+pearlite가 나타난다.

7. 강의 불림에 특히 유의할 사항이 아닌 것은?

① 서서히 가열함으로써 국부 가열을 피할 것

② 강재의 크기에 따라서 적당한 시간을 유지할 것

③ 필요 이상으로 높은 온도를 피할 것

④ 가능하면 장시간 가열할 것

해설 가열을 오래하지 말 것

8. 열처리된 재료를 오스테나이트까지 가열하여 조대해진 표면의 조직을 균일하게 하고 내부응력을 제거하기 위하여 대기 중에서 서서히 냉각시키는 열처리 방법은?

① 불림 ② 풀림

③ 뜨임 ④ 담금질

해설 불림은 노 속이나 공기 중에서 방랭하여 표준조직으로 만드는 열처리 작업이다.

9. 강의 불림에 대한 설명 중 관계없는 것은?

① 가열속도가 빠를수록 austenite 핵이 성장한다.

② 대기 중에서 냉각시킨다.

③ A_{cm} 직상에서는 조직 전체가 균일한 austenite로 되어 있다.

④ A_1변태점 이하의 온도에서 가열한다.

해설 A_3 또는 A_{cm}+50℃에서 가열한다.

10. 노멀라이징의 가열 온도가 일반적으로 풀림 온도보다 높은 이유로 틀린 것은?

① 냉각에 소요되는 시간이 현저하게 짧다.

② 제품의 최종 열처리로 행하는 경우가 많기 때문이다.

③ 성분 원소의 확산을 통한 조직의 균일화를 도모하기 위한 것이다.

④ 조직의 균질화로 변태응력 및 내부응력의 감소를 도모하기 위한 것이다.

정답 1. ④ 2. ④ 3. ③ 4. ④ 5. ① 6. ③ 7. ④ 8. ① 9. ④ 10. ①

3-2 풀림

(1) 풀림의 목적

① 강의 경도가 낮아져서 연화된다.

② 조직이 균질화, 미세화, 표준화된다.

③ 가스 및 불순물의 방출과 확산을 일으키고, 내부응력을 저하시킨다.

(2) 풀림(annealing)의 방법

① 완전 어닐링

㈎ 강을 Ac_3(아공석강) 또는 Ac_1(과공석강) 이상의 고온에서 일정 시간 가열 후 노랭한다.

㈏ 강을 연화시키며 기계가공과 소성가공을 쉽게 한다.

㈐ 완전 풀림에서 얻을 수 있는 조직은 다음과 같다.

㉠ 아공석강 : 페라이트+층상 펄라이트

㉡ 공석강 : 층상 펄라이트

㉢ 과공석강 : 시멘타이트+층상 펄라이트

㈑ 2단 어닐링은 800~900℃에서 서랭, 550℃에서 급랭하여 서랭시간을 단축시키는 장점이 있다.

② 연화 어닐링 : 아공석강은 완전 어닐링을 하면 연화되지만, 저탄소일 때는 오히려 기계가공면이 거칠어지므로 노멀라이징하여 경도를 약간 증가시켜 준다.

③ 구상화 어닐링 : 시멘타이트를 구상화하면 피가공성이 좋고, 인성이 증가하여 균일한 담금질이 된다. 특히 공구강, 베어링강 등의 고탄소강은 담금질 전 탄화물을 구상화시켜야 하며 그 방법은 다음과 같다.

- Ac_1 직하 650~700℃에서 가열 유지 후 냉각한다.
- A_1 변태점을 경계로 가열 냉각을 반복한다.
- Ac_3 및 A_{cm} 온도 이상으로 가열하여 Fe_3C를 고용시킨 후 급랭하여 망상 Fe_3C를 석출하지 않도록 한 후 구상화한다.
- Ac_1점 이상 A_{cm} 이하의 온도로 가열 후 Ar_1점까지 서랭한다.

㈎ 구상화를 위한 열처리 방법

㉠ 베어링강

- 담금질 효과를 균일하게 한다.

- 담금질 변형을 줄이고 경도는 증가한다.
- 베어링의 성능을 증가하고 가공성을 향상한다.
- 탄화물을 가늘게 조정한다(보통 3 이상의 대형 탄화물은 좋지 않다).
- 현저한 탈탄이나 고온 산화가 되지 않도록 노 분위기를 조정한다.

㉡ 공구강

- 담금질 효과를 균일하게 하고 균열을 줄인다.
- 공구의 성능을 향상시키고 가공성을 좋게 한다.

④ 항온 어닐링

㈎ S 곡선의 코(nose, 600~650℃) 혹은 이것보다 높은 온도에서 항온처리하면 비교적 빨리 연화되어 어닐링의 목적을 달성할 수 있다. 이와 같이 항온변태처리에 의한 어닐링을 항온 어닐링(isothermal annealing)이라 한다.

㈏ 오스테나이트화한 강을 Ar_1 이하의 펄라이트 변태로 가장 빠른 온도까지 급랭시키는 조작이다.

㈐ 합금원소를 다량 함유한 구조용 합금강이나 고속도강의 풀림 작업을 할 때 풀림시간을 단축하기 위해 항온 풀림 처리를 한다.

⑤ 응력 제거 어닐링

㈎ 응력 제거 어닐링(stress-relief annealing)이란 금속재료를 일정 온도에서 일정 시간 유지 후 냉각시킨 조작이다.

㈏ 응력 제거 온도는 500~600℃ 정도가 알맞으며 용접 부분은 보통 625±25℃ 정도에서 한다.

㈐ 주조, 단조, 기계가공, 냉간가공 및 용접 후에 잔류응력을 제거하기 위함이다.

⑥ 재결정 어닐링 : 냉간가공한 강을 600℃로 가열하면 응력이 감소되고 재결정이 일어나는데 이것을 재결정 어닐링이라 한다. 재결정 현상은 아래와 같은 특징이 있다.

㈎ 영구변형을 일으키지 않으면 입자의 크기는 변화하지 않는다.

㈏ 일정한 온도 이상이 아니면 입자의 크기는 변화하지 않는다.

㈐ 입자의 크기에 변화를 주는 온도는 영구변형의 양에 관계되고, 이때 변형이 크면 온도는 낮아지고 변형이 작으면 점점 고온을 필요로 한다.

㈑ 입자의 크기는 변형의 양과 어닐링의 온도에 관계된다.

⑦ 확산 어닐링

㈎ 확산 어닐링(diffusion annealing)은 특히 유화물의 편석을 제거하며, Ni강에서 망상으로 석출한 유화물은 적열취성의 원인이 되므로 1100~1150℃에서 확산 어닐링한다.

㈏ 특수강 주물을 1100~1200℃에서 장시간 유지하면 나뭇가지 모양의 결정이 발달하여 편석이 제거된다. 이와 같이 확산을 목적으로 한 것을 안정화 혹은 균질화 어닐링이라 한다.

단원 예상문제

1. 풀림(annealing)의 주목적은?

① 연화
② 내마모성
③ 경화
④ 인성

해설 풀림의 주목적 : 연화, 조직의 미세화, 내부응력 제거이다.

2. 풀림(annealing)의 목적을 설명한 것으로 옳은 것은?

① 강의 경도를 증가시키고 인성을 부여한다.
② 재료를 연하게 하고 내부응력을 제거시킨다.
③ 내부에 응력을 향상시켜 경화시키는 효과가 있다.
④ 결정조직을 미세화하고 재료를 표준화시키는 것이다.

해설 풀림의 목적은 재료의 연화 및 내부응력 제거이다.

3. 풀림 처리 작업 후 강의 성질은?

① 연화 ② 경화
③ 경도 증가 ④ 인성 증가

4. 완전 풀림을 했을 때 경도의 증가는 어떤 원소의 영향인가?

① Zn%의 함유량
② C%의 함유량
③ Sn%의 함유량
④ Mn%의 함유량

해설 경도의 증가는 C%의 함유량에 크게 영향을 받는다.

5. 탄소강의 열처리 방법 중 오스테나이징 온도까지 가열한 후 서서히 냉각함으로써 연화를 목적으로 하는 열처리 방법은?

① 풀림 ② 뜨임
③ 담금질 ④ 노멀라이징

해설 풀림은 연화, 뜨임은 인성 증가, 담금질은 경화, 노멀라이징은 표준화를 목적으로 한다.

6. 일반적으로 가공한 재료를 고온으로 가열할 때 발생하지 않는 현상은?

① 결정입자의 성장
② 내부응력 제거
③ 재결정
④ 경화

해설 고온 가열하면 재료는 연해진다.

7. 완전 풀림에서 얻을 수 있는 조직을 잘못 연결한 것은?

① 아공석강=페라이트+층상 펄라이트
② 공석강=펄라이트+마텐자이트
③ 과공석강=시멘타이트+층상 펄라이트
④ 공석강=페라이트+마텐자이트

8. 과공석강(C 1.5%)을 완전 풀림하였을 때 나타나는 조직은?

① 페라이트+층상 펄라이트
② 층상 펄라이트+스텔라이트
③ 시멘타이트+층상 펄라이트
④ 시멘타이트+구상 펄라이트

해설 과공석강은 완전 풀림하면 시멘타이트와 층상 펄라이트가 나타난다.

9. Ac_3 또는 Ac_1점 이상 약 30~50℃의 온도로 가열한 후, 노 내에서 서랭하는 열처리 조작법은?

① 완전 풀림
② 연화 풀림
③ 항온 풀림
④ 응력 제거 풀림

해설 완전 풀림은 Ac_3(아공석강) 또는 Ac_1(과공석강) 이상의 고온에서 일정 시간 가열 후 노랭하는 열처리이다.

10. 2단 어닐링 열처리 방법은?

① 800~900℃에서 서랭, 550℃에서 급랭
② 800~820℃에서 유랭, 500℃에서 수랭
③ 800~950℃에서 공랭, 700℃에서 급랭
④ 800~860℃에서 수랭, 200℃에서 공랭

해설 2단 어닐링은 800~900℃에서 서랭, 550℃에서 급랭하여 서랭시간을 단축시키는 장점이 있다.

11. 냉간가공 중 하나의 공정에서 다른 공정으로 옮길 때 필요에 따라 풀림하는 방법을 무엇이라고 하는가?

① 구상화 풀림 ② 중간 풀림 ③ 확산 풀림 ④ 연화 풀림

해설 중간 풀림은 가공 중에 생긴 내부응력을 제거하기 위한 열처리 방법이다.

12. 상온가공 등에 의한 내부응력을 제거하여 연화시키거나 담금질 효과의 감소를 적게 하기 위한 풀림은?

① 완전 어닐링 ② 구상화 어닐링
③ 응력 제거 어닐링 ④ 등온 어닐링

해설 응력 제거 어닐링은 주조, 단조, 기계가공, 냉간가공 및 용접 후의 잔류응력을 제거하기 위한 열처리 방법이다.

13. 응력 제거 풀림 처리에 대한 설명 중 맞는 것은?

① 단조, 주조, 용접 등으로 생긴 잔류응력의 제거를 위해 A_1점 이하의 적당한 온도에서 가열한다.
② 과잉 급랭에 의해 조직의 미세화를 목적으로 한다.
③ 노 내 서랭 후 응집된 입자를 많게 하여 탄화물을 형성한다.
④ 담금질에 의해 내부와 외부의 경도 차이를 평준화시켜주는 열처리이다.

해설 재료의 잔류응력을 제거하기 위해 500~600℃로 가열 후 적당 시간 유지 후 서랭한다.

14. 구상화 풀림의 목적이 아닌 것은?

① 담금질 효과를 균일하게 하기 위하여
② 담금질 변형을 적게 하기 위하여
③ 담금질 경도를 낮추기 위하여
④ 기계가공성을 좋게 하기 위하여

해설 담금질 경도를 증가시키기 위하여

15. 구상화 풀림의 목적으로 옳은 것은?

① 소성가공을 쉽게 하기 위하여
② 산화철을 분해하기 위하여
③ 오스테나이트를 구상화하기 위하여
④ 결정의 조대화와 취성의 촉진을 위하여

16. 구상화 풀림의 효과를 설명한 것 중 틀린 것은?

① 담금질 균열을 방지한다.
② 담금질 후 공구의 수명을 연장한다.
③ 기계가공성을 증가시킨다.
④ 담금질 변형을 증가시킨다.

해설 시멘타이트를 구상화하면 피가공성이 좋고, 인성이 증가하여 균일한 담금질이 된다.

17. 망상 시멘타이트를 구상화하기 위한 구상화 풀림은 어떤 강에서 처리하는가?

① 아공석강 ② 과공석강
③ 공석강 ④ 오스테나이트강

해설 과공석강에서 초석 망상 탄화물을 구상화하면 피가공성이 좋고, 인성이 증가한다.

18. 냉간가공 시 피가공성을 좋게 하기 위하여 구상화 어닐링 처리를 하는 방법 중 틀린 것은?

① Ac_1 직하 650~700℃에서 가열 유지 후 냉각한다.
② A_1 변태점을 경계로 가열 냉각을 반복한다.
③ Ac_3 또는 A_{cm} 온도 이상으로 가열한 후 서랭한다.
④ Ac_1점 이상 A_{cm} 이하의 온도로 가열한 후 Ar_1점까지 서랭한다.

해설 Ac_3 또는 A_{cm} 온도 이상으로 가열하여 Fe_3C를 고용시킨 후 급랭하여 망상 Fe_3C를 제거하고 직하 온도로 유지하여 구상화한다.

19. 구상화 풀림을 하는 방법으로 틀린 것은?

① A_{cm}선 또는 Ac_3선 이상으로 가열하여 시멘타이트를 완전 고용 후 서랭하는 방법
② Ac_1점의 상하 20~30℃ 사이에서 여러 번 반복 가열 냉각시키는 방법
③ Ac_1점 바로 아래(650~700℃)에서 일정 시간을 유지한 후 냉각하는 방법
④ Ac_1점 이상 A_{cm}점 이하의 온도에서 가열한 후 Ar_1 이하까지 서랭하는 방법

해설 A_{cm}선 또는 Ac_3선 이상으로 가열하여 시멘타이트를 완전 고용 후 급랭하여 망상 Fe_3C를 석출하지 않도록 한 후 구상화한다.

20. 오른쪽 그림과 같은 구상화 어닐링 방법에서 A_1 변태점 이상으로 가열하는 이유는 무엇인가?

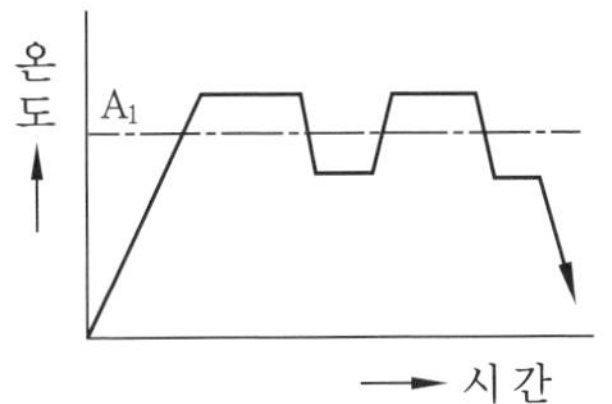

① Fe_3C를 분리 및 생성시키기 위하여
② 망상 Fe_3C를 제거하기 위하여
③ 층상 Fe_3C를 석출시키기 위하여
④ 펄라이트를 생성 및 구상화시키기 위하여

해설 구상화 어닐링 방법은 고탄소강에서 나타난 망상 Fe_3C를 제거하고 미세한 구상 시멘타이트를 만들기 위한 열처리 방법이다.

21. 강의 단조 및 압연재의 섬유상 편석을 제거하기 위한 확산 풀림의 적합한 온도 범위는?

① 350~450℃ ② 500~600℃ ③ 650~800℃ ④ 900~1200℃

해설 확산 풀림으로 황화물의 편석을 없애고, Ni강에서 망상으로 석출한 황화물은 적열취성의 원인이 되는데 이것을 방지하기 위해 1100~1200℃에서 시행한다.

22. 황화물의 편석을 제거하여 안정화 혹은 균질화를 목적으로 1050~1300℃의 고온에서 실시하는 어닐링 방법은?

① 완전 어닐링 ② 확산 어닐링
③ 응력 제거 어닐링 ④ 재결정 어닐링

해설 확산 어닐링의 목적은 황화물 편석 제거에 의한 조직의 안정화 및 균질화이다.

23. 오스테나이트화한 강을 Ar_1 이하의 펄라이트 변태로 가장 빠른 온도까지 급랭시키는 조작은?

① 연화 풀림 ② 항온 풀림
③ 구상화 풀림 ④ 확산 풀림

24. 합금원소를 다량 함유한 구조용 합금강이나 고속도강의 풀림 작업을 할 때 풀림시간을 단축하기 위한 풀림 처리는?

① 완전 풀림 ② 항온 풀림
③ 구상화 풀림 ④ 재결정 풀림

해설 항온 풀림은 풀림시간을 단축할 수 있다.

정답 1. ① 2. ② 3. ① 4. ② 5. ① 6. ④ 7. ④ 8. ③ 9. ① 10. ① 11. ② 12. ③ 13. ① 14. ③ 15. ① 16. ④ 17. ② 18. ③ 19. ① 20. ② 21. ④ 22. ② 23. ② 24. ②

3-3 담금질

(1) 담금질 온도 및 가열시간

① 담금질(quenching)은 강을 임계온도 이상의 상태로부터 물, 기름 등에 넣어서 급랭시켜 마텐자이트 조직을 얻는 열처리 조작이다.

② 담금질 온도는 A_3점 이상 30~40℃ 범위가 적당하다. 담금질 온도가 낮으면 균일한 오스테나이트 조직을 얻기 어렵고 담금질한 후에도 잘 경화되지 않는다.

③ 아공석강은 Ac_3점 이상, 과공석강은 A_{cm}선 이상의 온도에서 담금질하면 담금균열을 일으키므로 A_{cm}선과 A_1점의 중간 온도에서 초석 Fe_3C가 혼합된 조직으로 담금질하는 것이 좋다.

④ 담금질 온도가 너무 높으면 강의 과열로 재질이 변화되거나 잔류 오스테나이트가 남아 담금질 효과가 작아진다.

⑤ 가열시간은 일반적으로 25mm당 30분 정도 가열한다.

강재가 적열된 색에 따른 온도 범위

구분	적열된 강의 색깔	탄소강의 온도(℃)	구분	적열된 강의 색깔	탄소강의 온도(℃)
뜨임색	황색	220	가열색	암적색	600
	갈색	240		앵두색	700
	자색	260		황홍색	800
	연한 자색	280		붉은색	900
	농청색	290		담등색	1000
	담청색	320		황색	1000
	회색	440		백색	1300
				밝은 백색	1400

단원 예상문제

1. 탄소강의 열처리에서 담금질하는 주목적은?

① 내충격 향상
② 조직 형성
③ 인성 증가
④ 재질의 강도 향상

해설 재질의 강도를 높이기 위해서이다.

2. 열처리의 성질과 관련이 먼 것은?

① 불림－표준화 ② 풀림－내부응력 제거

③ 담금질－인성 증가 ④ 뜨임－인성 증가

해설 담금질－강도 증가

3. 다음의 열처리 방법 중 취성이 가장 많이 발생하는 열처리 방법은?

① 담금질(quenching) ② 풀림(annealing)

③ 뜨임(tempering) ④ 불림(normalizing)

해설 담금질은 경도를 높이기 위한 열처리로서 취성이 가장 많이 발생할 우려가 있다.

4. 담황색으로 나타나는 뜨임 온도는 몇 도인가?

① 220℃ ② 540℃

③ 900℃ ④ 1300℃

5. 뜨임색(temper color, 산화막의 색깔) 중 가장 높은 온도에서 나타나는 색깔은?

① 황색 ② 자색 ③ 청색 ④ 회색

해설 뜨임색 : 황색(220℃), 회색(440℃)

6. 산화성 분위기 중에서 뜨임색이 회색으로 나타나는 뜨임 온도는 대략 몇 도인가?

① 50℃ ② 150℃ ③ 400℃ ④ 900℃

해설 회색은 440℃이다

정답 1. ④ 2. ③ 3. ① 4. ① 5. ④ 6. ③

(2) 강의 담금질 조직

① 마텐자이트 변태

(가) 아공석강의 경우 Ac_3, 과공석강의 경우 Ac_1점 이상의 온도로 가열, 오스테나이트 상태에서 급랭하여 침상의 마텐자이트 조직을 얻으며, 담금질 조직 중 응집 상태가 가장 미세한 조직이다.

(나) 용체화(solution) 처리 : 탄화물 또는 금속간 화합물을 고온으로 가열하여 전부 오스테나이트 중에 고용시킨 상태로부터 급랭시켜 상온에서 균일한 오스테나이트 조직을 얻는 처리를 용체화 처리라 한다.

(다) 인장강도 및 경도가 대단히 크며 HB720 정도이고, 강자성체이다.

㈑ 마텐자이트는 150℃ 정도까지 서서히 가열하면 130℃ 부근에서 수축하며, 원인은 수중 냉각에 의해서 나타난 불완전한 α-마텐자이트가 130℃ 부근에서 β-마텐자이트로 변화하기 때문이다.

마텐자이트 경화의 원인

0.77% 탄소강의 담금질 경도	(HB)
공석강 본래의 경도	225
결정의 미세화에 의한 경도	120
급랭으로 인한 내부응력에 의한 경도	80
탄소원자의 영향으로 Fe격자 강화에 의한 경도	225
마텐자이트의 경도	650

② 트루스타이트

㈎ 페라이트와 극히 미세한 시멘타이트(Fe_3C)와의 혼합조직이다.

㈏ 강을 유랭하였을 때 냉각속도가 약간 늦은 550~600℃ 부근에서 생기는 조직이다.

㈐ 마텐자이트를 300~400℃로 뜨임하면 미세한 페라이트와 시멘타이트(Fe_3C)가 생기는 조직이다.

㈑ 경도는 HB400 정도로서 마텐자이트보다 인성이 크다.

③ 소르바이트

㈎ α-Fe와 미세 시멘타이트의 기계적 혼합물로서 마텐자이트를 500~600℃로 뜨임할 때 나타난다.

㈏ 트루스타이트보다 약간 냉각속도가 느릴 때 나타나는 조직이다.

㈐ 마텐자이트보다 취약하지도 단단하지도 않고, 강인하며 충격저항이 크다.

㈑ 경도는 HB270 정도이고, 미세한 입상탄화물이 밀집된 것 같이 낮은 배율에서 검게 보인다.

㈒ 기계부속품의 내마멸용, 스프링, 강력 볼트, 너트 등에 이용된다.

④ 오스몬다이트 : 담금질한 강을 400℃ 부근에서 뜨임할 때 나타나는 조직으로서 소르바이트와 트루스타이트의 중간 조직이다.

단원 예상문제

1. 다음의 조직 중 담금질 열처리로 얻어지는 조직은?

① 페라이트(ferrite)
② 펄라이트(pearlite)
③ 시멘타이트(cementite)
④ 마텐자이트(martensite)

2. 마텐자이트 변태에 대한 설명 중 틀린 것은?

① 탄소강에서만 일어난다.
② 표면 기복이 생긴다.
③ 전단 변형에 의해 발생한다.
④ 모상과 특정한 결정학적인 관계가 존재한다.

해설 마텐자이트 변태는 강 이외에 다른 금속 및 합금 또는 화합물에서도 나타난다.

3. 강을 담금질했을 때 나타나는 조직이 아닌 것은?

① 마텐자이트 ② 시멘타이트
③ 트루스타이트 ④ 소르바이트

해설 시멘타이트는 담금질 조직이 아니다.

4. 다음 담금질 조직 중 응집 상태가 가장 미세한 조직은?

① 마텐자이트 ② 트루스타이트
③ 소르바이트 ④ 오스테나이트

5. 강의 최고 담금질 경도를 좌우하는 요소는?

① 강재의 형상 ② 합금원소의 무게
③ 강 중의 탄소함량 ④ 오스테나이트의 결정입도

해설 강 중의 탄소함량에 따라 강의 최고 담금질 경도가 달라진다.

6. 일반적인 마텐자이트의 특성을 설명한 것 중 틀린 것은?

① 탄소를 고용하는 철이며 풀림 조직이다.
② 현미경으로 관찰 시 침상 조직이다.
③ 철강을 담금질하여 Ar″ 변태를 일으켰을 때 얻어지는 조직이다.
④ 강자성이 있다.

해설 탄소를 고용하고 있는 철이며, 담금질 조직이다.

7. 탄화물 또는 금속간 화합물을 고온으로 가열하여 전부 오스테나이트 중에 고용시킨 상태로부터 급랭시켜 상온에서 균일한 오스테나이트 조직을 얻는 처리를 무엇이라 하는가?

① 용체화 처리 ② 항온변태 처리 ③ 질화 처리 ④ 파텐팅 처리

8. 고온 조직인 γ를 급랭에 의하여 상온에서도 균일한 γ 조직으로 얻는 처리를 무엇이라 하는가?

① 안정화 풀림 처리 ② 시효경화 처리
③ 용체화 처리 ④ 다이퀜칭

9. γ-철에 탄소가 고용된 상태의 고온 조직을 볼 수 있으며, 특수강에서 급랭하면 상온에서도 볼 수 있는 조직은?

① 페라이트 ② 펄라이트 ③ 베이나이트 ④ 오스테나이트

해설 오스테나이트 조직은 용체화 처리하여 상온에서도 나타나는 조직이다.

10. 큰 강재를 유랭했을 때와 작은 강재를 공랭했을 때 나타나며 또는 마텐자이트를 600℃ 정도로 뜨임했을 때 나타나는 조직으로, 현미경 조직은 미세한 입상 탄화물이 밀집된 것 같이 보이는 조직은?

① 펄라이트 ② 트루스타이트 ③ 소르바이트 ④ 베이나이트

해설 소르바이트 조직은 마텐자이트를 600℃ 정도로 뜨임했을 때 나타나는 조직이다.

11. 강력 볼트, 너트로서 사용하는 데 가장 적당한 금속의 조직은?

① 페라이트 ② 트루스타이트
③ 베이나이트 ④ 소르바이트

해설 강력 볼트, 너트는 강인한 소르바이트 조직이 이용된다.

12. 소르바이트 조직의 일반적인 성질을 설명한 것으로 틀린 것은?

① 스프링강 등에 이 조직이 되도록 열처리한다.
② 트루스타이트보다 경하고 취약하다.
③ 마텐자이트보다 취약하지도 단단하지도 않고, 강인하며 충격저항이 크다.
④ α-Fe과 미세 시멘타이트의 기계적 혼합물로서 마텐자이트를 500~600℃로 뜨임할 때 나타난다.

해설 트루스타이트보다 연하고 질기다.

13. 트루스타이트에 대한 설명 중 옳은 것은?

① 페라이트와 미세한 시멘타이트의 기계적 혼합물
② 펄라이트와 미세한 시멘타이트의 기계적 혼합물
③ 소르바이트와 미세한 마텐자이트의 기계적 혼합물
④ 오스테나이트와 미세한 마텐자이트의 기계적 혼합물

14. 트루스타이트에 대한 설명 중 옳은 것은?

① α-철과 극히 미세한 시멘타이트의 기계적 혼합물
② α-철과 극히 미세한 마텐자이트의 기계적 혼합물
③ γ-철과 극히 미세한 시멘타이트의 기계적 혼합물
④ γ-철과 극히 미세한 마텐자이트의 기계적 혼합물

해설 트루스타이트는 페라이트와 미세한 시멘타이트의 혼합물이다.

15. 다음 중 osmondite 조직은 어느 것인가?

① 미세한 pearlite
② 미세한 austenite
③ martensite
④ cementite

해설 강을 400℃ 부근에서 템퍼링할 때 나타나는 조직으로서 소르바이트와 트루스타이트의 중간 조직이다.

16. 페라이트와 시멘타이트가 매우 미세하게 혼합된 트루스타이트 조직을 얻기 위한 열처리는 어느 것인가?

① 불림 ② 풀림 ③ 뜨임 ④ 담금질

해설 퀜칭한 마텐자이트 조직을 뜨임하여 트루스타이트 조직으로 만든다.

17. 실린더 라이너를 850℃ 이상으로 가열했다가 기름 중에 담금질하고 다시 430~530℃로 뜨임하는 이유는?

① 강도 증가 ② 인성 증가
③ 연성 증가 ④ 내마멸성 증가

해설 인성 증가를 위하여 뜨임 처리한다.

정답 1. ④ 2. ① 3. ② 4. ① 5. ③ 6. ① 7. ① 8. ③ 9. ④ 10. ③ 11. ④ 12. ② 13. ① 14. ① 15. ① 16. ③ 17. ②

(3) 담금질 작업

- 임계구역 : 담금질 온도로부터 Ar′까지의 온도범위 혹은 베이나이트점까지의 온도범위를 말한다.
- 임계냉각속도 : 펄라이트 및 베이나이트가 생성되지 않는 최소의 냉각속도를 하부 임계냉각속도 및 상부 임계냉각속도, 혹은 임계냉각속도라 한다.
- 임계냉각속도는 마텐자이트 조직이 나타나는 최소 냉각속도라 한다.
- 위험구역은 Ar″ 이하로서 마텐자이트 변태가 일어나는 온도 범위이며, 보통 Ms에서 Mf까지를 말한다.

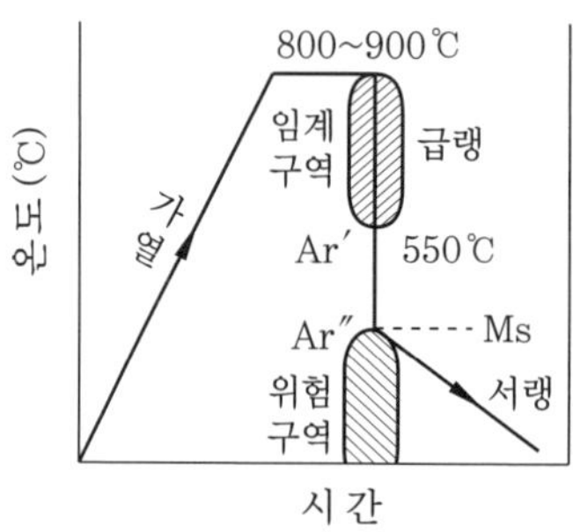

담금질 작업

① 담금질 작업 방법

(가) 인상 담금질(time quenching)

㉠ 가열물의 직경 또는 두께 3mm당에 대하여 1초 동안 물속에 넣은 후 유랭 혹은 공랭한다.

㉡ 진동과 물소리가 정지한 순간 꺼내어 유랭 혹은 공랭한다.

㉢ 화색이 나타나지 않을 때까지 2배의 시간만큼 물속에 담근 후 꺼내어 공랭한다.

㉣ 기름의 기포 발생이 정지했을 때 꺼내어 공랭한다.

㉤ 가열물의 직경 및 두께 1mm에 대하여 1초 동안 기름 속에 담근 후 공랭한다.

(나) 분사 담금질 : 담금질하여 경화되는 부분에 담금질액을 분사시키는 방법이다.

(다) 프레스 담금질

㉠ 변형을 방지하기 위하여 금형으로 프레스한 상태에서 기름에 담금질하는 방법이다.

㉡ 톱날, 면도날 등의 얇은 물건에 금형 담금질을 한다.

(라) 슬레이크 담금질

㉠ 담금질과 뜨임을 동시에 열처리하는 방법이다.

㉡ 슬레이크 담금질을 하기 이전에 Ar′ 변태를 일으키게 하는 냉각액을 사용하며 이때의 조직은 미세한 펄라이트 조직으로 만들어 주어야 한다.

㉢ 냉각액으로는 비눗물, 압축공기, 절삭유, 연삭유 등을 사용한다.

㉣ 슬레이크 담금질을 한 다음에는 200℃ 이하의 저온에서 공랭한다.

(마) 열욕 담금질

㉠ 열욕 또는 기름, 금속, 염욕을 사용하여 Ms점 150~250℃의 온도에서 담금질한다.

㉡ 균열 또는 경도의 변화가 적으며 담금질 변형이 적다.

단원 예상문제

1. 담금질성과 관계가 먼 것은?

① 강의 화학성분 ② 강의 입도
③ 강의 질량 효과 ④ 강의 용융온도

2. 탄소강을 담금질할 때 재료 외부와 내부의 담금질 효과가 다르게 나타나는 현상을 무엇이라 하는가?

① 질량 효과 ② 노치 효과
③ 천이 효과 ④ 피니싱 효과

해설 질량 효과는 강재의 대소에 따라 내외부의 담금질 효과가 다르게 나타나는 현상을 말한다.

3. 강의 열처리 시 경화능에 대한 설명으로 틀린 것은?

① 임계냉각속도가 큰 강은 경화가 잘되지 않는다.
② 담금질 경도는 탄소량에 따라 결정된다.
③ 질량 효과는 합금강이 탄소강보다 크다.
④ 담금질 깊이는 탄소량, 합금원소의 영향이 크다.

해설 일반적으로 합금원소가 첨가될수록 질량 효과는 감소한다.

4. 담금질성에 영향을 주는 요인과 관계가 먼 것은?

① 강의 화학성분 및 결정입도 ② 가열 온도
③ 담금질제의 종류 및 상태 ④ 가공상태

5. **오스테나이트에서 펄라이트로의 변태 중 결정입도의 영향에 대한 설명으로 틀린 것은?**

① 오스테나이트의 결정입도는 변태에 큰 영향을 미치며 핵 생성은 에너지가 높은 장소에서 일어난다.

② 균질한 오스테나이트에서는 펄라이트의 핵 생성은 거의 예외 없이 결정입계에서 일어난다.

③ 오스테나이트의 결정립이 조대할수록 펄라이트 구를 형성할 핵을 적게 생성하며 미세한 펄라이트 조직으로 된다.

④ 오스테나이트의 결정입도는 펄라이트 층간 간격에 영향을 미치지 않으며 펄라이트 층간 간격은 변태온도에 의해서 결정된다.

해설 오스테나이트의 결정립이 조대할수록 펄라이트 형성을 많이 하고 조대한 펄라이트 조직이 생성된다.

6. **강의 경화 열처리에 대한 설명으로 틀린 것은?**

① 퀜칭 시 잔류 오스테나이트는 탄소량이 많을수록 많아진다.

② 임계냉각속도가 느린 강은 질량 효과가 크다.

③ 심랭 처리는 퀜칭 후에 하는 것이 좋다.

④ 경화능이 큰 재료는 임계냉각속도가 느리다.

해설 경화능이 큰 재료는 임계냉각속도가 빠르다.

7. **탄소강에서의 담금질성을 개선하는 원소가 아닌 것은?**

① Al ② B ③ Mo ④ Mn

해설 경화 깊이에 영향을 주는 원소는 Mo, Mn, Cr, B이다.

8. **담금질액의 냉각 효과를 지배하는 인자와 관계가 먼 것은?**

① 열전도도 ② 비열 ③ 온도 ④ 무게

9. **냉각 방법 중 임계구역은 빠르게, 위험구역은 천천히 냉각해 주는 열처리는?**

① 불림 ② 풀림 ③ 담금질 ④ 뜨임

10. **다음 탄소강 중에서 임계냉각속도가 가장 느린 강은?**

① 0.2% C강 ② 0.45% C강 ③ 0.8% C강 ④ 1.2% C강

해설 탄소량이 적을수록 임계냉각속도가 느리다

11. 상부 임계냉각속도란 무엇인가?

① Ar′ 변태만을 일으키는 데 필요한 최소한의 냉각속도
② Ar″ 변태만을 일으키는 데 필요한 최소한의 냉각속도
③ Ar′ 변태만 일으키고 Ar″ 변태를 저지하는 데 필요한 최소한의 냉각속도
④ Ar′와 Ar″ 변태를 모두 저지하는 데 필요한 최소한의 냉각속도

12. 다음 원소 중 임계냉각속도를 빠르게 하는 것은?

① W ② V ③ Mn ④ Co

해설 Co, Ti, Zr 원소는 임계냉각속도를 빠르게 한다.

13. 강의 경화능을 감소시키는 원소는?

① Mn ② Cr ③ Si ④ Co

해설 Co는 담금질성을 나쁘게 한다.

14. 강을 열처리할 때 냉각 방법의 세 가지 형식 중 냉각 도중에 냉각속도 변화를 위하여 공기 중에서 냉각하는 방법은?

① 2단 냉각 ② 연속 냉각 ③ 항온 냉각 ④ 열욕 냉각

해설 2단 냉각을 사용하는 열처리에는 2단 어닐링, 2단 템퍼링, 인상 담금질이 있다.

15. 이상 임계지름을 계산하여 담금질성을 나타내는 방법은?

① 석출경화법 ② 조미니 시험법 ③ 용체화 처리 ④ 심랭 처리

해설 조미니 시험법은 강의 담금질성 시험법이다.

16. 인상 담금질(time quenching)의 설명으로 맞지 않는 것은?

① 물건의 두께 3mm당 1초간 수랭 후 공랭
② 물소리가 정지한 순간에 인상하여 공랭
③ 기름의 기포가 정지할 때 인상하여 공랭
④ 유랭 시 두께 1mm당 8초간 유랭 후 공랭

해설 가열물의 직경 및 두께 1mm에 대하여 1초 동안 기름 속에 담근 후에 공랭한다.

17. 얇은 물건을 금형에 고정하여 담금질하는 방법은?

① 분사 담금질 ② 인상 담금질 ③ 열욕 담금질 ④ 프레스 담금질

해설 프레스 담금질 : 얇은 물건을 금형에 고정하여 변형을 방지하기 위한 담금질 방법

18. 인상 담금질에서 인상 시기를 바르게 설명한 것은?

① 가열물의 두께 1mm당 2초 동안 기름 속에 담근 후 공랭한다.
② 화색이 나타나지 않을 때까지 3배의 시간만큼 물속에 담근 후 꺼내어 공랭한다.
③ 재료가 완전히 식을 때까지 수랭한다.
④ 기름의 기포 발생이 정지될 때 꺼내어 공랭한다.

19. 인상 담금질(time quenching)에서 인상 시기를 설명한 것 중 틀린 것은?

① 기름의 기포 발생이 정지했을 때 꺼내어 공랭한다.
② 진동과 물소리가 정지한 순간 꺼내어 유랭 또는 공랭한다.
③ 화색(火色)이 나타나지 않을 때까지 2배의 시간만큼 물속에 담근 후 꺼내어 공랭한다.
④ 가열물의 지름 또는 두께 1mm당 10초 동안 수랭한 후 유랭 또는 공랭한다.

해설 가열물의 지름 또는 두께 3mm당 1초 동안 물속에 넣은 후 유랭 또는 공랭한다.

20. 다음 ( ) 안에 알맞은 내용은?

인상 담금질의 작업 방법은 Ar′ 구역에서는 (㉠), Ar″ 구역에서는 (㉡) 하는 방법이다.

㉠ ㉡
① 급랭, 급랭
② 급랭, 서랭
③ 서랭, 급랭
④ 서랭, 서랭

21. 인상 담금질(time quenching)에서 인상 시기에 대한 설명으로 틀린 것은?

① 물건의 지름이나 두께는 보통 3mm에 대해서 1초 동안 물속에 담근 후 즉시 꺼내어 유랭 또는 공랭시킨다.
② 강재를 기름에 냉각시킬 때에는 두께 1mm에 대해서 30초 동안 담근 후 꺼내어 즉시 수랭시킨다.
③ 적열된 색깔이 없어질 때까지 시간의 2배 정도를 물에 담근 후 꺼내어 유랭 또는 공랭시킨다.
④ 강재를 물에 담글 때 강이 식는 진동 소리 또는 강이 식는 물소리가 정지되는 순간에 꺼내어 유랭 또는 공랭시킨다.

해설 가열물의 지름 및 두께 1mm에 대하여 1초 동안 기름 속에 담근 후 공랭한다.

정답 1. ④ 2. ① 3. ③ 4. ④ 5. ③ 6. ④ 7. ① 8. ④ 9. ③ 10. ① 11. ② 12. ④ 13. ④ 14. ① 15. ② 16. ④ 17. ④ 18. ④ 19. ④ 20. ② 21. ②

② 항온 열처리

㈎ 마퀜칭

㉠ Ms점(Ar″) 직상으로 가열된 염욕에서 담금질한다.

㉡ 담금질한 재료의 내외부가 동일 온도에 도달할 때까지 항온유지한다.

㉢ 꺼낸 후 공랭하여 Ar″ 변태를 진행시킨다. 이때 얻어진 조직이 마텐자이트이며, 마퀜칭 후에는 템퍼링한다.

- Ms(℃) = 930−570×(%C)−60×(%Mn)−50×(%Cr)−30×(%Ni)−20×(%Si)−20×(%Mo)−20×(%W)
- $℃ = \frac{5}{9}(°F - 32)$

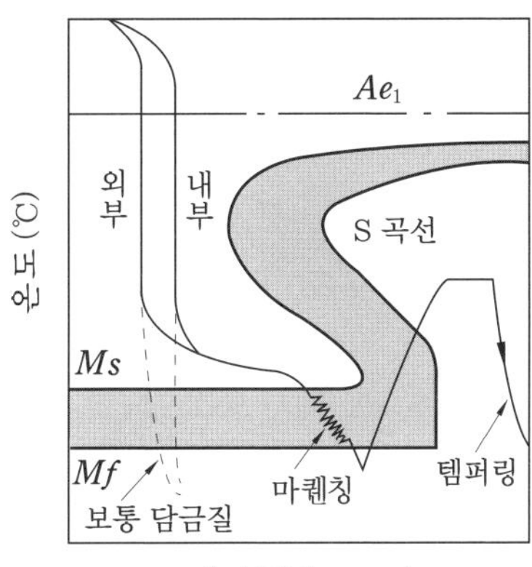

S 곡선에서 마퀜칭

㈏ 오스템퍼링

㉠ Ar′와 Ar″ 사이의 온도로 유지한 열욕에 담금질하고, 과냉각의 오스테나이트 변태가 끝날 때까지 항온으로 유지해주는 방법이며 베이나이트 조직을 얻는다.

㉡ Ar′에서의 상부 베이나이트, Ar″에서의 하부 베이나이트 조직이 얻어진다.

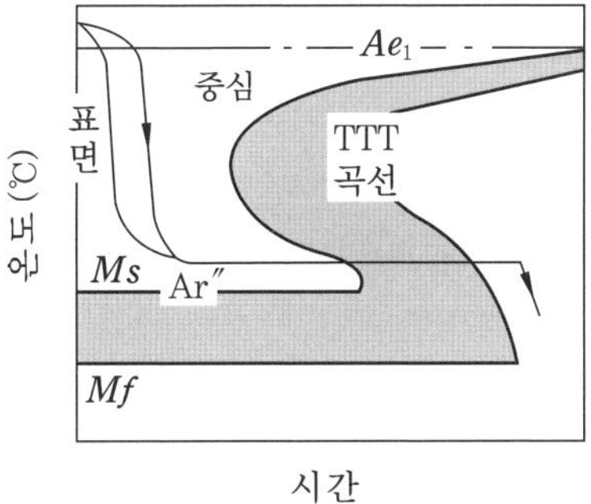

S 곡선에서 오스템퍼링

(다) 오스포밍 : 오스테나이트강의 재결정 온도 이하 Ms점 이상의 온도 범위에서 소성가공을 한 후 담금질하는 조작이다. 오스포밍한 금속 조직은 다음과 같다.

㉠ 마텐자이트 핵 생성이 일어난 곳이 크게 증가한다.

㉡ 오스테나이트의 결정격자가 가공에 의하여 비틀리고 많은 수의 슬립라인이 발생하여 마텐자이트의 성장이 크게 제한된다.

㉢ 압연할 때 압연 방향으로 오스테나이트 입자가 길어지고 압연 방향과 직각 방향으로 짧아진다.

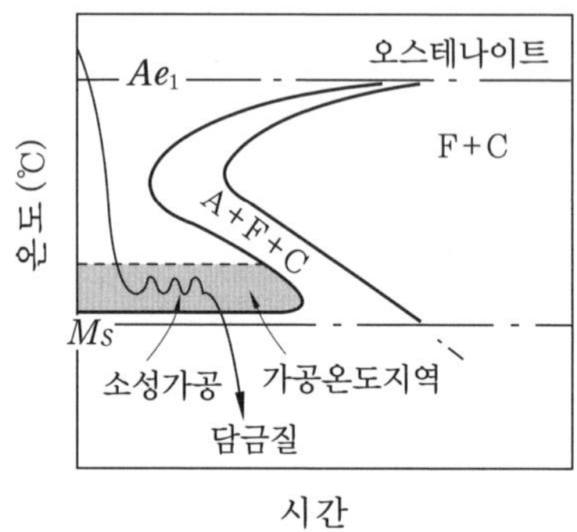

S 곡선에서 오스포밍

단원 예상문제

1. TTT 선도(diagram)에서 T, T, T가 의미하는 것은?

① 시간, 온도, 변태 ② 시간, 변태, 융점
③ 온도, 변태, 조직 ④ 온도, 융점, 조직

해설 T는 시간(time), 온도(temperature), 변태(transformation)를 의미한다.

2. 다음 중 항온 열처리에 해당되지 않는 것은?

① 시간 담금질 ② 오스포밍 ③ 마템퍼링 ④ 오스템퍼링

해설 담금질은 합금의 열처리에 있어 고온으로 가열한 후 물 혹은 기름 속에 넣거나 냉각한 공기로 급속하게 냉각시킴으로써 경화시키는 과정이다.

3. 열처리 냉각 방법 중 항온 냉각에 속하지 않는 것은?

① 오스템퍼링 ② 마퀜칭
③ 인상 담금질 ④ 마템퍼링

해설 인상 담금질(타임퀜칭) : 일반적으로 수중 또는 유중에 냉각하는 담금질 방법이다.

4. 강을 변태점 이상으로 가열한 후 Ms점 직하로 급랭하고 일정 시간 유지한 후 급랭시켜주는 열처리는?

① 마퀜칭 ② Ms퀜칭
③ 마템퍼링 ④ 타임퀜칭

해설 Ms퀜칭 : Ms점 직하에서 급랭시켜주는 열처리

5. 재료를 오스테나이트화한 후 코(nose) 구역을 통과하도록 급랭하고 시험편의 내 · 외가 동일 온도에 도달한 다음 적당한 방법으로 소성가공을 하여 공랭, 유랭 또는 수랭으로 마텐자이트 변태를 일으키는 것은?

① 수인법 ② 패턴팅
③ 제어압연 ④ Ms 담금질

해설 제어압연, 쇼트피닝, 스웨이징과 같은 방법으로 소성가공을 할 때 공랭, 유랭 및 수랭을 하여 마텐자이트 변태를 일으켜서 우수한 표면경화층을 얻는다.

6. 다음 상온 변태의 이용 방법 중 염욕에서의 열처리 방법이 아닌 것은?

① 마퀜칭 ② 오스템퍼링
③ 타임퀜칭 ④ Ms퀜칭

해설 타임퀜칭 : Ar′에서는 급랭하고, Ar″에서는 서랭하는 인상 담금질이다.

7. 오스템퍼링에 대한 설명으로 옳은 것은?

① S 곡선의 nose 부근에서 항온처리하는 연화법이다.
② Ms와 Mf 사이의 Ar″ 구역 내에서 항온 열처리로 Ms점 이하의 염욕에 퀜칭 후 공랭한다.
③ Ar′와 Ar″ 사이의 열욕에 퀜칭하여 오스테나이트가 변태 완료할 때까지 항온유지한다.
④ 강을 austenite 온도까지 가열하고 S 곡선의 코까지 급랭하여 소성변형시키고 상온으로 급랭한다.

해설 오스템퍼링 : Ar′와 Ar″ 사이의 열욕에 퀜칭하여 bainite 조직을 얻는다.

8. 오른쪽 그림은 어떤 열처리 방법인가?

① 오스템퍼링(austempering)
② 마템퍼링(martempering)
③ 마퀜칭(marquenching)
④ 오스포밍(ausforming)

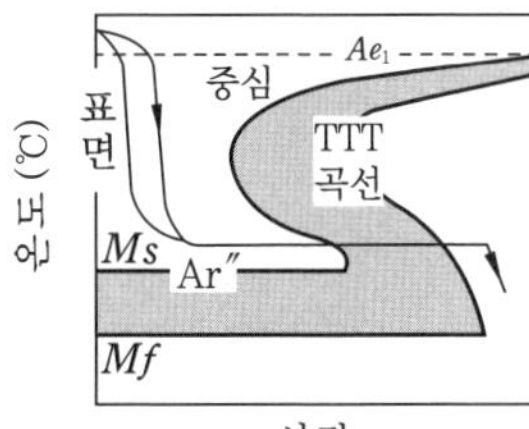

해설 오스템퍼링에 대한 그림이다.

9. 오스템퍼링에 대한 설명으로 옳은 것은?

① Ar′와 Ar″사이의 온도를 유지한 열욕에 담금질하여 오스테나이트가 변태를 완료할 때까지 항온유지시켜 베이나이트 조직을 얻는다.
② Ar′에서는 급랭하고, Ar″에서는 유랭 또는 서랭하여 마텐자이트 조직을 얻는다.
③ Ms점(Ar″) 직상으로 가열된 염욕에 담금질한다.
④ 오스테나이트 조직에서 소성가공한 후 담금질한다.

10. 오스포밍(ausforming)한 금속의 조직학적 특징을 설명한 것 중 틀린 것은?

① 마텐자이트 면이 크게 성장한다.
② 마텐자이트 입자의 미세화에 의해 강도가 증가한다.
③ 마텐자이트의 핵 생성이 일어나는 곳이 매우 증가한다.
④ 많은 수의 슬립선이 발생하므로 마텐자이트면의 성장이 방해된다.

해설 오스테나이트의 결정입자가 가공에 의하여 변형되므로 마텐자이트 면이 크게 성장하지 못한다.

11. 중간 담금질로서 Ms점 직상으로 가열된 염욕에 담금질하는 것은?

① Ms quenching ② marquenching
③ time quenching ④ up-hill quenching

해설 marquenching은 중간 담금질로서 Ms점 직상으로 가열된 염욕 담금질이다.

12. 금속재료의 표면에 고속력으로 강철이나 주철의 작은 입자를 분사하여 피로강도를 현저히 증가시키는 표면 경화법은?

① 배럴법 ② 쇼트피닝 ③ 그라인딩 ④ 세라다이징

해설 쇼트피닝은 금속 표면에 강철 입자 등을 고속으로 분사하여 피로강도를 높이는 표면경화법이다.

13. 항온변태와 가장 관계가 깊은 조직은?

① 페라이트(ferrite) ② 펄라이트(pearlite)
③ 베이나이트(bainite) ④ 레데브라이트(ledeburite)

해설 베이나이트는 강을 항온변태시켰을 때 나타나는 것으로 마텐자이트와 트루스타이트의 중간 조직이다.

14. 오스템퍼링하였을 때 얻어지는 조직은?

① 오스테나이트 ② 소르바이트 ③ 마텐자이트 ④ 베이나이트

해설 베이나이트는 오스템퍼링에 의해 얻어지는 강의 조직이다.

15. 오스템퍼에 대한 설명으로 옳은 것은?

① 오스템퍼한 것은 대체로 뜨임할 필요가 없다.

② 후판, 슬랩의 강판 등 대형 소재에 적합하다.

③ 염욕에서 끄집어내어 수랭으로 급랭시켜 마텐자이트 조직을 얻은 열처리이다.

④ 담금질, 뜨임한 것에 비하여 충격치와 인성이 작다.

해설 오스템퍼한 것은 퀜칭과 뜨임이 동시에 일어난다.

16. 오스템퍼링과 관계 깊은 조직은?

① 오스테나이트 ② 마텐자이트 ③ 펄라이트 ④ 베이나이트

해설 오스템퍼링 처리하여 베이나이트 조직을 얻는다.

17. 과랭 상태의 오스테나이트를 서서히 베이나이트 조직으로 변화시키는 냉각 처리는?

① 오스템퍼링 ② 베이킹 ③ 마템퍼링 ④ 소르바이팅

해설 오스템퍼링 : 오스테나이트를 항온유지하여 베이나이트 조직으로 변화시키는 열처리

18. 오스테나이트 상태의 강을 S 곡선의 코와 Ms점 사이의 온도의 항온염욕에 급랭하고 변태를 완료시킨 다음 끄집어내어 공랭시킨 조작은?

① 오스템퍼링 ② 마템퍼링 ③ 보통 경화법 ④ 마퀜칭

해설 오스템퍼링 : Ar′와 Ar″ 사이의 열욕에 퀜칭하여 bainite 조직을 얻는 열처리이다.

19. Ms 이상인 적당한 온도(약 250~450℃)로 유지한 열욕에 담금질하고 과냉각의 오스테나이트 변태가 끝날 때까지 항온으로 유지하여 베이나이트 조직을 얻는 열처리 방법은?

① 마퀜칭 ② Ms퀜칭

③ 오스템퍼링 ④ 오스포밍

해설 오스템퍼링은 Ar′와 Ar″ 사이의 온도로 유지한 열욕에 담금질하고 과냉각의 오스테나이트 변태가 끝날 때까지 항온으로 유지하는 방법이다.

20. 강의 항온 열처리 중 오스테나이트 영역에서 냉각하여 Ms와 Mf 사이에서 행하는 항온처리로 오스테나이트의 일부는 마텐자이트가 되고 일부는 베이나이트의 혼합조직이 되는 처리는?

① 스퍼터링 ② 마템퍼링

③ 오스포밍 ④ 오스템퍼링

21. Ar′와 Ar″ 변태가 동시에 일어나는 냉각속도로 냉각하면 약간의 구상 트루스타이트를 포함한 깃털 모양(익모상)의 조직이 된다. 이 조직은 어떤 조직인가?

① 상부 베이나이트
② 마텐자이트
③ 침상 트루스타이트
④ 하부 베이나이트

해설 상부 베이나이트는 깃털 모양, 하부 베이나이트는 침상 모양이다.

22. 오른쪽 그림과 같은 열처리 방법에 의해 나타나는 조직은?

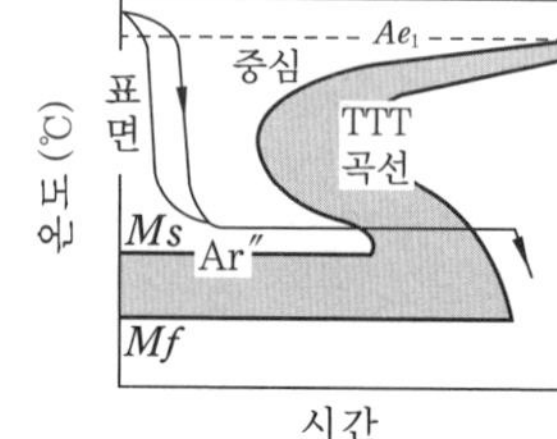

① 마텐자이트
② 베이나이트
③ 마텐자이트+베이나이트
④ 베이나이트+트루스타이트

해설 Ms~Mf 사이에서 항온유지했을 때 생기는 조직은 마텐자이트+베이나이트 조직이다.

23. 일반적으로 마템퍼링을 실시하는 근본적인 목적은 무엇인가?

① 템퍼링을 해야 할 필요를 없애기 위함이다.
② 퀜칭 매질의 소비를 줄이기 위함이다.
③ 재료의 변형을 줄이기 위함이다.
④ 경도치를 증가시키기 위함이다.

해설 재료의 변형을 줄이기 위해 마템퍼링을 한다.

24. 오른쪽 그림과 같은 곡선의 열처리 방법은?

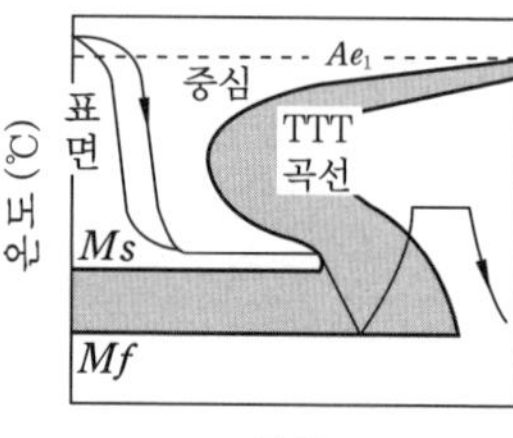

① 마퀜칭(marquenching)
② Ms퀜칭(Ms quenching)
③ 마템퍼링(martempering)
④ 오스템퍼링(austempering)

25. Bain에 의해 급랭된 상태의 마텐자이트는 어떠한 격자구조를 갖고 있는가?

① 체심정방격자
② 면심입방격자
③ 혼합구조
④ 체심정방격자

26. 마퀜칭에 대한 설명으로 옳지 않은 것은?

① Ms 직선상에 가열된 염욕에 담금질한다.
② 담금질한 재료의 내외가 동일 온도에 도달할 때까지 항온유지한다.
③ 인상하여 공랭시켜 Ar″ 변태를 진행한다.
④ 마퀜칭으로 얻어진 조직은 pearlite이다.

해설 마퀜칭으로 얻어진 조직은 마텐자이트이다.

27. 마퀜칭의 일반적인 조작법과 특징에 관한 설명으로 옳지 않은 것은?

① 강을 Ms점 직상의 항온염욕 중에서 담금질한다.
② Ar″ 변태를 급속히 진행시켜 마텐자이트화하고 뜨임 처리한다.
③ Ar″ 변태를 천천히 진행시켜서 마텐자이트화하고 뜨임 처리한다.
④ 담금질에 의한 변형 및 균열이 생기지 않는 특징이 있다.

해설 Ar″ 변태를 천천히 진행시켜서 마텐자이트화하고 뜨임 처리한다.

28. 강의 항온변태곡선에서 Ar′점에 가까운 코의 부분 약 550℃에서 Ar″점 약 150℃까지는 주로 어떤 조직이 생성되는가?

① 소르바이트　　② 마텐자이트
③ 레데브라이트　　④ 베이나이트

해설 Ar′와 Ar″ 사이의 열욕에 퀜칭하여 bainite 조직을 얻는다.

29. 일반적인 S 곡선의 코(nose) 부분의 온도로 적합한 것은?

① 약 250℃　　② 약 350℃　　③ 약 450℃　　④ 약 550℃

30. 강의 항온변태곡선인 S 곡선의 형태에 영향을 주는 요소가 아닌 것은?

① 첨가 원소　　② 응력의 영향
③ 최고 가열 온도　　④ 조직학적 방법

해설 S 곡선 형태에 영향을 주는 요소는 최고 가열 온도, 첨가 원소, 편석, 응력의 영향이다.

31. S 곡선에 대한 설명으로 틀린 것은?

① 응력이 존재하면 Ms선의 온도는 상승한다.
② C, Mn 등이 많을수록 S 곡선은 좌측으로 이동한다.
③ 응력이 존재하면 S 곡선의 변태개시선이 좌측으로 이동한다.
④ 가열 온도가 높을수록 S 곡선의 코 부분이 우측으로 이동한다.

해설 C, Mn 등이 많을수록 S 곡선은 우측으로 이동한다.

32. S 곡선에서 가열 온도가 높아지면 어떻게 되는가?

① 오스테나이트의 결정립이 조대해지고, S 곡선의 코(nose)는 오른쪽으로 이동한다.
② 오스테나이트의 결정립이 미세해지고, S 곡선의 코(nose)는 변화가 없다.
③ 오스테나이트의 결정립은 변화가 없고, S 곡선의 코(nose)의 온도는 낮아진다.
④ 현미경 조직이 미세해지고, 오스테나이트의 결정립의 석출 속도가 늦어진다.

33. 강의 항온변태 조직으로 강도, 경도, 인성이 풍부한 HB340 정도의 조직은 무엇인가?

① 트루스타이트　② 소르바이트　③ 베이나이트　④ 마텐자이트

34. 다음은 S 곡선과 항온 열처리법을 나타낸 것이다. 그림에서 마템퍼링을 나타내는 것은?

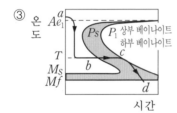

①
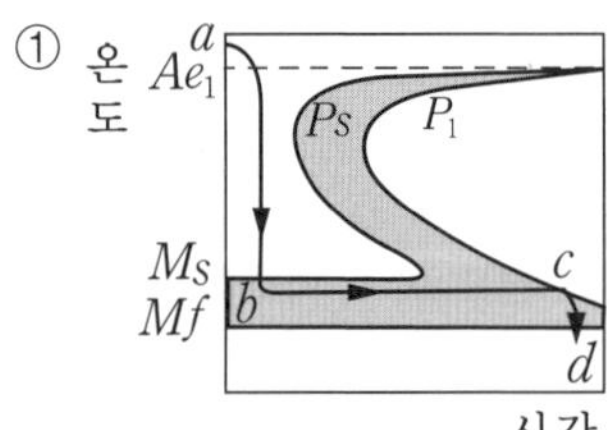

②
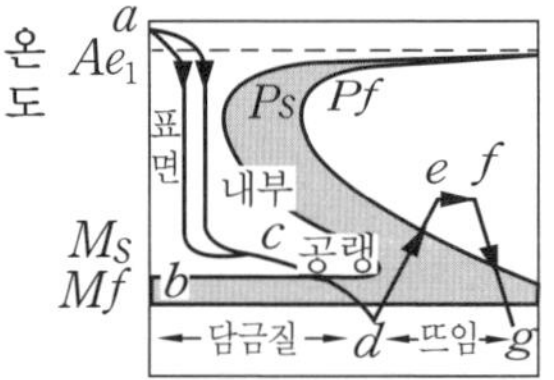

③ 온도 a Ae1 Ps P1 상부 베이나이트 하부 베이나이트 T b c Ms Mf d 시간

④ 온도 a Ae1 Ps Pf b T Ms Mf 시간

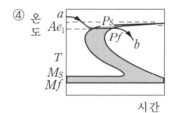

해설 ① Ms와 Mf점 사이에서 항온유지하여 열처리하는 마템퍼링 곡선이다.

정답 1. ① 2. ① 3. ③ 4. ② 5. ③ 6. ③ 7. ③ 8. ① 9. ① 10. ① 11. ② 12. ② 13. ③ 14. ④ 15. ① 16. ④ 17. ① 18. ① 19. ③ 20. ② 21. ① 22. ③ 23. ③ 24. ① 25. ④ 26. ④ 27. ② 28. ④ 29. ④ 30. ④ 31. ② 32. ① 33. ③ 34. ①

③ 담금질 시 주의사항

(가) 냉각액

㉠ 냉각액에는 물, 기름, 염류 등이 있다.

㉡ 냉각액의 온도는 물은 차게(20℃), 기름은 뜨겁게(60~80℃) 한다.

㉢ 탄소강, W강, Mn강 등에는 물을 사용하고, 특수강, 고속도강 등은 기름 중에 냉각한다.

담금질 액

종류	온도(℃)	성능	비
분수	5~30	가장 빠름	9
염수(10%) 식염수	10~30	빠름	2
가성소다수(5%)	10~30	빠름	2
물	10~30	빠름	1
유(油)	60~30	보통	0.3
soluble quenchant(30%)	10~30	보통	0.3
열욕(salt)	200~400	보통	–

(나) 냉각 방법

㉠ 구형이 가장 빠르고 판재가 가장 느리다.

㉡ 담금질 되는 정도는 구:환봉:판재=4:3:2이다.

㉢ 반복 담금질을 할 때는 반드시 풀림을 해야 한다.

(다) 담금질 경도

㉠ 담금질 경도(max)(HRC)=30+50×C %

㉡ 임계 담금질 경도(HRC)=24+40×C %

예를 들면 0.4% C강에서

최고 담금질 경도(HRC)=30+50×0.4=50

임계 담금질 경도(HRC)=24+40×0.4=40

(라) 경화 깊이

㉠ 담금질에 영향을 미치는 것은C %가 가장 크며, 다음이 Mo, Mn, Cr, B로 Ni을 함유한 특수강은 임계냉각속도가 늦으므로 질량 효과가 적다.

㉡ 담금질성에는 결정립의 크기가 영향을 미치며, 결정립이 클수록 담금질성은 크고 경화층이 깊어진다.

(마) 담금질 시 질량 효과

㉠ 강을 급랭시키면 냉각액과 접촉되는 강의 표면조직은 마텐자이트로 되고, 강의 내부는 펄라이트, 트루스타이트 및 소르바이트로 된다.

㉡ 같은 C %의 강재라도 굵기가 커지면 담금질 경도가 떨어진다.

㉢ 강재의 성질에 따라 담금질 경도에 변화가 오며, 이를 담금질의 질량 효과라 한다.

㉣ 강재 중의 P은 담금질성을 증가시키고, S은 감소시키는 작용을 한다.

㉤ 담금질성을 증가시키는 합금원소는 Mn, Mo, Cr, Si, Ni, B이고 감소시키는 원소는 Co, V이다.

㈓ 담금질 부품의 형상

㉠ 담금질 처리에 나쁜 형상의 예를 보면 다음과 같다.

- 두께의 급변화
- 예리한 모서리부
- 계단 부분
- 막힌 구멍

㉡ 담금질에 따르는 결함을 크게 나누면 다음과 같다.

- 담금질 균열
- 담금질 변형
- 연화점(soft spot)

㈔ 담금질에 따른 용적 변화 : 마텐자이트>미세펄라이트>중간 펄라이트>조대 펄라이트>오스테나이트

단원 예상문제

1. 동일 조건의 강을 다음의 방법으로 냉각했다. 가장 연성이 큰 냉각제는?

① 수랭 ② 유랭 ③ 노랭 ④ 급랭

해설 연성 순서 : 노랭>유랭>수랭

2. 다음 냉각액 중 상온에서 냉각 능력이 가장 큰 것은?

① 보통 물 ② 가성소다물
③ 10% 소금물 ④ 기계유

해설 냉각 능력 : 10% 소금물>가성소다물>보통 물>기계유

3. 탄소강의 담금질에 가장 좋은 효과를 나타내는 냉각제는?

① 염수 ② 공기 ③ 기름 ④ 물

해설 냉각 능력 : 염수>물>기름>공기

4. 700℃에서 냉각속도가 가장 작은 냉각제는?

① 콩기름 ② 증류수 ③ 수돗물 ④ 11% 식염수

해설 냉각 능력 : 염수>물>기름>공기

5. 다음 [보기] 중 18℃의 물을 냉각능 1.00으로 하였을 때 200℃에서 냉각속도가 빠른 것부터 열거한 것은?

| 보기 |

㉠ 10% 유화유 ㉡ 10% NaCl 수용액 ㉢ 250℃ 물 ㉣ 정지된 공기 ㉤ 기계유

① ㉡>㉠>㉣>㉢>㉤
② ㉠>㉡>㉢>㉣>㉤
③ ㉠>㉢>㉡>㉤>㉣
④ ㉡>㉢>㉤>㉠>㉣

6. 담금질 액을 교반하는 방법에는 프로펠러를 이용하거나 펌프 등을 사용한다. 교반의 세기 조정 시 고려할 사항이 아닌 것은?

① 뜨임 온도
② 냉각제의 냉각속도
③ 허용하는 변형의 한도
④ 사용하는 재질의 담금질성

해설 담금질 액의 교반 목적은 냉각속도, 변형량 조절, 담금질성 조절이다.

7. 강의 열처리 시 담금질성을 향상시키는 원소로 가장 적합한 것은?

① Mn ② Pb ③ S ④ Cu

해설 Mn, Mo, Cr, Si는 담금질성을 향상시키고, Co, V은 담금질성을 감소시킨다.

8. 다음 중 냉각능이 제일 큰 것은?

① 정지 상태의 소금물에 강재가 정지 상태로 있을 때
② 정지 상태의 물속에서 강재를 흔들 때
③ 강재에 물을 분사시킬 때
④ 정지된 기름 속에서 강재를 흔들 때

9. 다음 중 담금질용 열처리 냉각 탱크(tank)에 냉각 시 냉각속도가 가장 빠른 냉매는 어느 것인가?

① 오일 ② 노랭 ③ 공기 ④ 액체 질소

해설 냉각속도 : 액체 질소>오일>공기>노랭

10. 담금질에 사용되는 냉각제에 대한 설명 중 틀린 것은?

① 물은 40℃ 이하가 좋다.
② 냉각제에는 물, 기름, 소금물 등이 있다.
③ 증기막을 형성할 수 있도록 교반 또는 NaCl, $CaCl_2$ 등의 첨가제를 첨가한다.
④ 기름은 상온 담금질일 경우 60~80℃ 정도가 좋다.

해설 NaCl, $CaCl_2$를 첨가하면 증기막 형성을 방지하고 얼룩 및 경도 감소를 방지한다.

11. 0.4% 탄소강의 최고 담금질 경도(HRC)는 얼마인가?

① 30 ② 40 ③ 50 ④ 60

해설 HRC=30+50×0.4=50

12. 오른쪽 그림은 정수(still water)에서의 냉각곡선이다. 물의 온도가 상승하면 연장되는 구간은 어느 곳인가?

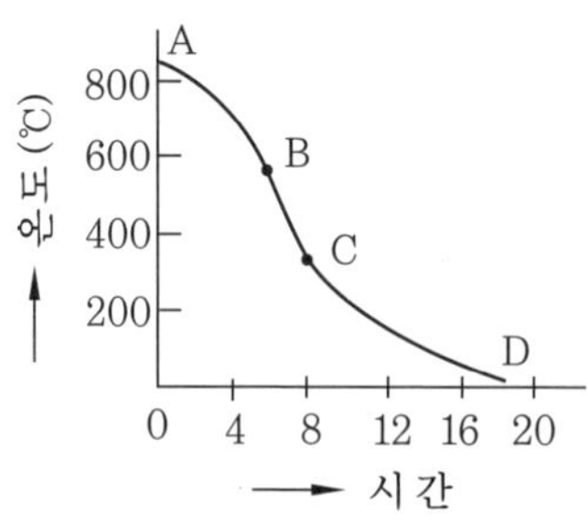

① A~B ② B~C ③ C~D ④ A~D(전 구간)

해설 물의 경우 수온이 상승하면 증기막이 안정되기 때문에 제1단계인 A~B 구간이 연장된다.

13. 수용액에서 퀜칭 시 냉각속도가 가장 빠른 단계는?

① 복사 단계 ② 비등 단계 ③ 대류 단계 ④ 증기막 형성 단계

해설 냉각은 제1단계(증기막 단계)-제2단계(비등 단계)-제3단계(대류 단계)를 거치는데, 냉각속도는 비등 단계에서 가장 빠르고 증기막 단계에서 극히 느리다.

14. 냉각의 단계를 1~3단계로 나눌 때 시료가 냉각액의 증기에 감싸이는 단계로 냉각속도가 극히 느린 단계는?

① 1단계
② 2단계
③ 3단계
④ 단계와 상관없이 모두 극히 느리다.

15. 일반적으로 가열된 강재가 냉각액 중에서 냉각되는 3단계 과정의 순서로 옳은 것은?

1단계 2단계 3단계
① 증기막 단계, 대류 단계, 비등 단계
② 증기막 단계, 확산 단계, 대류 단계
③ 증기막 단계, 비등 단계, 대류 단계
④ 비등 단계, 대류 단계, 증기막 단계

16. 열처리할 때 냉각에 필요한 조건 중 틀린 것은?

① 냉각 후 재질이 균일할 것　② 냉각 왜곡이 적을 것
③ 냉각 조작이 용이할 것　④ 냉각응력이 클 것

해설 냉각응력이 작을 것

17. 냉각제에 관한 설명 중 옳은 것은?

① 기름에서는 온도가 올라가면 점도는 커진다.
② 강의 온도가 내려가면 기포 생성이 활발해진다.
③ 수증기가 강 표면에 둘러싸이면 냉각이 아주 빨라진다.
④ 기화열이 클수록 냉각 능력이 크다.

18. 담금질 시 이상적인 냉각제(액)를 설명한 것으로 옳은 것은?

① Ar′ 구역의 냉각속도가 빠르고, Ar″ 구역은 느린 것
② Ar′ 구역의 냉각속도가 빠르고, Ar″ 구역은 빠른 것
③ Ar′ 구역의 냉각속도가 느리고, Ar″ 구역은 빠른 것
④ Ar′ 구역의 냉각속도가 느리고, Ar″ 구역은 느린 것

해설 A_1 변태가 일어나기 쉬운 고온 구역을 충분히 급랭하고, Ar″ 변태가 일어나는 저온에서는 냉각속도를 느리게 하여 강의 내, 외부에 균일한 변태가 일어나도록 한다.

19. 가늘고 긴 제품의 가열은 어떤 방법이 좋은가?

① 수동으로 가열한다.
② 노의 한쪽 모퉁이에 밀착시켜 가열한다.
③ 염욕 속에 수직으로 세워 가열한다.
④ 중앙부를 매달아 가열한다.

해설 변형을 방지하기 위하여 염욕 속에 수직으로 세워 가열한다.

20. 강인한 소르바이트 조직을 얻기 위한 냉각액으로 적당한 것은?

① 기름　② 소금물　③ 물　④ 암모니아수

해설 임계냉각속도가 작은 기름이 적합하다.

21. 일반적으로 열처리 효과가 가장 작게 나타나는 강은?

① 공석강　② 경강
③ 특수강　④ 극연강

해설 탄소량이 낮은 극연강은 열처리 효과가 낮다.

22. 탄소강에서 질량 효과에 가장 큰 영향을 미치는 것은?

① 재료의 균열
② 공기냉각
③ 강재의 담금질성
④ 가열로의 크기

해설 강재의 담금질성은 질량 효과에 큰 영향을 준다.

23. 강의 담금질성을 판단하는 방법이 아닌 것은?

① 강박 시험을 통한 방법
② 임계지름에 의한 방법
③ 조미니 시험을 통한 방법
④ 임계냉각속도를 이용하는 방법

해설 강박 시험은 염욕에 함유된 탄소량을 측정하는 오염도 측정 방법이다.

24. 경화된 깊이가 얕은 강재의 경화능을 측정하기 위한 방법으로 강봉 시편을 10%의 교반되는 염수에 담금질한 후 부러뜨려 10종의 표준시편과 비교하고 결정립의 크기를 결정하여 담금질성을 판정하는 시험은?

① P-F 시험
② S-A-C 시험
③ 임계지름을 이용한 시험
④ 조미니(Jominy) 시험

해설 P-F 시험은 경화된 깊이가 얕은 강의 경화능 측정 방법이다.

25. 시편의 냉각 장소에 따라 평면의 냉각속도를 1이라 할 때, 다음 그림의 (X)에서 냉각속도는 얼마인가?

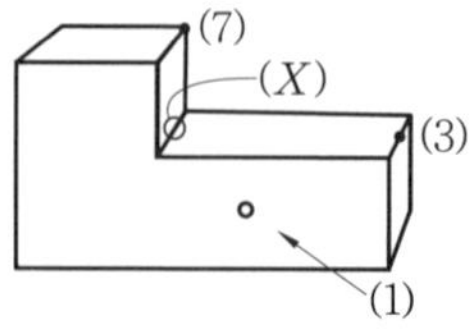

① (3)　　② $\left(\frac{1}{3}\right)$　　③ (7)　　④ (1)

해설 평면 : 1, 2면각 : 3

3면각 : 7, 요철각 : $\frac{1}{3}$

26. 강의 담금질 경화 깊이에 대한 설명 중 틀린 것은?

① C %가 많을수록 담금질성이 크다.
② 결정립이 작을수록 담금질성이 크다.
③ 형상이 예리한 모서리일수록 담금질성이 크다.
④ Mo<Mn<Cr<B 순으로 담금질성이 크다.

해설 결정립이 클수록 담금질성은 크고, 경화층이 깊어진다.

27. 다음 중 담금질 조직이 아닌 것은?

① 트루스타이트
② 레데브라이트
③ 소르바이트
④ 베이나이트

해설 레데브라이트는 공정 조직이다.

28. 공석변태가 저지될 때 생성되는 급랭 조직은?

① bainite
② martensite
③ troostite
④ sorbite

29. 탄소강에서 탄소량의 증가에 따라 Ms점 및 Mf점은 어떻게 되는가?

① Ms점 증가, Mf점 감소
② Ms, Mf점 모두 증가
③ Ms점 감소, Mf점 증가
④ Ms, Mf점 모두 감소

해설 C, N, Mn, Cr, Cu, Mo 증가에 따라 Ms, Mf점이 저하된다.

30. 담금질에 따른 용적 변화가 가장 큰 조직은?

① martensite
② troostite
③ pearlite
④ austenite

해설 용적 변화는 martensite>troostite>pearlite>austenite이다.

31. 담금질에 따른 용적 변화에서 팽창의 순서가 맞는 것은?

① fine pearlite>austenite>martensite
② medium pearlite>austenite>fine pearlite
③ austenite>rough pearlite>martensite
④ martensite>fine pearlite>austenite

해설 용적 변화는 martensite>fine pearlite>rough pearlite>austenite 순서이다.

32. 강의 Ms점과 합금의 첨가에 의한 변화 중 틀린 것은?

① Mn, Cr, Ni은 Ms점을 낮춘다.
② 탄소의 증가는 Ms점을 낮춘다.
③ Co, Al은 Ms점을 낮춘다.
④ 모든 합금원소는 Ms점을 낮춘다고 할 수 없다.

해설 Al, Ti, V, Co는 Ms점을 상승시킨다.

33. 마텐자이트 개시 온도(Ms)를 가장 크게 감소시키는 원소는?

① W ② C ③ Cr ④ Mn

해설 마텐자이트의 개시 온도(Ms)를 감소시키는 순서는 C>N>Mn>Ni>Cr이다.

34. Ms점을 알 수 있는 식에서 ( ) 안에 들어가는 원소는?

Ms(℃)=930−570×%( )−60×% Mn−50×% Cr−30×% Ni−20×% Si−20×% Mo−20×% W

① Si ② C ③ P ④ S

해설 Ms점은 %C에 따라 크게 좌우된다.

35. 강을 담금질하였을 때 경화되는 온도로 맞는 것은?

① 250℃ 이하 ② 550℃ 이하
③ 250℃ 이상 ④ 550℃ 이상

해설 Ar″(250℃) 이하의 온도에서 마텐자이트화된다.

36. 마텐자이트 조직의 경도가 큰 이유로 틀린 것은?

① 결정의 미세화
② 급랭으로 인한 내부응력 발생
③ 탄소원자에 의한 Fe 격자의 강화
④ 확산변태에 의한 시멘타이트의 분리

해설 확산변태에 의한 시멘타이트의 분리는 펄라이트 조직을 생성한다.

37. 강재의 질량의 대소에 따라 담금질 효과가 다르게 나타나는 것을 무엇이라 하는가?

① 마르템퍼 ② 질량 효과
③ 담금질 변형 ④ 노치 효과

해설 질량 효과가 큰 것은 열처리에 의한 경화차가 심하다는 뜻이다.

38. 대형 물건을 담금질할 때 재료 내, 외부의 담금질 효과 차이는 무엇 때문인가?

① 질량 효과　　② 니치 효과
③ 시효 형성　　④ 인화 현상

39. 담금질한 강을 재가열했을 때의 조직 변화 순서는?

① 소르바이트→펄라이트→마텐자이트→트루스타이트
② 마텐자이트→트루스타이트→소르바이트→펄라이트
③ 펄라이트→소르바이트→마텐자이트→트루스타이트
④ 트루스타이트→펄라이트→소르바이트→마텐자이트

40. 담금질성에 대한 설명으로 틀린 것은?

① Mn, Mo, Cr 등을 첨가하면 담금질성은 증가한다.
② 결정입도를 크게 하면 담금질성은 증가한다.
③ B를 0.0025% 첨가하면 담금질성을 높일 수 있다.
④ 일반적으로 S이 0.04% 이상이면 담금질성을 증가시킨다.

해설 S이 0.04% 이상이면 담금질성이 감소된다.

정답 **1.** ③ **2.** ③ **3.** ① **4.** ① **5.** ③ **6.** ① **7.** ① **8.** ③ **9.** ④ **10.** ③ **11.** ③ **12.** ① **13.** ② **14.** ① **15.** ③ **16.** ④ **17.** ④ **18.** ① **19.** ③ **20.** ① **21.** ④ **22.** ③ **23.** ① **24.** ① **25.** ② **26.** ② **27.** ② **28.** ② **29.** ④ **30.** ① **31.** ④ **32.** ③ **33.** ② **34.** ② **35.** ① **36.** ④ **37.** ② **38.** ① **39.** ② **40.** ④

3-4 심랭 처리

(1) 심랭 처리의 목적

① 0℃ 이하의 온도, 즉 심랭(sub zero) 온도에서 냉각시키는 조작을 심랭 처리라 한다.
② 경화된 강 중의 잔류 오스테나이트를 마텐자이트화하는 것으로서 공구강의 경도 증가 및 성능 향상을 기할 수 있다.
③ 게이지와 베어링 등 정밀기계부품의 조직을 안정시키고 시효에 의한 형상과 치수 변화를 방지할 수 있다.
④ 특수 침탄용강의 침탄 부분을 완전히 마텐자이트로 변화시켜 표면을 경화시키고, 스테인리스강에는 우수한 기계적 성질을 부여한다.

(2) 잔류 오스테나이트의 안정화

① 잔류 오스테나이트는 시효 또는 템퍼링에 의하여 마텐자이트화하기가 어려우며, 이 현상을 잔류 오스테나이트의 안정화라고 한다.

② 고속도강, 베어링강, Ni강 등에 현저하다.

(3) 심랭 처리의 효과

① 시효 변형은 템퍼링 온도가 높을수록 적다.

② 시효 변형은 저온에서 장시간 템퍼링 온도가 높을수록 적다.

③ Cr, W, Mn 등을 첨가한 강은 시효 변형의 양이 적다.

④ 150℃에서 템퍼링 온도에서 템퍼링 전에 심랭 처리를 할 때에는 하지 않은 것보다 수축 속도가 크다.

⑤ 150℃에서 템퍼링한 후 심랭 처리를 한 것은 하지 않는 것보다 수축 속도가 크다.

⑥ 상온보다 높은 온도의 담금제에서 급랭했을 때 고온 템퍼링을 하지 않으면 시효 변형이 크게 된다. 보통 시효 변형이 적으면 경도가 낮아진다.

⑦ 마퀜칭 후에는 심랭 처리와 반복해서 템퍼링하면 경도는 높아지고 변형이 적어진다.

단원 예상문제

1. **강을 0℃ 이하의 온도에서 서브 제로처리할 때의 조직 변화로 옳은 것은?**

① 잔류 펄라이트→마텐자이트
② 잔류 오스테나이트→마텐자이트
③ 잔류 소르바이트→마텐자이트
④ 잔류 트루스타이트→마텐자이트

해설 서브제로 처리(심랭 처리)의 주목적은 경화된 강 중 잔류 오스테나이트를 마텐자이트화 하는 것이다.

2. **공석강에 존재하는 대부분의 오스테나이트(austenite)가 실온까지 담금질하는 동안 마텐자이트로 변태하지 않고 남아 있는 것은?**

① 잔류 오스테나이트
② 시멘타이트
③ 페라이트
④ 트루스타이트

3. **담금질한 후 잔류 오스테나이트를 마텐자이트로 변태시키는 처리는?**

① 용체화 처리 ② 풀림 처리 ③ 편석 제거 처리 ④ 서브제로 처리

해설 서브제로 처리(심랭 처리)는 잔류 오스테나이트를 마텐자이트로 변태시키는 방법이다.

4. **담금질 시 발생한 잔류 오스테나이트에 대한 설명 중 옳은 것은?**

① 잔류 오스테나이트는 상온에서 불안정한 상이다.
② 고합금강에서는 잔류 오스테나이트가 존재하지 않는다.
③ 퀜칭 시 냉각속도를 지연시키면 잔류 오스테나이트가 감소한다.
④ 0.6% C 이상의 탄소강에서는 Mf 온도가 상온 이하로 내려가지 않기 때문에 잔류 오스테나이트가 없다.

해설 잔류 오스테나이트는 상온에서 불안정하기 때문에 제거되어야 한다.

5. **담금질된 강에 잔류 오스테나이트의 생성에 미치는 영향으로 틀린 것은?**

① 탄소 함유량이 높을수록 잔류 오스테나이트 양이 증가한다.
② Ms점의 온도가 낮을수록 잔류 오스테나이트는 증가한다.
③ 공석강보다 과공석강에서는 오스테나이트화 온도가 높아짐에 따라 잔류 오스테나이트 양이 증가한다.
④ 담금질 냉각속도, 담금질 온도와 잔류 오스테나이트 양과는 관련이 없다.

해설 담금질 온도가 높아지면 탄화물이 오스테나이트 중에 완전히 고용시켜 잔류 오스테나이트가 많아진다.

6. **열간공구강인 STD61 소재는 담금질하면 오스테나이트가 잔류하는데 이를 마텐자이트화하기 위하여 영하의 온도에서 실시하는 처리는?**

① 심랭 처리 ② 블루잉 처리
③ 패턴팅 처리 ④ 오스템퍼링 처리

해설 심랭 처리는 잔류 오스테나이트를 제거하기 위하여 영하의 온도에서 열처리하는 방법이다.

7. **심랭 처리의 효과로 맞지 않는 것은?**

① 잔류 오스테나이트를 마텐자이트로 변태시킨다.
② 시효 변화가 적고, 치수 형상이 안정된다.
③ 내식성 및 내열성이 향상된다.
④ 경도 및 내마모성이 향상된다.

해설 시효 변화의 방지와 치수 안정화의 목적이 있다.

8. 초심랭 처리의 효과로 틀린 것은?

① 잔류응력이 증가한다.
② 내마멸성이 현저히 향상된다.
③ 조직의 미세화와 미세 탄화물의 석출이 이루어진다.
④ 잔류 오스테나이트가 대부분 마텐자이트로 변태한다.

해설 초심랭 처리는 잔류 오스테나이트를 마텐자이트로 변태시켜 잔류응력을 제거한다.

9. 일반적으로 심랭 처리를 하지 않는 강 종은?

① 기계구조용 저탄소강
② 합금공구강
③ 고속도강
④ 고력 스테인리스강

해설 저탄소강(C 0.4% 이하의 담금질에서는 잔류 오스테나이트가 생기지 않는다.)

10. 다음 중 심랭 처리(sub-zero treatment)를 실시해야 하는 강 종이 아닌 것은?

① 불림(공랭)처리한 SM25C
② 담금질(유랭)처리한 STB2
③ 담금질(유랭)처리한 SKH51
④ 침탄처리 후 담금질(유랭)한 SCr420

11. 담금질한 강에 존재하는 잔류 오스테나이트를 마텐자이트로 변태 시키는 것을 목적으로 상온 이하의 온도에서 하는 처리는?

① 불림 처리 ② 풀림 처리
③ 뜨임 처리 ④ 서브제로 처리

12. Sub-zero 처리 과정에서 균열의 발생에 대한 대책으로 적합하지 않은 것은?

① 심랭 처리 하기 전에 100~300℃에서 tempering을 한다.
② 담금질을 하기 전에 탈탄층을 제거하여 탈탄을 방지한다.
③ 심랭 처리 온도로부터의 승온은 수중에서 한다.
④ 담금질한 후 템퍼링을 피하고 바로 심랭 처리한다.

해설 담금질한 후 템퍼링을 하고 바로 심랭 처리한다.

정답 1. ② 2. ① 3. ④ 4. ① 5. ④ 6. ① 7. ③ 8. ① 9. ① 10. ① 11. ④ 12. ④

3-5 뜨임

(1) 뜨임의 목적

① 취성을 감소시키기 위한 응력 제거 또는 완화

② 강도와 인성의 증가

(2) 사용 목적에 알맞은 뜨임

- A_1 변태점 이하의 온도로 가열한다.
- 조질의 경우에는 급랭, 템퍼링 경화 시는 서랭(공랭)한다.

① 저온 템퍼링(내부응력을 제거하고자 할 때)의 장점

(가) 담금질에 의한 응력의 제거

(나) 치수의 경년 변화 방지

(다) 연마균열 방지

(라) 내마모성의 향상

② 고온 템퍼링(인성을 증가하고자 할 때)

(가) 구조용강에는 높은 온도로 템퍼링을 하여 강도와 인성이 있고 절삭 가공할 수 있는 경도(HB400 이하)를 갖게 한다.

(나) 고온 템퍼링에서 마텐자이트의 분해가 극히 짧은 시간에 일어나서 페라이트와 탄화물의 혼합조직으로 된다.

(3) 뜨임에 의한 조직의 변화

① 담금질한 강을 상온에서 서서히 온도를 올려 가면 용적, 전기저항, 비열 등이 변화한다.

② 저탄소 마텐자이트는 0.2~0.3%의 탄소를 고용하고 있는 것으로 고탄소 마텐자이트가 정방정인데 반하여 입방정이다.

③ 탄화물은 조밀육방격자이고 Fe_3C이므로 0.3% C이하의 강에서는 일어나지 않는다.

④ 제3과정은 잔류 오스테나이트의 분해이다.

⑤ 400℃ 이하에서 시멘타이트는 점차 응집하여 입자가 커진다.

⑥ 수중에서 담금질한 후 뜨임하였을 때 부피 변화가 큰 조직은 잔류 오스테나이트→마텐자이트이다.

탄소강의 저온 템퍼링에 의한 조직 변화

과정	온도 범위(℃)	조직의 변화
제1과정	20~120	오스테나이트→마텐자이트
제2과정	20~200	마텐자이트→저탄소 마텐자이트→ε탄화물
제3과정	120~260	오스테나이트→베이나이트
제4과정	200~400	저탄소 마텐자이트→페라이트→시멘타이트

(4) 뜨임 메짐

① 탄소강 및 Ni-Cr강과 같은 구조용 합금강을 575℃ 이상에서 뜨임하고 서랭하거나, 저온취성(373~575℃)의 온도 범위에서 장시간 뜨임하면 충격 인성이 감소된다.

② 뜨임 메짐의 원인은 Cr, Mn, Sn, Sb 등을 포함하는 화합물의 석출과 관계있다.

③ 575℃ 이상에서 뜨임한 후 급랭함으로써 뜨임을 방지할 수 있으며, Mo 첨가는 뜨임 메짐을 방지하는 데 적합하다.

④ Cr과 같은 강력한 탄화물 형성 원소를 포함하는 강은 200~300℃에서 뜨임을 피해야 한다.

⑤ 2차 뜨임취성(2차 경화)은 합금강에서 600℃ 전후의 뜨임에서 나타나는 충격치의 감소 현상이다.

⑥ 2차 경화에서 Cr, Mo, W, V, Ti 등의 탄화물 형성 원소를 함유하는 마텐자이트 조직의 강에서 탄화물이 석출하여 석출경화를 일으킨다.

(5) 뜨임온도와 시간

① 담금질에 의해 마텐자이트화된 과포화 고용체를 온도 상승에 의하여 탄화물을 석출시키는 것을 목적으로 한다.

② 뜨임온도와 가열시간을 조절하여 뜨임경도를 파라미터의 자료로 활용한다.

$$H=f\{T(C+\log t)\}$$

여기서, H : 템퍼링 경도(HRC), T : 절대온도로 표시한 템퍼링 온도

t : 템퍼링 시간(sec 또는 hr), C : 재료에 따라 정해지는 정수

단원 예상문제

1. A_1점 이하의 온도에서 처리하며, 인성을 부여하기 위한 열처리는?

① 풀림(annealing) ② 뜨임(tempering)
③ 담금질(quenching) ④ 노멀라이징(normalizing)

해설 뜨임은 퀜칭 또는 어닐링 된 강을 A_1점 이하의 온도로 가열하여 정해진 시간을 유지한 후 냉각 처리하는 것으로 강의 경도 감소, 내부응력의 제거, 연성 증가 등의 효과가 있다.

2. 담금질한 강재는 어떠한 열처리를 하는가?

① annealing ② quenching
③ tempering ④ normalizing

해설 담금질 후 내부응력 제거를 위해 템퍼링 한다.

3. 강의 열처리 시 뜨임의 목적이 아닌 것은?

① 담금질에 의해 강재의 내부에 발생한 내부응력을 제거
② 용도에 따라 적당한 인성을 부여하지 못한다.
③ 조직의 불안정을 제거한다.
④ 조직 및 기계적 성질을 안정화한다.

해설 용도에 따라 적당한 인성을 부여한다.

4. 담금질한 후 뜨임을 하는 가장 큰 목적은?

① 마모화 ② 산화 ③ 강인화 ④ 취성화

해설 취성을 감소시키기 위한 응력 제거 또는 완화, 강도와 인성의 증가 등을 목적으로 뜨임(템퍼링)을 한다.

5. 저온 뜨임의 목적에 해당되지 않는 것은?

① 담금질 응력 제거 ② 연마균열 방지
③ 내마모성 향상 ④ 내식성 향상

해설 저온 템퍼링의 목적 : 담금질 응력 제거, 연마균열 방지, 내마모성 향상

6. 강에 인성을 부여하고 기계적 성질을 안정화하는 처리는?

① 노멀라이징 ② 담금질 ③ 풀림 ④ 뜨임

7. A_1 변태점 이상에서 가열하는 열처리 방법이 아닌 것은?

① 풀림 ② 뜨임 ③ 불림 ④ 담금질

8. 급랭 시에 생긴 내부응력을 제거하거나 강인성을 주기 위해서 강을 A_1 변태점 이하의 온도로 가열하는 작업은?

① 풀림 ② 패턴팅 ③ 뜨임 ④ 시효 강화

9. 담금질한 강을 저온 템퍼링 했을 때 장점과 관계가 먼 것은?

① 담금질 응력 제거 ② 치수의 경년 변화 방지
③ 내마모성 향상 ④ 인장강도 및 인성 증가

해설 저온 템퍼링의 장점 : 담금질 응력 제거, 치수의 경년 변화 방지, 내마모성 향상, 연마 균열 방지

10. 템퍼링 작업 시 유의사항과 관계가 먼 것은?

① 담금질 후 반드시 뜨임 작업을 한다.
② 시편의 급격한 온도 변화를 피해준다.
③ 220~300℃의 뜨임취성에 유의한다.
④ 물을 냉각제로 사용한다.

해설 공기 중에 냉각한다.

11. 강의 뜨임온도 범위로 가장 적당한 것은?

① 150~200℃ ② 200~300℃ ③ 350~400℃ ④ 450~600℃

12. 강을 퀜칭 후 템퍼링을 실시하면 경도가 낮아지는 경우가 있다. 경도가 낮아지는 주 원인은?

① 결정립 미세화 ② 고용유지 분산
③ 내부응력 제거 ④ Fe격자의 강화

13. 강의 프레스 뜨임 작업 시 유의사항으로 틀린 것은?

① 300℃ 온도 부근에서 발생하는 취성에 주의하여야 한다.
② 뜨임을 연속적으로 작업하다 퇴근 시간이 되는 경우 다음날로 연기하여 실시하여야 한다.
③ 뜨임온도의 정확성은 뜨임색으로 측정하면 착오가 생길 우려가 있음을 주의하여야 한다.
④ 담금질할 때의 강은 완전히 냉각되기 전, 즉 100℃ 이하의 온도에서 강재가 냉각되었을 때 냉각액에서 즉시 꺼내어 뜨임을 해야 한다.

해설 뜨임 처리뿐만 아니라 모든 열처리는 연속적으로 이루어지는 작업이어야 한다.

14. 300℃ 전후의 온도에서 생기는 저온 템퍼링 취성이 잘 일어나는 강 종은?

① 니켈강 ② 크롬강
③ 탄소강 ④ 니켈-크롬강

해설 Ni-Cr강은 300℃ 전후의 온도에서 저온 템퍼링 취성이 잘 일어난다.

15. 탄소강의 경우 냉간가공 시에 피해야 하는 구간은?

① 100~180℃ ② 200~300℃
③ 400~500℃ ④ 580~680℃

해설 300℃ 전후의 온도에서 저온 템퍼링 취성이 잘 일어난다.

16. 수중에서 담금질한 후 뜨임하였을 때 부피 변화가 큰 조직은?

① 트루스타이트→소르바이트
② 마텐자이트→트루스타이트
③ 잔류 오스테나이트→마텐자이트
④ α마텐자이트→ β마텐자이트

해설 잔류 오스테나이트→저탄소 마텐자이트에 의한 팽창을 한다.

17. 다음 열처리된 조직 중 기계적 피로한도가 가장 큰 조직은?

① 마텐자이트+트루스타이트
② 펄라이트+페라이트
② 트루스타이트+오스테나이트
④ 페라이트+오스테나이트

해설 마텐자이트+트루스타이트와 같은 강도가 높은 조직일수록 피로한도가 크다.

18. 잔류 오스테나이트를 200~300℃ 뜨임 처리하여 얻어지는 조직은?

① 마텐자이트 ② 소르바이트
③ 펄라이트 ④ 베이나이트

해설 200~300℃에서 잔류 오스테나이트가 ε-탄화물과 저탄소 마텐자이트(베이나이트)로 분해된다.

19. 일반적으로 200~300℃ 부근에서 취약한 성질을 갖는 현상을 무엇이라 하는가?

① 저온 메짐 ② 청열 메짐
③ 적열 메짐 ④ 고온 메짐

해설 저온 메짐 : 200~300℃ 부근에서 취성이 나타난다.

20. 탄소 0.2~0.4%의 구조용 합금강에서 저온뜨임취성을 감소시키는 원소가 아닌 것은?

① B ② Al ③ H ④ Ti

해설 B, Al, Ti을 첨가하면 저온뜨임취성이 감소된다.

21. 뜨임취성을 방지하는 데 가장 효과적인 첨가 원소는?

① Mn ② Cr ③ Ni ④ Mo

해설 뜨임취성 방지 원소 : Mo, W

22. 뜨임효과는 뜨임온도뿐만 아니라 뜨임시간에 따라서도 변화하는데, 이러한 뜨임온도와 시간의 관계를 옳게 표시한 것은? (단, C : 상수, t : 뜨임시간, T : 절대온도)

① $T=(C+\log t)\times 10^{-2}$ ② $T=(C+\log t)\times 10^{-3}$
③ $T=(C-\log t)\times 10^{-3}$ ④ $T=(C-\log t)\times 10^{-4}$

23. 탄소강의 담금질 후 뜨임 시 일반적으로 일어나는 현상이 아닌 것은?

① 탄화물 석출 ② 잔류 austenite 분해
③ 페라이트 기지의 회복과 재결정 ④ 탄화물의 austenite 기지에 고용

해설 페라이트 기지의 회복과 재결정은 풀림 처리이다.

24. 템퍼링할 때 탄화물을 형성하여 확산 온도를 느리게 하고 템퍼링 연성 저항성을 증가시켜 2차 경화 현상을 크게 하는 원소가 아닌 것은?

① Mo ② Nb ③ V ④ Mn

해설 템퍼링할 때 2차 경화 현상을 크게 하는 원소는 Mo, Nb, V이다.

25. 각종 강에서 발생할 수 있는 취성에 대한 설명으로 틀린 것은?

① 500~600℃에서 청열취성을 나타낸다.
② P을 많이 함유하면 저온취성이 나타난다.
③ S을 많이 함유하면 적열취성이 나타난다.
④ 뜨임취성을 방지하기 위해 Mo을 첨가한다.

해설 500~600℃에서 적열취성을 나타낸다.

정답 1. ② 2. ③ 3. ② 4. ③ 5. ④ 6. ④ 7. ② 8. ③ 9. ④ 10. ④ 11. ① 12. ③ 13. ② 14. ④ 15. ② 16. ③ 17. ① 18. ④ 19. ① 20. ③ 21. ④ 22. ② 23. ③ 24. ④ 25. ①

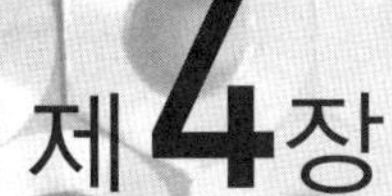

제 4 장 특수 열처리

4-1 특수 열처리의 종류와 방법

(1) 침탄경화

① 고체 침탄법

(가) 고체 침탄의 원리 : 침탄상자 내의 고체 침탄제는 상자 속에 존재하는 공기 중의 산소와 반응하여 탄산가스가 발생하고 이 CO_2는 탄소(C)와 반응하여 일산화탄소(CO)가 발생한다. 이 CO가 강의 표면에서 분해하여 탄소(C)가 석출된다.

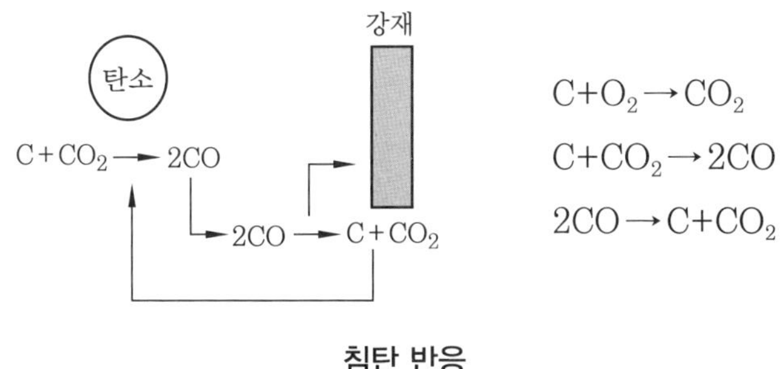

침탄 반응

(나) 고체 침탄제의 효과 : 침탄제의 필요 조건은 다음과 같다.

㉠ 침탄력이 강해야 한다.

㉡ 장시간의 반복 사용과 고온에서 견딜 수 있는 내구력을 가져야 한다.

㉢ 침탄 성분 중 P과 S이 적어야 하고 강 표면에 고착물이 융착되지 않아야 한다.

㉣ 구입하기 쉽고 값이 저렴해야 한다.

㉤ 침탄온도에서 가열 중 용적 감소가 적어야 한다.

(다) 침탄온도와 침탄층의 깊이 : F.E.Harris는 침탄 깊이를 침탄시간과 온도의 함수로 하여 다음과 같은 식으로 표시하였다.

$C.D(mm)=K\,temp\sqrt{Time(hr)}$ $K\,temp$: 온도에 따른 확산 정수의 값

㉠ 유효 경화층의 깊이 : 담금질한 그대로 또는 200℃를 초과하지 않는 온도에서 템퍼링한 경화층의 표면으로부터 비커스 경도 550의 위치까지의 거리이다.
㉡ 전경화층의 깊이 : 경화층의 표면으로부터 경화층과 소지의 물리적 또는 화학적 성질의 차이를 더 이상 구별할 수 없는 위치까지의 거리이다.
㉢ 침탄 경화층 깊이 표시 방법(CD-H0.3-T1.1) : 경도 시험에 의한 측정 방법으로 시험하중 0.3kg으로 측정하여 전경화층 깊이 1.1mm의 경우이다.
㉣ 경도 측정 방법 : 경사 측정법, 직각 측정법, 테이퍼 연삭법, 계단 연삭법 등이 있다.

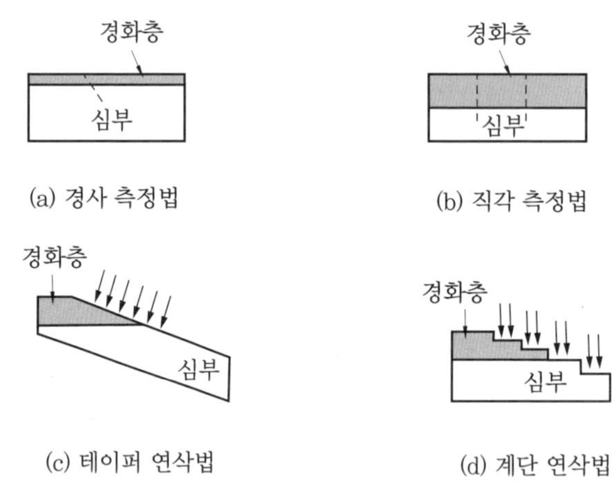

침탄경도 측정 방법

㈑ 침탄 후의 열처리 : 열처리의 가장 좋은 방법은 *D*의 1차, 2차 담금질을 행하는 정규의 방법이다. 담금질을 한 번에 끝내는 방법은 *C*의 방법이 좋다. 이 방법은 심부는 조립이지만 표면부가 상당히 경해진다. 그러나 더욱 현장적인 방법은 *I*의 방법이다. *H*는 오스템퍼 경화법이라고 하는 새로운 방법이다. 템퍼링은 침탄 담금질 후 곧 150~180℃에서 저온 템퍼링을 실시한다.

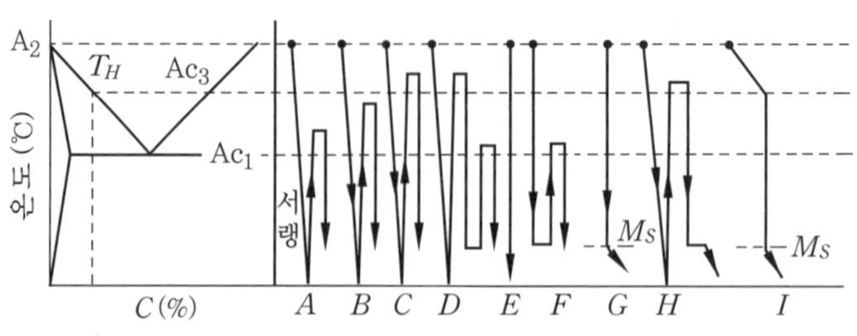

침탄 후 담금질 방법

(마) 침탄강 : 탄소 함유량이 0.20% 이하인 저탄소강이 가장 많이 이용되고 있다. 침탄강으로 구비하여야 할 조건은 다음과 같다.

㉠ 강재는 저탄소강(C 0.20% 이하)이어야 한다.

㉡ 침탄할 때 고온에서 장시간 가열하여도 결정입자가 성장하지 않아야 한다.

㉢ 강재를 주조할 때 강의 내부에 기공(pin hole) 또는 균열 등의 결함이 없어야 한다.

㉣ 경화층의 경도는 높고 내마모성, 내피로성이 우수하여야 한다.

② 액체 침탄법

(가) 액체 침탄의 원리 : 액체 침탄제는 시안화나트륨(NaCN)을 주성분으로 한 용융 염욕 중에 강재를 침지시키면 NaCN이 분해하여 탄소와 질소가 동시에 침입 확산되는 방법을 침탄질화법(carbonitriding) 또는 청화법(cyaniding)이라고 한다.

(나) 액체 침탄제 : 액체 침탄제는 시안화나트륨(NaCN)을 주성분으로 하고 첨가제로는 $BaCl_2$, Na_2CO_3, NaCl, $MgCl_2$ 등을 혼합하여 사용한다.

(다) 침탄성 염욕은 다음과 같은 조건을 구비하여야 한다.

㉠ 침탄성이 강해야 한다.

㉡ 염욕의 점성이 가급적 적어야 한다.

㉢ 흡수성이 될 수 있는 한 적어야 한다.

(라) 침탄온도 : 750~900℃에서 30~60분 정도 침탄한다. 침탄시간이 짧기 때문에 직접 담금질(direct quenching)한 후 뜨임한다.

(마) 침탄질화의 방지

㉠ Al_2O_3, SiO_2, Na_2SiO_3의 혼합물을 도포하는 방법

㉡ Zn-Cu, Ni, Cr 등의 전기도금 또는 Cu-Ni-Cr, Ni-Cu, Ni-Cr 등의 이중 중첩 전기도금을 하는 방법

㉢ Al 용융 분사를 이용하는 방법

③ 가스 침탄법

(가) 가스 침탄의 원리 : 메탄, 프로판, 부탄가스 등과 같은 탄화수소 계열의 가스를 변성로에서 변성한 흡열형 가스로 사용된다.

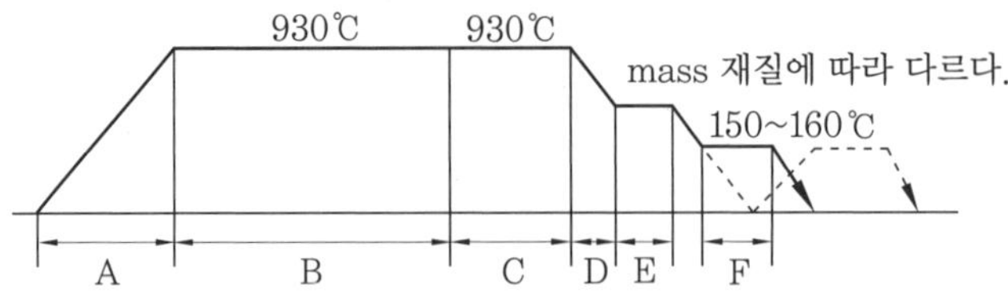

A : 승온(800℃에서 캐리어 가스를 흘린다.)

B : 침탄 930℃(캐리어 가스에 enrich 가스를 첨가한다.)

C : 확산 930℃(캐리어 가스만)

D : 온도 하강(담금질 온도로 내린다.)

E : 담금질 온도로 유지한다.

F : 담금질 중에 유지(150~160℃ 유중에 유지한다.) 또는 60~80℃ 기름 담금질 후 150~180℃ 저온 템퍼링한다.

가스 침탄의 처리 공정 예시

Harris의 방정식에 의해 침탄시간과 확산시간을 계산하면 다음과 같다.

$$T_c = T_t\left(\frac{C-C_i}{C_O-C_i}\right)^2$$

여기서, T_t : 침탄시간+확산시간, T_c : 침탄 소요 시간, C : 목표 표면 탄소 농도(%)

C_0 : 침탄 시 탄소 농도(%), C_i : 소재 자체의 탄소 농도(%)

예 T_t : 7시간, C : 0.8%, C_0 : 1.15%, C_i : 0.25%라 하면 침탄시간과 확산시간은 어떻게 되는가?

$$T_c = 7\left(\frac{0.8-0.25}{1.15-0.25}\right)^2 = 2.6\text{시간(침탄시간)}$$

$$\therefore\ 7-2.6 = 4.4\text{시간(확산시간)}$$

(나) 기타 가스 침탄법

㉠ 고온 침탄 : 종래의 침탄처리는 900℃ 전후에서 하였으나 950℃보다 높은 온도에서 행하는 침탄처리를 고온 침탄이라고 한다. 고온 침탄의 특징은 다음과 같다.

- 침탄시간이 짧다.
- 탄소농도구배가 완만하다.
- 높은 온도에서 처리되므로 결정립 성장을 일으키기 쉽다.
- 노의 내화물, 라디안트, 트레이 등의 열화를 촉진한다.

ⓛ 적하 침탄법(또는 적주 침탄법) : 유기 액제를 노 중의 피처리품에 적하시켜 생성된 분해가스로 고온에서 침탄하는 방법이다. 이 방법의 특징은 다음과 같다.

- 변성로가 필요 없다.
- 설비가 소규모이다.
- 유지비 등이 적어 경제적이다.
- 관리가 용이하다.
- 액제의 종류를 적당히 선택함으로써 침탄, 질화, 광휘 처리 등이 가능하다.

ⓒ 가스 침탄질화법 : 가스 침탄 때 침탄가스에 질소를 포함하는 가스(주로 암모니아 가스)를 첨가하여 탄소와 질소를 동시에 강의 표면에 침투시키는 방법이다.

단원 예상문제

1. 확산 현상을 이용한 표면 경화법이 아닌 것은?

① 질화법 ② 침탄법
③ 시멘테이션법 ④ 고주파 경화법

해설 고주파 경화법은 물리적 경화법이다.

2. 침탄용강으로 가장 적합한 것은?

① 저탄소강 ② 중탄소강 ③ 고탄소강 ④ 고속도강

해설 침탄용강은 탄소함량 0.15% 이하의 저탄소강이어야 한다.

3. 강의 표면 경화법 중 물리적 방법에 의한 열처리법이 아닌 것은?

① 침탄경화 ② 고주파 경화
③ 화염경화 ④ 방전경화

해설 물리적 열처리 : 고주파 경화, 화염경화, 방전경화

4. 침탄강이 구비해야 할 조건 중 틀린 것은?

① 침탄-퀜칭경화 후 심부의 인성을 유지하기 위해서는 고탄소강이어야 한다
② 강재는 저탄소강이어야 한다.
③ 경화층의 경도는 높고 내마모성, 내피로성이 우수해야 한다.
④ 고온에서 장시간 가열하여도 결정입자가 성장하지 않아야 한다.

해설 탄소량이 0.15% 이하인 저탄소강이어야 한다.

5. 침탄용 강으로서의 구비 조건으로 틀린 것은?

① 강재는 저탄소강이어야 한다.
② 고온에서 장시간 가열 시 결정입자가 성장하지 않아야 한다.
③ 기포 또는 균열결함이 없어야 한다.
④ 경화층의 경도는 낮고 피로성이 높아야 한다.

해설 경화층의 경도가 높고 내마모성, 내피로성이 우수하여야 한다.

6. 고체 침탄제의 필요 조건이 아닌 것은?

① 침탄온도에서 가열 중 용적 감소가 커야 한다.
② 침탄력이 강해야 한다.
③ 구입하기 쉽고 값이 저렴해야 한다.
④ 장시간 반복 사용과 고온에서 견딜 수 있는 내구력을 가져야 한다.

해설 침탄온도에서 가열 중 용적 감소가 적어야 한다.

7. 고체 침탄제의 구비 조건이 아닌 것은?

① 침탄 시 용적 변화가 크고 침탄 강재 표면에 고착물이 융착되어야 한다.
② 침탄력이 강해야 한다.
③ 구입하기 쉽고 값이 저렴해야 한다.
④ 침탄 성분 중 P, S이 적어야 한다.

해설 침탄 시 용적 변화가 작고 침탄 강재 표면에 고착물이 융착되지 않아야 한다.

8. 고체 침탄법에 대한 설명 중 틀린 것은?

① 침탄온도는 900~950℃이다.
② 고체 침탄은 연강 또는 저탄소강에 적합하다.
③ 고체 침탄제는 주로 목탄을 사용하며 촉진제는 탄산나트륨($NaCO_3$)이다.
④ 침탄시간은 약 4시간 가열하면 약 1.05mm 정도 침탄층을 얻을 수 있다.

해설 고체 침탄제는 주로 목탄을 사용하며 촉진제는 탄산바륨이 사용된다.

9. 고체 침탄법에서 촉진제로 가장 많이 사용되는 것은?

① Na_2CO_3
② K_9CO_2
③ $BaCO_3$
④ NaCl

10. 고체 침탄법에 사용되는 재료는?

① 탄산나트륨 ② 염화나트륨
③ 염화바륨 ④ 탄산바륨

해설 액체 침탄 첨가제 : 탄산나트륨, 염화나트륨, 염화바륨

11. 고체 침탄법에 사용되는 침탄 촉진제가 아닌 것은?

① 탄산바륨 ② 탄산나트륨
③ 골탄 ④ 시안화나트륨

해설 시안화나트륨(NaCN)은 액체 침탄제의 주성분이다.

12. 강의 침탄 시 적용되지 않는 침탄제는?

① 암모니아 가스 ② 염화바륨 ③ CO 가스 ④ 목탄

해설 암모니아 가스는 질화법에 이용한다.

13. 다음 중 가장 좋은 침탄제는?

① 60% 목탄, 30% $BaCO_3$, 10% Na_2CO_3
② 60% 목탄, 30% Na_2CO_3, 10% $CaCO_3$
③ 60% 목탄, 40% $CrCO_3$
④ 60% 목탄, 40% $CaCO_3$

14. 금속 침투에서 침투층의 성장 속도에 대한 올바른 식은?

① $X=k\sqrt{t}$ ② $X=\frac{k}{t}$ ③ $X^2=kt$ ④ $X=\frac{t}{k}$

15. 탄소강을 925℃의 침탄온도에서 0.635 mm의 침탄 깊이를 얻고 싶을 때 요구되는 침탄시간으로 적당한 것은? (단, 온도에 따른 확산정수는 0.635이다.)

① 1시간 ② 2시간 ③ 3시간 ④ 4시간

해설 $D=k\sqrt{t}$ (여기서, D는 침탄 깊이, k는 확산정수, t는 시간)
$0.635=0.635\sqrt{t}$ $\therefore$ $t=1$시간

16. 침탄온도 927℃로 저탄소강에 8시간 침탄할 때 생성되는 침탄층의 깊이는 약 몇 mm인가? (단, 온도에 따른 확산정수는 0.635이다.)

① 1.80 ② 2.85 ③ 3.80 ④ 4.85

해설 $D(927℃)=0.635\sqrt{t}=0.635\sqrt{8}=1.796$

17. 침탄경화 시 침탄 깊이에 영향을 미치지 않는 것은?

① 가열 온도
② 가열 시간
③ 침탄제
④ 가열로

해설 침탄경화 시 침탄 깊이에 영향을 미치는 요소는 가열 온도, 가열 시간, 침탄제이다.

18. 가스 침탄 시 침탄을 방지해야 할 곳은 어떻게 하면 가장 좋은가?

① 구리도금
② 라카칠
③ 아연도금
④ 주석도금

해설 침탄 방지를 위한 도금 : Zn–Cu, Cu–Ni–Cr, Ni–Cu, Ni–Cr

19. 침탄 방지를 위한 도금에 사용되는 원소가 아닌 것은?

① Cr ② Cu ③ Ni ④ Sn

20. 다음 조건일 때 침탄 소요 시간은 얼마인가? (단, 침탄시간+확산시간=8시간, 목표표면 탄소 농도=0.8%, 침탄 시 탄소 농도=1.15%, 소재 자체의 탄소 농도=0.25%)

① 약 2시간 ② 약 3시간
③ 약 4시간 ④ 약 5시간

해설 Harris 방정식을 사용한다.

$$T_c = T_t\left(\frac{C-C_i}{C_0-C_i}\right)^2 = 8\left(\frac{0.8-0.25}{1.15-0.25}\right)^2 = 2.976$$

여기서, T_t : 침탄시간+확산시간, C : 목표 표면 탄소 농도, C_0 : 침탄 시 탄소 농도, C_i : 소재 자체의 탄소 농도

21. 가스 침탄법에서 침탄시간 및 확산시간이 7시간이고, 목표 표면 탄소 농도는 0.61% 이며 침탄 시 탄소 농도는 1.05%이고, 소재 자체의 탄소 농도가 0.25%일 때 침탄 소요 시간은?

① 1.05 ② 1.75 ③ 3.55 ④ 4.45

해설 Harris 방정식을 사용한다.

$$T_c = T_t\left(\frac{C-C_i}{C_0-C_i}\right)^2 = 7\left(\frac{0.61-0.25}{1.05-0.25}\right)^2 = 1.75$$

22. SCM 415(C=0.15%) 강을 표면 탄소 농도 0.8%를 목표로 7시간 가스 침탄 처리 한 결과 침탄 시의 탄소 농도가 1.05%이었다면 확산 시간은? (단, Harries의 방정식을 이용하여 계산하시오.)

① 2.65시간 ② 3.4시간
③ 3.65시간 ④ 5.4시간

해설 $T_c=T_t\left(\frac{C-C_i}{C_0-C_i}\right)^2$

여기서, T_t : 침탄 시간+확산 시간, T_c : 침탄 소요 시간, C : 목표 표면 탄소 농도(%)
C_0 : 침탄 시 탄소 농도(%), C_i : 소재 자체의 탄소 농도(%)

$T_c=7\left(\frac{0.8-0.15}{1.05-0.15}\right)^2=3.65$시간

∴ 확산시간$=T_t-T_c=7-3.65\fallingdotseq3.4$시간

23. 다음 중 고온 침탄의 특징이 아닌 것은?

① 침탄시간이 짧다.
② 탄소농도구배가 크다.
③ 결정립 성장을 일으키기 쉽다.
④ 노의 내화물이나 열선을 열화시킨다.

해설 탄소농도구배가 완만하다.

24. 침탄층에서 유효경화층의 깊이는?

① HV 513 ② HB 550
③ HV 550 ④ HB 513

해설 유효경화층의 깊이 : HV 550의 위치까지의 거리

25. 침탄표면열처리에서 나타나는 결함의 종류가 아닌 것은?

① 과잉침탄 ② 이상조직
③ 내부산화 ④ 백층

해설 침탄표면층은 백층으로 나타난다.

26. 액체 침탄제의 주성분은 무엇인가?

① 시안화나트륨(NaCN)
② 질산칼륨(KNO_3)
③ 염화나트륨(NaCl)
④ 염화바륨($BaCl_2$)

27. 액체 침탄법에서 질화처리의 온도 범위는?

① 700℃ 이하
② 700℃ 이상
③ 800℃ 이하
④ 800℃ 이상

해설 질화처리온도는 700℃ 이하, 침탄처리온도는 700℃ 이상이다

28. 가스 침탄을 하려고 할 때 원료 가스로서 적합하지 않은 것은?

① 부탄 가스
② 아르곤 가스
③ 천연 가스
④ 프로판 가스

해설 아르곤 가스는 불활성 가스이다.

29. 가스 침탄법에 관한 내용 중 틀린 것은?

① 원료 가스로는 메탄, 프로판, 부탄 등을 사용한다.
② 침탄성 가스는 분해되어 미세 탄소를 석출하여 침탄된다.
③ 고체 침탄보다 침탄시간이 짧다.
④ 그을음(sooting)을 방지하려면 침탄가스 농도를 높여야 한다.

해설 그을음을 방지하려면 침탄가스 농도를 낮추어야 한다.

30. 980~1100℃에서 행하는 고온 가스 침탄법의 특징이 아닌 것은?

① 결정입자의 성장이 크다.
② 침탄시간이 짧다.
③ 탄소농도구배가 완만하다.
④ 노의 내화물 등의 열화가 적다.

해설 온도가 높아 노의 내화물 등의 열화가 촉진된다.

31. 가스 침탄의 장점이 아닌 것은?

① 대량 생산에 적합하다.
② 침탄 농도의 조절이 쉽다.
③ 침탄이 균일하다.
④ 침탄 가열 온도가 낮다.

해설 침탄 가열 온도가 높다.

32. 가스 침탄에서 카본 포텐셜(carbon potential)을 설명한 것 중 틀린 것은?

① 카본 포텐셜이 0.6%일 때 1%의 탄소강은 탈탄하여 표면의 탄소가 0.6%까지 감소한다.
② 카본 포텐셜이 1.2%일 때 탄소 농도가 1.2%까지 침탄할 수 있는 것을 의미한다.
③ 평형 탄소 농도라고 하며 노 분위기의 침탄력, 즉 침탄 농도를 의미한다.
④ 카본 포텐셜이 높을수록 그을음이 발생하지 않으며 온도에 따라 감소하게 된다.

해설 카본 포텐셜이 낮을수록 그을음이 발생하지 않는다.

33. 침탄경화처리할 때 고려하지 않아도 되는 사항은?

① 침탄층 ② 과잉침탄 ③ 입계 분석 ④ 침탄방지제 선정

해설 고려 사항 : 침탄층, 과잉침탄, 침탄방지제 선정 등

34. 저탄소강 대형품에 대한 침탄 열처리의 설명으로 틀린 것은?

① 150~180℃ 범위에서 저온 뜨임을 한다.
② 1차 담금질의 목적은 내부 결정립의 미세화이다.
③ 2차 담금질의 목적은 인성과 연성의 증가이다.
④ 고온 장시간의 가열로 결정립이 조대화된다.

해설 침탄 열처리에서 1차 담금질의 목적은 내부 결정립의 미세화, 2차 담금질의 목적은 침탄부의 경화이다.

35. 다음 중 침탄처리 이후 결정입자의 미세화를 위한 열처리는?

① 1차 담금질 ② 저온풀림 ③ 2차 담금질 ④ 뜨임처리

해설 1차 담금질 목표는 결정립의 미세화, 2차 담금질 목표는 침탄층의 경화이다.

36. 표면경화강의 열처리에서 1, 2차 담금질과 마지막 뜨임처리의 주목적은?

① 침탄층 경화→중심부 조직의 미세화→경화층의 표준화
② 내부 조직의 미세화→표면부의 미세화→경화층의 안정화
③ 표면부의 침탄화→침탄층의 미세화→경화층의 강성화
④ 중심부 조직의 미세화→침탄층 경화→경화층의 안정화

해설 1차(중심부 조직의 미세화)→2차(침탄층 경화)→뜨임(경화층의 안정화)

37. 표면경화 시 관련이 가장 적은 것은?

① 질화 ② 침탄 ③ 탈탄 ④ 탈산

해설 강의 표면에 탈탄 현상이 생기면 연화된다.

38. 표면의 경도를 높이고 내부의 성질을 질기게 하여 충격에 견딜 수 있도록 열처리하는 방법은?

① 조질처리 ② 불림처리
③ 항온처리 ④ 침탄처리

해설 침탄처리는 표면의 경도를 높이고 내부의 성질을 질기게 하는 처리이다.

39. 다음 탄소 함유량 중 침탄강재로 적합한 것은?

① 1.5% C ② 0.2% C ③ 2.0% C ④ 2.5% C

해설 침탄강재 : C 0.2% 이하의 강재

40. 침탄경화법(carburizing)에 대한 설명 중 틀린 것은?

① 침탄된 부분은 경하나 중심부는 강인하다.
② 침탄하지 않는 부분은 진흙을 덮으면 방지된다.
③ 고탄소강에서 많이 행해지고 있다.
④ 침탄처리 후 담금질 처리해야 한다.

해설 저탄소강에 적합하다.

41. 강을 900℃에서 4시간 침탄 후 서랭했을 때 현미경에 나타나는 강의 표면조직은?

① 과공석 ② 공석 ③ 아공석 ④ 공정

42. 강을 침탄시켰을 때 침탄조직은 표면에서부터 어떤 순서의 조직으로 분포되어 있는가?

① 아공석강→공석강→과공석강
② 공석강→과공석강→아공석강
③ 과공석강→공석강→아공석강
④ 공석강→아공석강→과공석강

43. 침탄용 강재에서 침탄량을 증가시키는 원소는?

① C, Mo ② Cr, Ni ③ V, W ④ Ni, Si

44. 침탄처리할 때 경화층 깊이를 증가시키는 원소는?

① S, P ② Si, V ③ Ti, Al ④ Cr, Mo

해설 Cr, Mo은 침탄 경화층 깊이를 증가시키는 원소이다.

45. 과잉침탄은 특히 어떤 원소가 재료 중에 많이 포함되어 있을 때 생기는가?

① Ni ② Cr ③ Cu ④ N

해설 과잉침탄에 영향을 주는 원소는 Cr, Mn이다.

46. 침탄강의 제1차 담금질 처리를 하는 목적은?

① 조대화된 입자의 미세화 ② 경도 증가
③ 취성 방지 ④ 중심부의 경도 증가

해설 조대화된 입자의 미세화를 위하여 1차 담금질 처리를 한다.

47. Ni-Mo강의 표면경화 열처리 중 침탄온도와 냉각 방법으로 적당한 것은?

① 400℃에서 서랭 ② 550℃에서 공랭
③ 920℃에서 유랭 ④ 1120℃에서 급랭

48. 침탄 깊이를 측정할 때 적합한 경도계는?

① 로크웰 경도계 ② 쇼어 경도계 ③ 브리넬 경도계 ④ 비커스 경도계

49. 침탄 깊이와 관련이 가장 적은 것은?

① 침탄제 ② 침탄온도
③ 침탄 가열로의 종류 ④ 침탄강재

해설 침탄 깊이의 조절 : 침탄제, 침탄온도, 침탄강재

50. 다음 중 C와 N를 동시에 재료에 침투시키는 표면경화처리 방법은?

① 화염 경화법 ② 질화법 ③ 침탄질화법 ④ 액체 침탄법

51. 침탄성 염욕의 구비 조건으로 맞지 않는 것은?

① 침탄성이 강해야 한다. ② 염욕의 점성이 적어야 한다.
③ 흡습성 염욕이 아니어야 한다. ④ 침탄성이 약해야 한다.

해설 침탄성이 강해야 한다.

정답 1. ④ 2. ① 3. ① 4. ① 5. ④ 6. ① 7. ① 8. ③ 9. ③ 10. ④ 11. ④ 12. ①
13. ① 14. ① 15. ① 16. ① 17. ④ 18. ① 19. ④ 20. ② 21. ② 22. ② 23. ② 24. ③
25. ④ 26. ① 27. ① 28. ② 29. ④ 30. ④ 31. ④ 32. ④ 33. ③ 34. ③ 35. ① 36. ④
37. ③ 38. ④ 39. ② 40. ③ 41. ① 42. ③ 43. ② 44. ④ 45. ② 46. ① 47. ③ 48. ④
49. ③ 50. ③ 51. ④

(2) 질화처리

① 개요 : 강을 암모니아 가스(NH_3) 중에서 450~570℃로 12~48시간 가열하면 표면층 가까이의 합금성분 Cr, Al, Mo 등이 질화물을 형성하여 경한 경화층을 얻는 것을 말한다.

② 처리 목적

㈎ 높은 표면경도를 얻을 수 있다(HV800~1200).

㈏ 내마모성이 커진다.

㈐ 피로한도가 향상된다.

㈑ 내식성이 우수하다.

㈒ 고온강도가 높다. 즉 내열성이 높다.

㈓ 저온에서 처리되는 관계로 변형이 적다.

③ 질화처리의 종류

㈎ 가스 순질화

㉠ $2NH_3 \rightarrow 2N + 3H_2$

㉡ 질화온도는 550℃ 정도이나 표면의 취약층(ε－상)을 가능한 한 작게 하기 위해 일반적으로 500~510℃ 온도 범위가 이용되고 있다.

㉢ 철과 질소의 화합물은 Fe_2N, Fe_3N, Fe_4N의 세 종류가 있다.

㈏ 이온 순질화 : 이온 질화는 저압의 질소 분위기 속에서 직류 전압을 노체와 피처리물 사이에 연결하고 글로우 방전을 발생시켜 질화처리한다. 이온 질화로 스테인리스강, 티탄, 지르콘 등 특수 금속의 질화처리 및 진공 중에서 처리 후의 표면은 광휘 상태로 되어 표면조도의 저하가 적고 변형이 거의 없으며 이런 점으로 처리 후 후가공을 생략하거나 간략화할 수 있다.

㈐ 염욕 연질화 : 신속 염욕 질화법이며 520~570℃의 온도에서 단시간(10~120분) 동안 액체 질화처리를 한다.

$$\text{NaCN(또는 KCN)} + O_2\text{(공기투입)} \xrightarrow{570℃} 5\text{NaCNO} \xrightarrow{\text{열분해}} 3\text{NaCN} + Na_2CO_3 + 2(N)$$

이 된다. 즉, 발생기 질소와 탄소가 강의 표면에 침입하여 질화가 이루어진다.

④ 질화처리 전 · 후 공정 : 소재에서 질화처리까지의 표준 가공 공정은 다음과 같다.

㈎ 부품 용도에 알맞은 강 종을 선택한다.

㈏ 연화 어닐링 처리를 한다.

㈐ 기계가공을 한다(황삭가공 3~5 mm).

(라) 강의 중심부가 필요로 하는 기계적 성질을 얻기 위해 담금질 템퍼링을 통한 조질처리를 한다(일반적으로 소르바이트 조직으로 한다).

(마) 중간 다듬질을 한다(0.3~0.5mm 공차 여유).

(바) 응력 제거 어닐링을 한다.

(사) 규정 치수까지 마무리 가공을 한다.

(아) 질화처리 전처리를 한다(탈지, 방질화처리, 유해물질 제거, 표면조도 유지).

(자) 질화처리를 한다(처리 전 반드시 350~450℃에서 예열을 실시).

(차) 처리 후 연마사상 또는 래핑, 버핑처리를 한다.

(카) 필요에 따라 도금 등을 할 수 있다.

⑤ 질화처리용 강

(가) 일반적으로 순철, 탄소강, Ni강 등은 질화처리를 하여도 높은 경도를 얻기가 힘들다.

(나) 강 중에 Al, Cr, Ti, V, Mn, Si 등을 포함한 재료는 질소와 안정한 화합물을 만들어 높은 강도를 얻을 수 있다.

(다) Al 1%의 함유는 표면경도를 향상시키고, Cr은 질화층의 깊이를 증가시킨다.

(라) Mo은 템퍼링 취성을 억제한다.

단원 예상문제

1. 암모니아 가스에 의한 표면경화법은?

① 액체 침탄법 ② 고체 침탄법 ③ 질화법 ④ 고주파로법

해설 질화법은 암모니아 가스(NH_3)의 질소를 강재 표면에 침투시키는 표면경화법이다.

2. 강재의 부품 표면에 질소를 확산 · 침투시키는 질화법의 종류가 아닌 것은?

① 가스 질화법 ② 액체 질화법 ③ 이온 질화법 ④ 용융 질화법

해설 질화법의 종류에는 가스 질화법, 액체 질화법, 이온 질화법이 있다.

3. 질화처리의 목적이 아닌 것은?

① 높은 표면경도를 얻을 수 있다.
② 내마모성이 커진다.
③ 내식성이 우수하다.
④ 고온에서 처리되는 관계로 변형이 적다.

해설 저온에서 처리되기 때문에 변형이 적다.

4. **표면경화 열처리의 질화를 바르게 설명한 것은?**

① 강을 페라이트 상태로 유지하면서 표면에 질소를 침투시키는 표면경화 열처리이다.
② 저탄소강의 표면에 탄소를 침투시켜 고탄소강으로 만든 다음 담금질하여 경화시키는 표면경화 열처리이다.
③ 강재의 표면을 고주파로 열처리하는 표면경화 열처리이다.
④ 산소–아세틸렌 불꽃으로 담금질하는 표면경화 열처리이다.

해설 강의 표면에 질소를 침투시키는 표면경화 열처리이다.

5. **질화처리에 대한 설명으로 틀린 것은?**

① 암모니아 가스 중에서 450~570℃로 12~48시간 가열하면 표면층에 Cr, Al, Mo 등의 질화물을 형성한다.
② 순질화는 수소와 탄소를 침투시켜 경화하는 방법이다.
③ 질화처리의 목적은 표면경도를 얻을 수 있고 피로한도가 향상된다.
④ 내마모성과 내식성이 우수하다.

해설 순질화는 질소 가스를 침투시켜 경화하는 방법이다.

6. **강의 질화처리는 침투 원소에 따라 순질화와 연질화로 구분된다. 다음 설명 중 옳은 것은?**

① 순질화는 질소만을 침투시켜 경화하는 방법이다.
② 순질화는 질소와 다량의 탄소를 침투시켜 경화하는 방법이다.
③ 연질화는 수소만을 침투시켜 경화하는 방법이다.
④ 연질화는 수소와 다량의 탄소를 침투시켜 경화하는 방법이다.

해설 순질화는 질소만을 침투시켜 경화하고, 연질화는 질소와 약간의 탄소를 침투시켜 경화하는 열처리 방법이다.

7. **철강재의 shot peening이나 질화처리 등에 의해 개선되는 성질 중 가장 적합한 것은?**

① 피로한도 상승
② 인장강도 상승
③ 내식성 상승
④ 굽힘강도 상승

해설 표면층의 피로한도가 상승한다.

8. 질화처리를 위한 예비처리 방법 중 틀린 것은?

① 부품 용도에 맞는 강 종을 선택한다.
② 일반적으로 강의 내부를 마텐자이트 조직으로 한다.
③ 연화 어닐링 처리를 한다.
④ 중간 다듬질을 한다.

해설 일반적으로 강의 내부는 조질처리하여 소르바이트 조직으로 한다.

9. 질화강의 표면에 질화층 경도를 높여주는 원소는?

① Cu ② Co ③ Al ④ Ni

해설 질화층의 경도를 높여 주는 원소는 Al, Cr, Mo이다.

10. 질화처리에 사용하는 질화제는?

① 질산소다 ② 암모니아 가스 ③ 염화칼륨 ④ 소금

11. 철강 속에 함유된 원소 중 질화처리에 의해 경화되지 않는 원소는?

① Si ② Mn ③ Cr ④ Co

해설 질소와 화합물을 만드는 원소는 Al, Cr, Ti, V, Mn, Si이다.

12. 질화처리를 하기 위한 강의 적합한 가열 온도 범위는?

① 고온의 시멘타이트 ② 고온의 오스테나이트
③ 저온의 페라이트 ④ 저온의 펄라이트

해설 저온의 페라이트 영역에서 가열한다.

13. 질화강에서 질화층을 이롭게 하는 데 가장 효과적인 원소는?

① Mg ② Co
③ Cr ④ Cu

해설 질소와 화합물을 만드는 원소는 Al, Cr, Ti, V, Mn, Si이다.

14. 질화처리로 바깥 표면에 나타나는 화합물 층(compound layer)에 존재하는 γ'상의 구성 성분은?

① FeN ② Fe_2N
③ Fe_4N ④ Fe_8N

해설 α'' : $Fe_{16}N_2$, γ' : Fe_4N, ε : Fe_3N, ζ : Fe_2N

15. 표면경화 열처리법 중 진공로 내에서 글로(glow) 방전을 발생시켜 N_2, H_2 및 기타 가스의 단독, 혼합 가스의 분위기에서 N을 표면에 확산시키는 표면 처리법은?

① 침탄 질화 ② 가스 질화 ③ 이온 질화 ④ 염욕 연질화

해설 이온 질화는 저압의 질소 분위기 속에서 직류 전압을 노체와 피처리물 사이에 연결하고 글로 방전을 발생시켜 경한 경화층을 얻는다.

16. 이온 질화(ion nitriding)법의 특징 중 틀린 것은?

① 400℃ 이하의 저온에서도 질화가 가능하다.
② 질화속도가 비교적 빠르다.
③ 형상에 관계없이 질화층이 균일하다.
④ 특별한 가열 장치가 필요 없다.

해설 질화처리 장치가 필요하다.

17. 침탄질화용 중성 염욕이 갖추어야 할 성질은?

① 흡습성이 커야 한다.
② 열처리 가열 온도에서 점성이 커야 한다.
③ 유해 불순물이 포함되지 않고 염욕의 순도가 낮아야 한다.
④ 용해가 쉬워야 한다.

정답 1. ③ 2. ④ 3. ④ 4. ① 5. ② 6. ① 7. ① 8. ② 9. ③ 10. ② 11. ④ 12. ③ 13. ③ 14. ③ 15. ③ 16. ④ 17. ④

(3) 고주파 열처리

① 개요

(가) 고주파 유도 전류에 의하여 소요 깊이까지 급가열하여 급랭하여 경화하는 고주파 경화법이다.

(나) 물체의 단면에는 불균일하고, 표피에는 밀도가 크며 내부로 갈수록 격감한다. 이 현상을 전자기의 표피 효과라 한다.

(다) 표피만이 급속히 가열되고 내부는 가열되지 않거나 약간 가열되는 정도이다.

② 고주파 전류 발생 장치의 종류 : 전동 발전기식(MG식), 진공관식, SCR을 이용한 사이리스터 인버터식이 있다.

③ 고주파 표면 담금질의 특징

(가) 재료비의 절감

㈏ 가공비의 절감
㈐ 무공해 열처리
㈑ 담금질 시간 단축
㈒ 담금질 경화 깊이 조절 용이
㈓ 국부 가열 가능
㈔ 질량 효과 경감
㈕ 변형이 적은 양질의 담금질 가능

④ 고주파 담금질 고려 사항 : 재질, 주파수, 전원, 용량, 가열코일, 냉각속도 등이다.

주파수에 대한 침투 깊이

주파수	침투 깊이
400kHz	0.8mm
200kHz	1.1mm
100kHz	1.6mm
20kHz	3.4mm
10kHz	5.0mm
3kHz	8.5mm

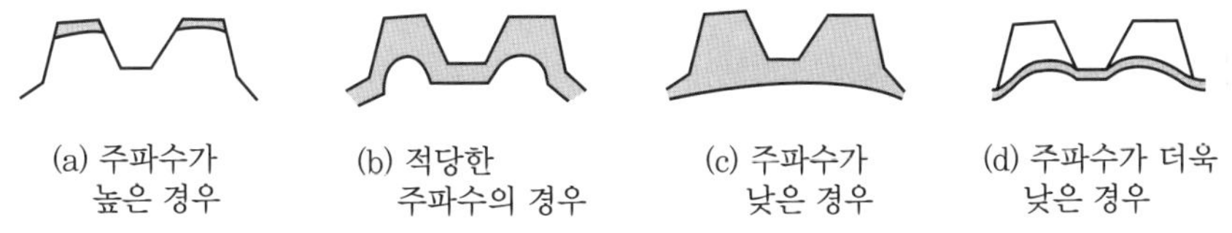

(a) 주파수가 높은 경우 (b) 적당한 주파수의 경우 (c) 주파수가 낮은 경우 (d) 주파수가 더욱 낮은 경우

주파수에 따른 기어의 경화층 변화

⑤ 표피 효과와 근접 효과

㈎ 코일과 피가열물에 흐르는 전류는 주파수가 높아짐에 따라 각각의 표면에 집중되는 성질이 있으며, 이것을 표피 효과라 한다.

㈏ 코일과 피가열물은 서로 전류가 흐르게 되며 그 방향이 서로 반대 방향으로 주파수가 높아지면 반대 방향의 전류가 점점 근접하여 흐르므로 전기저항이 작아진다. 이것을 근접 효과라 한다.

㈐ 전류가 흐르는 전류의 침투 깊이 d는 다음 식으로 표시된다.

$$d = 5.03 \times 10^3 \sqrt{\frac{\rho}{\mu \cdot f}} \text{ [cm]}$$

여기서, d : 투과 깊이, ρ : 고유저항($\mu\Omega \cdot$ cm), f : 주파수(Hz/sec), μ : 투자율

단원 예상문제

1. 고주파 경화 열처리의 특징으로 틀린 것은?

① 담금질 시간이 단축된다.
② 간접 가열하므로 열효율이 낮다.
③ 재료비, 가공비 등 담금질 경비가 절약된다.
④ 생산 공정에 열처리 공정의 편입이 가능하다.

해설 고주파 경화 열처리는 직접 가열하기 때문에 열효율이 높다.

2. 고주파 표면 담금질의 특징이 아닌 것은?

① 담금질 경비 절약
② 무공해 열처리
③ 담금질 경화 깊이 조절 곤란
④ 국부 가열 가능

해설 담금질 경화 깊이를 조절할 수 있다.

3. 고주파 담금질 방법을 설명한 것 중 틀린 것은?

① 유도자(coil)는 가열 면적이 좁을 때 효과적이다.
② 코일과 고주파 발생 장치의 연결 리드는 간격을 좁게 해야 한다.
③ 급속 가열 방법이므로 전기로나 연소로 가열보다 30~50℃ 높여준다.
④ 가열 면적이 길고 넓을 경우에는 코일 수가 적은 것이 효과적이다.

해설 가열 면적이 길고 넓을 경우에는 코일 수가 많은 것이 효과적이다.

4. 고주파 경화법에 관한 설명으로 옳은 것은?

① 코일의 재료는 주로 탄소강을 사용한다.
② 가열 면적이 좁을 때는 다권 코일을 사용한다.
③ 가열 면적이 넓고 길 때는 단권 코일을 사용한다.
④ 코일과 고주파 발생 장치를 연결하는 리드는 될 수 있는 한 간격을 좁게 해야 한다.

해설 코일과 고주파 발생 장치를 연결하는 리드선의 간격을 좁혀 누설전류를 적게 한다.

5. 고주파 유도 가열 경화법에 대한 설명으로 틀린 것은?

① 생산 공정에 열처리 공정의 편입이 가능하다.
② 피가열물의 스트레인(strain)을 최소한으로 억제할 수 있다.
③ 표면 부분에 에너지가 집중되므로 가열시간을 단축할 수 있다.
④ 전류가 표면에 집중되어 표피 효과(skin effect)가 작다.

해설 고주파 유도 가열 경화법은 전류가 표면에 집중되어 표피 효과가 크다.

6. 고주파 담금질에서 물체의 표면만 발열되는 원인은?

① 표피 효과와 주파수 ② 근접 효과와 주파수
③ 표피 효과와 근접 효과 ④ 표피 효과와 전후 효과

해설 • 표피 효과 : 코일과 피가열물에 흐르는 전류는 주파수가 높아짐에 따라 각각의 표면에 집중되는 성질이 있다.
• 근접 효과 : 코일과 피가열물은 서로 전류가 흐르게 되며 그 방향이 서로 반대 방향으로 주파수가 높아지면 반대 방향의 전류가 점점 근접하여 흐르므로 전기저항이 작아진다.

7. 다음 열처리 기호 중 고주파 담금질의 기호는?

① HQW ② HQM ③ HT ④ HQI

8. 고주파 유도 가열 시 침투 깊이가 가장 큰 것은 몇 kHz인가?

① 0.5 ② 1.0 ③ 2.0 ④ 4.0

해설 주파수가 낮을수록 침투 깊이는 커진다.

9. 탄소강에서 약 900℃의 경화온도로 고주파 담금질(수랭)했을 때 표면이 HRC50 정도로 나타났다면 이 탄소강의 탄소 함유량은 약 몇 %인가?

① 0.3 ② 0.9 ③ 1.2 ④ 1.5

해설 899～927℃에서 HRC50 정도이면 탄소량이 0.3% 정도 함유된 탄소강이다.

10. 고주파 전류 발생 장치 중 사이리스터 인버터와 관련이 가장 깊은 것은?

① HIM ② AOL ③ VRT ④ SCR

해설 SCR을 이용한 사이리스터 인버터식이 있다.

11. 고주파 담금질 방법은 무엇에 의하여 결정되는가?

① 고주파 코일 ② 냉각 방법
③ 발전기의 주파수 용량 ④ 뜨임 방법

해설 고주파 전류 발생 장치의 용량 표시 : 발전기의 주파수 용량

12. 오른쪽 그림의 코일 형태는 강재의 어느 면을 가열시키기 위한 코일인가?

① 내면 가열용 코일
② 외면 가열용 코일
③ 평면 가열용 코일
④ 바닥면 가열용 코일

13. 기어나 롤의 표면만을 경화시키기 위한 적당한 열처리 방법은?

① 염욕 ② 프레스 담금질
③ 고주파 경화법 ④ 전해 담금질

14. 탄소강 관의 전기용접부 조직을 노멀라이징 하기 위하여 고주파 열처리 장치를 사용하고 있다. 고주파에 의한 소음이 가장 큰 것은 몇 kHz인가?

① 0.5 ② 1.0
③ 2.0 ④ 4.0

해설 고주파에 의한 소음이 가장 큰 것은 0.5kHz이다.

15. 고주파 경화법에서 유도 전류에 의한 발생열의 침투 깊이(d)를 구하는 식으로 옳은 것은? (단, ρ는 강재의 비저항[$\mu\Omega\cdot$ cm], μ는 강재의 투자율, f는 주파수[Hz]이다.)

① $d=5.03\times10^2\dfrac{\rho}{\mu\cdot f}$[cm] ② $d=5.03\times10^2\sqrt{\dfrac{\rho}{\mu\cdot f}}$[cm]

③ $d=5.03\times10^3\dfrac{\rho}{\mu\cdot f}$[cm] ④ $d=5.03\times10^3\sqrt{\dfrac{\rho}{\mu\cdot f}}$[cm]

정답 1. ② 2. ③ 3. ④ 4. ④ 5. ④ 6. ③ 7. ④ 8. ① 9. ① 10. ④ 11. ③ 12. ① 13. ③ 14. ① 15. ④

(4) 화염경화 열처리

① 연료가스의 종류

(가) 연료가스로는 산소-아세틸렌(C_2H_2)이 많이 사용된다.

(나) 화염 담금질 경도(HRC)=C%×100+15

예를 들면 SM35C의 담금질 경도는 HRC=0.35×100+15=50

② 화염경화처리의 특징

(가) 부품의 크기나 형상에 제한이 없다.

(나) 국부적인 담금질이 가능하다.

(다) 담금질 변형이 적다.

(라) 설비비가 싸다.

(마) 가열 온도의 조절이 어렵다.

단원 예상문제

1. 표면경화 열처리에 해당되지 않는 담금질법은?

① 고주파가열 담금질 ② 화염가열 담금질
③ 전해가열 담금질 ④ 염욕가열 담금질

해설 표면경화 열처리 : 고주파 열처리, 화염경화, 전해 담금질

2. 화염경화처리의 특징이 아닌 것은?

① 부품의 크기나 형상에 제한이 없다.
② 국부적인 담금질이 어렵다.
③ 가열 온도의 조절이 어렵다.
④ 담금질 변형이 적다.

해설 국부적인 담금질을 할 수 있다.

3. 다음 중 화염경화처리의 특징으로 틀린 것은?

① 담금질 변형이 적다.
② 국부적인 담금질이 어렵다.
③ 가열 온도의 조절이 어렵다.
④ 기계가공을 생략할 수 있다.

해설 산소-아세틸렌 가스에 의한 국부적인 담금질이 가능하다.

4. 화염경화 열처리 시 열원으로 사용하는 가스가 아닌 것은?

① 프로판 가스 ② 부탄 가스
③ 산소-아세틸렌 가스 ④ 암모니아 가스

해설 암모니아 가스는 질화처리에 사용되는 가스이다.

5. SM45C의 화염 담금질 경도(HRC)값은?

① 50 ② 60 ③ 70 ④ 80

해설 화염 담금질 경도(HRC) = C% × 100 + 15 = 0.45 × 100 + 15 = 60

6. 강의 표면 경화법을 화학적 · 물리적 방법으로 구분할 때 물리적 방법에 의한 열처리법이 아닌 것은?

① 방전경화 ② 침탄경화 ③ 화염경화 ④ 고주파경화

해설 침탄경화는 탄소 성분을 침투시키는 화학적 열처리 방법이다.

정답 1. ④ 2. ② 3. ② 4. ④ 5. ② 6. ②

(5) 침황 처리

침황 처리법은 강재 표면에 엷은 황화층(FeS)을 형성시키는 방법으로 주로 마찰저항을 적게 하여 윤활성을 향상시키는 효과가 있다.

(6) 전해경화 및 방전경화

① 전해경화 : 전해 담금질은 강재를 음극에 걸고 경화하려고 하는 부분만을 전해액 중에 담그고 양극판과의 사이에 전류를 통하여 일반 전기 분해의 조건을 훨씬 넘은 범위에서의 발열 현상을 이용하여 가열하는 것이다.

• a−b 구간(전기분해) • b−c 구간(spark방전) • c−d 구간(아크방전)

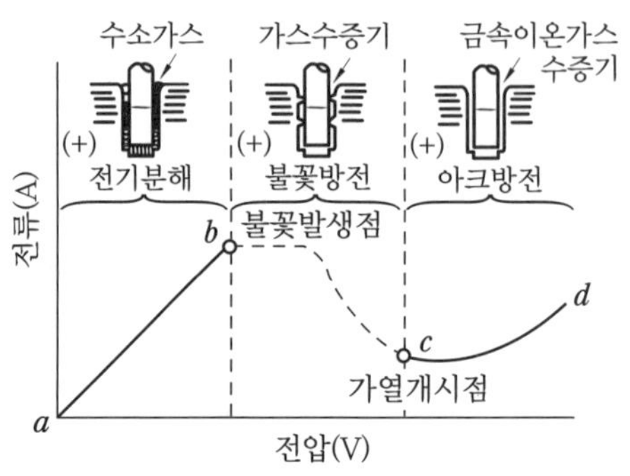

전해가열 특성 곡선

㈎ 전해액은 다음과 같은 구비 조건이 필요하다.

㉠ 음극의 주위에 수소가 저전압으로 발생하기 쉬워야 한다.

㉡ 비전도도가 커야 한다.

㉢ 전극을 침식시키지 않아야 한다.

㉣ 취급이 쉽고 독성이 없어야 한다.

㉤ 경제적으로 값이 저렴해야 한다.

② 방전경화 : 불꽃방전(spark)에 의해 금속의 표면, 특히 철강의 표면을 경화시키는 것이며 간단한 장치로 큰 효과를 얻을 수 있는 표면 경화법이다.

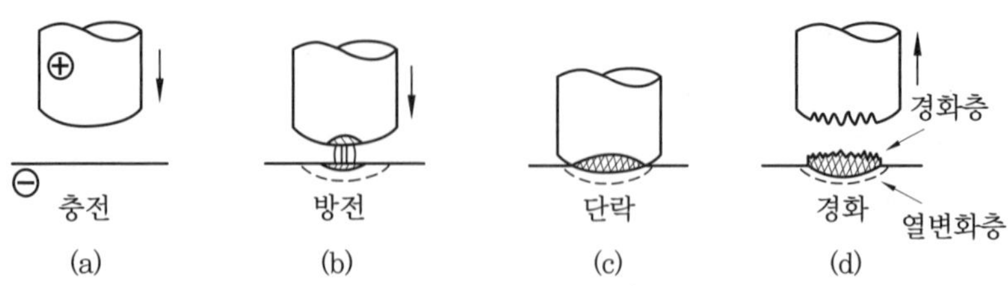

방전경화 기구

단원 예상문제

1. 표면경화에서 강재를 (−)극에 걸고 경화하려고 하는 부분만을 전해액 중에 담그고 양극판(+)과의 사이에 전류를 통하여 발열하는 현상을 이용한 열처리 방법은?

① 금속용사 ② 방전 경화법 ③ 수증기 처리 ④ 전해 경화법

2. 특수 표면 처리 방법 중 강재 표면에 엷은 황화층(FeS)을 형성시키는 방법으로 주로 마찰저항을 적게 하여 윤활성을 향상시키는 효과가 있는 처리법은?

① 침황 처리 ② 침붕 처리 ③ 염욕 코팅 처리 ④ 산화 피막 처리

3. 스파크에 의해 금속의 표면을 경화시키는 열처리 방법은?

① 금속용사 ② 방전 경화법 ③ 수증기 처리 ④ 전해 경화법

해설 방전 경화법 : 불꽃방전(spark)에 의해 금속의 표면, 특히 철강의 표면을 경화시키는 것이며 간단한 장치로 큰 효과를 얻을 수 있는 표면 경화법이다.

4. 전해 담금질에 대한 설명으로 옳지 않은 것은?

① 전류밀도는 4A/cm^2 이상이 요구된다.
② 양극만으로 스테인리스강을 사용한다.
③ 전해액으로 10~20%의 KCl 등 알칼리 금속 염류가 사용된다.
④ 전해액의 온도는 60℃ 이상이 요구된다.

해설 전해액의 온도는 40℃ 이하이어야 한다.

정답 1. ④ 2. ① 3. ② 4. ④

(7) 금속 침투법

① Zn 침투법(sheradizing)은 350~375℃에서 약 2~3시간 처리하여 Zn 침투층을 얻으며 볼트, 너트 등의 방청용에 쓰인다.
② Al 침투법(calorizing)은 850~900℃에서 약 2시간 정도 Al을 침투시켜 우수한 내고온 산화성을 갖는다.
③ Cr 침투법(chromizing)은 1300~1400℃에서 3~4시간 정도 Cr을 침투시켜 내식성을 향상시킨다.
④ Si를 침투시키는 실리코나이징(siliconizing), B를 침투시키는 보로나이징(boronizing) 등이 있다.

단원 예상문제

1. 재료의 표면에 강철이나 주철의 작은 입자들을 고속으로 분사시켜 가공경화에 의해 표면층의 경도를 높이는 표면 냉간가공법은?

① 하드 페이싱(hard facing)
② 코로나이징(coronizing)
③ 쇼트피닝(shot peening)
④ 보로나이징(boronizing)

해설 쇼트피닝(shot peening)은 표면층의 가공경화법이다.

2. 내마멸성을 위해 철에 붕소를 침투 확산시키는 방법은?

① chromizing ② boronizing ③ calorizing ④ sheradizing

해설 boronizing은 B를 침투시키는 표면 경화법이다.

3. Al의 표면층을 만드는 방법으로 주로 철강 제품에 이용되는 금속 침투법은?

① 세라다이징 ② 칼로라이징
③ 크로마이징 ④ 실리코나이징

해설 세라다이징 : Zn, 칼로라이징 : Al, 크로마이징 : Cr, 실리코나이징 : Si

4. 아연 원소를 강 표면에 확산 침투시켜 표면경화처리하는 것은?

① 보로나이징 ② 실리코나이징
③ 세라다이징 ④ 칼로라이징

해설 보로나이징은 B, 실리코나이징은 Si, 세라다이징은 Zn, 칼로라이징은 Al을 확산 침투시키는 표면경화 처리법이다.

5. 철강 표면에 Zn을 확산 침투시키는 방법으로 300 mesh 정도의 Zn 분말 속에 제품을 넣고 300~420℃로 1~5시간 가열하여 0.015 mm의 경화층을 얻는 금속 침투법은?

① 패턴팅(patenting) ② 칼로라이징(calorizing)
③ 크로마이징(chromizing) ④ 세라다이징(sheradizing)

해설 칼로라이징은 Al, 크로마이징은 Cr, 세라다이징은 Zn을 확산 침투시키는 표면경화 처리법이다.

6. 내식성 향상과 고경도를 위해 크롬을 침투시키는 것은?

① 보로나이징 ② 크로마이징
③ 메탈라이징 ④ 알루마이징

7. 알루미늄 침투법에서 우수한 내고온 및 산화성을 얻기 위한 온도는?

① 200~300℃ ② 350~375℃ ③ 850~900℃ ④ 1300~1400℃

해설 알루미늄 침투법은 850~900℃에서 약 2시간 처리하여 우수한 내고온 및 내산화성을 얻는다.

8. 금속의 표면에 스텔라이트(Co-Cr-W 합금) 경합금 등의 특수 금속을 융착시켜 표면 경화층을 만드는 방법은?

① 하드페이싱 ② 쇼트피닝 ③ 금속 침투법 ④ 패턴팅

해설 금속 침투법은 특수 금속을 표면에 융착시키는 방법이다.

9. 표면경화법에 속하지 않는 것은?

① 하드페이싱 ② 쇼트피닝 ③ 청화법 ④ 석출 경화법

10. 강재 부품에 내마모성이 좋은 금속을 융착함으로써 경질표면층을 얻는 방법은?

① 침탄법 ② 용사법 ③ 전해 경화법 ④ 화염 경화법

해설 용사법은 금속의 표면에 용융 또는 반용융 상태의 미립자를 고속으로 분사시키는 방법이다.

정답 1. ③ 2. ② 3. ② 4. ③ 5. ④ 6. ② 7. ③ 8. ③ 9. ④ 10. ②

(8) CVD, PVD, TD 처리

CVD(화학증착법 : chemical vapor deposition), PVD(물리증착법 : physical vapor deposition), TD 프로세스(용융염 침적법 : toyota diffusion coating process)

(9) 산화피막처리

산화피막처리의 종류 및 방법

종류	방법
알칼리 착색	진한 가성소다 용액에 반응 촉진제를 가하여 150℃ 정도에서 가열하고 강재를 침적시키면 강의 표면에 1~3μ 정도의 Fe_3O_4의 피막이 형성된다.
수증기 처리	일명 스팀호모처리라고도 한다.
질산계 염욕처리	KNO_3-NaNO_3의 혼합용액에 소량의 MnO_2를 첨가하고 여기에 강재의 부품을 침지하는 방법이다. 용액의 온도는 300~400℃에서 가열하고 온도와 시간에 따라서 담청색에서부터 흑색을 포함한 청색으로 나타나며, Fe_3O_4의 피막 두께도 변화한다.

(10) 분위기 열처리

① 개요

㈎ 열처리를 할 때 해로운 탈탄이나 산화를 일으키는 것을 방지하고 강표면의 광휘 상태를 유지하기 위하여 보호 분위기나 진공 중에서 열처리하는 것을 광휘 열처리라 한다.

㈏ 철강을 산화시키지 않고 가열하는 방법

㉠ 숯이나 주철칩 또는 침탄제 등에 묻어 가열하는 방법

㉡ 산화나 탈탄 방지제를 도포하여 가열하는 방법

㉢ 보호 분위기 가스 속에서 가열하는 방법

㉣ 중성 염욕이나 연욕 중에서 가열하는 방법

㉤ 진공 중에서 가열하는 방법

② 분위기 가스의 성질 및 종류 : 노 내의 분위기 가스는 고온에서 철강을 열처리할 때 산화 및 탈탄을 방지하거나 침탄 또는 질화 시에 탄소(또는 질소) 등을 철강 표면에 공급하거나 유지에 필요한 원소를 함유한 가스를 말한다.

㈎ 중성가스 : Ar, Ne, He, Kr, Xe, Rn 등의 불활성 가스이다.

㈏ 산화성 가스 : 산화성 가스를 이용한 처리에는 강의 외관 및 내식성을 개선하기 위해 강표면에 산화피막을 형성하게 하는 블루잉(bluing) 처리가 있다.

㈐ 환원성 가스 : 금속 산화물과 반응하여 보다 산소가 적은 산화물의 결합 상태 또는 금속으로 만드는 가스를 말한다. 금속 및 합금의 광휘 열처리용으로 사용되는 환원성 가스에는 CO, CH_4(메탄), C_2H_6(에탄), C_3H_8(프로판), C_4H_{10}(부탄)이 있다.

㈑ 변성 가스 : 공업적으로 프로판, 부탄 가스 등에 적당한 비율의 공기를 첨가하여 열분해 또는 산화 분해시킨 가스를 변성 가스라 한다. 이 변성 가스를 캐리어 가스(carrier gas)라고도 하며, 변성 방식에 따라 발열형과 흡열형으로 대별한다.

㉠ 발열형 가스 : 발열형 가스는 변성로에 대량의 공기를 가하고 원료 가스를 연소반응시켜 외부로부터 열을 가하지 않고 원료 가스 자체의 발열 반응을 이용한다. 발열형 가스는 질소가 많다.

㉡ 흡열형 가스 : 흡열형 가스의 변성로에는 일반적으로 니켈 촉매를 통해 원료 가스에 공기를 적당량 가하여 열분해나 산화 분해로 변성한다. 이 변성 가스는 CO, H_2, N_2이다.

③ 분위기 열처리의 관리

(가) 탄소 농도 : 철강을 분위기 가스 중에서 가열하는 경우 침탄성 가스 속에서는 철강의 표면 탄소 농도가 커지려 하고 탈탄성 가스 속에서는 적어지려 한다. 그리고 가열 시에 그 온도로 장시간 유지했을 때 철강 표면의 탄소 농도(C%)를 그 온도에서 그 가스의 평형 탄소 농도(carbon potential)라고 한다. 탄소 농도 측정 방법은 다음과 같다.

㉠ 직접 분석한다.

㉡ 전기저항을 이용한다.

㉢ CO_2와 H_2O의 측정에 의해 구한다.

(나) 노기 가스의 분석

㉠ 오르사트(orsat) 분석기

㉡ 노점 분석기

- 노점컵(dew cup)
- 안개상자(fog chamber)
- 염화리튬(LiCl)
- 냉경면(chilled mirror)

참고 **노점** : 수분(H_2O)을 함유하고 있는 분위기 가스를 냉각시키면 어떤 온도에서 수분이 응축되어 미세한 물방울, 즉 이슬이 생기게 된다. 이렇게 이슬이 생기는 점의 온도를 노점이라고 한다.

㉢ 적외선 CO_2 분석기

㉣ 열선(hot wire) 분석기

(다) 화염 커튼(flame curtain) : 분위기로에 열처리 재료를 장입 또는 꺼낼 때 노 내부로 공기가 들어가 노의 분위기 가스의 교란이나 폭발을 방지하기 위하여 장입구 또는 취출구에 가연성 가스를 연소시켜 불꽃의 막을 만드는 것을 말한다.

(라) 그을음과 번아웃

㉠ 그을음(sooting) : 변성로나 침탄로 등의 침탄성 분위기 가스로부터 유리된 탄소가 노 내의 분위기 속에 부화하여 열처리 가공재료, 촉매, 노의 연와 등에 부착하는 현상을 그을음이라고 한다.

㉡ 번아웃(burn out) : 그을음으로 변성로나 침탄로 등에 축적된 유리탄소는 변성로나 침탄로의 기능을 저하시키므로 필요에 따라서 또는 정기적으로 적당량의 공기를 송입하여 연소를 통해 제거할 필요가 있다. 이 조작을 번아웃이라고 한다.

단원 예상문제

1. 철강을 보호 분위기나 진공 중에서 가열 냉각하여 표면의 산화 및 탈탄을 방지하고 표면 상태를 그대로 유지하는 열처리는?

① 침탄 용해처리 ② 질화분해처리
③ 고주파 열처리 ④ 광휘 열처리

2. 열처리용 광휘 열처리로의 설명 중 틀린 것은?

① 강재의 표면을 산화 또는 탈탄시키지 않는다.
② 환원성 가스는 효과적이나 불활성 가스 사용이 곤란하다.
③ 표면 상태 그대로 유지되는 장점이 있다.
④ 표면 광택을 향상시킬 수 있다.

해설 광휘 열처리에는 불활성 가스를 사용한다.

3. 스테인리스강, 공구강 담금질, 광휘 열처리 등에 주로 쓰이는 열처리로는?

① 진공로 ② 중유로 ③ 전기로 ④ 분위기로

4. 다음 중 분위기 열처리로가 아닌 것은?

① 일반 전기로 ② 진공로
③ 질소 가스로 ④ 분위기로

해설 일반 전기로는 일반 열처리로이다.

5. 스팀 호모처리(steam homo treatment) 목적으로 옳은 것은?

① 산화물 피막을 형성시킨다.
② 질화물 피막을 형성시킨다.
③ 탄화물 피막을 형성시킨다.
④ 유화물 피막을 형성시킨다.

해설 스팀 호모처리는 고속도강을 수증기 처리하여 산화물 피막을 형성시키는 방법이다.

6. 탄소강을 고온에서 열처리할 때 표면 산화나 탈탄을 방지하기 위하여 행하는 노 내의 분위기가 아닌 것은?

① 산화성 가스 분위기 ② 진공 분위기
③ 불활성 가스 분위기 ④ 환원성 가스 분위기

해설 진공, 불활성 가스, 환원성 가스의 노 내 분위기에서 열처리하여 산화 및 탈탄을 방지한다.

7. 철강을 560℃ 이상의 온도에서 산화시킬 때 철의 외부층에 생기는 산화피막은?

① Fe_2O_3 ② Fe_3O_4 ③ FeO ④ Fe

해설 외부층 : Fe_2O_3, 중간층 : Fe_3O_4, 내부층 : FeO

8. 분위기로에서 일반적으로 사용되는 가스는?

① F ② O_2 ③ Cl ④ N_2

해설 중성 가스(N_2, Ar, He)가 사용된다.

9. 강의 분위기 열처리에 사용하는 환원성 가스는?

① CO ② CO_2 ③ 수증기(H_2O) ④ 연소 가스

해설 • 환원성 가스 : CO, H_2, CH_4
• 산화성 가스 : O_2, H_2O, CO_2

10. 광휘 열처리 분위기에 사용되는 가스로서 철강과 반응하지 않는 가스는?

① 산화성 가스 ② 환원성 가스
③ 불활성 가스 ④ 침탄성 가스

해설 불활성 가스 : Ar, Ne, He, Kr, Xe, Rn

11. 저탄소강의 광휘소둔(bright annealing)을 하기 위하여 가장 널리 사용되는 보호성 분위기 가스는?

① 암모니아 ② 증기 ③ 이산화탄소 ④ 질소

12. 광휘 열처리로에 사용되는 분위기 가스가 아닌 것은?

① O_2 ② H_2 ③ N_2 ④ CO

해설 분위기 가스 : H_2, N_2, CO

13. 노 내부에 사용되는 가스의 종류 중에서 중성 가스는?

① 질소 ② 수소 ③ 산소 ④ 이산화탄소

14. 다음 분위기 가스 중에서 산화성 가스는?

① N_2 ② CO_2 ③ CH_4 ④ CO

15. 노 내 분위기를 불활성으로 만들려고 할 때 필요한 가스는?

① CO ② H_2 ③ O_2 ④ Ar

16. 무산화 열처리용으로 사용되는 흡입형 가스의 주성분은?

① CO ② C_3H_8 ③ O_2 ④ CH_4

17. 분위기 열처리에 사용되는 질화성 가스는?

① 암모니아 가스 ② 탄산 가스
③ 수소 가스 ④ 아르곤 가스

18. 산화성 가스를 이용한 강의 외관 및 내식성을 개선하기 위해 강의 표면에 산화피막을 형성하게 하는 처리를 무엇이라 하는가?

① 패턴팅 ② 블루잉
③ 항온 ④ 서브제로

해설 블루잉(bluing)은 강의 표면에 산화피막을 형성하게 하는 처리이다.

19. 프로판 또는 부탄 가스를 고온에서 분해시켜 침탄용 캐리어 가스인 RX 가스를 제조하는 데 사용하는 로는?

① 벳치로 ② 변성로
③ 머플로 ④ 유동입자로

20. 변성 가스 제조 시 공기비가 적으면 그을음이 발생한다. 이때 일어나는 반응식은?

① $CO+H_2 \rightarrow H_2O+C$ ② $CO_2+H_2 \rightarrow CO+H_2O$
③ $CO_2 \rightarrow C+O_2$ ④ $CH_4+H_2O \rightarrow CO+3H_2$

해설 변성 가스는 변성로에서 나오자마자 급랭하지만, 서랭하면 변성 가스 중의 CO가 $CO+H_2 \rightarrow H_2O+C$로 되어 그을음이 생긴다.

21. 1100℃에서 부탄 가스 변성에 의한 RX 가스의 탄소 포텐셜을 계산할 때 어느 성분을 직접 측정하여 탄소 포텐셜을 계산하는가?

① SO_2 ② N_2 ③ CO_2 ④ NO_2

해설 CO_2 가스를 직접 측정하여 탄소 농도를 계산한다.

22. 분위기 가스 중에서 적외선을 이용하여 분석할 수 있는 가스는?

① CO_2 ② CH ③ H_2 ④ O_2

해설 적외선 CO_2 분석기는 CO_2 가스가 적외선을 흡수하기 때문에 측정할 수 있다. H와 O 등 적외선을 흡수하지 않는 가스에는 사용할 수 없다.

23. 분위기 열처리로에서 장시간 정지 후 가동할 때 내화벽돌이 흡수한 수분을 제거하기 위하여 노 내 온도를 올려 장시간 가열하여 노 내 가스의 안정을 꾀하는 방법을 무엇이라고 하는가?

① 수팅 ② 번아웃
③ 트래킹 ④ 시즈닝

해설 번아웃은 노 내 가스의 안정을 꾀하는 방법이다.

24. 분위기로에 재료를 장입 또는 꺼낼 때 로의 내부로 공기가 들어가 가스의 교란이나 폭발을 방지하기 위하여 장입구 또는 취출구에 가연성 가스를 연소시켜 외부와 차단하는 것은?

① 그을음(sooting)
② 버핑(buffing)
③ 번아웃(burn out)
④ 화염 커튼(flame curtain)

해설
- 그을음 : 변성로나 침탄로 등의 침탄성 분위기 가스로부터 유리된 탄소가 노 내의 분위기 속에 부화하여 열처리 가공재료, 촉매, 노의 연와 등에 부착하는 현상
- 번아웃 : 그을음으로 변성로나 침탄로 등에 축적된 유리탄소는 변성로나 침탄로의 기능을 저하시키므로 필요에 따라서 또는 정기적으로 적당량의 공기를 송입하여 연소를 통해 제거하는 조작

25. 변성로에서 그을음을 제거하기 위한 번아웃(burn out) 작업 방법으로 틀린 것은?

① 원료 가스의 송입을 중지한다.
② 변성로의 온도를 상용온도보다 약 50℃ 정도 낮춘다.
③ 변성로에 변성 능력의 약 10% 정도의 공기를 송입한다.
④ 변성로 내 가연성 가스가 없다고 판단될 때 공기 송입량을 늘린다.

해설 변성로 내 가연성 가스가 없다고 판단되면 공기 송입을 중단한다.

26. 노 내 분위기의 조절을 위하여 노점을 측정하는 방법 중에서 드라이아이스를 사용하는 방법은?

① 노점컵
② 아르노 노점계
③ 디이젤 노점계
④ 적외선 분석계

27. 다음 그림은 분위기 열처리 시 노점을 측정하는 기구의 단면이다. 어느 방식인가?

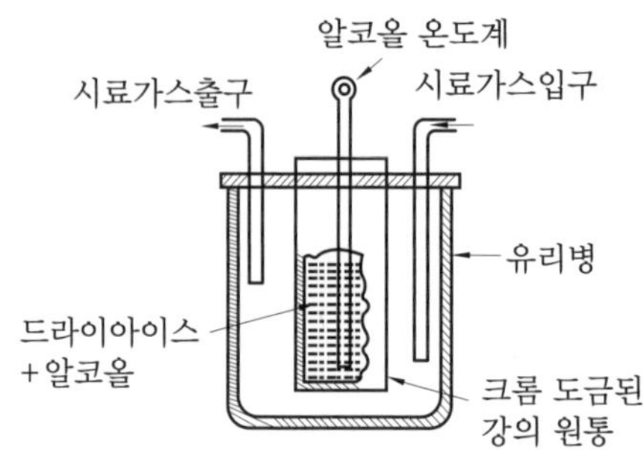

① dew cup식 ② 염화리튬식 ③ chilled mirror식 ④ fog chamber식

해설 dew cup : 용기 속에 냉매액을 넣어 용기의 온도를 노점으로 측정하는 장치

28. 분위기 가스를 냉각시키면 어떤 온도에서 수분이 응축되어 미세한 물방울이 생기는 것을 무엇이라고 하는가?

① 영점 ② 노점 ③ 결정 ④ 응고점

해설 수분(H_2O)을 함유하고 있는 분위기 가스를 냉각시키면 어떤 온도에서 수분이 응축되어 미세한 물방울, 즉 이슬이 생기게 되는데, 이때의 온도를 노점이라고 한다.

29. 분위기 열처리에 사용하는 가연성 가스가 공기와 일정 비율로 혼합하면 폭발한다. 다음 중 폭발 한계 범위가 가장 큰 가스는?

① 프로판 ② 수소
③ 일산화탄소 ④ 메탄

해설 프로판 : 7.0, 수소 : 70, 일산화탄소 : 61.5, 메탄 : 8.5

30. 분위기 열처리에 사용되는 변성 가스 중 침탄성 가스가 아닌 것은?

① 메탄 ② 프로판
③ 아르곤 ④ 일산화탄소

해설 가스 침탄법에는 메탄, 프로판, 부탄 등의 탄화수소 계열의 가스를 변성로에서 변성한 흡열형 가스가 사용된다. 아르곤 가스는 불활성 가스이다.

31. 분위기 열처리에 사용하는 가연성 가스와 공기가 일정 비율로 어떤 온도에서 발화 폭발할 때, 발화온도가 가장 낮은 가스는?

① 수소 ② 부탄 ③ 프로판 ④ 메탄

해설 부탄 : 6.8, 수소 : 70, 프로판 : 7.0, 메탄 : 8.5

32. 분위기 가스를 사용하여 열처리 작업 중에 갑작스러운 정전으로 안전 대책을 세우고자 한다. 불활성 가스로 노 내를 환기시킬 경우 노 내 온도 760℃ 이하에서의 가연성 가스($CO+H_2$)의 잔재 안전 한계는?

① $(CO+H_2) \leq 4\%$ ② $(CO+H_2) \geq 4\%$ ③ $(CO+H_2) \leq 5\%$ ④ $(CO+H_2) \geq 5\%$

해설 가연성 가스의 안전 한계는 4% 이하이어야 한다.

33. 가열된 기판 위에 코팅하고자 하는 피막의 성분을 포함한 원료의 혼합 가스를 접촉시켜 기상 반응에 의하여 표면에 금속, 탄화물, 질화물 등의 다양한 피막을 생성시키는 처리는?

① 스퍼터링 ② 화학증착법 ③ 진공증착법 ④ 이온 플레이팅

해설 화학증착법(CVD)은 기상증착에 의해 표면을 코팅하여 경화시키는 방법이다.

정답 1. ④ 2. ② 3. ④ 4. ① 5. ① 6. ① 7. ① 8. ④ 9. ① 10. ③ 11. ④ 12. ①
13. ① 14. ② 15. ④ 16. ① 17. ① 18. ② 19. ② 20. ① 21. ③ 22. ① 23. ② 24. ④
25. ④ 26. ② 27. ① 28. ② 29. ② 30. ③ 31. ② 32. ① 33. ②

(11) 염욕 열처리

① 염욕 열처리의 장점과 단점

㈎ 장점

㉠ 다른 열처리와 비교하여 설비비가 저렴하고 조작 방법이 간단한 편이다.

㉡ 균일한 온도 분포를 유지할 수 있다.

㉢ 소량 다종 부품의 열처리, 즉 금형 및 공구류의 열처리에 적합하다.

㉣ 처리품을 대기 중에 꺼냈을 때 그 표면에 염욕제가 부착하여 피막을 형성, 대기와의 차단을 돕고 표면 산화를 막아 열처리 후 표면이 비교적 깨끗하다.

㉤ 열 전달이 전도에 의하여 가열속도가 대기 중의 가열에 비해 4배 정도 빠르며 특히 담금질 온도가 높아 결정립 성장에 민감한 고속도강의 열처리에 적합하다.

㉥ 냉각속도가 빨라 급속하게 처리할 수 있다.

㉦ 국부적인 가열이 가능하다.

㈏ 단점

㉠ 염욕의 관리가 어렵다.

㉡ 염욕의 증발 손실이 크며 제진 장치가 필요하다.

㉢ 표면에서 방사 열손실이 크고 가열용량을 비교적 크게 할 필요가 있어 에너지 절약 면에서 불리하다.

㉣ 폐가스와 노화된 염욕의 폐기로 인한 오염 등에 신경을 써야 하고, 특히 액체 침탄 등 CN기를 사용하는 경우는 폐기처리 장치가 필요하다.

㉤ 열처리 후 제품 표면에 붙어 있는 염욕의 제거가 곤란하다.

㉥ 균일한 열처리품을 얻기가 어렵다.

② 염욕의 성질(일반적인 염욕이 갖추어야 할 조건)

(가) 염욕의 순도가 높고 유해 불순물을 포함하지 않는 것이 좋다.

(나) 가급적 흡습성 또는 조해성이 적어야 한다.

(다) 열처리 온도에서 염욕의 점성이 적고 증발 휘산량이 적어야 한다.

(라) 열처리 후 제품의 표면에 점착한 염의 세정성이 좋아야 한다.

(마) 용해가 쉽고 유해 가스 발생이 적어야 한다.

(바) 구입이 용이하고 경제적이어야 한다.

③ 열처리용 염욕의 종류

(가) 저온용 염욕

㉠ 보통 150~550℃에서 사용된다.

㉡ 저온용 염욕은 질산염 계통으로 $NaNO_3$, $NaNO_2$ 및 KNO_2 등이다.

㉢ 첨가제는 NaOH, KOH, $SnCl_2$, CuCl 등을 혼합하여 사용한다.

(나) 중온용 염욕

㉠ 550~950℃에서 사용된다.

㉡ NaCl, KCl, $CaCl_2$, $BaCl_2$ 등의 염화물이 사용된다.

(다) 고온용 염욕

㉠ 보통 1000~1350℃에서 사용된다.

㉡ 고속도강의 담금질, 오스테나이트계 스테인리스강의 수인처리, 다이스강의 담금질 가열에 사용된다.

㉢ 염화바륨($BaCl_2$)의 단염이 많이 이용된다.

④ 염욕의 관리

(가) 염의 보관 및 용융 염욕의 관리

㉠ 염욕은 흡습, 그에 따른 변질, 열화로 인하여 탈탄을 촉진시키므로 사용하지 않는 염의 보관은 드럼통에 넣어 비닐로 밀폐하여 보관한다.

㉡ 강박 시험(steel foil test)은 1.0%C, 두께 0.05mm, 폭 30mm, 길이 100mm의 시편을 만들어 염욕에 흡수된 탄소량을 검사한다.

㉢ 강박 시험은 강박판에 함유된 탄소량의 상태를 보고 염욕의 잔류 탄소량(%)을 알기 위해 측정하는 시험법이다.

㉣ 중온 염욕로의 탈탄방지제로 금속 규소분말을 첨가한다.

㉤ 고온 염욕로의 탈탄방지제로 규산칼슘($CaSi_2$)을 첨가한다.

염욕 중의 추정 탄소량

강박판을 구부렸을 때 상태	추정 잔류 탄소량(%)
구부려도 깨어지지 않음	0.1 이하
구부리면 약간 깨어짐	0.3
구부리면 곧 깨어짐	0.5
구부리면 미세하게 깨어짐	0.7 이상

(나) 염욕의 열화 방지 대책 : 염욕의 열화를 방지하기 위해서는 1000℃ 이하의 염욕 열처리를 행할 때 Mg-Al(50:50)의 것을 혼합하여 사용하며, 1000℃ 이상의 고온 염욕에는 $CaSi_2$(규산칼슘)을 첨가하여 사용한다.

단원 예상문제

1. 다음 중 염욕 열처리에 대한 설명으로 틀린 것은?

① 염욕의 열전도도가 낮고, 가열속도는 느리다.
② 냉각속도가 빨라 급랭이 가능하다.
③ 소량 다품종 부품의 열처리에 적합하다.
④ 항온 열처리에 적합하다.

해설 염욕 열처리는 열전도도가 높아 대기 중의 냉각속도보다 4배나 빠르다.

2. 열처리 중에서 염욕로를 사용하는 이유가 아닌 것은?

① 산화 방지 ② 탈탄 방지 ③ 환원 방지 ④ 균열 방지

3. 염욕은 열전도성, 균열성 등이 뛰어나 각종 금형 및 공구 열처리에 널리 이용된다. 다음 중 염욕 열처리의 장점이 아닌 것은?

① 소량 다종 부품의 열처리에 적합하다.
② 피막이 형성되어 표면 산화를 막아 열처리 후 표면이 깨끗하다.
③ 균일한 제품을 얻기가 쉽고, 에너지 절약 면에서 유리하다.
④ 냉각속도가 빨라 급속한 처리를 할 수 있다.

해설 균일한 제품을 얻기가 어렵고, 염욕의 표면에 방사 열손실이 크기 때문에 에너지 절약 면에서 불리하다.

4. 다음 중 염욕을 이용한 열처리 방법이 아닌 것은?

① 전해 질화 ② 연화 질화 ③ TD 프로세스 ④ 유동층로

해설 유동층로는 가스 침탄법이다.

5. 염욕이 갖추어야 할 조건에 해당되지 않는 것은?

① 염욕의 순도가 높고 유해 불순물을 포함하지 않는 것이 좋다.
② 가급적 흡수성이 크고, 염욕의 분해를 촉진해야 한다.
③ 열처리 후 제품 표면에 점착된 염의 세정이 쉬워야 한다.
④ 열처리 온도에서 염욕의 점성이 작고, 증발 휘산량이 적어야 한다.

해설 용해가 쉽고, 가급적 흡습성 또는 조해성이 작아야 한다.

6. 염욕제로서 구비해야 할 조건과 관계없는 것은?

① 불순물이 적고 순도가 높아야 한다. ② 증발 및 휘발성이 적어야 한다.
③ 흡습성 또는 조해성이 없어야 한다. ④ 점성이 커야 한다.

해설 염욕제는 점성이 작아야 한다.

7. 침탄강 염욕의 구비 조건과 관계없는 것은?

① 침탄성이 강해야 한다. ② 염욕의 점성이 작아야 한다.
③ 흡습성 염욕이 아니어야 한다. ④ 대기 중 습기의 흡수력이 커야 한다.

해설 대기 중 습기의 흡수력이 작아야 한다.

8. 염욕 열처리를 할 때 염에 흡수된 강의 탄소량을 시험할 수 있는 시험법은?

① 강박 시험 ② 노점 시험 ③ 열분석 시험 ④ 소결 시험

해설 강박 시험 : 염욕의 잔류 탄소량(%)을 추정하는 시험법이다.

9. 염욕 관리를 할 때 강박 시험으로 구부리면 곧 깨어질 때의 탄소량은?

① 0.1% 이하 ② 0.3% ③ 0.5% ④ 0.7% 이상

해설 염욕 중의 추정 탄소량

강박판을 구부렸을 때 상태	추정 잔류 탄소량(%)
구부려도 깨어지지 않음	0.1 이하
구부리면 약간 깨어짐	0.3
구부리면 곧 깨어짐	0.5
구부리면 미세하게 깨어짐	0.7 이상

10. 염욕 관리 중 강박 시험에서 구부려도 깨어지지 않는 염욕 중의 추정 탄소량은?

① 0.1% 이하 ② 0.4% ③ 0.7% ④ 1.0% 이상

11. 염욕은 열화하여 효율이 떨어진다. 이것을 방지하기 위해 1000℃ 이하의 염욕 열처리에 첨가하는 첨가제는?

① Mg-Al ② $CaSi_2$ ③ Na_2SO_4 ④ NaCl

해설 1000℃ 이하의 염욕에는 Mg-Al(50:50), 1000℃ 이상의 염욕에는 $CaSi_2$을 첨가한다.

12. 염욕 열처리에서 염욕의 침탄성 시험에 연강박판을 사용한다. 이때 염욕의 온도와 침지 시간의 관계가 가장 옳게 연결된 것은?

① 800℃-10분 ② 900℃-20분
③ 1000℃-30분 ④ 1200℃-40분

해설 800℃-30분, 900℃-20분, 1000℃-15분, 1200℃-5분

13. 염욕 열처리에서 저온용 염욕의 사용 온도는?

① 0℃ 이하 ② 150~500℃ ③ 600~1000℃ ④ 1200~1350℃

14. 염욕 열처리에서 중온용(550~1000℃) 염욕제로서 적합한 것은?

① 이질산가리(HKO_2) ② 질산소다($NaNO_3$)
③ 염화칼슘($CaCl_2$) ④ 메탄(CH_4)

15. 중온용 염욕으로 열처리하는 데 가장 적합한 재료는?

① 고속도강 ② 스테인리스강
③ 다이스강 ④ 탄소공구강

해설 중온용 염욕 열처리는 주로 탄소공구강의 마퀜칭, 오스템퍼링 등에 이용된다.

16. 1000~1350℃의 고온 염욕에 적합한 염욕제는?

① 염화칼륨(KCl) ② 염화바륨($BaCl_2$)
③ 질산나트륨($NaNO_3$) ④ 질산칼륨(KNO_3)

17. 일반적으로 불수강 계통의 열처리에 사용되는 염욕은?

① 저온용 염욕 ② 중온용 염욕
③ 표면경화처리용 염욕 ④ 고온용 염욕

18. 염욕제로서 인체에 가장 해롭고 취급에 주의해야 할 염욕제는?

① NaOH ② $NaNO_3$ ③ $CaCl_2$ ④ NaCN

해설 시안화염은 인체에 가장 해롭다.

19. 액체 침탄제에 주성분으로 사용되는 것은?

① NaCN ② $CaCO_3$
③ NH_4OH ④ CO

해설 액체 침탄법(청화법)의 주성분으로 시안화나트륨(NaCN)을 사용한다.

20. 가스 분위기 열처리로의 장입구 및 출구에 프레임 커튼(flame curtain)을 설치하는 가장 큰 이유는?

① 베일 ② 배기가스 연소
③ 외기가스 차단 ④ 기름 제거

해설 프레임 커튼은 외부와의 공기를 차단하기 위해서 설치한다.

정답 1. ① 2. ③ 3. ③ 4. ④ 5. ② 6. ④ 7. ④ 8. ① 9. ③ 10. ① 11. ① 12. ② 13. ② 14. ③ 15. ④ 16. ② 17. ④ 18. ④ 19. ① 20. ③

(12) 진공 열처리

① 진공 열처리의 특징

(가) 장점

㉠ 정확한 온도 및 가열 분위기에 의해 고품질의 열처리가 가능하다.

㉡ 노벽으로부터의 방열, 노벽에 의한 손실열량이 적기 때문에 에너지 절감 효과가 크다.

㉢ 노의 수명이 길고 관리 유지비가 저렴하다.

㉣ 무공해로 작업 환경이 양호하다.

(나) 진공 가열 중 강 표면에 일어나는 제 현상

㉠ 산화를 방지하여 열처리 전과 같은 깨끗한 표면 상태를 유지한다(탈스케일 작용).

㉡ 표면에 부착된 절삭유나 방청유 등의 탈지작용을 한다.

㉢ 표면의 탈가스 작용을 한다.

㉣ 가스, 원소의 침입을 방지한다.

② 진공로의 구성

- 밀폐된 금속제 탱크
- 차단이 우수한 가열실
- 가열기구
- 진공 펌프(배기장치)
- 냉각장치
- 컨트롤 시스템

(가) 발열체

㉠ Fe-Cr-Al, Fe-Cr, Ni-Cr의 전열선은 10^{-2}torr 이하의 고진공에서 처리하면 Cr이 휘산하기 때문에 사용하기 곤란한 점이 있다.

㉡ W, Mo, Ta는 수소나 진공 중의 고온에서 사용되며 진공로에 적합하다.

(나) 단열재 : 단열재로 고려하여야 할 점은 다음과 같다.

㉠ 노 내의 가열 효과를 올리기 위하여 방사열을 완전히 반사시키는 재료이어야 한다.

㉡ 열용량이 작아야 한다.

㉢ 단열 효과가 커야 한다.

㉣ 흡습성이 없어야 한다.

㉤ 열적 충격에 강해야 한다.

㉥ 싼값으로 교체할 수 있어야 한다.

(다) 냉각

㉠ 냉각에 사용하는 가스는 수소, 헬륨, 질소, 아르곤 등이다.

㉡ 공기의 열전도율을 1이라 하면 수소가 약 7배, 헬륨이 약 6배, 질소가 약 0.99배, 아르곤이 0.7배이다.

③ 진공 열처리로의 응용

(가) 공구 및 합금강의 무산화 담금질 및 어닐링 처리

(나) 내열강 및 스테인리스강의 용체화 처리와 석출경화처리

(다) 템퍼링

(라) 진공 브레이징

(마) 진공 침탄

(바) 진공 소결

(사) 진공 탈가스 처리

단원 예상문제

1. 진공 열처리의 특징을 설명한 것 중 틀린 것은?

① 열처리 변형이 증가한다.
② 탈지 청정화 작용을 한다.
③ 열처리 후가공의 생략이 가능하다.
④ 금속의 산화 방지가 가능하다.

해설 진공 열처리는 광휘 열처리 방법으로서 산화를 방지하여 열처리 전과 같은 깨끗한 표면 상태를 유지하며, 표면에 부착된 절삭유나 방청유 등의 탈지작용을 한다.

2. 진공 열처리의 장점이 아닌 것은?

① 정확한 온도 및 가열 분위기에 의해 고품질의 열처리가 가능하다.
② 노의 수명이 길고, 관리 유지비가 저렴하다.
③ 노벽으로부터 방열 손실량이 많다.
④ 무공해로 작업 환경이 양호하다.

해설 노벽으로부터의 방열, 노벽에 의한 손실열량이 적기 때문에 에너지 절감 효과가 크다.

3. 진공 중에서 가열하는 진공 열처리에 대한 설명으로 틀린 것은?

① 무공해로 작업 환경이 양호하다.
② 정확한 온도 및 가열 분위기에 의해 고품질의 열처리가 가능하다.
③ 가열이 복사에 의해 이루어지므로 가열속도가 빠르다.
④ 노벽으로부터의 방열, 노벽에 의한 손실열량이 적기 때문에 에너지 절감 효과가 크다.

해설 복사에 의한 간접 가열로 가열속도가 느리다.

4. 열처리 제품의 산화를 억제하고 광휘 열처리를 할 수 있는 노는?

① 용광로 ② 진공로 ③ 용선로 ④ 열풍로

5. 공구강을 진공 열처리하고자 할 때 가장 알맞은 진공의 압력 범위는?

① 10^{-1}~10^{-3}torr ② 10^{-3}~10^{-8}torr ③ 10^{-8}~10^{-10}torr ④ 10^{-10}~10^{-12}torr

6. 고진공을 나타내는 압력 범위는?

① 760~1 torr ② 1~10^{-3}torr ③ 10^{-3}~10^{-8}torr ④ 10^{-8}~10^{-10}torr

해설
- 저진공 : 760~1torr
- 중진공 :1~10^{-3}torr
- 고진공 : 10^{-3}~10^{-8}torr
- 초고진공 : 10^{-8}~10^{-10}torr

7. 진공의 단위에 사용되는 토르(torr)와 파스칼(Pa)의 환산식으로 옳은 것은?

① 1기압(atm) = 1.01×10^4 Pa = 10 torr = 10 mmHg

② 1기압(atm) = 1.01×10^3 Pa = 100 torr = 100 mmHg

③ 1기압(atm) = 1.01×10^4 Pa = 76 torr = 76 mmHg

④ 1기압(atm) = 1.01×10^3 Pa = 760 torr = 760 mmHg

8. 진공 가열 중 강 표면에 일어날 수 있는 현상이 아닌 것은?

① 탈스케일 작용 ② 탈지작용

③ 탈가스 작용 ④ 가스, 원소의 침입작용

해설 진공 가열 중에 나타나는 현상 : 탈스케일 작용, 탈지작용, 탈가스 작용

9. 진공 열처리에 쓰이는 발열체가 아닌 것은?

① Cu ② W ③ Mo ④ Ta

10. 진공로 내부에 단열하는 단열재의 구비 조건으로 틀린 것은?

① 열용량이 작아야 한다.

② 흡습성이 커야 한다.

③ 열적 충격에 강해야 한다.

④ 방사열을 완전히 반사시키는 재료이어야 한다.

해설 단열재는 흡습성이 없어야 한다.

11. 진공로는 선택된 진공도 하에서 열처리가 복사열에 의한 진공 상태나 불활성 가스의 대류에 의해서 이루어진다. 이때 진공로의 구성 요소에 해당되지 않는 것은?

① 밀폐된 금속제 탱크 ② 가열기구

③ 진공 펌프 ④ 산화브레이징

해설 진공로의 구성 요소 : 금속제 탱크, 가열실, 가열기구, 진공 펌프, 냉각장치, 컨트롤 박스

12. 다음 중 냉각 효과가 가장 좋은 가스는?

① 질소 ② 아르곤 ③ 헬륨 ④ 수소

해설 공기의 열전도율을 1이라 할 때 수소(7배), 헬륨(6배), 질소(0.99배), 아르곤(0.7배)이다.

정답 1. ① 2. ③ 3. ③ 4. ② 5. ① 6. ③ 7. ④ 8. ④ 9. ① 10. ② 11. ④ 12. ④

제 5 장 강 및 주철의 열처리

5-1 강의 열처리

(1) 탄소강 단강품의 열처리

① 단조한 강재의 기계적 성질이나 물리적 성질을 개선하기 위하여 연화 어닐링한다.

② 가열 온도는 Ac_3 이상 60~40℃ 온도에서 가열 후 노랭 또는 서랭시킨다.

어닐링 온도

기호	가열 온도(℃)	기호	가열 온도(℃)
SF34	870~900	SF50	820~850
SF40	850~880	SF55	810~840
SF45	830~860	SF60	800~830

(2) 기계구조용 탄소강의 열처리

① SM30C 이상의 중탄소강은 담금질성이 커지므로 템퍼링에 의해 그 기계적 성질이 현저하게 개선된다.

② SM40C 이상의 탄소강은 불림처리하여 사용한다.

③ SM45C, SM50C는 고주파 또는 불꽃 담금질용으로 사용한다.

④ 뜨임온도는 550~650℃에서 한다.

기계구조용 탄소강의 담금질 온도

기호	담금질 온도(℃)	기호	담금질 온도(℃)
SM30C	850~900	SM45C	820~870
SM35C	840~880	SM50C	810~860
SM40C	830~880	SM55C	800~850

단원 예상문제

1. 탄소강의 열처리에서 담금질하는 목적은?

① 조직을 표준화하기 위하여 ② 표면을 연하게 하기 위하여
③ 전체를 경하게 하기 위하여 ④ 표면만을 경하게 하기 위하여

해설 재료의 강도, 경도를 높이기 위해서이다.

2. 담금질하여 HRC45이상의 경도를 얻을 수 없는 강재는?

① 탄소공구강 ② 연강봉 ③ 고속도강 ④ 합금공구강

해설 연강봉은 탄소량이 작기 때문에 높은 경도를 얻을 수 없다.

3. 단조용 탄소강(SF55)의 표준 풀림 온도 범위로 맞는 것은?

① 200~800℃ ② 550~600℃ ③ 810~840℃ ④ 1000~1040℃

해설 단조용 탄소강의 풀림 온도 범위는 810~840℃이다.

4. 다음 중 탄소량이 가장 많은 강은?

① SM15C ② SM25C ③ SM45C ④ STC105

해설
- SM15C : 0.13~0.18% C
- SM25C : 0.22~0.28% C
- SM45C : 0.42~0.48% C
- STC105 : 1.00~1.10% C

5. 탄소강(SM45C)을 마텐자이트 조직으로 하기 위한 열처리 방법은?

① 뜨임(tempering) ② 담금질(quenching)
③ 풀림(annealing) ④ 불림(normalizing)

해설 담금질은 강을 임계온도 이상의 상태로부터 물, 기름 등에 넣어 급랭시켜 마텐자이트 조직을 얻는 열처리 조작이다.

정답 1. ③ 2. ② 3. ③ 4. ④ 5. ②

(3) 구조용 합금강의 열처리

① 강인강

(가) 담금질 전의 예비 처리로 노멀라이징 또는 어닐링을 병행하는 것이 좋다.

(나) 강인강은 담금질 온도에 따라 유랭(공랭 및 수랭은 거의 없음)한다.

(다) 500℃ 전후의 템퍼링에서 생기는 1차 템퍼링 취성 및 더 높은 온도의 템퍼링 후의 서랭에 기인하여 생기는 2차 템퍼링 취성을 고온 템퍼링 취성이라 한다.

㈑ 300℃ 전후의 온도에서 템퍼링한 경우에 나타나는 취성을 저온 템퍼링 취성이라 한다.

㈒ 템퍼링 취성을 일으키는 강 종은 Ni–Cr강이며 탄소강, Ni강에서는 템퍼링 취성 온도를 피해야 한다.

② Cr강

㈎ 탄소강에 Cr이 첨가되면 경화능, 강도 및 내마멸성이 향상된다.

㈏ Cr은 페라이트 안정화 원소이고, 2% 이하에서 Fe_3C 중의 Fe와 치환하여 복탄화물인 $(Fe \cdot Cr)_3C$를 형성한다.

㈐ Cr강의 Cr 양은 0.9~1.2%로 일정하고 SCr415 및 420 강은 침탄용강으로 사용된다.

㈑ 열처리는 830~880℃에서 유랭하고, 550~650℃에서 뜨임한 후 뜨임 메짐을 방지하기 위하여 수랭한다.

③ Cr–Mo강

㈎ Cr(0.9~1.2%) 외에 Mo을 소량(0.15~0.3%) 함유하여 경화능이 크고, 뜨임 연화 저항성도 크며, 뜨임 메짐의 경향도 작다. 뜨임 메짐의 가능성이 적다.

㈏ 열처리는 830~880℃에서 유랭하고, 550~650℃에서 뜨임한 후 수랭한다.

④ Ni–Cr강

㈎ Ni을 첨가하면 강도와 인성이 증가되며, 경화능 향상으로 대형강재에 사용된다.

㈏ 열처리는 820~880℃에서 유랭하고, 550~650℃에서 뜨임한다.

⑤ Ni–Cr–Mo강

㈎ Ni과 Cr을 첨가한 저합금강은 탄성한계, 경화능, 충격인성 및 충격치로 저항성이 향상된다.

㈏ 0.3% 정도의 Mo이 첨가되면 경화능이 더욱 커지고 뜨임 메짐이 저하된다.

㈐ 열처리는 820~870℃에서 유랭하고, 550~680℃에서 뜨임한 후 수랭한다.

⑥ 표면경화강

㈎ 표면경화강은 원래 저탄소강이므로 어닐링 상태로는 너무 연하여 절삭가공이 오히려 곤란하므로 노멀라이징을 한다.

㈏ 노멀라이징 온도는 800~930℃가 쓰이며, 침탄온도보다 30℃ 높은 온도를 권장하고 있다.

단원 예상문제

1. 강의 뜨임 시 300℃와 500℃ 전후에서 뜨임취성이 나타나기 쉬운 강 종은?

① 탄소강 ② 니켈-크롬강 ③ 니켈강 ④ 크롬강

해설 Ni-Cr강에 뜨임취성이 생기기 쉽다.

2. 합금강의 열처리에서 질량 효과를 크게 개선하고 Ni-Cr강의 결점인 뜨임취성을 완화하는 원소는?

① Mo ② Cn ③ Mn ④ Si

해설 Mo 첨가는 Ni-Cr강의 뜨임취성을 방지한다.

3. 표면경화강의 열처리에서 Ni-Cr강의 침탄온도와 냉각제 및 뜨임온도로 옳은 것은?

① 1020℃-물-850℃ ② 910℃-기름-150℃

② 700℃-염-320℃ ④ 500℃-공기-450℃

해설 Ni-Cr강의 침탄온도는 910℃에서 기름에 담금질하고, 150℃에서 뜨임한다.

4. Ni-Cr강의 뜨임 메짐 온도는 얼마인가?

① 200~300℃ ② 350~450℃ ③ 500~600℃ ④ 700~800℃

5. 구조용 합금강인 Ni-Cr강의 상부 임계냉각속도는?

① 150℃/sec ② 250℃/sec ③ 700℃/sec ④ 2500℃/sec

6. 구조용 합금강을 열처리할 때 발생하는 뜨임 메짐을 줄이기 위해 첨가하는 합금원소로 적당한 것은?

① Ni ② Cr ③ Mn ④ Mo

해설 뜨임 메짐을 방지하기 위한 원소는 Mo이다.

정답 1. ② 2. ① 3. ② 4. ③ 5. ② 6. ④

(4) 마레이징강의 열처리

① 탄소를 거의 함유하지 않아 담금질하지 않는 초고장력강이다.

② 탄소량이 매우 적은 마텐자이트 기지를 시효처리하여 생긴 금속간 화합물의 석출에 의해 경화된다.

③ 18% Ni 마레이징강의 Ms 온도는 약 155℃이고, Mf 온도는 98℃ 정도이다.

④ 마레이징강은 시효경화하기 전에 반드시 상온까지 냉각되어야 한다. 그렇지 않으면 잔류 오스테나이트가 남아 강도 및 경도를 얻지 못한다.

⑤ 마레이징강의 열처리는 담금질 및 뜨임하지 않고 용체화 처리 및 시효처리에 의해 강화되며, 850℃에서 1시간 유지하여 용체화 처리한 후 공랭 또는 수랭하고 480℃에서 3시간 시효처리한다.

⑥ 시효처리에서 나타난 Ni3Mo와 Ni3Ti의 석출상에 의하여 강화된다.

(5) 공구강의 열처리

① 공구강이 갖추어야 할 성질

(가) 상온 및 고온 경도가 클 것

(나) 가열에 의한 경도 변화가 적을 것

(다) 내마모성이 클 것

(라) 인성이 클 것

(마) 내압 강도가 클 것

(바) 열처리가 용이하고 또한 열처리에 의한 변형이 적을 것

(사) 기계가공성이 양호할 것

(아) 열피로균열이 생기지 않을 것

(자) 내산화성, 내식성, 내용손성이 클 것

(차) 시장성이 있고 가격이 저렴할 것

공구강의 특성에 미치는 합금원소의 영향

특성	합금원소
열간강도	W, Mn, Co(W 또는 Mo과 공존), V, Cr, Mn
내마모성	V, W, Mo, Cr, Mn
담금질성	Mn, Mo, Cr, Si, Ni, V
변형의 억제	Mo(Cr과 공존), Cr, Mn
세립화에 의한 인성	V, W, Mo, Cr
내산화성	Cr, Si, Al

② 공구강의 어닐링 : 강의 어닐링은 변태점의 상, 하의 적당한 온도로 가열한 후 서서히 냉각하는 열처리 조작을 말하는데, 다음과 같은 주목적을 위해서 행한다.

(가) 연화(가공성의 조장)

(나) 결정립, 탄화물의 조정(담금질의 전처리)

㈐ 내부응력의 제거(기계가공, 용접 등에 의한 잔류응력의 제거)

③ 공구강의 노멀라이징 : 탄소공구강, 합금공구강 등은 단조 압연 가공 후의 상태에서 망상탄화물 및 조대한 결정립이 있으면 어닐링에 의해서도 이 조직이 남는 경우가 많다. 노멀라이징은 이와 같은 결정립을 미세화하여 망상탄화물을 고용 · 분산시키는 목적으로 행하는 열처리이다.

④ 공구강의 담금질 : 담금질 가열 시의 산화, 탈탄에 대해서는 공구의 성능뿐만 아니라 열처리 사고에도 큰 영향을 주므로 분위기에 대해 신중한 고려가 필요하다.

㈎ 산화, 탈탄에 의한 직접적인 열처리 사고는 다음과 같다.

㉠ 담금질 무늬가 된다(공구 표면의 스케일은 냉각능을 저하시킴).

㉡ 열처리 변형이 생기기 쉽다.

㉢ 균열을 일으키기 쉽다.

㉣ 표면이 거칠어 사용할 수 없게 된다.

㈏ 산화, 탈탄에 대한 방지 대책은 다음과 같다.

㉠ 분위기 가열

㉡ 스테인리스 팩(pack)에 의한 가열

㉢ 산화, 탈탄 방지제의 도포

㉣ 염욕에서의 가열

⑤ 공구강의 템퍼링

㈎ 제1단계 : 과포화 탄소를 함유한 마텐자이트로부터 ε-탄화물이 석출되는 과정

㈏ 제2단계 : 잔류 오스테나이트가 ε-탄화물과 저탄소 마텐자이트로 분해

㈐ 제3단계 : ε-탄화물이 용해하는 대신에 시멘타이트가 석출되는 과정

㈑ 제4단계 : 시멘타이트가 기지에 재고용하여 합금 탄화물이 석출되는 과정

⑥ 공구강의 분류

㈎ 탄소공구강

㉠ STC1에서 STC7까지 7종이 있으며, 탄소량은 0.6~1.5%C의 범위이고, 수랭에 의해서 경화된다.

㉡ 담금질 처리에 의해 표면이 경화되고, 중심부는 인성을 지니므로 양호한 내마멸성과 인성을 갖는 강이다.

㉢ 표면의 조직은 마텐자이트이고, 내부는 펄라이트 조직이다.

㉣ 열처리는 과공석강의 오스테나이트 입계에 망상으로 생긴 탄화물(Fe_3C)을 Ac_1점 이상으로 가열하여 구상화 풀림을 통해 탄화물을 구상화시킨다.

탄소공구강의 종류 및 풀림 온도

종류의 기호	C 양(%)	열처리(℃)			경도	
		풀림	담금질	뜨임	담금질한 후 뜨임 (HRC)	풀림 (HB)
STC1	1.30~1.50	750~780 서랭	750~820 수랭	150~200 공랭	63 이상	217 이하
STC2	1.15~1.25	750~780 서랭	760~820 수랭	150~200 공랭	63 이상	217 이하
STC3	1.00~1.10	750~780 서랭	760~820 수랭	150~200 공랭	63 이상	212 이하
STC4	0.90~1.00	740~760 서랭	760~820 수랭	150~200 공랭	61 이상	207 이하
STC5	0.80~0.90	730~760 서랭	760~820 수랭	150~200 공랭	59 이상	207 이하
STC6	0.70~0.80	730~760 서랭	760~820 수랭	150~200 공랭	57 이상	192 이하
STC7	0.60~0.70	730~760 서랭	760~820 수랭	150~200 공랭	56 이상	183 이하

(나) 합금공구강

㉠ 수랭경화형 합금공구강

- C-V 공구강인 STS43으로 0.70~1.30% C를 함유한 탄소공구강에 0.15~0.35% V을 첨가한 것으로 수랭에 의해 경화된다.
- 탄소량 1.10% 이하이고 크기가 50mm 이상이거나 탄소량 1.10% 이상이고 크기가 50mm 이하일 때 노말라이징 후 풀림한다.
- 담금질은 오스테나이트화 온도에서 최대 두께 25mm당 30분 유지한다.
- 150~340℃ 구간에서 뜨임하며 두께 25mm당 최소 1시간 동안 유지한 후 서서히 냉각시킨다.

㉡ 내충격용 합금공구강

- STS41강은 다목적의 W계 내충격용 공구강으로서 우수한 내마멸성과 절삭성 및 높은 인성이 요구되는 용도에 적합하다.
- STS41강의 풀림은 780~810℃로 가열하여 최대 두께 25mm당 최소한 1시간 유지한 후 650℃ 이하로 시간당 최대 30℃의 속도로 냉각시킨다.

단원 예상문제

1. 공구강의 구비 조건이 아닌 것은?

① 경도가 작아야 한다. ② 내마모성이 커야 한다.
③ 내피로성이 커야 한다. ④ 담금질성이 양호해야 한다.

해설 경도가 커야 한다.

2. 탄소공구강 STC2를 풀림 후 780℃에서 1시간 가열한 후 서랭했다. 이때 생기는 조직은?

① 구상 펄라이트 ② 구상 시멘타이트 ③ 마텐자이트 ④ 소르바이트

해설 780℃에서 1시간 가열한 후 서랭하여 구상 시멘타이트 조직을 얻는다.

3. STC3를 950℃에서 1시간 가열한 후 노랭했다. 이때 층상으로 나타난 조직은?

① 페라이트 ② 펄라이트 ③ 오스테나이트 ④ 마텐자이트

해설 탄소공구강의 노랭 조직은 펄라이트이다.

4. 탄소공구강(STC4)의 담금질 온도는?

① 300~400℃ ② 500~600℃ ③ 760~820℃ ④ 950~1000℃

5. 탄소공구강(STC)의 뜨임온도는?

① 150~200℃ ② 300~500℃
③ 560~600℃ ④ 580~680℃

6. 공구강을 뜨임처리했을 때 뜨임온도 증가와 함께 경도가 저하되다가 다시 증가하는 현상은?

① 1차 경화 현상 ② 2차 경화 현상
③ 3차 경화 현상 ④ 시효경화 현상

7. 탄소공구강의 템퍼링에 의한 조직의 변화 과정으로 틀린 것은?

① 제1단계 : 마텐자이트→ε-탄화물 석출
② 제2단계 : 잔류 오스테나이트→저탄소 마텐자이트
③ 제3단계 : 저탄소 마텐자이트→Fe_3C 석출
④ 제4단계 : 소르바이트→기지조직에 편석

해설 제4단계 : 시멘타이트가 기지에 재고용하여 합금 탄화물이 석출되는 과정

8. 공구강의 어닐링 목적이 아닌 것은?

① 연화
② 결정립과 탄화물 조정
③ 내마모성 증가
④ 내부응력 제거

해설 공구강의 어닐링 목적 : 연화(가공성의 조장), 결정립, 탄화물의 조정(담금질의 전처리), 내부응력 제거(기계가공, 용접 등에 의한 잔류응력 제거)

9. 다음 공구류 열처리의 냉각 방법으로 가장 옳은 것은?

해설 긴 재료는 세워서 가열 · 냉각하는 것이 좋다.

10. 마레이징강(maraging steel)의 열처리 방법에 대한 설명 중 옳은 것은?

① 850℃에서 1시간 유지하여 용체화 처리한 후 공랭 또는 수랭하여 480℃에서 3시간 시효처리한다.
② 850℃에서 1시간 유지하여 용체화 처리한 후 유랭 또는 노랭하여 마텐자이트화한다.
③ 1100℃에서 반드시 수랭처리하여 오스테나이트를 미세하게 석출 · 경화시킨다.
④ 1100℃에서 1시간 유지하여 용체화 처리한 후 노랭하여 조직을 안정화시킨다.

11. 마레이징강의 시효(aging)처리는 다음 중 어떤 현상을 이용한 금속 강화 방법인가?

① 석출강화
② 고용강화
③ 분산강화
④ 규칙-불규칙 강화

해설 석출강화는 열처리 과정을 통해 과포화 고용체로부터 제2상을 석출시켜서 강화시키는 방법이다.

12. 담금질 가열 중에 나타나는 불량이 아닌 것은?

① 산화 ② 탈탄
③ 취성 ④ 과열

해설 담금질 가열 중에 나타나는 불량에는 산화, 탈탄, 과열이 있다.

정답 1. ① 2. ② 3. ② 4. ③ 5. ① 6. ② 7. ④ 8. ③ 9. ③ 10. ① 11. ① 12. ③

⑦ 금형강

(가) 냉간금형강

㉠ 특징

- 우수한 기계가공성
- 열처리에 의한 최소의 치수 변형
- 우수한 내마모성
- 높은 압축 강도
- 고Cr 12%, 고탄소 1.5~2.35%
- 미립의 복탄화물($Cr_{23}C_6$)에 의해 강도 증가

㉡ 열처리 : STS11의 담금질 온도는 1000~1050℃에서 공랭으로 냉각시키고, 뜨임온도는 150~200℃에서 냉각시킨다.

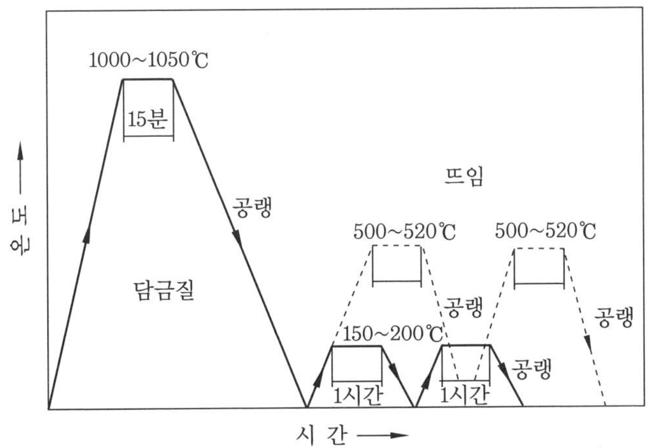

냉간가공공구강의 열처리 곡선

(나) 열간금형강

㉠ 특징

- 고온경도, 강도가 높을 것
- 내충격성(열적, 기계적) 및 열피로에 잘 견딜 것
- Heat cheking(가열, 냉각의 열 사이클에 따른 팽창, 수축으로 생기는 균열)에 견딜 것, C의 양이 많으면 잘 일어난다.
- 내마모성이 크고 용착, 소착을 일으키지 않을 것
- 피삭성, 용접성이 좋고 값이 쌀 것

ⓛ 열처리

- 풀림 온도는 870℃에서 가열 및 노랭한다.
- 담금질 온도는 1010℃에서 가열 및 공랭한다.
- 템퍼링은 560~620℃에서 하고, 다이캐스팅 금형은 경도 HRC43~46으로 경화처리한다.

⑧ 고속도공구강

㈎ 주요 성분 원소로서 Cr, W, Mo, V 및 Co 등이 있는데 일반적으로 W계, Mo계, 고C-고V계로 분류되어 있다.

㈏ W계는 고온경도가 높고, Co를 증가함에 따라 이 경향은 더욱 커진다. 따라서 공구의 절삭 내구력은 크게 하나, Co를 증가시킴과 함께 인성이 감소된다. 이것은 Co의 양을 증량함으로써 담금질 온도를 높여 주게 되어 결정립의 성장 원인이 된다.

㈐ 18% W-4% Cr-1% V-0.8~0.9% C의 고속도강의 열처리 온도는 1250℃에서 담금질하고, 550~600℃에서 뜨임처리한다.

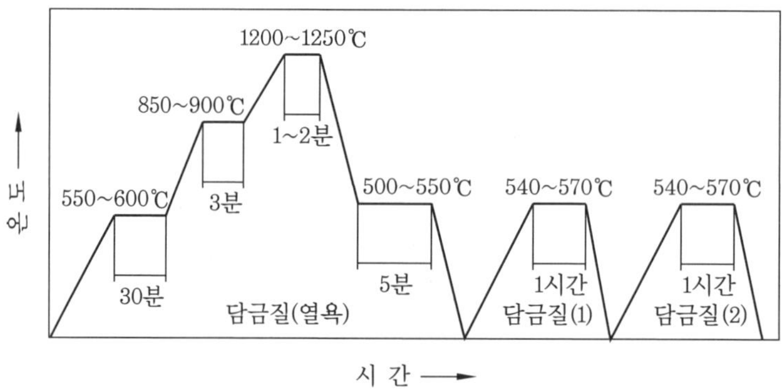

고속도강의 열처리 곡선

단원 예상문제

1. 냉간금형강인 STD11의 담금질 온도 및 냉각 방법은?

① 760~820℃ 가열 후 수랭　② 800~850℃ 가열 후 유랭
③ 1000~1050℃ 가열 후 공랭　④ 1200~1250℃ 가열 후 수랭

2. STD11종의 탄소 함유량은?

① 0.4~0.5%　② 0.5~0.6%　③ 0.8~0.9%　④ 1.4~1.6%

3. 고탄소강에 Cr, Mo, V, Mn 등을 첨가한 냉간금형용합금강으로 담금질성이 좋고 열처리 변형이 적어 인발형, 냉간단조용형, 성형롤 등에 사용되는 합금계는?

① STS3 ② STD11
③ SKH51 ④ STD61

해설 • STS3 : 합금공구강
• STD11 : 냉간금형용합금강
• SKH51 : 고속도강
• STD61 : 고온금형용합금강

4. 성형 프레스형, 다이캐스팅형 등에 사용되는 열간금형용합금강의 구비 조건으로 옳은 것은?

① 고온경도가 낮을 것
② 융착과 소착이 잘 일어날 것
③ 히트 체킹(heat checking)에 잘 견딜 것
④ 열충격, 열피로 및 뜨임 연화 저항이 작을 것

해설 열간금형용합금강은 고온에서 사용하므로 경도가 높고, 융착과 소착이 생기지 않으며, 히트 체킹에 잘 견뎌야 하고, 열충격, 열피로 및 뜨임 연화 저항이 커야 한다.

5. 고속도공구강의 적합한 열처리 방법은?

① 염욕 열처리 ② 고주파 열처리
③ 화염 열처리 ④ 침탄 열처리

6. 고속도강 및 다이스용강의 뜨임 열처리 온도는?

① 350~400℃ ② 550~600℃
③ 750~800℃ ④ 1000~1200℃

7. 고속도공구강인 SKH2 강을 경도 HRC63 이상을 얻고자 할 때의 담금질 온도로 옳은 것은?

① 780~850℃ ② 850~950℃
③ 1000~1050℃ ④ 1250~1290℃

8. 선반의 바이트로 사용되는 고속도강(SKH51)의 담금질 온도는?

① 750℃ ② 850℃
③ 1050℃ ④ 1250℃

9. 고속도공구강에서 크롬의 영향으로 맞는 것은?

① 담금질성의 향상 및 산화 스케일링에 대한 저항성을 준다.
② 일부 C와 결합하여 복탄화물을 형성하고 내마모성을 증대시킨다.
③ C와 결합하여 C형 탄화물을 만들며 연삭성을 해친다.
④ W, Cr, V의 복탄화물을 형성하며 고속도강의 성질에 민감한 영향을 준다.

해설 복탄화물을 형성하여 내마모성을 증대시킨다.

10. SKH51의 C, W, Mo 성분으로 맞는 것은?

① 0.8−18.0−0.4　② 1−4−18
③ 0.9−6.0−5.0　④ 1.2−0.9−0.4

11. 고속도강의 담금질 조직은?

① 트루스타이트　② 소르바이트
③ 마텐자이트　④ 시멘타이트

12. 고속도공구강의 담금질 온도 상승에 따른 성질 변화 중 틀린 것은?

① 잔류 오스테나이트 양의 증가
② 충격치, 항절력 등의 인성 증가
③ 오스테나이트 결정립의 조대화
④ 탄화물의 고용량이 증대하여 기지 중의 합금원소 증가

해설 충격치, 항절력 등의 인성이 저하하고 고온경도가 크게 된다.

13. 다음 재료 중 퀜칭에 필요한 오스테나이트화 온도가 가장 높은 강은?

① 탄소공구강　② 베어링강
③ 고속도공구강　④ 금형공구강

해설
- 탄소공구강 : 780℃
- 베어링강 : 810~840℃
- 고속도공구강 : 1250~1300℃
- 금형공구강 : 1050℃

14. 고속도공구강의 템퍼링 시 템퍼링 정수를 나타낸 것은? (단, P : 템퍼링 정수, T : 템퍼링 온도, t : 템퍼링 유지시간)

① $P=T(20+\log t)$　② $P=T(20-\log t)$
③ $P=t(20+\log T)$　④ $P=t(20-\log T)$

15. 고속도공구강의 담금질 곡선에 대한 설명으로 틀린 것은?

① 제1단 예열 : 550~650℃에서 두께 25mm당 30분

② 제2단 예열 : 850~900℃에서 담금질 가열 유지시간×2

③ 제3단 예열 : 1350℃에서 담금질 가열 유지시간×2

④ 두께 50mm 이하의 형상은 900℃에서 담금질 가열 유지시간×2

해설 제3단 예열 : 1050℃에서 담금질 가열 유지시간×2

정답 1. ③ 2. ④ 3. ② 4. ③ 5. ① 6. ② 7. ④ 8. ④ 9. ② 10. ③ 11. ③ 12. ② 13. ③ 14. ① 15. ③

(6) 특수용도용 합금강의 열처리

① 페라이트계 스테인리스강 : 열처리는 거의 가공에 의한 경화를 제거하고 부드러운 인성을 주기 위한 어닐링으로 가열하여 공랭한다.

② 마텐자이트계 스테인리스강 : 마텐자이트계 스테인리스강은 열간가공한 상태로는 정도의 차이가 있으나 경화한 상태로 절삭가공, 냉간가공을 하려면 어닐링 해서 연화해야 한다.

③ 오스테나이트계 스테인리스강

(가) 고용화 열처리 : 고용화 열처리는 18-8 스테인리스강의 기본적인 열처리로 냉간가공 또는 용접 등에 의해 생긴 내부응력을 제거함과 동시에 열간가공이나 용접에 의해 석출된 Cr 탄화물 및 시그마 상을 고용하여 가공 조직을 재결정하고 유연한 상태로 하여 연성의 회복 및 내식성을 증대한다.

(나) 안정화 열처리 : Cr 탄화물을 석출하는 것보다도 높은 온도에서 Ti나 Nb를 첨가하여 안정한 탄화물을 석출하게 하여 강의 입계 부식을 방지하는 것이다.

(다) 응력 제거 열처리 : 18-8 스테인리스강은 가공 후의 변형 등 응력이 남아 있는 경우 응력 부식 균열의 우려가 있는 환경 하에서 사용할 경우에는 그 강 종에 따라 응력 제거 열처리를 해야 한다.

④ 석출경화계 스테인리스강 : 석출경화계 스테인리스강은 오스테나이트에 고용하고 마텐자이트에 고용하지 않는 화합물을 마텐자이트 기지로부터 석출시킨 것으로 마텐자이트 변태에 의해 경화와 석출경화를 조합시켜 강도를 증가시킨 것이다.

단원 예상문제

1. **스테인리스강을 설명한 것 중 틀린 것은?**

① 가공성, 용접성이 좋다.
② Cr 18%, Ni 8%의 합금이다.
③ 내산성, 내식성이 우수하다.
④ 조직이 페라이트(ferrite)이다.

해설 18-8 스테인리스강의 조직은 오스테나이트이다.

2. **스테인리스강의 금속 조직상 분류에 속하지 않는 것은?**

① 오스테나이트계 스테인리스강
② 페라이트계 스테인리스강
③ 마텐자이트계 스테인리스강
④ 펄라이트계 스테인리스강

해설 스테인리스강의 종류에는 오스테나이트계, 페라이트계, 마텐자이트계가 있다.

3. **18% Cr-8% Ni의 스테인리스강을 1000~1150℃로 가열한 후 급랭시켜 용체화 처리를 하였을 때의 조직은?**

① 마텐자이트 ② 오스테나이트 ③ 트루스타이트 ④ 소르바이트

해설 18% Cr-8% Ni의 스테인리스강의 조직은 오스테나이트이다.

4. **페라이트 스테인리스강(STS420)의 풀림 온도와 경도(HRC)로 맞는 것은?**

① 550~640, 88~92
② 780~850, 77~85
③ 900~980, 60~66
④ 1000~1050, 68~75

5. **오스테나이트계 스테인리스강의 용체화 처리의 적합한 온도 범위는?**

① 390~500℃ ② 600~710℃
③ 1010~1120℃ ④ 1220~1430℃

6. **동일한 조건에서 열전도도가 가장 느린 강재는?**

① SM50C ② SCM4
③ SKH2 ④ STS304

해설 스테인리스강은 다른 강재에 비하여 열전도도가 낮다.

7. 마텐자이트 스테인리스강의 용접 후 열처리 방법으로 맞는 것은?

① 변태점 아래 700~790℃까지 가열한 후 540℃까지 서랭하고 이어서 보통 냉각한다.
② 790~840℃까지 가열한 후 공기 냉각한다.
③ 450~780℃ 부근에서 서랭한다.
④ 300℃에서 공기 냉각한다.

8. 특수강 열처리 시 변태온도를 낮추고 변태속도를 느리게 하는 원소는?

① Ni
② Cr
③ W
④ Mo

해설 니켈은 열처리 시 변태온도를 낮추고 변태속도를 느리게 하는 원소이다.

정답 1. ④ 2. ④ 3. ② 4. ② 5. ③ 6. ④ 7. ① 8. ①

(7) 소결품의 열처리

① 소결품은 기공이 많이 있기 때문에 열전도도가 나쁘고 따라서 냉각속도도 느리며, 표면이 다공성이기 때문에 일반적인 용융금속으로 만든 재료 이상으로 열처리 분위기, 가열, 온도, 냉각속도에 주의해야 한다.
② 소결재의 열처리에는 기계적인 성질의 개선, 조직의 균일화를 목적으로 한 재소결, 어닐링, 침탄, 담금질경화, 석출경화와 내마모성, 내식성을 주목적으로 한 표면처리 시멘테이션(cementation)이 있다.

단원 예상문제

1. 철계 소결품의 제조공정으로 맞는 것은?

① 원료분말 Fe, C→혼합→압축성형→사이징
② 원료분말 Fe, C→혼합→압축성형→소결→사이징
③ 원료분말 Fe, C→혼합→압축성형→사이징→소결
④ 원료분말 Fe, C→혼합→사이징→압축성형→소결

정답 1. ②

(8) 주강의 열처리

① 조직이 조대하고 취성이 있어 반드시 풀림을 해야 한다.

② 풀림 온도는 Ac_3점 이상 20~40℃ 정도에서 가열 후 A_3 변태온도에서 A_1 변태온도 구간은 급랭시키며 A_1점 이하에서는 내부응력이 생기므로 노랭한다.

단원 예상문제

1. 주강품을 열처리하는 이유로 틀린 것은?

① 주방 상태의 조직이 조립이며 대단한 과열조직이다.
② 열처리하지 않으면 경하여 피절삭성이 나쁘다.
③ 응고 과정을 통해서 내부응력이 발생한다.
④ 주방 상태의 조직이 조립이어서 충격치가 크다.

해설 주방 상태의 조직이 조립이며 취성이 크다.

정답 1. ④

5-2 주철의 열처리

(1) 주철의 열처리 방법

① 응력 제거 풀림

㈎ 잔류응력을 제거하기 위하여 430~600℃에서 5~30시간 가열한 후 노랭한다.

㈏ 회주철을 760℃에서 1시간 동안 유지한 후 어닐링 하였을 때의 바탕조직은 페라이트 조직이다.

㈐ 주철주물에서 발생되는 내부응력을 제거하기 위해 적합한 가열 온도는 400~600℃이다.

② 연화 풀림 : 주철의 연화 어닐링은 절삭성을 양호하게 하며 백선 부분의 제거, 연성을 향상시키기 위한 목적으로 한다.

③ 담금질과 뜨임 : 경도의 증가, 내마모성의 향상을 위해서 주철을 변태점 이상의 고온에서 담금질한다. 담금질 온도는 780~850℃로 가열한 후 유랭한다.

(2) 구상흑연주철의 열처리

① 응력 제거 풀림 : 구상흑연주철은 일반적으로 C, Si가 높으므로 펄라이트 바탕의 것은 가열 온도를 600℃ 이상으로 높이면 제2단 흑연화가 생기므로 주의해야 한다.

② 연화 풀림 : 기계가공을 좋게 하기 위하여 연화 풀림을 한다.

㈎ 제1단계 흑연화 처리는 기계적 성질 및 절삭성을 향상시킨다.

㈏ 제2단계 흑연화 처리는 제1단계 흑연화가 끝나고 바탕조직을 페라이트로 하여 연성이 높은 주물을 얻는다.

③ 불림 : 900℃ 부근의 온도에서 가열한 후 공랭하는 처리로서 대형의 주물과 두꺼운 재료에도 적용되며 주조응력이 제거된다.

④ 표면경화법 : 구상화주철은 담금질 경도가 높아서 고주파 가열을 하여도 편상흑연처럼 부분적인 과열이 없어 미세한 균열이 생길 염려가 적고 균일한 담금질 조직을 얻을 수 있다.

⑤ 구상흑연주철의 뜨임취성 방지

㈎ 소량의 Mo를 첨가한다.

㈏ 인을 0.03% 이하로 한다.

㈐ 규소를 2% 이하로 첨가한다.

㈑ 취성이 생기는 450~550℃ 가열 온도를 피한다.

(3) 가단주철의 열처리

① 백심가단주철의 열처리

㈎ 백심가단주철의 제조는 탈탄을 주목적으로 하여 백선을 열처리한다.

㈏ 백선주철을 산화철과 함께 어닐링 포트 속에 넣고 약 1000℃ 부근의 온도로 가열을 계속하면 백선은 그 표면에서 탈탄이 시작되고 반대로 산화철은 환원된다.

$Fe_3C+CO_2=3Fe+2CO$, $C+CO_2=2CO$

② 흑심가단주철의 열처리

㈎ 저탄소, 저규소의 백주철을 풀림하여 시멘타이트(Fe_3C)와 펄라이트를 분해시켜 흑연화시킬 목적으로 한다.

㈏ 900~950℃에서 20~30시간 유지하면 시멘타이트가 분해되며 시멘타이트의 경계에서 일어난다.

$Fe_3C \rightarrow 3Fe+C$(뜨임탄소)-1단계 흑연화(뜨임탄소와 오스테나이트 조직)

③ 펄라이트 가단주철의 열처리

㈎ 열처리 곡선의 변화에 의한 방법 : 제1단계 흑연화가 끝난 후 2단계 흑연화를 일으키지 않도록 공기 담금질 또는 기름 담금질을 한 후 650~730℃의 온도에서 단시간 동안 뜨임하여 목적으로 하는 펄라이트 조직이나 경도를 얻는 방법이다.

(나) 흑심가단주철의 재열처리에 의한 방법

(다) 합금 첨가에 의한 방법

단원 예상문제

1. 주철의 조직에 가장 큰 영향을 주는 원소는 어느 것인가?

① C, Mn ② Si, Mn ③ Si, S ④ C, Si

2. 다음 주철 중 편상의 흑연을 가진 주철은?

① 백주철 ② 회주철
③ 가단주철 ④ 구상흑연주철

해설 백주철(형상 없음), 회주철(편상), 가단주철(괴상), 구상흑연주철(구상)

3. 회주철을 760℃에서 1시간 동안 유지한 후 어닐링 하였을 때의 바탕조직은?

① 페라이트 ② 마텐자이트
③ 베이나이트 ④ 오스테나이트

해설 주철을 어닐링하면 바탕조직은 페라이트 조직이 된다.

4. 페라이트 가단주철 및 펄라이트 가단주철은 어떠한 주철을 풀림하여 만드는가?

① 회주철 ② 반주철 ③ 백주철 ④ 구상흑연주철

해설 페라이트 가단주철과 펄라이트 가단주철은 백주철을 풀림처리하여 만든다.

5. 주철주물에서 발생되는 내부응력을 제거하기 위해 적합한 가열 온도는?

① 200~300℃ ② 400~600℃
③ 800~1000℃ ④ 1000~1200℃

6. 보통주철의 응력 제거 풀림 온도는 어느 정도인가?

① 100℃ ② 200℃ ③ 300℃ ④ 600℃

해설 내부응력을 제거하기 위해 적합한 가열 온도는 400~600℃이다.

7. 주철에서 연화 풀림의 목적이 아닌 것은?

① 연성 향상 ② 백선화
③ 응력 제거 ④ 절삭성 개선

해설 연화 풀림의 목적 : 연성 향상, 백선 부분 제거, 절삭성 향상, 응력 제거

8. 주철의 일반 열처리 방법으로 절삭성을 좋게 하며 백선 부분의 제거, 연성을 향상시키기 위한 목적으로 행하는 열처리 종류는?

① 응력 제거 어닐링 ② 연화 어닐링
③ 담금질 및 템퍼링 ④ 질화열처리법

해설 연화 어닐링의 목적 : 연성 향상, 백선 부분 제거, 절삭성 향상, 응력 제거

9. 주철의 열처리 시 급속 가열할 때 장점이라고 볼 수 없는 것은?

① 탈탄이 적게 일어난다.
② 결정성장이 크게 일어난다.
③ 산화가 적게 일어난다.
④ 연료를 절감할 수 있다.

해설 결정성장이 적게 일어난다.

10. 주철을 고주파 담금질하면 어떤 흑연의 형상이 가장 좋은가?

① 편상흑연 ② 괴상흑연 ③ 구상흑연 ④ 장미상흑연

해설 흑연이 구상인 것은 냉각능이 좋다.

11. 구상흑연주철의 열처리 목적이 아닌 것은?

① 조직의 조대화
② 뜨임취성 예방
③ 치수 안정
④ 표면경화

해설 조직의 미세화를 위해서이다.

12. 구상흑연주철의 담금질 처리에 가장 적합한 온도 범위는?

① 600~730℃ ② 730~830℃
③ 850~930℃ ④ 950~1050℃

13. 구상흑연주철의 뜨임취성 방지 효과로 적당하지 않은 것은?

① 소량의 Mo를 첨가한다.
② 인을 0.03% 이하로 한다.
③ 규소를 2% 이하로 첨가한다.
④ 뜨임온도를 450~550℃로 유지한다.

해설 취성이 생기는 450~550℃의 온도를 피한다.

14. 구상흑연주철의 연화 풀림에서 페라이트화 풀림처리에 해당되는 것은?

① 제1단계 흑연화 처리 ② 제2단계 흑연화 처리
③ 제3단계 흑연화 처리 ④ 제4단계 흑연화 처리

해설 연성을 얻기 위하여 제2단계 흑연화 풀림을 한다.

15. 구상흑연주철의 열처리에 대한 설명 중 맞는 것은?

① 연성을 얻기 위하여 제2단계 흑연화 풀림을 한다.
② 구상흑연주철은 가단주철에 비해 규소가 적다.
③ 제1단계 흑연화는 반드시 뜨임을 한다.
④ 제1단계 흑연화 처리를 하면 충격값이 저하된다.

16. 구상흑연주철의 열처리 중 제1단계 흑연화의 목적으로 적합한 것은?

① 연성 향상 ② 가단성 향상
③ 내마멸성 향상 ④ 기계적 성질 및 절삭성 향상

해설 제1단계 흑연화의 목적은 기계적 성질 및 절삭성 향상이며 제2단계 흑연화의 목적은 연성 증가이다.

17. 구상흑연주철을 850℃에서 풀림한 후 노랭한 것 중 구상흑연을 제외한 기지조직은?

① 마텐자이트 ② 레데브라이트 ③ 시멘타이트 ④ 페라이트

해설 구상흑연을 제외한 조직은 페라이트이다.

18. 오른쪽 열처리 사이클은 무엇을 목적으로 한 것인가? (단, 이때 사용된 재료는 구상흑연주철재이다.)

① 응력 제거
② 유리 cementite의 분해
③ 흑연조직의 균일화
④ 경도의 향상

해설 응력 제거 열처리이다.

19. 시멘타이트를 구상화시키면 강의 성질은?

① 경도 증가 ② 강인성 증가 ③ 강도 증가 ④ 가공성 불량

해설 인성이 증가한다.

20. 가단주철의 열처리에 대한 설명으로 틀린 것은?

① 백심가단주철의 제조는 탈탄을 목적으로 백선을 열처리한다.
② 흑심가단주철의 제조는 흑연심을 목적으로 백선을 열처리한다.
③ 흑연이 구상화되어 그 주위가 페라이트로 되는 조직을 불스 아이(bull's eye) 조직이라 한다.
④ 펄라이트 가단주철의 열처리는 시기균열을 방지하기 위해 저온 어닐링한다.

해설 펄라이트 가단주철은 흑연화를 목적으로 열처리하며, 일부의 탄소를 Fe_3C형으로 잔류시켜 만든 가단주철이다.

21. 가단주철의 열처리에 대한 설명으로 틀린 것은?

① 펄라이트 가단주철은 제1단계 흑연화 열처리만 한 것이다.
② 백심가단주철은 탈탄에 의한 열처리이다.
③ 흑심가단주철은 탈탄과 흑연화 열처리를 병행하여 실시한다.
④ 제2단계 흑연화 열처리는 펄라이트 중의 시멘타이트를 흑연화시킨다.

해설 흑심가단주철은 흑연화 열처리에 의해 만들어진다.

22. 백선 주물의 시멘타이트와 펄라이트를 흑연화할 목적으로 하는 가단주철 열처리는?

① 백심가단주철 열처리
② 흑심가단주철 열처리
③ 펄라이트 가단주철 열처리
④ 페라이트 가단주철 열처리

해설 흑심가단주철 열처리는 저탄소, 저규소의 백주철을 풀림하여 Fe_3C를 분해시켜 흑연을 입상으로 석출시킨 것을 말한다.

23. 백선을 산화철과 함께 풀림 상자에 넣고 900~1000℃로 가열해서 만든 주철은?

① 백심가단주철
② 흑심가단주철
③ 구상흑연주철
④ 미하나이트주철

해설 백심가단주철은 탈탄처리에 의해 얻어지는 주철이다.

24. 백심가단주철을 제조하기 위해서 백주철을 적철광 및 산화철 가루와 함께 풀림 상자에 넣어 900~1000℃에서 40~100시간 가열하면 표면에 발생하는 현상은?

① 침탄
② 탈탄
③ 환원
④ 흑연화

해설 백심가단주철은 탈탄처리에 의해 얻어지며 흑심가단주철은 흑연화 처리에 의해 얻어진다.

25. 다음 [보기]의 반응은 백선을 열처리하여 백심가단주철을 제조하는 반응을 나타낸 것이다. 900℃에서 반응 상자 내의 CO와 CO_2의 포텐셜은 얼마인가?

| 보기 |

$Fe_3C+CO_2=3Fe+2CO$, $C+CO_2=2CO$

① 80:20 ② 30:70 ③ 60:40 ④ 50:50

해설 pot 내의 분위기는 $CO:CO_2=30:70$ 정도로 보존하면서 주물의 탈탄이 진행된다.

26. 백주철을 제1단계 흑연화 시키고 제2단계 흑연화를 일으키지 않도록 저지시켜 점성 강도를 부여한 주철은?

① 흑심가단주철 ② 백심가단주철
③ 펄라이트 가단주철 ④ 강인주철

해설 제1단계 흑연화에 의해 점성 강도를 갖는 것은 펄라이트 가단주철이다.

27. 흑심가단주철의 펄라이트 중의 시멘타이트의 흑연화(제2단계 흑연화) 온도는?

① 600~650℃ ② 650~700℃ ③ 700~750℃ ④ 750~800℃

해설 펄라이트의 분해는 제1단계 흑연화이며 제2단계 어닐링 온도는 650~700℃이다.

28. 가단주철의 풀림에 대한 3단계 열처리 중 옳지 않은 것은?

① 흑연의 핵 생성 ② 덩어리 탄화물 제거
③ 시멘타이트 조직 형성 ④ 완전한 페라이트 기지 형성

해설 시멘타이트의 흑연화이다.

29. 흑심가단주철에 대한 오른쪽 그림을 가장 바르게 설명한 것은?

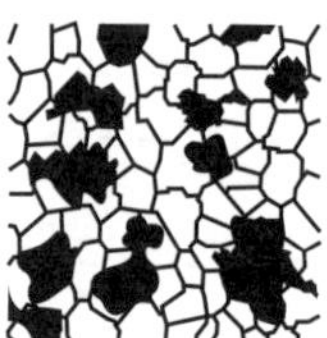

① 열처리 후 페라이트 기지에 뜨임탄소가 석출된 조직
② 담금질 후 급랭한 마텐자이트 조직
③ 열처리 전의 백선으로 펄라이트 조직
④ 열처리 전의 시멘타이트와 소르바이트 조직

해설 열처리 후 페라이트 기지에 뜨임탄소가 석출된 조직이다.

30. 흑심가단주철의 제1단계 흑연화란?

① 900℃에서 유리 cementite의 흑연화 ② 700℃에서 유리 cementite의 흑연화
③ 900℃에서 pearlite의 흑연화 ④ 700℃에서 pearlite의 흑연화

해설 흑심가단주철의 제1단계는 900℃에서 유리 cementite의 흑연화이다.

31. 흑심가단주철의 열처리 중 제1단계 흑연화에서 일어나는 반응식으로 옳은 것은?

① $CaCO_3 \rightarrow CO_2 + CaO$
② $Fe_3C \rightarrow 3Fe + C$
③ $C + O_2 \rightarrow CO_2$
④ $3Fe + CO_2 \rightarrow Fe_3C + O_2$

32. 펄라이트 가단주철의 제조 방법이 아닌 것은?

① 열처리 곡선의 변화에 의한 방법
② 재열처리에 의한 방법
③ 합금 첨가에 의한 방법
④ 흑연 구상화에 의한 방법

해설 흑연 구상화에 의한 방법은 구상흑연주철 제조 방법이다.

33. 펄라이트 가단주철의 열처리 방법 중 대량생산에 널리 쓰이는 방법으로, 기름 담금질 또는 강제 공랭을 한 후 650~700℃로 짧은 시간 템퍼링하여 목적으로 하는 조직이나 경도를 얻는 방법은?

① 합금 첨가에 의한 방법
② 열처리 곡선의 변화에 의한 방법
③ 흑심가단주철의 재열처리에 의한 방법
④ 백선의 유리 시멘타이트의 흑연화 방법

해설 열처리 곡선의 변화에 의한 방법은 제1단계 흑연화가 종료된 직후 강제 공랭을 한 후 650~700℃로 짧은 시간 템퍼링하여 목적으로 하는 조직이나 경도를 얻는 방법이다.

34. 펄라이트 가단주철의 열처리 방법으로 틀린 것은?

① 합금 첨가에 의한 방법
② 분위기 조절에 의한 풀림 방법
③ 열처리 곡선의 변화에 의한 방법
④ 흑심가단주철의 재열처리에 의한 방법

해설 펄라이트 가단주철의 열처리 방법에는 합금 첨가 방법, 열처리 곡선의 변화에 의한 방법, 흑심가단주철의 재열처리에 의한 방법이 있다.

35. Mo 주철의 대표적인 것으로 기지가 베이나이트 조직인 주철은?

① Ni-hard주철
② acicular주철
③ ni-resist주철
④ nomag주철

해설 Mo 주철의 대표적인 것으로 아시큘러주철이 있다.

정답 1. ④ 2. ② 3. ① 4. ③ 5. ② 6. ④ 7. ② 8. ② 9. ② 10. ③ 11. ① 12. ② 13. ④ 14. ② 15. ① 16. ④ 17. ④ 18. ① 19. ② 20. ④ 21. ③ 22. ② 23. ① 24. ② 25. ② 26. ③ 27. ② 28. ③ 29. ① 30. ① 31. ② 32. ④ 33. ② 34. ② 35. ②

제 6 장 비철금속의 열처리

6-1 구리 및 구리합금의 열처리

(1) 구리의 열처리

순동의 재결정 온도는 270℃이다. 순동의 재결정 어닐링은 500~700℃로 행하여진다.

(2) 황동의 열처리

① 순동과 같이 황동은 700~730℃로 재결정 어닐링만 하고, $\alpha+\beta$의 2상 황동에는 재결정 어닐링과 담금질 처리를 한다.

② 상온가공한 황동 제품은 시기균열(season crack)을 방지하기 위해서 300℃에서 저온 어닐링을 한다.

(3) 청동의 열처리

베릴륨 청동의 열처리는 760~780℃로부터 물 담금질하고, 310~330℃로 2~2.5 시간 템퍼링하는 조작이다.

단원 예상문제

1. 비철합금의 열처리 방법은 무엇인가?

① 용체화 처리, 시효처리　　② 담금질, 뜨임
③ 불림, 풀림　　④ 불림, 뜨임

해설 비철합금의 열처리는 용체화 처리 후 시효처리를 한다.

2. 일반적으로 비철재료의 강도를 향상시키는 중요한 방법이 아닌 것은?

① 석출경화　　② 시효경화
③ 템퍼링 시효　　④ 스트레인 시효

해설 비철합금의 열처리 : 용체화 처리 후 시효처리에 의한 석출경화

3. 순동의 재결정 온도는?

① 200~270℃ ② 500~700℃ ③ 700~900℃ ④ 900~1100℃

해설 순동의 재결정 어닐링 온도는 270℃이다.

4. 석출경화성 동합금은 어느 것인가?

① 알루미늄 청동 ② 니켈 청동 ③ 베릴륨 청동 ④ 규소 청동

5. 구리의 열처리에 가장 적합한 것은?

① 하드 페이싱 ② 고주파 담금질 ③ 재결정 풀림 ④ 고온 뜨임

해설 순동의 재결정 온도는 270℃이며, 순동의 재결정 풀림은 500~700℃로 행하여진다.

6. 실용적으로 사용되는 구리의 재결정 풀림 열처리 온도 범위로 적당한 것은?

① 100~300℃ ② 300~500℃

③ 500~700℃ ④ 700~900℃

해설 실용적인 순동의 재결정 어닐링 온도는 500~700℃에서 한다.

7. 황동 제품의 시기균열(season crack)을 방지하기 위한 적합한 열처리 방법은?

① 저온 풀림 ② 고온 풀림

③ 확산 풀림 ④ 시효경화

해설 황동 제품의 내부응력 제거를 위해 300℃에서 1시간 저온 어닐링을한다.

8. 황동 제품의 내부응력을 제거하고 시기균열 및 경도 저하를 방지하기 위한 적당한 풀림 온도와 냉각 방법은?

① 300℃에서 서랭 또는 급랭한다.

② 400℃에서 진공 중에 냉각한다.

③ 550℃에서 항온유지 후 냉각한다.

④ 700℃에서 급랭하거나 서랭한다.

해설 황동 제품의 내부응력 제거 및 시기균열 방지를 위한 열처리로 300℃에서 서랭 또는 급랭한다.

9. 냉간가공한 황동 제품의 시기균열을 방지하기 위한 적합한 열처리 방법은?

① 응력 제거 풀림 ② 고온 풀림

③ 확산 풀림 ④ 구상화 풀림

10. 황동 제품의 시기균열을 방지하기 위한 어닐링 온도로 가장 적당한 것은?

① 300℃ ② 400℃

③ 500℃ ④ 600℃

해설 황동 제품의 내부응력 제거를 위해 300℃에서 1시간 어닐링한다.

11. 냉간가공하여 보관 중인 황동판, 환봉 등에서 균열이 발생하였을 때 방지 방법으로 옳은 것은?

① 재료를 600~1000℃에서 가열 퀜칭 후에 어닐링한다.

② 습기가 있는 암모니아 분위기에서 보관한다.

③ 300℃의 온도에서 1시간 정도 어닐링한다.

④ 아연의 함량을 증가한다.

해설 황동 제품의 내부응력 제거를 위해 300℃에서 1시간 어닐링한다.

12. 석출경화형 구리합금인 Cu-Be 합금의 용체화 처리 방법으로 가장 적절한 것은?

① 가능한 한 최저 온도 이하에서 처리한다.

② 가능한 한 최고 온도를 초과하여 처리한다.

③ 가능한 한 가장 늦은 속도로 담금질해야 한다.

④ 가능한 한 용질원자 Be이 충분히 용해되도록 한다.

13. Cu-Be 합금의 용체화 처리와 시효처리 온도로 적합한 것은?

① 용체화 온도 : 760~780℃, 시효 온도 : 300~330℃

② 용체화 온도 : 300~400℃, 시효 온도 : 750~920℃

③ 용체화 온도 : 500~750℃, 시효 온도 : 450~500℃

④ 용체화 온도 : 450~500℃, 시효 온도 : 500~750℃

14. 황동 제품의 내부응력을 제거하고 시기균열(season crack)을 방지하기 위한 열처리 온도와 방법이 옳은 것은?

① 약 50℃에서 1시간 템퍼링한다.

② 약 200℃에서 1시간 템퍼링한다.

③ 약 300℃에서 1시간 어닐링한다.

④ 약 450℃에서 1시간 어닐링한다.

해설 시기균열을 방지하기 위해 약 300℃에서 1시간 어닐링한다.

15. 베릴륨-청동의 인장강도가 150kgf/mm^2이고, HV320~400 정도로 제조하기 위한 열처리 방법으로 옳은 것은?

① 760~780℃로부터 물 담금질하고, 310~330℃로 2시간 템퍼링한다.
② 760~780℃로부터 기름 담금질하고, 210~250℃로 1시간 템퍼링한다.
③ 950~1020℃로부터 물 담금질하고, 310~330℃로 2시간 템퍼링한다.
④ 950~1020℃로부터 기름 담금질하고, 350~380℃로 1시간 템퍼링한다.

16. 기계구조용 부품으로 사용하는 베릴륨-청동의 열처리 특징에 관한 설명 중 틀린 것은?

① 베릴륨 청동은 재결정 풀림하여 사용한다.
② 시효처리 시 경도, 인장강도와 항복점이 높아진다.
③ 공업적으로 고온 및 부식 환경에 있는 스프링 접촉자에 사용한다.
④ 선, 판으로부터 선 스프링, 판 스프링을 만들 때는 풀림처리로 연화시켜 성형한다.

해설 베릴륨 청동으로 스프링을 만들 때 담금질 상태에서 연해지기 때문에 풀림 처리보다는 템퍼링 전에 성형하여 인장강도를 높인다.

정답 1. ① 2. ④ 3. ① 4. ③ 5. ③ 6. ③ 7. ① 8. ① 9. ① 10. ① 11. ③ 12. ④ 13. ① 14. ③ 15. ① 16. ①

6-2 알루미늄 및 마그네슘 합금의 열처리

(1) 알루미늄 합금의 열처리

알루미늄은 대기 중에서 가열해도 치밀한 얇은 산화막이 생겨 표면을 보호하고, 그 이상의 산화를 방지하며, 분위기의 영향을 받는 일도 비교적 적어 쉽게 각종 열처리를 할 수 있다.

(2) 단조용 알루미늄 합금의 열처리

두랄루민의 종류 및 담금질 온도

종류	Cu(%)	Mg(%)	Mn(%)	합금원소의 평균 총량(%)	담금질 온도 (℃)
초두랄루민	3.8~4.8	0.4~0.8	0.4~0.8	5.5	505~510
초초두랄루민	3.8~4.9	1.2~1.8	0.3~0.9	6.5	495~505
연질초두랄루민	2.6~3.5	0.3~0.7	0.3~0.7	4.1	490~500

두랄루민에 대한 열처리는 담금질뿐이고, 가열은 배치로(batch) 또는 질산염욕로에서 한다.

(3) 주조용 알루미늄 합금의 열처리

① 대부분의 주조용 알루미늄 합금은 열처리를 한다. 단지 실루민과 알팩스-γ의 두 종류만이 열처리에 민감하지 않다.

② 재료의 내외 온도차가 생기지 않도록 일정한 온도로 유지해주는 균질화 처리를 소킹(soaking)이라 한다.

주조용 알루미늄 합금 열처리의 기호와 방법

기호	열처리 방법
T_1	시효(담금질하지 않고)
T_2	어닐링
T_4	담금질
T_5	담금질, 최고시효
T_6	담금질, 최고 경도로 완전시효
T_7	담금질, 안정화 어닐링
T_8	담금질, 연화 템퍼링

단원 예상문제

1. 구리 4% 함유한 알루미늄 합금을 용체화 처리 후 130℃로 유지하였더니 시간의 경과에 따라 경도가 증가하였다. 이것과 관계있는 것은?

① 고용경화 ② 가공경화 ③ 석출경화 ④ 마텐자이트경화

해설 시효처리에 의한 석출경화

2. Al-Mn, Al-Si계 합금의 경화 방법으로 적합한 것은?

① 석출경화 ② 가공경화 ③ 미이트경화 ④ 산화물 분산강화

해설 가공경화 합금 : Al-Mn계, Al-Si계

3. 주조용 알루미늄 합금의 열처리 방법으로 Y합금, 보한라이트 등 알루미늄 합금에서 가장 널리 적용되는 처리로서 인장강도, 항복점, 경도 등이 최고에 이르는 처리 방법은?

① T_2 ② T_4 ③ T_5 ④ T_6

해설 T_5 처리 : 제조 후 바로 인공시효한 것

4. Al 합금 질별 기호 중 용체화 처리 후 안정화 처리한 것의 기호로 옳은 것은?

① T_1 ② T_4

③ T_6 ④ T_7

해설 • T_1 : 고온가공에서 냉각 후 자연시효 시킨 것
• T_2 : 고온가공에서 냉각 후 냉간가공을 하고 다시 자연시효 시킨 것
• T_4 : 용체화 처리 후 자연시효 시킨 것
• T_6 : 용체화 처리 후 인공시효경화 처리한 것
• T_7 : 용체화 처리 후 안정화 처리한 것

5. Al 합금을 제조하는 A 업체에서 다음과 같은 주문서를 받았다. 표의 T8을 가장 올바르게 설명한 것은?

제품	COVER		재질		AC4B-T8	
성분	Cu	Si	Mg	Fe	Mn	Al
	3.01	8.7	0.33	0.62	0.28	나머지
TS	25 kgf/mm^2 이상		HB		100 이상	

① 용체화 처리 후 상온시효 시킬 것
② 용체화 처리 후 인공시효 시킬 것
③ 인공시효만 한 후 상온가공할 것
④ 용체화 처리 후 냉간가공하고, 다시 인공시효 시킬 것

6. 두랄루민에 대한 설명 중 틀린 것은?

① 담금질 후 상온으로 방치하면 시효를 일으킨다.
② 두랄루민에 대한 열처리는 담금질뿐이다.
③ 인공시효한 것이 상온시효한 것보다 내식성이 더 크다.
④ 시효 효과로 인장강도, 항복점, 경도가 증가된다.

해설 두랄루민은 상온시효한 것이 인공시효한 것보다 내식성이 크다.

7. 알루미늄 합금 주물의 열처리 효과 중 틀린 것은?

① 치수 안정화
② 기계적 성질 개선
③ 잔류응력 제거
④ 다이캐스팅 제품에 주로 실시

해설 다이캐스팅 제품은 가스 홀 때문에 부풀어 오름이 생기기 쉽고, 치수의 정밀도가 상실될 우려가 있어 열처리하지 않는다.

8. Al 합금을 과포화 고용체로 만든 후 인공시효할 때 적당한 온도는?

① 160~180℃ ② 210~230℃ ③ 250~280℃ ④ 130~150℃

9. 알루미늄 합금 중 두랄루민에 대한 열처리 방법은?

① 담금질 ② 뜨임 ③ 풀림 ④ 불림

해설 두랄루민은 담금질하고 시효처리하여 경화시킨다.

10. 두랄루민과 같은 비철합금에서 강도를 높이는 열처리 방법은?

① 용체화 처리 및 시효처리
② 서브제로 처리
③ 항온변태 처리
④ 균질화 처리

해설 용체화 처리 : 탄화물 또는 금속간 화합물을 고온으로 가열하여 전부 오스테나이트 중에 고용시킨 상태로부터 급랭시켜 상온에서 균일한 오스테나이트 조직을 얻는 처리

11. 주조용 알루미늄 합금의 열처리 기호와 방법이 맞는 것은?

① T_1 : 시효 ② T_1 : 담금질 ③ T_2 : 시효 ④ T_2 : 담금질

해설 T_1 : 시효(담금질하지 않고)

12. 알루미늄, 마그네슘 및 그 합금의 질별 기호 중 가공경화한 것의 기호로 옳은 것은?

① F ② H ③ O ④ W

해설 F(제조한 그대로의 상태), H(냉간가공 경화 상태), O(어닐링 상태), W(용체화 처리 상태)

13. Al 합금, Mg 합금 등과 같은 경합금에 가장 알맞은 열처리 방법은?

① 표면경화 열처리
② 시효경화 열처리
③ 항온변태 열처리
④ 응력제거 열처리

해설 Al 합금, Mg 합금 등의 강도를 요구하는 합금은 시효경화 열처리를 한다.

14. 두랄루민의 강도를 높이기 위한 열처리 방법은?

① 용체화 처리 및 시효처리 ② 서브제로 처리
③ 항온변태 처리 ④ 균일화 처리

해설 두랄루민의 열처리 : 용체화 처리 후 시효처리

15. 두랄루민의 시효에 대한 설명으로 틀린 것은?

① 일반적으로 상온시효한 것이 인공시효한 것보다 내식성이 크다.

② 상온시효 시간이 길어도 기니어 프레스턴(G.P zone) 형성 이외에 다른 변태는 일어나지 않는다.

③ 시효 온도를 높게 하면 시효 속도는 빨라지나 몇 시간 후에 얻어지는 기계적 성질에는 거의 변화가 없다.

④ 인공시효에 의해 기계적 강도가 향상되고 단상조직이 되므로 내식성이 향상된다.

해설 두랄루민은 인공시효에 의해 기계적 강도가 낮아지고 내식성이 나빠진다.

16. 알루미늄 합금의 T_6 처리란 무엇인가?

① 담금질 후 냉간가공

② 담금질 후 응력교정가공

③ 담금질 후 인공시효 강화

④ 담금질 후 상온시효가 끝난 것

해설 T_6 처리 : 담금질 후 인공시효 강화처리한 것

17. 단조용 알루미늄 합금 중 초두랄루민의 담금질 온도는?

① 505～510℃ ② 300～400℃ ③ 235～310℃ ④ 150～200℃

18. 용체화 처리 후 급랭하여 상온시효경화한 것으로 기계적 성질과 인장강도가 큰 합금은?

① 순 Al ② Al－Si ③ Al－Mn ④ Al－Cu－Mg

해설 시효경화합금 : Al－Cu－Mg

19. Al－Cu계 합금의 G.P zone은 구리 원자가 Al의 어느 면에 형성되는가?

① (111) ② (110) ③ (100) ④ (112)

해설 Al－Cu계 합금은 시효경화합금으로서 구리 원자가 Al의 (100) 면에 모여서 극히 미세한 2차원적 결합이 형성되기 때문에 경화의 원인이 된다. 이것을 G.P zone이라 한다.

20. 알루미늄 합금의 열처리에서 150℃ 전후의 온도로 가열하여 실시하는 시효처리를 무엇이라 하는가?

① 자연시효 ② 안정화 시효

③ 석출시효 ④ 인공시효

해설 인공시효 : 150～200℃

21. 단조용 알루미늄 합금(Al-Si-Mg-Cu-Mn)의 열처리에서 155℃ 전후로 가열하여 실시하는 것은?

① 인공시효 ② 석출시효 ③ 안정화 시효 ④ 자연시효

22. 시효경화가 일어나는 금속은?

① 청동 ② 황동 ③ 두랄루민 ④ 화이트메탈

23. 시효처리에 대한 설명 중에서 틀린 것은?

① 과포화 고용체를 이용한 2성분의 석출 과정이다.
② 석출 과정은 과포화 고용체-G.P 대-중간상-안정상의 과정으로 나타난다.
③ 복원이나 과시효의 현상이 나타나기도 한다.
④ 시효처리 온도를 높게 하여 경도값을 높인다.

해설 시효처리 온도를 너무 높게 하면 경도가 떨어진다.

24. 두랄루민 합금의 담금질 온도는 대략 몇 도인가?

① 약 600℃ ② 약 500℃
③ 약 400℃ ④ 약 200℃

25. Al 합금에서 완전히 고용체가 되는 온도까지 가열했다가 급랭하여 그 조직을 과포화 고용체로 만드는 열처리 방법은?

① 안정화 처리 ② 용체화 처리
③ 인공시효처리 ④ 스트레인 시효

해설 용체화 처리는 α 고용체에서 담금질하여 과포화 고용체를 만든다.

26. 시효성 비철합금의 시효 열처리 순서로 맞는 것은?

① 급랭→용체화 처리→시효처리 ② 용체화 처리→급랭→시효처리
③ 시효처리→용체화 처리→급랭 ④ 시효처리→급랭→용체화 처리

27. 비철금속재료의 시효처리와 사전 가공도의 관계를 설명한 것 중 옳은 것은?

① 사전 가공도가 크면 시효 온도가 낮아진다.
② 사전 가공도가 크면 시효 온도가 높아진다.
③ 사전 가공도가 작으면 시효 온도는 변화 없다.
④ 사전 가공도와 관계없이 시효 온도를 높인다.

28. 경합금 열처리 방법 중 주괴의 조직을 균질화하기 위해서 장시간 가열하는 처리는?

① 안정화 처리 ② 용체화 처리 ③ 시효처리 ④ 소킹

해설 소킹 : 경합금 주괴의 조직을 균질화하기 위해서 장시간 가열하는 처리

29. 주조용 알루미늄 합금에 널리 적용되는 열처리 방법으로 고온가공에서 냉각 후 인공시효 경화 처리한 것의 기호로 옳은 것은?

① T_2 ② T_4 ③ T_5 ④ T_6

해설 • T_2 : 어닐링 • T_4 : 담금질
• T_5 : 담금질 후 최고시효 • T_6 : 담금질 후 완전시효

정답 1. ③ 2. ② 3. ③ 4. ④ 5. ④ 6. ③ 7. ④ 8. ① 9. ① 10. ① 11. ① 12. ② 13. ② 14. ① 15. ④ 16. ③ 17. ① 18. ④ 19. ③ 20. ④ 21. ① 22. ③ 23. ④ 24. ② 25. ② 26. ② 27. ① 28. ④ 29. ③

(4) 마그네슘 합금의 열처리

① 마그네슘 합금은 단조용 또는 주조용으로 그 열처리는 세 종류가 있다. 즉, 어닐링(T_2), 담금질(T_4), 담금질 후 인공시효(T_6) 등이다.

② 단조용 마그네슘 합금은 재결정 어닐링으로 연성을 증가시키며, 주조용 마그네슘 합금은 주조에 의한 내부응력을 제거하기 위해 어닐링을 한다.

③ 마그네슘 합금의 담금질 가열은 진공로, 보호 가스 분위기 배치로, 중크롬산 칼리와 중크롬산 소다 등으로 행하여진다.

단원 예상문제

1. 마그네슘 합금 주물의 담금질 온도로 가장 적합한 것은?

① 20℃ ② 100℃ ③ 400℃ ④ 800℃

해설 담금질 온도 : 410~420℃ 정도

2. 단조용 또는 주조용 마그네슘 합금의 열처리 종류가 아닌 것은?

① 시효 ② 어닐링 ③ 담금질 ④ 인공시효

해설 마그네슘 합금의 열처리는 시효처리를 하지 않는다.

정답 1. ③ 2. ①

제 7 장 열처리 결함과 대책

열처리 문제점의 원인

문제점의 원인		세별
선천적	설계불량	단면의 급변, 모서리, 펀치마크, 재료 선택, 과다하중
	소재불량	탈탄층, 비금속 개재물, 편석, 카바이트 분포, 너무 많은 P, S 양, 백점 등
후천적	열처리 기술 잘못	over heat, 담금질 온도가 너무 낮음, 불균일 가열, 담금질의 완랭, 불균일 냉각, 조기 인상 템퍼링 처리, 재담금질, 피시 스케일, 침탄, 탈탄, 어닐링처리 불량(구상화 불량)
	후가공 기술 잘못	연마균열, grinding burn, 연마 담금질, 산세
	사용 잘못	setting, 과대응력집중, 사용 온도(heat check), 성금수리 등

열처리 결함의 종류

열처리 대별		결함의 종류
통상열처리	어닐링	연화 불충분, 어닐링 취성, 시멘타이트의 흑연화, 산화, 탈탄, 과열, 연소
	담금질	담금질 균열, 열처리 변형, 경화 불충분, 담금질 얼룩, 산화, 탈탄, 시효균열, 과열, 연소
	템퍼링	템퍼링 처리 균열, 템퍼링 취성, 지나친 템퍼링 처리(연화)
	심랭 처리	심랭균열
	후처리	grinding burn, 연마균열, 연마 담금질, 산세취성, 도금취성
표면경화처리	침탄표면 열처리	과침탄, 이상조직, 침탄 얼룩, 내부산화, 박리
	질화	백층, 박리
	고주파 담금질	담금질 균열, over heat, 연화 밴드(이발소 마크)

7-1 가열, 냉각 시 발생하는 결함과 대책

(1) 가열 온도와 시간의 부적당

① 가열로 내의 온도 불균일

② 측온의 부정확

③ 부품 내의 온도 불균일

(2) 산화에 의한 결함

① 표면이 거칠다.

② 탈탄이 있다.

③ 경도 불균일

④ 경도 부족 또는 균열 발생

참고 **스케일 제거** : 황산, 염산의 온수 용액 등으로 산세, 샌드블라스트 등의 작업을 하여 제거할 수 있다.

(3) 탈탄

① 탈탄 원인이 되어 생기는 결함

㈎ 담금질 경도 부족으로 표면 탈탄부의 적은 C% 때문이다.

㈏ 담금질 왜곡, 균열, 탈탄층의 Ms점이 내부 비탈탄부의 Ms점보다 높고, 변태 생성물이 적기 때문에 표면에 인장응력이 발생하여 변형, 균열의 원인이 된다.

㈐ 기계적 강도, 특히 내피로강도를 현저히 저하시킨다.

② 탈탄의 방지책

㈎ 염욕 및 금속욕 가열을 한다.

㈏ 환원성 분위기 가스 속에서 가열, 진공가열을 한다.

㈐ 중성 분말제 속에서 가열한다.

㈑ 탈탄 방지제를 도포한다.

㈒ 표면에 금속도금, 피복을 한다.

㈓ 고온, 장시간 가열을 피한다.

(4) 과열

탄소강, 합금강을 1100℃ 이상으로 가열하면 결정립이 조대화되고 과열조직(widmanstaten)이 된다.

① 과열의 방지책

(가) 적정한 가열 온도를 지킨다.

(나) 합금원소 Al, Si, Cr을 첨가한다.

(5) 변형

① 가열, 냉각의 불균일 : 급열, 급랭 또는 부품 살 두께의 차이가 심하거나, 복잡한 형상일 때는 부품 내에 온도의 불균일이 생겨 변형된다.

② 가열 중의 지지 방법 불량 : 어닐링, 노멀라이징, 담금질 등 가열 온도가 높은 경우에는 지지 방법이 나쁘면 가열 중에 자중으로 큰 변형이 생긴다.

③ 열처리 전의 열간가공, 냉간가공, 기계가공 등에 의해 재질의 불균일, 잔류응력이 있는 경우에 변형이 생긴다. 이들의 결함이 예상될 때에는 담금질 전에 충분한 어닐링을 한다.

단원 예상문제

1. 탈탄의 방지책으로 틀린 것은?

① 산화성 분위기에서 가열한다.
② 탈탄 방지제를 도포한다.
③ 고온에서의 장시간 가열을 피한다.
④ 염욕 및 금속욕에 의한 가열을 한다.

해설 탈탄을 방지하기 위해서는 환원성 분위기에서 가열한다.

2. 열처리 결함 중 탈탄 현상을 설명한 것으로 틀린 것은?

① 담금질 경도가 떨어진다.
② 기계적 성질, 특히 피로강도가 저하한다.
③ 표면에 탈탄이 일어나서 펄라이트 조직이 많이 보인다.
④ 강 표면에 인장응력이 발생하여 변형이나 균열의 원인이 된다.

해설 탈탄이 되면 표면의 조직이 페라이트화되어 강도가 저하된다.

3. 강을 열처리 시 산화에 기인되는 것이 아닌 것은?

① 탈탄 ② 고운 표면
③ 경도 불균일 ④ 담금질 시 균열

해설 산화는 탈탄, 경도 불균일, 균열 발생 등의 원인이 된다.

정답 1. ① 2. ③ 3. ②

7-2 담금질에서 발생하는 결함과 대책

(1) 담금질 균열

담금질 균열의 방지 대책은 다음과 같다.

① 냉각 시 온도의 불균일을 적게 하고 될수록 변태도 동시에 일어나게 한다.

㈎ 살 두께 차이, 급변을 가급적 줄인다.

㈏ 구멍을 뚫어 부품의 각부가 균일하게 식도록 한다.

㈐ 날카로운 모서리를 이루지 않는다.

㈑ 축물에는 면취를 한다.

㈒ 구멍에는 찰흙, 석면을 채운다.

㈓ Ms~Mf 범위에서 될수록 서랭한다. 가령 수랭 대신 유랭, 더욱 공랭으로 한다.

㈔ 시간 담금질을 채용한다.

② 담금질로 생성되는 마텐자이트의 인성을 높인다.

㈎ 강재로 될수록 저 C%를 택한다.

㈏ 담금질 온도가 너무 높아지지 않게 하고 결정립의 조대화, 탈탄 등을 피한다.

㈐ 완전히 식기 전에 담금질액으로부터 꺼내어 즉시 템퍼링한다(30분 이내).

㈑ 사용하는 강재의 비금속 개재물이 적어야 한다.

③ 변태응력을 줄인다.

㈎ 중심까지 완전히 담금질 되는 강 종을 피한다. 담금질 경화층은 필요 최소한으로 하고 심부는 불완전 담금질 조직으로 하는 것이 변태에 의해 체적 팽창이 적어지고 변태응력이 적어진다.

㈏ 마퀜칭을 채용한다.

㈐ 탈탄층은 표면의 Ms점을 높이고, 변태시간의 편차를 조장하여 제거한다.

㈑ 침탄 담금질, 고주파 담금질은 표면에 압축 잔류응력이 생기므로 유효하다.

㈒ 성분편석이 적어야 한다. 편석이 많으면 변태시간에 편차가 생긴다.

(2) 경도 불균일

담금질한 부품의 표면경도에 불균일이 생기고, 국부적으로 경화되지 않은 연점(soft spot)이 생기는 것을 경도 불균일이라 한다.

① 경도 불균일의 원인

㈎ 표면에 탈탄층이 있으면 탈탄부는 경화되지 않는다.

(나) 담금질 온도가 불균일하여 일부에 불완전 오스테나이트가 있으면 그 부분은 경화되지 않는다.

(다) 냉각이 불균일한 경우, 예를 들어 수랭했을 때의 기포 부착 또는 스케일 부착에 의하여 냉각이 국부적으로 경화되지 않는다.

(라) 화학 성분의 편석, C%를 비롯하여 담금질을 높이는 원소의 편석으로 경화 경도 불균일이 생긴다.

(마) 담금질 경화능 부족이나 담금질성이 부족하여 냉각이 임계냉각속도에 임박했을 때 경도 불균일이 생기기 쉽다.

② 경도 불균일의 검출 방법

(가) 연삭을 하면 연한 경화부에 비하여 빛깔이 흐리게 보인다.

(나) 부식(50% 염산 수용액)되면 흐림이 나온다.

(다) 경도를 측정한다.

③ 경도 불균일의 방지책

(가) 탈탄의 방지, 또는 탈탄부를 기계적으로 제거 후 담금질한다.

(나) 적정한 담금질 온도를 유지한다.

(다) 냉각을 균일하게, 될수록 빨리 한다.

(라) 담금질성과 냉각능을 감안하여 어느 정도 여유를 가진 화학성분계의 재료를 고른다.

(3) 담금질 경도 부족

① 담금질 가열 온도가 너무 낮아서 오스테나이트, 페라이트 2상 구역에서 담금질한 경우

② 담금질했을 때의 냉각속도가 임계냉각속도보다 느려서 페라이트가 석출된 경우

③ 담금질 개시 온도가 너무 낮아진 경우

④ 표면 스케일 부착에 의한 냉각속도 부족

⑤ 탈탄층은 담금질 경도 부족

⑥ 이재 혼입

⑦ 잔류 오스테나이트로 인한 경도 부족

(4) 담금질에 의한 변형

열처리 변형에는 열응력, 변태응력, 또는 경화상태가 불균일하기 때문에 생기는 변형과 오스테나이트로부터 마텐자이트의 조직변화에 따르는 치수변화의 두 종류가 있다.

① 냉각 방법

㈎ 물 담금질→기름 담금질→공기 담금질의 순서로 변형이 적어진다.

㈏ 균일한 냉각을 하기 위해서는 축이 긴 물건은 수직으로 매달아 담금질하거나 수직으로 회전시키면서 냉각하는 것도 좋은 방법이다. 또 분무 담금질도 균일한 냉각 방법이 된다.

㈐ 물(기름)속에 침지하는 방법에 의해서도 변형량이 달라진다.

㈑ 오스템퍼링, 마템퍼링을 행한다.

② 담금질 깊이 : 담금질 깊이가 얕아지고 펄라이트의 중심부가 나타나면 치수변화는 적어지지만, 담금질 깊이가 커지면 형상변화는 일반적으로 커지고 변태에 의한 형상이 열에 의한 현상으로 이루어진다.

③ 담금질 온도 : 담금질 온도를 높이면 강 부품의 치수 및 형상의 변화가 커지므로 될수록 낮은 것이 좋다.

④ 형상 : 담금질 변형 방지에는 다음과 같은 방법이 있다.

㈎ 미리 변형을 예측하고 반대 방향으로 변형시켜 놓는다.

㈏ 프레스 담금질, 롤러 담금질을 행한다.

㈐ 프레스 템퍼링을 한다.

㈑ 쇼트피닝을 한다.

(5) 시효 변형

담금질하여 경화된 강을 그대로 상온에서 방치하면 템퍼링의 제1단계가 되어 체적의 수축을 나타낸다. 단, 이러한 수축 변형은 120~180℃의 온도에서 템퍼링을 완료하면 그 후는 변형되는 일이 없다.

① 시효 변형의 방지책

㈎ 기름 담금질의 온도가 높으면 잔류 오스테나이트가 증가한다.

㈏ HRC60 이상의 경도를 유지하고, 잔류 오스테나이트를 감소시키기 위해서는 심랭 처리와 저온 템퍼링을 조합하는 것이 가장 효과적인 방법이다.

(6) 심랭 처리에 의한 균열과 변형 대책

① 담금질을 하기 전에 탈탄층을 제거하여 탈탄을 방지한다.

② 심랭 처리하기 전에 100~300℃에서 템퍼링을 한다.

③ 심랭 처리 온도로부터 승온을 수중에서 한다.

(7) 연삭에 의한 결함과 대책

강을 담금질한 후 그대로의 상태 또는 150~180℃의 온도에서 템퍼링한 것을 연삭하면 균열이 생기는 일이 있다.

① 연삭균열과 이에 따른 burning의 검출 방법

㈎ 연삭면의 착색(temper color)

㈏ 5% HNO_3으로 부식시키면 암회색(A_1점 이하에서)과 은회색(A_1점 이상에서)이 나타난다.

㈐ 금속 현미경 검사에 의한다.

㈑ 경도 시험을 한다.

㈒ 컬러 체크 또는 자분탐상에 의한다.

② 연삭균열이나 연삭 burning의 대책

㈎ 연삭 전의 열처리

㉠ 담금질을 한 후 120~180℃에서 템퍼링을 하고 나서 연삭한다(제1종 연삭균열 방지 대책).

㉡ 담금질을 한 후 300℃에서 템퍼링을 하고 나서 연삭한다(제2종 연삭균열 방지 대책).

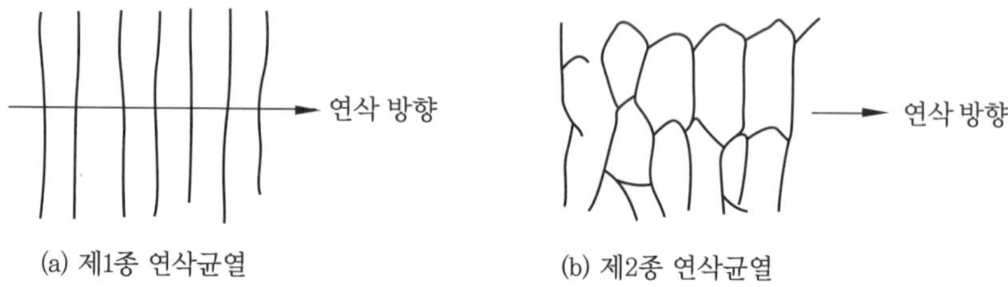

(a) 제1종 연삭균열 (b) 제2종 연삭균열

연삭균열의 종류

단원 예상문제

1. 담금질 시에 가열 온도가 높거나 가열 유지시간이 길어질 때 나타날 수 있는 대표적인 결함으로 적당한 것은?

① 결정립 조대화 ② 결정립 미세화
③ 경화도 증가 ④ 청열취성

2. 담금질 변형에 대한 설명으로 옳은 것은?

① 축이 긴 제품은 수평으로 냉각하여 변형을 방지한다.

② 변형을 미리 예측하고 반대 방향으로 변형시켜 놓는다.

③ 변형 방지를 위하여 담금질 온도 이상으로 높여 담금질한다.

④ 기름 담금질→물 담금질→공기 담금질의 순서로 변형이 적어진다.

해설 ① 축이 긴 제품은 수직으로 냉각하여 변형을 방지한다.
③ 변형 방지를 위하여 낮은 온도로 담금질한다.
④ 물 담금질→기름 담금질→공기 담금질의 순서로 변형이 적어진다.

정답 1. ① 2. ②

7-3 뜨임에서 발생하는 결함과 대책

(1) 뜨임균열

① 뜨임균열의 원인 : 뜨임의 급속 가열, 뜨임 온도로부터의 급랭, 탈탄층이 있는 경우, 담금질이 끝나지 않은 상태의 것을 뜨임한 경우 등이 있다.

② 뜨임균열의 대책

(가) 가열을 천천히 한다.

(나) 응력이 집중되는 부분을 열처리상 알맞게 설계한다.

(다) 잔류응력을 제거한다.

(라) 결정입계의 취성을 나타내는 화학 성분을 감소시킨다. Cr, Mo, V 등의 합금원소는 이와 같은 취성을 방지한다.

(마) 고속도강과 같은 경우에는 뜨임을 하기 전에 탈탄층을 제거하고 뜨임을 한 후에는 서랭하거나 유랭한다.

(바) Ms점, Mf점이 낮은 고합금강은 균열을 방지하기 위해서 2번 뜨임을 한다.

(2) 뜨임취성의 종류

① 저온 뜨임취성 : 250~400℃의 뜨임에서 발생하는 취성으로서 P와 N을 함유한 강에서 많이 나타나며 Al, Ti, B를 함유한 강 종에서는 이러한 취성이 적게 발생한다. 뜨임과 더불어 석출되는 미세한 시멘타이트가 취화의 원인이라고 생각된다.

② 고온 뜨임취성 : Mn, Ni, Cr 등을 함유하는 구조용강을 500~550℃에서 뜨임하면 뜨임한 후에는 냉각속도에 관계없이 뚜렷하게 취화된다. 이를 방지하려면 600℃ 이상의 온도에서 뜨임을 하거나 Mo을 첨가한다.

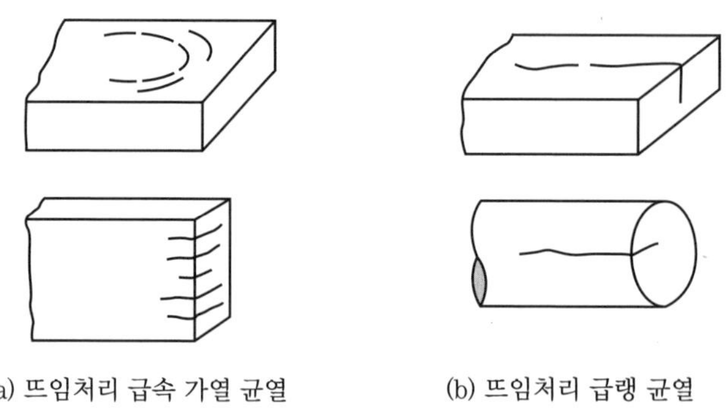

(a) 뜨임처리 급속 가열 균열　　(b) 뜨임처리 급랭 균열

뜨임처리 균열의 2형태

(3) 뜨임에 따른 변형

① 치수변화

② 형상변화

7-4 풀림에서 발생하는 결함과 대책

(1) 연화 부족

① 원인과 대책

㈎ 풀림온도가 너무 낮다.

㈏ 풀림시간이 충분하지 못하다.

㈐ 풀림온도로부터의 냉각이 부적당하다.

㈑ 구상화 풀림이 부적당하다.

(2) 구상화 풀림의 부적당

부적당한 풀림으로 층상, 망목상 및 조대한 탄화물이 생긴다.

7-5 표면경화의 결함과 대책

(1) 침탄 담금질의 결함과 대책

① 담금질 경도 부족의 원인

(가) 침탄량이 부족할 때이다.

(나) 담금질 온도가 너무 낮을 때이다.

(다) 탈탄이 되었을 때이다.

(라) 담금질의 냉각속도가 느릴 때이다.

(마) 잔류 오스테나이트가 많을 때이다(담금질 온도가 너무 높다).

② 담금질 얼룩

③ 연삭으로 인한 균열과 연화

④ 박리

(가) 박리의 원인

㉠ 과잉침탄이 생겨서 C%가 너무 많을 때이다.

㉡ 원재료가 너무 연할 때이다.

㉢ 반복침탄을 할 때이다.

(나) 대책

㉠ 과잉침탄에 대해서는 침탄 완화제를 사용하고, 침탄을 한 후 확산처리한다.

㉡ 소지재료를 강도가 높은 것으로 한다.

⑤ 침탄 부족과 과잉침탄

(가) 침탄 부족의 원인

㉠ 노 내 및 침탄상자 내의 온도 불균일

㉡ 급속한 가열에 의한 침탄상자 내의 온도 상승의 지연 및 온도 부족

㉢ 침탄온도에서의 유지시간

(나) 과잉침탄의 원인

㉠ 침탄 분위기 상태에서 오는 탄소량 과대

㉡ Cr, Mn 등 탄화물의 생성 원소를 많이 함유하는 침탄강은 침탄속도는 빠르지만, 탄소의 확산속도가 느리기 때문에 강 표면의 탄소 함유량이 너무 높아진다.

(다) 대책

㉠ 완화 침탄제를 사용한다.

㉡ 침탄 후 확산처리를 한다.

㉢ 1차, 2차 담금질을 행한다.

⑥ 침탄 담금질에 의한 변형 방지 대책

㈎ 1차 담금질을 생략한다. ㈏ 프레스 담금질을 한다.

㈐ 마템퍼링을 한다. ㈑ 심랭 처리를 한다.

(2) 고주파 담금질의 결함과 대책

① 경도 부족, 경도 얼룩

㈎ 재료가 부적당하다. ㈏ 냉각이 부적당하다.

㈐ 고주파 발진기의 파워(power) 부족에 의한 가열 온도가 부족하다.

② 균열

㈎ 재료 불량 ㈏ 담금질 가열 온도의 과대

㈐ 냉각 방법의 부적당 ㈑ 자연균열

단원 예상문제

1. 열처리 결함 중 선천적 소재결함은?

① 편석 ② 피시 스케일(fish scale)

③ 연화 밴드 ④ 박리

해설 선천적 소재결함 : 탈탄층, 비금속 개재물, 편석, 카바이트 분포, 너무 많은 P, S 양, 백점 등

2. 고주파 담금질 시 발생되기 쉬운 결함의 종류가 아닌 것은?

① 심랭균열 ② 담금질 균열

③ 연화 밴드 ④ 피시 스케일

해설 고주파 담금질 결함에는 심랭균열, 담금질 균열, 연화 밴드 등이 있다.

3. 후천적 열처리 문제의 원인이 아닌 것은?

① 설계 불량 ② 사용 불량

③ 열처리 기술 불량 ④ 후가공 기술 불량

해설 선천적 열처리 문제 : 설계불량, 소재결함

4. 강재의 결함 검출 방법으로 맞지 않는 것은?

① 불꽃 시험 ② 파단면 검사

③ 현미경 조직 검사 ④ 조미니 시험

해설 조미니 시험은 경화능을 시험하는 방법이다.

5. 다음 결함 중 열처리 기술의 잘못으로 인한 것은?

① 편석(segregation) ② 백점(white spot)
③ 피시 스케일(fish scale) ④ 비금속 개재물

해설 • 열처리 기술의 잘못 : 피시 스케일
• 소재결함 : 편석, 백점, 비금속 개재물

6. 합금원소가 열처리에 미치는 영향으로 백점을 형성하고 대형 재료에서 균열 발생 우려가 제일 큰 원소는?

① 수소 ② 크롬 ③ 질소 ④ 탄소

해설 백점의 원인은 수소이다.

7. 적열취성, 백점, 담금질성 증가에 각각 해당되는 원소로 나열된 것은?

① Cr, H_2, S ② S, H_2, C ③ S, C, Cr ④ S, H_2, Cr

해설 적열취성 : S, 백점 : H_2, 담금질성 증가 : C

8. 강의 열처리에서 생기는 탈탄을 방지할 때에 대한 설명으로 틀린 것은?

① 염욕 및 금속욕에서 가열 ② 환원성 분위기 가스에서 가열
③ 강의 표면에 금속도금 ④ 고온, 장시간 가열

해설 고온, 장시간 가열을 피한다.

9. 강의 표면이 탈탄되어 표면에 연한층이 형성되었을 때의 조직은?

① 오스테나이트 ② 페라이트 ③ 마텐자이트 ④ 시멘타이트

해설 페라이트의 연한층이 생긴다.

10. 열처리 시 균열 발생 감소를 위한 설계 방법으로 옳은 것은?

① 돌기물을 일체로 한다.
② 두꺼운 단면과 얇은 단면을 분리시킨다.
③ 균열은 살이 엷은 부분에 집중한다.
④ 응력 집중부를 동일 장소에 모은다.

해설 설계 방법
① 돌기물을 분리한다.
② 두꺼운 단면과 얇은 단면을 분리시킨다.
③ 균열은 변태응력이 집중되는 곳에 발생한다.
④ 응력 집중부를 분산한다.

11. 담금질 균열의 원인이 아닌 것은?

① 탈탄이 심했을 때
② 재료 내외의 온도차
③ 담금질 직후 뜨임처리
④ 열응력, 변태응력의 집중

해설 담금질 균열을 방지하기 위하여 뜨임처리한다.

12. 담금질 균열의 방지책으로 틀린 것은?

① 변태응력을 줄인다.
② 살 두께의 차이 및 급변을 가급적 줄인다.
③ Ms~Mf 범위에서 급랭시킨다.
④ 냉각 시 온도를 제품면에 균일하게 한다.

해설 Ms~Mf 범위에서 수랭 대신 유랭, 공랭으로 서랭시켜 균열을 방지한다.

13. 담금질 균열과 변형의 가장 주된 원인은?

① 응력 감소
② 경도 증가
③ 균일한 체적 변화
④ 온도 차이로 인한 열응력

14. 담금질 균열의 방지 대책으로 옳지 않은 것은?

① 담금질할 때 생성되는 마텐자이트의 인성을 높인다.
② 완전히 식기 전에 꺼내어 즉시 템퍼링한다.
③ Ms~Mf 범위에서 급랭하여 위험구역을 피한다.
④ 냉각 시 온도의 불균일을 적게 하고 변태도 동시에 일어나게 한다.

해설 Ms~Mf 범위에서 서랭하여 위험구역을 피한다.

15. 담금질 균열의 방지 대책이 아닌 것은?

① 제품 전체가 고루 냉각되도록 한다.
② 날카로운 모서리를 가급적 만들지 않는다.
③ 냉각 시 제품의 온도 구배를 균일하게 한다.
④ 살 두께 차이, 급변하는 부분을 많게 한다.

해설 냉각 시 온도의 불균일을 적게 하고, 될수록 변태도 동시에 일어나게 하며, 살 두께 차이, 급변을 가급적 줄인다.

16. 담금질 균열의 방지 대책에 대한 설명으로 틀린 것은?

① Ms~Mf 범위에서 가급적 급랭을 한다.
② 살 두께의 차이와 급변을 가급적 줄인다.
③ 시간 담금질을 채용하거나 날카로운 모서리 부분을 라운딩(R) 처리하여 준다.
④ 냉각 시 온도의 불균일을 적게 하며, 가급적 변태도 동시에 일어나게 한다.

해설 Ms~Mf 범위에서 가급적 서랭한다.

17. 담금질 균열을 방지할 목적으로 Ms점 직상에서 열욕하여 재료의 내·외부가 동일한 온도가 될 때까지 항온유지한 다음 공랭하여 Ar″ 변태를 일으키는 방법으로 담금질하면 균열이나 변형을 일으키기 쉬운 강 종에 적합한 것은?

① 오스템퍼링(austempering)
② 마템퍼링(martempering)
③ 마퀜칭(marquenching)
④ 항온풀림(ausannealing)

18. 심랭 처리에 의한 균열 방지 대책으로 틀린 것은?

① 승온을 수중에서 행한다.
② 심랭 처리 전 100~300℃에서 템퍼링을 한다.
③ 담금질하기 전에 탈탄층을 제거한다.
④ 표면에 인장응력을 증가시켜 균열을 방지한다.

해설 표면에 인장응력을 감소시켜 균열을 방지한다.

19. 심랭 처리에 따른 균열의 원인으로 틀린 것은?

① 담금질 온도가 너무 높을 때
② 강재의 다듬질 정도가 좋을 때
③ 담금질한 강재에 탈탄층이 존재할 때
④ 심랭 처리의 온도가 불균일하거나 정확하지 않을 때

해설 강재의 다듬질 정도가 거친 상태일 때 심랭 처리에 따라 균열이 일어난다.

20. 살 두께가 얇은 경우 어떻게 담금질하는 것이 가장 좋은가?

① 경사 교반 담금질한다.　② 회전 담금질한다.
③ 다이퀜칭 한다.　④ 수직 회전 담금질한다.

해설 살 두께가 얇은 제품에는 다이퀜칭이 적합하다.

21. 열처리 부품을 냉각제에 투입할 때의 원칙 중 틀린 것은?

① 가늘고 긴 것은 수직으로 투입한다.

② 살 두께 차이가 있는 것은 살이 두꺼운 부분부터 먼저 냉각시킨다.

③ 오목면이 있는 물체는 오목면을 아래로 향해서 투입한다.

④ 살이 얇고 평평한 것은 가장자리를 세워서 투입한다.

해설 오목면이 있는 물체는 오목면을 위로하여 투입한다.

22. 담금질할 때 생기는 결함이 아닌 것은?

① 얼룩

② 강도 부족

③ 변형

④ 뜨임균열

해설 뜨임균열 : 뜨임 시 발생하는 결함

23. 뜨임균열의 방지 대책으로 적당한 것은?

① Ms, Mf점이 낮은 고합금강을 2번 뜨임한다.

② 가열을 빠르게 한다.

③ 잔류응력을 집중시킨다.

④ 결정입계의 취성을 나타내는 화학 성분을 증가시킨다.

24. 담금질액에 넣는 방법으로 옳은 것은?

① 

② 

③ 

④ 

해설 기포 발생을 적게 하는 방법이다.

25. 담금질 균열이 생기는 장소로 부적당한 것은?

① 단면이 급변하는 곳에 생긴다.

② 구멍이 있는 곳에 생긴다.

③ 예리한 부분에 생긴다.

④ 단면의 변화가 없는 곳에 생긴다.

해설 담금질 균열은 단면의 변화가 없는 곳에는 생기지 않는다.

26. 열처리 결함 중 담금질 시 발생하는 균열과 변형이 가장 많다. 다음 중 담금질 균열 방지 방법으로 적합하지 않은 것은?

① 냉각 시 온도의 불균일을 적게 하고 될수록 변태도 동시에 일어나게 한다.
② 담금질로 생성되는 마텐자이트의 인성을 높인다.
③ 완전히 식은 다음 담금질액으로부터 꺼내어 2~3시간 경과 후 템퍼링을 한다.
④ 담금질 온도가 너무 높지 않게 하고 결정립의 조대화, 탈탄 등을 피한다.

해설 완전히 식기 전에 담금질액으로부터 꺼내어 즉시 템퍼링을 한다.

27. 담금질 균열을 방지하기 위한 시간 담금질 방법 중 옳은 것은?

① 물속에 시간 담금질할 때는 두께 1mm당 3초간 수랭 후 유랭 또는 공랭한다.
② 기름 속에 시간 담금질할 때는 두께 1mm당 5초간 유랭 후 꺼낸다.
③ 수랭할 때는 진동 또는 물소리가 정지한 순간에 꺼내어 유랭 또는 공랭한다.
④ 유랭할 때는 기름의 기포가 올라오자마자 꺼낸다.

28. 담금질 균열이 생기는 주요한 원인은?

① 담금질 후 곧 뜨임한다.
② 차디찰 때까지 냉각한다.
③ 소금물이나 분수 담금질한다.
④ 살 두께의 급변을 피하고 모서리에 모따기를 한다.

해설 차디찰 때까지 냉각하면 담금질 균열이 생기므로 인상 담금질한다.

29. 드릴과 같이 길이가 긴 재료를 수중에 담금질할 때 가장 좋은 냉각 방법은?

① 재료를 수평으로 뉘어서 담금질한다.
② 재료를 수면과 약 45° 정도 경사시켜 담금질한다.
③ 물품을 세워서 수직 방향으로 담금질한다.
④ 어느 방법도 가능하나 물을 강력히 교반해 주어야 한다.

30. 긴 제품을 수랭하기 위한 방법이 아닌 것은?

① 수직으로 매달아 담금질한다.
② 수랭을 할 때 강하게 흔들어 준다.
③ 수직으로 회전시키면서 냉각한다.
④ 미리 변형을 예측하고 반대 방향으로 변형시켜 놓는다.

해설 물품을 세워서 수직 방향으로 서서히 담금질한다.

31. **경도 불균일의 원인은?**

① 편석
② 질량 효과
③ 냉각속도 부족
④ 가열온도 부족

해설 경도 불균일의 원인 : 표면의 탈탄층, 담금질 온도 불균일, 화학 성분의 편석, 경화능 부족 등

32. **담금질한 부품 경도에 불균일이 생길 때 대책으로 잘못된 것은?**

① 냉각을 균일하게, 될수록 빨리 한다.
② 탈탄의 방지 또는 탈탄부를 기계적으로 제거 후 담금질한다.
③ 냉각은 균일하게 하고 될수록 천천히 한다.
④ 적합한 담금질 온도를 유지한다.

해설 냉각을 균일하게, 될수록 빨리 한다.

33. **열처리 작업 중 연점(soft spot)이 발생하는 원인은?**

① 소금물을 사용할 때
② 수조 위에 기름이 뜰 때
③ 냉각액의 양이 많을 때
④ 자경성의 소형물을 사용할 때

해설 수조 위에 기름이 생겨 열처리 제품에 묻기 때문이다.

34. **담금질 변형 방지법이 아닌 것은?**

① 담금질 온도를 높게 한다.
② 미리 변형을 예측하여 그 반대 방향으로 변형시킨다.
③ 쇼트피닝(shot peening)을 행한다.
④ 프레스(press) 담금질을 한다.

해설 담금질 온도를 너무 높게 하지 않는다.

35. **침탄용강의 담금질 변형을 방지하기 위한 대책으로 틀린 것은?**

① 프레스 담금질을 한다.
② 반복침탄을 한다.
③ 마템퍼링을 실시한다.
④ 고온으로부터의 1차 담금질을 생략한다.

해설 담금질 변형을 방지하기 위한 대책에는 프레스 담금질, 마템퍼링, 1차 담금질 생략, 심랭 처리 등이 있다.

36. **담금질 변형에 미치는 각종 영향에 대한 설명 중 옳은 것은?**

① 잔류 오스테나이트가 증가하면 형상 및 치수 변형이 적어진다.
② 담금질 온도를 높이면 강 부품의 치수 및 형상 변화가 작아진다.
③ 담금질 깊이가 커지면 형상 변화는 작아진다.
④ 담금질 깊이가 얕고 펄라이트 중심부가 나타나면 치수 변화는 커진다.

37. **열처리된 재료 내부에 잔류응력이 남았을 때 가장 많이 발생하는 결함은?**

① 강재 표면이 탈탄된다.
② 결정입자가 조대화된다.
③ 퀜칭하여도 연하다.
④ 제품 모양이 변형된다.

해설 내부응력이 발생하면 변형이 생긴다.

38. **담금질 굽음이 생기는 시기가 아닌 것은?**

① 변태를 일으켰을 때
② 담금질액에서 꺼낸 후
③ 가열 유지 중
④ 급속 가열, 또는 불균일 가열로 고온부가 소성역(약 1500℃ 이상)에 들었을 때

해설 가열 유지 중에는 담금질 굽음이 생기지 않는다.

39. **심랭 처리 시 강의 표면에 탈탄 부분이 있으면 균열이 생기기 쉬운데, 그 대책으로 적합하지 않은 것은?**

① 담금질 전에 탈탄층을 제거한다.
② 심랭 처리 전 100~300℃에서 템퍼링을 한다.
③ 심랭 처리 온도로부터의 승온을 수중에서 한다.
④ 심랭 처리 시 서서히 가열하여 표면의 팽창을 억제한다.

해설 심랭 처리 시 급속한 가열로 강의 표면을 팽창시켜 인장응력을 감소시키면 효과가 증가한다.

40. **sub-zero 처리 과정에서 균열 발생에 대한 대책으로 옳은 것은?**

① 심랭 처리 온도로부터의 승온은 가열로에서 한다.
② 가능한 한 잔류 오스테나이트가 많이 발생되도록 한다.
③ 담금질을 하기 전에 탈탄층을 두어 탈탄이 지속되도록 한다.
④ 심랭 처리하기 전에 100~300℃에서 뜨임(tempering)을 행한다.

해설 균열 발생에 대한 대책으로 승온은 수중에서 하고, 잔류 오스테나이트는 되도록 적게 하며, 탈탄층을 제거하여 탈탄을 방지한다.

41. 담금질 뜨임 시 균열의 원인 중 틀린 것은?

① 탈탄이 심할 때
② 계절 및 질량에 대하여 냉각속도가 빠를 때
③ 변태응력이 집중되지 않을 때
④ 담금질 후 뜨임하지 않고 장시간 방치하였을 때

해설 변태응력이 집중되는 곳에 균열이 발생한다.

42. 뜨임에서 발생되는 결함 중 균열의 대책으로 맞지 않는 것은?

① 잔류응력을 제거한다.
② 결정입계의 취성을 나타내는 화학 성분을 감소시킨다.
③ 인장응력 감소를 위하여 급속히 가열한다.
④ 응력이 집중되는 부분은 열처리상 알맞게 설계한다.

해설 인장응력 감소를 위해 천천히 가열한다.

43. 뜨임균열의 방지 대책으로 옳은 것은?

① 정해진 템퍼링 온도까지 최대한 빨리 가열한다.
② Ms점, Mf점이 낮은 고합금강은 반복뜨임을 실시한다.
③ 고속도강은 탈탄층을 그대로 유지하여 뜨임 후 급랭한다.
④ Cr, Mo, V 등의 합금원소는 뜨임균열을 촉진시키므로 사용을 줄인다.

해설 고속도강은 템퍼링을 하기 전에 탈탄층을 제거하고, 템퍼링을 한 후에는 서랭하거나 유랭한다.

44. 뜨임균열의 원인이 아닌 것은?

① 뜨임의 급속 가열
② 뜨임온도로부터의 서랭
③ 탈탄층이 있는 경우
④ 담금질이 끝나지 않은 상태의 것을 템퍼링 한 경우

해설 뜨임온도로부터의 서랭은 균열을 방지한다.

45. 뜨임취성에 있어서 제1취성의 발생 원인으로 가장 적합한 것은?

① 뜨임온도에서 냉각속도가 느리기 때문
② 뜨임온도까지 급속 가열 때문
③ 뜨임온도에서 지속시간이 길기 때문
④ 뜨임온도에서 급랭하였기 때문

해설 뜨임 후 서랭하면 500~550℃ 사이에서 석출하는 석출물이 취화의 원인이 된다.

46. Mn, Ni, Cr 등을 함유한 구조용강을 고온 뜨임한 후 급랭할 수 없거나 질화처리로서 600℃ 이하에서 장시간 가열하면 석출물로 인하여 취화되는데, 이 현상을 개선하는 원소는?

① Cu ② Mo
③ Sb ④ Sn

해설 고온취성을 방지하기 위하여 Mo 0.15~0.5% 정도를 첨가한다.

47. 풀림 시에 생기는 연화 부족의 원인으로 틀린 것은?

① 풀림 온도가 높다.
② 시간이 부족하다.
③ 냉각이 부적당하다.
④ 구상화 풀림이 불충분하다.

해설 연화 부족의 원인 : 풀림 시간 부족, 냉각의 부적당, 구상화 풀림 불충분, 낮은 풀림 온도

48. 강의 열처리 중 고온에서 조직의 조대화를 증가시키는 원소는?

① Al, Si ② C, Si
③ Co, V ④ Ni, Mo

해설 Co, V은 조직의 미세화 원소이다.

49. 시효 변형에 미치는 영향이 아닌 것은?

① 저온에서 장시간 템퍼링 하는 것이 고온에서 잠깐 템퍼링 한 것보다 시효 변형이 적다.
② Cr, W, Mn 등을 첨가한 강은 시효 변형의 양이 적다.
③ 시효 변형은 뜨임온도가 높을수록 적다.
④ 뜨임온도가 낮을수록, 뜨임 시간이 길수록 시효 변형이 적어진다.

해설 시효 변형은 뜨임온도가 높을수록 적다.

50. 침탄 담금질에서 박리가 생기는 원인이 아닌 것은?

① 과잉침탄할 때
② 반복침탄할 때
③ 원재료가 아주 연할 때
④ 소재의 강도가 높은 것을 사용할 때

해설 원인 : 과잉침탄할 때, 반복침탄할 때, 원재료가 아주 연할 때

51. 침탄 부품에 나타나는 결함의 원인 중 탄소량의 농도가 알맞지 않아 박리가 일어났을 때의 대책으로 옳은 것은?

① 심랭처리를 한다. ② 확산 풀림을 한다.
③ 강력한 침탄제를 사용한다. ④ 분수 냉각이나 염수 냉각을 행한다.

해설 박리는 과잉침탄에서 나타나므로 침탄 완화제를 사용하고 침탄 후 확산 풀림을 한다.

52. 침탄 담금질 작업 시 담금질 경도가 부족하게 된 원인이 아닌 것은?

① 담금질 온도가 너무 낮을 때 ② 담금질 시 냉각속도가 느릴 때
③ 잔류 오스테나이트 양이 적을 때 ④ 탈탄이 일어났을 때

해설 잔류 오스테나이트 양이 많을 때이다.

53. 표면경화 열처리 시 침탄에 나타나는 결함이 아닌 것은?

① 표면층 경도가 낮다. ② 담금질 얼룩
③ 박리 ④ 탈탄

해설 침탄에 나타나는 결함 : 담금질 얼룩, 박리, 탈탄

54. 침탄 담금질에 의한 변형을 방지하기 위한 대책으로서 가장 적합하지 않은 것은?

① 1, 2차 담금질을 한다. ② 프레스 담금질을 한다.
③ 마템퍼링을 한다. ④ 심랭 처리를 한다.

해설 고온으로부터의 1차 담금질은 변형 발생이 크므로 생략한다.

55. 과잉침탄이란 탄소량이 몇 % 이상으로 처리된 것인가?

① 0.05 ② 0.1
③ 0.3 ④ 0.8

해설 과잉침탄은 0.8% C 이상이다.

56. 과잉침탄의 원인으로 맞는 것은?

① 완화 침탄제를 사용하기 때문
② 탄소의 확산속도가 느리기 때문
③ 1, 2차 담금질을 하기 때문
④ 침탄 후 확산처리를 하기 때문

해설 Cr, Mn 등 탄화물의 생성 원소를 많이 함유하는 침탄강은 침탄속도는 빠르지만, 탄소의 확산속도가 느리기 때문에 강 표면의 탄소 함유량이 너무 높아진다.

57. 과잉침탄 시 나타나는 현상이 아닌 것은?

① 담금질 균열 ② 탄화물 생성
③ 망상 시멘타이트 ④ 박리 현상

해설 과잉침탄 시 나타나는 현상 : 균열, 박리, 탄화물 생성

58. 침탄 담금질할 때 나타나는 과잉침탄의 방지 대책으로 틀린 것은?

① 완화 침탄제 사용 ② 침탄 후 확산처리
③ 반복침탄 ④ 1, 2차 담금질

해설 과잉침탄의 방지 대책 : 완화 침탄제 사용, 침탄 후 확산처리, 1, 2차 담금질

59. 표면침탄처리에서 과잉침탄의 조직이 생길 때의 대책으로 맞는 것은?

① 침탄온도를 상승시킨다. ② 과공정조직을 만든다.
③ 확산 풀림을 한다. ④ 탄소를 증가시킨다.

해설 침탄 후 확산 풀림을 한다.

60. 연화 밴드(이발소 마크)는 어떤 표면경화처리 시에 나타나기 쉬운 결함인가?

① 질화처리 ② 침탄처리 ③ 전해처리 ④ 고주파 열처리

해설 고주파 열처리 잘못으로 소재에 연화 밴드의 형태가 생긴다.

61. 고주파 담금질 시 경도 부족에 대한 균열 방지 대책이 아닌 것은?

① 적당한 담금질 가열 온도 유지 ② 냉각 방법의 조정
③ 적정한 재료의 선택 ④ 펄라이트 변태 유도

해설 균열 방지 대책 : 적당한 담금질 가열 온도 유지, 냉각 방법의 조정, 적정한 재료의 선택

62. 산세 방법에 대한 설명 중 틀린 것은?

① 황산, 염산 등의 수용액에서 한다. ② 부식 억제물을 넣기도 한다.
③ 산세의 알칼리 용액에 중화시킨다. ④ 물은 사용하지 않는다.

해설 산세척은 황산, 염산 등의 수용액 중에 물건을 담근 후 물로 씻는 방법이다.

정답 1. ① 2. ④ 3. ① 4. ④ 5. ③ 6. ① 7. ② 8. ④ 9. ② 10. ② 11. ③ 12. ③
13. ④ 14. ③ 15. ④ 16. ① 17. ③ 18. ④ 19. ② 20. ③ 21. ③ 22. ④ 23. ① 24. ①
25. ④ 26. ③ 27. ③ 28. ② 29. ③ 30. ② 31. ① 32. ③ 33. ② 34. ① 35. ② 36. ①
37. ④ 38. ③ 39. ④ 40. ④ 41. ③ 42. ③ 43. ② 44. ② 45. ① 46. ② 47. ① 48. ①
49. ④ 50. ④ 51. ② 52. ③ 53. ① 54. ① 55. ④ 56. ② 57. ③ 58. ③ 59. ③ 60. ④
61. ④ 62. ④

제 4 편

재료시험

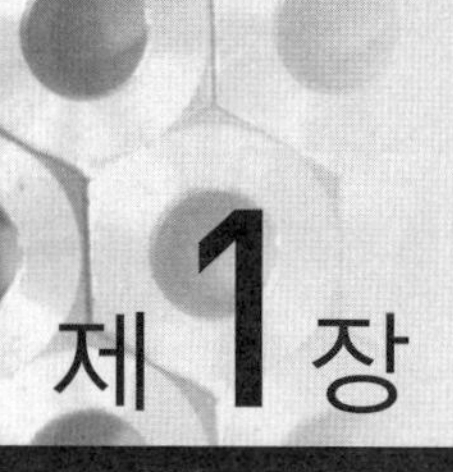

제 1 장 재료시험의 개요

1-1 재료시험의 정의와 분류

(1) 재료시험의 정의

재료시험을 넓은 의미로 해석하면 재료의 기계적, 물리적, 화학적 성질을 포함한 모든 성질의 시험을 말한다.

(2) 재료시험의 목적

기계적 시험을 하는 목적은 다음과 같다.

① 각종 설계에 필요한 수치를 구하고 사용하려는 적합한 재료를 결정한다.

② 실용적인 목적에는 관계없이 재료의 기본적인 기계적 성질을 조사하고 이때 일어나는 여러 가지의 현상을 설명하고 그 기구를 고찰한다.

③ 기계적 시험에 의해서 어느 특정한 반응, 천이, 변태 등을 촉진시켜서 물리적 혹은 화학적 성질을 쉽게 관측할 수 있다.

④ 재료의 기계적 성질과 물리적 혹은 화학적 성질의 관계와 기계적 성질을 중개로 해서 다른 여러 가지 성질 사이의 관계를 알기 위해서이다.

(3) 재료시험의 종류

① 정적시험 : 인장, 압축, 전단, 굽힘 및 비틀림시험

② 동적시험 : 충격시험, 피로시험

제 2 장 기계적 시험법

2-1 인장시험

(1) 인장시험의 개요

① 인장시험(tension test)의 일반 측정은 최대하중, 인장강도, 항복강도 및 내력(0.2% 연율에 상응하는 응력), 연신율, 단면수축률 등이며, 정밀 측정은 비례한도, 탄성한도, 탄성계수 등을 측정하는 것이다.

② 널리 사용되는 것은 유압식 만능시험기(UTM)로 암슬러형, 발드윈형, 올센형, 모블페더하프형, 시마즈형, 인스트론형 등이 있으며 산업현장에서는 암슬러형이, 연구목적용 정밀시험으로는 인스트론형이 많이 쓰인다.

③ 인장시험에 사용되는 척은 시험편의 형상에 따라 봉재용, 평판재용, 선재용, 관재용, 체인용 등이 있다.

④ 만능시험기가 갖추어야 할 조건은 다음과 같다.

(가) 정밀도 및 감도가 우수할 것

(나) 시험기의 안정성이 있을 것

(다) 조작이 간편하고 정밀 측정이 가능할 것

(라) 시험기의 내구성이 클 것

(마) 취급이 편리할 것

(2) 응력-변형 곡선

① 연강으로 된 시험편을 인장시험기에 고정하고 하중을 가하면 축 방향으로는 외력에 비례되는 연신이 생기고,직각 방향으로는 수축이 생기면서 횡단면적이 변한다.

② 시험 초기에는 하중 증가에 비례하여 연신이 증가되며, 다음 그림과 같이 직선적으로 탄성한계 E점에 이르게 된다.

③ 탄성한계 이내에서 하중을 제거하면 연신은 거의 0이 되어 원상태로 돌아오는데, 이러한 성질을 탄성(elasticity)이라 한다.

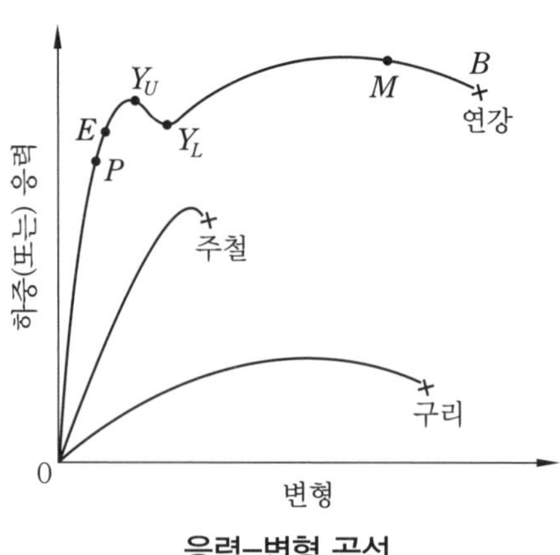

응력-변형 곡선

④ 탄성한계 내에서는 훅의 법칙 $E=\dfrac{\sigma}{\varepsilon}$이 성립한다. 즉, 하중을 가했을 때 단위 면적에 작용하는 하중의 크기를 응력(stress)이라 하고, 작용 하중에 대한 표점거리의 변화량의 원 표점거리에 대한 비를 변형량이라 한다.

⑤ 훅의 법칙에 의하여 응력과 변형량의 비는 탄성한계 내에서 일정치가 된다. 이 일정치를 영률 또는 중 · 세로 탄성계수라 한다.

⑥ 철강에서 E 값은 $(1.9\sim2.1)\times10^6$kg/cm^2 이고, 보통 하중 P[kg]이 단면적 A_0[cm^2]에 작용하여 원 표점거리 1cm에 대하여 Δl[cm]의 변형을 주었다면 훅의 법칙에 따라 공칭응력(nominal stress)은 $\sigma_0=\dfrac{P}{A_0}$[kgf/mm^2], 실응력(actual stress)은 $\sigma_a=\dfrac{P}{A_1}$[kgf/mm^2]이다.

또 길이 방향의 변형량(strain)은 $\varepsilon=\dfrac{\Delta l}{l}$라고 할 때 탄성계수(영률, young's modulus) E는 $E=\dfrac{\sigma}{\varepsilon}=\dfrac{P/A_0}{\Delta l/l}=\dfrac{Pl}{A_0\Delta l}$ 이다.

인장시험한 시험 결과치는 다음 공식에 의해 산출된다.

㈎ 인장강도$(\sigma_{max})=\dfrac{\text{최대하중}}{\text{원단면적}}=\dfrac{P_{max}}{A_0}$[kgf/mm^2]

㈏ 항복강도$(\sigma_y)=\dfrac{\text{상부 항복하중}}{\text{원단면적}}=\dfrac{P_y}{A_0}$[kgf/mm^2]

㈐ 연신율$(\varepsilon)=\dfrac{\text{연신된 길이}}{\text{표점거리}}\times100=\dfrac{l_1-l_0}{l_0}\times100=\dfrac{\Delta l}{l_0}\times100(\%)$

㈑ 단면수축률$(\phi)=\dfrac{\text{원단면적}-\text{파단부 단면적}}{\text{원단면적}}\times100=\dfrac{A_0-A_1}{A_0}\times100(\%)$

⑦ 각종 재질의 인장 파단의 특징을 다음 그림에 표시하였다. (a)는 주철 및 고탄소강의 취성 파단면을 나타낸 것이고, (b)는 고장력강의 열처리 상태의 끈질긴 스타 파단면, (c)는 열간압연된 연강의 컵 모양 파단면, (d)는 열간압연된 극연강의 원추형 파단면을 나타낸 것이다.

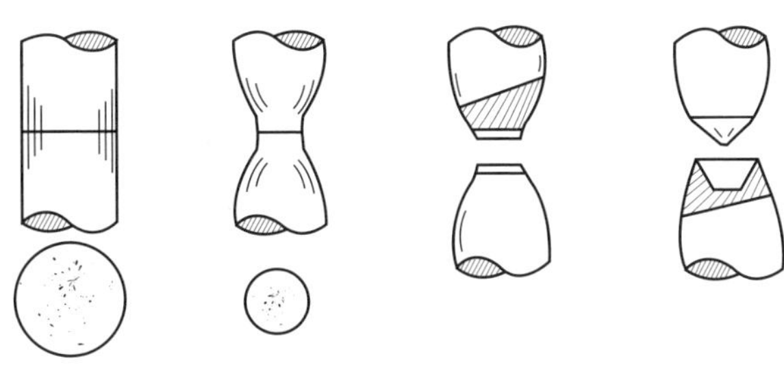

(a) 취성 파단 (b) 스타 파단 (c) 컵 모양 파단 (d) 원추형 파단

각종 재질의 인장 파단면

(3) 연신율

① 인장시험에서 연신율(elongation)의 측정은 시험편이 파단되기까지 생기는 전체 연신을 표점거리로 나눈 값을 표기하며, 표점거리를 l_0, 연신된 표점간의 거리 l을 정확히 측정하여 전 측정 연신율을 계산한다.

② 상사법칙(barba's law) : 실제로 재질이 일정하면 기하학적으로 비슷한 시험편은 동일한 연신율을 가져야 한다는 법칙이다.

(4) 항복점

① 응력-변형 선도에서 응력의 증가 없이 많은 연신율이 생기는 점의 응력 또는 그 때의 최대하중을 원단면적으로 나눈 값을 항복점 또는 항복강도(kgf/mm^2)라 한다.

② 재질에 따라 측정하기가 곤란할 때는 0.2%의 영구변형이 생기는 응력을 항복점 또는 내력으로 규정하고 있다. 즉, 응력-변형 곡선상에서 항복점은 0.2%의 변형이 생기는 점에서 직선부와 평행선을 긋고 곡선과의 교차점을 항복점으로 결정한다.

(5) 재료시험기의 오차와 정도

시험기의 정밀도는 다음과 같은 것을 말할 수 있다. 정해진 시험 방법에 따라 다음과 같이 구분한다.

① 소정의 압력을 가하는 기구

② 가해진 압력에 따라 변형되는 기구

③ 이것에 따르는 변형량을 측정하는 기구

(6) 인장시험기

① 인장시험에 사용하는 시험기를 인장시험기(tension tester)라고 하며, 만능시험기는 인장시험 외에 압축시험, 굴곡시험, 항절시험 등을 할 수 있고 때에 따라서는 경도시험도 할 수 있는 구조로 되어 있다.

② 인장시험기의 구조에는 부하장치, 물림장치, 계측장치가 있다.

③ 시험편 물림장치의 물림부는 여러 가지 모양이 있으나 다음 조건을 구비하여야 한다.

(가) 시험 중 시험편은 시험기 작동 중심선상에 있어야 하며 인장하중 이외에 편심 하중이 가해져서는 절대 안 된다.

(나) 취급이 편리해야 한다.

(다) 시험편에 심한 변형을 주어서는 안 된다.

(라) 시험편과 물림부와의 미끄럼이 없어야 된다.

단원 예상문제

1. 재료시험기의 구비 조건이 아닌 것은?

① 취급이 간편할 것
② 내구성이 작을 것
③ 정밀도 및 감도가 우수할 것
④ 간단하고 정밀한 검사가 가능할 것

해설 재료시험기는 내구성이 커야 한다.

2. 만능재료시험기가 갖추어야 할 조건이 아닌 것은?

① 정밀도 및 감도가 우수할 것
② 시험기의 안정성이 있을 것
③ 취급이 편리할 것
④ 시험기의 내구성이 작을 것

해설 만능재료시험기는 내구성이 우수해야 한다.

3. 다음 재료시험 중 정적시험 방법이 아닌 것은?

① 인장시험 ② 압축시험 ③ 비틀림시험 ④ 충격시험

해설 • 정적시험 : 인장, 압축, 전단, 굽힘 및 비틀림시험
• 동적시험 : 충격시험, 피로시험

4. 일반적 재료시험을 정적시험과 동적시험 방법으로 나눌 때 동적시험 방법에 해당되는 것은?

① 압축시험 ② 충격시험
③ 전단시험 ④ 비틀림시험

해설 • 정적시험 : 인장, 압축, 전단, 굽힘 및 비틀림시험
• 동적시험 : 충격시험, 피로시험

5. 영구변형이 생기지 않는 응력의 최댓값으로 하중을 제거한 후 원상태로 돌아오는 한계를 무엇이라 하는가?

① 항복점 ② 극한강도
③ 비례한계 ④ 탄성한계

해설 탄성한계 : 하중을 제거하면 원상태로 돌아오는 한계

6. 인장강도의 단위는 어느 것인가?

① g/cm^2 ② kgf/mm^2
③ ton/cm^2 ④ m/mm^2

7. 만능시험기로 측정할 수 있는 시험은?

① 피로시험 ② 비틀림시험
③ 충격시험 ④ 굽힘시험

해설 만능시험기로 측정할 수 있는 시험에는 굽힘시험, 인장시험, 압축시험이 있다.

8. 만능시험기(UTM)로 측정할 수 있는 사항은?

① 누설량 ② 피로한도
③ 연신율 ④ 부식 정도

해설 만능시험기로 연신율, 인장강도, 항복강도, 단면수축률을 측정할 수 있다.

9. 연성재료의 인장시험을 통해 알 수 없는 것은?

① 연신율 ② 항복강도
③ 굽힘강도 ④ 인장강도

10. 만능재료시험기로 측정하기 어려운 것은?

① 인장강도 ② 압축강도
③ 항복응력 ④ 비틀림 강도

해설 만능재료시험기로 인장강도, 압축강도, 항복응력을 측정할 수 있다.

11. 연강을 인장시험하여 하중-연신 곡선으로부터 얻을 수 없는 것은?

① 비례한계 ② 탄성한계
③ 최대하중점 ④ 피로한계

12. 그림은 연강의 응력-변형 곡선이다. 상부 항복점에 해당되는 것은?

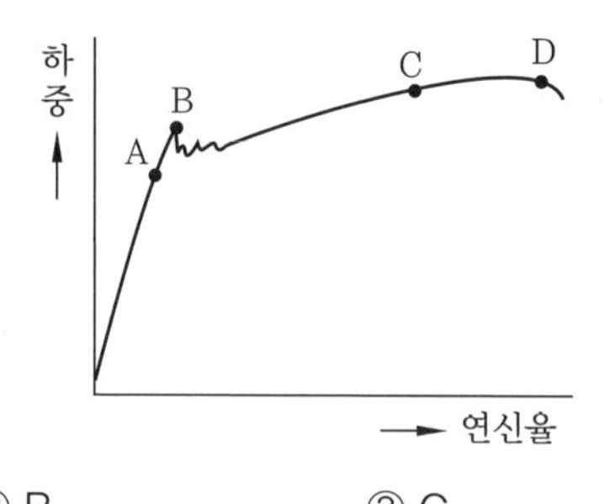

① A ② B ③ C ④ D

해설 A : 탄성한계, B : 상부 항복점, C : 최대하중, D : 파단점

13. 경량화 재료의 평가에 비교 기준으로 사용되는 비강도란 무엇인가?

① 인장강도/항복강도 ② 압축강도/인장강도
③ 인장강도/비중 ④ 압축강도/비중

해설 비강도는 인장강도와 비중의 비를 말한다.

14. 인장 시험편 물림장치에 대한 물림부의 구비 조건이 아닌 것은?

① 시험 중 시편은 시험기 작동 중심선상에 있어야 한다.
② 인장하중 이외에 편심이 가해져야 한다.
③ 취급이 편리해야 한다.
④ 시험편에 심한 변형을 주어서는 안 된다.

해설 인장하중 이외에 편심하중이 가해져서는 안 되고, 시험편과 물림부와의 미끄럼이 없어야 한다.

15. 인장시험 시 시험편의 물림장치에 대한 규정으로 틀린 것은?

① 시험편은 중심선상에 있어야 한다.
② 인장 외에 힘이 가해져서는 안 된다.
③ 물림부에서 물림힘이 각기 달라야 한다.
④ 시험편이 척 내에서 파괴되어서는 안 된다.

해설 시험편 물림장치에서 물림힘은 항상 같아야 한다.

16. 연신율을 측정할 때의 기준이 되는 것은?

① 시험면의 폭 ② 표점거리
③ 시험면의 지름 ④ 턱의 반지름

해설 연신율 측정은 표점거리의 변화량으로 측정한다.

17. 재료의 특성을 알 수 없는 측정값은?

① 인장강도 ② 항복강도 ③ 압축강도 ④ 연신율

해설 인장시험을 통해 알 수 있는 측정값은 인장강도, 항복강도, 연신율, 단면수축률이다.

18. 인장시험 시 재료의 변형력을 표시하는 척도로 나타낼 수 있는 것은?

① 피로강도 ② 크리프 강도 ③ 연신율 ④ 경도

해설 인장시험 시 재료의 변형력은 연신율과 단면수축률로 나타낸다.

19. 재료의 연신율을 측정하는 것은?

① 암슬러식 ② 로크웰 ③ 샤르피 ④ 쇼어

해설 암슬러식은 인장시험기의 종류로서 연신율을 측정할 수 있다.

20. 인장시험기에 시험편의 물림 상태가 가장 양호한 것은?

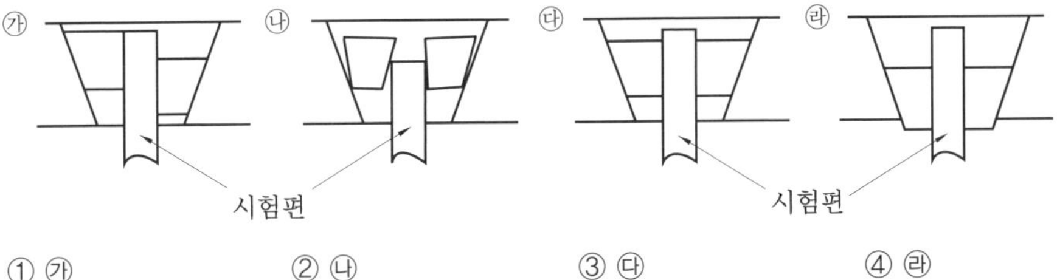

① ㉮ ② ㉯ ③ ㉰ ④ ㉱

해설 그림 ㉰와 같이 시험편이 미끄러지지 않도록 서로 맞물려 있어야 한다.

21. 탄소 3.5%를 함유하는 주철을 인장시험하였더니 최대하중 7850kg에서 파단되었다. 이 시험 결과 나타나는 파단면의 형태로 옳은 것은?

① 연성 파단면
② 취성 파단면
③ 컵 모양 파단면
④ 원추형 파단면

해설 주철 및 고탄소강은 취성 파단면, 열간압연된 연강은 컵 모양 파단면, 열간압연된 극연강은 원추형 파단면을 나타낸다.

22. KS 4호 인장 시험편의 표점거리는 얼마인가?

① 14mm ② 25mm ③ 50mm ④ 80mm

해설 KS 4호 시험편(지름 : 14mm, 표점거리 : 50mm, 평행부 길이 : 60mm)

23. KS B 0801의 인장 시험편 중에 회주철의 적합한 표준 시험편은?

① 4호 ② 5호 ③ 8호 ④ 9호

해설 회주철의 표준 시험편은 4호이다.

24. 인장시험 시 재료에 대한 훅의 법칙이 적용되는 구간은?

① E 이내 ② P 이내 ③ Y_L 이내 ④ M 이내

해설 E : 탄성한계, P : 비례한계, Y_L : 하부 항복점, M : 최대하중

25. 동합금을 인장시킬 때 항복점은 영구연신에 몇 %에 해당하는 점을 항복점으로 정하는가?

① 0.2 ② 0.3 ③ 0.4 ④ 0.5

해설 항복점을 측정하기 곤란할 때는 0.2%의 영구변형이 생기는 응력을 항복점 또는 내력으로 규정하고 있다.

26. 0.2%의 영구변형을 일으킨 때의 하중을 평행부의 원단면적으로 나눈 값을 무엇이라 하는가?

① 인장강도 ② 항복강도 ③ 전단응력 ④ 파단강도

해설 항복강도$(\sigma_y)=\frac{\text{상부 항복하중}}{\text{원단면적}}=\frac{P_y}{A_0}$

27. 인장 시험편의 표점거리가 50mm, 지름이 14mm, 최대하중 5500kg에서 파단되었을 때 52mm가 되었다. 이때의 연신율은?

① 2% ② 4% ③ 8% ④ 10%

해설 연신율$=\frac{l_1-l_0}{l_0}\times 100(\%)=\frac{52-50}{50}\times 100=4\%$

28. 늘어난 길이가 60mm이고, 연신율이 20%일 때 원래의 길이는?

① 20mm ② 30mm ③ 40mm ④ 50mm

해설 $20\%=\frac{l_1-l_0}{l_0}\times 100(\%)=\frac{60-x}{x}\times 100 \therefore x=50\text{mm}$

29. 시험편의 지름 14mm, 평행부의 길이 60mm, 표점거리 50mm, 최대하중 8500kg 일 때 인장강도는?

① 45.2kgf/mm^2 ② 55.2kgf/mm^2 ③ 64.5kgf/mm^2 ④ 68.2kgf/mm^2

해설 인장강도$(\sigma_{max})=\frac{\text{최대하중}}{\text{원단면적}}=\frac{8500}{7\times 7\times 3.14}=55.2\text{kgf/mm}^2$

30. 표점거리가 50mm, 두께가 2mm, 평행부 너비가 25mm인 강판을 인장시험하였다. 이때 최대하중은 2500kg이었고 파단 후의 늘어난 길이는 60mm이다. 이 재료의 인장강도는?

① 30kgf/mm^2 ② 40kgf/mm^2
③ 50kgf/mm^2 ④ 60kgf/mm^2

해설 인장강도$(\sigma_{max})=\frac{\text{최대하중}}{\text{원단면적}}=\frac{2500}{2\times25}=50\text{kgf/mm}^2$

31. 인장시험 때의 표점거리 50mm이고, 두께 2mm, 평행부의 너비 25mm, 최대하중 1500kg이고 표점거리가 60mm가 되었을 때 이 재료의 인장강도 및 연신율은 얼마인가?

① 인장강도 30kgf/mm^2 ,연신율 20%
② 인장강도 60kgf/mm^2, 연신율 2%
③ 인장강도 15kgf/mm^2, 연신율 20%
④ 인장강도 25kgf/mm^2, 연신율 30%

해설 • 인장강도$=\frac{P_{max}}{A_0}=\frac{1500}{2\times25}=30\text{kgf/mm}^2$
• 연신율$=\frac{60-50}{50}\times100=20\%$

32. 다음 그림 중 컵 모양 파단은?

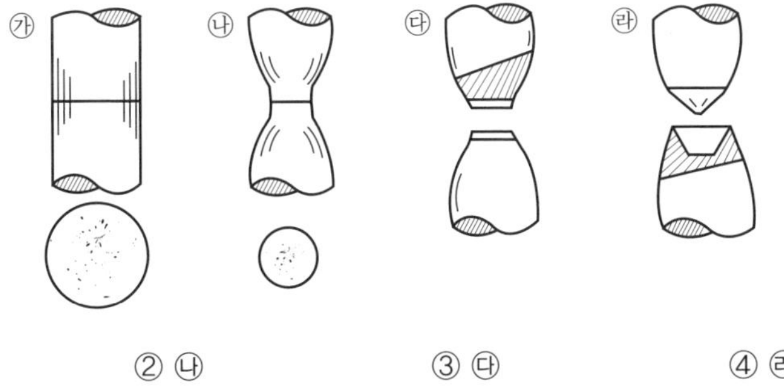

① ㉮ ② ㉯ ③ ㉰ ④ ㉱

해설 ㉮ : 취성 파단, ㉯ : 스타 파단, ㉰ 컵 모양 파단, ㉱ 원추형 파단

33. 고장력강의 인장시험에서 시험편이 파단되었을 때의 파단부 모양은?

① 취성 파단 ② 스타 파단 ③ 컵 모양 파단 ④ 원추형 파단

해설 주철 및 고탄소강은 취성 파단면, 고장력강은 스타 파단면, 열간압연된 연강은 컵 모양 파단면, 열간압연된 극연강은 원추형 파단면을 나타낸다.

34. 응력-변형 곡선을 갖는 비철재료에서 KS 규격의 항복강도를 잡아줄 때 m 값은 보통 몇% 변형량으로 하는가?

① 0.01% ② 0.2% ③ 0.5% ④ 10%

해설 0.2%의 변형량으로 항복강도를 정한다.

35. 금속재료의 단면수축률을 산출하기 위한 시험기는?

① Charpy ② Shore
③ Armsler ④ Martens

해설 암슬러시험기는 만능인장시험기이다.

36. 실제로 재질이 일정하면 기하학적으로 비슷한 시험편은 동일한 연신율을 가져야 한다는 법칙은?

① 탄성법칙 ② 훅의 법칙
③ 상사법칙 ④ 가로탄성계수 법칙

해설 상사법칙 : 실제로 재질이 일정하면 기하학적으로 비슷한 시험편은 동일한 연신율을 가져야 한다는 법칙

37. 어떤 재료를 시험하였더니 단면적이 A_1에서 A_2로 되었다. 단면수축률을 구하는 식은?

① $\frac{A_2-A_1}{A_1}\times 100(\%)$ ② $\frac{A_2-A_1}{A_2}\times 100(\%)$

③ $\frac{A_1-A_2}{A_1}\times 100(\%)$ ④ $\frac{A_1-A_2}{A_2}\times 100(\%)$

38. 인장시험에서 단면수축률을 산출하는 식으로 맞는 것은? (단, A_0=시험 전 시편의 평행부 단면적, A_1=시험 후 시편의 파단부 단면적이다.)

① 단면수축률$=\frac{A_0-A_1}{A_0}\times 100(\%)$

② 단면수축률$=\frac{A_1-A_0}{A_0}\times 100(\%)$

③ 단면수축률$=\frac{A_0-A_1}{A_1}\times 100(\%)$

④ 단면수축률$=\frac{A_1-A_0}{A_1}\times 100(\%)$

39. 시험편이 파괴되기 직전의 최소 단면적 25 mm^2, 원단면적 28 mm^{2}일 때 단면수축률은 얼마인가?

① 약 11%
② 약 22%
③ 약 30%
④ 약 42%

해설 단면수축률$=\frac{A_0-A_1}{A_0}\times 100(\%)=\frac{28-25}{28}\times 100=11\%$

40. 시편의 시험 전의 단면적이 55 cm^{2}이었던 것이 인장시험 후에 측정한 결과 단면적이 32 cm^{2}로 되었다면, 이때 시편의 단면수축률은 약 얼마인가?

① 4.18%
② 41.8%
③ 6.18%
④ 61.8%

해설 단면수축률$=\frac{A_0-A_1}{A_0}\times 100(\%)=\frac{55-32}{55}\times 100=41.8\%$

41. 항복점이 나타나지 않는 재료는 항복 대신 무엇을 쓰는가?

① 비례한도
② 내력
③ 탄성한도
④ 인장강도

해설 0.2%의 영구변형이 생기는 응력을 항복점 또는 내력으로 규정하고 있다. 즉, 응력-변형 곡선상에서 항복점은 0.2%의 변형이 생기는 점에서 직선부와 평행선을 긋고 곡선과의 교차점을 항복점으로 결정한다.

42. 국가와 재료시험 규격의 연결이 틀린 것은?

① 미국-ASTM
② 영국-SAE
③ 독일-DIN
④ 일본-JIS

해설 영국-BSI

정답 1. ② 2. ④ 3. ④ 4. ② 5. ④ 6. ② 7. ④ 8. ③ 9. ③ 10. ④ 11. ④ 12. ② 13. ③ 14. ② 15. ③ 16. ② 17. ③ 18. ③ 19. ① 20. ③ 21. ② 22. ③ 23. ① 24. ① 25. ① 26. ② 27. ② 28. ④ 29. ② 30. ③ 31. ① 32. ③ 33. ② 34. ② 35. ③ 36. ③ 37. ③ 38. ① 39. ① 40. ② 41. ② 42. ②

2-2 압축시험

(1) 압축시험의 개요

① 압축시험(compression test)의 목적은 압축력에 대한 재료의 항압력을 시험하는 것으로 압축강도, 비례한도, 항복점, 탄성계수 등을 측정한다.

② 압축강도는 취성재료를 시험할 때는 잘 나타나지만 연성재료에서는 파괴를 일으키지 않으므로 편의상 시험편의 좌굴(buckling)이 생기는 때, 즉 균열이 발생하는 응력으로 압축강도를 결정한다.

③ 압축시험은 주로 내압에 사용되는 재료, 즉 주철, 베어링 합금, 벽돌, 콘크리트, 목재, 타일, 플라스틱, 경질고무 등에 적용된다.

④ 압축 시험편의 실용적인 길이는 시험편의 길이와 직경의 비(L/D)가 1~3 정도의 것이 사용된다.

⑤ 직경 d_0, 높이 h_0의 압축 시험편을 하중 P로 할 때, 압축 후 높이가 h_1로 감소하고 직경이 d_1로 증가하였다면 압축응력, 압축률, 단면변화율은 다음과 같다.

(가) 압축응력(σ_c)$=\dfrac{P}{A_0}=\dfrac{P}{\pi d_0^2/4}$ [kgf/mm²]

(나) 압축률(ε_c)$=\dfrac{h_0-h_1}{h_0}\times 100(\%)$

(다) 단면변화율(ϕ_c)$=\dfrac{A_1-A_0}{A_0}\times 100(\%)$

⑥ 압축에 대한 응력-압률 곡선은 인장시험과 비슷하며, 오른쪽 그림과 같다.
지수법칙에 의하면 응력(σ)과 압률(ε) 사이에는 다음과 같은 관계가 성립된다.

$$\varepsilon=\alpha\sigma^m$$

여기서 $\alpha=\dfrac{1}{E}$이고 m은 재료에 따른 상수, 즉 가공경화지수이다. 이 지수함수는 재료에 따라 세 가지로 생각할 수 있다.

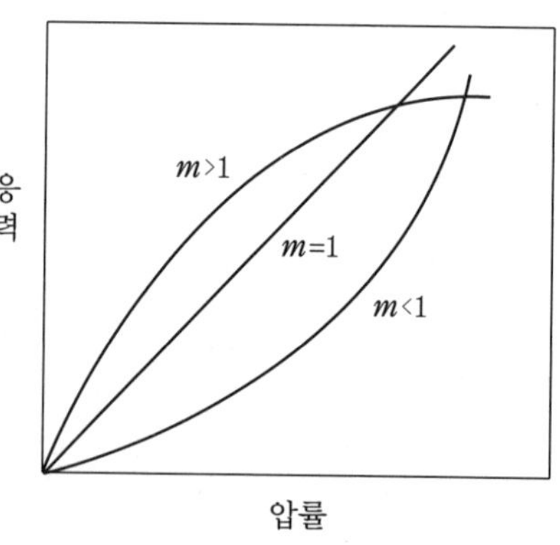

응력-압률 곡선

(가) $m=1$일 때 훅의 법칙이 성립되고, 이것은 완전 탄성체에만 적용할 수 있다.

(나) $m>1$일 때가 가장 많은 경우로 곡선의 상부에 원호를 그린다. 이 경우에는 주철, 강, 콘크리트 등이 속하며 응력이 특히 크지 않은 범위에서는 $m=1.1$이 된다.

(다) $m<1$일 때는 곡선의 하부에 원호를 가지며 금속에서는 찾아볼 수 없고 피혁, 고무 등의 비금속재료 중 일부 재료에 적용된다.

(2) 압축 시험편

① 압축시험에 관한 사항은 KS B 5533에 규정되어 있으며, 보통 압축 시험편에서 시험편의 길이 l과 직경 d 또는 폭 b와의 관계는 다음 범위가 가장 널리 사용된다.

$$l=(1.5\sim2.0)d \cdots\cdots \text{봉재}$$

$$l=(1.5\sim2.0)b \cdots\cdots \text{각재}$$

② 일반적으로 봉재 시험편은 금속재료와 콘크리트에 사용되고, 목재나 석재에는 주로 각재 시험편이 사용된다.

단원 예상문제

1. 압축시험의 목적은?

① 압축력에 대한 재료의 마모저항 시험
② 압축력에 대한 재료의 압입저항 시험
③ 압축력에 대한 재료의 압축력 시험
④ 압축력에 대한 재료의 항압력 시험

해설 압축시험의 목적은 압축력에 대한 재료의 항압력 시험이다.

2. 압축시험에 사용되는 재료는?

① 주철 ② 황동판 ③ 차축 ④ 스크류

해설 압축시험에 사용되는 재료에는 주철, 베어링 합금, 벽돌, 콘크리트, 목재, 타일 등이 있다.

3. 재료의 단면변화율을 측정하는 것은?

① 쇼어 ② 브리넬 ③ 로크웰 ④ 압축강도

해설 쇼어, 브리넬, 로크웰은 경도 시험법이다.

4. 압축강도시험을 하는데 가장 적합한 재료는?

① 주철 ② 순철 ③ 탄소강 ④ 순알루미늄

해설 압축강도는 취성재료인 주철을 시험할 때 가장 잘 나타난다.

5. 압축시험에 의해서 결정할 수 없는 재료의 성질은?

① 노치각도 ② 항복점 ③ 탄성계수 ④ 비례한도

해설 노치각도는 충격시험에 의해 결정된다.

6. 압축강도시험에서 시험편의 길이와 직경의 비는?

① $L/D=1\sim3$ ② $L/D=4\sim6$
③ $L/D=6\sim8$ ④ $L/D=9\sim10$

해설 압축 시험편의 길이(L)와 직경(D)의 비가 1~3 정도의 것을 사용한다.

7. 주철을 압축시험 했을 때 시험편의 파괴는 어느 방향으로 이루어지는가?

① 직각 방향 ② 수직 방향
③ 대각선 방향 ④ 방향성이 없다.

해설 주철은 취성이 있으므로 대각선 방향으로 파괴된다.

8. 압축에 대한 응력-압률 곡선에서 $m>1$인 경우는 어느 금속에서 볼 수 있는가? (단, m은 재료에 따른 상수이다.)

① 완전 탄성체 ② 주철 ③ 피혁 ④ 고무

해설 $m=1$일 때 완전 탄성체, $m>1$일 때 주철, 강, 콘크리트 등, $m<1$일 때 피혁, 고무 등의 비금속재료

9. 압축시험에 훅의 법칙이 성립되고 완전 탄성체에 적용할 수 있는 응력-압률 곡선의 지수함수 값은?

① $m=1$ ② $m>1$ ③ $m<1$ ④ $m=0$

해설
- $m=1$일 때 완전 탄성체로서 직선
- $m>1$일 때 상부에 원호가 나타나며 주철, 강, 콘크리트 등이 속함
- $m<1$일 때 하부에 원호가 나타나며 비금속인 피혁, 고무 등이 속함

10. 압축시험에 관한 설명으로 틀린 것은? (단, P는 하중, A_0는 초기 단면적이다.)

① 압축응력은 $\frac{A_0}{P}$[N/mm²]으로 나타낸다.
② 압축시험은 인장시험과 반대 방향으로 하중이 작용한다.
③ 압축시험은 주로 내압에 사용되는 재료에 적용된다.
④ 압축강도는 취성이 있는 재료를 시험할 때 잘 나타난다.

해설 압축응력$=\frac{P}{A_0}$[N/mm²]

11. 길이/지름의 비가 1.5인 주철 시험편의 압축시험에서 파단 각도가 θ일 때 전단 저항력 산출 공식으로 옳은 것은?

① 전단 저항력=압축강도×$\tan\theta$
② 전단 저항력=$\frac{압축강도}{2}\times\cos\theta$
③ 전단 저항력=$\frac{2}{압축강도}\times\cos\theta$
④ 전단 저항력=$\frac{압축강도}{2}\times\tan\theta$

12. 주철재의 압축 시험편의 지름이 10 mm, 높이가 20 mm이고 압축하중 5500 kgf을 가하였다면 압축응력은 약 몇 kgf/mm²인가?

① 18　② 70　③ 180　④ 700

해설 압축응력(σ_c)$=\frac{P}{A_0}=\frac{5500}{\frac{\pi}{4}\times 10^2}=70\,\text{kgf/mm}^2$

정답 1. ④　2. ①　3. ④　4. ①　5. ①　6. ①　7. ③　8. ②　9. ①　10. ①　11. ④　12. ②

2-3 굽힘시험

(1) 굽힘시험의 개요

① 굽힘시험(bending test)은 재료의 굽힘에 대한 저항력을 조사하는 굽힘저항시험과 전성, 연성, 균열의 유무를 시험하는 굴곡시험으로 분류된다. 굴곡시험을 항절시험이라고도 한다.

② 이 시험의 특징은 시험편에 힘이 가하여지는 쪽에서 생기는 응력은 압축력이 되고, 반대쪽에서는 인장력이 되는 것이다.

③ 중간에는 응력이 0이 되는 중립면이 존재한다.

④ 굽힘시험에서는 시험편의 중앙부 만곡을 측정하여 하중-만곡 곡선을 결정할 수 있다.

⑤ 주철의 굽힘시험에서의 응력은 보통 파단계수로 그 크기를 정한다. 파단계수는 단면계수와 최대 굽힘 모멘트의 비를 말한다. 따라서 파단계수는 최대응력이고 이때 파괴점에서 훅의 법칙이 적용된다면 최대 응력치는 단면의 크기, 형상에는 아무 관계가 없고 그 응력은 다음과 같은 식으로 계산할 수 있다.

$$\sigma=\frac{Pl}{4Z}$$

여기서, Z는 단면계수로 두 가지의 경우가 있다.

$$Z=\frac{bt^2}{6}\text{(단면이 장방형일 때)}$$

$$Z=\frac{\pi d^3}{32}\text{(단면이 원형일 때)}$$

여기서, P : 굽힘하중, l : 지점간의 거리, Z : 단면계수, b : 시험편의 폭,

t : 시험편의 두께, d : 시험편의 직경

⑥ KS B 0804에 규정된 굽힘시험 방법에서 밀착은 안쪽 반지름이 0 이하이고, 굽힘각도가 180°인 때를 말한다.

⑦ 굽힘시험은 만능재료시험기를 이용하며 시험 방식은 2점 굽힘, 3점 굽힘, 4점 굽힘이 있다.

(2) 시험편 및 시험 방법

① KS B 0803(금속재료 굴곡 시험편)에 가호부터 바호까지 여섯 종류로 되어 있다.

② 강판, 평판 및 형강의 굴곡시험에는 가호가 사용된다.

③ 굽힘하중이 증가함에 따라 시험편의 변형을 관찰하며, 인장응력이 작용하는 시험편 바깥쪽 하부의 굴곡 표면에 미세균열이 발생하거나 시험편이 파단되면 작동을 멈추고, 파손되지 않으면 170°까지 굽힌다.

단원 예상문제

1. 항절시험은 어떤 시험에 속하는가?

① 인장시험 ② 충격시험
③ 전단시험 ④ 굽힘시험

해설 굽힘시험(bending test)에는 굽힘저항시험, 굴곡시험(항절시험)이 있다.

2. 굴곡시험으로 알 수 없는 것은?

① 전성 ② 경도 ③ 굽힘저항 ④ 균열의 유무

해설 굴곡시험을 통해 전성, 연성, 굽힘저항, 균열의 유무를 파악할 수 있다.

3. 굽힘저항시험(bending resistance test)과 관계가 깊은 것은?

① 재료의 저항력 ② 탄성계수성
③ 탄성에너지 ④ 전성 및 연성

해설 재료의 굽힘에 대한 저항력을 조사하는 굽힘저항시험과 전성, 연성, 균열의 유무를 시험하는 굴곡시험이 있다.

4. 굽힘강도시험은 다음 어떤 성질을 알기 위한 시험인가?

① 주조성 ② 소성가공성 ③ 경도 ④ 유동성

해설 재료의 굽힘에 대한 저항력을 조사하는 시험으로 소성가공성을 알 수 있다.

5. 굽힘시험과 관계가 먼 것은?

① 절삭성 ② 전성 및 연성 ③ 소성가공성 ④ 굽힘응력

해설 굽힘시험은 굽힘저항, 전성, 연성, 균열의 유무를 시험한다.

6. 굴곡시험의 내용에 가장 가까운 것은?

① 소성가공성 ② 항절시험
③ 작성 여부 ④ 압축성 형성

해설 굴곡시험은 항절시험이라고도 한다.

7. 굽힘시험을 수행하고 시험편을 장치로부터 떼어낸 후 어느 부분의 터짐 및 기타 결점의 유무를 판정하는가?

① 굽힘부의 바깥쪽 ② 굽힘부의 안쪽
③ 시험편 끝 부분 ④ 모든 부분

해설 굽힘부의 바깥쪽의 터짐 및 기타 결점부를 검사한다.

8. 좌굴(buckling) 파괴 형식은 어느 경우에 나타나는가?

① 인장시험 ② 압축시험 ③ 전단시험 ④ 경도시험

9. KS B 0804에 규정된 굽힘시험 방법에서 밀착을 올바르게 설명한 것은?

① 안쪽 반지름이 5 이하이고, 굽힘 각도가 90°인 때를 말한다.
② 안쪽 반지름이 0 이하이고, 굽힘 각도가 180°인 때를 말한다.
③ 안쪽 반지름이 5 이하이고, 굽힘 각도가 120°인 때를 말한다.
④ 안쪽 반지름이 0 이하이고, 굽힘 각도가 45°인 때를 말한다.

해설 밀착은 안쪽 반지름이 0 이하이고, 굽힘 각도가 180°인 때를 말한다.

10. KS B 0804의 금속재료 굽힘시험에 사용되는 직사각형의 시험편 모서리 부분은 반지름이 시험편 두께의 얼마를 넘지 않도록 라운딩하여야 하는가?

① $\frac{1}{2}$ ② $\frac{1}{3}$ ③ $\frac{1}{5}$ ④ $\frac{1}{10}$

11. 두께가 5mm인 시험편을 가지고 그림과 같은 굴곡시험을 하였더니 두 개의 받침부 사이의 거리가 39mm였다. 이때 안쪽 반지름은 얼마인가?

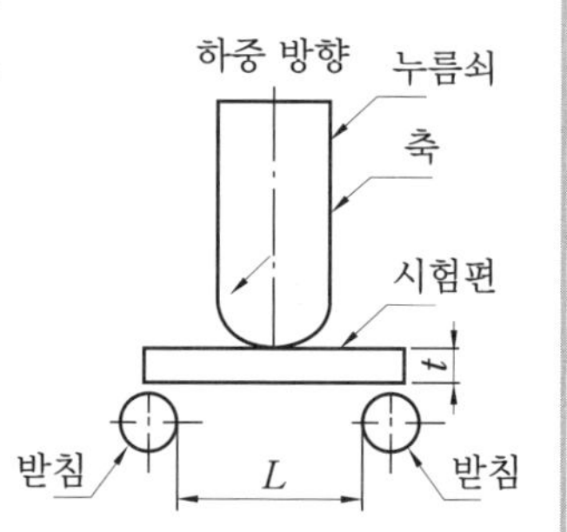

① 12mm
② 24mm
③ 48mm
④ 61mm

해설 $L=2r+3t$에서 $39=2r+3\times5$ ∴ $r=\dfrac{39-(3\times5)}{2}=12\,\text{mm}$

정답 1. ④ 2. ② 3. ① 4. ② 5. ① 6. ② 7. ① 8. ② 9. ② 10. ④ 11. ①

2-4 전단시험

(1) 전단시험(shearing test)의 개요

① 하나의 봉재 내의 미소체적을 생각해 볼 때 외력이 이 단면에 따라 작용하고 이것과 인접한 면에 대해서 이것을 미끄러지도록 하면, 이 면에 평행하게 외력에 저항하는 힘이 생기는데 이를 전단력이라고 한다.

② 전단시험은 재료의 전단력에 대한 저항성을 시험하는 것으로서 봉재, 각재, 판재 등을 나이프로 절단하거나 펀칭할 때 소요되는 전단응력을 산출한다.

③ 전단시험은 만능재료시험기에 절단장치를 설치하여 시험할 수 있으며, 시험편은 특정한 규격이 없고 판재 등의 원소재를 그대로 사용한다.

④ 전단시험 방식에는 인장형 전단과 압축형 전단이 있다.

(2) 전단시험 방식에 따른 전단응력(τ) 산출식

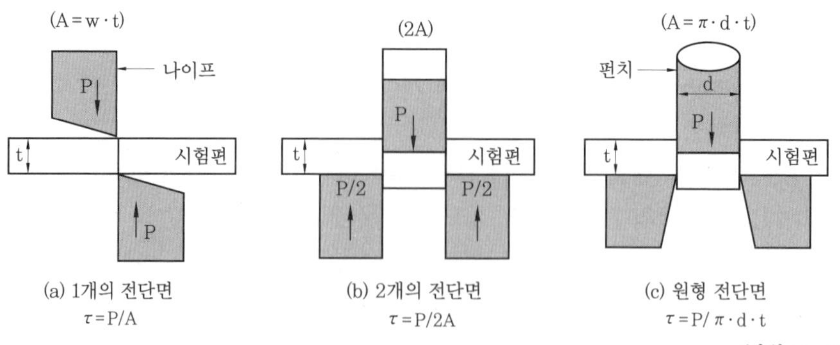

전단시험 방식에 따른 전단응력(τ) 산출식

단원 예상문제

1. 리벳의 전단시험에 사용되는 전단장치는 어느 것인가?

① 인장형 전단장치 ② 압축형 전단장치 ③ 비틀림 전단장치 ④ 굽힘 전단장치

해설 2개의 판재를 리벳으로 연결한 것을 인장형 전단장치로 시험한다.

2. 전단응력의 발생 원인을 설명한 것으로 맞는 것은?

① 전단하려는 면에 관계가 있다.
② 전단하려는 면에 반대 방향으로 작용하는 힘에 의한다.
③ 전단하려는 면에 수직으로 작용하는 힘에 의한다.
④ 전단하려는 면에 평행으로 작용하는 힘에 의한다.

해설 전단응력은 전단하려는 면에 평행으로 작용하는 힘에 의해 생긴다.

3. 전단시험에서 단순한 인장만의 외력을 받고 있는 시험편에서 최대 전단력이 발생하는 각도(θ)는?

① 0° ② 45° ③ 90° ④ 180°

4. 펀치 프레스에서 두께 2mm의 연강판에 지름 30mm의 구멍을 뚫고자 할 때 펀치에 작용한 전단하중(kgf)은? (단, 연강판의 전단강도는 40kgf/mm²이다.)

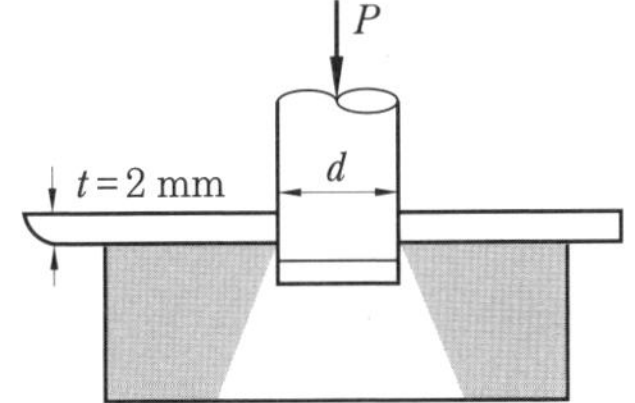

① 약 5450kgf
② 약 6535kgf
③ 약 7540kgf
④ 약 9635kgf

해설 전단하중(P)=전단강도(τ)×전단면적(A) $=40\times\pi\times30\times2\fallingdotseq7540$ kgf

정답 1. ① 2. ④ 3. ② 4. ③

2-5 비틀림시험

(1) 비틀림시험의 개요

① 비틀림시험(torsion test)의 주목적은 재료에 대한 강성계수 G의 측정과 비틀림 강도를 측정하는 데 있다.

② 강선, 피아노선 및 구리선 등 비교적 가는 선재의 비틀림시험에서는 응력을 측정하기보다는 비틀림 횟수 또는 비틀림 각을 측정하여 시험 결과로 사용한다.

③ 비틀림 모멘트 측정 방법 : 진자식, 탄성식, 레버식 또는 레버와 스프링 장치를 사용한 것 등이 있으며 진자형, 암슬러형, 아베리형, 미시간형 시험기가 있다.

④ 선재 비틀림 시험편의 치수는 표점거리 L과 외경 D의 사이에 다음과 같은 관계가 성립한다.

$$L=10D,\ t\fallingdotseq(1/8\sim1/10)D$$

여기서, t는 중공부의 살 두께를 표시한다.

(가) 강성계수

$$G=\frac{32lT}{\pi d^2\theta} \cdots\cdots \theta\text{는 라디안(radian)}$$

$$G=\frac{584lT}{d^4\theta} \cdots\cdots \theta\text{는 도(degree)}$$

(나) 비틀림 비례한도

$$\tau_A=\frac{16T_A}{\pi d^3}$$

(다) 비틀림(상부) 항복강도

$$\tau_{Uy}=T_y\doteq\frac{16T_{Uy}}{\pi d^3}\,[\text{kg/mm}^2]$$

(2) 시험기 및 시험편

① 비틀림 시험기의 구조로서 토크(T)메터, 각도기의 회전계, 좌우 시험편 물림척, 중추, 구동모터 및 시험편 가열장치 등이 설치되어 있다.

② 시험편은 비틀림부 직경(d)이 ϕ10~25 mm 정도이고, 비틀림 구간(표점거리 : l)은 10d이다. 중공 시험편의 경우 파이프 두께(t)는 (1/8~1/10)d이며, 선재 시험편의 비틀림 구간은 l=100d로 한다.

단원 예상문제

1. 비틀림시험의 주목적으로 맞는 것은?

① 강성계수 ② 연신 ③ 단면수축률 ④ 피로강도

해설 비틀림시험의 주목적은 재료에 대한 강성계수와 비틀림 강도를 측정하는 데 있다.

2. 비틀림시험을 통하여 얻을 수 있는 기계적 성질로 틀린 것은?

① 강성계수 ② 비틀림 강도

③ 비틀림 파단계수 ④ 비틀림 경도

3. 비틀림시험에서 측정할 수 없는 것은?

① 강성계수 ② 비틀림 강도 ③ 비례한도 ④ 푸아송 비

해설 비틀림시험에서의 측정 : 강성계수, 비틀림 강도, 비례한도

4. 비틀림시험에 대한 설명으로 옳은 것은?

① 비틀림시험의 주목적은 재료에 대한 강성계수와 비틀림 강도 측정에 있다.

② 비교적 가는 선재의 비틀림시험에서는 응력을 측정하여 시험 결과를 얻는다.

③ 비틀림 시험편은 양단을 고정하기 쉽게 시험 부분보다 얇게 만든다.

④ 비틀림 각도 측정법은 펜듈럼식, 탄성식, 레버식이 있다.

해설 비틀림시험의 주목적은 재료에 대한 강성계수와 비틀림 강도를 측정하는 것이다.

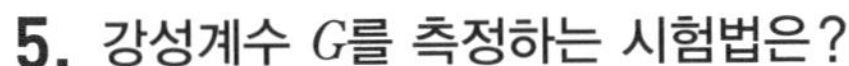

5. 강성계수 G를 측정하는 시험법은?

① 비틀림시험 ② 피로시험

③ 에릭센시험 ④ 크리프시험

해설 비틀림시험에서 강성계수, 비틀림 강도, 비례한도를 측정할 수 있다.

6. 취성재료의 비례한도, 항복점, 강성계수 등의 기계적 성질을 알기 위한 시험 방법으로 적당한 것은?

① 압축시험 ② 충격시험

③ 항절시험 ④ 비틀림시험

해설 비틀림시험에서 강성계수를 측정한다.

7. 비틀림시험에서 토크(torque)와 비틀림 각도가 갑자기 증가하는 점은?

① 항복점 ② 파단점

③ 최대하중점 ④ 비례한계점

해설 초기에 토크와 비틀림 각도의 증가는 비례하나 항복점을 지나면 비틀림 각도가 갑자기 증가한다.

8. 강성률을 나타내는 공식은? (단, T : 비틀림 모멘트, l : 표점거리, T_S : 항복 비틀림 모멘트, T_B : 최대 비틀림 모멘트, θ : 비틀림 각, D : 시험편의 직경)

① $G=\dfrac{16T_S}{\pi D^3}$ ② $G=\dfrac{16T_B}{\pi D^3\theta}$ ③ $G=\dfrac{32lT}{\pi D^4}$ ④ $G=\dfrac{32lT}{\pi D^2\theta}$

정답 1. ① 2. ④ 3. ④ 4. ① 5. ① 6. ④ 7. ① 8. ④

2-6 피로시험

(1) 피로시험의 개요

① 일반적으로 금속재료는 정적시험에 의해서 결정되는 파괴강도보다 매우 작은 응력을 반복해서 작용시켰을 때 그 재료 전체에 걸쳐 혹은 국부적으로 슬립변형이 생기는데, 이것이 시간과 더불어 점차적으로 발전해가는 현상을 피로라 하고 그로 인한 파괴를 피로파괴라 한다.

② 피로시험(fatigue test)은 재료에 대한 피로한도(fatigue limit)를 결정하는 데 그 목적이 있다.

③ 피로한도가 가장 높은 조직은 소르바이트 조직이다.

(2) 피로시험기

피로시험에 사용되는 피로시험기는 여러 가지가 있으며 피로하중 방법에 따라 분류하면 다음과 같다.

① 거듭 굽히기식 피로시험기 : ONO식, 센크식, 전자 진공식

② 거듭 비틀기식 피로시험기 : 로젠하우젠식, 크라이시식, 히사노식

③ 반복 인장, 압축식 피로시험기 : 헤이식, 웰러식

④ 반복 충격식 피로시험기 : 마츠므라식

(3) 피로시험 방법

① 피로시험은 많은 시험편에 대하여 하중을 바꾸어 시험한 후 응력(S)−반복 횟수(N)의 S−N 곡선을 그리고 피로한도, 시간한도를 구하는 시험으로 시험용 시험편을 7~8분 이상 준비하고 시험하중을 바꾸어 각 시험편에 대하여 피로 파단시킨다.

② S−N 곡선에서 직선이 수평으로 되는 점의 반복 횟수는 철강의 경우 10^6~10^7, 비철금속재료에 대해서는 10^7~10^8 한도의 반복 횟수를 갖는다.

(4) 시험 결과에 영향을 미치는 인자

① 시험편의 형상

② 시험편의 표면 가공도

③ 응력집중의 영향(노치의 영향)

④ 열처리 및 표면경화의 영향

⑤ 시험편 지름 및 표면상태의 영향

⑥ 시험중단의 영향

⑦ 진동수의 영향

⑧ 시험편 채취방향의 영향

단원 예상문제

1. 피로한도를 알기 위해 반복 횟수와 응력과의 관계를 표시한 곡선을 무엇이라 하는가?

① S-N 곡선 ② Creep 곡선
③ TTT 곡선 ④ 용해도 곡선

해설 피로한도를 알기 위해 S-N 곡선으로 나타낸다.

2. 반복 작용하는 응력에 파괴되지 않고 견딜 수 있는 최대한도를 나타낸 것은?

① 탄성한도 ② 크리프 ③ 충격강도 ④ 피로한도

해설 피로한도는 반복 작용하는 응력에 파괴되지 않고 견딜 수 있는 최대한도를 말한다.

3. 강철의 피로 반복 횟수로 가장 많이 정하는 한도는?

① $10^5 \sim 10^6$ ② $10^6 \sim 10^7$ ③ $10^7 \sim 10^8$ ④ $10^8 \sim 10^9$

해설 강철의 피로 반복 횟수는 $10^6 \sim 10^7$이다.

4. 피로시험에서 S-N 곡선은 무엇을 나타내는가?

① 응력과 변형
② 응력과 반복 횟수
③ 반복 횟수와 시험시간
④ 반복 횟수와 변형

해설 피로시험에서 종축에 응력(S), 횡축에 반복 횟수(N)로 하여 S-N 곡선을 나타낸다.

5. 피로시험에서 종축에 응력, 횡축에는 반복 횟수를 나타내는 선도는?

① Fe-C 곡선 ② S-N 곡선 ③ TTT 곡선 ④ CCT 곡선

해설 S-N 곡선에서 S는 응력, N은 반복 횟수를 의미한다.

6. 다음 조직 중 피로한도가 가장 높은 조직은?

① martensite ② sorbite ③ bainite ④ pearlite

해설 피로한도가 가장 높은 조직은 sorbite 조직이다.

7. S-N 곡선을 설명한 것 중 옳은 것은?

① 피로시험에서 피로응력과 반복 횟수를 나타내는 곡선
② 굽힘시험에서 하중의 분포 곡선
③ 항온변태곡선
④ 경도시험에서 압축력과 표면 자국을 나타내는 곡선

8. 오른쪽 그림과 같은 S(응력)–N(반복 횟수) 곡선의 설명 중 피로한도를 나타낸 지점은?

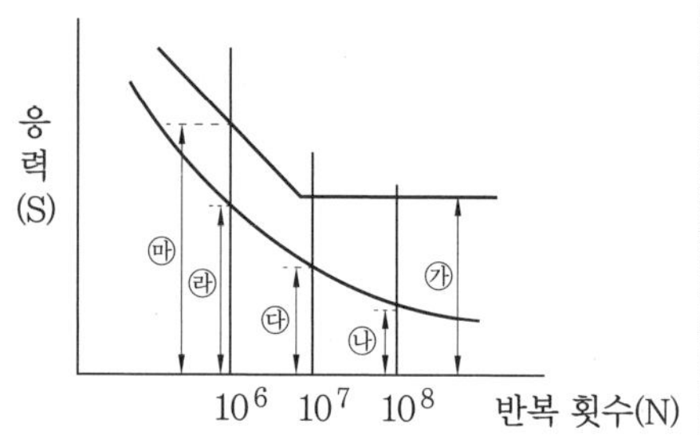

① ㉮
② ㉯
③ ㉰
④ ㉱, ㉲

해설 ㉮는 피로한도, 내구한도, 즉 피로강도이다.

9. 작은 응력을 반복해서 작용시켰을 때 시간과 더불어 점차적으로 파괴되는 것을 무엇이라 하는가?

① 충격파괴 ② 피로파괴
③ 응력파괴 ④ 인장파괴

해설 피로파괴는 작은 응력을 반복해서 작용시켰을 때 시간과 더불어 점차적으로 파괴되는 현상이다.

10. 거듭 굽히기식 피로 시험기가 아닌 것은?

① ONO식 ② 센크식
③ 전자 진공식 ④ 마츠므라식

해설 거듭 굽히기식 피로 시험기 : ONO식, 센크식, 전자 진공식

11. 피로시험 결과에 영향을 끼치는 요인이 아닌 것은?

① 시험편 형상 ② 표면 다듬질 정도
③ 가공법, 열처리 상태 ④ 시험편의 재질

해설 영향을 주는 인자 : 시험편의 형상, 시편의 표면 가공도, 응력집중의 영향, 열처리 및 표면경화의 영향, 시험편 지름 및 표면상태의 영향, 시험중단의 영향, 진동수의 영향, 시험편 채취방향의 영향

12. 금속재료의 피로시험에 영향을 주는 인자들에 대한 설명으로 맞는 것은?

① 금속 표면에 노치부가 있으면 피로한도가 증가한다.
② 침탄이나 질화처리한 강재는 피로한도가 증가한다.
③ 시험편이 클수록 피로한도는 증가한다.
④ 부식성 분위기에서 피로시험을 실시하면 피로한도는 증가한다.

해설 열처리 및 표면경화한 강재는 피로한도가 증가한다.

13. 피로시험의 종류 중 시험편의 축 방향에 인장, 압축이 교대로 작용하는 시험은?

① 반복 굽힘시험　　② 반복 인장, 압축시험
③ 반복 비틀림시험　　④ 반복 응력 피로시험

14. 회전 굽힘형 피로시험에서 주의해야 할 사항 중 틀린 것은?

① 시험편이 회전하기 전에 굽힘하중을 가한다.
② 회전수 적산계와 전동 모터의 이상 유무를 점검한다.
③ 시험편이 부식되거나 표면부에 흠이 생기지 않도록 한다.
④ 시험편을 정확하게 고정시켜 편심에 의한 진동을 방지한다.

15. 피로시험에서 응력집중에 대한 설명으로 맞는 것은?

① 응력집중계수(α)는 노치 형상과 관계없다.
② 노치계수(β)는 응력집중계수(α)보다 크다.
③ 노치민감계수(η)의 식은 $\eta=\dfrac{\alpha-1}{\beta-1}$로 표현된다.
④ 노치에 민감한 재료일수록 노치민감계수(η)는 1에 접근한다.

해설 노치민감계수(η)가 0이면 노치에 둔감한 것이고, 1이면 노치에 민감한 것이다.

16. 피로시험에서 말하는 노치계수(notch constant)란?

① $\dfrac{\text{노치 있는 봉재의 피로한도}}{\text{노치 없는 봉재의 피로한도}}$　　② $\dfrac{\text{노치 없는 봉재의 피로한도}}{\text{노치 있는 봉재의 피로한도}}$

③ $\dfrac{\text{노치 있는 봉재의 피로한도}}{\text{노치 없는 봉재의 피로한도}}\times 100$　　④ $\dfrac{\text{노치 없는 봉재의 피로한도}}{\text{노치 있는 봉재의 피로한도}}\times 100$

17. 피로시험 시 안전 및 유의사항으로 틀린 것은?

① 시험편은 정확하게 고정한다.
② 시험편은 편심이 생기도록 하여 진동을 준다.
③ 시험편은 회전되지 않는 상태에서 하중을 가하지 않는다.
④ 시험편은 부식 부분에 응력집중이 생겨 부식 피로 현상이 생기므로 부식되지 않도록 보관한다.

정답 1. ① 2. ④ 3. ② 4. ② 5. ② 6. ② 7. ① 8. ① 9. ② 10. ④ 11. ④ 12. ② 13. ② 14. ① 15. ④ 16. ② 17. ②

제3장 특수 시험법

3-1 특수 재료 시험

(1) 크리프 시험

① 크리프 시험의 개요

㈎ 재료에 일정한 하중을 가하고 일정한 온도에서 긴 시간 동안 유지하면 시간이 경과함에 따라 변형량이 증가된다. 이 현상을 크리프(creep)라고 한다.

㈏ 시험편에 일정한 하중을 가하였을 때 시간의 경과와 더불어 증대하는 변형량을 측정하여 각종 재료의 역학적 양을 결정하는 시험을 크리프 시험(creep test)이라고 한다.

㈐ 기계 구조물, 교량, 건축물 등 긴 시간에 걸쳐 하중을 받는 것 등에 크리프 현상이 나타나며 특히 저융점 금속, Pb, Cu, 연한 경금속 등은 상온에서도 크리프 현상이 나타난다. 철강 및 단단한 합금 등은 250℃ 이하에서는 거의 변화가 없다.

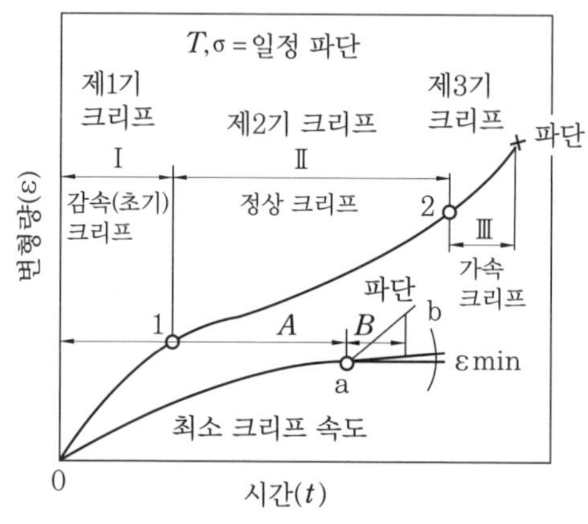

크리프의 3단계

② 크리프 곡선의 3단계 현상

㈎ 제1단계 : 초기 크리프에서 변형률이 점차 감소되는 단계(초기 크리프)

㈏ 제2단계 : 크리프 속도가 대략 일정하게 진행되는 단계(정상 크리프)

㈐ 제3단계 : 크리프 속도가 점차 증가되어 파단에 이르는 단계(가속 크리프)

단원 예상문제

1. 결정질의 고체 재료를 특정한 온도에서 일정한 하중을 가하여 장시간 유지하면서 시간 흐름에 따른 변형량을 측정하는 시험은?

① 인장시험 ② 충격시험
③ 크리프 시험 ④ 성분 분석 시험

해설 크리프 시험은 시험편에 일정한 하중을 가하였을 때 시간의 경과와 더불어 증대하는 변형량을 측정하여 각종 재료의 역학적 양을 결정하는 시험이다.

2. 긴 시간을 필요로 하는 특수 시험은?

① 인장시험 ② 압축시험 ③ 굽힘시험 ④ 크리프 시험

3. 고온도에서 시험편에 일정한 하중을 가하여 놓고 파단에 이르기까지 시간 측정을 하는 시험법은?

① 응력-파단시험 ② 피로시험 ③ 마모시험 ④ 인장시험

해설 응력-파단시험은 고온도에서 시험편에 일정한 하중을 가하여 놓고 파단에 이르기까지 시간 측정을 하는 시험법이다.

4. 소성변형 중 시간의존성 변형은?

① 취성 ② 인장강도 ③ 단면수축 ④ 크리프

5. 크리프 시험실의 환경 조건으로서 가장 먼저 고려해야 하는 것은?

① 항온항습 ② 공기통풍 ③ 진동 내진 ④ 분진 방지

해설 가장 먼저 시험실의 진동 내진을 고려해야 한다.

6. 크리프 시험에 관한 설명으로 틀린 것은?

① 용융점이 낮은 금속은 상온에서도 크리프 현상이 발생한다.
② 크리프는 일반적으로 온도, 응력 및 시간의 함수로 표시된다.
③ 어떤 시간 후에 크리프가 정지하는 최대 응력을 크리프 한도라 한다.
④ 재료에 주기적이고 반복적인 하중을 가하여 파괴되는 현상이다.

해설 크리프 시험은 재료에 연속적인 하중을 가하여 파괴되는 현상이다.

7. 크리프 시험 장치에 해당되지 않는 것은?

① 하중 장치 ② 시험편 검사 장치
③ 변형률 측정 장치 ④ 가열로 온도 측정 및 조정 장치

8. 크리프(creep) 곡선 3단계의 순서로 옳은 것은?

제1단계 제2단계 제3단계

① 감속 크리프→정상 크리프→가속 크리프

② 가속 크리프→정상 크리프→감속 크리프

③ 정상 크리프→가속 크리프→감속 크리프

④ 정상 크리프→감속 크리프→가속 크리프

9. 재료에 일정한 응력을 가할 때 생기는 변형량의 시간적 변화를 크리프(creep)라고 하는데, 이때 변형 속도가 일정한 과정은?

① 1차 크리프 ② 2차 크리프 ③ 3차 크리프 ④ 4차 크리프

해설 • 1차 크리프 : 초기 크리프에서 변형률이 점차 감소되는 단계
• 2차 크리프 : 크리프 속도가 대략 일정하게 진행되는 단계
• 3차 크리프 : 크리프 속도가 점차 증가되어 파단에 이르는 단계

10. creep 현상 중 변형 속도가 시간에 따라 감소하는 단계는?

① 1차 creep ② 2차 creep ③ 3차 creep ④ 4차 creep

해설 1차 크리프 : 변형 속도가 점차 감소하는 단계

11. 크리프 곡선에 대한 설명으로 틀린 것은?

① 파단 크리프는 크리프 속도가 점차 증가되는 최후 단계이다.

② 1단계 크리프는 변율이 점차 감소되는 단계이다.

③ 2단계 크리프는 속도가 대략 일정하게 진행된다.

④ 3단계 크리프는 변형경화가 항상 연화작용보다 크다.

해설 3단계 크리프는 속도가 점차 증가되어 파단에 이르는 단계이다.

12. 크리프 곡선에서 변형 속도가 일정한 과정을 나타내는 것은?

① 초기 크리프 ② 정상 크리프 ③ 가속 크리프 ④ 파단 크리프

해설 크리프의 3단계는 1단계(초기 크리프), 2단계(정상 크리프), 3단계(가속 크리프)이며, 정상 크리프에서 크리프 속도가 일정하다.

13. 제1단계 크리프에 대한 설명 중 틀린 것은?

① 변곡점이 일어나며 연화작용이 크다.

② 변형경화가 연화작용보다 크다.

③ 변형속도가 감소된다.

④ 초기 크리프에서 변형률이 점차 감소되는 단계이다.

해설 1단계 creep(초기 크리프)는 변형 속도가 시간에 따라 감소하는 과정이다.

14. 어떤 재료가 어떤 온도에서 어떤 시간 후에 크리프 속도가 0이 되는 응력은 무엇인가?

① 크리프 한도 ② 크리프 현상 ③ 크리프 조건 ④ 크리프율

해설 어떤 재료에서 특정 온도에 대한 크리프 한도는 그 온도에서 어떤 시간 후에 크리프 속도가 0이 되는 응력을 말한다.

15. 크리프에 대한 설명 중 가장 옳은 것은?

① 온도가 낮을수록 크리프는 잘 일어난다.
② 용융점이 낮은 금속은 상온에서 발생하지 않는다.
③ 변형이 일정한 값에서 계속 변형되는 것을 크리프 한도라 한다.
④ 강철은 300℃ 이내에서는 크리프가 잘 일어나지 않는다.

해설 철강 및 단단한 합금 등은 250℃ 이하에서는 거의 변화가 없다.

16. 크리프(creep) 시험은 긴 시간이 필요하다. 이때 시험실의 환경 조건에서 정확한 시험 결과를 얻기 위한 가장 우선적인 조치는?

① 내진(내충격) 설비 ② 조명 및 환기 설비
③ 소음 방지 장치 ④ 분진 장치

해설 크리프 시험은 긴 시간을 필요로 하기 때문에 진동 방지를 위한 내진 설비가 필요하다.

정답 1. ③ 2. ④ 3. ① 4. ④ 5. ③ 6. ④ 7. ② 8. ① 9. ② 10. ① 11. ④ 12. ② 13. ② 14. ① 15. ④ 16. ①

(2) 마모시험

① 마모시험의 개요 : 2개 이상의 물체가 접촉하면서 상대운동을 할 때 그 면이 감소되는 마모 또는 마멸량을 시험하는 것이다.

② 마모의 종류

(가) 슬라이딩 마모 : 시험편의 마찰하는 상대가 금속이 아닌 광물질일 때(토목용 기계, 농업용 기계 등)

(나) 슬라이딩 마모 : 시험편의 마찰하는 상대가 금속일 때(베어링, 브레이크 등)

(다) 회전마모 : 회전마찰이 생기는 경우, 원판의 RPM을 빠르게 회전시켜 슬립이 생기게 함(롤러 베어링, 기어, 바퀴, 레일)

(라) 왕복 슬라이딩 마모 : 왕복운동에 의한 마찰의 모든 경우(실린더, 피스톤, 펌프)

(마) 마모시험의 기구에 따른 분류

㉠ 응착마모(Abhesive wear) : 표면의 미세돌기들이 높은 압력에 의해 변형한 후 깨끗한 표면에 나타나 두 물체간에 확산되고 압접하여 응착되는 현상

㉡ 연삭마모(Adrasive wear) : 상대적으로 경한 입자나 미세돌기와의 접촉에 의해 표면으로부터 입자가 이탈되는 현상

㉢ 표면피로마모(fatigue wear of surface) : 기어나 베어링 등에서 주로 발생하며 상대운동을 하는 표면층에 반복하중이 가해져서 표면층에서 피로균열과 공식이 발생되는 현상

㉣ 부식마모(corrosion wear) : 부식성 가스나 액체 등의 분위기에서 진행될 때 얇은 막이나 입자 등의 부식 생성물이 나타나고 마찰에 의해 분리 제거되는 현상

(바) 운동에 따른 분류 : 미끄럼 마모, 구름마모, 충격마모, 진동마모

③ 마모시험에 영향을 미치는 인자

(가) 접촉하중과 미끄럼 속도

(나) 접촉면 경도의 영향

(다) 접촉면의 표면조도의 영향

(라) 시험온도의 영향

(마) 재료의 조합 및 분위기의 영향

④ 마모시험 결과

(가) 마모량

$$V = Wa - Wb[\text{gr}]$$

여기서, Wa : 시험 전 시험편의 중량(gr), Wb : 시험 후 시험편의 중량(gr),
ρ : 시험편의 밀도(kg/mm^3)

※ 시험편의 중량은 0.001~0.0001(gr) 단위까지 측정한다.

$$V = \frac{Wa - Wb}{\rho \times 10^3}[\text{mm}^3]$$

(나) 마모율

$$Vs = \frac{V}{P \times L}[\text{gr/kgf} \cdot \text{m}] \text{ 또는 } [\text{gr/N} \cdot \text{m}]$$

여기서, P : 가압하중(thrust road)[kgf] 또는 [N]
L : 평균 미끄럼(sliding) 거리(m)
V : 미끄럼 속도=시험편의 평균직경(d=22.8mm)×π×RPM/60, RPM=미끄럼 속도×60/π×d(π=3.14)

$$1\text{kgf}=9.80655\,\text{N(Newton)},\ 1\text{N}=1.0972\times10^{-1}\text{kgf}$$

(다) 마찰력

$$f=\frac{F\times R}{r}\,[\text{kgf}] \text{ 또는 } [\text{N}]$$

여기서, F : b점에서의 마찰하중(Friction load)[kgf] 또는 [N]

R : torque arm의 길이(mm)

r : 시험편의 평균반경(r=11.4mm)

(라) 마찰계수

$$\mu=\frac{f}{P}=\frac{F\times R}{P\times r}$$

단원 예상문제

1. 2개 이상의 물체가 접촉하면서 상대운동으로 물체의 중량 감소의 양을 측정하는 시험법은?

① 굴곡시험 ② 전단시험 ③ 마모시험 ④ 압축시험

해설 마모시험은 2개 이상의 물체가 접촉하면서 상대운동을 할 때, 그 면이 감소되는 마모량을 측정하는 시험이다.

2. 마모시험 방법이 아닌 것은?

① 왕복 전도마모 ② 회전마모
③ 슬라이딩 마모 ④ 왕복 슬라이딩 마모

해설 마모시험의 종류 : 슬라이딩 마모, 회전마모, 왕복 슬라이딩 마모

3. 마모시험기의 형식이 아닌 것은 어느 것인가?

① 압축마모 ② 왕복 슬라이딩 마모
③ 회전마모 ④ 슬라이딩 마모

해설 마모시험기의 종류 : 왕복 슬라이딩 마모, 회전마모, 슬라이딩 마모

4. 어느 조건에서 마모가 가장 많이 일어나겠는가?

① 표면경도가 높을 때
② 접촉압력이 작을 때
③ 윤활상태일 때
④ 접촉면이 미끄러울 때

해설 재료의 표면경도가 높을수록 마모량이 커진다.

5. 마모시험에 미치는 영향을 설명한 것 중 틀린 것은?

① 온도 및 상대금속에 따라 결과의 값이 다르다.
② 표면의 거칠기 상태에 따라 결과의 값이 다르다.
③ 윤활제를 사용한 것과 사용 안 한 것은 결과의 값이 다르게 나온다.
④ 마찰로 인하여 생기는 미세한 가루는 결과의 값에 전혀 영향을 미치지 않는다.

해설 마모시험은 2개 이상의 물체가 접촉하면서 상대운동을 할 때, 그 면이 감소되는 현상을 이용한 시험 방법이다. 이때 마찰로 인하여 생기는 미세한 가루도 결과의 값에 영향을 미친다.

6. 마모시험에서 마모에 관한 설명으로 옳은 것은?

① 부식이 쉬운 것은 내마모성이 작다.
② 마찰열의 방출이 빠를수록 내마모성이 나쁘다.
③ 응착이 어려운 재료의 조합은 내마모성이 작다.
④ 표면이 딱딱하면 접촉점의 변형이 많고 마모에 약하다.

7. 마모시험에 미치는 인자가 아닌 것은?

① 윤활제 사용 유무
② 표면 담금질
③ 온도 변화
④ 상대 금속의 굵기

해설 마모시험에 미치는 인자 : 윤활제 사용 유무, 표면 담금질, 온도 변화

8. 재료의 내마모성에 영향을 주는 인자에 해당되지 않는 것은?

① 크리프 강도
② 표면 거칠기
③ 열전도성
④ 재료의 경도 및 강도

해설 재료의 내마모성에 영향을 주는 인자는 표면 거칠기, 열전도성, 재료의 경도 및 강도, 접촉하중, 기계적 및 화학적 성질 등이다.

9. 마모시험에서 측정 변수에 해당되는 요인이 아닌 것은?

① 마찰력
② 접촉 조건
③ 마모율
④ 색깔

10. 내마모성을 좌우하는 인자와 관련이 가장 적은 것은?

① 응착성
② 화학적 안정성
③ 열전도성
④ 부피와 무게

해설 내마모성을 좌우하는 요소는 응착성, 화학적 안정성, 열전도성이다.

11. 마모시험에 영향을 미치는 인자들에 대한 설명으로 틀린 것은?

① 접촉하중이 증가할수록 마모량은 증가한다.
② 접촉면 표면이 거칠수록 마모량은 증가한다.
③ 미끄럼 속도는 어느 임계속도까지는 마모량이 증가한다.
④ 마찰면의 실제 온도가 아주 높아지면 마모량이 급속히 감소하며 소착은 일으키지 않는다.

해설 마찰면의 실제 온도가 아주 높아지면 마모량이 급속히 증가하며 소착이 생긴다.

12. 마모에 관한 설명 중 옳은 것은?

① 마찰속도가 커지면 마모량이 감소한다.
② 일반적으로 마찰압력이 증가하면 마모량도 증가한다.
③ 마찰속도에는 무관하고 마찰압력이 커지면 마모량이 증가한다.
④ 마찰속도 및 마찰압력에는 무관하다.

13. 마모시험 방법 중 틀린 것은?

① 연마석에 접촉시켜 불꽃을 보고 측정한다.
② 회전하는 원판에 시험편을 접촉시켜 측정한다.
③ 왕복운동하는 평면에 시험편을 접촉시켜 측정한다.
④ 같은 지름의 원추상 시험편을 끝면에서 접촉시키면서 회전하여 측정한다.

해설 ①은 불꽃시험에 대한 설명이다.

14. 금속재료의 마모에 대한 설명으로 틀린 것은?

① 마모량 검사는 마모시험 후에 시험편의 무게를 측정할 수 있다.
② 마모시험은 크게 회전마모와 미끄럼 마모로 나뉜다.
③ 공기층에서 마모시험을 할 경우 접촉압력이 증대되면 마모량도 반드시 증가한다.
④ 마모량은 마모시험 초기에 증가한다.

해설 마모량은 마모시험 초기에는 감소한다.

15. 슬라이딩 마모시험에서 마모량을 검정할 때 물질에 따라 검정되는 다음 $W_{ns}=an^2\frac{Wn}{Ws}$에서 상수(a) 중 표준조직에 해당되는 것은?

① 14.4×10^{-3}mg
② 12.5×10^{-3}mg
③ 10.4×10^{-3}mg
④ 1.9×10^{-3}mg

16. **회전마모시험기를 바르게 설명한 것은?**

① 시편의 마찰 상대가 금속이 아닐 때 사용한다.
② 시편의 마찰하는 상대가 금속일 때 사용한다.
③ 원판의 RPM을 빠르게 회전시켜 슬립이 생기게 한다.
④ 원판의 왕복운동에 의한 마찰이다.

해설 회전마모시험기는 원판의 RPM을 빠르게 회전시켜 슬립이 생기게 한다.

17. **기어나 베어링 등에 많이 발생하며 상대운동을 하는 표면에서 반복하중이 가해지면 마찰표면층에서 파괴가 일어나 그 결과 마모입자가 발생하는 것은?**

① 응착마모
② 연삭마모
③ 피로마모
④ 부식마모

해설 피로마모는 상대운동을 하는 표면에서 반복하중이 가해지면 마찰표면층에서 파괴가 일어나는 마모이다.

18. **상대적으로 단단한 입자나 미세돌기와의 접촉에 의해 표면으로부터 마모입자가 이탈되는 현상으로 마모면에 긁힘 자국이나 끝이 파인 홈들이 나타나게 되는 마모는?**

① 응착마모(adhesive wear)
② 피로마모(fatigue wear)
③ 연삭마모(abrasive wear)
④ 부식마모(corrosion wear)

해설
- 연삭마모 : 긁힘 자국, 패인 자국
- 응착마모 : 원추 모양, 얇은 조각, 공식
- 부식마모 : 반응 생성물

19. **마모 시험편 제작 시 주의사항에 해당되지 않는 것은?**

① 보관 시는 데시케이터를 사용한다.
② 시험편은 항상 열처리된 시험편만을 사용한다.
③ 불필요한 표면 산화, 기름이나 물 등의 오염을 억제한다.
④ 가공에 의한 잔류응력이나 표면 변질을 최대한 억제한다.

해설 열처리된 시험편은 가급적 사용하지 않는다.

정답 1. ③ 2. ① 3. ① 4. ① 5. ④ 6. ① 7. ④ 8. ① 9. ④ 10. ④ 11. ④ 12. ② 13. ① 14. ④ 15. ② 16. ③ 17. ③ 18. ③ 19. ②

(3) 에릭센 시험

① 에릭센 시험의 개요

㈎ 에릭센 시험(Erichsen test)은 재료의 연성을 알기 위한 시험으로 커핑시험(cupping test)이라고도 한다.

㈏ 구리판, 알루미늄판 및 기타 연성판재를 가압성형하여 변형 능력을 시험하는 방법이다.

② 에릭센 시험 방법

㈎ 시험기 금형의 내경은 27±0.05mm이고 외경은 55mm이며 시험편과 접촉하는 면의 조도는 4S 정도이다.

㈏ 에릭센 시험 온도는 5~35℃가 적당하며 시험편에 graphite 그리스를 바른 후 시험기에 세팅한다.

㈐ 펀치의 끝을 주름 누르개면과 같은 편면에 위치시킨 다음 마이크로 미터 장치의 눈금을 0에 맞추고 5~20m/min의 속도로 균일하게 펀치를 가압하며 시험편이 터지기 시작하면 펀칭속도를 5m/min까지 감속한다.

㈑ 펀치의 선단이 이동한 거리(변형된 길이)로 가압력과 컵의 깊이를 측정하고 커핑된 시험편의 주름 발생, 두께의 차이, 터짐 등과 같은 형상을 관찰하여 소재의 연성과 딥 드로잉성을 파악한다.

단원 예상문제

1. 에릭센 시험은 재료의 어떤 성질을 시험하기 위한 것인가?

① 봉재 시편의 연신율 측정　② 주철재의 가단성 시험
③ 판재의 연성 측정　④ 각종 재료의 전단성 측정

해설 에릭센 시험은 판재의 연성을 측정하는 시험법이다.

2. 재료의 연성을 알기 위한 시험은?

① 에릭센 시험　② 쇼어시험　③ 초음파시험　④ 피로시험

해설 에릭센 시험(Erichsen test)은 커핑시험(cupping test)이라고도 하며, 재료의 연성을 알기 위한 시험이다.

3. 커핑시험을 일명 어떤 시험이라 하는가?

① 에릭센 시험　② 비틀림시험　③ 제어시험　④ 벤딩시험

4. **금속박판 재료를 상 · 하 다이 사이에 삽입시키고 시험편에 펀치를 넣어 뒷면에 균열이 생길 때까지 가압하여 펀치 앞 끝이 하형 다이의 시험편에 접하는 면에서 이동한 거리를 측정하여 소성가공성을 평가하는 시험은?**

① 에릭센 시험 ② 슬라이딩 마모시험
③ 응력파단시험 ④ 굽힘시험

해설 에릭센 시험은 재료의 연성시험이다.

5. **동판, 알루미늄판 및 연성판재를 가압성형하여 변형 능력을 측정하는 시험은?**

① 크리프 시험 ② 마모시험 ③ 압축시험 ④ 에릭센 시험

해설 에릭센 시험은 연성판재를 가압성형하여 변형 능력을 측정한다.

6. **에릭센 시험에 필요한 시험편은 어떤 재료에 많이 이용되는가?**

① 두꺼운 금속판 ② 둥근 금속판 ③ 얇은 금속판 ④ 굵은 금속판

해설 에릭센 시험은 재료의 연성을 알기 위한 시험으로 구리판, 알루미늄판 및 얇은 철판의 변형 능력을 시험하는 방법이다.

7. **에릭센 시험기에 대한 설명 중 잘못된 것은?**

① 펀치의 선단반경은 10±0.05mm이다.
② 다이스 내부의 시편에 접촉하는 면의 다듬질은 4S이다.
③ 제3호 시편은 직경 90±2mm의 원판형 시편이다.
④ 가압판의 내경은 55mm 정도이다.

해설 가압판의 내경은 33mm, 외경 55mm로 한다.

8. **에릭센 시험기에서는 핸들을 조작하여 펀치로 시험판을 0.1mm/초의 속도로 조용히 눌러서 모자 모양을 만들어 나갈 때 시험판은 완곡하게 변형하면서 균열이 생긴다. 이 때의 에릭센 값은 다음의 어느 것으로 정하는가?**

① 가해진 에너지로 정한다.
② 균열의 크기로 정한다.
③ 기계가 한 일의 양으로 정한다.
④ 펀치의 선단이 이동한 거리로 정한다(변형된 길이).

해설 시험기의 압축 장치로 가압하여 파단면이 보이기 시작할 때 모자 형상의 깊이와 시험편의 연성을 측정한다.

정답 1. ③ 2. ① 3. ① 4. ① 5. ④ 6. ③ 7. ④ 8. ④

(4) 스프링 시험

판스프링, 코일 스프링, 시트 스프링, 벌류트 스프링 등이 있다. 스프링 시험 중에서의 하중시험에는 두 가지가 있다.

① 스프링에 지정된 하중을 가하고 하중 제거 후 스프링의 원상 복귀 여부에 대한 시험(재질의 양부, 열처리의 적정 여부, 스프링 강도 조사 등)

② 스프링에 지정된 하중을 가하여 이에 따른 지정 변형이 생기는 것인지의 여부를 검사하는 시험(치수에 따라 결정되는 스프링의 강성을 나타냄)

단원 예상문제

1. 스프링에 지정 하중을 가하여 지정 변형이 생기는 것인지의 여부를 검사하는 것은 어느 시험인가?

① 스프링 시험 ② 탄성시험 ③ 인성시험 ④ 압축시험

해설 스프링 시험은 치수에 따라 결정되는 스프링의 강성을 파악하는 시험이다.

2. 스프링 시험에서 스프링에 작용하는 힘의 방향에 따른 스프링은?

① 압축 스프링 ② 인장 스프링 ③ 굽힘 스프링 ④ 비틀림 스프링

해설 굽힘 스프링 : 스프링에 작용하는 힘의 방향에 따른 스프링

3. 평판 스프링 시험에서 단위 체적당의 에너지를 산출하는 공식은?

① $1/18\sigma^2/E$ ② $1/8\sigma^2/E$ ③ $1/4\gamma^2/G$ ④ $0.154\tau^2/G$

정답 1. ① 2. ③ 3. ①

3-2 재료의 특성 시험

(1) 응력 측정 시험

응력 측정 시험에는 기계적인 변형량 측정법, 전기적인 변형량 측정법, 광탄성 시험, 스트레스 코팅, X-선에 의한 응력 측정법 등이 있다.

① X-선 회절 시험 : X-선 회절 시험의 하나로 X-선 회절에 의한 결정 격자 측정법이 있다. 이 시험의 목적은 임의의 원소에 대한 격자간 거리와 구조를 결정하기 위한 것이며, 또한 여러 원소들의 알려진 결정구조와 비교함으로써 그것을 확인하기 위한 것이다.

② 광탄성 시험

(가) 금속 제품의 2차원 및 3차원 응력 분포를 동경사선과 등색선의 편광무늬로 관찰한다.

(나) 편광에는 평면편광과 원형편광이 있으며 평면편광에는 등경사선과 등경색선이 함께 나타나고 원형편광에는 등색선만 나타난다.

(다) 편광시험 장치는 수은등을 사용한 단색 광원, 폴라라이저 분석기, 각종 렌즈, 필터, 원형편광 발생 시 필요한 1/4 파장 판 등으로 구성된다.

③ 스트레스 코팅법

(가) 기계부품이나 구조물의 표면에 락커 등의 취성이 큰 물질을 균일하게 코팅하고 건조시킨 후 정적 또는 동적인 외력을 가했을 때 스트레스에 비례하는 반형이 표면에 나타나며 균열이 발생하는데, 이때의 스트레스를 측정하는 비파괴적 측정 방법이다.

(나) 주로 응력(stress)과 변형(strain)의 방향, 크기 및 위치 등을 분석한다.

④ 기계적인 변형량 측정법

(가) 레버식 확대 변형량 게이지 이용법

(나) 레버와 다이얼 게이지 이용법

(다) 광학적 간섭법

⑤ 전기적인 변형량 측정법

(가) 전기저항 이용법

(나) 전기용량형 변위계 이용법

단원 예상문제

1. Bragg's X-선 회절 시험에서 X-선의 입사각이 30°일 때 결정면간 거리는? (단, 회절 상수(n) = 1, 파장(λ) = 1.9373 Å 이다.)

① 0.9686 Å ② 1.6776 Å ③ 1.9373 Å ④ 3.8746 Å

해설 브라그의 법칙 $2d\sin\theta = n\lambda$에서 면간 거리 $d = \frac{n\lambda}{2\sin\theta} = \frac{1 \times 1.9373}{2\sin 30} = 1.9373$ Å이다.

2. 응력 측정 시험이 아닌 것은?

① 변형량 측정법 ② 에릭센 시험 ③ 광탄성 시험 ④ 스트레스 코팅

해설 에릭센 시험은 연성을 알기 위한 시험법이다.

3. 응력 측정법과 그 특성을 짝지은 것으로 옳은 것은?

① 스트레스 코팅(stress coating) : 비파괴적 측정법이다.

② 광탄성 시험 : 평면 응력뿐만 아니라 3차원 응력까지 예측 가능하다.

③ X-ray에 의한 측정법 : 금속 내부의 응력을 측정할 수 있다.

④ 디퍼런셜 트랜스포머(differential transformer) 방법 : 등경사선이 나타난다.

해설
- 스트레스 코팅 : 응력과 변형 측정
- 광탄성 시험 : 평면 응력뿐만 아니라 3차원 응력까지 예측 가능
- X-ray에 의한 측정법 : X-ray 회절에 의한 변형 측정
- 디퍼런셜 트랜스포머(differential transformer) 방법 : 원자 위치의 변형 측정 및 표면 탄성응력 측정

4. 응력을 받고 있는 결정체의 격자면 사이의 거리 변화를 측정하여 응력을 구하는 비파괴 시험 방법은?

① X-선 응력 측정 ② 전기저항 응력 ③ 응력 도표법 ④ 광탄성 시험법

해설 X-선 응력 측정법은 응력을 받고 있는 결정체의 격자면 사이의 거리 변화를 측정하여 응력을 구한다.

5. X-선에 개인 피폭이 되었는지의 여부를 측정 또는 모니터하는 수단이 아닌 것은?

① 필름배지 ② 탐촉케이블

③ 열형광 선량계 ④ 형광유리 선량계

6. 재료 변형 시 외부응력이나 내부 변형 과정에서 검출되는 낮은 응력파를 감지하여 공학적으로 시험하는 방법은?

① 음향방출시험 ② 열탄성 응력 해석법

③ 무아레 응력 측정법 ④ X-ray에 의한 응력 측정법

해설 음향방출시험(AE시험) : 재료의 변형 시 검출되는 낮은 내부응력을 감지하여 공학적으로 시험하는 방법

7. 음향방출검사(AE)에 대한 설명으로 틀린 것은?

① 정적인 결함의 검출에 우수하다.

② 한 번에 전체를 검사할 수 있다.

③ 시험 결과에 대한 재현성이 없다.

④ 결함의 활동성을 검지하는 시험법이다.

해설 재료 내부의 동적 결함을 검출하는 데 적합하다.

8. 응력 측정 시험의 종류가 아닌 것은?

① 강박시험

② 광탄성 시험

③ 전기적인 변형량 측정법

④ 기계적인 변형량 측정법

해설 응력 측정 시험에는 기계적인 변형량 측정법, 전기적인 변형량 측정법, 광탄성 시험, 스트레스 코팅, X-선에 의한 응력 측정법 등이 있다.

정답 1. ③ 2. ② 3. ② 4. ① 5. ② 6. ① 7. ① 8. ①

(2) 불꽃시험

철강재료를 간단한 방법으로 판별할 수 있는 것이 불꽃시험(spark test)이다.

① 불꽃의 구조

(가) 불꽃의 뿌리 부분은 주로 C, Ni을 측정한다.

(나) 중앙부는 Ni, Cr, Mn, Si를 측정한다.

(다) 끝부분의 형태, 파열에 의해 Mn, Mo, W을 측정한다.

(라) 강 중의 C%가 증가되면 불꽃의 수가 많아지고, 그 형태도 복잡해진다.

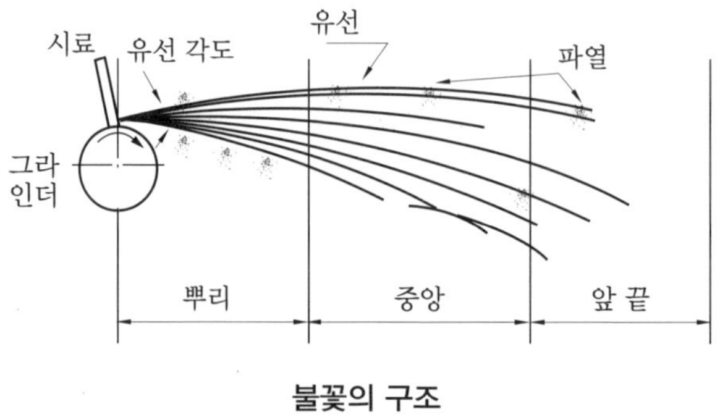

불꽃의 구조

② 합금강의 불꽃시험

(가) 탄소 파열 조장 원소 : Mn, Cr, V

(나) 탄소 파열 저지 원소 : W, Si, Ni, Mo

③ 불꽃시험의 이용 범위 : 강질의 판정, 이종강재의 선별, 스크랩의 선별, 탈탄 · 침탄 · 질화 정도의 판정, 고온도에 있어서 강재의 내산화성 검사, 가단화의 정도 판정, 림드강의 판정, 담금질 여부의 판정

단원 예상문제

1. 탄소강의 탄소 함유량을 측정하기 위한 가장 간단한 방법은?

① 피로시험 ② 방사선 투과시험
③ 불꽃시험 ④ 크리프 시험

해설 탄소강의 탄소량을 측정하기 위해 불꽃시험을 한다.

2. 불꽃시험에서 특수강의 불꽃은 그 함유한 특수 원소의 종류에 의해서 변화한다. 다음 특수 원소 중 탄소 파열을 저지하는 것은?

① Cr ② V ③ Mn ④ Si

3. 불꽃시험에 있어서 불꽃의 파열이 가장 많은 강은?

① 0.15% 탄소강 ② 0.25% 탄소강 ③ 0.40% 탄소강 ④ 0.55% 탄소강

해설 탄소량이 많을수록 불꽃 파열의 숫자가 많아진다.

4. 강재의 판별법 중의 하나인 불꽃시험 시 시험통칙에 대한 설명으로 틀린 것은?

① 유선의 관찰 시 색깔, 밝기, 길이, 굵기 등을 관찰한다.
② 바람의 영향을 피하는 방향으로 불꽃을 방출시킨다.
③ 0.2% 탄소강의 불꽃 길이가 500mm 정도의 압력을 가한다.
④ 시험 장소는 개인의 작업 안전을 위하여 아주 밝은 실내가 좋다.

해설 불꽃시험 시 너무 밝으면 불꽃 판단이 어렵다.

5. 탄소강의 불꽃시험에서 강재에 함유된 탄소량이 증가할 때 나타나는 불꽃의 특성으로 틀린 것은?

① 유선의 숫자가 증가한다. ② 파열의 숫자가 감소한다.
③ 유선의 길이가 감소한다. ④ 파열의 꽃잎 모양이 복잡해진다.

해설 탄소량이 많을수록 파열의 숫자가 증가한다.

6. 강의 재질을 판별할 수 있는 방법이 아닌 것은?

① 열 분석법 ② 펠릿시험
③ 불꽃시험 ④ 현미경 조직 검사법

해설 열 분석법은 강의 변태점을 분석하는 방법이다.

정답 1. ③ 2. ④ 3. ④ 4. ④ 5. ② 6. ①

(3) 담금질성 시험

같은 크기, 같은 형태의 강을 똑같은 조건 하에서 담금질해도 경화되는 깊이는 강의 종류에 따라 다르다. 강이 담금질되기 쉬운 정도를 담금질성(hardenability)이라고 한다.

① 담금질성 시험 방법

㈎ 임계지름

㈏ Di 계산 방법에 의한 담금질성

㈐ 조미니(jominy) 시험

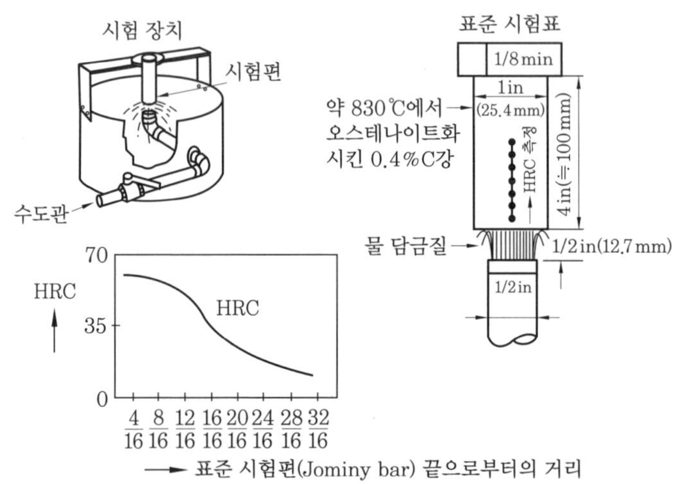

조미니 시험 장치 및 시험편

㈑ P-F 시험(penetration-fracture test) : 경화된 깊이가 얕은 강의 경화능 측정법이다.

㈒ SAC 시험 : 이 시험은 경도 관통 시험이라고 부르며 지름 2.54 cm의 봉을 표준화된 조건 하에서 담금질하고, 그 결과 생긴 경도 분포를 대칭적인 U 곡선으로 나타낸다.

㈓ 셰퍼드(shepherd) P-V 시험 : 엷게 경화된 강에 대한 시험법이다.

㈔ 공랭시험 : 합금원소로 인하여 임계냉각속도가 매우 느린 강들이 있다. 공랭하여도 전체적으로 경화되고는 한다. 이런 강들의 경화능 시험 방법으로 공랭시험이 있다.

단원 예상문제

1. 강의 담금질성 측정에 이용되는 일반적인 시험법은?

① 샤르피 충격 시험법 ② 만능시험기
③ 조미니 시험 ④ 에릭센 시험

해설 조미니 시험은 강의 담금질성 시험법이다.

2. 조미니 시험에서 경화능의 표시가 보고서에 J45－6/18로 적혀 있을 때 HRC 경도값을 표시하는 것은?

① J ② 6 ③ 18 ④ 45

해설 J45－6/18은 냉각단으로부터 6~18mm 점에서의 경도값이 45(HRC45)라는 것을 나타낸다.

정답 1. ③ 2. ④

3-3 충격시험

(1) 충격시험의 개요

① 충격시험(impact test)의 목적은 충격력에 대한 재료의 충격저항, 즉 점성강도를 측정하는 것으로 재료를 파괴할 때 재료의 인성(toughness) 또는 취성(brittleness)을 시험한다.

② 충격시험에는 하중 작용 방식에 따라 충격인장, 충격굽힘, 충격비틀림 시험 등으로 구별된다.

③ 일반적으로 충격시험이라 함은 충격굽힘시험을 말하며 아이조드(Izod) 충격시험과 샤르피(Charpy) 충격시험이 있다.

④ 재료에 노치를 주면 피로나 충격과 같은 외력이 작용할 때 집중응력이 생겨서 파괴되기 쉬운 성질을 갖는 효과를 노치 효과라고 한다. 형상계수(α)는 노치계수(β)와 1보다 크다.

(가) 충격흡수에너지(E) : $E=WR(\cos\beta-\cos\alpha)$

(나) 충격치 : $U=\dfrac{E}{A_0}=\dfrac{WR(\cos\beta-\cos\alpha)}{A_0}$ [kgf · m/cm^2]

(2) 충격시험의 순서

① 시험기의 0점을 조정한다.

② 해머를 시험각도(120°) α까지 조정해 놓는다.

③ 시험편을 시험편의 고정법에 의해 앤빌 위에 고정시킨다.

④ 해머의 고정핀을 풀고 해머를 낙하시킨다.

⑤ 파단 후의 각도 β를 측정한다.

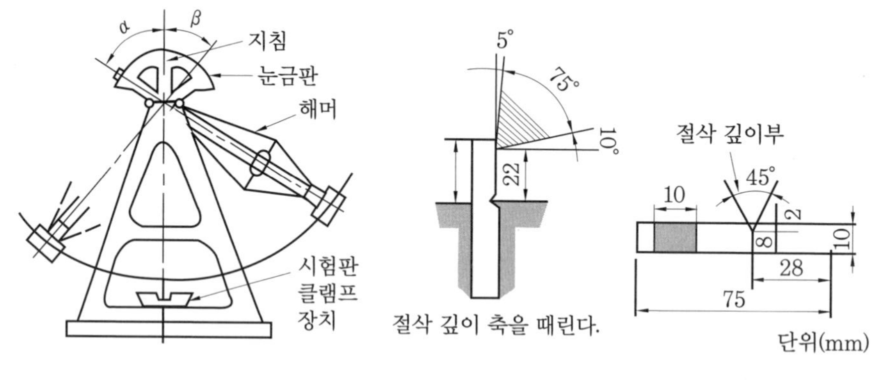

(a) 아이조드식

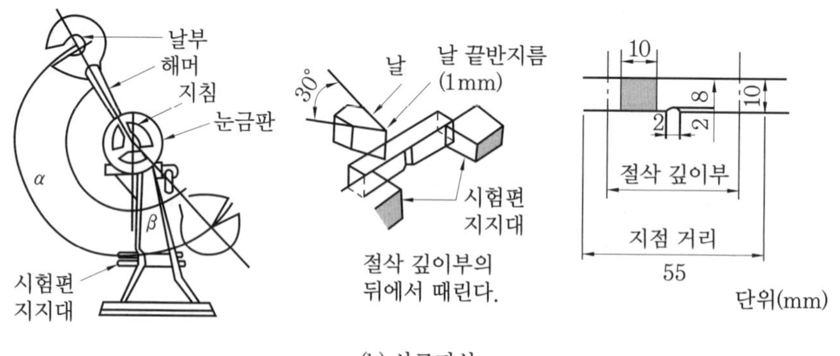

(b) 샤르피식

충격시험기의 구조 및 시험편

단원 예상문제

1. 충격시험의 목적이 아닌 것은?

① 연성 ② 재료의 취성 ③ 재료의 충격저항 시험 ④ 재료의 인성

해설 충격시험의 목적 : 재료의 충격저항, 재료의 인성과 취성을 시험한다.

2. 충격시험의 목적으로 옳은 것은?

① 경도와 강도를 알기 위하여 ② 연성과 전성을 알기 위하여

③ 인성과 전성을 알기 위하여 ④ 인성과 취성을 알기 위하여

3. 충격시험의 특징이 아닌 것은?

① 충격치는 재료의 대표적인 경도 계산에 직접 이용된다.
② 충격시험은 재료의 인성 또는 취성을 측정한다.
③ 아이조드와 샤르피 충격시험 방법이 있다.
④ 충격흡수에너지와 충격치를 계산할 수 있다.

4. 충격시험에 대한 설명으로 틀린 것은?

① 충격시험은 재료의 인성과 취성의 정도를 판정하는 시험이다.
② 금속재료 충격 시험편의 노치는 주로 V자형, U자형이 있다.
③ 열처리한 재료의 평가를 위한 시험편은 열처리 전에 기계가공을 한다.
④ 충격값이란 충격에너지를 시험편의 노치부 단면적으로 나눈 값으로 단위는 kgf · m/cm^{2}이다.

해설 열처리한 재료의 평가를 위한 시험편은 열처리 후에 기계가공을 한다.

5. 충격시험 전 사전 점검사항으로 최종 단계에 해당하는 것은?

① 해머 이동각도 지시계를 확인하고 0으로 조정한다.
② 해머의 고정부와 축회전부의 조임 상태를 확인한다.
③ 시험편이 없는 상태에서 공시험으로 흡수에너지가 0인 것을 확인한다.
④ 해머 속도의 감속 및 정지 기능 확인을 위한 브레이크 부위를 점검한다.

해설 충격시험 전 사전 최종 점검 단계에서 공시험으로 흡수에너지가 0인 것을 확인한다.

6. 충격시험에서 지켜야 할 주의사항으로 틀린 것은?

① 해머가 내려와 정지된 상태에서 시험편을 앤빌(anvil)에 장착한다.
② 해머를 낙하시킬 때는 해머와 수평 방향으로 50cm 이상 떨어져 있어야 한다.
③ 고온 및 저온 상태의 시험편으로 시험할 경우는 시험편을 손으로 만지지 않도록 한다.
④ 시험 후 해머가 멈추지 않은 상태라도 측정값을 읽고 파괴된 시험편을 빠르게 회수해야 한다.

7. 충격시험이란 어떤 성질을 알기 위함인가?

① 인성　② 경도
③ 인장　④ 변형성

해설 충격시험의 목적 : 인성과 취성, 재료의 저항성 시험

8. 노치 효과에 대한 설명으로 옳은 것은?

① 노치계수(β)는 1보다 작다.

② 형상계수(α)는 노치계수(β)보다 크다.

③ 노치에 둔한 재료에서는 노치민감계수(η)가 0에 접근한다.

④ 노치민감계수의 값은 노치에 민감하면 0이 되고, 둔하면 1이 된다.

해설 • 노치 효과 : 물체 표면에 노치가 있을 때 하중을 받으면 노치 부분에서 피로파괴가 발생하는 현상을 말한다.
- 형상계수(α) : 노치 구멍 등 하중을 받는 부분에서의 응력집중 값을 형상계수라 한다.
- 노치계수(β) : 홈이 있는 곳에 피로한도가 낮아지면서 노치 효과가 나타나는 값을 노치계수라 한다.
- 일반적으로 형상계수와 노치계수의 관계는 $\alpha \geq \beta \geq 1$이다.
- 노치에 둔한 재료에서는 노치민감계수(η)가 1에 접근하고, 노치민감계수(η)가 1이면 노치에 민감한 재료가 된다.

9. 형상계수를 α라 하고, 노치계수를 β라 할 때 노치민감계수는?

① $\eta = \frac{(\beta-1)}{(\alpha-1)}$

② $\eta = \frac{(\alpha-1)}{(\beta-1)}$

③ $\eta = (\alpha-1) \times (\beta-1)$

④ $\eta = (\beta-1)-(\alpha-1)$

10. 충격시험과 관계가 없는 것은?

① 흡수에너지

② 취성과 인성

③ 옵셋법

④ 천이온도

해설 충격시험은 취성과 인성, 천이온도를 알기 위하여 충격흡수에너지를 측정한다.

11. 충격시험은 어느 시험기에서 행하는가?

① 샤르피 시험기

② 피로시험기

③ 만능시험기

④ 비틀림 시험기

해설 충격시험기의 종류에는 샤르피 충격시험기와 아이조드 충격시험기가 있다.

12. 샤르피(Charpy) 충격시험에 대한 설명 중 틀린 것은?

① 시험편은 수직으로 지지한다.

② 시험편에 노치 부분이 있다.

③ 인성 및 취성을 측정한다.

④ 동적 작용에 의해 측정한다.

해설 샤르피 충격 시험편은 수평으로 지지한다.

13. 충격 시험편의 제작에 대한 설명으로 틀린 것은?

① 시험편은 가공에 의한 연화나 경화의 영향이 가능한 한 일어나지 않도록 기계가공한다.

② 열처리한 재료의 평가를 위한 시험편은 열처리 후에 기계가공한다.

③ 시험편의 단면을 제외한 4면은 관찰하지 않아도 된다.

④ 시험관의 기호 · 번호 등은 시험에 영향을 미치지 않는 부위에 표시한다.

해설 시험편의 단면 및 4면을 관찰해야 한다.

14. 샤르피 충격시험에서 시험편의 설치 방법은?

① 수평으로 설치하며, 해머와 노치부가 마주치도록 설치한다.

② 수평으로 설치하며, 해머와 노치부의 반대쪽이 마주치도록 설치한다.

③ 수직으로 설치하며, 해머와 노치부가 마주치도록

④ 수직으로 설치하며, 해머와 노치부의 반대쪽이 마주치도록 설치한다.

해설 충격 시험편은 수평으로 설치하며, 해머가 노치부의 반대쪽에서 타격하도록 한다.

15. 금속재료의 샤르피 충격시험에 대한 설명으로 틀린 것은?

① 표준 시험편은 길이 55mm, 폭 10mm인 정사각형 단면 시험편을 준비한다.

② V 노치는 각도가 45°, 깊이가 2mm, 밑면의 반지름이 0.25mm가 되도록 제작한다.

③ 시험 온도가 명시되어 있을 경우, 오차 범위 ±2℃ 내로 시험편의 온도를 유지시켜야 한다.

④ U 노치는 별도로 명시하지 않는 경우 깊이 10mm, 끝단의 지름이 15mm가 되도록 제작한다.

해설 U 노치는 별도로 명시되지 않는 경우에는 깊이 2mm, 끝단의 지름이 2mm가 되도록 제작한다.

16. 샤르피(charpy) 충격 시험편 3, 4호의 V 또는 U 노치부의 길이는?

① 1mm ② 2mm ③ 3mm ④ 4mm

17. 노치부의 단면적 A[cm^2]인 시험편을 절단하는데 흡수된 에너지를 E[kg · m]라 할 때 아이조드형 충격값은 어떻게 표시하는가?

① $E \cdot A$

② $\dfrac{E}{A}$

③ $\dfrac{A}{E}$

④ E

해설 충격치＝충격흡수에너지(E)/노치부의 단위면적(A_0)

18. 노치부의 단면적이 cm²인 시험편을 파괴하는데 필요한 에너지를 N · m라고 할 때 샤르피 충격값은?

① $\frac{E}{A}$ [N · m/cm²] ② $E+A$ [N · m]

③ $\frac{A}{E}$ [cm²/N · m] ④ $A \times E$ [N · m×cm²]

19. 샤르피 충격시험의 시험편을 파단시키는데 소요된 에너지 E값을 구하는 식은?

① $E=\frac{\cos\alpha-\cos\beta}{W \cdot R}$ ② $E=W \cdot R(\cos\beta-\mathrm{sos}\alpha)$

③ $E=\frac{\cos\beta-\cos\alpha}{W \cdot R}$ ④ $E=W \cdot R(\cos\alpha-\cos\beta)$

해설 충격흡수에너지$(E)=W \cdot R(\cos\beta-\cos\alpha)$

20. U형 노치의 충격 시험편에 해머의 무게 30kgf, 팔의 길이가 85cm인 샤르피 충격 시험기를 가지고 충격시험한 결과 α 각도가 67°, β 각도가 57°였을 때 충격에너지는 약 몇 kgf · m인가? (단, α는 해머의 들어 올린 각도, β는 시험편 파단 후에 해머가 올라간 각도이다.)

① 2.29 ② 3.90 ③ 6.29 ④ 9.92

해설 $E=W \cdot R(\cos\beta-\cos\alpha)$

$=30\times0.85(\cos57^\circ-\cos67^\circ)=3.90$

21. 샤르피 충격값을 나타내는 단위는?

① ft · Lb/In² ② kg · m ③ kg · m/cm² ④ ft · Lb

22. 충격시험에서 노치(notch) 반지름의 영향에 대해 설명한 것 중 옳은 것은?

① 노치 반지름이 클수록 응력이 집중된다.
② 노치 반지름이 클수록 빨리 절단된다.
③ 노치 반지름이 작을수록 흡수에너지가 적게 된다.
④ 파단될 때 변형이 생기는 재료일수록 노치 반지름의 영향이 작다.

23. 아이조드 충격 시험편을 고정시킬 때 충격거리는 노치부에서 얼마가 가장 적당한가?

① 2mm ② 7mm ③ 22mm ④ 47mm

24. 아이조드 충격시험기용 시험편의 노치(notch)부의 홈의 각도는?

① 30±2° ② 45±2° ③ 60±2° ④ 75±2°

25. 충격시험과 관련이 없는 것은?

① 영률 ② 노치 ③ 에너지 ④ 각도

해설 영률 : 인장시험에서의 탄성계수(E)이다.

26. 충격시험과 관계없는 용어는 어느 것인가?

① 파괴인성 ② 눌림저항 ③ 충격에너지 ④ 샤르피 시험법

27. 충격시험에서 파괴될 때 필요한 에너지의 단위는?

① kg · m ② kg/mm^2 ③ kg · m^2 ④ kg/m

해설 충격흡수에너지의 단위는 kg · m이다.

정답 1. ① 2. ④ 3. ① 4. ③ 5. ③ 6. ④ 7. ① 8. ② 9. ① 10. ③ 11. ① 12. ① 13. ③ 14. ② 15. ④ 16. ② 17. ② 18. ① 19. ② 20. ② 21. ③ 22. ③ 23. ③ 24. ② 25. ① 26. ② 27. ①

3-4 경도시험

(1) 경도시험의 분류

① 압입자를 이용한 방법 : 브리넬 경도(brinell hardness), 로크웰 경도(rockwell hardness), 비커스 경도(vikers hardness), 마이어 경도(myer hardness)

② 반발을 이용한 방법 : 쇼어 경도(shore hardness)

③ 진자 장치를 이용한 방법 : 하버트 진자 경도

④ 스크래치를 이용한 방법 : 마르텐스 경도

⑤ 기타 방법 : 초음파 경도

(2) 브리넬 경도시험

① 브리넬 경도(HB)는 직경 D의 담금질한 강구를 시험편에 압입하여 생긴 압흔의 직경을 측정하여(1/100 mm 또는 5/100 mm) 얻은 압흔의 표면적(A)의 단위 면적당 응력으로 표시한다.

$$HB=\frac{P}{A}=\frac{P}{\pi Dh}=\frac{2P}{\pi D(D-\sqrt{D^2-d^2})}$$

② 일반적으로 브리넬 경도시험은 HB450 이하의 재질에 적용되며 압흔의 깊이가 0.2~0.5D가 되도록 하중과 압입자를 선정하고 경도 측정 위치는 압흔 직경 d의 2.5배 안쪽으로, 측정점 간격은 4d 이상으로 하며 HB<50에서는 소수 첫째자리까지 나타낸다.

단원 예상문제

1. 브리넬 경도 시험식으로 맞는 것은?

① $\frac{2P}{\pi Dh}$ ② $\frac{P}{\pi Dh}$ ③ $\frac{P\cdot h}{\pi D}$ ④ $\frac{\pi Dh}{P}$

2. 브리넬 경도를 표시한 식이 아닌 것은?

① $\frac{P}{A}$ ② $\frac{P}{\pi Dh}$

③ $\frac{2P}{\pi D(D-\sqrt{D^2-d^2})}$ ④ $\frac{2P}{\pi d(d-\sqrt{d^2-D^2})}$

해설 $\frac{P}{A}=\frac{P}{\pi Dh}=\frac{2P}{\pi D(D-\sqrt{D^2-d^2})}$

3. 브리넬 경도시험을 할 때 지켜야 할 사항으로서 틀린 것은?

① 측정 간격은 들어간 지름의 약 4배 이상 되어야 한다.
② 시험편의 양면은 평행하게 하고 특히 시험편은 잘 연마되어야 한다.
③ 시험편의 두께는 들어간 깊이의 5배 이상이어야 한다.
④ 가압 시간은 30초가 가장 좋다.

해설 시험편의 두께는 들어간 깊이의 10배 이상이어야 한다.

4. 브리넬 경도를 측정할 때 시험편 안쪽의 측정 위치는?

① 0.2~0.6d ② 2.5d 이상
③ 4d 이상 ④ d와는 상관없다.

해설 경도 측정 위치는 2.5d 이상 안쪽으로 측정한다.

5. 강의 경도를 측정하기 위하여 사용되는 브리넬 경도의 하중은?

① 3000kg ② 700kg ③ 500kg ④ 200kg

해설 강의 경도를 측정하기 위한 브리넬 경도의 하중은 3000kg이다.

6. 브리넬 경도를 측정할 때 강구의 지름이 10mm이다. 이때 각각 재료에 따라 가하는 하중으로 틀린 것은?

① 철강 : 3000kg ② 구리합금 : 750kg
③ 연질구리합금 : 500kg ④ 납합금 : 250kg

해설 구리합금은 1000kg이다.

7. 하중 3000kg 이하에서 강구의 지름에 따라 변화할 수 있는 시험기는?

① 브리넬 경도기 ② 비커즈 경도기
③ 로크웰 경도기 ④ 누프 경도기

해설 브리넬 경도시험은 3000kg 이하의 하중에서 시험한다.

8. 브리넬 경도시험 시 압입자국의 지름 측정에 사용되는 확대경의 배율은 얼마인가?

① 10배 ② 20배
③ 50배 ④ 100배

9. 회주철을 브리넬 경도시험 방법으로 측정하고자 할 때 하중 및 강구의 지름이 맞는 것은?

① 1500kg, 5mm ② 3000kg, 10mm
③ 3000kg, 20mm ④ 1500kg, 8mm

10. 아공석강(0.4% C)인 시편을 인장시험 하였더니 인장강도(σ_B)가 55kg/mm^{2}이 되었다. 이 시편의 브리넬 경도는 얼마인가?

① 120 ② 154
③ 184 ④ 220

해설 $HB=2.8\times55=154$

11. 브리넬 경도시험에서 $d=4.23$mm, $D=10$mm, $P=3000$kg일 때 경도값(HB)은 몇 kg/mm^{2}인가?

① 104 ② 204
③ 304 ④ 404

해설 브리넬 경도(HB)$=\dfrac{2P}{\pi D(D-\sqrt{D^2-d^2})}=\dfrac{2\times3000}{3.14\times10(10-\sqrt{10^2-4.23^2})}\fallingdotseq204\text{kgf/mm}^2$

12. 경도 측정 시 주의 사항으로 틀린 것은?

① 브리넬 경도 측정 시 시편의 두께는 오목부 깊이의 5배 이상으로 하여야 한다.
② 로크웰 경도시험의 기준하중은 10kg이다.
③ 비커스 시험에서 검사하중의 허용오차는 ±1.0%이다.
④ 누프 경도계는 다이아몬드 압입체를 사용한다.

해설 브리넬 경도 측정 시 시편의 두께는 오목부 깊이의 10배 이상으로 하여야 한다.

정답 1. ② 2. ④ 3. ③ 4. ② 5. ① 6. ② 7. ① 8. ② 9. ② 10. ② 11. ② 12. ①

(3) 로크웰 경도시험

① 로크웰 경도시험은 자국이 적고 얇은 재료 및 작고 열처리된 단단한 재료에도 적용이 가능하다. 로크웰 경도시험은 초하중(10 kg)을 작용시키고 이것에 하중을 증가시켜 본 시험하중으로 한 후 다시 초하중 상태로 하중을 제거했을 때 초하중과 시험하중으로 인한 압흔의 깊이 차로 표시된다.

$$HRB=100\sim500\,h$$
$$HRC=130\sim500\,h$$

② 로크웰 경도는 압흔의 깊이 2/1000 mm가 경도값 단위에서 1에 해당되며 경도 측정 위치는 압흔 직경 d의 2배 이상, 안쪽으로 측정점 간격은 $4d$ 이상으로 하고 시험편의 두께는 $10h$ 이상이 요구된다. HRC>50에서는 소수 첫째자리에서 2사3입(7사8입)하여 0.5 단위로 표시한다.

예 HRC59.3 → HRC59.5
HRB31.4 → HRB31

단원 예상문제

1. 로크웰 경도시험을 설명한 것 중 틀린 것은?

① 다이아몬드 콘의 원추의 꼭지각은 120°이다.
② 연한 재료에는 다이아몬드 콘을 사용한다.
③ B 스케일과 C 스케일 등으로 표시한다.
④ B 스케일과 C 스케일의 경우 기준하중은 10kg이다.

해설 연한 재료에는 강구의 압입자를 사용한다.

2. **로크웰 경도시험 방법에 관한 설명 중 틀린 것은?**

① 로크웰 C 경도의 시험하중은 150kg이다.

② 로크웰 B, C 경도의 기준하중은 10kg이다.

③ 로크웰 B 경도는 꼭지각이 120°이다.

④ 규정하중 유지시간은 30초이다.

해설 로크웰 B 경도의 누르개는 $\frac{1}{16}$″의 강구이다.

3. **로크웰 경도시험에서 다이아몬드 압입자를 사용할 때 시험하중은 얼마로 해야 하는가?**

① 50kg ② 100kg ③ 120kg ④ 150kg

해설 로크웰 C 경도의 시험하중은 150kg

4. **로크웰 경도시험에 대한 설명으로 옳은 것은?**

① 기준하중은 1kgf를 작용시킨다.

② 다이아몬드 원뿔의 꼭지각은 136°이다.

③ 시험하중에는 50, 120, 200kgf의 세 가지가 있다.

④ C 스케일은 단단한 금속재료의 경도 측정용으로 사용한다.

해설 기준하중은 10kgf이고, 다이아몬드 원뿔의 꼭지각은 120°이며, 시험하중에는 60, 100, 150kgf이 있다.

5. **로크웰 경도시험에서의 기준하중과 시험하중의 표준 작동 시간을 옳게 짝지은 것은?**

① 1kg−10초 ② 10kg−30초 ③ 50kg−1분 ④ 100kg−1분

6. **로크웰 경도 C 스케일 측정에서 기준하중과 시험하중의 무게(kg)는?**

① 10, 50 ② 10, 60 ③ 10, 120 ④ 10, 150

해설 C 스케일 측정에서 기준하중과 시험하중의 무게 : 10, 150

7. **강재를 퀜칭한 후의 경도검사는 일반적으로 로크웰 경도 C 스케일을 사용한다. 이때 압입체의 재질과 규격이 옳게 연결된 것은?**

① 다이아몬드−120° ② 강철볼−$\frac{1}{10}$″ ③ 다이아몬드−116° ④ 강철볼−$\frac{1}{8}$″

해설 HRC : 다이아몬드−120°, HRB : 강철볼−$\frac{1}{16}$″

8. **로크웰 경도 시험법에 관한 설명으로 틀린 것은?**

① 시험편이 크고 경도가 낮은 부분 측정 ② 표면의 경도 측정

③ 금속재료의 조직 경도 측정 ④ 치과용 공구의 경도 측정

해설 로크웰 경도 시험법은 얇은 재료 및 작고 열처리된 단단한 재료에 적합하다.

9. 강구 또는 다이아몬드제의 원추를 사용하는 로크웰 경도시험에서는 시험편에 압입할 때 생기는 압흔의 깊이를 나타낸다. 강구를 사용하는 스케일은?

① HRA ② HRB ③ HRC ④ HRD

해설 다이아몬드 원뿔 모양(HRA, HRC, HRD), $-\frac{1}{16}''$ 강구(HRB, HRF, HRG)

10. 로크웰 경도 시험기의 다이아몬드 압입체의 꼭지각은?

① 116° ② 120° ③ 126° ④ 136°

해설 로크웰 경도 C 스케일의 꼭지각은 120°이다.

11. 로크웰 경도 B 스케일에 사용하는 압입자는?

① 지름 $\frac{1}{16}$in 강구 ② 지름 $\frac{1}{8}$in 강구

③ 지름 $\frac{1}{4}$in 강구 ④ 지름 $\frac{1}{2}$in 강구

해설 HRC : 다이아몬드–120°, HRB : 지름 $\frac{1}{16}$in 강구

12. 로크웰 경도 F, B, G 스케일에 맞는 압입자는?

① 직경 $\frac{1}{8}''$강구 ② 다이아몬드 원뿔

③ 136°의 다이아몬드 4각추 ④ 직경 $\frac{1}{16}''$강구

해설 F, B, G 스케일 : 직경 $\frac{1}{16}''$강구

13. 로크웰 경도시험에서 압입자국의 깊이 몇 mm가 경도값 단위 1에 해당되는가?

① 0.001 ② 0.002 ③ 0.003 ④ 0.004

해설 로크웰 경도는 압흔의 깊이 2/1000mm가 경도값 단위에서 1에 해당된다.

14. 로크웰 B 스케일로 경도시험을 하고 시험 흔적의 깊이(h)를 측정해보니 0.1mm이었다면 이때의 경도치는 얼마가 되겠는가?

① 50 ② 80 ③ 100 ④ 150

해설 로크웰 경도는 압흔의 깊이 2/1000mm가 경도값 단위에서 1에 해당되므로 0.1÷2/1000=50

정답 1. ② 2. ③ 3. ④ 4. ④ 5. ② 6. ④ 7. ① 8. ① 9. ② 10. ② 11. ① 12. ④ 13. ② 14. ①

(4) 비커스 경도시험

비커스 경도시험은 꼭지각 136°의 다이아몬드 4각 추를 압입자로 하여 1~120 kg(5, 10, 20, 30, 50 kg)으로 시험한다.

$$\mathrm{HV} = \frac{P}{A} = \frac{\text{하중}}{\text{압흔의 표면적}} = \frac{1.8544P}{d^2}$$

모스 경도

경도수	1	2	3	4	5	6	7	8	9	10
물질	활석	석고	방해석	형석	인회석	정장석	석영	황옥석	강옥석	금강석

단원 예상문제

1. **비커스 경도계의 특징에 대한 설명으로 틀린 것은?**

① 하중을 임의로 변화시킬 수 있다.
② 얇은 재료의 경도인 침탄층의 경도도 정확하게 측정할 수 있다.
③ 단단한 재료는 측정이 가능하나 연한 재료의 측정은 불가능하다.
④ 압입자는 정각이 136° 되는 사각뿔인 다이아몬드로 되어 있다.

해설 단단하고 연한 재료를 측정할 수 있다.

2. **비커스 경도시험에 관한 설명으로 틀린 것은?**

① 대각선의 길이는 시험기에 부착되어 있는 현미경으로 측정한다.
② 하중의 대소가 있더라도 그 값이 변하지 않기 때문에 정확한 결과를 얻는다.
③ 재료의 경도 정도에 따라 1~120kg의 하중으로 시험할 수 있다.
④ 얇은 물건, 표면경화재료, 용접 부분의 경도 측정은 어렵다.

해설 얇은 물건, 표면경화재료, 용접 부분의 경도 측정에 적합하다.

3. **비커스 경도시험에 대한 설명으로 틀린 것은? (단, P는 하중, d는 평균 대각선의 길이이다.)**

① $\mathrm{HV} = 1.8544 \times \frac{P}{d^2}$이다.
② 스크래치를 이용한 시험법이다.
③ 시험편이 작고 경도가 높은 부분의 측정에 사용한다.
④ 136° 다이아몬드 피라미드형 비커스 압입자를 사용한다.

해설 스크래치를 이용한 시험법은 마텐스 경도시험이다.

4. 비커스 다이아몬드 압입자를 사용하고 하중을 매우 적게 하여 측정하는 경도기로서 아주 작은 부품이나 얇은 판, 가는 선, 보석 등의 경도를 측정하는 것은?

① 쇼어 경도기 ② 마텐스 경도기 ③ 미소 경도기 ④ 자기식 경도기

해설 미소 경도기 : 시험편이 작고 경도가 높은 부분 측정, 도금층, 치과용 공구 등을 측정

5. 제품의 강도, 얇은 물건 또는 표면경화 및 용접 부분의 경도를 측정하는 데 알맞은 경도기는?

① 브리넬 경도기 ② 쇼어 경도기 ③ 로크웰 경도기 ④ 비커스 경도기

해설 비커스 경도기 : 얇은 물건, 표면경화재료, 용접 부분의 경도 측정

6. 비커스 경도 시험기에 사용되는 다이아몬드 압입자의 꼭지각은?

① 120° ② 126° ③ 130° ④ 136°

해설 비커스 경도 시험기의 다이아몬드 압입자의 꼭지각은 136°이다.

7. 비커스 경도 HV120(30)의 의미는?

① 30번 측정에 의한 비커스 경도값이 120이다.
② 120번 측정에 대한 비커스 경도값이 30이다.
③ 30kg 하중에 의한 브리넬 경도값이 120이다.
④ 30kg 하중에 의한 비커스 경도값이 120이다.

해설 HV : 비커스, 비커스 경도값 : 120, (30) : 30kg의 하중

8. 사각뿔 다이아몬드 압입자를 사용하는 경도계는?

① 브리넬 경도계 ② 로크웰 경도계
③ 비커스 경도계 ④ 쇼어 경도계

해설 비커스 경도계는 사각뿔 다이아몬드 압입자를 사용한다.

9. 비커스 경도시험을 표시하는 기호는?

① HR ② HB ③ HS ④ HV

10. 비커스 경도값을 나타내는 공식은?

① $H_V = \frac{P}{\pi D t}$ ② $H_V = 1.8544 \frac{P}{d^2}$

③ $H_V = \frac{1000}{65} \cdot \frac{h}{h_0}$ ④ $H_V = 100 - 500 \Delta t$

11. 합금 공구강을 풀림처리한 후 비커스 경도를 측정하였다. 30kg의 시험하중에서 측정 부위의 오목부의 대각선의 길이가 0.472mm이었다. 비커스 경도를 산출하면 몇 kgf/mm²인가?

① 약 150 ② 약 250 ③ 약 350 ④ 약 450

해설 $HV = 1.8544\frac{P}{d^2} = 1.8544 \times \frac{30}{(0.472)^2} = 249.7 \fallingdotseq 250$

12. 시험하중 0.5kgf으로 마이크로 비커스 경도시험한 결과 시편에 형성 누르개 자국의 대각선 길이가 100μm이었다면 비커스 경도값은? (단, 압입자의 대면각은 136°이다.)

① 92.7 ② 185.4 ③ 262.7 ④ 358.4

해설 비커스 경도(HV)

$$HV = \frac{1.8544 \times P}{d^2} = \frac{1.8544 \times 0.5}{0.1^2} = 92.7$$

13. 도금층이나 표면경화층 등의 경도 측정에 적합한 시험기는?

① 비커스 경도기 ② 쇼어 경도기 ③ 로크웰 경도기 ④ 모스 경도기

해설 비커스 경도시험은 도금층이나 표면경화층의 측정에 적합하다.

정답 1. ③ 2. ④ 3. ② 4. ③ 5. ④ 6. ④ 7. ④ 8. ③ 9. ④ 10. ② 11. ② 12. ① 13. ①

(5) 쇼어 경도시험

쇼어 경도 시험기는 C형, SS형, D형의 종류가 있으며 현재는 주로 D형 시험기가 실용되고 있다.

$$HS = \frac{10000}{65} \times \frac{h}{h_0}$$

쇼어 경도 시험기의 요목

구분	C형	SS형	D형
낙하의 높이	254mm(10인치)	255mm	19mm(3/4인치)
중추의 무게	2.36g(1/12온스)	2.5g	36.2g(1.27온스)
타격 에너지	559g · mm	638g · mm	688g · mm
타격 속도	2.23m/sec	2.21m/sec	0.61m/sec
경도 단위당의 뛰어오르기 높이	1.651mm(0.065인치)	1.658mm	0.1238mm
눈금의 읽기	목측	목측	다이얼 게이지

단원 예상문제

1. 일정한 높이에서 추를 낙하시켜 반발하여 올라간 높이에 의하여 경도값을 구하는 경도 측정 방법은?

① 브리넬 경도　② 로크웰 경도　③ 비커스 경도　④ 쇼어 경도

해설 쇼어 경도시험은 반발 높이로 경도를 측정한다.

2. 충격 경도시험이라 할 수 있는 것은?

① 쇼어 경도시험　② 브리넬 경도시험
③ 로크웰 경도시험　④ 비커스 경도시험

해설 쇼어 경도시험은 반발력에 의한 시험

3. 다음 경도시험 중 시험편에 압입할 때 생기는 압흔에 의해서 경도를 판정하는 것이 아닌 것은?

① 브리넬 경도　② 비커어즈 경도
③ 누프 경도　④ 쇼어 경도

해설 쇼어 경도 : 선단에 다이아몬드를 붙인 해머를 일정 높이로부터 시험면에 자유낙하시켜 그 튀어 오른 높이로 경도를 측정하는 측정법

4. 압입강도시험에 속하지 않는 것은?

① 브리넬 경도시험　② 비커스 경도시험
③ 쇼어 경도시험　④ 로크웰 경도시험

해설 쇼어 경도시험은 충격시험이다.

5. 작아서 휴대하기 쉽고 피검재에 흠이 남지 않는 경도기는?

① 로크웰 경도기　② 쇼어 경도기　③ 비커스 경도기　④ 브리넬 경도기

해설 쇼어 경도기는 작아서 휴대하기 쉽고 피검재에 흠이 남지 않는 경도기이다.

6. 압입된 자국의 면적을 이용한 경도값이 아닌 것은?

① 브리넬 경도계의 경도값
② 비커스 경도계의 경도값
③ 마이어 경도계의 경도값
④ 쇼어 경도계의 경도값

해설 쇼어 경도계의 경도값은 해머를 일정 높이로부터 시험면에 자유낙하시켜 그 튀어오른 높이로 경도를 측정한 값이다.

7. 고무판의 경도를 측정하면 최고 경도가 나타나는 모순점을 가진 경도계는?

① 로크웰 경도계 ② 브리넬 경도계
③ 쇼어 경도계 ④ 비커스 경도계

해설 쇼어 경도계는 고무와 같은 탄성률의 차가 큰 재료에는 부적당하다.

8. 경도시험 중 하중 작용 시간을 고려하지 않아도 되는 경도계는?

① 브리넬 경도계
② 쇼어 경도계
③ 로크웰 경도계
④ 비커스 경도계

해설 쇼어 경도 측정은 하중 작용 시간과 관계없다.

9. 쇼어 경도계의 종류가 아닌 것은?

① B형 ② C형
③ D형 ④ SS형

해설 쇼어 경도계의 종류에는 C형, D형, SS형이 있다.

10. D형 쇼어 경도 시험기의 낙하 높이는?

① 19mm ② 225mm
③ 254mm ④ 325mm

11. 쇼어 경도의 단위 1은 해머가 반발하는 높이 몇 인치에 해당되는가?

① 0.02인치 ② 0.035인치
③ 0.05인치 ④ 0.065인치

해설 쇼어 경도의 단위 1의 반발 높이는 1.651mm(0.065인치)이다.

12. 쇼어 경도시험을 할 때의 유의사항 중 틀린 것은?

① 시험은 안정된 위치에서 실시한다.
② 다이아몬드 선단의 마모 여부를 점검한다.
③ 시험편에 기름 등이 묻지 않도록 해야 한다.
④ 고무와 같은 탄성률의 차이가 큰 재료를 선택하여 시험한다.

해설 쇼어 경도시험은 고무와 같은 탄성률 차이가 큰 재료는 적합하지 않다.

정답 1. ④ 2. ① 3. ④ 4. ③ 5. ② 6. ④ 7. ③ 8. ② 9. ① 10. ① 11. ④ 12. ④

(6) 미소 경도시험

1kg 이하의 하중으로 136° 다이아몬드 피라미드형 비커스 압입자 또는 누프 다이아몬드 압입자를 이용한 경도시험이다.

① 미소 경도기를 사용하는 경우

㈎ 시험편이 작고 경도가 높은 부분 측정

㈏ 표면의 경도 측정(도금층 측정)

㈐ 박판 또는 가는 선재의 경도 측정

㈑ 금속재료의 조직 경도 측정

㈒ 절삭공구의 날부 위 경도 측정

㈓ 치과용 공구의 경도 측정

단원 예상문제

1. 미소 경도시험을 적용하는 경우가 아닌 것은?

① 표면의 경도 측정
② 절삭공구의 날 부위 경도 측정
③ 박판 도는 가는 선재의 경도 측정
④ 주철품의 표면 측정

해설 미소 경도시험은 주철품의 표면 측정에 이용되지 않는다.

정답 1. ④

(7) 마이어 경도시험

마이어 경도시험은 압입자를 강구로 사용했을 때 브리넬 경도 대신 압흔직경 d로 산출된 자국의 투영면적 A로 나눈 값인 평균 압력을 마이어 경도 Pm으로 표시한다.

$$Pm = \frac{P}{A} = \frac{4P}{\pi d^2} [\text{kg/mm}^2]$$

(8) 마텐스 경도 시험

마텐스 경도시험은 긋기 경도시험의 일종으로 꼭지각이 90°인 원추형의 다이아몬드 첨단을 잘 연마된 시험편 표면에 폭이 0.01mm인 긋기 흠집을 만들기 위해 다이아몬드에 가할 하중의 무게를 그램으로 표시한 것이다.

단원 예상문제

1. 금속재료에서 별로 이용되지 않으나 광물, 암석 계통에 정성적으로 대략적인 경도 측정으로 사용되는 경도시험은?

① 브리넬 경도 ② 마이어 경도 ③ 비커스 경도 ④ 모스 경도

해설 모스 경도 : 광물, 암석 계통에 정성적으로 대략적인 경도 측정으로 사용되는 경도시험법

2. 모스 경도는 주로 광물의 경도를 측정할 때 사용하는 단위로서 무엇을 기준으로 결정하는가?

① 스텔라이트의 경도를 10 ② 다이아몬드의 경도를 10
③ 알루미나의 경도를 10 ④ 코발트의 경도를 10

3. 모스 경도수가 가장 낮은 것은?

① 금강석 ② 강옥석 ③ 형석 ④ 석영

해설 모스 경도수 : 금강석 > 강옥석 > 황옥석 > 석영 > 정장석 > 인회석 > 형석 > 방해석 > 석고 > 활석

4. 다이아몬드의 하중을 긋기 흔적의 폭으로 나눈 값으로 경도를 표시하는 방법은?

① pendulum scratch ② rebound scratch
③ martens scratch ④ shore scratch

해설 martens scratch : 다이아몬드의 하중을 긋기 흔적의 폭으로 나눈 값으로 경도 표시

5. 다음 경도시험에서 틀린 것은?

① 비커스 : HV ② 쇼어 : HS ③ 브리넬 : HB ④ 마텐스 : HR

해설 마텐스 : HM

6. 긁힘 경도시험에 사용되는 다이아몬드 압입체의 각도는?

① 75 ② 90 ③ 120 ④ 136

해설 긁힘 경도시험에 사용되는 다이아몬드 압입체의 각도는 90°이다.

7. 긁힘 경도계를 사용하여 경도를 측정할 때 적당하지 않은 재료는?

① 도금층의 경도 ② 금속조직의 경도
③ 도장면의 경도 ④ 얇은 침탄층의 경도

해설 긁힘 경도시험은 도금층의 경도, 도장면의 경도, 침탄층의 경도 측정에 이용된다.

정답 1. ④ 2. ② 3. ③ 4. ③ 5. ④ 6. ② 7. ②

제 4 장 비파괴 시험법

4-1 비파괴 시험의 개요

(1) 비파괴 시험의 종류

비파괴 시험법에는 방사선 투과시험(RT), 초음파 탐상시험(UT), 자기 탐상시험(MT), 침투 탐상시험(PT) 등이 있다.

(2) 비파괴 시험의 체계

① 적절한 크기, 강도 및 분포를 가진 에너지를 시험체의 시험 부위에 적용한다.

② 시험체에 존재하는 불연속이나 시험체 물성의 변화 상태가 적용된 에너지와의 상호작용으로 시험에너지의 질(크기, 강도, 분포)의 변화를 발생한다.

③ 시험체와 상호작용을 한 후 시험에너지의 질이 변화에 감응할 수 있는 적절한 감도를 가진 변환자를 시험에너지의 측정에 사용한다.

④ 변환자에서 얻은 신호를 해석하고 평가하는 데 유용한 형태로 기록, 지시, 표시를한다.

⑤ 측정자는 측정치를 근거로 결과를 해석하고 표시된 내용을 판정한다.

(가) 기하학적 성질과 상태 : 치수, 즉 길이, 두께, 곡률 등을 측정할 수 있으며 기공, 공극 균열, 라미네이션(lamination), 수축공과 같은 내부 불연속이나 결함을 찾아낸다.

(나) 기계적 성질 : 시험체의 응력, 변형량, 탄성계수, 댐핑 특성, 경도, 소성변형 등의 간접적인 측정이 가능하다.

(다) 열적 성질 : 열전도도, 열팽창 응력, 열수축 응력, 열구배 및 열전기적 성질을 결정한다.

(라) 전기적, 자기적 성질 : 전기 전도도, 자기 투자율, 와전류의 분포와 손실, 자기 수축, 열전기적 또는 전자기적 성질의 측정이 가능하다. 이들에 대한 측정 결과는 재료의 조직, 경도, 응력, 열처리 및 다른 기계적 성질이나 물리적 성질과 상관성을 가진다.

(마) 물리적 성질 : 시험체의 내부 조직, 입도, 배향, 조성, 밀도 또는 굴절지수나 마찰계수 등과 같은 다른 물리적 성질을 결정할 수 있다.

단원 예상문제

1. 비파괴 시험으로 측정할 수 없는 것은?

① 재료의 물리적 성질 ② 재료의 내부 결함
③ 전기적, 자기적 성질 ④ 재료의 용접성

해설 비파괴 시험은 기하학적 성질과 상태, 기계적 성질, 열적 성질, 전기적, 자기적 성질, 물리적 성질을 측정할 수 있다.

2. 비파괴 시험에 해당되는 것은?

① 화학적 시험 ② 기계적 시험 ③ 자기적 시험 ④ 현미경 시험

3. 표층부의 정보를 얻기 위한 비파괴 시험이 아닌 것은?

① 육안검사 ② 자분 탐상시험 ③ 침투 탐상시험 ④ 초음파 탐상시험

해설 초음파 탐상시험은 내부 결함 검사를 위한 시험이다.

4. 열처리 제품의 결함을 검사하는 방법 중 비파괴 시험에 속하지 않는 것은?

① 방사선 투과검사 ② 자분 탐상법 ③ 염색침투법 ④ 인장시험법

해설 인장시험법은 기계적 시험에 해당된다.

5. 비파괴 시험이 아닌 것은?

① 방사선 투과시험 ② 초음파 탐상시험
③ 자분 탐상시험 ④ 충격시험

해설 충격시험은 파괴시험(기계적 시험)이다.

6. 비파괴 검사를 실시하기 전에 고려할 사항이 아닌 것은?

① 결함의 종류와 크기 ② 검사 적용 목적
③ 시험체의 재질 및 가공 상태 ④ 재료의 비중

해설 재료의 비중은 고려할 사항이 아니다.

7. 제품의 사용 중 결함은?

① 슬랙 ② 기공
③ 피로균열 ④ 연마균열

8. 콜드 셧(cold shut)은 어떤 제조 과정에서 발생한 결함인가?

① 도금 ② 단조 ③ 주조 ④ 절삭

해설 콜드 셧은 주조의 결함이다.

9. 비파괴 시험법에 속하지 않는 것은?

① 자력 결함 검사법 ② 초음파 탐상법
③ 커핑시험법 ④ 형광시험법

해설 커핑시험은 파괴시험에 해당된다.

10. 비파괴 시험 중 가장 주의해야 할 점은 무엇인가?

① 비파괴 시험 결과를 작성한다.
② 표준 시험편에 시험하여 비교 시험한다.
③ 시험기의 결함을 알아둔다.
④ 시험의 결과만 중요시한다.

해설 표준 시험편에 시험하여 비교시험 하는 것이 중요하다.

11. 비파괴 검사 중 내부의 결함을 측정하기에 적합한 것은?

① 자분 탐상 ② 와류 탐상
③ 액체 침투 탐상 ④ 방사선 투과시험

해설 내부 결함검사를 위한 시험에는 방사선 투과시험법, 초음파 탐상시험법이 있다.

12. 표면의 결함을 검출할 수 있는 시험법은?

① 방사선 투과시험 ② 응력시험
③ 초음파 탐상시험 ④ 침투 탐상시험

해설 표면 결함 검사를 위한 시험에는 침투 탐상시험, 자분 탐상시험이 있다.

13. 재료의 외부에 균열이 발생하였다. 가장 간단한 비파괴 검사법은 무엇인가?

① 방사선 투과시험 ② 초음파 탐상시험
③ 육안검사 ④ 액체 침투 탐상시험

해설 육안 검사법은 가장 빠르고 경제적인 외부 결함 검사법이다.

정답 1. ④ 2. ③ 3. ④ 4. ④ 5. ④ 6. ④ 7. ③ 8. ③ 9. ③ 10. ② 11. ④ 12. ④ 13. ③

4-2 방사선 투과시험(RT)

(1) 방사선 투과시험의 개요

X선이나 γ선과 같은 높은 에너지를 가진 전자파 방사선을 피검체에 조사하였을 때 피검체의 내부 상태에 따라 투과하는 방사선의 양은 차이가 생기며, 이것을 필름으로 검출하여 얻은 방사선 투과 사진이나 형광 스크린상의 결함 또는 내부결함 등을 관찰하는 시험 방법이다. 주조품, 용접부의 결함 시험에 주로 적용되며, 다른 비파괴 검사 방법에 비해 특히 안전관리에 유의해야 한다.

(2) 방사선의 발생과 그 성질

① 방사선은 광속으로 직진하며 에너지 수준에 따라 진동수가 달라진다.

② 방사선은 물질을 투과하며 그것과 상호작용을 일으킨다.

③ 방사선은 생체 세포를 파괴하고, 인간의 오관으로는 감지할 수 없다.

(3) 방사선 투과 시험용 장비

① X선을 발생시키기 위한 조건

㈎ 열전자의 발생 선원이 있어야 한다.

㈏ 열전자를 가속시켜 주어야 한다.

㈐ 열전자의 충격을 받는 금속 표적이 있어야 한다.

② X-선관의 구조는 진공 상태의 유리관 안에 양극과 음극의 두 전극으로 구성되어 있다. 양극은 표적과 구리로 된 전극 봉으로 되어 있으며 음극은 텅스텐으로 되어 있는 필라멘트와 집속컵(focusing cup)으로 구성되어 있다. X선의 고유 여과성을 줄이기 위해 베릴륨(Be)창이 개발되어 사용되고 있다.

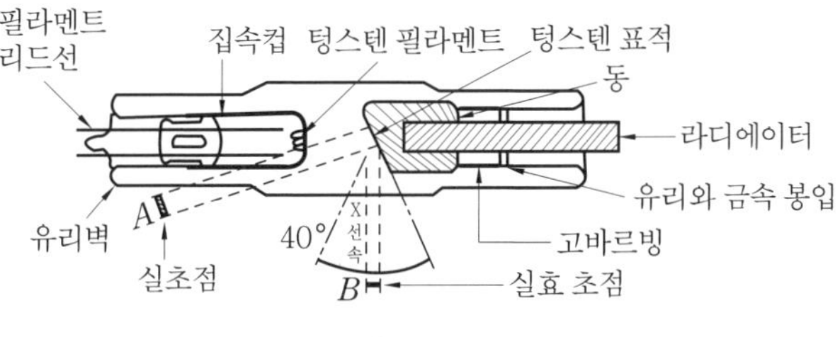

X-선관의 구조

③ 유리관 속이 진공이어야 하는 이유

㈎ 가속화된 열전자는 공기 중에서 이온화하여 에너지를 손실하게 되므로 이를 방지하기 위해서이다.

㈏ 필라멘트의 산화 및 연소를 방지하기 위해서이다.

㈐ 전극간의 전기적 절연을 방지하기 위해서이다.

④ 양극에는 가속화된 열전자가 충돌할 수 있는 재질을 가진 텅스텐 표적이 있으며, 이 표적이 갖추어야 할 조건은 다음과 같다.

㈎ 원자번호가 커야 한다.

㈏ 용융점과 열전도성이 높아야 한다.

㈐ 낮은 증기압을 갖는 물질이어야 한다.

⑤ X－선관은 고가품이므로 방사선 작업 시 듀티 사이클(duty cycle)에 유의해야 한다.

$$\text{duty cycle} = \frac{\text{사용시간}}{\text{사용시간} + \text{휴지시간}} \times 100(\%)$$

현재 사용되고 있는 방사선 동위원소는 Co^{60}, Cs^{137}, Ir^{192}, Tm^{170}의 4종이 있다.

(4) 방사선 투과 사진용 재료

① X선 필름 : 두께 약 0.2mm의 투명한 불연성 초산 셀룰로오스, 폴리에스테르의 한 면 또는 양면에 유제를 도포한 것이 있다.

② 증감지 : 방사선 투과 사진 촬영에 사용되는 증감지는 다음과 같이 분류된다.

㈎ 납 증감지 : 연박 증감지, 산화연 증감지

㈏ 형광 증감지

증감지를 사용하는 목적은 필름만을 사용하면 능률이 나쁘고 장시간의 노출 또는 고전압의 X선이 요구되기 때문에 증감지를 필름 양측에 밀착시켜 방사선 에너지를 유효하게 하여 짧은 시간의 노출, 낮은 전압의 X선을 사용하여 작업 능률을 좋게 하기 위해서이다.

③ 카세트와 필름 홀더 : X선 필름은 빛에도 감광되기 때문에 촬영 시 감광되지 않도록 빛을 차단시켜 주고 연박 증감지와 형광 증감지를 사용할 때 필름과 증감지의 접촉 상태를 양호하게 하고 일정하게 하는 역할을 한다.

④ 투과도계 : 투과도계는 방사선 투과 사진의 상질을 나타내는 척도로서 촬영한 투과 사진의 대조와 선명도를 표시하는 기준이며 투과도계, 즉 페니트로미터를 사용한다.

단원 예상문제

1. 방사선 투과시험에서 X-선 관에 부착된 창의 재질은?

① plastic ② 베릴륨(Be)
③ glass ④ 섬유

해설 X선의 고유 여과성을 줄이기 위하여 베릴륨 창을 개발하여 사용한다.

2. X선 회절 현상으로 알 수 없는 것?

① 격자간 거리
② 결정구조
③ 원자의 구조
④ 결정의 슬립 변형량

해설 X선 회절 현상으로 격자간 거리, 결정구조, 원자의 구조 등을 알 수 있다.

3. 방사선 피폭을 줄이기 위한 방법으로 틀린 것은?

① 필요 이상으로 선원이나 조사 장치 근처에 오래 머무르지 않는다.
② 적절한 약품을 투여하여 일체의 내방사선 능력을 신장한다.
③ 선원으로부터 먼 거리에 있다.
④ 차폐물을 사용한다.

해설 방사선은 체내에 축적된다.

4. 방사선을 취급할 때 외부 피폭을 방호하기 위한 3원칙에 해당하지 않는 것은?

① 방사선의 선원은 무거운 질량의 것으로 사용한다.
② 방사선체 노출 시간, 즉 사용 시간을 줄인다.
③ 방사선의 선원과 사람과의 거리를 멀리한다.
④ 방사선의 선원과 사람 사이에 차폐물을 설치한다.

해설 방사선에 의한 외부 피폭 방호의 3원칙은 시간, 차폐, 거리의 세 가지이다.

5. 방사선의 성질이 아닌 것은?

① 광속으로 직진하며 에너지 수준에 따라 진동수가 같다.
② 물질을 투과하며 그것과 상호작용을 일으킨다.
③ 생체 세포를 파괴한다.
④ 인간의 오관으로 감지할 수 없다.

해설 광속으로 직진하며 에너지 수준에 따라 진동수가 다르다.

6. 방사선 투과시험의 X선 장치에서 X선을 발생시키기 위해 갖추어야 할 구비 조건이 아닌 것은?

① 열전자의 충격을 받는 금속 표적(target)이 있어야 한다.
② 열전자를 가속시켜 주어야 한다.
③ 열전자와 발생 선원이 있어야 한다.
④ 열전자 흡수장치가 있어야 한다.

7. 방사선 투과시험은 내부결함을 2차원의 투영상으로 검출하는 방법으로 객관성이 우수하여 널리 이용되는데, 그 적용 대상으로 가장 적합한 것은?

① 용접부 검사 ② 단조품 결함 검사
③ 압연품 결함 검사 ④ 부식 균열 검사

해설 방사선 투과시험은 용접부, 주조품의 결함 검사에 적합하다.

8. 금속 내부의 깊은 결함에 대한 정보를 얻기 위한 비파괴 시험은?

① 와전류 탐상시험 ② 자분 탐상시험
③ 침투 탐상시험 ④ 방사선 투과시험

해설 방사선 투과시험은 재료의 두께 및 밀도차에 의해 이루어지는 방사선의 흡수량 차이에 의한 방사선 투과 사진 또는 형광 스크린 상으로 결함이나 내부 구조 등을 관찰하는 방법이다.

9. 방사선 투과 사진의 현상 작업의 순서로 맞는 것은?

① 현상–정착–정지–수세–건조
② 현상–정지–수세–정착–건조
③ 현상–수세–정지–정착–건조
④ 현상–정지–정착–수세–건조

해설 암실에서의 작업 순서는 현상–정지–정착–수세–건조의 5단계를 거친다.

10. 봉강에서 발견할 수 있는 결함은?

① 용입 부족 ② 랩 ③ 기공 ④ 그라인딩 크랙

해설 봉강에서의 세로터짐은 핀홀, 블로홀 등의 원인으로 발생한다.

11. 용접 결함이 아닌 것은?

① 용입 불량 ② 기공 ③ 슬래그 개재물 ④ 이음매

해설 용접에서의 결함은 용입 불량, 기공, 슬래그 개재물 등이다.

12. 용융금속 내에 잔존하는 가스나 습분, 부적절한 세정, 또는 전열처리의 불량 등에 의해서 나타나는 용접부 불연속은?

① 드로스(dross) ② 용입 부족
③ 기공 ④ 개재물 혼입

해설 기공은 가스나 습분 등에 의해 발생하는 결함이다.

13. 감마선원의 강도가 시간의 경과에 따라 감소되는 비율을 측정하기 위하여 사용되는 용어는?

① 큐리 ② 렌트겐
③ 반감기 ④ MeV

해설 반감기 : 감마선원의 강도가 시간의 경과에 따라 감소되는 비율을 측정하는 데 사용된다.

14. γ선 장비의 투과검사의 특징을 설명한 것 중 틀린 것은?

① 외부 전원이 필요 없다.
② 열려 있는 작은 지름에도 사용할 수 있다.
③ 360° 또는 일정 방향으로 투사의 조절이 가능하다.
④ 초점이 길어서 짧은 초점-필름 거리가 필요한 경우 적합하지 않다.

해설 초점이 일반적으로 짧아 특히 짧은 초점-필름 거리가 필요한 경우 적합하다.

15. 방사선 투과 필름의 현상 조건으로 가장 적합한 온도와 시간은?

① 40℃에서 3분 ② 35℃에서 3분
③ 15℃에서 5분 ④ 20℃에서 5분

16. 방사선 투과검사 시 촬영한 필름을 현상할 때 필요한 액은?

① 빙초산, 현상액, 물, 염산
② 현상액, 정지액, 정착액, 물
③ 현상액, 붕산, 정착액, 염화나트륨
④ 현상액, 정착액, 물, 유화제

17. 방사선 투과시험에서 필름에 안개 현상이 나타나는 원인이 아닌 것은?

① 필름의 입상이 너무 조대하기 때문에
② 암실 내에 스며드는 빛이 있기 때문에
③ 증감지와 필름이 밀착되어 있지 않기 때문에
④ 시편-필름간 간격이 너무 떨어져 있기 때문에

18. 주물조직 내부에 존재하는 기공을 측정하는 비파괴 시험 방법은?

① 인장시험
② 자분 탐상시험
③ 방사선 투과시험
④ 경도시험

해설 내부 결함 검사는 방사선 투과시험으로 한다.

19. 우리나라에서 사용되는 방사선 투과검사 시의 KS 규격에는 몇 급까지 분류되어 있는가?

① 1~4급 ② 1~8급
③ 2~4급 ④ 2~6급

20. 방사선 동위원소 γ–선 에너지가 가장 큰 것은?

① Cs^{137} ② Co^{60}
③ Ir^{92} ④ Tm^{170}

해설 $Co^{60} > Cs^{137} > Ir^{92} > Tm^{170}$

21. 방사선 투과검사에서 사용되는 방사성 동위원소의 반감기가 가장 짧은 것은?

① Tm–170 ② Ir–192
③ Cs–137 ④ Co–60

해설 Tm–170(127일), Ir–192(74.4일), Cs–137(30.1년), Co–60(5.27년)

22. 강의 T 용접 시편의 내부결함 탐상은 어떤 방법을 택하는 것이 좋은가?

① 후유화성 침투 ② 매크로
③ 방사선 투과 ④ 염색 침투

해설 방사선 투과시험은 강의 용접 시편의 내부결함 탐상에 적합하다.

23. 공업용 방사성 동위원소가 아닌 것은?

① Co ② Cs ③ Mn ④ Ir

해설 공업용 방사성 동위원소에는 Co, Cs, Ir가 있다.

24. X–선에서 사용되는 것은?

① KVP ② CRT ③ prod ④ echo

해설 KVP(killo voltage peak)는 전압의 표시이다.

25. 방사선 투과 사진의 선정된 두 지점의 농도차를 무엇이라 하는가?

① 불선명도 ② 투과사진의 콘트라스트
③ 비방사능 ④ 방사선량

해설 콘트라스트 : 방사선 투과 사진의 선정된 두 지점의 농도차

26. 방사선 투과시험에서 일반적으로 사용되는 증감지는?

① 형광 증감지 ② 연박 증감지 ③ 알루미늄 증감지 ④ 프라스틱 증감지

해설 방사선 투과시험에는 일반적으로 연박 증감지가 사용된다.

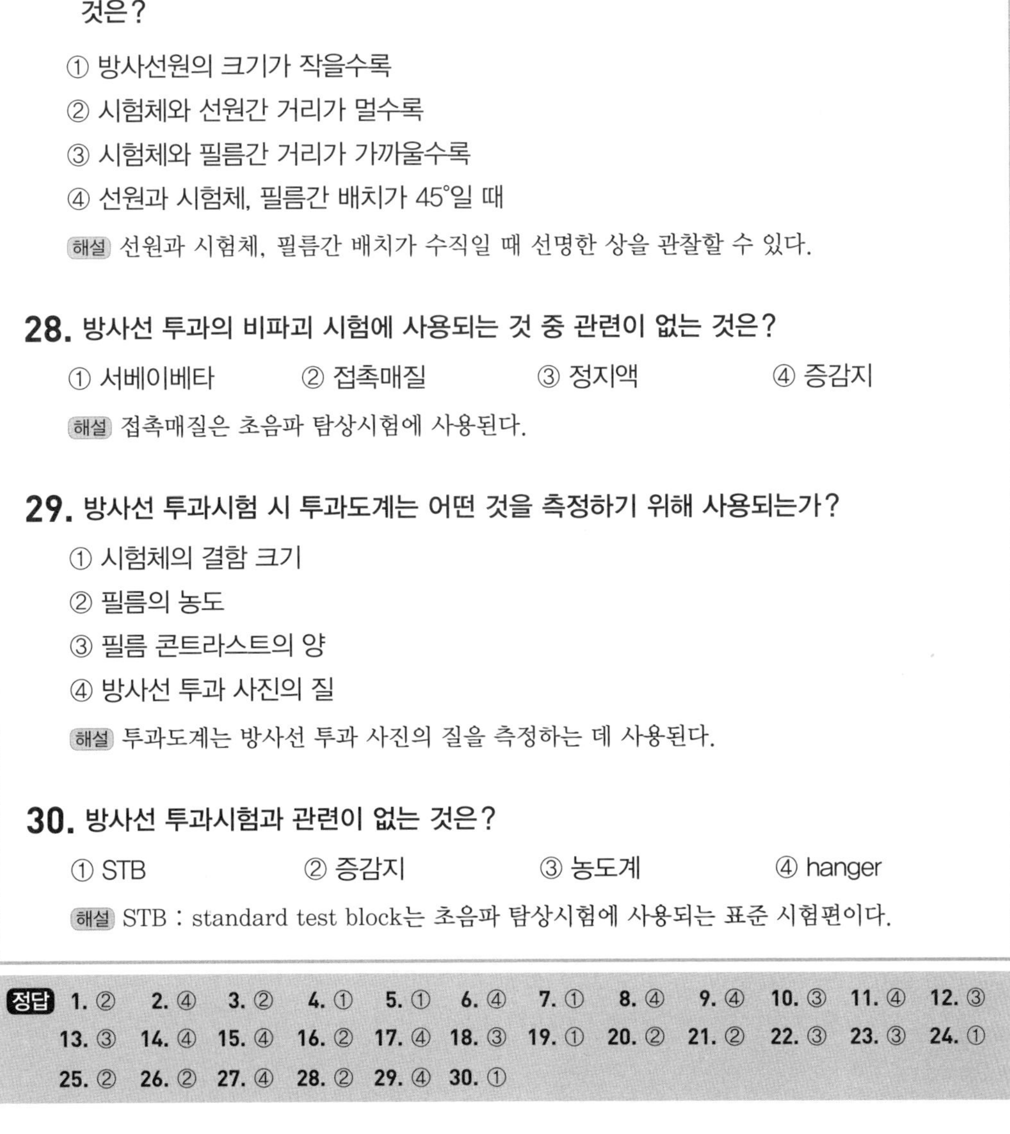

27. 방사선 투과 검사에서 투과 사진의 상을 선명하게 촬영하기 위한 조건으로 틀린 것은?

① 방사선원의 크기가 작을수록
② 시험체와 선원간 거리가 멀수록
③ 시험체와 필름간 거리가 가까울수록
④ 선원과 시험체, 필름간 배치가 45°일 때

해설 선원과 시험체, 필름간 배치가 수직일 때 선명한 상을 관찰할 수 있다.

28. 방사선 투과의 비파괴 시험에 사용되는 것 중 관련이 없는 것은?

① 서베이베타 ② 접촉매질 ③ 정지액 ④ 증감지

해설 접촉매질은 초음파 탐상시험에 사용된다.

29. 방사선 투과시험 시 투과도계는 어떤 것을 측정하기 위해 사용되는가?

① 시험체의 결함 크기
② 필름의 농도
③ 필름 콘트라스트의 양
④ 방사선 투과 사진의 질

해설 투과도계는 방사선 투과 사진의 질을 측정하는 데 사용된다.

30. 방사선 투과시험과 관련이 없는 것은?

① STB ② 증감지 ③ 농도계 ④ hanger

해설 STB : standard test block는 초음파 탐상시험에 사용되는 표준 시험편이다.

정답 1. ② 2. ④ 3. ② 4. ① 5. ① 6. ④ 7. ① 8. ④ 9. ④ 10. ③ 11. ④ 12. ③ 13. ③ 14. ④ 15. ④ 16. ② 17. ④ 18. ③ 19. ① 20. ② 21. ② 22. ③ 23. ③ 24. ① 25. ② 26. ② 27. ④ 28. ② 29. ④ 30. ①

4-3 초음파 탐상시험(UT)

초음파 탐상시험(ultrasonic test)은 방사선 투과시험과 같이 피검사체의 내부결함을 찾아내는 대표적인 검사 방법이다.

(1) 초음파 탐상시험의 분류

① 초음파를 이용한 검사법은 투과법, 공진법, 펄스법이 있다.

㈎ 펄스 반사법은 피검사체 내에 초음파의 펄스를 보내 그것이 결함에 부딪쳐 되돌아오는 반향음을 받아 결함의 상태를 파악하는 비파괴 시험의 일종이다.

② 시험재에 초음파를 전달시키기 위하여 탐촉자를 시험재에 직접 접촉시키는 방법에는 수침법과 직접 접촉법이 있다.

㈎ 수침법은 탐촉자가 시험재 사이에 물을 채워서 초음파를 이 물의 층 또는 막을 통해서 전달하는 방법이다.

㈏ 직접 접촉법은 탐촉자를 시험재에 직접 접촉시키는데 이때 탐촉자와 시험재 사이에 틈이 생겨서 공기가 들어가기 때문에 초음파가 잘 전달되지 않는다. 따라서 탐촉자와 시험재 사이의 공간을 없애기 위해서 탐상면에 액체를 바르는데 이 액체를 접촉 매질이라 한다.

(2) 접촉 매질의 종류

기계유와 같은 광물유, 글리세린, 물유리가 있다.

(3) 탐촉자(probe)

수직 탐촉자, 경사각 탐촉자, 분할형 수직 탐촉자, 수직 탐촉자가 있다.

(4) 표준 시험편 및 대비 시험편

① 표준 시험편(STB : standard test block) : 탐상기의 특성 시험 또는 감도 조정, 시간축의 측정 범위 조정에 사용된다.

② 대비 시험편(RB : reference block) : 탐상기 감도 조정의 표준 측정 범위 조정에 사용된다.

단원 예상문제

1. 초음파 탐상 검사의 장점으로 볼 수 없는 것은?

① 투과력이 크다.
② 자동화가 용이하다.
③ 두께 측정을 정확히 할 수 있다.
④ 복잡한 형상의 피사체에 적용이 용이하다.

해설 복잡한 형상의 피사체에 적용이 곤란하다.

2. 초음파 탐상 검사에 관한 설명 중 틀린 것은?

① 탐촉자를 사용한다.
② 펄스 반사법이 있다.
③ 표면 검사에 효과적이며, 시험체 두께 제한을 많이 받는다.
④ 금속의 결정립이 조대할 때 결함을 검출하지 못할 수 있다.

해설 초음파 탐상 검사는 내부결함을 알기 위한 비파괴 시험법이다.

3. 초음파 탐상 검사에서 초음파의 특징을 설명한 것 중 옳은 것은?

① 파장이 짧으며, 직진성을 갖는다.
② 고체 내에서 전파가 잘되지 않는다.
③ 원거리에서 초음파빔은 확산되지 않아 강하다.
④ 고체 내에서 종파 1종류의 초음파만이 존재한다.

해설 초음파는 파장이 짧고 직진하는 특성이 있다.

4. 다른 비파괴 검사법과 비교하여 초음파 탐상시험의 가장 큰 장점은?

① 표면 직하의 얕은 결함 검출이 쉽다.
② 재현성이 뛰어나며 기록 보존이 용이하다.
③ 침투력이 매우 높아 재료 내부 깊은 곳의 결함 검출이 용이하다.
④ 내부 불연속의 모양, 위치, 크기 및 방향을 정확히 측정할 수 있다.

해설 초음파 탐상시험은 초음파의 투과 능력이 크므로 두꺼운 부분도 검사가 가능하다.

5. 다음 초음파 중 액체 내를 진행할 수 있는 것은?

① 종파 ② 횡파 ③ 표면파 ④ 판파

해설 종파는 액체 내를 진행 할 수 있으며, 입자가 파의 진행방향과 평행하게 진동하는 파를 말한다.

6. 초음파의 종류 중 몇 파장 정도의 두께를 갖는 금속 내에 존재하며 박판의 결함 검출에 이용되고, 유도 초음파라고 불리는 초음파는?

① 판파 ② 종파 ③ 횡파 ④ 표면파

7. 초음파를 발생시키기 위해 탐촉자 내부에서 압전효과를 가진 물질은?

① 흡수물질 ② 진동자 ③ 합성수지 ④ 접촉비닐

해설 진동에 의해서 진동자가 음파를 발생시킬 때와 달리 전기적 에너지를 발생시키는 현상을 압전효과라 한다.

8. 단조품의 내부결함을 찾아내고자 한다. 다음 비파괴 시험법 중 어떠한 방법을 택하는 것이 가장 좋겠는가?

① 초음파 탐상시험 ② 자분 탐상시험
③ 액체 침투 탐상시험 ④ 와전류 탐상시험

9. 초음파 탐상시험에서 용접부 검사에 가장 많이 사용되는 것은?

① 전류법 ② 사각법
③ 표면파법 ④ 판파법

해설 용접부 결함 검사에는 사각 탐상법이 이용된다.

10. 내부결함을 검출하는 방법의 하나로 표면으로부터 피검사체의 깊이를 측정하는 데 가장 적합한 비파괴 검사법은?

① 침투 비파괴 검사 ② 자분 비파괴 검사
③ 방사선 비파괴 검사 ④ 초음파 비파괴 검사

11. 같은 크기의 결함이 있는 경우 초음파 탐상시험에서 가장 발견하기 쉬운 결함은?

① 구형의 기공
② 초음파 진행방향과 직각의 넓이를 갖는 균열
③ 초음파 진행방향과 평행인 균열
④ 이종원소의 혼입 결함

해설 초음파 탐상시험은 초음파 진행방향과 직각의 넓이를 갖는 면상 결함 검출에 적합하다.

12. 동일한 물질에서 표면파의 속도는 횡파속도의 약 몇 배정도 되는가?

① 2배 ② 1배 ③ 0.9배 ④ 0.5배

해설 표면파의 속도는 횡파속도의 0.9배이다.

13. 초음파 탐상에서 가장 많이 사용되는 주파수는?

① 1~5MHz ② 10~50MHz ③ 100~400MHz ④ 50~100 MHz

14. 초음파 탐상법에서 일반 강(steel)에 사용하는 주파수의 범위는?

① 2~10kHz ② 2~10MHz
③ 50~100kHz ④ 50~100MHz

15. 음향 임피던스(acoustic impedance)가 서로 다른 두 재질의 경계면에 초음파를 입사시켰을 경우의 현상은?

① 입사한 초음파 에너지가 모두 반사된다.
② 입사한 초음파 에너지가 모두 흡수된다.
③ 일부는 투과되고 일부는 반사된다.
④ 모두 굴절된다.

해설 다른 두 재질의 경계면에 초음파를 입사시키면 일부는 투과되고 일부는 반사된다.

16. 금속 내부에 결함이 존재할 때 표면으로부터의 깊이를 손쉽게 측정할 수 있는 방법은?

① 초음파 탐상법 ② 침투 탐상법
③ 방사선 투과 시험법 ④ 자분 탐상법

해설 금속 표면으로부터 내부에 있는 결함의 깊이를 측정할 수 있는 시험법은 초음파 탐상 시험법이다.

17. 초음파 탐상기의 주요 성능에 해당되지 않는 것은?

① 증폭의 직선성 ② 분해능
③ 시간축의 직선성 ④ 프로드

해설 초음파 탐상기의 주요 성능으로는 증폭의 직선성, 분해능, 시간축의 직선성, 감도여유치가 있다.

18. 자기 검사를 할 수 없는 비자성 금속재료, 특히 오스테나이트계 스테인리스 강판의 결함 검사에 쓰이는 비파괴 시험법은?

① 초음파 검사 ② 침투 검사
③ 자기 검사 ④ 와류 검사

해설 비자성체의 결함을 측정하는 데 초음파 검사법을 이용한다.

19. 입자 운동방향이 파의 진행방향과 같을 때, 이 매체로 진행하는 초음파의 형태는?

① 종파 ② 횡파 ③ 램프파 ④ 표면파

해설 종파란 입자가 파의 진행방향과 평행하게 진동하는 것을 말한다.

20. 물질에서의 초음파의 속도는 어느 것에 영향을 받는가?

① 주파수 ② 파장
③ 물질의 밀도 ④ 탐촉자의 크기

해설 초음파의 속도는 재질의 밀도와 탄성에 따라서 달라진다.

21. 초음파 탐상법에 속하지 않는 것은?

① 투과법 ② 펄스법 ③ 공진법 ④ 여과법

해설 초음파 탐상법에는 투과법, 펄스법, 공진법이 있다.

22. 재료의 음향 임피던스는 무엇을 결정하는 데 사용되는가?

① 경계면에서의 굴절각
② 재료 내에서의 감쇠
③ 경계면 통과 및 반사된 에너지의 양
④ 재료 내에서의 빔 분산

23. 물이 들어 있는 병 속에 막대기를 집어넣으면 물의 표면에서는 막대기가 휘어진 것을 볼 수 있는데 이러한 현상을 무엇이라 하는가?

① 반사 ② 확대 ③ 굴절 ④ 회절

24. 강판에 있는 라미네이션을 쉽게 찾아낼 수 있는 비파괴 시험법은?

① 초음파 탐상시험 ② 누설시험
③ 방사선 투과시험 ④ 와류 탐상시험

해설 초음파 탐상시험으로 라미네이션과 같은 결함을 찾는다.

25. 오른쪽 그림과 같이 판재의 선단 모서리부가 터져 나타난 결함은?

① 균열
② 라미네이션
③ 핫 테어
④ 콜드 셧

26. 탐촉자를 이용하여 금속재료의 결함의 소재나 위치 및 크기를 비파괴적으로 검사하는 시험을 무엇이라 하는가?

① UT ② RT ③ MT ④ PT

해설 초음파 탐상시험(UT)

27. 피검사체 내에 초음파의 펄스를 보내 그것이 결함에 부딪쳐 되돌아오는 반향음을 받아 결함의 상태를 파악하는 비파괴 시험은?

① 투과법 ② 공진법 ③ 펄스 반사법 ④ 스니퍼법

해설 펄스 반사법은 초음파의 펄스가 결함에 부딪쳐 되돌아오는 반향음으로 결함의 상태를 파악하는 시험법이다.

28. 수직 탐촉자를 사용하는 초음파 탐상은 판재와 같이 평활한 부분의 두께를 통과하여 전파된다. 탐상으로 측정할 수 있는 것은?

① 압연된 표면과 평행을 이루는 적층 형태의 결함
② 초음파빔과 수평을 이루는 결함
③ 단조된 강의 표면 균열
④ 금속의 내부조직

해설 초음파 탐상은 재료의 표면과 평행한 결함을 검출하는 데 용이하다.

29. 초음파 탐상시험으로 검출이 곤란한 결함은 어떤 것인가?

① 재료의 내부에 라미네이션 ② 외부의 결함
③ 용접부의 결함 ④ 내부의 기공 같은 작은 구상 결함

해설 초음파 탐상시험은 내부의 결함을 검사하는 방법이다.

30. 초음파 탐상시험에서 잡음 에코를 없애는 것으로서 일정 높이 이하의 잡음을 제거하는 역할을 하는 것은?

① 리젝션 ② 필터 ③ 동조회로 ④ 검파정류회로

해설 리젝션은 잡음 제거 역할을 한다.

31. 초음파 탐상에서 결함에 의한 에코와 혼돈할 수 있는 유사한 에코의 종류가 아닌 것은?

① 지연 에코 ② 반복 에코 ③ 임상 에코 ④ 진동 에코

해설 지연 에코, 반복 에코, 임상 에코는 결함에 의한 에코와 혼돈할 수 있다.

32. 오실로스코프로 반사파의 크기, 형상 등으로 결함의 크기와 상태를 판정하는 검사법은 무엇인가?

① X-선 검사법　　② 초음파 탐상법
③ 침투 탐상법　　④ 자력 결함 검사법

해설 초음파 탐상법 : 오실로스코프에 나타나는 주파수의 형태를 보고 결함을 검사한다.

33. 탐상면에 기름 등을 바르는 주목적은 무엇인가?

① 진동자의 소모를 방지하기 위하여
② 진동자의 금속면 사이의 음의 전달을 좋게 하기 위하여
③ 진동자의 미동 시 감각을 좁게 하기 위하여
④ 진동자의 미끄럼을 좁게 하기 위하여

해설 탐촉자와 시험재 사이에 공기가 들어가지 않게 하여 초음파의 전달을 돕는다.

정답 1. ④ 2. ③ 3. ① 4. ③ 5. ① 6. ① 7. ② 8. ① 9. ② 10. ④ 11. ② 12. ③ 13. ① 14. ② 15. ③ 16. ① 17. ④ 18. ① 19. ① 20. ③ 21. ④ 22. ③ 23. ③ 24. ① 25. ③ 26. ① 27. ③ 28. ① 29. ② 30. ① 31. ④ 32. ② 33. ②

4-4 자분 탐상시험(MT)

(1) 자분 탐상시험의 개요

자분 탐상시험(magnetic particle test)은 상자성체의 시험 대상물에 자장을 걸어 주어 자성을 띠게 한 다음 자분을 시험편의 표면에 뿌려 주고 불연속에서 외부로 누출되는 누설자장에 의한 자분 무늬를 판독하여 결함의 크기 및 모양을 검출하는 비파괴 검사 방법의 하나이다.

(2) 자화 방법

① 축 통전법, 직각 통전법 및 프로드법은 전류를 직접 시험품에 흐르게 하고 전류 관통법은 링상의 시험품 또는 구멍을 관통한 도체에 전류를 흐르게 하여 자화를 하며 직류전류가 만드는 자장을 이용한다.

② 코일법, 극간법 및 자속 관통법은 코일에 흐르고 있는 전류에 의한 자장을 이용하나 특히 자속 관통법은 교류자속에 의한 시험품에 유기되는 환상전류의 자장을 이용하고 있다.

③ 축 통전법, 직각 통전법, 전류 관통법 및 자속 관통법은 비교적 작은 시험품에 적용되고 극간법 및 플로트법은 비교적 큰 모양의 시험품 부분, 즉 용접부 등의 탐상시험에 사용된다. 축 통전법과 코일법에 의해서 환봉의 축방향 및 원주 방향의 결함을 검출할 수가 있다.

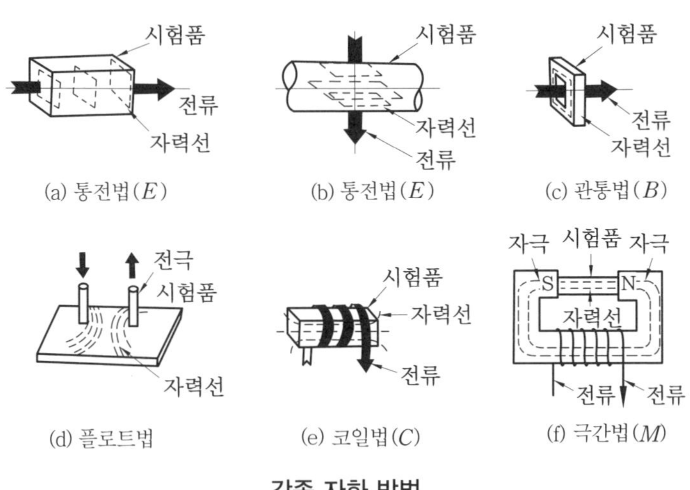

각종 자화 방법

단원 예상문제

1. [보기]에서 자분 탐상 검사가 가능한 것들로 짝지어진 것은?

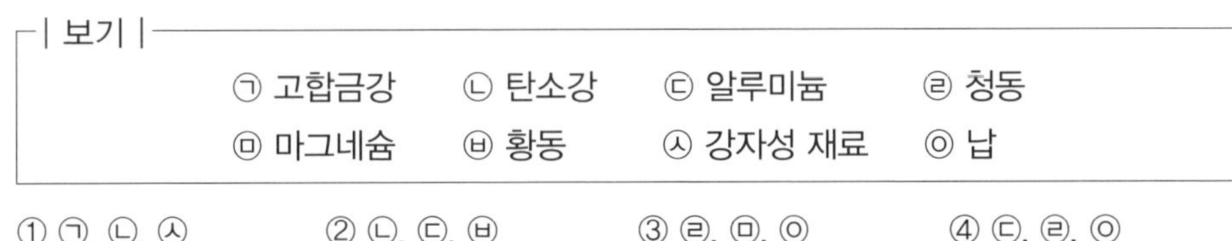

| 보기 |

㉠ 고합금강　㉡ 탄소강　㉢ 알루미늄　㉣ 청동
㉤ 마그네슘　㉥ 황동　㉦ 강자성 재료　㉧ 납

① ㉠, ㉡, ㉦　② ㉡, ㉢, ㉥　③ ㉣, ㉤, ㉧　④ ㉢, ㉣, ㉧

해설 자분 탐상 검사는 강자성 재료의 결함으로 인한 불연속부를 검출하기 위해 재료를 자화시켜 불연속부 근처의 영역에서 자속이 누설되는 것을 검출하여 불연속부의 위치 및 크기를 찾아내는 방법이다.

2. 자분 탐상 검사의 특징을 설명한 것 중 옳은 것은?

① 시험체는 모든 재료에 적용이 가능하다.
② 시험체의 크기 등에 제한을 많이 받는다.
③ 사용하는 자분은 시험체 표면의 색과 대비가 잘되는 구별하기 쉬운 색을 선정한다.
④ 시험체 내부 또는 내부 깊숙한 곳에 존재하는 균열과 같은 결함 검출에 우수하다.

해설 자분 탐상시험은 시험 재료에 제한을 받으며, 크기에는 제한을 받지 않고, 외부 결함을 측정하는 방법이다.

3. 자분 탐상시험에서 자화 방법에 속하지 않는 것은?

① 통전법 ② 관통법 ③ 코일법 ④ 형광법

해설 자화 방법에는 통전법, 관통법, 플로트법, 코일법, 극간법이 있다.

4. 관재(pipe) 자분 탐상에서 중앙 전도체를 사용하여 원형자장을 형성하고 그 자력선 방향과 수직 관계에 있는 자화 방법은?

① 통전법 ② 플로트법 ③ 코일법 ④ 전류 관통법

5. 자분 탐상 검사법 중 선형 자계에 의한 결함 검출 검사법은?

① 극간법 ② 프로드법
③ 축 통전법 ④ 자속 관통법

해설
- 극간법 : 시험품을 전자석 또는 영구자석의 2극 사이에 놓고 자화시키는 선형 자장 검사
- 프로드법 : 피검재료의 국부에 전류를 흘려 검출하는 부분의 자화에 의한 원형 자장 검사
- 축 통전법 : 직접 부품의 축방향으로 전류를 흘려 검출하는 원형 자장 검사
- 자속 관통법 : 부품의 구멍을 통과한 도체에 전류를 흘려 검출하는 원형 자장 검사

6. 자분 탐상법이 아닌 것은?

① 극간법 ② 탈자법
③ 직각 통전법 ④ 축 통전법

해설 자분 탐상법에는 극간법, 직각 통전법, 축 통전법이 있다.

7. 자분 탐상시험으로 검사할 수 없는 것은 어떤 것인가?

① 용접 후의 결함 ② 비금속재료
③ 강자성 재료 ④ 얕은 균열 결함

해설 자성을 갖지 않는 비금속재료는 검사할 수 없다.

8. 자분 탐상 검사로 검출하기 어려운 결함은?

① 겹침(laps)
② 이음매(seams)
③ 표면 균열(crack)
④ 내부 깊숙이 존재하는 동공(cavity)

해설 자분 탐상시험은 상자성체의 시험 대상물에 자장을 걸어 주어 자성을 띠게 한 다음, 자분을 시험편의 표면에 뿌려 주고 불연속에서 외부로 누출되는 누설자장에 의한 자분 무늬를 판독하여 결함의 크기 및 모양을 검출하는 비파괴 검사 방법이다.

9. 자분 탐상 시 원형자장으로 검출할 수 없는 불연속(결함)은?

① 종방향 결함
② 원주 방향 결함
③ 45° 결함
④ 종방향 및 45° 결함

해설 결함이 원주 방향이기 때문에 원형자장으로 검출할 수가 없다.

10. 자분 탐상시험에서 코일에 흐르고 있는 전류에 의한 자장을 이용하는 법이 아닌 것은?

① 코일법
② 극간법
③ 자속 관통법
④ 프로드법

해설 코일에 흐르고 있는 전류에 의한 자장을 이용하는 방법에는 코일법, 극간법, 자속 관통법이 있다.

11. 자분의 특성에 해당하지 않는 사항은?

① 자분의 색깔이 고와야 한다.
② 자화력이 커야 한다.
③ 유동성이 커야 한다.
④ 식별성이 좋아야 한다.

해설 자화력이 작은 것이 좋다.

12. 자분 탐상시험에서 먼저 고려해야 할 사항은?

① 검사품의 탄소 함유량
② 통전시간과 전압의 세기
③ 자속밀도와 잔류자기
④ 자화전류의 세기와 자장의 방향

해설 자화전류의 세기와 자장의 방향을 먼저 고려한다.

13. 철강재료를 영구자석의 양극 간에 놓고 자화시켜 철분에 의해 결함을 검출하는 방법은?

① 침투 탐상시험
② 자기 탐상시험
③ 초음파 탐상시험
④ 방사선 탐상시험

해설 자기 탐상법은 철강제품의 자화에 의해 결함을 검출하는 방법이다.

14. 자력 결함 검사에서 교류를 사용하면 효과적인 이유는 무엇인가?

① 질량 효과
② 표피 효과
③ 전류 효과
④ 자속 효과

해설 교류는 표피 효과에 의해서 표면 결함을 검출할 수 있다.

15. 열처리 제품의 표면에 발생된 미세 균열을 검사하는 방법으로 가장 적합한 것은?

① 자분 탐상 시험법
② 방사선 투과시험
③ 초음파 탐상시험
④ 발광 분광 분석법

해설 자분 탐상 시험법은 제품 표면의 결함을 검출하는 데 적합한 시험법이다.

16. 철강 단조품의 표면 터짐을 검사하려고 한다. 가장 경제적이고 검출 효과가 큰 시험 방법은?

① 와전류 탐상시험　　② 방사선 투과시험
③ 자분 탐상시험　　④ 초음파 탐상시험

해설 표면 결함 검사에는 자분 탐상시험법이 적합하다.

17. 자성재료에 이용되는 비파괴 시험법은?

① 형광 검사법　② 자력 결함 검사법　③ 초단파 검사법　④ X선 검사법

해설 자성재료에 이용되는 비파괴 시험법은 자력 결함 검사법이다.

18. 내부 불연속이 표면에 가까울수록 자분 탐상 검사에서 자분의 모양은?

① 자분 모양은 더 희미하게 된다.
② 특별한 현상이 없다.
③ 자분 모양은 더 명백하게 된다.
④ 누설자장이 별로 뚜렷하지 않게 된다.

해설 표면 결함은 날카롭고 뚜렷하게 보이며 내부 결함의 지시는 희미하게 나타난다.

19. 자분 탐상 검사를 수행하는 경우 자력선과 불연속이 이루는 각도에 의해 불연속 지시가 나타나는 정도가 다르다. 아래에 열거된 각도 중 결함부의 불연속 지시가 가장 잘 나타나는 각도는?

① 15°　② 45°　③ 60°　④ 90°

해설 결함부의 지시가 잘 나타나는 각도는 90°이다.

20. 자분 탐상 전에 기름이나 구리스의 얇은 막을 제거하기 위하여 사용되는 방법과 거리가 먼 것은?

① 용제로 세척한다.
② 증기 세척법으로 세척한다.
③ 쇠솔로 표면을 솔질한다.
④ 분필이나 활석가루를 뿌린 다음 건조된 천으로 닦아낸다.

해설 쇠솔은 가급적 사용하지 않는다.

21. 재료가 자화될 수 있는 최대 크기의 정도를 나타내는 것은?

① 항자력　② 보자력　③ 포화자속밀도　④ 자력선

22. 다음 재료 중 자분 탐상시험을 적용하는 데 가장 적당한 것은?

① SM45C ② 놋쇠 ③ 플라스틱 ④ ABS

해설 자분 탐상시험에 적용되는 재료는 주로 강자성체에 해당되는 재료이다.

23. 자분 탐상 시험법으로 결함 검출이 불가능한 것은?

① Fe ② Cu ③ Co ④ Ni

해설 Cu는 비자성으로 자분 탐상시험이 불가능하다.

24. 자성의 세기에 해당되는 것은?

① 항자력 ② 자성체 ③ 자속밀도 ④ 자극

해설 항자력은 재료 내에 남아있는 잔류자기를 제거하는 데 소요되는 역의 자장의 세기를 말한다.

25. 철강재료의 선상 자분 모양 등급 분류에서 2종 1급에 해당되는 크기는?

① 2mm 이하 ② 5mm 이하

③ 25mm 이하 ④ 50mm 이하

해설 1종 1급은 2mm 이하, 2종 1급은 5mm 이하, 3종 1급은 25mm 이하, 4종 1급은 50mm 이하이다.

26. 자화력이 어느 정도 이상으로 증가하여도 자력이 증가하지 않는 점을 무엇이라 하는가?

① 돌출부 ② 포화점

③ 잔류점 ④ 잔여점

해설 포화점은 자화력이 어느 정도 이상으로 증가하여도 자력이 증가하지 않는 점을 말한다.

27. 자장의 세기를 H, 투자율을 μ, 자속밀도를 B라고 할 때 자장의 세기를 나타내는 식은 무엇인가?

① $H=B\mu$ ② $H=\frac{\mu}{B}$

③ $H=\frac{B}{\mu}$ ④ $H=B+\mu$

28. 요크(Yoke)법에 의해 유도되는 자장은?

① 교류자장 ② 선형자장 ③ 원형자장 ④ 회전자장

해설 요크법에 의한 자장은 선형자장이다.

29. 자분 탐상시험 시 C형 표준 시험편의 자분 적용은?

① 연속법으로 한다.
② 전류법으로 한다.
③ 코일법으로 한다.
④ 요크법으로 한다.

해설 코일법 : 검사물을 코일 내에 넣고 코일에 전류를 흘린다.

30. 잔류법으로 검사할 수 있는 시험품으로 가장 적합한 것은?

① 시험품이 저탄소강일 경우
② 시험품의 모양이 원형일 경우
③ 시험품의 모양이 불규칙일 경우
④ 시험품이 높은 보자력을 가질 경우

해설 시험품이 높은 보자력을 가질 경우 잔류법으로 검사할 수 있다.

31. 철로 만든 제품의 표면 가까이에 있는 내부 불연속부(subsurface discontinuity) 검사에 가장 적합한 방법은? (단, 표면에서 5mm 깊이의 결함이다.)

① 자분 탐상시험
② 유화제 침투 탐상시험
③ 파동 초음파 탐상시험
④ 수세성 형광 탐상시험

해설 자분 탐상시험은 표면에서 5mm 깊이의 결함을 측정한다.

32. 자분 탐상 검사에서 탈자(demagnetization)처리가 필요 없는 경우에 해당되는 것은?

① 시험체의 잔류자속이 이후 기계가공을 곤란하게 하는 경우
② 시험체가 퀴리점(curie point) 이상으로 열처리되었을 경우
③ 시험체의 잔류자속이 계측기의 작동이나 정밀도에 영향을 주는 경우
④ 시험체가 마찰 부분에 사용될 때 자분집적으로 마모에 영향을 주는 경우

해설 시험체가 자기변태가 일어나는 퀴리점 이상으로 열처리되면 비자성체가 되므로 탈자처리가 필요 없다.

정답 1. ① 2. ③ 3. ④ 4. ④ 5. ① 6. ② 7. ② 8. ④ 9. ② 10. ④ 11. ② 12. ④
13. ② 14. ② 15. ① 16. ③ 17. ② 18. ③ 19. ④ 20. ③ 21. ③ 22. ① 23. ② 24. ①
25. ② 26. ② 27. ③ 28. ② 29. ③ 30. ④ 31. ① 32. ②

4-5 침투 탐상시험(PT)

(1) 침투 탐상시험의 개요

침투 탐상시험(penetrant test)은 고체이며 비기공성인 재료의 표면균열, 랩(lap) 기공 등의 불연속을 검출하고 주로 철강, 비철금속 제품, 분말야금 제품, 도자기류, 플라스틱 등에 적용한다. 표면으로 연결되지 않은 내부의 불연속은 검출할 수 없고 표면이 거칠면 만족할 만한 시험 결과를 얻을 수 없다.

(2) 침투 탐상법의 기본 조작

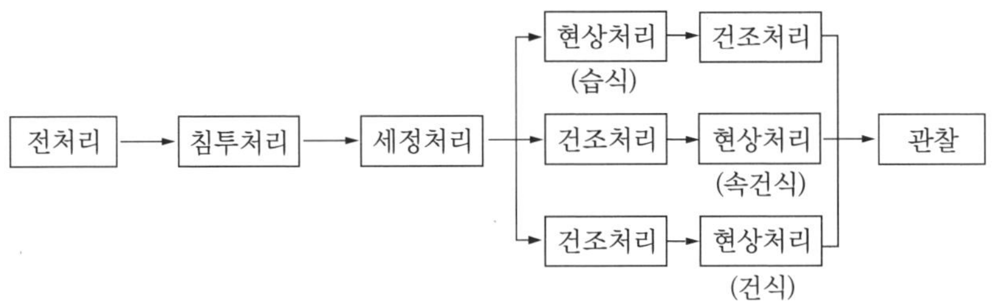

(a) 수세성 침투 탐상 사용법

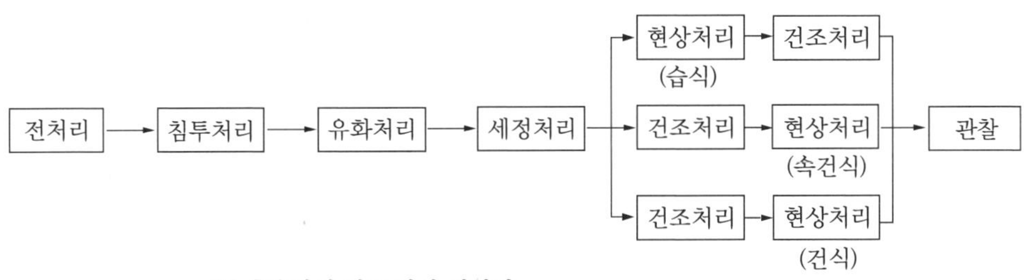

(b) 후유화성 침투 탐상 시험법

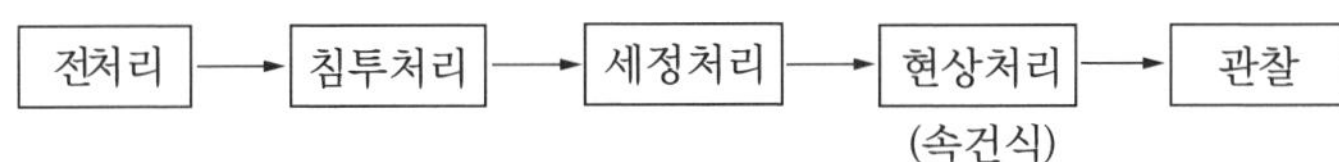

(c) 용제 제거성 탐상 시험법

침투 탐상 처리 순서

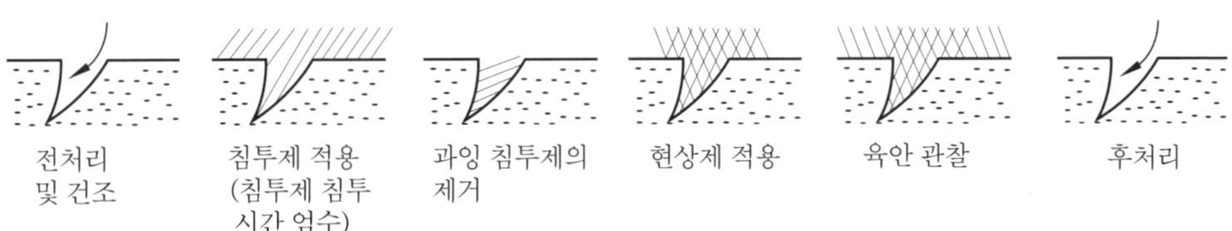

탐상 절차의 6단계

(3) 현상법의 종류

습식 현상법, 속건식 현상법, 건식 현상법, 무현상법이 있다.

(4) 침투 탐상시험의 특징

① 시험품 표면에 벌어져 있는 흠이라도 검출이 안 될 경우가 있다.
② 철강재료, 비철금속재료, 도자기, 플라스틱 등의 표면 흠의 탐상이 가능하다.
③ 형상이 복잡한 시험품이라도 1회의 탐상조작으로 거의 전면 탐상할 수 있다.
④ 원형상의 흠이라도 보기 쉬운 결함 지시 모양을 나타내며 여러 방향으로 생긴 흠이 공존해서 있을 경우도 1회의 탐상조작으로 탐상할 수가 있다.
⑤ 비교적 간단한 설비 및 장치로 탐상이 가능하다.
⑥ 탐상시험의 결과는 탐상을 실시하는 검사원의 기술에 좌우되기 쉽다.
⑦ 시험품의 표면 거칠기에 의해 시험 결과가 크게 영향을 받는다.
⑧ 다공질 재료의 탐상은 일반적으로 곤란하다.

단원 예상문제

1. 침투제의 성질로서 적당하지 않은 것은?

① 화학적으로 안정하며 균일하게 배합될 것
② 휘발성이 있을 것
③ 가격이 쌀 것
④ 천천히 마를 것

해설 침투제는 비휘발성이어야 한다.

2. 침투 탐상시험에서 사용되는 일반적인 침투 시간은?

① 5~10분 ② 10~15분 ③ 15~20분 ④ 20~25분

해설 침투 시간은 금속 및 비금속에 따라 5~10분 소요된다.

3. 모세관 현상을 이용한 침투 탐상법에서는 결함부의 침투액을 침투시킨 다음 과잉 침투액을 제거하고 현상제를 적용하여 결함 지시를 형성시키는 시험법이다. 다음 중 그 특성에 해당되지 않는 것은?

① 형광법, 염색법이 있다. ② 미세결함의 검출 능력이 우수하다.
③ 표면으로 열린 결함만 검출 가능하다. ④ 다공질 재료의 결함 검출에 적용된다.

해설 다공질 재료의 결함 검출은 곤란하다.

4. 침투 탐상에서 가장 먼저 행하는 작업은?

① 세척 ② 침투 ③ 전처리 ④ 현상

해설 침투 탐상시험의 절차는 전처리–침투–세정–현상–관찰 순서이다.

5. 금속재료를 침투액에 침지 시켰다가 끄집어내어 결함을 육안으로 시험하는 시험법은?

① UT ② RT ③ MT ④ PT

해설 침투 탐상시험(PT : penetrant test)

6. 침투 탐상시험에 대한 설명 중 옳은 것은?

① 모든 종류의 불연속 검출에 적용된다.
② 피로균열의 검출에는 부적당하다.
③ 강자성체의 표면 결함 검출능보다 우수하다.
④ 미세한 표면 균열의 경우 방사선 투과검사보다 우수하다.

해설 침투 탐상시험은 미세한 표면 균열의 경우 방사선 투과검사보다 우수하다.

7. 다음 불연속 중 침투 탐상법으로 검출할 수 없는 결함은?

① 표면 기공 ② 표면 균열 ③ 라미네이션 ④ 언더컷

해설 라미네이션과 같은 결함은 초음파 탐상시험에서 검출된다.

8. 침투 탐상 시험법에 있어 건식, 수세성 습식, 비수세성 습식 등으로 구분되는 경우는?

① 유화제 ② 세척제 ③ 현상제 ④ 침투제

해설 현상제의 분류 : 건식, 수세성 습식, 비수세성 습식

9. 염색 침투법에 비해 형광 침투법의 장점은?

① 충분히 조명이 된 장소에서 검사할 수 있다.
② 작은 불연속도 쉽게 검출한다.
③ 물과의 접촉이 곤란할 때 사용한다.
④ 불연속 부위가 오염되어 강도가 떨어진다.

해설 형광 침투법은 밝은 장소라면 실내 · 외에서 검사할 수 있다.

10. 침투 탐상시험의 현상 방법 분류 중 비현상법의 기호는?

① D ② W ③ S ④ N

해설 D : 건식 현상제, W : 습식 현상제, S : 속건식 현상제, N : 현상제를 사용하지 않음

11. 침투 탐상시험 시 필요하지 않은 것은?

① 유화제 ② 탐촉자 ③ 현상 분말 ④ 자외선 발생기

해설 탐촉자는 초음파 탐상시험에 사용되는 기구이다.

12. 형광 침투 탐상시험과 염색 침투 탐상시험의 가장 큰 차이점은 무엇인가?

① 유화제의 사용 여부 ② 자외선등의 사용 여부
③ 용제의 사용 여부 ④ 후처리의 여부

해설 형광 침투 탐상시험에는 반드시 자외선 조사등(black light)이 필요하다.

13. 후유화성 침투 탐상으로 검사할 때 가장 중요시해야 할 시간은?

① 세척 시간 ② 정착 시간 ③ 현상 시간 ④ 유화 시간

해설 유화 시간의 조정이 어렵다.

14. 유화제를 포함하는 기름 상태의 물질로 물에 씻음으로써 세척할 수 있는 침투액은?

① 수세성 침투액 ② 이원성 침투액
③ 후유화성 침투액 ④ 용제 제거성 침투액

해설 수세성 침투액은 물로 씻을 수 있는 물질을 사용한다.

15. 액체 침투 탐상시험에서 현상제를 적용하는 목적은?

① 침투제의 침투력을 촉진하기 위해 ② 남아있는 유화제를 흡수하기 위해
③ 남아있는 침투제를 흡수하기 위해 ④ 시험편의 건조를 촉진하기 위해

해설 표면 개구부에 남아있는 침투제를 흡수하는 흡출작용을 한다.

16. 침투 탐상시험에 일반적으로 감도시험에 사용되는 시험편의 재질은?

① 니켈 ② 알루미늄
③ 고속도강 ④ 다이스강

해설 침투 탐상시험의 감도시험 재질은 알루미늄이다.

17. 수세성 침투 탐상 검사에서 현상제를 습식으로 사용할 때 올바르게 된 것은?

① 검사－전처리－건조－침투제 적용－현상제 적용－침투제 제거
② 전처리－검사－침투제 적용－건조－현상제 적용－침투제 제거
③ 전처리－침투제 적용－침투제 제거－현상제 적용
④ 전처리－침투제 적용－침투제 제거－검사－현상

18. 면결함을 측정하는 데 적합한 시험법은?

① 응력시험　② 방사선 투과시험
③ 초음파 탐상시험　④ 침투 탐상시험

해설 초음파 탐상시험은 면상결함을 검출하는 데 적합하다.

19. 결함과 비파괴 검사 방법의 관계가 결함 검출이 가능하게 가장 적절히 연결된 것은?

① 기공-액체 침투 탐상 검사
② 슬래그 혼입(용접부 내부)-와전류 탐상 검사
③ 라미네이션-초음파 탐상 검사
④ 심(seam), 랩(lap)-방사선 투과 검사

20. 알루미늄의 표면에 존재하는 미세균열의 결함 검출에 적합한 시험 방법은?

① 설퍼 프린트법　② 수침펄스반사법
③ 감마레이시험　④ 침투 탐상시험

해설 표면 결함 검출에 침투 탐상시험을 이용한다.

21. 형광 시험법으로 재료의 무엇을 검사할 수 있는가?

① 편석　② 표면 균열　③ 결정입도　④ 내부 기공

해설 형광 시험법으로 표면 균열을 측정한다.

정답 **1.** ② **2.** ① **3.** ④ **4.** ③ **5.** ④ **6.** ④ **7.** ③ **8.** ③ **9.** ① **10.** ④ **11.** ② **12.** ② **13.** ④ **14.** ① **15.** ③ **16.** ② **17.** ③ **18.** ③ **19.** ③ **20.** ④ **21.** ②

4-6 와전류 탐상시험(ET)

(1) 와전류 탐상시험의 개요

와전류 탐상시험(eddy current test)은 금속재료를 고주파 자계 중에 놓았을 때 재료 중에 유기하는 와전류가 재료의 조성, 조직, 잔류 비틀림, 형상 치수 등에 민감하게 반응하는 점을 이용한 것으로 소재 속에 섞어 들어간 이재의 선별, 열처리 상태의 체크, 치수 변화, 흠 존재 유무, 도막, 도금 두께의 측정 등을 할 수 있다.

전자 유도 시험은 도전성이 있는 시험품에 와전류를 발생시켜 그 와전류의 변화를 측정하여 시험품의 탐상시험, 재질시험, 형상치수시험 등을 할 수 있으며 와전류 전자 유도 시험이라고도 한다.

(2) 검사코일의 분류

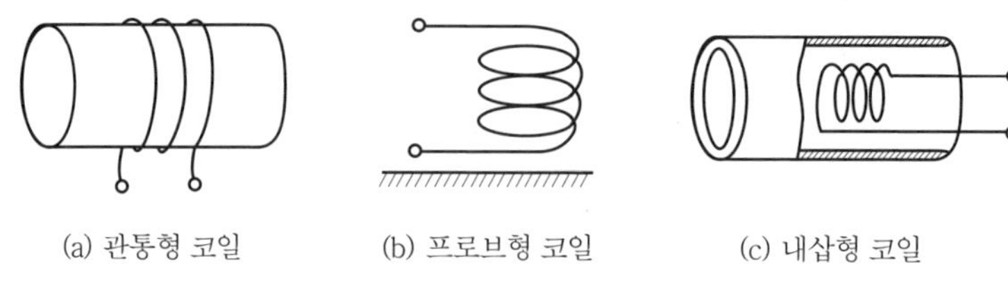

검사코일의 분류

① 관통형 코일 : 단면이 원형의 봉, 관 등의 바깥쪽에 동심을 감은 상태의 것이며 선, 봉, 관 등의 검사에 적용된다.

② 프로브형 코일 : 판, 잉곳, 봉 등의 부분적 검사에 적용된다.

③ 내삽형 코일 : 관, 구멍 등의 내면 검사에 사용된다.

(3) 와전류 탐상시험의 적용과 특징

와전류 탐상시험은 철강, 비철금속 및 흑연 등의 전도성 재료로 만들어진 제품에 모두 적용되나 유리, 돌, 합성수지 등의 비전도성 재료에는 적용되지 않는다.

① 적용 시험

㈎ 탐상시험 : 시험편 표면 또는 표면에서 가까운 결함 검출

㈏ 재질시험 : 금속 탐지, 금속의 종류, 성분 열처리 상태 등의 변화 검출

㈐ 치수시험 : 시험품의 치수, 피막의 두께, 부식 상태 및 변위의 측정

㈑ 형상시험 : 시험품의 형상 변화의 판별

② 장단점

㈎ 장점

㉠ 시험 결과가 직접적으로 구해지므로 시험의 자동화를 할 수 있다.

㉡ 비접촉 방법이므로 시험 속도가 빠르다.

㉢ 표면 결함의 검출에 적합하다.

㉣ 결함, 재질 변화, 치수 변화 등의 시험 적용 범위가 매우 넓다.

㈏ 단점

㉠ 형상이 단순한 것이 아니면 적용할 수가 없다.

㉡ 표면에서 깊은 위치의 내부결함 검출이 불가능하다.

㉢ 시험 대상 이외의 재료적 요인이 잡음의 원인이 되기 쉽다.

㉣ 시험에 의해 얻은 지시로부터 직접 결함 종류를 판별하기 어렵다.

단원 예상문제

1. 와류 탐상시험의 특징이 아닌 것은?

① 부도체에만 적용된다.
② 높은 온도에서의 시험이 가능하다.
③ 표면 결함 검출이 용이하다.
④ 관, 선, 환봉 등에 대해 고속 자동화 시험이 가능하다.

해설 철강, 비철금속 및 흑연 등의 전도성 재료에 대한 시험에 적합하고 유리, 돌, 합성수지 등은 곤란하다.

2. 와전류 탐상 검사의 특징을 설명한 것 중 틀린 것은?

① 비전도체만을 검사할 수 있다.
② 고온 부위의 시험체에도 탐상이 가능하다.
③ 시험체에 비접촉으로 탐상이 가능하다.
④ 시험체의 표층부에 있는 결함 검출을 대상으로 한다.

해설 와전류 탐상 검사는 도체에 적용된다.

3. 와전류 탐상시험의 특성을 설명한 것 중 틀린 것은?

① 자장이 발생하는 동일 주파수에서 진동한다.
② 전도체 내에서만 존재하며, 교번 전자기장에 의해서 발생한다.
③ 코일에 가장 근접한 검사체의 표면에서 최대 와전류가 발생한다.
④ 와전류가 물체에 침투되는 깊이는 시험주파수, 전도성, 투자율과 비례한다.

해설 와전류가 물체에 침투되는 깊이는 시험주파수, 전도성, 투자율과 반비례한다.

4. 와전류 탐상시험에서 검사코일을 형상에 따라 분류한 것이 아닌 것은?

① 외삽형 코일　　② 내삽형 코일
③ 관통형 코일　　④ 프로브형 코일

해설 와전류 탐상시험의 검사코일은 관통형, 프로브형, 내삽형으로 분류된다.

5. 와류 탐상시험에서 시험코일을 형상에 따라 분류할 때 틀린 것은?

① 관통형 코일
② 프로브형 코일
③ 내삽형 코일
④ 브릿지형 코일

해설 와류 탐상시험에서 시험코일을 형상에 따라 분류하면 관통형 코일, 프로브형 코일, 내삽형 코일이다.

6. 와전류 탐상시험을 일명 무엇이라 하는가?

① 응력시험 ② 전자 유도 시험
③ 에릭센 시험 ④ 커플링 시험

해설 도전성이 있는 시험품에 와전류를 발생시켜 그 와전류의 변화를 측정하여 시험품의 결함을 측정하는 전자 유도 시험이라고도 한다.

7. 와류 탐상 검사 시 와류가 어떤 상태일 때 결함이 제일 잘 검출되는가?

① 결함이 제일 큰 쪽에서 수직일 때
② 결함이 제일 작은 쪽에서 수직일 때
③ 결함이 제일 큰 쪽에서 수평일 때
④ 결함이 제일 작은 쪽에서 수평일 때

8. 와류 탐상시험의 장점을 설명한 것은?

① 형상이 복잡한 것을 적용할 수 있다.
② 내부결함 검출이 가능하다.
③ 시험에 의해 얻은 지시로부터 직접 결함 종류를 판별하기 쉽다.
④ 비접촉식으로 시험할 수 있다.

해설 비접촉적 방법이므로 시험 속도가 빠르다.

9. 다음 물질 중 와류 탐상시험을 할 수 없는 것은?

① 알루미늄 ② 구리
③ 철 ④ 도자기

해설 와전류 탐상시험은 전류가 통하는 전도체의 재료에 적용된다.

10. 와전류 시험에 있어 전도도와 저항의 관계를 옳게 나타낸 식은?

① 전도도×저항도=1
② 전도도÷저항도=1
③ 전도도=저항도×1.2
④ 저항도=전도도×1.2

11. 와전류 탐상시험에 속하지 않는 것은?

① 탐상시험 ② 재질시험
③ 침투시험 ④ 형상시험

해설 와전류 탐상시험의 적용 : 탐상시험, 재질시험, 치수시험, 형상시험

12. 비자성체의 표면 및 표면직하 결함을 표면 개구 여부에 관계없이 검출하고자 할 때 가장 적합한 비파괴 검사 방법은?

① 자분 탐상시험 ② 침투 탐상시험
③ 와전류 탐상시험 ④ 음향 방출시험

해설 와전류 탐상시험은 금속재료를 고주파 자계 중에 놓았을 때 재료 중에 유기하는 와전류가 재료의 조성, 조직, 잔류 비틀림, 형상 치수 등에 민감하게 반응하는 점을 이용한 것이다.

13. 음향 방출 검사(AE)에 대한 설명으로 틀린 것은?

① 한 번에 전체를 검사할 수 있다.
② 시험 결과에 대한 재현성이 없다.
③ 정적인 결함의 검출에 우수하다.
④ 결함의 활동성을 검지하는 시험법이다.

해설 음향 방출 검사는 동적인 결함의 검출에 우수하다.

정답 1. ① 2. ① 3. ④ 4. ① 5. ④ 6. ② 7. ① 8. ④ 9. ④ 10. ① 11. ③ 12. ③ 13. ③

4-7 누설 검사(LT)

(1) 누설 검사의 개요

누설 검사(leak test)는 일명 누출시험이라고도 하며, 압력 용기 및 각종 부품 등의 관통균열 여부를 검사하는 시험으로 가스와 기포 형성 시험법, 할로겐다이오드 검출기에 의한 검사법(스니퍼법) 또는 후드에 의한 헬륨 질량 분광 시험법 등이 있다.

(2) 가스와 기포 형성 시험법(버블법)

가스와 기포 형성 시험은 검사해야 할 부분을 용액 중에 담그고 이것을 통해 가스가 지나감에 따라 거품을 일으키게 하며 이 압력을 받아 도망가는 가스를 탐지하여 결함 부위를 검출하는 시험이다. 검사 가스는 일반적으로 공기를 사용하나 질소 또는 헬륨 가스를 사용할 수도 있다. 이 시험법을 버블법이라고도 한다.

(3) 할로겐다이오드 검출기에 의한 검사법(스니퍼법)

이 방법은 가열 백금 양극과 이온 수집관(음극)의 일반 원리를 이용한 검사법으로 할로겐 기체는 양극에서 이온화되어 음극에 수집된다. 이온 형성 속도에 비례하는 전류는 전류계에 나타나며 이것만 측정기구로 허용되고 있다.

(4) 헬륨 질량 분광 시험(스니퍼법)

이 장치는 근본적으로 간단한 휴대용 질량 분광기인데 소량의 헬륨에 민감하다. 누출 검사기의 감도가 높기 때문에 압력 차이가 있는 매우 작은 구멍을 통하여 헬륨의 흐름을 탐지할 수 있고 또 다른 기체 혼합물 중의 헬륨을 식별할 수 있으며 누출의 위치나 존재 여부를 탐지할 수 있는 반정량적 방법이나 정량적 방법은 아니다.

(5) 헬륨 질량 분광 시험(후드법)

이 설비는 스니퍼법과 같이 미세 헬륨에 민감하고 휴대가 간편한 질량 분광기이다. 누출 검출계의 감도가 높기 때문에 압력차가 있는 매우 작은 구멍을 통하는 헬륨의 흐름을 탐지할 수 있고 다른 기체 혼합물 중의 헬륨의 존재 여부를 알 수 있다.

단원 예상문제

1. 누설 검사를 실시하는 직접적인 이유로 보기에 가장 거리가 먼 것은?

① 제품의 생산성을 증대시키기 위해

② 표준에서 벗어난 누설률과 부적절한 제품을 검출하기 위해

③ 장치를 사용하는 데 방해가 되는 재료의 누설 손실을 막기 위해

④ 돌발적인 누설에 기인하는 유해한 환경적 요소를 방지하기 위해

해설 누설 검사는 일명 누출시험이라고도 하며, 압력 용기 및 각종 부품 등의 관통균열 여부를 검사하는 시험이다.

2. 재료를 기름 속에 오랫동안 담근 후 상태를 보고 재료의 결함을 측정하는 시험법은?

① 투과법 ② 공진법

③ 유중 탐지법 ④ 타진법

해설 유중 탐지법은 재료를 기름 속에 오랫동안 담근 후 상태를 보고 재료의 결함을 측정하는 시험법이다.

3. 검사해야 할 부분을 용액 중에 담그고 이것을 통해 가스가 지나감에 따라 거품을 일으키게 하며 이 압력을 받아 도망가는 가스를 탐지하여 결함 부위를 검출하는 시험은?

① 버블법 ② 스니퍼법

③ 후드법 ④ 토마스법

해설 버블법은 가스와 기포 형성에 의해 검사하는 방법이다.

4. 누설 검사 방법에 가장 적합한 것은?

① bubble test ② annealing
③ holography ④ acoustic emission

해설 누설 검사법 중 버블법은 가스와 기포 형성 시험을 통하여 검사한다.

5. 누설 탐상 시험법은?

① 헤인법 ② 스니퍼법 ③ 제프리스법 ④ 토마스법

해설 누설 검사법의 종류에는 버블법, 스니퍼법, 후드법이 있다.

6. 누설 탐상시험(leak test)이 아닌 것은?

① 수침법 ② 후드법 ③ 스니퍼법 ④ 버블법

해설 누설 탐상 시험법의 종류에는 후드법, 스니퍼법, 버블법이 있다.

7. 시험편을 가압하거나 감압하여 일정한 시간이 경과한 후 발포용액으로 누설을 검지하는 누설 시험법은?

① 기포 누설 시험법 ② 헬륨 누설 시험법
③ 할로겐 누설 시험법 ④ 암모니아 누설 시험법

해설
- 헬륨 누설 시험법(후드법) : 압력차가 있는 매우 작은 구멍을 통하는 헬륨의 흐름을 탐지
- 할로겐 누설 시험법(스니퍼법) : 가열 백금 양극과 이온 수집관(음극)의 일반 원리를 이용한 검사법

8. 누설 탐상시험에서 가스와 접촉에 의해 화학반응을 일으켜 독특한 색깔을 띠게 하고, 독특한 냄새가 나며 증기 비중이 약 0.59인 추적자 가스는?

① 헬륨 ② 암모니아 ③ 메탄 ④ 이산화탄소

9. 기포 누설 시험의 종류가 아닌 것은?

① 침지법(liquid immersion method)
② 가압 발포액법(liquid film method)
③ 벡터 포인트법(vector point method)
④ 진공 상자법(vacuum box technique)

해설 기포 누설 시험은 압력 용기 및 각종 부품 등의 균열 여부를 검사하는 시험법이다.

정답 1. ① 2. ③ 3. ① 4. ① 5. ② 6. ① 7. ① 8. ② 9. ③

제 5 장 금속조직 시험법

5-1 육안 조직 검사법

(1) 파면 검사

① 매크로 검사법은 육안으로 관찰하든가 또는 배율 10배 이하의 확대경으로 검사하는 것을 말한다.

② 파면 검사는 강재를 파단시켜 그 파면의 양상에 의해 재질 및 품위를 판정하는 방법으로 검사 기준은 파면의 조밀 여부, 색깔 등에 기준을 둔다.

③ 육안 조직 검사는 결정입경이 0.1mm 이상인 것에서 조직의 분포 상태, 모양, 크기 또는 편석의 유무로 내부결함을 판정한다.

단원 예상문제

1. 강재의 파면 검사에 대한 설명으로 잘못된 것은?

① 파면을 목측 관찰한다. ② 6배 이내의 확대경도 이용된다.
③ 내부결함은 판별할 수 없다. ④ 파단은 냉간에서 행하는 일이 많다.

해설 파면 검사는 강재를 파단시켜 그 파면의 양상에 의해 재질 및 품위를 판정하는 방법으로 내부결함 판별이 가능하다.

2. 금속조직을 알아내는 데 가장 보편적으로 사용하는 방법은?

① γ선 시험 ② 형광시험 ③ 현미경 시험 ④ 해수시험

해설 현미경 조직 검사가 이용된다.

3. 육안 검사(macro)는 조직 및 불순물을 육안 또는 몇 배율 이내의 확대경으로 관찰하는가?

① 10배 이내 ② 20배 이내 ③ 30배 이내 ④ 40배 이내

해설 육안 검사는 10배 이내의 확대경으로 관찰한다.

4. 육안 검사와 관계가 없는 것은 어느 것인가?

① 조직의 분포 상태, 모양, 크기 등을 판정한다.
② 배율 10배 이하의 확대경으로 검사한다.
③ 결정립의 크기가 0.1 mm 이하의 것을 검사한다.
④ 매크로(macro) 검사라고도 한다.

해설 육안검사는 0.1mm 이상의 것을 검사한다.

5. 금속조직 검사법이 아닌 것은?

① 육안 조직 검사 ② 파면 검사 ③ 비파괴 검사 ④ 현미경 조직 검사

해설 비파괴 검사는 결함 검사법이다.

6. 조직시험 중 파면을 검사하는 방법은 무엇인가?

① 육안 조직 검사법 ② 현미경 조직 검사법
③ 마이크로 조직 검사법 ④ 설퍼 프린트법

해설 파면 검사는 육안 조직 검사이다.

7. 10 이하의 확대경을 이용한 파면 검사에서 알 수 없는 것은?

① 내부결함 유무 ② 결정격자의 종류
③ 침탄, 탈탄 심도 ④ 육안에 의한 조직

해설 육안 검사(10배 이하)로 내부결함 유무, 침탄 및 탈탄 심도, 육안 조직을 알 수 있다.

8. 다음 비파괴 검사법 중 특별한 장치 없이 경제적으로 가장 빠르게 검사할 수 있는 시험법은?

① 침투 탐상 검사법 ② 자기 탐상 검사법
③ 육안 검사법 ④ 초음파 탐상 검사법

해설 육안 검사법은 별도의 시험 장치 없이 간단히 검사할 수 있다.

9. 육안 조직 검사와 관계없는 것은?

① 매크로(macro) 검사라고도 한다.
② 배율 10배 이하의 확대경으로 검사한다.
③ 결정입경이 0.1 mm 이하의 것을 검사한다.
④ 육안 검사법에는 설퍼 프린트법이 있다.

해설 육안 조직 검사는 결정입경 0.1mm 이상에 적합하다.

10. 매크로 시험에서 기기를 사용하지 않고 직접 육안 관찰을 하여 알아낼 수 없는 것은?

① 균열(crack) 가공 또는 편석 등의 금속 결함
② 압연 및 단조 등의 기계가공에 의한 재료의 상태
③ 결정입자의 크기와 형태 기
④ 금속조직의 원자 배열 상태

해설 금속조직의 원자 배열 상태는 마이크로 시험으로 알 수 있다.

11. 매크로 조직 검사로 알 수 없는 것은?

① 균열, 편석 등에 의한 금속 결함
② 압연, 단조 등의 기계가공에 의한 재료의 상태
③ 결정입자의 크기와 상태
④ 결정입자 성장의

해설 결정입자의 상태는 마이크로 검사로 관찰할 수 있다.

12. 매크로 시험법에 속하지 않는 것은?

① 파면 검사법 ② 설퍼 프린트법 ③ 매크로 에칭법 ④ 나이탈법

해설 매크로 시험법 : 파면 검사법, 설퍼 프린트법, 매크로 에칭법

13. 매크로 조직 검사는 몇 배 이내의 배율로 확대하여 시험하는가?

① 30배 이상 ② 10배 이내 ③ 100배 이상 ④ 100배 이내

해설 매크로 조직 검사는 10배 이내의 확대경을 사용한다.

14. 매크로 조직 검사법 중 파면 검사의 목적으로 타당하지 않은 것은?

① 파괴 원인 탐구 ② 열처리의 적부 ③ 과열의 유무 ④ 원자 배열의 형태

해설 파면 검사의 목적에는 강질판정, 파면입도, 열처리의 적부, 담금질 경화심도, 침탄심도, 탈탄심도, 내부결함 판정이있다.

15. 매크로 시험법에서 나뭇가지 모양을 한 결함 기호는 어느 것인가?

① D ② B ③ L ④ S_c

해설 중심부편석 : S_c

16. 강의 매크로 조직 검사에서 중심부편석을 나타내는 기호로 옳은 것은?

① S_N ② L_c ③ S_c ④ T_c

해설 정편석 : S_N, 중심부편석 : S_c

17. 강의 매크로 조직시험 방법과 그 기호에 대한 설명으로 틀린 것은? (단, 스테인리스 강과 내열강은 제외한다.)

① 피트는 표시 기호를 M으로 나타낸다.
② 잉곳 패턴은 표시 기호를 I로 나타낸다.
③ 비교적 단면이 작은 탄소강이나 합금강은 염산법으로 시험한다.
④ 비교적 단면이 큰 탄소강이나 합금강은 염화동암모늄법으로 시험한다.

해설 피트 : T, 잉곳 패턴 : I, 수지상정 : D, 다공질 : L, 기포 : B

18. 황의 편석부가 짙은 농도로 착색된 점상으로 나타난 편석의 기호는?

① S_N ② S_C ③ S_D ④ S_{CO}

해설 정편석 : S_N, 역편석 : S_I, 중심부편석 : S_C, 점편석 : S_D, 선편석 : S_L, 주상편석 : S_{CO}

19. 강재의 결정조직 상태나 가공 방향 등을 검사하려면 어떤 시험법이 좋은가?

① 초음파 탐상법 ② 화학 분석법 ③ 설퍼 프린트법 ④ 매크로 검사법

20. 매크로 조직 검사 시 사용하는 염산의 가열 온도 범위는?

① 35~40℃ ② 60~70℃ ③ 75~80℃ ④ 90~100℃

해설 액온 60~70℃에서 30~60분 침지 온수한다.

21. 마이크로 조직 시험법으로 알 수 없는 것은?

① 편석 ② 열처리의 좋고 나쁜 상태
③ 금속의 내부 조직 상태 ④ 성분

해설 마이크로 시험은 금속의 화학조성, 금속조직의 구분, 결정입도의 크기, 모양 배열 상태, 열처리 등의 가공 상태, 비금속 개재물의 종류와 형상, 크기, 분포 상태, 편석 등을 관찰할 수 있다.

22. 강재의 파면 검사의 적용 예로서 관련이 가장 적은 것은 어느 것인가?

① 열처리의 적부 ② 기계적 성질 파악 ③ 탈탄, 침탄층 ④ 내부결함

해설 파면 검사는 열처리 적부, 피로 파괴 여부, 과열 여부, 탈탄, 침탄층, 내부결함을 판정한다.

23. 매크로 편석(macro segregation)의 검사법이 아닌 것은?

① 설퍼 프린트 ② 비트만 시험 ③ 마이크로 시험 ④ 매크로 시험

정답 1. ③ 2. ③ 3. ① 4. ③ 5. ③ 6. ① 7. ② 8. ③ 9. ③ 10. ④ 11. ③ 12. ④ 13. ② 14. ④ 15. ④ 16. ③ 17. ① 18. ③ 19. ④ 20. ② 21. ② 22. ② 23. ③

(2) 설퍼 프린트법(sulfur print)

철강재료에 존재하는 황(S)의 분포 상태와 편석을 검사하는 방법이다.

① 1~5% 수용액에 브로마이드 인화지를 5분간 담근 후 수분 제거 후 피검체의 시험편에 1~3분간 밀착시킨다.

② 밀착 상태에서 철강 중의 황화물(MnS, FeS)과 황산이 반응하여 황화수소(H_2S)가 발생한다.

③ 황화수소(H_2S)가 브로마이드 인화지에 붙어 있는 취화은(AgBr)과 반응하여 황화은(Ag_2S)을 생성시켜 황이 있는 부분을 흑색 또는 흑갈색으로 착색시킨다.

④ 밀착된 인화지를 떼어 내어 물로 씻은 후 사진용 티오황산나트륨 결정의 15~40% 수용액에 상온에서 5~10분간 담그고 정착시킨다.

⑤ 30분간 흐르는 물에서 수세하여 건조시킨 다음 황(S)의 분포 상태를 관찰한다.

설퍼 프린트에 의한 황편석의 분류

분류	기호	비고
정편석	S_N	일반 강에서 보통 볼 수 있는 편석으로서 황이 강의 외주부로부터 중심부로 향하여 증가하여 분포되고, 외주부보다 방향에 짙은 농도로 착색되어 나타나는 것을 말한다. 림드강의 림드 부분은 특히 착색도가 낮다.
역편석	S_I	황이 강의 외주부로부터 중심부로 향하여 감소하여 분포되고, 외주부보다 중심부의 방향으로 착색도가 낮게 된 것을 말한다.
중심부편석	S_c	황이 강의 중심부에 집중되어 분포되며, 특히 농도가 짙은 착색부가 나타난 것을 말한다.
점상편석	S_D	황의 편석부가 짙은 농도로 착색된 점상으로 나타난 것을 말한다.
선상편석	S_L	황의 편석부가 짙은 농도로 선상으로 나타난 것을 말한다.
주상편석	S_{co}	형강 등에서 볼 수 있는 편석으로 중심부편석이 주상으로 나타난 것을 말한다.

단원 예상문제

1. 설퍼 프린트는 무엇을 알기 위한 실험인가?

① 인의 편석 현상 ② 유황 편석

③ 강의 결정입도 ④ 강의 담금질성

해설 설퍼 프린트법은 유황 편석을 관찰하기 위한 실험이다.

2. 설퍼 프린트(sulfur print)법이란 무엇인가?

① 철강재료에 존재하는 황(S)의 분포 상태를 검사하는 법
② 철강재료에 존재하는 인(P)의 분포 상태를 검사하는 법
③ 비철합금 재료에 존재하는 황의 분포 상태를 검사하는 법
④ 철강재료에 존재하는 황화은(Ag_2S)의 분포 상태를 검사하는 법

해설 설퍼 프린트법은 철강재료에 존재하는 황(S)의 분포 상태를 검사하는 시험방법이다.

3. 설퍼 프린트 검사 방법을 설명한 것으로 관계없는 것은?

① 2~5% 황산수용액에 2~5분 동안 담근 후 검사한다.
② 강재에 유황(S) 성분이 많으면 노란색을 나타낸다.
③ 인화지는 사진용 인화지를 사용하는데, 종이가 얇은 것일수록 좋다.
④ 이 방법은 유황의 함유량을 정량적으로는 알 수 없으나 숙련이 되면 유황의 함유량을 대략 판정할 수 있다.

해설 황이 있는 부분은 흑색 및 흑갈색을 나타낸다.

4. 강재의 설퍼 프린트 시험 결과에서 황(S)이 강재의 중심부에 집중되어 분포되며, 특히 농도가 짙은 착색부가 나타난 것은 어떤 편석을 말하는가

① 정편석 ② 역편석 ③ 중심부편석 ④ 점상편석

해설 중심부편석 : 황이 강의 중심부에 집중되어 분포한다.

5. 강재의 설퍼 프린트 시험 방법에 대한 설명 중 잘못된 것은?

① 흠의 검출이나 ghost line 검출 등에는 사용할 수 없다.
② 철강 중의 유화물과 황산이 반응하여 유화수소가 발생한다.
③ 유화수소가 브로마이드의 취화은과 작용하여 황화은을 생성한다.
④ 철강의 S가 많은 곳에 접한 인화지는 흑색으로 변한다.

해설 흠의 검출이나 ghost line 검출 등에도 사용한다.

6. 강괴의 결함(균열) 탐상에 가장 적합한 것은?

① 와류 탐상 ② 초음파 탐상 ③ X-선 투과 ④ 설퍼 프린트

해설 강괴의 결함 탐상에는 설퍼 프린트법이 적합하다.

7. 설퍼 프린트 시험에 사용되는 황산수용액 농도는?

① 2% H_2SO_4 ② 20% H_2SO_4 ③ 35% H_2SO_4 ④ 40% H_2SO_4

8. 설퍼 프린트(sulfur print)법에 사용되는 재료로 옳은 것은?

① 증감지, 투과도계 ② 글리세린, 기계유
③ 황산, 브로마이드 인화지 ④ 형광 침투제, 유화제

해설 설퍼 프린트법은 황의 분포와 편석을 검사하는 방법이다.

9. $MnS+H_2SO_4 \rightarrow MnSO_4+H_2S$, $2AgBr+H_2S \rightarrow Ag_2S+2HBr$ 식은 설퍼 프린트 검사법의 반응식이다. 검은색을 나타내는 화합물은?

① AgBr ② Ag_2S
③ HBr ④ H_2S

해설 황화수소가 취화은과 반응하여 황화은을 생성시켜 황이 있는 부분을 흑색 또는 흑갈색으로 착색시킨다.

10. 강재의 설퍼 프린트법에 대한 설명 중 틀린 것은?

① 철강재 중에 FeS 또는 MnS로 존재하는 유황을 검출하기 위해서이다.
② 이 시험은 현미경 사진에 의한 방법이다.
③ 원리는 유황에 산을 작용시켜서 검출하는 것이다.
④ 이 방법에서는 2% H_2SO_4 수용액을 사용한다.

해설 설퍼 프린트법은 육안 검사법이다.

11. 철강재의 설퍼 프린트 시험 결과에서 황(S) 편석의 분포가 강재의 중심부로부터 표면부 쪽으로 증가하여 나타나는 편석을 무엇이라고 하는가?

① 정편석(S_N) ② 역편석(S_I)
③ 주상편석(S_{CO}) ④ 중심부편석(S_C)

해설
• 정편석(S_N) : 표면에서부터 중심부로 황이 증가하는 편석
• 역편석(S_I) : 중심부에서 표면으로 황이 증가하는 편석
• 중심부편석(S_C) : 황이 중심부에 집중되어 분포된 편석
• 선상편석(S_L) : 황이 선상으로 착색된 편석
• 점상편석(S_D) : 황이 점상으로 착색된 편석

12. 강재의 설퍼 프린트 시험 시 황이 강의 외주부로부터 중심부로 향해 감소하면서 분포되는 편석을 무엇이라 하는가?

① 주상편석 ② 중심부편석
③ 역편석 ④ 정편석

해설 역편석 : 황이 강의 외주부로부터 중심부로 향해 감소하면서 분포한다.

13. 설퍼 프린트법에 의한 주상편석 기호는?

① S_c ② S_{CO} ③ S_N ④ S_I

해설 S_c : 중심부편석, S_{co} : 주상편석, S_N : 정편석, S_I : 역편석

14. 중심부편석 기호는?

① S_N ② S_I ③ S_c ④ S_D

15. 강재의 설퍼 프린트 시험 방법에서 일시적인 분포 성장의 분류에 대한 설명으로 틀린 것은?

① 정편석은 황화물이 강재의 중심부로부터 외주부를 향해 증가하여 분포한 것
② 역편석은 황화물이 강재의 외주부로부터 중심부를 향해 감소하여 분포한 것
③ 중심부편석은 황화물이 강재의 중심부에 집중하여 분포한 것
④ 주상편석은 중심부편석이 주상을 이루며 나타난 것

해설 정편석은 황화물이 강재의 외주부로부터 중심부를 향해 증가하여 분포한 것이다.

16. 철강 중에 FeS가 존재하면 어떠한 결함이 나타나는가?

① 청열취성 ② 적열취성
③ 저온취성 ④ 뜨임취성

해설 철강 중에 FeS는 황화물로서 적열취성의 원인이 된다.

정답 1. ② 2. ① 3. ② 4. ③ 5. ① 6. ④ 7. ① 8. ③ 9. ② 10. ② 11. ② 12. ③ 13. ② 14. ③ 15. ① 16. ②

5-2 비금속 개재물 검사

(1) 황화물계 개재물(A형)

① S이 Fe과 공존하면 FeS을 만드나 일반적으로 철강 중에는 Mn이 공존하므로 MnS을 만든다.

② FeS과 MnS은 광범위한 고용체를 만들며 Fe-FeS 2원계는 FeS 1000℃ 부근에서 공정을 이루고 결정경계에 정출한다. 이것이 단조 가공 시 적열취성을 일으키는 원인이 된다.

(2) 알루미늄 산화물계 개재물(B형)

① 용강 중에서의 Al 산화물계 개재물의 생성기구는 단순하지 않다.

② 용강 중에 SiO_2나 Fe-Mn 규산염이 존재할 때 Al이 첨가되면 이들의 산화물이나 규산염이 환원되고 Al 산화물계 개재물이 생성되는 것으로 알려져 있다.

③ Al 산화물계 개재물은 보통 흰색으로 나타나고 압연 등에 의해 개개의 개재물은 변형을 받지 않으며 20% 불화 수소 용액에 의하여도 부식되지 않는다. 이 개재물은 마치 쥐똥처럼 가공 방향으로 배열되어 나타난다.

(3) 각종 비금속 개재물(C형)

규산염 개재물의 조성은 일정하지 않으며 실용강에서는 Mn, Si의 양에 의하여 탈산 생성물 성분이 변화하고 이것에 C, 기타의 합금원소 영향도 부가되나 일반적으로 Mn 규산염, 또는 Fe-Mn 규산염계의 비금속 개재물이 생성된다.

단원 예상문제

1. KS에서 정한 A계 개재물은?

① 황화물, 알루미늄 등의 구상 개재물
② 불규칙한 입상으로서 모든 개재물
③ 규산염, 알루미늄 등의 입상, 불연속적인 개재물
④ 황화물, 규산염 등의 가공 방향으로 정상 변형된 개재물

해설 A계 개재물(황화물계 개재물) : 황화물, 규산염 등의 가공 방향으로 정상 변형된 개재물

2. 비금속 개재물이 아닌 것은?

① FeO ② CaO
③ MgO ④ CO

해설 비금속 개재물에는 FeO, CaO, MgO이 있다.

3. 비금속 개재물 시험법 중 티니알 아날리시스법에 대한 설명으로 옳은 것은?

① 적선분비를 측정해서 비중을 구하는 방법
② 적선분비를 측정해서 용적비를 구하는 방법
③ 개재물의 모양과 양을 표준도와 비교하는 비교법
④ 접안렌즈에 삽입된 핀트그레스에 의해 면적률을 측정하는 방법

해설 티니알 아날리시스법 : 적선분비를 측정해서 용적비를 구하는 방법

4. 가공 방향으로 집단을 이루며 입상의 개재물이 불연속적으로 뭉쳐있는 것은 비금속 개재물의 분류상 어디에 속하는가?

① A계 개재물 ② B계 개재물 ③ C계 개재물 ④ D계 개재물

해설 B계 개재물 : 가공 방향으로 집단을 이루며 입상의 개재물이 불연속적으로 뭉쳐있는 것

5. 비금속 개재물 시험법 중 제3법의 격자 간격은?

① 0.1±0.005mm ② 0.2±0.005m ③ 0.3±0.005mm ④ 0.4±0.005mm

6. 비금속 개재물 검사에서 알루미늄 산화물계 개재물에 해당되는 것은?

① A형 ② B형 ③ C형 ④ D형

정답 1. ④ 2. ④ 3. ② 4. ② 5. ④ 6. ②

5-3 현미경 조직 검사

(1) 현미경 조직 검사의 개요

금속 내부의 조직을 연구하는 데는 금속 현미경이 가장 많이 이용되며 금속이나 합금의 화학조성, 금속조직의 구분, 결정입도의 크기, 모양 배열 상태, 열처리 등의 가공 상태, 비금속 개재물의 종류와 형상, 크기, 분포 상태, 편석 등을 관찰할 수 있다.

① 광학금속현미경 조직시험

② 섬프(sump) 시험편에 의한 현미경 조직시험

③ 전자 현미경 조직시험

(2) 금속 현미경의 구조

일반적으로 반사식 현미경으로 만들어져 있으며 배율은 접안렌즈의 배율×대물렌즈의 배율로 나타낸다.

(3) 시험편의 제작 및 마운팅

① 시험편 채취

㈎ 횡단면 채취 : 결정입도 측정, 탈탄층, 침탄 질화층, 도금층, 담금질 경화층, 편석, 백점, 기포, 압연흠 등의 관찰

㈏ 종단면 채취 : 비금속 개재물, 섬유상의 가공 조직, 열처리 경화층의 분포 상태 등의 관찰

㈐ 양면 방향 채취 : 압연, 단조 상태의 관찰

시험편의 크기는 시험 면적 1~2 cm^2, 두께 0.5~1 cm가 적당하며 HRC42 이하의 것은 기계톱으로 절단하고 경한 재질은 저석톱으로, 초경합금 등의 경한 공구재는 방전 절단 가공을 해야 한다.

② 시험편의 마운팅 : 합성수지를 이용한 마운팅(mounting) 방법은 주입 성형에 의한 수지 마운팅과 가열 프레스에 의한 방법이 있다.

(4) 시험편의 연마

① 연마지(emery paper) 위에 시험편을 놓고 220~#1200 순서로 단계적으로 연마하는 방법이다.

② 연마한 후 산화크롬 분말 수용액, 알루미나 분말 수용액, 산화마그네슘, 다이아몬드의 유용 페스트 등의 연마제를 사용하여 기계적으로 연마한다.

③ 연한 재질이나 연마 속도가 느린 재료는 전해 연마를 한다.

(5) 시험편의 부식

적당한 부식액으로 관찰할 연마면을 부식시키면 부식의 정도가 서로 다르므로 결정 경계, 상 경계, 상의 종류, 결정 방향 등 금속 내부의 조직이 나타나 관찰할 수 있다.

금속재료의 부식액

재료	부식제
철강	질산 알코올 용액 : 진한 질산 5 cc, 알코올 100 cc
	피크린산 알코올 용액 : 피크린산 5 g, 알코올 100 cc
구리, 황동, 청동	염화 제2철 용액 : 염화 제2철 5 g, 진한 염산 50 cc, 물 100 cc
Ni 및 그 합금	질산 초산 용액 : 질산(70%) 50 cc, 초산(50%) 50 cc
Sn 합금	질산 용액 및 나이탈 용액 : 질산 5 cc, 물 100 cc
Pb 합금	질산 용액 : 질산 5 cc, 물 100 cc
Zn 합금	염산 용액 : 염산 5 cc, 물 100 cc
Al 및 그 합금	수산화 나트륨 용액 : 수산화 나트륨 20 g, 물 100 cc
Au, Pt 등 귀금속	불화 수소산 : 10% 수용액
	왕수 : 진한 질산 1 cc, 진한 염산 5 cc, 물 6 cc

(6) 검경에 의한 조직 관찰

① 금속 현미경에 의한 검경 요령은 처음에는 저배율로 시작하여 점차 고배율로 확대하여 관찰하는 것이 좋다.

② 조직의 형태, 분포 상태, 조직의 양 및 색을 관찰하여 기지조직을 스케치하고 탄소강에서는 페라이트 밴드, 비금속 개재물 등에 대해 관찰한다.

③ 현미경 조직 검사는 시험편의 채취→시험편의 제작→시험편의 연마→시험편의 부식→검경의 순서로 이루어진다.

단원 예상문제

1. 금속조직을 알아내는 데 가장 보편적으로 사용하는 방법은?

① γ선 시험　② 형광시험　③ 현미경 시험　④ 해수시험

해설 금속 현미경 시험이 가장 일반적으로 이용된다.

2. 금속 현미경 검사에 의해 알 수 없는 것은?

① 금속 및 합금의 압연, 단조, 열처리 등의 적부
② 결정립의 대소
③ 비금속 개재물의 분포와 종류
④ 금속 및 합금의 기계적 성질

해설 기계적 성질은 파괴시험으로 알 수 있다.

3. 금속을 현미경 조직 검사하는 주목적으로 옳은 것은?

① 입계면의 강도 조사　② 금속 입자의 크기 조사
③ 원소의 배열 상태 조사　④ 조성, 성분 및 중량 조사

4. 일반 광학 현미경의 조직 검사로 조사할 수 없는 것은?

① 결정입자의 크기　② 비금속 개재물의 종류
③ 재료의 성분, 성분의 함량　④ 재료의 압연, 단조, 열처리의 상태

해설 광학 현미경은 재료의 성분 및 함량을 검사할 수 없다.

5. 금속 현미경을 사용하여 시험편의 조직을 관찰할 때 주의해야 할 사항 중 틀린 것은?

① 저배율에서 고배율로 관찰한다.
② 배율 확인 후에 대물 및 접안렌즈를 고정시킨다.
③ 시편을 받침대에 올려놓고 클램프로 고정시킨다.
④ 미동 나사로 초점을 대략 맞춘 후 조동 나사로 초점을 정확히 맞추어 관찰한다.

해설 조동 나사로 초점을 대략 맞춘 후 미동 나사로 정확히 맞춘다.

6. 현미경 조직시험을 위하여 조직을 나타나게 하기 위한 방법 중 관련이 가장 적은 것은?

① 화학적으로 표면을 부식한다. ② 전기 화학적으로 표면을 부식한다.
③ 가열 산화하여 표면에 착색한다. ④ 연마에 의하여 경면을 만든다.

해설 가열 산화하여 착색하면 조직을 검사할 수 없다.

7. 시료의 연마제로 가장 거리가 먼 것은?

① 산화망간(MnO) ② 산화크롬(Cr_2O_3)
③ 알루미나(Al_2O_3) ④ 산화마그네슘(MgO)

해설 산화크롬 분말 수용액, 알루미나 분말 수용액, 산화마그네슘, 다이아몬드의 유용 페스트 등의 연마제를 사용하여 기계적으로 연마한다.

8. 철강재료의 시험편 부식액으로 사용 적합한 것은?

① 왕수 ② 염화 제2철 용액
③ 수산화 나트륨 ④ 질산, 피크린산

해설 금속재료의 부식액
- 철강 : 질산, 피크린산
- 구리 : 염화 제2철 용액
- 금 : 왕수, 불화 수소산
- 알루미늄 : 수산화 나트륨

9. 일반 탄소강의 현미경 조직 검사를 위해 주로 사용되는 부식액은?

① HF 용액 ② HCl+질산
③ 질산+알코올 ④ 인산+황산

해설 탄소강의 부식액으로는 질산 알코올 용액(진한 질산 5 cc+알코올 100 cc)을 사용한다.

10. 철강의 부식제로 많이 사용되는 것은?

① 염산 ② 나이탈
③ 가성소다 ④ 카바이드

해설 철강의 부식제로 나이탈(질산 5 cc, 알코올 100 cc)이 사용된다.

11. 탄소강, 저합금강 펄라이트 식별 부식제는?

① 피크린산 알코올 용액 ② 염화 제2철 용액
③ 불화 수소산 ④ 수산화 나트륨 용액

해설 철강의 부식제로 나이탈, 피크린산 알코올 용액이 사용된다.

12. 금속재료의 부식액 중 부식할 금속과 부식액의 연결이 옳은 것은?

① Al 합금－왕수 ② Zn 합금－염산 용액
③ 구리, 황동－질산 알코올 용액 ④ 철강－수산화 나트륨 용액

해설 Al 합금 – 수산화 나트륨 용액, Zn 합금 – 염산 용액, 구리, 황동 – 염화 제2철 용액, 철강 – 질산 알코올 용액

13. 철강의 매크로 부식에서의 부식 시간으로 적당한 것은? (단, 부식액은 피크린산(피크린산 포화에탄올 78 ml, 질산 2 ml, 물 20 ml)이다.)

① 5초 ② 45초 ③ 2분 ④ 7분

14. 금속 현미경 조직시험에서 Zn 합금의 부식제로 맞는 것은?

① 염화 제2철 용액 ② 염산 용액
③ 질산 용액 ④ 수산화 나트륨 용액

해설 Zn 합금의 부식제는 염산 용액(염산 5 cc, 물 100 cc)이다.

15. 현미경 조작 시험용 부식액 중 알루미늄 및 알루미늄 합금에 적합한 시약의 명칭은?

① 왕수 ② 질산 알코올 용액
③ 염화 제2철 용액 ④ 수산화 나트륨 용액

해설 금속재료의 부식액

- 철강 : 질산, 피크린산 알코올 용액
- 구리 : 염화 제2철 용액
- 금 : 왕수, 불화 수소산
- 알루미늄 : 수산화 나트륨 용액

16. 동(Cu), 황동, 청동 등의 부식제로 사용되는 것은?

① 염화 제2철 용액 ② 수산화 나트륨 용액
③ 피크린산 알코올 용액 ④ 질산 아세트산 용액

해설
- 염화 제2철 용액 : Cu 합금
- 수산화 나트륨 용액 : Al 합금
- 피크린산 알코올 용액, 질산 아세트산 용액 : 철강

17. 재료의 결함 결과를 위한 구리합금의 액체에서 잔액의 주성분은?

① 5% H_2SO_4수 ② 25% NaOH액 ③ 50% HNO_3수 ④ 40% HCl액

18. 다음 현미경 검사법 중에서 금속 조직을 최고 배율로 관찰할 수 있는 것은?

① 보통 현미경 ② 편광 현미경 ③ 전자 현미경 ④ 암시야 현미경

해설 전자 현미경은 높은 배율로 금속조직을 관찰할 수 있다.

19. 탄소강의 열처리 조직을 관찰할 때 현미경의 상용 배율 범위는?

① 50~100 ② 100~200 ③ 300~500 ④ 500 이상

20. 금속 현미경에서 접안렌즈 ×15, 대물렌즈 ×40일 때 나타나는 배율은?

① ×400 ② ×600 ③ ×700 ④ ×800

해설 현미경 배율 : 접안렌즈의 배율×대물렌즈의 배율=600배

21. 금속 현미경으로 조직 검사 시 검경에 의한 조직 관찰을 할 때 검정면을 입사광선에 어떻게 놓아야 하는가?

① 수평 ② 평행 ③ 수직 ④ 사각

해설 검정면과 입사광선을 수직으로 한다.

22. 합금의 상변화에 사용되는 현미경은?

① 보통 금속 현미경 ② 편광 현미경
③ 고온 금속 현미경 ④ 전자 현미경

23. 광학 현미경과 투과 전자 현미경의 기능상 가장 큰 차이점은?

① 시료와 배율 ② 분해능과 심도
③ 파장과 렌즈 ④ 성형성과 시편재질

해설 광학 현미경과 전자 현미경의 차이는 분해능과 심도이다.

24. 광학적 이방성으로 조직이 잘 나타나기 때문에 사용되는 현미경은?

① 광학 현미경 ② 편광 현미경
③ 주사전자 현미경 ④ 투과전자 현미경

해설 편광 현미경은 광학적으로 이방성(異方性)을 갖는 시료의 조직을 관찰하는 데 적합하다.

25. 철사나 얇은 판 또는 작은 파편 등을 합성수지 또는 금속에 시험편을 매립하기 위해 사용되는 기계는?

① 시편 절단기 ② 마운팅 프레스 ③ 폴리싱 ④ 샌드 페이퍼

26. 현미경 조직시험의 순서가 가장 바르게 된 것은?

① 시편 채취→부식→연마→검경 ② 연마→시편 채취→부식→검경
③ 시편 채취→연마→부식→검경 ④ 부식→시편 채취→연마→검경

27. **금속 조직시험을 하기 전에 시험편의 준비 순서로 옳은 것은?**

① 시험편 채취→마운팅→폴리싱→세척→부식
② 시험편 채취→폴리싱→마운팅→ 세척→부식
③ 마운팅→시험편 채취→ 부식→ 세척→폴리싱
④ 마운팅→ 시험편 채취→폴리싱 → 부식→세척

28. **현미경 조직시험을 할 때 가장 적당한 시편 채취법은?**

① 시험편의 크기는 지름이 5cm 이상으로 한다.
② 결함이 발생하지 않은 부분에서 채취한다.
③ 냉간압연 시편은 가공 방향에 수직하게 채취한다.
④ 채취 부분은 중앙부와 끝부분으로 한다.

29. **쾌삭강에서 피절삭성을 양호하게 하기 위해서 첨가하는 금속조직을 관찰하기 위한 시편의 연마 시 연마지 사용 방법으로 알맞은 것은?**

① 100메시-600메시-1200메시 순으로 연마한다.
② 1200메시-600메시-100메시 순으로 연마한다.
③ 100메시-1200메시-600메시 순으로 연마한다.
④ 메시에 관계없이 편리한 대로 사용해도 무방하다.

해설 세립은 큰 것부터 작은 것 순으로 연마하므로 100메시-600메시-1200메시 순서이다.

30. **금속재료의 조직을 금속 현미경으로 관찰하고자 한다. 시험편을 만들 때의 안전 및 유의사항으로 가장 관계가 먼 것은?**

① 시험편은 평활하게 유지되도록 연마한다.
② 시험편 절단 및 연마 작업 시 열 영향을 받도록 한다.
③ 시험편 제작 시 시험편을 견고히 고정하여 튀지 않도록 한다.
④ 부식액이 피부에 묻지 않도록 주의하고, 묻었을 경우 곧바로 씻는다.

31. **현미경 조직 시편 제작 시 한쪽만 연마할 때 개재물에 의해 주변 금속을 마모시켜 국부적으로 혜성과 같은 홈을 무엇이라 하는가?**

① 국부편석 ② 코멧데일
③ 스테다이트 ④ 고스트 라인

해설 코멧데일은 시편 제작 시 한쪽만 연마할 때 개재물에 의해 주변 금속을 마모시켜 국부적으로 혜성과 같은 홈이 나타나는 것을 말한다.

32. 현미경 조직 검사용 시편 제작 공정이 아닌 것은?

① 시편 채취 ② 전해 연마 ③ 부식 ④ 시편 도금

해설 시편 도금은 시편 제작 공정과 관련이 없다.

33. 탄소강의 조직시험에 사용되는 것으로 관련이 가장 적은 것은?

① 데시게이터 ② 탈지면
③ 열풍건조기 ④ 공기압축기

34. 금속재료의 현미경 시험용 시편의 연마 방법에 대한 설명 중 맞는 것은?

① 연마지를 사용하여 손연마를 할 경우, 세립의 것부터 차례로 연마한다.
② 연마지에 의해 손연마를 할 경우 조립의 겉부터 차례로 연마하며, 한 방향으로만 계속 연마한다.
③ 연마지에 의해 손연마를 할 경우 조립의 겉부터 차례로 연마하며, 매회 그전의 연마지로 생긴 흠과 직각 방향으로 연마해야 한다.
④ 연마재료를 연마 시에는 파라핀이 묻으면 세립이 매립하므로 묻지 않도록 해야 한다.

35. 입자를 사용한 표면가공법 1종인 버핑 연마기에 사용되는 버핑 연삭제에 속하지 않는 것은?

① 에머리(emery) ② 알루미나(Al_2O_3) ③ 탄화규소(SiC) ④ 니켈크롬(NiCr)

해설 1종 버핑 연삭제 : 에머리, 알루미나, 탄화규소.

36. 강의 현미경 조직시험 과정에서 미세연마(polishing)할 때 가장 많이 사용되는 연마제는?

① 산화크롬 분말 ② 이산화 망간 분말 ③ 규소토 분말 ④ 석회석 분말

해설 미세연마에는 산화크롬 분말이 주로 사용된다.

37. 황동의 현미경 조직 시험편을 연마하는 데 가장 좋은 연마제는?

① 산화알루미늄 ② 산화철 ③ 산화크롬 ④ 산화구리

해설 황동의 연마에는 산화알루미늄을 사용한다.

38. 다음 연마제 중 경합금에만 사용할 수 있는 것은?

① MgO ② Fe_2O_3 ③ Cr_2O_3 ④ $FeCO_3$

해설 경합금 연마에는 MgO을 사용한다.

39. 현미경 조직 검사 시의 연마제로 잘못 연결된 것은?

① 비철 및 합금 : Al_2O_3, MgO
② 철강재 : Fe_2O_3, Cr_2O_3, Al_2O_3
③ 초경합금 : 다이아몬드 페이스트
④ 구리, 황동, 청동 : 염화 제2철

해설 구리합금 연마제는 산화세륨계이다.

40. 전해 연마를 위한 각종 금속의 대표적인 전해액이 틀리게 표시된 것은?

① 철강 및 알루미늄 : 과염소산 20%+무수초산 75%+물 5%
② 주석 : 과염소산 20%+무수초산 80%
③ 동 및 동합금 : 정인산 50%+물 50%
④ 니켈 : 과염소산 30%+무수초산 70%

해설 니켈은 황 70%+물 30%이다.

41. 현미경 조직시험에서 강재와 부식제의 연결이 틀린 것은?

① Zn 합금-아세트산 용액
② Ni 및 그 합금-질산 아세트산 용액
③ 구리, 황동, 청동-염화 제2철 용액
④ 철강-질산 알코올 용액, 피크린산 알코올 용액

해설 Zn 합금은 염산 용액에 의해 부식된다.

42. 금속재료의 현미경 조직시험에 있어서 결정경계와 같이 부식이 심한 곳은 어떻게 보이는가?

① 밝게 보인다.
② 희미하게 보인다.
③ 검게 보인다.
④ 같다.

해설 결정경계는 검게 나타난다.

43. 펄라이트를 수백 배 정도의 고배율 현미경으로 관찰하면 어떻게 보이겠는가?

① 검게만 보인다.
② 명암의 층상으로만 보인다
③ 침상으로 보인다.
④ 다각형으로 보인다.

해설 펄라이트는 침상의 조직으로 나타난다.

44. Ni과 그 합금의 부식액으로 적합한 것은?

① 질산 초산 용액
② 피크린산 알코올 용액
③ 왕수
④ 수산화 나트륨 용액

해설 Ni 및 그 합금의 부식액으로는 질산 초산 용액이 사용된다.

45. 금(Au), 백금(Pt) 등의 귀금속의 현미경 조직시험의 부식제로 적당한 것은?

① 피크린산 알코올 용액 ② 염화 제2철 용액
③ 초산 용액 ④ 왕수

해설 귀금속의 부식제는 왕수(진한 질산 1cc, 진한 염산 5cc, 물 6cc)이다.

46. 시멘타이트를 페라이트와 구분하기 위하여 피크린산 나트륨 수용액에서 약 7분간 70~80℃의 온도로 부식시켰을 때 시멘타이트는 어떻게 나타나는가?

① 희게 나타난다. ② 청색 혹은 적색으로 나타난다.
③ 분홍색으로 나타난다. ④ 갈색 또는 검은색으로 나타난다.

47. 탄소강의 열처리 조직과 탄화물의 분포 상태 등을 금속 현미경으로 관찰할 때의 상용 배율은?

① 50배율 ② 100~200배율 ③ 300~500배율 ④ 600배율 이상

해설 열처리 조직은 300~500배율을 이용한다.

48. 주사전자현미경(EPMA)에서 EDS의 기능은 무엇인가?

① 특성 X-ray의 파장에 따라 성분을 분석하는 것
② 특성 X-ray의 파장에 따라 이미지를 분석하는 것
③ 특성 X-ray의 에너지의 차이에 따라 상을 분석하는 것
④ 특성 X-ray의 파장과 에너지 차이에 따라 석출물을 분석하는 것

해설 EDS(energy dispersive X-ray spectroscopy)는 에너지 분산 X-선 분광 분석기로 X-ray의 파장에 따라 성분을 분석한다.

49. 주사전자현미경으로 시료를 관찰할 때 특정 이물질을 정성, 정량하고자 할 때 어떤 분석 장비를 전자현미경에 부착하여 사용하는가?

① EDS ② EELS ③ EBSD ④ ion-coater

해설 EDS는 에너지 분산 X-선 분광 분석기(energy dispersive X-ray spectroscopy)로 특성 X-ray의 파장에 따라 성분을 분석한다.

50. 전자현미경실에서 기기의 상태를 좋은 상태로 유지하기 위한 조치로 틀린 것은?

① 항온 유지 ② 항습 유지
③ 분진 방지 ④ 소음과 진동 유지

해설 전자현미경실에서 기기의 상태를 좋은 상태로 유지하기 위해서는 소음 및 진동을 방지해야 한다.

51. 금속의 화학 성분을 검사하기 위한 방법이 아닌 것은?

① 습식 분석 시험 ② 매크로 시험 ③ 원자 흡광 시험 ④ 분광 분석 시험

해설 매크로 시험은 육안 또는 배율 10배 이하의 확대경으로 검사하는 시험법으로 화학 성분 검사는 어렵다. 육안 조직 검사는 결정입경 0.1mm 이상에 적합하다.

정답 1. ③ 2. ④ 3. ② 4. ③ 5. ④ 6. ③ 7. ① 8. ④ 9. ③ 10. ② 11. ① 12. ②
13. ① 14. ② 15. ④ 16. ① 17. ④ 18. ③ 19. ③ 20. ② 21. ③ 22. ③ 23. ② 24. ②
25. ② 26. ③ 27. ① 28. ④ 29. ① 30. ② 31. ② 32. ④ 33. ④ 34. ③ 35. ④ 36. ①
37. ① 38. ① 39. ④ 40. ④ 41. ① 42. ③ 43. ③ 44. ① 45. ④ 46. ④ 47. ③ 48. ①
49. ① 50. ④ 51. ②

5-4 정량 조직 검사

(1) 결정입도 측정법

결정입도란 결정립의 평균 직경을 뜻하며, 때로는 평균 면적의 평방근으로 나타내기도 한다. 이것은 결정립이 균일하지 않고 일정한 모양으로 되어 있지 않기 때문이다.

① ASTM 결정립 측정법 : 결정립 특정은 규칙적인 6각형 크기를 8가지로 구분한 접안렌즈를 사용하여 비교 측정하는 방법으로 100배의 현미경 배율로 시험면 내의 결정립과 비슷할 때까지 표준 접안렌즈를 바꾸어 가며 관찰한다.

$$n_a = 2^{N-1}$$

여기서 n_a는 100배의 배율로 1평방인치 내의 결정립 수, N은 ASTM 입도 번호이다.

ASTM 결정입도

ASTM 결정입도 번호	100배 하에서 1평방인치의 면적 내에 있는 결정립의 수	
	평균값	범위
1	1	0.75~1.5
2	2	1.5~3.0
3	4	3.0~6
4	8	6~12
5	16	12~24
6	32	24~48
7	64	48~96
8	128	96~192

② 제프리스(Jefferies)법 : 단위 면적당 결정입도의 수를 측정하는 방법이다.

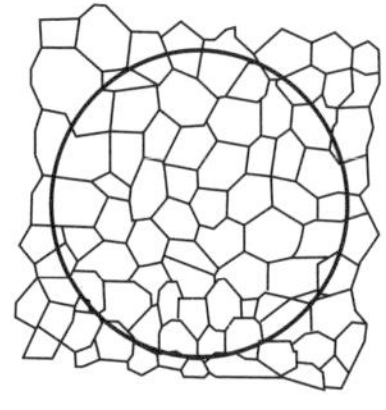
제프리스법

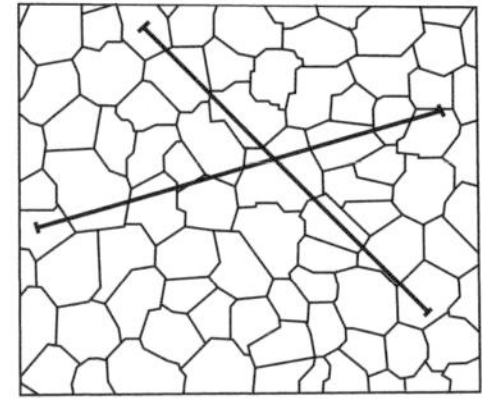
헤인법

③ 헤인(Heyn)법 : 단위 면적당 결정립 수로 표시하는 대신 시험면의 적당한 배율로 확대된 사진 위에 그림과 같이 일정한 길이의 직선을 임의의 방향으로 긋고 그은 직선과 결정립이 만나는 점의 수(결정입계와 직선의 교차점 수)를 측정하여 직선 단위당의 교차점의 수 P_L로 표시하는 방법이다.

P_L 값의 계산은 조직 사진의 배율을 m이라고 할 때 다음 관계식으로 계산할 수 있다.

$$P_L = \frac{\text{측정된 교차점의 수}}{\text{사진 위에서의 직선길이} \div m}$$

이때 사진 배율을 정확하게 알아야 한다.

④ 열처리 입도 시험 방법

열처리 입도 시험 방법

종류		적용 강종
침탄 입도 시험 방법		주로 침탄하여 사용하는 강 종
열처리 입도 시험 방법	서랭법	주로 탄소 함유량이 중간 이상의 아공석강. 다만, 과공석강의 경우는 A_{cm} 점 이상의 온도에서 입도를 측정하는 경우에 한함.
	2회 담금질법	주로 탄소 함유량이 중간 이상의 아공석강 및 공석강
	담금질 템퍼링법	주로 기계 구조용 탄소강 및 구조용 합금강
	한쪽 끝 담금질법	주로 경화능이 작은 강 종으로, 탄소 함유량이 중간 이상의 아공석강 및 공석강
	산화법	주로 기계 구조용 탄소강 및 구조용 합금강
	고용화 열처리법	주로 오스테나이트계 스테인리스강 및 오스테나이트계 내열강
	담금질법	주로 고속도 공구강 및 합금 공구강

(2) 조직량 측정법

① 면적의 측정법 : 연마된 면에 나타난 특정상의 면적을 일일이 측정하는 방법이다. 플래니미터(planimeter)와 천칭을 이용한다. 즉, 플래니미터로 조직 사진 위에서 면적을 측정하거나 트레이싱지에 원하는 상의 모양을 연필로 복사한 후에 이것을 가위로 오려내어 천칭으로 그 질량을 정량하는 방법이다.

② 직선의 측정법 : 이 측정 방법은 면적 분율로 표시하는 대신 직선 분율로 나타내는 측정법이다. 즉, 조직 사진 위에 무작위하게 그은 직선이 측정하고자 하는 상과 교차하는 길이를 직선의 전체 길이로 나눈 값으로 표시한다.

③ 점의 측정법 : 매우 미세한 망이 인쇄된 투명한 종이를 조직 사진 위에 겹쳐놓고 측정하고자 하는 상의 점유하는 면적 내에 있는 교차점을 측정한 총수를 망의 전체 교차점의 수로 나눈 값으로 표시한다.

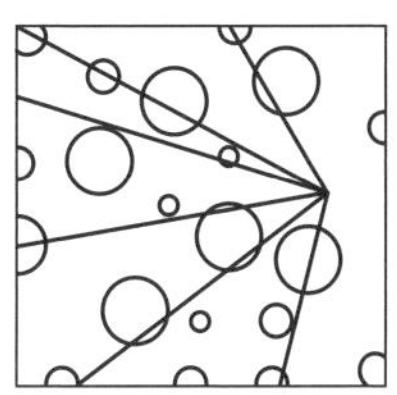
직선의 측정법

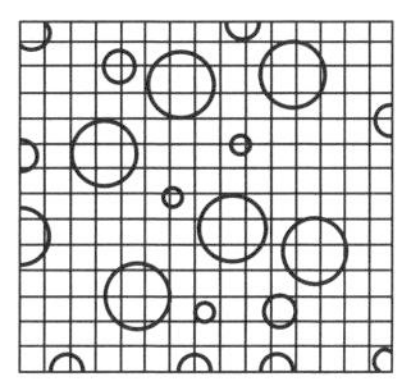
점의 측정법

단원 예상문제

1. 열처리 입도 시험 방법의 담금질 템퍼링법의 KS표시 기호는 어느 것인가?

① AGC ② AGS ③ AGT ④ AGE

해설 • AGC : 침탄입도시험법 • AGS : 서랭법 • AGT : 담금질 템퍼링법
• AGE : 선단급랭법 • AGO : 산화법

2. 페라이트 결정입도 시험법에서 비교법의 기호는?

① FGC ② FGI ③ FGP ④ FGM

3. 페라이트 결정입도 시험법이 아닌 것은?

① 연마법 ② 절단법 ③ 비교법 ④ 평삭법

해설 페라이트 결정입도 시험법에는 절단법, 비교법, 평삭법이 있다.

4. 금속 조직 내 상의 양을 측정하는 방법에 해당하지 않는 것은?

① 면적 측정법 ② 직선 측정법 ③ 점 측정법 ④ 원형 측정법

해설 조직량 측정법에는 점 측정법, 직선 측정법, 면적 측정법이 있다.

5. 결정입도 측정법이 아닌 것은 어느 것인가?

① ASTM 결정립 측정법 ② 제프리스(Jefferies)법
③ 헤인(Heyn)법 ④ 폴링(Polling)법

해설 결정입도 측정법에는 ASTM 결정립 측정법, 제프리스(Jefferies)법, 헤인(Heyn)법이 있다.

6. 결정입도 시험 측정 시 길이의 직선을 임의로 절단하여 측정하는 법은?

① 헤인법 ② ASTM 결정립 측정법
③ 제프리스법 ④ 비교법

해설 헤인법 : 길이의 직선을 임의로 절단하여 측정

7. 금속조직시험에서 정량조직 검사법인 결정립 측정법이 아닌 것은?

① 스프링법 ② 헤인법
③ ASTM 결정립 측정법 ④ 제프리스법

해설 결정립 측정법에는 헤인법, ASTM 결정립 측정법, 제프리스법이 있다.

8. 현미경의 배율이 100배이고 1인치 안에 16개의 결정립이 있다면 이때 ASTM 입도 번호는 몇 번인가?

① 2 ② 5 ③ 6 ④ 8

해설 1인치 안에 16개의 결정립에 대한 ASTM 입도 번호는 5이다.

9. 현미경 배율이 100배 하에서 1평방인치의 면적 내에 있는 결정립의 수가 128개였다면 ASTM 결정입도 번호는?

① 2 ② 4 ③ 6 ④ 8

해설 $n_a = 2^{N-1} = 128 = 2^7 \quad \therefore N = 8$

10. 정량 조직 검사에 해당하지 않는 것은?

① 결정입도 측정법 ② ASTM 결정립 측정법
③ 매크로법 ④ 헤인법

해설 매크로법은 육안으로 관찰하는 검사법이다.

11. 금속의 화학 성분을 검사하기 위한 방법이 아닌 것은?

① 습식 분석시험 ② 분광 분석시험 ③ 원자 흡광 시험 ④ 크리프 시험

해설 크리프 시험은 파괴시험 방법이다.

정답 1. ③ 2. ① 3. ① 4. ④ 5. ④ 6. ① 7. ① 8. ② 9. ④ 10. ③ 11. ④

제 6 장 안전 및 환경관리

6-1 안전 관리

(1) 보호구

① 보호구의 개요

㈎ 근로자의 신체 일부 또는 전체에 착용해 외부의 유해 · 위험요인을 차단하거나 그 영향을 감소시켜 산업재해를 예방하거나 피해의 정도와 크기를 줄여주는 기구이다.

㈏ 보호구만 착용하면 모든 신체적 장해를 막을 수 있다고 생각해서는 안 된다.

② 보호구 착용의 필요성

㈎ 보호구는 재해 예방을 위한 수단으로 최상의 방법이 아니다.

㈏ 작업장 내 모든 유해 · 위험요인으로부터 근로자 보호가 불가능하거나 불충분한 경우가 존재하는데, 이에 보호구를 지급하고 착용하도록 해야 한다.

㈐ 보호구의 특성, 성능, 착용법을 잘 알고 착용해야 생명과 재산을 보호할 수 있다.

③ 보호구의 구비 조건

㈎ 착용 시 작업이 용이할 것

㈏ 유해 · 위험물에 대하여 방호 성능이 충분할 것

㈐ 재료의 품질이 우수할 것

㈑ 구조 및 표면 가공성이 좋을 것

㈒ 외관이 미려할 것

④ 보호구의 종류와 적용 작업

보호구의 종류와 적용 작업

보호구의 종류	작업장 및 적용 작업
안전모	물체가 떨어지거나 날아올 위험 또는 근로자가 떨어질 위험이 있는 작업
안전화	떨어지거나 물체에 맞거나 물체에 끼이거나 감전, 정전기 대전 위험이 있는 작업
방진 마스크	분진이 심하게 발생하는 선창 등의 하역 작업
방진 또는 방독 마스크	허가 대상 유해물질을 제조하거나 사용하는 작업
호흡용 보호구	분진이 발생하는 작업
송기 마스크	• 밀폐공간에서 위급한 근로자 구출 작업 • 탱크, 보일러, 반응탑 내부 등 통풍이 불충분한 장소에서의 용접 • 지하실이나 맨홀 내부, 그 밖에 통풍이 불충분한 장소에서 가스 공급 배관을 해체하거나 부착하는 작업 • 밀폐된 작업장의 산소농도 측정 업무 • 측정 장비와 환기장치 점검 업무 • 근로자의 송기 마스크 등의 착용 지도 · 점검 업무 • 밀폐공간 작업 전 관리감독자 등의 산소농도 측정 업무
안전대, 송기 마스크	산소결핍증이나 유해가스로 근로자가 떨어질 위험이 있는 밀폐공간 작업
방진 마스크(특등급), 송기 마스크, 전동식 호흡보호구, 고글형 보안경, 전신보호복, 보호장갑과 보호신발	석면 해체 · 제거 작업
귀마개, 귀덮개	소음, 강렬한 소음, 충격소음이 일어나는 작업
보안경	• 혈액이 뿜어 나오거나 흩뿌릴 가능성이 있는 작업 • 공기정화기 등의 청소와 개 · 보수 작업 • 물체가 흩날릴 위험이 있는 작업
보안면	불꽃이나 물체가 흩날릴 위험이 있는 용접 작업

단원 예상문제

1. 분진 발생에 의한 호흡기의 방호 보호구는?

① 방열 차단기 ② 차광용 안경 ③ 방진 마스크 ④ 방수용 마스크

해설 호흡기의 방호 보호구은 방진 마스크

정답 1. ③

(2) 산업재해

① 산업재해의 원인

(가) 인적 원인

㉠ 심리적 원인 : 무리, 과실, 숙련도 부족, 난폭, 흥분, 소홀, 고의 등

㉡ 생리적 원인 : 체력의 부작용, 신체 결함, 질병, 음주, 수면부족, 피로 등

㉢ 기타 : 복장, 공동작업 등

(나) 물적 원인

㉠ 건물(환경) : 환기불량, 조명불량, 좁은 작업장, 통로불량 등

㉡ 설비 : 안전장치 결함, 고장난 기계, 불량한 공구, 부적당한 설비 등

단원 예상문제

1. 산업재해의 원인 중 직접원인에 해당하는 것은?

① 기술적 원인 ② 불안전한 상태 ③ 인간적 원인 ④ 관리적 원인

2. 재해 발생의 주요 요인 중 불안전한 상태에 해당되는 것은?

① 권한 없이 행한 조작
② 안전장치를 고장내거나 기능 제거
③ 보호구 미착용 및 위험한 장소에서 작업
④ 불량한 정리정돈

해설 불안전한 상태에는 불량한 정리정돈이 있다.

3. 사고의 원인 중 불안전한 행동에 해당되지 않는 것은?

① 위험한 장소 접근 ② 안전 방호장치의 결함
③ 안전장치의 기능 제거 ④ 복장 보호구의 잘못 사용

해설 안전 방호장치의 결함은 불안전한 장치에 해당된다.

4. 안전에 대한 관심과 이해가 인식되고 유지됨으로써 얻어지는 장점이 아닌 것은?

① 직장의 신뢰도를 높여준다.
② 고유기술의 축적으로 인하여 품질이 향상된다.
③ 상하 동료 간에 인간관계가 개선되나 이직률이 증가한다.
④ 고유기술이 축적되어 생산효율을 원활하게 해준다.

해설 상하 동료 간에 인간관계 개선 및 이직률 감소의 장점이 있다.

5. 기계나 기구의 설계 시 재료의 안전성을 나타내는 안전율의 고려 사항이 아닌 것은?

① 최대 설계 응력

② 최대 사용 하중

③ 재료의 손실 하중

④ 재료의 파괴 하중

6. 부주의에 대한 사고 방지의 세 가지 원칙이 아닌 것은?

① 과거의 관행 그대로 준수한다.

② 작업을 쉽게 한다.

③ 작업을 표준화한다.

④ 잠재 위험요인을 제거한다.

해설 세 가지 원칙에는 작업을 쉽게, 작업을 표준화, 잠재 위험요인 제거가 있다.

7. 자동차 운전 중 공장 앞 주차장에서 주차를 할 때 옳은 것은?

① 2선에 주차

② 골선에 주차

③ 주차선 안에 주차

④ 배기구가 화단측으로 주차

해설 주차장에서 주차를 할 때는 주차선 안에 주차를 해야 한다.

8. 재해가 발생되었을 때 대처 사항 중 가장 먼저 해야 할 일은?

① 보고를 한다.

② 응급조치를 한다.

③ 사고 원인을 파악한다.

④ 사고 대책을 세운다.

해설 재해가 발생되었을 때 가장 먼저 응급조치를 한다.

9. 재해사고 조사의 주된 목적은?

① 비슷한 재해의 재발 방지를 위하여

② 산재 통계 작성을 위하여

③ 안전사고를 알리기 위하여

④ 품질관리 계획을 수립하기 위하여

해설 비슷한 재해의 재발 방지를 위하여 재해사고 조사를 한다.

10. **상황성 재해 발생자의 유발 원인에 해당되지 않는 것은?**

① 작업이 어렵기 때문에
② 소심한 성격 때문에
③ 기계설비의 결함이 있기 때문에
④ 환경상 주의력 및 집중이 혼란되기 때문에

11. **분진에 의한 재해 방지법으로 틀린 것은?**

① 건식 작업 방법을 택한다.
② 방진 마스크를 착용한다.
③ 집진시설이나 배기시설을 한다.
④ 원료를 분진이 발생하지 않는 것으로 바꾼다.

해설 습식 작업 방법을 택한다.

정답 1. ② 2. ④ 3. ② 4. ③ 5. ③ 6. ① 7. ③ 8. ② 9. ① 10. ② 11. ①

(3) 산업 재해율

① 재해율

(가) 재해 발생의 빈도 및 손실의 정도를 나타내는 비율

(나) 재해 발생의 빈도 : 연천인율, 도수율

(다) 재해 발생에 의한 손실 정도 : 강도율

② 재해 지표

(가) 연천인율 $= \dfrac{\text{재해 건수}}{\text{평균 근로자 수(재적 인원)}} \times 1000$

(나) 도수율 $= \dfrac{\text{재해 건수}}{\text{연 근로시간 수}} \times 10^6$

(다) 연천인율과 도수율의 관계 : 연천인율 $=$ 도수율 $\times 2.4$, 도수율 $= \dfrac{\text{연천인율}}{2.4}$

(라) 강도율 $= \dfrac{\text{총 근로 손실 일수}}{\text{연 근로시간 수}} \times 1000$

단원 예상문제

1. 각 사업장의 안전관리 지수인 도수율을 나타내는 계산식으로 옳은 것은?

① $\frac{\text{연사 상자 수}}{\text{연평균 근로자 수}} \times 1000$
② $\frac{\text{연평균 근로자 수}}{\text{연 사상자 수}} \times 1000$
③ $\frac{\text{재해 발생 건수}}{\text{연 근로시간 수}} \times 100\text{만}$
④ $\frac{\text{연 근로시간 수}}{\text{재해 발생 건수}} \times 100\text{만}$

2. 강도율에 대한 설명 중 옳은 것은?

① 연 근로시간 100만 시간당 연 노동 손실 일수
② 연 근로시간 1000시간당 연 노동 손실 일수
③ 연 근로시간 100만 시간당 발생한 사상자 수
④ 연 근로시간 1000시간당 발생한 사상자 수

3. 재해율 중 강도율을 구하는 식으로 옳은 것은?

① $\frac{\text{총 근로시간 수}}{\text{근로 손실 일수}} \times 1000$
② $\frac{\text{총 근로 손실 일수}}{\text{연 근로시간 수}} \times 1000$
③ $\frac{\text{근로 손실 일수}}{\text{총 근로시간 수}} \times 1000000$
④ $\frac{\text{총 근로시간 수}}{\text{근로 손실 일수}} \times 1000000$

4. 무재해 시간의 산정 방법을 설명한 것 중 옳은 것은?

① 하루 3교대 작업은 3일로 계산한다.
② 사무직은 1일 9시간으로 산정한다.
③ 생산직 과장급 이하는 사무직으로 간주한다.
④ 휴일, 공휴일에 1명만이 근무한 사실이 있다면 이 기간도 산정한다.

정답 1. ③ 2. ② 3. ② 4. ④

(4) 기계설비의 안전

① 시동 전에 점검 및 안전한 상태를 확인할 것
② 작업복을 단정히 하고 안전모를 착용할 것
③ 작업물이나 공구가 회전하는 경우는 장갑 착용을 금지할 것
④ 공구나 가공물의 탈부착 시에는 기계를 정지시킬 것
⑤ 운전 중에 주유를 하거나 가공물 측정을 금지할 것

단원 예상문제

1. 현장에서 설비점검을 하고자 할 때 가장 올바른 방법은?

① 시간을 절약하기 위해 지름길을 택하여 점검
② 항상 안전통로를 이용하여 점검
③ 시간이 없을 때는 뛰어서 점검
④ 간단한 수공구는 휴대할 필요 없음

해설 항상 안전통로를 이용하여 점검한다.

2. 감전에 의한 재해를 예방하기 위한 방법이 아닌 것은?

① 정전 시 반드시 표시판에 게시한다.
② '손대지 말 것' 표지판 스위치는 반드시 운전 연락자가 취급한다.
③ 운전 정지 중에는 통전에 대비하여 스위치를 'On'으로 한다.
④ 통전 부근에는 절대로 금속 사다리 사용을 금한다.

해설 운전 정지 중에는 통전에 대비하여 스위치를 'Off'로 한다.

3. 정전이 발생되어 수리작업 시 지켜야 할 안전수칙에 어긋나는 것은?

① 정전을 확인하고 접지한 후 작업에 임한다.
② 필요한 보호구를 착용한 후 작업에 임한다.
③ 복구작업일 때는 지휘명령 계통에 따라 작업을 한다.
④ 작업원이 판단하여 단독 작업을 하여도 된다.

해설 작업원이 판단하여 단독 작업을 하면 안된다.

4. 신입사원이 공장에 전입되었을 때 가장 올바른 안전작업 방법은?

① 가정교육을 잘 받아서 부모 교육대로 이행한다.
② 학교 동문선배가 있어 지시대로 이행한다.
③ 책에서 배운 대로 이행한다.
④ 상급자의 교육 내용대로 이행한다.

해설 신입사원은 상급자의 교육 내용대로 이행한다.

정답 **1.** ② **2.** ③ **3.** ④ **4.** ④

(5) 재해 예방

① 사고 예방

㈎ 안전관리 조직 → 사실의 발견(위험의 발견) → 평가 분석(원인 규명) → 시정 방법의 선정 → 시정책의 적용(목표 달성)

㈏ 예방 효과 : 근로자의 사기 진작, 생산성 향상, 비용 절감, 기업의 이윤 증대

② 재해 예방의 원칙

재해 예방의 4원칙

원칙	내용
손실 우연의 원칙	재해에 의한 손실은 사고가 발생하는 대상의 조건에 따라 달라진다. 즉, 우연이다.
원인 계기의 원칙	사고와 손실의 관계는 우연이지만, 원인은 반드시 있다.
예방 가능의 원칙	사고의 원인을 제거하면 예방이 가능하다.
대책 선정의 원칙	재해를 예방하려면 대책이 있어야 한다. • 기술적 대책(안전 기준 선정, 안전 설계, 정비 점검 등) • 교육적 대책(안전 교육 및 훈련 실시) • 규제적 대책(신상필벌의 사용 : 상벌 규정 엄격히 적용)

단원 예상문제

1. 재해 예방의 4원칙에 해당되지 않는 것은?

① 결과 기능의 원칙 ② 손실 우연의 원칙
③ 원인 연계의 원칙 ④ 대책 선정의 원칙

해설 재해 예방의 4원칙에는 손실 우연의 원칙, 원인 연계의 원칙, 예방 가능의 원칙, 대책 선정의 원칙이 있다.

2. 사고 예방의 5단계 순서로 옳은 것은?

① 조직→평가 분석→사실의 발견→시정책의 적용→시정책의 선정
② 조직→평가 분석→사실의 발견→시정책의 선정→시정책의 적용
③ 조직→사실의 발견→평가 분석→시정책의 적용→시정책의 선정
④ 조직→사실의 발견→평가 분석→시정책의 선정→시정책의 적용

3. 하인리히의 사고 예방의 5단계에서 4단계에 해당되는 것은?

① 조직 ② 평가 분석 ③ 사실의 발견 ④ 시정책의 선정

해설 사고 예방의 5단계
- 1단계 : 안전관리 조직
- 2단계 : 사실의 발견
- 3단계 : 평가 분석
- 4단계 : 시정책의 선정
- 5단계 : 시정책의 적용

4. **위험 예지 훈련의 4단계 중 대책을 수립하는 단계는 몇 단계인가?**

① 1단계 ② 2단계 ③ 3단계 ④ 4단계

해설 위험 예지 훈련
- 1단계 : 현상 파악
- 2단계 : 본질 추구
- 3단계 : 대책 수립
- 4단계 : 목표 달성

5. **안전보건교육의 단계별 종류에 해당하지 않는 것은?**

① 기초교육 ② 지식교육 ③ 기능교육 ④ 태도교육

6. **안전보건교육의 단계별 교육과정에서 지식교육, 기능교육, 태도교육 중 태도교육 내용에 해당되는 것은?**

① 안전규정 숙지를 위한 교육
② 전문적 기술 및 안전 기술 기능
③ 작업 전후 점검 및 검사요령의 정확화 및 습관화
④ 안전의식의 향상 및 안전에 대한 책임감 주장

해설 작업 전후 점검 및 검사요령의 정확화 및 습관화를 위한 태도교육을 실시한다.

7. **사업장의 안전점검을 하기 위한 체크리스트 작성 시 유의사항으로 틀린 것은?**

① 사업장에 적합한 독자적인 내용일 것
② 일정 양식을 정하여 점검 대상을 정할 것
③ 점검표의 내용은 이해하기 쉽도록 표현하고 구체적일 것
④ 위험성이 낮은 순이나 긴급을 요하지 않는 순으로 작성할 것

해설 위험성 및 긴급을 요하는 순서로 체크리스트를 작성한다.

8. **무재해 운동의 이념 3원칙이 아닌 것은?**

① 무의 원칙 ② 전원 참가의 원칙 ③ 이익의 원칙 ④ 선취 해결의 원칙

해설 무재해 운동의 이념 3원칙은 무의 원칙, 전원 참가의 원칙, 선취 해결의 원칙이다.

9. **무재해 운동 중 5S 운동에 해당되지 않는 것은?**

① 정리 ② 정성 ③ 청결 ④ 청소

해설 무재해 운동 5S는 정리, 정돈, 청소, 청결, 습관화이다.

정답 1. ① 2. ④ 3. ④ 4. ③ 5. ① 6. ③ 7. ④ 8. ③ 9. ②

(6) 산업안전과 대책

① 안전 표지와 색채 사용도

㈎ 금지 표지 : 흰색 바탕에 빨간색 원과 45° 각도의 빗선

㈏ 경고 표지 : 노란색 바탕에 검은색 삼각테

㈐ 지시 표지 : 파란색의 원형에 시사하는 내용은 흰색

㈑ 안내 표지 : 녹색 바탕의 정방형, 내용은 흰색

안전 · 보건 표지의 색채, 색도 기준 및 용도

색채	용도	정지신호, 소화설비 및 그 장소, 유해 행위의 금지
빨간색	금지	화학물질 취급 장소에서의 유해 · 위험경고
노란색	경고	화학물질 취급 장소에서의 유해 · 위험경고 이외의 위험경고, 주의 표지 또는 기계 방호물
파란색	지시	특정 행위의 지시 및 사실의 고지
녹색	안내	비상구 및 피난소, 사람 또는 차량의 통행 표지
흰색	–	파란색 또는 녹색에 대한 보조색
검은색	–	문자 및 빨간색 또는 노란색에 대한 보조색

② 가스 관련 색채

가스 관련 색채

가스	색채	가스	색채
산소	녹색	액화 이산화탄소	파란색
액화 암모니아	흰색	액화 염소	갈색
아세틸렌	노란색	LPG	쥐색

단원 예상문제

1. 안전에 관계되는 위험한 장소나 위험물 안전표지 등 노란색은 무엇을 나타내는가?

① 위험, 안내
② 위험, 항공
③ 경고, 주의
④ 안전, 진행

해설 빨강–금지, 노랑–경고, 파랑–지시, 녹색–안내

2. 산업안전보건법에서 안전 · 보건 표지의 분류 및 색채에 대한 설명 중 옳은 것은?

① 금지 표지 : 바탕은 흰색, 기본 모형은 빨간색, 관련 부호 및 그림은 검은색
② 경고 표지 : 바탕은 흰색, 기본 모형은 노란색, 관련 부호 및 그림은 빨간색
③ 지시 표지 : 바탕은 녹색, 기본 모형은 파란색, 관련 부호 및 그림은 빨간색
④ 안내 표지 : 바탕은 녹색, 기본 모형은 빨간색, 관련 부호 및 그림은 빨간색

해설 • 경고 표지 : 바탕은 노란색, 기본 모형은 검은색, 관련 부호 및 그림은 검은색
• 지시 표지 : 바탕은 파란색, 관련 부호 및 그림은 흰색
• 안내 표지 : 바탕은 녹색, 관련 부호 및 그림은 흰색

3. 안전 · 보건 표지의 색채와 용도가 옳게 연결된 것은?

① 빨강-경고 ② 파랑-지시 ③ 녹색-금지 ④ 노랑-안내

해설 빨강-위험 금지, 파랑-지시, 녹색-안전 안내, 노랑-경고, 주의

4. 안전 · 보건 표지의 색채와 용도의 관계가 옳은 것은?

① 빨강-안내 ② 녹색-지시 ③ 노랑-경고 ④ 파랑-금지

해설 빨강-위험, 금지, 파랑-지시, 녹색-안전, 안내, 노랑-경고, 주의

5. 산업 현장, 공장, 광산, 건설 현장 및 선박 등에서 안전을 유지하기 위하여 사용한 안전 표지의 종류가 아닌 것은?

① 금지 표시 ② 경고 표시 ③ 지시 표시 ④ 체력 표시

해설 안전 표지에는 금지 표시, 경고 표시, 지시 표시가 있다.

6. 안전 · 보건 표지의 종류와 기본 모형이 틀리게 연결된 것은?

① 금지 표지-원형 ② 경고 표지-마름모형
③ 지시 표지-삼각형 ④ 안전 표지-직사각형

해설 지시 표지의 기본 모형은 원형이다.

7. 다음 그림의 안전 · 보건 표지는 무엇을 나타내는가?

① 출입금지 ② 진입금지 ③ 고온경고 ④ 위험장소 경고

8. 냄새가 나지 않고 가장 가벼운 기체는?

① H_2S　② NH_3　③ H_2　④ SO_2

해설 가볍고 무취인 기체는 H_2이다

9. 무색, 무미, 무취로서 연료의 불완전 연소로 인하여 생성되는 것으로 인체에 해로운 가스는?

① CO　② SO_2　③ NH_4　④ Cl_2

10. 실험실에서 사용하는 약품 중 인화성 물질이 아닌 것은?

① 질산　② 벤젠　③ 에틸알코올　④ 디에틸에테르

해설 질산은 불연성 물질이지만 산소를 많이 포함하고 있어 다른 물질의 연소를 돕는 조연성 물질이다.

11. 일반용 가스용기의 외부 도색을 표시한 것 중 연결이 잘못된 것은?

① 산소－녹색　② 수소－청색
③ 액화 암모니아－백색　④ 액화 염소－갈색

해설 산소－녹색, 수소－황색, 액화 암모니아－백색, 액화 염소－갈색

정답 1. ③ 2. ① 3. ② 4. ③ 5. ④ 6. ③ 7. ③ 8. ③ 9. ① 10. ① 11. ②

③ 화재 및 폭발 재해

(가) 화재의 분류

화재의 분류

구분	명칭	내용
A급	일반화재	• 연소 후 재가 남은 화재(일반 가연물) • 목재, 섬유류, 플라스틱 등
B급	유류화재	• 연소 후 재가 없는 화재 • 가연성 액체(가솔린, 석유 등) 및 기체(프로판 등)
C급	전기화재	• 전기 기구 및 기계에 의한 화재 • 변압기, 개폐기, 전기 다리미 등
D급	금속화재	• 금속(마그네슘, 알루미늄 등)에 의한 화재 • 금속이 물과 접촉하면 열을 내며 분해되어 폭발하며, 소화 시에는 모래나 질석 또는 팽창 질석을 사용

(나) 화재의 3요소 : 연료, 산소, 점화원(점화에너지)

단원 예상문제

1. 물질 연소의 3요소로 옳은 것은?

① 가연물, 산소 공급원, 공기
② 가연물, 산소 공급원, 점화원
③ 가연물, 불꽃, 점화원
④ 가연물, 가스, 산소 공급원

해설 물질 연소의 3요소는 가연물, 산소 공급원, 점화원이다.

2. 금속화재를 설명한 것 중 가장 옳은 것은?

① A급 화재로 소화 시 수용액(물)을 사용한다.
② B급 화재로 소화 시 포말 소화기 등을 사용한다.
③ C급 화재로 소화 시 유기성 소화액이나 분말 소화기를 사용한다.
④ D급 화재로 소화 시 건조사(모래)를 사용한다.

해설 A급 : 일반, B급 : 유류, C급 : 전기, D급 : 금속화재로 소화 시 건조사(모래)를 사용

3. 금속화재의 종류는?

① A
② B
③ C
④ D

해설 A급 : 일반, B급 : 유류, C급 : 전기, D급 : 금속화재

4. B급 화재가 아닌 것은?

① 그리스
② 타르
③ 가연성 액체
④ 목재

해설
- A급 화재 : 목재
- B급 화재 : 그리스, 타르, 가연성 액체

5. 물질안전보건 제도에서 물리적 위험 물질 중 가연성 물질과 접촉하여 심한 발열 반응을 나타내는 물질은?

① 고독성 물질
② 산화성 물질
③ 폭발성 물질
④ 극인화성 물질

6. 전기화재(C급) 발생 시 가장 좋은 소화 방법은?

① 분말 소화기 사용
② 해사 사용
③ CO_2 소화기 사용
④ 살수 실시

해설 전기화재(C급) 소화 방법은 CO_2 소화기를 사용한다.

7. 공장의 전기 배선함에서 작은 화재가 발생하였을 때 올바른 소화 방법은?

① 소화전의 물로 소화
② 포 소화기로 소화
③ CO_2 소화기로 소화
④ 스프링클러를 작동시켜 소화

해설 전기화재는 CO_2 소화기를 사용하여 소화한다.

8. 자동 화재 탐지설비에 해당되지 않는 것은?

① 수신기 ② 발신기 ③ 감지기 ④ 분사헤드

해설 자동 화재 탐지설비는 수신기, 발신기, 감지기 등으로 구성된다.

정답 1. ② 2. ④ 3. ④ 4. ④ 5. ② 6. ③ 7. ③ 8. ④

6-2 환경 관리

(1) 인간과 환경

① 일하는 환경은 복잡 미묘한 기계나 설비 도구로 가득 차있다.
② 휴식 환경은 땅에서 침대로 바뀌었고, 휴식 방법도 다양하다.
③ 먹는 환경은 인스턴트 식품에 의해서 언제 어느 곳에서나 원하는 시간에 취할 수 있다.

(2) 작업자의 안전성에 나쁜 행동

① 딴 곳을 바라보며 조작하는 태도
② 생략된 간단한 동작
③ 아슬아슬한 작업 동작
④ 하마터면 실수할 뻔한 순간들
⑤ 속도의 변화(시간이 맞지 않음)
⑥ 손이나 발의 미끄러짐
⑦ 어떻게 할까 하고 망설임
⑧ 하던 작업을 다시 하는 반복 행위

가장 중요한 포인트는 사고 발생 직전의 동작 또는 행동에 대한 관심이다.

(3) 작업 조건과 환경 조건

① 온도, 습도 등 온열 조건
② 조명 및 채광 조건
③ 소음, 진동, 동요의 조건
④ 환기와 기적
⑤ 유해광선
⑥ 유해 위험물의 발생(분진, 가스, 흄, 스모그, 더스트 등)
⑦ 폐기물
⑧ 통로, 비상구, 위험 구역의 관리

(4) 작업 환경과 건강 장해

① 온습 조건 : 열중증(일사병, 열사병), 열허탈, 동상, 냉 · 난방병
② 조명 : 유해광선에 의한 시력 장해, 전리방사성 물질에 의한 신경 장해
③ 소음, 진동 : 난청, 관절통, 백치병, 관절변형증 등의 진동 장해
④ 유해가스, 증기 및 분진에 의한 : 금속열병, 납중독, 유기용제 중독, 수은 중독, 진폐, 직업암 등
⑤ 이상기압에 의한 : 감압병(잠수병)
⑥ 작업 자세 : 허리병, 등병, 관절병 등

단원 예상문제

1. 사업주는 1년에 1회 이상 근로자의 건강 진단을 실시하여야 한다. 일반 건강 진단의 검사 항목이 아닌 것은?

① 백내장 검사
② 자각증상 및 타각증상
③ 체중, 시력 및 청력
④ 혈청, GOT 및 GPT 총콜레스테롤

해설 백내장 검사는 특별 건강 진단이다.

2. 작업자의 안전에 문제가 되기 때문에 가장 안전하게 취급해야 할 비파괴 시험법은?

① 초음파 탐상시험　② 침투 탐상시험
③ 방사선 투과시험　④ 자분 탐상시험

3. 방사성 물질이 체내에 들어갈 경우 신체에 미치는 위험성에 대한 설명으로 틀린 것은?

① 문턱선량이 높을수록 위험성이 크다.
② 방사선의 에너지가 높을수록 위험성이 크다.
③ 체내에 흡수되기 쉬운 방사선일수록 위험성이 크다.
④ α 입자를 방출하는 핵종이 β 입자 방출 핵종보다 위험성이 크다.

해설 문턱선량이 낮을수록 위험성이 크다.

4. 대화하는 방법으로 브레인스토밍(brainstorming : BS)의 4원칙이 아닌 것은?

① 자유비평 ② 대량발언 ③ 수정발언 ④ 자유분방

해설 브레인스토밍(brainstorming : BS)의 4원칙에는 비평금지, 대량발언, 수정발언, 자유분방이 있다.

5. 재해 발생 시 일반적인 업무 처리 요령을 순서대로 나열한 것은?

① 재해 발생→재해 조사→긴급 처리→대책 수립→원인 분석→평가
② 재해 발생→긴급 처리→재해 조사→원인 분석→대책 수립→평가
③ 재해 발생→대책 수립→재해 조사→긴급 처리→원인 분석→평가
④ 재해 발생→원인 분석→긴급 처리→대책 수립→재해 조사→평가

6. 교육훈련 방법 중 강의법의 장점에 해당하는 것은?

① 자기 스스로 사고하는 능력을 길러준다.
② 집단으로서 결속력, 팀워크의 기반이 생긴다.
③ 토의법에 비하여 시간이 길게 걸린다.
④ 시간에 대한 계획과 통제가 용이하다.

해설 강의법의 장점은 시간에 대한 계획과 통제가 용이한 것이다.

7. 수공구 중 드라이버 사용 방법에 대한 설명으로 틀린 것은?

① 날끝이 홈의 폭과 길이가 다른 것을 사용한다.
② 날끝이 수평이어야 하며 둥글거나 빠진 것을 사용하지 않는다.
③ 작은 공작물이라도 한 손으로 잡지 않고 바이스 등으로 고정시킨다.
④ 전기작업 시 금속 부분이 자루 밖으로 나와 있지 않고 절연된 자루를 사용한다.

해설 날끝이 홈의 폭과 길이가 같은 것을 사용한다.

정답 1. ① 2. ③ 3. ① 4. ① 5. ② 6. ④ 7. ①

부록

1. 필답형 예상문제
2. 과년도 출제문제

1. 필답형 예상문제

1 다음은 담금질 작업의 요령을 나타낸 것이다. ①, ②의 구역 명칭과 ③, ④의 냉각 방법을 쓰시오.

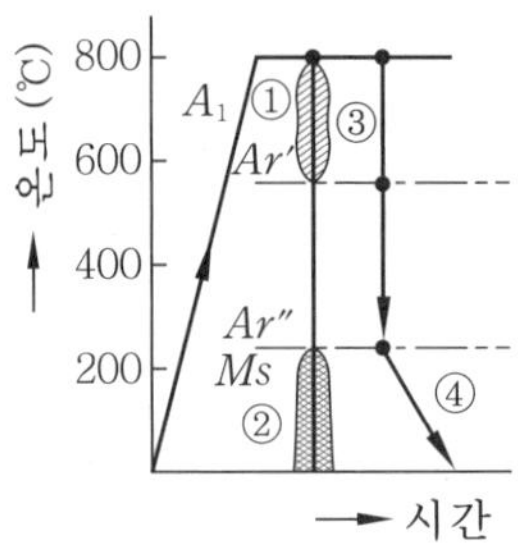

정답 ① 임계구역, ② 위험구역, ③ 급랭, ④ 서랭

2 다음은 냉각법의 형태를 그림으로 나타낸 것이다. 그림에서 ①~④는 각각 무슨 냉각인가?

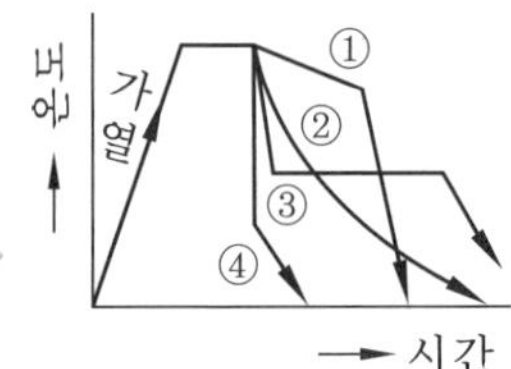

정답 ① 연속냉각(2단냉각), ② 항온냉각, ③ 연속냉각, ④ 인상 담금질

3 다음은 공석강의 냉각 중 변태를 나타낸 것이다. ①의 경우는 공석강을 100℃, ②의 경우는 80℃, ③의 경우는 20℃의 수중냉각시켰을 때의 냉각곡선이다. 각각에서 얻어지는 조직명은 무엇인가?

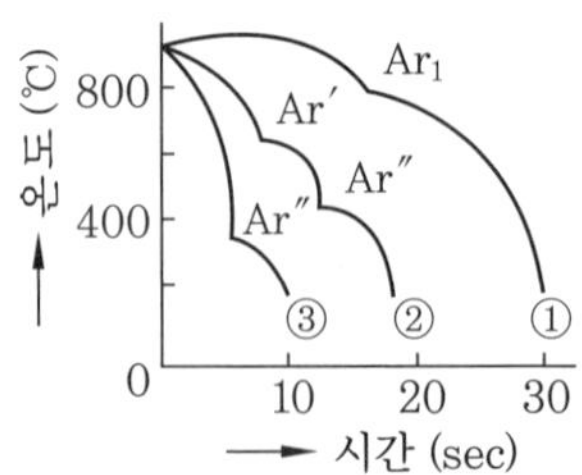

정답 ① 펄라이트, ② 마텐자이트+펄라이트, ③ 마텐자이트

4 안정된 오스테나이트에서 펄라이트를 생성하지 않고 마텐자이트만 생성하는 데 필요한 최소한의 냉각속도를 무엇이라 하는가?

정답 임계냉각속도

5 항온변태 곡선에서 Ms, Mf점을 변화시킬 수 있는 것은 그 재료의 무엇에 의해서 결정되는가?

정답 강의 화학 조성

6 다음은 전기 침탄로를 나타낸 것이다. 그림에서 ①~③의 명칭을 쓰시오.

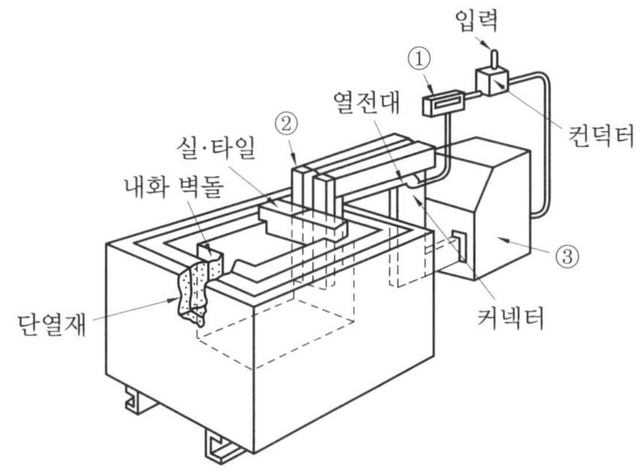

정답 ① 합금전극, ② 고온계, ③ 변압기

7 다음은 18-4-1형 고속도강의 작은 시편을 1260℃에서 기름 담금질 후 560℃에서 1분간 뜨임하여 완전한 2차 경화 현상을 일으킨 조작에 의한 것이다. 이 조작으로 인해 나타나는 조직을 모두 쓰시오.

정답 • 바탕조직 : 오스테나이트를 함유한 마텐자이트
• 망상의 검은 선 : 오스테나이트 결정입계
• 백립 : 복탄화물

8 알루미늄 합금의 열처리에서 T_5는 무엇을 뜻하는가?

정답 담금질, 최고 시효

9 진동감쇠능이 우수한 주철과 흑연의 모양은?

정답 • 진동감쇠능이 우수한 주철 : 회주철
• 흑연의 모양 : 편상

10 **담금질 시 경도 부족의 원인 3가지를 쓰시오.**

정답 ① 담금질 가열 온도가 너무 낮아서 오스테나이트와 페라이트의 2상 구역에서 담금질 한 경우
② 담금질했을 때의 냉각속도가 임계냉각속도보다 느려서 페라이트가 석출된 경우
③ 담금질 개시 온도가 너무 낮아진 경우
④ 표면 스케일 부착에 의한 냉각속도 부족
⑤ 탈탄층은 담금질 경도 부족
⑥ 이재 혼입
⑦ 잔류 오스테나이트로 인한 경도 부족

11 **다음은 탄소강의 담금질 온도 범위를 나타낸 것이다. ①의 조직명은 무엇인가?**

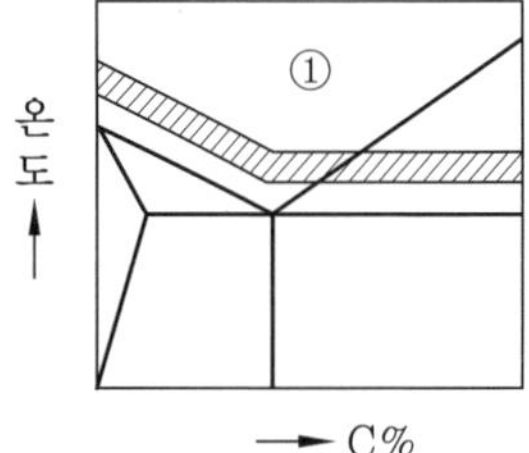

정답 오스테나이트

12 **고주파 담금질에서 경도 부족과 경도 얼룩이 생기는 주원인 2가지를 쓰시오.**

정답 ① 재료의 부적당
② 냉각의 부적당
③ 가열 온도 부족

13 **과공석강의 담금질 온도를 결정하는 데 있어 A_{cm}선과 A점의 중간온도에서 초석 Fe_3C가 혼합된 조직으로 담금질하는 이유는 무엇인가?**

정답 과공석강에서 담금질 균열을 방지하기 위하여

14 **18-8계 오스테나이트 스테인리스강을 고온 가열하여 서랭하면 내식성이 저하되는 가장 큰 요인은 무엇인가?**

정답 서랭하면 C가 Cr과 결합하여 Cr 탄화물을 만들기 때문에 내식성이 저하된다.

15 다음은 프로판 가스 변성로의 약도이다. 그림에서 ①~④의 명칭을 쓰시오.

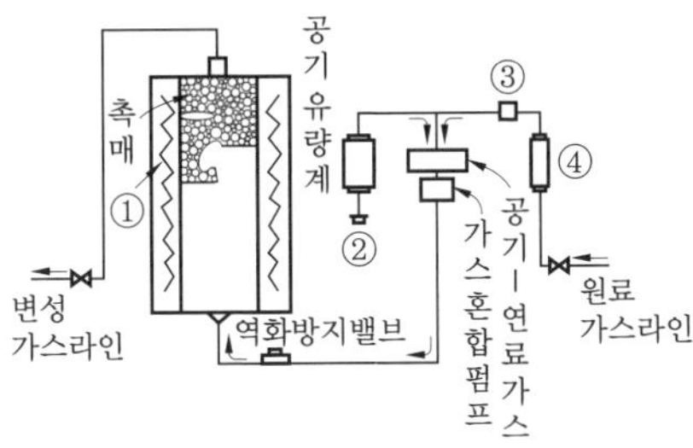

정답 ① 발열체 ② 여과기 ③ 레귤레이터 ④ 가스 유량계

16 다음은 냉간가공재료(탄소강)의 가열에 의한 성질의 변화(재결정 풀림 : 600~700℃)이다. 각 기호에 적용되는 내용을 쓰시오.

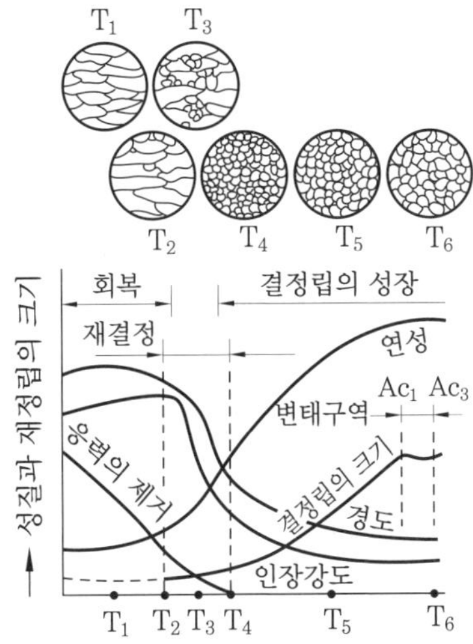

정답 ① T_1 : 변형된 조직
② T_2 : 초기의 재질
③ T_3 : 재결정의 중간 조직
④ T_4 : 재결정 완료
⑤ T_5 : 부분적 결정립의 성장
⑥ T_6 : 결정립의 성장

17 강을 열처리할 때 산화나 탈탄을 방지하기 위한 열처리 방법은 무엇인가?

정답 분위기 열처리

18 **인상 담금질의 냉각 요령 3가지를 쓰시오.**

정답 수랭, 유랭, 공랭

19 **뜨임균열 발생 원인 3가지를 쓰시오.**

정답 ① 템퍼링의 급속 가열
② 템퍼링 온도로부터의 급랭
③ 탈탄층이 있는 경우
④ 담금질이 끝나지 않은 상태의 것을 템퍼링한 경우

20 **다음은 시멘타이트의 구상화 풀림 방법이다. 물음에 답하시오.**

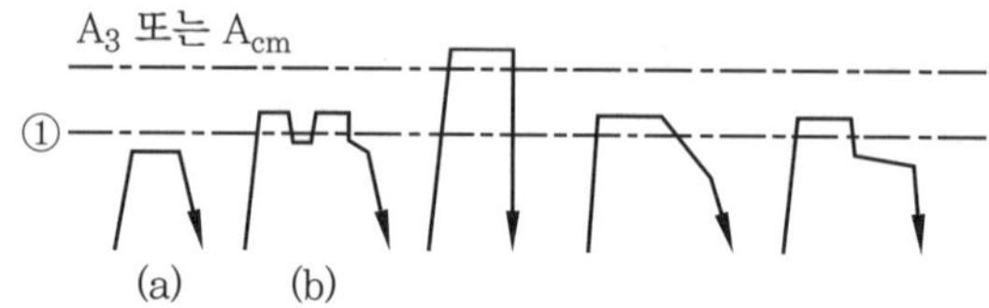

(1) ①은 무슨 변태선인가?
(2) (a)에 사용되는 재료는 담금질이나 냉간가공된 재료이다. 적당 유지시간(℃)은 얼마인가?
(3) (b)에 의해 구상화가 빨리 되는 것은 어느 재료인가? (아공석강, 과공석강, 주강, 주철 중에서)

정답 (1) A_1 변태선
(2) Ac_1 직하 650~700℃에서 가열 유지 후 냉각
(3) 과공석강

21 **다음은 유도 담금질 장치에서 주파수에 따른 기어의 경화층이다. 그림에서 주파수가 높은 곳에서 낮은 순으로 나열하시오.**

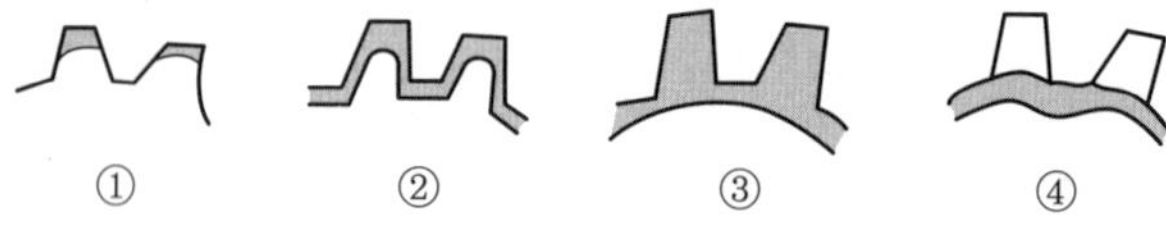

정답 ①→②→③→④

22 **마텐자이트 경도가 큰 이유 3가지를 쓰시오.**

정답 ① 결정의 미세화
② 급랭으로 인한 내부응력
③ 탄소원자에 의한 Fe격자의 강화

23 **탄소강 용접품의 응력 제거 풀림의 열처리 방법을 쓰시오.**

정답 ① 가열 온도 : 600~650℃
② 냉각 방법 : 서랭

24 **변태의 종류는 냉각속도에 의해 핵발생 성장 변태와 마텐자이트 변태로 대별된다. 다음 그림에서 Ⓐ가 뜻하는 것은?**

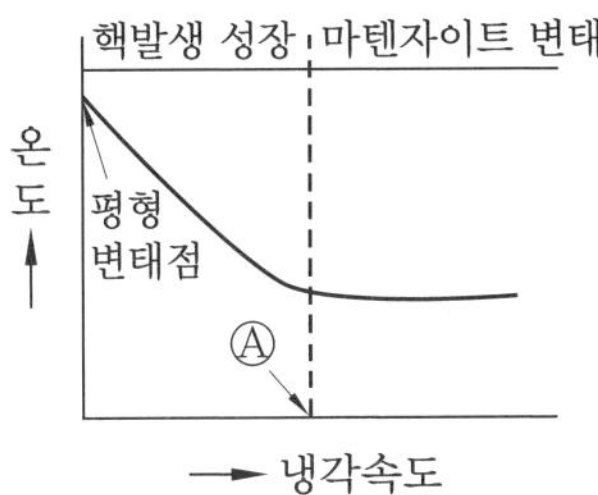

정답 임계냉각속도

25 **기계가공된 부품을 담금질하고자 한다. 열처리로에 장입하기 전 반드시 확인해야 할 사항 2가지를 쓰시오.**

정답 강의 종류와 열처리 온도

26 **Ac_3 또는 A_{cm} 이상의 적당한 온도, 즉 1050~1300℃ 정도의 완전풀림 온도보다 높은 고온에서 장시간 유지하며 강 내부의 탄소, 인, 황, 망간 등의 미소편석을 제거하는 열처리를 무엇이라 하는가?**

정답 확산풀림

27 **현미경 조직시험용 시편은 시험 목적에 따라 시편 채취 위치를 고려해야 한다. 다음 채취 방향과 시험 목적이 맞는 것을 [보기]에서 고르시오.**

| 보기 |

① 비금속 개재물, 소성가공층의 섬유상 조직
② 압연, 단조가공의 성과 확인, 손상된 물품의 파면 관찰
③ 결정입도 측정, 탈탄층, 침탄층, 질화층, 편석, 백점 등 관찰

정답 횡단면 방향 : ③, 종단면 방향 : ①, 양방향 : ②

28 **금속의 표면에 스텔라이트 경합금 등 특수금속을 용착시켜 표면경화층을 생성시키는 방법을 무엇이라 하는가?**

정답 금속 용사법

29 **고탄소 공구강을 담금질하기 전에 반드시 탄화물을 처리하는 방법을 무엇이라 하는가?**

정답 구상화 풀림

30 **오른쪽은 0.85% 탄소강의 냉각 가열 곡선을 나타낸 것이다. 그림에서 ①~④의 냉각 방법을 쓰시오.**

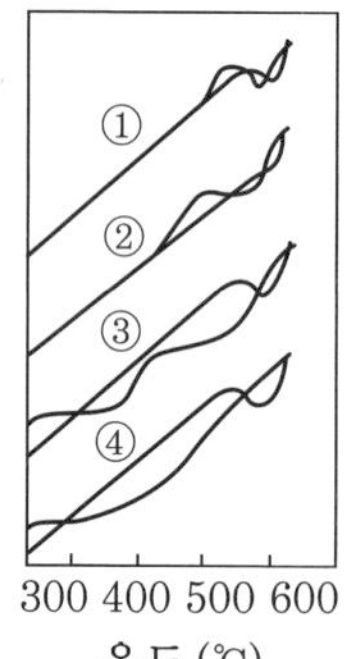

정답 ① 노중 냉각
② 공기 중 냉각
③ 기름 중 냉각
④ 수중 냉각

31 **철강재료를 담금질할 때 잔류 오스테나이트가 많이 생기는 이유 3가지를 쓰시오.**

정답 ① 고탄소가 될수록 많다.
② 담금질 온도가 높을수록 많다.
③ 수랭보다 냉각속도가 느린 유랭에서 많다.

32 **다음 그림은 어떤 열처리 방법인가?**

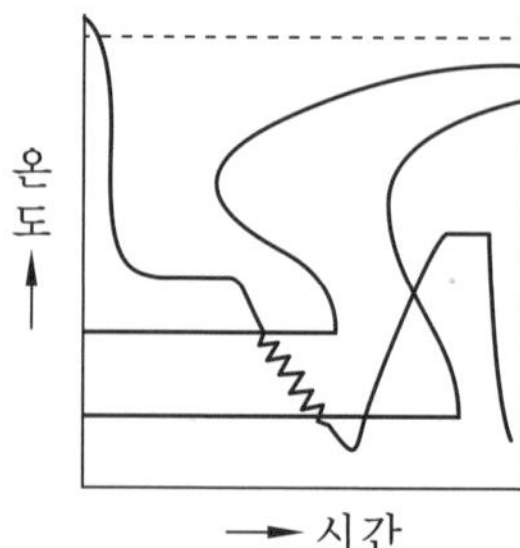

정답 마퀜칭

33 **표면경화 방법 중 침탄, 질화, 금속 시멘테이션법 등은 금속의 어떤 성질을 응용한 것인가?**

정답 화학적 성질

34 침탄층을 전경화층과 유효경화층으로 구분하여 그림으로 나타내고, 유효경화층의 깊이는 얼마인지 쓰시오.

정답 유효경화층 : HV550

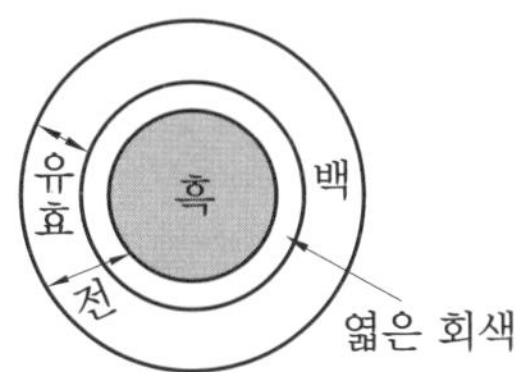

35 과잉침탄의 방지책을 3가지 쓰시오.

정답 ① 완화 침탄제 사용
② 침탄 후 확산처리
③ 1, 2차 담금질

36 다음은 0.82%C 강을 400℃에서 16초간 항온변태 후 염수 담금질한 조직이다. 흑색 부분의 조직명은 무엇인가?

정답 상부 베이나이트

37 다음은 백선을 철상자에 넣어 900℃로 1~2일간 가열하고 750℃로 5시간 가열 후 서랭한 흑심가단주철이다. 흰 부분과 검은 부분의 조직 또는 원소명을 쓰시오. (단, 부식액 : 3%이다.)

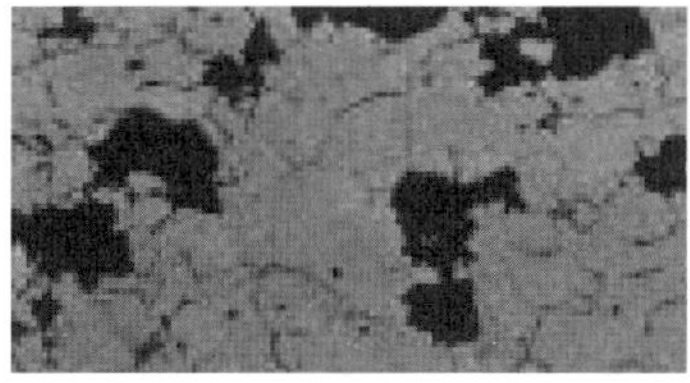

정답 • 흰 부분 : 페라이트
• 검은 부분 : 펄라이트
• 원소 : 뜨임탄소(템퍼카본)

38 다음은 공석 탄소강을 300℃에서 4분 항온변태 후 염수 담금질한 조직이다. 침상 부분의 조직명은 무엇인가? (단, 부식액 : 5% 피크랄 30초~2분이다.)

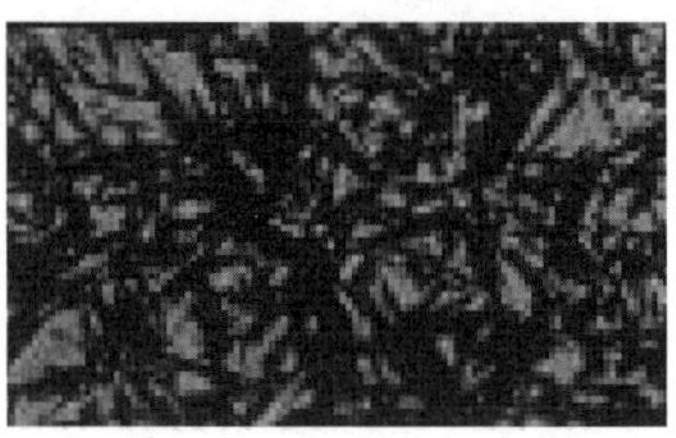

정답 • 하부 베이나이트
• 흰 부분 : 마텐자이트+잔류 오스테나이트

39 다음은 주조 직전에 Mg 0.2%를 첨가한 구상흑연주철로 바탕조직, 흰 부분과 검은 부분의 조직명은 무엇인가? (단, 부식액 : 3% 나이탈 7~8초이다.)

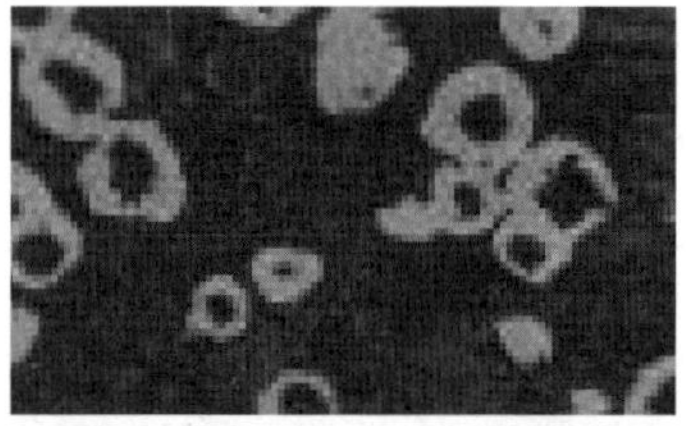

정답 • 바탕조직 : 펄라이트
• 흰 부분 : 페라이트
• 검은 부분 : 흑연

40 다음은 SKH4를 880~910℃에서 풀림시킨 것이다. 조직명은 무엇인가? (단, 부식액 : 10% 나이탈이다.)

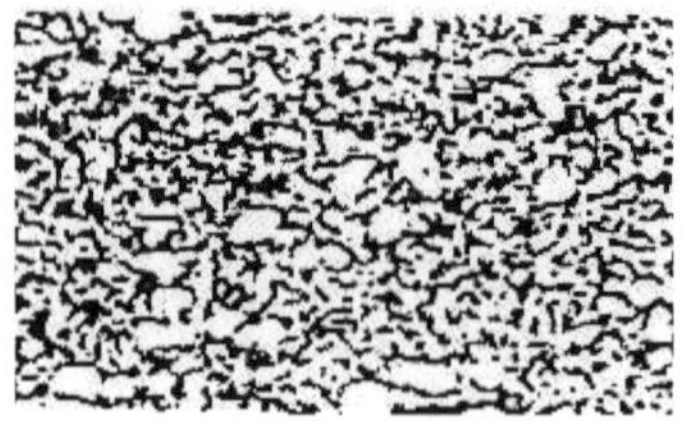

정답 • 바탕조직 : 페라이트
• 백립 : 복탄화물

41 다음은 0.85% 탄소강을 900℃에서 노중냉각시킨 것이다. 조직명은 무엇인가? (단, 부식액 : 5% 피크린산 알코올 용액이다.)

정답 펄라이트

42 다음 0.4%의 탄소량을 함유한 탄소강의 조직에서 검은색의 조직은 무엇인가?

정답 펄라이트

43 합금공구강(단조용 금형강 : 탄소 0.56%이며 Ni, Cr, Mn이 첨가된 강)을 850℃에서 60분 불림하고 800℃에서 90분 풀림처리한 것으로 전체적인 조직명은 무엇인가?

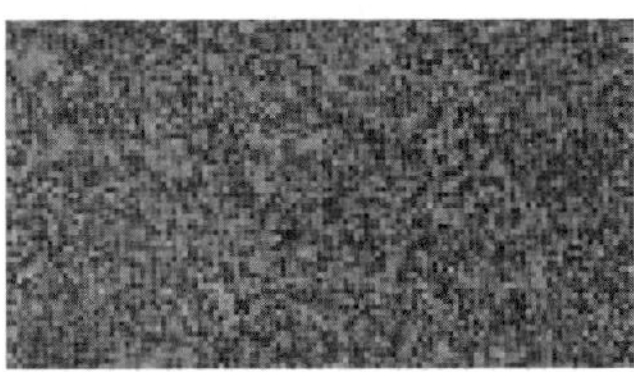

정답
- 바탕조직 : 페라이트
- 백립 : 탄화물

44 다음과 같이 0.8%C의 탄소강을 820℃에서 수랭하고 580℃에서 뜨임하였을 때 나타나는 조직은 무엇인가?

정답 소르바이트

45 주조 직전에 Mg 0.2%를 첨가한 구상흑연주철로 구상 둘레의 하얀 부분의 조직명은 무엇인가?

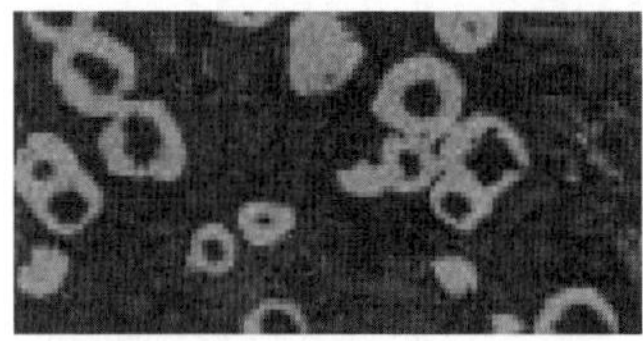

정답 페라이트

46 다음과 같은 18-8 스테인리스강에서 나타나는 조직은 무엇인가?

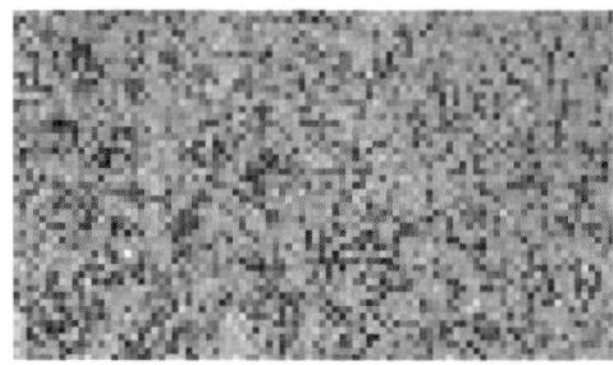

정답 오스테나이트

47 다음은 공정흑연주철 조직을 3% 나이탈 용액에서 6~8초 정도 부식시켜 배율 120으로 본 것으로 흰 부분과 회색, 검은 부분의 조직명은 무엇인가?

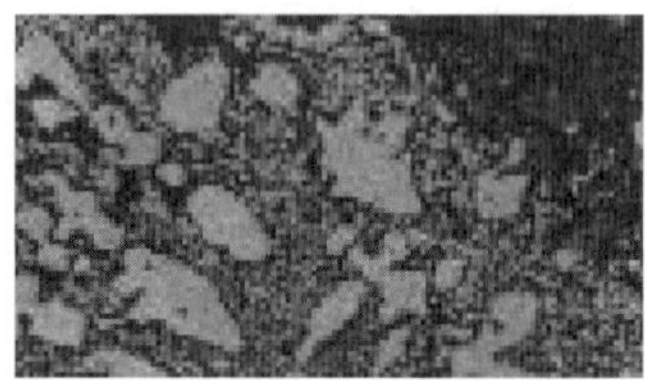

정답
- 흰 부분 : 페라이트
- 회색 부분 : 펄라이트
- 검은 부분 : 공정 흑연

48 다음은 고속도강(SKH2)의 작은 시험편을 1260℃에서 기름 담금질 후 400℃에서 1시간 뜨임한 것이다. 백색 입상과 바탕조직은 무엇인가?

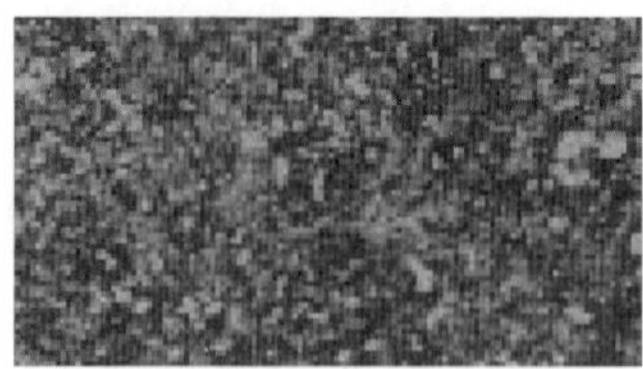

정답
- 백립 : 탄화물
- 바탕조직 : 템퍼링 마텐자이트

49 다음 조직에서 흰색 부분이 차지하는 조직은?

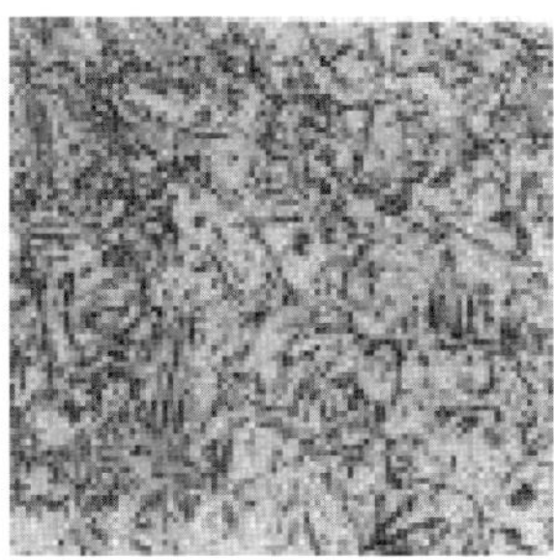

정답 잔류 오스테나이트

50 다음은 주철에 대한 설명과 현미경 조직을 나타낸 것이다. 어떤 주철인지 쓰시오.

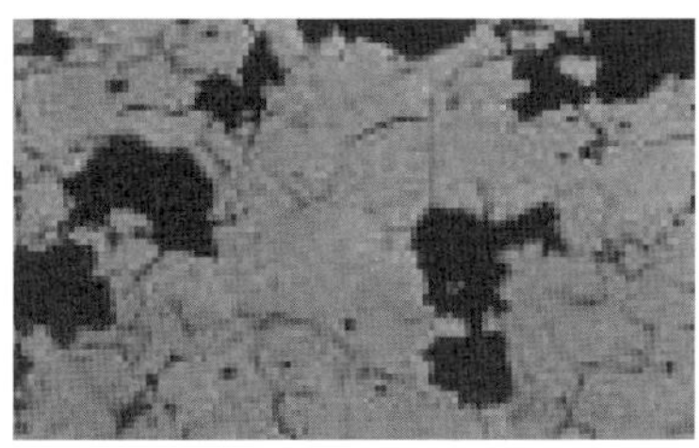

- 성분 : C 2.54%, Si 1.12%, Mn 0.2%, P 0.1% S 0.05%
- 조건 : 백주철을 풀림하여 흑연화를 목적으로 한 것임

정답 흑심가단주철

51 다음의 냉간 공구강(STD1)을 1000℃까지 가열 유지 후 유랭한 조직명은? (단, 부식액 : 5% 나이탈 용액 5초, 배율 : 720배이다.)

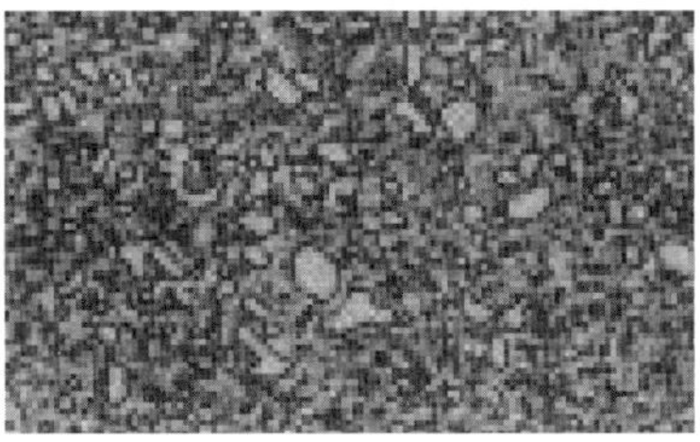

정답 마텐자이트

52 다음은 900℃에서 1시간 유지 후 공랭시킨 주강의 조직으로 흰 부분과 검은 부분의 조직명은 무엇인가? (단, 배율은 200배이며, 부식액은 3% 나이탈 7~8초이다.)

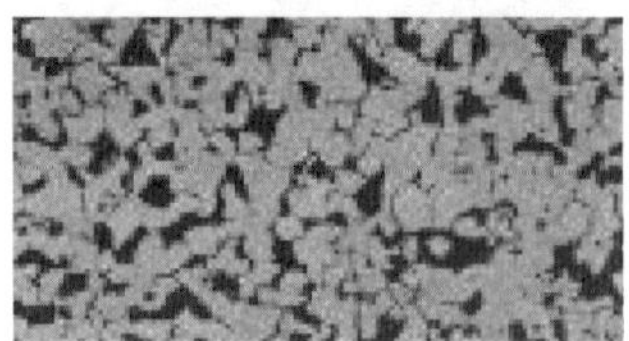

정답 • 흰 부분 : 페라이트
• 검은 부분 : 펄라이트

53 긴 물건을 담금질시키고자 한다. 담금질액에 어떤 방향으로 담가야 하는가?

정답 수직 방향

54 백심가단주철을 제조할 때 침탄상자 내부에서 일어나는 반응을 완성하시오.

정답 $Fe_3C+CO_2 \rightarrow 3Fe+2CO$

55 조미니 시험은 무엇을 측정하기 위한 것인가?

정답 담금질성

56 브리넬 경도시험을 하려고 한다. 시험편에 하중을 가하여 압입흠을 만든 후 경도값을 구하는 데 필수적인 기구 2가지는 무엇인가?

정답 브리넬 확대경, 브리넬 경도표

57 침탄경화층의 표시 기호 중 CD-H1.0-E1.5에 대한 기호의 뜻을 쓰시오.

정답 • 1.0 : 시험하중 1kg
• 1.5 : 유효경화층의 깊이 1.5mm

58 FGC-V4.5(10)에 대한 표시 기호의 뜻은?

정답 비교법으로 직각 단면에서 10시야의 종합 판정에 의한 결과 입도 번호가 45임을 나타낸다.

59 매크로 시험에서 DT-S_c-N의 표시 기호에 대한 의미를 쓰시오.

정답 • DT : 수지상 결정 및 피트
• S_c : 중심부편석
• N : 비금속 개재물

60 광휘 열처리로에 사용되는 환원성 가스와 불활성 가스를 각각 2개씩 쓰시오.

정답 • 환원성 가스 : 수소(H_2), 암모니아(NH_3)
• 불활성 가스 : 아르곤(Ar), 헬륨(He)

61 탄소강을 침탄하기 전 구리, 니켈, 알루미늄의 도금 및 내화점토에 산화철 10%, 붕사 1%를 혼합하여 규산나트륨에 반죽하고 1~2mm 두께로 바른 부분이 있다. 이 부분은 어떤 목적을 위한 것인가?

정답 침탄 방지

62 다음은 강의 항온 열처리를 나타낸 것이다. 열처리 방법의 명칭을 쓰시오.

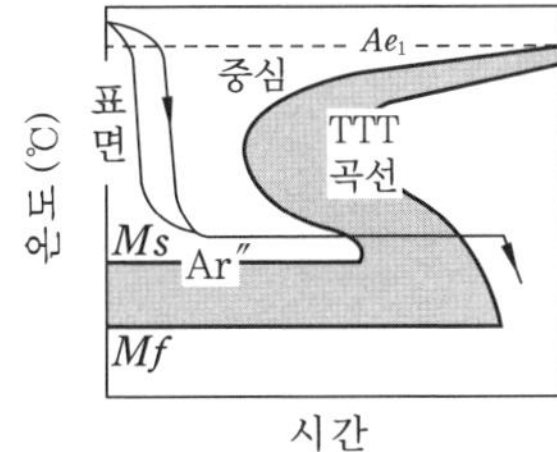

정답 오스템퍼링

63 금속재료를 일정 온도에서 일정 시간 유지 후 냉각시킨 조작이며 주조, 단조, 기계, 냉간가공 및 용접 후에 처리하는 열처리 방법은?

정답 응력 제거 풀림

64 다음과 같이 강에서 S 곡선이 l형 변태형을 갖는 항온변태곡선을 나타내는 경우는 어떠한 원소들을 함유할 때인가?

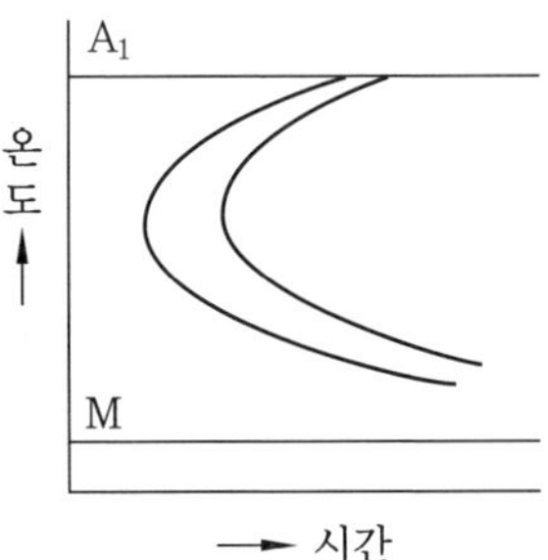

정답 S 곡선을 좌측으로 이동시키는 원소는 Ti, Al이다.

65 다음은 강의 냉각에 따른 조직 변화이다. ㉮~㉱에 알맞는 내용을 채우시오.

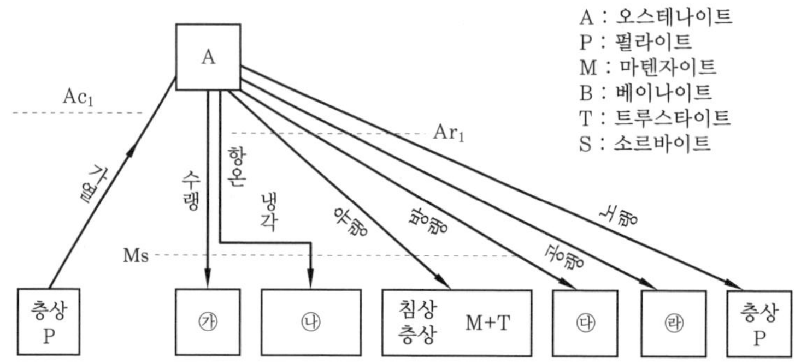

정답 ㉮ 마텐자이트, ㉯ 베이나이트, ㉰ 트루스타이트, ㉱ 소르바이트

66 다음은 액체침탄용로에 사용되는 부품이다. ( ) 안에 들어갈 내용은 무엇인가?

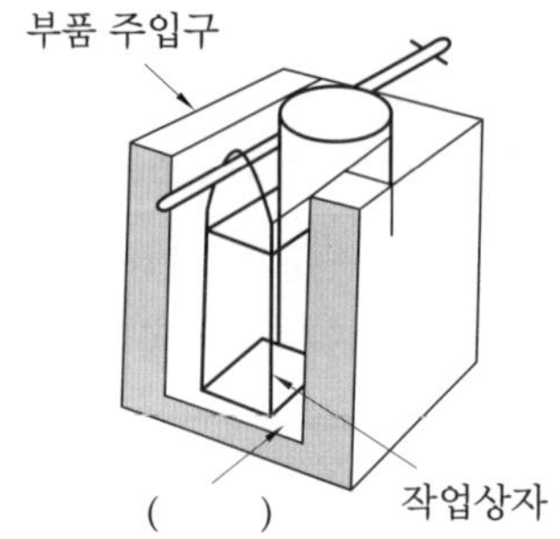

정답 침탄염

67 다음은 고체침탄로에서의 장입 상태를 나타낸 것이다. ( ) 안에 들어갈 내용은 무엇인가?

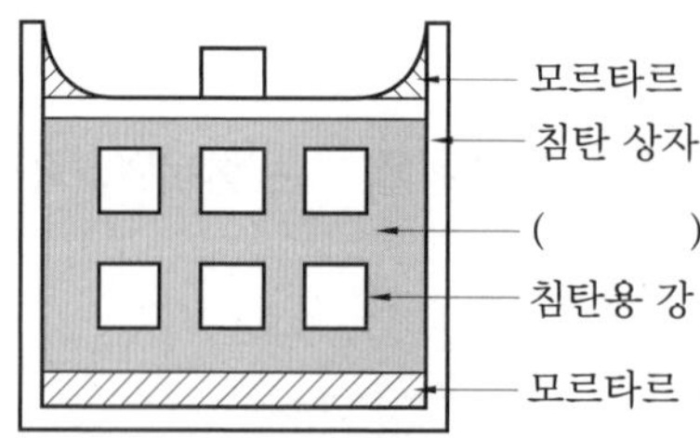

정답 침탄제

68 철강을 산화시키지 않고 가열하는 방법 3가지를 쓰시오.

정답 ① 숯이나 주철칩 또는 침탄제 등에 묻어 가열하는 방법
② 산화나 탈탄 방지제를 도포하여 가열하는 방법
③ 보호 분위기 속에서 가열하는 방법

69 **다음은 프로판 가스에 의한 침탄법의 공정도이다. ㉮, ㉯에 들어갈 물질과 열처리로의 이름을 쓰시오.**

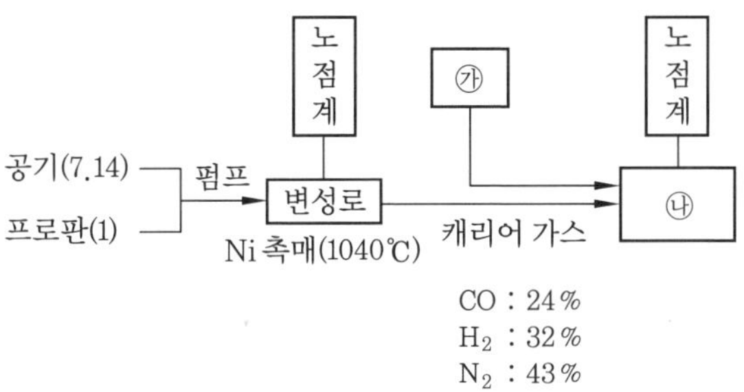

정답 ㉮ 프로판
㉯ 침탄로

70 **내부 결함 검사와 외부 결함 검사의 종류를 쓰시오.**

정답
- 내부 결함 검사 : 방사선 검사, 초음파 검사
- 외부 결함 검사 : 자분 탐상검사, 형광 침투탐상 검사, 와전류 검사

71 **담금질 후 뜨임 시 마텐자이트 분해로 트루스타이트가 될 때 부피 변화는 어떻게 되는가?**

정답 제1단계 마텐자이트→ε-탄화물 석출(트루스타이트)에 의한 수축

72 **항온변태곡선을 보고 나타나는 조직은 무엇인가?**

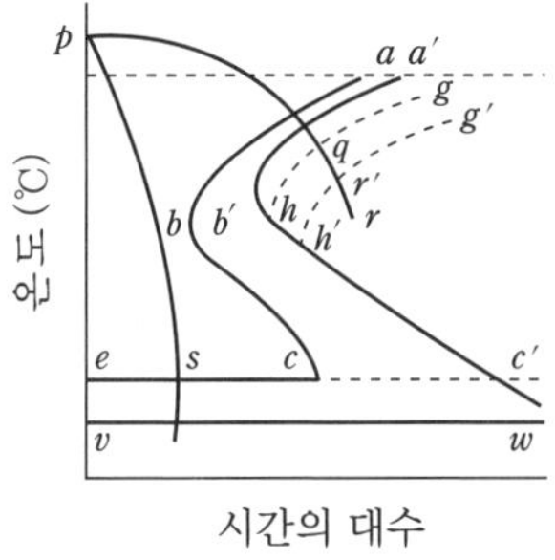

정답 층상 펄라이트, 마텐자이트

73 **고속도강(18-4-1형)의 담금질을 위한 3단계 가열 온도(℃)를 쓰시오.**

정답
- 1단계 : 550~650℃
- 2단계 : 850~900℃
- 3단계 : 1250℃

74 **고속도강의 3단계 가열 방법을 쓰시오.**

정답 • 1단계 : 500~600℃ 노 내에서 서서히 가열
• 2단계 : 900~950℃ 노 중 균일하게 가열
• 3단계 : 1250~1320℃ 고온 염욕에서 급속 가열

75 **스프링강의 열처리 주목적 2가지는 무엇인가?**

정답 높은 탄성, 높은 내피로성, 점도

76 **침탄 담금질에서 박리가 생기는 원인 2가지를 쓰시오.**

정답 ① 과잉침탄이 생겨서 C%가 너무 많을 때
② 원재료가 너무 연할 때
③ 반복침탄을 할 때

77 **피처리 담금질재 가까이에서 복사열이 큰 아크방전을 일으켜 가열한 후 냉각하는 담금질 열처리 방법은 무엇인가?**

정답 방전경화

78 **특수강의 불꽃시험에서 탄소파열을 조장하는 원소 3개를 [보기]에서 고르시오.**

| 보기 |

Cr, V, Mn, W, Si, Mo

정답 Cr,V, Mn

79 **[보기]의 침투 탐상시험에 대한 방법을 순서대로 정리하시오.**

| 보기 |

침투처리, 전처리, 현상처리, 세정처리

정답 전처리→침투처리→세정처리→현상처리

80 **0.9%C 탄소강을 담금질하여 재료를 가열했다가 기름 중에서 냉각하면 그때의 조직은 무엇이 되는가? (단, 페라이트와 극히 미세한 시멘타이트의 기계적 혼합조직이다.)**

정답 마텐자이트

81 고온 염욕은 1300℃의 고온에서 사용되기 때문에 필연적으로 증발, 휘산되는 양이 많고 열화되기 쉬우므로 이를 방지하기 위해 첨가하는 첨가제는 무엇인가?

정답 붕사($Na_2B_4O_7$)

82 구상화되지 않은 강을 열처리하여 탄화물을 구상화시키면 피삭성(절삭성)은 어떻게 변화하는가?

정답 절삭성 향상

83 자연균열의 발생 유무를 검사하려면 잔류응력을 측정하면 된다. 이 판정법으로 사용하는 화학적 검사 방법은 무엇인가?

정답 아말감법

84 다음은 정제된 물속에서의 담금질 3단계 냉각을 도시한 것이다. Ⅰ, Ⅱ, Ⅲ은 각각 무엇인지 쓰시오.

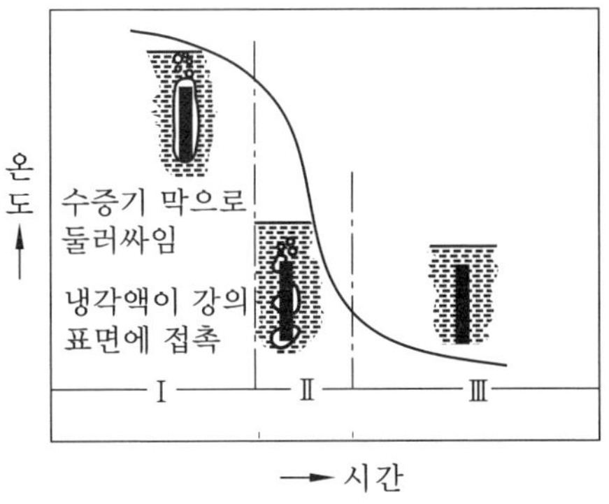

정답 • Ⅰ 단계 : 증기막 단계
• Ⅱ 단계 : 비등 단계
• Ⅲ 단계 : 대류 단계

85 담금질에 의해 경화된 강 중의 잔류 오스테나이트를 마텐자이트로 변태시킬 목적으로 하는 열처리 방법은 무엇인가?

정답 심랭 처리(sub-zero)

86 다음은 연속냉각곡선을 나타낸 것이다. 그림 ①~④ 중 마텐자이트와 펄라이트가 혼합된 조직을 얻을 수 있는 냉각 방법을 고르시오.

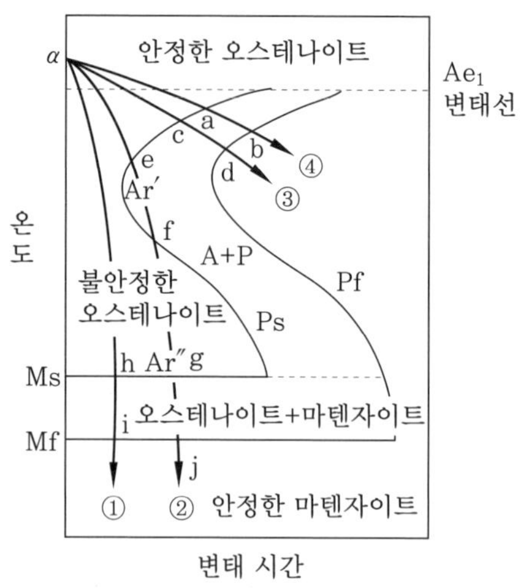

정답 ②

87 다음의 깁스 3성분 농도 표시에서 Xa:Xb:Xc=4:4:2일 때 x점의 농도 표시는?

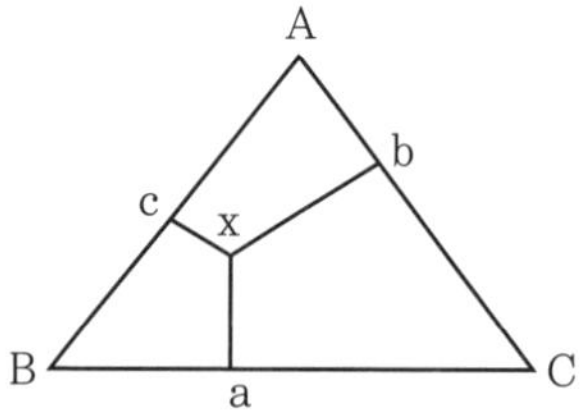

정답 Xa:Xb:Xc=40:40:20

88 다음은 뜨임에 의한 조직과 부피 변화에 관한 내용이다. ( ) 안을 알맞게 채우시오.

변화 시작 온도 (℃)	변화 급진 온도 (℃)	부피 변화	조직 변화내용
60	125~170	(①)	α-martensite → β-martensite
150	230~350	(②)	잔류 austenite → martensite

정답 ① 수축, ② 팽창

89 설퍼 프린트법에서 황의 정편석 기호를 쓰시오.

정답 S_N

90 다음은 순철의 변태에 대한 설명 도표이다. ( ) 안에 적당한 온도 및 결정 구조를 쓰시오.

변태의 종류	A_2	A_3	A_4
변태온도	(①)	912℃	(②)
결정구조	BCC	(③)	(④)
조직	α-Fe	γ-Fe	δ-Fe

정답 ① 768℃ ② 1401℃ ③ FCC ④ BCC

91 다음은 침탄 경도에 대한 측정 방법을 나타낸 것이다. [보기]의 측정법과 연삭법을 구분하여 각각 쓰시오.

| 보기 |

경사 측정법, 직각 측정법, 테이퍼 연삭법, 계단 연삭법

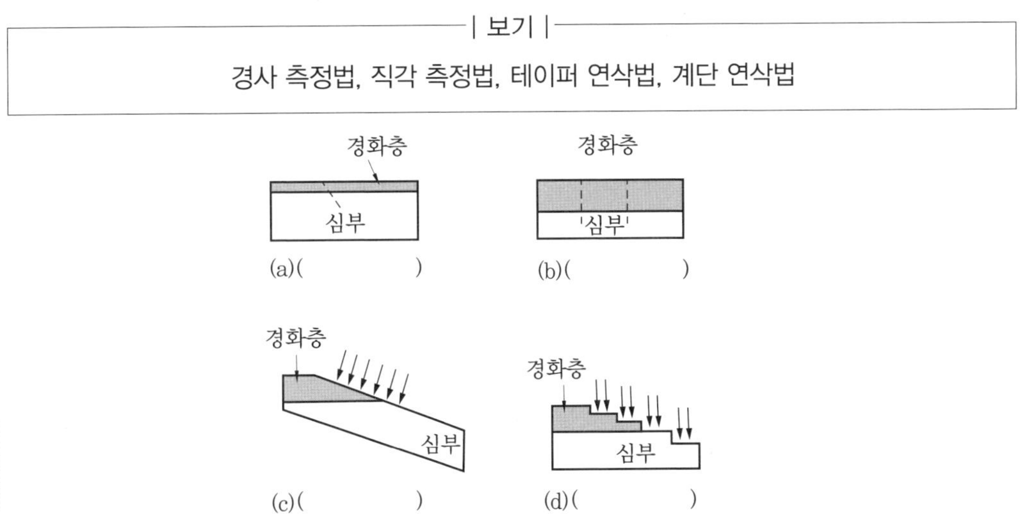

정답 (a) 경사 측정법, (b) 직각 측정법, (c) 테이퍼 연삭법, (d) 계단연삭법

92 다음 문장을 완성하시오.

강을 고온으로 가열하면 (①) 조직으로 되어 있으나, 그것을 서랭하면 (②) 조직으로 변화, 담금질 처리하면 (③) 조직으로 변한다.

정답 ① 오스테나이트, ② 펄라이트, ③ 마텐자이트

93 철강 표면에 전반적으로 붉은색을 띠는 현상으로 열처리에 의하여 생기고 산화 제2철이 산세 공정에서 완전히 제거되지 않고 잔존한 결함은?

정답 스머트

94 **표면경화강의 열처리에서 제1차 담금질은 무엇을 위한 작업인가?**

정답 조대한 결정립의 미세화

95 **표면경화 열처리 방법 중 물리적인 방법 3가지를 쓰시오.**

정답 ① 고주파 경화, ② 화염경화, ③ 전해 담금질, ④ 방전경화, ⑤ 물리 증착법

96 **다음은 비파괴 검사에 사용되는 장비이다. 이 장비에 의해 활용되는 비파괴 검사법의 명칭을 쓰시오.**

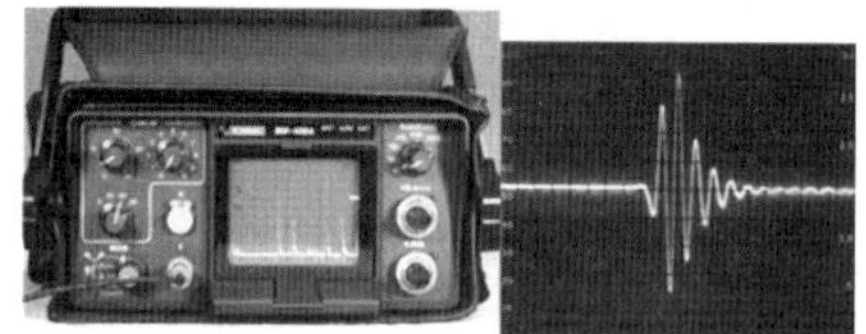

정답 초음파 탐상법(UT)

97 **다음과 같이 페라이트 결정을 100배의 현미경으로 보았더니 경계선에 있는 알맹이 수가 22개, 완전히 경계선 안에 있는 알맹이 수가 21개였을 때, 이의 입도 번호를 평적법에 의해 구하시오. (단, log 64는 1.806이다.)**

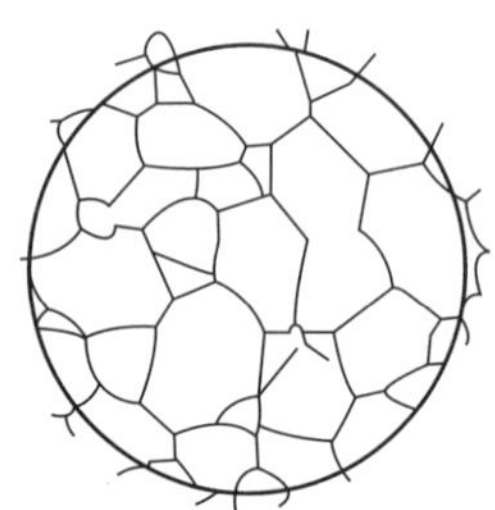

정답 경계선에 있는 알맹이 수는 22개, 완전히 경계선 안에 있는 알맹이 수는 21개로 $\frac{1}{2}\times 22+21=32$이다. 따라서 결정 입도 번호는 ASTM 결정입도표에 의해 6번이다.

98 **다음은 반사식 초음파 탐상 시의 오실로스코프에 나타난 오실로그래프이다. A, B 및 C를 각각 무슨 파라고 하는가?**

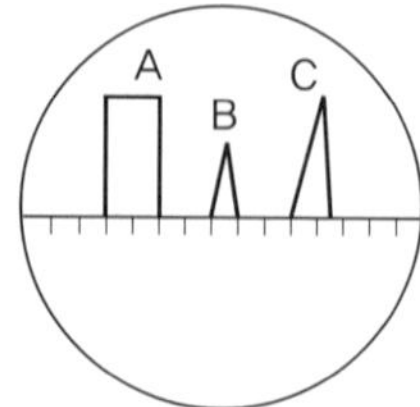

정답 A : 표면 반사파, B : 결함파, C : 저면파

99 강재 가열 방법에서 강재의 표면과 내부 온도를 일정한 지점까지 상승시켜 강재의 표면과 내부의 온도 차이를 줄인 후 다시 필요 온도까지 가열하는 방법을 그림으로 그리시오.

정답

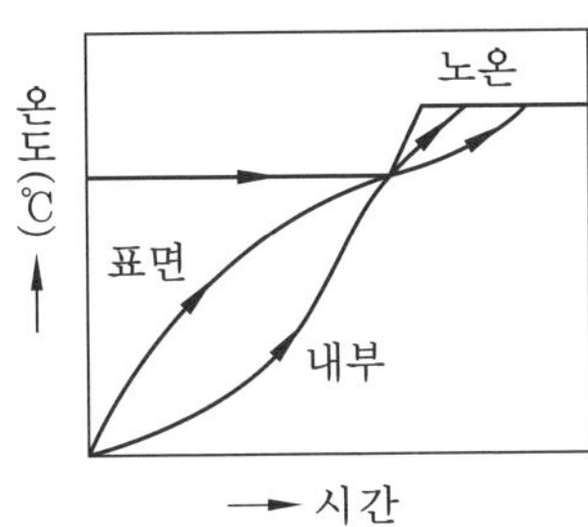

100 강을 단조압연하여 가공 중의 불균일한 조직을 균일화하고 결정립을 미세화하여 기계가공을 쉽게 하기 위한 열처리 방법은 무엇인가?

정답 불림(normalizing)

101 다음 핵 생성 시의 자유에너지 변화 곡선을 보고 r*와 G*의 명칭을 쓰시오.

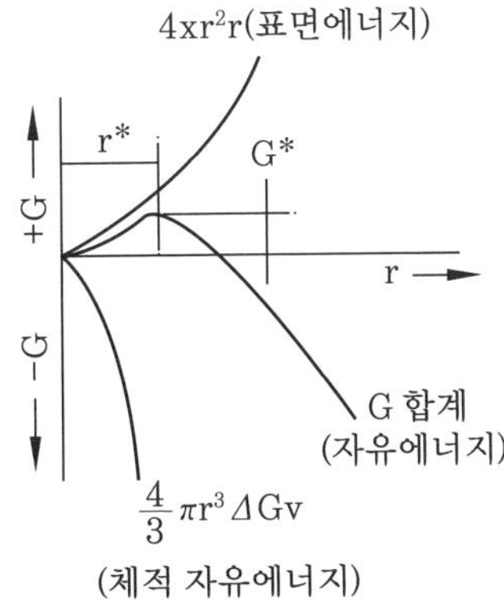

정답 r* : 체적 자유에너지, G* : 자유에너지

102 탄소강에서 펄라이트와 페라이트의 결정입계를 명확히 하고 마텐자이트와 페라이트의 입계를 명확히 하는 부식액은 무엇인가?

정답 3% 나이탈

103 다음과 같은 화학 반응이 재료의 결함 검출과 편석 검출에 이용되는 방법을 무엇이라 하는가?

$MnS+H_2SO_4 \rightarrow MnSO_4+H_2S$,	$2AgBr+H_2S \rightarrow Ag_2S+2HBr$

정답 설퍼 프린트법

104 **재료가 변형 또는 균열할 때 재료 내부에 축적되어 있던 변형률 에너지가 탄성파로 방출되는 현상을 시험하는 법은?**

정답 음향방출시험(acoustic emission wave : AE파)

105 **반복적인 하중을 받고 있는 구조물대의 균열의 전파속도를 비파괴 시험으로 알아내려면 어떤 방법을 써야 되는가?**

정답 음향방출시험

106 **담금질 경화로 생긴 취성을 제거하고 페라이트 속에 적당한 평균 간격을 가지고 탄화물을 분산하는 상태를 만들어 강도와 인성을 향상시키는 목적에 사용되는 열처리 방법은?**

정답 템퍼링

107 **철강재료를 피로시험한 결과 다음과 같은 S-N 곡선이 얻어졌다. 이 그림에서 수평부를 무엇이라 하는가?**

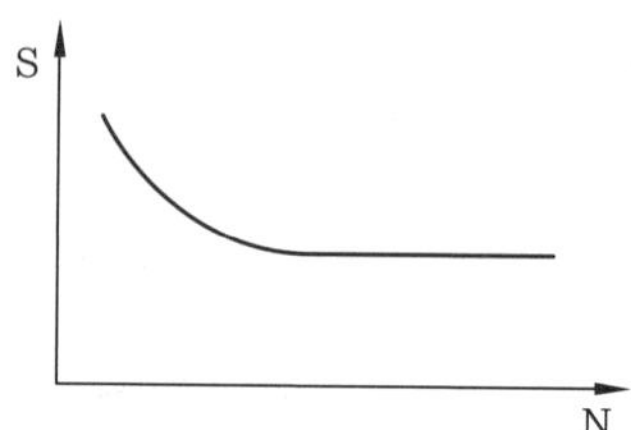

정답 응력

108 **Fe-C계 상태도에서 포정반응 부분의 상태도를 그리고, 그 반응식을 쓰시오. (단, 온도 조성을 포함해서 그려야 한다.)**

정답

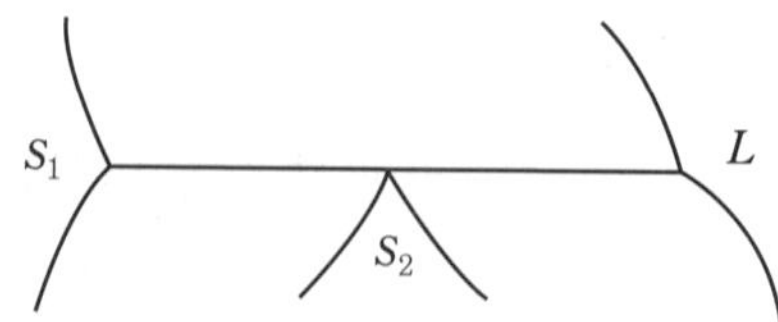

- 포정 : (융액)L+(고상)$S_1 \rightleftarrows$(고상)S_2
- 온도 : 1493℃

109 다음 합금강의 불꽃모양을 보고 특징에 맞는 성분을 쓰시오.

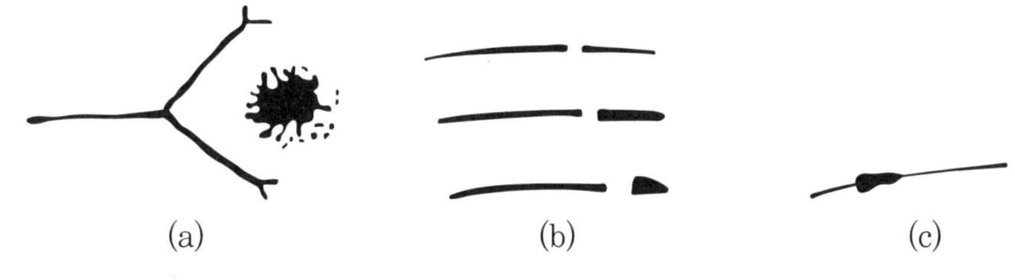

정답 (a) Cr, (b) Mo, (c) Ni

110 강재의 품질을 확보하기 위해 시료를 Jominy 시험한 결과 다음과 같은 결과를 얻었을 때 A, B 두 시료의 차이는 무엇인가?

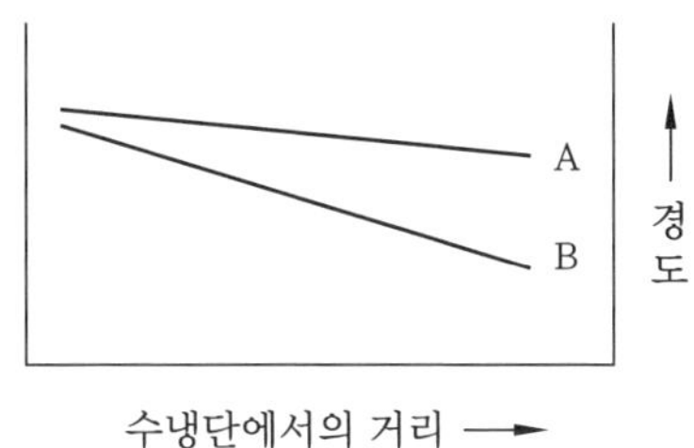

정답 담금질성

111 다음은 공석강의 TTT 곡선을 나타낸 것이다. ①의 상태에서의 광학현미경 조직이 [보기]와 같다고 할 때 등온변태 후 ①과 같은 부위에 대한 ②의 상태에서의 광학현미경 조직을 개략적으로 그리고 각 phase의 이름을 금속학적 용어로 [보기]와 같이 쓰시오. (단, 변태 후 조직이 혼합상일 경우 각상에 대해 구체적으로 쓰시오.)

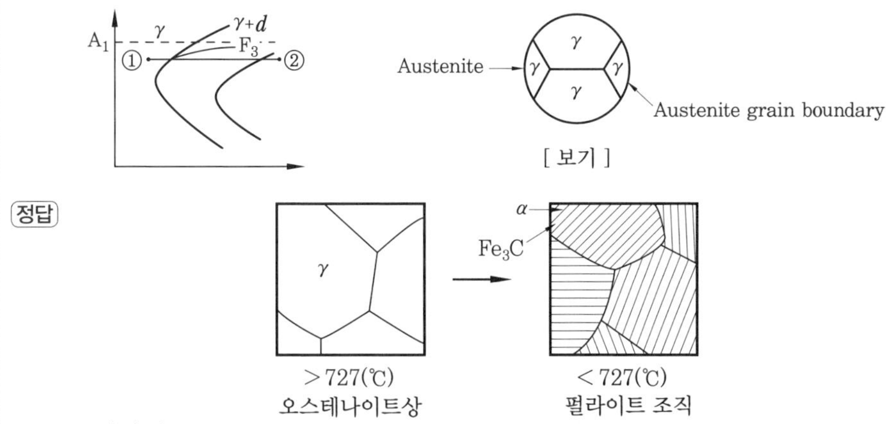

정답

- 펄라이트
- 상의 명칭 : α-철, Fe_3C

112 페라이트 스테인리스강을 약 950℃ 이상으로 장시간 가열하고 상온으로 냉각하면 심한 취성이 나타나며 내식성이 없어진다. 그 이유를 쓰시오.

정답 결정립이 몹시 조대화하여 충격치가 저하하기 때문이다.

113 STS304 스테인리스강의 기본적인 열처리로 냉간가공 및 용접 등에 의한 내부 응력 제거를 위해 시행하는 열처리 작업은 무엇인가?

정답 용체화 처리

114 열적 평형 상태에서의 성분의 수, 상의 수와 자유도를 나타내는 Gibbs의 상률을 식으로 표시하시오.

정답 $F=C-P+1$

115 철강에 함유된 S이 유화철(FeS)로 되어 인장강도, 신율, 충격치를 감소시키는 현상을 무엇이라 하는가?

정답 적열취성(고온취성)

116 침탄입도 시험법의 각 시야에서의 결과가 다음과 같다고 할 때 그 평균입도를 구하시오.

각 시야에서의 입도 번호(a)	시야의 수(b)
5	3
7	6
6	1

정답 6.3

해설 시야의 수 : 10

입도번호 5가 3시야 : 15

입도번호 7이 6시야 : 42

입도번호 6이 1시야 : 6

Σ : 63

$$N=\frac{\Sigma ab}{\Sigma b}=\frac{63}{10}=6.3$$

117 강에 있어서 비금속 개재물의 종류를 분류하는데 MnS, SiO_2와 같이 가공에 의하여 점성 변형한 개재물을 어떤 계의 개재물이라 하는가?

정답 비금속 개재물(C형)

118 **금속의 산화 스케일 방지제를 2가지 쓰시오.**

정답 실리콘유, 금속피막제, 세라믹피막제

119 **다음은 가스침탄의 처리 공정 예이다. A, B, C에 맞는 열처리 공정을 쓰시오.**

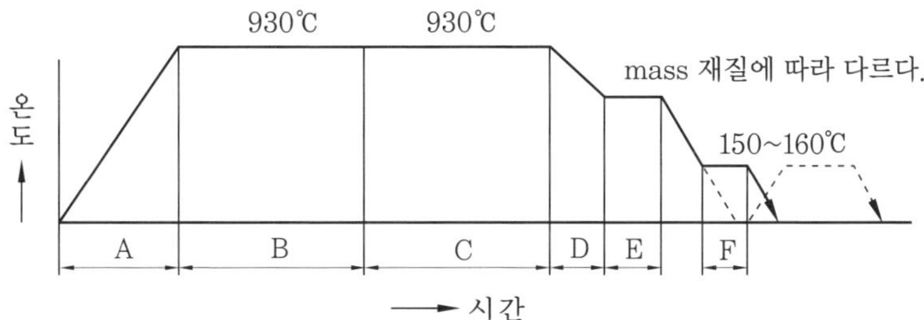

정답 A : 승온 B : 침탄 C : 확산

120 **시효경화처리에 대한 순서를 쓰시오.**

정답 과포화 고용체→(GP Ⅰ zone)→(GP Ⅱ zone)→θ'→θ

121 **탄소강을 담금질할 때 A_3 이상 30~50℃가 적당하다. 이 온도보다 높은 온도로 담금질할 때는 어떤 현상이 생기는가?**

정답 탈탄과 산화 현상

122 **구조용 합금강(SCM445)을 경도(HB) 192~229가 되도록 불림 및 풀림을 하고자 한다. 적당한 온도(℃)는 얼마인가?**

정답 820~850℃

123 **주조나 단조 후 편석과 응력 등의 불균일을 제거하고 조직을 균일화시켜 표준조직을 얻는 열처리는 무엇인가?**

정답 불림

124 **열처리 방법 중 풀림을 하여 얻어지는 효과를 2가지 쓰시오.**

정답 ① 강을 연화시킨다. ② 결정조직을 균일화시킨다.
③ 내부응력을 제거한다. ④ 기계적, 물리적 성질을 변화시킨다.

125 **탈탄의 방지책 3가지를 쓰시오.**

정답 ① 염욕 및 금속욕 가열
② 환원성 분위기에서 가열
③ 중성 분말제 속에서 가열
④ 탈탄 방지제 도포

126 **과포화 고용 탄화물에서 시간의 경과에 따라 탄화물이 석출되어 재료가 경하게 되는 것을 무엇이라 하는가?**

정답 시효경화

127 **마텐자이트 α, β의 두 가지 형태를 비교 설명하시오.**

정답
- α-마텐자이트 : 담금질한 후 수중에서 급히 냉각한 상태에서 나타나며, 담금질 조직 중 가장 단단하고 부스러지기 쉬우며 강자성의 성질을 나타낸다.
- β-마텐자이트 : 강을 유랭하거나 뜨임한 상태에서 얻어지며, 흑색 침상조직을 나타낸다.

128 **산란 방사선의 종류 3가지를 쓰시오.**

정답 ① 부산란 방사선, ② 후방산란 방사선, ③ 측면산란 방사선

129 **질화강의 열처리에서 사용되는 온도 및 조직은 어떤 영역에서 사용하는가?**

정답 강을 암모니아 가스(NH_3) 중에서 450~570℃로 가열하며, 내마모성과 내피로성이 요구되는 각종 공작기계의 기어, 캠, 샤프트 등과 같은 강에 사용된다.

130 **재료의 연신을 알기 위한 시험으로 구리판, 알루미늄판 및 기타 연성판재를 가압성형하여 변형 능력을 시험하는 방법은?**

정답 커핑시험

131 **침탄 후 1차 담금질과 2차 담금질의 목적을 쓰시오.**

정답
- 1차 담금질 : 조대한 조직의 미세화
- 2차 담금질 : 표면경화

132 STS61을 Ms 담금질하고자 한다. Ms 퀜칭 곡선을 그리시오.

정답

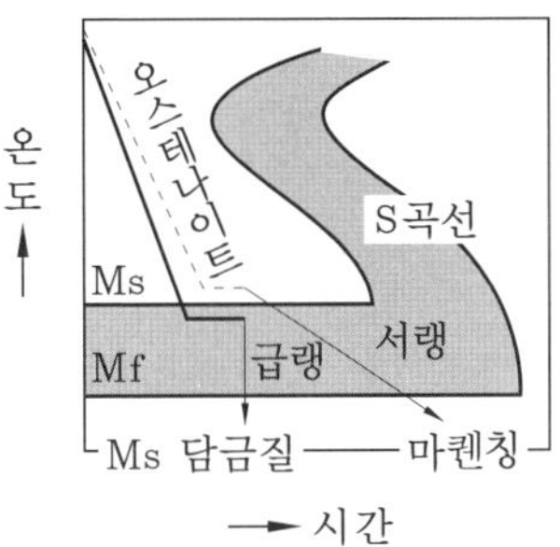

133 다음 열처리 곡선을 보고 열처리 종류를 쓰시오.

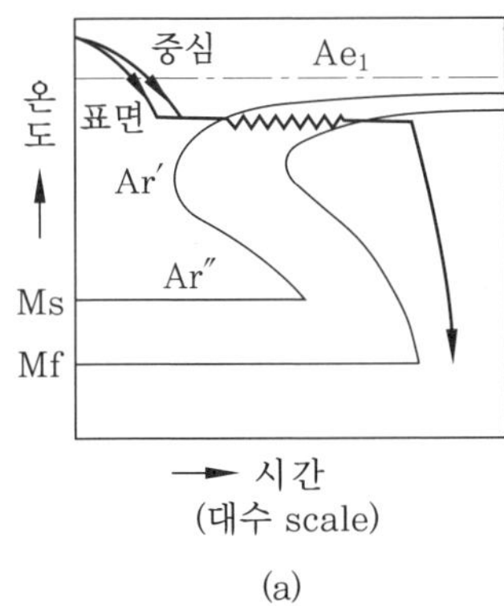

(a)

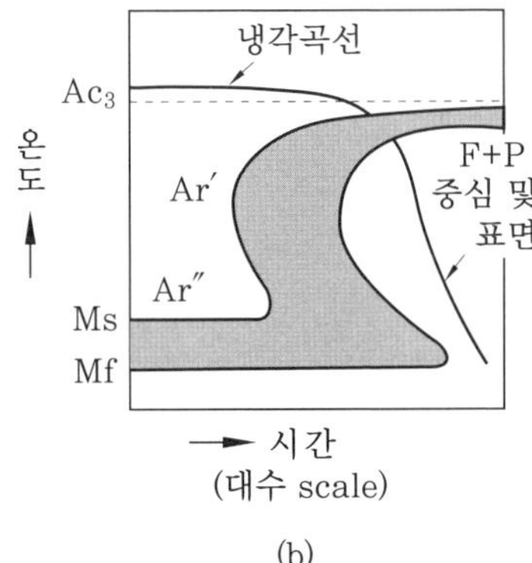

(b)

정답 (a) 항온풀림, (b) 보통풀림

134 다음은 열처리 단계에 따른 조직 변화를 나타낸 것이다. (A)~(D)에 맞는 조직명을 쓰시오.

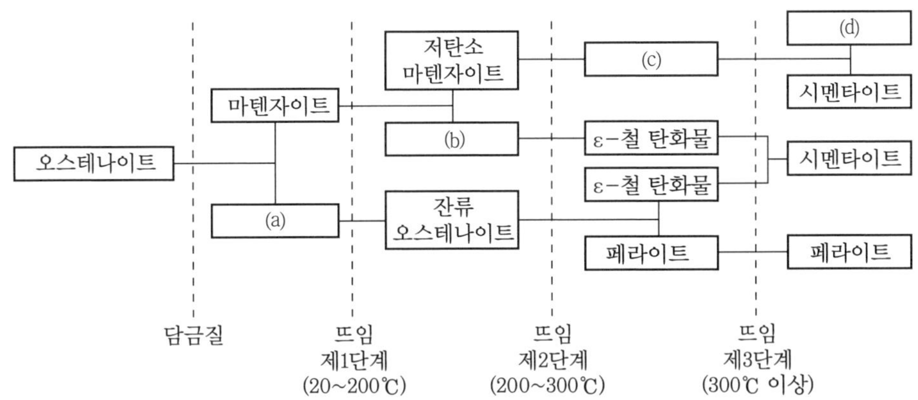

정답 (a) : 잔류 오스테나이트, (b) : ε-탄화물, (c) : 저탄소 마텐자이트, (d) : 페라이트

135 다음은 탄소강의 조직과 열처리의 관계도를 나타낸 것이다. ㉮~㉰에 맞는 조직명을 쓰시오.

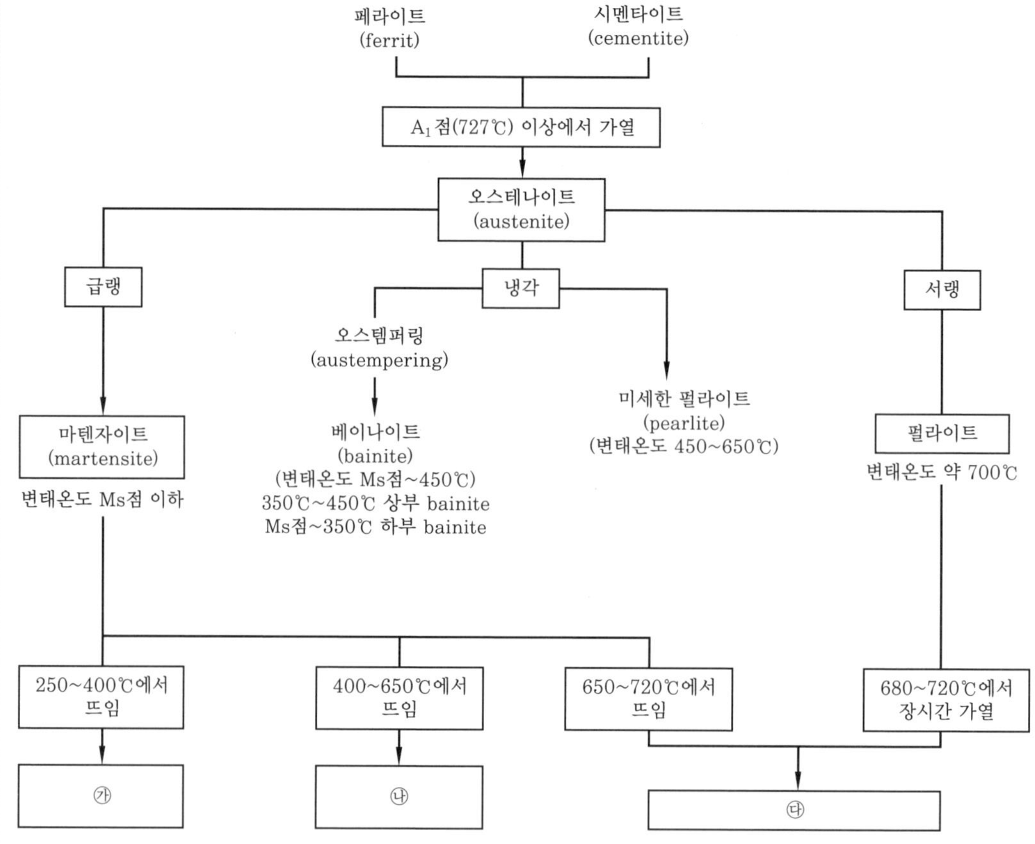

정답 ㉮ : 트루스타이트 ㉯ : 소르바이트 ㉰ : 구상 시멘타이트

136 기계구조용 탄소강을 변형 제거 풀림할 때 뜨임취성의 발생 방지를 위하여 어떻게 처리하는 것이 좋은가?

정답 변태점 이하의 550~650℃ 부근에서 가열하여 서랭하는 방법이지만, 기계적 성질의 변화는 뜨임취성의 염려가 있어 뜨임온도보다는 낮은 온도에서 서랭한다.

137 냉간가공한 재료를 가열하면 연화된다. 이때 연화되는 과정 3단계를 서술하시오.

정답 회복→재결정→결정립 성장

138 오스테나이트 조직을 재결정 온도 이하 Ms점 이상의 온도 범위에서 소성가공하는 처리를 무엇이라 하는가?

정답 오스포밍

139 STD11의 열처리 곡선을 그리시오.

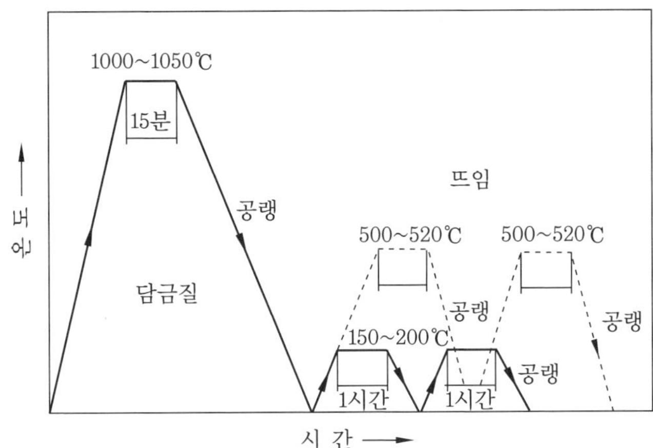

140 다음과 같은 결함을 검사하는 데 이용하는 검사법은?

정답 자분 탐상법

141 질화강 중 몰리브덴(Mo)을 첨가하는 가장 큰 목적은 무엇인가?

정답 뜨임취성 방지＝취성 방지

142 스테인리스강의 조직 형태 3가지를 쓰시오. (단, 조직명을 기입하시오.)

정답 ① 페라이트
② 마텐자이트
③ 오스테나이트
④ 석출경화형(precipitation hardening)

143 강을 가열할 때 적절한 분위기가 이루어지지 않으면 산화나 탈탄이 된다. 산화된 강에서 나타나는 현상 3가지를 쓰시오.

정답 ① 담금질 경화가 불충분, ② 담금질 균열, ③ 변형 발생

144 0.3%의 탄소량을 함유한 탄소강의 경우 페라이트의 양과 펄라이트의 양을 구하시오. (단, 공석점의 탄소량은 0.8%)

정답 • 페라이트의 양 : $\frac{0.8-0.3}{0.8-0.03} \times 100 = 64.9\% = 65\%$

• 펄라이트의 양 : $100-65=35\%$

145 탄소 함량 0.45%일 때 페라이트의 양과 펄라이트의 양을 구하시오. (단, 공석점의 탄소량은 0.8%)

정답 • 페라이트의 양 : $\frac{0.8-0.45}{0.8-0.03} \times 100 = 45\%$

• 펄라이트의 양 : $100-45=55\%$

146 다음의 고체침탄에서 CO+CO_2와 Fe 또는 산화철과의 평행 상태에서 e점이 727℃, 0.77%의 공석점 f는 912℃의 A_3점에 해당될 때 침탄이 일어나는 구역을 쓰시오.

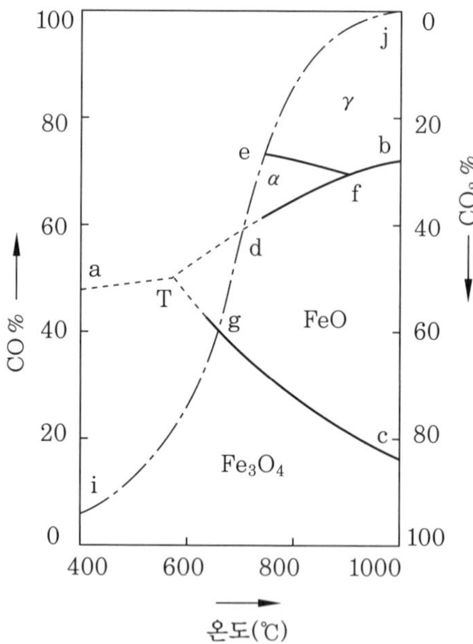

정답 j–e–f–b

147 열처리 작업 시 고려해야 할 사항 3가지를 쓰시오.

정답 ① 가열 온도, ② 가열 시간, ③ 균일 가열, ④ 산화 방지

148 다음은 강재의 침탄반응을 표시한 그림이다. A에 대한 반응식을 쓰시오.

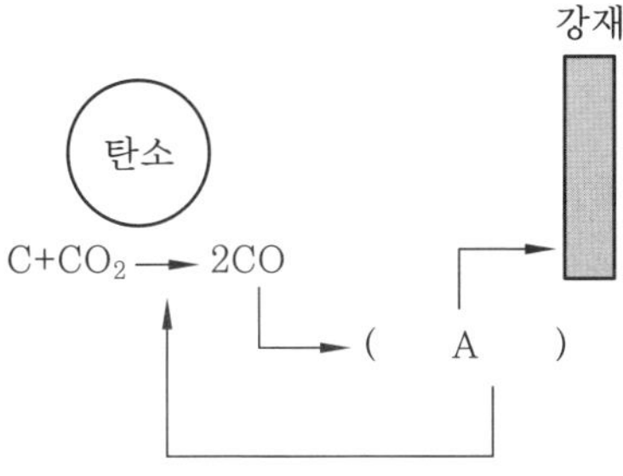

정답 $2CO \rightarrow C+CO_2$

149 가열로에 열처리 재료의 장입 방법에 따라 가열 상태가 다르게 되는데, 다음 중 어떤 상태가 가장 양호한 장입 방법인지 기호를 쓰시오.

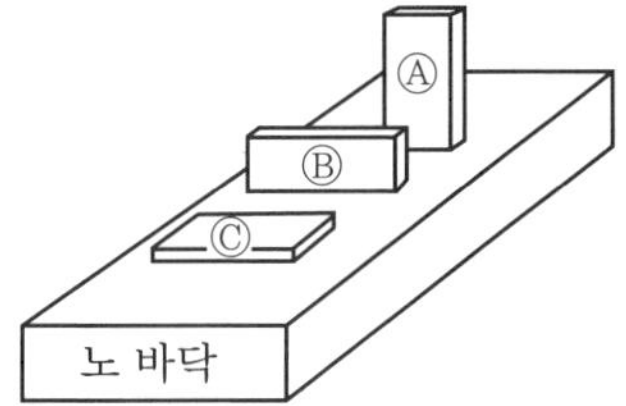

정답 양호한 장입법은 B이다.

150 동합금의 부식제로 적합한 것은?

정답 염화 제2철 용액

151 Al 합금의 인공시효의 열처리 순서를 쓰시오.

정답 소재 가열 → (용체화 처리) → 급랭 → (과포화 고용체) → (석출)

152 구상흑연주철 제조에 사용되는 구상화제의 종류를 3가지 쓰시오.

정답 Mg, Ce, Ca-Si

153 열전쌍 온도계는 어떤 방식에 의해 온도를 측정할 수 있는가?

정답 접촉 열기전력

154 자동 온도 제어 장치의 종류 중에서 ON과 OFF의 시간비를 편차에 비례해서 목표전압에 접근시키는 온도 제어 방법은 무엇인가?

정답 비례 제어

155 다음은 노의 자동 온도 제어의 한 흐름도이다. [보기]를 참고하여 공정 순서대로 완성하시오.

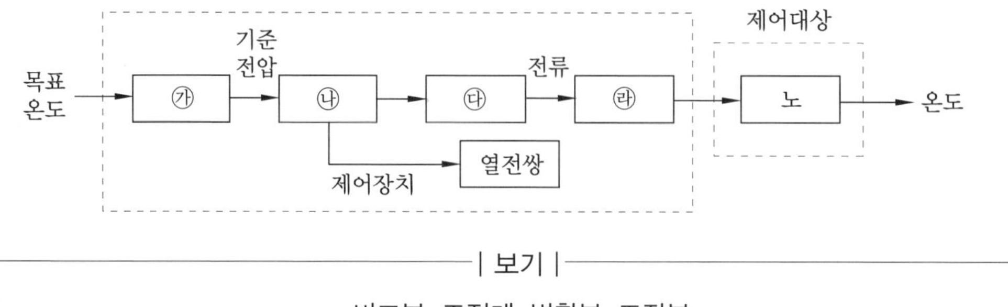

보기
비교부, 조절계, 변환부, 조작부

정답 ㉮ 변환부, ㉯ 비교부, ㉰ 조절계, ㉱ 조작부

156 다음과 같이 기름 담금질을 하였을 때 균열이 생겼다. 이와 같은 결함은 무슨 균열이며 방지 대책은 무엇인가?

정답 • 결함명 : 시효균열
• 대책 : 뜨임

157 스테인리스강의 입계부식을 방지하기 위하여 첨가하는 원소를 2가지 쓰시오.

정답 Ti, Nb

158 탄소 함유량 0.8%일 때 A_1 변태점에서 나타나는 반응을 쓰시오.

정답 공석반응

159 구상화 풀림의 목적을 쓰시오.

정답 시멘타이트의 구상화, 피삭성 개선, 인성증가, 균일한 담금질

160 베어링강의 용체화 처리 후 강의 경화를 목적으로 하는 열처리 방법은?

정답 담금질

161 S 곡선에서의 마퀜칭을 할 때 템퍼링 온도를 쓰시오.

정답 450℃

162 탄소 함유량 0.6%일 때 담금질 경도(HRC)를 식으로 쓰고 계산하시오.

정답 $30+50\times0.6=60$

163 강의 경화능에 영향을 주는 요인을 3가지 쓰시오.

정답 냉각제, 탄소 함유량, 결정입자의 크기, 담금질성, 질량 효과

164 심랭 처리의 원리를 설명하시오.

정답 베어링강, 게이지강, 스테인리스강 등을 0℃ 이하의 온도에서 냉각시키는 조작(sub-zero 처리)

165 펄라이트 조직을 형성하고 있는 강을 담금질할 때 열처리 가열 온도가 낮아 담금질이 제대로 되지 못하였을 때 강에서 나타나는 조직의 변화를 쓰시오.

정답 균일한 오스테나이트를 얻기 어렵고 또 담금질하여도 경화가 잘 되지 않는다(ferrite가 된다).

166 산성, 중성 염기성 내화물의 종류를 쓰시오.

정답 ① 산성 내화물 : 규산(SiO_2)
② 중성 내화물 : Al_2O_3
③ 염기성 내화물 : MgO, Cr_2O_3

167 분위기 열처리에서 사용되는 보호 분위기 가스를 4가지로 분류하고 각각의 종류를 쓰시오.

정답 ① 질화성 가스 : 암모니아
② 탈탄성 가스 : 산화성 가스, Dx 가스
③ 환원성 가스 : 수소, 암모니아, 침탄성 가스, 암모니아 분해 가스
④ 중성 가스 : 질소, Ar, He Dry H_2

168 수분을 함유하고 있는 분위기 가스를 냉각시켜 탄소의 농도(carbon potential)를 측정할 수 있는 시험법을 쓰시오.

정답 ① 직접 분석한다.
② 전기저항을 이용한다.
③ CO_2와 H_2O의 측정에 의해 구한다.

169 가스를 측정하기 위한 노점 측정 장치를 4가지 쓰시오.

정답 ① 노점컵, ② 안개상자, ③ 염화리튬, ④ 냉경면법

170 **변성로나 침탄로 등의 침탄성 분위기 가스로부터 유리된 탄소가 노 내의 분위기 속에 부화하여 열처리 가공재료, 촉매, 노의 연화 등에 부착하는 현상을 무엇이라고 하는가?**

정답 그을음(sooting)

171 **그을음으로 변성로나 침탄로 등에 축적된 유리탄소는 변성로나 침탄로의 기능을 저하시키므로 필요에 따라서 또는 정기적으로 적당량의 공기를 송입하여 연소를 통해 제거할 필요가 있다. 이러한 조작을 무엇이라고 하는가?**

정답 번아웃(burn out)

172 **염욕 열처리의 장점을 5가지 쓰시오.**

정답 ① 설비비가 저렴하다.
② 조작 방법이 간단하다.
③ 균일한 온도 분포를 유지할 수 있다.
④ 소량 다품종 부품의 열처리에 적합하다.
⑤ 표면이 깨끗하다.
⑥ 담금질 온도가 높다.
⑦ 가열이 빠르다.

173 **염욕이 갖추어야 할 조건을 5가지 쓰시오.**

정답 ① 불순물이 적고 용해가 용이할 것
② 흡습성이 적을 것
③ 유동성이 좋고 염류피막이 열처리 후 용이하게 떨어질 것
④ 산화, 부식이 없을 것
⑤ 유해 gas의 발생이 적을 것

174 **열처리용 염욕을 사용 목적에 따라 3가지로 분류하고 온도와 염의 종류를 쓰시오.**

정답 ① 저온 염욕 : 150~550℃($NaNO_3$, $NaNO_2$, KNO_3)
② 중온 염욕 : 550~950℃($NaCl$, KCl, $CaCl_2$)
③ 고온 염욕 : 1000~1350℃($BaCl_2$)

175 **염욕의 잔류 탄소량을 추정하기 위하여 측정하는 시험법에 대하여 설명하시오.**

정답 강박시험 : 0.1%의 강박을 손으로 구부렸을 때, 미세하게 깨어지면 이 염욕은 탈탄 작용을 하지 않을 것이며 구부러지면 탈탄 작용을 하는 것이다.

176 **염욕의 열화 방지 대책을 설명하시오.**

정답 1000℃ 이하의 염욕 열처리로 행할 때 Mg-Al(50:50)의 것을 사용해야 하며, 1000℃ 이상의 고온 염욕에는 $CaSi_2$를 첨가하여 사용한다.

177 **진공 열처리의 장점을 4가지 쓰시오.**

정답 ① 정확한 온도 및 가열 분위기에 의해 고품질의 열처리가 가능하다.
② 에너지 절감 효과가 크다.
③ 노의 수명이 길다.
④ 관리 유지비가 저렴하다.
⑤ 무공해로 작업 환경이 유리하다.
⑥ 고품질의 열처리가 가능하다.

178 **진공가열 중 강의 표면에서 일어나는 여러 가지 기대 효과를 4가지 설명하시오.**

정답 ① 깨끗한 표면 상태 유지
② 탈가스 작용
③ 가스, 원소의 침입 방지
④ 부식된 절삭유나 방청유 등의 탈지 작용

179 **진공로에 사용되는 발열체를 3가지 쓰시오.**

정답 ① 귀금속 발열체(Pt)
② 비금속 발열체
③ 흑연 발열체(섬유상, 봉상)
④ 화합물 발열체(SiC, $MoSi_2$)

180 **진공로에 사용되는 단열재로서 고려해야 할 점을 5가지 쓰시오.**

정답 ① 방사열을 완전히 반사시키는 재료이어야 한다.
② 열용량이 적어야 한다.
③ 단열 효과가 커야 한다.
④ 흡습성이 없어야 한다.
⑤ 열적 충격에 강해야 한다.
⑥ 염가로 교체가 용이해야 한다.

181 **침탄제의 필요조건을 5가지 쓰시오.**

정답 ① 침탄력이 강해야 한다.
② 내구력이 우수해야 한다.
③ P와 S가 적어야 한다.
④ 고착물이 융착되지 않아야 한다.
⑤ 구입이 쉽고 값이 저렴해야 한다.
⑥ 용적 감소가 적어야 한다.

182 **유효경화층의 깊이를 나타내는 비커스의 경도값은?**

정답 HV550

183 **경화층의 깊이를 표시하는 기호인 다음 예시를 보고 설명하시오.**

예 CD－H0.3－1.1

정답 • CD : 경화층의 깊이
• 0.3 : 시험하중
• 1.1 : 전경화층의 깊이

184 **다이캐스팅 합금으로서 구비해야 할 조건을 3가지 쓰시오.**

정답 ① 유동성이 양호할 것
② 열간취성이 적을 것
③ 응고 수축에 대한 용탕 보급성이 좋을 것
④ 금형에 점착성이 나쁠 것
⑤ 저용점 합금이며 값이 저렴할 것

185 **과잉침탄을 방지하기 위한 대책을 3가지 쓰시오.**

정답 ① 가스 침탄을 한다.
② 완화 침탄을 한다.
③ 침탄온도를 약간 낮춘다.

186 **침탄강으로서 구비해야 할 조건을 4가지 쓰시오.**

정답 ① 강재는 저탄소강(0.15%C)이하를 사용한다.
② 고온 장시간 가열 시 결정입자가 성장하지 않아야 한다.
③ 강재의 결함(균열, 기공)이 없어야 한다.
④ 경화층 경도는 높고 내마모성, 내피로성이 우수해야 한다.

187 액체 침탄법에 사용되는 침탄제의 주성분은?

정답 NaCN(시안화나트륨)

188 침탄성 염욕으로서 구비해야 할 조건을 3가지 쓰시오.

정답 ① 침탄성이 강해야 한다.
② 점성이 작아야 한다.
③ 흡습성이 작아야 한다.

189 침탄 질화를 할 때 부품에 대한 부분적인 침탄을 방지할 수 있는 방법을 3가지 쓰시오.

정답 ① Al_2O_3, SiO_2 및 Na_2SiO_3 혼합물을 도포하는 방법
② Al 용융 분사를 이용하는 방법
③ ZnCu, Ni, Cr 등의 전기도금

190 침탄시간+확산시간이 7시간, 목표 표면 탄소 농도 0.8%, 침탄 시 탄소 농도 1.15%, 소재 자체의 탄소 농도 0.25%일 때 Harris의 방정식에 의한 침탄시간과 확산시간을 계산하시오.

정답 침탄시간 : 2.6시간, 확산시간 : 4.4시간

해설 $T_c=T_t\left(\dfrac{C-C_i}{C_o-C_i}\right)^2=7\left(\dfrac{0.8-0.25}{1.15-0.25}\right)^2=7\left(\dfrac{0.55}{0.9}\right)^2=2.6$시간(침탄시간)

∴ 7−2.6=4.4시간(확산시간)

191 침탄처리는 900℃ 전후에서 하였으나 950℃보다 높은 온도에서 행하는 침탄처리를 고온 침탄이라 한다. 고온 침탄의 특징을 3가지 쓰시오.

정답 ① 침탄시간이 짧다.
② 탄소농도구배가 완만하다.
③ 결정립 성장을 일으킨다.
④ 노의 내화물이 연화를 일으킨다(수명이 짧아진다).

192 적하식 침탄로의 특징을 5가지 쓰시오.

정답 ① 변성로가 필요 없다.
② 설비가 소규모이다.
③ 저렴한 유지비로 경제적이다.
④ 관리가 용이하다.
⑤ 침탄, 질화, 광휘처리 등이 가능하다.

193 **질화처리에서 사용되는 가스와 가열 온도, 가열 시간을 쓰시오.**

정답 • 가스 : NH_3
• 가열 온도 : 550~500
• 가열 시간 : 50~100시간

194 **질화층을 높일 수 있는 원소를 3가지 쓰시오.**

정답 Al, Cr, Ti, V, Mn, Si

195 **질화처리의 목적을 5가지 쓰시오.**

정답 ① 높은 경도, 내식성 증가
② 저온 처리로 변형이 적음
③ 내마모성, 내피로한도 증가
④ 고온강도 증가
⑤ 내열성 증가

196 **가스 질화처리를 할 때 철과 질소의 화합물을 3가지 쓰시오.**

정답 Fe_2N(N : 11.1%), Fe_3N(N : 8.1%), Fe_4N(N : 5.9%)

197 **순질화처리를 할 때 질소의 퍼텐셜(Potential)이 높아 생성되는 질화물은 무엇인가?**

정답 Fe_2N(N : 11.1%)

198 **연질화처리에서 질소의 퍼텐셜이 낮아 생성되는 질화물은 무엇인가?**

정답 Fe_4N(N : 5.9%)

199 **질화처리를 하기 위한 전 · 후 표준 공정을 쓰시오.**

정답 알맞은 강 종 선택 – 연화 어닐링 – 자재 가공 – 조질처리 – 중간 다듬질 – 응력 제거 어닐링 – 마무리 가공 – 전처리 – 질화처리 – 연마사상 – 필요에 따라 도금

200 **고주파 전류 발생 장치의 종류를 3가지 쓰시오.**

정답 전동 발전식(M–G식), 진공관식(전자관식), 사이리스터 인버터식(SCR식)

201 **고주파 표면 담금질의 특징을 5가지 쓰시오.**

정답 ① 담금질 경비 절약
② 무공해 열처리
③ 담금질 시간의 단축
④ 담금질 경화 깊이 조절 용이
⑤ 국부 가열 가능
⑥ 변형이 적음

202 **고주파 담금질 시 고려해야 할 사항을 7가지 쓰시오.**

정답 재질, 주파수, 전원용량, 가열코일, 냉각속도, 담금질 방법, 템퍼링

203 **고주파 열처리는 어떤 효과에 의해 담금질이 되는가?**

정답 표피 효과(근접 효과)

204 **화염경화처리의 특징을 5가지 쓰시오.**

정답 ① 부품의 크기나 형상 변화가 없다.
② 담금질 변형이 적다.
③ 가열 온도의 조절이 어렵다.
④ 국부적인 담금질이 가능하다.
⑤ 설비비가 싸다.

205 **화염경화법의 종류를 4가지 쓰시오.**

정답 고정법, 전진법, 회전법, 조합법

206 **침황처리를 하는 목적과 방법 3가지를 설명하시오.**

정답 ① 목적 : 강재의 표면에 엷은 황화층을 형성하는 방법으로 주로 마찰저항을 적게 하여 윤활성을 향상시킨다.
② 방법 : 액체법, 기체법, 고체법

207 **전해경화처리를 하기 위한 전해액의 구비 조건을 5가지 쓰시오.**

정답 ① 취급이 쉽고 독성이 없어야 한다.
② 비전도도가 커야 한다.
③ 경제적이며 값이 저렴해야 한다.
④ 전극을 침식시키지 않아야 한다.
⑤ 음극의(피처리물) 주위에 수소가 저전압으로 발생하기 쉬워야 한다.

208 **금속 침투 확산 방법의 종류를 5가지 쓰시오.**

정답 ① 카볼라이징(C 침투)
② 세라다이징(Zn 침투)
③ 칼로라이징(Al 침투)
④ 크로마이징(Cr 침투)
⑤ 브로마이징(B 침투)

209 **스팀호모처리란 어떠한 열처리인가?**

정답 제품을 노에 넣고 수증기를 불어넣어 산화피막(Fe_3O_4)을 형성시킨다.

210 **공구강이 갖추어야 할 일반적인 성질을 5가지 쓰시오.**

정답 ① 상온, 고온강도가 클 것
② 인성이 클 것
③ 기계가공성이 양호할 것
④ 내마모성이 클 것
⑤ 내압 강도가 높을 것
⑥ 가격이 저렴할 것
⑦ 열처리성이 용이할 것

211 **공구강의 어닐링 목적을 3가지 쓰시오.**

정답 연화, 결정립 탄화물 조정, 내부응력 제거

212 **담금질 시 산화, 탈탄 방지 대책으로 실시되는 방법 4가지를 쓰시오.**

정답 ① 분위기 가열
② 염욕 가열
③ 산화 탈탄 방지제 도포
④ 스테인리스 팩에 의한 가열
⑤ 진공 열처리

213 **공구강에서 2차 경화를 일으키는 원인을 설명하시오.**

정답 미세하게 석출되는 탄화물은 경도의 상승과 부피의 팽창을 초래하여 2차 경화를 일으키며, 방지책으로 고온 및 저온 템퍼링을 한다.

214 **탄소 공구강의 마텐자이트가 템퍼링 과정에서 과포화 고용체의 시효 현상의 3단계 과정을 설명하시오.**

정답 • 1 단계 : martensite → ε – 탄화물 석출에 의한 수축
• 2 단계 : 저탄소 → 저탄소 martensite에 의한 팽창
• 3 단계 : 저탄소 martensite → Fe_3C 석출에 의한 수축

215 **자석에 붙지 않는 스테인리스강의 Cr과 Ni의 성분량은?**

정답 18Cr – 8Ni(austenite)

216 **오스테나이트 스테인리스강의 입계부식 방지책을 3가지 쓰시오.**

정답 ① 저탄소강이어야 한다.
② Ti, Nb를 첨가한다.
③ 응력 제거 열처리를 한다.

217 **베어링강에 요구되는 성질을 3가지 쓰시오.**

정답 ① 가격이 저렴해야 한다.
② 내마모성이 커야 한다.
③ 충격에 잘 견디어야 한다.
④ 피로한도가 커야 한다.
⑤ 내압성이 커야 한다.

218 **열처리 후에 남는 잔류 오스테나이트가 상온에서 마텐자이트로 변태함으로써 생기는 팽창과 마텐자이트 분해에 의해서 생기는 수축에 의한 변형은?**

정답 담금질 균열, 변형, 연화점

219 **마텐자이트 스테인리스강의 연성을 회복시키기 위한 열처리 온도는?**

정답 약 1050℃

220 **오스테나이트 스테인리스강의 입계부식이 일어날 수 있는 온도는?**

정답 약 1100℃

221 **austenite에서 martensite로 변태할 때 열응력과 냉각속도의 관계는?**

정답 열응력은 냉각속도가 빠른 부분에 인장응력이 발생하고, 느린 부분에 압축응력이 발생한다.

222 h가 0.145일 때 로크웰 경도는 얼마인가?

정답 27.5

해설 HRC=100−500h

100−500×0.145=27.5

223 가열 온도가 같고 냉각 온도가 같을 때 C%가 많은 조직은?

정답 austenite, 잔류 오스테나이트

224 STC(탄소공구강)의 열처리 온도는?

정답 ① 풀림온도 : 700~820℃

② 불림온도 : 750~930℃

③ 담금질 온도 : 700~880℃

④ 뜨임온도 : 120~230℃

225 담금질 변형의 교정에 이용하는 성질은?

정답 변태초소성

226 결정입도 시험법 3가지를 쓰시오.

정답 ① 비교법

② 절단법

③ 평적법

227 심랭 처리의 목적 5가지를 기술하시오.

정답 ① 강을 강인하게 만든다.

② 공구강의 경도 증대, 성능 향상, 절삭성 향상, 정밀 부품 조직 안정

③ 시효에 의한 형상 및 치수 변형 방지, 침탄층의 경화 목적

④ 스테인리스강의 기계적 성질의 개선과 담금질한 강의 조직 안정화

⑤ 게이지강의 자연 시효 및 경도 증대

228 고주파 담금질의 특성 5가지를 기술하시오.

정답 ① 급열, 급랭으로 작업 시간이 짧고, 부분 가열이므로 다른 부분에 영향이 없으며 국부 또는 전체 처리가 가능하다.

② 직접 가열로 표면은 최고의 경도가 되고 내마모성이 향상된다.

③ 양산의 작업화가 용이하며 균일소입이 가능하고 단시간 가열로 스케일 등의 유해 작용이 없다.

④ 내피로강도 향상, 결정입자 미세화와 탈탄이 적다.
⑤ 직접 가열로 열효율이 좋고 국부열을 받으므로 열영향에 의한 변형이 적다.
⑥ 내부의 열영향을 받지 않으며 작업 환경이 깨끗하고 공해가 없다.
⑦ 주파수가 높을수록 가열 깊이가 얕아진다.

229 **철강의 브리넬 경도시험 시 강구지름:하중:가압시간은 얼마인가?**

정답 10 mm : 3000 kg(철강), 1000 kg(비철합금) : 15초~30초(비철합금)

230 **930℃에서 5시간 침탄하였을 때의 최대 깊이는?**

정답 $K\sqrt{t} = 0.625\sqrt{5} = 1.397 \fallingdotseq 1.4\,\text{mm}$

231 **0.8% 공석강을 120℃ 템퍼링한 후의 조직은 무엇인가?**

정답 • 흰 부분 : 오스테나이트
• 흑색 부분 : 마텐자이트

232 **심랭 처리의 이점 3가지를 기술하시오.**

정답 ① 공구강의 경도 증가 및 성능 향상
② 정밀기계부품의 조직 안정
③ 시효에 의한 형상과 치수 변화 방지
④ 침탄 부분을 완전히 마텐자이트로 변화시켜 표면 경화
⑤ 스테인리스강에는 우수한 기계적 성질 부여

233 **크로마이징(chromizing) 방법과 효과를 기술하시오.**

정답 ① 방법 : 크롬 표면층을 만드는 방법으로서 Cr 분말을 제품 중에 묻히고 환원성 또는 중성 분위기 중 1000~1400℃에서 가열하여 Cr을 침투시킨다.
② 효과 : 내식성과 내열성을 동시에 만족시키고 내마모성을 향상시킨다.

234 **질화처리온도에서 500~570℃ 이상으로 하지 않는 이유는 무엇인가?**

정답 브라오나이트의 생성을 피하기 위해

235 **경화능에 영향을 주는 인자 3가지는 무엇인가?**

정답 ① 강의 조성, ② 결정립 크기, ③ 질량 효과, ④ 냉각능

236 베어링강(SUJ3) 열처리 방법을 쓰시오.

정답 가열 온도는 760~790℃, 25mm당 2시간, 뜨임 온도는 140~160℃이다.

237 비파괴 시험의 표면 결함 검사 방법은?

정답 자분 탐상시험, 형광 침투 탐상시험

238 퍼멀로이의 열처리 방법을 기술하시오.

정답 1000℃에서 풀림과 노랭, 600℃에서 공랭처리

239 강의 냉각변태곡선이란 무엇인가?

정답 강을 담금질할 때의 현상

240 내부 결함 검사법의 종류를 쓰시오.

정답 방사선 투과검사, 초음파 탐상검사

241 피로한도란 무엇인가?

정답
- 영구적으로 재료가 파괴되지 않는 응력 중에서 최대의 하중값이다.
- S-N 곡선은 피로한도를 구하는 곡선이다.

242 400℃에서 뜨임한 조직으로 가장 많이 부식되기 쉬운 조직명은 무엇인가?

정답 오스몬다이트(osmondite)

243 열전대의 종류와 온도는?

정답
- PR : 1400℃
- IC : 800℃
- CA : 1000℃

244 SCM440 유랭 후 크랙 발생, 탈탄층, 균열의 원인은 무엇인가?

정답 소재 불량 또는 열처리 전 크랙 발생

245 SM20C 철판이 장시간 사용으로 인해 엿가락처럼 휘는 이유는 무엇인가?

정답 ① 노 내 공기와의 산화 작용으로 탈탄에 의해 강의 성질을 잃고 열화 $Fe+O_2 \rightarrow FeO_2$
② 팽창 · 수축에 의한 변형, 산화

246 로상부하란 무엇인가?

정답 노상 $1m^2$당 1hr의 가열 처리량(kg)

247 벽돌, 콘크리트의 내압측정시험은 무엇인가?

정답 압축시험

248 분위기 열처리의 프로그램 설정 5가지를 쓰시오.

정답 ① 침탄 가공 재료 확인
② 침탄 가공품 품질 확인
③ 가공품 구분 확인
④ 가열 설비, 냉각 설비, 가공 방법
⑤ 가열 방법
⑥ 탄소 퍼텐셜, 담금질, 뜨임
⑦ 가공 후처리

249 오스템퍼링의 그림을 그리고, 설명하시오.

정답

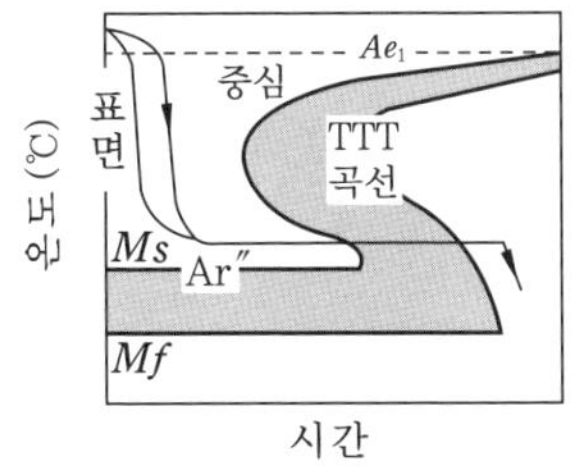

일명 하부 베이나이트 담금질이라고 하며 오스테나이트 상태에서 Ar′와 Ar″의 중간 온도로 유지된 용융열욕 속에 담금질하여 강인한 하부 베이나이트로 만든다.

250 마텐스(scrach hardness)를 설명하시오.

정답 긋기 경도 시험의 일종으로 꼭지각이 90°인 원추형의 다이아몬드 첨단을 잘 연마된 시험편 표면에 폭이 0.01mm인 긋기 흠집을 만들기 위해 다이아몬드에 가할 하중의 무게를 그램으로 표시한 것이다.

251 **전자강판의 특성 5가지를 기술하시오.**

정답 ① 투자율이 높을 것
② 포화자속밀도가 높을 것
③ 철의 손실이 적을 것
④ 자기시효가 적을 것
⑤ 층저항이 높을 것
⑥ 가공성이 좋을 것

252 **담금질 냉각에 사용되는 물탱크의 준비 및 물 관리 방법 3가지를 기술하시오.**

정답 ① 물의 온도가 일정하게 유지되게 관리한다.
② 냉각액이 염수일 때는 냉각 장치의 부식 상태를 확인한다.
③ 물의 온도가 일정하게 유지되도록 관리한다.

253 **손톱깎이에 크롱을 도금한 후 150℃에서 1~2시간 가열하는 이유는?**

정답 수소취성 방지

254 **CCT 곡선(연속냉각변태곡선)과 TTT 곡선(항온변태곡선)의 차이점을 설명하시오.**

정답 ① 항온변태곡선 : 냉각 도중에 항온에서 유지하여 강인한 베이나이트 조직을 얻을 수 있다.
② 연속냉각변태곡선 : 연속적으로 냉각 마텐자이트나 펄라이트를 얻을 수 있는 곡선이다.

255 **주파수 : 2.5MHz, 음속 : 6.0km/sec, d=12mm일 때 X_0(근거리 음장 한계거리)는?**

정답 $X_0=\frac{Fd^2}{4C}=\frac{12^2\times 250000}{4\times 600000}=15\,\text{mm}$

256 **질화강에 함유한 Al과 Cr의 역할을 쓰시오.**

정답 ① Al의 역할 : 주로 표면경도를 높인다.
② Cr의 역할 : 질화층의 깊이를 증가시키는 효과가 있다.

257 다음과 같이 SPS9종을 900℃에서 담금질한 후 500℃에서 뜨임한 조직명은 무엇인가?

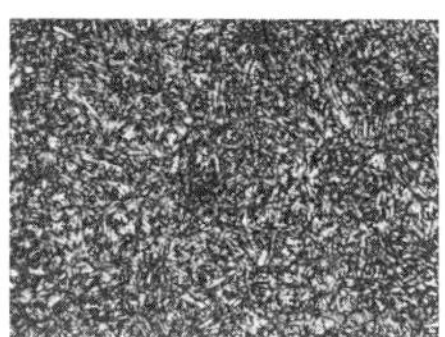

정답 소르바이트(sorbite) 조직

258 연성파괴와 취성파괴를 비교 설명하시오.

정답
- 연성파괴 : 강재가 탄성체에서 소성상태를 거쳐 파단에 이르는 과정을 말한다.
- 취성파괴 : 저온에서 냉각 또는 충격적으로 하중이 작용하는 경우 그 강재의 인장강도 또는 항복강도 이내에서 파괴되는 현상을 말한다.

259 탄소강의 C%가 0.4%일 때 연신율과 경도(HB)를 구하시오. (단, 공석점의 탄소량은 0.8%이다.)

정답 연신율 : 25, 경도(HB) : 139 kgf/mm^2

해설 $\text{ferrite}=\dfrac{0.8-0.4}{0.8-0.0218}\times 100=51\%$

$\text{pearlite}=100-51=49\%$

연신율$(\varepsilon)=\dfrac{(40\times 51)+(10\times 49)}{100}=25\%$

경도$(\text{HB})=\dfrac{(80\times 51)+(200\times 49)}{100}=139\,\text{kgf/mm}^2$

260 등온노멀라이징 곡선을 그리시오.

정답

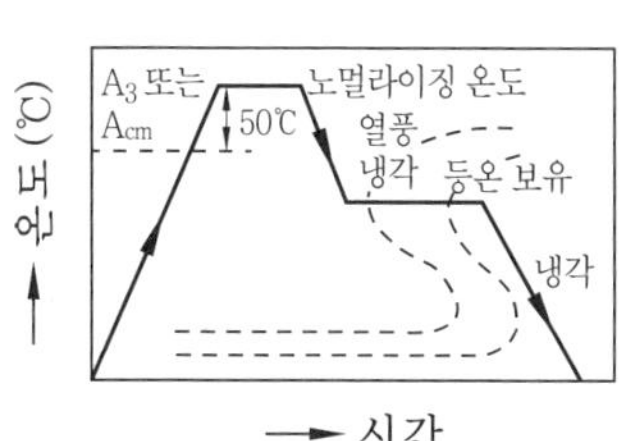

261 고주파 담금질과 침탄층의 관계식을 쓰시오.

정답 $\Delta=50.3\sqrt{\dfrac{\rho}{\mu s\cdot f}}$ [mm], μs : 비투자율, ρ : 고유저항($\mu\Omega\cdot$cm), f : 주파수(Hz/sec)

262 가공용 7:3 황동의 조성을 쓰시오.

정답 Cu 70%+Zn 30%

263 **SCM440의 담금질 후 크랙과 탈탄층이 발생하였다. 균열의 원인은 무엇인가?**

정답 소재 불량, 담금질 전 크랙 발생

264 **과공석강을 구상화 풀림 하는 이유는?**

정답 기계가공성 증가, 담금질 균열 방지, 피가공성 향상, 인성 증가

265 **화염커튼은 어떤 목적으로 설치하는가?**

정답 분위기로에 열처리 재료를 장입 또는 꺼낼 때 노 내부로 공기가 들어가 노의 분위기 가스의 교란이나 폭발을 방지하기 위하여 장입구 또는 취출구에 가연성 가스를 연소시켜 불꽃을 막기 위함이다.

266 **SF50 단조 소재로 gear를 제작하려고 한다. 제작 공정을 쓰시오.**

정답 소재 가공→치절(기어 가공)→침탄처리(질화처리)→표면 고주파→치면 연마

267 **다음 각각의 SKH2 열처리 조직에 대한 설명을 쓰시오.**

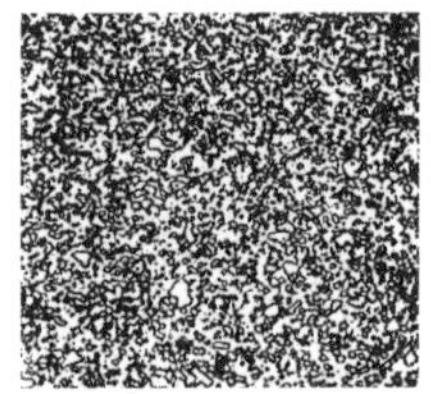
① 1100℃ 유랭

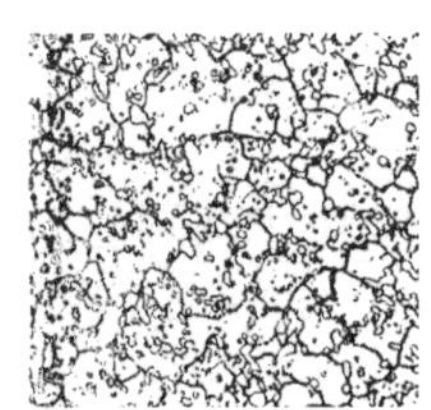
② 1260℃ 유랭

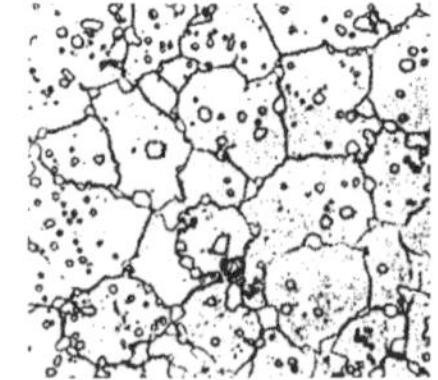
③ 1300℃ 유랭

정답 ① 마텐자이트와 잔류 오스테나이트=탄화물+마텐자이트
② 마텐자이트와 잔류 오스테나이트
③ 마텐자이트에 잔류 오스테나이트

268 **STD12 담금질할 때 발생하기 쉬운 탈탄의 방지 대책은?**

정답 불활성 물질로 채운 용기에 열처리하거나 분위기 및 염욕로 등을 사용한다.

269 **오스테나이트 스테인리스로 만든 주방용품과 가구가 녹이 안 슬고 자석에 붙지 않는 이유는?**

정답 • Cr(크롬)이 철강 표면에 치밀한 산화 피막을 형성하기 때문
• 상자성 금속 조직이기 때문

270 시험편을 여러 온도로 시험했을 때 흡수에너지가 급격하게 저하(또는 상승)하거나 파면의 겉모양이 연성에서 취성으로(또는 취성에서 연성으로) 변화하는 등의 현상에 대응하는 온도를 무엇이라 하는가?

정답 천이온도

271 철강제 현미경 검사에서 광택연마 시 연마제는?

정답 Cr_2O_3, Al_2O_3, Fe_2O_3

272 냉간압연해서 얻어진 두께 3mm의 18-8 스테인리스강을 1100℃로 가열하여 공랭시켰을 때 얻어지는 효과는?

정답 가공경화의 영향을 제거하고 강을 연화시키며 내식성을 높인다.

273 오스테나이트계 스테인리스강이 상온에서도 오스테나이트 조직을 갖게 되는 이유는?

정답 FCC 구조를 갖고 있고, Ni 원소 때문이다.

274 NH_3의 해리도가 30%라는 의미는?

정답 노 내 가스 중에 차지하는 H_2+N_2의 용량이 30%라는 의미이다.

275 S 곡선에 영향을 주는 요소 3가지를 쓰시오,

정답 ① 최고 가열 온도
② 첨가 원소
③ 편석
④ 응력

276 자기 탐상시험의 자화 방법 5가지를 쓰시오.

정답 ① 통전법
② 코일법
③ 프로드법
④ 극간법
⑤ 자속 관통법

277 베릴륨 동을 고용화 처리하여 퀜칭 후 경화성을 높이기 위한 처리는?

정답 시효경화 처리

278 **담금질 균열과 연마 균열 형태를 구별하고, 그림을 그리시오.**

정답

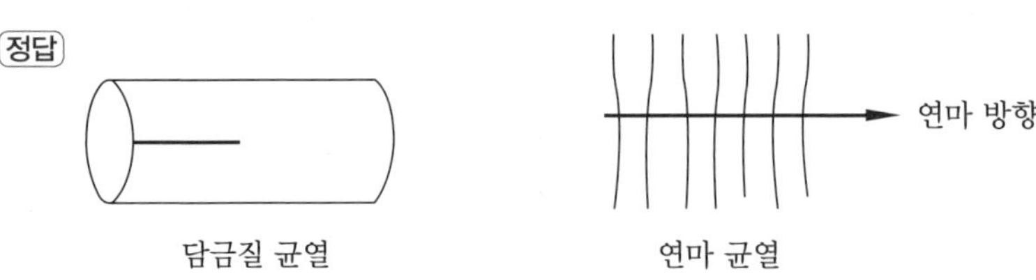

- 담금질 균열 : 연마 방향과 관계없이 칼로 자른 듯한 형태의 균열이다.
- 연마 균열 : 미세하며 연마 방향과 직각이나 평행으로 나타난다.

279 **다음은 SM20C 재질로 연마한 것이다. 결함의 명칭과 발생 원인은?**

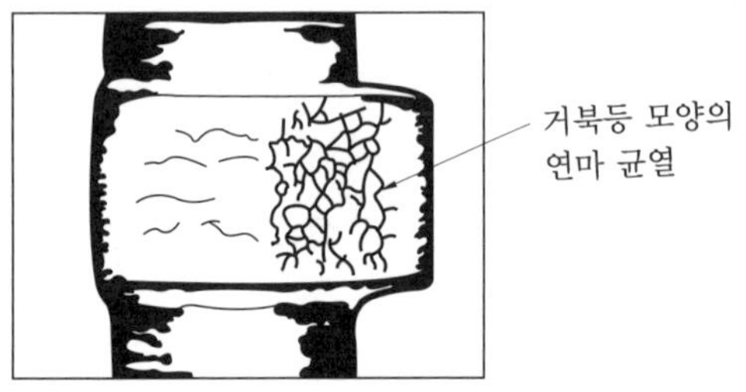

정답 • 결함 명칭 : 연마 균열(표면 균열)
- 발생 원인 : 침탄강에서 침탄층이 망상의 탄화물을 나타내는 경우에 연마했을 때 발생하는 연마 균열과 담금질에 의한 잔류응력이 존재하는 경우

280 **Sub-zero 처리 시 발생되는 균열의 원인을 3가지 쓰시오.**

정답 ① 탈탄
② 담금질 경도가 커진다.
③ 인상 시기가 부적절하다.
④ 담금질 온도가 높다.

281 **에릭슨 시험을 설명하시오.**

정답 띠 강판이나 얇은 강판의 소성가공성을 시험하는 것이다.

282 **음향방출시험을 설명하시오.**

정답 재료 변형 시 외부응력이나 내부변형 과정에서 검출되는 낮은 응력을 감지하여 공학적으로 시험하는 방법이다.

2013년도 출제문제

2013년 3월 10일 출제문제

금속재료산업기사

제 1 과목 금속재료

1. 상온 또는 가열된 금속을 실린더 모양의 컨테이너에 넣고 한쪽에 있는 램에 압력을 가하여 밀어 내어 봉, 관, 형재 등을 가공하는 방법은?

① 전조가공 ② 단조가공
③ 프레스 가공 ④ 압출가공

해설 압출가공은 실린더의 램에 압력을 가하여 봉, 관, 형재 등을 가공하는 방법이다.

2. 다음 중 티타늄(Ti)의 특징을 설명한 것으로 옳은 것은?

① 열 및 도전율이 높다.
② 비강도(강도/중량비)가 높다.
③ 용융점이 낮고 중금속이다.
④ 상온에서 물 또는 공기 중에서는 부동태 피막이 형성되지 않는다.

해설 티타늄은 열 및 도전율이 낮고 비강도가 높다.

3. 다음 중 형상기억합금 제조에 이용되는 성질은?

① 냉간가공 ② 시효경화
③ 확산 변태 ④ 마텐자이트 변태

해설 형상기억합금은 오스테나이트에서 마텐자이트로 변태 시 성질 변화를 이용하여 제조한다.

4. 18-8 스테인리스강에 대한 설명 중 틀린 것은?

① Cr 18%, Ni 8%를 함유한다.
② 페라이트 조직으로 강자성이다.
③ 입계부식 방지를 위해 Ti을 첨가한다.
④ 내식성, 내충격성, 기계가공성이 우수하다.

해설 18-8 스테인리스강은 오스테나이트 조직으로 비자성체이다.

5. 다음 중 특수강을 제조하는 목적이 아닌 것은?

① 경도 증대
② 내식성, 내열성 증대
③ 취성, 전연성 증대
④ 내마모성, 절삭성 증대

해설 특수강은 강도, 경도, 내식성, 내열성, 내마모성 등의 성질을 증대시키기 위해 제조한다.

6. 인청동의 특징을 설명한 것 중 틀린 것은?

① 내식성 및 내마모성이 우수하다.
② 펌프 부품, 기어 및 화학기계용 부품에 사용된다.

정답 1. ④ 2. ② 3. ④ 4. ② 5. ③ 6. ④

③ 주석 청동 중에 보통 0.05~0.5%의 인을 함유한다.
④ 인은 극소량이 Cu 중에 고용되고, 나머지 Cu_3P 상은 연성을 높여주는 역할을 한다.

해설 P은 Cu 중에 극소량 고용되어 대부분 취약한 Cu_3P 상으로 존재한다.

7. 다음 중 일반적으로 합금이 순금속보다 우수한 성질은?

① 전성 ② 연성
③ 전기 전도율 ④ 강도 및 경도

해설 합금은 순금속보다 강도 및 경도가 높다.

8. 분말야금법의 특징을 설명한 것 중 옳은 것은?

① 가공 정밀도가 낮다.
② 고융점 재료의 제조가 어렵다.
③ 편석, 결정립 조대화의 문제가 적다.
④ 실수율이 낮아 양산품 제조에 부적합하다.

해설 고융점 재료(또는 합금이 곤란한 재료)도 사용 가능하며, 균질하고 순도가 높은 제품을 얻을 수 있다.

9. 다음과 같은 순구리의 냉각곡선에서 응고잠열을 방출하기 시작하는 곳은?

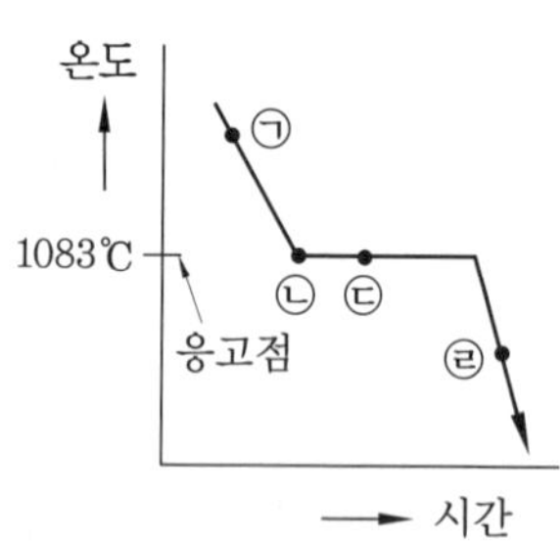

① ㉠ ② ㉡ ③ ㉢ ④ ㉣

해설 용융 상태의 금속이 응고점에서 응고잠열을 방출하기 시작한다.

10. 다음 중 순철의 동소체가 아닌 것은?

① $\alpha-Fe$ ② $\beta-Fe$
③ $\gamma-Fe$ ④ $\delta-Fe$

해설 순철의 동소체 : $\alpha-Fe$, $\gamma-Fe$, $\delta-Fe$

11. 탄소강의 상온 특성에 대한 설명 중 옳은 것은?

① 비중, 열전도도는 탄소량의 증가에 따라 증가한다.
② 탄소량의 증가에 따라 경도, 인장강도는 감소한다.
③ 탄성계수, 항복점은 온도가 상승하면 증가한다.
④ Fe_3C가 석출하면 경도는 증가하나 인장강도는 감소한다.

해설 Fe_3C의 증가에 따라 경도가 증가하고 인장강도는 감소한다.

12. 탄소강에서 황(S)으로 인한 적열취성을 방지하기 위하여 첨가하는 원소는?

① C ② Mn ③ Si ④ Se

해설 탄소강에 함유된 황(S)은 적열취성의 원인으로 망간(Mn)을 첨가하여 방지한다.

13. 구상흑연주철의 바탕(matrix) 조직에 따른 형태가 아닌 것은?

① 페라이트(ferrite)형
② 펄라이트(pearlite)형
③ 오스테나이트(austenite)형
④ 시멘타이트(cementite)형

해설 구상흑연주철의 형태를 바탕 조직에 따라 분류하면 페라이트형, 펄라이트형, 시멘타이트형이 있다.

정답 7. ④ 8. ③ 9. ② 10. ② 11. ④ 12. ② 13. ③

14. 특수용도용 합금강에서 일반적으로 전자기적 특성을 개선하는 원소는?

① Ni ② Mo ③ Si ④ Cr

해설 Si는 전자기적 특성을 개선하는 원소로 규소강에 이용된다.

15. 반도체 소자의 틀로 사용되는 리드프레임(lead frame)이 갖추어야 할 성질이 아닌 것은?

① 열방출성이 낮을 것
② 도금과 납땜이 잘 될 것
③ Si와 열팽창 차가 적을 것
④ 펀치 가공 후에도 소재의 평탄도가 유지될 것

해설 리드프레임은 도금과 납땜이 잘 되고, 열방출이 잘 되어야 한다.

16. 실루민의 주조조직에 나타나는 규소는 육각판상의 거친 결정이므로 개량처리하여 조직을 미세화시켜야 한다. 이때 사용하는 접종제가 아닌 것은?

① 알루미늄 ② 불화알칼리
③ 수산화나트륨 ④ 금속나트륨

해설 실루민의 접종제로 불화알칼리, 수산화나트륨, 금속나트륨이 사용된다.

17. Ni-Cr계 합금의 특징을 설명한 것 중 틀린 것은?

① 내열성이 크다.
② 전기저항이 대단히 적다.
③ 내식성이 크고 산화도가 적다.
④ Fe 및 Cu에 대한 열전효과가 크다.

해설 Ni-Cr 합금은 전기저항성이 큰 합금으로 전열기로 사용된다.

18. 소결 초경합금으로 사용되는 것이 아닌 합금계는?

① WC-Co계
② WC-TiC-Co계
③ Zn-Cr-W-C계
④ WC-TiC-TaC-Co 계

해설 소결 초경합금 : WC-Co계, WC-Ti-Co계, WC-TiC-TaC-Co계

19. 순철에서 일어나지 않는 변태는?

① A_1 변태 ② A_2 변태
③ A_3 변태 ④ A_4 변태

해설 순철의 변태 : A_2, A_3, A_4

20. 일명 화이트메탈이라 불리는 베어링용 합금의 성분으로 조합되지 않는 것은?

① Zn-Al-Bi
② Sn-Sb-Cu
③ Pb-Sn-Sb
④ Sn-Sb-Cu-Pb

해설 화이트 베어링 합금에는 Sn-Sb-Cu, Pb-Sn-Sb, Sn-Sb-Cu-Pb이 있다.

제2과목 금속조직

21. $F=C-P+1$의 상률 공식에서 P가 가지는 의미는?

① 자유도 ② 대기압
③ 상의 수 ④ 성분 수

해설 F : 자유도, C : 성분 수, P : 상의 수, 1 : 대기압

정답 14. ③ 15. ① 16. ① 17. ② 18. ③ 19. ① 20. ① 21. ③

22. 금속의 합금에서 온도가 일정할 때 확산속도가 가장 빠른 것은?

① 표면확산 ② 입계확산
③ 격자확산 ④ 입내확산

해설 확산속도 : 표면확산, 입계확산, 격자확산

23. 황동의 평형상태도 상에서 6개의 상 중 α의 결정격자는?

① 면심입방격자
② 정방격자
③ 조밀육방격자
④ 체심입방격자

해설 • α상 : 면심입방격자(FCC)
• β상 : 체심입방격자(BCC)

24. 면심입방격자(FCC)의 충진율은?

① 26% ② 32%
③ 68% ④ 74%

해설 • FCC, HCP 충진율 : 74%
• BCC 충진율 : 68%

25. 다음 중 탄성률(E)을 나타내는 식으로 옳은 것은? (단, σ : 응력, ε : 변형률이다.)

① $E=\frac{\sigma}{\varepsilon}$ ② $E=\sigma\cdot\varepsilon$
③ $E=\frac{\varepsilon}{\sigma}$ ④ $E=\sigma+\varepsilon$

해설 탄성률$(E)=\frac{\text{응력}(\sigma)}{\text{변형률}(\varepsilon)}$

26. 다음 중 고속도강이나 냉간 금형강을 담금질한 후 뜨임하여 경화시키는 처리는 어느 것인가?

① 수인처리
② 용체화 처리
③ 1차 경화 처리
④ 2차 경화 처리

해설 잔류 오스테나이트 분해 및 조직의 안정화 등 인성 증가를 위해 2차 경화 처리인 담금질 후 뜨임처리한다.

27. 강의 물리적 성질을 설명한 것으로 틀린 것은?

① 비중은 탄소량의 증가에 따라 감소한다.
② 열전도도는 탄소량의 증가에 따라 감소한다.
③ 전기저항은 탄소량의 증가에 따라 증가한다.
④ 탄소강은 일반적으로 자성을 띠고 있지 않다.

해설 탄소강은 일반적으로 자성을 갖는다.

28. 원자 확산계수 D의 단위를 나타내는 것은?

① cm/in
② cm^2/in
③ cm/s
④ cm^2/s

29. 두 금속을 합금하는 경우 나타나는 일반적인 성질로 옳은 것은?

① 밀도는 두 금속의 결정구조와 무관하다.
② 합금을 하면 인장강도는 증가한다.
③ 융점은 두 금속 중 고온의 금속보다 항상 높아진다.
④ 두 금속 원자의 크기 차가 클수록 치환형 고용체를 형성하기 쉽다.

해설 두 금속을 합금하는 경우 인장강도 증가, 융점 저하, 전기저항성 증가 현상이 나타난다.

정답 22. ① 23. ① 24. ④ 25. ① 26. ④ 27. ④ 28. ④ 29. ②

30. **용질원자가 전위와 상호작용할 때 단범위 장애물을 형성하며 저온에서만 유동 응력에 기여하는 작용은?**

① 강성률 상호작용
② 탄성적 상호작용
③ 전기적 상호작용
④ 장범위 규칙도 상호작용

해설 전기적 상호작용은 단범위 장애물 형성과 함께 저온에서만 유동 응력에 기여하는 작용이다.

31. **다음 중 변형을 받은 금속에서 축적에너지의 크기에 관한 설명으로 틀린 것은 어느 것인가?**

① 내부 변형이 복잡할수록 축적에너지의 양은 증가한다.
② 축적에너지 양은 결정입도가 증가함에 따라 증가한다.
③ 낮은 가공온도에서의 변형은 축적에너지 양을 증가시킨다.
④ 주어진 변형에서 불순물 원자를 첨가할수록 축적에너지 양은 증가한다.

해설 축적에너지 양은 결정입도가 증가함에 따라 감소한다.

32. **마텐자이트(martensite) 변태의 특징이 아닌 것은?**

① 무확산 변태를 한다.
② 단상에서 단상으로 변태이다.
③ 응력을 가하면 Ms 이상에서도 변태된다.
④ 합금원소를 첨가하여도 Ms점의 변화 없이 변태한다.

해설 합금원소를 첨가하면 Ms점의 변화와 함께 변태한다.

33. **다음 중 규칙–불규칙 변태와 무관한 것은?**

① 자성 ② 전기전도도
③ 금속간 화합물 ④ 기계적 성질

해설 금속간 화합물은 본래의 물질과는 전혀 성질이 다른 별개의 화합물로, 규칙–불규칙 변태가 없다.

34. **전율 고용체 합금에서 강도가 최대인 경우는?**

① 합금에 따라 다르다.
② 동일 비율로 합금된 경우이다.
③ 융점이 낮은 금속이 많이 포함된 경우이다.
④ 융점이 높은 금속이 많이 포함된 경우이다.

해설 동일 비율로 합금된 경우 최대 강도값을 갖는다.

35. **침입형 고용체를 형성하는 원소가 아닌 것은?**

① 탄소(C) ② 질소(N)
③ 붕소(B) ④ 규소(Si)

해설 침입형 원소 : C, N, B, H, O

36. **니켈과 구리는 상온에서 FCC 격자구조를 가지며 원자 반지름이 각각 1.234 Å와 1.275 Å이다. 니켈과 구리로 합금을 만들 경우 상온에서의 상태는?**

① 금속간 화합물
② 치환형 전율 고용체
③ 이차형 한율 고용체
④ 침입형 전율 고용체

해설 치환형 전율 고용체 합금에는 Ni–Cu계, Ag–Au계, Cu–Au계 등이 있다.

정답 30. ③ 31. ② 32. ④ 33. ③ 34. ② 35. ④ 36. ②

37. 체심입방격자 결정구조를 갖는 Mo의 슬립면과 슬립 방향은?

① {0001}, $\{2\bar{1}\bar{1}0\}$ ② {111}, ⟨110⟩
③ {110}, ⟨111⟩ ④ {123}, ⟨111⟩

해설 면심입방격자를 갖는 금속(Ag, Cu, Al, Au, Ni)의 슬립면과 슬립 방향은 {111}, ⟨110⟩

38. 2성분계 합금에서 핵편석(coring) 현상이 가장 심한 반응계로 재석출형이라 부르는 것은?

① 포석반응 ② 포정반응
③ 편정반응 ④ 공정반응

해설 포석반응은 고체(α)+고체(β)→고체(γ) 형태로 나타나는 재석출 반응이다.

39. 금속을 소성가공할 때 가공도가 증가하면 일어나는 현상으로 옳은 것은?

① 연성이 증가한다.
② 밀도가 증가한다.
③ 항복강도가 증가한다.
④ 전기저항이 감소한다.

해설 가공도가 증가하면 강도, 항복점 및 경도가 증가한다.

40. 결정 내의 슬립(slip)면 위에서 슬립한 부분과 슬립하지 않은 부분의 경계에 생기는 결함은?

① 킹크(kink)
② 쌍정(twin)
③ 공공(vacancy)
④ 전위(dislocation)

해설 전위는 슬립면과 슬립하지 않은 부분의 경계에서 나타나는 선결함이다.

제3과목 금속열처리

41. 냉간가공, 단조 등으로 인한 조직의 불균일 제거, 결정립 미세화, 물리적, 기계적 성질의 표준화를 목적으로 대기 중에 냉각시키는 열처리는?

① 뜨임 ② 풀림
③ 담금질 ④ 노멀라이징

해설 노멀라이징(불림)의 목적은 조직의 표준화이다.

42. 고주파 경화법에 관한 설명으로 옳은 것은?

① 코일의 재료는 주로 탄소강을 사용한다.
② 가열 면적이 좁을 때는 다권 코일을 사용한다.
③ 가열 면적이 넓고 길 때는 단권 코일을 사용한다.
④ 코일과 고주파 발생장치를 연결하는 리드는 될 수 있는 한 간격을 좁게 해야 한다.

해설 코일과 고주파 발생장치를 연결하는 리드선의 간격을 좁혀 누설전류를 적게 한다.

43. 일반적인 열처리의 목적을 설명한 것 중 틀린 것은?

① 경도 또는 인장력을 증가시키기 위한 것이다.
② 냉간가공에 의해서 생기는 응력을 제거하는 것이다.
③ 조직을 최대한 조대화시키고, 방향성을 크게 갖게 하기 위한 것이다.
④ 조직을 연한 것으로 변화시키거나 또는 기계 가공을 좋게 하기 위한 것이다.

해설 열처리의 목적은 조직을 미세화하고 방향성 및 편석을 적게 하여 조직을 균일하게 하는 것이다.

정답 37. ③ 38. ① 39. ③ 40. ④ 41. ④ 42. ④ 43. ③

44. **강의 담금질성을 판단하는 방법이 아닌 것은?**

① 강박시험에 의한 방법
② 임계지름에 의한 방법
③ 조미니 시험에 의한 방법
④ 임계냉각속도를 사용하는 방법

해설 강박시험은 염욕의 불순물 및 탄소량을 측정하는 방법이다.

45. **담금질액을 교반하는 방법에는 프로펠러를 이용하거나 펌프 등을 사용한다. 교반의 세기 조정 시 고려할 사항이 아닌 것은?**

① 뜨임온도
② 냉각제의 냉각속도
③ 허용하는 변형의 한도
④ 사용하는 재질의 담금질성

해설 담금질액의 교반 목적은 냉각속도, 변형량 조절, 담금질성 조절이다.

46. **열처리 결함 중 탈탄 현상을 설명한 것으로 틀린 것은?**

① 담금질 경도가 떨어진다.
② 기계적 성질 특히 피로강도가 저하한다.
③ 표면에 탈탄이 일어나서 펄라이트 조직이 많이 보인다.
④ 강 표면에 인장응력이 발생하여 변형이나 균열의 원인이 된다.

해설 탈탄이 되면 표면의 조직이 페라이트화되어 강도가 저하된다.

47. **Al 합금, Mg 합금 등과 같은 경합금에 가장 알맞은 열처리 방법은?**

① 표면경화 열처리
② 시효경화 열처리
③ 항온변태 열처리
④ 응력제거 열처리

해설 Al 합금, Mg 합금 등의 강도를 요구하는 합금은 시효경화 열처리를 한다.

48. **전기로 중 상부 또는 하부에 열풍 팬을 설치하여 온도 분포가 매우 좋으며 길이가 긴 부품의 담금질 및 가스침탄의 뜨임용으로 많이 사용되는 로는?**

① 상형로　　② 원통로
③ 대차로　　④ 회전 레토르로

해설 원통로는 긴 샤프트, 가스침탄용의 피트로 등 뜨임용으로 널리 활용되는 로이다.

49. **텅스텐계 고속도강의 열처리에 대한 설명으로 틀린 것은?**

① 고속도강의 담금질 온도는 약 1250~1300℃의 고온이다.
② 고속도강은 자경성이 강하므로 풀림 시의 냉각 속도는 화색이 없어지기 전까지 서랭한다.
③ 결정립의 조절, 조직의 개선 및 2차 경화를 위하여 노멀라이징 처리를 한다.
④ 담금질 온도가 높아지면 탄화물이 오스테나이트 중에 완전히 고용되어 잔류 오스테나이트가 많아진다.

해설 결정립의 조절, 조직의 개선 및 2차 경화를 위하여 템퍼링 처리를 한다.

50. **탄화물을 피복하는 TD 처리(Toyota diffusion process)의 특징으로 틀린 것은 어느 것인가?**

① 처리온도가 낮아 용융 염욕 중에서는 사용할 수 없다.

정답 44. ①　45. ①　46. ③　47. ②　48. ②　49. ③　50. ①

② 설비가 간단하고 처리품의 조작이 자유롭다.
③ 높은 경도와 우수한 내소착성이 있다.
④ 확산법에 의한 탄화물 피복법이다.

해설 처리온도가 높아 용융 염욕 중에 사용할 수 있다.

51. 열간공구강인 STD61 소재는 담금질하면 오스테나이트가 잔류하는데 이를 마텐자이트화하기 위하여 영하의 온도에서 실시하는 처리는?

① 심랭 처리　② 블루잉 처리
③ 패턴팅 처리　④ 오스템퍼링 처리

해설 심랭 처리는 잔류 오스테나이트를 제거하기 위하여 영하의 온도에서 열처리하는 방법이다.

52. 열처리용 온도계 중 팽창 온도계는 어느 것인가?

① 방사 온도계　② 광전관 온도계
③ 저항 온도계　④ 봉상 온도계

해설 봉상 온도계는 온도에 비례하여 팽창하는 원리를 이용하는 것으로 수은 온도계 및 알코올 온도계가 있다.

53. 기계구조용 부품으로 사용하는 베릴륨 청동의 열처리 특징에 관한 설명 중 틀린 것은?

① 베릴륨 청동은 재결정 풀림하여 사용한다.
② 시효처리 시 경도, 인장강도와 항복점이 높아진다.
③ 공업적으로 고온 및 부식환경에 있는 스프링 접촉자에 사용한다.
④ 선, 판으로부터 선 스프링, 판 스프링을 만들 때는 풀림처리로 연화시켜 성형한다.

해설 베릴륨 청동으로 스프링을 만들 때 담금질 상태에서 연해지기 때문에 풀림처리보다는 템퍼링 전에 성형하여 인장강도를 높인다.

54. 가열된 기판 위에 코팅하고자 하는 피막의 성분을 포함한 원료의 혼합 가스를 접촉시켜 기상 반응에 의하여 표면에 금속, 탄화물, 질화물 등의 다양한 피막을 생성시키는 처리는?

① 스퍼터링　② 화학 증착법
③ 진공 증착법　④ 이온 플레이팅

해설 화학 증착법(CVD)은 기상 증착에 의해 표면을 코팅하여 경화시키는 방법이다.

55. 다음 중 연속냉각변태에서 오스테나이트로부터 마텐자이트로 변화하는 변태는?

① Ar′ 변태　② Ar_1 변태
③ Ar″ 변태　④ Ar_3 변태

해설 Ar″ 변태는 오스테나이트로부터 마텐자이트로 변화하는 변태이다.

56. 다음 중 심랭처리(sub-zero treatment)를 실시해야 하는 강종이 아닌 것은?

① 불림(공랭)처리한 SM25C
② 담금질(유랭)처리한 STB2
③ 담금질(유랭)처리한 SKH51
④ 침탄처리 후 담금질(유랭)한 SCr420

57. 강을 열처리 시 산화에서 기인되는 것이 아닌 것은?

① 탈탄　② 고운 표면
③ 경도 불균일　④ 담금질 시 균열

해설 산화는 탈탄, 경도 불균일, 균열 발생 등의 원인이 된다.

정답 51. ①　52. ④　53. ④　54. ②　55. ③　56. ①　57. ②

58. 침탄처리할 때 경화층 깊이를 증가시키는 원소는?

① S, P　　② Si, V
③ Ti, Al　　④ Cr, Mo

해설 Cr, Mo은 침탄 경화층 깊이를 증가시키는 원소이다.

59. 펄라이트 가단주철의 제조 방법으로 틀린 것은?

① 합금 첨가에 의한 방법
② 열처리 곡선의 변화에 의한 방법
③ 흑심가단주철의 재열처리에 의한 방법
④ 구상흑연주철의 재열처리에 의한 방법

해설 펄라이트 가단주철 제조 방법에는 합금 첨가, 열처리 곡선 변화, 흑심가단주철의 재열처리에 의한 방법이 있다.

60. 다음 중 자동 온도 제어 장치의 순서로 맞는 것은?

① 검출→판단→비교→조작
② 검출→비교→판단→조작
③ 조작→판단→검출→비교
④ 조작→비교→판단→검출

제4과목 재료시험

61. 알루미늄 압출품의 표면에 존재하는 랩(lap), 미세균열의 검출에 적합한 비파괴 시험법은?

① 자분 탐상시험
② 침투 탐상시험
③ 초음파 탐상시험
④ 음향방출시험

해설 침투 탐상시험은 표면의 미세균열 검출에 적합한 비파괴 검사이다.

62. 충격시험에서 충격값의 단위로 옳은 것은?

① kgf/m　　② kgf/mm^3
③ $kgf \cdot m/cm^2$　　④ kgf · cos · m

63. 다음의 열처리된 조직 중 기계적 피로 한도가 가장 큰 조직은?

① 마텐자이트+트루스타이트
② 펄라이트+페라이트
② 트루스타이트+오스테나이트
④ 페라이트+오스테나이트

해설 마텐자이트+트루스타이트와 같은 강도가 높은 조직일수록 피로한도가 크다.

64. 환봉의 비틀림시험과 비틀림 응력 및 변형률을 구하기 위한 가정들에 대한 설명 중 틀린 것은?

① 봉의 단면은 변형 후에도 역시 평면이다.
② 강성계수(전단 탄성계수) 등을 구할 수 있다.
③ 단면상에서의 반지름은 변형 후에도 그 반지름으로 취급한다.
④ 비틀림 각도는 토크-비틀림 선도 초기에는 반비례로 나타나나 항복점을 지나면 감소가 급격하게 된다.

해설 비틀림 각도는 토크-비틀림 선도 초기에는 비례하며 항복점을 지나면 급격히 증가한다.

65. 비금속 개재물(non-metallic inclusion)에 대한 설명으로 틀린 것은?

정답 58. ④ 59. ④ 60. ② 61. ② 62. ③ 63. ① 64. ④ 65. ④

① 응력집중의 원인이 된다.
② 피로한계를 저하시킨다.
③ 철강 내에 개재하는 고형체의 불순물이다.
④ 투과전자현미경 시험으로만 발견할 수 있다.

66. 자분 탐상시험의 자화 방법에 해당되지 않는 것은?

① 통전법 ② 형광법
③ 코일법 ④ 프로드법

해설 자분 탐상시험의 자화 방법에는 통전법, 코일법, 프로드법, 관통법, 극간법이 있다.

67. 금속 현미경을 사용하여 시험편의 조직을 관찰할 때 주의해야 할 사항 중 틀린 것은?

① 저배율에서 고배율로 관찰한다.
② 배율 확인 후에 대물 및 접안렌즈를 고정시킨다.
③ 시편을 받침대에 올려놓고 클램프로 고정시킨다.
④ 미동 나사로 초점을 대략 맞춘 후 조동 나사로 초점을 정확히 맞추어 관찰한다.

해설 조동 나사로 초점을 대략 맞춘 후 미동 나사로 정확히 맞춘다.

68. 철강재료를 신속, 간편하게 선별하는 불꽃 시험법에 대한 설명 중 틀린 것은 어느 것인가?

① 검사는 같은 방법 및 같은 조건으로 실시하여야 한다.
② 탈탄, 침탄 정도의 개략적 판정을 할 수 있다.
③ 불꽃검사에서 탄소의 양(%)이 증가하면 불꽃의 수가 감소하고 그 형태도 단순해진다.
④ 그라인더 불꽃시험은 불꽃의 형태에 의해 재료의 탄소 양(%)을 판정한다.

해설 탄소량이 증가하면 불꽃의 수가 증가하고 형태도 복잡해진다.

69. 안전보건교육의 단계별 교육과정 중 지식교육, 기능교육, 태도교육 중 태도교육 내용에 해당되는 것은?

① 안전규정 숙지를 위한 교육
② 전문적 기술 및 안전 기술 기능
③ 작업 전후 점검 및 검사요령의 정확화 및 습관화
④ 안전의식의 향상 및 안전에 대한 책임감 주장

해설 작업 전후 점검 및 검사요령의 정확화 및 습관화를 위한 태도교육을 실시한다.

70. 피로시험의 종류 중 시험편의 축 방향에 인장 및 압축이 교대로 작용하는 시험은?

① 반복 굽힘시험
② 반복 인장 압축시험
③ 반복 비틀림시험
④ 반복 응력 피로시험

해설 반복 인장 압축시험은 축 방향 인장 및 압축의 반복 작용을 이용한 시험이다.

71. 크리프(creep) 시험은 긴 시간이 필요하다. 이때 시험실의 환경 조건에서 정확한 시험 결과를 얻기 위한 가장 우선적인 조치는?

① 내진(내충격) 설비
② 조명 및 환기 설비
③ 소음 방지 장치
④ 분진 장치

해설 크리프 시험은 긴 시간을 필요로 하기 때문에 진동 방지를 위한 내진 설비가 필요하다.

정답 66. ② 67. ④ 68. ③ 69. ③ 70. ② 71. ①

72. 철강재료에 존재하는 황(S)의 분포상태와 편석을 검사하는 방법은?

① 제프리즈법
② 매크로 검사법
③ 설퍼 프린트법
④ 비금속 개재물 검사법

해설 설퍼 프린트법은 황(S)의 분포상태 및 편석을 파악할 수 있다.

73. 초음파 탐상검사에서 초음파의 특징을 설명한 것 중 옳은 것은?

① 파장이 짧으며, 직진성을 갖는다.
② 고체 내에서 전파가 잘되지 않는다.
③ 원거리에서 초음파빔은 확산되지 않아 강하다.
④ 고체 내에서 종파 1종류의 초음파만이 존재한다.

해설 초음파는 파장이 짧고 직진하는 특성이 있다.

74. 현미경으로 측정한 비금속 개재물의 종류 중에서 그룹 A계 개재물은?

① 황화물 종류
② 알루민산염 종류
③ 규산염 종류
④ 단일 구형의 종류

해설 비금속 개재물

- 황화물계 : A형
- 알루미늄 산화물계 : B형
- 각종 비금속 개재물 : C형

75. 인장시험편의 표점거리는 50 mm이고, 인장시험 후 절단된 시편의 표점거리가 65.6mm일 때 이 시편의 연신율(%)은?

① 21.2% ② 31.2%
③ 41.2% ④ 51.2%

해설 연신율(%) $= \frac{l-l_0}{l_0} \times 100$

$= \frac{65.6-50}{50} \times 100 = 31.2\%$

76. 재료의 연성을 알기 위한 것으로 구리판, 알루미늄판 및 기타 연성판재를 가압성형하여 변형 능력을 시험하는 방법은 어느 것인가?

① 굽힘시험
② 커핑시험
③ 응력파단시험
④ 슬라이딩 마모시험

해설 커핑시험(에릭센 시험)은 구리판, 알루미늄판과 같이 연한 재료의 연성 및 변형 능력을 시험하는 방법이다.

77. 황의 편석부가 짙은 농도로 착색된 점상으로 나타난 편석의 기호는?

① S_N ② S_C ③ S_D ④ S_{CO}

해설 정편석 : S_N, 역편석 : S_I, 중심부편석 : S_C, 점편석 : S_D, 선편석 : S_L, 주상편석 : S_{CO}

78. 금속 내부의 깊은 결함에 대한 정보를 얻기 위한 비파괴시험은?

① 와전류 탐상시험 ② 자분 탐상시험
③ 침투 탐상시험 ④ 방사선 투과시험

해설 방사선 투과시험은 재료의 두께 및 밀도 차에 의해 이루어지는 방사선의 흡수량 차이에 의한 방사선 투과 사진 또는 형광 스크린 상으로 결함이나 내부 구조 등을 관찰하는 방법이다.

정답 72. ③ 73. ① 74. ④ 75. ② 76. ② 77. ③ 78. ④

79. 물체에 해머(추)를 낙하시켰을 때 반발되어 튀어오르는 높이로 경도를 측정하는 시험은?

① 브리넬 시험
② 로크웰 시험
③ 비커스 시험
④ 쇼어 시험

해설 쇼어 경도시험은 작은 강구나 다이아몬드를 붙인 소형의 추를 일정 높이에서 시험 표면에 낙하시켜, 튀어오르는 높이에 의해 경도를 측정하는 방법이다.

80. 한국산업표준에 대한 인장시험에 대한 설명으로 틀린 것은?

① 시험온도는 0~40℃의 범위 내로 하고, 특히 온도 관리가 필요할 때에는 30±5℃로 한다.
② 하중을 가하는 속도가 측정 결과에 현저한 영향을 미칠 우려가 있는 재료에 대해서는 그 재료 표준이 정한 바에 따른다.
③ 상항복점, 하항복점, 내력을 측정하는 경우는 재료 표준에서의 규정 값에 대응하는 하중의 1/2 하중까지 적절한 속도로 하중을 가한다.
④ 인장강도 규정 값에 해당하는 하중의 50%를 넘은 후에는 시험편 평행부의 변형 증가율이 강에서는 20~80%/min, 알루미늄 및 그 합금에서는 80%/min 이하가 되는 속도로 당긴다.

해설 시험온도는 10~35℃의 범위 내로 하고, 특히 온도 관리가 필요할 때에는 23±5℃로 한다.

정답 79. ④ 80. ①

2013년 9월 28일 출제문제

금속재료산업기사

제1과목 금속재료

1. 구상흑연주철의 구상화 처리에서 용탕의 방치 시간이 길어지면 흑연의 구상화 효과가 없어지는 현상을 무엇이라 하는가?

① 경년(secular) 현상
② 전이(transition) 현상
③ 페이딩(fading) 현상
④ 전 탄소(total carbon) 현상

해설 페이딩 현상은 용탕의 방치 시간이 길어져서 구상화 효과가 없어지는 현상이다.

2. 인장강도 130 kgf/mm^{2}급 이상의 초강인강에 나타나는 지체파괴의 원인이 아닌 것은?

① 잔류응력과 인장응력이 있는 경우
② 강재의 강도 수준이 낮은 경우
③ 수소를 함유하는 환경에 있는 경우
④ 미시적, 거시적 응력집중부가 있는 경우

해설 강재의 강도 수준이 높을 때 지체파괴의 원인이 된다.

3. 다음 중 쾌삭강에 대한 설명으로 틀린 것은?

① Ca 쾌삭강은 제강 시에 Ca을 탈산제로 사용한다.
② 일반적인 쾌삭강은 공구 수명의 연장과 마무리면 정밀도에 기여한다.
③ S 쾌삭강은 Mn을 0.4~1.5% 첨가하여 MnS로 하고 이것을 분산시켜 피삭성을 증가시킨다.
④ Pb 쾌삭강에서는 Pb가 Fe 중에 고용되므로 칩 브레이커(chip breaker)의 역할과 윤활제의 작용을 한다.

해설 Pb는 Fe 중에 고용되지 않고 Pb 단체로 존재하여 칩 브레이커의 역할과 윤활제 작용을 한다.

4. 스프링강은 급격한 진동을 완화하고 에너지를 축적하는 기계요소로 사용된다. 이처럼 탄성한도와 피로강도를 높이기 위하여 어떤 조직이어야 하는가?

① 소르바이트 조직
② 마텐자이트 조직
③ 페라이트 조직
④ 시멘타이트 조직

해설 스프링 강재의 탄성한도를 높이기 위해 소르바이트 조직을 요구한다.

5. 다음 중 아연을 함유한 구리합금이 아닌 것은?

① 황동 ② 청동
③ 양은 ④ 델타메탈

해설 청동은 Cu-Sn계이다.

6. Ni의 자기변태온도는 약 몇 ℃인가?

① 210℃ ② 368℃
③ 768℃ ④ 1150℃

해설 Fe_3C : 210℃, Ni : 368℃, Fe : 768℃, Co : 1150℃

정답 1. ③ 2. ② 3. ④ 4. ① 5. ② 6. ②

7. 조성이 Al−Cu−Mg−Mn이며, 고강도 Al합금에 해당되는 것은?

① 라우탈(lautal)
② 실루민(silumin)
③ 두랄루민(duralumin)
④ 하이드로날륨(hydronalium)

해설 • 라우탈 : Al−Cu−Si
• 실루민 : Al−Si
• 두랄루민 : Al−Cu−Mg−Mn
• 하이드로날륨 : Al−Mg

8. 철강재료의 5대 원소에 해당되지 않는 것은?

① P ② C
③ Si ④ Mg

해설 탄소강의 5대 원소는 C, Si, Mn, P, S 이다.

9. 금속간 화합물인 탄화철(Fe^3C)의 Fe의 원자비는 몇 %인가?

① 25% ② 35%
③ 50% ④ 75%

해설 탄화철에서 철의 원자비는 75%, 탄소의 원자비는 25%이다.

10. 0.6% C를 함유한 강은 어느 강에 해당되는가?

① 아공석강 ② 과공석강
③ 공석강 ④ 극연강

해설 • 아공석강 : 0.02~0.8% C
• 공석강 : 0.8% C
• 과공석강 : 0.8~2.1% C

11. 탄소강 내에 존재하는 탄소 이외의 원소가 기계적 성질에 미치는 영향으로써 틀린 것은?

① Cu는 극소량이 Fe 중에 고용되며 인장강도, 탄성한계를 높인다.
② P는 Fe의 일부와 결합하여 Fe_3P 화합물을 만들며, 입자의 조대화를 촉진한다.
③ Si는 선철 및 탈산제 중에서 들어가기 쉽고, 인장력과 경도를 낮추며 연신과 충격치를 증가시킨다.
④ S는 강 중에서 FeS로 입계에 망상으로 분포하여 고온에서 약하고 가공할 때에 파괴의 원인이 된다.

해설 Si는 실온에서 강도와 경도를 증가시키고, 충격치를 감소시킨다.

12. 전열(電熱)합금의 특징에 대한 설명으로 틀린 것은?

① 재질이나 치수의 균일성이 좋을 것
② 열팽창계수가 작고, 고온강도가 클 것
③ 전기저항이 낮고, 저항의 온도계수가 클 것
④ 고온의 대기 중에서 산화에 견디고 사용온도가 높을 것

해설 전기저항이 높고 저항의 온도계수가 작을 것

13. 반도체 재료의 종류 중에서 대표적인 반도체의 원소에 해당되지 않는 것은?

① Ge ② Si
③ Ti ④ Se

해설 반도체는 저항률이 도체와 절연체의 중간에 있고, 전류 전달이 자유전자나 정공(hole)에 의해 이루어지는 물질로 실리콘, 게르마늄, 셀렌 등이 이에 속한다.

정답 7. ③ 8. ④ 9. ④ 10. ① 11. ③ 12. ③ 13. ③

14. 다음 중 배빗메탈(babbit metal)에 해당되는 것은?

① 주석계 화이트메탈
② 납계 화이트메탈
③ 구리계 베어링합금
④ 오일리스 베어링합금

해설 배빗메탈 : 주석계 화이트메탈(Sn-Sb-Cu)

15. 특정 모양의 재료를 인장하여 탄성한도를 넘어 소성변형시킨 경우에도 하중을 제거하면 원상태로 돌아가는 현상을 무엇이라 하는가?

① 초탄성 ② 코트렐
③ 초취성 ④ 비정질

해설 초탄성은 탄성한도를 넘은 소성변형 상태에서 하중을 제거하면 원상태로 돌아가는 현상이다.

16. 고온을 얻을 수 있고 온도 조절이 용이하며 합금 원소를 정확히 첨가할 수 있어 특수강의 제조에 사용되는 용해로는?

① 평로 ② 용선로
③ 고로 ④ 전기로

해설 전기로는 합금원소 첨가가 용이하여 특수강 제조에 주로 활용된다.

17. Al 합금을 용체화 처리한 후 일정 온도에서 가열하여 경도를 향상시키는 것을 무엇이라 하는가?

① 양극산화처리 ② 응력부식
③ 가공경화 ④ 인공시효

해설 인공시효는 Al 합금의 경도를 높이기 위해 용체화 처리 후 가열하는 방법이다.

18. 비정질 합금의 일반적인 특성을 설명한 것 중 틀린 것은?

① 구조적으로는 장거리의 규칙성이 없다.
② 불균질한 재료이고, 결정이방성이 있다.
③ 전기저항이 크고, 그 온도의존성은 작다.
④ 강도가 높고 연성도 크나, 가공경화는 일으키지 않는다.

해설 비정질 합금은 불규칙한 원자 배열로 결정이방성이 없다.

19. 수소저장합금에 대한 설명으로 틀린 것은?

① 무공해 연료이다.
② 수소저장성이 좋은 것으로 Fe-Ti계가 있다.
③ 수소의 흡수·방출속도가 느려야 한다.
④ 활성화가 쉽고 수소저장량이 많아야 한다.

해설 수소의 흡수·방출속도가 빨라야 한다.

20. Au 및 Au 합금에 대한 설명 중 옳은 것은?

① BCC 구조를 갖는다.
② 전연성은 Ag보다 나쁘다.
③ 비중은 약 19.3 정도이다.
④ 22K 합금은 Au 함유량이 75%이다.

해설 Au은 FCC 구조를 가지며, 22K 합금은 Au 함유량이 $\frac{22}{24}\times100=91.7\%$이다.

제2과목 금속조직

21. 철에서 C, N, H, B의 원자가 이동하는 확산 기구는?

① 격자간 원자기구 ② 공격자점 기구
③ 직접 교환 기구 ④ 링 기구

해설 격자간 원자기구는 결정격자의 중간 위치에 여분의 원자(C, N, H, B)가 끼어들어간 상태이다.

정답 14. ① 15. ① 16. ④ 17. ④ 18. ② 19. ③ 20. ③ 21. ①

22. 일정한 압력하에 있는 Fe−C 합금의 포정점이 일정한 온도와 조성에서 생기는 이유는?

① 상률의 자유도가 0이기 때문이다.
② 상률의 자유도가 1이기 때문이다.
③ 상률의 자유도가 2이기 때문이다.
④ 상률의 자유도가 ∞이기 때문이다.

해설 포정점의 자유도는 일정한 온도와 조성에서 불변상태인 0이다.

23. 2성분계에서 융체(L)→고용체(A)+고용체(B)의 반응을 하는 것은?

① 포정반응 ② 공석반응
③ 공정반응 ④ 편정반응

해설 • 포정반응 : L(융액) + α(고상) ⇄ β(고상)
• 공석반응 : γ(고상) ⇄ α(고상) + β(고상)
• 편정반응 : L_1(융액) ⇄ L_2(융액) + S(고상)

24. 다음 중 강의 공석변태온도(eutectoid temperature)를 낮추는 원소들로 짝지어진 것은?

① Mo, Si ② Ni, Mo
③ Mn, Ni ④ Si, Mn

해설 Mn, Ni은 강의 공석변태온도를 강하시킨다.

25. 순금속 중에 다른 종류의 원자가 확산하는 현상은?

① 자기확산 ② 입계확산
③ 상호확산 ④ 표면확산

해설 • 입계확산 : 면결함의 하나인 결정입계에서의 단회로 확산
• 상호확산 : 다른 종류의 원자 접촉에서 서로 반대방향으로 이루어지는 확산
• 자기확산 : 단일 금속 내에서 동일 원자 사이에 일어나는 확산
• 불순물 확산 : 불순물 원자의 모재 내에서의 확산
• 표면확산 : 면결함의 하나인 표면에서의 단회로 확산

26. 결정립 내에 있는 원자에 비하여 결정입계에 있는 원자의 결합에너지 상태는?

① 결합에너지가 크므로 안정하다.
② 결합에너지가 크므로 불안정하다.
③ 결합에너지가 작으므로 안정하다.
④ 결합에너지가 작으므로 불안정하다.

해설 결정입계에 있는 원자의 결합에너지가 크므로 불안정하다.

27. 오스테나이트에서 펄라이트로의 변태 중 결정입도의 영향에 대한 설명으로 틀린 것은?

① 오스테나이트의 결정입도는 변태에 큰 영향을 미치며 핵 생성은 에너지가 높은 장소에서 일어난다.
② 균질한 오스테나이트에서는 펄라이트의 핵 생성은 거의 예외 없이 결정입계에서 일어난다.
③ 오스테나이트의 결정립이 조대할수록 펄라이트 구를 형성할 핵을 적게 생성하며 미세한 펄라이트 조직으로 된다.
④ 오스테나이트의 결정입도는 펄라이트 층간 간격에 영향을 미치지 않으며 펄라이트 층간 간격은 변태온도에 의해서 결정된다.

해설 오스테나이트의 결정립이 조대할수록 펄라이트 형성을 많이 하고 조대한 펄라이트 조직이 생성된다.

정답 22. ① 23. ③ 24. ③ 25. ③ 26. ② 27. ③

28. 격자결함에 대한 설명으로 틀린 것은?

① 계면결함에는 기공, 수축공이 있다.
② 원자공공은 결정의 격자점에 원자가 들어 있지 않는 상태이다.
③ 결정격자 결함에는 점결함, 선결함, 계면결함, 체적결함이 있다.
④ 격자간 원자는 결정격자의 격자점 중간 위치에 여분의 원자가 끼어들어 간 상태이다.

해설 계면결함에는 적층결함, 결정립경계가 있다.

29. 면심입방격자의 적층 형식 ABCABCABC…가 ABCABABCABC…의 밑줄 친 부분과 같이 부분적 층이 조밀육방격자의 적층 형식과 같아진 것을 무엇이라 하는가?

① 조그 ② 적층변위
③ 적층결함 ④ 원자공공대

해설 적층결함은 면심입방격자의 부분적 층이 조밀육방격자의 적층 형태로 된 결함이다.

30. 연강을 인장시험한 후 얻은 응력-변형률 곡선이다. 하부 항복점 이후 변형을 계속하기 위해 응력이 증가하는 이유는?

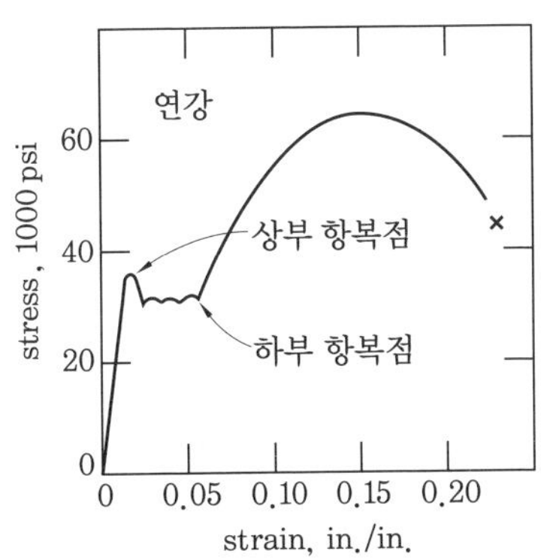

① 석출경화 ② 가공경화
③ 시효경화 ④ 고용강화

해설 가공경화란 소성변형에 의해 전위밀도가 증가하고, 이것이 전위운동을 방해하여 강도가 증가하는 현상이다.

31. 탄소강의 조직에서 경도값(HB)이 가장 작은 것은?

① α-고용체 ② γ-고용체
③ 시멘타이트 ④ 펄라이트

해설 α-고용체는 HB80으로 가장 작다.

32. 면심입방격자의 소속 원자수는?

① 1 ② 2
③ 3 ④ 4

해설 면심입방격자는 4개, 체심입방격자는 2개, 조밀육방격자는 2개이다.

33. 다음 중 자기변태점이 없는 금속은?

① Fe ② Ni
③ Co ④ Al

해설 자기변태 원소에는 Fe, Ni, Co가 있다.

34. 풀림(annealing)처리에 의해서 재결정 및 결정립 성장이 일어난 금속을 더욱 고온으로 가열하여 소수의 결정립이 다른 결정립과 합해져서 매우 크게 성장하는 현상은?

① 풀림쌍정 ② 정상결정성장
③ 1차 재결정 ④ 2차 재결정

해설 2차 재결정이란 풀림으로 재결정 및 결정립의 성장이 일어나는 금속을 더욱 고온으로 가열하여 소수의 결정립이 다른 결정립과 합해져서 대단히 크게 성장하는 현상을 말한다.

정답 28. ① 29. ③ 30. ② 31. ① 32. ④ 33. ④ 34. ④

35. 금속간 화합물과 비교한 규칙격자의 특징으로 옳은 것은?

① 전기저항이 작다.
② 규칙-불규칙 변태가 없다.
③ 주기율표의 동족원소와 결합이 곤란하다.
④ 복잡한 결정구조로 소성변형이 매우 어렵다.

해설 규칙격자일수록 전기저항이 작다.

36. 석출경화를 얻을 수 있는 경우는?

① 단순공정형 상태도를 갖는 합금의 경우에서
② 전율가용 고용체형을 갖는 합금의 경우에서
③ 어떤 형의 상태도라도 모든 합금의 경우에서
④ 온도 강하에 따라 고용한도가 감소하는 형의 상태도를 갖는 합금의 경우에서

해설 석출경화는 온도 강하에 따라 고용한도가 감소하는 형(Al-Cu 합금계)의 상태도에서 주로 발생한다.

37. 결정계 중 육방정계의 축장과 축각으로 옳은 것은?

① $a=b=c$, $\alpha=\beta=\gamma=90°$
② $a\neq b\neq c$, $\alpha=\beta=\gamma=90°$
③ $a\neq b\neq c$, $\alpha\neq\beta\neq\gamma=90°$
④ $a=b\neq c$, $\alpha=\beta=90°$, $\gamma=120°$

해설 ① 입방정계 : $a=b=c$, $\alpha=\beta=\gamma=90°$

38. 다음 중 결정립 형성에 대한 설명으로 틀린 것은? (단, G는 결장 성장속도, N은 핵 발생속도, f는 상수이다.)

① 결정립의 대소는 $\frac{f\cdot G}{N}$로 표현된다.
② 금속은 순도가 높을수록 결정립의 크기가 작은 경향이 있다.
③ G가 N보다 빨리 증대할 경우 결정립이 큰 것을 얻는다.
④ N이 G보다 빨리 증대할 경우 결정립이 미세한 것을 얻는다.

해설 금속은 순도가 높을수록 결정립의 크기가 크다.

39. 재결정 거동에 영향을 주는 요인이 아닌 것은?

① 조성
② 풀림시간
③ 초기 결정입도
④ 재결정 시작 후 회복의 양

해설 재결정 거동에 영향을 주는 요인은 조성, 풀림시간, 초기 결정입도, 가공도이다.

40. 다음의 결함 중 선결함에 해당하는 것은?

① 공공　　② 전위
③ 적층결함　　④ 크라우디온

해설 전위는 슬립면과 슬립하지 않은 부분의 경계에서 나타나는 선결함이다.

제3과목 금속열처리

41. 서로 다른 두 종류의 금속 양끝을 접속시켜 양쪽 접점 사이에 발생하는 이 열기전력 차를 이용하는 온도계는?

① 열전쌍 온도계　　② 저항 온도계
③ 방사 온도계　　④ 광고온계

해설 • 열전쌍 온도계 : 열기전력
• 광고온계 : 휘도
• 방사 온도계 : 복사열
• 저항 온도계 : 전기저항

정답 35. ① 36. ④ 37. ④ 38. ② 39. ④ 40. ② 41. ①

42. **재료의 담금질성 측정 방법에 사용되는 시험 방법은?**

① 커핑시험
② 조미니 시험
③ 에릭센 시험
④ 샤르피 시험

해설 재료의 담금질성을 판단하는 방법에는 임계지름에 의한 방법, 조미니 시험을 통한 방법, 임계냉각속도를 사용하는 방법 등이 있다.

43. **담금질에 따른 용적의 변화가 가장 큰 조직은?**

① 마텐자이트
② 펄라이트
③ 베이나이트
④ 오스테나이트

해설 마텐자이트는 급랭에 의해 나타나는 조직으로서 다른 조직에 비해 용적 변화가 매우 크다.

44. **1400℃의 온도를 측정하려고 할 때 어떤 형태의 열전대가 적합한가?**

① 철-콘스탄탄
② 구리-콘스탄탄
③ 크로멜-알루멜
④ 백금-백금+로듐

해설 백금-백금+로듐은 1500℃, 크로멜-알루멜은 1200℃, 철-콘스탄탄은 800℃, 구리-콘스탄탄은 400℃에적합다다.

45. **침탄용강이 구비해야 할 조건을 설명한 것 중 옳은 것은?**

① 고탄소강이어야 한다.
② 강재 주조 시 표면에 결함이 있어야 한다.
③ 침탄 시 고온에서 장시간 가열 시 결정입자가 성장하여야 한다.
④ Cr, Ni, Mo 등을 첨가하여 침탄량을 증가시킬 수 있는 강이어야 한다.

해설 침탄용강의 구비 조건
- 0.25% 이하의 탄소강일 것
- 기공, 흠집, 석출물 등이 경화층에 없을 것
- 장시간 가열해도 결정립이 성장하지 않고 여리게 되지 않을 것

46. **황화물의 편석을 제거하여 안정화 혹은 균질화를 목적으로 1050~1300℃의 고온에서 실시하는 어닐링 방법은?**

① 완전 어닐링
② 확산 어닐링
③ 응력 제거 어닐링
④ 재결정 어닐링

해설 확산 어닐링의 목적은 황화물 편석 제거에 의한 조직의 안정화 및 균질화이다.

47. **오스포밍(ausforming)한 금속의 조직학적 특징을 설명한 것 중 틀린 것은?**

① 마텐자이트 면이 크게 성장한다.
② 마텐자이트 입자의 미세화에 의해 강도가 증가한다.
③ 마텐자이트의 핵생성이 일어나는 곳이 매우 증가한다.
④ 많은 수의 슬립선이 발생하므로 마텐자이트면의 성장이 방해된다.

해설 오스테나이트의 결정입자가 가공에 의하여 변형되므로 마텐자이트 면이 크게 성장하지 못한다.

정답 42. ② 43. ① 44. ④ 45. ④ 46. ② 47. ①

48. 금속재료의 표면에 고속력으로 강철이나 주철의 작은 입자를 분사하여 피로강도를 현저히 증가시키는 표면경화법은?

① 배럴법 ② 쇼트피닝
③ 그라인딩 ④ 세라다이징

해설 쇼트피닝은 금속 표면에 강철 입자 등을 고속으로 분사하여 피로강도를 높이는 표면경화법이다.

49. 황동 제품의 내부응력을 제거하고 시기균열 및 경도 저하를 방지하기 위한 적당한 풀림 온도와 냉각 방법은?

① 300℃에서 서랭 또는 급랭한다.
② 400℃에서 진공 중에 냉각한다.
③ 550℃에서 항온유지 후 냉각한다.
④ 700℃에서 급랭하거나 서랭한다.

해설 황동 제품의 내부응력 제거 및 시기균열 방지를 위한 열처리로 300℃에서 서랭 또는 급랭한다.

50. 다음 [보기]는 담금질에서 사용되는 냉각제이다. 18℃의 물을 냉각능 1.0으로 하였을 때 200℃에서 냉각속도가 빠른 것부터 나열한 것은?

| 보기 |

㉠ 10% NaOH 수용액
㉡ 기계유
㉢ 25℃ 물
㉣ 정지된 공기

① ㉡>㉠>㉣>㉢
② ㉡>㉢>㉠>㉣
③ ㉠>㉢>㉡>㉣
④ ㉠>㉡>㉢>㉣

51. 뜨임균열의 방지대책으로 옳은 것은?

① 정해진 템퍼링 온도까지 최대한 빨리 가열한다.
② Ms점, Mf점이 낮은 고합금강은 반복뜨임을 실시한다.
③ 고속도강은 탈탄층을 그대로 유지하여 뜨임 후 급랭한다.
④ Cr, Mo, V 등의 합금원소는 뜨임균열을 촉진시키므로 사용을 줄인다.

해설 고속도강은 템퍼링을 하기 전에 탈탄층을 제거하고, 템퍼링을 한 후에는 서랭하거나 유랭한다.

52. 탄소강에 있어서 S곡선의 nose 부근 온도는 약 몇 ℃인가?

① 150℃ ② 350℃
③ 550℃ ④ 750℃

53. 인상 담금질(time quenching)에서 인상 시기에 대한 설명으로 틀린 것은?

① 물건의 지름이나 두께는 보통 3mm에 대해서 1초 동안 물속에 담근 후 즉시 꺼내어 유랭 또는 공랭시킨다.
② 강재를 기름에 냉각시킬 때에는 두께 1mm에 대해서 30초 동안 담근 후 꺼내어 즉시 수랭시킨다.
③ 강재를 물에 담가서 적열된 색깔이 없어질 때까지 시간의 2배 정도를 물에 담근 후 꺼내어 유랭 또는 공랭시킨다.
④ 강재를 물에 담글 때 강이 식는 진동소리 또는 강이 식는 물소리가 정지되는 순간에 꺼내어 유랭 또는 공랭시킨다.

해설 가열물의 지름 및 두께 1mm에 대하여 1초 동안 기름 속에 담근 후 공랭한다.

정답 48. ② 49. ① 50. ③ 51. ② 52. ③ 53. ②

54. 열처리의 방법, 재질 및 형상에 따라 냉각 방법은 달라지며 냉각장치는 냉각제의 종류와 작동방법에 따라 분류된다. 이러한 냉각장치에 해당되지 않는 것은?

① 헐셀냉각장치
② 분무냉각장치
③ 염욕냉각장치
④ 프레스 냉각장치

해설 냉각장치에는 프레스 냉각장치, 염욕 냉각장치, 분무 냉각장치, 강제환류장치, 프로펠러 교반 냉각장치, 유랭장치 등이 있다.

55. 다음 중 담금질성에 대한 설명으로 틀린 것은?

① Mn, Mo, Cr 등을 첨가하면 담금질성은 증가한다.
② 결정입도를 크게 하면 담금질성은 증가한다.
③ B를 0.0025% 첨가하면 담금질성을 높일 수 있다.
④ 일반적으로 S가 0.04% 이상이면 담금질성을 증가시킨다.

해설 S가 0.04% 이상이면 담금질성이 감소된다.

56. 열처리로(furnace)의 균일한 온도 분포 유지를 위한 설명으로 틀린 것은?

① 전열식은 연소식보다 열원 배치 및 제어가 쉽다.
② 가열형식은 직접가열보다 간접가열이 효과적이다.
③ 로 내 가스의 흐름은 정지상태보다 팬(fan) 교반이 유리하다.
④ 승온과 유지시간이 짧을수록 온도 분포를 균일하게 한다.

해설 승온과 유지시간이 길수록 온도 분포를 균일하게 한다.

57. 열처리의 방법과 그 목적으로 틀린 것은?

① 풀림－연화
② 노멀라이징－조대화
③ 담금질－경화
④ 뜨임－인성 부여

해설 노멀라이징은 조직을 미세화하고 방향성을 적게 하며, 편석을 적게 하고 균일한 상태로 만들기 위한 열처리이다.

58. 탄소강에서 마텐자이트 변태가 시작되는 온도(Ms)에 대한 설명으로 틀린 것은?

① 미세결정립은 Ms점이 낮다.
② 얇은 시료의 Ms점은 두꺼운 것보다 높다.
③ Al, Ti, V, Co 등의 첨가 원소는 Ms점을 낮춘다.
④ 탄소강에서는 냉각속도가 빠르면 Ms점이 낮아진다.

해설 Al, Ti, V, Co 등의 원소를 첨가하면 Ms점이 높아진다.

59. 강재의 부품 표면에 질소를 확산 · 침투시키는 질화법의 종류가 아닌 것은?

① 가스 질화법
② 액체 질화법
③ 이온 질화법
④ 구상 질화법

해설 질화처리에는 가스 질화법, 액체 질화법, 이온 질화법이 있다.

정답 54. ① 55. ④ 56. ④ 57. ② 58. ③ 59. ④

60. 담금질한 공석강의 냉각곡선에 나타난 ㉠~㉢의 조직명으로 옳은 것은?

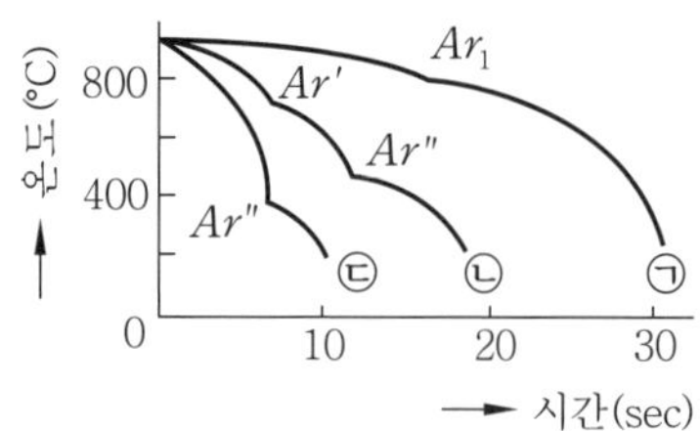

① ㉠ 펄라이트, ㉡ 마텐자이트+펄라이트, ㉢ 마텐자이트
② ㉠ 마텐자이트, ㉡ 마텐자이트+펄라이트, ㉢ 펄라이트
③ ㉠ 마텐자이트+펄라이트, ㉡ 마텐자이트, ㉢ 펄라이트
④ ㉠ 펄라이트, ㉡ 마텐자이트, ㉢ 마텐자이트+펄라이트

제4과목 재료시험

61. 초음파 탐상법에서 일반 강(steel)에 사용하는 주파수의 범위는?

① 2~10kHz
② 2~10MHz
③ 50~100kHz
④ 50~100MHz

62. 다음 중 사업장의 안전점검을 하기 위한 체크리스트 작성 시 유의사항으로 틀린 것은?

① 사업장에 적합한 독자적인 내용일 것
② 일정 양식을 정하여 점검대상을 정할 것
③ 점검표의 내용은 이해하기 쉽도록 표현하고 구체적일 것
④ 위험성이 낮은 순으로 하거나, 긴급을 요하지 않는 순으로 작성할 것

해설 위험성이 높은 순서로 하거나 긴급을 요하는 순서로 체크리스트를 작성한다.

63. 금속조직시험 시료 연마에서 사포 또는 벨트 그라인더로 연마하며, 연마 도중 가열 또는 가공에 의한 시료에 변질이 일어나지 않도록 가장 먼저 연마하는 공정은?

① 거친 연마
② 중간 연마
③ 미세 연마
④ 전해 연마

해설 가공에 의한 시편의 변질을 방지하기 위하여 가장 먼저 연마하는 공정은 거친 연마이다.

64. 다음 중 굴곡시험으로 알 수 없는 것은?

① 전성
② 경도
③ 굽힘저항
④ 균열의 유무

해설 굴곡시험을 통해 전성, 연성, 굽힘저항, 균열의 유무를 파악할 수 있다.

65. 선 장비의 투과 검사의 특징을 설명한 것 중 틀린 것은?

① 외부 전원이 필요 없다.
② 열려 있는 작은 지름에도 사용할 수 있다.
③ 360° 또는 일정 방향으로 투사의 조절이 가능하다.
④ 초점이 길어서, 짧은 초점-필름 거리가 필요한 경우 적합하지 않다.

해설 초점이 일반적으로 짧아 특히 짧은 초점-필름 거리가 필요한 경우 적합하다.

정답 60. ① 61. ② 62. ④ 63. ① 64. ② 65. ④

66. 만능시험기(UTM)로 측정할 수 있는 사항은?

① 누설량 ② 피로한도
③ 연신율 ④ 부식정도

해설 만능시험기로 연신율, 인장강도, 항복강도, 단면수축률을 측정할 수 있다.

67. 브리넬(Brinell) 경도를 측정할 때 필요하지 않은 것은?

① 시험편에 가하는 하중의 크기
② 사용된 시험편의 중량
③ 시험편 표면에 나타난 압흔의 지름
④ 압흔을 내는 데 사용된 강구(steel ball)의 지름

해설 브리넬 경도를 측정할 때 하중의 크기, 압흔 지름, 강구 지름이 필요하다.

68. 다음 중 인장 시험편에 대한 설명으로 틀린 것은?

① 인장 시험편의 규격은 KS B0801에 규정되어 있다.
② 시험편은 일반적으로 판상 또는 봉상으로 되어 있다.
③ 시험편은 그 모양 및 치수에 따라 1호~2호 시험편으로 구분한다.
④ 시험편 중앙에 있는 단면이 균일한 부분을 평행부라고 한다.

해설 인장시험편 규격은 1호~14호로 구분한다.

69. 크리프 곡선에서 변형속도가 일정한 과정을 나타내는 것은?

① 초기 크리프 ② 정상 크리프
③ 가속 크리프 ④ 파단 크리프

해설 1단계는 초기 크리프(감소), 2단계는 정상 크리프(일정), 3단계는 가속 크리프(증가)이다.

70. 재료에 반복응력을 적용하여 영구적으로 재료가 파괴되지 않는 응력 중에서 최대 응력을 무엇이라고 하는가?

① 탄성한도 ② 피로한도
③ 크리프 한도 ④ 비례한도

해설 피로한도는 피로시험의 반복 응력 작용에서 최대응력을 의미한다.

71. 좌굴(buckling) 파괴 형식은 어느 경우에 나타나는가?

① 인장시험 ② 압축시험
③ 전단시험 ④ 경도시험

72. 다음 중 금속조직검사를 위한 일반적인 방법은?

① 초음파시험
② 피로시험
③ 형광시험
④ 현미경 시험

해설 현미경 시험으로 금속조직, 결정입도 크기, 비금속 개재물 분포 등을 알 수 있다.

73. 자장의 세기를 H, 투자율을 μ, 자속밀도를 B라고 할 때 자장의 세기를 나타내는 식은?

① $H=B\mu$ ② $H=\frac{\mu}{B}$
③ $H=\frac{B}{\mu}$ ④ $H=B+\mu$

정답 66. ③ 67. ② 68. ③ 69. ② 70. ② 71. ② 72. ④ 73. ③

74. 상대적으로 단단한 입자나 미세돌기와의 접촉에 의해 표면으로부터 마모입자가 이탈되는 현상으로 마모면에 긁힘 자국이나 끝이 파인 홈들이 나타나게 되는 마모는?

① 응착마모(adhesive wear)
② 피로마모(fatigue wear)
③ 연삭마모(abrasive wear)
④ 부식마모(corrosion wear)

해설 • 연삭마모 : 긁힘 자국, 패인 자국
• 응착마모 : 원추 모양, 얇은 조각, 공식
• 부식마모 : 반응 생성물

75. 다음 중 응력 측정 시험의 종류가 아닌 것은?

① 강박시험
② 광탄성 시험
③ 전기적인 변형량 측정법
④ 기계적인 변형량 측정법

해설 응력 측정 시험에는 기계적인 변형량 측정법, 전기적인 변형량 측정법, 광탄성 시험, 스트레스 코팅, X-선에 의한 응력 측정법 등이 있다.

76. 100배로 된 금속의 미세조직 사진으로 ASTM 결정입도를 결정하고자 한다. 만일 $1\,in^2$에 256개의 결정립이 있다면 ASTM 결정입도 번호는 얼마인가?

① 7 ② 8 ③ 9 ④ 10

해설 $n_a = 2^{N-1} = 256 = 2^8 \quad \therefore N = 9$

77. 다음 중 충격시험과 관계없는 용어는 어느 것인가?

① 파괴인성 ② 눌림저항
③ 충격에너지 ④ 샤르피 시험법

78. 샤르피 충격시험에서 시험편의 설치 방법은?

① 수평으로 설치하며, 해머와 노치부가 마주치도록
② 수평으로 설치하며, 해머와 노치부의 반대쪽이 마주치도록
③ 수직으로 설치하며, 해머와 노치부가 마주치도록
④ 수직으로 설치하며, 해머와 노치부의 반대쪽이 마주치도록

해설 충격 시험편은 수평으로 설치하며, 해머가 노치부의 반대쪽에서 타격하도록 한다.

79. 다음 중 불꽃시험에 대한 설명으로 틀린 것은?

① 불꽃에 가장 큰 영향을 주는 원소는 수소이다.
② 불꽃의 모양은 뿌리, 중앙, 끝으로 되어 있다.
③ 검사는 언제나 같은 방법, 같은 조건하에 행해야 한다.
④ 불꽃 유선의 길이, 유선의 색, 불꽃의 수를 보고 강 종을 판별한다.

해설 불꽃시험에 가장 큰 영향을 주는 원소는 탄소이다.

80. 자분 탐상 검사로 검출하기 어려운 결함은?

① 겹침(laps)
② 이음매(seams)
③ 표면균열(crack)
④ 내부 깊숙이 존재하는 동공(cavity)

해설 자분 탐상시험은 상자성체의 시험 대상물에 자장을 걸어 주어 자성을 띠게 한 다음, 자분을 시험편의 표면에 뿌려 주고 불연속에서 외부로 누출되는 누설자장에 의한 자분 무늬를 판독하여 결함의 크기 및 모양을 검출하는 비파괴 검사 방법이다.

정답 74. ③ 75. ① 76. ③ 77. ② 78. ② 79. ① 80. ④

2014년도 출제문제

2014년 3월 2일 출제문제

금속재료산업기사

제1과목 금속재료

1. 오스테나이트계 스테인리스강의 공식(pitting)을 방지하기 위한 대책이 아닌 것은?

① 할로겐 이온의 고농도를 피한다.
② 질산염, 크롬산염 등의 부동태화제를 가한다.
③ 액의 산화성을 감소시키거나 공기의 투입을 많게 한다.
④ 재료 중의 탄소를 적게 하거나 Ni, Cr, Mo 등을 많게 한다.

해설 공식 방지 대책
- 액을 유동시켜서 균일한 산화성 용액으로 하고 산소농담전지의 형성을 피하거나 부식 생성물을 제거한다.
- 액의 산화성을 증가시키거나 반대로 공기를 차단하여 산소를 없앤다.
- 재료 중의 C를 적게 하거나 Ni, Cr, Mo, Si, N 등을 많게 한다.

2. 황동의 자연균열 방지책이 아닌 것은?

① 도료를 바른다.
② 아연도금을 한다.
③ 응력 제거 풀림을 한다.
④ 산화물 피막을 형성시킨다.

해설 자연균열은 산소, 탄산 가스, 습기가 있는 산화 분위기에서 많이 발생하므로 반드시 산화물 피막을 제거해야 한다.

3. Cu, Sn, 흑연 분말을 적정 혼합하여 소결에 의해 제조한 분말 야금용 합금으로 급유가 곤란한 부분의 베어링으로 사용되는 재료는?

① 자마크(zamak)
② 켈밋(kelmet)
③ 배빗메탈(babbit metal)
④ 오일라이트(oillite)

해설 함유 베어링은 다공질 재료에 윤활유를 품게 하여 급유할 필요가 없이 사용하는 베어링으로서 오일라이트가 대표적인 금속이다.

4. 초전도 재료에 대한 설명 중 틀린 것은?

① 초전도선은 전력의 소비 없이 대전류를 통하거나 코일을 만들어 강한 자계를 발생시킬 수 있다.
② 초전도 상태는 어떤 임계온도, 임계자계, 임계전류밀도보다 그 이상의 값을 가질 때만 일어난다.
③ 임의의 어떤 재료를 냉각시킬 때 어느 임계온도에서 전기저항이 0이 되는 재료를 말한다.
④ 대표적인 활용 사례로는 고압송전선, 핵융합용 전자석, 핵자기공명 단층 영상장치 등이 있다.

해설 초전도 상태는 어떤 임계온도, 임계자계, 임계전류밀도보다 그 이하의 값을 가질 때만 나타난다.

정답 1. ③ 2. ④ 3. ④ 4. ②

5. 실용 형상 기억 합금이 아닌 것은?

① Al−Si계 ② Ti−Ni계

③ Cu−Al−Ni계 ④ Cu−Zn−Al계

해설 실용 형상기억합금으로는 Ni−Ti계, Cu−Al−Ni계, Cu−Zn−Al계 세 종류가 있으며, Al−Si계는 알루미늄계 실루민 합금이다.

6. 구리합금에 대한 설명 중 틀린 것은?

① 황동은 Cu−Zn계 합금이다.

② 인청동은 탄성과 내마모성이 크다.

③ 문츠메탈(muntz metal)은 6−4 황동의 일종이다.

④ 네이벌황동은 7−3 황동에 Sn을 소량 첨가한 합금이다.

해설 네이벌황동은 6:4 황동에 Sn을 넣은 합금이다.

7. 소결 현상을 이용하는 분말야금의 특징이 아닌 것은?

① 절삭공정을 생략할 수 있다.

② 다공질의 제품은 만들 수 없다.

③ 용해법으로 만들 수 없는 합금을 만들 수 있다.

④ 제조 과정에서 용융점까지 온도를 올릴 필요가 없다.

해설 소결 현상을 이용하는 분말야금은 다공질의 금속재료를 만들 수 있다. 따라서 필터나 함유 베어링 등에 사용되고 있다.

8. 철광석의 종류와 주요 성분을 옳게 연결한 것은?

① 적철광−Fe_2O_3

② 자철광−Fe_2CO_3

③ 갈철광−Fe_3O_4

④ 능철광−$Fe_2O_3 \cdot 3H_2O$

해설 적철광(Fe_2O_3), 자철광(Fe_3O_4), 갈철광($Fe_2O_3 \cdot 3H_2O$), 능철광(Fe_2CO_3)

9. 금속의 공통적 특성을 설명한 것 중 틀린 것은?

① 금속적 광택을 갖는다.

② 열과 전기의 양도체이다.

③ 소성 변형성이 없어 가공하기가 힘들다.

④ 수은을 제외한 금속은 상온에서 고체이며 결정체이다.

해설 금속은 소성 변형성이 있어 가공이 용이하며, 이온화하면 양(+)이온이 된다.

10. 성형 프레스형, 다이캐스팅형 등에 사용되는 열간금형용합금강의 구비 조건으로 옳은 것은?

① 고온경도가 낮을 것

② 융착과 소착이 잘 일어날 것

③ 히트 체킹(heat checking)에 잘 견딜 것

④ 열충격, 열피로 및 뜨임 연화 저항이 작을 것

해설 열간금형용합금강은 고온에서 사용하므로 경도가 높고, 융착과 소착이 생기지 않으며, 히트 체킹에 잘 견뎌야 하고, 열충격, 열피로 및 뜨임 연화 저항이 커야 한다.

11. 22K(22carat)는 순금의 함유량이 약 몇 %인가?

① 25% ② 58.3% ③ 75% ④ 91.7%

해설 순금의 함유량이 100%일 때 24K이므로 $\frac{22}{24} \times 100 = 91.7\%$이다.

정답 **5.** ① **6.** ④ **7.** ② **8.** ① **9.** ③ **10.** ③ **11.** ④

12. 특수강 중의 특수 원소의 역할이 아닌 것은?

① 기계적 성질 향상
② 변태속도의 조절
③ 탄소강 중 황의 증가
④ 오스테나이트의 입도 조절

해설 특수 원소는 강 중에 함유된 황 등의 해로운 원소를 제거하는 역할을 한다.

13. 고속도공구강에 대한 설명으로 틀린 것은?

① 우수한 인성을 갖는다.
② 우수한 고탄성을 갖는다.
③ 우수한 내마모성을 갖는다.
④ 우수한 고온경도를 갖는다.

해설 고속도공구강은 우수한 인성과 내마모성, 고온경도를 가지며 고탄성을 갖지 않는다.

14. 백주철을 탈탄 열처리하여 순철에 가까운 페라이트 기지로 만들어서 연성을 갖게 한 주철은?

① 회주철 ② 백심가단주철
③ 흑심가단주철 ④ 구상흑연주철

해설 회주철은 일반 주철이고, 흑심가단주철은 풀림처리한 주철이며, 구상흑연주철은 Mg이나 Ce을 첨가하여 구상화 처리한 주철이다.

15. 비정질 금속재료에 대한 설명으로 옳은 것은?

① 재료가 초급랭법으로 제조되므로 조성적, 구조적으로 불균일하다.
② 불규칙한 원자 배열로 인해 이방성과 특정한 슬립면이 있다.
③ 입계, 쌍정, 적층결함 등과 같은 국부적인 불균일 조직이 많다.
④ 유리나 고분자 물질과는 달리 단순한 원자 구조를 가진다.

해설 비정질 금속은 불규칙한 원자 배열로 인해 결정과 같이 이방성과 특정한 슬립면이 없는 단순한 원자구조이고, 입계, 쌍정, 적층결함 등과 같은 국부적인 불균일 조직, 즉 결정 결함이 존재하지 않으며 금속 결합 특유의 성질을 갖는다.

16. 프레스 가공 또는 판금가공이 아닌 것은?

① 압연가공 ② 굽힘가공
③ 전단가공 ④ 압축가공

해설 압연가공은 금속재료를 회전하는 2개의 롤러 사이로 통과시켜 두께나 지름을 줄이는 가공법이다.

17. 마그네슘(Mg)의 특성을 설명한 것 중 틀린 것은?

① 비중은 약 1.7 정도이다.
② 내산성은 극히 나쁘나 내알칼리성은 강하다.
③ 해수에 대단히 강하며, 용해 시 수소를 방출하지 않는다.
④ 주물로서 Mg 합금은 Al 합금보다 비강도가 우수하다.

해설 마그네슘은 해수에 매우 약하며 용해 시 수소를 방출한다.

18. 순철이 1539℃에서 응고하여 상온까지 냉각되는 동안에 일어나는 변태가 아닌 것은?

① A_5 변태 ② A_4 변태
③ A_3 변태 ④ A_2 변태

해설 순철이 고온에서 상온으로 응고하면서 A_4(1400℃), A_3(910℃), A_2(768℃) 변태가 일어난다.

정답 12. ③ 13. ② 14. ② 15. ④ 16. ① 17. ③ 18. ①

19. 어느 방향으로 소성변형을 가한 재료에 역 방향의 하중을 가하면 전과 같은 하중을 가한 경우보다 소성변형에 대한 저항이 감소하는 것을 무엇이라 하는가?

① 바우싱거 효과
② 크리프 효과
③ 재결정 효과
④ 푸아송 효과

해설 바우싱거 효과(Bauschinger effect)는 동일 방향의 소성변형에 대하여 전에 받던 방향과 정반대의 변형을 부여하면 탄성한도가 낮아지는 현상을 말한다.

20. 78% Ni의 조성을 가지는 Ni−Fe 합금에 대한 설명으로 옳은 것은?

① 낮은 투자율을 가진다.
② 퍼멀로이(permalloy)라 불린다.
③ 자장에 의한 응답성이 낮다.
④ 주로 공구강으로 사용된다.

해설 퍼멀로이는 Ni 75~80%인 Ni−Fe 합금으로, 투자율이 높고, 자심재료, 장하 코일에 사용된다.

제2과목 금속조직

21. 금속간 화합물(intermetallic compound)에 대한 설명으로 틀린 것은?

① 간단한 결정구조를 갖고, 금속적 성질이 강하다.
② A, B 두 금속의 친화력이 대단히 강력하다.
③ A, B 두 금속은 일정한 원자비로 결합한다.
④ 성분 금속 원자의 상대적인 관계가 항상 일정한 고용체이다.

해설 금속간 화합물은 전기저항이 큰 비금속 성질이 강하고 간단한 정수비와 복잡한 결정구조를 가지며, 변형하기 어렵고, 취약하다.

22. 냉간가공한 금속을 풀림하면 전위의 재배열에 의해 결정의 다각형화(polygonization)가 이루어지는데 이와 관련이 가장 깊은 현상은?

① 쌍정
② 재결정
③ 회복
④ 결정립 성장

해설 가공경화란 소성변형에 의해 전위밀도가 증가되고, 이것이 전위운동을 방해하여 강도가 증가하는 현상이다. 이와 반대로 회복이란 가열함으로써 전위밀도의 감소와 전위 재배열에 의한 연화 현상을 말한다.

23. 강의 베이나이트(bainite) 변태에 대한 설명으로 틀린 것은?

① 약 350℃ 이상에서 형성된 것을 상부 베이나이트라 한다.
② 베이나이트도 펄라이트와 마찬가지로 층상 구조를 이루고 있다.
③ 오스테나이트에서 베이나이트로의 변태에 의해 페라이트와 탄화물이 생성된다.
④ 변태에 따른 용질원자의 분포는 탄소원자만 이동하고 합금원소 원자는 모재에 남는다.

해설 상부 베이나이트는 흰 마텐자이트 바탕에 깃털 모양의 베이나이트와 일부 트루스타이트가 혼합된 조직으로 350℃ 이상에서 나타나며 하부 베이나이트는 침상 조직으로 나타난다.

정답 19. ① 20. ② 21. ① 22. ③ 23. ②

24. 다음과 같이 t_1 온도에서 공정반응이 끝난 후 20% B 합금의 초정 α 양은 얼마인가?

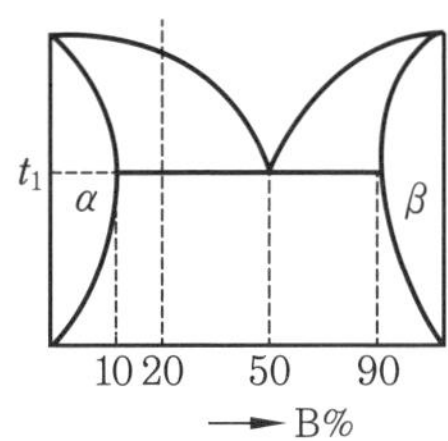

① 25% ② 38%
③ 50% ④ 75%

해설 B 합금 10%일 때 100%의 초정 α가 나타나며, B 합금 50%일 때 공정($\alpha+\beta$) 100%가 나타난다. 합금량 차이는 B 합금 50%일 때 40%, B 합금 20%일 때 10%이므로 초정 α 양은 $100-(10/40)\times100=75\%$가 된다.

25. 결정격자 중에서 전연성 및 가공성이 우수한 결정격자는?

① 면심입방격자
② 체심입방격자
③ 조밀육방격자
④ 체심정방격자

해설 면심입방격자는 원자의 충진율이 74%로 다른 격자보다 높아 전연성 및 가공성이 우수하다.

26. 합금원소가 존재할 경우 가장 안정한 석출물은 합금 탄화물이다. 이때 탄화물을 잘 형성하는 합금원소는?

① Al ② Mn
③ Cr ④ Ni

해설 Cr, W, Mo과 같은 원소는 C 성분과 탄화물을 쉽게 형성한다.

27. 다음의 원자 결합 중 가장 약한 결합은?

① 이온 결합
② 금속 결합
③ 공유 결합
④ 반데르 발스 결합

해설 반데르 발스 결합은 극성이 없는 분자 간에 일시적으로 극성이 발생하여 생기는 결합으로서 결합력이 약하며, 불활성 원소(Ar, Kr)에서 나타난다.

28. 금속의 변형에 대한 설명으로 틀린 것은?

① 금속은 전위가 증식되면서 소성변형된다.
② 금속은 슬립이나 쌍정에 의해 소성변형된다.
③ 금속은 원자 전체가 동시에 이동하는 것이 아니라 전위에 의하여 조금씩 이동한다.
④ 동일한 슬립면에서 반대 부호의 전위가 만나면 두 개의 전위가 생성되고 불완전 결정으로 된다.

해설 동일한 슬립면에서 반대 부호의 전위가 만나면 전위가 소멸되어 완전한 결정구조가 형성된다.

29. 금속의 변태점 측정법 중 도가니에 적당량의 금속을 넣어 일정한 속도로 가열하거나 냉각하면서 온도와 시간의 관계로 나타나는 곡선으로 변태점을 측정하는 방법은?

① 열팽창법
② 열분석법
③ 전기저항법
④ 자기분석법

해설 열분석 시험법은 냉각곡선, 시차곡선, 비열곡선을 측정한다.

정답 24. ④ 25. ① 26. ③ 27. ④ 28. ④ 29. ②

30. **금속의 다결정체 조직으로 수지(dendrite) 조직을 설명한 것 중 틀린 것은?**

① 액상에서 고상으로 변태(응고) 시 응고잠열이 방출된다.
② 응고잠열의 방출은 평면에서보다 선단 부분에서 늦게 일어난다.
③ 나뭇가지 모양으로 생긴 최초의 가지를 1차 수지상정이라 한다.
④ 면심입방 또는 체심입방구조를 갖는 금속의 경우 가지의 성장 방향은 입방구조의 모서리 방향이 되기 때문에 수지상정의 가지는 서로 직교한다.

해설 응고잠열은 액상에서 고상으로 응고하면서 방출하는 열로서 평면에서보다 선단 부분에서 빠르게 방출한다.

31. **다음 중 전위에 대한 설명으로 옳은 것은?**

① 전위의 상승운동은 온도에 무관하다.
② 전위결함은 원자공공, 크라우디온(crowdion) 등이 있다.
③ 칼날 전위선은 버거스 벡터(Burgers vector)와 평행하다.
④ 전위의 존재로 인해 발생되는 에너지를 변형에너지(strain energy)라 한다.

해설 전위의 상승운동은 온도가 높을수록 활발하게 일어나고, 전위결함은 선결함이며, 칼날 전위선은 버거스 벡터와 수직이다.

32. **다음 중 확산 기구에 해당되지 않는 것은?**

① 링 기구 ② 공석 기구
③ 공격자점 기구 ④ 직접 교환 기구

해설 확산 기구에는 공공에 의한 공격자점 기구, 3개 또는 4개 원자의 동시 이동에 의한 링 기구, 격자간 자리바꿈에 의한 직접 교환 기구 등이 있다.

33. **4개의 원자가 동시에 링상으로 회전함으로써 위치가 변화되어 치환형 확산을 하는 확산 기구는?**

① 간접 교환형 기구
② 격자간 원자형 기구
③ 원자공공형 기구
④ 직접 교환형 기구

해설 직접 교환형 기구는 가장 가까운 두 원자가 동시에 이동하여 위치를 교환하여 이동하는 것을 말한다.

34. **면심입방격자에서 슬립면과 슬립 방향이 옳게 짝지어진 것은?**

① {0001}, ⟨1211⟩
② {1000}, ⟨1111⟩
③ {110}, ⟨1111⟩
④ {111}, ⟨110⟩

해설 면심입방격자는 외부에서 힘을 가하면 슬립면은 원자밀도가 가장 높은 {111}면에서 생기고 슬립 방향은 원자 간격이 가장 작은 ⟨110⟩ 방향으로 나타난다.

35. **용질원자에 의한 응력장이 가동전위의 응력장과 상호작용을 하여 전위의 이동을 방해함으로써 재료의 강화가 이루어지는 것은?**

① 석출강화
② 가공강화
③ 분산강화
④ 고용체강화

해설 고용체 강화는 용매원자의 격자에 용질원자가 고용되어 응력장이 발생하면서 전위의 이동을 방해함으로써 이루어지는 재료의 강화이다. 이때 용매원자와 용질원자 사이의 원자 크기의 차이가 클수록 강화 효과는 커진다.

정답 30. ② 31. ④ 32. ② 33. ① 34. ④ 35. ④

36. Fe−Fe_3C 평형 상태도에서 자기변태를 나타내는 것은?

① A_0 ② A_1 ③ A_3 ④ A_{cm}

해설 A_0(210℃)에서 Fe_3C의 자기변태가 나타난다.

37. 강의 물리적 성질 중 탄소의 함유량이 증가함에 따라 증가하는 성질은?

① 비중 ② 전기저항
③ 열전도도 ④ 열팽창계수

해설 탄소함량이 증가할수록 강은 전기저항, 비열, 항자력이 증가하고, 열전도율은 감소한다.

38. 침입형 고용체의 결함으로 공격자점과 격자간 원자는 어떤 결함에 해당하는가?

① 면결함 ② 선결함
③ 점결함 ④ 체적결함

해설 점결함에는 원자공공, 격자간 원자, 치환형 원자가 있다.

39. 압력이 일정한 Fe−C 상태도에서 공석반응이 일어날 때 자유도는 얼마인가?

① 0 ② 1 ③ 2 ④ 3

해설 공석 반응은 1개의 고체(γ상)에서 2개의 고상(α와 Fe_3C)이 석출되는 반응으로 자유도는 $F=C-P+1=2-3+1=0$이다.

40. 치환형 고용체에서 원자의 규칙도와 온도와의 관계를 옳게 설명한 것은?

① 규칙도는 온도에 무관하다.
② 온도가 상승하면 규칙 상태로 된다.
③ 온도가 상승하면 불규칙 상태로 된다.
④ 온도가 상승하면 장범위 규칙도는 1이 된다.

해설 치환형 고용체는 온도가 상승하면 불규칙 상태로 변한다.

제3과목 금속열처리

41. 다음 원소 중 마텐자이트 개시 온도(Ms)를 가장 크게 감소시키는 원소는?

① W ② C
③ Cr ④ Mn

해설 마텐자이트의 개시 온도(Ms)를 감소시키는 순서는 C>N>Mn>Ni>Cr이다.

42. 제품을 열처리 가열로에 장입하기 전에 확인하여야 할 사항이 아닌 것은?

① 열처리 요구 사항을 확인한다.
② 발주처의 회사 규모를 파악한다.
③ 소재의 재질 확인 및 검사를 한다.
④ 표면 탈탄, 크랙 유무 및 전 열처리 상태를 확인한다.

해설 열처리 전에 발주처의 요구 사항이나 소재의 재질, 결함 등의 유무 상태를 확인한다.

43. 분위기 열처리에 사용되는 변성 가스 중 침탄성 가스가 아닌 것은?

① 메탄 ② 프로판
③ 아르곤 ④ 일산화탄소

해설 가스 침탄법에는 메탄, 프로판, 부탄 등의 탄화수소 계열의 가스를 변성로에서 변성한 흡열형 가스가 사용된다. 아르곤 가스는 불활성 가스이다.

정답 36. ① 37. ② 38. ③ 39. ① 40. ③ 41. ② 42. ② 43. ③

44. 열처리 전·후 처리에 사용되는 설비 중 6각 또는 8각형의 용기에 공작물과 함께 연마제, 콤파운드를 넣고 회전시켜 표면을 연마시키는 방법은?

① 버프 연마
② 배럴 연마
③ 쇼트 피닝
④ 액체호닝

해설 배럴 연마는 회전하는 용기에 공작물과 함께 연마제, 콤파운드를 넣고 회전시켜 표면을 연마하는 방법이다.

45. 강재 표면에 엷은 황화층(FeS)을 형성시켜 마찰저항을 작게 하여 윤활성을 향상시키는 방법은?

① PVD 처리　② TD 처리
③ 침붕 처리　④ 침황 처리

46. 저탄소강 대형품에 대한 침탄 열처리의 설명으로 틀린 것은?

① 150~180℃ 범위에서 저온뜨임을 한다.
② 1차 담금질의 목적은 내부 결정립의 미세화이다.
③ 2차 담금질의 목적은 인성과 연성의 증가이다.
④ 고온 장시간의 가열로 결정립이 조대화된다.

해설 침탄 열처리에서 1차 담금질의 목적은 내부 결정립의 미세화, 2차 담금질의 목적은 침탄부의 경화이다.

47. 열처리 후처리 공정에서 제품에 부착된 기름을 제거하는 탈지에 적합하지 않은 방법은?

① 산 세정
② 전해 세정
③ 알칼리 세정
④ 트리클로로에틸렌 증기 세정

해설 산 세정은 공작물의 산화물이나 녹 등의 제거에 사용한다.

48. 구리의 열처리에 가장 적합한 것은?

① 하드페이싱
② 고온뜨임
③ 재결정 풀림
④ 고주파 담금질

해설 순동의 재결정 온도는 270℃이며, 순동의 재결정 풀림은 500~700℃로 행하여진다.

49. SCM415(C=0.15%) 강을 표면 탄소 농도 0.8%를 목표로 7시간 가스 침탄 처리한 결과 침탄 시의 탄소 농도가 1.05%이었다면 확산시간은? (단, Harries의 방정식을 이용하여 계산하시오.)

① 2.65시간
② 3.4시간
③ 3.65시간
④ 5.4시간

해설 $T_c = T_t\left(\frac{C-C_i}{C_0-C_i}\right)^2$

여기서, T_t : 침탄시간+확산시간
T_c : 침탄 소요 시간
C : 목표 표면 탄소 농도(%)
C_0 : 침탄 시 탄소 농도(%)
C_i : 소재 자체의 탄소 농도(%)

$T_c = 7\left(\frac{0.8-0.15}{1.05-0.15}\right)^2 = 3.65$시간

∴ 확산시간 $= T_t - T_c = 7 - 3.65$
≒3.4시간

정답 44. ② 45. ④ 46. ③ 47. ① 48. ③ 49. ②

50. 다음 중 노를 구조에 따라 분류한 것은 어느 것인가?

① 가스로 ② 중유로
③ 전기로 ④ 배치로

해설 열처리로는 열원에 따라 가스로, 중유로, 전기로 등으로 분류하며, 구조에 따라 배치로, 연속로, 회전로 등으로 분류한다.

51. 일반적인 S곡선의 코(nose) 부분의 온도로 적합한 것은?

① 약 250℃ ② 약 350℃
③ 약 450℃ ④ 약 550℃

52. 다음의 열처리 방법 중 취성이 가장 많이 발생하는 열처리 방법은?

① 담금질(quenching)
② 풀림(annealing)
③ 뜨임(tempering)
④ 불림(normalizing)

해설 담금질은 경도를 높이기 위한 열처리로서 취성이 가장 많이 발생할 우려가 있다.

53. 고주파 경화법에 대한 설명으로 틀린 것은?

① 코일의 가열속도는 내면 가열이 가장 효율이 크다.
② 코일에 사용되는 재료는 주로 구리가 사용된다.
③ 철강에 비해 비철금속은 가열 효율이 50~70% 정도이다.
④ 코일과 고주파 발생장치와 연결하는 리드는 인덕턴스를 없애기 위하여 가능한 한 간격을 좁게 하여야 한다.

해설 고주파 경화법은 고주파 유도 전류에 의하여 소요 깊이까지 급가열하여 급랭경화하는 방법으로 코일의 가열속도는 표면에 유도 전류가 집중되는 표면 가열이 내면 가열보다 크다.

54. 열전대로 사용되는 재료의 구비 조건으로 틀린 것은?

① 내열, 내식성이 뛰어나야 한다.
② 고온에서 기계적 강도가 작아야 한다.
③ 제작이 쉽고 호환성이 있으며 가격이 싸야 한다.
④ 열기전력이 크고 안정성이 있으며 히스테리시스 차가 없어야 한다.

해설 열전대는 고온에서 사용되는 온도계로서 기계적 강도가 커야 한다.

55. 트루스타이트(troostite)에 대한 설명 중 옳은 것은?

① α철과 극히 미세한 시멘타이트와의 기계적 혼합물
② α철과 극히 미세한 마텐자이트와의 기계적 혼합물
③ γ철과 극히 미세한 시멘타이트와의 기계적 혼합물
④ γ철과 극히 미세한 마텐자이트와의 기계적 혼합물

해설 트루스타이트는 페라이트와 미세한 시멘타이트의 혼합물이다.

56. 대형 제품을 담금질하였을 때 재료의 내, 외부의 담금질 효과가 달라져 경도의 편차가 나타나는 현상은?

① 노치 효과 ② 담금질 변형
③ 질량 효과 ④ 가공경화 효과

해설 질량 효과는 강재의 대소에 따라 담금질 효과가 다르게 나타나는 현상을 말한다.

정답 50. ④ 51. ④ 52. ① 53. ① 54. ② 55. ① 56. ③

57. 주철의 풀림처리 중 절삭성을 양호하게 하며 백선 부분의 제거, 연성을 향상시키기 위한 목적으로 행하는 열처리는 어느 것인가?

① 연화풀림
② 완전풀림
③ 응력 제거 풀림
④ 페라이트화 풀림

해설 주철의 연화풀림(어닐링)은 절삭성을 양호하게 하며 백선 부분의 제거, 연성을 향상시키기 위한 목적으로 한다.

58. 다음 중 금속에 대한 열처리 목적이 아닌 것은?

① 조직을 안정화시키기 위하여
② 재료의 경도를 개선하기 위하여
③ 재료의 인성을 부여하기 위하여
④ 조직을 미세화하며 방향성을 많게 하고 편석이 큰 상태로 하기 위하여

해설 열처리의 목적은 조직을 미세화하고 방향성 및 편석을 적게 하여 조직을 균일하게 하는 것이다.

59. 다음의 냉각 방법 중 냉각 성능이 가장 우수한 것은?

① 노랭 ② 공랭
③ 유랭 ④ 분사 냉각

해설 냉각 성능을 비교하면 분사 냉각>유랭>공랭>노랭이다.

60. Mn, Ni, Cr 등을 함유한 구조용강을 고온뜨임하면 냉각속도와 관계없이 취화하는데, 이러한 현상을 개선하는 원소는 어느 것인가?

① Cu ② Sb
③ Mo ④ Sn

해설 고온뜨임 후 취성 발생을 방지하기 위한 첨가원소는 C, Mo, Mn, Cr 등이다.

제4과목 재료시험

61. 유압식 만능 재료 시험기로 측정하기 어려운 것은?

① 인장강도 ② 압축강도
③ 항복강도 ④ 비틀림강도

해설 인장강도, 압축강도, 항복강도는 만능 재료 시험기로 측정할 수 있으며, 비틀림강도는 비틀림시험으로 측정한다.

62. 결정질의 고체 재료를 특정한 온도에서 일정한 하중을 가하여 장시간 유지하면서 시간 흐름에 따른 변형량을 측정하는 시험은?

① 인장시험
② 충격시험
③ 크리프 시험
④ 성분 분석 시험

해설 크리프 시험은 시험편에 일정한 하중을 가하였을 때 시간의 경과와 더불어 증대하는 변형량을 측정하여 각종 재료의 역학적 양을 결정하는 시험이다.

63. 피로시험에서 종축에 응력, 횡축에는 반복 횟수를 나타내는 선도는?

① Fe-C 곡선 ② S-N 곡선
③ TTT 곡선 ④ CCT 곡선

해설 S는 응력, N은 반복 횟수를 의미한다.

정답 57. ① 58. ④ 59. ④ 60. ③ 61. ④ 62. ③ 63. ②

64. 금속 조직 시험을 하기 전에 시험편의 준비 순서로 옳은 것은?

① 시험편 채취→마운팅→폴리싱→세척→부식
② 시험편 채취→폴리싱→마운팅→세척→부식
③ 마운팅→시험편 채취→부식→세척→폴리싱
④ 마운팅→시험편 채취→폴리싱→부식→세척

65. 비자성체의 표면 및 표면직하 결함을 표면 개구 여부에 관계없이 검출하고자 할 때 가장 적합한 비파괴 검사 방법은?

① 자분 탐상시험 ② 침투 탐상시험
③ 와전류 탐상시험 ④ 음향방출시험

해설 와전류 탐상시험은 금속재료를 고주파 자계 중에 놓았을 때 재료 중에 유기하는 와전류가 재료의 조성, 조직, 잔류 비틀림, 형상 치수 등에 민감하게 반응하는 점을 이용한 것이다.

66. 초음파 탐상에서 결함에 의한 에코와 혼돈할 수 있는 유사한 에코의 종류가 아닌 것은?

① 지연 에코 ② 반복 에코
③ 임상 에코 ④ 진동 에코

해설 지연 에코, 반복 에코, 임상 에코는 결함에 의한 에코와 혼돈할 수 있다.

67. 위험 예지 훈련의 4단계 중 대책을 수립하는 단계는 몇 단계인가?

① 1단계 ② 2단계
③ 3단계 ④ 4단계

해설 위험 예지 훈련
- 제1단계 : 현상 파악
- 제2단계 : 본질 추구
- 제3단계 : 대책 수립
- 제4단계 : 목표 달성

68. 로크웰 경도시험에 대한 설명으로 옳은 것은?

① 기본하중은 1kgf를 작용시킨다.
② 다이아몬드 원뿔의 꼭지각은 136°이다.
③ 시험하중에는 50, 120, 200kgf의 세 가지가 있다.
④ C 스케일은 단단한 금속재료의 경도 측정용으로 사용한다.

해설 기본 하중은 10kgf이고, 다이아몬드 원뿔의 꼭지각은 120°이며, 시험하중에는 60, 100, 150kgf이 있다.

69. 인장시험 시 시험편의 물림장치에 대한 규정으로 틀린 것은?

① 시험편은 중심선상에 있어야 한다.
② 인장 외에 힘이 가해져서는 안 된다.
③ 물림부에서 물림 힘이 각기 달라야 한다.
④ 시험편이 척 내에서 파괴되어서는 안 된다.

해설 시험편 물림장치에서 물림 힘은 항상 같아야 한다.

70. 2개 이상의 물체가 접촉하면서 상대운동을 할 때, 그 면이 감소되는 현상을 이용한 시험 방법은?

① 커핑시험 ② 마모시험
③ 마이크로 시험 ④ 분광 분석 시험

해설 마모(마멸)시험은 2개 이상의 물체가 접촉하면 면이 감소되는 현상을 이용한 시험 방법으로, 회전 마모, 슬라이딩 마모, 왕복 슬라이딩 마모가 있다.

정답 64. ① 65. ③ 66. ④ 67. ③ 68. ④ 69. ③ 70. ②

71. 피로시험에서 시험편의 노치(notch)민감계수에 대한 식으로 옳은 것은?

① $\text{노치민감계수} = \dfrac{\text{형상계수}-1}{\text{노치계수}-1}$

② $\text{노치민감계수} = \dfrac{\text{노치계수}-1}{\text{형상계수}-1}$

③ $\text{노치민감계수} = \dfrac{\text{노치가 없을 때의 응력}}{\text{노치부에 생긴 최대응력}}$

④ $\text{노치민감계수} = \dfrac{\text{노치부에 생긴 최대응력}}{\text{노치가 없을 때의 응력}}$

72. 방사성 물질이 체내에 들어갈 경우 신체에 미치는 위험성에 대한 설명으로 틀린 것은?

① 문턱선량이 높을수록 위험성이 크다.
② 방사선의 에너지가 높을수록 위험성이 크다.
③ 체내에 흡수되기 쉬운 방사선일수록 위험성이 크다.
④ α 입자를 방출하는 핵종이 β 방출 핵종보다 위험성이 크다.

해설 문턱선량이 낮을수록 위험성이 크다.

73. 금속의 화학 성분을 검사하기 위한 방법이 아닌 것은?

① 습식 분석 시험
② 매크로 시험
③ 원자 흡광 시험
④ 분광 분석 시험

해설 매크로 시험은 육안 또는 배율 10배 이하의 확대경으로 검사하는 시험법으로 화학 성분 검사는 어렵다. 육안 조직 검사는 결정입경 0.1mm 이상에 적합하다.

74. 현미경 조직 시험에서 강재와 부식제의 연결이 틀린 것은?

① Zn 합금-아세트산 용액
② Ni 및 그 합금-질산 아세트산 용액
③ 구리, 황동, 청동-염화 제2철 용액
④ 철강-질산 알코올 용액, 피크린산 알코올 용액

해설 Zn 합금은 염산에 의해 부식된다.

75. 금속재료의 샤르피 충격 시험에 대한 설명으로 틀린 것은?

① 표준 시험편은 길이 55mm, 폭 10mm인 정사각형 단면 시험편을 준비한다.
② V 노치는 각도가 45°, 깊이가 2mm, 밑면의 반지름이 0.25mm가 되도록 제작한다.
③ 시험 온도가 명시되어 있을 경우, 오차 범위 ±2℃ 내로 시험편의 온도를 유지시켜야 한다.
④ U 노치는 별도로 명시되지 않는 경우 깊이 10mm, 끝단의 지름이 15mm가 되도록 제작한다.

해설 U 노치는 별도로 명시되지 않는 경우에는 깊이 2mm, 끝단의 지름이 2mm가 되도록 제작한다.

76. 수세성 형광 침투 탐상 검사의 순서로 옳은 것은?

① 전처리 → 침투처리 → 현상처리 → 세척처리 → 건조처리 → 후처리 → 관찰
② 전처리 → 침투처리 → 세척처리 → 건조처리 → 현상처리 → 관찰 → 후처리
③ 전처리 → 침투처리 → 건조처리 → 세척처리 → 현상처리 → 관찰 → 후처리
④ 전처리 → 침투처리 → 건조처리 → 세척처리 → 현상처리 → 후처리 → 관찰

정답 71. ② 72. ① 73. ② 74. ① 75. ④ 76. ②

77. 노치부의 단면적이 A[cm²]인 시험편을 파괴하는 데 필요한 에너지를 E[N · m]라고 할 때, 샤르피 충격값은?

① $\frac{E}{A}$ [N · m/cm²]

② $E+A$ [N · m]

③ $\frac{A}{E}$ [cm²/N · m]

④ $A\times E$ [N · m×cm²]

78. Bragg's X-선 회절 시험에서 X-선의 입사각이 30°일 때 결정면간 거리는? (단, 회절상수(n)=1, 파장(λ)=1.9373 Å 이다.)

① 0.9686 Å

② 1.6776 Å

③ 1.9373 Å

④ 3.8746 Å

해설 브라그의 법칙 $2d\sin\theta=n\lambda$에서 면간 거리 $d=\frac{n\lambda}{2\sin\theta}=\frac{1\times1.9373}{2\sin30}=1.9373$ Å이다.

79. 누설 검사를 실시하는 직접적인 이유로 보기에 가장 거리가 먼 것은?

① 제품의 생산성을 증대시키기 위해

② 표준에서 벗어난 누설률과 부적절한 제품을 검출하기 위해

③ 장치를 사용하는 데 방해가 되는 재료의 누설 손실을 막기 위해

④ 돌발적인 누설에 기인하는 유해한 환경적 요소를 방지하기 위해

해설 누설 검사는 일명 누출시험이라고도 하며, 압력 용기 및 각종 부품 등의 관통균열 여부를 검사하는 시험이다.

80. 길이/지름의 비가 1.5인 주철 시험편의 압축시험에서 파단 각도가 θ일 때 전단 저항력 산출 공식으로 옳은 것은?

① 전단 저항력 = 압축강도×$\tan\theta$

② 전단 저항력 = $\frac{\text{압축강도}}{2}\times\cos\theta$

③ 전단 저항력 = $\frac{2}{\text{압축강도}}\times\cos\theta$

④ 전단 저항력 = $\frac{\text{압축강도}}{2}\times\tan\theta$

정답 77. ① 78. ③ 79. ① 80. ④

2014년 9월 20일 출제문제

금속재료산업기사

제1과목 금속재료

1. 7:3 황동에 Fe 2%와 소량의 Sn, Al을 첨가한 합금은?

① 저먼실버(german silver)
② 문츠메탈(muntz metal)
③ 두라나메탈(durana metal)
④ 틴 브론즈(tin bronze)

해설 • 저먼실버는 양은이라고도 하며, 7:3 황동에 Ni 15~20% 첨가한 합금으로 양백, 백동, 니켈, 청동, 은 대용품으로 사용되며, 전기저항선, 스프링 재료, 바이메탈용으로 쓰인다.
• 두라나메탈은 7:3 황동에 Fe 2%와 소량의 Sn, Al을 첨가한 합금으로 전기저항이 높고 내열성, 내식성이 우수하다.

2. 극저탄소 마텐자이트를 시효 석출에 의하여 강인화시킨 강은?

① 두랄루민 ② 마르에이징
③ 콘스탄탄 ④ 하이드로날륨

해설 • 마르에이징강은 극저탄소 마텐자이트를 시효 석출에 의해 강인화시킨 강이다.
• 콘스탄탄은 40~50% Ni-Cu 합금으로 열전대용, 전기저항선에 사용된다.

3. 재결정된 금속의 입자 크기를 옳게 설명한 것은?

① 가공도가 작을수록 크다.
② 가열 시간이 길수록 작다.
③ 가열 온도가 높을수록 작다.
④ 가공 전 결정 입자가 크면 재결정 후 결정 입도가 작다.

해설 재결정된 금속의 입자 크기는 가공도가 작을수록, 가열 시간이 길수록, 가열 온도가 높을수록 크다.

4. 동(Cu)계 함유 베어링(오일리스 베어링)의 주요 조성으로 옳은 것은?

① Cu-Ti-Ni ② Cu-Ta-Al
③ Cu-S-Cr ④ Cu-Sn-C

해설 오일리스 베어링 합금(다공질성 소결 합금)은 무게의 20~30% 기름을 흡수시켜 Cu+Sn+흑연 분말 중에서 700~750℃, H_2 기류로 소결(윤활유 4~5% 침투)시킨다.

5. 금속의 공통적 성질을 설명한 것 중 틀린 것은?

① 수은을 제외하고 상온에서 고체이다.
② 열적 전기적 부도체이다.
③ 기공성이 풍부하다.
④ 금속적 광택이 있다.

해설 금속은 열적, 전기적 전도체이다.

6. 전기 방식용 양극 재료, 도금용, 다이캐스팅용 등에 많이 사용되며 용융점이 약 420℃인 것은?

① Zn ② Be ③ Mg ④ Al

해설 Zn은 융점 420℃, 비중 7.1의 청색을 띤 백색 금속으로 도금 및 다이캐스팅용에 많이 사용된다.

정답 1. ③ 2. ② 3. ① 4. ④ 5. ② 6. ①

7. 탄소의 함량이 0.025 이하의 순철의 종류가 아닌 것은?

① 목탄철 ② 전해철
③ 암코철 ④ 카보닐철

해설 목탄철은 목탄을 연료로 한 용광로에서 만든 선철이며, 전해철, 암코철, 카보닐철은 순철에 해당된다.

8. 분말야금의 특징을 설명한 것 중 틀린 것은?

① 절삭공정을 생략할 수 있다.
② 다공질 재료의 제조가 가능하다.
③ 고융점 금속 부품 제조에 적합하다.
④ 서로 용해하여 융합하지 않는 합금의 제조는 불가능하다.

해설 분말야금은 서로 용해하여 융합하지 않는 합금의 제조에도 압축과 소결을 통해 가능하다.

9. 다음 중 수소저장합금에 대한 설명으로 틀린 것은?

① 에틸렌을 수소화할 때 촉매로 쓸 수 있다.
② 저장된 수소를 이용할 때에는 금속수소화물에서 방출시킨다.
③ 수소가 방출되면 금속수소화물은 원래의 수소저장합금으로 되돌아간다.
④ 수소를 흡장할 때 수축하고, 열에는 약하여 고온에서는 결정화하여 전혀 다른 재료가 되어 버린다.

해설 수소저장합금은 수소를 흡장할 때 팽창하고 방출할 때는 수축하는 금속이다.

10. 다음 중 철강의 5대 원소에 해당되지 않는 것은?

① S ② Si ③ Mn ④ Mg

해설 철강의 5대 원소는 C, Si, Mn, P, S이다.

11. 주철의 일반적 특성을 설명한 것 중 옳은 것은?

① 가단주철은 회주철을 열처리하여 만든다.
② 구상흑연주철은 백주철을 탈탄하여 강에 가깝게 한 주철이다.
③ 회주철은 파면이 회색으로 주조성과 절삭성이 우수하여 주물용으로 사용된다.
④ 백주철은 C, Si분이 많고 Mn분이 적어 C가 흑연 상태로 유리되어 파면이 흰색이다.

해설 가단주철은 백주철을 원료로 하고, 구상흑연주철은 Mg, Ce을 회주철에 첨가하여 만든 주철이며, 회주철은 일반 주철로서 주물용으로 사용된다. 백주철은 유리되지 않은 탄화철이 많은 주철이다.

12. 켈밋(kelmet)이 주로 사용되는 용도는 어느 것인가?

① 탈산제 ② 베어링
③ 내화제 ④ 피복첨가물

해설 켈밋은 Cu-Pb계 베어링용 합금으로 화이트메탈보다 내하중성이 크므로 고속 고하중용 베어링으로 적합하다.

13. 상온에서 열팽창계수가 매우 작아 표준자, 섀도 마스크, IC 기판 등에 사용되는 36% Ni-Fe 합금은?

① 인바(invar)
② 퍼멀로이(permalloy)
③ 니칼로이(nicalloy)
④ 하스텔로이(hastelloy)

해설 인바는 Ni 35~36%, C 0.1~0.3%, Mn 0.4%와 Fe의 합금으로 불변강이며, 바이메탈, 시계진자, 줄자, 계측기의 부품 등에 사용된다.

정답 7. ① 8. ④ 9. ④ 10. ④ 11. ③ 12. ② 13. ①

14. **합금강에 첨가할 때 탄화물을 형성하여 결정립의 크기를 제어하고, 기계적 성질을 향상시키는 원소는?**

① Pb ② Ti ③ Cu ④ S

해설 Ti은 합금강에 첨가하면 TiC과 같이 탄화물을 형성하여 결정립의 크기를 제어하고, 기계적 성질을 향상시켜 주는 원소이다.

15. **금속의 상변태와 관련된 설명 중 틀린 것은?**

① 동소변태는 결정구조의 변화이다.
② 순철에서는 약 910℃ 및 1400℃에서 동소변태가 일어난다.
③ 자기변태에서는 일정한 온도 범위 안에서 급격하고 비연속적인 변화가 일어난다.
④ 온도가 높아짐에 따라 고체가 액체 또는 기체로 변하는 것은 대부분의 금속 원소에서 볼 수 있는 상태의 변화이다.

해설 자기변태는 원자의 배열, 격자의 배열 변화는 없고, 자성 변화만을 가져오는 변태로 넓은 온도 구간에서 연속적으로 변한다.

16. **잔류자속밀도가 작으며 발전기, 전동기 등의 철심 재료에 가장 적합한 강은?**

① 규소강(silicon steel)
② 자석강(magnetic steel)
③ 불변강(invariable steel)
④ 자경강(self hardening steel)

해설 규소강은 전기철심용 재료로 고자속밀도를 요하는 재료에 사용된다.

17. **인발가공(drawing)에 대한 설명으로 옳은 것은?**

① 판재를 펀치와 다이(die) 사이에 압축하여 성형하는 방법이다.
② 소재를 다이(die)의 구멍을 통하여 성형하는 방법이다.
③ 테이퍼를 가진 다이(die)를 통과시켜서 재료를 잡아당겨 성형하는 방법이다.
④ 회전하는 롤 사이에 금속재료의 소재를 통과시켜 성형하는 방법이다.

해설 인발가공은 선재나 파이프를 만들 때 다이를 통해 뽑아 필요한 형상으로 만드는 가공이다.

18. **탄소강에서 적열메짐을 방지하기 위하여 첨가하는 원소는?**

① P ② Si ③ Ni ④ Mn

해설 탄소강에 함유된 황(S)은 적열메짐의 원인으로 망간(Mn)을 첨가하여 방지한다.

19. **다음은 어떤 재료를 인장시험하여 항복 구역까지 소성변형시킨 후 하중을 제거했을 때의 응력-변형 곡선을 나타낸 것이다. 이에 해당하는 재료로 옳은 것은?**

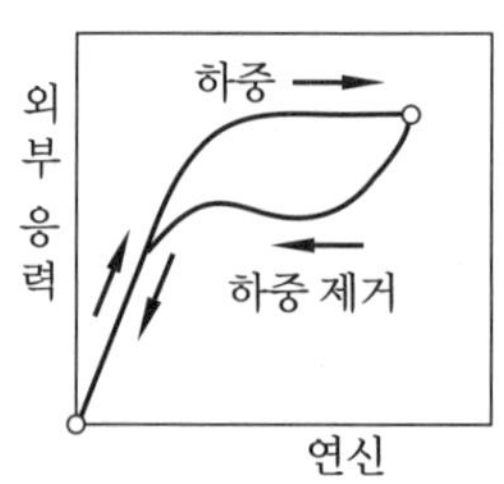

① 수소저장합금
② 탄소공구강
③ 초탄성합금
④ 형상기억합금

해설 초탄성합금은 형상기억효과와 같이 탄성한도를 넘어서 소성변형시킨 경우에 하중을 제거하면 원형으로 돌아가는 합금이다.

정답 14. ② 15. ③ 16. ① 17. ③ 18. ④ 19. ③

20. 오스테나이트계 스테인리스강에서 나타나는 현상이 아닌 것은?

① 공식(pitting)
② 입계부식(intergranular corrosion)
③ 고온취성(high temperature brittleness)
④ 응력 부식 균열(stress corrosion cracking)

해설 오스테나이트 스테인리스강은 염산, 염소 가스, 황산 등에 약하고 결정입계 부식이 발생하기 쉽다.

제2과목 금속조직

21. 기본적 상태도에서 다음과 같은 형태의 상태도는?

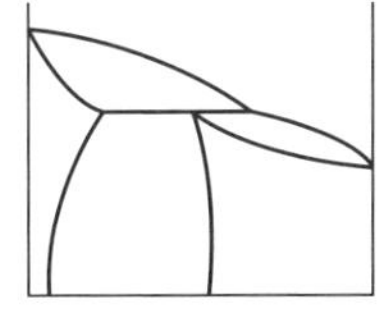

① 공정형
② 포정형
③ 고상분리형
④ 전율 고용체형

해설 포정형 상태도에서는 L(융액)+α(고상) $\rightleftarrows \beta$(고상) 반응이 나타난다.

22. 다음 중 재결정에 영향을 주는 변수가 아닌 것은?

① 규칙도 ② 온도
③ 변형량 ④ 초기 입자 크기

해설 재결정에 영향을 주는 요인은 온도, 변형량, 조성, 풀림 시간, 초기 결정입도, 가공도 등이다.

23. 베이나이트 변태에 대한 설명으로 틀린 것은?

① 오스테나이트에 대해 모재와의 결정학적 관련성이 없다.
② 변태에 따른 용질원자의 분포는 페라이트를 핵으로 하고 무확산에 의해 지배되는 일종의 슬립변태이다.
③ 변태에 따른 용질원자의 분포는 C 원자만 이동하고 합금원소 원자는 모재에 남는다.
④ 조직 내에 포함되어 있는 탄화물은 변태온도 구역(고온)에서 Fe_3C, 저온 구역에서는 천이 탄화물이 존재한다.

해설 베이나이트 변태는 TTT 곡선의 nose 아래의 온도에서 항온변태시킨 것이다. 무확산 변태는 마텐자이트 변태에 해당된다.

24. 재결정(recrystallization) 및 재결정 온도에 대한 설명으로 옳은 것은?

① 가공 시간이 길수록 재결정 온도는 높아진다.
② 가공도가 클수록 재결정 온도는 높아진다.
③ 재결정은 합금보다 순금속에서 더 빠르게 일어난다.
④ 가공 전의 결정립이 미세할수록 재결정 완료 후의 결정립은 조대하게 크다.

해설 재결정 온도는 순도가 높을수록, 가공 시간이 길수록, 가공도가 클수록, 가공 전의 결정 입자가 미세할수록 낮아진다.

25. 순수한 에지(edge) 전위선 근처의 원자에 작용하지 않는 변형은?

① 인장변형
② 압축변형
③ 뒤틀림변형
④ 전단변형

해설 에지전위는 칼날전위 또는 인상전위라고

정답 20. ③ 21. ② 22. ① 23. ② 24. ③ 25. ③

하며, 전위선 근처의 원자에 작용하는 변형으로는 인장, 압축, 전단변형이 있다.

26. Fick의 제2법칙 식으로 옳은 것은? (단, D는 확산계수이다.)

① $\frac{dc}{dt}=D\frac{d^2c}{dx^2}$

② $\frac{dc}{dt}=-D\frac{d^2c}{dx^2}$

③ $\frac{dt}{dc}=D\frac{dc^2}{d^2x}$

④ $\frac{dt}{dc}=-D\frac{dc^2}{d^2x}$

해설 Fick의 제2법칙은 비정상 상태 조건일 때, 어떤 위치에서 시간에 따른 농도의 변화는 농도를 위치에 대해 두 번 미분한 값과 비례한다는 것을 나타낸다.

27. 다음 중 고용체 강화에 대한 설명으로 옳은 것은?

① 용매원자와 용질원자 사이의 원자 크기의 차이가 작을수록 강화 효과는 커진다.
② 일반적으로 용매 원자의 격자에 용질원자가 고용되면 순금속보다 강한 합금이 되는 것이 고용체 강화이다.
③ 용매원자에 의한 응력장과 가동전위의 응력장의 상호작용으로 전위의 이동을 원활하게 하여 재료를 강화하는 방법이다.
④ Cu−Ni 합금에서 구리의 강도는 40% Ni이 첨가될 때까지 증가되는 반면 니켈은 60% Cu가 첨가될 때 고용체 강화가 된다.

해설 용매원자와 용질원자 사이의 원자 크기의 차이가 작을수록 강화 효과는 작아진다. Cu−Ni 합금에서 구리의 강도는 60% Ni이 첨가될 때까지 증가되는 반면 니켈은 40% Cu가 첨가될 때 고용체 강화가 된다.

28. 순금속 중에서 같은 종류의 원자가 확산하는 현상을 어떤 확산이라 하는가?

① 상호확산 ② 입계확산
③ 자기확산 ④ 표면확산

해설
- 상호확산 : 다른 종류 원자 접촉에서 서로 반대방향으로 이루어지는 확산
- 입계확산 : 면결함의 하나인 결정입계에서의 단회로 확산
- 자기확산 : 단일 금속 내에서 동일 원자 사이에 일어나는 확산
- 표면확산 : 면결함의 하나인 표면에서의 단회로 확산

29. 용질원자가 전위와 상호작용을 할 때 장범위에 걸쳐서 일어나는 작용은?

① 전기적 상호작용
② 적층결함 상호작용
③ 강성률 상호작용
④ 단범위 규칙도 상호작용

해설
- 강성률 상호작용 : 용질원자가 전위와 상호작용할 때 장범위에 걸쳐서 일어나는 작용
- 전기적 상호작용 : 단범위 장애물 형성과 함께 저온에서만 유동응력에 기여하는 작용

30. A, B 두 금속으로 된 합금의 경우 일반적으로 규칙격자를 만드는 방법이 틀린 것은?

① AB ② A_3B
③ $A_{1.5}B_2$ ④ AB_3

해설 A, B 두 금속으로 된 합금의 경우 일반적으로 규칙격자는 AB, A_3B, AB_3로 만들어진다.

정답 26. ① 27. ② 28. ③ 29. ③ 30. ③

31. 용질원자와 칼날전위의 상호작용을 무엇이라고 하는가?

① oxidation pinning ② cottrell effect
③ frank-read source ④ peierls stress

해설 칼날전위가 용질원자의 분위기에 의해 안정한 상태가 되어 움직이기 곤란해지는데, 이와 같이 용질원자와 칼날전위의 상호작용을 코트렐 효과라 한다.

32. 탄소강을 급랭하였을 때 생성된 마텐자이트 조직의 결정격자는?

① 단사입방격자(FCT)
② 체심정방격자(BCT)
③ 면심입방격자(FCC)
④ 조밀육방격자(HCP)

해설 마텐자이트 조직은 무확산 변태에 의해 만들어지며 체심정방격자를 갖는다.

33. 다음 중 금속 결정의 소성변형과 밀접한 관계로 선을 따라 결정 내에 존재하는 결함은?

① 전위 ② 원자공공
③ 크라우디온 ④ 적층결함

해설 전위는 선결함, 원자공공, 크라우디온은 점결함, 적층결함은 면결함이다.

34. 다음 중 침입형 고용체를 만드는 것은 어느 것인가?

① Mn ② Ni ③ Cr ④ H

해설 침입형 고용체를 형성할 수 있는 원소는 H, B, C, N, O 등의 원소에 한정된다.

35. 금속의 육방정계에서 대표적인 면이 아닌 것은?

① 기저면(base plane)
② 각통면(prismatic plane)
③ 주조면(cast plane)
④ 각추면(pyramidal plane)

해설 금속의 육방정계의 대표적인 면에는 기저면[0001], 각통면[$1\bar{1}00$], 각추면[$10\bar{1}1$]이 있다.

36. 자기변태점을 갖지 않는 금속은?

① Cu ② Fe ③ Co ④ Ni

해설 자기변태 원소는 Fe, Ni, Co이다.

37. 금속재료의 전기전도도를 증가시키는 요인은?

① 온도 상승에 의해
② 풀림에 의해
③ 결함 존재에 의해
④ 조성비가 50:50인 합금 제조에 의해

해설 풀림을 하면 결정립이 조대해지고, 균일한 결정격자 때문에 전기전도도가 증가한다.

38. BCC나 FCC 금속이 응고할 때 결정이 성장하는 우선 방향은?

① [100] ② [110] ③ [111] ④ [1010]

해설 BCC나 FCC 금속이 응고할 때 결정은 [100] 방향으로 성장한다.

39. 대기압에서 공석강이 오스테나이트로부터 펄라이트로 변태를 완료하였다. 펄라이트 영역에서 자유도(F)는?

① 0 ② 1 ③ 2 ④ 3

해설 펄라이트 영역에서 α-고용체와 Fe_3C의 고상이 석출되므로 상의 수 P는 2, 철과 탄소이므로 성분 수 C는 2이다. 따라서 자유도 $F=C-P+1=2-2+1=1$이다.

정답 31. ② 32. ② 33. ① 34. ④ 35. ③ 36. ① 37. ② 38. ① 39. ②

40. **순금속의 주괴(ingot)조직에서 중심부와 표면부 사이에 열의 구배에 따라 생긴 조직은?**

① 미세등축정 ② 조대등축정
③ 수지상정 ④ 주상정

해설 표면에서 미세한 등축정, 중간부에서 주상정, 가운데에서 조대한 등축정이 나타난다.

제3과목 금속열처리

41. **강의 열처리 방법 중 A_1 변태점 이하로 가열하는 방법은?**

① 풀림(annealing)
② 불림(normalizing)
③ 담금질(quenching)
④ 뜨임(tempering)

해설 뜨임은 퀜칭 또는 어닐링 된 강을 A_1점 이하의 온도로 가열하여 정해진 시간을 유지한 후 냉각처리하는 것으로 강의 경도 감소, 내부응력의 제거, 연성 증가 등의 효과가 있다.

42. **고주파 담금질 방법을 설명한 것 중 틀린 것은?**

① 유도자(coil)는 가열 면적이 좁을 때 효과적이다.
② 코일과 고주파 발생장치의 연결 리드는 간격을 좁게 해야 한다.
③ 급속 가열 방법이므로 전기로나 연소로 가열보다 30~50℃ 높여준다.
④ 가열 면적이 길고 넓을 경우에는 코일 수가 적은 것이 효과적이다.

해설 가열 면적이 길고 넓을 경우에는 코일 수가 많은 것이 효과적이다.

43. **분위기 가스를 냉각시키면 특정 온도에서 수분이 응축되어 미세한 물방울이 생기는 것을 무엇이라고 하는가?**

① 영점 ② 노점
③ 결정 ④ 응고점

해설 수분(H_2O)을 함유하고 있는 분위기 가스를 냉각시키면 특정 온도에서 수분이 응축되어 미세한 물방울, 즉 이슬이 생기게 되는데, 이때의 온도를 노점이라고 한다.

44. **열처리 담금질 작업 시 사용하는 냉각 방법 중 가장 빠른 냉각능을 보이는 방법은?**

① 노 내에서의 냉각
② 공기 중에서의 냉각
③ 담금질유 중에서의 냉각
④ 물속에서의 교반 냉각

해설 냉각 성능을 비교하면 수랭>유랭>공랭>노랭이다.

45. **강의 항온변태에 대한 설명 중 틀린 것은?**

① 항온변태곡선 코(nose) 위에서 항온변태시키면 마텐자이트가 형성된다.
② 항온변태곡선을 TTT(time temperature transformation) 곡선이라고도 한다.
③ 항온변태곡선 코(nose) 아래의 온도에서 항온변태시키면 베이나이트가 형성된다.
④ 오스테나이트화한 후 A_1 변태온도 이하의 온도로 급랭시켜 시간이 지남에 따라 오스테나이트의 변태를 나타내는 곡선을 항온변태곡선이라 한다.

해설 항온변태곡선 코(nose) 위에서 항온변태시키면 펄라이트가 생성된다.

정답 40. ④ 41. ④ 42. ④ 43. ② 44. ④ 45. ①

46. 담금질 시 발생한 잔류 오스테나이트에 대한 설명 중 옳은 것은?

① 잔류 오스테나이트는 상온에서 불안정한 상이다.
② 고합금강에서는 잔류 오스테나이트가 존재하지 않는다.
③ 퀜칭 시 냉각속도를 지연시키면 잔류 오스테나이트가 감소한다.
④ 0.6% C 이상의 탄소강에서는 Mf 온도가 상온 이하로 내려가지 않기 때문에 잔류 오스테나이트가 없다.

해설 잔류 오스테나이트는 상온에서 불안정하기 때문에 제거되어야 한다.

47. 백선 주물의 시멘타이트와 펄라이트를 흑연화시킬 목적으로 하는 가단주철 열처리는?

① 백심가단주철 열처리
② 흑심가단주철 열처리
③ 펄라이트 가단주철 열처리
④ 페라이트 가단주철 열처리

해설 흑심가단주철 열처리는 저탄소, 저규소의 백주철을 풀림하여 Fe_3C를 분해시켜 흑연을 입상으로 석출시킨 것을 말한다.

48. 강의 열처리 시 경화능에 대한 설명으로 틀린 것은?

① 임계냉각속도가 큰 강은 경화가 잘되지 않는다.
② 담금질 경도는 탄소량에 따라 결정된다.
③ 질량 효과는 합금강이 탄소강보다 크다.
④ 담금질 깊이는 탄소량, 합금원소의 영향이 크다.

해설 일반적으로 합금원소가 첨가될수록 질량 효과는 감소한다.

49. 열처리로의 온도 제어 방법 중 승온, 유지, 냉각 등을 자동적으로 실시하는 온도 제어 방식은?

① ON–OFF식
② 비례 제어식
③ 정치 제어식
④ 프로그램 제어식

해설 프로그램 제어식은 예정된 승온, 유지, 강온 등을 자동적으로 행하는 방식이다.

50. 인상 담금질(time quenching)에서 인상 시기를 설명한 것 중 틀린 것은?

① 기름의 기포 발생이 정지했을 때 꺼내어 공랭한다.
② 진동과 물소리가 정지한 순간 꺼내어 유랭 또는 공랭한다.
③ 화색(火色)이 나타나지 않을 때까지 2배의 시간만큼 물속에 담근 후 꺼내어 공랭한다.
④ 가열물의 지름 또는 두께 1mm당 10초 동안 수랭한 후 유랭 또는 공랭한다.

해설 가열물의 지름 또는 두께 3mm당 1초 동안 물속에 넣은 후 유랭 또는 공랭한다.

51. 공석강의 연속냉각변태에서 변태 개시 온도가 가장 낮은 조직은?

① 펄라이트
② 소르바이트
③ 마텐자이트
④ 트루스타이트

해설 변태 개시 온도를 비교하면 펄라이트>소르바이트>트루스타이트>마텐자이트이다.

52. 두랄루민과 같은 비철합금에서 강도를 높이는 열처리 방법은?

정답 46. ① 47. ② 48. ③ 49. ④ 50. ④ 51. ③ 52. ①

① 용체화 처리 및 시효처리
② 서브제로 처리
③ 항온변태 처리
④ 균질화 처리

해설 용체화 처리 : 탄화물 또는 금속간 화합물을 고온으로 가열하여 전부 오스테나이트 중에 고용시킨 상태로부터 급랭시켜 상온에서 균일한 오스테나이트 조직을 얻는 처리를 말한다.

53. Ms 이상인 적당한 온도(약 250~450℃)로 유지한 염욕에 담금질하고 과냉각의 오스테나이트 변태가 끝날 때까지 항온으로 유지하여 베이나이트 조직이 얻어지는 열처리 방법은?

① 마퀜칭 ② Ms 퀜칭
③ 오스템퍼링 ④ 오스포밍

해설 오스템퍼링은 Ar′과 Ar″ 사이의 온도로 유지한 염욕에 담금질하고 과냉각의 오스테나이트 변태가 끝날 때까지 항온으로 유지해 주는 방법이다.

54. 심랭 처리에 따른 균열의 원인으로 틀린 것은?

① 담금질 온도가 너무 높을 때
② 강재의 다듬질 정도가 좋을 때
③ 담금질한 강재에 탈탄층이 존재할 때
④ 심랭 처리의 온도가 불균일하거나 정확하지 않을 때

해설 강재의 다듬질 정도가 거친 상태일 때 심랭 처리에 따라 균열이 일어난다.

55. 특수 표면 처리 방법 중 강재 표면에 엷은 황화층을 형성시키는 방법으로 주로 마찰저항을 적게 하여 윤활성을 향상시키는 효과가 있는 처리법은?

① 침황처리 ② 침붕처리
③ 염욕 코팅 처리 ④ 산화 피막 처리

56. 진공 열처리의 특징을 설명한 것 중 틀린 것은?

① 열처리 변형이 증가한다.
② 탈지 청정화 작용을 한다.
③ 열처리 후가공의 생략이 가능하다.
④ 금속의 산화 방지가 가능하다.

해설 진공 열처리는 광휘 열처리 방법으로서 산화를 방지하여 열처리 전과 같은 깨끗한 표면 상태를 유지하며, 표면에 부착된 절삭유나 방청유 등의 탈지 작용을 한다.

57. 강을 0℃ 이하의 온도에서 서브제로 처리할 때의 조직 변화로 옳은 것은?

① 잔류 펄라이트→마텐자이트
② 잔류 오스테나이트→마텐자이트
③ 잔류 소르바이트→마텐자이트
④ 잔류 트루스타이트→마텐자이트

해설 서브제로 처리(심랭 처리)의 주목적은 경화된 강 중 잔류 오스테나이트를 마텐자이트화시키는 것이다.

58. 표면경화 열처리법 중 진공로 내에서 글로(glow) 방전을 발생시켜 N_2, H_2 및 기타 가스의 단독, 혼합 가스의 분위기에서 N을 표면에 확산시키는 표면 처리법은?

① 침탄 질화 ② 가스 질화
③ 이온 질화 ④ 염욕 연질화

해설 이온 질화는 저압의 질소 분위기 속에서 직류 전압을 노체와 피처리물 사이에 연결하고 글로 방전을 발생시켜 경한 경화층을 얻는다.

정답 53. ③ 54. ② 55. ① 56. ① 57. ② 58. ③

59. 인장응력 또는 잔류응력을 감소시키는 방법이 아닌 것은?

① 저온풀림 ② 용체화 처리
③ 쇼트피닝법 ④ 심랭처리 급열법

해설 인장응력 또는 잔류응력을 감소시키는 방법에는 저온풀림, 쇼트피닝, 심랭처리 급열법 등이 있다.

60. 다음 중 침탄 용체화 깊이와 관련이 가장 적은 것은?

① 침탄제의 종류 ② 가열 온도
③ 가열로의 종류 ④ 유지시간

해설 침탄 깊이는 침탄제의 종류, 가열 온도, 유지시간 등에 크게 영향을 받는다.

제4과목 재료시험

61. 구리판, 알루미늄판 및 기타 연성 판재를 가압성형하여 시험하는 방법에 해당하는 것은?

① 마찰시험 ② 커핑시험
③ 압축시험 ④ 크리프 시험

해설 커핑시험은 재료의 연성을 알기 위한 시험으로 구리판, 알루미늄판 및 기타 연성 판재를 가압성형하여 변형 능력을 시험하는 것이며, 에릭센 시험이라고도 한다.

62. 일반 탄소강의 현미경 조직 검사를 위해 주로 사용되는 부식액은?

① HF 용액 ② HCl＋질산
③ 질산＋알코올 ④ 인산＋황산

해설 탄소강의 부식액으로는 질산 알코올 용액(진한 질산 5cc＋알코올 100cc)을 사용한다.

63. 금속의 조직 검사의 결정입도 시험법이 아닌 것은?

① 비교법 ② 절단법
③ 평적법 ④ 면적측정법

해설 결정입도 시험법의 종류에는 비교법, 절단법, 평적법이 있으며, 면적측정법은 조직량 측정법이다.

64. 다음 중 충격시험에 대한 설명으로 틀린 것은?

① 충격시험은 재료의 인성과 취성의 정도를 판정하는 시험이다.
② 금속재료 충격 시험편의 노치는 주로 V자형, U자형이 있다.
③ 열처리한 재료의 평가를 위한 시험편은 열처리 전에 기계가공을 한다.
④ 충격값이란 충격에너지를 시험편의 노치부 단면적으로 나눈 값으로 단위는 kgf · m/cm^{2}이다.

해설 열처리한 재료의 평가를 위한 시험편은 열처리 후에 기계가공을 한다.

65. 다음과 같이 펀치 프레스에서 두께 2mm의 연강판에 지름 30mm의 구멍을 뚫고자 할 때 펀치에 작용한 전단하중(kgf)은?(단, 연강판의 전단강도는 40kgf/mm^{2}이다.)

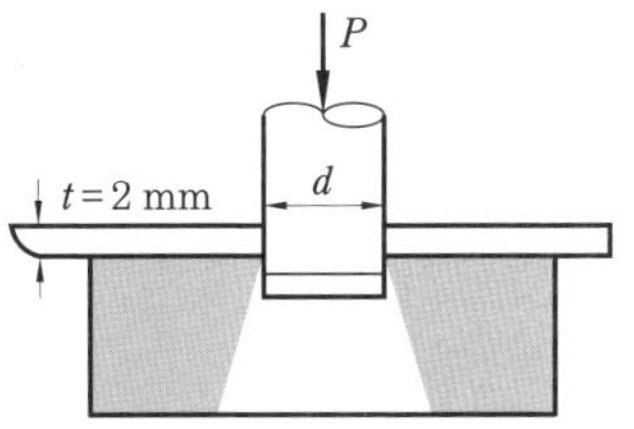

① 약 5450kgf ② 약 6535kgf
③ 약 7540kgf ④ 약 9635kgf

해설 전단하중(P)＝전단강도(τ)×전단면적(A)
$=40\times\pi\times30\times2 \fallingdotseq 7540$ kgf

정답 59. ② 60. ③ 61. ② 62. ③ 63. ④ 64. ③ 65. ③

66. 다음 중 노치 효과에 대한 설명으로 옳은 것은?

① 노치계수(β)는 1보다 작다.
② 형상계수(α)는 노치계수(β)보다 크다.
③ 노치에 둔한 재료에서는 노치민감계수(η)가 0에 접근한다.
④ 노치민감계수의 값은 노치에 민감하면 0이 되고 둔하면 1이 된다.

해설 형상계수(α)≥노치계수(β)≥1

67. 다음 중 알루민산염 개재물의 종류에 해당하는 것은?

① 그룹 A형　② 그룹 B형
③ 그룹 C형　④ 그룹 D형

해설 비금속 개재물
- 황화물계 : A형
- 알루미늄 산화물계 : B형
- 각종 비금속 개재물 : C형

68. X-ray 회절법을 사용하는 용도로 적합한 것은?

① 개재물의 탐상
② 압축 변형의 측정
③ 주물의 결함 탐상
④ 결정격자 구조의 측정

해설 X-ray 회절법은 금속 원소에 대한 격자간 거리와 구조를 결정하기 위한 결정격자 측정법에 이용되는 시험이다.

69. 마모시험에 영향을 미치는 인자들에 대한 설명으로 틀린 것은?

① 접촉하중이 증가할수록 마모량은 증가한다.
② 접촉면 표면이 거칠수록 마모량은 증가한다.
③ 미끄럼 속도는 어느 임계속도까지는 마모량이 증가한다.
④ 마찰면의 실제 온도가 아주 높아지면 마모량이 급속히 감소하며 소착은 일으키지 않는다.

해설 마찰면의 실제 온도가 아주 높아지면 마모량이 급속히 증가하며 소착이 생긴다.

70. 다음 중 비틀림시험에 대한 설명으로 옳은 것은?

① 비틀림시험의 주목적은 재료에 대한 강성계수와 비틀림 강도의 측정에 있다.
② 비교적 굵은 선재의 비틀림시험에서는 응력을 측정하여 시험 결과를 얻는다.
③ 비틀림 시험편의 양단은 고정하기 쉽게 시험부보다 얇게 만든다.
④ 비틀림 각도 측정법은 펜듈럼식, 탄성식, 레버식이 있다.

해설 비틀림 모멘트 측정 방법에는 진자식, 탄성식, 레버식 또는 레버와 스프링 장치를 사용한 것 등이 있다.

71. 인장시험에서 단면수축률을 산출하는 식으로 맞는 것은? (단, A_0=시험 전 시편의 평행부 단면적, A_1=시험 후 시편의 파단부 단면적이다.)

① 단면수축률 $= \dfrac{A_0 - A_1}{A_0} \times 100$
② 단면수축률 $= \dfrac{A_1 - A_0}{A_0} \times 100$
③ 단면수축률 $= \dfrac{A_0 - A_1}{A_1} \times 100$
④ 단면수축률 $= \dfrac{A_1 - A_0}{A_1} \times 100$

정답 66. ② 67. ② 68. ④ 69. ④ 70. ① 71. ①

72. 다음 중 자동 화재 탐지설비에 해당되지 않는 것은?

① 수신기 ② 발신기
③ 감지기 ④ 분사헤드

해설 자동 화재 탐지설비는 수신기, 발신기, 감지기 등으로 구성되어 있다.

73. 자분 탐상 검사법 중 선형 자계에 의한 결함 검출 검사법은?

① 극간법 ② 프로드법
③ 축 통전법 ④ 자속 관통법

해설
- 극간법 : 시험품을 전자석 또는 영구자석의 2극 사이에 놓고 자화시키는 선형 자장 검사
- 프로드법 : 피검재료의 국부에 전류를 흘려 검출하는 부분 자화에 의한 원형 자장 검사
- 축 통전법 : 직접 부품의 축방향으로 전류를 흘려 검출하는 원형 자장 검사
- 자속 관통법 : 부품의 구멍을 통과한 도체에 전류를 흘려 검출하는 원형 자장 검사

74. 크리프(creep) 3단계의 순서로 옳은 것은?

제1단계 제2단계 제3단계
① 감속 크리프→정상 크리프→가속 크리프
② 가속 크리프→정상 크리프→감속 크리프
③ 정상 크리프→가속 크리프→감속 크리프
④ 정상 크리프→감속 크리프→가속 크리프

75. 음향방출검사(AE)에 대한 설명으로 틀린 것은?

① 한 번에 전체를 검사할 수 있다.
② 시험 결과에 대한 재현성이 없다.
③ 정적인 결함의 검출에 우수하다.
④ 결함의 활동성을 검지하는 시험법이다.

해설 음향방출검사는 동적인 결함의 검출에 우수하다.

76. 설퍼 프린트에 의한 황편석의 분류 기호 중 중심부편석을 나타내는 것은?

① S_N ② S_I
③ S_C ④ S_D

해설 S_N : 정편석, S_I : 역편석, S_C : 중심부편석, S_D : 점상편석, S_L : 선상편석, S_{CO} : 주상편석

77. 주사전자현미경으로 시료를 관찰할 때 특정 이물질을 정성, 정량하고자 할 때 어떤 분석 장비를 전자현미경에 부착하여 사용하는가?

① EDS ② EELS
③ EBSD ④ ion-coater

해설 EDS는 에너지 분산 X-선 분광 분석기(energy dispersive X-ray spectroscope)이다.

78. 브리넬 경도 시험의 특징과 용도에 대한 설명으로 틀린 것은?

① 일반적으 압입자에 의한 하중 유지시간은 약 10~15초이다.
② 얇은 재료나 침탄강, 질화강 등의 측정에 적합하다.
③ 시험편 윗면의 상태에 의한 측정치에 큰 오차는 발생하지 않는다.
④ 큰 압입 자국을 얻기 때문에 불균일한 재료의 평균적인 경도값을 측정할 수 있다.

해설 얇은 재료나 침탄강, 질화강 등의 측정에는 비커스 경도 시험이 적합하다.

정답 72. ④ 73. ① 74. ① 75. ③ 76. ③ 77. ① 78. ②

79. 인장시험에서 하중을 제거시키면 변형이 원상태로 되돌아가는 극한의 응력값은?

① 항복점 ② 최대하중
③ 연신하중 ④ 탄성한계

해설 • 항복점 : 응력-변형 선도에서 응력의 증가 없이 많은 연신율이 생기는 점의 응력 또는 그때의 최대하중을 원단면적으로 나눈 값이다.
• 탄성한계 : 하중을 제거하면 소성변형이 되지 않고 원상태로 복귀하는 범위이다.

80. X-선에 개인 피폭되었는지의 여부를 측정 또는 모니터하는 수단이 아닌 것은?

① 필름배지
② 탐촉케이블
③ 열형광 선량계
④ 형광유리 선량계

정답 79. ④ 80. ②

2015년도 출제문제

2015년 3월 8일 출제문제

금속재료산업기사

제1과목 금속재료

1. 섬유강화금속을 나타내는 것으로 옳은 것은?

① FRP ② FRM
③ CVD ④ CRB

해설 섬유강화금속(FRM : fiber reinforced metal)은 비강성, 비강도가 큰 것을 목적으로 하여 Al, Mg, Ti 등의 경금속을 기지로 한 저용융점계 금속이며, 최고 사용 온도는 377~527℃이다.

2. 리드프레임(lead frame) 재료로 요구되는 성능을 설명한 것 중 틀린 것은?

① 고집적화에 따라 열방산이 좋아야 한다.
② 보다 작고 엷게 하기 위하여 강도가 커야 한다.
③ 본딩(bonding)을 위한 우수한 도금성을 가져야 한다.
④ 재료의 치수 정밀도가 높고 잔류응력이 커야 한다.

해설 리드프레임 재료는 치수 정밀도가 높고 잔류응력이 작아야 하며, 도금성이 좋아야 하고, 고집적화에 따른 열방산이 잘 되어야 하며 강도가 높아야 한다.

3. 다음 중 열전대 합금재료가 아닌 것은?

① 구리－콘스탄탄 ② 크로멜－알루멜
③ 실루민－알팩스 ④ 백금－백금 · 로듐

해설 열전대용 합금으로는 구리－콘스탄탄, 크로멜－알루멜, 백금－백금 · 로듐, 철－콘스탄탄 등이 있다.

4. 분말야금법의 특징을 설명한 것 중 틀린 것은?

① 절삭공정을 생략할 수 있다.
② 정확한 치수를 얻을 수 있으므로 가공비가 절감된다.
③ 용해법으로 만들 수 없는 합금을 만들 수 있다.
④ 제조 과정에서 모든 재료의 온도를 용융점까지 올려야 한다.

해설 분말야금법은 융점 이하의 온도에서 제조한다.

5. 열팽창계수가 상온 부근에서 매우 작아 섀도 마스크, IC 기판 등에 사용되는 Ni계 합금은?

① 하스텔로이(hastelloy)
② 인바(invar)
③ 알루멜(alumel)
④ 인코넬(inconell)

해설 인바는 불변강으로 상온에서 열팽창계수가 매우 작아 표준자, 섀도 마스크, IC 기판 등에 사용되는 36% Ni－Fe 합금이다.

정답 1. ② 2. ④ 3. ③ 4. ④ 5. ②

6. 알루미늄의 특성에 대한 설명으로 옳은 것은?

① 알루미늄은 불순물의 함유량이 많을수록 내식성이 우수하다.
② 해수에 부식이 강하며 특히 염산, 황산, 알칼리 등에 부식되지 않는다.
③ 알루미늄의 방식법에는 수산법, 황산법, 크롬산법 등이 있다.
④ 대기 중에 산화 생성물인 알루미나는 불안정하기 때문에 산화를 방지해 주지 못한다.

해설 알루미늄은 불순물의 함량이 많을수록 내식성이 낮고, 해수에 부식이 약하며, 알루미나는 안정적인 산화물이다.

7. 한국산업표준(KS)의 재료 중 합금공구강 강재로 분류되지 않는 강은?

① STD61　② STS3
③ STF6　④ STC105

해설 STC는 탄소공구강이다.

8. 소성가공의 효과를 설명한 것 중 옳은 것은?

① 가공경화가 발생한다.
② 편석과 개재물을 집중시킨다.
③ 결정입자가 조대화된다.
④ 기공(void), 다공성(porosity)을 증가시킨다.

해설 소성가공하면 가공경화가 발생하고 결정입자가 미세화되며, 기공, 다공성을 감소시킨다.

9. 마그네슘 합금의 특징을 설명한 것 중 옳은 것은?

① 감쇠능이 주철보다 커서 소음 방지 구조재로서 우수하다.
② 주조용 합금에는 Mg-Mn 및 Mg-Al-Zn 등이 있다.
③ 가공용 합금으로 엘렉트론 합금이 있다.
④ 소성가공성이 높아 상온 변형이 쉽다.

해설 가공용 합금으로 Mg-Mn, Mg-Al-Zn, 주조용 합금으로 엘렉트론이 있으며, 상온 변형에 강하다.

10. 탄소강의 Si 첨가로 감소하는 것은?

① 경도　② 충격값
③ 인장강도　④ 탄성한계

해설 탄소강에 Si를 첨가하면 인장강도, 탄성한계, 경도를 증가시키고, 연신율과 충격값은 감소시킨다.

11. Mn 함량을 12% 정도 함유한 것으로 오스테나이트 조직이며, 인성이 높고 내마멸성도 높아 분쇄기나 롤 등에 사용되는 강은?

① 듀콜강
② 고속도강
③ 마레이징강
④ 하드필드강

해설 하드필드강은 고망간강으로 기지가 오스테나이트 조직이며, 경도가 높아 기어, 레일 등의 내마모용 재료로 사용된다.

12. 황동 가공재를 상온에서 방치하거나 저온 풀림 경화로 얻은 스프링재가 사용 중 시간의 경과에 따라 경도 등의 성질이 악화되는 현상을 무엇이라 하는가?

① 경년 변화
② 자연균열
③ 탈아연 현상
④ 저온 풀림 경화

정답 6. ③　7. ④　8. ①　9. ①　10. ②　11. ④　12. ①

13. 비정질 합금에 대한 설명으로 틀린 것은?

① 결정이방성이 없다.
② 가공경화가 심하여 경도를 상승시킨다.
③ 구조적으로 장거리의 규칙성이 없다.
④ 열에 약하며, 고온에서는 결정화하여 전혀 다른 재료가 된다.

해설 비정질 합금은 강도가 높고 연성도 크나 가공경화는 일으키지 않는다.

14. 다음 중 약 250℃ 이하의 융점을 가지는 저용융점 합금으로 사용되는 것은?

① Sn ② Cu
③ Fe ④ Co

해설 저용융점 합금은 Sn(231℃)보다 낮은 융점을 가진 합금의 총칭으로 저용융점 합금의 종류는 크게 Bi-Pb-Sn-Cd로 구분한다.

15. 침탄용강으로 가장 적합한 것은?

① 저탄소강 ② 중탄소강
③ 고탄소강 ④ 고속도강

해설 침탄용강은 탄소함량 0.25% 이하의 저탄소강이어야 한다.

16. 내식성이 우수하고 오스테나이트 조직을 얻을 수 있는 스테인리스강의 성분은 어느 것인가?

① 30% Cr-r10% Co 스테인리스강
② 3% Cr-r10% Nb 스테인리스강
③ 18% Cr-r8% Ni 스테인리스강
④ 8% Cu-r18% Fe 스테인리스강

해설 오스테나이트계 스테인리스강의 성분은 18% Cr-r8% Ni이다.

17. 다음 중 비중이 가장 작은 것은?

① Fe ② Na
③ Cu ④ Al

해설 금속의 비중

금속	Fe	Na	Cu	Al
비중	7.8	0.97	8.9	2.74

18. Fe-C 상태도에서 강과 주철을 분류하는 탄소의 함유량은 약 몇 % 정도인가?

① 0.025 ② 0.8
③ 2.0 ④ 4.3

해설 순철 : 0.025% 이하, 공석점 : 0.8%, 공정점 : 4.3%

19. 다음 중 반자성체 금속에 해당되는 것은?

① Cr ② Fe
③ Sb ④ Al

해설
- 강자성체 : 자기장을 제거해도 자석의 성질이 남아 있는 물질(Fe, Ni, Co)
- 상자성체 : 자기장 안에 넣으면 자기장 방향으로 약하게 자화되고, 자기장이 제거되면 자화하지 않는 물질(Al, Sn, Pt, Ir)
- 반자성체 : 자석에 의해 자화의 방향이 강자성체와는 반대가 되어 자석에 의해 약하게 반발하는 물질(Cu, Au, Ag, Sb)

20. 다이캐스팅용 Zn 합금에서 강도, 경도, 유동성을 증가시키는 원소는?

① Pb ② Mg
③ Cd ④ Al

해설 Al은 강도, 경도, 유동성을 개선하고, Cu는 입간부식을 억제하며, Li은 길이 변화에 큰 영향을 준다.

정답 13. ② 14. ① 15. ① 16. ③ 17. ② 18. ③ 19. ③ 20. ④

제2과목 금속조직

21. 마텐자이트(martensite)는 조직변태에서 나타나는 결정구조로 탄소량이 많아지면 고용된 탄소 원자 때문에 세로로 늘어난 격자 구조를 갖는다. 이를 무엇이라 하는가?

① HCP ② FCC ③ BCT ④ SCC

해설 마텐자이트 조직은 체심정방격자(BCT)로서 a=b≠c의 결정 구조를 갖는다.

22. Al-4% Cu 석출강화형 합금에서 석출강화에 영향을 주는 상은?

① α상 ② β상 ③ θ상 ④ γ상

해설 Al-4% Cu 석출강화형 합금에서 시효경화를 통해 석출되는 상은 θ상이다.

23. 다음 금속 중 전기전도도가 가장 좋은 것은?

① Al ② Ag ③ Au ④ Mg

해설 전기전도도의 순서는 Ag>Au>Al>Mg이다.

24. 다음 중 자기변태를 갖지 않는 금속은 어느 것인가?

① Ni ② Co ③ Fe ④ Sn

해설 자기변태 금속은 Fe, Ni, Co이다.

25. A, B 양금속으로 된 합금의 경우 일반적인 규칙 격자를 만드는 조성이 아닌 것은?

① AB형 ② A_2B형
③ A_3B형 ④ AB_3형

해설 규칙 격자 : AB형, A_3B형, AB_3형

26. 다음 3원계 상태도에서 O 합금 중 S 합금의 양은?

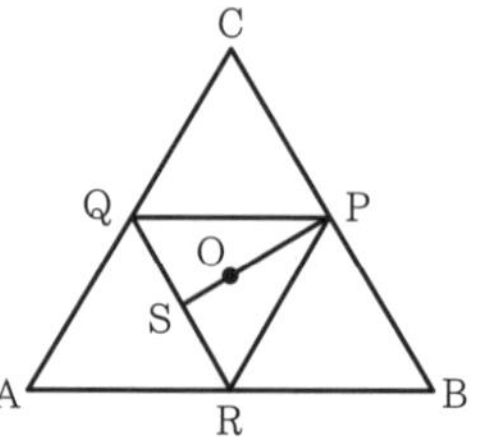

① $\frac{OS}{PS}\times 100$ ② $\frac{OP}{PS}\times 100$
③ $\frac{SR}{QS}\times 100$ ④ $\frac{QS}{SR}\times 100$

해설 삼각형 PQR 내에 두 개의 지렛대 POS, QSR을 생각하면, 합성합금 O 중의 S 합금의 양은 다음과 같이 표시된다.

S 합금의 양 $=\frac{OP}{PS}\times 100$

Q 합금의 양 $=\frac{RS}{QR}\times\frac{OP}{PS}\times 100$

27. 커켄달(kirkendall) 실험 결과는 확산 현상이 어떠한 기구에 의해 진행됨을 나타내는가?

① 체적결함 기구 ② 적층결함 기구
③ 공공 기구 ④ 결정립 경계 기구

해설 커켄달 실험 결과는 금속 A와 금속 B가 접촉하여 이루어지는 상호확산이 공공 기구(vacancy)에 의해 진행됨을 나타낸다.

28. 아연 원소를 강 표면에 확산 · 침투시켜 표면 경화 처리하는 것은?

① 보로나이징 ② 실리코나이징
③ 세라다이징 ④ 칼로라이징

해설 보로나이징은 B, 실리코나이징은 Si, 세라다이징은 Zn, 칼로라이징은 Al을 확산 · 침투시키는 표면 경화 처리법이다.

정답 21. ③ 22. ③ 23. ② 24. ④ 25. ② 26. ② 27. ③ 28. ③

29. 2원계 합금 상태도에서 일어나는 포정반응 식은?

① 액상(L_1)⇄α 고용체+액상(L_2)
② α 고용체+β 고용체⇄γ 고용체
③ α 고용체+액상(L)⇄β 고용체
④ β 고용체⇄액상(L)+α 고용체

해설 • 포정반응 : L(융액)+α(고상)⇄β(고상)
• 공석반응 : γ(고상)⇄α(고상)+β(고상)
• 편정반응 : L_1(융액)⇄L_2(융액)+S(고상)

30. FCC 결정 구조를 갖는 구리 금속의 단위 격자의 격자상수가 0.361nm일 때 면간 거리 d_{210}은 얼마인가?

① 0.16nm
② 0.18nm
③ 1.10nm
④ 1.20nm

해설 $d_{hkl}=\dfrac{1}{\sqrt{h^2+k^2+l^2}}\times\alpha$

$$d_{210}=\frac{1}{\sqrt{2^2+1^2+0^2}}\times 0.361=0.16\,\text{nm}$$

31. 치환형 고용체 영역을 형성하는 인자에 관한 설명으로 틀린 것은?

① 결정격자형이 서로 다를 것
② 용질의 원자가가 용매의 원자가보다 클 것
③ 용질원자와 용매원자의 전기음성도 차가 작을 것
④ 용질과 용매원자의 지름 차가 용매원자 지름의 15% 이내일 것

해설 용매원자와 용질원자의 원자 지름이 비슷할수록 고용체를 형성하기 쉽다. 원자 지름의 차이가 15% 이상이면 거의 고용체를 만들지 않는다. 결정격자형이 동일한 금속끼리는 넓은 범위로 고용체를 형성한다.

32. 마텐자이트(martensite) 조직의 결정형상에 해당되지 않는 것은?

① 렌즈상(lens phase)
② 입상(granular phase)
③ 래스상(lath phase)
④ 박판상(thin plate phase)

해설 마텐자이트 조직의 결정에는 렌즈상, 래스상, 박판상이 있다.

33. 석출강화에서 기지와 석출물의 특성을 설명한 것으로 틀린 것은?

① 석출물은 침상보다는 구상이어야 한다.
② 석출물은 입자의 크기가 미세하고 수가 많아야 한다.
③ 기지상은 연성이 크고, 석출물은 단단한 성질을 가져야 한다.
④ 석출물은 연속적으로 존재해야만 하는 반면에 기지상은 불연속적이어야만 한다.

해설 석출물은 불연속적으로 존재해야만 하는 반면에 기지상은 연속적이어야만 한다.

34. 면심입방격자 결정 구조를 갖는 Ag의 슬립면과 슬립 방향은?

① {0001}, $\langle\bar{2}\bar{1}10\rangle$
② {111}, ⟨110⟩
③ {110}, ⟨111⟩
④ {123}, ⟨111⟩

해설 면심입방격자는 외부에서 힘을 가하면 슬립면은 원자밀도가 가장 높은 {111}면에서 생기고 슬립 방향은 원자 간격이 가장 작은 ⟨110⟩ 방향으로 나타난다.

정답 29. ③ 30. ① 31. ① 32. ② 33. ④ 34. ②

35. 회복(recovery)에 대한 설명으로 옳은 것은?

① 풀림에 의하여 결정립의 모양과 방향에 변화를 일으키지 않고 물리적, 기계적 성질만 변화하는 과정이다.
② 회복이란 변형된 결정체의 내부에너지와 항복강도가 전위의 재배열 및 소멸에 의해 증가되는 과정이다.
③ 회복의 과정 중 전기저항은 급격히 증가한다.
④ 회복의 과정 중 경도는 급격히 감소한다.

해설 전위의 재배열과 소멸에 의해서 가공된 결정 내부의 변형에너지와 항복강도가 감소되는 현상을 결정의 회복이라고 한다.

36. 금속의 변형 방법 중 소성변형이 아닌 것은?

① 슬립변형　② 탄성변형
③ 쌍정변형　④ 킹크변형

해설 탄성변형 : 재료에 하중이 가해지면 변형되지만, 하중을 제거하면 변형 전의 상태로 되돌아가는 변형

37. 다음 중 Fick의 제1법칙으로 옳은 것은? (단, D : 확산계수, J : 농도 구배, C : 농도, x : 봉의 길이 방향 축이다.)

① $J=D\cdot\frac{dC}{dx}$　② $J=-D\cdot\frac{dC}{dx}$
③ $J=D\cdot\frac{dx}{dC}$　④ $J=-D\cdot\frac{dx}{dC}$

38. 전위(dislocation)는 어떤 결함에 해당되는가?

① 면결함　② 점결함
③ 선결함　④ 쌍정결함

해설 전위는 1차적인 격자결함으로 결정격자 내에서 선을 중심으로 하여 그 주위에 격자의 뒤틀림을 일으키는 결함을 말한다.

39. 장범위 규칙도(degree of long order)가 1인 합금은?

① 완전 규칙 고용체이다.
② 완전 불규칙 고용체이다.
③ 불완전 규칙 고용체이다.
④ 불완전 불규칙 고용체이다.

해설 완전 규칙 고용체는 1, 완전 불규칙 고용체는 0이다.

40. 다음에 표시한 면지수는 무엇인가?

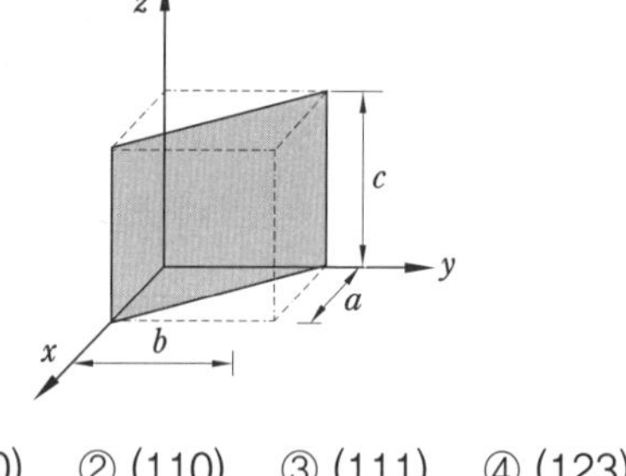

① (100)　② (110)　③ (111)　④ (123)

제3과목 금속열처리

41. 일반 주철에서 잔류응력을 제거하기 위한 풀림 열처리 방법은?

① 430~600℃에서 수 시간 가열한 후 노랭한다.
② 700~760℃에서 가열한 후 서랭한다.
③ 780~850℃에서 가열한 후 유랭한다.
④ 1050~1200℃로 가열한 후 유랭한다.

해설 주철에서 잔류응력을 제거하기 위하여 430~600℃에서 5~30시간 가열한 후 노랭한다.

정답 35. ①　36. ②　37. ②　38. ③　39. ①　40. ②　41. ①

42. 담금질된 강에 잔류 오스테나이트의 생성에 미치는 영향으로 틀린 것은?

① 탄소 함유량이 높을수록 잔류 오스테나이트량이 증가한다.
② Ms점의 온도가 낮을수록 잔류 오스테나이트는 증가한다.
③ 공석강보다 과공석강에서는 오스테나이트화 온도가 높아짐에 따라 잔류 오스테나이트 양이 증가한다.
④ 담금질 냉각속도, 담금질 온도와 잔류 오스테나이트 양과는 관련이 없다.

해설 담금질 온도가 높아지면 탄화물이 오스테나이트 중에 완전히 고용되어 잔류 오스테나이트가 많아진다.

43. S곡선에 대한 설명으로 틀린 것은?

① 응력이 존재하면 Ms선의 온도는 상승한다.
② C, Mn 등이 많을수록 S곡선은 좌측으로 이동한다.
③ 응력이 존재하면 S곡선의 변태개시선이 좌측으로 이동한다.
④ 가열 온도가 높을수록 S곡선의 코 부분이 우측으로 이동한다.

해설 C, Mn 등이 많을수록 S곡선은 우측으로 이동한다.

44. 침탄품의 박리 현상의 원인과 대책을 설명한 것 중 틀린 것은?

① 반복침탄을 했을 때
② 과잉침탄으로 C%가 너무 많을 때
③ 소지재료의 강도가 낮은 것으로 한다.
④ 과잉침탄에 대해서는 침탄 완화제를 사용하고 침탄을 한 후 확산처리한다.

해설 소지재료의 강도가 높은 것으로 한다.

45. 진공 중에서 가열하는 진공 열처리에 대한 설명으로 틀린 것은?

① 무공해로 작업 환경이 양호하다.
② 가열이 복사에 의해 이루어지므로 가열속도가 빠르다.
③ 정확한 온도 및 가열 분위기에 의해 고품질의 열처리가 가능하다.
④ 로벽으로부터의 방열, 로벽에 의한 손실 열량이 적기 때문에 에너지 절감 효과가 크다.

해설 진공 열처리는 복사에 의한 간접 가열로 가열속도가 느리다.

46. 강의 프레스 뜨임 작업 시 유의사항으로 틀린 것은?

① 300℃ 온도 부근에서 발생하는 취성에 주의하여야 한다.
② 뜨임을 연속적으로 작업하다 퇴근 시간이 되는 경우 다음날로 연기하여 실시하여야 한다.
③ 뜨임온도의 정확성은 뜨임색으로 측정하면 착오가 생길 우려가 있음을 주의하여야 한다.
④ 담금질할 때의 강은 완전히 냉각되기 전, 즉 100℃ 이하의 온도에서 강재가 냉각되었을 때 냉각액에서 즉시 꺼내어 뜨임을 해야 한다.

해설 뜨임처리뿐만 아니라 모든 열처리는 연속적으로 이루어지는 작업이어야 한다.

47. 강의 표면 경화법을 화학적과 물리적 방법으로 구분할 때 물리적 방법에 의한 열처리법이 아닌 것은?

① 방전경화
② 침탄경화
③ 화염경화
④ 고주파경화

정답 42. ④ 43. ② 44. ③ 45. ② 46. ② 47. ②

해설 침탄경화는 탄소 성분을 침투시키는 화학적 열처리 방법이다.

48. **담금질한 후 뜨임을 하는 가장 큰 목적은?**

① 마모화
② 산화
③ 강인화
④ 취성화

해설 취성을 감소시키기 위한 응력 제거 또는 완화, 그리고 강도와 인성의 증가 등을 목적으로 뜨임(템퍼링)을 한다.

49. **금속을 열처리하는 목적에 대한 설명으로 틀린 것은?**

① 조직을 안정화시키기 위하여 실시한다.
② 내식성을 개선하기 위하여 실시한다.
③ 조직을 조대화시키고 방향성을 크게 하기 위하여 실시한다.
④ 경도의 증가 및 인성을 부여하기 위하여 실시한다.

해설 금속의 열처리는 조직을 미세화시키고 방향성을 작게 하기 위하여 실시한다.

50. **심랭 처리에 의한 균열 방지 대책으로 틀린 것은?**

① 승온을 수중에서 행한다.
② 심랭처리 전 100~300℃에서 템퍼링 한다.
③ 담금질하기 전에 탈탄층을 제거한다.
④ 표면에 인장응력을 증가시켜 균열을 방지한다.

해설 표면에 인장응력을 감소시켜 균열을 방지한다.

51. **열처리 작업의 온도 측정에 사용되는 온도계 중 물체로부터 복사선 가운데 가시광선만을 이용하는 온도계로 700℃ 이상에서 사용되며, 특히 1063℃ 이상에서는 측정이 대단히 정확한 온도계는?**

① 복사 온도계
② 광전 온도계
③ 팽창 온도계
④ 광고온계

해설
- 복사 온도계 : 측온하는 물체가 방출하는 적외선의 방사에너지를 이용한 온도계
- 광전 온도계 : 물체로부터의 복사를 렌즈를 통해 모아서 광전관으로 받아 자동적으로 온도 측정이 가능하도록 한 온도계
- 팽창 온도계 : 봉상 온도계, 용솟음 관식 팽창 온도계, 바이메탈식 온도계 등

52. **다음 중 담금질 변형에 대한 설명으로 옳은 것은?**

① 축이 긴 제품은 수평으로 냉각하여 변형을 방지한다.
② 변형을 미리 예측하고 반대 방향으로 변형시켜 놓는다.
③ 변형 방지를 위하여 담금질 온도 이상으로 높여 담금질한다.
④ 기름 담금질→물 담금질→공기 담금질의 순서로 변형이 적어진다.

해설 ① 축이 긴 제품은 수직으로 냉각하여 변형을 방지한다.
③ 변형 방지를 위하여 낮은 온도로 담금질한다.
④ 물 담금질→기름 담금질→공기 담금질의 순서로 변형이 적어진다.

정답 48. ③ 49. ③ 50. ④ 51. ④ 52. ②

53. 담금질 균열을 방지할 목적으로 Ms점 직상에서 열욕하여 재료의 내 · 외부가 동일한 온도가 될 때까지 항온유지한 다음 공랭하여 Ar" 변태를 일으키는 방법으로 담금질하면 균열이나 변형을 일으키기 쉬운 강 종에 적합한 것은?

① 오스템퍼링(austempering)
② 마템퍼링(martempering)
③ 마퀜칭(marquenching)
④ 항온풀림(ausannealing)

54. 강을 가열하여 냉각제 속에 넣었을 때 냉각속도가 최대인 단계는?

① 비등단계 ② 대류단계
③ 제3단계 ④ 증기막 단계

해설 냉각은 제1단계(증기막 단계)-제2단계(비등단계)-제3단계(대류단계)를 거치는데, 냉각속도는 비등단계에서 가장 빠르고 증기막 단계에서 극히 느리다.

55. 강의 담금질성을 판단하는 방법이 아닌 것은?

① 강박시험을 통한 방법
② 임계지름에 의한 방법
③ 조미니 시험을 통한 방법
④ 임계냉각속도를 이용하는 방법

해설 강박시험은 염욕에 함유된 탄소량을 측정하는 오염도 측정 방법이다.

56. 고주파 유도 가열 경화법에 대한 설명으로 틀린 것은?

① 생산 공정에 열처리 공정의 편입이 가능하다.
② 피가열물의 스트레인(strain)을 최소한으로 억제할 수 있다.
③ 표면 부분에 에너지가 집중되므로 가열 시간을 단축시킬 수 있다.
④ 전류가 표면에 집중되어 표피 효과(skin effect)가 작다.

해설 고주파 유도 가열 경화법은 전류가 표면에 집중되어 표피 효과가 크다.

57. 구상흑연주철의 담금질 처리에 가장 적합한 온도 범위는?

① 600~730℃ ② 730~830℃
③ 850~930℃ ④ 950~1050℃

58. 강을 담금질했을 때 체적 변화가 가장 큰 조직은?

① 오스테나이트 ② 펄라이트
③ 트루스타이트 ④ 마텐자이트

해설 담금질 시 오스테나이트에서 마텐자이트로 변화할 때 체적 변화가 가장 크다.

59. 황동제품의 내부응력을 제거하고 시기균열을 방지하기 위한 어닐링 처리 시 가장 적당한 방법은?

① 300℃로 1시간 어닐링한다.
② 500℃로 1시간 어닐링한다.
③ 600℃로 1시간 어닐링한다.
④ 700℃로 1시간 어닐링한다.

60. 다음 중 염욕 열처리에 대한 설명으로 틀린 것은?

① 염욕의 열전도도가 낮고, 가열속도가 느리다.
② 소량 다품종 부품의 열처리에 적합하다.
③ 냉각속도가 빨라 급랭이 가능하다.
④ 항온 열처리에 적합하다.

정답 53. ③ 54. ① 55. ① 56. ④ 57. ③ 58. ④ 59. ① 60. ①

해설 전도에 의한 열 전달로 가열속도가 대기 중의 가열에 비해 4배 정도 빠르며, 특히 담금질 온도가 높아 결정립 성장에 민감한 고속도강의 열처리에 적합하다.

제4과목 재료시험

61. 설퍼 프린트법에서 황편석의 분류 중 중심부편석의 기호는?

① S_N ② S_C ③ S_I ④ S_D

62. 재료 시험기의 구비 조건이 아닌 것은?

① 취급이 간편할 것
② 내구성이 작을 것
③ 정밀도 및 감도가 우수할 것
④ 간단하고 정밀한 검사가 가능할 것

해설 재료 시험기는 내구성이 커야 한다.

63. 일정한 높이에서 시험편에 낙하시킨 해머가 반발한 높이를 가지고 경도를 측정하는 경도계는?

① 굵힘 경도계
② 쇼어 경도계
③ 비커스 경도계
④ 에코팁 경도계

해설 쇼어 경도시험은 작은 강구나 다이아몬드를 붙인 소형의 추를 일정 높이에서 시험 표면에 낙하시켜, 튀어오르는 높이에 의해 경도를 측정하는 방법이다.

64. 경도의 설명 중 틀린 것은?

① 브리넬 경도값의 단위는 N/mm^{3}이다.
② 로크웰 경도기의 기준하중은 10kgf이다.
③ 비커스 경도계의 대면각은 136°이다.
④ 스크래치 경도의 대표적인 것은 모스(mohs) 경도이다.

해설 브리넬 경도의 단위는 HB이다.

65. 피로시험에서 응력집중에 대한 설명으로 틀린 것은?

① 응력집중계수(α)는 노치 형상과 관계없다.
② 노치계수(β)는 응력집중계수(α)보다 크다.
③ 노치민감계수(η)의 식은 $\eta = \dfrac{\alpha - 1}{\beta - 1}$로 표현된다.
④ 노치에 민감한 재료일수록 노치민감계수(η)는 1에 접근한다.

해설 노치민감계수(η)가 0이면 노치에 둔감한 것이고, 1이면 노치에 민감한 것이다.

66. 산업안전보건법에서 안전 · 보건 표지의 분류 및 색채에 대한 설명 중 옳은 것은?

① 금지 표지 : 바탕은 흰색, 기본 모형은 빨간색, 관련 부호 및 그림은 검은색
② 경고 표지 : 바탕은 흰색, 기본 모형은 노란색, 관련 부호 및 그림은 빨간색
③ 지시 표지 : 바탕은 녹색, 기본 모형은 파란색, 관련부호 및 그림은 빨간색
④ 안내 표지 : 바탕은 녹색, 기본 모형은 빨간색, 관련 부호 및 그림은 빨간색

해설
- 경고 표지 : 바탕은 노란색, 기본 모형은 검은색, 관련 부호 및 그림은 검은색
- 지시 표지 : 바탕은 파란색, 관련 부호 및 그림은 흰색
- 안내 표지 : 바탕은 녹색, 관련 부호 및 그림은 흰색

정답 61. ② 62. ② 63. ② 64. ① 65. ④ 66. ①

67. 기어나 베어링 등에 많이 발생하며 상대운동을 하는 표면에서 반복하중이 가해지면 마찰 표면층에서 파괴가 일어나 그 결과 마모입자가 발생하는 것은?

① 응착마모 ② 연삭마모
③ 피로마모 ④ 부식마모

해설 마모의 형상
- 용착마모 : 원추 모양, 얇은 조각, 공식
- 피로마모 : 균열, 공식
- 연삭마모 : 긁힘 자국, 패인 자국
- 부식마모 : 반응 생성물

68. 고온에서 사용 가능성을 알기 위해 응력과 온도를 일정하게 하면서 시간의 경과에 따라 변형률이 증가하는 시험은?

① 피로시험 ② 인성시험
③ 크리프 시험 ④ 에릭센 시험

해설 시험편에 일정한 하중을 가하였을 때 시간의 경과와 더불어 증대하는 변형량을 측정하여 각종 재료의 역학적 양을 결정하는 시험을 크리프 시험이라고 한다.

69. 초음파 탐상 검사에 관한 설명 중 틀린 것은?

① 탐촉자를 사용한다.
② 펄스 반사법이 있다.
③ 표면 검사에 효과적이며, 시험체 두께 제한을 많이 받는다.
④ 금속의 결정립이 조대할 때 결함을 검출하지 못할 수 있다.

해설 초음파 탐상 검사는 내부 결함을 알기 위한 비파괴 시험법이다.

70. 평행부 지름이 14mm인 시험편을 인장시험 한 결과 항복점이 5620kgf이고, 최대하중은 7850kgf일 때 인장강도는 약 얼마인가?

① 36.5kgf/mm^2 ② 51.0kgf/mm^2
③ 127.8kgf/mm^2 ④ 178.6kgf/mm^2

해설 $$\text{인장강도} = \frac{\text{최대하중}}{\text{단면적}} = \frac{7850}{3.14 \times 7 \times 7} = 51.0\,\text{kgf/mm}^2$$

71. 철강재료의 시험편 부식액으로 사용 적합한 것은?

① 왕수 ② 염화 제2철 용액
③ 수산화 나트륨 ④ 질산, 피크린산

해설 금속 재료의 부식액
- 철강 : 질산, 피크린산
- 구리 : 염화 제2철 용액
- 금 : 왕수, 불화수소산
- 알루미늄 : 수산화 나트륨

72. 전자현미경실에서 기기의 상태를 좋은 상태로 유지하기 위한 조치로 틀린 것은?

① 항온 유지 ② 항습 유지
③ 분진 방지 ④ 소음과 진동 유지

해설 전자현미경실에서 기기의 상태를 좋은 상태로 유지하기 위해서는 소음 및 진동을 방지해야 한다.

73. 마모시험 방법 중 틀린 것은?

① 연마석에 접촉시켜 불꽃을 보고 측정한다.
② 회전하는 원판에 시험편을 접촉시켜 측정한다.
③ 왕복운동하는 평면에 시험편을 접촉시켜 측정한다.
④ 같은 지름의 원추상 시험편을 끝면에서 접촉시키면서 회전시켜 측정한다.

해설 ①은 불꽃시험에 대한 설명이다.

정답 67. ③ 68. ③ 69. ③ 70. ② 71. ④ 72. ④ 73. ①

74. 금속재료의 변태점을 알기 위한 방법에 해당되지 않는 것은?

① 화학반응 측정 ② 열팽창 측정
③ 자기반응 측정 ④ 전기저항 측정

해설 변태점 측정법 : 열분석법, 시차 열분석법, 비열법, 전기저항법, 열팽창법, 자기분석법, X-선 분석법

75. 다음 중 비틀림시험에서 측정할 수 없는 것은?

① 비틀림 강도
② 강성계수
③ 푸아송비
④ 전단탄성계수

해설 비틀림시험으로 비틀림 강도, 강성계수, 비틀림 파단계수, 전단탄성계수를 측정할 수 있다.

76. 침투 탐상 검사법의 특징을 설명한 것 중 틀린 것은?

① 시험편 내부의 결함을 검출하는 데 적용한다.
② 결함의 깊이, 내부의 모양 및 크기의 관찰은 할 수 없다.
③ 금속, 비금속에 관계없이 거의 모든 재료에 적용할 수 있다.
④ 불연속부에 의한 확대율이 높기 때문에 아주 미세한 결함도 쉽게 검출한다.

해설 침투 탐상시험은 시편 표면의 결함을 측정하는 비파괴 검사법이다.

77. 정량 조직검사 중 결정입도 측정법에 해당하지 않는 것은?

① 헤인법
② 제프리즈법
③ 브로즌법
④ ASTM 결정립 측정법

해설 결정입도 측정법에는 헤인법, 제프리즈법, ASTM 결정립 측정법, 열처리 입도시험 방법이 있다.

78. 한국산업표준에서 정한 강의 비금속 개재물 중 그룹 B형 개재물과 관련이 깊은 것은?

① 황화물
② 규산염
③ 구형 산화물
④ 알루민산염

해설 비금속 개재물
- 황화물계 : A형
- 알루미늄 산화물계 : B형
- 각종 비금속 개재물 : C형

79. 다음 중 방사선 투과 검사에서 사용되는 방사성 동위원소의 반감기가 가장 짧은 것은?

① Tm−170
② Ir−192
③ Cs−137
④ Co−60

해설 Co−60(5.27년), Ir−192(74.4일)
Cs−137(30.1년), Tm−170(127일)

80. 재질이 같고 기하학적으로 유사한 인장 시험편은 인장시험 시 같은 연신율을 갖는다는 법칙은 무엇인가?

① 후크의 법칙
② 탄성의 법칙
③ 상사의 법칙
④ 푸아송의 법칙

정답 74. ① 75. ③ 76. ① 77. ③ 78. ④ 79. ② 80. ③

2015년 9월 19일 출제문제

금속재료산업기사

제1과목 금속재료

1. 금속 초미립자의 특성을 설명한 것 중 옳은 것은?

① Cr계 합금 초미립자는 빛을 잘 흡수한다.
② 활성이 강하여 화학 반응을 일으키지 않는다.
③ 저온에서 열저항이 매우 크므로 열의 부도체이다.
④ 표면장력이 없으므로 내부에 기압이 없어 압력이 발생하지 않는다.

해설 지름이 100nm 이하인 금속 초미립자는 표면장력이 크므로 자기 특성 등이 우수한 신소재이며 Cr계 합금의 경우 빛을 잘 흡수한다.

2. 다음 중 연질 자성 재료가 아닌 것은?

① 퍼멀로이 ② 센더스트
③ Si 강판 ④ 알니코 자석

해설
- 경질 자성 재료 : 희토류-Co계 자석, 페라이트 자석, 알니코 자석, 자기 기록 재료, 반경질 자석 등
- 연질 자성 재료 : 연질 페라이트, 전극 연철, 규소강, 퍼멀로이, 센더스트 등

3. 면심입방격자(FCC)는 단위격자 내에 몇 개의 원자가 존재하는가?

① 2개 ② 4개 ③ 8개 ④ 12개

해설 면심입방격자는 단위격자 내에 4개의 원자, 체심입방격자는 2개의 원자를 갖는다.

4. 탄소강에서 상온취성의 원인이 되는 원소는?

① 인(P) ② 규소(Si)
③ 아연(Zn) ④ 망간(Mn)

해설 인은 상온취성의 원인, 황은 적열취성의 원인이다.

5. Al-Si계 합금에서 개량처리(modification)에 관한 설명 중 틀린 것은?

① 개량 처리제로 알칼리 염류를 첨가한다.
② 개량 처리제로 금속나트륨을 첨가한다.
③ Si 결정을 미세화하기 위해 개량 처리제를 첨가한다.
④ Al 결정을 미세화하기 위해 개량 처리제를 첨가한다.

해설 개량처리는 실루민에서 조대한 규소 결정을 미세화시키기 위해 금속나트륨, 알칼리 염류 등을 첨가시켜 처리하는 방법이다.

6. 반도체에 빛을 조사했을 때 흡수나 여기된 캐리어(전자)에 의해 도전율의 변화가 생기는 현상은?

① 광전 효과
② 표피 효과
③ 제베크 효과
④ 흘피치 효과

해설
- 표피 효과 : 고주파 유도 가열 시 표면에 전류가 흘러 가열되는 효과
- 제베크 효과 : 온도차로 기전력이 생기는 효과
- 광전 효과 : 빛의 에너지를 전기에너지로 전환하는 효과

정답 1. ① 2. ④ 3. ② 4. ① 5. ④ 6. ①

7. Ti에 대한 설명으로 틀린 것은?

① 내식성이 우수하다.
② 비강도(강도/중량)가 높다.
③ 활성이 커서 고온산화가 잘된다.
④ 면심입방정으로 소성변형에 제약이 없다.

해설 Ti은 조밀육방격자이다.

8. 주철에 대한 설명으로 틀린 것은?

① 강에 비해 용점이 낮고 유동성이 좋다.
② 탄소함량 약 2.0%를 기준으로 강과 주철을 구분한다.
③ 탄소당량(CE)은 탄소(C), 망간(Mn)의 %에 의해 산출된다.
④ 주철의 조직에 가장 큰 영향을 미치는 인자는 냉각속도와 화학 성분이다.

해설 탄소당량(CE)=C%+0.3(Si%+P%)

9. 내 · 외적 응력이 작용하고 있는 강을 염화물이나 알칼리 용액 중에서 사용하면 국부적인 균열을 일으키고 결국은 파괴되는 현상인 응력 부식 균열을 일으키기 쉬운 스테인리스강은?

① 페라이트계　　② 석출경화형
③ 마텐자이트계　　④ 오스테나이트계

해설 오스테나이트계 스테인리스강은 염산, 염소 가스, 황산 등에 약하고 결정입계 부식이 발생하기 쉽다.

10. 순철의 변태에서 A_3 변태와 A_4 변태의 설명 중 틀린 것은?

① A_3 변태점은 약 910℃이다.
② A_4 변태점은 약 1400℃이다.
③ A_3, A_4 변태는 순철의 동소변태이다.
④ 가열 시 A_3 변태는 격자상수가 감소한다.

해설 순철의 A_3(910℃), A_4(1400℃) 변태는 동소변태로 원자의 배열이 변화한다.

11. 46% Ni-Fe 합금으로 열팽창계수 및 내식성에 있어 백금을 대용할 수 있어 전구봉입선 등으로 사용 가능한 것은?

① 인바(invar)
② 엘린바(elinva)
③ 퍼멀로이(permalloy)
④ 플래티나이트(platinite)

해설 플래티나이트는 Ni 40~50%, Cr 18%의 Fe-Ni-Co 합금으로 전구, 진공관 도선에 사용된다.

12. 탄소 함유량이 가장 적은 것은?

① 암코철　　② 아공석강
③ 과공석강　　④ 과공정주철

해설 탄소 함유량
- 암코철 : 0.01~0.02% C
- 아공석강 : 0.0218~0.7% C
- 과공석강 : 0.77~2.11% C
- 과공정주철 : 4.3~6.68% C

13. 분말야금(powder metallurgy)의 특징으로 틀린 것은?

① 절삭공정을 생략할 수 있다.
② 다공질의 금속재료를 만들 수 있다.
③ 제조 과정에서 융점까지 온도를 올려 제조한다.
④ 용해법으로는 만들 수 없는 합금을 만들 수 있다.

해설 분말야금법은 융점 이하의 온도에서 제조한다.

정답 7. ④　8. ③　9. ④　10. ④　11. ④　12. ①　13. ③

14. 전연성이 매우 커서 약 10^{-6}cm 두께의 박판 또는 1g을 2000m 선으로 가공할 수 있는 것은?

① Au ② Sn ③ Ir ④ Os

해설 금은 전연성이 매우 커서 10^{-6}cm 두께의 박판으로 가공할 수 있으며 왕수 이외에는 침식, 산화되지 않는 귀금속이다.

15. 황동에 10~20% Ni을 첨가한 것으로 탄성 및 내식성이 좋으므로 탄성재료나 화학기계용 재료에 사용되는 것은?

① 양은 ② Y 합금
③ 텅갈로이 ④ 길딩메탈

해설 양은은 7-3 황동에 Ni을 10~20%를 첨가한 합금으로 탄성 및 내식성이 우수하다.

16. 베어링 합금이 갖추어야 할 조건 중 틀린 것은?

① 열전도율이 클 것
② 마찰계수가 작을 것
③ 소착에 대한 저항력이 작을 것
④ 충분한 점성과 인성이 있을 것

해설 베어링 합금은 소착에 대한 저항력이 커야 한다.

17. 다음 중 열간가공의 특징으로 틀린 것은?

① 재질이 균일화된다.
② 기공의 생성을 촉진시킨다.
③ 강괴 내부의 미세균열이 압착된다.
④ 방향성이 있는 주조조직이 제거된다.

해설 열간가공의 특징

- 결정 입자의 미세화
- 방향성이 있는 주조조직의 제거
- 합금원소의 확산으로 인한 재질의 균일화
- 강괴 내부의 미세균열 및 기공의 압착
- 연신율, 단면수축률, 충격치 등 기계적 성질의 개선

18. 베어링에 사용되는 동계 합금인 켈밋(kelmet)의 합금 조성으로 옳은 것은?

① Cu-Co ② Cu-Pb
③ Cu-Mg ④ Cu-Si

해설 켈밋은 Cu-Pb계 베어링 합금으로 내하중성이 크고 열전도율이 높은 고속 고하중용 합금이다.

19. 고탄소강에 Cr, Mo, V, Mn 등을 첨가한 냉간금형합금강으로 담금질성이 좋고 열처리 변형이 적어 인발형, 냉간단조용형, 성형롤 등에 사용되는 합금계는?

① STS3 ② STD11
③ SKH51 ④ STD61

해설
- STS3 : 합금공구강
- STD11 : 냉간금형용합금강
- SKH51 : 고속도강
- STD6 : 고온금형용합금강

20. 고망간강의 일종인 하드필드강의 설명으로 틀린 것은?

① 수인법을 이용한 강이다.
② 주요 조성은 0.9~1.4 C%, 10~15 Mn%이다.
③ 열전도성이 좋고, 열팽창계수가 작아 열변형을 일으키지 않는다.
④ 광석 · 암석의 파쇄기 등 심한 충격과 마모를 받는 부품에 이용된다.

해설 하드필드강은 열전도성이 나쁘고 열팽창계수가 커서 열변형을 일으키기 쉽다.

정답 14. ① 15. ① 16. ③ 17. ② 18. ② 19. ② 20. ③

제2과목 금속조직

21. 동소변태에 대한 설명으로 틀린 것은?

① 자성의 변화가 일어난다.
② 결정 구조의 변화가 일어난다.
③ 원자 배열의 변화가 일어난다.
④ 급속히 비연속적으로 일어난다.

해설 동소변태는 자성의 변화가 없다.

22. Fe–C계 상태도에서 포정점에 해당되는 것은?

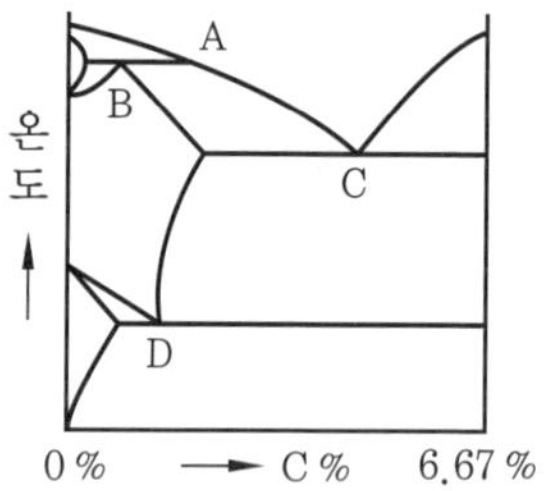

① A ② B
③ C ④ D

해설 포정점 B에서는 L(융액)+α(고상)$\rightleftarrows\beta$(고상)이 일어난다.

23. 강의 마텐자이트 변태에 대한 설명으로 옳은 것은?

① 면심입방격자이다.
② 무확산 과정이다.
③ 원자의 협동운동에 의한 변태가 아니다.
④ 변태량은 냉각 온도의 영향을 받지 않는다.

해설 마텐자이트 변태는 무확산 변태로 체심정방격자이다.

24. 고용체 합금의 시효경화를 위한 조건으로 옳은 것은?

① 석출물이 기지조직과 부정합 상태이어야 한다.
② 고용체의 용해한도가 온도 감소에 따라 급감해야 한다.
③ 급랭에 의해 제2상의 석출이 잘 이루어져야 한다.
④ 기지상은 연성이 아닌 강성이며 석출물은 연한 상이어야 한다.

해설 시효경화 시 석출물은 기지조직과 정합 상태이어야 하고, 기지상은 연성이며, 석출물은 강한 상이어야 한다.

25. 입방정계에 속하는 금속이 응고할 때 결정이 성장하는 우선 방향은?

① [100]
② [110]
③ [111]
④ [123]

26. 순금속 내에서 동일 원자 사이에 일어나는 확산은?

① 자기확산
② 상호확산
③ 입계확산
④ 불순물확산

해설
- 입계확산 : 면결함의 하나인 결정입계에서의 단회로 확산
- 상호확산 : 다른 종류 원자 접촉에서 서로 반대 방향으로 이루어지는 확산
- 자기확산 : 단일 금속 내에서 동일 원자 사이에 일어나는 확산
- 불순물 확산 : 불순물 원자의 모재 내에서의 확산

정답 21. ① 22. ② 23. ② 24. ② 25. ① 26. ①

27. 다음 중 재결정에 대한 설명으로 틀린 것은?

① 내부에 새로운 결정립의 핵이 발생한다.
② 고순도의 금속일수록 재결정하기가 어렵다.
③ 가공 전의 결정립이 작을수록 재결정 완료 후의 결정립은 작다.
④ 석출물이나 이종원자가 존재하면 재결정의 진행이 방해된다.

해설 고순도의 금속일수록 재결정하기 쉽다.

28. 체심입방격자와 면심입방격자의 슬립면은?

① 체심입방격자 : (110), 면심입방격자 : (111)
② 체심입방격자 : (111), 면심입방격자 : (110)
③ 체심입방격자 : (101), 면심입방격자 : (110)
④ 체심입방격자 : (110), 면심입방격자 : (101)

29. 금속의 확산에서 확산속도가 빠른 것에서 늦은 순서로 옳은 것은?

① 입체확산>표면확산>격자확산
② 표면확산>격자확산>입계확산
③ 격자확산>입계확산>표면확산
④ 표면확산>입계확산>격자확산

30. 일정 압력하에서 깁스(gibbs)의 상률(phase rule)을 이용할 때 응축계에서 3성분계의 자유도가 0이면 상이 몇 개 공존할 때인가?

① 2 ② 3
③ 4 ④ 5

해설 자유도(F) = 성분 수(C) − 상의 수(P) + 1에서 C=3, F=0일 때 P=4이다.

31. 불규칙 상태의 고용체를 고온에서 천천히 냉각하면 특정 온도에서 규칙격자로 변화한다. 이때 성질의 변화로 틀린 것은?

① 강도의 증가
② 연성의 증가
③ 경도의 증가
④ 전기전도도의 증가

해설 규칙격자로 변하면 연성은 감소한다.

32. 냉간가공된 금속을 풀림할 때 일어나는 3단계의 순서가 옳은 것은?

① 회복→재결정→결정립 성장
② 재결정→회복→결정립 성장
③ 결정립 성장→재결정→회복
④ 결정립 성장→회복→재결정

33. A 원자와 B 원자로 된 규칙격자 합금이 있다. A 원자의 농도가 40%, B 원자의 농도가 60%이며, α격자상의 한 점을 A 원자가 차지하는 확률이 0.79라고 한다면 A 원자의 장범위 규칙도는?

① 0.40 ② 0.48
③ 0.51 ④ 0.65

해설 장범위 규칙도(S) $= \dfrac{f_A - x_A}{1 - x_A}$

$$= \frac{0.79-0.4}{1-0.4} = 0.65$$

34. Mn을 첨가하면 감소시킬 수 있는 취성은?

① 적열취성 ② 저온취성
③ 청열취성 ④ 뜨임취성

해설 Mn을 첨가하면 FeS + MnFe + MnS로 S을 제거하여 적열취성을 감소시킨다.

정답 27. ② 28. ① 29. ④ 30. ③ 31. ② 32. ① 33. ④ 34. ①

35. 금속의 소성변형을 일으키는 방법이 아닌 것은?

① 슬립변형 ② 쌍정변형
③ 킹크변형 ④ 탄성변형

해설 탄성변형 : 재료에 하중이 가해지면 변형되지만, 하중을 제거하면 변형 전의 상태로 되돌아가는 변형

36. 규칙격자의 분류에서 체심입방격자형의 AB형이 아닌 것은?

① CuAu ② CuZn ③ FeAl ④ AgCd

해설 CuAu는 면심입방격자의 AB형이다.

37. 1차원적인 격자결함으로서 결정격자 내에서 선을 중심으로 하여 그 주위에 격자의 뒤틀림을 일으키는 결함은?

① 전위 ② 점결함
③ 체적결함 ④ 계면결함

해설 격자결함의 종류

- 점결함 : 원자공공, 격자간 원자, 치환형 원자
- 선결함 : 전위
- 면결함 : 적층결함, 결정립경계
- 체적결함 : 주조결함(수축공 및 기공)

38. 다음 중 다각화(polygonization)와 관련 없는 것은?

① 킹크(kink)
② 회복(recovery)
③ 서브결정(sub-grain)
④ 칼날전위(edge dislocation)

39. 다음의 금속 강화 방법 중 고온에서 효과가 가장 좋은 방법은?

① 급랭하여 강화시켰다.
② 압연가공하여 강화시켰다.
③ 고용체를 석출시켜 강화시켰다.
④ 고용 원소를 고용시켜 강화하였다.

40. Al-4% Cu 합금에서 석출강화 처리 방법이 아닌 것은?

① 용체화 처리 ② 급랭처리
③ 시효처리 ④ 심랭처리

해설 시효경화 열처리 방법 : 용체화 처리(510~530℃에서 5~10시간) → 퀜칭(수랭) → 시효처리

제3과목 금속열처리

41. Al 합금 질별 기호 중 용체화 처리 후 안정화 처리한 것의 기호로 옳은 것은?

① T_1 ② T_4
③ T_6 ④ T_7

해설
- T_1 : 고온가공에서 냉각 후 자연시효시킨 것
- T_2 : 고온가공에서 냉각 후 냉간가공을 하고 다시 자연시효시킨 것
- T_4 : 용체화 처리 후 자연시효시킨 것
- T_6 : 용체화 처리 후 인공시효 경화 처리한 것
- T_7 : 용체화 처리 후 안정화 처리한 것

42. 탄소강(SM45C)을 마텐자이트 조직으로 하기 위한 열처리 방법은?

① 뜨임(tempering) ② 담금질(quenching)
③ 풀림(annealing) ④ 불림(normalizing)

해설 담금질은 강을 임계온도 이상의 상태로부터 물, 기름 등에 넣어 급랭시켜 마텐자이트 조직을 얻는 열처리 조작이다.

정답 35. ④ 36. ① 37. ① 38. ① 39. ④ 40. ④ 41. ④ 42. ②

43. 상온가공한 황동제품의 시기균열(seaon cracak)을 방지하는 열처리는?

① 담금질　　② 노멀라이징
③ 저온 어닐링　　④ 고온 템퍼링

해설 황동의 시기균열을 방지하기 위해 300℃에서 1시간 저온 어닐링한다.

44. 재료를 오스테나이트화한 후 코(nose) 구역을 통과하도록 급랭하고 시험편의 내·외가 동일 온도에 도달한 다음 적당한 방법으로 소성가공을 하여 공랭, 유랭 또는 수랭으로 마텐자이트 변태를 일으키는 것은?

① 수인법　　② 패턴팅
③ 제어압연　　④ Ms 담금질

해설 제어압연, 쇼트피닝, 스웨이징과 같은 방법으로 소성가공을 할 때 공랭, 유랭 및 수랭하여 마텐자이트 변태를 일으켜 우수한 표면경화층을 얻는다.

45. 탄소강을 고온에서 열처리할 때 표면 산화나 탈탄이 발생한다. 이를 방지하기 위하여 조성하는 로 내의 분위기로 틀린 것은?

① 진공의 분위기
② Ar 가스 분위기
③ 환원성 가스 분위기
④ 산화성 가스 분위기

해설 산화와 탈탄을 방지하기 위하어 진공 분위기, 불활성 가스(Ar) 분위기, 환원성 가스분위기에서 열처리한다.

46. 열처리의 목적이 아닌 것은?

① 조직을 안정화시키기 위하여
② 내식성을 개선시키기 위하여
③ 경도 또는 인장력을 증가시키기 위하여
④ 조직을 조대화하고 방향성을 크게 하기 위하여

해설 금속의 열처리는 조직을 미세화시키고 방향성을 작게 하기 위하여 실시한다.

47. 강의 항온 열처리 중 오스테나이트 영역에서 냉각하여 Ms와 Mf 사이에서 행하는 항온처리로 오스테나이트의 일부는 마텐자이트가 되고 일부는 베이나이트의 혼합조직이 되는 처리는?

① 스퍼터링
② 마템퍼링
③ 오스포밍
④ 오스템퍼링

48. 침탄 깊이와 관련이 가장 적은 것은?

① 유지시간
② 가열 온도
③ 가열로의 종류
④ 침탄제의 종류

해설 침탄깊이에 영향을 미치는 요소는 가열 온도, 가열 시간, 침탄제의 종류이다.

49. 초심랭처리의 효과로 틀린 것은?

① 잔류응력이 증가한다.
② 내마멸성이 현저히 향상된다.
③ 조직의 미세화와 미세 탄화물의 석출이 이루어진다.
④ 잔류 오스테나이트가 대부분 마텐자이트로 변태한다.

해설 초심랭처리는 잔류 오스테나이트를 마텐자이트로 변태시켜 잔류응력을 제거한다.

정답 43. ③ 44. ③ 45. ④ 46. ④ 47. ② 48. ③ 49. ①

50. 열처리 설비 제작 시 로 내부에 사용되는 재료가 아닌 것은?

① 열선 ② 콘덴서 ③ 내화물 ④ 열전대

해설 열처리 설비 제작 시 열선, 내화물, 열전대가 필수 재료이다.

51. 변성로에서 그을음을 제거하기 위한 번아웃(burn out) 작업 방법으로 틀린 것은?

① 원료 가스의 송입을 중지한다.
② 변성로의 온도를 상용온도보다 약 50℃ 정도 낮춘다.
③ 변성로에 변성 능력의 약 10% 정도의 공기를 송입한다.
④ 변성로 내 가연성 가스가 없다고 판단될 때 공기 송입량을 늘린다.

해설 변성로 내 가연성 가스가 없다고 판단되면 공기 송입을 중단한다.

52. 과공석강(1.5%)을 완전 풀림하였을 때 나타나는 조직은?

① 페라이트+층상 펄라이트
② 층상 펄라이트+스텔라이트
③ 시멘타이트+층상 펄라이트
④ 시멘타이트+구상 펄라이트

해설 과공석강은 완전 풀림하면 시멘타이트와 층상 펄라이트가 나타난다.

53. 인상 담금질(time quenching)에서 인상 시기에 대한 설명으로 틀린 것은?

① 가열물의 지름 또는 두께 3mm당 1초 동안 수랭한 후 유랭 또는 공랭한다.
② 화색(火色)이 나타나지 않을 때까지 2배의 시간만큼 수랭한 후 공랭한다.
③ 기름의 기포 발생이 시작되었을 때 꺼내어 공랭한다.
④ 가열물의 지름 또는 두께 1mm당 1초 동안 유랭한 후 공랭한다.

해설 기름의 기포 발생이 정지되었을 때 꺼내어 공랭한다.

54. 금속 침투법 중에서 세라다이징에 사용되는 원소는?

① B ② Zn ③ Al ④ Cr

해설 칼로라이징은 Al, 크로마이징은 Cr, 세라다이징은 Zn, 보로나이징은 B, 실리코나이징은 Si를 확산 · 침투시키는 표면 경화 처리법이다.

55. 냉각의 단계를 1~3단계로 나눌 때 시료가 냉각액의 증기에 감싸이는 단계로 냉각속도가 극히 느린 단계는?

① 1단계
② 2단계
③ 3단계
④ 단계와 상관 없이 모두 극히 느리다.

해설 냉각은 제1단계(증기막 단계)-제2단계(비등단계)-제3단계(대류단계)를 거치는데, 냉각속도는 비등단계에서 가장 빠르고 증기막 단계에서 극히 느리다.

56. 마레이징강(maraging steel)의 열처리 방법에 대한 설명 중 옳은 것은?

① 850℃에서 1시간 유지하여 용체화 처리한 후 유랭 또는 로랭하여 마텐자이트화한다.
② 1100℃에서 반드시 수랭처리하여 오스테나이트를 미세하게 석출, 경화시킨다.
③ 1100℃에서 1시간 유지하여 용체화 처리한 후 로랭하여 조직을 안정화시킨다.
④ 850℃에서 1시간 유지하여 용체화 처리한 후 공랭 또는 수랭하여 480℃에서 3시간 시효처리한다.

정답 50. ② 51. ④ 52. ③ 53. ③ 54. ② 55. ① 56. ④

57. 담금질 시에 가열 온도가 높거나 가열 유지 시간이 길어질 때 나타날 수 있는 대표적인 결함으로 적당한 것은?

① 결정립 조대화　② 결정립 미세화
③ 경화도 증가　④ 청열취성

58. 열처리 온도 측정에 사용되는 열전대(thermo couple) 온도계에 대한 설명 중 틀린 것은?

① 열전대는 2종의 금속을 접합하고 짧은 절연관을 넣어 그 위에 보호관을 씌워 사용한다.
② 열전대에 쓰이는 재료로는 내열, 내식성이 뛰어나고 고온에서도 기계적 강도가 커야 한다.
③ 열전대에 쓰이는 재료로는 열기전력이 크고 안정성이 있으며 히스테리시스 차가 없어야 한다.
④ 보호관으로는 1000℃ 이하의 온도에 사용되는 비금속관(석영, 알루미나 소결관)과 1000℃ 이상의 온도에 사용되는 금속관(고크롬강, 니켈크롬강)이 있다.

해설 보호관으로는 1000℃ 이하의 온도로 사용하는 금속관(고크롬강, 니켈크롬강)과 1000℃ 이상의 온도에 사용되는 비금속관(석영, 알루미나 소결관)이 있다.

59. 강을 열처리할 때 냉각 방법의 3가지 형식 중 냉각 도중에 냉각속도 변화를 위하여 공기 중에서 냉각하는 방법은?

① 2단 냉각　② 연속 냉각
③ 항온 냉각　④ 열욕 냉각

해설 2단 냉각을 사용하는 열처리에는 2단 어닐링, 2단 템퍼링, 인상 담금질이 있다.

60. 펄라이트 가단주철의 제조 방법으로 틀린 것은?

① 합금 첨가에 의한 방법
② 열처리 곡선의 변화에 의한 방법
③ 백심가단주철의 재열처리에 의한 방법
④ 흑심가단주철의 재열처리에 의한 방법

해설 펄라이트 가단주철의 제조 방법
- 합금 첨가에 의한 방법
- 열처리 곡선의 변화에 의한 방법
- 흑심가단주철의 재열처리에 의한 방법

제4과목 재료시험

61. 현미경 조작 시험용 부식액 중 알루미늄 및 알루미늄 합금에 적합한 시약의 명칭은?

① 왕수
② 질산 알코올 용액
③ 염화 제2철 용액
④ 수산화 나트륨 용액

해설 금속 재료의 부식액
- 철강 : 질산, 피크린산 알코올 용액
- 구리 : 염화 제2철 용액
- 금 : 왕수, 불화 수소산
- 알루미늄 : 수산화 나트륨 용액

62. 일반적 재료시험을 정적시험과 동적시험 방법으로 나눌 때 동적시험 방법에 해당되는 것은?

① 압축시험　② 충격시험
③ 전단시험　④ 비틀림시험

해설
- 정적 시험 : 인장, 압축, 전단, 굽힘 및 비틀림시험
- 동적 시험 : 충격시험, 피로시험

정답 57. ① 58. ④ 59. ① 60. ③ 61. ④ 62. ②

63. 피로시험의 종류 중 시험편의 축 방향에 인장, 압축이 교대로 작용하는 시험은?

① 반복 굽힘시험
② 반복 인장 압축시험
③ 반복 비틀림시험
④ 반복 응력 피로시험

64. 철강재의 설퍼 프린트 시험 결과에서 황(S) 편석의 분포가 강재의 중심부로부터 표면부쪽으로 증가하여 나타나는 편석을 무엇이라고 하는가?

① 정편석(S_N)
② 역편석(S_I)
③ 주상편석(S_{CO})
④ 중심부편석(S_C)

해설 황(S)편석 분류
- 정편석(S_N) : 표면에서부터 중심부로 황이 증가하는 편석
- 역편석(S_I) : 중심부에서 표면으로 황이 증가하는 편석
- 중심부편석(S_C) : 황이 중심부에 집중되어 분포된 편석
- 선상편석(S_L) : 황이 선상으로 착색된 편석
- 점상편석(S_D) : 황이 점상으로 착색된 편석

65. 마모 시험편 제작 시 주의사항에 해당되지 않는 것은?

① 보관 시는 데시케이터를 사용한다.
② 시험편은 항상 열처리된 시험편만을 사용한다.
③ 불필요한 표면 산화, 기름이나 물 등의 오염을 억제한다.
④ 가공에 의한 잔류응력이나 표면 변질을 최대한 억제한다.

해설 열처리된 시험편은 가급적 사용하지 않는다.

66. 다음 중 긴 시간을 필요로 하는 특수 시험은?

① 인장시험 ② 압축시험
③ 굽힘시험 ④ 크리프 시험

해설 크리프 시험은 시험편에 일정한 하중을 가하였을 때 시간의 경과와 더불어 증대하는 변형량을 측정하여 각종 재료의 역학적 양을 결정하는 시험이다.

67. 물질안전보건제도에서 물리적 위험 물질 중 가연성 물질과 접촉하여 심한 발열 반응을 나타내는 물질은?

① 고독성 물질 ② 산화성 물질
③ 폭발성 물질 ④ 극인화성 물질

68. 재료의 연성을 파악하기 위하여 구리 및 알루미늄 판재를 가압성형하여 변형 능력을 시험하는 시험법은?

① 샤르피 시험 ② 에릭센 시험
③ 암슬러 시험 ④ 크리프 시험

해설 에릭센 시험(커핑 시험)은 구리판, 알루미늄판과 같이 연한 재료의 연성 및 변형 능력을 시험하는 방법이다.

69. 피로한도를 알기 위해 반복 횟수와 응력과의 관계를 표시한 선도는?

① TTT 곡선 ② S-N 곡선
③ creep 곡선 ④ 항온변태 곡선

해설 S-N 곡선에서 세로축은 응력, 가로축은 반복 횟수를 나타낸다.

정답 63. ② 64. ② 65. ② 66. ④ 67. ② 68. ② 69. ②

70. 다음 [보기]에서 자분 탐상 검사가 가능한 것들로 짝지어진 것은?

| 보기 |
㉠ 고합금강 ㉡ 탄소강 ㉢ 알루미늄
㉣ 청동 ㉤ 마그네슘 ㉥ 황동
㉦ 강자성 재료 ㉧ 납

① ㉠, ㉡, ㉦
② ㉡, ㉢, ㉥
③ ㉣, ㉤, ㉧
④ ㉢, ㉣, ㉧

해설 자분 탐상 검사는 강자성 재료의 결함으로 인한 불연속부를 검출하기 위해 재료를 자화시켜 불연속부 근처의 영역에서 자속이 누설되는 것을 검출하여 불연속부의 위치 및 크기를 찾아내는 방법이다.

71. 내부 결함을 검출하는 방법의 하나로 표면으로부터 피검사체의 깊이를 측정하는 데 가장 적합한 비파괴 검사법은?

① 침투 비파괴 검사
② 자분 비파괴 검사
③ 방사선 비파괴 검사
④ 초음파 비파괴 검사

72. 탄소강의 불꽃시험에서 강재에 함유된 탄소량이 증가할 때 나타나는 불꽃의 특성으로 틀린 것은?

① 유선의 숫자가 증가한다.
② 파열의 숫자가 감소한다.
③ 유선의 길이가 감소한다.
④ 파열의 꽃잎 모양이 복잡해진다.

해설 탄소량이 많을수록 파열의 숫자가 증가한다.

73. 비커스 경도시험에 대한 설명으로 틀린 것은? (단, P는 하중, d는 평균 대각선의 길이이다.)

① $HV=1.8544\times\frac{P}{d^2}$이다.
② 스크래치를 이용한 시험법이다.
③ 시험편이 작고 경도가 높은 부분의 측정에 사용한다.
④ 136° 다이아몬드 피라미드형 비커스 압입자를 사용한다.

해설 스크래치를 이용한 시험법은 마텐스 경도시험이다.

74. 와전류 탐상 검사의 특징을 설명한 것 중 틀린 것은?

① 비전도체만을 검사할 수 있다.
② 고온 부위의 시험체에도 탐상이 가능하다.
③ 시험체에 비접촉으로 탐상이 가능하다.
④ 시험체의 표층부에 있는 결함 검출을 대상으로 한다.

해설 와전류 탐상 검사는 전도체만을 검사하는 시험법으로 비접촉과 고온 부위의 탐상이 가능하다.

75. 금속재료의 인장시험에 의해 얻을 수 없는 것은?

① 연신율
② 내구한도
③ 항복강도
④ 단면수축률

해설 인장시험에서 연신율, 항복강도, 단면수축률, 인장강도 등을 측정하고, 내구한도는 피로시험에서 측정한다.

정답 70. ① 71. ④ 72. ② 73. ② 74. ① 75. ②

76. 매크로(macro) 조직 검사는 몇 배 이내의 배율로 확대하여 시험하는가?

① 10배 ② 40배
③ 100배 ④ 800배

해설 매크로 시험은 육안 또는 10배 이내의 확대경으로 시험하는 방법이다.

77. 탄소 3.5%를 함유하는 주철을 인장시험하였더니 최대하중 7850kg에서 파단되었다. 이 시험 결과 나타나는 파단면의 형태로 옳은 것은?

① 연성 파단면
② 취성 파단면
③ 컵 모양 파단면
④ 원추형 파단면

해설 주철 및 고탄소강은 취성 파단면, 열간압연된 연강은 컵 모양 파단면, 열간압연된 극연강은 원추형 파단면을 나타낸다.

78. 인장시험기에 시험편의 물림 상태가 가장 양호한 것은?

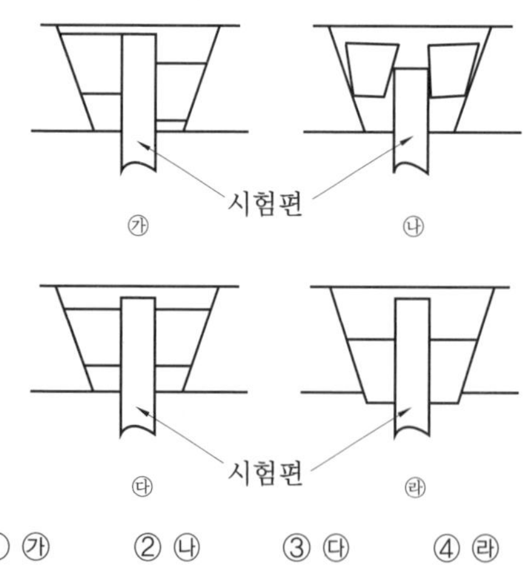

① ㉮ ② ㉯ ③ ㉰ ④ ㉱

해설 그림 ㉰와 같이 시험편이 미끄러지지 않도록 서로 맞물려 있어야 한다.

79. 브리넬 경도시험에서 지름 5mm의 강구 누르개를 사용하여 시험하중 7.355kN(750kgf)에서 얻은 브리넬 경도치가 341인 경우 올바른 표시 방법은?

① HBD 341
② HBW 750
③ HBD(5/341) 750
④ HBS(5/750) 341

해설 HBS(5/750) 341에서 S : 압입자의 종류(강구), 5 : 압입자의 지름(mm), 750 : 시험하중(kgf), 341 : 브리넬 경도값이다.

80. 금속 조직 내의 상(相)의 양을 측정하는 방법에 해당하지 않는 것은?

① 면적 측정법
② 직선 측정법
③ 점 측정법
④ 원형 측정법

해설 조직량 측정법에는 점 측정법, 직선 측정법, 면적 측정법이 있다.

정답 76. ① 77. ② 78. ③ 79. ④ 80. ④

2016년도 출제문제

2016년 3월 6일 출제문제

금속재료산업기사

제1과목 금속재료

1. 다음 중 용융점이 가장 낮은 금속은?

① Fe ② Hg ③ W ④ Cu

해설 Fe : 1539℃, Hg : 38.9℃, W : 3410℃, Cu : 1083℃

2. 베어링용 합금이 갖추어야 할 조건이 아닌 것은?

① 열전도율이 클 것
② 소착에 대한 저항력이 작을 것
③ 충분한 점성과 인성이 있을 것
④ 하중에 견딜 수 있는 내압력을 가질 것

해설 베어링용 합금의 구비 조건
- 하중에 견딜 수 있는 정도의 경도와 내압력을 가질 것
- 충분한 점성과 인성이 있을 것
- 주조성, 절삭성이 좋고 열전도율이 클 것
- 마찰계수가 적고 저항력이 클 것
- 내소착성이 크고 내식성이 좋고 가격이 저렴할 것

3. 특수강에 첨가되는 합금원소의 효과에 대한 설명으로 틀린 것은?

① B는 경화능을 향상시킨다.
② V은 조직을 미세화시켜 강화한다.
③ Cr은 담금질성을 개선시키고 페라이트 조직을 강화시키며, 뜨임취성을 일으키기 쉽다.
④ Mn은 담금질성을 감소시키는 원소이며 1% 이상 첨가하여 결정입자를 미세하게 하고 강을 강화시킨다.

해설 Mn은 담금질성을 증가시키는 원소로서 1% 이상 첨가하면 결정입자를 조대하게 하고 취성을 증가시킨다.

4. 다음 중 형상기억합금에 대한 설명으로 틀린 것은?

① 형상기억효과는 일방향(one way)성의 기구이다.
② 실용 합금에는 Ni-Ti계, Cu-Al-Ni, Cu-Zn-Al 합금 등이 있다.
③ 형상기억합금은 Ms점을 통과시키면 마텐자이트 상에서 오스테나이트 상이 된다.
④ 처음에 주어진 특정한 모양의 것(코일형)을 소성변형한 것이 가열에 의하여 원래의 상태로 돌아가는 현상이다.

해설 형상기억합금은 Ms점을 통과시키면 오스테나이트 상에서 마텐자이트 상이 된다.

5. 금속을 냉간가공하면 결정입자가 미세화되어 재료가 단단해지는 현상은?

① 가공경화 ② 석출경화
③ 시효경화 ④ 표면경화

해설 가공경화는 금속을 냉간가공할 때 결정입자가 미세화되어 재료가 단단해지고 항복점 및 경도가 증가하는 현상이다.

정답 1. ② 2. ② 3. ④ 4. ③ 5. ①

6. 금속의 소성가공 방법이 아닌 것은?

① 압연 ② 단조 ③ 주조 ④ 압출

해설 소성가공 방법에는 압연, 단조, 압출, 인발이 있다.

7. 마그네슘(Mg)에 대한 설명 중 틀린 것은?

① 구상흑연주철의 첨가제로 사용된다.
② 절삭성이 양호하고 알칼리에 견딘다.
③ 소성가공성이 낮아 상온 변형이 곤란하다.
④ 내산성이 좋으며, 고온에서 발화하지 않는다.

해설 마그네슘은 고온에서 자연발화하는 금속이다.

8. 다음 중 Al-Si 합금에 대한 설명으로 옳은 것은?

① 개량 처리를 하게 되면 조직이 조대화된다.
② γ-실루민은 Al-Si 합금에 Mg을 넣어 시효성을 부여한 합금이다.
③ 포정점 부근의 성분을 실루민이라 하며 실용으로 사용한다.
④ 실루민은 용융점이 높고 유동성이 좋지 않아 복잡한 사형 주물에는 사용할 수 없다.

해설 Al-Si 합금은 공정점 부근의 성분을 실루민, 알팩스라고 하며, 이 합금의 주조조직에 나타나는 Si는 육각판상의 거친 결정이므로 실용할 수가 없다. 실루민은 개량 처리하면 조직이 미세화되며, 용융점이 낮고 유동성이 좋아 사형 주물로 사용된다.

9. 강도가 크고, 고온이나 저온의 유체에 잘 견디며 불순물을 제거하는 데 사용되는 금속 필터, 즉 다공성이 뛰어난 재질은 어떤 방법으로 제조된 것이 가장 좋은가?

① 소결 ② 기계가공
③ 주조가공 ④ 용접가공

해설 오일리스 베어링 합금(다공질성 소결 합금)은 무게의 20~30% 기름을 흡수시켜 Cu+Sn+흑연 분말 중에서 700~750℃, H_2 기류로 소결(윤활유 4~5% 침투)시킨다.

10. 초전도 현상과 그에 따른 재료의 설명으로 틀린 것은?

① 일정 온도에서 전기저항이 0이 되는 것을 초전도라 한다.
② 대부분의 금속성 초전도체는 극고온에서 초전도 현상이 나타난다.
③ 화합물계 초전도 선재에는 Nb_3Sn 및 V_3Ga의 화합물 등이 있다.
④ 합금계 초전도 재료에는 Nb-Ti, Nb-Ti-Ta 등이 있다.

해설 대부분의 금속성 초전도체는 극저온에서 초전도 현상이 일어난다.

11. 전율 고용체를 만들며 치과용, 장식용으로 쓰이는 화이트 골드(white gold)에 해당되는 합금은?

① Ag-Pd-Au-Cu-Zn
② Ag-Ti-Sn-Cu-Zn
③ Pt-Cu-Pb-Sn-Co
④ Pt-Pb-Sn-Co-Au

12. Fe-C 평형 상태도에서 강의 A_1 변태점 온도는 약 몇 ℃인가?

① 723℃ ② 768℃
③ 910℃ ④ 1400℃

해설 A_1 변태점(723℃), A_2 변태점(768℃), A_3 변태점(910℃), A_4 변태점(1400℃)

정답 6. ③ 7. ④ 8. ② 9. ① 10. ② 11. ① 12. ①

13. 니켈과 그 합금에 관한 설명으로 틀린 것은?

① 니켈의 비중은 약 8.9이다.
② 니켈은 도금용 소재로 사용된다.
③ 니켈은 인성이 풍부한 금속이다.
④ 36% Ni-Fe 합금은 퍼멀로이(permalloy)로서 열팽창계수가 크다.

해설 78.5% Ni-Fe 합금은 퍼멀로이로서 열팽창계수가 작다.

14. 18-4-1형 텅스텐계 고속도강에서 Cr의 함량은?

① 18% ② 4% ③ 1% ④ 0.4%

해설 18-4-1형 고속도강은 텅스텐(W) 18%, 크롬(Cr) 4%, 바나듐(V) 1%를 의미한다.

15. 스테인리스강에 대한 설명으로 옳은 것은?

① 18-8 스테인리스강은 페라이트계이다.
② 페라이트계 스테인리스강은 담금질하여 재질을 개선한다.
③ 석출경화계 스테인리스강은 PH계로 Al, Ti, Nb 등을 첨가하여 강도를 낮춘다.
④ 오스테나이트계 스테인리스강은 입계부식과 응력부식이 일어나기 쉽다.

해설 18-8 스테인리스강은 오스테나이트계이며, 페라이트계 스테인리스강은 담금질하여 재질을 개선할 수 없다. 석출경화계 스테인리스강은 PH계로 Al, Ti, Nb 등을 첨가하여 강도를 높인다.

16. 다음 금속 중 흑연화를 촉진하는 원소는?

① V ② Mo ③ Cr ④ Ni

해설 • 흑연화 촉진 원소 : Al, Si, Ni,
• 흑연화 저해 원소 : W, Mo, V, Cr

17. 다이캐스팅용 아연합금의 가장 중요한 합금원소로서 합금의 강도, 경도를 증가시키고 유동성을 개선하는 것은?

① Pb ② Al ③ Sn ④ Cd

해설 다이캐스팅용 아연합금에서 Al은 강도, 경도, 유동성을 개선하고, Cu는 입간부식을 억제하며, Li은 길이 변화에 큰 영향을 준다.

18. 7:3 황동에 1% 내외의 Sn을 첨가하여 내해수성을 향상시켜 증발기, 열교환기 등에 사용되는 특수황동은?

① 델타메탈 ② 니켈황동
③ 네이벌 황동 ④ 애드미럴티황동

해설 • 델타메탈 : 6:4 황동에 Fe 1~2% 첨가, 강도, 내식성 우수
• 니켈황동(양은) : 7:3 황동에 Ni 15~20% 첨가, 주단조 가능
• 네이벌황동 : 6:4 황동에 Sn 1% 첨가, 내해수성이 강해 선박 기계에 사용

19. 다음 중 탄소강의 5대 원소가 아닌 것은?

① P ② S ③ Cu ④ Mn

20. 다음 중 탄소량이 가장 많은 강은?

① SM15C ② SM25C
③ SM45C ④ STC105

해설 • SM15C : 0.13~0.18% C
• SM25C : 0.22~0.28% C
• SM45C : 0.42~0.48% C
• STC105 : 1.00~1.10% C

정답 13. ④ 14. ② 15. ④ 16. ④ 17. ② 18. ④ 19. ③ 20. ④

제2과목 금속조직

21. 결정 구조에 대한 설명 중 틀린 것은 어느 것인가?

① 면심입방정의 최근접원자는 12개가 있다.
② 조밀육방정의 원자 충진율은 약 74%이다.
③ 면심입방정에서 원자 밀도가 가장 조밀한 면은 (111) 원자면이다.
④ 면심입방정의 단위정에는 2개의 원자가 속해 있다.

해설 면심입방정의 단위정에는 4개의 원자가 속해 있다.

22. 정삼각형의 각 정점으로부터 대변에 평행으로 10 또는 100등분하고, 삼각형 내의 어느 점의 농도를 알기 위해 그 점으로부터 대변에 내린 수선의 길이를 읽어 표시하는 3원 합금의 농도 표시 방법은?

① Cottrell법
② Gibbs의 삼각법
③ Lever relation법
④ Roozeboom의 삼각법

해설 Roozeboom의 삼각법은 삼각형 변에 평행선을 그은 길이를 읽으면 된다.

23. 산소와 친화력이 큰 순서로 배열된 것은?

① Al>Mn>Fe>Ni
② Mn>Ni>Fe>Al
③ Fe>Mn>Al>Ni
④ Ni>Fe>Mn>Al

24. 고체를 구성하는 원자 결합 방법이 아닌 것은?

① 이온 결합　　② 금속 결합
③ 공유 결합　　④ 수분 결합

해설 원자의 결합 방법에는 이온 결합, 공유 결합, 금속 결합이 있다.

25. 결정립 크기와 항복강도 간의 관계를 표현하는 것은?

① Hume-Rothery 법칙
② Hall-Petch 관계식
③ Peach-Koehler 관계식
④ Zener-Hollomon 관계식

해설 Hall-Petch식에 의하면 결정질 재료의 결정립의 크기가 작아질수록 재료의 강도는 증가한다.

26. 격자가 완전히 규칙적인 것을 나타내는 장범위 규칙도(R)의 표시로 옳은 것은?

① $R=0$　　② $R=1$
③ $R=2$　　④ $R=3$

해설 장범위 규칙도가 1인 합금은 완전 규칙 고용체임을 의미한다.

27. 다음 중 전율 고용체 형태의 합금 상태도가 아닌 것은?

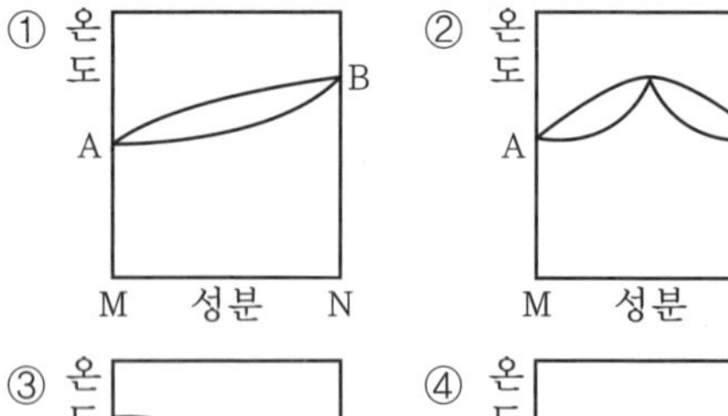

③ 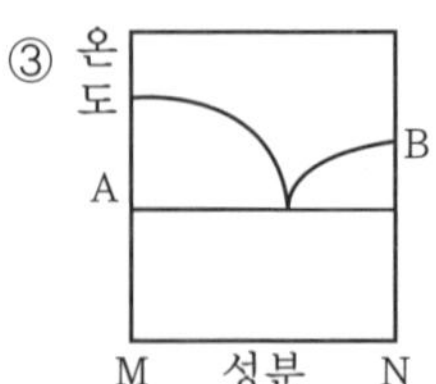

④ 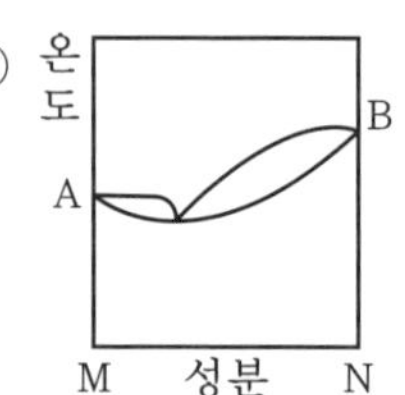

해설 ③은 한율가용 고용체이다.

정답 21. ④ 22. ② 23. ① 24. ④ 25. ② 26. ② 27. ③

28. 조밀육방정계 금속에서 볼 수 있는 특정적인 변형으로 슬립면에 수직으로 압축하였을 때 나타나는 것은?

① 쌍정대　② 킹크대
③ 전위대　④ 버거스대

해설 Cd, Zn과 같은 육방계 금속을 슬립면에 수직으로 압축할 때 생긴 변형 부분을 킹크대(kink band)라고 한다.

29. 다음 중 자기변태가 존재하지 않는 것은?

① Ni　② Co　③ Al_2O_3　④ Fe_3C

해설 자기변태 금속 : Ni, Co, Fe

30. 냉간가공 등으로 변형된 결정 구조가 가열하면 내부 변형이 없는 새로운 결정립으로 치환되는 현상은?

① 시효　② 회복
③ 재결정　④ 용체화 처리

해설 냉간가공으로 변형을 일으킨 금속을 가열하면 내부응력이 있는 구결정립의 내부에서 내부응력이 없는 새로운 결정핵이 생기고 성장하여 전체가 내부응력이 없는 새로운 신결정립으로 치환되어 가는 과정을 재결정이라고 한다.

31. 금속의 소성변형을 가능하게 하는 전위는 어떤 결함인가?

① 선결함　② 점결함
③ 면결함　④ 체적결함

해설 격자결함의 종류

- 점결함 : 원자공공, 격자간 원자, 치환형 원자
- 선결함 : 전위
- 면결함 : 적층결함, 결정립경계
- 체적결함 : 주조결함(수축공 및 기공)

32. 50% Ag−Au가 규칙격자를 만들 때 단범위 규칙도(σ)는? (단, Au는 FCC이며 이 중 6.5개가 Ag이고, 5.5개가 Au이다.)

① −0.08　② −0.5　③ 0.8　④ 0.5

해설 A, B 두 원자가 규칙격자를 만들 때 단범위 규칙도(σ)$=1-\dfrac{f_A}{x_A}$로 나타내며, f_A는 최인접 원자 중에 A 원자가 포함되는 확률로 $f_A=\dfrac{n_a}{N}$이다.

$\therefore f_A=\dfrac{6.5}{12}=0.54,\ \sigma=1-\dfrac{0.54}{0.5}=-0.08$

33. 결정 내의 원자들이 열진동을 계속하므로 고체 내에 원자 확산은 진행되고 있다. 다음 금속의 열진동에 대한 설명으로 틀린 것은?

① 원자의 열진동에서 진동수는 온도에 따라 거의 변하지 않으나 진폭은 변한다.
② 일반적으로 온도가 상승하면 공격자점이 존재할 비율이 작아진다.
③ 공격자점이 많아지면 결정 내의 원자 열진동 진폭은 커진다.
④ 공격자점 주위에 열진동하고 있는 원자가 새로운 공격자점으로 계속 위치를 변화하며 확산이 진행된다.

해설 일반적으로 온도가 상승하면 공격자점이 존재할 비율이 커진다.

34. 용융 금속이 응고 성장할 때 불순물이 가장 많이 모이는 곳은?

① 결정입내
② 결정입계
③ 결정입내의 중심부
④ 결정격자 내의 중심부

해설 용융 금속이 응고 성장할 때 결정입계에 불순물이 모여 금속의 결함 및 편석을 유발한다.

정답 28. ② 29. ③ 30. ③ 31. ① 32. ① 33. ② 34. ②

35. 용융금속 표면에 종자결정을 접촉시켜 이를 서서히 회전시키면서 끌어 올릴 때 이 종자결정에 연결되어 연속적으로 성장시키는 단결정 성장 방법은?

① 재결정법
② 용융대법
③ Czochralski법
④ Tammann－Bridgeman법

해설 초크랄스키법은 Si의 잉곳을 제조할 때 연속적으로 단결정을 성장시키는 방법이다.

36. 다음 중 고용체 강화에 대한 설명으로 틀린 것은?

① 황동에서는 고용체 강화에 의해 강도 및 연성이 증가한다.
② 고용체 강화 합금은 고온 크리프 저항성이 순금속보다 우수하다.
③ 고용체 강화 합금은 순금속에 비해 전기전도도가 크다.
④ 고용체 강화 합금의 항복강도, 인장강도가 순금속보다 크다.

해설 고용체 강화 합금은 순금속에 비해 전기전도도 및 열전도도가 작다.

37. 결정계와 브라베(bravais) 격자와의 관계에서 정방정계의 축장과 축각의 표시로 옳은 것은?

① a=b=c, $\alpha=\beta=\gamma=90°$
② a≠b≠c, $\alpha=\beta=\gamma=90°$
③ a=b≠c, $\alpha=\beta=\gamma=90°$
④ a≠b≠c, $\alpha=\gamma=90°$, $\beta\neq90°$

해설
• 입방정계 : a=b=c, $\alpha=\beta=\gamma=90°$
• 정방정계 : a=b≠c, $\alpha=\beta=\gamma=90°$
• 사방정계 : a≠b≠c, $\alpha=\beta=\gamma=90°$

38. Al－Cu계 합금의 G · P zone은 구리 원자가 Al의 어느 면에 형성되는가?

① (111) ② (110)
③ (100) ④ (112)

해설 Al－Cu계 합금은 시효경화 합금으로서 구리 원자가 Al의 (100)면에 모여서 극히 미세한 2차원적 결합이 형성되기 때문에 경화의 원인이 된다. 이것을 G · P zone이라 한다.

39. 표면확산, 입계확산, 격자확산 중 확산이 가장 빠른 순서에서 낮은 순서로 나타낸 것은?

① 표면확산>입계확산>격자확산
② 입계확산>격자확산>표면확산
③ 격자확산>표면확산>입계확산
④ 표면확산>격자확산>입계확산

해설 확산은 어떤 물질이 들어갈 수 있는 공간 내에 균일하게 퍼지는 경향을 말하며 확산 순서는 표면확산>입계확산>격자확산이다.

40. 금속에 있어서 Fick의 확산 제2법칙의 식은? (단, D는 확산계수이며, 농도 C를 시간 t와 장소 x의 함수로 생각하여 확산이 일어난다고 가정한다.)

① $\dfrac{dC}{dt}=D\dfrac{d^2C}{dx^2}$
② $\dfrac{dt}{dC}=-D\dfrac{d^2C}{dx^2}$
③ $\dfrac{dC}{dt}=3D\dfrac{d^2C}{d^2x}$
④ $\dfrac{dt}{dC}=-3D\dfrac{d^2C}{d^2x}$

해설 Fick의 확산 제2법칙은 농도 기울기가 시간과 위치에 따라 변화한다는 법칙이다.

정답 35. ③ 36. ③ 37. ③ 38. ③ 39. ① 40. ①

제3과목 금속열처리

41. 다음 중 탄소강에서 마텐자이트 변태가 시작되는 온도(Ms)에 대한 설명으로 틀린 것은?

① 미세결정립은 Ms점이 낮다.
② 얇은 시료의 Ms점은 두꺼운 시료보다 높다.
③ Al, Ti, V, Co 등의 첨가 원소는 Ms점을 낮춘다.
④ 탄소강은 냉각속도가 빠르면 Ms점이 낮아진다.

해설 Al, Ti, V, Co 등의 첨가 원소는 Ms점을 높인다.

42. 페라이트 가단주철 및 펄라이트 가단주철은 어떠한 주철을 풀림하여 만드는가?

① 회주철 ② 반주철
③ 백주철 ④ 구상흑연주철

해설 페라이트 가단주철과 펄라이트 가단주철은 백주철을 풀림처리하여 만든다.

43. sub-zero 처리 과정에서 균열 발생에 대한 대책으로 옳은 것은?

① 심랭 처리 온도로부터의 승온은 가열로에서 한다.
② 가능한 한 잔류 오스테나이트가 많이 발생되도록 한다.
③ 담금질을 하기 전에 탈탄층을 두어 탈탄이 지속되도록 한다.
④ 심랭 처리하기 전에 100~300℃에서 뜨임(tempering)을 행한다.

해설 균열 발생에 대한 대책으로 승온은 수중에서 하고, 잔류 오스테나이트는 되도록 적게 하며, 탈탄층을 제거하여 탈탄을 방지한다.

44. 수용액에서 퀜칭 시 냉각속도가 가장 빠른 단계는?

① 복사단계
② 비등단계
③ 대류단계
④ 증기막 단계

해설 냉각은 제1단계(증기막 단계)-제2단계(비등단계)-제3단계(대류단계)를 거치는데, 냉각속도는 비등단계에서 가장 빠르고 증기막 단계에서 극히 느리다.

45. 완전 풀림을 했을 때 경도의 증가는 어떤 원소의 영향인가?

① Zn%의 함유량
② C%의 함유량
③ Sn%의 함유량
④ Mn%의 함유량

해설 경도의 증가는 C%의 함유량에 크게 영향을 받는다.

46. 담금질에 따른 용적의 변화가 가장 큰 조직은?

① 펄라이트 ② 베이나이트
③ 마텐자이트 ④ 오스테나이트

해설 마텐자이트는 급랭에 의해 나타나는 조직으로서 다른 조직에 비해 용적의 변화가 매우 크다.

47. 금속의 발열체 중 사용 온도가 가장 높은 것은?

① 칸탈 ② 니크롬
③ 철크롬 ④ 몰리브덴

해설 보기 발열체 중에 몰리브덴이 가장 용융점이 높기 때문에 사용 온도가 가장 높다.

정답 41. ③ 42. ③ 43. ④ 44. ② 45. ② 46. ③ 47. ④

48. **아공석강을 노멀라이징(normalizing) 열처리하였을 경우 얻어지는 조직은?**

① 페라이트+펄라이트
② 소르바이트+시멘타이트
③ 시멘타이트+베이나이트
④ 시멘타이트+오스테나이트

해설 노멀라이징은 강을 표준 상태로 하기 위한 열처리 조작으로, 공기 중에서 방랭하여 페라이트+펄라이트 조직을 얻는다.

49. **알루미늄, 마그네슘 및 그 합금의 질별 기호 중 어닐링한 것의 기호로 옳은 것은?**

① F ② H
③ O ④ W

해설 • F : 주조한 상태 그대로의 것
• H : 가공경화한 경질 상태
• O : 가공재를 풀림한 것
• W : 담금질 후 시효경화 진행 중인 것

50. **분위기로에 재료를 장입 또는 꺼낼 때 로의 내부로 공기가 들어가 가스의 교란이나 폭발을 방지하기 위하여 장입구 또는 취출구에 가연성 가스를 연소시켜 외부와 차단하는 것은?**

① 슈팅(sooting)
② 버핑(buffing)
③ 번아웃(burn out)
④ 화염 커튼(flame curtain)

해설 • 슈팅 : 변성로나 침탄로 등의 침탄성 분위기 가스로부터 유리된 탄소가 노 내의 분위기 속에 부화하여 열처리 가공재료, 촉매, 노의 연와 등에 부착하는 현상
• 번아웃 : 그을음으로 변성로나 침탄로 등에 축적된 유리 탄소가 변성로나 침탄로의 기능을 저하시키므로 필요에 따라서 또는 정기적으로 적당량의 공기를 송입하여 연소를 제거하는 조작

51. **두 종류의 금속선 양단을 접합하고 양 접합점에 온도차를 부여하면 열기전력이 발생한다. 이것을 이용한 온도계는?**

① 전기저항 온도계
② 열전대 온도계
③ 복사 온도계
④ 팽창 온도계

해설 • 전기저항 온도계 : 온도가 1℃ 상승하면 금속의 전기저항이 0.3~0.6% 증가하는 현상을 이용하여 금속의 전기저항을 측정하고 온도를 나타내는 온도계
• 복사 온도계 : 측온하는 물체가 방출하는 적외선의 방사에너지를 이용한 온도계
• 팽창 온도계 : 봉상 온도계, 용솟음 관식 팽창 온도계, 바이메탈식 온도계 등

52. **다음의 조직 중 항온변태와 가장 관계가 깊은 조직은?**

① 페라이트(ferrite)
② 펄라이트(pearlite)
③ 베이나이트(bainite)
④ 레데브라이트(ledeburite)

해설 베이나이트는 강을 항온변태시켰을 때 나타나는 것으로 마텐자이트와 트루스타이트의 중간 조직이다.

53. **고주파 유도 가열 시 침투 깊이가 가장 큰 것은 몇 kHz인가?**

① 0.5 ② 1.0
③ 2.0 ④ 4.0

해설 주파수가 낮을수록 침투 깊이는 커진다.

정답 48. ① 49. ③ 50. ④ 51. ② 52. ③ 53. ①

54. 고주파 경화 열처리의 특징으로 틀린 것은?

① 담금질 시간이 단축된다.
② 간접 가열하므로 열효율이 낮다.
③ 재료비, 가공비 등 담금질 경비가 절약된다.
④ 생산공정에 열처리 공정의 편입이 가능하다.

해설 고주파 경화 열처리는 직접 가열하기 때문에 열효율이 높다.

55. 다음 중 A_1 변태점 이하에서 가열하는 열처리는?

① 템퍼링
② 담금질
③ 어닐링
④ 노멀라이징

해설 템퍼링은 A_1 변태점 이하에서 열처리하고, 담금질, 어닐링, 노멀라이징은 A_1 변태점 이상에서 열처리한다.

56. 염욕이 갖추어야 할 조건에 해당되지 않는 것은?

① 염욕의 순도가 높고 유해 불순물을 포함하지 않는 것이 좋다.
② 가급적 흡습성이 크고, 염욕의 분해를 촉진해야 한다.
③ 열처리 후 제품 표면에 점착된 염의 세정이 쉬워야 한다.
④ 열처리 온도에서 염욕의 점성이 작고, 증발 휘산량이 적어야 한다.

해설 용해가 쉽고, 가급적 흡습성 또는 조해성이 작아야 한다.

57. 다음 중 담금질 균열과 변형의 가장 주된 원인은?

① 응력 감소
② 경도 증가
③ 균일한 체적 변화
④ 온도 차이로 인한 열응력

58. 다음 중 화염 경화 처리의 특징으로 틀린 것은?

① 담금질 변형이 적다.
② 국부적인 담금질이 어렵다.
③ 가열 온도의 조절이 어렵다.
④ 기계가공을 생략할 수 있다.

해설 산소-아세틸렌 가스에 의한 국부적인 담금질이 가능하다.

59. 다음 중 담금질 균열의 방지 대책이 아닌 것은?

① 제품 전체가 고루 냉각되도록 한다.
② 날카로운 모서리를 가급적 만들지 않는다.
③ 냉각 시 제품의 온도 구배를 균일하게 한다.
④ 살 두께 차이, 급변하는 부분을 많게 한다.

해설 냉각 시 온도의 불균일을 적게 하고, 될수록 변태도 동시에 일어나게 하며, 살 두께 차이, 급변을 가급적 줄인다.

60. 다음 중 연속적 작업이 곤란한 열처리로는?

① 푸셔로
② 피트로
③ 컨베이어로
④ 로상 진동형로

해설 피트로는 노가 지면 아래 설치되어 연속적 작업이 어렵다.

정답 54. ② 55. ① 56. ② 57. ④ 58. ② 59. ④ 60. ②

제4과목 재료시험

61. 다음 재료시험 중 정적시험 방법이 아닌 것은?

① 인장시험
② 압축시험
③ 비틀림시험
④ 충격시험

해설 • 정적시험 : 인장, 압축, 전단, 굽힘 및 비틀림시험
• 동적시험 : 충격시험, 피로시험

62. 와전류 탐상시험의 특성을 설명한 것 중 틀린 것은?

① 자장이 발생하는 동일 주파수에서 진동한다.
② 전도체 내에서만 존재하며, 교번 전자기장에 의해서 발생한다.
③ 코일에 가장 근접한 검사체의 표면에서 최대 와전류가 발생한다.
④ 와전류가 물체에 침투되는 깊이는 시험 주파수, 전도성, 투자율과 비례한다.

해설 와전류가 물체에 침투되는 깊이는 시험 주파수, 전도성, 투자율과 반비례한다.

63. 다음 중 결정입도 측정법이 아닌 것은 어느 것인가?

① ASTM 결정립 측정법
② 제프리즈(Jefferies)법
③ 헤인(Heyn)법
④ 폴링(Polling)법

해설 결정입도 측정법에는 헤인법, 제프리즈법, ASTM 결정립 측정법, 열처리 입도시험 방법이 있다.

64. 일반 광학현미경의 조직 검사로 조사할 수 없는 것은?

① 결정입자의 크기
② 비금속 개재물의 종류
③ 재료의 성분, 성분의 함량
④ 재료의 압연, 단조, 열처리의 상태

해설 광학현미경은 재료의 성분 및 함량을 검사할 수 없다.

65. X선 회절 시험에 사용되는 Bragg 법칙으로 옳은 것은? (단, n은 X선의 차수, λ는 X선의 파장, d는 원자간 거리, θ는 결정에 투과되는 X선의 입사각 또는 반사각이다.)

① $n = 2d\lambda\sin\theta$　② $n = 3d\lambda\sin\theta$
③ $n\lambda = 2d\sin\theta$　④ $n\lambda = 3d\sin\theta$

66. 조미니 시험에서 경화능의 표시가 보고서에 J45－6/18로 적혀 있을 때 HRC 경도값을 표시하는 것은?

① J　② 6
③ 1　④ 45

해설 J45－6/18은 냉각단으로부터 6~18 mm 사이의 점에서의 경도값이 45 HRC라는 것을 나타낸다.

67. 굽힘시험은 굽힘저항시험과 굴곡시험으로 분류되는데 다음 중 굴곡 시험과 관계있는 것은?

① 탄성계수　② 탄성에너지
③ 재료의 저항력　④ 전성 및 연성

해설 굽힘시험은 재료의 굽힘에 대한 저항력을 조사하는 굽힘저항시험과 전성, 연성, 균열의 유무를 시험하는 굴곡시험으로 분류된다.

정답 61. ④　62. ④　63. ④　64. ③　65. ③　66. ④　67. ④

68. **자분 탐상 검사에서 탈자(demagnetization) 처리가 필요 없는 경우에 해당되는 것은?**

① 시험체의 잔류자속이 이후 기계가공을 곤란하게 하는 경우
② 시험체가 퀴리점(curie point) 이상으로 열처리되었을 경우
③ 시험체의 잔류자속이 계측기의 작동이나 정밀도에 영향을 주는 경우
④ 시험체가 마찰 부분에 사용될 때 자분집적으로 마모에 영향을 주는 경우

해설 시험체가 자기변태가 일어나는 퀴리점 이상으로 열처리되면 비자성체가 되므로 탈자 처리가 필요 없다.

69. **국가와 재료시험 규격의 연결이 틀린 것은?**

① 미국－ASTM ② 영국－SAE
③ 독일－DIN ④ 일본－JIS

해설 영국－BSI

70. **인장 시험편의 표점거리가 50mm인 시험편이 시험 결과 52mm로 늘어났다면 연신율은?**

① 2% ② 4% ③ 20% ④ 40%

해설 연신율$(\varepsilon) = \frac{l - l_0}{l_0} \times 100$

$$= \frac{52 - 50}{50} \times 100 = 4\%$$

71. **마모시험의 영향을 설명한 것 중 틀린 것은?**

① 온도 및 상대금속에 따라 결과의 값이 다르다.
② 표면의 거칠기 상태에 따라 결과의 값이 다르다.
③ 윤활제를 사용한 것과 사용 안 한 것의 결과의 값은 다르다.
④ 마찰로 인하여 생기는 미세한 가루는 결과의 값에 전혀 영향을 미치지 않는다.

해설 마모시험은 2개 이상의 물체가 접촉하면서 상대운동 할 때, 그 면이 감소되는 현상을 이용한 시험 방법이다. 이때 마찰로 인하여 생기는 미세한 가루도 결과의 값에 영향을 미친다.

72. **설퍼 프린트(sulphur print)법에 대한 설명으로 옳은 것은?**

① 철강재료의 결정 조직 상태를 알아보는 검사법이다.
② 철강재료의 입간부식이나 방향성을 알아보는 검사법이다.
③ 철강재료 중의 황화망간(MnS)의 분포 상태를 알아보는 검사법이다.
④ 철강재료 중 황 및 편석의 분포 상태를 알아보는 검사법이다.

73. **비커스 경도계에서 대면각이 몇 도인 다이아몬드 사각추 누르개를 사용하는가?**

① 120° ② 136° ③ 140° ④ 156°

해설 비커스 경도시험은 꼭지각 136°의 다이아몬드 사각추를 압입자로 사용한다.

74. **실험실에서 사용하는 약품 중 인화성 물질이 아닌 것은?**

① 질산 ② 벤젠
③ 에틸알코올 ④ 디에틸에테르

해설 질산은 불연성 물질이지만, 산소를 많이 포함하고 있어 다른 물질의 연소를 돕는 조연성 물질이다.

정답 68. ② 69. ② 70. ② 71. ④ 72. ④ 73. ② 74. ①

75. 브리넬 경도를 측정 시 시험하중의 유지시간으로 옳은 것은?

① 2~8s
② 10~15s
③ 16~20s
④ 21~25s

76. 시험편을 가압하거나 감압하여 일정한 시간이 경과한 후 발포용액으로 누설을 검지하는 누설 시험법은?

① 기포 누설 시험법
② 헬륨 누설 시험법
③ 할로겐 누설 시험법
④ 암모니아 누설 시험법

해설 • 헬륨 누설 시험법(후드법) : 압력차가 있는 매우 작은 구멍을 통하는 헬륨의 흐름을 탐지
• 할로겐 누설 시험법 : 가열 백금 양극과 이온 수집관(음극)의 일반 원리를 이용한 검사법

77. 다음에서 재료의 단면 변화율을 측정하는 것은?

① 쇼어
② 브리넬
③ 로크웰
④ 압축강도

해설 쇼어, 브리넬, 로크웰은 경도 시험법이다.

78. 다음 중 피로시험에 대한 설명으로 틀린 것은?

① 단일 하중의 응력보다 훨씬 작은 응력에서 큰 변형 없이 파괴가 발생한다.
② S−N 곡선에서 일반적으로 응력이 작아질수록 사이클 수(N)는 감소한다.
③ 고주기 피로는 10^4 반복 주기 이상에서 파괴가 발생한다.
④ 쇼트피닝에 의해 표면에 압축응력을 생성시키면 피로수명이 증가된다.

해설 S−N 곡선에서 일반적으로 응력이 작아질수록 사이클 수(N)는 증가한다.

79. 다음 중 시료의 연마제로 가장 거리가 먼 것은?

① 산화망간(MnO)
② 산화크롬(Cr_2O_3)
③ 알루미나(Al_2O_3)
④ 산화마그네슘(MgO)

해설 산화크롬 분말 수용액, 알루미나 분말 수용액, 산화마그네슘, 다이아몬드의 유용 페스트 등의 연마제를 사용하여 기계적으로 연마한다.

80. 철강재료를 신속, 간편하게 선별하는 불꽃 시험법에 대한 설명 중 틀린 것은?

① 검사는 같은 방법 및 조건으로 실시하여야 한다.
② 그라인더 불꽃시험은 뿌리, 중앙, 끝으로 나누어 관찰한다.
③ 불꽃 검사에서 탄소의 양(%)이 증가하면 불꽃의 수가 감소하고 그 형태도 단순해진다.
④ 그라인더 불꽃시험은 불꽃의 형태 및 양에 의해 재료의 탄소량(%)을 판정한다.

해설 불꽃 검사에서 탄소의 양(%)이 증가하면 불꽃의 수가 증가하고 그 형태도 복잡해진다.

정답 75. ② 76. ① 77. ④ 78. ② 79. ① 80. ③

2016년 9월 19일 출제문제

금속재료산업기사

제1과목 금속재료

1. 화이트메탈(White metal)의 주성분이 아닌 것은?

① Pb ② Sn
③ Sb ④ Pt

해설 화이트메탈 : Cu-Pb-Sn-Sb

2. 상온 또는 가열된 금속을 실린더 모양의 컨테이너에 넣고 한쪽에 있는 램에 압력을 가해서 밀어내어 봉, 관, 형재 등을 가공하는 방법은?

① 전조 ② 단조
③ 압출 ④ 프레스

3. 강철에 비해 주철의 성질 중 가장 부족한 것은?

① 주조성 ② 유동성
③ 수축성 ④ 인장강도

해설 주철은 인장강도가 낮고 취성이 큰 금속이다.

4. 리드프레임(Lead frame) 재료에 요구되는 성능이 아닌 것은?

① 재료를 보다 작고 엷게 하기 위하여 강도가 낮을 것
② 재료의 치수정밀도가 높고 잔류응력이 작을 것
③ 본딩(bonding)을 위한 우수한 도금성을 가질 것
④ 고집적화에 따라 열방산이 좋을 것

해설 재료를 작고 엷게 하기 위하여 강도가 커야 한다.

5. 입자가 미세한 요업재료로서 가볍고 내마모성, 내화학성이 우수하여 자동차 엔진 등에 가장 적합한 재료는?

① 코비탈륨
② 알드레이
③ 파인세라믹스
④ 하이드로 날륨

해설 파인세라믹스는 유리, 시멘트 도자기 등의 요업재료와 자동차용 엔진 재료로 사용하는 재료이다.

6. 순 구리(Cu)에 대한 설명 중 틀린 것은?

① 전성이 좋다.
② 가공하기 쉽다.
③ 전기 전도율이 좋다.
④ 연신율이 낮으며, 경도가 높다.

해설 연신율이 높고, 경도가 낮다.

7. Ni의 자기변태 온도는 약 몇 ℃ 인가?

① 210℃ ② 368℃
③ 768℃ ④ 1150℃

해설 주철은 210℃, Ni은 368℃, Fe은 768℃, Co는 1150℃이다.

정답 1. ④ 2. ③ 3. ④ 4. ① 5. ③ 6. ④ 7. ②

8. 니켈, 철합금으로 바이메탈, 시계진자에 사용하는 불변강은?

① 인바 ② 알니코
③ 어드미럴티 ④ 마르에이징강

해설 인바는 Ni 35~36%, C 0.1~0.3%, Mn 0.4%와 Fe의 합금이다.

9. 오스테나이트(austenite)와 시멘타이드(Fe_3C)와의 기계적 혼합조직은?

① 펄라이트(pearlite)
② 베이나이트(bainite)
③ 마텐자이트(martensite)
④ 레데브라이트(ledeburite)

해설 레데브라이트(공정조직)는 $\gamma+Fe_3C$이다.

10. Cr계 스테인리스강의 취성에 대한 설명으로 틀린 것은?

① 고온취성은 약 950℃ 이상에서 급랭할 때 나타나는 취성 이다.
② 저온취성은 오스테나이트 강에 나타나며 페라이트 강에서는 나타나지 않는다.
③ 475℃ 취성은 Cr 15% 이상의 강 종을 370~540℃로 장시간 가열하면 취화하는 현상이다.
④ σ취성은 815% 이하 Cr 42~2%의 범위에서 σ상의 취약한 금속간 화합물로 존재하여 취성을 일으킨다.

해설 저온취성은 페라이트강에 나타나며 오스테나이트강에서는 나타나지 않는다.

11. 인성에 대한 설명으로 틀린 것은?

① 인성과 충격저항은 상관관계가 없다.
② 충격에 대한 재료의 저항을 인성이라고 한다.
③ 인성이 좋은 재료가 일반적으로 충격인성이 크다.
④ 강인성의 정도를 측정하기 위해 충격시험을 한다.

해설 인성과 충격저항은 서로 상관관계가 있다.

12. 다음 중 준금속(Metalloi)에 해당되는 것은?

① Fe ② Ni ③ Si ④ Co

해설 준금속에는 B, Si, Ge, As, Sb, Te, Po, Au이 있다.

13. 금속의 가공도에 따른 기계적 성질을 설명한 것 중 틀린 것은?

① 가공도가 증가할수록 연신율은 감소한다.
② 가공도가 증가할수록 항복강도는 증가한다.
③ 가공도가 증가할수록 단면수축은 증가한다.
④ 가공도가 증가할수록 인장강도는 증가한다.

해설 가공도가 증가할수록 단면수축은 감소한다.

14. 철광석을 용광로 속에서 코크스로 환원시켜 제련한 것은?

① 순철 ② 강철
③ 선철 ④ 탄소강

15. 합금주철에서 각각의 합금원소가 주철에 미치는 영향으로 옳은 것은?

① Ni은 탄화물의 생성을 촉진한다.
② Cr은 강력하게 흑연화를 촉진한다.
③ Mo은 인장강도, 인성을 향상시킨다.
④ Si은 강력하게 Fe_3C를 안정화시킨다.

해설
- 흑연화 촉진 원소 : Al, Si, Ni,
- 흑연화 저해 원소 : W, Mo, V, Cr

정답 8. ① 9. ④ 10. ② 11. ① 12. ③ 13. ③ 14. ③ 15. ③

16. Zn 40% 내외의 6:4 황동으로 인장강도가 크며 열교환기, 열간 단조품 등으로 사용되는 황동은?

① 톰백 ② 포금
③ 문츠메탈 ④ 센더스트

17. 합금강의 특징을 설명한 것 중 옳은 것은?

① 탄소강에 비해 담금질성이 좋지 않아 대형 부품은 깊이 경화할 수 없다.
② 담금질성이 좋지 않아 항상 수랭을 하여야 하기 때문에 잔류응력이 높아 인성이 낮다.
③ Fe_3C에 합금원소가 고용되거나 특수 탄화물을 형성하여 경도를 낮추며 내마모성이 나빠진다.
④ 특수 탄화물은 오스테나이트화 온도에서 고용 속도가 작은 미용해 탄화물이 오스테나이트 결정립의 조대화를 방지한다.

18. 탄소강 중의 인(P) 성분에 의해 일어나는 취성은?

① 청열취성
② 저온취성
③ 적열취성
④ 입간취성

19. 다음 중 초소성 및 그 재료에 대한 설명으로 틀린 것은?

① 결정립의 형상은 등축(等軸)이어야 한다.
② Al 합금 중에는 Supral 100이 초소성으로 많이 사용된다.
③ 초소성 재료의 입계구조에서 모상입계는 저경각(底硬角)인 것이 좋다.
④ 초소성이란 어느 응력 하에서 파단에 이르기까지 수백% 이상의 연신을 나타내는 현상이다.

해설 모상입계는 고경각(高傾角)인 것이 좋다.

20. 다음 중 금속과 비중이 옳게 연결된 것은?

① Al : 1.74
② Mg : 2.74
③ Fe : 6.42
④ Ni : 8.90

해설 Al : 2.74, Mg : 1.74, Fe : 7.2

제2과목 금속조직

21. 다결정 재료의 결정입계에 의한 강화 방법에 대한 설명으로 틀린 것은?

① 결정입계가 많을수록 재료의 강도는 증가한다.
② 결정의 입도가 작아질수록 재료의 강도는 증가한다.
③ 결정입계에 의한 강화는 결정립 내의 슬립이 상호간섭함으로써 발생된다.
④ Hall-Petch 식에 의하면 결정질 재료의 결정립의 크기가 작아질수록 재료의 강도는 감소한다.

해설 결정립의 크기가 작아질수록 재료의 강도는 증가한다.

22. 대기압 하에서 2원계 합금의 공정점에서의 자유도는?

① 0 ② 1
③ 2 ④ 3

해설 자유도(0) = 성분(2) − 상(3) + 1

정답 16. ③ 17. ④ 18. ② 19. ③ 20. ④ 21. ④ 22. ①

23. 주형에서 금속의 응고 과정에 대한 설명으로 틀린 것은?

① 순금속이 응고하면 결정립들은 안쪽에서 바깥으로 성장한다.
② 용융금속이 응고하면 용기의 벽쪽에서부터 내부로 칠층, 주상정, 입상정으로 성장한다.
③ 용융금속 중에서 용기의 벽에 접촉되어 있던 금속이 급속히 냉각되어 응고 이하의 온도로 심하게 과랭된다.
④ 용융금속 속에 있는 열은 용기의 벽을 통하여 외부로 계속 방출되므로 용기의 용융금속의 온도는 용기 벽에서 가장 낮고 내부로 들어갈수록 높아진다.

해설 금속의 응고는 주형 벽면에서부터 안쪽으로 성장한다.

24. (111) 슬립면과 [110]면의 slip system을 가지는 금속으로만 이루어진 것은?

① Cu, Pd, Pt
② Sr, Al, Hf
③ Cr, Fe, Mo
④ Ni, Ag, Co

해설 Cu, Pd, Pt 금속은 면심입방구조로 (111)슬립면과 [110] 방향을 갖는다.

25. 공석강이 300℃ 부근의 등온변태에 의해 생성되는 조직으로 침상구조를 이루고 있는 것은?

① 마텐자이트
② 레데브라이트
③ 하부 베이나이트
④ 상부 베이나이트

해설 하부 베이나이트는 300℃부근, 상부 베이나이트는 500℃부근에서 생성된다.

26. 다음 중 전위와 관계가 없는 것은?

① 조그(Jog)
② 프랭크 리드(Frank-read) 원
③ 프렌켈 결함(Frenkel defect)
④ 상승운동(Climbing motion)

해설 프렌켈 결함은 결정격자 중 한 개의 원자가 격자 사이로 이동하면 그 격자 내에는 격자간 원자와 원자공공이 한 쌍으로 된 결함이다.

27. 단위격자의 격자상수가 $a=b\neq c$의 관계를 갖는 결정계는?

① 입방정계
② 육방정계
③ 사방정계
④ 삼사정계

28. 냉간가공을 한 금속의 풀림처리에서 회복(recovery) 현상이 일어나는 가장 큰 이유는?

① 새로운 결정이 생기기 때문에
② 전위의 밀도가 감소되기 때문에
③ 새로운 전위가 생기기 때문에
④ 원자가 재결합이 일어나기 때문에

해설 회복 현상은 전위밀도의 감소와 전위 재배열에 의한 연화 현상이다.

29. 철에서 C, N, H, B의 원자가 이동하는 확산 기구는?

① 링 기구
② 공격자점 기구
③ 직접 교환 기구
④ 격자간 원자 기구

정답 23. ① 24. ① 25. ③ 26. ③ 27. ② 28. ② 29. ④

30. 금속이 전기가 잘 통하는 가장 큰 이유는?

① 전위가 있기 때문이다.
② 자유전자를 갖기 때문이다.
③ 입방정을 하고 있기 때문이다.
④ 금속은 연성이 좋기 때문이다.

31. 용융금속의 응고 시 핵 생성 속도에 가장 영향을 크게 미치는 것은?

① 시효 ② 수량
③ 전위 ④ 냉각속도

해설 핵 생성 속도는 냉각속도가 클수록 미세한 결정립이 생긴다.

32. 다이아몬드(diamond)는 무슨 결합인가?

① 이온결합 ② 금속결합
③ 공유결합 ④ 반데르 발스 결합

해설 탄소는 4가의 가전자로 공유결합하여 다이아몬드를 만든다.

33. 다음에서 $X-Y$축을 경계로 좌우측의 원자들은 완전한 규칙배열로 되어 있으나 전체로 보면 $X-Y$축을 경계로 하여 대칭으로 되어 있다. 이러한 원자배열의 구역은?

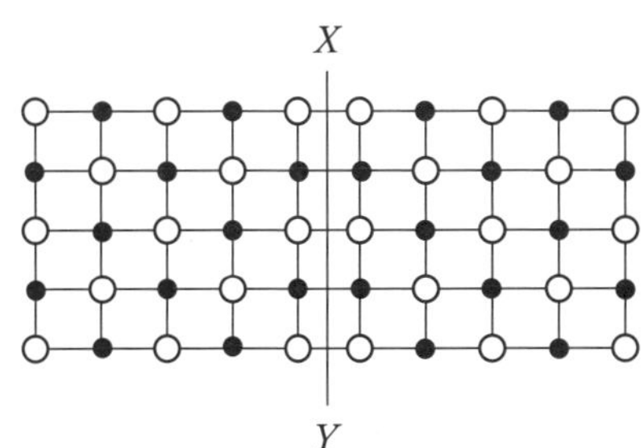

① 완화구역 ② 전이구역
③ 자성구역 ④ 역위상구역

해설 $X-Y$축을 경계로 정반대의 원자배열을 갖는다.

34. 냉간가공하였을 때 물리적, 기계적 성질의 변화가 옳은 것은?

① 인성이 증가한다.
② 전기저항이 증가한다.
③ 연신율이 증가한다.
④ 인장강도가 감소한다.

35. 금속에 있어서 확산을 나타내는 Fick의 제1 법칙의 식으로 옳은 것은? (단, J는 농도 구배, D는 확산계수, C는 농도, x는 위치(거리)이고, 농도의 시간적 변화는 고려하지 않는다.)

① $J=-D\frac{dc}{dx}$ ② $J=-D\frac{dx}{dc}$
③ $J=D\frac{dx}{dc}$ ④ $J=D\frac{dc}{dx}$

36. 다음 2원계 합금 상태도의 반응식 중 포정반응인 것은?

① 액상(L1) ⇄ 고상(A)+고상(B)
② 액상(L1) ⇄ 고상(L2)+고상(A)
③ 고상(A)+액상(L1) ⇄ 고상(B)
④ 고상(A)+고상(B) ⇄ 고상(C)

해설 공정반응 : 액상(L1) ⇄ 고상(A)+고상(B)
공석반응 : 고상(A)+고상(B) ⇄ 고상(C)
포정반응 : 고상(A)+액상(L1) ⇄ 고상(B)

37. 인발가공한 알루미늄선의 인발 축방향의 우선 결정 방위는?

① [111]
② [100]
③ [010]
④ [001]

정답 30. ② 31. ④ 32. ③ 33. ④ 34. ② 35. ① 36. ③ 37. ①

38. 상의 계면(interface)에 대한 설명 중 옳은 것은?

① 계면에너지가 작은 면의 성장속도는 빠르다.
② 원자간 결합에너지가 클수록 계면에너지는 크다.
③ 정합 석출물과 기지의 결정구조와는 관련이 없다.
④ 표면에너지를 최소화하기 위해서는 석출물이 침상이어야 한다.

39. 금속간 화합물의 특징을 설명한 것 중 틀린 것은?

① 변형하기 쉬우며 연하다.
② 성분 금속의 특성을 잃는다.
③ 간단한 원자수의 정수비로 결합한다.
④ 일반적으로 성분 금속보다 용해온도가 높다.

해설 금속간 화합물은 경도가 매우 높고 취약하여 변형하기 어렵다.

40. 전위의 운동에 의해 생기는 조그(jog)에 대한 설명으로 틀린 것은?

① 전위선이 상승하거나 서로 교차할 때에 생성된다.
② 두 슬립면의 경계에서 전위선이 계단상으로 된 부분이다.
③ 결정의 변형 부분과 변형되지 않은 부분이 대칭을 이루고 있는 것이다.
④ 전위선의 일부가 어느 슬립면에서 옆의 슬립면 위로 이동할 때 생성된다.

해설 조그는 결정의 변형 부분과 변형되지 않은 부분이 계단상으로 나타난다.

제3과목 금속열처리

41. 다음 ( )안에 알맞은 내용은?

| 보기 |
인상 담금질의 작업 방법은 Ar′ 구역에서는 (㉠)하고 Ar″ 구역에서는 (㉡)하는 방법이다.

① ㉠ 급랭, ㉡ 급랭
② ㉠ 급랭, ㉡ 서랭
③ ㉠ 서랭, ㉡ 급랭
④ ㉠ 서랭, ㉡ 서랭

42. 표면경화법을 물리적 방법과 화학적 방법으로 나눌 때 물리적 표면경화법에 해당하는 것은?

① 질화법 ② 침탄법
③ 화염경화법 ④ 금속침투법

해설 물리적 방법에는 고주파 열처리, 화염경화 열처리, 쇼트피닝이 있다.

43. 탈탄의 방지 대책으로 틀린 것은?

① 강의 표면에 도금을 한다.
② 중성 분말제 속에서 가열한다.
③ 고온에서 장시간 가열한다.
④ 분위기 가스 내에서 진공 가열한다.

해설 고온에서 장시간 가열을 피한다.

44. 고속도 공구강의 담금질 온도가 상승함에 따라 나타나는 현상이 아닌 것은?

① 잔류 오스테나이트의 양이 감소한다.
② 충격치, 항절력 등의 인성이 저하한다.
③ 오스테나이트의 결정립이 조대하게 된다.
④ 탄화물의 고용량이 증대하여 기지 중의 합금원소가 증가한다.

해설 잔류 오스테나이트의 양이 증가한다.

정답 38. ② 39. ① 40. ③ 41. ② 42. ③ 43. ③ 44. ①

45. 다음과 같은 구상화 어닐링 방법에서 A_1 변태점 이상으로 가열하는 이유는?

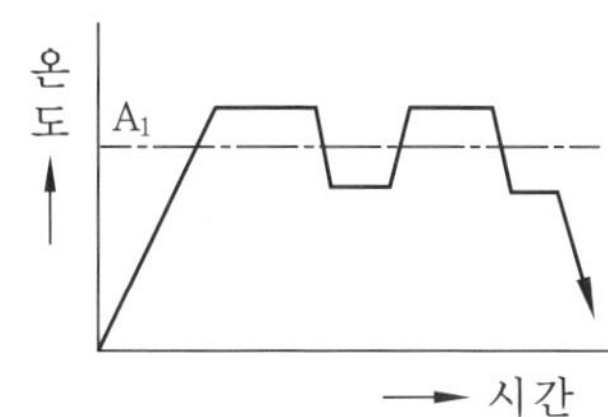

① 망상 Fe_3C를 없애기 위하여
② 층상 Fe_3C를 석출시키기 위하여
③ Fe_3C를 분리 및 생성시키기 위하여
④ 펄라이트를 생성 및 판상화시키기 위하여

해설 망상 시멘타이트(Fe_3C)를 구상화 처리하기 위해서이다.

46. 마텐자이트(martensite) 변태에 관한 설명으로 틀린 것은?

① 마텐자이트 변태를 하게 되면 표면에 기복이 발생한다.
② 펄라이트나 베이나이트 변태와 달리 확산을 수반하지 않는다.
③ 마텐자이트 조직은 모체인 오스테나이트 조성과 동일하다.
④ 마텐자이트 형성은 변태 시간에 따라 진행되고 온도와는 무관하다.

해설 마텐자이트 변태는 온도, 시간, 응력에 의존하여 변태한다.

47. 강의 열처리에서 일반적으로 담금질성을 나쁘게 하는 원소가 아닌 것은?

① B
② S
③ Pb
④ Te

해설 담금질성을 개선시키는 원소는 B > Mn > Mo > P > Cr > Si > Ni > Cu 순서이다.

48. 이온질화법의 특징으로 옳은 것은?

① 400℃ 이하의 저온에서 질화가 가능하며, 질화속도가 비교적 빠르다.
② 미세한 홈의 내면, 긴 부품의 내면 등에 균일한 질화가 가능하다.
③ 처리 부품의 정확한 온도 측정이 가능하며, 급속 냉각이 가능하다.
④ 오스테나이트계 스테인리스강이나 Ti 등에는 질화가 불가능하다.

49. 진공로 내부를 단열하는 구비 조건이 아닌 것은?

① 열용량이 커야 한다.
② 흡습성이 없어야 한다.
③ 열적 충격에 강해야 한다.
④ 방사열을 완전히 반사시키는 재료이어야 한다.

해설 열용량이 작아야 한다.

50. 침탄 경화층의 깊이 표시 방법 중 경도시험에 의한 측정 방법으로 시험하중 0.3kgf으로 측정하여 유효 경화층 깊이가 1.1mm의 경우를 표시하는 기호는?

① CD−H0.3−T1.1
② CD−H0.3−E1.1
③ CD−M−T1.1
④ CD−M−E1.1

해설 CD(경화층 깊이)−H0.3(시험하중)−E1.1(유효 경화층 깊이)

정답 45. ① 46. ④ 47. ① 48. ① 49. ① 50. ②

51. 보통 탄소강의 오스테나이트 조직에 대한 설명 중 옳은 것은?

① 금속간 화합물이다.
② 면심입방격자이다.
③ 최대 고용 탄소함량은 0.02% 이하이다.
④ A_1 변태점 이하에서만 존재하는 조직이다.

52. 상온가공한 황동제품의 자연균열(season crack)을 방지하기 위하여 실시하는 열처리 방법은?

① 뜨임
② 담금질
③ 저온풀림
④ 노멀라이징

53. 담금질에 사용되는 냉각제에 대한 설명 중 틀린 것은?

① 냉각제에는 물, 기름 등이 있다.
② 물은 차가울수록 냉각 효과가 크다.
③ 기름은 상온 담금질일 경우 60~80℃ 정도가 좋다.
④ 증기막을 형성할 수 있도록 교반 또는 NaCl, $MgCl_2$ 등의 첨가제를 첨가한다.

해설 NaCl, $CaCl_2$ 등의 첨가제를 첨가하면 증기막 형성을 방지하여 얼룩 및 경도 감소를 방지한다.

54. 탈탄에 대한 설명으로 틀린 것은?

① 담금질 균열, 변형이 발생한다.
② 내피로 강도의 저하, 열피로가 발생한다.
③ 수분이 있는 경우 현저하게 발생한다.
④ γ 구역보다 α 구역에서 현저히 발생한다.

해설 γ 구역에서 현저히 발생한다.

55. 강의 심랭(sub-zero)처리에서 얻어지는 효과가 아닌 것은?

① 공구강의 경도 증가
② 정밀기계 부품 조직의 안정화
③ 내마모 및 내피로성의 향상
④ 정밀기계 부품의 연신율 및 취성 증가

해설 정밀기계 부품의 표면경화와 강도 증가

56. 펄라이트 생성에 대한 설명 중 틀린 것은?

① 공석강을 서랭 시 생성된다.
② 고용체와 금속간 화합물이 혼합되어 있다.
③ 오스테나이트의 결정입계에서 Fe_3C의 핵이 발생한다.
④ 오스테나이트에서 등온냉각시 Ms 직상에서 생성된다.

해설 γ의 입자 경계에서 F_3C의 핵이 생성된다.

57. Al 합금에서 주괴(鑄塊)를 열간가공에 앞서 고온 장시간 가열로 균질화하고 열간가공성을 향상시키기 위해 균열(均熱)처리 하여 얻어지는 결과가 아닌 것은?

① 방향성 증가
② 담금질 향상
③ 결정립의 미세화
④ 기계적 성능의 개선

58. 연속로에 해당되지 않는 것은?

① 푸셔로
② 피트로
③ 컨베이어로
④ 세이커 하스로

해설 피트로는 배치로에 해당된다.

정답 51. ② 52. ③ 53. ④ 54. ④ 55. ④ 56. ④ 57. ① 58. ②

59. 기어나 스프링 등 변형을 일으켜서는 안되는 제품 또는 얇은 제품을 금형에 고정하여 담금질하는 방법은?

① 분사 담금질　② 인상 담금질
③ 열욕 담금질　④ 프레스 담금질

60. 강의 연속냉각변태에서 임계냉각속도란?

① 마텐자이트만을 얻기 위한 최소의 냉각속도
② 투르스타이트 조직을 얻기 위한 냉각속도
③ 마텐자이트에서 오스테나이트로 변태개시 속도
④ 오스테나이트 상태에서 상온까지 계속 냉각시키는 속도

제4과목 재료시험

61. 현미경의 광학 계통도에 속하지 않는 것은?

① 광원　② 계조계
③ 반사경　④ 광선 조리개

62. 브리넬 경도시험에서 하중이 3000kgf 강구를 10mm를 사용하여 시험하였을 때 압흔의 지름이 4.5mm일 경우 경도는 약 얼마인가?

① 159gf/mm²　② 169gf/mm²
③ 179gf/mm²　④ 189gf/mm²

해설 브리넬 경도(HB) $= \dfrac{2P}{\pi D(D-\sqrt{D^2-d^2})}$

$= \dfrac{2 \times 3000}{3.14 \times 10(10-\sqrt{10^2-4.5^2})}$

$\fallingdotseq 179\,\text{kgf/mm}^2$

63. 다음 중 강의 재질을 판별할 수 있는 방법이 아닌 것은?

① 열분석법　② 페릿시험
③ 불꽃시험　④ 현미경 조직 검사법

해설 열분석법은 금속의 변태점 측정에 이용된다.

64. 인장 시험편 물림 장치의 물림부 구비 조건이 아닌 것은?

① 취급이 편리해야 한다.
② 시험편에 심한 변형을 주어서는 안된다.
③ 인장하중 이외에 편심하중이 가해져야 한다.
④ 시험 중 시험편은 시험기 작동 중심선에 있어야 한다.

해설 인장하중 이외에 편심하중이 가해져서는 절대 안된다.

65. 두 개 이상의 물체가 압력 하에 접촉하면서 상대운동을 할 때 물체의 중량이 감소되는 양을 측정하는 시험은?

① 굴곡시험　② 전단시험
③ 마모시험　④ 압축시험

66. 한국산업표준(KS V0801)의 4호 인장 시험편 제작에서 지름(D)과 표점거리(L)는 몇 mm로 하는가?

① 지름(D) : 10mm, 표점거리(L) : 60mm
② 지름(D) : 14mm, 표점거리(L) : 50mm
③ 지름(D) : 20mm, 표점거리(L) : 200mm
④ 지름(D) : 24mm, 표점거리(L) : 220mm

67. 철강재료에 사용하는 부식제로 가장 적합한 것은?

정답 59. ④ 60. ① 61. ③ 62. ③ 63. ① 64. ③ 65. ③ 66. ② 67. ②

① 5% 염산 수용액
② 질산 1~5%와 알콜 용액
③ 수산화 나트륨 20g과 물
④ 과황산 암모늄 10% 수용액

68. 방사선 투과시험에 사용되는 것이 아닌 것은?

① 증감지 ② 투과도계
③ 접촉매질 ④ 서베이미터

해설 초음파 탐상시험에 이용되는 접촉매질은 기계유와 같은 광물유, 글리세린, 물유리 등이 있다.

69. 용제 제거성 염색 침투 탐상 검사를 수행할 때의 공정이 아닌 것은?

① 전처리 ② 산화처리
③ 제거처리 ④ 침투처리

70. S-N 곡선에서 S와 N은 각각 무엇을 의미하는가?

① S : 반복응력, N : 반복 횟수
② S : 피로한도, N : 반복 횟수
③ S : 시편 크기, N : 반복 횟수
④ S : 시편 크기, N : 반복 횟수

71. 무색, 무미, 무취로서 연료의 불완전 연소로 인하여 생성되는 것으로 인체에 해로운 가스는?

① CO ② SO_2 ③ NH_4 ④ Cl_2

72. 다음 중 조직량 측정법이 아닌 것은?

① 면적(area) 측정법
② 직선(line) 측정법
③ 점(point) 측정법
④ 직각(right angle) 측정법

73. 초음파 탐상 검사의 주사 방법 중 1탐촉자(경사각 탐촉자)에 의한 응용주사는?

① 전후주사
② 좌우주사
③ 목돌림 주사
④ 지그재그 방향 주사

74. 비금속 개재물(Non-metallec inclusion)에 대한 설명으로 틀린 것은?

① 응력집중의 원인이 된다.
② 피로한계를 저하시킨다.
③ 철강 내에 개재하는 고형체의 불순물이다.
④ 투과전자현미경 시험으로만 발견할 수 있다.

해설 금속광학현미경으로 관찰된다.

75. 충격시험(impact test)은 어떤 성질을 알기 위한 시험인가?

① 충격과 피로 ② 인성과 취성
③ 경도와 강도 ④ 강도와 내마모성

76. 압축시험의 설명으로 틀린 것은?

① 인장시험과 반대 방향으로 하중을 작용한다.
② 압축시험은 압축력에 대한 재료의 저항력을 시험하는 것이다.
③ 압축강도(σ_c)는 시험면의 단면적을 압축강도로 나눈 값이다.
④ 시험 방법을 압축과 탄성 측정으로 나눌 때 압축을 측정하는 경우 단주형 시험편을 주로 사용한다.

해설 압축강도(σ_c)는 시험면의 단면적을 압축하중으로 나눈 값이다.

정답 68. ③ 69. ② 70. ① 71. ① 72. ④ 73. ④ 74. ④ 75. ② 76. ③

77. 작은 금속 조각을 금속현미경으로 조직 검사하는 절차를 옳게 나타낸 것은?

① 시편 채취 → 부식 → 연마 → 마운팅 → 관찰
② 시편 채취 → 마운팅 → 연마 → 부식 → 관찰
③ 피편 채취 → 연마 → 관찰 → 부식 → 마운팅
④ 시편 채취 → 관찰 → 연마 → 부식 → 마운팅

78. 원통형 스프링에 압축하중이 작용할 때 스프링소선(wire)에 발생하는 응력은?

① 굽힘응력과 압축응력
② 압축응력과 전단응력
③ 수축응력과 굽힘응력
④ 전단응력과 비틀림 응력

79. 크리프 시험 장치에 해당되지 않는 것은?

① 하중 장치
② 시험편 검사 장치
③ 변형률 측정 장치
④ 가열로 온도측정 및 조정 장치

80. 다음 중 동적 시험법에 해당되는 것은?

① 피로시험
② 인장시험
③ 비틀림시험
④ 크리프 시험

해설
- 동적시험 : 충격시험, 피로시험
- 정적시험 : 인장, 압축, 전단, 굽힘 및 비틀림시험

정답 77. ② 78. ④ 79. ② 80. ①

2017년도 출제문제

2017년 3월 30일 출제문제

금속재료산업기사

제 1 과목 금속재료

1. 탄소가 0.8% 들어 있는 공석강의 상온 조직은?

① 페라이트+시멘타이트
② 오스테나이트+시멘타이트
③ 마텐자이트+오스테나이트
④ 시멘타이트+마텐자이트

해설 공석강 : 층상 펄라이트(페라이트+시멘타이트)

2. 구상흑연주철의 바탕조직에 해당되지 않는 형은?

① 페라이트형 ② 펄라이트형
③ 마텐자이트형 ④ 소르바이트형

3. 절삭 및 전단 등에 사용되는 공구용 합금강의 구비 조건으로 옳은 것은?

① 마멸성이 커야 한다.
② 인성이 작아야 한다.
③ 열처리와 가공이 용이해야 한다.
④ 상온과 고온에서 경도가 낮아야 한다.

4. 비정질합금에 대한 설명으로 틀린 것은?

① 가공경화를 일으키지 않는다.
② 불균질한 재료이고, 결정 이방성이 있다.
③ 비정질이란 결정이 되어 있지 않은 상태를 말한다.
④ 금속 가스의 증착, 스퍼터링, 화학기상반응을 통해 제조할 수 있다.

해설 비정질합금은 균질한 재료이고 결정이방성이 없다.

5. 금속의 성질을 설명한 것 중 옳은 것은?

① 결정립이 미세할수록 재료는 변형에 대하여 저항이 증가하므로 강도가 증가하는 경향이 있다.
② 결정립이 조대할수록 재료는 변형에 대하여 저항이 증가하므로 강도가 증가하는 경향이 있다.
③ 결정립이 미세할수록 재료는 변형에 대하여 저항이 감소하므로 강도가 증가하는 경향이 있다.
④ 결정립이 조대할수록 재료는 변형에 대하여 저항이 감소하므로 강도가 증가하는 경향이 있다.

6. 순철에서 일어나는 변태가 아닌 것은?

① A_1 변태
② A_2 변태
③ A_3 변태
④ A_4 변태

해설 순철의 변태 : A_2, A_3, A_4

정답 1. ① 2. ④ 3. ③ 4. ② 5. ① 6. ①

7. 황동의 내식성을 개선하기 위하여 7:3 황동에 주석을 1% 정도 첨가한 합금은?

① 톰백 ② 니켈황동
③ 네이벌황동 ④ 에드미럴티황동

해설 • 톰백 : 5~20% Zn황동
• 니켈황동 : 7:3황동에 10~20% Ni 첨가
• 네이벌황동 : 6:4 황동에 0.75% Sn을 첨가

8. 수소저장합금에 대한 설명으로 틀린 것은?

① 수소저장합금은 수소 가스와 반응하여 금속수소화물로 된다.
② 금속수소화물은 단위 부피(1cm^3) 중에 10^{22}개의 수소 원자를 포함한다.
③ 수소저장합금은 수소를 흡수·저장 할 때 수축하고, 방출할 때는 팽창한다.
④ 수소 가스를 액화시키는 데에는 -253℃ 정도의 저온 저장 용기가 필요하다.

해설 수소저장합금은 수소를 흡수할 때 팽창하고, 방출할 때는 수축하는 금속이다.

9. Au 및 Au 합금에 대한 설명 중 옳은 것은?

① BCC 구조를 갖는다.
② 전연성은 Ag보다 나쁘다.
③ Au의 비중은 약 19.3 정도이다.
④ 18K 합금은 Au 함유량이 90%이다.

해설 Au은 FCC 구조와 전연성이 좋고, 18K 합금은 Au 함유량이 18/24×100=75%이다.

10. 저융점 합금원소로 사용하는 것이 아닌 것은?

① Bi ② Cr ③ Pb ④ Sn

해설 저융점 합금은 Sn(231℃)보다 낮은 융점을 가진 합금의 총칭으로 종류에는 크게 Bi, Pb, Sn, Cd가 있다.

11. 실용 Ni-Cu 합금이 아닌 것은?

① 백동 ② 콘스탄탄
③ 모넬메탈 ④ 슈퍼인바

해설 슈퍼인바 : Ni 30.5~32.5%, Co 4~6%와 Fe 합금

12. 경질 자성 재료에 해당되지 않는 것은?

① 규소강판 ② 알니코 자석
③ 희토류계 자석 ④ 페라이트 자석

해설 연질 자성 재료 : 규소강판, 퍼멀로이(Ni-Fe계), 샌더스트(Fe-Al-Si계) 등이 있다.

13. 다음 중 Mg-Al 합금에 해당되는 것은?

① 엘렉트론(Elektron)
② 엘린바(Elinvar)
③ 퍼멀로이(Permalloy)
④ 하스텔로이(Hastelloy)

14. 배빗메탈(babbit metal)이라고 불리는 베어링 합금은?

① Mg계 화이트메탈이다.
② Sn계 화이트메탈이다.
③ Pb계 화이트메탈이다.
④ Zn계 화이트메탈이다.

15. 형상기억효과는 어떤 변태 기구를 이용한 것인가?

① 페라이트 ② 펄라이트
③ 마텐자이트 ④ 시멘타이트

해설 오스테나이트에서 마텐자이트로 변태 시 성질 변화를 이용한 것

정답 7. ④ 8. ③ 9. ③ 10. ② 11. ④ 12. ① 13. ① 14. ② 15. ③

16. 전열합금에 요구되는 특성으로 틀린 것은?

① 재질이나 치수의 균일성이 좋을 것
② 열팽창계수가 작고 고온강도가 클 것
③ 전기저항이 작고 저항의 온도계수가 클 것
④ 고온 대기 중에서 산화에 견디고 사용온도가 높을 것

해설 전기저항이 크고 저항의 온도계수가 작을 것

17. 섬유강화금속(FRM)의 특성이 아닌 것은?

① 비강도, 비강성이 높다.
② 섬유 축 방향의 강도가 낮다.
③ 고온에서 열적, 안정성이 높다.
④ 2차 성형성 및 접합성이 있다.

해설 섬유 축 방향의 강도가 높다.

18. 금속재료로 임의의 방향으로 소성변형을 가한 후 역방향으로 하중을 가하면 처음 방향으로 하중을 가한 경우보다 변형에 대한 저항이 감소하게 되는 현상은?

① Aging 효과
② Kirkendall 효과
③ Bauschinger 효과
④ Widmannstatten 효과

19. 소결하지 않은 미분광과 무연탄을 직접 장입하며, 유동 환원로가 탈황작용을 하고 용융로에서 순산소를 사용하는 제 철공법은?

① 전로(LD)법　② 코렉스(Corex)법
③ 파이넥스(Finex)법　④ 미니 밀(Mini mill)법

20. 다이의 구멍을 통하여 소재를 잡아 당겨 성형하는 소성가공 법은?

① 압연　② 압출　③ 단조　④ 인발

제2과목 금속조직

21. 금속을 가공하면 변형에너지가 발생한다. 이 변형에너지가 집적되기 쉬운 곳이 아닌 것은?

① 전위
② 결정 내
③ 격자간 원자
④ 공격자점(공공)

22. 석출강화에서 석출물이 가져야 할 성질로 옳은 것은?

① 단단한 성질을 가져야 한다.
② 연속적으로 존재하여야 한다.
③ 부피 분율이 작을수록 강도는 커진다.
④ 입자의 크기가 조대하고 그 수가 적어야 한다.

23. 전위선과 버거스 벡터가 수직인 전위는?

① 칼날전위　② 나사전위
③ 혼합전위　④ 전단전위

24. 결정립 형성에 대한 설명으로 틀린 것은? (단, G는 결정 성장 속도, N은 핵 발생 속도, f는 상수이다.)

① 결정립의 크기는 $\frac{f \cdot g}{N}$로 표현된다.
② 핵 발생 속도는 과랭도가 클수록 증가한다.
③ 금속은 순도가 높을수록 결정립의 크기가 작은 경향이 있다.
④ G가 N보다 빨리 증대할 경우 결정립이 큰 것을 얻는다.

해설 금속은 순도가 높을수록 결정립의 크기가 큰 경향이 있다.

정답 16. ③　17. ②　18. ③　19. ③　20. ④　21. ②　22. ①　23. ①　24. ③

25. 금속의 합금에서 온도가 일정할 때 확산속도가 가장 빠른 것은?

① 표면확산
② 입계확산
③ 격자확산
④ 입내확산

해설 확산속도 : 표면확산 > 입계확산 > 격자확산

26. 진공 또는 불활성 가스 내에 지지된 단결정 금속봉의 한쪽 끝을 고주파 유도 가열로 용해하고 이 용해된 부위를 서서히 이동시켜 불순물을 정제하는 방법은?

① Bridgman 법
② Czochralski 법
③ 용융대법
④ 재결정법

27. 회주철에 나타나는 바탕조직은?

① 펄라이트
② 소르바이트
③ 트루스타이트
④ 레데브라이트

28. 재결정에 관한 설명으로 틀린 것은?

① 순도가 높을수록 재결정 온도는 높다.
② 가열 시간이 길수록 재결정 온도는 낮다.
③ 냉간가공도가 클수록 재결정 온도는 높다.
④ 초기입자 크기가 클수록 재결정 온도는 높다.

해설 순도가 높을수록, 가공도가 클수록, 가공 전의 결정입자가 미세할수록, 가공 시간이 길수록, 재결정 온도는 낮아진다.

29. 평형 상태도에 영향을 미치지 않는 인자는?

① 온도 ② 압력
③ 조성 ④ 입도

30. 금속결정의 단위격자에 대한 설명 중 틀린 것은?

① 조밀육방격자의 배위수는 6개이다.
② 최근접원자는 서로 접촉하고 있는 원자이다.
③ 배위수는 1개의 원자 주위에 있는 최근접 원자 수이다.
④ 충진율은 단위격자 내의 원자가 차지한 총 부피를 그 격자 부피로 나눈 체적비의 백분율이다.

해설 조밀육방격자의 배위수는 12이다.

31. 다음의 조밀육방격자(HCP)의 기저면(basal plane)을 나타낸 것 중 점선이 지시하는 방향은?

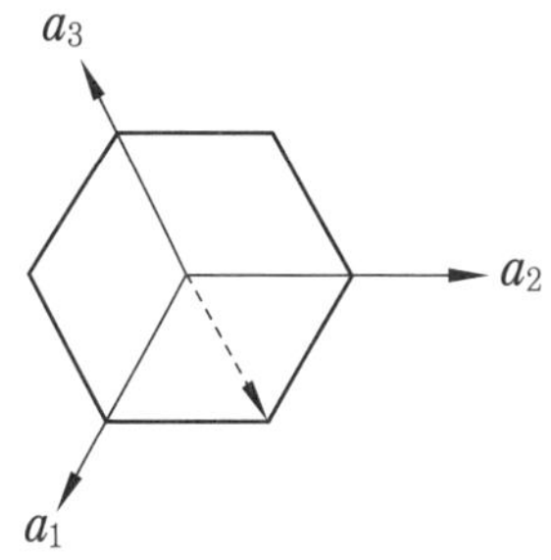

① $[11\bar{2}0]$ ② $[\bar{1}2\bar{1}0]$ ③ $[10\bar{1}0]$ ④ $[2\bar{1}\bar{1}0]$

32. 칼날전위(Edge dislocation)에 대한 설명 중 옳은 것은?

① 부피결함의 일종이다.
② 핵 발생 속도는 과랭도가 클수록 증가한다.
③ 금속은 순도가 높을수록 결정립의 크기가 작은 경향이 있다.

정답 26. ③ 27. ① 28. ③ 29. ④ 30. ① 31. ① 32. ③

④ G가 N보다 빨리 증대할 경우 결정립이 큰 것을 얻는다.

해설 금속은 순도가 높을수록 결정립의 크기가 큰 경향이 있다.

33. Hume-Rothery 법칙을 설명한 것 중 틀린 것은?

① 밀도의 차이가 클 것
② 결정 구조가 비슷할 것
③ 원자의 크기 차가 15% 이하일 것
④ 낮은 원자가를 가진 금속이 고가의 원자가를 가진 금속을 잘 고용할 것

해설 밀도의 차이가 작을 것

34. 점결함(point defect)에 해당되는 것은?

① 전위(Dislocation)
② 쌍정면(Twining plane)
③ 적층결함(Stacking fault)
④ 프렌켈 결함(Frenkel defect)

해설 선결함(전위), 면결함(적층결함, 쌍정면), 점결함(프렌켈 결함)

35. 확산에 대한 설명으로 틀린 것은?

① 용매 중에 용질이 용입하고 있는 상태에서 국부적으로 농도차가 있을 때 시간의 경과에 따라 농도의 균일화가 일어나는 현상을 확산이라 한다.
② 온도가 낮을 때는 입계의 확산과 입내의 확산의 차가 크지만, 온도가 높아지면 그 차는 작아진다.
③ 입계는 입내에 비하여 결정의 규칙성이 산란된 구조를 갖고 결함이 많으므로 확산이 일어나기 쉽다.
④ 면결함의 하나인 표면에서의 단회로 확산을 상호확산이라 한다.

해설 상호확산 : 다른 종류의 원자 접촉에서 서로 반대 방향으로 이루어지는 확산

36. 석출경화를 얻을 수 있는 경우는?

① 단순공정형 상태도를 갖는 합금의 경우
② 전율가용 고용체형을 갖는 합급의 경우
③ 어떤 형의 상태도라도 모든 합금의 경우
④ 온도 강하에 따라 고용한도가 감소하는 형의 상태도를 갖는 합금의 경우

37. 전율 고용체 합금에서 강도가 최대인 경우는?

① 합금에 따라 다르다.
② 동일 비율로 합금된 경우이다.
③ 융점이 낮은 금속이 많이 포함된 경우이다.
④ 비중이 높은 금속이 많이 포함된 경우이다.

해설 양성분 금속의 원자가 A 50% : B 50% 비율로 혼합될 때 강도 및 경도가 최대로 된다.

38. 다음의 3원 공정형 상태도에서 Ⅱ영역의 자유도는? (단, Ⅰ영역은 융액, Ⅱ영역은 고체+융액, Ⅲ영역은 고체이며, 압력이 일정하다.)

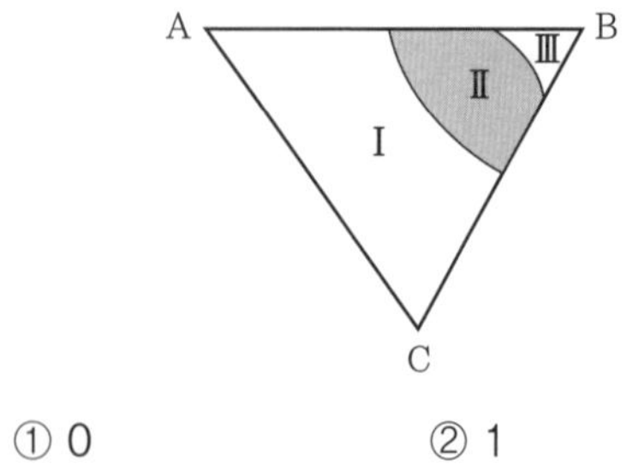

① 0 ② 1
③ 2 ④ 3

해설 자유도(F)=성분(C)−상(P)+1=3−2+1=2

정답 33. ① 34. ④ 35. ④ 36. ④ 37. ② 38. ③

39. 장범위 규칙도 S=$\frac{f_A - x_A}{1 - x_A} = \frac{f_B - x_B}{1 - x_B}$에서 f_A에 대한 설명으로 옳은 것은? (단, α격자는 A 원자 배열, β격자는 B 원자 배열이다.)

① α격자점을 B 원자가 차지하는 확률
② β격자점을 A 원자가 차지하는 확률
③ α격자점을 A 원자가 차지하는 확률
④ β격자점을 A, B 원자가 차지하는 확률

40. W, Pt의 단위 격자당 원자 충진율은 각각 약 몇 %인가?

① W : 74%, Pt : 68%
② W : 68%, Pt : 74%
③ W : 68%, Pt : 68%
④ W : 74%, Pt : 74%

해설 W(BCC) : 68%, Pt(FCC) : 74%

제3과목 금속열처리

41. 냉각 방법 중 냉각속도가 가장 느린 열처리 방법은?

① 풀림
② 불림
③ 담금질
④ 수인 처리

42. 재료의 담금질성 측정 방법에 사용되는 시험 방법은?

① 커핑시험
② 조미니 시험
③ 에릭션 시험
④ 샤르피 시험

해설 연성시험 : 커핑시험(에릭션 시험), 담금질성 시험(조미니 시험), 충격시험(샤르피 시험)

43. 변성로나 침탄로 등의 침탄성 분위기 가스로부터 유리된 탄소가 노 내의 분위기 속에 부화하여 열처리 가공 재료, 촉매, 노의 연와 등에 부착하는 현상은?

① 촉매(catalyst)
② 그을음(sooting)
③ 번아웃(burn out)
④ 화염 커튼(flame curtain)

44. 용체화 처리한 후 상온으로 방치하여도 상온시효를 일으켜 인장강도, 항복점, 경도가 증가되는 합금은?

① Al−Sn
② All−Zn
③ All−Sil−Fel−Mg
④ All−Cul−Mgl−Mn

해설 두랄루민 : Al−Cu−Mg−Mn

45. 심랭처리(sub−zero treatment)를 실시해야 하는 강 종이 아닌 것은?

① 불림(공랭)처리한 SM25C
② 담금질(유랭)처리한 STB2
③ 담금질(유랭)처리한 SKH51
④ 침단처리 후 담금질(유랭)한 SCr420

해설 심랭처리는 담금질 시 잔류오스테나이트를 제거하기 위한 처리이다.

46. 강의 탈탄 방지책으로 틀린 것은?

① 고온, 장시간 가열을 한다.
② 염욕 및 금속욕 가열을 한다.
③ 표면에 금속 도금, 비폭을 한다.
④ 분위기 가스 속에서 가열하거나 진공 가열한다.

정답 39. ③ 40. ② 41. ① 42. ② 43. ② 44. ④ 45. ① 46. ①

해설 고온, 장시간 가열을 피한다.

47. 질화처리로 바깥 표면에 나타나고 화합물 층(compound layer)에 존재하는 상의 구성 성분은?

① FeN ② Fe_1N
③ Fe_4N ④ Fe_8N

해설 연질화처리에서 N 퍼텐셜이 낮기 때문에 표면에 생성되는 질화물은 Fe_4N(N : 5.9%)이다.

48. 열처리의 후처리 공정에서 제품에 부착된 기름을 제거하는 탈지에 적합하지 않은 방법은?

① 산 세정
② 전해 세정
③ 알칼리 세정
④ 트리클로로에틸렌 세정

해설 산 세정은 산을 제거하는 방법이다.

49. 트루스타이트(troostite)에 대한 설명 중 옳은 것은?

① α철과 극히 미세한 시멘타이트와의 기계적 혼합물이다.
② α철과 극히 미세한 마텐자이트와의 기계적 혼합물이다.
③ γ철과 조대한 시멘타이트와의 기계적 혼합물이다.
④ γ철과 조대한 마텐자이트와의 기계적 혼합물이다.

50. 전기로의 전기회로를 2회로 분할하여 그 한쪽을 단속시켜서 온도를 제어하는 방법은?

① 비례 제어식
② 정치 제어식
③ 프로그램 제어식
④ 온 오프(ON-OFF)식

해설 • 온 오프식 : 전원의 단속으로 제어하는 식
• 비례 제어식 : 온 오프의 시간비를 편차에 비례하는식
• 정치 제어식 : 전기로의 전기회로를 2회로 분할하여 그 한쪽을 단속시켜서 온도를 제어하는 방법
• 프로그램 제어식 : 캠을 이용하는 온도 제어 방식

51. 탈탄으로 발생된 결함으로 제품에 발생하는 현상이 아닌 것은?

① 경도, 강도가 증가한다.
② 변형, 균열이 발생한다.
③ 재료가 불균일해진다.
④ 열피로성이 발생하기 쉽다.

해설 경도, 강도가 감소한다.

52. 1100℃에서 조업한 부탄 가스의 변성에 의한 RX 가스의 탄소 농도(carbon potential)를 계산할 때 어느 성분을 직접 추정하여 탄소 농도를 산출하는가? (단, 미리 가스 중의 CO, H_2의 개략값을 알고 있는 경우이다.)

① SO_2 ② CO_2
③ N_2 ④ NO_2

53. 연속로의 형태가 아닌 것은?

① 로상 진동형로
② 상형(box type)로
③ 퓨셔형(pusher type)로
④ 컨베이어형(conveyor type)

정답 47. ③ 48. ① 49. ① 50. ② 51. ① 52. ② 53. ②

54. TTT 곡선의 Nose와 Ms점의 중간 온도로 유지된 염욕 속에서 변태가 완료될 때까지 일정시간 유지한 다음, 공랭시키면 베이나이트 조직이 생기는 열처리 조작은?

① 오스포밍(ausforming)
② 마퀜칭(marquenching)
③ 오스템퍼링(austempering)
④ 타임 퀜칭(time quenching)

55. 공석강의 연속냉각곡선(CCT)에서 냉각속도가 빠른 순으로 생성된 조직은?

① 트루스타이트 → 소르바이트 → 펄라이트 → 마텐자이트
② 마텐자이트 → 트루스타이트 → 소르바이트 → 펄라이트
③ 펄라이트 → 소르바이트 → 마텐자이트 → 트루스타이트
④ 마텐자이트 → 펄라이트 → 트루스타이트 → 소르바이트

56. 공구강을 열처리할 때 고려해야 할 사항 중 틀린 것은?

① 공구강의 성능은 담금질에 의해서 좌우된다.
② 담금질한 공구강은 뜨임처리를 해야 한다.
③ 게이지용 강은 담금질과 뜨임처리를 한 후 시효 변화가 많아야 한다.
④ 공구강의 담금질을 하기 전에 탄화물을 구상화하기 위한 풀림을 해야 한다.

해설 게이지용 강은 담금질과 뜨임처리를 한 후 시효 변화가 적어야 한다.

57. 담금질성에 대한 설명으로 틀린 것은?

① 결정입도를 크게 하면 담금질성은 향상된다.
② Mn, Mo, Cr 등을 첨가하면 담금질성은 증가한다.
③ B를 0.0025% 첨가하면 담금질성을 높일 수 있다.
④ 일반적으로 S가 0.04% 이상이면 담금질성이 증가된다.

해설 일반적으로 S가 0.04% 이상이면 담금질성이 감소된다.

58. 냉각제의 냉각속도에 대한 설명으로 옳은 것은?

① 점도가 높을수록 냉각속도가 빠르다.
② 열전도도가 클수록 냉각속도가 빠르다.
③ 휘발성이 높을수록 냉각속도가 빠르다.
④ 기화열이 작고 끓는점이 낮을수록 냉각속도가 빠르다.

59. 다음은 구상화 어닐링의 한 가지 방법이다. A_1 변태점을 경계로 가열 · 냉각을 반복하여 얻을 수 있는 효과는 무엇인가?

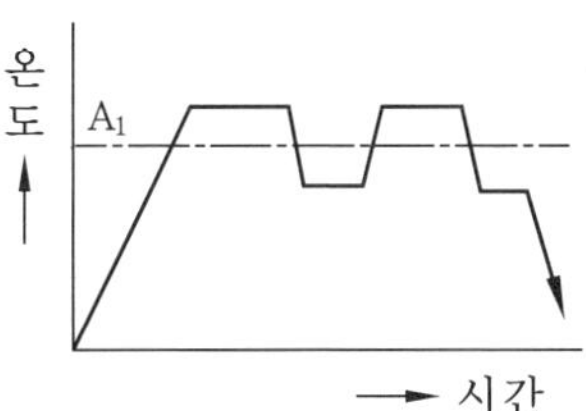

① 망상 Fe_3C를 없앤다.
② Fe_3C의 망상을 크게 한다.
③ 펄라이트를 생성 및 편상화한다.
④ 페라이트와 시멘타이를 층상화한다.

해설 망상 Fe_3C를 구상화한다.

60. SM45C의 담금질 경도(HRC)는 얼마인가?

① 35 ② 60 ③ 85 ④ 100

정답 54. ③ 55. ② 56. ③ 57. ④ 58. ② 59. ① 60. ②

해설 $HRC = C\% \times 100 + 15 = 0.45 \times 100 + 15 = 60$

제4과목 재료시험

61. 다음 어느 조건에서 마모가 가장 많이 일어나는가?

① 표면경도가 낮을 때
② 접촉압력이 작을 때
③ 윤활 상태가 좋을 때
④ 접촉면이 매끄러울 때

62. 균열 성장 및 소성 변형과 같은 재료 내의 변형 과정에서 발생하는 탄성파를 검출함으로써 재료 내의 변화를 알아내어 파괴를 예측하는 비파괴 검사 방법은?

① 누설시험 ② 스트레인 측정
③ 침투 탐상시험 ④ 음향방출시험

63. 응력 측정법에서 스트레스 코팅법에 대한 설명 중 틀린 것은?

① 유효 표점거리가 0이다.
② 목적물의 표면에 대한 어떤 점의 주응력 및 스트레인의 방향을 알 수 있다.
③ 재질, 형상, 하중 작용 방식 등에 관계없이 기계 부품 및 구조물에 응용할 수 있다.
④ 전반적인 스트레스 분포보다 국부적인 분포상태를 알고자 할 때 사용한다.

64. 재료에 대한 강성계수 G를 측정하는 시험법은?

① 피로시험 ② 인장시험
③ 경도시험 ④ 비틀림시험

해설 비틀림시험의 주목적은 재료에 대한 강성계수와 비틀림 강도를 측정하는 데 있다.

65. 미소 경도시험을 적용하는 경우가 아닌 것은?

① 도금층 등의 측정
② 주철품의 표면 측정
③ 절삭공구의 날 부위 경도 측정
④ 시험편이 작고 경도가 높은 부분의 측정

66. 자력 결함 검사에서 교류를 사용하여 표면 결함을 검출할 수 있는 것은 무엇 때문인가?

① 충격 효과 ② 질량 효과
③ 표피 효과 ④ 방사 효과

67. 크리프 시험에서 크리프 곡선의 현상(제1단계–제2단계–제3단계)을 옳게 구분한 것은?

① 감속 크리프–가속 크리프–정상 크리프
② 감속 크리프–정상 크리프–가속 크리프
③ 가속 크리프–정상 크리프–감속 크리프
④ 정상 크리프–가속 크리프–감속 크리프

68. 두께가 t(mm)인 철판을 직경 d(mm)인 원형의 펀치로 전단하여 관통시킬 때 전단응력(τ)을 계산하는 식으로 옳은 것은? (단, P=전단하중, A=전단면적이다.)

① $\tau = \frac{P}{\pi t}$ ② $\tau = \frac{P}{2A}$
③ $\tau = \frac{P}{dt}$ ④ $\tau = \frac{P}{\pi dt}$

정답 61. ① 62. ④ 63. ④ 64. ④ 65. ② 66. ③ 67. ② 68. ④

69. 상대적으로 경한 입자나 미세돌기와의 접촉에 의해 표면으로부터 마모입자가 이탈되는 현상으로 마모면에 긁힘 자국이나 끝이 파인 홈들이 나타나는 마모는?

① 연삭마모
② 응착마모
③ 부식마모
④ 표면 피로마모

70. 다음 방사선 동위원소 중 반감기가 가장 긴 것은?

① Tm−170　　② Co−60
③ Ir−192　　④ Cs−137

해설 Co−60(5.27년), Ir−192(74.4일) Cs−137(30.1년), Tm−170(127일)

71. 직경이 14mm인 인장 시험편을 인장시험하였다. 최대하중 12500kgf에서 파단되었다면, 이때 인장강도는 약 얼마인가?

① 62.5kgf/mm^2
② 78.2kgf/mm^2
③ 81.2kgf/mm^2
④ 92.4kgf/mm^2

해설 인장강도(kgf/mm^2)=최대하중/원단면적

$$=\frac{12500}{7\times7\times3.14}=81.2\text{kgf/mm}^2$$

72. 로크웰 경도시험에서 C 스케일을 사용할 때 시험하중은 몇 kg인가?

① 50　　② 100
③ 150　　④ 200

해설 B 스케일은 100kg, C 스케일은 150kg 이다.

73. 주사전자현미경의 관찰 용도로 적합하지 않은 것은?

① 금속의 피로파단면
② 금속의 표면 마모상태
③ 금속기지 중의 석출물
④ 금속재료의 패턴(patterm) 분석

74. 결정입도 측정에 대한 설명으로 틀린 것은?

① 입자 크기가 모든 방향으로 동일한지 판정할 필요가 있다.
② 결정립계나 입자평면의 부식을 잘 해야 측정에 유리하다.
③ 입자 크기는 현미경 배율에 따라 차이가 없으므로 배율을 중요하지 않다.
④ 평균입도를 얻기 위해서 서로 다른 장소에서 최소한 3번 정도 측정해야 한다.

해설 입자 크기는 현미경 배율에 따라 차이가 있으므로 배율을 중요시해야 한다.

75. 설퍼 프린트법에 의한 황편석 분류에서 역편석의 기호는?

① S_C　　② S_I　　③ S_N　　④ S_D

해설 S_c : 중심부편석, S_{co} : 주상편석, S_N : 정편석, S_I : 역편석, S_D : 점편석

76. 재료를 파괴하여 인성이나 취성을 시험하는 시험 방법은?

① 충격시험　　② 비틀림시험
③ 마모시험　　④ 경도시험

77. 취성재료 압축시험에서 ASTM이 추천한 봉상단주형 시편의 높이(h)와 직경(d)의 비는 어느 정도가 가장 적당한가?

정답 69. ① 70. ④ 71. ③ 72. ③ 73. ④ 74. ③ 75. ② 76. ① 77. ④

① $h = 10d$　② $h = 5d$
③ $h = 3d$　④ $h = 0.9d$

해설 단주 시편(h=0.9d), 중주 시편(h=3d), 장주 시편(h=10d)

78. 임의의 원소에 대해 격자간 거리와 결정 구조를 결정하기 위한 시험은?

① 불꽃 시험법
② 응력 측정법
③ 염수 분무 시험법
④ X-선 회절 시험법

79. 안전보건교육의 단계별 3종류에 해당하지 않는 것은?

① 기초교육　② 지식교육
③ 기능교육　④ 태도교육

80. 동(Cu), 황동, 청동 등의 부식제로 사용되는 것은?

① 염화 제2철 용액
② 수산화 나트륨 용액
③ 피크린산 알코올 용액
④ 질산 아세트산 용액

해설 Cu 합금은 염화 제2철 용액, Al 합금은 수산화 나트륨 용액, 탄소강은 피크린산 알코올 용액, 질산 알코올 용액이 부식제로 사용된다.

정답 78. ④　79. ①　80. ①

2017년 9월 19일 출제문제

금속재료산업기사

제1과목 금속재료

1. 특수강에서 담금질성의 개선 및 경화능을 가장 크게 향상시 키는 것은?

① B ② Cr ③ Ni ④ Cu

해설 Mo<Mn<Cr<B 순으로 담금질성이 크다.

2. 22K(22carat)는 순금의 함유량이 약 몇 % 인가?

① 25% ② 58.3%
③ 75% ④ 91.7%

해설 22/24(순금100%)×100 ≒ 91.7%

3. 상온에서 열팽창계수가 매우 작아 표준자, 섀도 마스크, IC 기판 등에 사용되는 36% Ni–Fe 합금은?

① 인바(Invar)
② 퍼멀로이(Permalloy)
③ 니칼로이(Nicalloy)
④ 하스텔로이(Hastelloy)

해설 인바는 Ni 35~36%, C 0.1~0.3%, Mn 0.4%와 Fe의 합금으로 불변강이며, 바이메탈, 시계진자, 줄자, 계측기 부품 등에 사용된다.

4. 금속간 화합물에 대한 설명으로 틀린 것은?

① 낮은 용융점을 갖는다.
② 용융상태에서 존재하지 않는다.
③ 간단한 원자비로 결합되어 있다.
④ 탄소강에서는 Fe_3C가 대표적이다.

해설 금속간 화합물은 각 성분보다 높은 용융점을 갖는다.

5. 베어링 합금으로 사용되는 대표적인 Cu–Pb 합금은?

① KM 합금(KM alloy)
② 켈밋(Kelmet)
③ 자마크 2(ZAMAK 2)
④ 활자 금속(Type metal)

해설 베어링 합금으로 켈밋은 Cu–Pb계, 배빗 메탈은 Cu–Sn계 합금이다.

6. 고망간강이라 불리며, 대표적인 내마모성강으로 Mn이 약 12% 함유된 강은?

① 크롬강
② 해드필드강
③ 오스테나이트 스테인리스강
④ 마텐자이트 스테인리스강

7. 철강의 5대 원소에 해당되지 않는 것은?

① S ② Si ③ Mn ④ Mg

해설 철강의 5대 원소 : C, Si, Mn, P, S

8. 실용되고 있는 형상기억합금계는?

① Ag–Cu계 ② Co–Al계
③ Ti–Ni계 ④ Co–Mn계

해설 형상기억합금은 Ti(50%)–Ni(50%)

정답 1. ① 2. ④ 3. ① 4. ① 5. ② 6. ② 7. ④ 8. ③

9. 구상흑연주철 제조 시 편상흑연을 구상화하기 위한 구상화제에 해당되지 않는 것은?

① Mg ② Ca
③ Ce ④ Sn

해설 구상화제에는 Mg, Ce, Ca이 있다.

10. 오스테나이트계 스테인리스강의 특성이 아닌 것은?

① 내식성이 우수하다.
② 강자성체이며 인성이 풍부하다.
③ 가공이 쉽고 용접도 비교적 용이하다.
④ 염산, 염소 가스, 황산 등에 의해 입계부식이 발생하기 쉽다.

해설 비자성체이며 인성이 풍부하다.

11. 어떤 물질이 일정한 온도, 자장, 전류밀도 하에서 전기저항 이 0이 되는 현상은?

① 초투자율 ② 초저항
③ 초전도 ④ 초전류

12. 순철의 냉각 시 결정 구조가 FCC→BCC로 변화하는 동소변태는?

① A_4 변태 ② A_3 변태
③ A_2 변태 ④ A_1 변태

해설 냉각 시 A_3 변태(910℃)는 γ−Fe(FCC)→α−Fe(BCC)로 변화한다.

13. 항공기용 소재에 사용되는 Al−Cu−Mg−Mn 합금은?

① 실루민
② 라우탈
③ 네이벌
④ 두랄루민

14. 방진(제진)합금을 방진기구에 따라 나눌 때 이러한 기구의 종류에 해당되지 않는 것은?

① 쌍정형 ② 전위형
③ 복합형 ④ 상자성체

해설 방진기구는 쌍정형, 강자성체, 전위형, 복합형으로 분류한다.

15. 이온화 경향이 가장 큰 원소는?

① Ca ② Zn
③ Fe ④ Mg

해설 이온화 경향은 K>Ca>Na>Mg>Al>Zn>Cr>Fe 순서이다.

16. 전열합금에 요구되는 특성으로 옳은 것은?

① 전기저항이 클 것
② 열팽창계수가 클 것
③ 고온강도가 작을 것
④ 저항의 온도 차가 클 것

17. Mg 합금의 특징으로 옳은 것은?

① 상온 변형이 가능하다.
② 고온에서 비활성이다.
③ 감쇠능이 주철보다 크다.
④ 치수 안정성이 떨어진다.

18. 탄소강에 함유되는 원소의 영향 중 Fe와 화합하여 생성된 화합물로 적열취성의 원인이 되며, 함유량이 0.02% 이하일지라도 연신율, 충격치 등을 저하시키는 원소는?

① Mn ② Si
③ P ④ S

해설 적열취성 : S, 청열취성 : P

정답 9. ④ 10. ② 11. ③ 12. ② 13. ④ 14. ④ 15. ① 16. ① 17. ③ 18. ④

19. 양은(Nickel silver)의 합금 성분계로 맞는 것은?

① Cu－Ni－Zn ② Cu－Mn－Ag
③ Al－Ni－Zn ④ Al－Ni－Ag

20. 철강을 냉간가공할 때 경도가 증가하는 주된 이유는?

① 전위가 증가하기 때문
② 부피가 감소하기 때문
③ 무게가 증가히기 때문
④ 밀도가 감소하기 때문

제2과목 금속조직

21. Fe－C 평형 상태도에서 탄소량이 0.5%인 아공석강의 펄라이트 중 페라이트 양은 약 얼마인가? (단, 공석 조성은 탄소량 0.8%, A_1온도 이하에서 페라이트의 탄소 고용도를 0%, Fe_3C는 탄소함량 6.67%로 계산한다.)

① 15.5% ② 23.5% ③ 37.5% ④ 62.5%

해설 초석 페라이트(α－Fe)

$$=\frac{0.8-0.5}{0.8-0}\times 100 \fallingdotseq 37.5\%$$

펄라이트(P)＋페라이트(F)＝100%이므로, 100－37.5＝62.5%이다.

22. 순금속이나 합금에서 확산에 의해 나타나는 현상이 아닌 것은?

① 침탄 ② 상변화
③ 구상화 ④ 마텐자이트화

23. 오스테나이트에서 펄라이트로의 변태 중 결정입도의 영향에 대한 설명으로 틀린 것은?

① 핵 생성은 에너지가 높은 장소에서 일어난다.
② 펄라이트의 핵생성은 대부분 결정입계에서 일어난다.
③ 펄라이트 층간 간격은 변태온도에 의해 결정된다.
④ 오스테나이트의 결정립이 조대할수록 미세한 펄라이트 조직으로 된다.

해설 오스테나이트의 결정립이 조대할수록 조대한 펄라이트 조직으로 된다.

24. 회복 과정에서 축적에너지의 크기에 영향을 주는 인자가 아닌 것은?

① 가공도 ② 가공온도
③ 응고온도 ④ 결정입도

해설 냉간가공 시 축적에너지의 크기에 영향을 주는 인자는 합금원소, 가공도, 가공온도, 결정입도 등이다.

25. 순금속 중에 같은 종류의 원자가 확산하는 현상은?

① 자기확산 ② 입계확산
③ 상호확산 ④ 표면확산

해설
- 입계확산 : 면결함의 하나인 결정립계에서의 단회로 확산
- 상호확산 : 다른 종류의 원자 접촉에서 서로 반대 방향으로 이루어지는 확산
- 자기확산 : 단일 금속 내에서 동일 원자 사이에 일어나는 확산
- 불순물 확산 : 불순물 원자의 모재 내에서의 확산
- 표면확산 : 면결함의 하나인 표면에서의 단회로 확산

26. 구리판을 철강나사로 체결하여 사용할 때 서로 다른 금속 사이에 작용하는 부식은?

정답 19. ① 20. ① 21. ③ 22. ④ 23. ④ 24. ③ 25. ① 26. ④

① 공석 ② 입계부식
③ 응력부식 ④ 전류부식

27. 0.18% C 강을 1500℃[δ+L(융액)]에서 오스테나이트(γ)까지 서랭하였을 때 일어날 수 있는 반응은?

① 편정반응 ② 공정반응
③ 공석반응 ④ 포정반응

해설 • 포정반응 : L(융액)+α(고상)$\rightleftarrows\beta$(고상)
• 공석반응 : γ(고상)$\rightleftarrows\alpha$(고상)+β(고상)
• 편정반응 : L_1(융액)$\rightleftarrows L_2$(융액)+S(고상)

28. 고온에서 불규칙 상태의 고용체를 서랭 시 규칙격자가 형성되기 시작하는 온도는?

① 재결정 온도 ② 임계온도
③ 응고온도 ④ 전이온도

29. 다음 중 탄화물을 형성하는 합금원소는?

① Al ② Mn ③ Ta ④ Ni

해설 소결 합금공구강으로 WC, TaC, TiC 등 초경탄화물로 구성되어 있다.

30. 다음 3원 상태도에서 A, B, C 상이 P점에서 평형을 이루었다면 B의 양은?

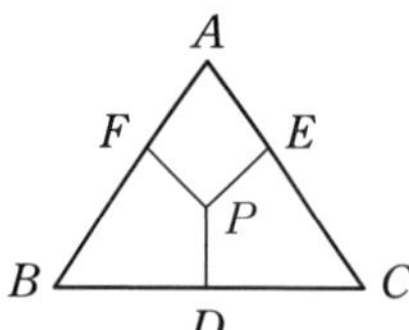

① $\overline{PE}$ ② $\overline{PF}$
③ $\overline{PD}$ ④ $\overline{AF}$

해설 P점에서 각 변에 수직선을 그으면 각 변의 길이가 각 성분의 조성 %가 된다.
$\overline{PD}=A\%$, $\overline{PE}=B\%$, $\overline{PF}=C\%$

31. 킹크밴드(kink band)를 형성하기 쉬운 금속은?

① Cr ② Zn
③ V ④ Mo

해설 Cd, Zn과 같은 HCP에서는 킹크밴드가 나타난다.

32. 전위와 버거스 벡터에 대한 설명으로 틀린 것은?

① 나사전위와 버거스 벡터의 방향은 평행하다.
② 칼날전위와 버거스 벡터의 방향은 평행하다.
③ 나사전위의 슬립 방향은 버거스 벡터의 방향과 평행하다.
④ 전위를 동반하는 격자 뒤틀림의 크기와 방향은 버거스 벡터로 나타낸다.

해설 칼날 전위선은 버거스 벡터와 수직이다.

33. 규칙-불규칙 변태에 대한 설명으로 옳은 것은?

① 일반적으로 규칙화의 진행과 함께 강도가 증가한다.
② 규칙상은 상자성체이나 불규칙상은 강자성체이다.
③ 일반적으로 규칙화의 진행과 함께 탄성계수는 작아진다.
④ 규칙도가 큰 합금은 비저항이 크고, 불규칙이 됨에 따라 비저항이 작아진다.

34. 금속의 강화기구가 아닌 것은?

① 분산강화 ② 석출강화
③ 재결정 강화 ④ 고용체 강화

해설 강화기구 : 고용체 강화, 석출강화, 분산강화, 결정립 미세화 강화, 변형강화

정답 27. ④ 28. ④ 29. ③ 30. ① 31. ② 32. ② 33. ① 34. ③

35. Fe 단결정을 변압기의 철심재료로 사용할 때 압연 방향이 어떤 방향인 경우 자기손실이 최소가 되는가?

① [111] ② [011]
③ [110] ④ [100]

36. 금속의 응고점 이하에서부터 응고가 시작되면 액체 중의 원자가 모여 매우 작은 입자를 형성하는 것은?

① 엔탈피 ② 단위포
③ 엠브리오 ④ 결정격자

해설 엠브리오(embryo)는 임계핵의 반지름 이하 크기의 고상 입자이다.

37. 다음 중 회복 과정과 관련이 없는 것은?

① 크리프(creep)
② 서브결정(subgrain)
③ 서브입계(subboundary)
④ 폴리고니제이션(polygonization)

38. 전위의 상승운동에 대한 설명으로 틀린 것은?

① 페라이트+층상 펄라이트
② 시멘타이트+오스테나이트
③ 오스테나이트+레데브라이트
④ 시멘타이트+층상 펄라이트

39. 침입형 원자가 원자공공과 한 쌍으로 되어 있는 결함은?

① 쌍정 ② 크라우디온
③ 프렌켈 결함 ④ 쇼트키 결함

해설 • 쇼트키 결함(shottky defect) : 원자공공은 결정의 격자점에 원자가 들어 있지 않은 것
• 프렌켈 결함 : 격자간 원자와 원자공공이 한 쌍으로 된 결함
• 크라우디온 : 가장 조밀한 방향에 한 개 여분의 원자가 들어 있는 것

40. 상온에서 α-Fe의 슬립면과 방향은?

① (111), [110] ② (110), [111]
③ (100), [111] ④ (111), [100]

해설 α-Fe : (110), [111], γ-Fe : (111), [110]

제3과목 금속열처리

41. 탄소강을 담금질할 때 재료 외부와 내부의 담금질 효과가 다르게 나타나는 현상은?

① 질량 효과 ② 노치 효과
③ 천이 효과 ④ 피니싱 효과

42. 구상흑연주철에서 불림(normalizing)처리의 온도와 냉각 방법은?

① 900℃ 가열처리 후 공랭
② 700℃ 가열처리 후 유랭
③ 600℃ 가열처리 후 공랭
④ 500℃ 가열처리 후 서랭

43. 과공석강을 완전 어닐링(full annealing)하여 얻을 수 있는 조직으로 옳은 것은?

① 페라이트+층상 펄라이트
② 시멘타이트+오스테나이트
③ 오스테나이트+레데브라이트
④ 시멘타이트+층상 펄라이트

정답 35. ④ 36. ③ 37. ① 38. ④ 39. ③ 40. ② 41. ① 42. ① 43. ④

44. 알루미늄, 마그네슘 및 그 합금의 질별 기호에 대한 정의로 옳은 것은?

① T : 용체화 처리한 것
② W : 가공경화한 것
③ H : 어닐링한 것
④ F : 제조한 그대로의 것

해설 F(제조한 그대로의 상태), H(냉간가공경화 상태), O(어닐링 상태), W(용체화 처리 상태), T(담금질하지 않고 시효한 상태)

45. 고주파 경화법에서 유도 전류에 의한 발생열의 침투 깊이(d)를 구하는 식으로 옳은 것은? (단, ρ는 강재의 비저항($\mu\Omega \cdot cm$), μ는 강재의 투자율, f는 주파수(Hz)이다.)

① $d = 5.03 \times 10^2 \frac{\rho}{\mu \cdot f} [cm]$

② $d = 5.03 \times 10^2 \sqrt{\frac{\rho}{\mu \cdot f}} [cm]$

③ $d = 5.03 \times 10^3 \frac{\rho}{\mu \cdot f} [cm]$

④ $d = 5.03 \times 10^3 \sqrt{\frac{\rho}{\mu \cdot f}} [cm]$

46. 침탄법에 비해 질화 처리법의 특징으로 틀린 것은?

① 취화되기 쉽다.
② 열처리가 필요 없다.
③ 경화에 의한 변형이 적다.
④ 처리강의 종류에 제한을 받지 않는다.

해설 순철, 탄소강, Ni강 등은 질화처리를 하여도 높은 경도를 얻기가 힘들어 종류에 제한을 받는다.

47. 고체 침탄제의 구비 조건이 아닌 것은?

① 고온에서 침탄력이 강해야 한다.
② 침탄성분 중 P, S 성분이 적어야 한다.
③ 장시간 사용해도 동일 침탄력을 유지하여야 한다.
④ 침탄 시 용적 변화가 크고 침탄 강재 표면에 고착물이 융착되어야 한다.

해설 침탄시 용적 변화가 작고 침탄 강재 표면에 고착물이 융착되지 말아야 한다

48. 마텐자이트 변태의 일반적인 특징으로 틀린 것은?

① 마텐자이트는 고용체의 단일상이다.
② 마텐자이트 변태는 확산에 의한 변태이다.
③ 마텐자이트 변태를 하면 표면기복이 생긴다.
④ 오스테나이트와 마텐자이트 사이에는 일정한 결정 방위 관계가 있다.

해설 마텐자이트 변태는 무확산에 의한 변태이다.

49. 열전대 종류 중 사용한도가 1400℃까지 사용 가능한 것은?

① K(CA)형　② T(CC)형
③ J(IC)형　④ R(PR)형

해설 K(CA)형은 1000℃, T(CC)형은 300℃, J(IC)형은 600℃, R(PR)형은 1400℃까지 사용이 가능하다.

50. 열처리할 때 국부적으로 경화되지 않는 연점(softspot)이 발생하는 경우는?

① 소금물을 사용할 때
② 냉각액의 양이 많을 때
③ 오일의 냉각액을 사용할 때
④ 수랭 중 기포가 부착되었을 때

정답 44. ④　45. ④　46. ④　47. ④　48. ②　49. ④　50. ④

51. 탄화물을 피복하는 TD 처리(Toyota Diffusion)의 특징으로 틀린 것은?

① 처리온도가 낮아 용융염욕 중에서는 사용할 수 없다.
② 설비가 간단하고 처리품의 조작이 자유롭다.
③ 높은 경도와 우수한 내소착성이 있다.
④ 확산법에 의한 탄화물 피복법이다.

해설 TD 처리는 용융염 침적법이다.

52. 담금질는 처리 후 경도 부족이 발생하는 원인을 설명한 것 중 틀린 것은?

① 담금질 시 냉각속도가 임계냉각속도보다 빠른 경우
② 담금질 개시온도가 너무 낮아진 경우
③ 과도한 잔류오스테나이트로 인한 경우
④ 담금질 시 가열 온도가 너무 낮은 경우

해설 담금질 시 냉각속도가 임계냉각속도보다 느려서 페라이트가 석출된 경우에 경도 부족이 발생한다.

53. 강을 열처리 시 산화에 기인되는 것이 아닌 것은?

① 탈탄
② 고운 표면
③ 경도 불균일
④ 담금질 시 균열 발생

54. 강의 경화능을 향상시킬 수 있는 방법으로 가장 적당한 것은?

① 질량 효과를 크게 한다.
② 담금질성을 증가시키는 Co, V 등을 첨가한다.
③ 오스테나이트의 결정입자를 크게 한다.
④ 직경이 작은 제품보다 큰 제품을 열처리한다.

55. 단일 제어계로 전자 접촉기, 전자 릴레이 등을 결합시켜 전기를 공급하는 방식은?

① 비례 제어식
② 정치 제어식
③ 프로그램 제어식
④ 온 오프(on – off)식

해설
- 비례 제어식 : 온오프의 시간비를 편차에 비례하는식
- 정치 제어식 : 전기로의 전기회로를 2회로 분할하여 전력을 제어하는 방법
- 프 로그램 제어식 : 캠을 이용하는 온도 제어 방식
- 온 오프식 : 전원의 단속으로 제어하는 식

56. 베이나이트(bainite) 담금질의 항온 열처리 작업 시 처리하는 온도 범위로 맞는 것은?

① Ar″이하　② Ms 직하
③ Ms~Mf　④ Ar′~Ar″

57. 실온에서 담금질할 때 공석강에 마텐자이트로 변태하지 않고 남아 있는 것은?

① 잔류 오스테나이트　② 트루스타이트
③ 시멘타이트　④ 페라이트

58. 탄소강을 담금질할 때 열전달 속도가 가장 빠르고 금속 표면의 온도가 약간 감소하여 연속적으로 증기막이 붕괴되는 단계는?

① 증기막 단계
② 비등단계
③ 대류단계
④ 특성단계

해설 증기막 단계(증기막 형성), 비등단계(증기막 파괴), 대류단계(급격한 온도 변화)

정답 51. ① 52. ① 53. ② 54. ③ 55. ④ 56. ④ 57. ① 58. ②

59. 담금질 한 강에 강인성을 주기 위해 실시하는 열처리 방법은?

① 퀜칭 ② 템퍼링
③ 어닐링 ④ 노멀라이징

60. 화학적 증착법(CVD)에 관한 설명으로 틀린 것은?

① 가스반응을 이용하여 금속, 탄화물, 질화물, 산화물 및 황화물 등을 피복하는 방법이다.
② 저온에서 행하므로 기판 및 모재의 제한이 없고 금속결합을 하므로 밀착강도가 강하다.
③ 반응물질로 염화물 등의 할로겐화물이 사용되며 결정성이 양호한 코팅막을 얻을 수 있다.
④ 피막의 밀착성이 물리적 증착법(PVD)에 비해 양호하며 균일한 코팅을 얻을 수 있다.

해설 고온에서의 부식 문제, 내열성 등으로 모재의 제한이 있다.

제4과목 재료시험

61. 강의 비금속 재재물 측정 방법(KS D0204)에서 그룹 A에 해당하는 것은?

① 황화물 종류 ② 규산염 종류
③ 구형산화물 종류 ④ 알루민산염 종류

해설 황화물계(A형), 규산염계(C형), 알루민산계(B형)

62. KS B0801에서는 다음 표와 같이 금속재료 인장 시험편 4호 봉강의 규격을 규정하고 있다. 표에서 연신율 측정의 기준이 되는 것은?

직경 (*D*)	표점 거리 (*L*)	평행부 길이 (*P*)	어깨부의 반지름(*R*)	비고 (단위)
14	50	60	15 이상	mm

① 직경 ② 표점거리
③ 평행부의 길이 ④ 어깨부의 반지름

63. 피로한도 및 피로수명에 대한 설명으로 틀린 것은?

① 직경이 크면 피로한도는 작아진다.
② 노치가 있는 시험편의 피로한도는 작다.
③ 표면이 거친 것이 고운 것보다 피로한도가 커진다.
④ 피로수명이란 피로파괴가 일어나기까지의 응력-반복 횟수를 말한다.

해설 표면이 거친 것이 고운 것보다 피로한도가 작다.

64. KS B0804의 금속재료 굽힘시험에 사용되는 직사각형 시험편의 모서리 부분은 반지름이 시험편 두께의 얼마를 넘지 않도록 라운딩하여야 하는가?

① 1/2 ② 1/3 ③ 1/5 ④ 1/10

65. 크리프 시험은 재료에 일정한 하중을 가하고 일정한 온도에서 장시간 유지하면서 시간이 경과함에 따라 재료의 어떤 성질을 측정하는 것인가?

① 강도(strength) ② 연성(ductility)
③ 변형(strain) ④ 탄성(elasticity)

해설 시험편에 일정한 하중을 가하였을 때 시간의 경과와 더불어 증대하는 변형량을 측정하는 시험을 크리프 시험(creep test)이라고 한다.

정답 59. ② 60. ② 61. ① 62. ② 63. ③ 64. ④ 65. ③

66. 압축 시험기에서 KS B5533 시험기에 대한 명판 기재와 검사 보고서로 나눌 때 명판 기재 사항이 아닌 것은?

① 설치장소 ② 스트로크
③ 칭량의 종류 ④ 시험기의 형식

67. 펄스 반사법에 따라 초음파 탐상시험 방법(KS B0817)에서 탐상도형의 표시 기호 중 기본 기호가 아닌 것은?

① A ② B
③ T ④ W

해설 T : 초기 펄스(송신 펄스), F : 결함 에코, B : 바닥면 에코(저면 에코), S : 표면 에코(전면 에코), W : 옆면 에코

68. 경도시험에서 해머를 재료 표면에 낙하시켜 튀어오르는 반발 높이에 의하여 측정하는 반발식 경도는?

① 쇼어 경도 ② 브리넬 경도
③ 로크웰 경도 ④ 비커즈 경도

69. 다음 비파괴 시험법 중 내부 결함의 검출에 가장 적합한 것은?

① 방사선 투과시험
② 침투 탐상시험
③ 자분 탐상시험
④ 와전류 탐상시험

70. 물건이 떨어지거나 날아와서 사람이 맞는 경우의 상해는?

① 전도 및 도피 ② 낙하 및 비래
③ 붕괴 및 골절 ④ 파열 및 충돌

71. 로크웰 경도기를 이용한 경도시험에서 C 스케일에 사용하는 다이아몬드 원추의 각도와 기준 하중은?

① 120°, 100kgf
② 136°, 15kgf
③ 120°, 10kgf
④ 136°, 150kgf

72. 정량 조직 검사를 통하여 얻을 수 있는 정보가 아닌 것은?

① 조직의 형태
② 금속재료의 성분
③ 존재하는 상의 종류
④ 개재물이나 결정입도의 크기

73. 설퍼 프린트(sulfur print)는 철강재료의 무엇을 알기 위한 실험인가?

① 탄소의 분포상태와 편석
② 규소의 분포상태와 편석
③ 망간의 분포상태와 편석
④ 황의 분포상태와 편석

74. 원형선단을 갖는 펀치를 원판 시험면에 접촉시키고 작은 시험기의 압축장치로 가압하여 하중을 측정하고 시편의 연성을 측정하기 위한 시험은?

① 마모시험
② 크리프 시험
③ 에릭센 시험
④ 스프링 시험

해설 에릭센 시험(커핑시험)에 대한 설명이다.

정답 66. ① 67. ① 68. ① 69. ① 70. ② 71. ③ 72. ② 73. ④ 74. ③

75. 샤르피 충격시험 시 시편의 흡수에너지 E의 계산식으로 옳은 것은? (단, W=충격시험에 사용되는 해머의 중량(kg), R=해머의 회전중심에서 무게중심까지의 거리(m), α=들어 올린 해머의 각도, β=시험편 절단 후 올라간 해머의 각도이다.)

① $E=WR(\cos\beta-\cos\alpha)$
② $E=WR(\cos\beta+\cos\alpha)$
③ $E=WR(\sin\beta-\sin\alpha)$
④ $E=WR(\sin\beta+\sin\alpha)$

76. 금속재료의 단축 압축시험 과정에서 갖추어야 할 사항이 아닌 것은?

① 시험편의 양단면은 완전 평면상태로 서로 평행하여야 한다.
② 주철의 압축시험은 시험편이 대각선으로 전단되는 순간 시험기를 정지시켜야 한다.
③ 비교적 연성재료의 압축시험은 시험편이 좌굴 또는 측면의 팽창부에 균열이 발생한 후에도 계속 시험한다.
④ 고강도 취성재료는 압축파괴 시 시험편의 파편이 비산하므로 시험편 주위에 안전망을 설치하고 시험해야 한다.

77. 금속재료의 현미경 조직 검사에서 황동(Brass)이나 청동(bronze)에 대한 부식용 시약으로 적합한 것은?

① 왕수 용액
② 염화 제2철 용액
③ 질산-알코올 용액
④ 수산화 나트륨 용액

해설 철강은 질산-알콜 용액, Au, Pt(왕수 용액), Al 합금(수산화 나트륨 용액), Cu 리 합금(염화 제2철 용액)

78. 강재의 재질 판별법 중의 하나인 불꽃시험 시 시험 통칙에 대한 설명으로 틀린 것은?

① 유선의 관찰 시 색깔, 밝기, 길이, 굵기 등을 관찰한다.
② 바람의 영향을 피하는 방향으로 불꽃을 방출시킨다.
③ 0.2% 탄소강의 불꽃 길이가 500mm 정도의 압력을 가한다.
④ 시험장소는 개인의 작업 안전을 위하여 직사광선이 닿는 밝은 실내가 좋다.

해설 시험장소는 직사광선이 닿지 않는 어두운 실내 공간이 적합하다.

79. 마모 현상에 대한 설명으로 틀린 것은?

① 접촉압력이 클수록 마모저항은 작다.
② 마모 변질층은 모체 금속의 결정 구조와 같다.
③ 진공 상태에서는 대기보다 마모저항이 크다.
④ 고주파 담금질 처리된 강은 마모 손실이 적다.

해설 마모 변질층은 모체 금속의 결정 구조와 다르다.

80. 다음 중 비파괴 검사의 목적이 아닌 것은?

① 제품에 대한 신뢰성의 향상
② 비파괴 시험기의 결함 발견
③ 제조 기술 개선 및 제품의 수명 연장
④ 불량률 감소에 따른 생산 원가 절감

정답 75. ① 76. ③ 77. ② 78. ④ 79. ② 80. ②

2018년도 출제문제

2018년 3월 2일 출제문제

금속재료산업기사

제1과목 금속재료

1. 저융점 합금의 금속 원소로 사용되지 않는 것은?

① Zn ② Pb ③ Mo ④ Sn

해설 Mo은 2700℃의 고융점 금속이다.

2. 보자력이 큰 경질 자성재료에 해당되는 것은?

① 희토류계 자석 ② 규소강판
③ 퍼멀로이 ④ 센더스트

해설 • 경질 자성재료 : 알니코 자석, 페라이트 자석, 희토류 자석
• 연질 자성재료 : Si강판, 퍼멀로이, 센더스트

3. 36% Ni, 12% Cr이 함유된 철합금으로 온도 변화에 따른 탄성율의 변화가 거의 없어 지진계의 부품, 정밀 저울의 스프링 등에 사용되는 것은?

① 칸달(kanthal)
② 인바(invar)
③ 엘린바(elinvar)
④ 슈퍼인바(super invar)

해설 • 인바(invar) : 36% Ni, 0.1~0.3% Co, 0.4% Mn, 나머지 Fe로 된 합금
• 슈퍼인바(super invar) : 30~32% Ni, 4~6% Co 및 나머지 Fe을 함유한 합금
• 칸달(kanthal) : 22% Cr, 4.5~5.5% Al, 나머지 Fe로 된 합금

4. 탄소강에서 가장 취약해지는 청열취성이 나타나는 온도 구간으로 옳은 것은?

① 50~100℃
② 200~300℃
③ 350~450℃
④ 500~600℃

해설 청열취성은 200~300℃, 적열취성은 500~600℃에서 나타난다.

5. 금속재료를 냉간가공할 때 성질 변화에 대한 설명 중 틀린 것은?

① 항복강도가 증가한다.
② 피로강도가 증가한다.
③ 전기 전도율이 커진다.
④ 격자가 변형되어 이방성을 가지게 된다.

해설 냉간가공으로 전기 전도율은 감소한다.

6. 다음 중 전기 비저항이 가장 큰 것은?

① Ag ② Cu
③ W ④ Al

정답 1. ③ 2. ① 3. ③ 4. ② 5. ③ 6. ③

7. 일반적인 분말야금 공정의 순서가 옳게 나열된 것은?

① 성형→분말제조→소결→후가공
② 분말제조→성형→소결→후가공
③ 성형→소결→분말제조→후가공
④ 분말제조→후가공→소결→성형

8. 중(重)금속에 해당하는 것은?

① Al ② Mg ③ Be ④ Cu

해설 중금속은 비중이 5보다 크다.
Al(2.74), Mg(1.74), Be(1.84), Cu(8.96)

9. 수소저장합금에 대한 설명으로 틀린 것은?

① 에틸렌을 수소화할 때 촉매로 쓸 수 있다.
② 수소를 흡수 · 저장할 때 수축하고, 방출 시 팽창한다.
③ 저장된 수소를 이용할 때에는 금속수소화물에서 방출시킨다.
④ 수소가 방출되면 금속수소화물은 원래의 수소저장합금으로 되돌아간다.

해설 수소저장합금은 수소를 흡장할 때 팽창하고, 방출할 때 수축한다.

10. 다이스강보다 더 우수한 금형재료이고, 소형물에 주로 사용하며 그 기호를 SKH로 사용하는 강은?

① 탄소공구강 ② 합금공구강
③ 고속도공구강 ④ 구상흑연주철

11. 내열용 Al 합금으로서 조성은 Al–Cu–Mg–Ni이며, 주로 피스톤에 사용되는 합금은?

① Y 합금
② 켈밋
③ 오일라이트
④ 화이트메탈

12. 순철을 상온에서부터 가열할 때 체적이 수축하는 변태점은?

① A_1점 ② A_2점 ③ A_3점 ④ A_4점

13. 오스테나이트계 스테인리스강을 500~800℃로 가열하면 입계부식의 원인이 되는 것은?

① Fe_3O_4 ② $Cr_{23}C_6$
③ Fe_2O_3 ④ Cr_2O_3

14. 6:4 황동에 Fe, Mn, Ni, Al 등의 원소를 첨가한 고강도 황동의 특징을 설명한 것 중 틀린 것은?

① 취성이 증가한다.
② 내해수성이 증가한다.
③ 방식성이 우수하다.
④ 대부분이 주물용이다.

해설 강도가 증가한다.

15. 금속을 상온에서 압연이나 딥드로잉(deep drawing)과 같은 소성변형한 후 비교적 낮은 온도에서 가열하여 강도가 증가하고 연성이 감소하는 현상을 무엇이라고 하는가?

① 확산 현상
② 변형 시효 현상
③ 가공경화 현상
④ 질량 효과 현상

정답 7. ② 8. ④ 9. ② 10. ③ 11. ① 12. ③ 13. ② 14. ① 15. ②

16. 탄소강 중에 존재하는 5대 원소에 대한 설명 중 틀린 것은?

① 탄소량의 증가에 따라 인장강도, 경도 등이 증가된다.
② Mn은 고온에서 결정립 성장을 억제시키며, 주조성을 좋게 한다.
③ Si는 결정립을 미세화하여 가공성 및 용접성을 증가시킨다.
④ S의 함유량은 공구강에서 0.03% 이하,연강에서는 0.05% 이하로 제한한다.

해설 Si는 결정립을 조대화시키고 가공성 및 용접성을 해친다.

17. 소성합금에 관한 설명으로 틀린 것은?

① 내마모성이 높다.
② 사용되는 합금으로 카보로이(Carboloy), 미디아(Media) 등이 있다.
③ 고온경도 및 강도가 양호하여 고온에서 변형이 적다.
④ 사용 목적과 용도에 따라 재질의 종류와 형상이 단순하고, 초경합금으로 SnC가 많이 사용된다.

18. 고로에서 출선한 용선에 산소를 불어넣어 탄소와 규소 등의 불순물을 산화제거하여 강을 만드는 제강법은?

① 전로 제강법 ② 평로 제강법
③ 전기로 제강법 ④ 도가니로 제강법

19. 해드필드(hadfield)강에 대한 설명으로 옳은 것은?

① 페라이트계 강이다.
② 항복점은 높으나 인장강도는 낮다.
③ 열처리 후 서랭하면 결정립계에 M_3C가 석출되어 인성을 높여준다.
④ 열전도성이 나쁘고, 팽창계수가 커서 열 변형을 일으키기 쉽다.

20. 구상흑연주철에 대한 설명으로 틀린 것은?

① 불스아이(Bull's eye) 조직을 갖는다.
② 바탕조직 중에 8~10%의 구상흑연이 존재한다.
③ 구상화 처리 후 접종제로는 Si-Zn이 사용된다.
④ 구상화 용탕 처리에서 처리 시간이 길어지면 구상화 효과가 없어지는데, 이것을 Fading 현상이라 한다.

해설 구상흑연주철은 Mg이나 Ce을 첨가하여 구상화 처리한 주철이다.

제2과목 금속조직

21. 금속의 탄성계수에 대한 설명 중 옳은 것은?

① 원자간 거리가 증가하면 탄성률은 증가한다.
② 탄성계수는 온도가 증가할수록 증가한다.
③ 탄성계수는 미세조직의 변화에 따라 크게 변화한다.
④ 일축 변형율에 대한 측면 변형율의 비를 프아송의 비(poisson's ratio)라 한다.

22. 순철의 변태가 아닌 것은?

① A_1점 ② A_2점
③ A_3점 ④ A_4점

해설 순철의 변태점 : A_4(1400℃), A_3(910℃), A_2(768℃)

정답 16. ③ 17. ④ 18. ① 19. ④ 20. ③ 21. ④ 22. ①

23. 규칙–불규칙 변태의 성질에 대한 설명으로 틀린 것은?

① 규칙격자는 일반적으로 전기전도도가 커진다.
② 규칙격자 합금을 소성가공하면 규칙도가 증가한다.
③ 규칙격자로 되면 일반적으로 경도와 강도가 증가한다.
④ 규칙격자상은 강자성체이나 불규칙상은 상자성체이다.

해설 규칙격자 합금을 소성가공하면 규칙도가 감소한다.

24. 고체 상태에서 확산속도가 작아 균등하게 확산하지 못하고 결정립 내에서 부분적으로 불평형이 생겨 수지상정으로 나타나는 현상은?

① 주상조직 ② 입내편석
③ 입계편석 ④ 유심조직

25. 2원 이상의 합금에서 복합적인 상호확산을 하는 것은?

① 입계확산 ② 표면확산
③ 전위확산 ④ 반응확산

해설 • 반응확산 : 2원 이상의 합금에서의 복합적인 상호확산
• 전위확산 : 선결함의 하나인 전위선상에서의 단회로 확산
• 자기확산 : 단일 금속 내에서 동일 원자 사이에 일어나는 확산
• 상호확산 : 다른 종류의 원자 A, B가 접촉면에서 서로 반대 방향으로 이루어지는 확산
• 표면확산 : 면결함의 하나인 표면에서의 단회로 확산

26. 면심입방격자 금속의 슬립면과 슬립 방향은?

① 슬립면 : {111}, 슬립방향 : ⟨110⟩
② 슬립면 : {110}, 슬립방향 : ⟨111⟩
③ 슬립면 : {0001}, 슬립방향 : ⟨2110⟩
④ 슬립면 : {1111}, 슬립방향 : ⟨0001⟩

해설 면심입방격자이 슬립면은 {111}이고, 슬립 방향은⟨110⟩ 체심입방격자의 슬립면은 {110}이고, 슬립 방향은 ⟨111⟩이다.

27. 다음과 같은 상태도는 어떤 반응인가? (단, α, β는 고용체이며, L은 용액이다.)

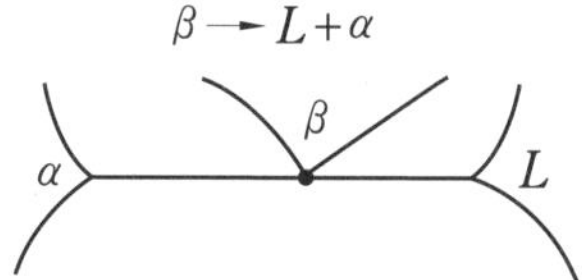

① 공정반응 ② 재용반응
③ 포정반응 ④ 편정반응

28. 응고 과정에서 고상핵(구형)의 균일 핵생성에 대한 자유에너지 변화(ΔG_{total})의 표현으로 옳은 것은? (단, ΔG_V : 체적자유에너지, γ : 표면에너지, r : 고상의 반지름이다.)

① $\Delta G_{total} = -\frac{4}{3}\pi r^2 \Delta G_V + 4\pi r^2 \gamma$

② $\Delta G_{total} = \frac{4}{3}\pi r^2 \Delta G_V + 4\pi r^2 \gamma$

③ $\Delta G_{total} = 4\left(\frac{4}{3}\right)\pi r^3 \Delta G_V + 4\pi r^2 \gamma$

④ $\Delta G_{total} = -4\left(\frac{4}{3}\right)\pi r^3 \Delta G_V + 4\pi r^2 \gamma$

정답 23. ② 24. ② 25. ④ 26. ① 27. ② 28. ①

29. Cd, Zn과 같은 금속에서 슬립면에 수직으로 압축하면 슬립이 일어나기 곤란하므로 변형이 생기는 부분을 무엇이라 하는가?

① 쌍정 밴드(twin band)
② 킹크 밴드(kink band)
③ 완전 밴드(perfect band)
④ 증식 밴드(multiplication band)

30. 회복(recovery)에서 축적에너지에 대한 설명으로 틀린 것은?

① 축적에너지의 양은 결정입도가 감소함에 따라 증가한다.
② 내부 변형이 복잡할수록 축적에너지의 양은 증가한다.
③ 불순물 합금원소가 첨가될수록 축적에너지의 양은 감소한다.
④ 낮은 가공온도에서의 변형은 축적에너지의 양을 증가시킨다.

해설 불순물 합금원소가 첨가될수록 축적에너지의 양은 증가한다.

31. 결정립 내에 있는 원자에 비하여 결정립계에 있는 원자의 결합에너지 상태는?

① 결합에너지가 크므로 안정하다.
② 결합에너지가 크므로 불안정하다.
③ 결합에너지가 작으므로 안정하다.
④ 결합에너지가 작으므로 불안정하다.

해설 결정립계에 있는 원자의 결합에너지가 더 크므로 불안정하다.

32. 공정형 상태도에서 성분 금속 M과 N이 고온의 액체에서 완 전히 서로 용해되나 고체에서는 전혀 용해되지 않는다고 가정할 때, 성분 금속 M에 소량의 N을 첨가하면 M의 응고점이 저하함을 볼 수 있다. 이러한 응고점 강하의 원인을 가장 옳게 설명한 것은?

① N 원자의 응고점이 낮으므로
② N 원자의 확산운동 때문에
③ 두 원자의 결정 구조가 다르므로
④ 두 원자의 응고점이 다르므로

33. 냉간가공하여 결정립이 심하게 변형된 금속을 가열할 때 발생하는 내부 변화의 순서로 옳은 것은?

① 결정핵 생성→결정립 성장→회복→재결정
② 결정핵 생성→회복→재결정→결정립 성장
③ 회복→결정핵 생성→재결정→결정립 성장
④ 회복→재결정→결정핵 생성→결정립 성장

34. 금속간 화합물의 특징을 설명한 것 중 틀린 것은?

① 규칙-불규칙 변태가 있다.
② 복잡한 결정구조를 가지며 소성변형이 어렵다.
③ 주기율표 중의 동족원소는 거의 서로 화합물을 만들지 않는다.
④ 성분 금속의 원자가 결정의 단위격자 내에서 일정한 자리를 점유하고 있다.

35. 용질원자와 칼날전위의 상호작용을 무엇이라고 하는가?

① Oxidation pining
② Cottrell effect
③ Frank-read source
④ Peierls stress

정답 29. ② 30. ③ 31. ② 32. ② 33. ③ 34. ① 35. ②

36. 다음 중 고용체 강화에 대한 설명으로 옳은 것은?

① 용매원자와 용질원자 사이의 원자 크기 차이가 작을수록 강화 효과는 커진다.
② 일반적으로 용매원자의 격자에 용질원자가 고용되면 순금속보다 강한 합금이 되는 것이 고용체 강화이다.
③ Cu-Ni 합금에서 구리의 강도는 40% Ni이 첨가될 때까지 증가되는 반면 니켈은 60% Cu가 첨가될 때 고용체 강화가 된다.
④ 용매원자에 의한 응력장과 가동전위의 응력장의 상호작용으로 전위의 이동을 원활하게 하여 재료를 강화하는 방법이다.

37. 냉간가공으로 생긴 집합조직이 아닌 것은?

① 변형 집합조직　② 섬유상 조직
③ 재결정 집합조직　④ 가공집합 조직

해설 냉간가공으로 생긴 집합조직에는 변형 집합조직, 섬유상 조직, 가공집합 조직이 있다.

38. 입방격자 ⟨100⟩에는 몇 개의 등가 방향이 속해 있는가?

① 2　② 4　③ 6　④ 8

해설 입방격자⟨100⟩의 등가방향 수는 육면체에서 6방향

39. 금속결정 내의 결함 중 계면결함(interfacial defect)에 해당 되는 것은?

① 전위　② 수축공
③ 격자간 원자　④ 결정입자경계

해설 전위(선결함), 수축공(체적결함), 격자간 원자(점결함), 결정입자경계(면결함)

40. 강철의 결정입도 번호가 6일 경우 배율 100배의 현미경 사진 1 in^2 내에 들어 있는 결정입자 수는 얼마인가?

① 32　② 64　③ 128　④ 256

해설 $n_a = 2^{N-1} = 32$

제3과목 금속열처리

41. 냉간가공, 단조 등으로 인한 조직의 분균일 제거, 결정립 미세화, 물리적, 기계적 성질 등의 표준화를 목적으로 대기 중에 냉각시키는 열처리는?

① 뜨임　② 풀림
③ 담금질　④ 노멀라이징

42. 재질이 같을 때에는 재료의 지름 크기에 따라 퀜칭 · 경화된 재료의 내부 조직 깊이가 다르며 내부와 외부의 경도차가 생기게 된다. 이러한 현상을 무엇이라 하는가?

① 경화능
② 형상 효과
③ 질량 효과
④ 표피 효과

43. 열처리의 냉각 방법 3가지 형태에 해당되지 않는 것은?

① 급랭각
② 연속냉각
③ 2단냉각
④ 항온냉각

해설 냉각 방법의 3형태에는 연속냉각, 2단냉각, 항온냉각이 있다.

정답 36. ② 37. ③ 38. ③ 39. ④ 40. ① 41. ④ 42. ③ 43. ①

44. 담금질 된 강의 경도를 증가시키고 시효 변형을 방지하기 위한 목적으로 0℃ 이하의 온도에서 처리하는 것은?

① 수인처리 ② 조질처리
③ 심랭처리 ④ 오스포밍 처리

해설 0℃ 이하의 온도에서 냉각시키는 조작은 심랭처리(sub-zero 처리)이다.

45. 강의 담금질성을 판단하는 방법이 아닌 것은?

① 강박시험을 통한 방법
② 임계지름에 의한 방법
③ 조미니 시험을 통한 방법
④ 임계냉각속도를 이용하는 방법

해설 강박시험은 염욕 중의 추정 탄소량을 측정하는 시험법이다.

46. 담금질 균열의 방지 대책에 대한 설명으로 틀린 것은?

① Ms~Mf 범위에서 가급적 급랭을 한다.
② 살 두께의 차이와 급변을 가급적 줄인다.
③ 시간 담금질을 채용하거나 날카로운 모서리 부분을 라운딩(R) 처리하여 준다.
④ 냉각 시 온도의 불균일을 적게 하며, 가급적 변태도 동시에 일어나게 한다.

해설 Ms~Mf 범위에서 수랭 대신 유랭, 공랭으로 서랭시켜 균열을 방지한다.

47. 암모니아 가스에 의한 표면 경화법은?

① 침탄법
② 질화법
③ 액체침탄법
④ 고주파 경화법

48. 열전대 기호와 가열 한계온도가 바르게 짝지어진 것은?

① R(PR)−1000℃
② K(CA)−1200℃
③ J(IC)−350℃
④ T(CC)−1600℃

해설 R(PR)−1400℃, K(CA)−1200℃, J(IC)−800℃, T(CC)−350℃

49. 구리 및 구리합금의 열처리에 대한 설명으로 틀린 것은?

① $\alpha+\beta$ 황동은 재결정 풀림과 담금질 열처리를 한다.
② α 황동은 700~730℃ 온도에서 재결정 풀림을 한다.
③ 순동은 재결정 풀림을 하고, 재결정 온도는 약 270℃이다.
④ 상온가공한 황동제품은 시기균열을 방지하기 위해 1200℃ 이상에서 고온풀림을 한다.

해설 황동의 시기균열을 방지하기 위해 300℃에서 1시간 저온 어닐링한다.

50. 열처리로에서 제품을 가열할 때 열전달 방식이 아닌 것은?

① 복사가열 ② 대류가열
③ 전도가열 ④ 진공가열

해설 열전달 방식에는 전도가열, 대류가열, 복사가열이 있다.

51. 열처리로에서 제품을 가열할 때 열전달 방식이 아닌 것은?

정답 44. ③ 45. ① 46. ① 47. ② 48. ② 49. ④ 50. ④ 51. ③

① 마퀜칭(marquenching)
② 오스템퍼링(austempering)
③ 시간 담금질(time quenching)
④ 마템퍼링(martempering)

52. 베릴륨 청동을 용체화 처리 한 후 시효처리를 하는 목적으로 가장 옳은 것은?

① 경화 ② 연화
③ 취성 여부 ④ 내부응력 제거

53. 염욕 열처리 시 염욕이 열화를 일으키는 이유가 아닌 것은?

① 흡습성 염화물의 가수분해에 의한 열화 때문
② 중성 염욕에 포함되어 있는 유해 불순물에 의한 열화 때문
③ 고온 용융 염욕이 대기 중의 산소와 반응하여 염기성으로 변질될 때
④ 1000℃ 이하의 용융 염욕에 탈산제 Mg–Al(50%–50%)을 혼입 사용하였을 때

해설 염욕의 열화 방지 대책 : 1000℃ 이하의 염욕 열처리로 행할 때 Mg–Al(50:50)의 것을 사용해야 하며 1000℃ 이상의 고온염욕에는 $CaSi_2$를 첨가하여 사용한다.

54. 로 내에 장착된 슬로트가 있으며, 소형 부품의 연속 가열이나 침탄처리에 적합한 열처리 설비는?

① 상형로(box type furnace)
② 회전 레토르트로
③ 피트로(원통로)
④ 대차로

55. 다음의 강을 완전 풀림 하게 되면 나타나는 조직으로 옳은 것은?

① 아공석강→해드필드강+레데브라이트
② 과공석강→시멘타이트+층상 펄라이트
③ 공석강→페라이트+레데브라이트
④ 과공정 주철→페라이트+스텔라이트

해설 과공석강→망상 시멘타이트(시멘타이트+층상 펄라이트)

56. 복잡한 형상이나 대형물의 탄화물 피복 처리법(TD 처리)에서 소재 변형 및 균열을 방지하기 위해 염욕 침지 전에 반드시 처리해 주어야 하는 공정은?

① 뜨임 ② 예열 ③ 침탄 ④ 래핑

57. 강을 담금질할 때 냉각 능력이 가장 좋은 것은?

① 물 ② 염수 ③ 기름 ④ 공기

해설 냉각능의 순서 : 염수>물>기름>공기

58. 강의 조직 중 경도가 가장 높은 것은?

① 페라이트(Ferrite)
② 펄라이트(Pearlite)
③ 시멘타이트(Cementite)
④ 오스테나이트(Austenite)

해설 시멘타이트(HB820)>펄라이트(HB225)>페라이트(HB80)

59. 금속재료를 진공 중에서 가열하면 합금원소가 증발한다. 다음 중 증기압이 높아 가장 증발하기 쉬운 금속은?

① Mo ② Zn ③ C ④ W

정답 52. ① 53. ④ 54. ② 55. ② 56. ② 57. ② 58. ③ 59. ②

60. 구상흑연주철의 열처리에서 제1단 흑연화 처리를 한 후 제2단 흑연화 처리를 하는 목적으로 옳은 것은?

① 취성을 촉진시키기 위해
② 압축력과 절삭성 등을 저하시키기 위해
③ 내식성과 조대한 입자를 형성하기 위해
④ 충격값이 우수한 고연성(高延性)의 주물을 만들기 위해

해설 제2단계 흑연화 처리는 기지조직을 페라이트로 하여 연성을 높이는 처리이다.

제4과목 재료시험

61. 경도시험에 대한 설명으로 옳은 것은?

① 경도 측정 시 시험편의 측정면이 압입자의 압입 방향과 수평을 이루도록 한다.
② 로크웰(Rockwell) 경도시험에서 단단한 경질 금속에 대한 시험은 강구 압입자를 사용한다.
③ 브리넬(Brinell) 경도시험에서 경도값을 표기할 때 HRB로 나타낸다.
④ 쇼어(Shore) 경도시험은 시험편의 압입자 깊이로 경도값을 측정한다.

62. 한국산업표준에서 [보기]와 같이 경강선 비틀림 시험에 대해 (　) 안에 알맞은 수치는?

| 보기 |
비틀림 시험은 시험편 양 끝을 선 지름의 (　)배의 물림 간격으로 단단히 물리고 휘어지지 않을 정도로 긴장시킨다.

① 10　② 50
③ 100　④ 200

63. 알루민산염 개재물의 종류에 해당하는 것은?

① 그룹 A형
② 그룹 B형
③ 그룹 C형
④ 그룹 D형

해설 그룹 A형(황화물계), 그룹 B형(알루민산염계), 그룹 C형(규산염계)

64. 응력 측정 시험 방법이 아닌 것은?

① 무아레법
② 조미니 시험
③ 광탄성 시험
④ 전기적인 변형량 측정법

해설 조미니 시험은 강의 담금질성 시험법이다.

65. 부식액에 시편을 침지하여 부식시켜 조직이 잘 나타나지 않을 때 면봉 등으로 시편 표면을 닦아 내면서 부식시키는 방법은?

① Deep부식
② 전해부식
③ Wipe부식
④ 가열부식

66. 자분 탐상시험 방법 중 원형 자계를 형성하는 것이 아닌 것은?

① 극간법
② 프로드법
③ 축 통전법
④ 전류 관통법

해설 극간법은 시험품을 전자석 또는 영구자석의 2극 사이에 놓고 자화시키는 선형 자장 검사법이다.

정답 60. ④ 61. ① 62. ③ 63. ② 64. ② 65. ③ 66. ①

67. 충격시험에서 해머를 올렸을 때의 각도를 α, 시험편 파단 후의 각도를 β라고 할 때, 충격 흡수에너지를 구하는 식은?

① $WR(\cos\beta-\cos\alpha)$
② $WR(\cos\alpha-\cos\beta)$
③ $WR(\cos\alpha-1)$
④ $WR(\cos\beta-1)$

68. KS 5호 인장 시험편으로 인장시험하였을 때 최대하중이 6460kgf, 단면적이 125mm^{2}라면 인장강도의 값은 얼마인가?

① 21.68kgf/mm^2
② 31.68kgf/mm^2
③ 41.68kgf/mm^2
④ 51.68kgf/mm^2

해설 $\sigma_t=\frac{P_{\max}}{A_0}[\text{kgf/mm}^2]=\frac{6460}{125}$
$=51.68\,\text{kgf/mm}^2$

69. 금속재료 파단면의 파면 검사, 주조재의 응고 과정 등을 육안으로 관찰하거나 10배 이내의 확대경으로 검사하는 것은?

① 매크로 검사
② 광학현미경 검사
③ 전자현미경 검사
④ 원자현미경 검사

70. 9.8 N(1kgf) 이하의 하중을 가하여 고배율의 현미경으로 미소한 경도 분포 등을 측정하는 것은?

① 쇼어 경도시험
② 브리넬 경도시험
③ 로크웰 경도시험
④ 마이크로 비커즈 경도시험

71. 어떤 기계나 구조물 등을 제작하여 사용할 때 변동응력이나 반복응력이 무한히 반복되어도 파괴되지 않는 내구한도를 찾고자 하는 시험은?

① 피로시험　② 크리프 시험
③ 마모시험　④ 충격시험

해설 피로시험은 피로응력과 반복 횟수를 나타내는 시험이다.

72. 금속재료의 압축 시험편을 단주, 중주, 장주로 나눌 때 중주 시험편은 높이(h)가 지름(D)의 약 몇 배인 재료를 사용하는가?

① 0.9배　② 3배　③ 10배　④ 15배

해설 단주 : 0.9배, 중주 : 3배, 장주 : 10배

73. 불꽃시험에 있어서 불꽃의 파열이 가장 많은 강은?

① 0.10% 탄소강
② 0.20% 탄소강
③ 0.35% 탄소강
④ 0.45% 탄소강

74. 전기가 대기 중에서 스파크(Spark) 방전될 때 가장 많이 생성되는 가스는?

① CO_2　② H_2　③ O_2　④ O_3

75. 초음파 탐상 검사에서 STB-A1 시험편을 사용하여 측정 및 조정할 수 없는 것은?

① 측정 범위의 조정
② 탐상 감도의 조정
③ 경사각 탐촉자의 입사점 측정
④ 경사각 탐촉자의 수직점 측정

정답 67. ①　68. ④　69. ①　70. ④　71. ①　72. ②　73. ④　74. ④　75. ④

76. 에릭슨 시험(Erichsen test)은 재료의 어떤 성질을 측정할 목적으로 시험하는가?

① 연성(ductility)
② 미끄럼(slip)
③ 마모(wear)
④ 응력(stress)

해설 에릭슨 시험(커핑시험)은 연성 측정을 목적으로 한다.

77. 상대적으로 경한 입자나 미세돌기와의 접촉에 의해 표면 으로부터 마모입자가 이탈되는 현상을 나타내는 마모는?

① 응착마모
② 연삭마모
③ 부식마모
④ 표면 피로마모

해설 • 연삭마모 : 긁힘 자국, 패인 자국
• 응착마모 : 원추 모양, 얇은 조각, 공식
• 부식마모 : 반응 생성물

78. 설퍼 프린트(sulfur print)법에 사용되는 재료로 옳은 것은?

① 증감지, 투과도계
② 글리세린, 기계유
③ 형광 침투제, 유화제
④ 황산, 브로마이드 인화지

79. 와전류 탐상시험에 대한 설명으로 옳은 것은?

① 비접촉으로 시험할 수 있다.
② 표면에서 떨어진 내부 시험은 위치의 흠 검출도 가능하 다.
③ 어떤 재료에도 관계없이 모두 적용할 수 있다.
④ 시험 결과의 흠 지시로부터 직접 흠의 종류를 판별할 수 있다.

80. 전단응력과 전단변형은 탄성한계 내에서 비례하므로 응력(τ)과 전단변형률(γ)과의 비례 관계식 $\tau = G \cdot \gamma$로 표시할 수 있다. 이때 G가 의미하는 것은?

① 압축계수
② 강성계수
③ 마찰계수
④ 전단계수

정답 **76.** ① **77.** ② **78.** ④ **79.** ① **80.** ②

2018년 9월 15일 출제문제

금속재료산업기사

제1과목 금속재료

1. Al-Cu-Mg-Mn계 합금으로 시효경화에 의해 기계적 성질이 향상되며 항공기 재료로 많이 사용되는 합금은?

① 실루민 ② 화이트메탈
③ 하이드로날륨 ④ 두랄루민

2. 탄소강에서 충격값을 저하시키면서 상온취성의 원인이 되는 원소는?

① Mn ② P
③ Si ④ S

해설 상온취성 : P, 고온취성 : S

3. 용질원자가 침입 혹은 치환 형태로 고용되어 격자의 왜곡이 발생할 때 생기는 현상이 아닌 것은?

① 전기저항이 증가한다.
② 합금의 강도, 경도가 커진다.
③ 소성변형에 대한 저항이 크다.
④ 전도 전자가 산란되어 이동을 쉽게 한다.

4. 합금 첨가 원소에 대한 설명으로 옳은 것은?

① Cr : 뜨임취성의 방지
② Mo : 뜨임 시 2차 경화 억제
③ Ni : 인성 증가 및 저온 충격저항의 증가
④ W : 고온에서 경도와 인장강도 감소

5. 다음 중 탄소량이 가장 많은 강은?

① SM15C ② SM25C
③ SM45C ④ STC105

해설 STC105는 탄소공구강 C 1.0~1.1%

6. 비중이 약 4.5, 융점이 약 1668℃이며, 열전도율 및 전기 전도율이 낮은 특성을 갖는 금속은?

① Fe ② Ti
③ Cu ④ Al

해설 Fe : 7.8, Ti : 4.5, Cu : 8.96, Al : 2.7

7. 냉간가공에서 가공도가 증가하면 어떤 현상이 발생하는가?

① 연신율이 증가한다.
② 전위밀도가 증가한다.
③ 강도가 감소한다.
④ 항복점이 감소한다.

8. 전기방식용 양극재료, 도금용, 다이캐스팅용으로 많이 사용되며 용융점이 약 420℃인 것은?

① Zn ② Be
③ Mg ④ Al

9. 경질자성재료(Hard magnetic meterial)가 아닌 것은?

① 퍼멀로이 ② 희토류 자석
③ 알니코 자석 ④ 페라이트 자석

해설 퍼멀로이는 연질자성재료이다.

정답 1. ④ 2. ② 3. ④ 4. ③ 5. ④ 6. ② 7. ② 8. ① 9. ①

10. 탄소의 함량이 0.025% 이하인 순철의 종류가 아닌 것은?

① 목탄철 ② 전해철
③ 암코철 ④ 카보닐철

11. 금속재료에 외력을 가하였다가 외력을 제거하여도 원상태로 되돌아오지 않고 영구변형을 일으키는 것은?

① 소성 ② 시효
③ 탄성 ④ 재결정

12. 46% Ni−Fe 합금으로 열팽창계수 및 내식성에 있어서 백금을 대용할 수 있어 전구 봉입선 등으로 사용 가능한 것은?

① 인바 ② 엘린바
③ 퍼말로이 ④ 플래티나이트

해설 플래티나이트는 46% Ni−Fe 합금으로 열팽창계수 및 내식성에 있어서 백금을 대용할 수 있고, 전구 봉입선 등으로 사용할 수 있다.

13. 스테인리스강에 대한 설명으로 옳은 것은?

① 18% Cr−8% Ni스테인리스강은 페라이트계이다.
② 페라이트계 스테인리스강은 담금질하여 재질을 개선한다.
③ 석출경화계 스테인리스강은 PH계로 Al, Ti, Nb 등을 첨가하여 강도를 낮춘다.
④ 오스테나이트계 스테인리스강은 용접 후 입계부식과 응력부식이 일어나기 쉽다.

14. 다음 원소 중 열전도도가 가장 좋은 것은?

① Au ② Fe ③ Mg ④ Ag

해설 열전도도 순서는 Ag>Au>Fe>Mg이다.

15. 주철의 일반적인 특징을 옳게 설명한 것으로 틀린 것은?

① 전탄소는 흑연+화합 탄소이다.
② 용융점은 C와 Si가 많아지면 높아진다.
③ 흑연 형상이 클수록 자기 감응도가 나빠진다.
④ 강보다 유동성이 좋으나 충격저항은 나쁘다.

해설 용융점은 C와 Si가 많아지면 낮아진다.

16. 각 항목에 제시된 두 금속의 비중 차이가 가장 큰 것은?

① Ni−W ② Ti−Fe
③ Li−Ir ④ Al−Mg

해설 Li : 0.53, Ir : 22.5

17. 열간가공(성형)용 공구강으로 금형재료에 사용되는 강 종은?

① SPS9 ② SKH51
③ STD61 ④ SNCM435

해설 SPS9 : 스프링강, SKH51 : 고속도공구강, SNCM435 : 일반구조용강

18. 피복 초경합금의 코팅층(TiC, TIN, Al_2O_3)을 얻는 방법으로 가장 적합한 것은?

① 1000℃ 이상에서 초경공구를 반응 가스에 의한 화학증착법(CVD)으로 피복층을 얻는다.
② 1000℃ 이상에서 초경공구를 분말 중에 묻고 밀폐된 상태에서 가열하는 분말야금법으로 피복층을 얻는다.
③ 상온에서 초경공구에 먼저 전기도금이나 용사시킨 후 1000℃ 이상으로 가열, 확산시켜 피복층을 얻는다.

정답 10. ① 11. ① 12. ④ 13. ④ 14. ④ 15. ② 16. ③ 17. ③ 18. ①

④ 피복금속의 화합물을 품은 염류의 혼합물을 1000℃ 이상에서 용해법으로 피복층을 얻는다.

19. **수소저장용 합금에 대한 설명으로 틀린 것은?**

① 수소 가스와 반응하여 금속수소화물이 된다.
② 금속수소화물은 1 cm^3당 10^{22}개의 수소 원자를 포함한다.
③ 금속수소화물로 수소를 저장하면 1기압의 고압 수소 가스 밀도와 같아진다.
④ 저장된 수소는 필요에 따라 금속수소화물에서 방출시켜 사용한다.

20. **다음 중 비정 질합금의 제조 방법이 아닌 것은?**

① 화학기상 반응법
② 금속 가스의 증착법
③ 화염경화 가공법
④ 금속 액체의 액체 급랭법

제2과목 금속조직

21. **브라베 격자에서 축장 a=b=c이고, 축각 $\alpha=\beta=\gamma=90°$를 나타내는 결정계는?**

① 단사정계 ② 육방정계
③ 정방정계 ④ 입방정계

22. **금속재료의 확산 원리를 이용한 표면 경화 방법이 아닌 것은?**

① 질화법 ② 가스침탄법
③ 아연침투법 ④ 고주파 경화법

해설 고주파 경화법은 물리적 표면 경화법 이다.

23. **기본적 상태도에서 다음과 같은 형태의 상태도는?**

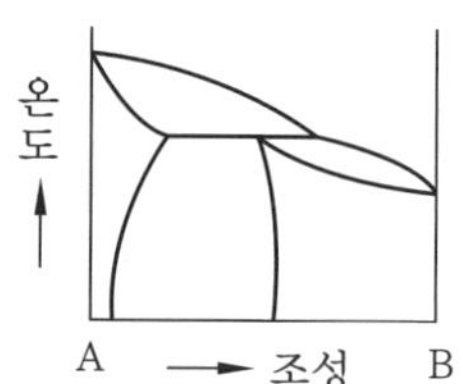

① 공정형
② 포정형
③ 고상분리형
④ 전율 고용체형

24. **결정립 크기와 항복강도 사이의 관계를 표현하는 것은?**

① Hume-Rothery 법칙
② Hall-Petch 관계식
③ Peach-Koehler 관계식
④ Zener-Hollomon 관계식

25. **규칙-불규칙 변태를 하는 합금에 대한 설명 중 틀린 것은?**

① 규칙격자가 생성되면 전기전도도가 커진다.
② 규칙격자가 생성되면 강도 및 경도가 증가한다.
③ 규칙상은 상자성체이나, 불규칙상은 강자성체이다.
④ 온도가 상승하면 새로운 원자 배열로 인하여 Curie점(Tc) 부근에서 비열이 최대가 된 후 감소하여 정상으로 된다.

해설 규칙상은 강자성체이나, 불규칙상은 상자성체이다.

정답 19. ③ 20. ③ 21. ④ 22. ④ 23. ② 24. ② 25. ③

26. 액체금속이 응고할 때 용융점보다 다소 낮은 온도에서 응고가 시작되는 현상은?

① 엠브리오(embryo)
② 수지상정(dendrite)
③ 주상정(columnar crystal)
④ 과랭각(super cooling)

27. 다음 P점 조성합금 중 B성분의 양은?

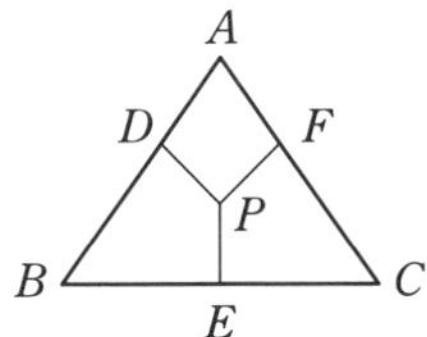

① $\overline{DP}$ ② $\overline{DA}$ ③ $\overline{PF}$ ④ $\overline{FC}$

28. 금속의 소성 변형을 일으키는 방법이 아닌 것은?

① 슬립 변형 ② 쌍정 변형
③ 킹크 변형 ④ 탄성 변형

29. 2차 재결정(secondary recrystalization)이란?

① 결정립 성장이 중지되는 과정
② 재결정 후 다시 핵 성장이 일어나는 과정
③ 재결정 후 저온으로 소둔했을 때 나타나는 과정
④ 소수의 결정립이 합쳐져 크게 성장하는 과정

30. 다음의 결함 중 선결함에 해당하는 것은?

① 공공 ② 전위
③ 적층결함 ④ 크라우디온

해설 점결함(공공), 선결함(전위), 면결함(적층결함)

31. 확산에 대한 설명으로 틀린 것은?

① 확산속도가 큰 것일수록 활성화에너지가 크다.
② 입계는 입내에 비하여 결함이 많아 확산이 일어나기 쉽다.
③ 온도가 낮을 때는 입계확산과 입내확산의 차이가 크게 된다.
④ 2원 이상의 합금에서 복합적인 상호확산을 반응확산이라 한다.

해설 확산속도가 큰 것일수록 활성화에너지가 작다.

32. 다음과 같이 표시한 면지수는 무엇인가?

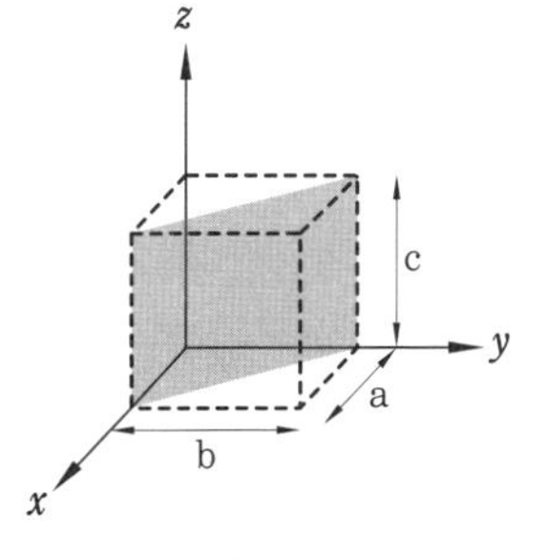

① (100) ② (110) ③ (111) ④ (123)

33. 미끄럼(slip)에 대한 설명으로 틀린 것은?

① 슬립계가 많은 금속일수록 소성변형하기 쉽다.
② 면심입방계와 체심입방계에서는 변형대를 관찰할 수 없다.
③ 육방정 금속에서 볼 수 있는 특징적인 변형에는 킹크밴드(kink band)가 있다.
④ 단결정의 방향에 따라 슬립면은 달라도 슬립 방향이 공통인 경우를 크로스 슬립(cross slip)이라 한다.

정답 26. ④ 27. ③ 28. ④ 29. ④ 30. ② 31. ① 32. ② 33. ②

해설 면심입방계와 체심입방계에서는 변형대를 관찰할 수 있지만, 조밀육방계에서는 발견되지 않고 킹크밴드가 관찰된다.

34. 다음 중 금속간 화합물에 대한 설명으로 틀린 것은?

① 어느 성분 금속보다 경도가 높다.
② 구성 성분 금속의 특성은 소실한다.
③ 단일 성분의 온도에 의한 격자변화이다.
④ 일반적으로 성분 금속보다 융점이 높다.

해설 두 종 이상 성분의 온도에 의한 격자변화이다.

35. 베이나이트 변태에 대한 설명으로 틀린 것은?

① 오스테나이트에 대해 모재와의 결정학적 관련성이 없다.
② 변태에 따른 용질원자의 분포는 C 원자만 이동하고 합금원소 원자는 모재에 남는다.
③ 조직 내에 포함되어 있는 탄화물은 변태온도 구역(고온)에서 Fe_3C, 저온 구역에서는 천이 탄화물이 존재한다.
④ 변태에 따른 용질원자의 분포는 소르바이트를 핵으로 하고 무확산에 의해 지배되는 일종의 슬립변태이다.

36. 고용체 합금의 시효경화를 위한 조건으로서 옳은 것은?

① 석출물이 기지조직과 부정합 상태이어야 한다.
② 고용체와 용해한도는 온도가 감소함에 따라 감소한다.
③ 급랭에 의해 제2상의 석출이 잘 이루어져야 한다.
④ 기지상은 연성이 아닌 강성이며 석출물은 연한 상이어야 한다.

37. 재결정에 대한 설명 중 틀린 것은?

① 새로운 결정립의 핵 생성과 성장의 과정이다.
② 재결정이 일어나는 온도를 재결정온도라고 한다.
③ 저온도의 풀림에서는 회복 없이도 재결정이 일어난다.
④ 냉간가공으로 변형을 일으킨 금속을 가열하면 그 내부에 결정립의 핵이 생긴다.

38. 용융금속을 냉각시킬 때 냉각속도와 열 흐름 방향 등의 조건을 적절히 선택하여 1개의 결정핵만을 성장시켜 단결정(single crystal)을 생성하는 방법은?

① 밀러(Miller)법
② 브래그(Bragg)법
③ 베가드(Vegard)법
④ 브리즈만(Bridgeman)법

해설 브리즈만(Bridgeman)법 : 도가니 속의 원료를 용융시킨 후 한쪽에서 반대쪽으로 고화시켜 결정을 얻는 방법으로 금속 단결정이나 염류의 큰 단결정을 만드는 데 주로 이용된다.

39. 순금속 중에 동종의 원자 사이에서 일어나는 확산은?

① 상호확산
② 반응확산
③ 자기확산
④ 불순물 확산

정답 34. ③ 35. ④ 36. ② 37. ③ 38. ④ 39. ③

40. 상온에서 Ag, A 금속의 결정 구조는?

① 면심입방격자 ② 체심입방격자
③ 조밀육방격자 ④ 단순정방격자

제3과목 금속열처리

41. 철강 중에 극히 미량으로 첨가하여도 담금질성을 최대로 증가시키는 원소는?

① Mn ② Al ③ Mo ④ B

42. 냉간단조한 부품의 경도가 높아 절삭이 불가능할 때 연화를 목적으로 실시하는 열처리 작업은?

① 템퍼링 ② 어닐링
③ 노멀라이징 ④ 표면경화법

43. 열처리한 강재의 내부에 잔류응력이 존재할 때 나타날 수 있는 결함은?

① 가공경화 및 조대화
② 표면의 미려화
③ 강재 표면의 탈탄
④ 강재품의 변형

44. 다음은 가스침탄 공정도이다. 확산이 이루어지는 시간 대는 어느 구간인가?

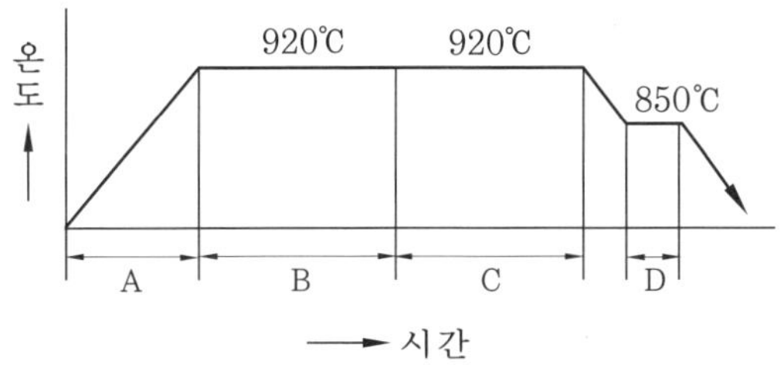

① A ② B
③ C ④ D

해설 A구간 : 승온, B구간 : 침탄, C구간 : 확산, D구간 : 담금질

45. 열처리의 온도 제어 방법 중 예정된 승온, 유지, 냉각 등을 자동적으로 행하는 제어 방법으로 완전 자동화를 이루기 위한 제어 장치는?

① 정치 제어식 온도 제어 장치
② 비례 제어식 온도 제어 장치
③ 프로그램 제어식 온도 제어 장치
④ 온 오프(ON-OFF) 제어식 온도 제어 장치

46. 담금질 후 경도를 크게 감소시키지 않고, 내부응력을 제거하기 위해 저온뜨임을 수행한다. 다음 중 저온뜨임의 목적이 아닌 것은?

① 경도 증가
② 내마모성 향상
③ 담금질 응력 제거
④ 치수의 경년 변화 방지

47. 강을 담금질 했을 때 체적 변화가 가장 큰 조직은?

① 펄라이트
② 오스테나이트
③ 트루스타이트
④ 마텐자이트

48. STD61의 여러 범위의 담금질 온도와 결정입도 관계를 나타내었다. 이 중 (라)에서 결정입자가 조대하고 과열 상태가 보이는 경우 이 조직은 무엇인가?

정답 40. ① 41. ④ 42. ② 43. ④ 44. ③ 45. ③ 46. ① 47. ④ 48. ④

담금질 온도(℃)	(가) 1000	(나) 1050	(다) 1080	(라) 1150
결정입도 (n_a)	10	7	5	2

① 망상(network)조직
② 스테다이트(steadite)
③ 불스아이(bull's eye)
④ 비드만스테텐(widmanstatten)

해설 과열 상태에서 나타나는 조직은 비드만스테텐(widmanstatten)이다.

49. **특수표면처리 방법 중 강재 표면에 엷은 황화층을 형성시키는 방법으로 주로 마찰저항을 적게 하여 윤활성을 향상시키는 효과가 있는 처리법은?**

① 침황처리
② 침붕처리
③ 염욕코팅처리
④ 산화피막처리

50. **강의 담금질성을 판단하는 방법으로, 오스테나이트로 가열된 공석강은 펄라이트가 생성되지 않게 하고 마텐자이트만 생성하는 데 필요한 최소한의 냉각속도는?**

① 분열냉각속도
② 항온냉각속도
③ 계단냉각속도
④ 임계냉각속도

해설 임계냉각속도는 펄라이트 및 베이나이트가 생성되지 않는 최소의 냉각속도이다.

51. **Al 합금 질별 기호 중 용체화 처리 후 자연시효시킨 것의 기호로 옳은 것은?**

① T_1(TA)
② T_2(TC)
③ T_3(TD)
④ T_4(TB)

해설 $T_4(T_B)$: 용체화 처리 후 인공시효 없이 자연시효시킨 처리

52. **침탄강의 담금질 변형 방지 대책에 대한 설명으로 틀린 것은?**

① 심랭처리를 실시한다.
② 마템퍼링을 실시한다.
③ 프레스 담금질을 한다.
④ 고온으로부터 1차, 2차 담금질을 실시한다.

해설 고온으로부터 1차 담금질은 변형 발생이 크므로 가급적 생략한다.

53. **α황동을 냉간가공하여 재결정온도 이하의 저온도로 어닐링 하면 가공상태보다도 오히려 경화되는 현상은?**

① 저온풀림경화
② 가공경화
③ 시효경화
④ 석출경화

해설 α황동은 냉간가공하여 재결정온도 이하의 저온도에서만 어닐링한다.

54. **노를 연속로와 배치로로 나눌 때 연속로에 해당되지 않는 것은?**

① 푸셔로
② 피트로
③ 컨베이어로
④ 노상 진동형로

해설 피트로는 배치로에 해당된다.

정답 49. ① 50. ④ 51. ④ 52. ④ 53. ① 54. ②

55. 모든 조건이 동일할 때 강한 교반이 일어나는 상태에서 냉각제의 냉각능이 가장 낮은 것은?

① 공기 ② 기름
③ 물 ④ 염수

해설 냉각 능력은 염수>물>기름>공기 순서이다.

56. 다음 중 연속냉각변태선도(곡선)를 나타내는 약어로 옳은 것은?

① TTT 곡선 ② CCT 곡선
③ S 곡선 ④ C 곡선

해설 연속냉각변태(Continuous Cooling Transformation)

57. 인상 담금질(time quenching)에서 인상 시기에 대한 설명으로 틀린 것은?

① 제품의 직경이나 두께는 보통 3mm에 대해서 1초 동안 물속에 담금 후 즉시 꺼내어 유랭 또는 공랭시킨다.
② 강재를 기름에 냉각시킬 때는 두께 1mm에 대해서 60초 동안 담금 후 꺼내어 즉시 수랭시킨다.
③ 강재를 물에 담가서 적열된 색깔이 없어질 때까지 시간의 2배 정도를 물에 담근 후 꺼내어 유랭 또는 공랭시킨다.
④ 강재를 물에 담글 때 강이 식는 진동소리 또는 강이 식는 물소리가 정지되는 순간에 꺼내어 유랭 또는 공랭시킨다.

해설 강재를 기름에 냉각시킬 때는 두께 1mm에 대해서 60초 동안 담금 후 꺼내어 즉시 유랭 혹은 공랭시킨다.

58. 다음 원소 중 마텐자이트 개시온도(Ms)를 가장 크게 감소시키는 원소는?

① W ② C ③ Cr ④ Mn

59. 고주파 경화법에 대한 설명으로 틀린 것은?

① 코일의 가열속도는 내면 가열이 가장 효율이 크다.
② 코일의 재료에는 주로 구리가 사용된다.
③ 철강에 비해 비철금속은 가열 효율이 50~70% 정도이다.
④ 코일과 고주파 발생 장치가 연결되는 리드는 인덕턴스를 없애기 위하여 가능한 한 간격을 좁게 하여야 한다.

해설 코일의 가열속도는 외면 가열이 가장 효율이 크다

60. 침탄 담금질 시 박리가 생기는 원인이 아닌 것은?

① 반복침탄할 때
② 원재료가 너무 연할 때
③ 침탄 후 확산처리 할 때
④ 과잉침탄으로 C%가 너무 많을 때

해설 침탄 후 확산처리를 하면 박리를 예방할 수 있다.

제4과목 재료시험

61. 마모시험의 결과에 영향을 미치는 요인이 아닌 것은?

① 윤활제 사용 유무
② 표면 다듬질 정도
③ 상대 금속의 굵기
④ 상대 금속의 성질

정답 55. ① 56. ② 57. ② 58. ② 59. ① 60. ③ 61. ③

62. 방사선 투과시험에서 필름에 나타나는 것으로 안개 현상과 불선명도 중 안개 현상의 원인이 아닌 것은?

① 필름의 입상이 너무 조대할 때
② 암실 내에 스며드는 빛이 있을 때
③ 증감지와 필름이 밀착되어 있지 않을 때
④ 시편–필름간 간격이 너무 떨어져 있을 때

63. 안전보건교육의 단계별 교육 과정에서 지식교육, 기능교육, 태도교육 중 지식교육 내용에 해당되는 것은?

① 전문적 기술 및 안전 기술 기능
② 공구 · 보호구 등의 관리 및 취급 태도의 확립
③ 작업 전후 점검과 검사 요령의 정확화 및 습관화
④ 안전 의식의 향상 및 안전에 대한 책임감 주입

64. 금속재료의 미세조직을 금속현미경을 사용하여 광학적으로 관찰하고 분석하기 위한 시료의 준비 순서로 옳은 것은?

① 마운팅(성형)→연마→부식→시험편 채취
② 부식→마운팅(성형)→연마→시험편 채취
③ 연마→시험편 채취→부식→마운팅(성형)
④ 시험편 채취→마운팅(성형)→연마→부식

65. 봉재의 압축시험에서 탄성을 측정하기 위한 장주 시험편의 높이 및 재료의 지름과의 관계를 옳게 나타낸 것은? (단, h는 높이, d는 재료의 지름이다.)

① $h=0.9d$ ② $h=3d$
③ $h=10d$ ④ $h=20d$

66. 연강을 인장시험하여 하중–연신 곡선으로부터 얻을 수 없는 것은?

① 비례한계 ② 탄성한계
③ 최대하중점 ④ 피로한계

67. 그라인더에서 비산하는 연삭분을 유리판상에 삽입해서 그 크기와 색상 및 형상 등을 현미경으로 관찰하여 강재의 종류를 판정하는 시험은?

① 매립시험
② 펠렛시험
③ 분말 불꽃시험
④ 그라인더 불꽃시험

68. 충격시험에 대한 설명으로 틀린 것은?

① 충격시험은 재료의 인성과 취성의 정도를 판정하는 시험이다.
② 금속재료 충격 시험편의 노치는 주로 V자형, U자형이 있다.
③ 열처리한 재료의 평가를 위해 시험편은 열처리 전에 기계가공을 한다.
④ 충격값이란 충격에너지를 시험편의 노치부 단면적으로 나눈 값으로 단위는 kgf · m/cm^2이다.

69. 두께 0.1~2.0mm를 표준으로 하여 너비가 90mm 이상인 금속박판의 연성을 측정하는 시험법은?

① 압축시험
② 마찰시험
③ 에릭슨 시험
④ 크리프 시험

정답 62. ④ 63. ④ 64. ④ 65. ③ 66. ④ 67. ① 68. ③ 69. ③

70. 굽힘시험(bending test)에 대한 설명으로 틀린 것은?

① 굽힘에 대한 저항력과 전성, 연성, 균열 유무를 알 수 있다.
② 파단계수는 단면계수와 최대 굽힘 모멘트의 비로 최대 응력을 나타낸다.
③ 굽힘시험 시 외측에서의 응력이 항복점보다 높을 때 소성변형이 일어난다.
④ 힘이 가해지는 방향으로는 인장응력이, 반대쪽에서는 압축응력이 발생된다.

해설 힘이 가해지는 방향으로는 압축응력이, 반대쪽에서는 인장응력이 발생된다.

71. 크리프 곡선에서 변형속도가 일정하게 진행되는 단계는?

① 초기 크리프(제0단계)
② 감속 크리프(제1단계)
③ 정상 크리프(제2단계)
④ 가속 크리프(제3단계)

해설 크리프 곡선의 3단계

- 제1단계 : 초기 크리프에서 변율이 점차 감소되는 단계(초기 크리프)
- 제2단계 : 크리프 속도가 대략 일정하게 진행되는 단계(정상 크리프)
- 제3단계 : 크리프 속도가 점차 증가되어 파단에 이르는 단계(가속 크리 프)

72. 강의 비금속 개재물 측정에서 그룹 C에 해당하는 개재물의 종류는?

① 황화물 종류
② 알루민산염 종류
③ 규산염 종류
④ 구형 산화물 종류

해설 황화물계 개재물(A형), 알루미늄 산화물계 개재물(B형), 규산염 개재물(C형)

73. 열처리된 단단한 시험편에 초기하중 10kgf를 가해 15초 정도 유지하고 하중을 제거 후 경도치를 측정하는 시험 법은?

① 로크웰 경도시험
② 쇼어 경도시험
③ 마이어 경도시험
④ 누프 경도시험

74. 인장시험에 사용하는 용어와 이에 대한 설명으로 틀린 것은?

① 평행부 : 시험편의 중앙부에서 동일 단면을 갖는 부분
② 물림부 : 시험편의 끝부분으로서 시험기의 물림 장치에 물려지는 부분
③ 정형시험편 : 시험편의 평행부 단면적에 관계없이 각 부분의 모양, 치수가 일정하게 정해진 시험편
④ 어깨부의 반지름 : 물림부의 응력을 불균일하게 분산시 키기 위하여 물림부와 평행부 사이에 만든 원호 부분의 지름

해설 어깨부의 반지름 : 평행부의 응력을 균일하게 분산시키기 위하여 평행부와 물림부 사이에 만든 원호 부분의 반지름

75. 결정입도 시험법 중 현미경에 의한 결정입도 측정법과 관계없는 것은?

① 비교법 ② 절단법
③ 연마법 ④ 평적법

정답 70. ④ 71. ③ 72. ③ 73. ① 74. ④ 75. ③

76. 현미경을 통해 조직을 검사하기 위해서 철강 부식제로 주로 사용되는 것은?

① 왕수 용액
② 염산수 용액
③ 염화 제2철 용액
④ 질산 알코올 용액

해설 피크린산 용액, 질산 초한 용액(강재), 염화 제2철 용액(Cu 합금), 왕수 용액(금), 수산화 나트륨 용액(AI 합금)

77. 자분 탐상 검사 방법 중 선형 자화법을 이용하는 비파괴 시험법은?

① 축 통전법　② 극간법
③ 프로드법　④ 전류 관통법

78. 시험기의 다이아몬드 사각추 누르개의 대면각은?

① 136°　② 120°
③ 106°　④ 90°

해설 로크웰 경도는 120°, 비커스 경도는 136°

79. 자분 탐상 검사로 검출하기 어려운 결함은?

① 겹침(Laps)
② 이음매(Seams)
③ 표면균열(Crack)
④ 재료 내부 깊숙하게 존재하는 동공(Cavity)

80. 기어나 베어링 등에 많이 발생하며 상대운동을 하는 표면에서 반복하중이 가해지면 마찰 표면층에서 파괴가 일어나 그 결과 마모입자가 발생하는 것은?

① 응착마모
② 연삭마모
③ 피로마모
④ 부식마모

정답 76. ④ 77. ② 78. ① 79. ④ 80. ③

2019년도 출제문제

2019년 3월 2일 출제문제

금속재료산업기사

제1과목 금속재료

1. 다음중 직접 발전에너지-변환소자가 아닌 것은?

① 태양전지
② 수소저장합금
③ 열발전소자
④ 연료전지

2. 탈산 및 기타 가스처리가 불충분한 상태의 용강을 그대로 주입하여 응고된 것으로 내부에 기포가 많이 존재하는 강은?

① 킬드강(killed steel)
② 캡드강(capped steel)
③ 림드강(rimmed steel)
④ 세미킬드강(semi-killed steel)

3. 고탄소강에 Cr, Mo, V, Mn 등을 첨가한 냉간금형 합금강으로 담금질성이 좋고 열처리 변형이 적어 인발형, 냉간단조용형, 성형롤 등에 사용되는 합금계는?

① STS3　② STD11
③ SKH51　④ STD61

해설 STS3(합금공구강), STD11(냉간금형용강), SKH51(공구강), STD61(열간금형용강)

4. α-코발트(Co)에 대한 설명 중 틀린 것은?

① 강자성체 금속이다.
② 비중이 약 8.85 정도이다.
③ 용융점은 약 1490℃ 정도이다.
④ 체심입방격자를 갖는 금속이다.

해설 α-코발트(Co)는 조밀육방격자, β-코발트(Co)는 체심입방격자이다.

5. 다음 철광석 중 Fe의 함유량이 가장 낮은 것은?

① 능철광　② 적철광
③ 갈철광　④ 자철광

해설 능철광(30~40%), 적철광(40~60%), 갈청광(20~60%), 자철광(50~70%)

6. 시멘타이트(Fe_3C)에서 Fe의 원자비는?

① 25%　② 50%
③ 75%　④ 100%

해설 3Fe : 75%, C : 25%

7. 시효경화성이 있고, 고강도 Al 합금인 것은?

① 켈밋
② 두랄루민
③ 엘렉트론
④ 길딩메탈

정답 1. ② 2. ③ 3. ② 4. ④ 5. ① 6. ③ 7. ②

8. **Fe-C 상태도에 대한 설명으로 틀린 것은?**

① 공석선은 A_1 변태선이다.
② A_3, A_4변태를 동소변태라 한다.
③ Fe의 자기변태는 A_2라 하며, 약 768℃이다.
④ 공정점의 탄소량은 약 0.8%이며, 723℃이다.

해설 공정점의 탄소량은 약 4.3%이며, 1139℃이다.

9. **소성가공된 금속을 풀림할 때 일어나는 변화의 순서로 옳은 것은?**

① 회복→재결정→결정입자의 성장
② 재결정→회복→결정입자의 성장
③ 재결정→결정입자의 성장→회복
④ 결정입자의 성장→재결정→회복

10. **마그네슘 합금을 용해할 때의 유의사항에 대한 설명으로 틀린 것은?**

① 수소를 흡수하기 쉬우므로 탈가스 처리를 해야 한다.
② 주조조직을 미세화하기 위하여 용탕온도를 적절하게 관리한다.
③ 규사 등이 환원되어 Si의 불순물이 많아지므로 불순물이 적어지도록 관리한다.
④ 고온에서 산화되기 쉽고, 승온하면 연소하므로 탄소 분말을 뿌려 CO_2 가스를 발생시켜 산화를 방지한다.

해설 고온에서 산화되기 쉽고, 승온하면 연소하므로 용해면에 황 분말을 뿌려서 SO_2 가스를 발생시켜 탕면을 보호한다.

11. **열팽창이 다른 이종의 판(plate)을 붙여 하나의 판으로 만든 것으로 온도 조절용 변환기 부분에 사용되는 것은?**

① 서멧(cermet)
② 클래드(clad)
③ 바이메탈(bimetal)
④ 저먼실버(german silver)

12. **스프링강은 급격한 진동을 완화하고 에너지를 축적하는 기계 요소로 사용된다. 스프링강의 탄성한도와 피로강도를 높이기 위하여 어떤 조직이어야 하는가?**

① 소르바이트 조직
② 마텐자이트 조직
③ 페라이트 조직
④ 시멘타이트 조직

13. **활자 합금은 Pb에 Sn과 Sb를 첨가하는데 Sb의 첨가 효과는?**

① 유동성을 좋게 한다.
② 용융점을 떨어뜨린다.
③ 주조조직을 미세화한다.
④ 응고 수축률을 저감시킨다.

14. **오스테나이트계 스테인리스강에서 입계부식(intergranular corrosion)을 방지하기 위한 대책이 아닌 것은?**

① 탄소의 함량을 0.03% 이하로 낮게 한다.
② 1000~1150℃로 가열하여 탄화물을 고용시킨 후 급랭하는 고용화 열처리를 한다.
③ Cr 탄화물을 가능한 한 많이 석출시켜 스테인리스강이 예민화(sensitize)되도록 한다.
④ 탄소와 친화력이 Cr보다 큰 Ti, Nb 등을 첨가해서 안정화시킨다.

해설 Cr 탄화물을 가능한 한 적게 석출시켜 스테인리스강의 예민화(sensitize)를 방지한다.

정답 8. ④ 9. ① 10. ④ 11. ③ 12. ① 13. ④ 14. ③

15. 초경합금 중의 하나인 탄화텅스텐(WC)에 관한 설명으로 틀린 것은?

① 절삭공구로 사용된다.
② 매우 높은 고온강도를 갖는다.
③ 소결공정을 통하여 제조한다.
④ 열전도도가 고속도강보다 낮으며, 결합제로 사용하는 분말로는 Cr을 주로 사용한다.

해설 열전도도가 고속도강보다 높으며, 결합제로 사용하는 분말로는 Co를 주로 사용한다.

16. 탄소강의 상온 특성에 대한 설명 중 옳은 것은?

① 비중, 열전도도는 탄소량의 증가에 따라 증가한다.
② 탄소량의 증가에 따라 경도, 인장강도는 감소한다.
③ 탄성계수, 항복점은 온도가 상승하면 증가한다.
④ Fe_3C가 석출하면 경도는 증가하나 인장강도는 감소한다.

17. Fe−C계 상태도에서 강과 주철의 경계를 구분하는 탄소 함유량은 약 몇 %인가?

① 0.8%　② 2.0%
③ 4.3%　④ 6.6%

18. 방진 합금에 관한 설명으로 틀린 것은?

① 형상기억합금은 방진 특성이 없다.
② 편상흑연주철, Zn−Al 합금 등이 복합형 방진 합금이다.
③ 쌍정형 합금은 고온상에서 저온상으로 변태시 마텐자이트 변태를 한다.
④ 강자성체의 응력−변형 곡선에 나타나는 이력(hysteresis)이 방진 효과이다.

해설 형상기억합금은 방진 특성이 있다.

19. 베어링용 합금이 아닌 것은?

① 베빗메탈(babbit metal)
② 켈밋메털(kelmet metal)
③ 모넬메탈(monel metal)
④ 루기메탈(lurgi metal)

해설 모넬메탈은 내식용 Ni 합금이다.

20. 전연성이 매우 커서 약 10^{-6}cm 두께의 박 또는 1g을 약 2000m의 선으로 가공할 수 있는 재료는?

① Au　② Sn
③ Sb　④ Os

해설 Au은 전연성이 가장 우수한 금속이다.

제2과목 금속조직

21. 석출경화를 좌우하는 인자와 관련이 가장 적은 것은?

① 용해도
② 과랭도
③ 시효온도
④ 용융점

해설 석출경화는 용체화 처리, 퀜칭, 시효와 가장 관계있다.

22. 금속이 응고할 때 자유에너지의 변화를 설명한 것으로 틀린 것은?

① 표면에너지는 증가한다.
② 체적에너지는 감소한다.

정답 15. ④ 16. ④ 17. ② 18. ① 19. ③ 20. ① 21. ④ 22. ④

③ 응고 금속의 자유에너지는 표면에너지 및 체적에너지와 관계가 있다.
④ 엠브리오의 임계 크기에서 응고 금속의 자유에너지는 최소가 된다.

해설 엠브리오의 임계 크기에서 응고 금속의 자유에너지는 최대가 된다.

23. 재결정에 대한 설명으로 틀린 것은?

① 재결정이 일어나는 온도를 재결정온도라 한다.
② 재결정은 새로운 결정립의 핵 생성과 성장의 과정이다.
③ 약간 가공한 금속을 풀림하면 소수의 결정립이 크게 성장한다.
④ 가공 전의 결정립이 작을수록 재결정 완료 후의 결정립은 조대화된다.

해설 가공 전의 결정립이 클수록 재결정 완료 후의 결정립은 미세화된다.

24. α-Fe, Cu, Mg의 단위격자 내의 원자수는?

① α-Fe : 2개, Cu : 4개, Mg : 2개
② α-Fe : 4개, Cu : 2개, Mg : 4개
③ α-Fe : 2개, Cu : 2개, Mg : 2개
④ α-Fe : 4개, Cu : 4개, Mg : 4개

해설 체심입방격자는 2개, 면심입방격자는 4개, 조밀육방격자는 2개이며, α-Fe은 체심입방격자, Cu는 면심입방격자, Mg은 조밀육방격자이다.

25. 금속의 변태점 측정법 중 도가니에 적당량의 금속을 넣어 일정한 속도로 가열하거나 냉각하면서 온도와 시간의 관계로 나타나는 곡선을 얻어 변태점을 측정하는 방법은?

① 열팽창법
② 열분석법
③ 전기저항법
④ 자기분석법

26. 금속의 강화기구 중 결정립의 크기와 강도와의 관계에 대한 설명으로 틀린 것은?

① 결정립의 크기가 작을수록 강도는 증가한다.
② 결정립계의 면적이 클수록 강도는 저하한다.
③ 재료의 항복강도와 결정립의 크기를 나타내는 식은 Hall-Petch 식이다.
④ 결정립이 미세할수록 항복강도뿐만 아니라 피로강도 및 인성이 증가된다.

해설 결정립계의 면적이 클수록 강도는 강화된다.

27. 순금속 내에서 동일 원자 사이에 일어나는 확산은?

① 자기확산
② 상호확산
③ 입계확산
④ 불순물 확산

28. 체심입방격자의 슬립 방향으로 옳은 것은?

① [111] ② [110]
③ [101] ④ [001]

해설 슬립면은 ⟨110⟩, 슬립 방향은 [111]이다.

29. 격자상수가 a인 면심입방격자를 하고 있는 순금속 원소의 원자 반지름은?

① $\frac{\sqrt{2}}{4}a$ ② $\frac{\sqrt{3}}{4}a$
③ $\frac{\sqrt{2}}{2}a$ ④ $\frac{\sqrt{3}}{2}a$

정답 23. ④ 24. ① 25. ② 26. ② 27. ① 28. ① 29. ①

30. 다음은 3성분 중 2상의 용해 한도를 갖는 상태도이다. 그림에 대한 설명으로 옳은 것은?

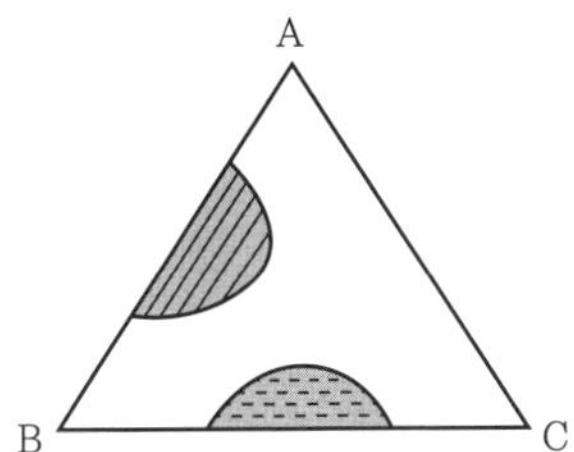

① AC는 모든 비율로 용해하고, AB, BC는 부분적으로 용해하고 있음을 나타낸다.
② AC는 부분적으로 용해하고, AB, BC는 모든 비율로 용해하고 있음을 나타낸다.
③ AB는 부분적으로 용해하고, AC, BC는 모든 비율로 용해하고 있음을 나타낸다.
④ AB는 부분적으로 용해하고, AC, BC는 부분적으로 용해하고 있음을 나타낸다.

31. 다음 결합 중에서 결합력이 가장 약한 것은?

① 공유결합 ② 이온 결합
③ 금속결합 ④ 반데르 발스 결합

32. 금속의 결정격자 결함 중 면결함에 해당되는 것은?

① 전위 ② 적층결함
③ 크로디온 ④ 쇼트키 결함

33. 냉간가공된 금속결정 내부의 슬립면상에 분산된 전위가 슬립면에 수직하게 배열하여 다각형상을 이루는 것을 무엇이라 하는가?

① recrystallization ② polygonizaton
③ recovery ④ sub–grain

34. 0.8% C 강의 조직이 오스테나이트에서 펄라이트로 변화할 때의 과정을 설명한 것 중 틀린 것은?

① 오스테나이트 입계에서 시멘타이트의 핵이 발생한다.
② 시멘타이트 주위엔 탄소 부족으로 페라이트가 형성된다.
③ 시멘타이트와 페라이트가 교대로 생성, 성장하여 층상조직을 형성한다.
④ 시멘타이트 양과 페라이트 양은 대략 1:1 비율로 형성된다.

35. 풀림처리에서 결정립의 모양이나 결정의 방향에 변화를 일으키지 않고, 경도, 전기저항 등의 성질만 변하는 과정은?

① 회복 ② 재결정
③ 결정립 성장 ④ 집합조직

36. 침입형 고용체를 형성하는 원소가 아닌 것은?

① C ② N ③ B ④ Si

해설 침입형 원소에는 C, H, N, B, O가 있다.

37. 금속에 있어서 확산을 나타내는 Fick의 제1 법칙의 식으로 옳은 것은? (단, J는 농도 구배, D는 확산계수, C는 농도, l는 위치(거리)이고, 농도의 시간적 변화는 고려하지 않는다.)

① $J=-D\dfrac{dC}{dx}$ ② $J=-D\dfrac{dx}{dC}$
③ $J=D\dfrac{dx}{dC}$ ④ $J=D\dfrac{dC}{dx}$

38. 응고 시 체적 팽창이 발생하는 금속은?

① Sn ② Bi ③ Pb ④ Zn

정답 30. ① 31. ④ 32. ② 33. ② 34. ④ 35. ① 36. ④ 37. ① 38. ②

해설 체적 팽창이 발생하는 금속에는 Bi, Sb 이 있다.

39. **다음 중 원자 배열의 규칙–불규칙 변태에 대한 설명으로 틀린 것은?**

① 용질원자와 용매원자가 규칙적으로 배열된 상태를 규칙격자라 한다.
② 규칙격자의 합금도 고온이 되면 원자가 이동하여 불규칙 한 배열이 된다.
③ 규칙도는 불규칙한 상태를 1, 완전한 규칙 상태를 0이라 한다.
④ 큐리점에 접근함에 따라 규칙–불규칙 변태가 급격히 일어나는 것을 협동 현상이라 한다.

해설 규칙도는 불규칙한 상태를 0, 완전한 규칙 상태를 1이라 한다.

40. **다음에서 불변반응은 L_1(용액)⇄L_2(용액)+S(고상)으로 표현된다. 이때의 반응으로 옳은 것은?**

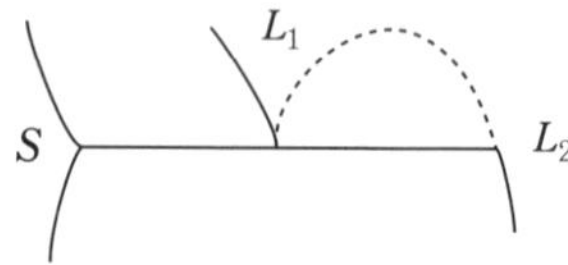

① 공정반응 ② 포정반응
③ 편정반응 ④ 공석반응

해설 • 공정반응 : L(융액)⇄S_1(고상)+S_2(고상)
• 포정반응 : L(융액)+α(고상)⇄β(고상)
• 공석반응 : γ(고상)⇄α(고상)+β(고상)

제3과목 금속열처리

41. **침탄성 염욕의 구비 조건이 아닌 것은?**

① 침탄성이 강해야 한다.
② 가능한 한 흡수성이 작아야 한다.
③ 염욕의 점성이 가급적 작아야 한다.
④ 염욕은 가능한 한 증발이 잘되고, 휘발성이 커야 한다.

42. **열처리 시 발생하는 문제점 중 선천적 설계 불량인 것은?**

① 침탄 ② 탈탄
③ 재료선택 ④ 연마균열

43. **다음 [보기]의 ( ) 안에 알맞은 내용은?**

| 보기 |

인상담금질의 작업 방법은 Ar′ 구역에서 (㉠), Ar″ 구역에서는 (㉡)하는 방법이다.

① ㉠ 급랭, ㉡ 급랭
② ㉠ 급랭, ㉡ 서랭
③ ㉠ 서랭, ㉡ 급랭
④ ㉠ 서랭, ㉡ 서랭

44. **강의 항온변태 곡선에서 S 곡선에 영향을 주는 요소와 S 곡선을 구하는 방법으로 나눌 때 S 곡선에 영향을 주는 요소가 아닌 것은?**

① 첨가원소 ② 응력의 방향
③ 최고 가열 온도 ④ 조직학적 방법

45. **연소용 가스버너를 내열 강관 속에 붙여, 라디안트(radiant) 튜브에 의한 열처리폼을 가열하는 방식의 로는?**

① 오븐로 ② 머플로
③ 원통로 ④ 복사관로

정답 39. ③ 40. ③ 41. ④ 42. ③ 43. ② 44. ④ 45. ①

46. 경화능, 담금질성, 질량 효과(mass effect)에 관한 설명으로 틀린 것은?

① 담금질성은 강 중의 탄소 및 함유 원소의 종류에 따라 변화하지 않는다.
② 경화의 깊이와 경도의 분포를 지배하는 성질을 경화능이라 한다.
③ 강재의 크기에 따라 담금질 효과가 달라지는 현상을 질량 효과라 한다.
④ 경화능이란 담금질 경화하기 쉬운 정도, 즉, 마텐자이트 조직으로 얻기 쉬운 성질을 나타낸다.

해설 담금질성은 강 중의 탄소 및 함유 원소의 종류에 따라 변화한다.

47. 강의 열처리 방법 중 가공으로 인한 조직의 불균일을 제거하고, 결정립을 미세화시켜 강을 표준 상태로 만들기 위한 처리 방법은?

① 풀림 ② 뜨임
③ 담금질 ④ 불림

48. 과잉침탄을 방지할 수 있는 방법으로 옳은 것은?

① 침탄 실제 작업 온도보다 많이 높여준다.
② 완화 침탄제를 사용한 침탄을 한다.
③ 고체, 액체, 침탄을 번갈아 실시한다.
④ 1차 담금질을 생략해준다.

49. 마텐자이트 변태에 대한 설명으로 옳은 것은?

① 확산형 변태를 한다.
② 마텐자이트 변태는 고용체의 단일상을 만드는 것이다.
③ 오스테나이트상 내의 각 원자의 단족운동에 의한 변태이다.
④ 냉각속도와 관계가 깊으며 변태 시작온도를 Mf점이라 한 다.

50. 침탄처리할 때 경화층의 깊이를 증가시키는 원소로 짝지어 진 것은?

① S, P ② Si, V ③ Ti ④ Cr, Mo

51. 담금질에 사용되는 냉각제에 대한 설명 중 틀린 것은?

① 냉각제에는 물, 기름 등이 있다.
② 물은 차가울수록 냉각 효과가 크다.
③ 기름은 상온 담금질일 경우 60~80℃ 정도가 적당하다.
④ 증기막을 형성할 수 있도록 교반 또는 NaCl, $CaCl_2$ 등을 첨가한다.

52. 고속도 공구강의 담금질 온도가 상승함에 따라 나타나는 현상이 아닌 것은?

① 잔류 오스테나이트의 양이 감소한다.
② 충격치, 항절력 등의 인성이 저하한다.
③ 오스테나이트의 결정립이 조대하게 된다.
④ 탄화물의 고용량이 증대하여 기지 중의 합금원소가 증가한다.

해설 잔류 오스테나이트의 양이 증가한다.

53. 초심랭처리의 효과로 틀린 것은?

① 잔류응력이 증가한다.
② 내마멸성이 현저히 향상된다.
③ 조직의 미세화와 미세 탄화물의 석출이 이루어진다.
④ 잔류 오스테나이트가 대부분 마텐자이트로 변태한다.

해설 잔류응력이 감소한다.

정답 46. ① 47. ④ 48. ② 49. ② 50. ④ 51. ④ 52. ① 53. ①

54. **강의 연속냉각변태에서 임계냉각속도의 의미로 옳은 것은?**

① 펄라이트만을 얻기 위한 최소의 냉각속도
② 페라이트만을 얻기 위한 최소의 냉각속도
③ 마텐자이트만을 얻기 위한 최소의 냉각속도
④ 소르바이트만을 얻기 위한 최소의 냉각속도

55. **열처리 균열 발생 감소를 위한 설계상의 방법 중 틀린 것은?**

① 내면의 우각에 R을 준다.
② 응력 집중부를 만들어 준다.
③ 두꺼운 단면과 얇은 단면을 분리시킨다.
④ 살이 얇은 부분에 구멍이 집중되지 않도록 한다.

해설 응력 집중부를 제거해 준다.

56. **강재 부품에 내마모성이 좋은 금속을 용착함으로써 경질 표면층을 얻는 방법은?**

① 침탄법 ② 용사법
③ 전해경화법 ④ 화염경화법

57. **기계 구조용 부품에 사용되는 청동의 열처리 방법은?**

① 연화 어닐링 ② 항온 어닐링
③ 침탄 어닐링 ④ 재결정 어닐링

58. **비례제어식 온도 제어 장치에 대한 설명으로 옳은 것은?**

① 전기로의 전기 회로를 2회로 분할하여 그 한쪽을 단속시켜 전력을 제어하는 방법이다.
② 전기로의 공급 전력은 조절기의 신호가 온(ON)일 때 100%로 공급하고, 오프(OFF)일 때 60~80%로 낮추는 방법이다.
③ 단일제어계(ON-OFF 제어계)로 전자접촉기, 전자 수은 릴 레이 등을 결합시켜서 전기로에 공급되고 있는 전력의 전부를 단속시키는 방법이다.
④ 열처리 작업에 의한 온도-시간 곡선에 상당하는 캠(CAM)을 만들고 캠축에 고정한 캠의 주위를 따라서 프로그램용 지시를 작동시키는 방법이다.

59. **강의 일반적인 냉각 방법과 관련이 가장 적은 것은?**

① 연속냉각 ② 2단냉각
③ 가열판냉각 ④ 항온냉각

60. **강재 표면에 얇은 황화층을 형성시키는 방법으로 주로 마찰 저항을 적게 하여 윤활성을 향상시키는 열처리는?**

① 침황처리법
② 순질화법
③ 연질화법
④ 침탄법

제4과목 재료시험

61. **철강재료의 조직 검사를 위한 부식액으로 가장 적합한 것은?**

① 왕수
② 염화 제2철 용액
③ 수산화 나트륨
④ 나이탈 용액

해설 피크린산 용액, 질산 조산 용액(강재), 염화 제2철 용액(Cu 합금), (수산화 나트륨 용액(Al 합금)

정답 54. ③ 55. ② 56. ② 57. ④ 58. ② 59. ③ 60. ① 61. ④

62. 재료의 표면 또는 표층부의 결함을 알기 위한 비파괴 시험법으로 알맞은 것은?

① 자분 탐상시험, 와전류 탐상시험
② 자분 탐상시험, 초음파 탐상시험
③ 방사선 투과시험, 초음파 탐상시험
④ 방사선 투과시험, 침투 탐상시험

63. 비틀림 시험에서 측정할 수 없는 것은?

① 비틀림 강도
② 강성계수
③ 푸아송 비
④ 전단 탄성계수

64. 피로시험에 대한 설명으로 틀린 것은?

① 단일하중의 응력보다 훨씬 작은 응력에서 큰 변형없이 파괴가 발생한다.
② S-N 곡선에서 일반적으로 응력(S)이 작아질수록 반복 횟수(N)는 감소한다.
③ 피로한도는 내구한도라고 하고, 이것에 대한 응력을 피 로강도라 한다.
④ 재료 표면에 쇼트 피닝 및 롤러 압축 등의 소성변형을 하면 피로수명이 증가된다.

해설 S-N 곡선에서 일반적으로 응력(S)이 커질수록 반복 횟수(N)는 증가한다.

65. X-선 회절을 이용하여 원자 위치의 변위를 측정하는 $n\lambda=2d\sin\theta$의 공식을 이용하는 법칙은? (단, n=회절상수, λ=파장, d=면간거리, θ=회절각이다.)

① Replica 법칙
② Bragg 법칙
③ X-선 투과법칙
④ Skin effect 법칙

66. 금속재료 인장 시험편(KS B0801)에서 사용되는 용어의 정의로 틀린 것은?

① 시험편의 중앙부에서 동일 단면을 갖는 부분을 평행부라 한다.
② 시험편을 시험기에 설치했을 때 시험기 물림 장치 사이의 거리를 물림간격이라 한다.
③ 시험편의 평행부 단면적에 관계없이 각 부분의 모양, 치수가 일정하게 정해진 시험편을 비례 시험편이라 한다.
④ 평행부에 찍어 놓은 2개의 표점 사이의 거리로서, 연신율 측정에 기준이 되는 길이를 표점 거리라 한다.

해설 비례 시험편은 시험편의 평행부 단면적에 비례하여 주요 각 부분의 모양, 치수가 닮은꼴로 정해지는 시험편이다.

67. 시험편의 연마에 대한 설명으로 틀린 것은?

① 초경합금에 사용되는 연마제는 다이아몬드 페스트를 사용한다.
② 전해연마는 경한 재질이나 연마속도가 빠른 재료에 사용된다.
③ 스크래치란 두 물체를 마찰했을 때 보다 무른 쪽에 생기는 긁힌 자국이다.
④ 전해연마는 연마하여야 할 금속을 양극으로 하고, 불용성 금속을 음극으로 하여 전해액 안에서 하는 작업이다.

68. 탄소강을 불꽃시험 한 결과 불꽃 파열의 숫자가 가장 많은 조성으로 옳은 것은?

① 0.05~0.1% C 강
② 0.15~0.25% C 강
③ 0.30~0.40% C 강
④ 0.45~0.55% C 강

정답 62. ① 63. ③ 64. ② 65. ② 66. ③ 67. ② 68. ④

69. 쇼어 경도시험기에 대한 설명으로 틀린 것은?

① 시험기는 계측통 및 몸체로 구성한다.
② 목측형(C형)의 해머의 낙하 높이는 약 19mm이다.
③ 계측통은 해머기구 및 경도 지시부로 구성된다.
④ 계측통은 지시형(D형)과 목측형(G형)으로 하고, 지시형은 아날로그식과 디지털식으로 한다.

해설 C형(254 mm), SS형(255 mm), D형(19 mm)

70. 로크웰 경도 B, F 및 G 스케일에 사용하는 누르개의 형태는?

① 직경이 1.5875mm인 강구
② 직경이 3.175mm인 강구
③ 직경이 1.875mm인 다이아몬드 원추
④ 직경이 3.175mm인 다이아몬드 원추

71. 강을 인장 후 응력을 제거하였을 때 원상태로 되돌아가는 한계점은?

① 파괴점 ② 탄성한계점
③ 상부 항복점 ④ 하부 항복점

72. 재료에 일정한 하중을 가한 후 일정한 온도에서 긴 시간 동안 유지하면, 시간이 경과함에 따라 나타나는 스트레인의 증가 현상으로 각종 재료의 역학적 양을 결정하는 재료시험 은?

① 피로시험
② 비파괴 시험
③ 인장강도 시험
④ 크리프 시험

73. 마모시험에서 마모에 관한 설명으로 옳은 것은?

① 부식이 쉬운 것은 내마모성이 작다.
② 마찰열의 방출이 빠를수록 내마모성이 나쁘다.
③ 응착이 어려운 재료의 조합은 내마모성이 작다.
④ 표면이 딱딱하면 접촉점의 변형이 많고 마모에 약하다.

74. 압축시험의 응력-변형률 선도에서 $\varepsilon=\alpha\sigma^m$의 지수법칙이 성립된다. m>1일 때 적용되지 않는 재료는? (단, α는 비례상수, σ는 응력, ε는 변형률, m은 재료상수(가공경화지수)이다.)

① 강 ② 주철
③ 피혁 ④ 콘크리트

75. 초음파 탐상 검사에서 결함 에코 높이가 최고인 지점에서 탐촉자를 좌우로 이동할 때 최고 높이의 절반 크기가 되는 양쪽 두 지점을 결함의 끝단으로 간주하는 결함의 지시길이 측정 방법은?

① DGS선법 ② L-cut법
③ 평가레벨법 ④ 6dB drop법

76. 방사선 투과 검사에서 필름의 감도를 높이기 위해 사용되는 증감지의 종류가 아닌 것은?

① 형광 증감지
② 금속박 증감지
③ 금속 형광 증감지
④ 알루미늄 투과 증감지

정답 69. ② 70. ① 71. ② 72. ④ 73. ① 74. ③ 75. ④ 76. ④

77. 강재에 함유된 비금속 개재물 중 황화물계 개재물의 분류에 해당되는 것은?

① 그룹 A
② 그룹 B
③ 그룹 C
④ 그룹 D

해설 • 황화물계 : A형
• 알루미늄 산화물계 : B형
• 각종 비금속 개재물 : C형

78. 충격시험이란 어떤 성질을 알기 위한 시험인가?

① 변형량
② 인장강도
③ 압축강도
④ 취성 및 인성

79. 철강 중에 FeS 또는 MnS는 개재물로 존재하는데 S을 검출하기 위해 사용되는 검사법은?

① 열분석법
② 형광 검사법
③ 설퍼 프린트법
④ 음향방출법

80. 상해의 종류 중 자상이란?

① 뼈가 부러진 상해
② 스치거나 문질러서 벗겨진 상해
③ 칼날 등 날카로운 물건에 찔린 상해
④ 저온 물 접촉으로 동해를 입은 상해

정답 77. ① 78. ④ 79. ③ 80. ③

2019년 9월 21일 출제문제

금속재료산업기사

제1과목 금속재료

1. 베어링 합금의 구비조건을 설명한 것 중 틀린 것은?

① 충분한 점성과 인성이 있어야 한다.
② 내소착성이 크고, 내식성이 좋아야 한다.
③ 마찰계수가 크고, 저항력이 작아야 한다.
④ 하중에 견딜 수 있는 경도와 내압력을 가져야 한다.

해설 마찰계수가 작고, 저항력이 커야 한다.

2. 금속의 공통적 성질을 설명한 것 중 틀린 것은?

① 수은을 제외하고 상온에서 고체이다.
② 열 · 전기적 부도체이다.
③ 가공성이 풍부하다.
④ 금속적 광택이 있다.

해설 열적 전기적 전도체이다.

3. 주철의 결정립계에 미립자로 분포하며, 유동성을 해치고 정밀주조에 방해되며, 주조응고 시 수축을 증가시켜 균열 발생, 흑연화 방해 및 고온취성의 원인이 되는 원소는?

① P
② Si
③ S
④ Cu

4. 인성에 대한 설명으로 틀린 것은?

① 충격에 대한 재료의 저항을 인성이라고 한다.
② 연신율이 큰 재료가 일반적으로 충격저항이 크다.
③ 인성과 충격저항은 상관관계가 없다.
④ 충격을 가하여 시편을 파괴하는데 필요한 에너지로부터 인성을 산출하다.

해설 인성과 충격저항은 서로 상관관계가 있다.

5. 상온에서 아공석강의 펄라이트 양이 30%일 때, 페라이트와 Fe_3C의 양을 구하면? (단, 공석점에서의 탄소는 0.8%이다.)

① 페라이트 : 3.6%, Fe_3C : 26.4%
② 페라이트 : 26.4%, Fe_3C : 3.6%
③ 페라이트 : 16.4%, Fe_3C : 13.6%
④ 페라이트 : 13.6%, Fe_3C : 16.4%

해설 펄라이트 30%의 탄소량 : 0.24%, Fe_3C : 6.67%

$Fe_3C = \dfrac{0.24}{6.67 \times 100} = 3.6\%$, 페라이트 $= 30 - 3.6 = 26.4\%$

6. 니켈을 주성분으로 하는 니켈계 내열합금으로서 열전대에 사용하는 것은?

① 두랄루민(duralumin)
② 엘렉트론(electron)
③ 포금(gun metal)
④ 알루멜(alumel)

정답 1. ③ 2. ② 3. ③ 4. ③ 5. ② 6. ④

7. Cd, Zn과 같은 육방계 금속을 슬립면에 수직으로 압축할 때 생긴 변형 부분을 무엇이라 하는가?

① kink band ② lattice rotation
③ closs slip ④ wavy slip line

해설 Cd, Zn과 같은 HCP 금속에서는 변형대가 나타나지 않고 킹크대가 나타난다.

8. 다음 중 레데브라이트(Ledeburite) 조직을 나타낸 것은?

① 마텐자이트(martensite)
② 시멘타이트(cementite)
③ α(ferrite)+Fe_3C
④ γ(austenite)+Fe_3C

해설 레데브라이트(공정조직)=γ(austenite) + Fe_3C

9. 스테인리스강(stainless steel)의 조직계에 속하지 않는 것은?

① 마텐자이트(martensite)계
② 펄라이트계(pearlite)계
③ 페라이트(ferrite)계
④ 오스테나이트(austenite)계

10. 황동 가공재를 상온에서 방치하거나 또는 저온풀림으로 얻은 스프링재는 사용 중 시간의 경과에 따라 경도 등 성질이 악화된다. 이러한 현상을 무엇이라 하는가?

① 경년변화 ② 자연균열
③ 탈아연 현상 ④ 시효경화

해설 경년변화는 시간의 경과에 따라 경도 등 성질이 악화되는 현상이다.

11. 형상기억합금은 금속의 어떤 성질을 이용한 것인가?

① 확산
② 탄성변형
③ 질량 효과
④ 마텐자이트 변태

해설 형상기억합금은 가열과 냉각에 의해 마텐자이트에서 오스테나이트로 변할 때 형상의 변화가 생기는 합금이다.

12. 탄소 함유량에 따른 철강재료의 분류로 틀린 것은?

① 순철 : 약 0~ 0.021% C
② 탄소강 : 약 0.021 ~ 2.0% C
③ 아공석강 : 약 2.0 ~ 4.5% C
④ 주철 : 약 2.0 ~ 6.67% C

해설 아공석강은 약 0.021~0.86% C이다.

13. Co를 주성분으로 한 Co-Cr-W-C계 합금으로 주조경질합금이라고도 하며, 단련이 불가능하므로 금형주조에 의해서 소요의 형상을 만들어 사용하는 것은?

① 고속도강
② 세라믹스강
③ 스텔라이트
④ 시효경화 합금공구강

14. 구리의 성질을 설명한 것 중 틀린 것은?

① 전기 및 열의 전도성이 우수하다.
② Zn, Sn, Ni 등과는 합금이 잘 안된다.
③ 화학적 저항력이 커서 부식에 강하다.
④ 전연성이 좋아 가공하기 쉽다.

해설 Zn, Sn, Ni 등과 합금이 잘 된다.

정답 7. ① 8. ④ 9. ② 10. ① 11. ④ 12. ③ 13. ③ 14. ②

15. 다음 중 복합재료의 구성요소가 아닌 것은?

① 섬유(fiber)
② 분자(molecular)
③ 입자(particle)
④ 모재(matrix)

16. 구상흑연주철의 용탕에서 나타나는 페이딩(fading) 현상이란?

① 용탕의 방치 시간이 길어져 흑연의 구상화 효과가 현저하게 나타나는 현상이다.
② 용탕 속에 탈산제를 투입하여 탈산 효과가 높아지는 현상 이다.
③ 용탕의 방치 시간이 길어져 흑연의 구상화 효과가 없어지는 현상이다.
④ 용탕 속에 탈산제를 투입하여도 탈산 효과가 없어지는 현상이다.

해설 페이딩 현상은 오래 방치하면 흑연의 구상화 효과가 없어지고 편상흑연화 되는 현상이다.

17. 응축계에서 용융과 응고가 되는 현상은 상이 변하므로 반드시 흡열과 발열이 발생하는데 이 때 발생하는 열을 무엇이라 하는가?

① 현열 ② 복사열
③ 직사열 ④ 잠열

해설 잠열은 고체에서 액체로 상이 변화될 때 필요한 열량을 말한다.

18. 동합금의 표준 조성과 명칭을 짝지은 것 중 맞는 것은?

① tombac : 10~30% Zn 황동
② muntz metal : 5–5 황동
③ catridage brass : 7–3 황동
④ admiralty brass : 6–4 황동에 1% Sb 황동

해설 tombac(5% Zn 황동), muntz metal(6–4 황동), admiralty brass(7:3 황동에 Sn을 1%)

19. 18금(18K)의 순금 함유율은 몇 %인가?

① 60 ② 75③ 85④ 95

해설 순금(24K), $\frac{18}{24}\times 100 = 75\%$

20. 어떠한 물질이 일정한 온도, 자장, 전류밀도 하에서 전기저 항이 0이 되는 현상은?

① 초투자율 ② 초저항
③ 초전도 ④ 초전류

제2과목 금속조직

21. 일정한 압력하에 있는 Fe–C 합금의 포정점이 일정한 온도와 조성에서 생기는 이유는?

① 상률의 자유도가 0이기 때문이다.
② 상률의 자유도가 1이기 때문이다.
③ 상률의 자유도가 2이기 때문이다.
④ 상률의 자유도가 ∞이기 때문이다.

해설 포정점, 공석점, 공정점은 일정한 온도에서 상의 변화가 불변(자유도 : 0)일 때 나타난다.

22. 마텐자이트(martensite) 변태에 대한 일반적인 특징을 설명한 것 중 틀린 것은?

① 확산 변태이다.
② 변태에 따른 표면 기복이 생긴다.
③ 협동적 원자운동에 의한 변태이다.
④ 마텐자이트 결정 내에는 격자결함이 존해한다.

해설 마텐자이트(martensite)변태는 무확산 변태이다.

정답 15. ② 16. ③ 17. ④ 18. ③ 19. ② 20. ③ 21. ① 22. ①

23. 냉간가공 등으로 변형된 결정 구조가 가열로써 내부 변형이 없는 새로운 결정립으로 치환되어지는 현상은 무엇인가?

① 재결정 현상　② 용체화 처리
③ 시효현상　④ 복합강화 현상

해설 재결정 현상은 냉간가공으로 생긴 내부 응력이 가열에 의해 제거되는 현상이다.

24. 장범위 규칙도에서 격자가 완전히 무질서일 때의 규칙도(S)는?

① 0　② 0.25
③ 0.5　④ 1

해설 규칙도에서 격자가 완전 질서일 때 1, 완전무질서일 때 0으로 표시한다.

25. 입방정계에 속하는 금속이 응고할 때 결정이 성장하는 우선 방향은?

① [100]　② [110]
③ [111]　④ [123]

26. 다음 금속 중 전기전도도가 가장 좋은 것은?

① Al　② Ag　③ Au　④ Mg

해설 전기전도도는 Ag>Au>Al>Mg 순서이다.

27. 결정체의 격자상수가 A=B=C이고, 축각이 $\alpha=\beta=\gamma=90°$인 것은 어떤 결정계인가?

① 입방정계　② 정방정계
③ 사방정계　④ 6방정계

해설 • 정방정계 : $a=b\neq c$, $\alpha=\beta=\gamma=90°$
• 사방정계 : $a\neq b\neq c$, $\alpha=\beta=\gamma=90°$
• 육방정계 : $a=b\neq c$, $\alpha=\beta=90°$

28. 주강을 서랭할 때 오스테나이트 안에 판상 페라이트가 생겨서 오스테나이트 격자 방향으로 일정한 길이를 가진 거칠고 큰 조직은?

① 비스만스테텐
② 레데브라이트
③ 시멘타이트
④ 오스몬다이트

29. 상태도에서 X 합금의 공정조직 내 A와 B의 비는 얼마인 가?

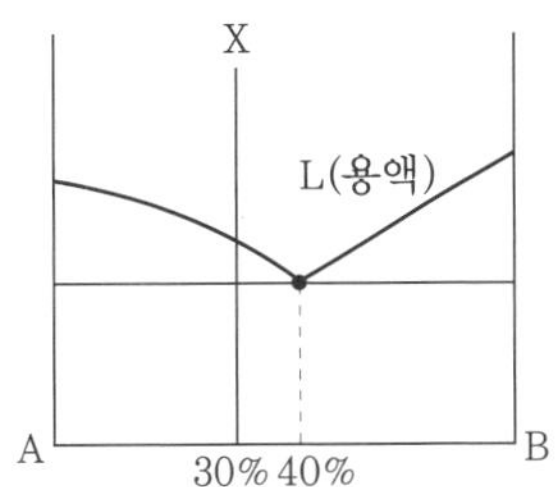

① A:B=60:40　② A:B=40:60
③ A:B=30:70　④ A:B=70:30

30. FCC 금속에서 슬립면과 슬립 방향으로 옳은 것은?

① 슬립면 : {110}, 슬립 방향 : ⟨0001⟩
② 슬립면 : {111}, 슬립 방향 : ⟨110⟩
③ 슬립면 : {1i0}, 슬립 방향 : ⟨0001⟩
④ 슬립면 : {101}, 슬립 방향 : ⟨1120⟩

31. 냉간가공하여 결정립이 심하게 변형된 금속을 가열할 때 발생하는 내부변화의 순서로 옳은 것은?

① 결정핵 생성→결정립 성장→회복→재결정
② 결정핵 생성→회복→재결정→결정립 성장
③ 회복→결정핵 생성→재결정→결정립 성장
④ 회복→재결정→결정핵 생성→결정립 성장

정답 23. ① 24. ① 25. ① 26. ② 27. ① 28. ① 29. ① 30. ② 31. ③

32. Fick의 제2법칙 식으로 옳은 것은? (단, D는 확산계수이다.)

① $\frac{dc}{dt}=D\frac{d^2c}{dx^2}$ ② $\frac{dc}{dt}=-D\frac{d^2c}{dx^2}$

③ $\frac{dt}{dc}=D\frac{d^2c}{d^2x}$ ④ $\frac{dt}{dc}=-D\frac{d^2c}{d^2x}$

해설 dc : 농도, dt : 시간, D : 확산계수, dx^2 : 확산길이

33. 다음 중 치환형 고용체를 형성하는 인자에 대한 설명으로 틀린 것은?

① 용매원자와 용질원자의 원자 직경이 비슷할수록 고용체를 형성하기 쉽다.
② 결정격자형이 동일한 금속끼리는 넓은 범위로 고용체를 형성한다.
③ 원자 직경의 차이가 15% 이상이면 거의 고용체를 만들지 않는다.
④ 용질원자와 용매원자의 전기저항의 차가 적으면 고용체를 형성하기 어렵다.

해설 용질원자와 용매원자의 전기저항의 차가 적어야 고용체가 형성된다.

34. 탄소강에서 탄소량의 증가에 따라 증가하는 것은?

① 전기저항 ② 비중
③ 팽창계수 ④ 열전도도

해설 탄소량이 증가하면 전기저항은 증가하고, 비중, 팽창계수, 열전도도 는 감소한다.

35. 금속재료를 냉간가공하였을 때 성질의 변화중 틀린 것은?

① 경도는 증가한다.
② 인장강도는 증가한다.
③ 연신율은 증가한다.
④ 항복점이 높아진다.

해설 가공경화에 의해 연신율이 감소한다.

36. 전율고용체의 상태도를 갖는 합금의 경우 기계적 · 물리적 성질은 두 성분의 금속 원자비가 얼마일 때 가장 변화가 큰가?

① 10:90
② 20:80
③ 40:60
④ 50:50

해설 두 성분의 금속 원자가 최대 50:50의 비율일 때 성질의 변화가 가장 크다.

37. 체심입방격자, 면심입방격자, 조밀육방격자의 단위격자 내의 각각의 원자수로 옳은 것은?

① 2, 4, 2 ② 2, 2, 4
③ 4, 2, 2 ④ 2, 4, 4

38. 규칙-불규칙 변태를 하는 합금에 대한 설명 중 틀린 것은?

① 규칙격자가 생성되면 전기전도도가 커진다.
② 규칙격자가 생성되면 강도 및 경도가 증가한다.
③ 규칙상은 상자성체이나, 불규칙상은 강자성체이다.
④ 온도가 상승하면 새로운 원자 배열로 인하여 큐리점(Tc) 부근에서 비열이 최대가 된 후 감소하여 정상으로 된다.

해설 규칙상은 강자성체이나, 불규칙상은 상자성체이다.

정답 32. ① 33. ④ 34. ① 35. ③ 36. ④ 37. ① 38. ③

39. 마텐자이트 조직의 결정형상에 속하지 않는 것은?

① 렌즈상(lens phase)
② 입상(granual phase)
③ 래스상(lath phase)
④ 박판상(tin plate phase)

40. 다음과 같이 $L_1 \rightleftarrows L_2+S$로 나타나는 반응은 무엇인가? (단, L_1, L_2는 용액이며, S는 고상이다.)

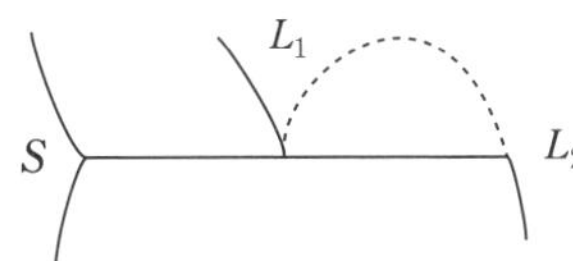

① 공정반응　② 포정반응
③ 편정반응　④ 공석반응

제3과목 금속열처리

41. 백심가단주철을 제조하기 위해서 백주철에 적철광 및 산화 철가루와 함께 풀림상자에 넣어 900~1000℃에서 40~100시간 가열하면 표면에 발생되는 현상은?

① 침탄　② 탈탄
③ 환원　④ 흑연화

해설 백심가단주철은 탈탄, 흑심가단주철은 흑연화로 제조한다.

42. 탄소강에서 나타나는 고용체의 종류가 아닌 것은?

① 페라이트　② 시멘타이트
③ 오스테나이트　④ 델타 페라이트

43. 침탄용강의 담금질 변형을 방지하기 위한 대책으로 틀린 것은?

① 프레스 담금질을 한다.
② 반복침탄을 한다.
③ 마템퍼링을 실시한다.
④ 고온으로부터의 1차 담금질을 생략한다.

해설 심랭처리를 한다.

44. 마레이징강의 열처리 방법에 대한 설명 중 옳은 것은?

① 850℃에서 1시간 유지하여 용체화 처리한 후 공랭 또는 수랭하여 480℃에서 3시간 시효처리한다.
② 850℃에서 1시간 유지하여 용체화 처리한 후 유랭 또는 노랭하여 마텐자이트화 한다.
③ 1100℃에서 반드시 수랭처리하여 오스테나이트를 미세하게 석출, 경화시킨다.
④ 1100℃에서 1시간 유지하여 용체화 처리한 후 노랭하여 조직을 안정화시킨다.

45. 담금질한 후 잔류 오스테나이트를 마텐자이트로 변태시키는 처리는?

① 용체화 처리　② 풀림처리
③ 편석제거 처리　④ 서브제로 처리

46. 고주파 경화법에서 유도전류에 의한 발생열의 침투 깊이(d)를 구하는 식으로 옳은 것은? (단, p는 강재의 비저항($\mu\ \Omega \cdot$ cm), μ는 강재의 투자율, f는 주파수(Hz)이다.)

① $d = 5.03 \times 10^2 \dfrac{p}{\mu \cdot f}$ [cm]

② $d = 5.03 \times 10^2 \sqrt{\dfrac{p}{\mu \cdot f}}$ [cm]

정답 39. ② 40. ③ 41. ② 42. ② 43. ② 44. ① 45. ④ 46. ④

③ $d = 5.03\times 10^3 \frac{p}{\mu \cdot f}$[cm]

④ $d = 5.03\times 10^3 \sqrt{\frac{p}{\mu \cdot f}}$[cm]

47. **다음은 Al−4% Cu 합금의 열처리에 관한 설명으로 옳은 것은?**

① 500~550℃ 부근에서 1~2시간 유지한 후 서랭에 의하여 $CuAl_2$를 미세하게 석출, 경화시킨다.
② 담금질 효과가 없으므로 500℃ 부근에서 1~2시간 유지한 후 풀림처리하여 내부응력을 제거한다.
③ 510~530℃ 부근에서 5~10시간 정도 가열한 후 수랭하고 150~180℃에서 5~10시간 시효경화시킨다.
④ 500~550℃ 부근에서 1~2시간 유지한 후 수랭에 의하여 무확산 변태 처리로 마텐자이트가 생성된다.

48. **펄라이트 가단주철의 열처리 방법으로 틀린 것은?**

① 합금첨가에 의한 방법
② 분위기 조절에 의한 풀림 방법
③ 열처리 곡선의 변화에 의한 방법
④ 흑심가단주철의 재열처리에 의한 방법

49. **담금질 균열의 방지책으로 틀린 것은?**

① 변태응력을 줄인다.
② 살 두께의 차이 및 급변을 가급적 줄인다.
③ Ms~Mf 범위에서 급랭시킨다.
④ 냉각 시 온도를 제품면에 균일하게 한다.

해설 Ms~Mf 범위에서 서랭시킨다.

50. **고체 침탄제가 구비해야할 조건을 설명한 것 중 틀린 것은?**

① 침탄력이 강해야 한다.
② 침탄 온도에서 가열 중 용적 감소가 커야 한다.
③ 장시간 반복 사용과 고온에서 견딜 수 있는 내구력을 가져야 한다.
④ 침탄 성분 중 P와 S가 적어야 하고 강 표면에 고착물이 융착되지 않아야 한다.

해설 침탄 온도에서 가열 중 용적 감소가 작아야 한다.

51. **Mn, Ni, Cr 등을 함유한 구조용강을 고온 뜨임한 후 급랭할 수 없거나 질화처리로 600℃ 이하에서 장시간 가열하면 석출물로 인하여 취화되는데, 이 현상을 개선하는 원소는?**

① Cu
② Mo
③ Sb
④ Sn

해설 고온취성을 방지하기 위하여 Mo 0.15~0.5% 정도를 첨가한다.

52. **탄소강을 925℃의 침탄 온도에서 0.635mm의 침탄 깊이를 얻고 싶을 때 요구되는 침탄시간으로 적당한 것은? (단, 온도에 따른 확산정수는 0.635이다.)**

① 1시간　② 2시간
③ 3시간　④ 4시간

해설 $D=k\sqrt{t}$ (여기서, D는 침탄 깊이, k는 확산정수, t는 시간)
$0.635=0.635\sqrt{t}$ ∴ t=1시간

정답 47. ③ 48. ② 49. ③ 50. ② 51. ② 52. ①

53. 베릴륨 청동의 인장강도가 150kgf/mm²이고 HV320~400 정도로 제조하기 위한 열처리 방법으로 옳은 것은?

① 760~780℃로부터 물 담금질하고 310~330℃로 2시간 템퍼링한다.
② 760~780℃로부터 기름 담금질하고 210~250℃로 1시간 템퍼링한다.
③ 950~1020℃로부터 물 담금질하고 310~330℃로 2시간 템퍼링한다.
④ 950~1020℃로부터 기름 담금질하고 350~380℃로 1시간 템퍼링한다.

54. 다음 중 연속적 작업이 곤란한 열처리로는?

① 푸셔로
② 콘베이어로
③ 피트로
④ 로상 진동형로

해설 피트로는 바닥보다 낮은 깊이에 설치되어 연속적 작업이 곤란하다.

55. 직경 25mm의 봉재를 A_3+30℃까지 가열 후 수랭을 실시하였을 때 나타나는 냉각의 3단계를 옳게 나열한 것은?

① 비등 단계→증기막 단계→대류 단계
② 비등 단계→대류 단계→증기막 단계
③ 증기막 단계→비등 단계→대류 단계
④ 대류 단계→증기막 단계→비등 단계

56. 탄소강을 담금질할 때 재료 외부와 내부의 담금질 효과가 다르게 나타나는 현상을 무엇이라 하는가?

① 질량 효과　② 노치 효과
③ 천이 효과　④ 피니싱 효과

57. 담금질성에 대한 설명으로 틀린 것은?

① Mn, Mo, Cr 등을 첨가하면 담금질성은 증가한다.
② 결정입도를 크게 하면 담금질성은 증가한다.
③ 일반적으로 S가 0.04% 이상이면 담금질성을 증가시킨다.
④ B를 0.0025% 첨가하면 담금질성을 높일 수 있다.

해설 S가 많으면 담금질성을 저해시킨다.

58. 주철에 함유된 Si의 영향이 틀린 것은?

① 소지상의 Si 농도가 강철보다 훨씬 높으므로 오스테나이트 온도가 강철보다 높아야 한다.
② Si 양의 증가에 따라 공정점, 공석점이 저온, 고탄소 쪽으로 이동한다.
③ 주철 중에 포함된 Si는 강력한 흑연화 작용이 있어 시멘타이트를 쉽게 흑연화한다.
④ Si는 오스테나이트 중에 탄소가 고용하는 것을 방해하는 작용이 강하다.

해설 Si 양의 증가에 따라 공정점, 공석점이 고온, 저탄소 쪽으로 이동한다.

59. 탄소강의 열처리 방법 중 오스테나이징 온도까지 가열한 후 서서히 냉각함으로써 연화를 목적으로 하는 열처리 방법은?

① 풀림
② 뜨임
③ 담금질
④ 노멀라이징

해설 풀림(연화), 뜨임(인성 증가), 담금질(경화), 노멀라이징(표준화)

정답 53. ① 54. ③ 55. ③ 56. ① 57. ③ 58. ② 59. ①

60. 다음 [보기]의 ( ) 안에 알맞은 내용은?

| 보기 |
인상 담금질의 작업방법은 Ar′ 구역에서 (㉠), Ar″ 구역에서는 (㉡)하는 방법이다.

① ㉠ 급랭 ㉡ 급랭 ② ㉠ 급랭 ㉡ 서랭
③ ㉠ 서랭 ㉡ 급랭 ④ ㉠ 서랭 ㉡ 서랭

제4과목 재료시험

61. 용제 제거성 염색 침투 탐상 검사의 기본 절차로 옳은 것은?

① 전처리→제거처리→현상처리→침투처리→관찰→후처리
② 전처리→제거처리→침투처리→관찰→현상처리→후처리
③ 전처리→침투처리→현상처리→제거처리→관찰→후처리
④ 전처리→침투처리→제거처리→현상처리→관찰→후처리

62. 구리, 황동, 청동 등의 조직을 관찰하기 위한 부식액은?

① 피크린산 용액
② 염화 제2철 용액
③ 질산 초산 용액
④ 수산화 나트륨 용액

63. 자분 탐상 시험법의 자화 방법에 해당되는 것은?

① 투과법 ② 공진법
③ 통전법 ④ 펄스 반사법

해설 통전법은 직접 부품의 축방향으로 전류를 흘려 검출하는 원형 자장 검사

64. 굴곡시험으로 알 수 없는 것은?

① 전성 ② 굽힘저항
③ 경도 ④ 균열의 유무

65. 압입자를 이용한 경도측정법이 아닌 것은?

① 쇼어 경도
② 브리넬 경도
③ 비커스 경도
④ 로크웰 경도

해설 쇼어경도는 반발력을 이용한 측정법이다.

66. 강재의 재질 판별법 중의 하나인 불꽃시험 시 시험통칙에 대한 설명으로 틀린 것은?

① 유선의 관찰 시 색깔, 밝기, 길이, 굵기 등을 관찰한다.
② 바람의 영향을 피하는 방향으로 불꽃을 방출시킨다.
③ 0.2% 탄소강의 불꽃 길이가 500mm 정도의 압력을 가한다.
④ 시험장소는 개인의 작업 안전을 위하여 아주 밝은 실내가 좋다.

해설 불꽃시험 시 너무 밝으면 불꽃 판단이 어렵다.

67. 강재를 퀜칭 한 후의 경도 검사는 일반적으로 로크웰 경도 C-스케일을 사용한다. 이때 압입체의 재질과 규격이 옳게 연결된 것은?

① 다이아몬드-120° ② 강철 볼-1/10″
③ 다이아몬드-116° ④ 강철 볼-1/8″

정답 60. ② 61. ④ 62. ② 63. ③ 64. ③ 65. ① 66. ④ 67. ①

68. 현미경 배율이 100배 하에서 1평방인치의 면적 내에 있는 결정립의 수가 128개였다면 ASTM 결정립도 번호는?

① 2　　② 4
③ 6　　④ 8

해설 $n_a = 2^{N-1} = 128 = 2^7$　$\therefore N = 8$

69. 재료에 어떤 일정한 하중을 가하고 어떤 온도에서 긴 시간 동안 유지하면 시간이 경과함에 따라 스트레인 증가 현상으로 각종 재료의 역학적 양을 결정하는 재료시험은?

① 피로시험
② 비파괴 시험
③ 인장강도 시험
④ 크리프 시험

70. 기어나 베어링 등에 많이 발생하며, 상대운동을 하는 표면에서 반복하중이 가해지면 마찰표면층에서 파괴가 일어나 그 결과 마모입자가 발생하는 것은?

① 응착마모　　② 연삭마모
③ 피로마모　　④ 부식마모

71. 다음 중 안전보건교육의 단계별 종류에 해당하지 않는 것 은?

① 기초교육　　② 지식교육
③ 기능교육　　④ 태도교육

72. 와전류 탐상 검사의 특징을 설명한 것 중 틀린 것은?

① 비전도체만을 검사할 수 있다.
② 고온 부위의 시험체에도 탐상이 가능하다.
③ 시험체에 비접촉으로 탐상이 가능하다.
④ 시험체의 표층부에 있는 결함 검출을 대상으로 한다.

해설 전도체만을 검사할 수 있다.

73. 설퍼 프린트(sulfur print)법에 사용되는 재료로 옳은 것은?

① 증감지, 투과도계
② 글리세린, 기계유
③ 황산, 브로마이드 인화지
④ 형광 침투제, 유화제

해설 설퍼 프린트법은 황의 분포와 편석을 검사하는 방법이다.

74. 연강을 인장시험하여 하중–연신 곡선으로부터 얻을 수 없는 것은?

① 비례한계
② 탄성한계
③ 최대하중점
④ 피로한계

75. 다음 중 비틀림 시험에 대한 설명으로 옳은 것은?

① 비틀림 시험의 주목적은 재료에 대한 강성계수와 비틀림 강도 측정에 있다.
② 비교적 가는 선재의 비틀림 시험에서는 응력을 측정하여 시험 결과를 얻는다.
③ 비틀림 시험편은 양단을 고정하기 쉽게 시험 부분보다 얇게 만든다.
④ 비틀림 각도 측정법은 팬듀럼식, 탄성식, 레버식이 있다.

정답 68. ④　69. ④　70. ③　71. ①　72. ①　73. ③　74. ④　75. ①

76. 방사선 투과 검사에서 투과 사진의 상을 선명하게 촬영하기 위한 조건으로 틀린 것은?

① 방사선원의 크기가 작을수록
② 시험체와 선원간 거리가 멀수록
③ 시험체와 필름간 거리가 가까울수록
④ 선원과 시험체, 필름간 배치가 45°일 때

해설 선원과 시험체, 필름간 배치가 수직일 때 선명한 상을 관찰할 수 있다.

77. 금속재료의 연성을 알기 위한 시험은?

① 비틀림 시험 ② 에릭센 시험
③ 충격시험 ④ 굽힘시험

해설 에릭센 시험(커핑 시험)은 금속재료의 연성을 알기 위해 구리판, 알루미늄판 등의 판재를 가압성형하여 변형 능력을 시험하는 것이다.

78. 육안 조직 검사와 관계없는 것은?

① 매크로 검사라고도 한다.
② 배율 10배 이하의 확대경으로 검사한다.
③ 결정입경이 0.1 mm 이하의 것을 검사한다.
④ 육안 검사법에는 설퍼 프린트법이 있다.

해설 육안 조직 검사는 결정입경 0.1mm 이상에 적합하다.

79. 충격 시험편에서 노치(notch) 반지름의 영향을 설명한 것 중 옳은 것은?

① 노치 반지름이 클수록 응력집중이 크다.
② 노치 반지름이 클수록 충격치가 낮다.
③ 노치 반지름이 클수록 흡수에너지가 크다.
④ 노치 반지름이 클수록 파괴가 잘 일어난다.

80. 시험편의 지름 14 mm, 평행부 길이 60 mm, 표점거리 50 mm, 최대하중이 9930 kg/mm^{2}일 때 인장강도는 약 몇 kgf/mm^{2}인가?

① 43.9 ② 54.3
③ 64.5 ④ 74.8

해설 인장강도$(\sigma_{max}) = \dfrac{\text{최대하중}(P_{max})}{\text{원단면적}(A_0)}$

$$= \frac{9930}{\frac{\pi}{4} \times 14^2}$$

$$\therefore 64.5\,\text{kgf/mm}^2$$

정답 76. ④ 77. ② 78. ③ 79. ③ 80. ③

2020년도 출제문제

2020년 6월 6일 출제문제

금속재료산업기사

제1과목 금속재료

1. 전성, 연성이 좋아 가공이 가장 잘되는 결정 격자는?

① 체심정방격자 ② 면심입방격자
③ 체심입방격자 ④ 조밀육방격자

2. 프레스 가공 또는 판금 가공이 아닌 것은?

① 압연가공 ② 굽힘가공
③ 전단가공 ④ 압축가공

3. 다음 금속의 열전도율이 높은 순으로 옳은 것은?

① Ag>Al>Au>Cu ② Ag>Cu>Au>Al
③ Cu>Ag>Au>Al ④ Cu>Al>Ag>Au

4. 강도가 크고, 고온이나 저온의 유체에 잘 견디며, 불순물을 제거하는데 사용되는 금속필터 즉, 다공성이 뛰어난 재질은 어떤 방법으로 제조된 것이 가장 좋은가?

① 소결 ② 기계가공
③ 주조가공 ④ 용접가공

5. 소성가공의 효과를 설명한 것 중 옳은 것은?

① 가공경화가 발생한다.
② 결정입자가 조대화된다.
③ 편석과 개재물을 집중시킨다.
④ 기공, 다공성을 증가시킨다.

6. 다음 중 쾌삭강에 대한 설명으로 틀린 것은?

① 강재에 Se, Pb 등의 원소를 배합하여 피삭성을 좋게 한 강을 쾌삭강이라 한다.
② S 쾌삭강에 Pb를 동시에 첨가하여 피삭성을 더욱 향상시킨 것을 초쾌삭강이라 한다.
③ Pb 쾌삭강은 탄소강 또는 합금강에 0.1~0.3%정도의 Pb를 첨가하여 피삭성을 좋게 한 강이다.
④ Pb 쾌삭강에서 Pb는 Fe 중에 고용되어 Fe가 Chip breaker의 역할과 윤활제 작용을 한다.

해설 Pb는 Fe중에 고용하지 않으므로 Pb단체로서 존재하여 이것이 Chip breaker의 역할을 함과 동시에 윤활제의 작용도 한다.

7. 리드프레임 재료로 요구되는 성능을 설명한 것 중 틀린 것은?

① 고집적화에 따라 열 방출이 좋아야 한다.
② 보다 작고 엷게 하기 위해 강도가 커야 한다.
③ 본딩을 위한 우수한 도금성을 가져야 한다.
④ 재료의 치수정밀도가 높고 잔류응력이 커야 한다.

정답 1. ② 2. ① 3. ② 4. ① 5. ① 6. ④ 7. ④

해설 치수정밀도가 높고 잔류응력이 작아야 한다.

8. 20금(20K)의 순금 함유율은 몇 %인가?

① 65% ②. 73%
③ 83% ④ 95%

해설 순금(20K), $\frac{20}{24}\times 100=83.3\%$

9. 다음 중 초경합금에 사용되는 주요 성분은?

① TiC ② MgO
③ NaC ④ ZnO

해설 초경합금 제조는 WC분말에 TiC, TaC 및 Co분말 등을 첨가 혼합하여 소결한다.

10. 고융점 금속의 특성에 대한 설명으로 틀린 것은?

① 증기압이 높다.
② 융점이 높으므로 고온강도가 크다.
③ W, Mo은 열팽창계수가 낮으나 열전도율과 탄성률이 높다.
④ 내산화성은 적으나 습식부식에 대한 내식성은 특히 Ta, Nb에서 우수하다.

해설 고융점 금속은 증기압이 낮다.

11. 실루민의 주조 조직을 미세화하는 개량처리에 사용하는 접종제는?

① 세륨
② 알루미늄
③ 마그네슘
④ 수산화나트륨

해설 실루민의 접종제로 불화알칼리, 수산화나트륨, 금속나트륨이 사용된다.

12. 마울러 조직도란 주철 중에 어떤 원소의 함량을 나타낸 것인가?

① C와 Si ② C와 Mn
③ P와 Si ④ P와 S

13. 순금속과 합금의 금속적 특성을 설명한 것 중 틀린 것은?

① 전기의 양도체이다.
② 전성 및 연성을 갖는다.
③ 액체 상태에서만 결정구조를 갖는다.
④ 금속적 성질과 비금속적 성질을 동시에 나타내는 것을 준금속이라 한다.

14. 베어링 합금에 대한 설명으로 옳은 것은?

① Cu-Pb계 베어링 합금에는 ZAMAK2가 있다.
② 배빗메탈은 Pb계 화이트메탈이다.
③ WM1 ~ WM4는 Sn계, WM6 ~ WM10은 Pb계 화이트메탈이다.
④ 반메탈은 Sn계 화이트메탈이다.

15. 용융점은 약 650℃, 비중은 약 1.74이며, 고온에서 발화하기 쉬운 금속은?

① Al ② Mg
③ Ti ④ Zn

해설 용융점: Al(660℃), Mg(650℃), Ti(1668℃), Zn(419℃)

16. 다음 재료 중 고로에서 제조되는 것은?

① 선철 ② 탄소강
③ 공석강 ④ 특수강

정답 8. ③ 9. ① 10. ① 11. ④ 12. ① 13. ③ 14. ③ 15. ② 16. ①

17. 오스테나이트계 스테인리스강의 응력 부식 균열 방지 대책으로 틀린 것은?

① 음극방식을 한다.
② 쇼트피닝을 한다.
③ 사용 환경 중의 염화물이나 알칼리를 제거한다.
④ Ni의 함량을 줄이고 Sb를 합금원소로 첨가한다.

18. 열전대용 재료로 사용되는 것이 아닌 것은?

① 크로멜 ② 알루멜
③ 콘스탄탄 ④ 모넬메탈

해설 모넬메탈(monel metal)은 60~70%의 니켈합금으로 내식성, 내마모성이 우수하여 판, 봉, 선, 관, 주물 등으로 사용되는 합금이다.

19. 순철에서 일어나는 변태가 아닌 것은?

① A_1변태 ② A_2변태
③ A_3변태 ④ A_4변태

20. 다음 중 탄소 함유량이 가장 적은 것은?

① 연강 ② 주철
③ 공석강 ④ 암코철

제2과목 금속조직

21. 격자상수가 a=b≠c이고, 축각이 $\alpha=\beta=90°$. $\gamma=120°$인 것은?

① 입방정계 ② 정방정계
③ 사방정계 ④ 육방정계

22. 용질원자와 전위의 상호작용에 의해 장범위에 걸쳐서 일어나는 것은?

① 전기적 상호작용
② 적층결함 상호작용
③ 탄성적 상호작용
④ 단범위 규칙도 상호작용

23. 규칙도가 0에서 1에 이르는 사이에서 결정 전체가 완전히 규칙성을 나타내는 상태를 무엇이라고 하는가?

① 장범위 규칙도
② 단범위 규칙도
③ 이종범위 규칙도
④ 단종범위 규칙도

24. 체심입방격자에 해당하는 귀속 원자 수는?

① 1개 ② 2개 ③ 4개 ④ 8개

25. 면심입방격자에서 가장 조밀한 원자면은?

① (100) ② (110) ③ (120) ④ (111)

26. Cu 및 Al과 같은 입방정 금속이 응고할 때 결정이 성장하는 우선 방향은?

① [100] ② [110]
③ [111] ④ [123]

27. 강의 담금질 조직인 마텐자이트 조직에 관한 설명으로 틀린 것은?

① 강자성체이다.
② 취성이 있다.
③ 전성과 연성이 크다.
④ 변화할 때 팽창된다.

정답 17. ④ 18. ④ 19. ① 20. ④ 21. ④ 22. ③ 23. ① 24. ② 25. ④ 26. ① 27. ③

28. Fe–C 평형 상태도에서 공정점의 자유도는? (단, 압력은 일정하다.)

① 0 ② 1
③ 2 ④ 3

29. 완전풀림 상태에서 금속 결정 내의 전위밀도는 약 $10^6 \sim 10^8$/cm²이다. 강하게 냉간가공된 상태에서 전위밀도는 얼마까지 증가하는가?

① $10^{11} \sim 10^{12}$/cm²
② $10^{15} \sim 10^{16}$/cm²
③ $10^{17} \sim 10^{18}$/cm²
④ $10^{19} \sim 10^{20}$/cm²

30. 확산에 대한 설명으로 틀린 것은?

① 면결함인 표면에서의 단회로 확산을 상호확산이라 한다.
② 온도가 낮을 때는 입계의 확산과 입내의 확산의 차가 크게 되나 온도가 높아지면 그 차는 작게 된다.
③ 입계는 입내에 비하여 결정의 규칙성이 없는 구조를 가지며, 결함이 많으므로 확산이 일어나기 쉽다.
④ 용매 중 용질의 국부적인 농도차가 있을 때 시간의 경과에 따라 농도의 균일화가 일어나는 현상을 확산이라 한다.

해설 입계는 입내에 비하여 결정의 규칙성이 산란된 구조를 갖고 결함이 많아 확산이 일어나기 쉽다.

31. 다음 그림 중 포정형 상태도로 옳은 것은? (단, L=융액, α, β=고용체이다)

①
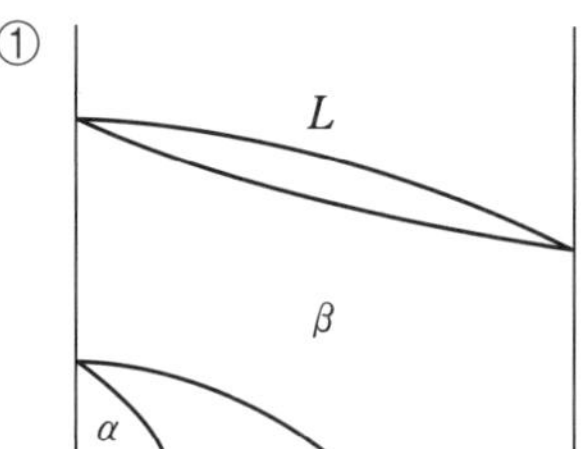

②
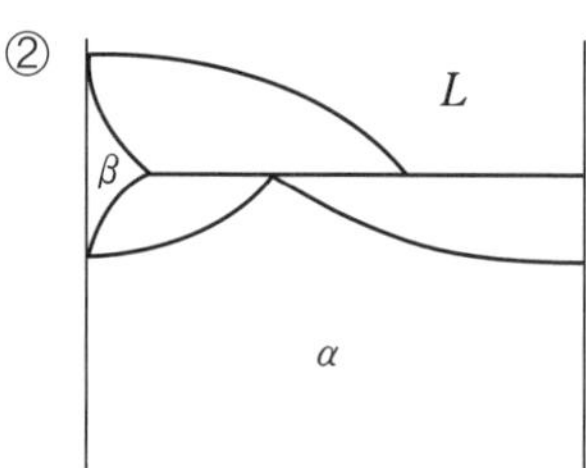

③
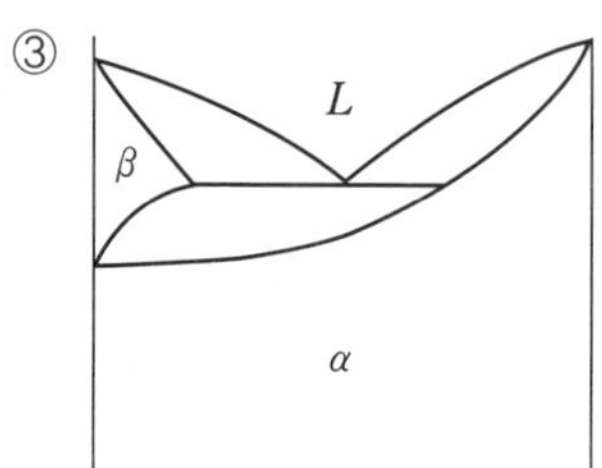

④
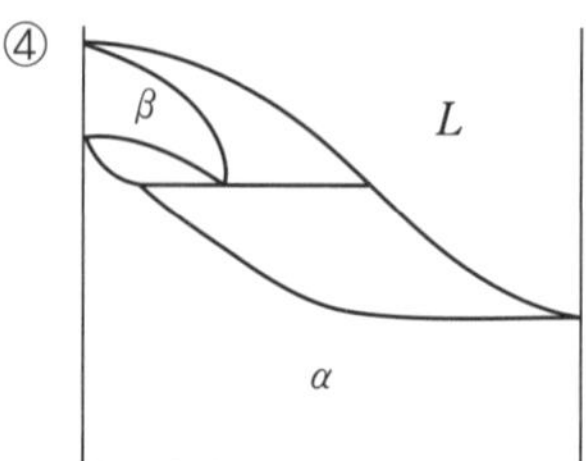

32. 금속 가공 시 형성되는 결함은 열역학적으로 불안정하여 재가열 시 금속은 가공전과 유사한 물리적, 기계적 성질이 변화하는 회복이 일어난다. 이러한 회복과 관련이 없는 것은?

① 전위를 재배열시켜 준다.
② 선결함을 소멸시켜 준다.
③ 변형에너지의 일부가 방출된다.
④ 새로운 결정립이 생성된다.

정답 28. ① 29. ① 30. ② 31. ② 32. ④

33. NaCl은 어떤 결합을 하고 있는가?

①금속결합 ② 공유결합
③ 이온결합 ④ 반데르발스 결합

34. 코트렐 효과란?

① 용매원자가 쌍정변형을 유발하는 효과
② 용매원자가 인상전위를 나사전위로 바꾸는 효과
③ 용질원자에 의해 인상전위가 활성화하여 이동하기 쉽게 되는 효과
④ 용질원자에 의해 인상전위가 안정한 상태가 되어 이동하기 어렵게 되는 효과

35. 소성가공한 재료의 재결정 온도를 낮게 하는 경우가 아닌 것은?

① 가공도가 큰 경우
② 순도가 높은 경우
③ 장시간 가공한 경우
④ 결정립이 조대한 경우

36. 금속의 응고 과정에서 고상의 자유에너지 변화에 대한 설명으로 옳은 것은? (단, r_0는 임계핵의 반지름, r은 고상의 반지름, Ev는 체적 자유에너지, Es는 계면 자유에너지이다.)

① r_0 이상 크기의 고상입자를 엠브리오라 한다.
② r_0 이하 크기의 고상을 결정의 핵이라 한다.
③ 고상의 전체 자유에너지의 변화는 E=Es-Ev로 표시된다.
④ $r < r_0$인 경우에 반지름이 증가함에 따라 자유에너지는 감소한다.

37. 상의 계면에 대한 설명 중 옳은 것은?

① 계면에너지가 작은 면의 성장속도는 빠르다.
② 원자간 결합에너지가 클수록 계면에너지는 작다.
③ 정합 계면을 가진 석출물은 성장하면서 정합성을 상실할 수 있다.
④ 표면에너지를 최소화하기 위해서는 석출물이 침상이어야 한다.

38. 제2상을 인위적으로 첨가하여 강화시키는 기구로 고온에서도 효과적으로 강화 효과를 유지할 수 있는 강화 기구는?

① 석출강화 ② 변태강화
③ 고용강화 ④ 분산강화

39. 금속을 가공하였을 때 축적에너지의 크기에 영향을 미치는 인자에 대한 설명으로 옳은 것은?

① 결정입도가 클수록 축적에너지의 양은 증가한다.
② 낮은 가공온도에서의 변형은 축적에너지의 양을 감소시킨다.
③ 변형량이 같을 때 불순물 원자가 첨가될수록 축적에너지의 양은 증가한다.
④ 가공도가 클수록 변형이 복잡하고, 축적에너지의 양은 더욱 감소한다.

40. 다음 그림에서 X-Y축을 경계로 좌우측의 원자들은 완전한 규칙배열로 되어 있으나 전체로 보면 X-Y축을 경계로 하여 대칭으로 되어 있다. 이러한 원자 배열의 구역은?

정답 33. ③ 34. ④ 35. ④ 36. ③ 37. ③ 38. ④ 39. ③

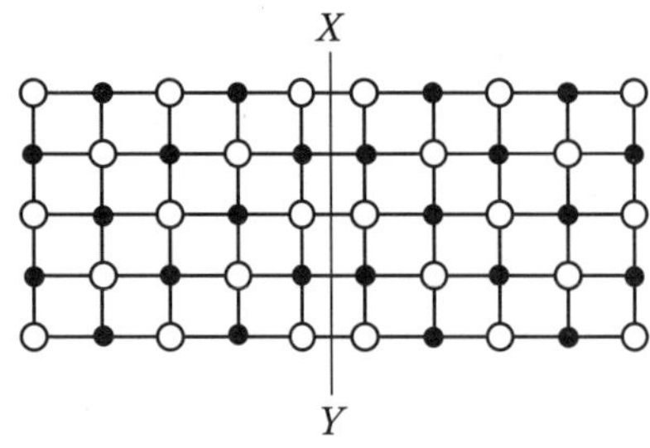

① 완화 구역　　② 전이 구역
③ 자성 구역　　④ 역위상 구역

제3과목 금속열처리

41. 냉간금형공구강(STD11)을 HRC58 이상의 경도로 얻기 위한 퀜칭, 템퍼링 온도 및 냉각 방법으로 옳은 것은?

① 퀜칭 : 600℃와 수랭, 템퍼링 : 180℃와 공랭
② 퀜칭 : 780℃와 수랭, 템퍼링 : 180℃와 공랭
③ 퀜칭 : 830℃와 공랭, 템퍼링 : 560℃와 유랭
④ 퀜칭 : 1030℃와 공랭, 템퍼링 : 180℃와 공랭

42. 침탄 공정에서 담금질을 한 경우 경도가 낮게 측정되었을 때의 원인이 아닌 것은?

① 탈탄되었을 때
② 침탄량이 부족할 때
③ 담금질의 냉각속도가 느릴 때
④ 잔류 오스테나이트가 없을 때

43. 담금질용 냉각장치에 교반 장치가 부착되어 있는 주된 이유로 옳은 것은?

① 제품의 표면 박리를 방지하기 위해
② 제품의 냉각속도를 빨리하기 위해
③ 제품의 표면 탈탄을 방지하기 위해
④ 제품의 열처리 변태시간 편차를 크게 하기 위해

44. 잔류 오스테나이트가 많아 사용할 때 치수의 변화를 감소하기 위한 열처리 방법은?

① 심랭처리　　② 파텐팅 처리
③ 항온 열처리　　④ 고주파 담금질 처리

해설 심랭처리는 잔류 오스테나이트를 제거하여 치수의 변화를 감소시키기 위하여 영하의 온도에서 열처리하는 방법이다.

45. 전기로에 사용되는 발열체의 종류 중 금속 발열체가 아닌 것은?

① 흑연　　② 칸탈
③ 텅스텐　　④ 철-크롬

46. 분위기 열처리에서 일반적으로 사용되는 불활성 가스는?

① O_2　　② Ar
③ CO　　④ NH_3

해설 O(산화성), Ar(불활성), CO(침탄성), NH(환원성)

47. 탄소강을 열처리로에서 가열하였을 때 강재에 나타나는 온도의 색깔이 가장 낮은 것은?

① 암적색　　② 담청색
③ 붉은색　　④ 밝은 백색

해설 담청색(320℃), 암적색(600℃), 붉은색(900℃), 밝은 백색(1400℃)

정답 41. ③　42. ④　43. ②　44. ①　45. ①　46. ②　47. ②

48. 강의 연속냉각변태에서 임계냉각속도란?

① 오스테나이트에서 마텐자이트만을 얻기 위한 최소의 냉각속도
② 마텐자이트에서 오스테나이트로의 변태개시속도
③ 오스테나이트 상태에서 파인펄라이트 조직을 얻기 위한 최소의 냉각속도
④ 오스테나이트 상태에서 베이나이트 조직을 얻기 위한 최소의 냉각속도

49. 강의 담금질에 따른 용적 변화가 가장 큰 조직은?

① 펄라이트 ② 베이나이트
③ 마텐자이트 ④ 오스테나이트

해설 마텐자이트 > 베이나이트 > 펄라이트 > 오스테나이트

50. 열처리 결함을 선천적과 후천적 결함으로 나눌 때 선천적 소재 결함에 해당되는 것은?

① 탈탄 ② 산화
③ 피시 스케일 ④ 비금속 개재물

51. 열처리 결함 중 탈탄의 원인과 방지대책을 설명한 것 중 틀린 것은?

① 탈탄 방지제를 도포한다.
② 염욕 및 금속욕에서 가열을 한다.
③ 고온에서 장시간 가열을 실시한다.
④ 환원성 분위기 속에서 가열하거나 진공가열을 한다.

해설 고온에서 장시간 가열을 피한다.

52. 중탄소강을 오스테나이트 상태로 만든 후, 가열온도 400~520℃의 용융 염욕 또는 Pb 욕 중에 침적한 후 공랭시켜 소르바이트 조직으로 된 피아노 선 등의 신선 작업에 이용하는 열처리는?

① 퀜칭 ② 파텐팅
③ 어닐링 ④ 수인법

53. 이온 질화법의 특징으로 옳은 것은?

① 표면 청정 작용이 있으며 질화속도가 빠르다.
② 미세한 홈의 내면 등에 균일한 질화가 가능하다.
③ 처리부품의 정확한 온도 측정이 가능하며, 급속냉각이 가능하다.
④ 오스테나이트계 스테인리스강이나 Ti 등에는 질화가 불가능하다.

54. 담금질 처리 시 흔히 국부적으로 경화되지 않는 연한 부분을 연점이라하는데 연점이 발생하는 원인이 아닌 것은?

① 냉각이 불균일할 때
② 담금질 온도가 불균일할 때
③ 강 표면에 탈탄층이 있을 때
④ 담금질성이 좋아 강의 냉각이 임계냉각속도보다 빠를 때

55. 오스테니이트 상태의 공석강을 A 변태점 이하의 일정한 온도(500℃)로 급랭하여 그 온도에서 적정시간 유지 후 냉각하였을 때 얻을 수 있는 조직은?

① 베이나이트 ② 페라이트
③ 마텐자이트 ④ 오스테나이트

56. 강의 표준조직을 만들기 위해 오스테나이트화 처리한 후 공기 중에 냉각시키는 열처

정답 48. ① 49. ③ 50. ④ 51. ③ 52. ② 53. ① 54. ④ 55. ① 56. ④

리 방법은?

① 퀜칭 ② 어닐링
③ 템퍼링 ④ 노멀라이징

57. 금속 열처리의 목적이 아닌 것은?

① 조직을 안정화시키기 위하여
② 내식성을 개선시키기 위하여
③ 조직을 조대화하여 취성을 증가시키기 위하여
④ 경도 또는 인장응력을 증가시키기 위하여

58. 상온가공한 황동 제품의 시기균열을 방지하기 위한 열처리 방법은?

① 300℃에서 1시간 어닐링하여 급랭한다.
② 700℃에서 3시간 템퍼링하여 급랭한다.
③ 900℃에서 1시간 어닐링하여 급랭한다.
④ 1010℃에서 2시간 퀜칭하여 유랭한다.

59. 트루스타이트에 대한 설명 중 옳은 것은?

① α철과 극히 미세한 시멘타이트와의 기계적 혼합물이다.
② α철과 극히 미세한 마텐자이트와의 기계적 혼합물이다.
③ γ철과 조대한 시멘타이트와의 기계적 혼합물이다.
④ γ철과 조대한 마텐자이트와의 기계적 혼합물이다.

60. 대형 제품을 담금질 하였을 때 재료의 내·외부에 담금질 효과가 달라져서 경도의 편차가 나타나는 현상은?

① 노치 효과 ② 질량 효과
③ 담금질 변형 ④ 가공경화

제4과목 재료시험

61. 강자성체 강관 표면에 존재하는 결함을 검출하고자 할 때 가장 적합한 시험방법은?

① 초음파 비파괴 검사
② 방사선 비파괴 검사
③ 자기 비파괴 검사
④ 누설 비파괴 검사

62. 초음파 비파괴 검사의 특징을 설명한 것 중 틀린 것은?

① 초음파의 종류는 종파, 횡파, 표면파 및 판파가 있다.
② 초음파의 전달 효율을 높이기 위해 접촉매질이 사용된다.
③ 초음파 비파괴 검사는 방사선 비파괴 검사보다 결함의 종류를 구별하기 쉽다.
④ 초음파 비파괴 검사는 체적시험으로 내부 결함을 찾아내는 목적으로 사용된다.

63. 그림은 에릭센 시험기의 주요부를 나타낸 것이다. D의 명칭으로 맞는 것은?

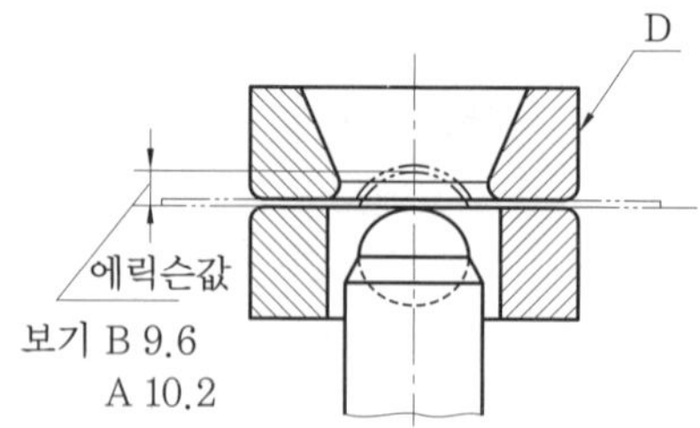

① 펀치
② 다이
③시험편
④ 주름 누르개

정답 57. ③ 58. ① 59. ① 60. ② 61. ③ 62. ③ 63. ④

64. 한국산업표준(KS B 0801)의 4호 인장시험편 제작에서 지름(D)과 표점거리(L)는 몇 mm로 하는가?

① 지름(D) : 10mm, 표점거리(L) : 60mm
② 지름(D) : 14mm, 표점거리(L) : 50mm
③ 지름(D) : 20mm, 표점거리(L) : 200mm
④ 지름(D) : 40mm, 표점거리(L) : 220mm

65. 상대적으로 경한 입자나 미세돌기와의 접촉에 의해 표면으로부터 마모입자가 이탈되는 현상으로 마모면에 긁힘 자국이나 끝이 파인 홈들이 나타나는 마모는?

① 응착마모 ② 연삭마모
③ 피로마모 ④ 부식마모

66. 피로시험에서 시험편의 형상계수를 α, 노치계수를 β라고 할 때 노치민감계수(η)를 나타내는 식으로 옳은 것은?

① $\eta=\frac{\alpha}{\beta-1}$ ② $\eta=\frac{\beta}{\alpha-1}$
③ $\eta=\frac{\alpha-1}{\beta-1}$ ④ $\eta=\frac{\beta-1}{\alpha-1}$

67. 금속조직 내의 상과 양을 측정하는 방법에 해당하지 않는 것은?

① 면적 측정법 ② 직선 측정법
③ 점 측정법 ④ 축형 측정법

68. 침투 비파괴 검사에서 FA-D로 검사를 수행할 때의 공정이 아닌 것은?

① 전처리 ② 산화처리
③ 현상처리 ④ 침투처리

69. 압축시험에 의해 결정할 수 없는 값은?

① 연신율 ② 항복점
③ 탄성계수 ④ 비례한도

70. 재료의 응력 측정법이 아닌 것은?

① 광탄성 방법 ② X-선 방법
③ 무아레 방법 ④ 커핑 방법

해설 커핑시험법(cupping test)은 재료의 연성을 알기 위한 시험으로 에릭센(Erchsen test)이라고도 한다.

71. 재료시험기가 구비해야 할 조건이 아닌 것은?

① 안전성이 있어야 한다.
② 취급이 편리해야 한다.
③ 정밀도와 감도가 우수해야 한다.
④ 시험기의 내구성이 작아야 한다.

72. 무재해 운동의 3원칙에 해당되지 않는 것은?

① 무의 원칙 ② 선취의 원칙
③ 참가의 원칙 ④ 품질 향상의 원칙

73. 현미경을 이용한 조직 검사 절차로 옳은 것은?

① 마운팅→미세연마→거친연마→부식→검경
② 마운팅→거친연마→미세연마→부식→검경
③ 미세연마→마운팅→거친연마→검경→부식
④ 거친연마→미세연마→마운팅→검경→부식

74. 브리넬 경도시험의 특징을 설명한 것 중 틀린 것은?

정답 64. ② 65. ② 66. ④ 67. ② 68. ② 69. ① 70. ④ 71. ④ 72. ④ 73. ② 74. ①

① 얇은 재료나 침탄, 질화강 등의 측정에 적합하다.
② 하중은 2~8초 사이에 시험하중까지 증가시키고 10~15초 동안 하중을 유지하도록 한다.
③ 시험기는 시험 도중 시험 결과에 영향을 미칠 수 있는 충격이나 진동으로부터 보호되어야 한다.
④ 2개의 이웃하는 누르개 자국의 중심 사이 거리는 적어도 누르개 자국 평균 지름의 3배 이상이 되어야 한다.

해설 얇은 재료나 침탄, 질화강 등의 측정에 적합한 것은 비커스 경도시험이다.

75. **응력을 반복하여 가했을 때 재료 전체 또는 국부적 슬립 변형이 생기며 시간과 더불어 점차적으로 발전해가는 현상을 응력-반복 횟수로 알아보는 시험법은?**

① 경도시험　② 인장시험
③ 압축시험　④ 피로시험

76. **강의 비금속 개재물 측정방법에서 비금속 개재물의 종류와 그 표시 기호로 옳은 것은?**

① 규산염 종류 : 그룹 A형
② 황화물 종류 : 그룹 B형
③ 알루민산 염 종류 : 그룹 C형
④ 구형 산화물 종류 : 그룹 D형

해설 A형 개재물(황화물계), B형 개재물(알루미늄 산화물계), C형 개재물(기타 각종 비금속)

77. **로크웰 경도시험에 대한 설명이 옳은 것은?**

① 기본하중은 1kgf 이다.
② 다이아몬드 원뿔의 꼭지각은 136°이다.
③ 시험하중에는 50, 120, 200kgf의 3가지가 있다.
④ C 스케일은 단단한 금속재료의 경도 측정용으로 사용한다.

78. **조미니 시험 결과 보고서에 J35-15라고 쓰여 있을 때 그 의미로 옳은 것은?**

① 퀜칭단으로부터 15mm 떨어진 지점의 경도값이 HRC35임을 나타낸다.
② 퀜칭단으로부터 35mm 떨어진 지점의 경도값이 HRC15임을 나타낸다.
③ 퀜칭단으로부터 15mm 떨어진 지점의 경도값이 HS35임을 나타낸다.
④ 퀜칭단으로부터 35mm 떨어진 지점의 경도값이 HS15임을 나타낸다.

79. **구리 및 구리합금의 조직을 검사하기 위한 부식액으로 가장 적합한 것은?**

① 왕수
② 염화 제2철 용액
③ 수산화 나트륨 용액
④ 질산 알코올 용액(나이탈)

해설 왕수(금), 염화 제2철 용액(구리합금), 수산화 나트륨(알루미늄 합금), 질산 알코올 용액(철강)

80. **금속재료의 파괴 형태를 설명한 것 중 다른 하나는?**

① 미세한 공공 형태의 딤플 형상이 있다.
② 인장시험 시 컵-콘(원뿔) 형태로 파괴된다.
③ 균열의 전파 전 또는 전파 중에 상당한 소성변형을 유발한다.
④ 외부 힘에 의해 국부수축 없이 갑자기 발생되는 단계로 취성 파단이 나타난다.

정답 75. ④　76. ④　77. ④　78. ①　79. ②　80. ③

2020년 8월 22일 출제문제

금속재료산업기사

제1과목 금속재료

1. 구상화 흑연주철은 합금원소를 첨가하여 흑연을 구상화 처리함으로써 기계적 성질을 개선하는 것으로 흑연의 구상화에 기여가 가장 큰 원소는?

① Mg ② Sn ③ P ④ Bi

해설 구상흑연주철은 마그네슘을 회주철 용융 금속에 첨가하여 흑연을 구상화한다.

2. 열간가공과 냉간가공을 구분하는 기준은?

① 변태온도 ② 주조온도
③ 담금질 온도 ④ 재결정 온도

3. 금속의 물리 · 화학적 성질을 설명한 것 중 틀린 것은?

① 전기저항의 역수를 비저항 또는 비열이라 한다.
② 금속의 원자가 전자를 잃고 양이온으로 되려는 성질을 이온화 경향이라 한다.
③ 금속의 표면이 화학적 반응을 일으켜 비금속 화합물을 생성하면서 점차 소모되어 가는 것을 부식이라 한다.
④ 물질이 상태변화를 완료하기 위해서는 열이 필요하게 되며, 이 열량을 숨은열 또는 잠열이라 한다.

해설 비저항은 전도율과의 역수 관계이다.

4. Al-Mg 합금에 대한 설명 중 옳은 것은?

① 내식성을 향상시키기 위해 구리와 아연의 첨가량을 10% 이상으로 한다.
② Al-Mg계 평형 상태도에서 γ 고용체와 δ상이 850℃에서 공존한다.
③ Al에 약 10%까지의 Mg을 품은 합금을 하이드로날륨이라고 한다.
④ 고온에서 Mg의 고용도가 낮고, 약 400℃에서 풀림하면 강도와 연신이 저하된다.

5. 22금(22K)의 순금 함유율은 약 몇 %인가?

① 75% ② 83% ③ 92% ④ 100%

해설 순금(22K), $\frac{22}{24}\times 100=91.6\%$

6. 다음 중 비중이 가장 작은 것은?

① Fe ② Na ③ Cu ④ Al

해설 Fe : 7.87, Na : 0.971, Cu : 8.96, Al : 2.74

7. 전기강판에(규소강판)에 요구되는 특성을 설명한 것 중 옳은 것은?

① 투자율이 낮아야 한다.
② 철손이 많아야 한다.
③ 포화자속밀도가 낮아야 한다.
④ 박판을 적층하여 사용할 때 층간 저항이 높아야 한다.

해설 투자율이 높고, 철손이 적고, 포화자속밀도가 높아야 하며, 박판을 적층하여 사용할 때 층간 저항이 높아야 한다.

정답 1. ① 2. ④ 3. ① 4. ① 5. ③ 6. ② 7. ④

8. 다음 중 백동에 관한 설명으로 틀린 것은?

① Cu에 Ni을 10 ~ 30% 첨가한 합금이다.
② 디프 드로잉 가공에 적합하고, 열간가공성도 우수하다.
③ 내식성이 좋으므로 줄자, 표준자, 바이메탈 등에 사용되는 합금이다.
④ 가공성이 좋아 두께 25mm에서 1mm까지 중간풀림하지 않고 압연할 수 있다.

해설 백동은 구리에 니켈이 함유된 구리합금으로서 화폐 등에 사용된다.

9. 다음 철광석 중 철분을 가장 많이 함유한 것은?

① 적철광 ② 자철광
③ 갈철광 ④ 능철광

해설 적철광(40~60%), 자철광(50~70%), 갈철광(20~60%), 능철광(30~40%)

10. 고속도공구강에 대한 설명으로 틀린 것은?

① SKH2의 대표적 조성은 18% W－4% Cr－1% V이다.
② W의 일부는 C와 결합하여 W_6C를 형성한다.
③ 탄화물 등은 내마모성 및 경도를 저하시키고, 결정립은 조대해진다.
④ 고온경도 및 내마모성이 우수하여 바이트 및 드릴의 절삭공구강에 사용된다.

해설 고속도강의 탄화물 등은 내마모성 및 경도를 증가시키고, 결정립을 미세화한다.

11. 스테인리스강의 조직상 분류에 해당되지 않는 것은?

① 페라이트계 ② 마텐자이트계
③ 시멘타이트계 ④ 오스테나이트계

12. 탄소강에서 발생할 수 있는 취성에 대한 설명으로 틀린 것은?

① 500 ~ 600℃에서 청열취성을 나타낸다.
② P를 많이 함유하면 상온취성이 나타난다.
③ S를 많이 함유하면 적열취성이 나타난다.
④ 뜨임취성을 방지하기 위해 Mo을 첨가한다.

해설 청열취성은 200~300℃에서 취성을 나타낸다.

13. 탄소강에 함유된 원소 및 비금속 개재물의 영향을 설명한 것 중 틀린 것은?

① 열처리를 할 때에는 개재물로부터 균열이 발생한다.
② Mn는 S과 결합하여 MnS이 되고, S의 해를 없게 한다.
③ Si는 결정입자의 성질을 미세화하고 단접성을 증가시킨다.
④ 개재물은 재료의 내부에 점 상태로 존재하여 인성을 저하시킨다.

해설 Si는 결정입자의 성질을 조대화하고 단접성을 감소시킨다.

14. 36% Ni－Fe 합금으로 바이메탈 소자, 리드 프레임 등에 사용하는 불변강으로 맞는 것은?

① 인바 ② 알니코
③ 애드미럴티 ④ 마르에이징강

15. 분말야금용 금속을 이용하는 경우가 아닌 것은?

① 합금하기 어려운 재료의 성형
② 제품의 크기에 제한이 없는 부품
③ 절삭하기 곤란한 부품의 성형
④ 항공기의 경량화가 필요한 부품

정답 8. ③ 9. ② 10. ③ 11. ③ 12. ① 13. ③ 14. ① 15. ②

16. 다음 중 재결정 온도가 가장 낮은 금속은?

① Fe ② Au ③ Mg ④ Pb

해설 Fe(450℃), Au(~200℃), Mg(150℃), Pb(상온)

17. 제진 기능이 우수한 회주철을 공작기계의 베드로 사용하는 이유로 적합한 것은?

① 비감쇠능이 크기 때문
② 인장강도가 크기 때문
③ 열팽창률이 크기 때문
④ 전기전도도가 크기 때문

18. Zn 및 금형용 Zn 합금에 대한 설명으로 틀린 것은?

① Zn은 Mo과 같이 대표적인 고용융점 금속이다.
② Zn은 건조한 공기 중에서는 거의 산화하지 않는다.
③ 금형용 아연합금의 대표적인 것으로는 KM 합금, ZAS, Kirksite 등이 있다.
④ 금형용 아연합금의 표준 성분은 Zn에 4% Al-3% Cu -소량의 Mg 등으로 구성되어 있다.

해설 Zn은 낮은 용융점 금속이다.

19. 탄소강에서 탄소의 함유량이 1.0%까지 증가함에 따라 증가하는 것이 아닌 것은?

① 경도 ② 연신율
③ 항복점 ④ 인장강도

20. TiC를 주성분으로 하고 Ni 또는 Mo상을 결합상으로 제조한 초경합금공구강은?

① 서멧(Cermet)
② 켈밋(Kelmet)
③ 하스텔로이(Hastelloy)
④ 퍼멀로이(Permalloy)

제2과목 금속조직

21. 치환형 고용체의 합금에서 용질원자와 용매원자의 규칙-불규칙 변태와 관련하여 결정이 완전히 불규칙 상태인 때를 0, 완전히 규칙 상태인 때를 1이라 하여 규칙화의 정도를 나타내는 척도는?

① 상율 ② 규칙도
③ 고용도 ④ 규칙격자

22. 마텐자이트 변태에 대한 설명으로 틀린 것은?

① 마텐자이트는 고용체의 단일상이다.
② 마텐자이트 변태를 하면 표면 기복이 생긴다.
③ 마텐자이트 변태는 확산이 일어나는 변태이다.
④ 저탄소 함량에서 래스(lath)모양, 고탄소 함량에서는 판(plate)모양의 마텐자이트가 각각 생성된다.

해설 마텐자이트 변태는 무확산이 일어나는 변태이다.

23. 용융금속이 주형의 표면에서 내부로 급속히 응고할 때 조직의 변화가 순서대로 옳게 나열된 것은?

① Chill층(미세한 등축정) → 주상정 → 등축정
② 주상정 → Chill층(미세한 등축정) → 등축정
③ 등축정 → Chill(미세한 등축정) → 주상정
④ 등축정 → 주상정 → Chill층(미세한 등축정)

정답 16. ④ 17. ① 18. ① 19. ② 20. ① 21. ② 22. ③ 23. ①

24. Fe 단결정을 변압기의 철심재료로 사용할 때 압연 방향이 어떤 방향인 경우 자기손실이 최소가 되는가?

① [111] ② [011]
③ [110] ④ [100]

25. 금속은 인발가공(소성변형)할 경우에 각 결정립의 슬립 방향이 인장 방향으로 일정하게 향하게 되는 우선 방위를 가지게 되고 이러한 경향은 가공도가 클수록 크게 나타난다. 이와 같이 우선방위를 가지는 조직은?

① 집합조직 ② 주상조직
③ 수지상 조직 ④ 공정조직

26. 금속의 재결정이 가장 잘 일어날 수 있는 것은?

① 고순도의 금속
② 가공도가 적은 금속
③ 석출물이 많은 금속
④ 이종원자들의 불순물이 많은 금속

27. 냉간가공으로 변형을 일으킨 금속을 가열하면 그 내부에 새로운 결정립의 핵이 생기고, 이것이 성장하여 전체가 변형이 없는 결정립으로 치환되는 과정은?

① 변형 ② 회복
③ 재결정 ④ 결정립 성장

28. [보기]의 식은 어떤 법칙인가? (단, D는 확산계수, t는 시간, x는 장소, C는 농도이다.)

| 보기 |

$$\frac{\alpha C}{\alpha t} = D\frac{\alpha^2 C}{\alpha x^2}$$

① 베가드의 법칙
② Fick의 확산 제1법칙
③ Fick의 확산 제2법칙
④ Hume–Rothery 법칙

29. 금속의 변태점 측정 방법이 아닌 것은?

① 열팽창법
② 전기저항법
③ 성분 분석법
④ 시차 열분석법

30. 원자배열이 어느 축을 경계로 하여 규칙적으로 되어 있으나 서로 반대의 배열을 갖는 것을 무엇이라고 하는가?

① 완화현상 ② 역위상
③ 협동현상 ④ 초격자

31. FCC 격자의 총 슬립계는 몇 개인가?

① 6 ② 12 ③ 24 ④ 48

해설 슬립면 4개 × 슬립 방향 3개 = 12개

32. 석출강화에서 기지와 석출물의 특성을 설명한 것으로 틀린 것은?

① 석출물은 침상보다는 구상이어야 한다.
② 석출물은 입자의 크기가 미세하고 수가 많아야 한다.
③ 기지상은 연성이 크고, 석출물은 단단한 성질을 가져야 한다.
④ 석출물은 연속적으로 존재해야만 하는 반면 기지상은 불연속적이어야 한다.

해설 석출물은 불연속적으로 존재해야만 하는 반면에 기지상은 연속적이어야 한다.

정답 24. ④ 25. ① 26. ① 27. ③ 28. ③ 29. ③ 30. ② 31. ② 32. ④

33. 확산(diffusion)과 관련이 가장 적은 것은?

① 침탄 ② 질화
③ 담금질 ④ 금속 침투

34. 칼날전위(Edge dislocation)에 대한 설명 중 옳은 것은?

① 부피 결함의 일종이다.
② 잉여반면을 가지지 않는다.
③ 전위선과 버거스 벡터(Burgers vector)가 서로 수직이다.
④ 전위선이 움직이는 방향은 버거스 벡터에 수직으로 움직인다.

35. A+B+C+D의 4원 합금이 200℃에서 존재할 때, $\beta+\gamma$상 조직이 관찰된다면 이때 응축계의 자유도는?

① 0 ② 1 ③ 2 ④ 3

해설 $F=C-P+1=4-2+1=3$

36. Fe-C 평형 상태도에서 조직이 혼합물에 해당되는 것은?

① Pearlite ② Ferrite(α)
③ Austenite(γ) ④ Ferrite(δ)

해설 펄라이트는 $\alpha+Fe_3C$의 기계적 혼합물이다.

37. Al-4% Cu 석출강화형 합금에서 석출강화에 영향을 주는 상은?

① α상 ② β상 ③ θ상 ④ γ상

38. 단결정체에 탄성한계 이상의 외력을 가할 때 일어나는 슬립(slip)에 대한 설명으로 옳은 것은?

① 슬립은 원자밀도가 최대인 면에서 최소인 방향으로 일어난다.
② 슬립은 원자밀도가 최소인 면에서 최대인 방향으로 일어난다.
③ 슬립은 원자밀도가 최소인 면에서 최소인 방향으로 일어난다.
④ 슬립은 원자밀도가 최대인 면에서 최대인 방향으로 일어난다.

39. 그림과 같은 상태도에서 각 성분간의 용해도에 관한 내용으로 옳은 것은?

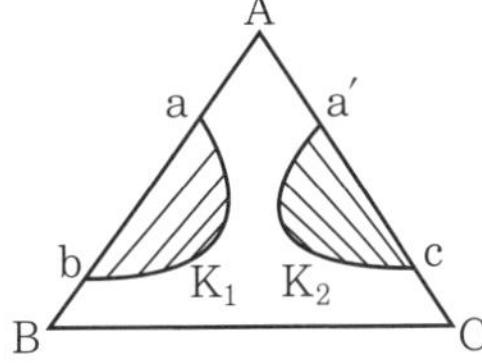

① AB, BC, AC에 용해한이 있다.
② AC에는 용해한이 없고, AB, BC에는 있다.
③ BC에는 용해한이 없고, AB, AC에는 있다.
④ BC에는 용해한이 있고, AB, AC에는 없다.

40. 결합력에 의한 결정을 분류하고자 할 때 원자의 결합방법이 아닌 것은?

① 이온결합 ② 톰슨결합
③ 공유결합 ④ 반데르발스 결합

제3과목 금속열처리

41. 담글질한 후 뜨임을 하는 가장 큰 목적으로 맞는 것은?

① 마모화 ② 산화
③ 강인화 ④ 취성화

정답 33. ③ 34. ③ 35. ④ 36. ① 37. ③ 38. ④ 39. ③ 40. ② 41. ③

42. 보통 A_3또는 Acm선보다 30 ~ 50℃정도의 높은 온도에서 가열한 후 공기 중에서 공랭하는 열처리 방법은?

① 퀜칭 ② 어닐링
③ 템퍼링 ④ 노멀라이징

43. 강의 담금질성을 판단하는 방법이 아닌 것은?

① 강박시험에 의한 방법
② 임계지름에 의한 방법
③ 조미니 시험에 의한 방법
④ 임계냉각속도를 사용하는 방법

해설 강박시험은 염욕에 함유된 탄소량을 측정하는 오염도 측정 방법이다.

44. 베어링용 강을 구상화하는 목적이 아닌 것은?

① 마모성을 향상시키기 위해
② 담금질 변형을 적게 하기 위해
③ 기계가공성을 향상시키기 위해
④ 담금질 효과를 균일하게 하기 위해

해설 내마모성을 향상시키기 위한 목적이 있다.

45. 고체 침탄제의 구비조건이 아닌 것은?

① 고온에서 침탄력이 강해야 한다.
② 침탄 성분 중 P, S 성분이 적어야 한다.
③ 장시간 사용하여도 동일 침탄력을 유지하여야 한다.
④ 침탄 시 용적 변화가 크고 침탄 강재 표면에 고착물이 융착되어야 한다.

해설 침탄 시 용적 변화가 작고 침탄 강재 표면에 고착물이 융착되지 말아야 한다.

46. 진공로 내부를 단열하는 단열재의 구비조건이 아닌 것은?

① 열용량이 커야 한다.
② 흡습성이 없어야 한다.
③ 열적 충격에 강해야 한다.
④ 방사열을 완전히 반사시키는 재료이어야 한다.

해설 열용량이 작아야 한다.

47. 담금질 변형에 대한 설명으로 틀린 것은?

① 치수 변화는 담금질 시 변태에 따른 팽창 및 수축을 말한다.
② 담금질 변형은 공랭보다는 유랭, 유랭보다는 수랭에서 변형 발생이 적다.
③ 열응력, 변태응력 또는 경화 상태가 불균일하기 때문에 생기는 변형이 있다.
④ 변형은 가열 및 냉각 시 처리부품의 휨, 비틀림 및 처짐 등의 현상이 있다.

해설 담금질 변형은 유랭보다는 공랭, 수랭보다는 유랭에서 변형 발생이 적다.

48. 공석강을 오스테나이트로 가열하여 기름(60 ~ 80℃)에 퀜칭, 연속냉각변태 하였을 때 나타나는 기지 조직은?

① 흑연
② 시멘타이트
③ 미세한 펄라이트
④ 마텐자이트+(미세한)펄라이트

49. 구상흑연주철의 절삭성을 양호하게 하고 연성을 향상시키기 위한 열처리는?

① 퀜칭 ② 템퍼링
③ 어닐링 ④ 노멀라이징

정답 42. ④ 43. ① 44. ① 45. ④ 46. ① 47. ② 48. ④ 49. ③

50. 이온 질화법의 특징을 설명한 것 중 틀린 것은?

① 질화속도가 비교적 빠르다.
② 수소 가스에 의한 표면 청정 효과가 있다.
③ 400℃ 이하의 저온에서도 질화가 가능하다.
④ 글로우 방전을 하므로 특별한 가열장치가 필요하다.

해설 글로우 방전을 하므로 특별한 가열장치가 필요 없다.

51. TTT 곡선의 Nose와 Ms점의 중간 온도로 유지된 염욕 속에서 변태가 완료될 때까지 일정 시간 유지한 다음, 공랭시키면 베이나이트 조직이 생기는 열처리 조작은?

① 오스포밍 ② 마퀜칭
③ 오스템퍼링 ④ 타임퀜칭

52. 강의 담금질 제품에서 발생하는 열처리 결함은?

① 담금질 균열, 열처리 변형, 탈탄, 경화 불충분
② 담금질 팽창, 기포, 백층, 이상조직
③ 담금질 수축, 침탄얼룩, 내부산화, 뜨임취성
④ 담금질 취성, 편석, 이상조직, 백층

53. 대형 베벨기어를 담금질할 때 열처리 변형 방지에 가장 적합한 냉각장치는?

① 분사냉각장치
② 프레스 냉각장치
③ 염욕냉각장치
④ 열유(120 ~ 150℃) 냉각장치

54. 과포화 고용체로부터 다른 상이 석출하는 현상을 이용하여 금속재료의 강도 및 그 밖의 성질을 변화시키는 처리로 두랄루민 합금의 대표적인 처리 방법은?

① 시효경화 처리
② 가공경화 처리
③ 가공열처리
④ 재결정화 처리

55. 가스 질화 - 침탄(연질화)에 사용되는 가스의 구성으로 옳게 짝지어진 것은?

① Ar-CO_2가스 ② He-DX 가스
③ NH-RX 가스 ④ CO-N_2가스

56. 열처리 시 발생하는 체적 변화에 관한 설명으로 틀린 것은?

① 담금질하여 마텐자이트로 되면 팽창하는데, 강 중에 C%가 증가할수록 그 팽창량은 감소한다.
② 퀜칭 템퍼링하여 2차 경화하는 고합금강에서는 팽창한다.
③ 서브제로(Sub - Zero)처리하면 잔류 오스테나이트가 마텐자이트화되기 때문에 팽창한다.
④ 잔류 오스테나이트의 양이 많아지면 수축하지만, 많을수록 상온방치 중에 시효변형의 원인이 된다.

57. 침탄 담금질 시 나타나는 박리의 원인이 아닌 것은?

① 반복침탄을 할 때
② 확산층이 깊을 때
③ 원재료가 너무 연할 때
④ 과잉침탄으로 인하여 C%가 표면에 너무 많을 때

정답 50. ④ 51. ③ 52. ① 53. ② 54. ① 55. ③ 56. ① 57. ②

58. 합금강에 첨가되었을 때 열처리 경화능 향상 효과가 가장 큰 원소는?

① Si ② B ③ Cu ④ Ni

해설 경화능을 높이는 원소 : Mo, Mn, Cr, B

59. 물체가 방사하는 단일 파장의 에너지를 이용하여 온도를 측정하는 온도계는?

① 색온도계
② 광고온계
③ 복사 온도계
④ 열전대 온도계

60. 담금질 균열의 방지대책을 설명한 것으로 틀린 것은?

① 구멍을 뚫어 부품의 각 부가 균일하게 냉각되도록 한다.
② 날카로운 모서리는 기능상 큰 문제가 없으면 면취를 한다.
③ 제품이 완전히 냉각되기 전에 냉각액으로부터 꺼내어 30분 이내에 템퍼링 한다.
④ 담금질 가열 온도를 가능하면 높게 하고 결정립도 조대화시키는 것이 좋다.

제4과목 재료시험

61. 일정한 높이에서 시험편에 낙하시킨 해머가 반발한 높이로 경도를 측정하는 것은?

① 긁힘 경도계 ② 쇼어 경도계
③ 비커스 경도계 ④ 마르텐스 경도계

62. 와전류비파괴검사의 특징을 설명한 것 중 틀린 것은?

① 도체에만 적용이 가능하다.
② 시험체에 비접촉으로 탐상이 가능하다.
③ 시험체의 표층부에 있는 결함 검출을 대상으로 한다.
④ 고온 부위의 시험체에는 탐상이 불가능하고, 후처리가 필요하다.

해설 고온 부위의 시험체에도 탐상이 가능하다.

63. 초음파탐상검사에 관한 설명 중 틀린 것은?

① 탐촉자를 사용한다.
② 초음파의 종류에는 종파, 횡파, 표면파, 편파가 있다.
③ 표면검사에 효과적이며, 시험체 두께 제한을 많이 받는다.
④ 금속의 결정립이 조대할 때 결함을 검출 하지 못할 수도 있다.

해설 침투력이 매우 높아 재료 내부 깊은 곳의 결함 검출이 용이하다.

64. 원통형 스프링에 압축하중이 작용할 때 스프링 와이어(Wire)에 발생하는 응력은?

① 굽힘응력과 압축응력
② 압축응력과 전단응력
③ 수축응력과 굽힘응력
④ 전단응력과 비틀림 응력

65. 크리프(Creep)의 속도가 대략 일정하게 진행되는 단계는?

① 1단계 ② 2단계
③ 3단계 ④ 4단계

해설 1단계: 초기 크리프, 2단계: 정상 크리프, 3단계: 가속 크리프

정답 58. ② 59. ② 60. ④ 61. ② 62. ④ 63. ③ 64. ④ 65. ②

66. 노치 효과에 대한 설명으로 옳은 것은?

① 노치계수(β)는 1보다 작다.
② 형상계수(α)는 노치계수(β)보다 크다.
③ 노치에 둔한 재료에서는 노치민감계수(η)가 0에 접근한다.
④ 노치민감계수의 값은 노치에 민감하면 0이 되고, 둔하면 1이 된다.

67. 자기비파괴검사에서 시험체에 가한 교류나 교류자속이 표면에서 최대이고, 내부로 갈수록 점차 감소하는 현상을 이용하여 표면 결함을 검출할 수 있는 것은 어떤 효과 때문인가?

① 충격 효과　② 질량 효과
③ 표피 효과　④ 방사 효과

68. 취성재료 압축시험에서 ASTM이 추천한 봉상 다주형 시편의 높이(h)와 직경(d)의 비는 어느 정도가 가장 적당한가?

① h=10d　② h=5d
③ h=3d　④ h=0.9d

69. 탄소강의 불꽃시험에 대한 설명으로 틀린 것은?

① 강 중의 탄소량이 증가하면 불꽃의 수가 많아진다.
② 탄소함량이 높을수록 유선의 색깔은 적색에 가깝다.
③ 탄소함량이 낮을수록 유선의 길이는 짧으며, 불꽃의 숫자는 많다.
④ 불꽃 관찰 시 유선 한 개 한 개를 관찰하며, 뿌리부분은 주로 C, Ni의 양을 추정한다.

해설 탄소함량이 낮을수록 유선의 길이는 길고, 불꽃의 숫자는 적다.

70. 강성계수(G)와 비틀림 강도를 측정할 수 있는 시험법은?

① 커핑시험　② 피로시험
③ 경도시험　④ 비틀림 시험

71. 강의 비금속 개재물 측정 방법 - 표준 도표를 이용한 현미경 시험방법(KS D 0204)에서 구형 산화물의 종류에 해당되는 것은?

① 그룹 A　② 그룹 B
③ 그룹 C　④ 그룹 D

72. 1~5% 황산 수용액에 브로마이드 인화지를 5분간 담근 후 수분을 제거한 다음 이것을 피검사체의 시험면에 1~3분간 밀착시켜 철강 중에 있는 황(S)의 편석 분포 상태를 검사하는 시험은?

① 후드(Hood)법
② 헤인(Heyn)법
③ 제프리즈(Jefferies)법
④ 설퍼 프린트(Sulfer print)법

73. 마모 현상에 대한 설명으로 틀린 것은?

① 접촉 압력이 클수록 마모저항은 작다.
② 마모 변질층은 모체금속의 결정구조와 같다.
③ 진공상태에서는 대기보다 마모저항이 크다.
④ 고주파 담금질 처리된 강은 마모손실이 적다.

해설 마모 변질층은 모체금속의 결정구조와 다르다.

74. 인장시험 한 시험결과의 값을 구하는 식으로 틀린 것은?

① 인장강도$=\dfrac{\text{최대하중}}{\text{원단면적}}$

정답 66. ② 67. ③ 68. ④ 69. ③ 70. ④ 71. ④ 72. ④ 73. ② 74. ③

② 항복강도$=\frac{\text{상부항복하중}}{\text{원단면적}}$

③ 연산율$=\frac{\text{파단된 길이}}{\text{원단면적}}\times100\%$

④ 단면수축율

$=\frac{\text{시험전 단면적}-\text{시험후 단면적}}{\text{시험전 단면적}}\times100\%$

75. **피로시험 시 안전 및 유의 사항으로 틀린 것은?**

① 시험편은 정확하게 고정한다.
② 시험편은 편심이 생기도록 하여 진동을 준다.
③ 시험편이 회전되지 않는 상태에서는 하중을 가하지 않는다.
④ 시험편은 부식 부분에 응력집중이 생겨 부식 피로 현상이 생기므로 부식되지 않도록 보관한다.

76. **공칭 변형량의 식을 옳게 표현한 것은? (단, L_0=시험 전 시편 초기의 표점거리, L=시험 후 변형된 시편의 늘어난 표점거리, e=공칭응력이다.)**

① $\epsilon=\frac{\alpha L}{L_0}$ ② $\epsilon=\ln(e+1)$
③ $\epsilon=\frac{L_0}{\Delta L}$ ④ $\epsilon=\ln(e-1)$

77. **금속재료 굽힘시험(KS B 0804)에 사용되는 직사각형 시험편의 모서리 부분은 반지름이 시험편 두께의 얼마를 넘지 않도록 라운딩 하여야 하는가?**

① $\frac{1}{2}$ ② $\frac{1}{3}$
③ $\frac{1}{5}$ ④ $\frac{1}{10}$

78. **현미경 조직 관찰을 위한 구리, 황동, 청동, 등의 부식 억제제로 사용되는 것은?**

① 염화 제2철 용액
② 수산화 나트륨 용액
③ 피크린산 알코올 용액
④ 질산 아세트산 용액

해설 왕수(금), 염화 제2철 용액(구리합금), 수산화 나트륨(알루미늄 합금), 질산 알코올 용액(철강)

79. **설퍼 프린트 시험에서 점상편석을 나타내는 기호로 옳은 것은?**

① S_D ② S_N
③ S_C ④ S_L

해설 S_D(점상편석), S_N(정편석), S_C(중심부편석), S_L(선상편석)

80. **충격시험에 대한 설명으로 틀린 것은?**

① 모든 치수는 동일하고 노치의 반지름이 작을수록 응력집중이 크다.
② 모든 치수는 동일하고 노치의 깊이가 깊을수록 충격치는 감소한다.
③ 시험편 제작에 있어 시험편의 기호 · 번호 등은 시험에 영향을 미치지 않는 부위에 표시한다.
④ 시험편의 길이는 60mm, 높이 및 너비가 15mm 인 정사각형의 단면을 가지며 V 노치 또는 W 노치를 가지고 있다.

해설 시험편의 길이는 55mm, 높이 및 너비가 10mm인 정사각형의 단면을 가지며 V 노치 또는 U 노치를 가지고 있다.

정답 75. ② 76. ① 77. ④ 78. ① 79. ① 80. ④

2021년 복원문제

2021년 1회(CBT)

금속재료산업기사

제1과목 금속재료

1. 금속의 공통적 성질을 설명한 것 중 틀린 것은?

① 수은을 제외하고 상온에서 고체이다.
② 열 · 전기적 부도체이다.
③ 가공성이 풍부하다.
④ 금속적 광택이 있다.

해설 금속은 열과 전기의 양도체이다.

2. 탄소강 중 인(P)의 영향을 설명한 것으로 옳은 것은?

① 적열취성의 원인이 된다.
② 고스트 라인을 형성한다.
③ 결정립을 미세화시킨다.
④ 강도, 경도, 탄성한도 등을 높인다.

해설 Fe_3P는 MnS, MnO_2 등과 함께 대상 편석인 고스트 라인을 형성하여 강의 파괴 원인이 된다.

3. 다음 중 형상기억합금 제조에 이용되는 성질은?

① 냉간가공
② 시효경화
③ 확산변태
④ 마텐자이트 변태

해설 형상기억합금은 오스테나이트에서 마텐자이트로 변태 시 성질 변화를 이용하여 제조한다.

4. 다음 중 아연을 함유한 구리합금이 아닌 것은?

① 황동
② 청동
③ 양은
④ 델타메탈

해설 청동 : Cu-Sn계

5. 초전도 재료에 대한 설명 중 틀린 것은?

① 초전도선은 전력의 소비 없이 대전류를 통하거나 코일을 만들어 강한 자계를 발생시킬 수 있다.
② 초전도 상태는 어떤 임계온도, 임계자계, 임계전류밀도보다 그 이상의 값을 가질 때만 일어난다.
③ 임의의 어떤 재료를 냉각시킬 때 어느 임계온도에서 전기저항이 0이 되는 재료를 말한다.
④ 대표적인 활용 사례로는 고압송전선, 핵융합용 전자석, 핵자기공명 단층 영상장치 등이 있다.

해설 초전도 상태는 어떤 임계온도, 임계자계, 임계전류밀도보다 그 이하의 값을 가질 때만 나타난다.

정답 1. ② 2. ② 3. ④ 4. ② 5. ②

6. 소성가공의 효과를 설명한 것 중 옳은 것은?

① 가공경화가 발생한다.
② 편석과 개재물을 집중시킨다.
③ 결정입자가 조대화된다.
④ 기공(void), 다공성(porosity)을 증가시킨다.

해설 소성가공하면 가공경화가 발생하고 결정입자가 미세화되며, 기공, 다공성을 감소시킨다.

7. 순철의 변태에서 A_3 변태와 A_4 변태에 대한 설명 중 틀린 것은?

① A_3 변태점은 약 910℃이다.
② A_4 변태점은 약 1400℃이다.
③ A_3, A_4 변태는 순철의 동소변태이다.
④ 가열 시 A_3 변태는 격자상수가 감소한다.

해설 순철의 A_3(910℃), A_4(1400℃) 변태는 동소변태로 원자의 배열이 변화한다.

8. Fe-C 평형 상태도에서 강의 A_1 변태점 온도는 약 몇 ℃인가?

① 723　② 768　③ 910　④ 1400

해설 A_1 변태점 : 723℃, A_2 변태점 : 768℃, A_3 변태점 : 910℃, A_4 변태점 : 1400℃

9. 고융점 금속의 특성에 대한 설명으로 틀린 것은?

① 증기압이 높다.
② 융점이 높으므로 고온강도가 크다.
③ W, Mo은 열팽창계수가 낮으나 열전도율과 탄성률이 높다.
④ 내산화성은 적으나 습식부식에 대한 내식성은 특히 Ta, Nb에서 우수하다.

해설 고융점 금속은 증기압이 낮다.

10. 36% Ni-Fe 합금으로 바이메탈 소자, 리드프레임 등에 사용하는 불변강으로 맞는 것은?

① 인바
② 알니코
③ 애드미럴티
④ 마르에이징강

11. 냉간 가공재를 재결정 온도 이상으로 가열(풀림)할 때 발생하는 현상을 순서대로 나열한 것은?

① 재결정 → 회복 → 결정입자의 성장
② 회복 → 결정입자의 성장 → 재결정
③ 회복 → 재결정 → 결정입자의 성장
④ 결정입자의 성장 → 회복 → 재결정

12. 스테인리스강 부품의 용접부 응력 부식 균열(SCC)을 방지하기 위한 방법으로 틀린 것은?

① 사용 환경 중의 염화물 또는 알칼리를 제거한다.
② 외적 응력이 없도록 설계하고 용접 후 후열처리를 실시한다.
③ 압축력은 효과적이므로 쇼트피닝(shot peening)을 한다.
④ 용접부 및 열영향부에 잔류응력이 많이 남아 있게 한다.

해설 용접부 응력 부식 균열(SCC)은 잔류응력에 의해 발생하기 때문에 제거해야 한다.

13. 주철의 마우러 조직도에서 가장 큰 영향을 미치는 원소는?

① W, Mo　② C, Cr　③ Co, Si　④ C, Si

해설 주철에 가장 많이 함유된 C, Si성분이 조직에 가장 큰 영향을 미친다.

정답 6. ①　7. ④　8. ①　9. ①　10. ①　11. ③　12. ④　13. ④

14. 아연합금 다이캐스팅 주물의 특성이 아닌 것은?

① 대량생산에 적합하다.
② 결정입자가 조대하고 강도가 작다.
③ 복잡하고 얇은 주물이 가능하다.
④ 치수가 정확하고 표면이 깨끗하다.

해설 결정입자가 미세하고 강도가 크다.

15. 구상흑연주철의 용탕에서 나타나는 페이딩(fading) 현상이란?

① 용탕의 방치시간이 길어져 흑연의 구상화 효과가 현저하게 나타나는 현상이다.
② 용탕 속에 탈산제를 투입하여 탈산효과가 높아지는 현상이다.
③ 용탕의 방치시간이 길어져 흑연의 구상화 효과가 없어지는 현상이다.
④ 용탕 속에 탈산제를 투입하여도 탈산효과가 없어지는 현상이다.

해설 페이딩 현상은 오래 방치하면 흑연의 구상화 효과가 없어지고 편상흑연화되는 현상이다.

16. 건축, 토목, 교량 등의 일반 구조용강으로 사용되는 듀콜강의 조직은?

① 페라이트 ② 펄라이트
③ 시멘타이트 ④ 오스테나이트

해설 듀콜강은 저망간강(Mn 1~2%)으로 펄라이트 조직이다.

17. 금속을 냉간가공하면 결정입자가 미세화되어 재료가 단단해지는 현상은?

① 가공경화 ② 취성경화
③ 시효경화 ④ 표면경화

해설 가공경화는 금속을 냉간가공할 때 결정입자가 미세화되어 재료가 단단해지고 항복점 및 경도가 증가하는 현상이다.

18. 일명 화이트메탈이라 불리는 베어링용 합금의 성분으로 조합되지 않는 것은?

① Zn－Al－Bi ② Sn－Sb－Cu
③ Pb－Sn－Sb ④ Sn－Sb－Cu－Pb

해설 화이트 베어링 합금에는 Sn－Sb－Cu, Pb－Sn－Sb, Sn－Sb－Cu－Pb이 있다.

19. 0.035% S(황)을 넣어 강도를 희생시키고 쾌삭성을 개선한 모넬메탈(monel metal)은?

① R monel ② K monel
③ H monel ④ KR monel

해설 R monel : S 첨가, K monel : Al 첨가, H monel : Si 첨가, KR monel : C의 양을 높게 첨가

20. 18금(18K)의 순금 함유율은 몇 %인가?

① 60% ② 75% ③ 85% ④ 95%

해설 순금(24K), $\frac{18}{24} \times 100 = 75\%$

제2과목 금속조직

21. 공석강이 300℃ 부근의 등온변태에 의해 생성되는 조직으로 침상구조를 이루고 있는 것은?

① 레데브라이트 ② 마텐자이트
③ 하부 베이나이트 ④ 상부 베이나이트

해설 하부 베이나이트는 공석강이 300℃ 부근의 등온변태에 의해 생성되는 침상구조 조직이다.

정답 14. ② 15. ③ 16. ② 17. ① 18. ① 19. ① 20. ② 21. ③

22. 결정체의 축의 길이가 $a=b=c$이고, 축각이 $\alpha=\beta=\gamma=90°$인 것은 어떤 결정계인가?

① 입방정계 ② 정방정계
③ 사방정계 ④ 육방정계

해설 • 정방정계 : $a=b\neq c$, $\alpha=\beta=\gamma=90°$
• 사방정계 : $a\neq b\neq c$, $\alpha=\beta=\gamma=90°$
• 육방정계 : $a=b\neq c$, $\alpha=\beta=90°$, $\gamma=120°$

23. 일정한 압력 하에 있는 Fe-C 합금의 포정점이 일정한 온도와 조성에서 생기는 이유는?

① 상률의 자유도가 0이기 때문이다.
② 상률의 자유도가 1이기 때문이다.
③ 상률의 자유도가 2이기 때문이다.
④ 상률의 자유도가 ∞이기 때문이다.

해설 포정점, 공석점, 공정점은 일정한 온도에서 상의 변화가 불변(자유도 : 0)일 때 나타난다.

24. 입방정계에 속하는 금속이 응고할 때 결정이 성장하는 우선 방향은?

① [100] ② [110] ③ [111] ④ [123]

25. 전위와 용질원자 사이의 상호작용으로 치환형 용질원자가 이동하여 나타난 다음 그림에 대한 설명으로 옳은 것은?

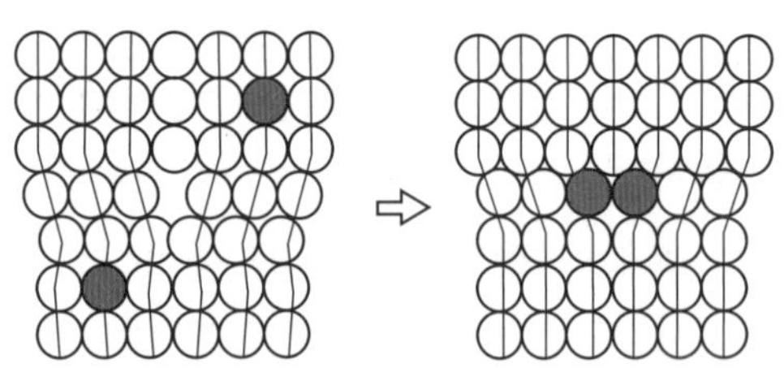

① 칼날전위의 코어에 모인 치환형 용질원자이다.
② 나사전위의 코어에 모인 치환형 용질원자이다.
③ 혼합전위의 코어에 모인 치환형 용질원자이다.
④ 이온전위의 코어에 모인 치환형 용질원자이다.

26. 확산에 대한 설명으로 틀린 것은?

① 면결함인 표면에서의 단회로 확산을 상호확산이라 한다.
② 온도가 낮을 때는 입계의 확산과 입내의 확산의 차이가 크게 되나 온도가 높아지면 그 차이는 작게 된다.
③ 입계는 입내에 비하여 결정의 규칙성이 없는 구조를 가지며, 결함이 많으므로 확산이 일어나기 쉽다.
④ 용매 중 용질의 국부적인 농도차가 있을 때 시간의 경과에 따라 농도의 균일화가 일어나는 현상을 확산이라 한다.

해설 상호확산은 다른 종류의 원자 접촉에서 서로 반대 방향으로 이루어지는 확산이다.

27. 금속의 변태점 측정 방법이 아닌 것은?

① 열 팽창법 ② 전기저항법
③ 성분 분석법 ④ 시차열 분석법

28. 압력의 영향이 없는 계(system)에서 성분수가 2이며 상의 수가 2일 때 자유도(degree of freedom)는?

① 0 ② 1 ③ 2 ④ 3

해설 $F=C-P+1=2-2+1=1$

29. 다음 중 면심입방격자의 쌍정면에 해당되는 것은?

정답 22. ① 23. ① 24. ① 25. ① 26. ① 27. ③ 28. ② 29. ①

① [111] ② [112] ③ [110] ④ [123]

해설 체심입방격자 : [112], 면심입방격자 : [111]

30. 용융금속이 응고 성장할 때 불순물이 가장 많이 모이는 곳은?

① 결정입내
② 결정입계
③ 결정입내의 중심부
④ 결정격자 내의 중심부

해설 용융금속이 응고 성장할 때 결정입계에 불순물이 모여 금속의 결함 및 편석을 유발한다.

31. 정삼각형의 각 정점으로부터 대변에 평행으로 10 또는 100등분하고, 삼각형 내의 어느 점의 농도를 알기 위해 그 점으로부터 대변에 내린 수선의 길이를 읽는 삼각형법은?

① Linz's 삼각법
② Lever relation 삼각법
③ Cottrell 삼각법
④ Gibb's 삼각법

해설 Gibb's 삼각법은 3성분계 합금의 농도를 알 수 있는 방법이다.

32. 전율고용체의 상태도를 갖는 합금의 경우 기계적 · 물리적 성질은 두 성분의 금속원자비가 얼마일 때 가장 변화가 큰가?

① 10:90 ② 20:80 ③ 40:60 ④ 50:50

해설 두 성분의 금속원자가 최대 50:50의 비율일 때 성질의 변화가 가장 크다.

33. 금속의 확산에서 확산 속도가 빠른 것에서 늦은 순서로 옳은 것은?

① 입계확산 > 표면확산 > 격자확산
② 표면확산 > 격자확산 > 입계확산
③ 격자확산 > 입계확산 > 표면확산
④ 표면확산 > 입계확산 > 격자확산

34. FCC 결정구조를 갖는 구리 금속의 단위격자의 격자상수가 0.361 nm일 때 면간거리 d_{210}은 얼마인가?

① 0.16 nm ② 0.18 nm
③ 1.10 nm ④ 1.20 nm

해설 입방정계(a, b, c)일 경우

$$d_{hkl} = \frac{1}{\sqrt{h^2+k^2+l^2}} \times \alpha$$

$$d_{210} = \frac{1}{\sqrt{2^2+1^2+0^2}} \times 0.361 = 0.16\,\text{nm}$$

35. 치환형 고용체에 대한 설명으로 틀린 것은?

① 두 금속 사이에 원자 반지름이 15% 이상 차이가 나면 거의 고용체를 만들지 않는다.
② 원자 반지름의 차이가 작은 금속끼리는 고용도가 증가한다.
③ 결정구조가 다른 금속끼리는 고용도가 크다.
④ 고용도의 차이 때문에 합금의 성질이 크게 변화한다.

해설 치환형 고용체는 결정구조가 다른 금속끼리는 고용도가 작다.

36. 커켄달(kirkendall) 실험 결과는 확산현상이 어떤 기구에 의해 진행됨을 나타내는가?

① 체적결함 기구 ② 적층결함 기구
③ 공공 기구 ④ 결정립 경계 기구

해설 커켄달(kir kendall) 실험 결과는 금속 A와 금속 B가 접촉하여 이루어지는 상호확산이 공공 기구에 의해 진행됨을 나타낸다.

정답 30. ② 31. ④ 32. ④ 33. ④ 34. ① 35. ③ 36. ③

37. 규칙-불규칙 변태를 하는 합금에 대한 설명 중 틀린 것은?

① 규칙격자가 생성되면 전기전도도가 커진다.
② 규칙격자가 생성되면 강도 및 경도가 증가한다.
③ 규칙상은 상자성체이나, 불규칙상은 강자성체이다.
④ 온도가 상승하면 새로운 원자 배열로 인하여 curie점(T_c) 부근에서 비열이 최대가 된 후 감소하여 정상으로 된다.

해설 규칙상은 강자성체, 불규칙상은 상자성체이다.

38. 다음 중 Fick의 제1법칙으로 옳은 것은? (단, D : 확산계수, j : 농도구배, C : 농도, x : 봉의 길이 방향 축이다.)

① $J=D\cdot\frac{dC}{dx}$
② $J=-D\cdot\frac{dC}{dx}$
③ $J=D\cdot\frac{dx}{dC}$
④ $J=-D\cdot\frac{dx}{dC}$

39. 금속을 가공하였을 때 축적에너지의 크기에 영향을 미치는 인자에 대한 설명으로 옳은 것은?

① 결정입도가 클수록 축적에너지의 양은 증가한다.
② 낮은 가공온도에서의 변형은 축적에너지의 양을 감소시킨다.
③ 변형량이 같을 때 불순물 원자가 첨가될수록 축적에너지의 양은 증가한다.
④ 가공도가 클수록 변형이 복잡하고, 축적에너지의 양은 더욱 감소한다.

40. 다음 중 다각형화(polygonization)와 관련이 없는 것은?

① 킹크(kink)
② 회복(recovery)
③ 서브 결정(sub-grain)
④ 칼날전위(edge dislocation)

제3과목 금속열처리

41. 마레이징강(maraging steel)의 열처리 방법에 대한 설명 중 옳은 것은?

① 850℃에서 1시간 유지하여 용체화 처리한 후 공랭 또는 수랭하여 480℃에서 3시간 시효처리한다.
② 850℃에서 1시간 유지하여 용체화 처리한 후 유랭 또는 노랭하여 마텐자이트화 한다.
③ 1100℃에서 반드시 수랭처리하여 오스테나이트를 미세하게 석출, 경화시킨다.
④ 1100℃에서 1시간 유지하여 용체화 처리한 후 노랭하여 조직을 안정화시킨다.

42. 고주파경화법에서 유도 전류에 의한 발생열의 침투 깊이(d)를 구하는 식으로 옳은 것은? (단, ρ는 강재의 비저항[$\mu\Omega\cdot$cm], μ는 강재의 투자율, f는 주파수[Hz]이다.)

① $d=5.03\times10^{2}\frac{p}{\mu\cdot f}$[cm]
② $d=5.03\times10^{2}\sqrt{\frac{p}{\mu\cdot f}}$[cm]
③ $d=5.03\times10^{3}\frac{p}{\mu\cdot f}$[cm]
④ $d=5.03\times10^{3}\sqrt{\frac{p}{\mu\cdot f}}$[cm]

43. 펄라이트 가단주철의 열처리 방법으로 틀린 것은?

정답 37. ③ 38. ② 39. ③ 40. ① 41. ① 42. ④ 43. ②

① 합금 첨가에 의한 방법
② 분위기 조절에 의한 풀림 방법
③ 열처리 곡선의 변화에 의한 방법
④ 흑심가단주철의 재열처리에 의한 방법

해설 펄라이트 가단주철의 열처리 방법에는 합금 첨가 방법, 열처리 곡선의 변화에 의한 방법, 흑심가단주철의 재열처리에 의한 방법이 있다.

44. 베이나이트 변태에 대한 설명으로 옳은 것은?

① TTT 곡선의 nose 아래의 온도에서 항온변태시킨 것이다.
② TTT 곡선의 nose 부근 온도보다 높은 온도에서 항온변태시킨 것이다.
③ TTT 곡선의 Ms점보다 낮은 온도로 무확산 변태를 시킨 것이다.
④ TTT 곡선의 Mf점보다 낮은 온도로 무확산 변태를 시킨 것이다.

해설 베이나이트 변태는 TTT 곡선의 nose 아래의 온도에서 항온변태시킨 것이다. nose 위의 온도에서 변태시키면 펄라이트가 형성된다.

45. 전기저항식 온도계에 관한 설명 중 틀린 것은?

① 1200℃ 이상의 고온 측정용에 적합하다.
② 측온 저항체에는 백금선, 니켈선, 구리선 등이 있다.
③ 금속의 전기저항은 1℃ 상승하면 약 0.3~0.6% 증가한다.
④ 온도 상승에 따라 금속의 전기저항이 증가하는 현상을 이용한 것이다.

해설 700℃ 이하의 저온용 측정에 적합하다.

46. 상온가공한 황동제품의 시기균열(season crack)을 방지하기 위한 열처리 방법은?

① 저온 어닐링 ② 고온 담금질
③ 패턴팅 처리 ④ 수인처리

해설 시기균열을 방지하기 위하여 낮은 온도(300℃)에서 1시간 저온 어닐링을 한다.

47. 강의 열처리 시 담금질성을 향상시키는 원소로 가장 적합한 것은?

① Mn ② Pb ③ S ④ Cu

해설 Mn, Mo, Cr, Si는 담금질성을 향상시키고, Co, V은 담금질성을 감소시킨다.

48. 탄화물을 피복하는 TD 처리(toyota diffusion process)의 특징으로 틀린 것은?

① 처리온도가 낮아 용융염욕 중에서는 사용할 수 없다.
② 설비가 간단하고 처리품의 조작이 자유롭다.
③ 높은 경도와 우수한 내소착성이 있다.
④ 확산법에 의한 탄화물 피복법이다.

해설 처리온도가 높아 용융염욕 중에 사용할 수 있다.

49. 이온 질화법의 특징을 설명한 것 중 틀린 것은?

① 질화속도가 비교적 빠르다.
② 수소 가스에 의한 표면 청정 효과가 있다.
③ 400℃ 이하의 저온에서도 질화가 가능하다.
④ 글로우 방전을 하므로 특별한 가열장치가 필요하다.

해설 글로우 방전을 하므로 특별한 가열장치가 필요 없다.

정답 44. ① 45. ① 46. ① 47. ① 48. ① 49. ④

50. 담금질 처리 시 흔히 국부적으로 경화되지 않는 연한 부분을 연점이라 하는데 연점이 발생하는 원인이 아닌 것은?

① 냉각이 불균일할 때
② 담금질 온도가 불균일할 때
③ 강 표면에 탈탄층이 있을 때
④ 담금질성이 좋아 강의 냉각이 임계냉각속도보다 빠를 때

51. 다음 구조용 합금강 중 템퍼링 취성을 일으키기 쉬운 강종은?

① Ni−Cr강 ② Ni강
③ Cr강 ④ Cr−Mo강

52. 다음의 열처리 방법 중 취성이 가장 많이 발생하는 열처리 방법은?

① 불림(normalizing) ② 풀림(annealing)
③ 뜨임(tempering) ④ 담금질(quenching)

53. 탄소강을 925℃의 침탄온도에서 0.635mm의 침탄 깊이를 얻고 싶을 때 요구되는 침탄 시간으로 적당한 것은? (단, 온도에 따른 확산정수는 0.635이다.)

① 1시간 ② 2시간 ③ 3시간 ④ 4시간

해설 $D=k\sqrt{t}$ (여기서, D는 침탄 깊이, k는 확산정수, t는 시간)
$0.635=0.635\sqrt{t}$ $\therefore t=1$시간

54. 다음 중 연속적 작업이 곤란한 열처리로는?

① 푸셔로 ② 컨베이어로
③ 피트로 ④ 로상 진동형로

해설 피트로는 바닥보다 낮은 깊이에 설치되어 연속적 작업이 곤란하다.

55. 다음의 냉각 방법 중 냉각 성능이 가장 우수한 것은?

① 노랭 ② 공랭
③ 유랭 ④ 분사 냉각

해설 냉각 성능을 비교하면 분사 냉각>유랭>공랭>노랭이다.

56. 다음 중 항온 열처리에 해당되지 않는 것은?

① 시간 담금질 ② 오스포밍
③ 마템퍼링 ④ 오스템퍼링

해설 담금질은 합금의 열처리에 있어 고온으로 가열한 후 물 혹은 기름 속에 넣거나 냉각한 공기로 급속하게 냉각시킴으로써 경화시키는 과정이다.

57. 금속 침투법(cementation) 중 강재 표면에 알루미늄을 침투시키는 표면처리방법의 명칭은?

① 칼로라이징 ② 크로마이징
③ 실리코나이징 ④ 세라다이징

해설 크로마이징은 크롬, 실리코나이징은 규소, 세라다이징은 아연을 침투시키는 표면처리방법이다.

58. 진공로 내부에 단열하는 단열재의 구비 조건으로 틀린 것은?

① 열용량이 작아야 한다.
② 흡습성이 커야 한다.
③ 열적 충격에 강해야 한다.
④ 방사열을 완전히 반사시키는 재료이어야 한다.

해설 단열재는 흡습성이 작아야 한다.

정답 50. ④ 51. ① 52. ④ 53. ① 54. ③ 55. ④ 56. ① 57. ① 58. ②

59. 다음 중 자동 온도 제어 장치의 순서로 맞는 것은?

① 검출 → 판단 → 비교 → 조작
② 검출 → 비교 → 판단 → 조작
③ 조작 → 판단 → 검출 → 비교
④ 조작 → 비교 → 판단 → 검출

60. 탄소강에서 약 900℃의 경화온도로 고주파 담금질(수랭)했을 때 표면이 HRC50 정도로 나타났다면 이 탄소강의 탄소 함유량은 약 몇 %인가?

① 0.3 ② 0.9
③ 1.2 ④ 1.5

해설 899~927℃에서 HRC50 정도이면 탄소량이 0.3% 정도 함유된 탄소강이다.

제4과목 재료시험

61. 다음 그림은 연강의 응력-변형 곡선이다. 상부 항복점에 해당되는 것은?

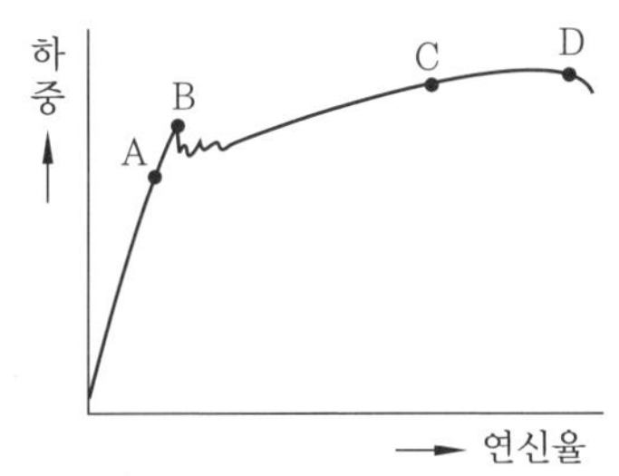

① A ② B ③ C ④ D

해설 A : 탄성한계, B : 상부 항복점, C : 최대하중, D : 파단점

62. 다음 중 비파괴 시험이 아닌 것은?

① 방사선 투과시험
② 초음파 탐상시험
③ 자분 탐상시험
④ 충격시험

해설 충격시험은 파괴시험(기계적 시험)이다.

63. 크리프 시험실의 환경조건으로서 가장 먼저 고려해야 하는 것은?

① 항온항습 ② 공기통풍
③ 진동내진 ④ 분진방지

64. 육안검사(macro)는 조직 및 불순물을 육안 또는 몇 배율 이내의 확대경으로 관찰하는가?

① 10배 이내 ② 20배 이내
③ 30배 이내 ④ 40배 이내

해설 육안검사는 10배 이내의 확대경으로 관찰한다.

65. 환봉의 비틀림 시험과 비틀림 응력 및 변형률을 구하기 위한 가정들에 대한 설명 중 틀린 것은?

① 봉의 단면은 변형 후에도 역시 평면이다.
② 강성계수(전단 탄성계수) 등을 구할 수 있다.
③ 단면상에서의 반지름은 변형 후에도 그 반지름으로 취급한다.
④ 비틀림 각도는 토크-비틀림 곡선 초기에는 반비례로 나타나나 항복점을 지나면 급격하게 감소된다.

해설 비틀림 각도는 토크-비틀림 곡선 초기에는 비례하며 항복점을 지나면 급격히 증가한다.

정답 59. ② 60. ① 61. ② 62. ④ 63. ③ 64. ① 65. ④

66. 자분 탐상시험의 자화방법에 해당되지 않는 것은?

① 통전법 ② 형광법
③ 코일법 ④ 프로드법

해설 자분 탐상시험의 자화방법에는 통전법, 코일법, 프로드법, 관통법, 극간법이 있다.

67. 현미경으로 측정한 비금속 개재물의 종류 중에서 그룹 A계 개재물은?

① 황화물 종류 ② 알루민산염 종류
③ 규산염 종류 ④ 단일 구형의 종류

해설 비금속 개재물
- 황화물계 : A형
- 알루미늄 산화물계 : B형
- 각종 비금속 개재물 : C형

68. 크리프 곡선에서 변형속도가 일정한 과정을 나타내는 것은?

① 초기 크리프 ② 정상 크리프
③ 가속 크리프 ④ 파단 크리프

69. 2개 이상의 물체가 접촉하면서 상대운동을 할 때, 그 면이 감소되는 현상을 이용한 시험 방법은?

① 커핑시험 ② 마모시험
③ 마이크로 시험 ④ 분광 분석 시험

해설 마모(마멸) 시험은 2개 이상의 물체가 접촉하면 면이 감소되는 현상을 이용한 시험 방법으로, 회전 마모, 슬라이딩 마모, 왕복슬라이딩 마모가 있다.

70. 현미경 조직시험에서 강재와 부식제의 연결이 틀린 것은?

① Zn 합금－아세트산 용액
② Ni 및 그 합금－질산 아세트산 용액
③ 구리, 황동, 청동－염화 제2철 용액
④ 철강－질산 알코올 용액, 피크린산 알코올 용액

해설 Zn 합금은 염산에 의해 부식된다.

71. 다음 중 비틀림 시험에서 측정할 수 없는 것은?

① 비틀림 강도
② 강성계수
③ 푸아송비
④ 전단탄성계수

해설 비틀림 시험으로 비틀림 강도, 강성계수, 비틀림 파단계수, 전단탄성계수를 측정할 수 있다.

72. 설퍼 프린트법은 철강재료의 무엇을 알기 위한 실험인가?

① 탄소의 분포 상태와 편석
② 규소의 분포 상태와 편석
③ 망간의 분포 상태와 편석
④ 황의 분포 상태와 편석

해설 설퍼 프린트법은 철강재료에 존재하는 황의 분포 상태 및 편석을 검사하는 방법이다.

73. 로크웰 경도시험에 대한 설명 중 틀린 것은?

① 압입자의 원추각은 120°이다.
② HRB, HRC 등으로 표시한다.
③ HRC의 경우 시험하중은 100kgf이다.
④ 로크웰 경도계의 기준하중은 10kgf이다.

해설 HRC의 시험하중은 150kgf이다.

정답 66. ② 67. ① 68. ② 69. ② 70. ① 71. ③ 72. ④ 73. ③

74. 금속재료의 미세조직을 금속현미경을 사용하여 광학적으로 관찰하고 분석하기 위한 시료의 준비 순서로 옳은 것은?

① 마운팅(성형)→연마→부식→시험편 채취
② 부식→마운팅(성형)→연마→시험편 채취
③ 연마→시험편 채취→부식→마운팅(성형)
④ 시험편 채취→마운팅(성형)→연마→부식

75. 피로시험으로부터 구한 S-N 곡선에서 S와 N은 각각 무엇을 나타내는가?

① 강도와 경도
② 변형과 반복 횟수
③ 응력과 피로한계
④ 응력과 반복 횟수

해설 S는 응력, N은 반복횟수를 의미한다.

76. 조미니 시험 결과 보고서에 J35-15라고 쓰여 있을 때 그 의미로 옳은 것은?

① 퀜칭단으로부터 15mm 떨어진 지점의 경도값이 HRC35임을 나타낸다.
② 퀜칭단으로부터 35mm 떨어진 지점의 경도값이 HRC15임을 나타낸다.
③ 퀜칭단으로부터 15mm 떨어진 지점의 경도값이 HS35임을 나타낸다.
④ 퀜칭단으로부터 35mm 떨어진 지점의 경도값이 HS15임을 나타낸다.

77. 피로시험 시 안전 및 유의 사항으로 틀린 것은?

① 시험편은 정확하게 고정한다.
② 시험편은 편심이 생기도록 하여 진동을 준다.
③ 시험편이 회전되지 않는 상태에서는 하중을 가하지 않는다.
④ 시험편은 부식 부분에 응력집중이 생겨 부식 피로 현상이 생기므로 부식되지 않도록 보관한다.

78. 설퍼 프린트 시험에서 점상편석을 나타내는 기호로 옳은 것은?

① S_D ② S_N ③ S_C ④ S_L

해설 S_D(점상편석), S_N(정편석), S_C(중심부편석), S_L(선상편석)

79. 시험편의 지름 14mm, 평행부 길이 60mm, 표점거리 50mm, 최대하중 9930kgf일 때 인장강도는 약 몇 kgf/mm²인가?

① 43.9 ② 54.3 ③ 64.5 ④ 74.8

해설 $$\text{인장강도}(\sigma_{max}) = \frac{\text{최대하중}(P_{max})}{\text{원단면적}(A_0)} = \frac{9930}{\frac{\pi}{4}\times 14^2}$$

$\therefore$ 64.5 kgf/mm²

80. 다음 중 불꽃 시험에 대한 설명으로 틀린 것은?

① 불꽃에 가장 큰 영향을 주는 원소는 수소이다.
② 불꽃의 모양은 뿌리, 중앙, 끝으로 되어 있다.
③ 검사는 항상 같은 방법, 같은 조건 하에 행해야 한다.
④ 불꽃 유선의 길이, 유선의 색, 불꽃의 수를 보고 강종을 판별한다.

해설 불꽃 시험에 가장 큰 영향을 주는 원소는 탄소이다.

정답 74. ④ 75. ④ 76. ① 77. ② 78. ① 79. ③ 80. ①

금속재료산업기사 필기&실기

2021년 5월 10일 인쇄
2021년 5월 15일 발행

저자 : 최병도
펴낸이 : 이정일

펴낸곳 : 도서출판 **일진사**
www.iljinsa.com

(우)04317 서울시 용산구 효창원로 64길 6
대표전화 : 704-1616, 팩스 : 715-3536
등록번호 : 제1979-000009호(1979.4.2)

값 38,000원

ISBN : 978-89-429-1671-9